Handbuch

der

Elektrischen Beleuchtung.

Von

Josef Herzog, und **Clarence Feldmann,**
diplomierter Elektroingenieur o. Professor an der Technischen
in Budapest. Hochschule in Delft.

Dritte, vollständig umgearbeitete Auflage.

Mit 707 Figuren.

Springer-Verlag Berlin Heidelberg GmbH
1907

ISBN 978-3-642-50379-5   ISBN 978-3-642-50688-8 (eBook)
DOI 10.1007/978-3-642-50688-8

Alle Rechte, insbesondere das der
Übersetzung in fremde Sprachen, vorbehalten.

Softcover reprint of the hardcover 3rd edition 1907

Additional material to this book can be downloaded from http://extras.springer.com

Vorwort zur ersten Auflage.

Die elektrische Beleuchtung hat als selbständiger Zweig der Technik zwei Jahrzehnte hinter sich. Beispiellos mächtig war die Entwickelung dieses Zweiges der Elektrotechnik; doch eben dieser stürmische Fortschritt erschwert die Beschreibung des heutigen Zustandes, die Abklärung der heute maßgebenden Anschauungen.

Wir beginnen mit der Wirkung, den Eigentümlichkeiten und der Anordnung der Lichtquellen, besprechen dann den Leitungsbau, die Schaltung der Leitungen und Stromquellen, und schließen die Behandlung der Hauptteile der Anlage mit dem schwierigen und überaus wichtigen Kapitel der Regulierungsmethoden. Dann behandeln wir die Nebenteile und die Isolation der Anlage, um auf Grund der so gewonnenen Übersicht über das ganze Gebiet die Anlage- und Betriebskosten und die Wirtschaftlichkeit ganzer Beleuchtungswerke zu erörtern. Zum Schlusse sind dann als Beispiele einige ausgeführte Zentralen beschrieben.

Indem wir auf diese Weise von den Lichtquellen über die Stromförderung in den Leitungen zu den Stromerzeugungsstätten zurückgingen, hielten wir den Weg vom Einfacheren zum Verwickelteren ein, und hoffen, daß es uns gelungen ist, alle leitenden Gesichtspunkte systematisch zu entwickeln. Mit Rücksicht auf den vorherrschenden Einfluß, den wirtschaftliche und finanzielle Erwägungen auf das praktische Studium technischer Probleme stets ausüben, haben wir es für notwendig erachtet, gerade diesen Erwägungen einen breiteren Raum zu gewähren. Vielleicht kann das Buch deshalb nicht nur denen, die sich mit jugendlicher Begeisterung der Anwendung elektrischer Wissenschaft widmen, sondern auch jenen, die in reiferen Jahren ihr Interesse der Elektrotechnik zuwenden, ein Wegweiser und Berater sein.

Die Sichtung und Auswahl der überreichen Fachliteratur, an die wir uns anlehnen mußten, haben wir auf Grund fünfzehnjähriger Erfahrung im elektrischen Beleuchtungswesen vorgenommen.

Budapest und Köln, Januar 1898.

Vorwort zur zweiten Auflage.

Die günstige Aufnahme der ersten Auflage des vorliegenden Handbuches gibt uns Gewähr dafür, daß die Art unserer Behandlung des Stoffes Anklang gefunden hat. Wir haben deshalb den Aufbau des Werkes beibehalten und seinen Inhalt nur nach den neuesten Fortschritten auf dem Gebiete der Lichtquellen, der Effektbeleuchtung, des Leitungsbaues und der Sicherungs- und Regelungsverfahren ergänzt. Außerdem haben wir es für ratsam gehalten, die Eigenschaften und das Verhalten der Dynamos, Motoren, Transformatoren und Apparate zu behandeln, um sowohl dem projektierenden und dem Betrieb führenden Ingenieur die nötigen Kenntnisse zur Lösung ihrer Aufgaben zu verschaffen, als auch dem Lernenden eine allgemeinere und tiefere Einsicht zu bieten.

Aus diesen Gründen haben wir neue Abschnitte über den Spannungsabfall und die Parallelschaltung der Gleich- und Wechselstrommaschinen, über synchrone und asynchrone Motoren, über ruhende und kreisende Umformer und über Akkumulatoren eingefügt und auch den Fragen der Wirtschaftlichkeit und Tarifbildung die gebührende Aufmerksamkeit geschenkt.

Durch diese Einschiebungen und durch Ergänzungen in allen Teilen des Werkes ist sein Umfang um nahezu 100 Seiten, die Zahl seiner Figuren um 89 gestiegen. Wir hoffen, daß seine Verwendbarkeit in gleichem Maße zugenommen hat.

Budapest und Köln, März 1901.

Vorwort zur dritten Auflage.

Bei jeder Neuauflage eines technischen Werkes liegt die Gefahr vor, daß Veraltetes wiederholt wird. Die Entwickelung aus Altem zu Neuem auf Grund neuer Fortschritte in den Wissenschaften, Erfindungen und Erfahrungen vollzieht sich so rasch, daß es schwer hält, ihr sicher zu folgen. Wir haben uns vor dieser Gefahr zu wahren gesucht, indem wir trotz des Erfolges der beiden vorhergehenden Auflagen unser Buch neu schufen. Ungefähr in der ursprünglichen Form war das Buch schon früher vom ungarischen Ingenieur- und Architekten-Verein als ein Teil eines großen Sammelwerkes über Elektrotechnik herausgegeben worden. Die zweite Auflage ist, von H. Boy de la Tour übersetzt, in französischer Sprache 1903 bei Ch. Béranger in Paris erschienen.

Bei der vorliegenden Auflage sind die Einteilung des Stoffes und die Behandlungsweise neben einem kleinen Kern geblieben; auch den Namen des Buches haben wir beibehalten, obgleich der Inhalt weit über das eng umschriebene Gebiet der reinen Beleuchtung hinausreicht und einen großen Teil elektrischer Starkstromanlagen umfaßt. Möge das neue Buch sich nicht nur die alten Freunde erhalten, sondern auch neue erwerben.

Budapest und Delft, September 1907.

Josef Herzog und **Clarence Feldmann.**

Inhaltsverzeichnis.

Erstes Kapitel.
Die elektrischen Lichtquellen.

Seite
1. Die physikalischen Grundlagen für
   die künstlichen Lichtquellen . . 1
   Strahlungsgesetze 1
   Ionen und Elektronen 6
   Elektrodenspannung 7
   Charakteristische Kurven . . . 9
   Zünden und Löschen eines
   Bogens 17
2. Über die optisch-geometrischen
   Grundlagen des Lichtes und
   der Beleuchtung 21
   Photometrische Einheiten . . . 24
   Vergleichsmaße für Lichtstärken 27
3. Räumliche Verteilung der Licht-
   und Beleuchtungsstärken . . 28
   Photometrischer Körper . . . 34
   Lichtausstrahlung der Glüh-
   lampen 37
   Photometrische Körper der
   Lichtbögen 42
4. Kohlenfadenglühlampe 50
   Nutzbrenndauer 52
   Kosten der Kerzenstunde . . . 53
   Flimmern bei Wechselstrom . 55
   Formen der Kohlenglühlampe 56
   Herstellung d. Kohlenglühlampe 61
   Prüfung der Kohlenglühlampe 63
   Sichtung der Kohlenglühlampe 66
5. Neuere Glühlampen 68
   Die Nernstsche Glühlampe . . 68
   Ihr Ballastwiderstand 70
   Ihre Bauweisen 72
   Ihre Theorie 73
   Metallfadenlampen 75
   Osmiumlampe 75
   Auer-Oslampe 76
   Osramlampe 77

Seite
   Tantallampe 77
   Zirkonlampe 79
   Kolloidale Wolframfäden . . 80
   Metallisierte Kohlenfäden . . 81
6. Vorgänge im Lichtbogen 81
   Bei Gleichstrom 81
   Bei Wechselstrom 82
   Flammbogen 83
   Quecksilberbogen 84
   Spektrum des Bogens . . . 84
7. Zusammenhang zwischen Bogen-
   länge u. Klemmenspannung 85
   Beim Kohlenbogen 86
   Beim Magnetitbogen 87
   Beim Quecksilberbogen . . 89
   Ventilwirkung 91
8. Bogenlampen 94
   Hauptstromlampen . . . 95
   Nebenschlußlampen 97
   Differentiallampen 98
9. Schaltung der Bogenlampen im
   Stromkreise 99
   Vorschalt- oder Beruhigungs-
   widerstand 100
10. Die Bauart der Kohlenbogen-
    lampe 102
    Gleichstromlampen 104
    Křižik und Piette 104
    Flammbogenlampe der A.E.G. 105
    Doppelkohlenlampen der
    A.E.G. 106
    Intensivflammbogenlampe der
    A.E.G. 107
    Excellolampe von Körting &
    Mathiesen 108
    Lampe von H. Beck 110
    Wechselstromlampen . . . 111
    Motorlampe von Utzinger . 111
    Excellolampe von Körting &
    Mathiesen 112

Inhaltsverzeichnis.

	Seite
Bogenlampen mit beschränktem Luftzutritt, Dauerbrandlampen	114
Pionierlampe von Marks	115
Janduslampe	115
Abbrand der Kohlenstifte	116
Bogenlampen für geringe Stromstärke	118
Freifallampe	118
Rignonlampe	119
Kolibrilampe	119
Liliputlampe	121
Hitzdrahtlampen	121
Drehstromlampen	123
Magazinlampen	123
Die Magnetitlampe	123
Quecksilberdampflampen	125
Die Cooper-Hewittlampe	125
Die Lampe der General Electric Co.	127
Die Uviollampe von Schott & Genossen, Jena	128
Die Heraeussche Quarzlampe	128
Die Hageh-Lampe	128
Die Arons-Lampe	129
Vakuumröhren mit und ohne Elektroden	129
Teslaröhren	129
D. Mac Farlan Moore	130
11. Bogenlichtkohlen	131
Herstellung der Kohlenstifte	131
Prüfung der Kohlenstifte	132
Verhalten der Kohlenstifte	134
Abbrand der Kohlenstifte	135
Kohlenstifte mit Leuchtzusätzen	137
12. Wirkungsgrad und Farbe der elektrischen Lichtquellen	141
Optischer und gesamter Wirkungsgrad	141
Äquivalent des Lichts	142
Wirkungsgrad der Glühlampen	144
Wirkungsgrad der Bogenlampen	145
Farbe der Lichtquellen	147
13. LichtvermittelndeVorrichtungen	149
Glocken	150
Dioptrische Vorrichtungen	151
Lichtrückstrahler, Reflektoren	152
Mittelbare oder indirekte Beleuchtung	155
Invertierte Bogenlampen	157
Halbindirekte Beleuchtung	158
Physiologische Wirkungen	159
14. Scheinwerfer	161
15. Beleuchtungsstärken	167

	Seite
Über die von den Lichtquellen hervorgebrachte Beleuchtung	167
Mittlere Beleuchtung eines Flächenstückes	179
16. Erforderliche Beleuchtungsstärke	183
Erforderliche Helle	184
Erforderliche Lampenzahl nach Erfahrungswerten	185
Glühlicht für Innenbeleuchtung	186
Bogenlicht für freie Plätze und gedeckte größere Räume	189
Wahl zwischen Glühlicht und Bogenlicht	192
17. Lichtmessung	194
Fettfleckphotometer	194
Würfel nach Lummer und Brodhun	195
Ritchiephotometer v. Schmidt & Haensch	198
Flimmerphotometer	199
Flimmerphotometer von W. Bechstein	200
Messung der Beleuchtungsstärke	201
Weberphotometer	201
Straßenphotometer von Brodhun	202
Messung des Lichtstromes	203
Photometrieren von Bogenlampen	204
Mesophotometer	204
Lumenmeter	205
Spiegellumenmeter v. Blondel	205
Kugelphotometer v. Ulbricht	205
Lichtmessung von Bogenlampen	207
Lichtmessung an Scheinwerfern	208

Zweites Kapitel.

Leitungsbau.

1. Einleitung	209
2. Der metallische Leiter	210
Kupfer	211
Natrium	213
3. Form des Leiterquerschnitts und Gewicht des Leiters	214
Litzenleiter	214
Füllfaktor	216
Eindrehung und Drall	216

Inhaltsverzeichnis.

4. Elektrischer Widerstand des Kupferleiters 218
Kupfernormalien 219

A. Freiluftleitungen.

1. Durchhang und mechanische Spannung des Leiters . . . 220
Nachhängen des Leiters . . . 224
Seile im Vergleich zu Drähten 225
Einfluß der Temperatur . . . 225
Einfluß des Windes 226
Einfluß von Schnee und Eis . 230
Durchhang und Spannweite . 231
Vergleich zwischen weichem und hartem Baustoff für Leitungen 234
Vergleich der Preise 235
Aluminium 235
2. Isolierglocken 237
Oberflächenisolation u. Durchschlagsfestigkeit 242
Formgebung der Glocken . . 244
Hochspannungsglocken . . . 247
Prüfung der Isolatoren . . . 250
3. Glockenstütze 255
Befestigung des Leiters an der Glocke 258
4. Verbindungsstellen der Leiter . 261
Drahtbünde 262
Muffenverbindungen 263
Verbindung bei Aluminium . 264
Nietverbindung 265
5. Anordnung der Leitungen . . . 266
Entfernung von Draht zu Draht 268
6. Schutz gegen eigene oder nachbarliche Leitungseinflüsse . . 273
7. Tragbau der Luftleitungen . . . 279
Holzsäulen 280
Mastfüße 283
Säulen aus gewappnetem Beton 284
Unterhaltung der Holzsäulen 286
Eiserne Rohrmaste 287
Eiserne Gittermaste 288
Turmmaste 291
Elastische Maste 293

B. Leitungen für Innenräume.

Isolierte Leitungen 298
Sichtbar verlegte Leitungen . . 300
Verlegung mittels Klemmen und Rollen 301
Verlegung in Holzleisten 307
Verlegung in Rohrwegen . . . 308

Verlegung in Mauerputz 318
Installations-Bleikabel 318

C. Versenkte Leitungen.

Allgemeines 321
1. Einteilung unterirdischer Leitungen 323
2. Tunnelleitungen 324
3. Leitungen in abdeckbaren Kästen 325
4. Einziehleitungen 326
5. Unmittelbare Einbettung von Leitungen in die Erde . . . 328
6. Die Isolierstoffe und ihre Eigenschaften 332
7. Herstellung und Eigenschaften der Kabel 335
8. Kabelzubehör 343
9. Übergangsstrecken 350
10. Wand- und Deckendurchgänge 351
Übergangssäulen 356
Bahn- und Straßenübergänge 357
Flußübergänge 358
11. Anforderungen an Leitungen . 364
12. Feinde der Leitungen 364

Drittes Kapitel.

Schaltung und Regelung von Leitungen und Maschinen.

A. Leitungssysteme . . 369

1. Strom- und Spannungsverteilung in Leitungen 370
Netzberechnung 373
2. Leitungen mit Induktanz und Kapazität 374
Richtungswiderstand 374
Induktanz von Luftleitungen 376
Zusammensetzung von Impedanzen und Spannungen . 379
Kapazität von Luftleitungen 381
3. Reihen- oder Seriensysteme . . 382
4. Parallelsysteme 383
Zweileitersystem 383
Dreileitersystem 384
Mehrphasensystem 385
5. Berechnung der Leiterquerschnitte und Verluste für alle Systeme 388
6. Gegenseitige Induktion . . . 394

Inhaltsverzeichnis.

	Seite
7. Gegenseitige Kapazität	396
8. Fernleitungen	398
Ursache und Größe der Ableitung	402
Bemessung von Leitungen	403
Kapazität und Verluste bei Kabeln	405
Wahl der Frequenz	407
9. Erwärmung elektrischer Leiter	409
Blanke Leitungen	409
Isolierte Leitungen	410
Leitungen in Innenräumen	410
Wärmeerscheinungen an verlegten Kabeln	412
Wärmewiderstände	412
Deutsche Vorschriften	413
Isothermen	415
Erwärmung und Abkühlung	417
Aussetzende Betriebe	418
Zeitkonstante	420
10. Wirtschaftliche Gesichtspunkte	422

B. Stromerzeuger und -umsetzer 424

1. Gleichstrommaschinen	429
Nebenschlußmaschinen	431
Parallelschalten von Nebenschlußmaschinen	434
Hauptschlußmaschinen	435
Compoundmaschinen	436
Parallelschalten von Compoundmaschinen	437
Doppelmaschinen und Spannungsteiler	438
2. Ein- und mehrphasige Wechselstrommaschinen	440
Fremderregung der synchronen Maschinen	442
Selbsterregung und Compoundierung der synchronen Maschinen	442
Parallelbetrieb von synchronen Maschinen	446
Phasenindikator	448
Mechanische Analogie zur Parallelschaltung von Wechselstrommaschinen	450
Pendeln parallelgeschalteter Wechselstrommaschinen	451
3. Motoren für ein- und mehrphasigen Wechselstrom	459
4. Asynchrone Generatoren	462
5. Ruhende Transformatoren	464
6. Drehende Umformer	467
7. Akkumulatoren	470
Theorie d. Bleiakkumulatoren	471

	Seite
Verhalten der Bleiakkumulatoren	475
Pufferbatterien	478
Kapazität der Zelle und der einzelnen Elektroden	479
Stromdichte und Entladungsdauer	481
Formen der Platten	483
Garantien	485
Aufstellung	486
8. Parallelbetrieb von Maschinen und Akkumulatoren	489
Zellenschalter	490
Gruppenschaltung	494
Dreileiteranlagen	496
Zusatz-, Vorspann- und Saugedynamo	499
Ladung von Akkumulatoren aus Wechselstromnetzen	501

C. Regelung.

1. Selbsttätige Regelung der Stromquellen auf konstante Spannung	505
2. Widerstandsregelung	506
3. Regelung auf konstanten Strom	511
4. Regelung der Netze	515
5. Regelung der Phasenverschiebung	523
6. Regelung auf Ausgleich	524
7. Regelung der Lichtquellen	526
8. Regelung bei Reihenschaltung	527
Beleuchtung der Theater	530
Licht- und Farbenabstufung	531

Viertes Kapitel.

Die ergänzenden Vorrichtungen und Einrichtungen zu elektrischen Anlagen.

A. Schmelzsicherungen. 532

Allgemeines	532
1. Bauart der Schmelzsicherungen	535
Schmelzstoff	535
Stöpselsicherung	536
Unverwechselbarkeit	538
Streifensicherung	540
Sicherungen für Freileitung	543

Inhaltsverzeichnis.

Sicherungen für Hochspannung 544
Sicherungen unter Öl ... 548
2. Theorie der Schmelzsicherungen 549
Erwärmungsvorgang 550
Grenzstrom 550
Trägheit der Schmelzung . . 552
Nennstrom 553
Vorschriften über den Nennstrom 554

B. Schutzvorrichtungen gegen Blitz und Überspannungen . 554

1. Erklärung der Erscheinungen . 554
Elektrische Ladungen ... 555
Wandernde Wellen 556
Stehende Wellen 557
2. Bauweisen der Schutzvorrichtungen 559
Spannungsbegrenzer 560
Zeitweilig wirkende Spannungsbegrenzer 561
Dauernd wirkende Spannungsbegrenzer 573
Schutz für Schwachstromleitungen 576
Zahl der Blitzschutzvorrichtungen 576

C. Schalter 577

1. Installationsschalter 578
2. Hochspannungsschalter. ... 583
3. Selbsttätige Schalter 588
Selbsttätige Parallelschaltung 596

D. Mefsvorrichtungen und -einrichtungen . . 600

1. Strom-, Spannungs- u. Leistungsmesser 601
2. Elektrizitätszähler 607
Eichvorschriften für Zähler . 612
3. Registrierende Meßgeräte . . . 615
4. Stromrichtungszeiger 616
5. Frequenzmesser 616
6. Über Isolation von Anlagen . 618
Isolation von Leiterstücken gegen Erde und gegeneinander 618
Isolationswiderstand 619
Oberflächenisolation 619
Verteilung des Potentials im Leiterkreise und elektrostatische Kapazität ... 619

Wechselstromnetze 620
Zulässige Größe des Ableitungsstromes 621
Elektrolytische Vorgänge . . 621
Physiologische Vorgänge . . 622
Effektverlust 623
Isolationswert fertiger Anlagen 624
Vorschriften über die Höhe des Isolationswiderstandes 625
Prüfung des Isolationszustandes 626
Erdschlußzeiger 627
Isolationsprüfer 628
Frölichs Verzweigungsmethode 630
Fehlerbestimmung bei Kabeln 631
Selbsttätige Fehlermeldung . 632
Erdung 633

E. Schaltanordnungen und -einrichtungen ... 635

Leitungsverbindung 636
Hochspannungsschaltanlagen . . . 638
Ausfahrbare Schaltfeldteile 647
Schaltsäulen und Transformatorhäuschen 650

F. Beleuchtungskörper . 652

1. Glühlampenträger 652
2. Bogenlampenträger 660

Fünftes Kapitel.

Über die Einrichtung ganzer Anlagen.

1. Einteilung der Anlagen ... 664
2. Maschineller Teil der Anlagen 666
Dampfanlagen 667
Parallelschaltung 671
Dampfturbinen 674
Wasserturbinen 677
Gasmotoren 679
Verbindungsweisen zwischen Triebmaschine und Dynamo 681
Lage der Erzeugungsstätte . 684
3. Lichtbedürfnis und abhängige Größen 685
4. Energieabsatz 686
5. Zeitlicher Verlauf des Gebrauches 691

Inhaltsverzeichnis.

	Seite
6. Räumliche Verteilung des Absatzes	695
7. Augenblicklicher und durchschnittlicher Wirkungsgrad der Stromverteilung	696
8. Wirkungsweise bei der Stromerzeugung	700
9. Über das zeitliche Verhältnis von Absatz und Erzeugung	703
10. Über die Anschaffungskosten elektrischer Beleuchtungsanlagen	704
11. Die Erzeugungskosten des elektrischen Lichtes	707
Direkte Betriebsausgaben	709
Indirekte Betriebsausgaben	711
12. Über Gründung und Geschäftsbetrieb von Beleuchtungswerken	712
13. Tarife	714
Wirtschaftlichkeit von Unternehmungen	719
14. Dreileiterzentrale von 2×110 V (Kopenhagen)	721
15. Dreileiteranlage mit 2×110 V u. Akkumulatoren (Düsseldorf)	723
16. Drehstromkraftwerk mit Dampfbetrieb (Triest)	727
17. Wechselstromanlage mit Wasser- und Dampfturbinen (La Goule-St. Imier)	730
18. Kraftwerk mit Fernleitung (Luzern - Obermatt - Engelberg)	735
Sachregister	758

Erstes Kapitel.
Die elektrischen Lichtquellen.

1. Die physikalischen Grundlagen für die künstlichen Lichtquellen.

Was als Licht vom Auge empfunden wird, rührt von Strahlen vom dunklen Rot mit der Wellenlänge λ von höchstens 0,8 Tausendstel Millimeter oder Mikron ($= \mu$) bis zum dunkelsten Violett mit der Wellenlänge von mindestens 0,4 Mikron her. Da die Fortpflanzungsgeschwindigkeit des Lichtes in der Luft $v = 300\,000$ Kilometer oder $3 \cdot 10^{14}$ Mikron in der Sekunde beträgt, so sind die sekundlichen Schwingungen $n = v/\lambda = 3 \cdot 10^{14}/\lambda$. Die Schwingungszahl der sichtbaren Strahlen liegt also zwischen 750 und 375 Billionen in der Sekunde und umfaßt nur eine Oktave. Unser Auge ist selbst innerhalb dieses engen Gebietes, welches nur einen kleinen Teil der Gesamtstrahlung ausmacht, sehr verschieden empfindlich. Es ist im Gelbgrün, etwa bei $\lambda = 0{,}535\,\mu$, wo die größte Sonnenstrahlung liegt, 10^5 mal empfindlicher als in der Nähe der roten Strahlen, bei denen die größte Bogenlichtstrahlung ausgesandt wird, wie die folgende Zahlenreihe nach Langley angibt:

Farbe:	Dunkelrot	Rot	Orange	Gelb	Grün	Blau	Violett
λ in μ . .	0,75	0,65	0,60	0,58	0,53	0,47	0,4
n in 10^{12} .	400	460	500	517	566	638	750
Lichtreiz .	1	1200	14 000	28 000	100 000	62 000	1600

Langleys Messungen beziehen sich auf geringe Hellen, bei denen nach einer zuerst von Purkinje beobachteten Erscheinung mit abnehmender Gesamthelle die bläulichen Strahlen länger sichtbar bleiben als die rötlichen. Deshalb sind die von A. König bei mittlerer Helle ermittelten Lichtreize für das blaue Ende des Spektrums kleiner, für das

2   Die elektrischen Lichtquellen.

rote Ende größer als bei Langley. Königs Angaben finden sich in der folgenden Zahlentafel zusammengestellt:

Farbe:	Dunkelrot		Rot	Orange	Gelb		Grün	Blau		Violett
λ in μ	0,769	0,67	0,65	0,605	0,59	0,575	0,535	0,47	0,43	0,38
n in 10^{12}	390	448	460	495	507	522	561	638	698	790
Lichtreiz	0,16	42,7	1290	11 403	25 000	45 000	100 000	9728	226	0,04

Alle längeren Wellen empfinden wir als Wärme. Alle Körper, die wir sehen, senden Licht aus; aber nur ein Teil von ihnen sind Selbstleuchter oder Lichtquellen; die andern erscheinen in durchscheinendem, widerstrahlendem oder in beiderlei, aber erborgtem Lichte.

Unter den Lichtquellen gibt es einige, die durch chemische oder molekulare Einflüsse in schwachem, meist bläulichem oder grünlichem Lichte ohne Temperatursteigerung strahlen. Zu diesen Erscheinungen, die E. Wiedemann als Lumineszenz zusammenfaßt, gehören das Phosphoreszieren des Phosphors und des Schwefels, das Leuchten von verdünnten elektrisierten Gasen, das durch Infusorien hervorgerufene Meeresleuchten und mehrere andere.

Wird jedoch die Lichtstrahlung durch genügende Temperaturerhöhung eines Körpers herbeigeführt, so wird dies als Temperaturstrahlung bezeichnet. Sie bildet die hauptsächliche Grundlage aller bis jetzt technisch verwerteten künstlichen Lichtquellen, und für sie gilt auch nach Kirchhoff, daß das Verhältnis von Emissions- zu Absorptionsvermögen für alle Körper, auf gleiche Wellenlänge λ und gleiche absolute Temperatur T bezogen, unverändert bleibt, also $E_\lambda : A_\lambda =$ Konstante. Diese Konstante ergibt sich aus einem vollkommen schwarzen Körper, welcher alle auf ihn fallenden Strahlen absorbiert und also keine Strahlen reflektiert. Sein Absorptionsvermögen $A_{s,\lambda}$ für eine gegebene Wellenlänge λ und Temperatur ist also größer als das aller anderen Körper, sein Reflexionsvermögen $R_{s,\lambda} = 0$. Nimmt man $A_{s,\lambda}$ gleich der Einheit, so ist für alle teilweise reflektierenden Körper $A_\lambda = (1 - R_\lambda) < A_{s,\lambda}$, wobei R_λ die Reflexion bedeutet. Da auch für den schwarzen Körper das Kirchhoffsche Gesetz besteht, so muß auch seine Emission $E_{s,\lambda} = S_\lambda$ größer als die irgend eines anderen Körpers bei derselben Wellenlänge und Temperatur sein, er muß also die größte Emission haben. Sendet ein Körper für jede Temperatur und Wellenlänge den gleichen Bruchteil E_λ der Strahlung S des schwarzen Körpers aus, so spricht man von einer grauen Strahlung. Ist jedoch dieses Verhältnis für einzelne Wellenlängen günstiger, dann wird sie als selektive Strahlung bezeichnet. Der vollkommen schwarze Körper kommt in der Natur nicht vor. Selbst Ruß und Platinmoor absorbieren nur einen Teil der auffallenden Strahlen und widerstrahlen den Rest. Das blanke Platin hingegen reflektiert von allen festen und feuerbeständigen Körpern am besten und absorbiert am wenigsten. Schon G. Kirchhoff hatte 1860 ausgesprochen, daß in jedem geschlossenen Hohlraume von beständiger Temperatur nur schwarze Strahlung herrsche; aber erst 1895 kamen W. Wien und O. Lummer darauf, in einem solchen Hohlkörper eine kleine Öffnung für den Austritt der schwarzen Strahlung anzubringen, und Lummer und Pringsheim machten 1897 die ersten Versuche, dieses Prinzip zu verwirklichen[1]).

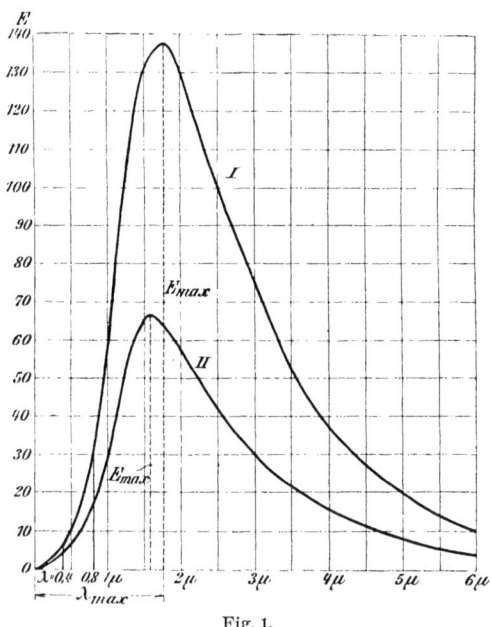

Fig. 1.

Es darf mit großer Wahrscheinlichkeit angenommen werden, daß die Gesetze aller künstlichen Lichtquellen, deren Wirkung auf Temperaturstrahlung beruht, durch das Verhalten des schwarzen Körpers und des blanken Platins eingegrenzt sind. Zeichnet man die Energieverteilung im Spektrum für beide, indem man als Abszisse die Wellenlänge λ, als Ordinate das Emissionsvermögen E_λ in Fig. 1 einträgt, so bestimmt die gegen die Abszissenachse begrenzte Fläche

$$S = \int_0^\infty E_\lambda \cdot d\lambda$$

---

[1]) Dr. O. Lummer, Die Ziele der Leuchttechnik. ETZ 1902 S. 787 u. 806.

die zugehörige Gesamtenergie der Strahlung. Der als Licht empfundene Teil ist auch bei dem vollkommensten Strahler, dem schwarzen Körper, nur ein äußerst geringer Teil der Gesamtenergie. Er ist in der Fig. 1 zwischen $\lambda = 0{,}4$ bis $0{,}9$ durch zwei Ordinaten eingegrenzt.

Für den schwarzen Körper, Kurve I, wächst die gesamte Strahlungsenergie S mit der 4. Potenz der absoluten Temperatur T, für das blanke Platin, Kurve II, mit der 5. Potenz und für Stoffe wie Eisenoxyd und Kohle mit einer dazwischen liegenden Potenz. In beiden Fällen weisen die Kurven die größte Energie E_{max} bei bestimmten Wellenlängen λ_{max} auf. Für den schwarzen Körper gelten die Stefan-Boltzmannsche Beziehung $S = \sigma T^4$ und die beiden Wienschen Verschiebungsgesetze $\lambda_{max} T = C$ und $E_{max} T^{-5} =$ Konstante, wobei σ nach Kurlbaum $5{,}32 \cdot 10^{-12}$ Watt/cm² Grad⁴ und $C = 2940$ ist. Auch beim blanken Platin gilt mit großer Annäherung $\lambda_{max} T = C$, nur beträgt nach Lummer und Pringsheim $C = 2670$ in μ Grad. Da in Fig. 1 $T = 1646^0$, ist $\lambda_{max} = 1{,}78$ für den schwarzen Körper und $= 1{,}62$ für das blanke Platin.

Hat man also für eine Lichtquelle spektrophotometrisch diejenige Wellenlänge λ_{max} bestimmt, bei der die größte Strahlung auftritt, dann liegt ihre absolute Temperatur zwischen den Grenzen $T_{max} = 2940/\lambda_{max}$ und $T_{min} = 2630/\lambda_{max}$.

Auf die Weise findet man:	λ_{max} in μ	Absolute Temperatur in Graden	
		T_{max}	T_{min}
für die Sonne	0,5	5880	5260
für den elektrischen Bogen	0,7	4200	3750
für den Nernstfaden	1,2	2450	2200
für den Kohlenfaden der Glühlampe	1,4	2100	1875

Für den Nernstfaden und den Kohlenfaden der Glühlampe zeigt Fig. 2 die Übereinstimmung zwischen der ausgezogenen beobachteten und der gestrichelten, gerechneten Kurve. Wo die beiden sich bei der Kohlenglühlampe schneiden, bei etwa $2{,}8\,\mu$, da werden die längeren Wärmewellen von der Glasbirne absorbiert.

Die obigen drei Gesetze hat M. Planck[1]) in einen einzigen, alle vorliegenden Beobachtungen befriedigenden Ausdruck zusammengefaßt, indem er die Strahlung des schwarzen Körpers gleichsetzte:

$$S_\lambda = c_1 \cdot \lambda^{-5} \left(\varepsilon^{\frac{c_2}{\lambda T}} - 1 \right)^{-1},$$

---

[1]) Drudes Annalen I S. 120; 1900 und IV S. 562; 1901.

Einteilung der Lichtquellen.

wobei $c_1 = 3{,}7179 \cdot 10^{-12}$ Watt . cm², $c_2 = 1{,}4598$ cm . Grad und ε die Basis der natürlichen Logarithmen bedeutet.

Die gesamte Helle eines Körpers steigt viel rascher als die Strahlungsenergie bei den in Betracht kommenden hohen Temperaturen, etwa mit der 12. Potenz der 'absoluten Temperatur. Nimmt man in runden Zahlen für das Kohlenfadenglühlicht 2000⁰, für den Lichtbogen 4000⁰, für die Sonne 6000⁰ absoluter Temperatur an, dann sendet die Flächeneinheit des Lichtbogens rund $2^{12} = 4000$ mal und die Sonne $3^{12} = 600\,000$ mal mehr Licht als die Glühlampe aus. Die höchste Strahlung $\lambda_{max} = C/T$ verschiebt sich mit steigender Temperatur nach immer kleineren Wellenlängen, d. h. nach der Richtung des blauen Lichtes.

Die angeführten Strahlungsgesetze gelten streng für Lichtquellen mit reiner Temperaturstrahlung.

Die elektrischen Lichtquellen, welche praktische Verwertung finden, lassen sich mehr oder weniger scharf in zwei Gruppen fassen. Die erste Art wird durch die **Glühlichter** gebildet und beruht auf der von festen, stromdurchflossenen Leitern bei genügender eigener oder fremdtätiger Steigerung der Temperatur verursachten Strahlung. Die zweite Art umfaßt die **Bogenlichter**, welche als leitende und leuchtende Brücken zwischen zwei festen oder flüssigen Elektroden auftreten. Der Lichtbogen wird bei den verschiedenen Formen von einigen Millimetern bis über einen Meter lang und führt durch einen Raum mit unbeschränktem oder gehemmtem Luftzutritt oder durch einen luftleeren Raum.

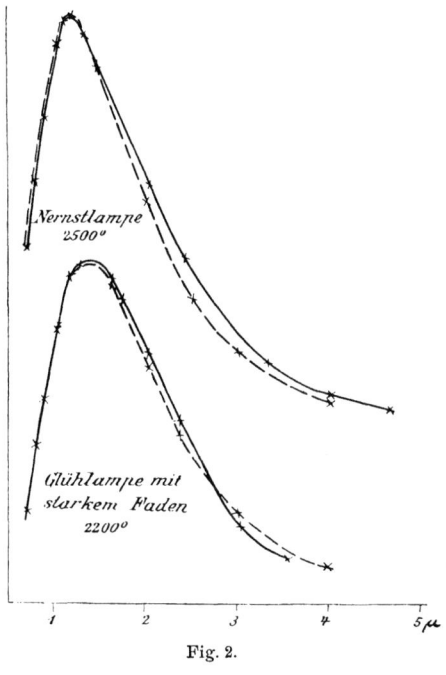

Fig. 2.

Alle genannten Lichtquellen fußen also auf dem Durchgang des Stromes: 1. durch gute Leiter, wie die neuen Metallfadenlampen; 2. durch Leiter zweiter Klasse, welche nur im erhitzten Zustande leitend werden, wie bei der Nernstglühlampe; und 3. durch Gasgemische, wie bei den erwähnten Lichtbögen. Zur klärenden Führung

6   Die elektrischen Lichtquellen.

für diese und manche andere zu behandelnde Erscheinung dient die Ionenhypothese, welche darum in einigen Zügen erwähnt werden soll[1]). Ein ungeladenes chemisches Atom enthält gleichviele positive und negative elektrische Elementarmengen, die Elektronen genannt werden. Diese Elektronen besitzen eine unveränderliche Ladung und können in den Atomen Schwingungen ausführen, deren Übertragung auf den umgebenden Äther die Lichtemission der Nichtleiter erklärt. Bei guten Leitern nimmt man an, daß die Elektronen auch frei vorkommen und zwischen den Atomen hin- und herfliegen.

Trennt man von einem Atom negative Elektronen ab, dann bleiben in ihm außer den andern gebundenen Elektronen auch freie positive noch zurück. Es ist dann positiv geladen. Ein oder mehrere solcher Atome mit freier elektrischer Ladung werden als Ion bezeichnet. Die Ionen bewegen sich im elektrischen Felde und heften sich an ungeladene Atome an, die dadurch auch zu Ionen werden. Ungleichnamige Ionen gleichen sich aus und müssen daher dauernd erneuert werden. Als Mittel zu dieser Ionisierung oder Ionisation kommen hier besonders hohe Temperatur und der Stoß von Ionen auf ungeladene Atome in Betracht. Werden durch Temperaturerhöhung die Moleküle mit Elektronen zum Zusammenstoß gebracht, so verändern die Elektronen ihre Geschwindigkeit. Bei genügend hoher Temperatur führt die dadurch bewirkte Störung des elektrischen Gleichgewichts in dem umgebenden Äther zur Lichtemission durch Temperaturstrahlung nach den bereits angeführten Gesetzen. Bei Gasen können die elektrisch getriebenen Elektronen so große Geschwindigkeiten erlangen, daß sie auch andere Gasteilchen durch Ionenstoß zur Lichtemission anregen. Dies ist in Vakuumröhren der Fall, wo die geladenen Elektronen durch die elektrische Spannung große Geschwindigkeit erreichen. Der Strahlungserreger ist dabei hauptsächlich das schneller bewegte, viel kleinere negative Ion.

Im Raume zwischen der positiven Elektrode, der Anode, und der negativen, der Kathode, des Lichtbogens befinden sich Gase und Dämpfe aus den Elektrodenmassen. Dieses Gemisch birgt freie positive und negative Ionen, welche im Spannungsfelde der Elektroden sehr schnell bewegt werden, und dabei den elektrischen Strom von der einen Elektrode zur andern bilden. Die kleinste elektrische Spannung zur Aufrechthaltung des Lichtbogens entspricht der zur Erzielung der erforderlichen Elektronengeschwindigkeit nötigen Energie. Die Stöße der Elektronen gegen die Elektroden bewirken hohe Temperatur, welche ihrerseits wieder

---

[1]) J. J. Thomson, Elektrizitätsdurchgang durch Gase. Deutsch von Marx. — J. Stark, Elektrizität in Gasen 1902. II. A. Lorenz, Die Ergebnisse der Elektronentheorie ETZ 1905 S. 555, 584.

Ionen und Elektronen. 7

für die Aussendung einer genügenden Zahl freier Elektronen notwendig ist. Da der Strom im Lichtbogen hauptsächlich durch negative Elektronen gebildet wird, ist er durch die Verdampfung an der heißen Kathode besonders gekennzeichnet. Die Anode braucht nicht ebenfalls zu glühen. Dann erstreckt sich aber von ihr bis in die Nähe der Kathode die Lichtsäule eines Glimmstromes im Gase, und diese erschwert das Zustandekommen einer zur Erhitzung der Kathode erforderlichen Stromstärke. Deswegen erheischt ein Lichtbogen ohne Verdampfung der Anode eine höhere Spannung als der gewöhnliche Lichtbogen mit Anodenverdampfung, welcher sich in der Regel selbst bilden kann. Ist die Stromstärke nämlich so groß, daß sie die Kathode zur Verdampfung veranlaßt, so bringt sie von selbst die Anode zur Weißglut, wenn man dies nicht absichtlich verhindert; bei Kohle wird die Anode sogar stärker erhitzt als die Kathode. Der Kohlenbogen des Gleichstroms nimmt eine Sonderstellung ein.

Zeichnet man die Spannungslinie längs der Strombahn, so verläuft sie für den Bogen selbst stetig; an der Grenze, den Elektroden, tritt im allgemeinen eine Stufe auf. Das Spannungsgefälle der Strömung ist gleich der elektrischen Kraft, welche in einem Punkte der Strömung auf die Einheit der Ladung wirkt. Der Spannungsabfall in der Bogenlichtsäule selbst ist beim gewöhnlichen Kohlenlichtbogen klein, unmittelbar an den Elektroden wieder viel größer. Nach Frau Hertha Ayrton gilt für die Anode in Volt $V_A = 31{,}28 + (9{,}0 + 3{,}1\,l)/i$ und für die Kathode $V_K = 7{,}6 + 13{,}6/i$, wobei l die Bogenlänge in mm, i die Stromstärke in A bedeutet.

Nach Child ergaben die folgenden Elektroden für den Anoden- und Kathodenfall:

Elektrodenstoff:	Zink	Eisen	Kupfer	Kohle
Anodenabfall in Volt	12	13	11	23
Kathodenabfall in Volt	14	15	14	9

Der Spannungsunterschied V zwischen den Elektroden eines Leiters, seine Elektrodenspannung, setzt sich aus dem Abfall in der Lichtsäule und den beiden Elektrodenstufen V_A und V_K zusammen. Für einen stationären Strom i mit dem Widerstande r gilt das Ohmsche Gesetz $i = V/r$, wenn r konstant bleibt und im Leiter keine EMK wirkt. Die Elektrodenspannung einer selbständigen Strömung hängt von den mehr oder weniger veränderlichen Größen des Leitungskreises ab. Diese sind die EMK E, der äußere Widerstand R, der Gasdruck p, der Elektrodenabstand l, der Querschnitt der Elektrodenoberfläche F, ihre Temperatur T und die magnetische Feldstärke H. Der

8 Die elektrischen Lichtquellen.

Zusammenhang ist durch den Widerstand der Strömung als Summe der Teilwiderstände hergestellt gleichwie beim magnetischen Kreis. Die Veränderungen dieser Größen können langsam oder schnell erfolgen. Im letzteren Falle tritt zur wirkenden EMK noch diejenige der Selbstinduktion hinzu. Dadurch kommt bei diesen Ausgleichsvorgängen die Kapazität der Leiter und die Kurvenform der Veränderlichen in Betracht, wodurch sich tatsächliche und scheinbare Phasenverschiebungen erklären.

Es sind zwei Fälle langsamer Änderung der selbständigen Strömung zu unterscheiden. Erstens kann eine vorhandene selbständige Strömung durch Änderung einer der Größen des Stromkreises beeinflußt oder von einer Art in eine andere übergeführt werden: eine Stromverwandlung.

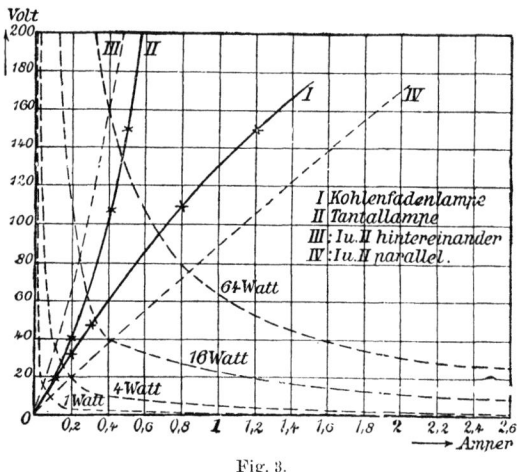

Fig. 3.

Haben bei wechselnder EMK die Elektroden unsymmetrische Verhältnisse, etwa sehr verschiedene Oberflächen, so wird für die eine Stromrichtung der Elektrodenfall und damit seine Stromstärke unterdrückt: man spricht von einer Ventilwirkung, die den Wechselstrom in Gleichstrom verwandelt. Man kann aber zweitens durch Beeinflussung der Veränderlichen ein Gas aus dem nichtionisierten Zustande in den ionisierten vermittelst Ionisierung durch Ionenstoß überführen und so eine selbständige Strömung, ausgehend vom stromlosen elektrostatischen Zustande, schaffen: die elektrische Selbstentladung. Die Entladung durch sekundäre Ionisierung heißt Zerstreuung. Erfahrungsgemäß setzt die Entladung, symmetrische Verhältnisse vorausgesetzt, in der Regel an der Kathode ein.

Ein magnetisches Feld beeinflußt die Elektrodenspannung eines beliebigen Stromes durch ein Gas nur dann nicht, wenn die Stromlinien des Gases mit den magnetischen Kraftlinien des Feldes zusammenfallen; sobald diese aber einen Winkel gegeneinander bilden, ist immer eine

Wirkung auf den Elektrodenfall, eine Ablenkung senkrecht zur Ebene des elektrischen Stromes und des magnetischen Feldes, vorhanden. Hierauf beruht die Verwendung des Blasmagneten für und gegen den Lichtbogen. Will man den zeitlichen und örtlichen Ausgleichsvorgängen in einem Leiterkreise eingehend folgen, so empfiehlt sich das zeichnerische Verfahren der Charakteristiken. Es werden von der Funktion F (e, i, l, p, T, H ..) zunächst drei der Größen, welche Augenblickswerten entsprechen, z. B. e, i und l, als veränderlich, die andern dagegen als konstant angesehen. Dies entspricht einem Flächenbild mit Schichtenlinien. Ebenso kann man mit e, i, H bei konstanten l, p .. verfahren, usw. Auf diese Weise wird ein Einblick in die Funktion F gewonnen. Für

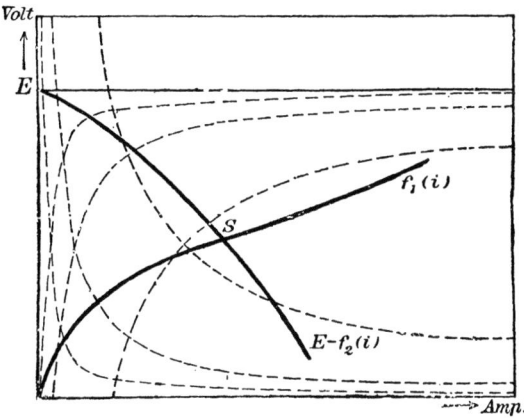

Fig. 4.

die Gasentladungsvorgänge hat Kaufmann[1]) diese Lehre von den charakteristischen Kurven eingeführt und Simon[2]) hat sie für die Lichtbogenvorgänge weiter entwickelt.

In Fig. 3 ist die Spannung als Funktion der Stromstärke für eine Kohlenfadenglühlampe I und eine Tantallampe II dargestellt. Die Charakteristik für ihre Hintereinanderschaltung zeigt Kurve III, die durch Zusammenfügen der Spannungen $e_1 + e_2$ für gleiche Stromstärken gefunden wird. Ebenso gewinnt man für die Parallelschaltung von I und II die Charakteristik IV durch Addition der Ströme $i_1 + i_2$ für gleiche Spannungen. Zeichnet man gleichzeitig für konstante Watt e.i die Leistungshyperbeln ein, so gibt jeder Schnittpunkt von I, II, ... mit ihnen über den Energieverlauf Aufschluß.

---

[1]) W. Kaufmann, Ann. d. Physik (4) 2 S. 158; 1900.
[2]) H. Th. Simon, Physikalische Zeitschr. 6. Jahrg. 1905 S. 297. — ETZ 1905 S. 818, 839.

Ist ein Leiter $e_1 = f_1(i)$ mit einem zweiten $e_2 = f_2(i)$ und einer EMK E zu einem Stromkreise verbunden, so stellt sich ein stationärer Strom ein, der dem Schnitte S, Fig. 4, der beiden Charakteristiken $f_1(i)$ und $E - f_2(i)$ entspricht. Die zugehörigen eingezeichneten Hyperbeln lassen die Leistungsbeiträge für jeden Teil des Leitungskreises unmittelbar erkennen. In dem praktisch wichtigen Falle, wo $f_2(i)$ eine gerade Linie, also der zweite Stromteil ein festbleibender Vorschaltwiderstand w ist, wird $E - f_2(i)$ ebenfalls eine Gerade, die Widerstandslinie Fig. 5 geben. Ihre Neigung gegen die Abszissenachse ist durch $e/i = w = \operatorname{tg} \alpha$ bestimmt. Verändert sich die EMK E, so verschiebt sich die Widerstandslinie parallel mit sich; bleibt E konstant bei veränderlichem Vorschaltwiderstande, so dreht sich die Widerstandslinie um

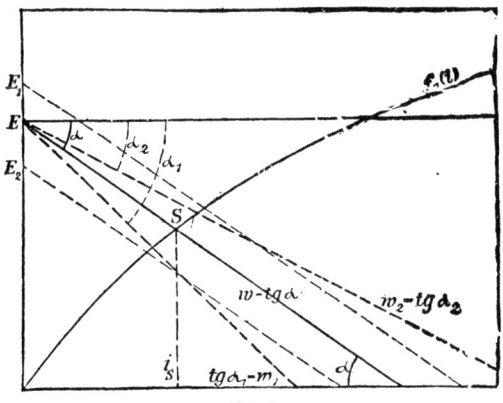

Fig. 5.

einen festen Punkt. Das Gleichgewicht des Punktes S kann aber unter Umständen auch labil werden. Für S muß die EMK E der Summe der Gegenspannungen $f_2(i) + f_1(i) = E = e_2 + e_1$ das Gleichgewicht halten. Wenn bei veränderlichem i, d. i. einer Verrückung des S parallel zur Abszissenachse, die linke Seite der Gleichung wächst, so muß rechts eine Hilfsspannung hinzukommen; die Verrückung kann sozusagen nicht von selbst eintreten. Das Gleichgewicht ist stabil, wenn die Summe der Änderungen nach i positiv wird:

$$\frac{df_2}{di} + \frac{df_1}{di} > 0.$$

Für das labile Gleichgewicht ist diese Summe negativ. Fig. 6 zeigt einige typische Fälle: S_1 ist stabil, da sowohl $\frac{df_1}{di}$ wie $\frac{df_2}{di}$ positiv sind; S_2 labil, weil beide negativ; S_3 stabil, da $\frac{df_1}{di} > 0$ und $\frac{df_2}{di} < 0$,

Statische und dynamische Charakteristiken.   11

aber
$$\frac{df_1}{di} - \frac{df_2}{di} > 0.$$

Auf diese Weise kann man die Betriebsverhältnisse eines Nernstglühstiftes in bezug auf Vorschaltwiderstand und Leitungsspannung prüfen. Ebenso läßt sich die Kenntnis der Lichtbogenerscheinungen gewinnen, wenn die erforderlichen Charakteristiken bestimmt werden können. Man kann zwischen statischen und dynamischen Charakteristiken unterscheiden. Bei ersteren wird schrittweise Strom und Spannung am Lichtbogen unter langsamer, stufenweiser Änderung der EMK bezw. des Vorschaltwiderstandes gemessen. Die zweiten werden gewonnen durch gleichzeitige Ermittlung des Strom- und Spannungsverlaufes an einem Lichtbogen, der von einer zeitlich veränderlichen Betriebsspannung, z. B.

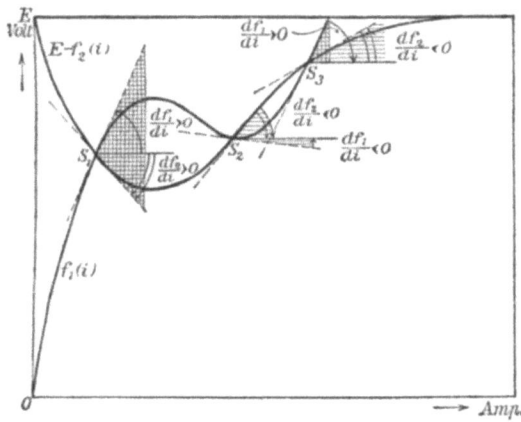

Fig. 6.

einer Wechselspannung, erzeugt wird. Man kann die angegebene Konstruktion für diesen Fall leicht erweitern, indem man für die periodischen Werte von E auf der Ordinatenachse die Werte von e und i aus der gegebenen Charakteristik $e = f_1(i)$ als Funktion der Zeit vorerst für einen bestimmten Vorschaltwiderstand w_1 punktweise ermittelt, dann für einen anderen w_2 usw. Ist dieser Vorschaltwiderstand nicht nur ohmisch, sondern auch induktiv, so ist die Zeitfunktion auf der E-Linie komplizierter, weil eine gegenelektromotorische Kraft $-L\frac{di}{dt}$ gemäß der Selbstinduktion auftritt. Die Kurven von Lichtbögen mit Wechselstrom von höheren Periodenzahlen weisen nun alle auf eine der magnetischen Hysteresis gleiche Erscheinung hin: Die Charakteristik ist für wachsende EMK ein wenig von der für fallende verschieden. Zu ihrer Erklärung müßte man eine thermische Remanenz heranziehen. Auf die Dynamik der Lichtbogenvorgänge soll nun näher eingegangen werden.

12   Die elektrischen Lichtquellen.

Um den Einfluß der Bogenlänge kennen zu lernen, wurden bei konstantem Vorschaltwiderstande und konstanter EMK die i- und e-Kurven durch Simon auf einem bewegten Film aufgenommen, während die Lichtbogenlänge bis zum Verlöschen des Lichtbogens vergrößert wurde.

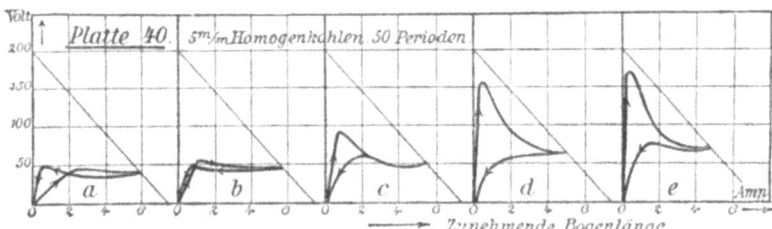

Fig. 7.

Während bei kurzem Lichtbogen die durch die erste Zacke der Spannungskurve bestimmte größte Spannung bei steigender EMK tiefer liegt als die durch die zweite Zacke bezeichnete größte bei fallender

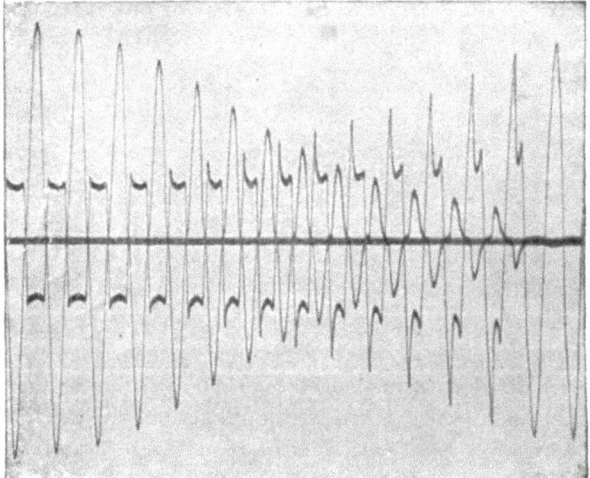

Fig. 8.

EMK, wächst mit zunehmender Bogenlänge die erste Zacke in sehr schnellem Verhältnis mit wachsender Bogenlänge, bis beim Verlöschen der höchste Wert der ersten Zacke und gleichzeitig der größte Unterschied in den Höhen beider Zacken erreicht ist. Gleichzeitig treten die Umbildungen der Stromkurven zum Beginn der wachsenden Stromstärken mehr und mehr hervor. Diese Vorgänge an den Charakteristiken zeigt Fig. 7. a b c d e sind die Charakteristiken, die sich mit zunehmen-

Statische und dynamische Charakteristiken. 13

der Bogenlänge ergeben. Die maximale Lage der Widerstandslinie, entsprechend dem höchsten Werte der EMK = 200 V, ist mit eingetragen. Man sieht: bei ganz kurzen Lichtbögen greift der fallende Zweig über den steigenden über. Dies findet seine Erklärung durch in den Krater eindringende Luftwirbel und das Zischen des Bogens, die bei kurzen Bogenlängen und starken Strömen beobachtet werden.

Um den Einfluß des Vorschaltwiderstandes auf die größte Stromstärke zu finden, wurden die Kurven der Fig. 8 in einem Lichtbogen von 3 mm Länge bei konstanter EMK von 200 V gewonnen, während der Vorschaltwiderstand rasch bis zum Verlöschen vergrößert wurde. Fig. 9 zeigt, daß mit abnehmender Stromstärke beide Kurvenzweige im Sinne der wachsenden Spannungen in die Höhe rücken, die steigende Kurve wieder viel schneller als die fallende. Dabei gelangen beide Maxima zu immer kleineren Werten von i. Die Hysterese scheint mit

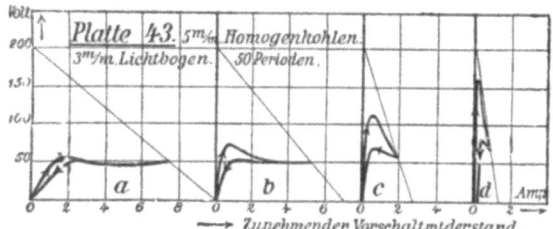

Fig. 9.

abnehmender Stromstärke zuzunehmen. Abnehmende Periodenzahl wirkt wie abnehmende Stromstärke.

Der gefundene Verlauf der dynamischen Charakteristiken des Lichtbogens und der Lichtbogenhysterese findet auf Grund der Ionentheorie des Lichtbogens folgende Erklärung. Bestimmend für die selbständige Elektrizitätsströmung in einer Gasstrecke ist die auf der Lichtbogenstrecke entwickelte Stromwärme, von der weitaus der größte Teil auf den Anoden- und Kathodensprung trifft. Sie bestimmt die Temperatur und die Größe der Krater, welche mit der Lichtbogenlänge entscheidend sind für die Spannung e, die bei einem bestimmten Strom i auf den Lichtbogen entfällt. Denn mit zunehmender Temperatur und Größe des negativen Kraters wächst die Zahl der austretenden Elektronen, welche die Gasstrecke ionisieren. Wenn schließlich die durch den negativen Elektrodenfall hervorgebrachte Wärmeentwicklung die negative Elektrode auf Verdampfungstemperatur erhitzt hat, wächst die Leitfähigkeit der Lichtbogengase rasch und die Lichtbogenspannung sinkt. Nun wird die weitere Steigerung der Stromwärme nicht mehr die Temperatur, sondern die Kratergröße ändern, so daß die weitere Spannungs-erniedrigung wesentlich durch die Querschnittsvergrößerung des Stromzylinders bewirkt wird. Solange der Krater klein bleibt, verursacht schon ein kleiner Zuwachs des Stromes eine verhältnismäßig große Veränderung. Darum fällt die Charakteristik so steil hinter ihrem Spannungsmaximum ab, sobald die negative Elektrode Weißgluttemperatur erreicht hat. Ähnlichen, aber geringeren Einfluß hat der positive Krater, der wegen des meist größeren Anodenpotentialfalles schon bei kleinen Stromstärken größere Querschnitte als der negative zeigt. Die Lichtbogenspannung nimmt mit wachsender Bogenlänge und abnehmendem Querschnitt zu. Bei gleicher Spannung hat also der längere Lichtbogen kleineren Strom, also kleinere Krater. Das Spannungsmaximum, bei dem die höchste Temperatur des negativen Kraters erreicht wird, liegt um so höher, je größer der Elektrodenabstand ist.

Das Produkt TF aus Temperatur T und Fläche F des negativen Kraters ist also bestimmend für die Spannung, die ein bestimmter Strom an einer Lichtbogenstrecke erzeugt, um so mehr, als auch der Anodenfall, die Fläche des positiven Kraters, das Gefälle in der Gassäule gleichfalls davon abhängen. Ein vorhandener Wert TF erfährt sofort eine Änderung, wenn Strom durch die Gasstrecke hindurchgeführt und damit eine Wärmeentwicklung ei eingeleitet wird. Haben die Elektroden gewöhnliche Zimmertemperatur, so müssen zunächst beträchtliche Werte der Spannung angelegt werden, um den zur Erreichung eines starken Elektronenaustritts ausreichenden Betrag von TF aus der entwickelten Stromwärme zu erzielen. Nachher erzeugt schon eine niedrige Spannung eine genügende Stromleistung, um den hohen Wert von TF und damit den Lichtbogen aufrecht zu erhalten. Bei langsamer Steigerung von e gibt die statische Charakteristik jeder Widerstandslinie den Zündstrom und die Zündspannung des Lichtbogens an. Das Produkt TF ist nicht bloß von der Stromwärme ei bestimmt, sondern auch durch die Gleichung zwischen Wärmezu- und -abfuhr. Der Strom entwickelt sekundlich die Wärme ei. Ist W die durch die Einheit von TF in der Sekunde abgeführte Wärme, so besteht bei $ei = WTF$ Gleichgewicht. Hieraus ist $TF = \dfrac{ei}{W}$; TF wird bei derselben Wärmezufuhr um so kleiner, je schneller die Wärme am Krater wieder abgeleitet wird. Deutlicher zeigt dies die folgende graphische Darstellung in Fig. 10.

Eigentlich entspräche jedem TF ein bestimmter Lichtbogenwiderstand. Wenn auf jeder Elektrode eine bestimmte Fläche F stets auf derselben Temperatur T erhalten wird, so wäre die Charakteristik des Lichtbogens eine durch den Ursprung gehende Gerade. Die ganze ei-Ebene kann man mit solchen TF-Strahlen erfüllen.

Statische und dynamische Charakteristiken. 15

In Wirklichkeit ist es aber unmöglich, TF konstant zu halten; die auf der Lichtbogenstrecke entwickelte Stromwärme vergrößert vielmehr fortdauernd TF, bis die gleichzeitig wachsenden Wärmeverluste ein weiteres Ansteigen nach der Gleichgewichtsbeziehung begrenzen.

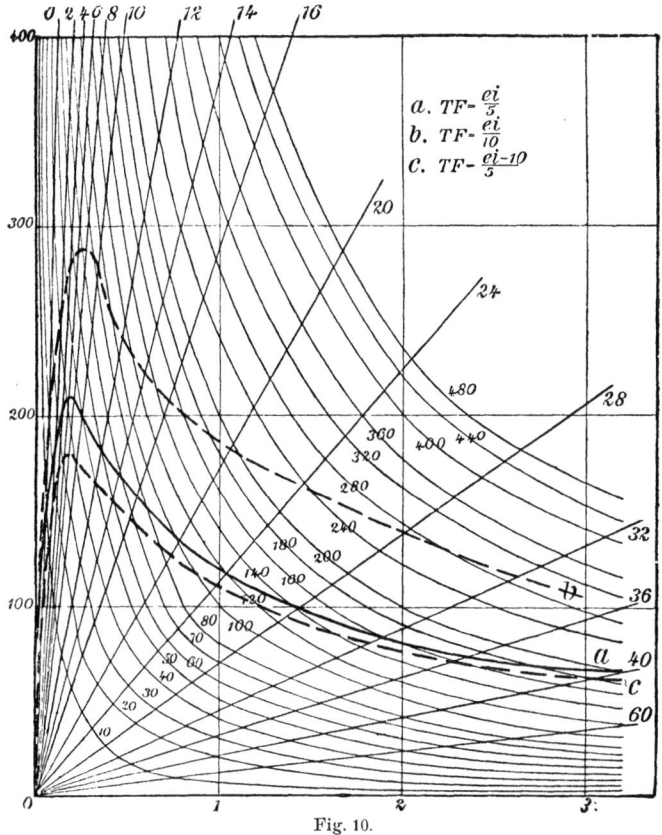

Fig. 10.

Jeder Lichtbogenleistung entspricht also eine Hyperbel, welcher dem Gleichgewichte gemäß ein Strahl TF zugeordnet ist. Der Ort ihrer Schnittpunkte führt zur statischen Charakteristik wie in Fig. 4.

In Fig. 10 ist schätzungsweise angenommen, daß bei e i = 100 Watt ein negativer Krater von 1 qmm mit einer Temperatur von 2000⁰ vorhanden sei, so daß TF = 20 wäre. Dann ist W = 5, und die TF-Strahlen erhalten nach der Beziehung TF = 0,2 e i die angeschriebenen Zahlenwerte.

Man übersieht den Einfluß auf die Charakteristik, sobald man die Wärmeverluste W vergrößert. Alsdann gehören zu denselben e i -Werten kleinere TF, und die Charakteristik wird durch Schnittpunkte derselben Leistungshyperbeln mit TF-Strahlen kleinerer Neigung bestimmt, wie das Fig. 10 für W = 10 andeutet. Metallische Elektroden werden daher wegen ihrer guten Wärmeleitung Charakteristiken mit höheren Spannungswerten aufweisen als Kohlenelektroden, selbst wenn das Material an sich sonst keinen Einfluß auf den Verlauf der Charakteristik hätte. Ein Erhitzen der Elektroden wird andererseits bewirken, daß die Charakteristik durch Schnittpunkte derselben TF-Linien mit tieferen Leistungshyperbeln bestimmt erscheint. Führt z. B. eine sekundäre Wärmequelle sekundlich die Wärmemenge 10 Watt zu den Elektroden zu, so ergibt sich die neue Charakteristik, wenn man die Schnittpunkte des TF-Strahles mit der um 10 Watt niedrigeren Leistungshyperbel bildet, wie das in Fig. 10 die Kurve c zeigt.

Als sekundäre Wärmequelle wirkt dem Krater gegenüber aber auch die von der Wärmeströmung in der Umgebung aufgespeicherte Wärme, sobald veränderliche, nicht stationäre Vorgänge ins Auge gefaßt werden. Das sei näher erläutert. Ein bestimmtes TF gibt innerhalb der Elektroden eine gewisse Wärmeverteilung: in jedes Volumelement strömt ebensoviel Wärme ein wie aus, und jedes enthält eine bestimmte Wärme. Wird nun die Wärmezufuhr vergrößert, so wächst die in jedes Element einströmende Wärme, während zunächst die ausströmende dieselbe bleibt; somit speichert sich mehr Wärme in dem Element auf und vergrößert das Temperaturgefälle, bis wieder die ausströmende Wärme gleich ist der einströmenden. Ist dieses neue Gleichgewicht erreicht, so ist der Wärmeinhalt jedes Elementes vergrößert worden, somit auch der gesamte Wärmegehalt des Wärmestromes. Ehe also eine Vergrößerung von TF möglich ist, muß die vergrößerte Wärmezufuhr diese Vermehrung des Wärmeinhaltes decken.

Dieser Wärmeinhalt J der Elektroden und der umgebenden Luft ist um so größer, je größer TF, je größer die Dichte ϱ und die spezifische Wärme c, und je kleiner die Wärmeleitung λ ist; also, wenn k einen konstanten Faktor bezeichnet,

$$J = \frac{TF \varrho c}{\lambda} k = L(TF),$$

wo $L = \frac{k \varrho c}{\lambda}$ bedeutet.

Wird J in der Zeit dt um dJ verändert, so ist die pro Zeiteinheit erforderliche Wärmemenge:

$$\frac{dJ}{dt} = L \frac{d(TF)}{dt}.$$

Sie ist positiv, d. h. muß zugeführt werden, wenn die Wärmezufuhr wächst, negativ, d. h. sie wird abgegeben, wenn die Wärmezufuhr kleiner wird.

Zünden und Löschen des Lichtbogens. 17

Im veränderlichen Zustande hat die in jedem Augenblicke entwickelte Wärmezufuhr außer den Wärmeverlusten W(TF) auch noch für diese Wärmemenge $\frac{dJ}{dt}$ aufzukommen. Es gilt also:

$$e\,i = W\,T\,F + L\,\frac{d(T F)}{dt}.$$

Nun soll das Zünden und Auslöschen eines Lichtbogens an Hand dieser Gleichungen erläutert werden. Zur Zeit $t = 0$ werde die Spannung e_0 an den Lichtbogen angelegt. Der Strom wird dann nach der Gleichung:

$$i = i_0\,(1 - \varepsilon^{-\beta t})$$

anwachsen und schließlich den Wert i_0 erreichen, der durch die Bedingungen des Lichtbogenkreises bestimmt ist. β ist eine von den Konstanten des Lichtbogenkreises abhängige Zeitkonstante. Somit hat man:

$$e_0\,i_0\,(1 - \varepsilon^{-\beta t}) = W\,(T F) + L\,\frac{d(T F)}{dt}$$

und für $\dfrac{e_0\,i_0}{W} = T_0 F_0$:

$$T F = T_0 F_0 \left\{ 1 - \frac{W}{W - L\beta}\,\varepsilon^{-\beta t} + \frac{L\beta}{W - L\beta}\,\varepsilon^{-\frac{W}{L}t} \right\}.$$

Wird andererseits von einem statischen Gleichgewicht des Lichtbogens die Leistung zur Zeit $t = 0$ nach dem Gesetz $e\,i = e_0\,i_0\,\varepsilon^{-\beta t}$ auf 0 gebracht, so ergibt sich:

$$T F = \frac{T_0 F_0}{W - L\beta} \left\{ W\varepsilon^{-\beta t} - L\beta\,\varepsilon^{-\frac{W}{L}t} \right\}.$$

Mit Zugrundelegung der Fig. 10 sind in den Fig. 11 und 12 die Kurven $e\,i$ und $T F$ für diese beiden Fälle gezeichnet. Die entsprechenden dynamischen Charakteristiken sind durch die Schnittpunkte der zu gleichen t-Werten gehörigen $e\,i$-Hyperbeln und $T F$-Strahlen in Fig. 13 konstruiert. Je größer β ist, d. h. je schneller die zugeführte Leistung $e\,i$ wächst, desto mehr weicht die dynamische Charakteristik von der statischen ab, und zwar verlaufen die Kurven der Zündung mit höheren Spannungswerten, die Kurven des Auslöschens mit tieferen Spannungswerten als die statische Kurve.

Dieselbe Spannung e_0 ergibt nach einer bestimmten Zeit ein um so niedrigeres $T F$, je kleiner β, je größer L und W sind. Bis das zur Zündung des Lichtbogens erforderliche $T F$ erreicht wird, dauert um so länger, je größer L und W und je kleiner β sind.

18 Die elektrischen Lichtquellen.

Man kann somit auf kurze Zeit beträchtliche Spannungen an die Elektroden anlegen, ohne daß der Lichtbogen entsteht. Daß durch fremde Ionisatoren wie lichtelektrische Kathodenstrahlen oder Erwärmung der Elektroden durch eine besondere Wärmequelle dieser Entladeverzug vermindert wird, ist verständlich. Denn diese Einflüsse bewirken, daß

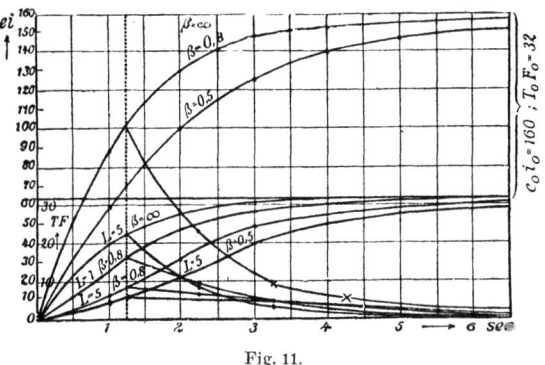

Fig. 11.

die zum Einsetzen des Lichtbogens erforderliche Ionisation schon bei kleineren T F-Werten erreicht wird als sonst. Je schneller nach dem Löschen die Spannung wieder angelegt wird, desto größeres T F findet

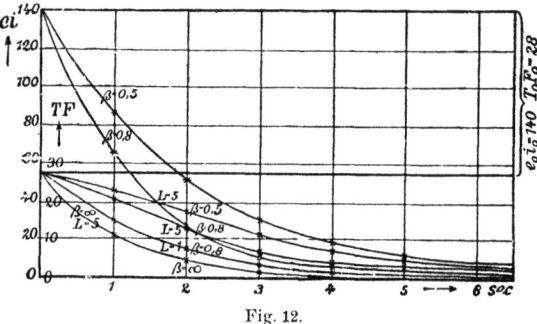

Fig. 12.

sie noch vor, desto kleinere Spannungen durchläuft demnach die Zündcharakteristik. Die Zeit, die zwischen Löschen und Zünden bei gegebener Spannung vergehen darf, um ein Wiederzünden zu erzielen, ist um so länger, je größer W/L ist, also bei Kohle wesentlich größer als bei Metallen, bei denen 10^{-5} Sek. schon genügen, um T F vollständig auf Null zu bringen.

Dies zeigt, daß $\dfrac{L\,d(TF)}{dt}$ als sekundäre Wärmequelle positiver oder negativer Art wirkt, was für die dynamische Charakteristik bedeutet, daß die Schnittpunkte jedes TF-Strahles mit der zum Werte e i $-\dfrac{L\,d(TF)}{dt}$ gehörigen Leistungshyperbel statt der zu e i gehörigen Hyperbel wie bei der statischen Kurve in Frage kommen. Die völlige Analogie mit der Gleichung der Wechselstromvorgänge in einem Stromkreise mit Selbstinduktion und Widerstand ist damit gefunden, und die dynamische Charakteristik ist auf die statische zurückgeführt. Sobald e i $=$ f(t) bekannt ist, läßt sie sich analytisch oder graphisch integrieren, und man erhält den zeitlichen Verlauf von TF, so daß durch die zusammen gehörigen Schnittpunkte die dynamische Charakteristik aus der statischen konstruiert werden kann. Das soll noch für einige praktisch bedeutsame Fälle angedeutet werden:

Die Vorgänge am Wechselstromlichtbogen erhält man in erster Annäherung bei Annahme eines sinusfömigen Verlaufs von Strom und Spannung ohne Phasenunterschied. Tatsächlich weist aber die Spannung zwei ausgeprägte Zacken selbst bei sinusförmigem Strom auf; trotzdem kommt der Ansatz e i $=$ $e_0 i_0 \sin^2 \omega t$ im allgemeinen der Wahrheit genügend nahe. Er führt zu:

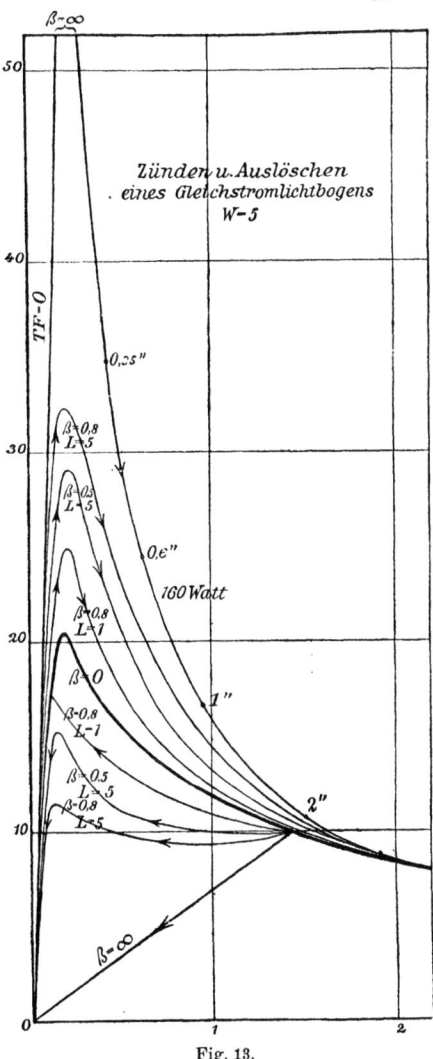

Fig. 13.

$$TF = \dfrac{T_0 F_0}{2} \left\{ 1 - \dfrac{\dfrac{W}{L}}{\sqrt{\left(\dfrac{W}{L}\right)^2 + (2\omega t)^2}} \sin(2\omega t + \varphi) \right\} + C\varepsilon^{-\dfrac{W}{L}t}.$$

Im stetigen Zustande ist das Endglied Null, und TF ändert sich sinusförmig mit der Periode 2ω und der Phasenverschiebung φ, wobei

20   Die elektrischen Lichtquellen.

tg $\varphi = W/2\,\omega\,L$. Konstruiert man die dynamischen Charakteristiken, so findet man, daß die Stromstärke, die mindestens erreicht werden muß, um den Wechselstromlichtbogen zu ermöglichen, unter sonst gleichen Bedingungen um so größer wird, je größer W/L ist. Je schlechter also die Elektroden die Wärme ableiten, desto leichter kommt ein Wechselstromlichtbogen zustande. Dies ist bei Kohlenelektroden der Fall. Je höher die Spannung ist, desto kleiner ist die Frequenz, die noch den Lichtbogen ermöglicht. Verkleinert man ω, so muß der Wechselstromlichtbogen bei einer bestimmten Frequenz verlöschen, während gleichzeitig die Lichtbogenhysteresis bis dahin immer größer wird. Ist W/L groß wie bei den Metallen, dann sind Wechsellichtbögen kleinerer

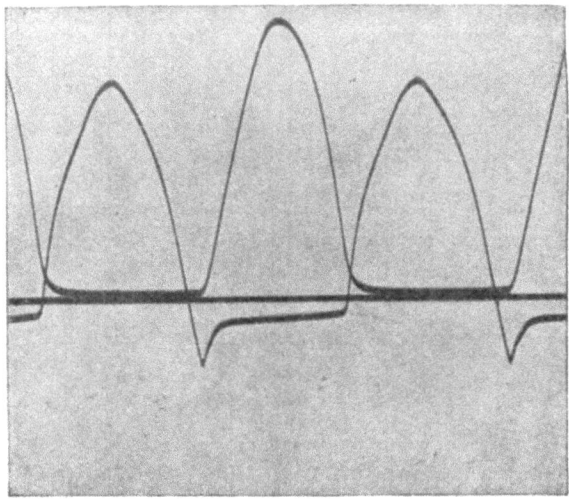

Fig. 14.

Spannung nur bei sehr hohen Frequenzen möglich, wie sie selbsttätig bei der oszillatorischen Entladung sich ergeben.

Man kann also vom Widerstande einer Funkenstrecke im gewöhnlichen Sinne nicht sprechen. Denn der Ausdruck W/L hängt von der Form und Größe der Elektroden ab. Er ist kleiner bei dünnen stabförmigen Elektroden als bei Kugeln, kleiner bei Kugeln mit kleinem als mit größerem Durchmesser. So ergibt sich die Abhängigkeit des Funkenpotentials von der Elektrodenform und -größe.

Für einen unsymmetrischen Lichtbogen, z. B. zwischen Metall und Kohle, hat man die entsprechenden dynamischen Kurven zusammenzusetzen. Man erhält dann ein Schaubild, wie es an einem Kohle-Kupferlichtbogen in Fig. 14 aufgenommen ist. Die sogenannte Ventilwirkung ist eine Folge aus der Verschiedenheit des W/L auf beiden Elektroden. Alle Umstände, die sie bedingen, erzeugen stets auch Unsymmetrie, also Ventilwirkung.

2. Über die optisch-geometrischen Grundlagen des Lichtes und der Beleuchtung.

Die optischen Grundgesetze beruhen auf der geradlinigen Ausbreitung des [Lichtes ,im homogenen Mittel, auf der Unabhängigkeit der Teile eines Lichtbündels voneinander und auf der regelmäßigen Zurückwerfung und Brechung des Lichtstrahles: Obzwar Grimaldi 1665 und Newton 1704 die Erkenntnis der geradlinigen Fortpflanzung der Lichtstrahlen bereits gewonnen hatten, so fehlt doch die Beibringung eines unmittelbaren Beweises bis heute. Alle Lichtbüschel von endlichem Querschnitte verhalten sich nämlich so, als seien sie aus Einzelstrahlen gebildet, welche sich unabhängig voneinander in gerader Richtung fortpflanzen. Je dünner aber diese Lichtbüschel beim tatsächlichen Versuch genommen werden, desto mehr treten durch Beugungserscheinungen Abweichungen von der einfachen Grundannahme auf.

Eine punktförmige stetige Lichtquelle, die nach allen Richtungen gleichviel Lichtenergie ausstrahlt, würde einen beständigen Lichtstrom Φ in den Raum senden. Betrachtet man die Strömung nach einer bestimmten Richtung hin im Kegelchen mit der Grundfläche df auf der Einheitskugel um die Lichtquelle, so wird das Verhältnis $d\Phi/df = J$ als Lichtstärke oder Intensität bezeichnet und in Hefner-Kerzen HK ausgedrückt. Es ist also der Lichtstrom $d\Phi = J \cdot df$ und somit der gesamte vom Punkte durch die Einheitskugel entsandte Lichtstrom $\Phi = 4\pi J$, der in Lumen gezählt wird. Der Lichtstärke Eins eines leuchtenden Punktes entsprechen also $4\pi = 12{,}56$ Lumen.

Auf einer Kugel vom Halbmesser r schneidet der Lichtstrom eines Kegelchens die Fläche r^2 df heraus. Der Strömung durch diesen Querschnitt entspricht nun eine r^2 mal kleinere Beleuchtungsstärke, wenn man die Kugelfläche als beleuchtet ansieht, oder r^2 mal kleinere Lichtstärke, wenn sie im erborgten Lichte wieder als Selbstleuchter aufgefaßt wird. Dieses Entfernungsgesetz gilt wie alle Elementargesetze nur für ideale Fälle; in Wirklichkeit kann es nie streng zutreffen, weil der leuchtende Punkt ebensowenig besteht wie ein geometrischer. Man hat mit aus strahlenden Körpern, nicht mit idealen Punkten zu tun. Sind sie undurchsichtig, dann senden sie alle ihre Strahlen mehr oder weniger von ihrer Oberfläche oder ihren Unterschichten aus. Sind sie durchscheinend wie leuchtende Gase, so erfolgt die Strömung auch vom Innern heraus; aber die Körper kann man sich dann immer durch eine leuchtende Ausstrahlungsoberfläche ersetzt denken.

Irgend eine den leuchtenden Punkt völlig umschließende Fläche wird, von eigenen Widerstrahlungen abgesehen, eine **Beleuchtung** empfangen, welche dem gesamten Lichtstrom Φ entspricht, soferne auf dem Wege zu ihr keine Schwächungen aufgetreten sind. Dies weist auf den Zusammenhang zwischen Lichtquelle und erzielbarer **Beleuchtungsstärke E** hin. Man versteht darunter den auf die Flächeneinheit auffallenden Lichtstrom, also $E = d\Phi/dF$, und zählt sie in **Meterkerzen** oder **Lux**. Die erste Bezeichnung ist älter und eingebürgerter, obzwar sie zu einer irreführenden Auffassung verleitet. n Meterkerzen erzeugen nämlich jene Beleuchtung, welche von einer Lichtquelle von n Hefnerkerzen in dem Abstande von **einem Meter** von der beleuchteten Fläche erzielbar ist, dies gilt dem Entfernungsgesetze entsprechend für einen andern Abstand nicht mehr ohne weiteres. Die Lichtstärke ist demnach nur ein aus dem Lichtstrom abgeleiteter Begriff. Dieser fußt wieder auf der Beleuchtungsstärke, die er in der umschließenden Fläche hervorruft. Deswegen stützt sich die Lichtmessung auf Vergleichung von Beleuchtungsstärken.

Wählt man die Grundfläche des Elementarkegels unendlich klein, so geht bildlich seine zentrale Strömung in die eines parallelen Lichtbündels über. Solche endliche Parallelbündel gibt für uns die Sonne, wenn wir ihre Entfernung unendlich weit im Verhältnis zu der Ausdehnung eines Körpers ansehen wollen. Ein parabolischer Spiegel gibt sie auch, wenn in dessen Brennpunkte eine unendlich kleine Lichtquelle aufgestellt werden könnte. Für diese parallelen Lichtbündel gilt das Entfernungsgesetz, welches doch nur die kugelförmige Ausbreitung aussagt, nicht mehr. Alle Parallelschnitte des Parallelbündels müßten zu gleichen Beleuchtungsstärken führen, wenn man von Nebeneinflüssen wie Streuung und Absorption absieht. Hierauf beruht die Wirkung der Scheinwerfer.

Fällt ein Parallelbündel senkrecht auf eine weiße matte Fläche, so empfängt sie die stärkste Beleuchtung; ist das Bündel zur Fläche parallel, so bescheint es diese eben gar nicht. Jedes schiefe Bündel kann in zwei solche Strömungen oder Richtungen zerlegt gedacht werden. Diese geometrische Zerlegung folgt aus der Unabhängigkeit der Bündel voneinander. Das Parallelogramm der Lichtstrahlen entspricht dem der Kräfte oder Geschwindigkeiten, Fig. 15.

Für selbstleuchtende Flächen hat Lambert schon im Jahre 1760 in seiner Photometrie dieses **Kosinusgesetz** auf Grund der Tatsache ausgesprochen, daß die Sonne als gleichmäßig leuchtende Fläche erscheint. Das Gesetz besagt, daß die von einem leuchtenden Flächen-

Lambertsches Kosinusgesetz.   23

element df ausgestrahlte Lichtströmung Jdf cos α dem Kosinus des Winkels α zwischen Ausstrahlungsrichtung und Flächennormale proportional ist. Gleiches gilt für ein beleuchtetes Flächenelement E . df cos β, wo β den Einfallswinkel, E die Beleuchtungsstärke bedeutet. df cos α und df cos β sind die scheinbaren Größen, unter welchen die Flächen erscheinen. Bezeichnet man mit Flächenhelle e = Φ/f die Lichtstärke der Flächeneinheit oder dasselbe für eine beleuchtete Fläche E = Φ/f, so sieht man, daß sie für alle Neigungen unverändert bleibt, weil sowohl J als E mit der scheinbaren Größe von f gleichzeitig abnehmen. Genauer ausgedrückt ist e = dΦ/df und E = dΦ/df.

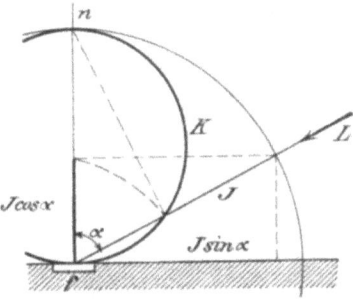

Alle vorhergehenden Erklärungen lassen sich in ein einziges Elementargesetz wie folgt zusammenfassen: Das Flächenteilchen f beleuchte mit der Lichtstärke J ein anderes f' in der Entfernung r. Die beziehlichen Flächennormalen schließen mit r den Ausstrahlwinkel α und den Einfallwinkel β, Fig. 16, ein. Dann ist J . f cos α der ausgesandte Lichtstrom, welcher in der Entfernung r senkrecht auf r die Beleuchtungsstärke $\dfrac{J . f \cos \alpha}{r^2}$

Fig. 15.

hervorruft. Diese Beleuchtungsstärke muß nun noch nach der Richtung β genommen werden, was zur Formel führt:

$$\Phi = \frac{J . f . f' . \cos \alpha . \cos \beta}{r^2}$$

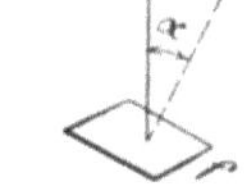

Dieser Ausdruck ist mit den Fernwirkungsformeln der Masse, Elektrizität und des Magnetismus gleichbedeutend. Bezold und Ebert haben daher vorgeschlagen, die Behandlungsweise der Potentialtheorie in die photometrischen Probleme einzuführen. Der Ausdruck $df . \dfrac{\partial \Sigma \dfrac{i}{r}}{dx}$ würde die Komponente des Lichtstromes nach der Richtung x bedeuten und Ebert schlug für das Potential $\Sigma \dfrac{i}{r}$ die Bezeichnung Luminal[1]) vor. Sein negativer Differentialquotient nach irgend einer Richtung J/r^2 führt zur Beleuchtungsstärke E. Man kommt auf dieselben Stromlinien und die darauf

Fig. 16.

---

¹) Dr. O. Lehmann, Elektrizität und Magnetismus S. 349.

24 Die elektrischen Lichtquellen.

senkrecht verlaufenden Niveaulinien, welche auch hier zu einem übersichtlichen Bild der Strömungen, der Lichtverteilung, führen. Die Niveaulinien des Luminals sind die geometrischen Orte der Punkte gleicher Beleuchtungsstärken, die Hellengleichen oder Isophoten.

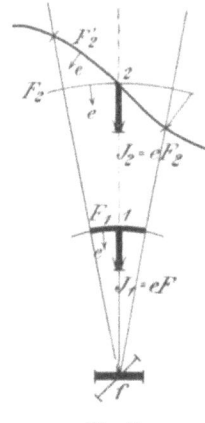

Fig. 17.

Für die Behandlung von Fragen über Beleuchtungsstärken ist noch der gleichwertige Ersatz von leuchtenden Linien oder Flächen von Wichtigkeit[1]). Die Beleuchtung eines Flächenteilchens f, Fig. 17, erfolgt durch alle Kegelausschnitte F_1, F_2, F_2'... in gleicher Weise, wenn in ihnen gleiche Flächenhelle e, d. i. Lichtstärke auf die Flächeneinheit, herrscht. Dies ist richtig, weil die Lichtstärken der Flächen mit der Entfernung zwar wachsen, aber im gleichen Maße ihre Wirkung auf das Flächenteilchen einbüßen. Nach dem Kosinussatze kann ferner der schiefe Ausschnitt F'_2 den geraden F_2 ersetzen, woraus die volle Gleichwertigkeit beliebiger Schnitte hinsichtlich der Beleuchtung von f hervorgeht.

Photometrische Einheiten. Die Empfindung der Lichtstärke beruht auf ihrer physiologischen Wirkung auf das Auge, und es fällt daher schwer, sie auf die Grundeinheiten des absoluten Maßes zurückzuführen. Man hat deshalb zu künstlichen Einheiten der Lichtstärke Zuflucht genommen. Eine vollkommene Lichteinheit wäre eine Lichtquelle, welche sich überall sicher und billig mit unveränderlicher Lichtstärke herstellen ließe.

Vom theoretischen Standpunkte aus sind jene Einheiten zur Bestimmung der Lichtstärke beachtenswert, bei welchen als Vergleichsmaß die Flächeneinheit eines durch den elektrischen Strom zum Glühen gebrachten, möglichst unveränderlichen Stoffes verwendet wird. Dem entspricht die Platineinheit von Violle, welche von den internationalen Elektrikerkongressen 1884 in Paris und 1896 in Genf angenommen wurde. Sie bildet die senkrecht zur glühenden Oberfläche von einem Quadratzentimeter geschmolzenen Platins bei der Erstarrungstemperatur ausgesandte Lichtstärke. Diese Festsetzung würde, da die Beschaffenheit der Oberfläche nach den Versuchen von Lummer und Kurlbaum das Ergebnis nicht beeinflußt, genügen, wenn nur die Erstarrungstemperatur ohne besondere Bestimmung der Nebenumstände genau feststünde. Dies ist nicht der Fall. Außerdem ist die Einheit umständlich wiederherzustellen.

---

[1]) August Beer, Grundriß des photometrischen Kalküls 1854 S. 26.

Photometrische Einheiten.

Für die Praxis kommen Flammeneinheiten, namentlich die von v. Hefner-Alteneck vorgeschlagene Amylacetatlampe, in Gebrauch. Als Einheit der Lichtstärke dient unter dem Namen Hefnerkerze, HK, die frei in reiner und ruhiger Luft brennende 40 mm hohe Flamme, welche sich aus dem wagrechten Querschnitt eines massiven, mit reinem Amylacetat (Isoamylacetat $C_7H_{12}O_2$) gesättigten Dochtes erhebt. Dieser erfüllt vollständig ein rundes Neusilberröhrchen mit 8 mm lichter Weite, 8,3 mm äußerem Durchmesser und 25 mm freistehender Länge. Die Messung erfolgt wenigstens 10 Minuten nach dem Anzünden. Die Hefnerkerze ist bequem zu handhaben, leicht, billig und genügend genau herzustellen und vom Barometerstand hinreichend unabhängig. Sie gibt die Einheit bei 8,8 Liter Wasserdampf auf 1 m³ trockener, kohlensäurefreier Luft. Ihre Lichtstärke J hängt von der Feuchtigkeit der Luft nach der Gleichung ab:

$$J = 1{,}049 - 5{,}5\,h/(b-h) \text{ Hefnerkerzen,}$$

wenn h die Dunstspannung, b den Barometerstand bedeutet[1]). Für 1 mm Unterschied in der Flammenhöhe ändert sich J um 3%; um vom Einfluß der Kohlensäure frei zu sein, sind zum Photometrieren große, gut gelüftete Räume erforderlich.

Für Deutschland ist die Hefnerlampe allgemein, nämlich von der Physikalisch-Technischen Reichsanstalt in Berlin und vom Verbande Deutscher Elektrotechniker, von der Lichtmeßkommission des Vereins der Gas- und Wasserfachmänner Deutschlands, als Vergleichsmaßstab angenommen worden. Diese haben auch gleichlautende Vorschläge bezüglich der photometrischen Einheiten, ihrer Definition, Benennung und Bezeichnung angenommen. Als Maßeinheiten dienen je nach dem Bedürfnis entweder Kerze, Zentimeter und Sekunde oder Kerze, Meter und Stunde. Für die Lichtleistung wird für chemische Wirkungen namentlich in der Photographie die Benennung Belichtung verwendet. Die begreifliche Trägheit gegen die Aufnahme neuer Namen, welche das Gedächtnis belasten, verhindert deren Einbürgerung. Die Ausdrücke aus dem gewöhnlichen Sprachgebrauche sind aber meist von schwankender Bedeutung, so daß ihr richtiger scharfer Gebrauch schwer fällt. Folgende Zusammenstellung bringt nebst den Bezeichnungen und Erklärungen noch die Namen der photometrischen Größen.

---

[1]) E. Brodhun, Photometrie in Winkelmanns Handbuch der Physik, 2. Aufl., 6. Band S. 747, Leipzig 1906.

Die elektrischen Lichtquellen.

Name	Zeichen	Erklärung der Einheit	Bezeichnung	Formel	Dimension	Andere Benennungen
Lichtstärke	J	Die Lichtstärke der Hefnerlampe in wagrechter Richtung bei 40 mm Flammenhöhe	Hefnerkerze HK	—	J	Licht- oder Leuchtkraft und Intensität
Lichtstrom	Φ	Der von der Einheitskerze durch die Oberflächeneinheit der Einheitskugel, also durch den Raumwinkel $\omega = 1$, entsandte Lichtstrom	Lumen Lm	$\Phi = J \omega$	J	Lichtfluß, Licht- oder Strahlenmenge und Quantität
Lichtleistung	Q	Lichtstrom mal Zeit seines Bestehens, also das während der Sekunde oder der Stunde andauernde Lumen	Lumensekunde oder Lumenstunde	$Q = \Phi t$	J T	Lichtabgabe, Lichtmenge, Licht-Arbeit oder -Lieferung
Beleuchtungsstärke	E	Die Beleuchtungsstärke eines Flächenteilchens im Abstande von einem Meter durch die Einheitskerze oder der auf die Flächeneinheit senkrecht auffallende Lichtstrom	Meterkerze oder Lux MK oder Lx	$E = \dfrac{J}{r^2}$ $= \dfrac{\Phi}{f}$ f in cm² oder m² r · cm · m	$J L^{-2}$	Beleuchtung, Erleuchtung, Helligkeit, Lichtdichte, Erhellung, indizierte Beleuchtung
Flächenhelle	e	Das Verhältnis des auf ein beleuchtetes Flächenteilchen auftreffenden Lichtstromes zu seiner scheinbaren Größe	Hefnerkerzen pro m² HK/m²	$e = \dfrac{\Phi}{f}$ f in m²	$J L^{-2}$	Flächenhelligkeit
		Die Lichtstärke einer Flächeneinheit der Lichtquelle	Hefnerkerzen pro mm² od. cm² HK/mm² odor HK/cm²	$e = \dfrac{J}{f}$ f in mm² od. cm²	$J L^{-2}$	Glanz, spezifische Intensität

Die Messung der Lichtstärke, des Lichtstromes und der Beleuchtungsstärke für gleich- oder verschiedenfarbige, direkte oder indirekte Lichtquellen bildet die Aufgabe der Lichtmessung oder Photometrie. Die Beurteilung der Gleichwertigkeit erfolgt entweder durch Einstellung auf gleiche scheinbare Helle oder auf gleiche Sehschärfe. Die Sehschärfe ist dem Sehwinkel reziprok, unter welchem man eine feine schwarze Zeichnung auf hellem Grunde eben noch erkennen kann; sie nimmt mit wachsender Helle anfangs rasch, dann langsamer zu und erreicht bei Tageshelle für alle Farben gleichen Höchstwert. Die Einstellung muß also bei geringer Flächenhelle vorgenommen werden und ist deshalb für die Augen ermüdend und meist wenig genau. Abweichungen in den Ergebnissen beider Methoden der Lichtvergleichung sind aber bisher nicht sicher erweisbar gewesen.

Außer der Hefnerlampe sind noch einige andere Vergleichsmaße für Lichtstärken in Verwendung. Die Viollesche Platineinheit ist bereits erwähnt; Violle hat auch deren zwanzigsten Teil als bougie décimale = 1,13 HK eingeführt. Die Carcellampe verbraucht stündlich 42 g gereinigten Rüböls und liefert mit einem Runddocht von 30 mm Durchmesser bei 40 mm Flammenhöhe bei mittlerer Luftfeuchtigkeit 10,8 HK. Die 10 kerzige Pentangaslampe von Vernon-Harcourt verbrennt ohne Docht das als Pentan ($C_5 H_{12}$) bezeichnete Destillat des amerikanischen Petroleums. Ihre Lichtstärke beträgt bei der für Deutschland als normal angenommenen Luftfeuchtigkeit von 8,8 l/m³ nach den Messungen der Physikalisch-Technischen Reichsanstalt (1905) 11,0 HK, bei der für England normalen Luftfeuchtigkeit von 10 l/m³ trockener kohlensäurefreier Luft 10,9 HK. Bei älteren Arbeiten finden sich auch noch Angaben in deutschen Vereinskerzen und englischen Spermacetikerzen. Folgende Zahlentafel[1]) gibt über die Umrechnung Aufschluß.

Einheiten	Umrechnungsfaktoren						
	Hefnerkerzen	Violle	Deutsche Vereinskerzen	Englische Kerzen	Carcels	Harcourt 10-Kerzen-Pentanlampe	Bougies décimales
Hefnerkerzen	1	0,051	0,84	0,88	0,0925	0,0909	0,885
Viollesche Platineinheiten	19,5	1	16,4	17,1	1,80	1,77	17,3
Deutsche Vereinskerzen	1,2	0,061	1	1,05	0,111	0,109	1,06
Englische Kerzen	1,14	0,0585	0,95	1	0,105	0,103	1,01
Carcels	10,8	0,55	9,07	9,50	1	0,984	9,55
Harcourt 10-Kerzen-Pentanlampe	11,0	0,561	9,24	9,68	1,02	1	9,73
Bougies décimales	1,13	0,0578	0,94	0,99	0,104	0,102	1

[1]) E. Liebenthal, Journ. f. Gasbeleucht. u. Wasserversorg. 1906 S. 559.

28   Die elektrischen Lichtquellen.

Vergleichende Messungen[1]) über das Verhältnis der Hefnerkerze zur Carcel- und Vernon-Harcourtlampe sind im Laufe des Jahres 1906 auch im National Physical Laboratory in London, im Laboratoire d'Essais und im Laboratoire Central in Paris durchgeführt worden. Die Ergebnisse sind folgende:

	10-Kerzen-Pentan / Carcel	HK / Carcel	10-Kerzen-Pentan / Carcel	Beobachter
Phys. Techn. Reichsanst.	1,01	0,0926	0,0918	Brodhun, Liebenthal
National Phys. Labor.	1,017	0,0929	0,0914	Clifford C. Paterson
Laboratoire d'Essais Laboratoire Central	1,004	0,0930	0,0930	Pérot, Langlet Laporte, Jouaust

Die Werte sind auf Luftfeuchtigkeiten von 8,8 l/m³ für die HK, 10 l/m³ für die Carcel- und Vernon-Harcourtlampe umgerechnet.

3. Räumliche Verteilung der Licht- und Beleuchtungsstärken.

Als Grenzbegriff einer Kugel mit endlos abnehmendem Halbmesser, die von allen Oberflächenstellen gleichstark leuchtet, gelte ein gleichmäßig leuchtender Punkt. Sein Strömungsfeld ist der ganze von ihm als Mittelpunkt durchstrahlte Raum. Man mißt diesen Raum durch die Oberfläche 4π der Einheitskugel. Durch sie fließt der Lichtstrom Φ in Lumen Lm und die nach allen Richtungen gleiche Lichtstärke J in Hefnerkerzen HK beträgt $J = \Phi/4\pi$.

Ein begrenzter Strahlenkegel vom Raumwinkel ω, Fig. 18, schneide auf der Einheitskugel eine Kugelkappe ab, deren Oberfläche durch das Produkt aus ihrer Höhe und dem Umfang eines größten Kreises gemessen wird. Ist α der ebene Winkel des Kugelausschnittes, so ergibt sich darnach $\omega = 2\pi(1 - \cos \alpha) = 4\pi \sin^2(\alpha/2)$. Mehrere leuchtende Punkte mit den Lichtstärken $J_1, J_2 \ldots$ erzeugen eine Lichtströmung, welche von der eines einzigen Punktes völlig verschieden ist. In einzelnen Feldstücken gleichen die Strömungen einander in beiden Fällen desto mehr, je näher die Punkte im Verhältnis zur Entfernung und Größe des betrachteten Feldausschnittes liegen. An einem beliebigen Punkt des Feldes ist dagegen die Strömung die Summe aus den Einzelströmungen.

Ein ebenes, unendlich kleines leuchtendes Flächenteilchen f gibt nach allen Richtungen Strahlen, deren Lichtstärken dem Lambertschen Kosinusgesetz entsprechen. Ist J die Lichtstärke in Richtung der Flächen-

---

[1]) Zeitschr. f. Instrumentenk. 26 S. 186, 1906. — Bull. Soc. Intern. II, 6 S. 390, 1906. — Soc. Française de Phys. Nr. 253, 21. Dec. 1906.

normale, so ist die um den Winkel α von ihr ab geneigte Lichtstärke J cos α. Die Lichtstärkenkurve eines ebenen Flächenteilchens ist also ein berührender Kreis. Wegen der Symmetrie zur Normalen bleibt sie nach allen Richtungen unverändert und bildet den photometrischen Körper, der hier durch eine Kugel mit dem Strahlungsmittelpunkte in

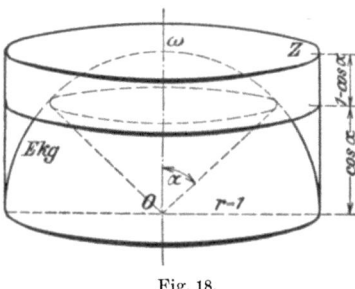

Fig. 18.

ihrer Oberfläche dargestellt ist. Um den gesamten Lichtstrom zu finden, den dieses Teilchen f in den Halbraum ausschickt, geht man von einer Lichtstromzone aus. Der Lichtstrom durch eine kleine Zone der Ein-

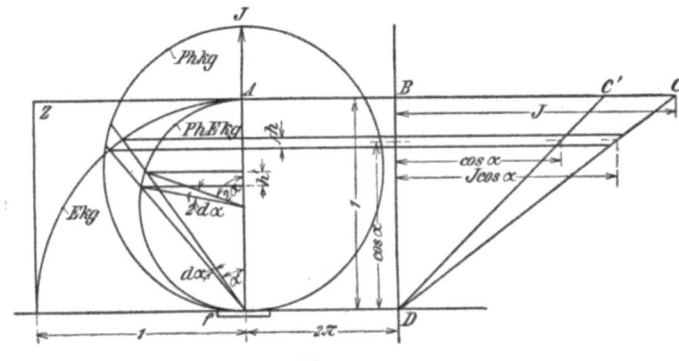

Fig. 19.

heitskugel EKg, Fig. 19, mit einer differentialen Höhe h = d cos α beträgt:

$$d\Phi = J \cos \alpha \cdot 2\pi 1 \cdot d \cos \alpha,$$

woraus sich der gesamte Lichtstrom mit

$$\Phi = 2\pi J \int_0^{\frac{\pi}{2}} \cos \alpha \sin \alpha \, d\alpha = \frac{1}{2} \pi J (-\cos 2\alpha) \Big]_0^{\frac{\pi}{2}} = J \pi$$

findet. Anschaulicher lehrt dies das Bild in Fig. 19. Die Oberfläche der Einheitskugel läßt sich durch den Mantel des umschriebenen Zylinders Z flächentreu abrollen. Der Lichtstrom durch eine Elementarzone $d\Phi$ wird durch den Inhalt einer Schichte gemessen, die den abgewickelten Zonenstreifen $2\pi h$ zur Grundfläche und die Lichtstärke $J \cos \alpha$ zur Höhe hat. Die Summe dieser Schichten führt zum Inhalt des Prismas mit BDC als Grundfläche und AB als Höhe, also $\frac{1}{2} 1 . J \times 2\pi = J\pi$.

Die photometrische Kugel für die Lichtstärke J ist in der Fig. 19 mit Ph Kg, für $J = 1$ als photometrische Einheitskugel Ph EKg und die Kugel vom Halbmesser Eins als Einheitskugel mit Kg bezeichnet worden. Die Zonenfläche der photometrischen Einheitskugel beträgt $\pi h'$. Die

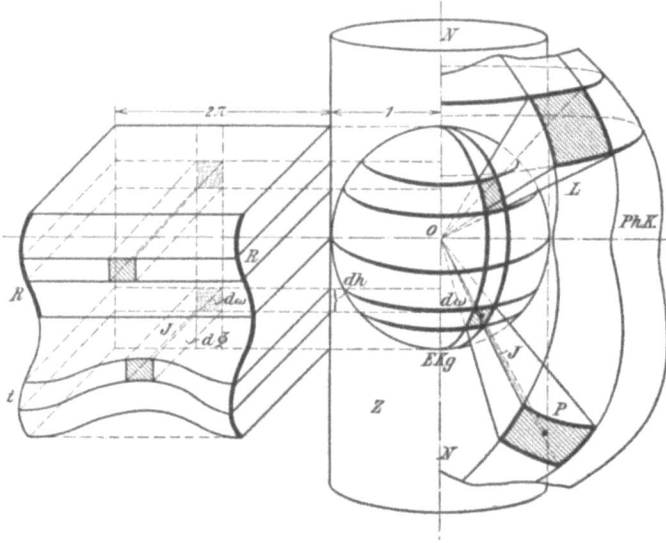

Fig. 20.

kleinen Differentialhöhen lassen sich ausdrücken durch $h = d \cos \alpha$, $h' = \frac{1}{2} d \cos 2\alpha$, woraus $h' = 2 h \cos \alpha$ folgt. Der Zonenwert $\pi h'$ für die photometrische Einheitskugel geht damit in $2\pi h \cos \alpha$ über. Daraus ersieht man, daß ihre Oberfläche auch den Lichtstrom unmittelbar mißt.

Denkt man sich nun die Lichtstärke eines leuchtenden Körpers nach allen Richtungen hin verschieden groß, so wird sein **photometrischer Körper** eine unregelmäßige Gestalt annehmen. In Fig. 20 sei dieser Körper PhK mit dem Strahlenmittelpunkte in O dargestellt. Der Strahl OP trage die Lichtstärke J; ihm sei auf der Einheitskugel EKg der kleine Raumwinkel $d\omega$ zugewiesen, so daß $J d\omega$ seinen Lichtstrom $d\Phi$ mißt. Wird also die Oberfläche der Einheitskugel auf den Zylinder Z durch wagrechte Schnitte abgebildet und hernach sein Mantel in die

Ebene abgerollt, so wird das kugelförmige Netz der Längen und Breiten, wie links ersichtlich, durch ein quadratisches Netz ersetzt. Quadrate, welche zum Mittelpunkte dieses Netzes symmetrisch liegen, entsprechen einem Kugeldurchmesser. Der Rauminhalt der derart geschaffenen Säulchen mißt den Lichtstrom, und zwar den gesamten, durch zweimalige Summierung. Durch die erste werden die wagrechten Schichten, durch die zweite deren Summe bestimmt. Je nach dem besonderen Falle empfiehlt sich die Reihenfolge dieser Zusammensetzungen zu wechseln. Man benützt dabei vorteilhaft Mittelwerte. Zum Beispiel würde man den Inhalt der in Fig. 20 mit t bezeichneten wagrechten Schichte durch das Produkt des mittleren Wertes der bezüglichen Lichtstärken J mit $2\pi \cdot dh$ finden.

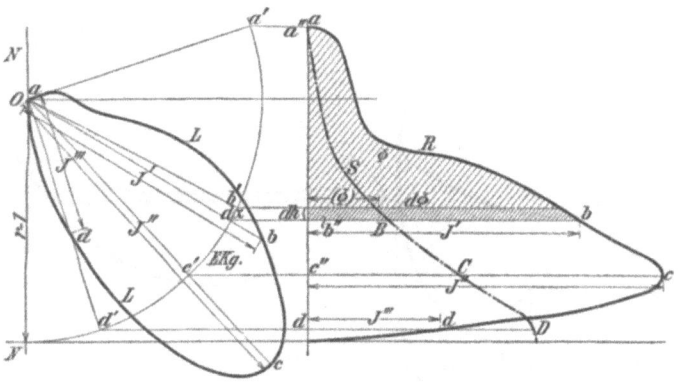

Fig. 21.

Ist der photometrische Körper ein Umdrehungskörper mit der Achse NN wie im oberen Teile der Fig. 20, so werden die Längenschnitte alle gleich und das Zusammensetzen durch die gleichen Höhen der Säulchen einer Zone um eine Rechnungsstufe vermindert. Aus dem Längenschnitt, der als **Lichtstärkenkurve L** bezeichnet werde, ermittelt sich nach dem Gesagten die **Lichtstromkurve R** durch Abtragen der beziehlichen Lichtstärkenwerte, wie dies noch deutlicher aus der Fig. 21 zu entnehmen ist. Die Lichtstärken J' zu b', J'' zu c', J''' zu d' wurden von den Punkten $b'' c'' d''$ zur Kurve R abgetragen. Diese Kurve wird dem Urheber gemäß die Rousseausche genannt. Um ihre Fläche Φ zu bestimmen, kann die Summen- oder Integralkurve S dienen.

Bei der Beurteilung der nützlichen Wirkung einer Lichtquelle werden je nach der Verwendungsweise einzelne Flächenstücke, Linien oder Stellen (Punkte) des photometrischen Körpers besonders beachtet. So namentlich bei symmetrischer Form seine Symmetrieschnitte oder überhaupt wagrechte und lotrechte Mittelschnitte bei unregelmäßiger Gestalt.

In diesen Linien wird wieder der höchste, niedrigste und der mittlere Wert bestimmt. Ferner wird dem nach unten oder nur nach oben gerichteten Strahlengebiete nachgegangen, wobei die gleichen Wertbestimmungen vorgenommen werden können. Außerdem aber wird zum bessern Vergleich der Lichtquellen untereinander Bezug genommen auf eine gleichmäßig leuchtende punktförmige Quelle, die gleichen Lichtstrom besitzt und entweder nach dem ganzen oder halben Raum zu wirken vermag. Man erhält so die mittlere räumliche oder sphärische und die halbräumliche oder hemisphärische Lichtstärke.

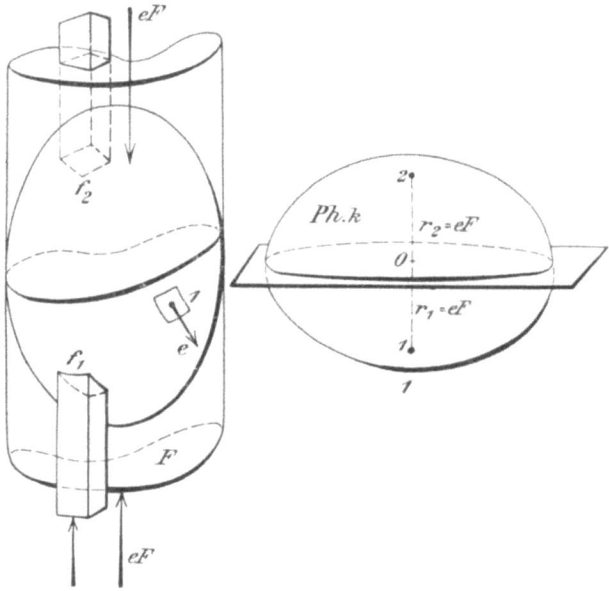

Fig. 22.

Der photometrische Körper einer gleichmäßig leuchtenden Oberfläche ist dadurch bestimmt, daß seine Strahlen r, Fig. 22, dem Produkte aus der konstanten Flächenhelle e mit ihrer scheinbaren Größe F gleich sind. Jedem Flächenteile f_1 entspricht bei nach außen gekrümmten Flächen ohne Verschneidung ein zweites f_2 und jedem Strahle r_1 des photometrischen Körpers ein symmetrischer gleichgroßer r_2. Jede durch die Strahlenspitze gehende Ebene bestimmt für die leuchtende Oberfläche zwei gleichgroße Lichtströmungen. Ist die Ebene wagrecht, so scheidet sie die untere Lichtströmung von der oberen gleich großen. Die mittlere Lichtstärke der ganzen Strömung, bezogen auf die ganze Einheitskugel, ist $J_O = \Phi/4\pi$, und die mittlere Lichtstärke der halben unteren Strömung, bezogen auf die halbe Einheitskugel, ist $J_O = 1/2\ \Phi/2\pi = \Phi/4\pi$, d. h. der

Räumliche und halbräumliche Lichtstärke.

Mittelwert der räumlichen Lichtstärke ist bei gleichmäßig leuchtenden geschlossenen Oberflächen gleich der halbräumlichen. Das gleiche Ergebnis wird sich auch aus der folgenden Betrachtung finden.

Geht man nämlich von einem ebenen Flächenteilchen f aus, Fig. 23, und fragt nach dem unter die wagrechte Ebene H fallenden Lichtstrom, so findet man nach dem Satze Seite 29, daß er durch die untere Kugelkappe der photometrischen Einheitskugel $1 \pi h$ unmittelbar gemessen wird; also:

$$\Phi_u = e f \tfrac{1}{2}\pi (1 - \sin \alpha)$$

und der gesamte Lichtstrom $\Phi = e f \pi$. Daraus ergibt sich ihr Verhältnis

$$\Phi_u / \Phi = \tfrac{1}{2}(1 - \sin \alpha).$$

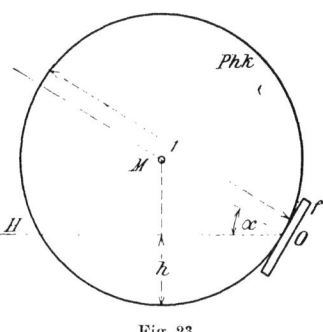

Fig. 23.

Bei der mittleren halbräumlichen Lichtstärke $J_\supset = \Phi_u / 2\pi$ sowie der mittleren räumlichen $J_\bigcirc = \Phi / 4\pi$ ist das Verhältnis

$$J_\supset / J_\bigcirc = 2 \cdot \Phi_u / \Phi = 1 - \sin \alpha.$$

Steht das Flächenteilchen f senkrecht, also $\alpha = 0^0$ oder 180^0, dann ist dieses Verhältnis $J_\supset / J_\bigcirc = 1$. Steht es wagrecht nach unten, dann strömt alles nach unten und $J_\supset / J_\bigcirc = 2$.

Handelt es sich nun um eine leuchtende Oberfläche, wie oben bereits besprochen, so setzt sich ihre mittlere hemisphärische Lichtstärke als Summe aus den Lichtstärken ihrer kleinen Flächenteile zusammen. Sie ist also

$$\tfrac{1}{4} e \int (1 - \sin \alpha) f = \tfrac{1}{4} e F - \tfrac{1}{4} e \int f \sin \alpha.$$

Da die letzte Summe, über eine geschlossene Oberfläche erstreckt, Null gibt, so wird $J_\supset = \tfrac{1}{4} e F$. Die mittlere Lichtstärke der ganzen

Strömung, bezogen auf die ganze Einheitskugel, ergibt sich ebenfalls als Summe aus den bezüglichen Werten der Flächenteile, ist also

$$J_{\bigcirc} = {}^1/_4 \smallint e\,f = {}^1/_4\,e\,F.$$

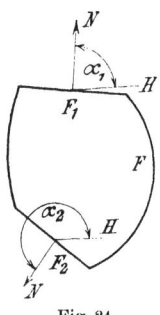

Fig. 24.

Das Verhältnis $J_{\bigcirc}/J_{\bigcirc} = 1$, wie wir bereits erkannten.

Die Strömung nach unten ist gleich der nach oben wie bei einem ebenen lotrechten Flächenteilchen allein[1]). Besteht die geschlossene Oberfläche teilweise aus ebenen Flächenstücken F_1, F_2 mit den Winkeln α_1, α_2 gegen ihre Normalen, Fig. 24, so führt dies zu

$$J_{\bigcirc} = {}^1/_4\,e\,(F + F_1 + F_2).$$

Sind nun die ebenen Flächenstücke F_1, F_2 nicht leuchtend, so kann ihr fingierter Betrag in Abzug gebracht werden, womit sich die Frage einer offenen Oberfläche erledigt. Darnach ist

$$J_{\bigcirc} = {}^1/_4\,e\,(F + F_1 + F_2) - {}^1/_4\,e\,[F_1\,(1 - \sin\alpha_1) + F_2\,(1 - \sin\alpha_2)] =$$
$$= {}^1/_4\,e\,[F + F_1 \sin\alpha_1 + F_2 \sin\alpha_2],$$

und da $J_{\bigcirc} = {}^1/_4\,e\,F$, so nimmt das Verhältnis der mittleren Lichtstärken die Form an:

$$J_{\bigcirc}/J_{\bigcirc} = 1 + F_1/F \sin\alpha_1 + F_2/F \sin\alpha_2.$$

Die Winkel α ließen auch den Einfluß einer Lagenänderung des Körpers auf die untersuchten Lichtgrößen beurteilen.

Der **photometrische Körper mehrerer Oberflächen** setzt sich aus denen ihrer Teile durch Addition der bezüglichen Strecken auf demselben Strahle zusammen. Gleiches gilt für Lichtströme und Mittelwerte. Den Überdeckungen von fremden oder eigenen Flächenstücken kann man zeichnerisch leicht nachgehen, während von der Rückstrahlung an Einbuchtungen meist abgesehen werden kann. Diese Bildung eines photometrischen Körpers lehrt andererseits die Zerlegung an tatsächlich aufgenommenen. Bei Glühlampen hat man fadenförmige Lichtquellen, und man kann für sie vom Zylinder als kleinem Fadenteilchen ausgehen. Bei den Lichtbögen dagegen wird man die photometrischen Körper der beiden Elektroden mit dem der Gassäule zusammensetzen, wozu außer der glühenden Kraterkreisscheibe noch der Kegel als Grundlage dienen kann.

---

[1]) Dr. H. Heimann, ETZ 1906 S. 380.

Bildung des photometrischen Körpers. 35

In Fig. 25 sind für zwei Kegel S_1 und S_2 die Lichtstärkenkurven $Ph\, k_1$ und $Ph\, k_2$ als Werte der scheinbaren Größen aufgetragen worden. Die Grundlinie sei ein Kreis mit dem Halbmesser 1, die Höhen der Kegel seien h_1 und h_2, ihre Kantenlängen k_1 und k_2. Werden die Spitzen nach P projiziert, so stellt P N u m die Schattenfläche vor, deren Größe in $r = 1$ durch P M gemessen wird. Wird nun der Schatten auf die Ebene E senkrecht zur Strahlrichtung $S_2 P$ projiziert, also mit $\cos \alpha$ multipliziert, so erhält man einen Strahl $O P_2$ der photometrischen

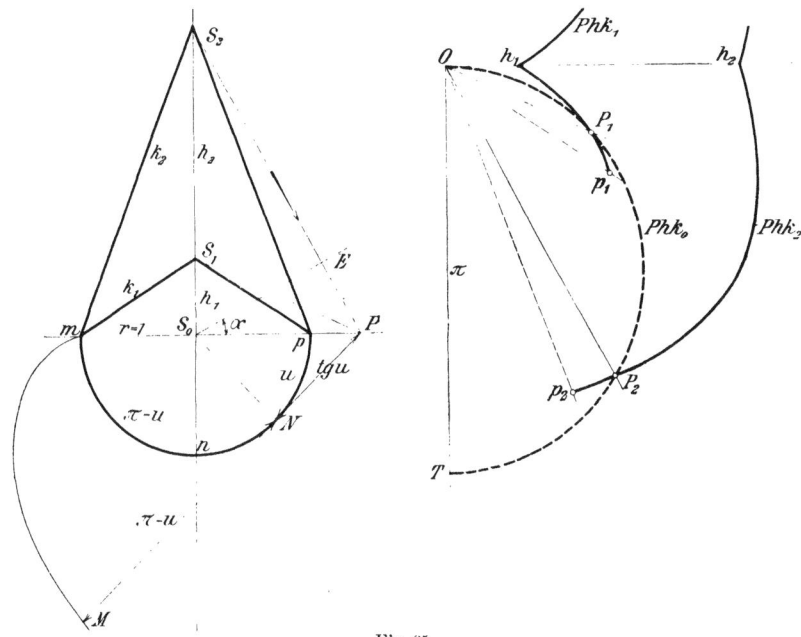

Fig. 25.

Kurve. Man sieht, daß sich diese desto mehr dem Halbkreise vom Durchmesser $O\, T = \pi$ anschließen, je stumpfer die Kegel werden. Aus den photometrischen Kurven kann der Lichtstrom, wie bereits gezeigt, gefunden werden. Einfacher rechnet er sich aus den Mantelflächen der Kegel. Er ist $\Phi = e\, k\, 2\, \pi\, .\, 1 = 2\, \pi\, e\, k$, wobei e die Flächenhelle und k die Kegelkante bedeuten. Ebenso läßt sich der abgestumpfte Kegel aus zwei ganzen und auch jede Umdrehungsfläche aus den berührenden Kegelstumpfen entwickeln. Besonders belangerweckend ist der Kreiszylinder, weil er die Wirkung der Glühfäden und zylindrisch geformten Gassäulen aufklärt. Die Oberfläche eines Kreiszylinders von der Höhe L und dem Durchmesser D in Fig. 26 hat eine öffnungslose Wulst als photometrischen Körper.

3*

Die Lichtstärke in wagrechter Richtung beträgt $J = e \cdot L\,D$ und in beliebiger $e \cdot L\,D \sin \alpha$. Der Lichtstrom errechnet sich aus der Ringzone

$$d\,\Phi = J \sin \alpha\,(2\,\pi \sin \alpha\,d\alpha) = 2\,\pi\,J \sin^2 \alpha\,d\alpha,$$

woraus

$$\Phi = 2\,\pi\,J \int_0^\pi \sin^2 \alpha\,d\alpha = 2\,\pi\,J \cdot {}^1\!/_2\,\pi = \pi^2\,e\,L\,D).$$

Dies zeigt auch die dem Integral entsprechende Lichtstärkenlinie, deren doppelter Mittelwert $2 \cdot {}^1\!/_4\,\pi$ mit dem abgewickelten Umfang $2\,\pi$ zu

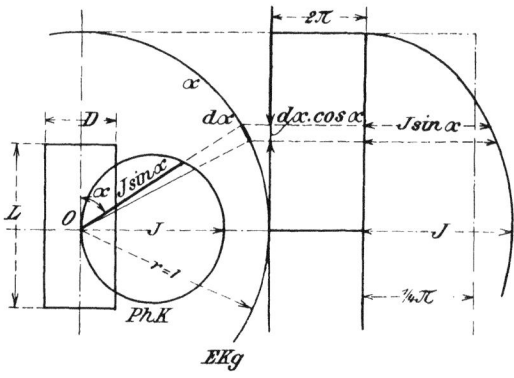

Fig. 26.

π^2 führt. Unmittelbarer gibt die Summe aus den Strömungen von den Kantenrechtecken

$$\Phi = \int e\,\pi\,f = e\,\pi\,F = e\,\pi \cdot D\,\pi\,L = e\,\pi^2\,L\,D,$$

woraus

$$J_\bigcirc = \Phi/4\,\pi = {}^1\!/_4\,\pi\,e\,L\,D$$

folgt. Da $e\,L\,D$ die wagrechte Lichtstärke J bei senkrechter Stellung des Zylinders ist, so ist noch

$$\Phi = \pi^2\,J \backsim 10\,J$$

und

$$J_\bigcirc = {}^1\!/_4\,\pi\,J = 0{,}785\,J.$$

Für beliebig gewundene leuchtende zylindrische Körper muß man in gleicher Weise die scheinbaren Größen zur Bestimmung des photometrischen Körpers ermitteln. Es genügt, seine Achse zu berücksichtigen, wobei die Annahme weiter Entfernung festzuhalten ist. Da die Gesamtausstrahlung eines Zylinderteilchens von seiner Stellung unabhängig ist,

Lichtausstrahlung der Glühlampen. 37

so haben die obigen Ergebnisse, soweit sie sich auf Gesamtstrahlung beziehen, auch für ihn unmittelbar Geltung.

Die Kohlenfäden für Glühlampen haben die mannigfachste Form, je nachdem ein besonders gestalteter photometrischer Körper gefordert wird. Die Fig. 27 zeigt 4 Gruppen: den einfach geraden Faden 1, den hufeisenförmig oder bügelförmig langgestreckten 2, aus einem oder zwei Stücken bestehend, ferner die einfach oder mehrfach geschlungene Schleife 3 und den wellenförmigen Kohlenfaden 4. Liebenthal[1]) hat die wagrechten Kurven ihrer Lichtverteilung durch photometrische Messungen ermittelt. Die Fig. 28—31 geben einige Kurven für die Fadenform 2a, 3a, 3b und 4 wieder. Die Fäden sind mit der Achse ihrer Sockel lotrecht so gestellt, daß die Fadenenden bei 2a, 3b und 4 in die Richtung I I' fallen, während sie bei 3a in der Richtung III III' lagen. Die Kurven haben bis auf 3a regelmäßigen Verlauf. Diese zeigte infolge der Rück-

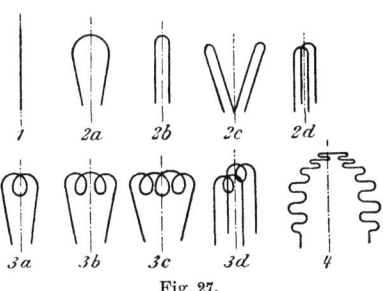

Fig. 27.

strahlung der Glasbirne in der Nähe von III und IV bedeutende Zacken. Die gestrichelten Kreise beziehen sich auf die mittleren wagrechten Lichtstärken J_h. Die Lichtstärken erreichen in der Überdeckungsrichtung der Fadenteile I I' ihren Mindestbetrag und in der darauf senkrechten II II' von Rückstrahlungen abgesehen ihren Höchstwert. In zwei um 180° entfernten Richtungen traten bei allen fast gleiche Lichtstärken auf. Die kleinsten wagrechten Lichtänderungen wiesen die Formen 2a bis 2d, die größten 4 auf. Die Reflexe erfolgten bei 2 in der Richtung I und bei 3 in III, weil sich dann ihre Schenkel in der Brennfläche desjenigen Teiles der Glashülle befanden, der in der Schenkelebene als Hohlspiegel in Betracht kommt. Stärkere Ablenkungen verriet die Fadenform 2c. Zu Normallampen, welche in der Lichtmessung zum Vergleich mit anderen dienen, eignet sich 2a, weil sie zu keinen Sonderwerten neigt, und ihre Lichtstärke mit dem Winkel sich wenig verändert. J. A. Fleming[2]) hat diese Form für gleichen Zweck geprüft und $J_0/J_h = 0{,}78$ statt $\pi/4$ gefunden.

---

[1]) Dr. E. Liebenthal, Zeitschr. f. Instrumentenk. 1899 S. 193.
[2]) Phil. Mag. Bd. 10 S. 208, 1905.

Ist die Gestalt des photometrischen Körpers für gleiche Ausführungen von Glühlampen und Bogenlampen einmal sicher ermittelt, so kann eine wiederholte Prüfung etwa bei ihrer Erzeugung durch die Messung in wenigen besonderen Richtungen erfolgen.

Potier hat sich 1881 für die Kohlenfadenglühlampe mit einer einzigen Richtung, der größten wagrechten Lichtstärke und ihrer der

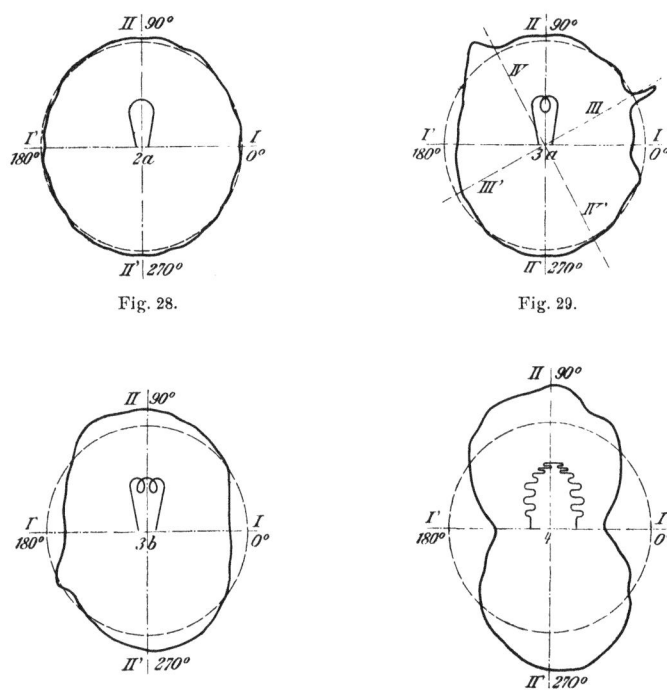

Fig. 28.   Fig. 29.

Fig. 30.   Fig. 31.

Type entsprechenden Kennziffer zur Ermittelung der räumlichen Lichtstärke begnügt. Um die mittlere Lichtstärke J_h auf diese Weise zu finden, kann man einen einzigen Wert oder das Mittel aus einer beschränkten Zahl von Richtungen mit einem festen Faktor multiplizieren. Bei Messung in Richtung II allein fand Lilienthal den Faktor K zur Berechnung der mittleren wagrechten Lichtstärke $J_h = K \cdot J$ für die Type

$$
\begin{array}{rl}
2a \text{ bis } 2d \text{ mit} & 0{,}99 \\
3a \text{ und } 3d \; - & 0{,}94 \\
3b \text{ und } 3c \; - & 0{,}90 \\
4 \qquad\qquad - & 0{,}73
\end{array}
\right\} \text{wobei der Fehler} \pm 2\% \text{ betrug.}
$$

Lichtausstrahlung der Glühlampen. 39

Messungen in zwei aufeinander senkrechten Richtungen sind wegen der aus Fig. 29 erkenntlichen Wirkungen der Reflexe an der Glasbirne nicht angezeigt. Besser ist es, drei Lichtstärken in je 120° Entfernung zu berücksichtigen, obzwar sich noch bei dem genannten ungünstigen Falle Fehler bis 17 % ergaben. Der Fehler verringerte sich auf 10, 5, 2,1 % bei 5, 10, 20 in gleichen Abständen liegenden Richtungen, ebenso sank die Schwankung bei allen Typen auf $\pm 0{,}5\%$, wenn man die mittlere Lichtstärke in zwei aufeinander folgenden Viertelkreisen in Rechnung zog. Die integrierenden Messungsweisen, von denen in der Lichtmessung die Rede sein wird, lösen das Problem erst in vollständiger Weise.

Die Messungsweise wird namentlich von der Bezeichnung der Lichtstärke, unter welcher die Glühlampe auf den Markt gebracht werden soll, bedingen sein. In bezug auf die Umsetzung elektrischer Energie in Licht wäre es richtig, die mittlere räumliche Lichtstärke zu verwenden. Allein Herstellungsrücksichten sowie die Verwendungsart der Glühlampe, welche Strahlen bestimmter Richtung bevorzugt, führen dazu, daß man entweder die größte oder die mittlere wagrechte Lichtstärke, nur eine einzige Ebene betreffend, zur Bezeichnung verwendete. Die Messung senkrecht zur Vertikalebene, welche durch die Einführungsstellen und die lotrechte Achse des Fadens geht, ergibt bei den in einer Ebene gewundenen Fäden die größte wagrechte Lichtstärke; die Messung in dieser Richtung und senkrecht zu ihr ergibt einen ungefähren und empfindlichen Mittelwert der mittleren wagrechten Lichtstärke.

Die Lichtstärke in Richtung der beiden Zuführungsdrähte steigt öfters schon bei geringen Abweichungen rasch an. Man hat darum häufig eine Zwischenstellung zwischen 0° und 90°, etwa 45°, zur Ermittelung der mittleren wagrechten Lichtstärke verwendet. Auf die Einigung in diesen Fragen werden wir bei der Lichtmessung der Glühlampe näher eingehen.

Übereinstimmend mit der obigen Theorie berechnete Blondel[1]) den Lichtstrom aus der Oberfläche des Fadens F und seiner Projektion f in Richtung der wagrechten Lichtstärke J_h mit $\Phi = J_h . \pi F/f$ oder, wenn L die wahre Länge des Fadens und l die Länge seiner Projektion, $\Phi = \pi^2 . L/l . J_h$.

Bei Glühlampen mit einem flachgebogenen Bügel weicht demnach der Lichtstrom in Lumen sehr wenig von dem zehnfachen der größten wagrechten Lichtstärke ab, gemessen senkrecht zur Mittelebene des Bügels. Die Kenntnis dieser Lichtstärke ist für die Beurteilung der allgemeinen Raumbeleuchtung für die Praxis ausreichend. Eine Lampe

---

[1]) A. Blondel, La détermination de l'intensité moyenne sphérique. 1895.

von 16 Kerzen bringt annähernd den Lichtstrom von 160 Lumen hervor, und sie erhellt mit der mittleren Beleuchtungsstärke von 1 Lux die Wände eines Saales von 160 m² gesamter Innenfläche. Aus obiger Formel findet man mit Berücksichtigung von $\Phi = 4\pi J_\bigcirc$ die räumliche Lichtstärke $J_\bigcirc = \pi/4 \cdot J_h = 0{,}785\,J_h$.

In der Tat ergeben die Fadentypen 2, 3, 4 die Berichtigungszahl k = 0,78, 0,80 und 0,77. Das Verhältnis der räumlichen Lichtstärke für die Strahlen der oberen Hälfte J^0 zu J_h fand sich bei 2a mit 0,82 und 0,79, bei 2b mit 0,78—0,76. Bei der unteren Hälfte ist J_u/J_h um einige Prozente geringer, weil die Rückstrahlung der Gipsfläche im Fassungsteile der Glühlampe entfällt.

Wedding hat die folgenden Zahlen für die Glühlampen gemessen:

	Volt	Watt	HK_h	$HK_\bigcirc$	$J_\bigcirc/J_h$	J_u/J_o
Kohlenlampe . . .	110	62,1	18,3	12,8	0,70	1 : 1,03
- . . .	110	104,1	43,8	34,6	0,79	1 : 1,10
Nernstlampe . . .	220	213	184,5	113	0,61	1 : 1,04
Osmiumlampe . . .	37	48,7	42,3	31,4	0,74	1 : 1,42

Kennelly und Whiting fanden für Tantallampen in Mattglasbirnen bei 110 V 0,365 A oder 40,2 W mit $J_h = 19{,}2$ HK und $J_\bigcirc/J_h = 0{,}73$. Fig. 32 zeigt die Lichtstärkenverteilung in lotrechter Ebene der Tantal-

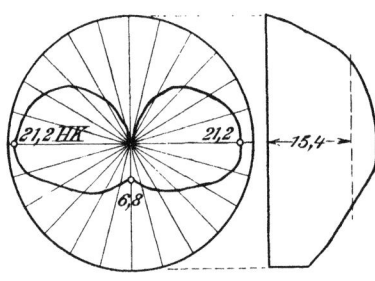

Fig. 32.

lampe nach Kennelly und Whiting für eine mattierte 110-Volt-Lampe mit 6,8 HK an der Spitze, $J_h = 21{,}2$ HK als wagrechte, $J_\bigcirc = 15{,}4$ als räumliche Lichtstärke. Das Verhältnis $J_\bigcirc/J_h = 0{,}73$. Die rechts gezeichnete Kurve ist die Rousseausche.

Bloch[1]) hat eine Kohlenfadenglühlampe für 110 V einmal ohne, dann mit einem auf der Oberseite durch dunkles Papier abge-

---

[1]) ETZ 1905 S. 1074.

Lichtausstrahlung der Glühlampen. 41

deckten Glasreflektor untersucht und dabei die in Fig. 33 und 34 dargestellten Lichtverteilungen auf dem Nullängenkreis erhalten. Auch auf dem größten Breitenkreis ändert sich die Lichtstärke nach Fig. 35. Die mittlere wagrechte Lichtstärke ist k = 1,11 mal so groß als die nach dem Rousseauschen

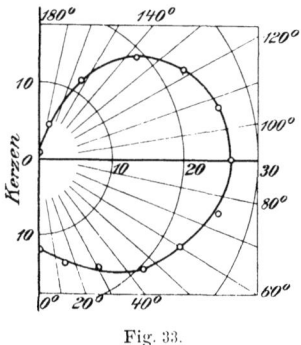

Fig. 33.

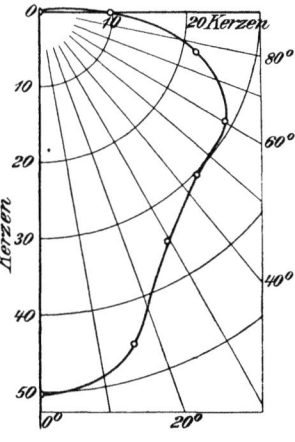

Fig. 34.

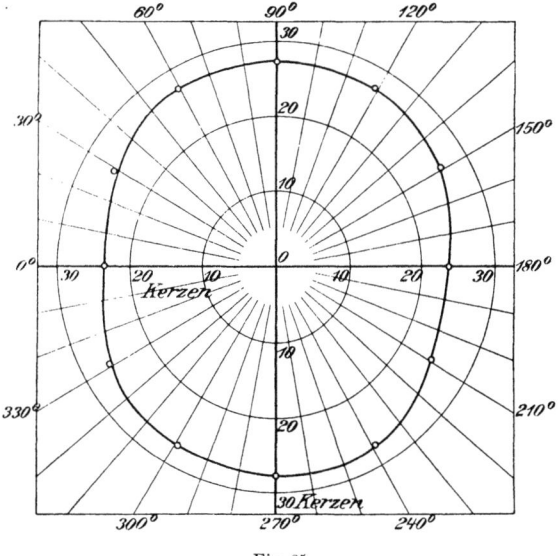

Fig. 35.

Verfahren aus Fig. 33 gefundene räumliche Lichtstärke $J_\bigcirc$ von 19 HK. Die wirkliche räumliche Lichtstärke ist also $J'_\bigcirc = 19 \cdot 1,11 = 21,1$ HK, die halbräumliche war $J_\supset = 21,5$. Die wagrechte Lichtstärke war $J_h = 23,4$, das Verhältnis $J_h/J_\bigcirc = 0,81$.

Bei einer Nernstlampe mit wagrechtem Faden (Type B) fand Monasch[1]) ohne Glocke die in Fig. 36 dargestellte Lichtstärkenverteilung. Linie I gibt die kleinste Ausstrahlung bei Ansicht auf den Durchschnitt, Linie II die größte bei Ansicht auf die Länge des Fadens. Für diese ist $J_h = 25,8$, $J_\frown = 19,75$, ihr Verhältnis 0,765.

Wedding[2]) fand für eine Nernstlampe als untere Lichtstärke $J_\smile$,

	$J_\smile$ in HK	Watt/HK	Lichtverlust %
ohne Glocke	179,2	1,21	—
mit Klarglasglocke .	173	1,26	3,4
mit Opalglasglocke .	123	1,76	26

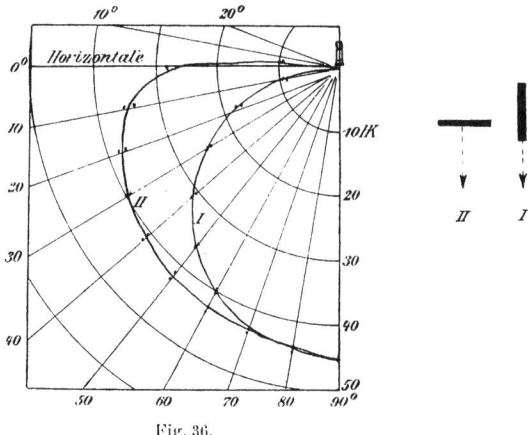

Fig. 36.

Der photometrische Körper der Lichtbögen setzt sich aus denen der beiden Elektroden und dem der mehr oder weniger leuchtenden Gassäule zusammen. Wird die Kratertiefe vernachlässigt, so haben wir für eine Annäherung an die Wirklichkeit die Elektroden als zwei Scheiben und die Gassäule als Zylinder anzusehen. Jene führen auf Kugeln, diese auf eine Wulst als Lichtstärkenkörper. Bei diesen Betrachtungen sind zwei Gesichtspunkte scharf auseinander zu halten.

Der theoretische photometrische Körper hat Strahlen nach allen Richtungen, entsprechend der scheinbaren Flächengröße. Dies entspricht einer Beobachtung aus dem Unendlichen, der gegenüber die Entfernung der Elektroden belanglos wird.

Dieser photometrische Körper ist also von einer Parallelverschiebung der Elektroden unbeeinflußt. Die gegenseitige Abblendung der Strahlen

---

[1]) ETZ 1906 S. 598.
[2]) Wedding ETZ 1903 S. 445.

Photometrische Körper der Lichtbögen. 43

hängt jedoch von ihrer Lage wesentlich ab. Diese läßt demnach ganze Teile aus dem theoretischen Körper ausfallen. Die Abblendung zwischen zwei durch Grenzlinien beschränkten leuchtenden Flächenstücken findet sich durch die Berührungsebenen der beiden Grenzlinien. Im günstigsten Falle werden die Selbstschattenlinien zur Grenze. Diese Berührungsebenen schaffen Strahlen einer Regelfläche herbei, deren Parallele im photometrischen Körper den unwirksamen Teil ausschneidet. Dies verrät den starken Einfluß der Elektrodenstellung. Man muß die Abblendung berücksichtigen, um die tatsächliche Ausstrahlung zu gewinnen.

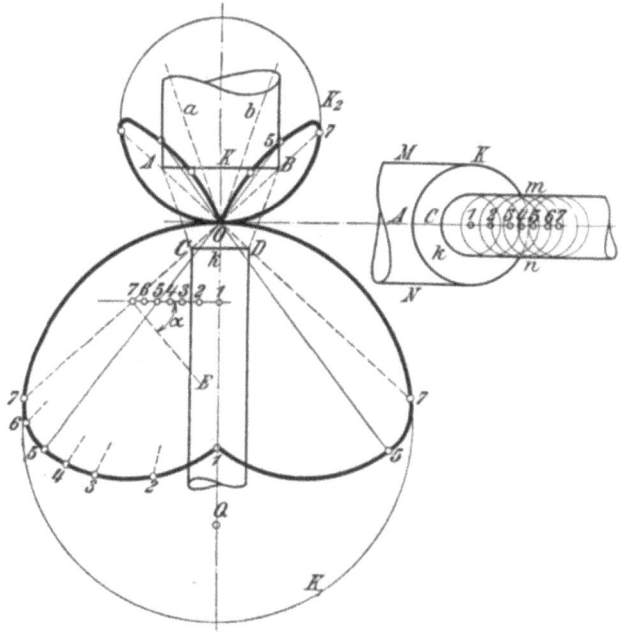

Fig. 37.

Beim gewöhnlichen Gleichstrombogen zwischen Kohlen glüht namentlich die größere positive Elektrode, während die negative und die Gassäule in ihrer Wirkung zurücktreten. Der Krater der positiven Kohle hat eine geringe Tiefe, so daß er wie eine leuchtende Scheibe wirkt. Frau Ayrton hat für 13 mm obere Dochtkohle, 11 mm untere Homogenkohle für 4 bis 20 A und eine Bogenlänge von 1—4 mm eine Kratertiefe von 0,6—1,3 mm gemessen.

In Fig. 37 ist die Lichtausstrahlungskurve punktweise als scheinbare Größe der leuchtenden Elektroden unter Berücksichtigung der Abblendung durch die Kohlenstäbe durchgeführt. Die untere Lichtstärke O 7 wurde beispielsweise gefunden, indem man die Schattenfläche K um den

44   Die elektrischen Lichtquellen.

Schatten der unteren Kohle m k n verminderte und mit dem Kosinus des Neigungswinkels gegen die Ebene E multiplizierte. Die Linien O A, O B und O C, O D geben die Halbschattengrenzen an, während A C und B D den Kernschatten und damit die Berührungslinien O a, O b für den oberen Kurventeil angeben. Der Unterschied in den ganzen Kreisflächen K und k führt zum losen Kurvenpunkt Q, während eine unendlich kleine Strahlabweichung schon den Punkt 1 auftreten läßt, bei dem die Schattengröße Q 1 = Fläche m C k n der unteren Kohle in Abzug gebracht ist.

In Fig. 38 ist noch die zylindrische Gassäule berücksichtigt worden.

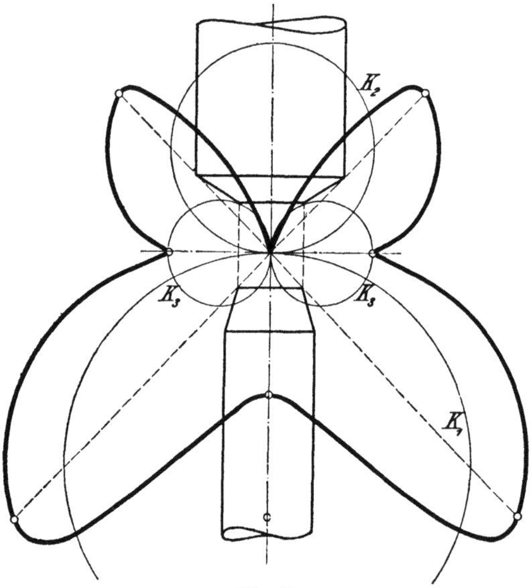

Fig. 38.

Bei Wechselstrom spielen beide Krater ungefähr gleiche Rolle, und die Lichtstärkenkurve wird für den oberen Teil gleich dem unteren.

Mit wachsender Länge des Lichtbogens, d. h. größerer Entfernung der Elektroden, wird die gegenseitige Abblendung geringer. Lange Lichtbogen werden durch Kohlenstifte mit Leuchtzusätzen erreicht, während die Freihaltung der Lichtstrahlen durch Schrägstellung der Elektroden begünstigt wird. In diesem Falle beteiligt sich die Gassäule schon mit 25—35 % an der Lichtwirkung. Man hat dann die zwei Kugeln K_1 und K_2 mit der Wulst K_3 zusammenzusetzen, wenn man die zu den Kohlenachsen nicht mehr senkrecht stehenden Krater als schiefe Scheibe und den wagrechten Gasstrom als Zylinder ansieht. Die Lichtausstrahlung erfolgt hier aber namentlich durch den knapp über dem Bogen befindlichen inneren Reflektorblock nach unten und ist als nach unten ausgebauchte Fläche, etwa als Kugelschale, zu betrachten, während die Kugeln der Kraterscheiben sich in platte Halbellipsoiden verwandeln. Die Abblendungsfragen werden dabei etwas verwickelter als beim obigen Falle.

Auf die Veränderung des photometrischen Körpers durch äußere Mittel, wie wir sie bei den Glühlampen bereits kennen lernten, soll später noch näher eingegangen werden. Sie tritt oft schon beim Entstehen des Bogens durch Innenschirme und Sparer ein. Für den Gleichstrombogen haben 1881 auf der Pariser Ausstellung Allard, Joubert und andere die Näherungsformel benutzt $J_O = {}^1/_2 J_h + {}^1/_4 J_{max}$, wobei J_h die wagrechte, J_{max} die größte und J die mittlere räumliche Lichtstärke bedeutet.

Blondel hat für den freien Wechselstrombogen gefunden

$$J_O = {}^1/_4 (J_h + J^o_{max} + J^u_{max})$$

für 8—12 Ampere, wobei J^o_{max} und J^u_{max} die größten nach oben und unten gerichteten Lichtstärken bedeuten.

Der Wert dieser Formeln ist naturgemäß sehr beschränkt. Sie entsprechen entweder nur Maßergebnissen oder es liegen ihnen die obigen vereinfachten Entstehungsweisen des photometrischen Körpers zugrunde.

Mit der Lichtstärkenkurve ist auch der Lichtstrom gegeben. Die vereinfachten vorhergehenden Annahmen lassen ihn leicht berechnen. G. B. Dyke[1]) hat dies für den gewöhnlichen Kohlenlichtbogen getan und mit den Ergebnissen der Beobachtung verglichen. Bei Gleichstrom hatte die obere Dochtkohle $b = 12$ mm mit einem 2 mm-Docht, die untere Homogenkohle $a = 10$ mm. Bei Wechselstrom wurden dieselben Kohlenstäbe verwendet. Nimmt man die gesamte Lichtausstrahlung bei Gleichstrom als nur vom Krater der positiven Kohle herrührend an und berücksichtigt seinen Abblendungswinkel α, Fig. 39a, so ist

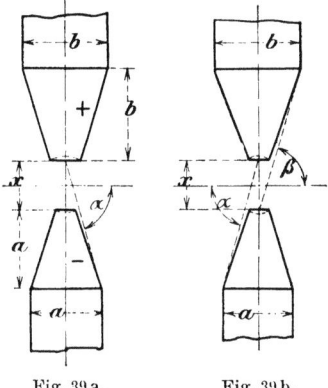

Fig. 39a.   Fig. 39b.

$$J_{O,g} = {}^1/_4 J_g \sin^2 \alpha,$$

wo J_g die lotrechte Lichtstärke der oberen Kraterscheibe bedeutet. Ebenso ist für Wechselstrom mit den Abdeckungswinkeln α und β, Fig. 39b, aus der Summe der beiden Lichtströme bei vernachlässigtem Gasstrom

$$J_{O,w} = {}^1/_4 J_w (\sin^2 \alpha + \sin^2 \beta),$$

---
[1]) Phil. Mag. 1905 VI S. 216.

wobei J_w die lotrechten Lichtstärken der Wechselstromkrater bezeichnet. Will man beide Fälle vergleichen, so findet man

$$\frac{J_{O,g}}{J_{O,w}} = \frac{\sin^2 \alpha}{\sin^2 \alpha + \sin^2 \beta} \cdot \frac{J_g}{J_w}.$$

Die lotrechten Lichtstärken lassen sich aus schiefen Ausstrahlungen nach dem Kosinusgesetz berechnen. Fleming und Petaval haben z. B.

bei Gleichstrom $J_\theta = 910 \quad \theta = 40.5^0 \quad J_g = 910/\sin 40.5 = 1400$ HK
und bei Wechselstrom $J_\theta = 300 \quad \theta = 60^0$ oberer Krater
$\quad\quad\quad\quad\quad - \quad J_\theta = 370 \quad \theta = 63^0$ unterer Krater $\Big\}$ im Mittel 707 HK

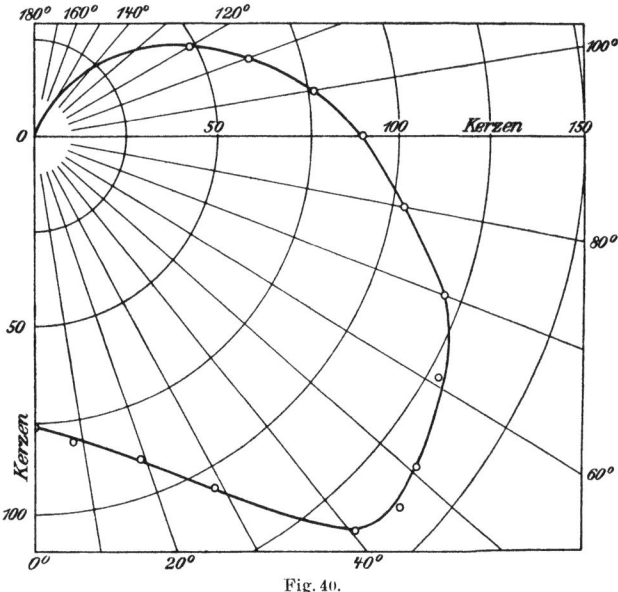

Fig. 40.

gemessen. Hieraus $J_g/J_w = 1400/707 = 1{,}99$ und das Verhältnis der Lichtströmungen $\eta = J_{O,g}/J_{O,w} = 1{,}99 \sin^2\alpha/(\sin^2\alpha + \sin^2\beta)$. Die Elektrodenentfernung x für die Bedingung gleicher Ausbeute $\eta = 1$ erhält man durch Einsetzung von $\sin^2\alpha = (a+x)^2/[(a+x)^2 + (^1/_2 a)^2]$ und gleicherweise für $\sin^2\beta$ eine Gleichung 4. Grades, aus der sich x = 2,7 mm ergibt. Die Beobachtung aber wies auf 2,4 mm. Wird x kleiner, so ist Wechselstrom günstiger als Gleichstrom. Doch beginnt der Wechselstrombogen schon bei 350 W zu zischen, der Gleichstrombogen dagegen erst bei 900 W für x = 1,6 mm. Trägt man als Abszissen die Watt, als Ordinaten die räumlichen Lichtstärken auf, so erhält man für beide

Fälle gerade Linien, welche die Abszissenachse bei etwa 200—400 W schneiden, wenn x von 3,2—11 mm verändert wird. Diese Leistung wird zur Verdampfung der Kohlenteile und durch Wärmeableitung verbraucht und wächst mit x. Der geradlinige Verlauf zeigt auch an, daß die Watt/HK einen festen Wert haben und bis x = 2,7 mm kleiner für Gleich- als für Wechselstrom sind.

Bei einer Liliputbogenlampe für 2 A mit lotrechten Kohlenstiften in 80 mm-Glocke ergab die in Fig. 40 dargestellte Lichtstärkenverteilung mit einer größten Lichtstärke von J_{max} = 138 HK etwa unter 45°, J_h = 90 HK, $J_○$ = 81,5, $J_◯$ = 116 HK. Die räumliche Lichtstärke ist dabei $J_○ = 1/4 \, J_{max} + 1/2 \, J_h$ = 37 + 45 = 82 HK.

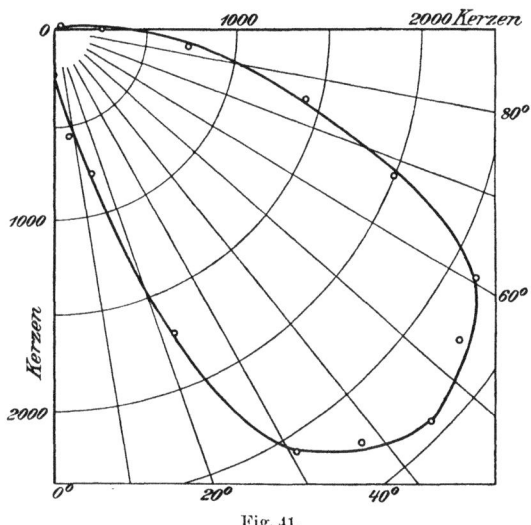

Fig. 41.

Eine Flammbogenlampe, Fig. 41, für 15 A Gleichstrom mit lotrechten Kohlen gab nach Bloch[1]) noch eine in den Parallelkreisen symmetrische Lichtverteilung mit J_h = 480, J_{max} = 2920, $J_○$ = 1000, $J_◯$ = 1960 HK ohne Glocke gemessen. Die Joubertsche Formel gibt $J_○$ = 2920/4 + 480/2 = 970 HK gegen gemessene 1000.

Sobald jedoch die Kohlen schräg unter spitzem Winkel von etwa 15° zueinander gestellt und für Gleichstrom ungleich stark genommen werden, brennt die schwächere Kohle etwas stärker ab, so daß nach einer Richtung die beiden Krater durch die stärkere Kohle fast vollständig verdeckt werden, Fig. 42, während sie nach der entgegengesetzten Richtung bis fast zum wagrechten Rand des oberhalb des Bogens ange-

---

[1]) L. Bloch, ETZ 1905 S. 646 u. S. 1076.

48   Die elektrischen Lichtquellen.

brachten Sparers sichtbar bleiben. Fig. 43 zeigt die Lichtverteilung mit und ohne Glocke in der lotrechten Ebene zu den Kohlen, Fig. 44a die zugehörigen wagrechten Lichtstärken unter dem größten Breitenkreis A und unter 45° sphärischer Breite B. Die Mittel aus den Kurven der

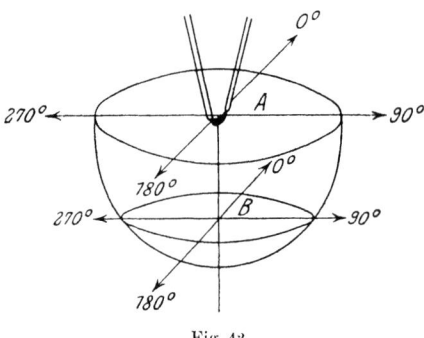

Fig. 42.

Fig. 44 J_{mittl} stehen zu der in Richtung des Nullängenkreises ausgestrahlten Lichtstärke J_0 im Verhältnis k. Die aus Fig. 43 nach bereits

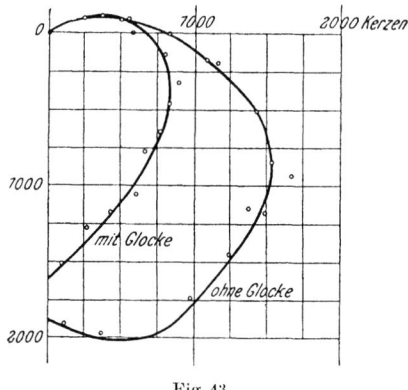

Fig. 43.

erklärtem Verfahren ermittelte Lichtstärke $J_\circ$ ist dann noch mit dieser Berichtigung zu multiplizieren, um die wahre halbräumliche Lichtstärke $J_\circ$ zu erhalten.

	ohne Glocke		mit Glocke		Verlust durch die Glocke in %	
	Kurve A	Kurve B	Kurve A	Kurve B		
J_{mittl}	640	1260	520	1030	18,7	18,3
J_0	900	1860	530	1050	41,2	43,5
$k = J_{mittl}/J_0$ . . .	0,71	0,68	0,98	0,98	—	—

Lichtausstrahlung bei Lichtbögen. 49

$J_\circ$ war mit und ohne Glocke 980 und 1620 HK; daraus folgt $J'_\circ = 0{,}98 \cdot 980 = 960$ HK mit Glocke und $J'_\circ = 0{,}695 \cdot 1620 = 1130$ HK ohne Glocke. Die Verminderung der Lichtstärke durch die Glocke be-

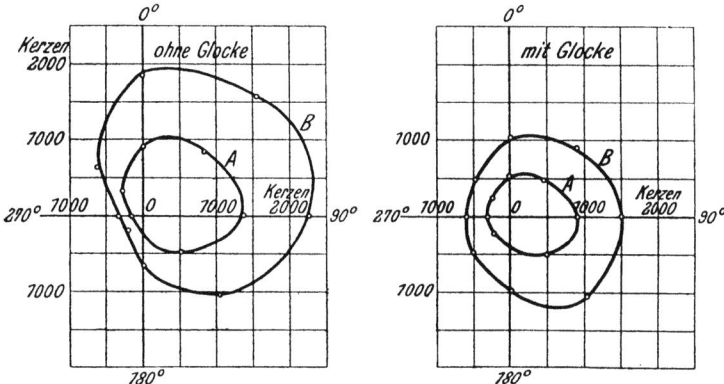

Fig. 44.

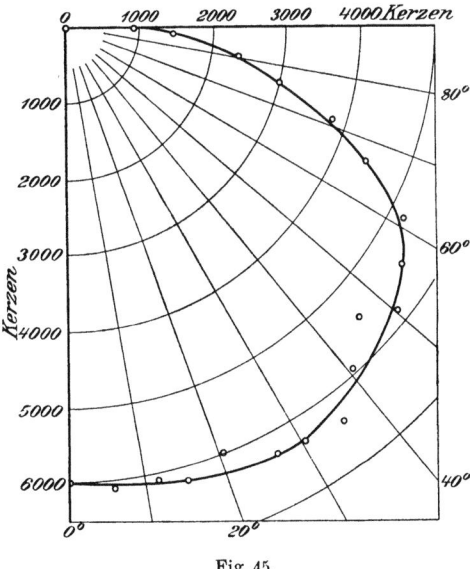

Fig. 45.

trägt für die Lichtverteilung in der lotrechten Ebene J_0 und die halbräumliche $J_\circ$ über 40%, für J_{mittl} 18,5%, für $J'_\circ$ 15%. Dies zeigt deutlich den abgleichenden Einfluß der Zerstreuung durch die Glocke im Falle unsymmetrischer Lichtquellen.

So ergab eine Reinkohlenlampe mit 9,5 mm Dochtkohle oben, 7 mm Homogenkohle (Siemens A) in einer kleinen Innenglocke aus Opalüberfangglas mit 10,3 A 89,4 V an der Lampe auf vier um je 90° versetzten Längenkreisen für $J_\circ$ 1480, 1260, 860, 1260 HK, als Mittel also $J'_\circ =$ 1215 HK. Bildet man aus je 4 zusammengehörigen Punkten eine Mittelwertkurve, so ergibt sich $J_\circ = 1224$ HK. Da dies nur einmalige Ermittelung der halbräumlichen Lichtstärke statt viermaliger bedingt, erscheint es dort empfehlenswert, wo ein integrierendes Photometer nicht vorgezogen werden kann. Die Messung damit ergab $J'_\circ = 1200$ HK.

Die Unsymmetrien sind bei Reinkohlen wegen der größeren Flächenhelle der schräg stehenden Krater größer als bei Flammkohlen, bei denen der Lichtbogen 25—35 % zur Lichtstärke beiträgt.

Eine Gleichstrom-Intensiv-Flammenbogenlampe für 20 Ampere mit schräg stehenden Effektkohlen ohne Glocke ergab die in Fig. 45 eingetragene Lichtverteilung in der lotrechten Ebene. In wagrechter Ebene beträgt bei ihr der Unterschied zwischen größter und kleinster Lichtstärke etwa 25 %. Eine Berichtigung zur Ermittlung der räumlichen Lichtstärke ergab sich hier als überflüssig. Es war $J_h = 1000$, $J_{max} = 6300$, $J_\circ = 2350$, $J_\circ = 4530$ HK.

4. Die Kohlenfadenglühlampe.

Die Glühlampen lassen sich in zwei Gruppen einteilen. Bei der ersten Art kommen stetige Leiter erster Klasse, also Kohlen- oder Metallfäden im Vakuum zur Verwendung, bei der zweiten Art Leiter zweiter Klasse.

Wird genügend starker Strom durch einen Kohlen- oder Metallfaden geleitet, so wandelt sich die aufgewendete elektrische Energie auf dreierlei Weise um. Erstens in Wärme- und Lichtstrahlung des glühenden Fadens, zweitens in Wärmeabgabe an die ihn umgebenden Luft- oder Gasschichten und drittens in Wärme, die an den Zuleitungsstellen abgeleitet wird. Alle drei wachsen mit zunehmendem Strome und steigender Temperatur.

Sind die beiden letzten Verluste ausgeschlossen, und kann die zugeführte Energie nur durch Strahlung abgeführt werden, so wird der Gleichgewichtszustand erst bei höherer Temperatur als sonst erreicht. Dies findet zum Teil statt, wenn der Faden im luftleeren Raum zum Glühen gebracht wird, wodurch namentlich seiner Oxydation, aber auch dem zweiten Verlust vorgebeugt wird. Darum besteht die Glühlampe aus einem Kohlen- oder Metallfaden, der in einer möglichst luftleeren Glasbirne eingeschlossen ist.

Kohlenfadenglühlampe.

Die Lichtstärke nimmt während der Verwendungszeit der Glühlampe fortwährend ab. Zunächst wird das Glasgefäß, besonders zu Anfang der Brenndauer, durch Beschlagen immer mehr getrübt. Dieses Anblaken rührt hauptsächlich von der Zerstäubung des Fadenmaterials infolge hoher Temperatur und Ionisierung der Fadenumgebung her. Es ist bei Kohlenfäden erheblich stärker als bei Metallfäden. Die Abschleuderung geladener Teilchen tritt bei Gleichstrom einseitig, und zwar am negativen Schenkel des Fadens stärker, auf.

Man stellt die Stromzuführungsdrähte an Stellen, wo sie in den Lampenfuß eingeschmolzen sind, aus Platin her, um die Bildung einer Oxydschicht zu vermeiden. Man erhält für Glas und Platin, den an der Schmelzstelle vereinigten Stoffen, annähernd gleiche Ausdehnung. Es tritt zwar infolge ungleicher spezifischer Wärmekoeffizienten jener Stoffe beim Ein- oder Ausschalten des Fadens bis zur Erreichung des Gleichgewichtszustandes ungleiche Erwärmung und daher ungleiche Ausdehnung auf, was jedoch nur Luftzutritt bei Ein- und Ausschaltung des Fadens begünstigen könnte, aber, wie die Erfahrung lehrt, belanglos ist. Man hat vielfach versucht, das teure Platin durch Metallegierungen zu ersetzen, die gleichen Ausdehnungskoeffizienten wie das umpreßte Glas besitzen. Die Versuche sind daran gescheitert, daß die Legierungen oxydierten und dann eine Verschlechterung des Vakuums nicht verhüten konnten.

Durch Ablösung feiner Teilchen wird der Faden beständig dünner, sein Widerstand größer. Bei gleicher Klemmenspannung verringert sich also der im Faden verzehrte elektrische Effekt und deshalb auch die Temperatur des Fadens. Allerdings nimmt gleichzeitig seine Oberfläche ab. Während diese aber sich in demselben Maße vermindert wie der Durchmesser, nimmt der Energieverbrauch wie das Quadrat des Durchmessers ab. Es wird folglich nicht nur die Gesamtleistung, sondern auch die Leistung auf die Einheit der Oberfläche verringert werden; dazu tritt noch, daß die durch Ablösung von Teilchen rauher gestaltete Oberfläche der Lichtstrahlung weniger günstig ist als die ursprünglich vorhandene glatte, und daß die Glasbirne undurchsichtiger geworden ist.

Alle diese Umstände bewirken zusammen eine mit wachsender Benutzungsdauer der Lampe fortschreitende Abnahme ihrer Lichtstärke, bis sie schließlich so weit sinkt, daß sich ihre Erneuerung empfiehlt.

Bei den Glühlampen der zweiten Klasse, deren einziger Vertreter die Nernstlampe ist, treten bei fortschreitender Benutzung noch chemische Veränderungen des Fadens hinzu, die gleichfalls eine Abnahme der Lichtstärke bewirken. Auch hier werden die den Brenner umgebenden Glasbirnen beschlagen und dadurch undurchsichtiger.

Nach diesem Verhalten des Glühfadens ist es klar, daß seine Haltbarkeit oder Dauer begrenzt sein muß. Sie ist, wie später die Herstellung der Glühlampe noch klarer zeigt, zum Teil eine das einzelne Stück betreffende. Mit Geburtsfehlern behaftete Lampen sterben schon nach einigen Stunden dahin, während einzelne ein Greisenalter selbst von vielen tausend Stunden erreichen können. Die mittlere Lebensdauer aus einer Gruppe von Glühlampen derselben Art gibt wenig Aufschluß; sie ist von den Sonderwerten der früh verdorbenen und der langlebigen zu stark beeinflußt. Erhält die Glühlampe unveränderliche Stromstärke, wie dies bei Reihenschaltung der Fall ist, so wird der Faden gleichmäßig während der ganzen Lebenszeit erhitzt; die Gesamtbeanspruchung des Fadens wird größer, somit die Haltbarkeit geringer als bei Verwendung konstanter Spannung, bei welcher der Widerstand des Fadens wächst, die Stromstärke also mit zunehmender Verwendungsdauer abnimmt. Dieser Stromabnahme entspricht eine geringere Temperatur, so daß die dem Faden an und für sich zukommende Lebensdauer durch diese Erscheinung noch wesentlich erhöht wird.

Ob und wieweit die Haltbarkeit der Kohlenglühlampe von der Art des Stromes abhängt, ist noch nicht sicher erwiesen; manche Beobachtungen lassen den Wechselstrom vorteilhafter erscheinen. Am meisten beeinflussen jedoch die Güte des Fadens und die Luftleere der Birne die Lebensdauer, und da die mechanische Beanspruchung des Fadens von der Temperatur abhängt, so wird vor allem die Haltbarkeit mit dem spezifischen Verbrauch zusammenfallen. Der Zusammenhang dieser Größen wird jedoch verwickelter, weil die Lichtausstrahlung noch durch dichteren Innenbeschlag der Birne mit zunehmendem Gebrauche abnimmt. Die von der Trübung des Glases herrührende Lichtstärkenverminderung ist bei Lampen mit geringem spezifischen Verbrauch ein größerer Teil der gesamten Lichtabnahme als bei Lampen mit höherem spezifischen Energieverbrauch.

Die wirtschaftliche Benutzungszeit oder Nutzbrenndauer einer Glühlampe richtet sich nach verschiedenen Gesichtspunkten. Vor allem kann ein Unterschreiten einer gewissen Lichtstärke, z. B. eine Lichtverminderung von 20 % der anfänglichen, als Grenzbestimmung gelten. Hier soll als Nutzbrenndauer die Zeit berechnet werden, innerhalb deren die Lampe auf 80 % ihrer Anfangslichtstärke abgenommen hat. Man kann danach untersuchen, bei welchem spezifischen Anfangsverbrauch die kleinsten Gesamtkosten für die Lampenbrennstunde sich ergeben.

Die Lampen werden am Sockel mit einer Stempelung, z. B. 112 B 16, versehen, die der Reihe nach die Betriebsspannung in Volt, den spezifischen Effektverbrauch in Watt/HK und die mittlere wagrechte Licht-

Nutzbrenndauer. 53

stärke in HK angibt. A deutet niedrigen, B mittleren, C hohen Effektverbrauch an. Diese Werte ändern sich auch mit der Spannung, wie folgt:

Type	A	B	C
45—115 Volt	2,7	3,1	3,4
116—155 -	2,9	3,3	3,7
156—250 -	3,1	3,5	4,0

Die Nutzzeiten für die drei Lampentypen sind im Mittel 300, 600 und 800 Stunden. Innerhalb dieser Zeit nimmt der Effektverbrauch nur wenig, etwa 3—5 %, die anfängliche Lichtstärke um 20 % ab. Der spezifische Verbrauch wächst also um 20—25 % an. Nimmt man 16 kerzige Lampen zum Preise von 50 Pf., so ergeben sich bei 1200 Brennstunden jährlich und bei 50 Pf. für die Kilowattstunde folgende jährliche Gesamtkosten für die Lampenbrennstelle.

Spezifischer Verbrauch			Stromkosten	Lampenerneuerung	Gesamtkosten
Anfang	Mittel	Ende			
2,7	3,0	3,3	48 × 1.2 × 0.5 = 28,8 M	4 × 0,5 = 2,0 M	30,8 M
3,1	3,5	3.9	54 × 1.2 × 0,5 = 32,4 M	2 × 0,5 = 1,0 M	33,4 M

Hieraus folgt, daß bei hohem Strompreis und billigen Lampen die Type A günstiger ist als die Lampen mit höherem Stromverbrauch. Die sogenannten Sparlampen, die zu höheren Preisen verkauft wurden, waren normale nur mit höherer Spannung betriebene Kohlenfadenlampen. Da bei Beanspruchungen, wie sie 2,5 Watt/HK entsprechen, die Kohlenfäden zu rasch zerstäuben, kann höhere Ökonomie nur von andern Fäden erhofft werden.

Die neuen Metallfadenlampen mit 1 Watt/HK bieten selbst bei Preisen von 4—6 M pro Stück noch Vorteile, wenn der Strompreis nicht allzu niedrig ist. Bei etwa 600 Stunden Nutzbrenndauer und 1200 jährlichen Betriebsstunden würde die Lampenbrennstelle 1,1×16×1,2×0,5 = 10,56 M an Stromkosten und 12 M an Erneuerung, zusammen 22,56 M, fordern[1]). Zum Vergleiche ist auch hier die Metallfadenlampe 16 kerzig angenommen worden, obwohl sie dabei meist nur für anormal niedrige Spannung (40 V etwa) geeignet ist.

Der zweite Gesichtspunkt, der sich aus wirtschaftlichen Rücksichten ableiten läßt, betrifft die **mittleren Kosten der Kerzenstunde**. Die Kosten einer Kerzenstunde bis zu einem gewissen Zeitpunkt während der Benutzungszeit der Lampe hängen erstens ab von dem aliquoten Teile der Lampenanschaffung. Dieser Betrag wird

---
[1]) J. Teichmüller, Journal für Gas- und Wasserversorgung 1906.

mit dem Preise der Glühlampen zunehmen und mit der Brenndauer abnehmen und z. B. bei 50 Pf. für das Stück 0,5 Pf. bei 100 Stunden betragen. Der zweite und bei höheren Energiepreisen wichtigere Teil der Gesamtkosten ergibt sich aus dem spezifischen Verbrauch für die Kerzenstunde, welcher mit der zunehmenden Verwendungszeit der Lampe und dem Preise für die Kilowattstunde steigt. Die Summe dieser beiden Beträge wird für eine bestimmte wirtschaftliche Nutzbrenndauer am kleinsten. Das Verhältnis der gesamten seit der ersten Einschaltung der Lampe durch ihre Anschaffung und ihren Energieverbrauch verursachten Kosten zu der gesamten, von ihr bis zu diesem Zeitpunkt gelieferten Lichtleistung in Kerzenstunden zählt die spezifischen Kosten der Kerzenstunde.

Die Rechnung ist nur durchführbar, wenn man den Verlauf der Lichtabnahme während der Brenndauer kennt. Man kann dann Kurven zeichnen, die von einem hohen Anfangswert anfangs rasch, dann langsam abnehmen, einen tiefsten Punkt erreichen und sich wieder langsam erheben. Bei den kleinsten spezifischen Kosten sollte die Lampe erneuert werden. Dann werden die kleinsten Gesamtkosten für eine bestimmte Lichtleistung erreicht sein. Die Rechnung ist weitläufig und bei dem heutigen Preise der Kohlenfadenlampe und des Stromes unnötig, zumal die definierte Nutzbrenndauer weitere Änderung als 20%, also Schwankungen in der Lichtstärke ± 10% vom Mittel zwischen Beginn und Ende nicht zuläßt. Die Metallfadenlampen sind vorläufig noch zu teuer, um Auswechselung innerhalb irgend einer Nutzbrennzeit gewinnbringend erscheinen zu lassen, man läßt jede bis an ihr Lebensende um so mehr wirken, als sie kleine Lichtabnahme zeigen.

Jede Glühlampe kann mit hohem oder geringem spezifischen Anfangsverbrauche benutzt werden, je nachdem man ihre Betriebsspannung bemißt. Was man als normale Spannung bezeichnet, und was auf der Glühlampe selbst angegeben ist, ist ein vom Fabrikanten nach praktischen und kommerziellen Erwägungen festgestellter Wert, bei welchem die Lampe den entgegengesetzten Forderungen des ökonomischen Betriebes und der langen Lebensdauer gleichzeitig in genügender Weise gerecht wird. Die Lichtstärke nimmt mit der 12. Potenz der absoluten Temperatur des Leuchtfadens zu; diese wieder bei Annahme konstanten Widerstandes, also nur innerhalb einer kleinen Änderung, mit dem Quadrat der Spannung. Die Lichtstärke wird also beim Kohlenfaden etwas stärker, beim Metallfaden etwas schwächer als mit der 6. Potenz der Spannung sich ändern. Für kleine Änderungen bedeutet das für 1% Spannungsänderung etwa 6% in der Lichtstärke. Der Kohlenfaden nimmt von Zimmertemperatur bis zur Weißglut im Widerstand etwa auf die Hälfte ab, die Metallfäden nehmen um das 4—6 fache zu. Es gibt

Einfluß der Betriebsspannung. 55

jedoch einen besonders präparierten Kohlenfaden von Howell, der gleichfalls positiven Temperaturkoeffizienten besitzt, wie später zu erörtern sein wird.

Es ist wichtig, den Einfluß zu kennen, den die durch unvollkommene Regelung oder sonstige Ursachen bewirkten häufigen **Schwankungen der Betriebsspannung** auf die verbleibende Helligkeitsverminderung und die dadurch bedingte geringere Nutzbrenndauer ausüben. Dieser Einfluß ist vorhanden; er macht sich um so stärker bemerkbar, je größer die Schwankung ist, und je höher der Glühfaden beansprucht wird. Es ist deshalb nötig, bei Glühlichtbeleuchtung auf eine möglichst unveränderliche Spannung besonders zu achten. Wo die Spannung unregelmäßigen Änderungen unterworfen ist, wie z. B. bei der Zugbeleuchtung, schaltet man der Glühlampe einen **Ballastwiderstand** vor, der bei steigender Spannung stark anwächst. Solche **Pufferwiderstände** mit ansteigender Charakteristik sind, wie wir noch näher sehen werden, bei Nernstfäden wegen der abfallenden Charakteristik des Fadens unentbehrlich. Bei Wechselstrombetrieb muß der Effektivwert der Spannung konstant bleiben. Gleich- oder Wechselstrom bewirkt bei den Kohlenfadenglühlampen keinen praktisch merkbaren Unterschied in bezug auf Lebensdauer, Lichtstrom und Lichtleistung bei den technisch verwendeten Periodenzahlen.

Die Temperatur des Fadens kann den Stromveränderungen infolge der Wärmeaufspeicherung im Faden und in der Glasbirne nur zum Teil folgen, und zwar um so schwächer, je mehr Masse dabei in Frage kommt. So schwankt nach H. F. Weber[1]) die Temperatur eines Kohlenfadens von 0,01 g, bei einer spezifischen Wärme von $1/_2$ und bei 50 sekundlichen Perioden zwischen 1569 und 1577°, also insgesamt um 8° bei einer mittleren Temperatur von 1573°, d. h. um etwa $1/_2$ %.

Im Eickemeyerschen Laboratorium in New-York wurden 1892 Versuche angestellt, wobei man bei 20 sekundlichen Perioden das **Flimmern des Lichtes** unerträglich fand; bei 30 Perioden wurde jedoch schon ein genügend gleichmäßiges Licht erzielt. Hieraus zog man den Schluß, daß für Bureauräume 30, für Werkstätten und Außenbeleuchtung als untere Grenze 25 Perioden nicht zu unterschreiten sind. Nach Versuchen von Bell und Puffer ist diese untere Grenze auch noch bei Metallfäden zulässig.

Die Wirkung eines veränderlichen Lichtstromes auf das Auge, äußerste Grenzwerte nach unten und oben ausgenommen, erfolgt nach dem **Talbotschen Gesetze**, welches lautet: Wenn eine Stelle der Netzhaut von periodisch veränderlichem Lichtstrom getroffen wird, ent-

---

[1]) H. F. Weber. Zentralbl. f. Elektrotechnik 12 S. 257, 269. 1888.

steht ein stetiger Eindruck, der dem gleich ist, welcher entstehen würde, wenn das während einer jeden Periode eintretende Licht gleichmäßig über die ganze Dauer der Periode verteilt wäre. Danach erweisen sich z. B. jene älteren Erfindungen für billigere Betriebe von Glühlampen als verfehlt, bei welchen durch Schalter die Lampen nur auf kurze Zeit wirken und doch auf das Auge den vollen Eindruck des stetigen Arbeitens machen sollten.

Der periodische Ungleichförmigkeitsgrad der Lichtquelle sei

$$u = 100 \cdot (J_{max} - J_{min}) : 1/2 (J_{max} + J_{min}),$$

wobei J_{max} und J_{min} die zeitlich größte und kleinste Lichtstärke bedeutet. Hierfür fanden Girard und Magnol

			bei 25 Per/Sek	bei 50 Per/Sek
für die Kohlenfadenglühlampe	110 Volt	5 HK	u = 53	32
- - -	110 -	10 -	20	11
- - -	110 -	32 -	15	9
- - Tantallampe	110 -	25 -	37	19
- - Osmiumlampe	39 -	16 -	17	12
- - Nernstlampe	110 -	0,25 Amp.	12	—

Dies bestätigt, daß dickere Fäden schwächere Lichtschwankungen aufweisen als dünnere. Aus diesem Grunde verwendet man in Amerika im Anschluß an Anlagen mit 25 Per/Sek häufig niedervoltige Lampen, z. B. 3 oder 4 Stück für 30—40 V 8 HK in Reihenschaltung.

Zu diesen Schwankungen treten noch jene, welche durch die räumliche Bewegung der Lichtquelle oder des beleuchteten Gegenstandes entstehen. Sie erzeugen unter Umständen recht störende Erscheinungen. Das geschwungene Schwert eines Ritters und die zierlichen Beine einer Tänzerin erscheinen bei Wechselstromlicht vervielfacht.

Die allgemeine Form der Glühlampe ist durch den Kohlenfaden bestimmt, der bei einer bestimmten Lichtstärke bei gegebener Spannung und spezifischem Verbrauche einen nach Erfahrungswerten festzusetzenden Querschnitt und Länge besitzt. Diese ist bei höheren Spannungen und größeren Lichtstärken oft so bedeutend, daß ein einfaches Umbiegen des Kohlenfadens zum U-förmigen Bügel zu lange Glasbirnen ergeben würde, weshalb man den Kohlenfaden in vielfacher Weise zur Schlinge oder in Spiralen windet oder auch zwei Fäden in eine Birne setzt. Um den mechanischen Ansprüchen hinsichtlich der Festigkeit des Fadens zu genügen, greift man oft zu dem Auskunftsmittel, die Glühfäden durch Nickelösen an Zwischenpunkten außerhalb der Stromzuführungsstellen zu fassen und nach dem Glasgefäße zu verspannen, so daß ihre Schwingungen beschränkt werden. Bei den neueren 220 Volt-Lampen

Form der Glühlampe. 57

(Fig. 46) sind die zwei Schlingen durch zwei solche Ösen gehalten, bei den 110 Volt-Lampen mit einer Schlinge kann die in Fig. 47 gezeichnete Öse auch wegbleiben. Die Gestalt des Glasgefäßes ist im allgemeinen birnenförmig und durch den Umstand bedingt, daß das Glas bei geringen Entfernungen vom Faden infolge einseitiger Erwärmung gesprengt werden kann. Da sich der glühende Kohlenfaden bei geneigter Stellung der Lampe mit der Zeit oft nach unten biegt, so darf diese Entfernung nicht zu klein gewählt werden. Andererseits wird wegen des besseren Aussehens die Gestalt der Birne auf den Durchmesser des metallenen Lampensockels eingezogen. Bei sehr kurzen Glühfäden oder bei Lampen für besondere Zwecke wählt man die Kugelform, für dekorative Zwecke

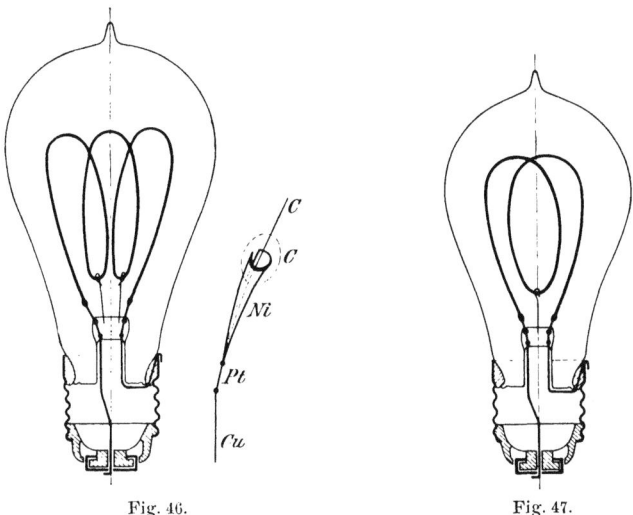

Fig. 46. Fig. 47.

oft die walzen-, röhren-, flammen- oder kegelförmige Gestalt. Der Kohlenfaden klebt hier und da vorübergehend an der Glaswandung, wenn die Lampe zuvor mit der Hand berührt oder mit einem Tuche gereinigt wurde. Überhaupt zeigen von Erde isolierte Glühlampen, mit der trockenen Hand gestrichen, im Dunkeln leuchtende statische Entladungen der Reibungselektrizität, welche beileibe nichts mit physiologischen Momenten zu tun haben, wie noch 1905 ein angesehener Arzt und viele Spiritisten mit den alten Magnetiseuren selbst glaubten oder glauben machen wollten.

Der Lampensockel oder -fuß besteht aus zwei metallenen Kontakten, welche an die beiden Enden des Kohlenfadens anschließen. Diese Kontaktteile sind entweder ringförmig und konzentrisch ausgebildet, oder zwei gleiche Stücke lagern zu einer Linie symmetrisch.

Zur ersten Art zählt die von Edison 1881 angegebene Konstruktion, welche in Fig. 46 und 47 ersichtlich ist. Bei dieser Fassung ist der äußere Ring aus Messingblech hergestellt und mit schwach steigendem Gewinde mit abgerundeten Kanten versehen, während den mittleren Teil eine ebene Platte bildet. Beide sind durch ein Porzellanstück isoliert miteinander verbunden, dessen Durchschnitt in den Fig. 46 und 47 schraffiert angedeutet ist.

Die Befestigung der Metallteile am Glase wurde ursprünglich durch Gips vermittelt. Da er schwer trocknete und in feuchten Räumen abbröckelte, so wurde er durch einen Kitt aus Bleiglätte mit Glyzerin oder Zement mit Schellack ersetzt. Der Kitt wird nur zur Befestigung des Sockels benutzt, während die Zuleitungsdrähte der Glühlampe nicht mit Kitt in Berührung kommen. Die Metallteile wurden ursprünglich durch Holz oder Horn miteinander verbunden; später verwendete man Glas und Porzellan. In neuester Zeit wurden die Metallteile in Porzellan-

Fig. 48.   Fig. 49.

masse eingebettet, die nur durch eine geringe Menge Gips mit den Glaswandungen der Birne verbunden wird.

Zu der zweiten Art der Sockel gehören die Konstruktionen, wie sie Swan ursprünglich einführte. Es waren dies einfache Platin- oder Metallösen (Fig. 48), in welche Häkchen der Fassung eingriffen, und die Lampe mittels einer Spiralfeder andrückten. Diese Konstruktion wurde nachträglich durch zwei halbkreisförmige Metallkontakte, Fig. 49, ersetzt. Der Lampenfuß paßte in einen bajonettförmigen Verschluß der äußeren Fassung.

Eine Einheitlichkeit in der Wahl des Sockelsystems lag im Interesse der Erzeugung und des Gebrauches; sie wurde nach zwei Jahrzehnte langen Bestrebungen durch Annahme der verbesserten Edisonfassung und einer Bajonettfassung erreicht. Der Verband Deutscher Elektrotechniker hat 1899 für die Edison-, 1900 für die Bajonettfassung[1]) Normalien für Lampenfüße und Fassungen angenommen. Danach soll bei dem am weitesten verbreiteten Edisongewinde[2]) das Profil der Lehren aus zwei unmittelbar tangential ineinander übergehenden Kreisbögen mit den Halbmessern 0,95 und 1,05 mm bestehen. Die Gewinde-

---

[1]) ETZ 1899 S. 330.
[2]) R. Hundhausen, ETZ 1900 S. 921.

Lampenfassung. 59

tiefe beträgt 1,15 mm, die Steigung $1/7'' = 3,628$ mm. Fig. 50 zeigt einen Lampenfuß in durchschnittener Fassung mit den Maßen der größten und kleinsten radialen Überdeckungen $1/2 u_{max} = 1,1$ und $1/2 u_{min} = 0,65$ mm. Fig. 51 zeigt die zulässigen Gewindehöhen G und Abstände A, wobei die Weiser l und f sich auf die Lampe und Fassung beziehen.

Lampen für Serienschaltung werden heute in derselben Weise wie für Parallelschaltung ausgeführt. Die einsteus verbreitete Bernstein-

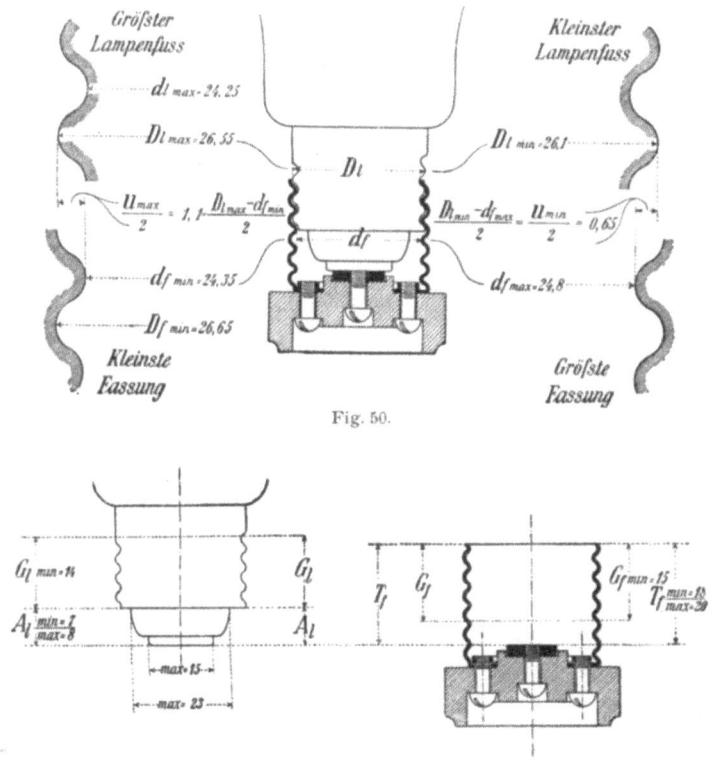

Fig. 50.

Fig. 51.

lampe mit automatischem Kurzschluß zwischen den bei einem Fadenbruche zusammenfedernden Fadenresten ist vom Markte verschwunden. Serienlampen, welche nur mehr ausnahmsweise Gebrauch finden, erhalten Spannungen von 5, 10 bis 25 V und besitzen daher einen dickeren Kohlenfaden als für Parallelschaltung von 100 und mehr Volt. Bei der Sichtung werden sie nicht wie die Parallelschluß-Glühlampen auf Spannung, sondern auf Stromstärke geprüft, da sie bei konstantem Strom im Leitungskreise die gewünschte Lichtstärke ergeben müssen. „Ediswan" in London erzeugten Serienlampen für 6, 8 bis 10 A, Fig. 52, welche zur Straßenbeleuchtung in Bogenlampenkreisen nach amerikanischem Gebrauche verwendet wurden. Die Kurzschließung bei zerbrochenem Bügel erfolgt selbsttätig beim Fadenbruche in der Fassung durch Spannungsdurchschlag einer dünnen Isolationsschicht. Für die Reihenbeleuchtung des Kaiser Wilhelm-Kanals sind Glühlampen für 25 V 25 HK verwendet worden. Bei Fadenbruch geht der Strom durch eine nebengeschaltete Drosselspule.

Bei Lichtstärken von 2—5 HK ist die Herstellung des Bügels für 110 V schon schwierig, und man pflegt daher in solchen Fällen insbesondere für die Herrichtung von alten Kerzenlüstern sowie bei Illuminationsstücken wie Wappen usw. die Glühlampen in Kerzen-, Röhren- oder Flammenform für 10, 20, 25 bis 30 V herzustellen und zu mehreren hintereinander zu schalten.

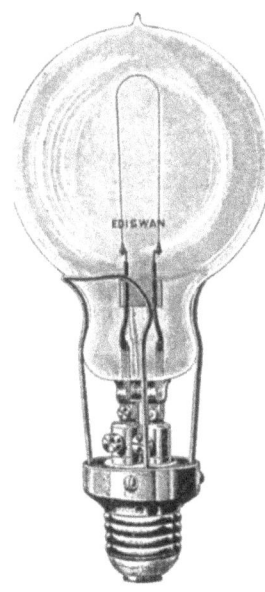

Fig. 52.

Eine Lampe für 220 V und 16 HK bietet nicht die gleichen Verhältnisse dar wie eine Lampe von 110 V 16 HK, auch dann nicht, wenn sie zwei Bügel hat. Denn jeder dieser Bügel hat nur 8 HK, ist also dünner. Außerdem sind in derselben Birne nun zwei Fäden mit der doppelten Spannung, also erhöhter Kurzschlußgefahr. Diese Schwierigkeit ist durch die neueren Konstruktionen überwunden worden. Man verwendet jetzt allgemein Kohlenfäden mit zwei Schleifen, Fig. 46, die vom Kohlenträger aus durch zwei Drahtstützen gehalten werden. Aus dem Vorhergesagten ergibt sich weiter, daß bei diesen Lampen weder so geringe Lichtstärken noch so geringe Watt für die Kerzen zu erzielen waren als bei 110 Volt-Lampen. Sie werden bis zu 10 HK herab erzeugt, weisen dann aber etwa 4 Watt/HK auf. Auch die Lampen von 16 und 25 HK verbrauchen noch etwa 3,6 Watt/HK.

Bis zu 150 Kerzen kann dem Kohlenbügel die normale Gestalt gegeben werden, wobei die Birne entsprechend größer geformt werden muß. Darüber hält man meist den langen Bügel mit Nickelösen fest, die auf eingeschmolzenen Glasstöpseln ruhen. Die Herstellung großer Glühlampen findet in der zu geringen Festigkeit des luftleeren dünnwandigen Glasballons ihre Grenze. In Amerika und England waren bis in die letzten Jahre Lichtstärken von 500 Kerzen in Gebrauch, weil dort das Bogenlicht durch die schlechten Kohlenstifte gegen das Glühlicht

Herstellung der Kohlenglühlampen. 61

für größere Innenräume nicht aufkommen konnte. Die 16 HK hat die weiteste Verbreitung gefunden, neben ihr kommen noch die 32 und 50 kerzigen sowie 10 und 5 kerzigen vor.

Für Anbringung in Projektoren benötigt man Fokuslampen, deren Fäden in eine ebene oder kegelförmige Spirale dicht gewunden werden.

Die Herstellung der Kohlenglühlampe. Den wichtigsten Massenartikel der elektrischen Beleuchtungstechnik bildet die Glühlampe. Diese Erwägung drängte schon frühzeitig zur Spezialfabrikation. Swan gründete 1881 die erste europäische Fabrik, der bald andere folgten. Es werden schätzungsweise jährlich 100 Millionen Glühlampen erzeugt. Hiervon entfallen auf Europa 40 Millionen.

Die Fortschritte in der Herstellung und in der Lampe selbst betrafen die Vervollkommnung der Massenerzeugung, die wachsende Wirtschaftlichkeit der Lampen in Watt/HK und die Möglichkeit, Lampen höherer Spannung und selbst geringerer Kerzenzahl zu erzeugen. Die Stufen in der Erzeugung sind folgende:

Während ursprünglich zur Herstellung des zu verkohlenden Fadens Kartonpapier und später durch viele Jahre Pflanzenfaserstoffe aus Bambus verwendet wurden, wird heute in allen Fabriken der Faden aus reiner Nitrozellulose hergestellt. Ihre Lösung wird durch Glasdüsen in eine Flüssigkeit gepreßt, welche die Abscheidung der Nitrozellulose aus ihrem Lösungsmittel in Fadenform bewirkt; man erhält auf diese Weise ein gleichmäßiges Material. Durch Behandeln in desoxydierenden Mitteln wie Schwefelammonium wird die Nitrozellulose in reine verwandelt und getrocknet. Der Faden wird sorgsam in Wasser ausgewaschen, getrocknet, mittels eines Mikrometermaßes auf seine Dicke nachgeprüft und dann auf Graphitblöcke seiner späteren Form entsprechend gewickelt.

Der aufgewickelte Faden wird nun in Graphitschmelztiegeln oder Muffeln im Karbonisierofen unter Luftabschluß bei möglichst hoher Temperatur verkohlt. Der Luftabschluß während der Verkohlung wird erzielt durch Einpacken der Formen in Graphit- oder Kohlenpulver oder durch gleichmäßiges Durchstreichen von Gas durch die Muffeln. Früher ließ man das Rohmaterial in dem stark erhitzten Ofen rasch verkohlen, wodurch ein großer Teil der Fäden unbrauchbar wurde; heute beginnt dieser Prozeß mit dem Vorkarbonisieren. Die rohen Fäden werden in Glühtiegel gebracht und im Ofen 24 Stunden lang mäßiger Hitze ausgesetzt, wobei ihre Feuchtigkeit allmählich entweichen kann; erst dann wird die Temperatur rasch erhöht, wobei die Fäden nach weiteren 12 Stunden gänzlich karbonisiert sind. Aus diesen Bügeln müssen für jede einzelne Lampensorte Kohlenfäden von bestimmten Dicken, Längen und elektrischen Widerständen ausgesucht werden.

Die elektrischen Lichtquellen.

Man entnimmt den Tiegeln, welche 3000—5000 Fäden einer Sorte enthielten, etwa je 20 Fäden und präpariert sie auf den für eine gewisse Lichtstärke bereits erfahrungsgemäß nötigen Widerstand und bestimmt an den so hergestellten Glühlampen den Wert, um welchen die Spannung bei der gewünschten Lichtstärke von der normal erforderlichen Spannung abweicht. Bei gleichem Schwindmaß müssen nun alle übrigen Fäden einen auf diesen Wert abgeglichenen Widerstand erhalten. Verringerung des Widerstandes geschieht durch Verdickung beim Präparieren. Den gleichmäßigen elektrischen Widerstand erhalten die Kohlenbügel durch einen dichten Kohlenniederschlag, der aus kohlenstoffreichen Gasen, wie Leuchtgas, Benzin usw. gewonnen wird. Die Erhitzung des Fadens geschieht durch den elektrischen Strom. Dünne Stellen erhitzen sich stärker, wodurch eine größere Abscheidung aus den Gasen an dieser Stelle eintritt. Durch dieses Präparierverfahren wird der Durchmesser der Kohle verstärkt, trotzdem ihr Widerstand verringert und ihr Lichtausstrahlungsvermögen erhöht und die Kohle widerstandsfähiger gegen Zerstäuben gemacht.

Versuche von J. W. Howell haben ergeben, daß Fäden, die vor oder nach dem Präparieren auf 3000° C. im elektrischen Ofen erwärmt worden waren, bezüglich ihres elektrischen Widerstandes bei verschiedenen Temperaturen von den unpräparierten Fäden abweichen. Erhöht man nämlich im elektrischen Ofen die Temperatur über die des Karbonisierungsprozesses, so nimmt der Widerstand allmählich zu statt abzunehmen, und zwar zeigt sich dieses Verhalten verschieden, je nachdem der Faden einmal oder zweimal auf 3000° erwärmt worden. Die älteren nur einmal erwärmten Lampen zeigten negativen Temperaturkoeffizienten noch bei 1,5 Watt/HK. Die neuen graphitisierten Lampen vom Jahre 1905 zeigen bei einer höheren Beanspruchung als 3 Watt/HK positiven Temperaturkoeffizienten.

Die fertig präparierten Kohlenfäden werden zur Verbindung mit den Zuleitungsdrähten an kleine Füßchen mittels Graphitkitt befestigt. Diese Füßchen bestehen aus Glasröhrchen, in welche die Zuleitungsdrähte luftdicht eingequetscht sind. Diese bestehen, soweit sie durch die Glaswandung gehen, etwa 3 Millimeter, aus Platin und werden nach dem Kohlenfaden hin in Nickeldrähten, nach der Fassung zu mit Kupferdrähten verlängert, wie Fig. 46 dies vergrößert andeutet. Ein noch vielfach angewendetes Verfahren zur Verbindung zwischen Kohlenfaden und Zuleitungsdrähten besteht darin, daß auf elektrischem Wege Kohle an der Verbindungsstelle niedergeschlagen wird, und zwar derart, daß der Bügel knapp oberhalb der Berührungsstelle kurzgeschlossen und in Benzol oder Toluol eingetaucht wird. Fließt Strom durch den Bügel, so lagert sich an der Stelle des größten Widerstandes Kohlenstoff aus der zersetzten Flüssigkeit ab und stellt eine gute Verbindung her.

Prüfung der Glühlampen. 63

Der mit den Zuleitungsdrähten verbundene Kohlenfaden wandert nun in die Glasbläserei. Dort wird das am Ende flaschenartig aufgetriebene Glasfüßchen an die Birne angeschmolzen. An den Glasballon wird ein dünnes Röhrchen nun angeschmolzen, durch welches in der Pumperei die Lampe evakuiert wird, und welches sich an der fertigen Lampe als Schmelzspitze verrät. Das Auspumpen der Lampen kann entweder mit Sprengelschen Quecksilberluftpumpen geschehen, die gegen den Arbeitsraum hermetisch abgeschlossen werden, oder mit mechanischen Pumpen. Die Ansichten über die Durchführungsweise des Luftentleerungsprozesses sind geteilt. Viele Fabriken ergänzen ihre mechanischen Verfahren noch durch das chemische von Malignani, bei welchem die letzten Spuren von Luft durch Verbrennen von amorphem Phosphor zu phosphoriger Säure verdrängt werden.

Prüfung der Glühlampen. Man beobachtet die Lampe im Dunkeln durch langsames Erhöhen der Spannung. Eine schwächere Stelle im Faden verrät sich durch helleres Glühen. Die Oberfläche des Fadens kann im kalten Zustande mit einem Vergrößerungsglase untersucht werden, und aus ihrer Beschaffenheit wird der Geübte Schlüsse ziehen können.

Der Faden soll nicht einseitig in der Birne sitzen, nicht die Wandungen berühren, und seine Windungen sollen sich nicht teilweise durch gegenseitige Berührung kurzschließen. Dies kann mechanische oder auch elektrodynamische Ursachen haben. Die stromdurchflossene Spirale wird sich zusammenziehen. Bei Stromunterbrechung schnellt sie auseinander.

Besonders schlechte Luftleere erkennt man an starker Dämpfung der Fadenschwingungen. Glasballons mit Haarrissen sind manchmal bedenklich; sie können zur explosionsartigen Zertrümmerung der Birne führen. Auch die starke Erwärmung der hellen Birne in ruhiger Luft verrät besonders schlechte Lampen.

Mehr Aufschluß bringt die Untersuchung der Luftleere mit dem Ruhmkorffschen Funkeninduktor. Man faßt die Lampe an der Birne und hält einen Pol des Sockels an den einen Pol des Induktors, der auf einige Zentimeter Funkenlänge eingestellt ist, während man den anderen Pol des Induktors durch Berührung mit der Hand zur Erde ableitet. Bei guter Luftleere bemerkt man nur ein geringes Phosphoreszieren der Glaswände, vorzugsweise dort, wo die Hand die Glaswand berührt. Die Farbe des schwachen Lichtscheines wechselt mit der Glasart, zuweilen tritt bei sehr guter Luftleere gar kein Lichtschein auf. Ist sie ungenügend, so erscheint heller Lichtschein wie bei Geißlerschen Röhren.

Um über die Lebensdauer der Glühlampen rasch zu einem ungefähren Urteil zu kommen, wird ihr Verhalten bei Überspannung geprüft.

64 Die elektrischen Lichtquellen.

Man beansprucht die Lampen mit 25 % Überspannung und bestimmt die Zeit bis zur Erreichung einer 20prozentigen Lichtabnahme. Diese soll bei 110 Volt-Lampen etwa 12, bei 220 V etwa 10 Stunden erreichen. Ein sicheres Urteil gestattet die Überlastung mit etwa doppelter Spannung von dreiminutlicher Dauer und nachträglicher photometrischer Prüfung der Lampen nicht. Denn dieser rohen Untersuchungsart liegt die Ansicht zugrunde, daß das Verhalten an der Bruchgrenze des Fadens auf sein normales zurückschließen lasse, wie dies in der Technologie anderer Stoffe, ebenfalls mit Unrecht, gebräuchlich ist.

Die folgende Methode zur Bestimmung der elektrischen Größen einer Glühlampe hat den Vorteil, daß nicht diese Größen selbst, sondern ihre Abweichungen von denen einer als Vergleichslicht benutzten Glühlampe gemessen werden; der gleiche prozentuelle Fehler in diesen Unterschieden hat demnach viel geringeren Einfluß als in den vollen Werten.

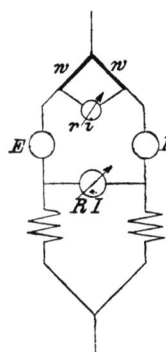

Fig. 53.

Die zwei Lampen werden nach dem Schema[1]) Fig. 53 in eine Wheatstone-Brücke geschaltet: w und w sind zwei kleine, ganz gleiche Widerstände, r und i sind Widerstand und Strom im oberen Galvanometer, R und J Widerstand und Strom im unteren Galvanometer, e_1 ist die normale Spannung der Vergleichslampe E, und i_1 ist der entsprechende Strom. R ist ein großer Widerstand, r ein kleiner.

Diese Spannung wird unverändert gehalten, demnach leuchtet die Lampe E mit ihrer normalen Lichtstärke. Mit dem einstellbaren Widerstand wird die zu messende Glühlampe L annähernd auf die gleiche Lichtstärke eingestellt; der Unterschied kann bis zu $1/5$ betragen. Nun gilt $e_2 = e_1 + R J$, ferner $(i_1 + i) w + i r = (i_2 — i) w$ und hieraus $i_2 = i_1 + i \cdot (r/w + 2)$.

Diese zwei Gleichungen enthalten die Unterschiede, um welche die elektrischen Größen e_2 und i_2 der zu messenden Lampe von denen der Vergleichslampe i_1 und e_1 abweichen bei der Lichtstärke, auf welche die Lampe einreguliert war. Der Verband Deutscher Elektrotechniker hat folgende ähnliche Methode angenommen[2]).

Unter Lichtstärke soll die mittlere Lichtstärke in der zur Lampenachse senkrechten Ebene verstanden werden. In Fig. 54 bedeutet ab eine gerade Photometerbank von 2,5 m Länge, A den Photometerkopf, B eine Hilfs- oder Vergleichslichtquelle, C die zu messende Lampe bezw. die Normal-

---

[1]) Strecker, Hilfsbuch für die Elektrotechnik. 7. Aufl., 1907 S. 284.
[2]) ETZ 1897 S. 473.

lampe, D einen Winkelspiegel. A und B ruhen auf Wagen oder Schlitten und lassen sich miteinander fest verbinden, so daß sie gemeinschaftlich der Lampe C genähert oder von ihr entfernt werden können. Die Entfernung zwischen A und B beträgt 60 cm und muß um 6 cm nach jeder Seite verstellbar sein. Der Winkelspiegel besteht aus zwei quadratischen Stücken guten, ebenen Glasspiegels mit Silberbelegung von 13 cm Seitenlänge und 2 bis 5 mm Dicke, welche einen Winkel von 120° einschließen. Er ist mit vertikaler Scheitelkante am Ende a der Bank so aufgestellt, daß er zu ihrer Längsachse symmetrisch steht und dem Photometerkopf zugewandt ist. Der Abstand der Scheitelkante von der Achse der Lampe C beträgt 9 cm. Die Achse der Lampe C soll lotrecht stehen; die Endpunkte des Kohlenfadens müssen in einer zur Photometerachse senkrechten Ebene liegen. Die Photometerbank trägt eine nach dem

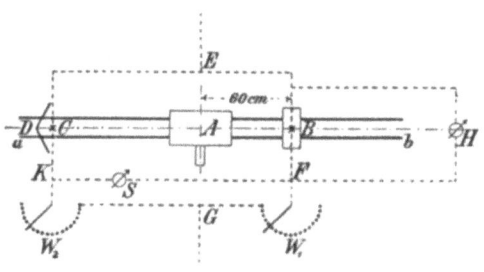

Fig. 54.

Entfernungsgesetz berechnete Teilung in Kerzen in der Weise, daß der Nullpunkt dem Scheitel des Winkelspiegels entspricht und der Teilstrich 10 um 1 m von dem Nullpunkt entfernt ist. Die Zehntelkerzen sollen noch durch Teilstriche bezeichnet sein. Mit Hilfe von schwarzen Schirmen, am besten Samtschirmen, ist zu verhüten, daß fremdes Licht auf den Photometerschirm gelangt. Andererseits darf kein Teil der Lampen oder ihrer Spiegelbilder abgeblendet werden.

Zuerst wird die normale Lichtquelle mit der Vergleichslampe B verglichen, welche zweckmäßig etwa 10 kerzig ist und längere Zeit vor der Messung eingeschaltet wird. Nach der Herstellung gleicher Helle auf dem Photometerschirme wird dieser mit der Lampe B fest verbunden und an Stelle der Normallampe die zu messende gesetzt. Man kann dann mit Hilfe von W_2 den Lampenstrom so bemessen, daß die Lampe eine bestimmte Lichtstärke ausstrahlt, und bestimmt mit Hilfe der Voltmeter H und S die Spannung der Lampen[1]).

---

[1]) F. Uppenborn, Über die Bestimmung der mittleren Horizontallichtstärke von Glühlicht. ETZ 1907 S. 139.

Die elektrischen Lichtquellen.

Über die Sichtung der Glühlampen. Das Endziel der Fabrikation der Glühlampen muß die gute und billige Gewinnung eines zweckentsprechenden, gleichmäßigen Erzeugnisses sein. In allen Stufen der Herstellung wird man um so mehr Ausschuß und deshalb um so höhere Kosten erhalten, je strenger die Ausscheidung aller von den normalen Werten abweichenden Roh- oder Zwischenprodukte vorgenommen wird. Die zulässigen Abweichungen müssen derart gezogen werden, daß weder die Fabrikation übermäßig erschwert wird, noch der Abnehmer die Mängel des Erzeugnisses zu beklagen hat. Wie weit sogenannte 3,1-Watt-Lampen voneinander abweichen können, zeigt ein „Schrotschußdiagramm" vom Electrical Testing Laboratory 1905 an Edisonlampen, Fig. 55, aufgenommener Werte.

Die Ermittlung der Benutzungsspannung, welche der fertigen Glühlampe zugewiesen werden soll, bildet den Hauptteil der Sichtung. Bei

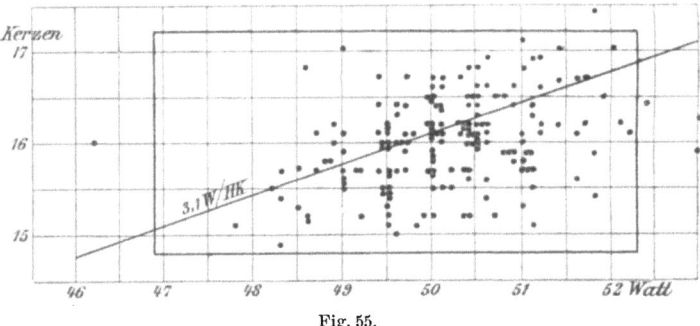

Fig. 55.

der gebräuchlichsten Messungsart wird bestimmt, welche Spannung nötig ist, damit die Lampe eine bestimmte Kerzenzahl gibt. Es wird bei fixierter Kerzenzahl gemessen, wobei man für Watt/HK einen gewissen geringen Spielraum gestattet.

Bei der zweiten selteneren Meßmethode wird die Wattzahl festgesetzt, welche die Lampe für die Kerze aufnehmen soll. Gesucht wird wieder die erforderliche Spannung V für bestimmte Watt/HK. Lampen der gleichen Sorte, nach dieser Methode gemessen, werden bei einer gegebenen Spannung alle bei gleicher Temperatur, also mit gleicher Farbe leuchten, wobei wieder ihre Kerzenstärken untereinander geringe Unterschiede aufweisen werden. Man begnügt sich, nach der ersteren Art Lampen herzustellen, bei denen die Spannungen nicht mehr als $\pm 2\%$, der Energieverbrauch nicht mehr als $\pm 5\%$ abweicht.

Wenn Lampen, welche bei 108, 110 und 112 V 16 HK ergeben, gemeinsam an eine 110voltige Leitung anschließen, so werden sie etwa mit 18, 16 und 14 Kerzen anfänglich leuchten; ihr spezifischer

Sichtung der Glühlampen. 67

Verbrauch wird vielleicht 3, 3,5 und 4 Watt/HK sein, und ihre Anfangslichtstärke wird während gleicher Brennzeiten ebenfalls verschieden abnehmen. Auch werden die Lampen für normal 108 V heller und weißer erscheinen als die für normal 112 V, und der Unterschied wird so beträchtlich sein, daß er selbst dem ungeübten Auge auffallen würde. Da außerdem die 3 Lampen nahezu gleichen Energiebedarf aufweisen, wird die für normal 112 V zwar die dauerhafteste, aber in bezug auf die Kosten für die Kerzenstunde die ungünstigste sein. Man müßte nun vom theoretischen Standpunkte aus auf strengste Sichtung drängen. Allein sie würde wegen der vermehrten Kosten, des größeren Ausfalls an Lampen, der wenig gängigen Spannungen oder Lichtstärken und des erforderlichen größeren Lagerbestandes tatsächlich nur wenig gerechtfertigt sein. Lampen mit geringem spezifischen Verbrauche würden besonders strenge Sichtung verlangen. Vielfach sündigt auch der Abnehmer bei Bestellungsaufgabe. Es genügt nicht etwa, für eine Einzelanlage, bei welcher die Maschine mit 110 V betrieben wird, schlechthin die Lampen für 110 V zu bestellen. Sie werden dann im allgemeinen zu dunkel leuchten. Man muß die richtige mittlere Glühlampenspannung je nach der Leitungsregelung berücksichtigen, wobei Spannungsverlust und Belastungsschwankung, bei Licht Löschung genannt, ins Gewicht fallen.

Die Interessen der Erzeuger und der Verbraucher von Glühlampen widerstreben einander bezüglich Schärfe der Sichtung. Als deshalb die meisten Glühlampenfabriken sich zur Hebung des zu tief gesunkenen Verkaufspreises kartellierten und die „Verkaufsstelle Vereinigter Glühlampenfabriken" schufen, bildeten die Elektrizitätswerke eine gemeinsame Einkaufsstelle. Die neuesten Vereinbarungen dieser beiden Körperschaften umfassen folgende wesentliche Punkte über die Sichtung der Glühlampen.

Die Lampen werden mit der Lichtstärke, für welche sie bestimmt sind, bezeichnet, ferner mit den zur Erzielung dieser Lichtstärke erforderlichen Spannungen, der Fabrikmarke der liefernden Firma und den Buchstaben A, B, C. Diese deuten an, ob die Lampen für niedrigen, mittleren oder hohen Effektverbrauch hergestellt sind. Diese Stempelung soll am Rande des Sockels angebracht sein. Bei der Lieferung darf die Meßspannung von der bei der Bestellung aufgegebenen Spannung nach oben oder unten abweichen. Die für höchstens 40 % der Lieferung zugestandenen Grenzwerte der aufzustempelnden Meßspannung betragen für Bestellspannungen von 50—110 V ± 2 V; von 110—140 V ± 3 V; von 150—180 V ± 4 V; von 190—230 V ± 5 V und von 240—250 V — 5 und + 6 V. Die Einteilung in die Klassen A, B, C läßt folgende spezifische Verbrauchsziffern zu, wobei die mit 1 % der Sendung, mindestens aber mit 10 Stück mit der Meßspannung vorzunehmende Dauerprobe als Nutzbrenndauer 300, 600 bezw. 800 Stunden ergeben soll.

68 Die elektrischen Lichtquellen.

Lichtstärke in HK	Bestell-spannung in Volt	Wattstunden/HK bei		
		Type A	Type B	Type C
		Nutzbrenndauer		
		300 Stunden	600 Stunden	800 Stunden
5	45—115	—	3,8	4,2
	116—125	3,8	4,4	4,8
10	45—115	2,8	3,3	3,6
	116—155	3,1	3,6	4,0
	156—250	3,5	4,1	4,5
16, 25, 32	45—115	2,68	3,12	3,44
	116—155	2,88	3,35	3,69
	156—250	3,05	3,56	3,94

Die Untersuchung der Lampen auf Spannung und Effektverbrauch muß mit $2^1/_2\%$ der Sendung durchgeführt und diese kann zurückgewiesen werden, wenn mehr als 10 % der untersuchten Lampen den vereinbarten Bedingungen nicht entsprachen. Auf Lampenspannungen über 250 V, auf andere als die normalen Lichtstärken 5, 10, 16, 25, 32 HK und auf Lampen in abnormalen Glocken finden die Bestimmungen keine Anwendung. Unter der Lichtstärke ist stets die mittlere der wagrechten Ebene zu verstehen.

5. Neuere Glühlampen.

Durch den mächtigen Fortschritt des Auerschen Gaslichtes angespornt, war man in den letzten Jahren eifrig bemüht, das elektrische Glühlicht zu vervollkommnen. Die ersten Versuche, diesem Bedürfnis durch eine verbesserte Kohlenglühlampe von etwa 2 Watt/HK nachzukommen, zeigten, daß die Kohle der erhöhten Temperatur nicht dauernd widerstehen könne, sie führten aber auf zwei Wege, die schon vorher vor der siegreichen Einführung der Kohlenglühlampe, wenn auch erfolglos, betreten worden waren. Der erste Weg bestand in der Anwendung eines schwer schmelzbaren Metallfadens, der zweite Weg, den Jablochkoff 1878 bereits eingeschlagen, in der Benutzung eines Leiters zweiter Klasse, z. B. eines Kaolinstäbchens, welches durch Vorwärmung leitend gemacht wurde. Nernst hat die zweite Lösung entwickelt.

Die Nernstsche Glühlampe. Alle Elektrolyte in Lösung zerlegen sich so, daß ein Teil der Moleküle, der durch den Grad der Verdünnung und die Temperatur bestimmt wird, in seine Ionen zerfällt, die die Träger der Elektrizität sind. Ähnlich verhält sich ein fester Elektrolyt, wenn man ihn erwärmt; mit zunehmender Temperatur greift die Spaltung der Moleküle auf eine wachsende Zahl über und verringert sonach den anfänglich bedeutenden Widerstand, den die Stoffe bei gewöhnlicher Temperatur dem elektrischen Strome entgegensetzen; bei Heißglut werden diese Leiter zweiter Klasse daher ziemlich gut elektrisch leitend. Ein Stäbchen aus Magnesium-, Kalziumoxyd usw. wird etwa mittels einer Spiritusflamme bis zur Heißglut erhitzt und ein elektrischer Strom hindurchgeleitet. Ist dieser Strom von solcher Stärke, daß die durch ihn im Elektrolyten erzeugte Wärme die nach außen abgegebene zu ersetzen vermag, dann wird auch nach Entfernen der Zündung dieses Stäbchen weißglühend bleiben. An dem Verhalten der beständigen Oxyde bei hohen Temperaturen lernt man die Eigenschaften der Nernstschen Fäden am besten kennen. Diese Eigenschaften stehen in enger Beziehung zu der Stellung des betreffenden chemischen Elementes im Periodischen System[1]). Die Oxyde von Beryllium, Magnesium, Kalzium und Zink sind ziemlich feuerfest. Die ersten drei verlangen besonders hohe Temperaturen, um merkbar leitend zu werden. Dies ist der Fall, sobald eine gleichbleibende Spannung einen Stab des betreffenden Oxyds glühend erhalten kann. Diese Spannung soll, wenn ein Vorschaltwiderstand benutzt wird, nicht bedeutend höher sein als diejenige, welche genügt, um den Stab ohne Vorschaltwiderstand zum Schmelzen zu bringen; sie wird, wie schon erwähnt, als kritische Spannung bezeichnet.

Die Elemente der Gruppe Aluminium, Yttrium und Lanthan sind schlechte Leiter, worunter solche Leiter verstanden werden sollen, die zur Erhitzung den Lichtbogen erfordern, während mittelgute bei 1000 bis 1500° C. zu leiten anfangen, und gute schon darunter, etwa mit einer Alkoholflamme oder einem Streichholz, leitend gemacht werden können. In der Gruppe Zinn, Titan, Zirkonium, Cer und Thorium sind das Zinn- und Titanoxyd gut, die zwei nächsten mittelgut und das letzte schlecht leitend. Wichtig und erschwerend für die Herstellung der Leuchtfäden ist, daß die Leitfähigkeit der Verbindung verschiedener Oxyde erheblich von den Leitfähigkeiten ihrer Bestandteile abweichen kann. So geben z. B. Thorium- und Lanthanoxyd eine gut leitende Verbindung, während jedes dieser Oxyde für sich schlecht leitet.

Für die Nernstlampe kommen mit Rücksicht auf die raschere Zündung nur gut leitende Verbindungen in Betracht. Die Glühstäbchen bestehen hauptsächlich aus Zirkon, das mit basischen Oxyden der Yttriumgruppe vermischt ist, und sind für die 220 Volt-Lampen von 35 HK 55 Watt 20 mm lang und 0,4 mm dick, für die 220 Watt-Lampe mit 150 HK Lichtstärke 30 mm lang und 1 mm dick. Die Betriebsspannung liegt um 15—20 V höher als die kritische Spannung, bei

---

[1]) T. Sohlmann, Über die Leitungsfähigkeit der Oxyde bei hohen Temperaturen. ETZ 1900 S. 676.

der das Stäbchen ohne Vorschaltwiderstand zum Schmelzen käme. Der Vorschaltwiderstand muß also mit zufällig steigender Spannung stark anwachsen. Er wird aus Eisendrähtchen von 0,045 mm Durchmesser hergestellt, die in ein mit Wasserstoff gefülltes Glasröhrchen eingeschlossen sind; diese Drähtchen sind bis zur Rotglut beansprucht und regeln innerhalb weiter Spannungsgrenzen auf annähernd konstanten Strom, wie Fig. 56 für den Ballastwiderstand einer amerikanischen

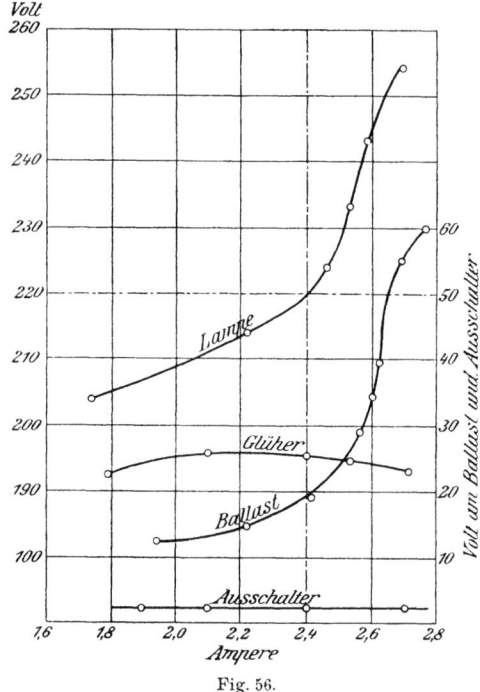

Fig. 56.

Sechsbrennerlampe erkennen läßt. Fig. 57 stellt die schematische Anordnung dieser Lampe dar, die bei normalem Betriebe mit 220 V den Zuleitungen 1 und 2 einen Strom von 2,4 A entnimmt.

Unmittelbar nach dem Einschalten beträgt der Strom etwa 3,5 A, Fig. 58; er durchfließt dann von 1 aus die beiden geschlossenen Kontakte 4 und die vier Heizspiralen 5, Fig. 57, von denen je zwei in Reihe geschaltet sind, und nimmt dabei innerhalb der ersten 20 bis 25 Sekunden bis auf etwa 1,4 A in dem Maße ab, wie der Widerstand der Heizspiralen wächst. Um diese Zeit etwa beginnen aber auch die sechs Glühkörper so viel Strom zu leiten, daß jetzt der Hauptstromkreis 1, 6, 7, 3, 2 den Strom bis auf etwa 1,9 A anwachsen läßt, wobei der Elektromagnet 3 seinen Kern anzuziehen und die Heizspiralen auszuschalten vermag. Dabei sinkt, etwa 30 Sekunden nach dem ersten Einschalten, der Strom auf 0,7 A; unmittelbar darauf steigt er in

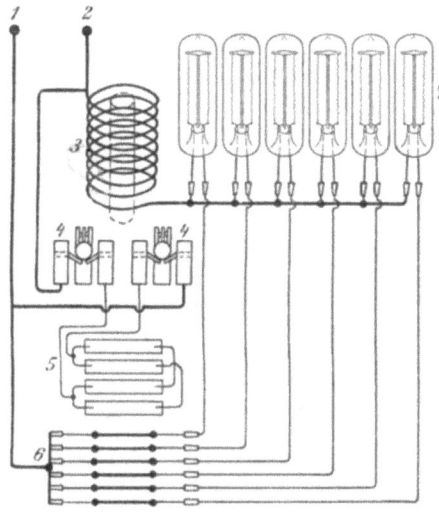

Fig. 57.

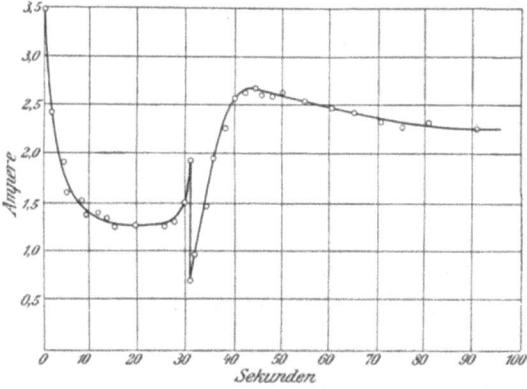

Fig. 58.

etwa zehn Sekunden etwas über den normalen Wert und nimmt dann mit wachsendem Widerstande der sechs Ballastwiderstände 7 auf den normalen Wert von 2,4 A ab. Fig. 56 zeigt die charakteristischen Kurven des Spannungsabfalles im Ausschalter 3, Ballast 7, Glüher 6 und im andern Ordinatenmaßstab die Gesamtspannung an den Klemmen

72 Die elektrischen Lichtquellen.

der Lampe nach erreichtem thermischen Gleichgewicht in Abhängigkeit vom Strome.

Zum Anwärmen dient ein dünner Platinfaden, der auf ein 10 bis 20 cm langes, 1 mm dickes Porzellanstäbchen spiralig aufgewunden und mit einer dünnen Schicht feuerfesten Materials überzogen ist. Das Heizstäbchen wird vor einer Gebläseflamme erweicht und zur Spirale gebogen, die den geraden, lot- oder wagrechten Leuchtkörper entweder in ziemlich weiten Windungen umgibt oder in engen Windungen innerhalb eines hufeisenförmigen Leuchtkörpers angebracht oder schließlich, wie bei den sogenannten Intensivlampen, in Schlangenwindung seitlich von dem Leuchtkörper neben dem Porzellansockel gebettet ist. Diese Formen sind in Fig. 59 und 60 dargestellt. Die vielfach vorgeschlagene Vorwärmung durch Kohlenfäden war undurchführbar, weil Kohle sich mit den Metalloxyden zu leicht schmelzbaren Karbiden verbindet. Dagegen hat die Allgemeine Elektrizitäts-Gesellschaft, Berlin, unter der Bezeich-

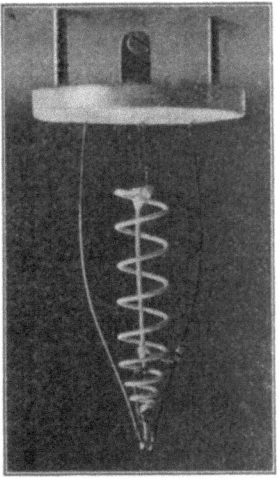

Fig. 59.

Fig. 60.

nung Expreßlampen Zusammenstellung von Kohlenfadenlampen und Nernstlampen auf den Markt gebracht, bei denen die mit dem Heizkörper parallel geschaltete Kohlenfadenlampe unmittelbar nach der Einschaltung aufleuchtet und erst nach dem Aufleuchten des Nernstfadens mit dem Abschalten der Heizspirale abgeschaltet wird. Man begegnet dadurch der Unbequemlichkeit, nach dem Einschalten noch etwa eine viertel bis halbe Minute auf Licht warten zu müssen.

Fig. 59 und 60 lassen auch die Stromzuführungen zum Leuchtkörper erkennen. Die Enden der Stäbchen sind mit Platindrähtchen umwickelt und mit einer aus der Stäbchenmasse gebildeten Paste bedeckt; bei der amerikanischen Konstruktion wird das im Gebläse zur Perle geschmolzene Ende des Platindrahtes in die weiche Stäbchenmasse eingedrückt. Das mit der Heizspirale umgebene auf den Porzellansockel montierte und an die Stromzuführungen angeschlossene Stäbchen wird als ganzes in

Nernstlampe. 73

die Lampenkörper eingeschoben. Die Bedeutung der drei Anschlußkontakte ergibt sich aus Fig. 61; zwei Kontakte dienen dem einen Ende des Leuchtkörpers und der Heizspirale, der dritte ist beiden gemeinsam. Oberhalb des Porzellansockels sitzt der Eisenwiderstand Fig. 62 in einem kleinen, mit Wasserstoff gefüllten Behälter, dessen Abmessungen bei der kleinen Lampe für 0,25 A 35×15 mm, bei der großen Lampe für 1 A 70×20 mm sind. In der größeren Form ist der Widerstand behufs Ableitung der Wärme mit einem Kupfermantel umgeben. Der elektromagnetische Ausschalter, der nur 1 W verbraucht, ist im Sockel der Lampe untergebracht. Trotz des beschränkten Raumes müssen Elektromagnet und Schalter zuverlässig arbeiten. Der Ausschalter soll bei Wechselstrom nicht brummen und am Kontakt und in der Wicklung etwa 110° C. aushalten können. Alle Teile der Lampe sind auf Porzellan montiert; dadurch wird die Strahlung vermindert, was für die Zündung erforderlich ist, aber die Abführung der Wärme beim Betriebe erschwert. Der Glühkörper brennt innerhalb einer matten Birne in freier Luft, die zur Depolarisation nötig ist.

Die ursprüngliche Annahme Nernsts, daß der Glühkörper durch Gleichstrom elektrolytisch zersetzt werde, und deshalb nur Wechselstrom zum Betrieb der Lampe verwendbar sei, hat sich nicht bestätigt. Zur Erklärung nimmt nun Nernst[1] an, daß der an der Anode durch die Elektrolyse entwickelte Sauerstoff zur Kathode diffundiert und dort mit dem Sauerstoff der Luft das elektrolytisch abgeschiedene Metall in Oxyd zuückverwandelt, so daß im wesentlichen die Zusammensetzung des Glühkörpers ungeändert bleibt. Bei Wechselstrom ist eine merkliche Elektrolyse von vornherein nicht zu erwarten, weil das eben entstandene Metall beim nächsten Polwechsel sofort wieder durch den an der gleichen Stelle abgeschiedenen Sauerstoff oxydiert wird. Diese Theorie ist durch Bose[2] experimentell bestätigt. Außer der elektrolytischen Leitfähigkeit sind noch andere den Strom überführende Vorgänge in der Nernstlampe vorhanden. An der Anode ist eine erhebliche Wärmeentwicklung zu beobachten; faßt man das anodische Ende des Glühkörpers mit Platin mit dem Schmelzpunkt 1760°, das kathodische Ende mit Silber mit dem

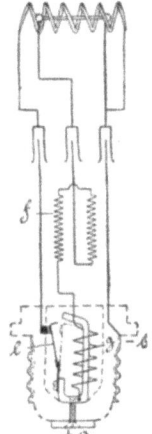

Fig. 61.

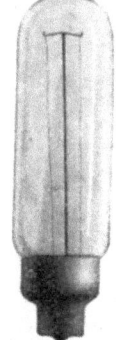

Fig. 62.

---

[1]) Zeitschr. f. Elektrochemie 6 S. 41, 1899.
[2]) Ann. d. Physik (4. Folge) 9 S. 164, 1902.

Schmelzpunkt 960° als Zuleitung, so schmilzt oft die Platinzuleitung eher als die Silberzuleitung. Ferner kann man eine Zersetzung der Oxyde in der Mitte, weit von den Elektroden entfernt, beobachten, die also eine andere Ursache haben muß als Elektrolyse. Das häufig weit von den Elektroden im Glühstift auftretende Platin weist auf Zerstäubung des Kathodenmaterials. Schließlich hat die ionisierte Luft in der Nähe des Glühkörpers, besonders der Kathode, eine erhebliche Leitfähigkeit, die also nicht eine Folge der Erwärmung ist, sondern ein spezielles Kathodenphänomen darstellt. Die Tatsache, daß in der Nernstlampe das kathodische Ende des Stiftes schwächer glüht, erklärt Bose durch eine verästelte Metallausscheidung, die den Widerstand an der Kathode verringere und sich durch eine geringe Schwärzung auch bei Atmosphärendruck bemerkbar mache. Durch Vertauschen der Pole wird die Lebensdauer der Glühkörper vermindert. Dies erklärt Bose durch die bei der raschen Oxydation des Metalles eintretende plötzliche Volumveränderung, die das Gefüge des Stäbchens lockert. Die Pole der Nernstbrenner sind bezeichnet und dürfen nicht vertauscht werden. Ebenso dürfen Gleichstrombrenner, die das Zeichen = tragen, nie für Wechselstrom, Wechselstrombrenner, die das Zeichen ∿ tragen, nie für Gleichstrom benutzt werden. Bei den Lampen mit lotrechtem Brenner, Modell A, sind die Pole bezeichnet, bei den Lampen mit wagrechtem Brenner und Edisonfassung, Modell B, soll das Gewinde mit dem negativen Pol verbunden werden. Um dies in bequemer Weise feststellen zu können, hat die Allgemeine Elektrizitäts-Gesellchaft einen Polprüfer, Fig. 63, konstruiert, der wie eine Lampe in die Fassung eingeschraubt und eingeschaltet wird. Nimmt die Flüssigkeit im Polprüfer an dem mit rotem Glas bezeichneten Pol rote Färbung an, so ist die Schaltung in der Fassung richtig, tritt dagegen die rote Färbung an dem Pol in der Nähe des Gewindes auf, so ist die Stromrichtung falsch, und die Pole in der Fassung müssen miteinander vertauscht werden, ehe eine Nernstlampe eingesetzt wird. Durch Schütteln des Polprüfers verschwindet die rote Farbe sofort wieder und der Polprüfer kann von neuem gebraucht werden. Gegen Wechselstrom verhält sich der Glühkörper ähnlich wie ein Ventilwiderstand. Bemerkenswert ist, daß in Amerika die Nernstlampe meist für Wechselstrom mit 110 V, in Europa vornehmlich für Gleichstrom von 220 V verwendet wird.

Fig. 63.

Die Lampe eignet sich besser für höhere Spannungen, bei denen der Faden auch noch kurz wird, als für 110 V. Auch in der Stromstärke setzen die Dicke des Fadens und die Abkühlung an den Elek-

Metallfadenlampen. 75

troden enge Grenzen. Es ist nicht möglich, haltbare Glühkörper unter 0,2 A und über 1,5 A herzustellen. Für höhere Lichtstärken hat dies zu den Mehrfachlampen, Fig. 57, geführt. Der optische Wirkungsgrad wurde für eine amerikanische Wechselstromlampe für 110 V 89 W von Ingersoll zu 4,6 %, für eine deutsche 220 V 220 Wattlampe von Wedding zu 6,4 % bestimmt. Die Lebensdauer der Nernstlampe hängt in hohem Grade von der Gleichmäßigkeit der Betriebsspannung ab. Kleinere Spannungsschwankungen macht der Ballastwiderstand unschädlich. Bleibt die Spannung dauernd zu hoch, so reißen die Eisendrähtchen des Widerstandes; bleibt sie dauernd zu tief, so wirkt der Ballastwiderstand nicht, und das Stäbchen kann durchschmelzen. Beide Fälle setzen dem Leben der Lampe ein Ende. Der Ballastwiderstand kann leicht neu eingesetzt werden. Verbraucht er etwa 10 % der Gesamtspannung, dann beträgt nach Wedding die Ökonomie anfänglich 1,5 Watt/HK, die Benutzungsdauer etwa 250 bis 300 Stunden, die Lebensdauer etwa 700 Stunden. Nach 300 Stunden hatte der spezifische Verbrauch für die sphärische Kerze auf 2, nach 600 Stunden auf 3 Watt zugenommen.

Die Berliner Elektrizitätswerke haben für Straßenbeleuchtung Brenner für 205 V und Widerstände für 30 V, d. i. für 15 % etwa, verwendet und dabei 925 Stunden mittlerer Lebensdauer bei anfänglich etwa 1,6 bis 1,7 Watt/HK_C erzielt.

Andere Formen dieser Glühkörper aus Leitern zweiter Klasse haben keine Verbreitung erlangt.

Metallfadenlampen. Noch vor Einführung der Kohlenlampe hatte man Platinfäden verwendet. Aber erst gegen Ende der neunziger Jahre fand Dr. C. Auer von Welsbach ein Verfahren zur Herstellung von Fäden aus Osmium. Dieses schwer schmelzbare Glied der Platingruppe läßt sich wegen seiner Sprödigkeit nicht zu Fäden ziehen. Auer bildete mit Hilfe eines organischen Bindemittels wie Zucker oder dergl. aus dem amorphen Osmiummetall eine Paste und erhitzte die aus ihr gepreßten, getrockneten Fäden unter Luftabschluß so lange, bis das organische Bindemittel verkohlt und elektrisch leitend geworden war. Die aus Osmium und fein verteiltem Kohlenstoff bestehenden Fäden werden danach in reduzierenden Gasgemischen zur höchsten Weißglut erhitzt, bis alle Kohlenteilchen verbrannt und die Osmiumteilchen zu einem festen Draht zusammengefrittet sind. Die nach diesem mühsamen Pasteverfahren hergestellten Osmiumlampen sind nur für niedrige Spannungen, höchstens 44 V, geeignet. Selbst für etwa 40 V werden zwei Fäden hintereinander geschaltet, so daß für 110-voltige Netze entweder Reihenschaltung von drei Lampen oder bei Wechselstrom Transformation erforderlich ist. Der Faden ist brüchig und wird an zwei Stellen durch zementbekleidete Metallösen gegen die Wandung der luftleeren Birne verspannt.

Nach einem neuen Patent stellt Auer die Versteifung aus getrockneten, verkohlten und bei hoher Temperatur gesinterten Fäden her, die aus zehn Teilen Thoroxyd, einem Teil Magnesia und Zuckerlösung als Bindemittel gebildet sind. Diese Fäden sollen an dem weißglühenden Osmium nicht haften. Da der Osmiumfaden beim Betrieb mit etwa 2000° erweicht, kann die Lampe nur lotrecht nach abwärts gebraucht werden: dies ist ein Nachteil, der allen Metallfadenlampen anhaftet. Die Befestigung des Fadens an den Zuleitungsdrähten bot Schwierigkeiten dar. Der anfänglich verwendete Kitt aus fein verteiltem Osmium und einem Bindemittel konnte nicht durch Glühen metallisiert werden und hielt Glasreste hartnäckig fest; das Einquetschen der spröden Drähte in Metallhülsen ergab häufig schlechten Kontakt und hohen Bruch. Jetzt wird der Osmiumfaden in die Enden der Zuleitungsdrähte mit dem Flammbogen eingeschmolzen.

Die Osmiumfäden der Lampe für 37 V und 25 HK sind 280 mm lang und 0,087 mm dick. Der spezifische Widerstand, d. i. der für 1 m Länge und 1 qmm Querschnitt, ist 0,095 Ohm bei 20° C.: er ist 8,4 mal so hoch bei Weißglut, die einem spezifischen Verbrauche von 1,5 Watt/HK entspricht. Dieser positive Temperaturkoeffizient ist ein allen Metallfadenlampen gemeinsamer Vorzug; bei 10% Spannungserhöhung z. B. wächst der Strom bei der Kohlenfadenlampe um 12%, bei der Osmiumlampe nur um 6,5%. Dabei nimmt bei jener die Lichtstärke um 80%, bei dieser um etwa 40% zu. Die Osmium- und alle Metallfadenlampen sind also unempfindlicher gegen Spannungsschwankungen als die Kohlenfadenlampe.

Die Nutzbrenndauer beträgt etwa 2000 Stunden; in den ersten 200 Stunden steigt die Lichtstärke um etwa 10% an, danach nimmt sie allmählich ab. Der spezifische Verbrauch steigt von 1,5 allmählich auf 1,7—1,8 Watt/HK. Zerstäubung des Fadenmaterials und Schwärzung der Birne kommen nur selten vor.

Die Lampe wird in Deutschland als Auer-Oslampe von der Deutschen Gasglühlicht-Aktiengesellschaft zum Preise von 4 Mark auf den Markt gebracht und ausgebrannt noch zu 0,75 Mark zurückgekauft. Dies hängt mit der Schwierigkeit der Beschaffung des Metalls zusammen, das bei der Platingewinnung mit Iridium gemengt als Rückstand bei der Lösung in Königswasser abfällt. Die Auergesellschaft soll seinerzeit allen vorhandenen Vorrat an Osmium aufgekauft und dadurch eine Steigerung des Preises auf 5000 Mark/kg veranlaßt haben.

Seit Juni 1906 kommen angebliche Osmiumlampen für 73 V zur Dreischaltung bei 220 V und ferner sogenannte Osmin- und Osramlampen, auch eine als Wolframlampe bezeichnete Glühlampe für 110 V auf den Markt. Die Namen deuten auf Zusammensetzungen von Osmium mit Wolfram hin. Durch Zusätze oder Legierungen mit schwer schmelzbaren Metallen kann man nämlich nicht nur den Schmelzpunkt, sondern auch die Leitungsfähigkeit stark verändern. Man hat eutektische Legierungen aufgefunden, das sind solche, die bei höherer Temperatur schmelzen, andere physikalische Eigenschaften besitzen wie ihre einzelnen Komponenten und sich wie ein einheitliches Metall verhalten.

Die Osramlampe wird für 32 und 50 HK und bis 130 V mit 4 hintereinander geschalteten Fäden hergestellt; die Fäden werden durch ein kreuzförmiges Stück gegen die Glaswandungen verspannt. Der spezifische Verbrauch von 1—1,2 Watt/HK und die Lichtstärke ändern sich innerhalb 1000 Stunden nur um etwa 6%. In den ersten 200 Stunden nimmt die Lichtstärke um etwa 10% zu. Der Preis beträgt 4 Mark. Lampen großer Lichtstärke von 40 bis 200 HK können für 220 V erzeugt werden.

Die Siemens & Halske A.-G. hatte sich noch vor dem Auftauchen der Nernst- und Osmiumlampe die Aufgabe gestellt, ein Material für Glühfäden zu finden, das genügend häufig vorkommt, höher als 2000° schmilzt und wenig zerstäubt. Ihr Chemiker, W. von Bolton[1]), suchte infolgedessen unter den seltenen Metallen mit höherem Atomgewicht und fand, daß einzelne Körper aus der Vanadiumgruppe entsprechende Eigenschaften zeigten. Vanadium selbst war noch zu leicht schmelzbar, Niob zerstäubte zu leicht, Tantal erwies sich als geeignet, nachdem die anfangs bei der Reduktion mit Kohle auftretenden Schwierigkeiten überwunden waren. Jetzt wird das Tantal hergestellt, indem man Tantalkaliumfluorid mit metallischem Kalium zu einem grauschwärzlichen Pulver reduziert. Dieses wird zu kleinen Scheiben gepreßt und dann in einer Luftleere durch den Lichtbogen erhitzt, wobei die Scheiben als Anode, ein Tantalstück als Kathode dienen[2]). Bei längerem Durchschmelzen zersetzen sich die in dem Gemisch enthaltenen Gasreste und entweichen bei fortwährender Entluftung. Der geschmolzene Rest ist reines Tantal. Es hat etwa den Glanz des Platins, ist aber dunkler. An der Luft erhitzt, läuft es ähnlich wie Stahl an; mit Wasserstoff und Sauerstoff verbindet es sich schon bei Rotglut begierig und bildet brüchige dunkle Verbindungen. Auch mit Kohlenstoff verbindet es sich leicht zu spröden Karbiden. Das reine Metall dagegen läßt sich leicht zu feinen Fäden ziehen, hat das spezifische Gewicht 16,8, den Widerstand 0,165 Ohm für 1 m Länge und 1 qmm Querschnitt, der in der Lampe bei 1,5 Watt/HK auf 0,830 Ohm anwächst. Der Faden der normalen 110 V 25 HK-

---

[1]) W. von Bolton und O. Feuerlein, ETZ 1905 S. 105.
[2]) E. Budde, Arch. d. Math. u. Phys. 10 S. 9, 1906.

Lampe ist 650 mm lang und 0,05 mm dick; er wiegt nur 0,022 g, ist aber zäh genug, um noch ein Gewicht von 350 g ohne Zerreißen tragen zu können. Die Unterbringung dieses langen Fadens in einer Glasbirne der üblichen Größe war schwierig. Nach vielen Versuchen ergab sich als beste die in Fig. 64 abgebildete Lösung. Der mittlere Träger des Drahtgestelles besteht aus einem kurzen Glasstab mit zwei Linsen, in welche die schirmartig nach oben und unten gebogenen Tragarme eingeschmolzen sind. Der obere Stern hat 11, der untere 12 Arme, die gegeneinander versetzt und an ihren Enden zu Haken umgebogen sind. Zwischen ihnen ist der Leuchtdraht in einer einzigen Länge zickzackförmig hin- und hergezogen. Seine Enden werden von zwei unteren

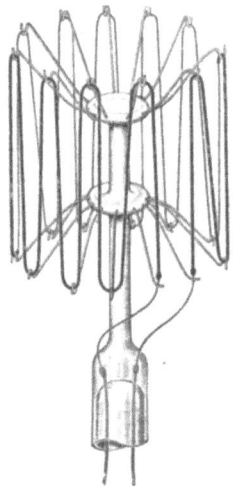
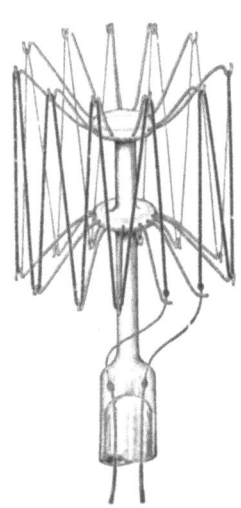

Fig. 64. Fig. 65.

Armen gehalten und durch Platinzuführungen mit dem Lampenfuß verbunden. Die Lampe nimmt anfangs um etwa 10 % an Lichtstärke zu, dann im Verlauf von 1000 Stunden um 25—30 % ab. Die Nutzbrenndauer beträgt etwa 500—600 Stunden, während deren der spezifische Verbrauch von 1,5—1,7 auf etwa 2 Watt/HK steigt.

Der anfänglich glatte Faden wird im Betriebe allmählich kürzer und blasig, die während des Brennens vorgehende Veränderung läßt sich auch mit bloßem Auge erkennen. Der Faden der jungfräulichen Lampe, Fig. 64, ist ohne scharfe Biegungen lose an dem Traggestell geführt; nach längerer Brennzeit sind die Biegungen verschwunden und an ihre Stelle spitze Winkel getreten, Fig. 65. Der Faden ist dann auch brüchiger als anfangs. Eigenartig ist das Verhalten dieser Lampen beim Durchbrennen des Leuchtdrahtes. Während bei den Kohlenglühlampen dies den Tod der Lampe bedeutet, kommt es durch selbstbewirktes Zusammenschweißen der gerissenen Fadenteile hier und auch bei der Nernstlampe vor, daß sie mehrmals, ohne zu erlöschen, durchbrennen und jedesmal infolge geringeren Widerstandes sogar stärker leuchten als zuvor. Die Lampe zeigt weniger Zerstäubung als die Kohlenfadenlampe und ist wegen Widerstandszunahme des Metallfadens weniger empfindlich gegen Spannungserhöhung. Während der Widerstand der Kohle warm etwa die Hälfte des kalten ist, steigt der Widerstand des Tantals auf das fünffache.

Der geringe Anfangswiderstand von 55—60 Ohm, die geringe Masse und die geringe spezifische Wärme von 0,0363 ließen die Verwendbarkeit der Lampe bei Wechselstrom zweifelhaft erscheinen. Doch haben stroboskopische Untersuchungen von Bell und Puffer[1]) bei 25 Perioden in der Sekunde kaum stärkere Lichtschwankungen ergeben als bei der Kohlenfadenlampe, während Lauriol[2]) die Tantallampen erheblich empfindlicher fand. Die Lampen werden zurzeit, 1906, auch nur für Gleichstrom auf den Markt gebracht, da bei Wechselstrom infolge krystallinischer Wirkungen das Kleingefüge sich wesentlich verändert, so daß der Faden unter dem Mikroskop etwa das Aussehen eines mehrfach gebrochenen Bambusrohres mit verschobenen Gliedern zeigt. Das Verhältnis der mittleren räumlichen zur mittleren Lichtstärke in der wagrechten Ebene ist 0,73. Die Lampen werden vorläufig alle für Stromstärken von 0,34 bis 0,38 A, also mit der gleichen Fadenstärke gebaut; die Länge des Fadens bestimmt dann die Spannung und Lichtstärke. So werden Lampen für 55 V 13 HK und 73 V 17 HK für Zweischaltung bei 110 V und Dreischaltung bei 220 V in hellen oder matten Glocken geliefert. Bei Mattglas ist die Lichtstärke um 10—15 % geringer, der spezifische Verbrauch also um 11—18 % höher. Die Lampe arbeitet wie alle Metallfadenlampen mit luftleerer Birne und sollte wegen ihrer vielfachen Fadenbefestigung in jeder Lage verwendbar sein.

Die Zirkonlampe der Zirkonlampenwerke Dr. Hollefreund & Co., Berlin, ist für niedrige Spannung, 37—44 V, bestimmt. Aus den Wasserstoff- oder Stickstoffverbindungen des Zirkons wird mit Zellulose eine Paste gebildet, aus ihr durch Pressen der Faden geformt. Der Faden muß in einer Wasserstoffatmosphäre bei etwa 300° getrocknet und verkohlt werden; dann ist er ein Metallkarbid und ein Leiter zweiter Klasse, der vorgewärmt oder durch Anwendung höherer Spannung leitend gemacht werden muß. Dabei sintert er in hohem Maße und wird zu einem metallisch glänzenden und harten Leiter erster Klasse, der im Vakuum

---

[1]) Dr. Bell & Puffer, El. World, 1905 Nr. 23.
[2]) ETZ 1906 S. 614.

mit 2 Watt/HK ohne wesentliche Zerstäubung etwa 700—1000 Stunden hält. Der Faden ist nach seiner Entstehung eigentlich ein Karbid mit geringem Kohlenstoffgehalt. Erst durch Zusätze von anderen geeigneten Metallen, wie Ruthenium oder Wolfram, gelang es 1906 bei den als Z-Lampen bezeichneten Lampen den spezifischen Verbrauch auf etwa 1 Watt/HK bei über 500 Brennstunden zu vermindern. Von Verfahren zur Herstellung von Glühlampen mit Wolframfäden sind noch zwei bekannt geworden. Die Glühlampenfabrik der Vereinigten Elektrizitäts-Aktien-Gesellschaft Ujpest arbeitet nach dem Substitutionsverfahren von Dr. A. Just und Dr. Hanamann, 1904, wobei auf einen Kohlefaden Wolfram niedergeschlagen und die Kohle dann verdampft wird. Die deutschen Patente sind Eigentum der Wolfram-Aktien-Gesellschaft in Augsburg. Das andere, von Dr. H. Kužel ausgearbeitete Verfahren umgeht die Verwendung von Kohle wie beim Substitutionsverfahren oder von Bindemitteln wie beim Pasteverfahren und spritzt das Metall in kolloidalem Zustande durch Düsen. Kolloidale, d. h. leimartige Lösungen enthalten Teilchen von ein Zehntausendstel bis ein Zehnmillionstel Millimeter Durchmesser, die mit gewöhnlichen mikroskopischen Hilfsmitteln nicht erkennbar sind. R. Zsigmondi[1]) hat gelehrt, diese ultramikroskopischen Teilchen durch ihr starkes Reflexionsvermögen im auffallenden Lichte mittels des Ultramikroskops als Lichtpünktchen sichtbar zu machen. Die neuen Glühfäden werden aus den Kolloiden, Solen, Gelen, bzw. kolloidalen Suspensionen hochschmelzender Metalle und Metalloide, wie Chrom, Mangan, Molybdän, Uran, Wolfram, Vanadium, Tantal, Niob, Titan, Thorium, Zirkon, Platin, Osmium, Iridium, Bor, Silicium, gebildet. Diese Kolloide bilden mit Wasser, ohne Anwendung irgend eines Bindemittels, vollkommen plastische Massen, welche sich formen lassen und nach dem Trocknen erhärten.

Die durch Düsen gepreßten Fäden sind anfänglich Leiter zweiter Klasse, gehen aber durch Erhitzen auf Weißglut unter starker Sinterung in den metallischen Zustand dauernd über. Dieser Übergang vom kolloidalen in den kristallinischen Zustand war bisher stets von einem gänzlichen Zerfalle zu Pulver begleitet. Nach Ansicht des Erfinders beruht das günstige Verhalten seiner Kolloide auf Myelinformen oder auf in Wasser schaumig aufgequollenen Molekelgebilden, welche eine feinste Verfilzung der Materie bewirken und so vor Zerfall in Pulver schützen. Die Nutzbrenndauer der Lampe beträgt mindestens 1000 Stunden bei 1 Watt/HK. Wenn der Faden durchbrennt, lötet er sich auch selbsttätig wieder. Die Fadenabmessungen sind ähnlich denen der Tantallampe, etwa 0,03 mm Durchmesser und etwa 600 mm Länge für 110 V. Die

---

[1]) Richard Zsigmondi, Zur Erkenntnis der Kolloide 1906.

Vorgänge im Lichtbogen. 81

Kužellampen werden in Österreich durch Joh. Kremeneczky, Wien, in Deutschland durch Gebr. Pintsch in Fürstenwalde hergestellt. Parker und Clark haben 1907 unter der Bezeichnung Helion eine Lampe mit 1 Watt/HK und über 500 Brennstunden beschrieben, deren Faden durch Niederschlag von Silicium auf Kohle gebildet wird. Solche Karbide von Silicium sind bereits 1896 durch Langhaus, später noch durch Sir J. Swan zu Lampenfäden verarbeitet worden. Das bekannteste Siliciumkarbid ist Karborundum; es läßt sich zu Fäden pressen, die negativen Temperaturkoeffizienten aufweisen. Bei etwa 2000° destilliert das Silicium aus dem Faden heraus und verbrennt unter Hinterlassung eines Kohlenfadens zu Kieselsäuredampf. Der Faden der Helionlampe soll erst negativen dann positiven Temperaturkoeffizienten besitzen.

Die Ergebnisse der neueren Metallfadenlampen sind günstiger als alle mit Kohlenfadenlampen erzielten. Howell[1]) hat deshalb im Anschluß an sein früheres Verfahren zur Graphitisierung neuerdings die präparierten Kohlenfäden **nochmals** in Kohlenmuffeln und unter Kohlenpulver Temperaturen von 3000—3700° C. ausgesetzt und dabei **metallisierte Kohlenfäden** mit anfänglich 2,25 Watt/HK und 500 Stunden Nutzbrenndauer erhalten.

6. Vorgänge im Lichtbogen.

Werden zwei Kohlenelektroden mit ihren zugespitzten Enden in leitende Berührung gebracht, so erwärmt sich diese Stelle infolge des Übergangswiderstandes beim Stromdurchgang. Entfernt man sie voneinander, so wird der Stromkreis nicht unbedingt unterbrochen; es bildet sich vielmehr bei genügender Spannung eine leitende Brücke, welche den Strom bis zu einer gewissen Entfernung zwischen den Kohlenelektroden aufrecht zu erhalten vermag. Die weißglühenden Kohlenspitzen verändern durch den Abbrand ihre Gestalt, und der Luftraum zwischen ihnen ist von einer leuchtenden Flamme erfüllt. Sie wurde 1808 von H. Davy durch wagrechte Holzkohlenstäbe bis auf 16 cm Länge ausgezogen, wobei sie außer hohem Glanze durch die erhitzte aufsteigende Luft eine bogenförmige Gestalt annahm. Daher rührt der Name Lichtbogen.

Bei Gleichstrom flacht sich die an den positiven Pol angeschlossene Kohle zusehends ab, und es findet, solange der Bogen klein ist, ein deutlich erkennbarer Übergang von Kohlenteilchen auf die negative Kohle statt; diese wird sich also mehr zuspitzen und zuweilen durch die übergeführten Kohlenteilchen ein pilzartiges Hütchen erhalten, welches später

---

[1]) J. H. Howell, Trans. Am. Inst. El. Eng. 1905 S. 617.

bei fortschreitender Verzehrung der Seitenwände der Kohlenelektroden abfällt. Die positive Kohle verzehrt sich rascher als die negative. Bei der positiven Kohle bildet sich eine kraterförmige Aushöhlung, deren Tiefe bei gleicher Stromstärke mit abnehmender Bogenlänge wächst, und deren Durchmesser mit wachsender Stromstärke zunimmt. Diese kraterförmige Höhlung leuchtet am stärksten und besitzt auch die höchste Temperatur, etwa 4000° C. Von ihr rühren etwa 85 % der gesamten Lichtstärke her. Der Bogen selbst besteht bei reinen Kohlen aus einem äußeren grünlichen und einem inneren violetten Teile, die durch ein schwarzes Band getrennt sind, und ist wegen der geringen Emissionsfähigkeit der Dämpfe nur mit etwa 5 % an der gesamten leuchtenden Strahlung beteiligt. Der äußere Teil des Bogens ist nur dann deutlich sichtbar, wenn der Bogen ziemlich lang wird, und die Kohlen flammen, wobei auch die äußeren Ränder des Kraters zu verdampfen beginnen. Die weißglühende Spitze der negativen Kohle hat niedrigere Temperatur und trägt etwa 10 % zur leuchtenden Strahlung bei.

Bei Wechselstrom sind einseitige Erscheinungen an den gleichen Kohlenelektroden, wie sie bei Gleichstrom auftreten, im allgemeinen ausgeschlossen. Es werden sich beide Kohlenstäbe etwas abflachen und kleine Kraterflächen aufweisen. Bei zu kleinem Bogen oder bei schlechter Kohle kann auch hier das pilzförmige Hütchen an einer der Kohlen oder an beiden auftreten. Ungleiche Erscheinungen an den beiden Kohlenelektroden werden jedoch nur durch Nebeneinflüsse nicht durch den Bogen unmittelbar hervorgerufen. So erhöht bei vielen Wechselstrombogenlampen die aufsteigende erhitzte Luft den Abbrand der Oberkohle, während bei Reflektoren knapp über dem Bogen der Abbrand der Unterkohle durch Rückwerfung der Wärmestrahlen vermehrt wird; auch können verschieden beschaffene Ober- und Unter-Kohlenstäbe jene Gleichheit im Abbrande aufheben.

Der Kohlenbogen nimmt, wie bereits früher (Seite 20) betont, eine Sonderstellung ein, weil Kohle sich als Elektrode ganz anders verhält als irgend ein anderer Stoff. So ist Kohle einer der wenigen Stoffe, zwischen denen ein Wechselstrombogen aufrecht erhalten werden kann. Typisch für das Verhalten der meisten Stoffe sind der Bogen zwischen Eisen und Kupfer und der in der Luftleere aufrecht erhaltene Quecksilberbogen.

Durch den elektrischen Lichtbogen kann unmittelbar oder mittelbar bei freiem oder beschränktem Luftzutritt oder im luftleeren Raum Licht erzeugt werden. Es sind also verschiedene **Einteilungen** möglich und im folgenden auch verwendet.

Hier werden drei Klassen unterschieden, je nachdem die Lichtwirkung erfolgt.

Vorgänge an den Elektroden.

1. durch die an der Anode auftretende Weißglut,
2. durch den gefärbten Bogen unter Verdampfung des Anodenmaterials,
3. durch den leuchtenden Bogen unter Verdampfung des Kathodenmaterials.

Bei Bögen der ersten Klasse wird ausschließlich Kohle verwendet, weil die Lichtwirkung der Anodenspitze die höchste Temperaturstrahlung erzeugt. Da der Bogen selbst nicht leuchtend ist, aber Spannung verbraucht, ist die mit Rücksicht auf die Schattenwirkung der Kathode zulässige geringste Bogenlänge am günstigsten.

Bei Bögen der zweiten Klasse dient als Träger der Bogenströmung wieder ausschließlich die Kohle, der als Anodenmaterial Metallsalze, besonders Calcium, beigemengt sind. Die Kathode kann aus Homogenkohle bestehen. Bei diesen Effekt- oder Flammkohlen erzeugt das in den Bogen eintretende verdampfende Anodenmaterial ein leuchtendes Spektrum. Der Bogen erscheint gefärbt und trägt neben der weißglühenden Anodenspitze erheblich zur Lichtwirkung bei; es ist deshalb vorteilhaft, ihn etwas länger zu nehmen als bei der vorhergehenden Gruppe.

Bei der dritten Klasse wird das zu verdampfende Material als Kathode verwendet, während die Anode vom Strom nicht angegriffen zu werden braucht. Das Kathodenmaterial liefert ein leuchtendes Spektrum und dadurch die gesamte Lichtwirkung, die mehr oder weniger durch Lumineszenz hervorgerufen wird. Die Metalloxyde der Eisengruppe ergeben bei weißer Farbe des Lichts besonders hohe Lichtwirkung und sind deshalb von Steinmetz[1]) beim Magnetitbogen verwendet worden; da diese leitenden Metalloxyde an der Luft bei hoher Temperatur stabil bleiben, kann der Abbrand ohne Einbuße an Licht vermindert werden. Eine Unterabteilung dieser Klasse ist der Quecksilberbogen, dessen Temperatur unterhalb der Glühhitze liegt, und bei dem das Kathodenmaterial im Vakuum verdampft und in der Nähe der Anode wieder kondensiert wird. Hier ist also bei überwiegender Lumineszenzwirkung ein Abbrand oder Verbrauch des Elektrodenmaterials nicht vorhanden.

Bei den Lichtbögen allgemeinerer Art zwischen irgend zwei Leitern geht die Bogenströmung von der Kathode aus zur Anode.

Ist die Kathode wie beim Quecksilberbogen flüssig oder genügend leicht schmelzbar, so daß sich ein See auf ihr bilden kann, dann läuft die negative Spitze mit großer Geschwindigkeit und vollkommen unregelmäßig über die Oberfläche dieses Sees hin; wenn jedoch Stücke

---

[1]) C. P. Steinmetz, Transact. Intern. El. Congress St. Louis, II S. 710, 1904.

leitenden Materials auf diesem Kathodensee schwimmen, stellt sich die negative Spitze auf eines dieser Stücke ruhig ein, und der Bogen wird stetig.

Das Spektrum des Bogens zeigt meistens die Merkmale des Kathodenmaterials. Eine Veränderung der Anode übt auf die Erscheinung des Dampfstromes keinen, eine Veränderung der Kathode jedoch einen sehr wesentlichen Einfluß aus. Wählt man Magnetit (Fe_3O_4) als Kathode, Kupfer als Anode, so zeigt der glänzende und weiße Lichtbogen das Eisenspektrum. Nimmt man jedoch Kupfer zur Kathode, dann verändert sich die Erscheinung in den minder glänzenden grünen Kupferbogen, obgleich der Magnetit jetzt viel heißer wird und rascher abschmilzt. Das Spektrum des Anodenmaterials erscheint in der Bogenflamme nur, wenn die Anode besonders klein, stark erhitzt und flüchtiger als die Kathode ist; es kann durch Vergrößerung und durch Abkühlung der Anode wieder zum Verschwinden gebracht werden. Das Kathodenspektrum der Bogendämpfe verschwindet jedoch nicht durch Abkühlung. Wo die Anode zum Teil aus flüssigerem Material besteht, dort kann unter Umständen nur das Spektrum des flüchtigen Teils auftreten. Die Dampfbrücke wird ausschließlich von der Kathode gespeist, während das Anodenmaterial nur mittelbar durch Verdampfung in den Lichtbogen eintritt, wenn die Anode genügend heiß ist. Ist sie jedoch kalt, so tritt kein Verbrauch bei ihr auf, sondern das verdampfte Kathodenmaterial schlägt sich auf der Oberfläche der Anode nieder. Dies kann durch entsprechende Wahl, Größe und Temperatur der Anode verhütet werden. Besteht dann die Anode aus einem Stoff, der von heißer Luft nicht angegriffen wird, wie z. B. Silber, so tritt an ihr überhaupt keine Veränderung auf. Die Kathode wird jedoch stets angegriffen. In der Regel wird viel mehr von ihr verdampft, als für die leitende Dampfbrücke nötig ist. Dieser Materialverbrauch kann jedoch durch Abkühlung oder andere Mittel stark verringert werden, ohne eine entsprechende Verringerung der Lichtwirkung und Veränderung der Spannung herbeizuführen. Anscheinend wird der größte Teil des von der Kathode verdampften Materials nicht zur Leitung des Stromes verbraucht. Diese Materialmenge ist jedoch überhaupt, verglichen mit der Menge, welche derselbe Strom nach dem Faradayschen Gesetz durch einen Elektrolyten führen würde, äußerst gering. Der Dampf- und Gasstrom bläst mit hoher Geschwindigkeit von der Spitze der Kathode gegen die Anode, wie dies am besten beim Quecksilberbogen in der Luftleere beobachtet werden kann. Dort oder in Bögen mit einer Flüssigkeit in der ausgehöhlten Kathode läuft die negative Spitze rasch über die flüssige Oberfläche hin und drückt sich in ihr tief ein. Die Vertiefung beträgt beim Quecksilberbogen etwa 3—4 mm und rührt vermutlich vom

Rückstoß des negativen Gebläses her. Der Druck ist dabei so stark, daß in vollkommener Luftleere Glasstückchen von mehreren Millimetern gehoben und schwebend erhalten werden können. Das Tanzen des Bogens, das stets vom tiefsten Punkte der Eindrückung ausgeht, erklärt sich aus seinem Bestreben, die Wände des Kraters zu erklettern. Dabei erzeugt er eine neuerliche Vertiefung. Die Unruhe kann ihm durch Festhaltung mittels eines aus dem Kathodensee hervorragenden massiven Stückes benommen werden.

Zur Hervorrufung des negativen Gebläses, das den Strom durch die Bogenflamme führt, ist Energie nötig. Sie wird aufgezehrt durch die Verdampfung des Kathodenmaterials, z. B. des Quecksilbers im Quecksilberbogen, und findet ihren Ersatz im Potentialfall an der Oberfläche der negativen Elektrode, dem Kathodensprung. Die an der Anode erzeugte Wärme ist größer als die durch Leitung, aus der Bogenströmung und dem Anprall des geschleuderten Dampfmaterials übertragene. Ein in die Achse der Strömung gebrachter Kohlenfaden leuchtet nicht auf, während die angeschlossene Graphitanode weißglühend werden kann. Auch wird die Temperatur der Anode gewöhnlich durch Abkühlung der Kathode und der Dampfströmung nicht vermindert. Ihre Erwärmung wächst annähernd mit dem Strom, und die in Wärme umgesetzte Energie findet ihren Ersatz im Anodensprung.

7. Zusammenhang zwischen Bogenlänge und Klemmenspannung.

Kohlenbogen. Die Charakteristik des Kohlenbogens ist zum Teil auf S. 15 bereits behandelt worden. Die zum ruhigen Betriebe erforderliche Klemmenspannung besteht aus zwei Teilen, von denen der eine nur von der Kohlengattung und Stromart, der andere auch von der Stromstärke und Bogenlänge abhängen. Für jede Stromstärke und Bogenlänge gibt es einen kleinsten Wert der Spannung, bei dessen Unterschreitung der Bogen unstet und zischend wird. Fig. 66 stellt nach Hertha Ayrton[1]) die Charakteristiken des Gleichstrombogens zwischen einer 9 mm gedochteten Oberkohle und einer 8 mm homogenen Unterkohle dar. In diesem Falle ist bei geringem Strom bis etwa 5 Ampere mit seinem Anwachsen ein rascher Abfall des Spannungsunterschiedes nachzuweisen. Dies ist noch deutlicher zu erkennen, wenn wie in Fig. 67 die Bogenlängen als Abszissen und die Spannungen als Ordinaten aufgetragen werden. Die Kurven schneiden sich nicht in einem Punkte, wenn sie auch bei ungefähr 1,25 mm näher aneinander rücken; die für

---

[1]) Hertha Ayrton, The Electric Arc.

3 A ermittelte Kurve zeigt die beträchtlichste Verschiebung in dieser Hinsicht. Die Charakteristiken entsprechen der Beziehung

$$e = 38{,}88 + 2{,}074\,l + (11{,}66 + 10{,}54\,l)/i.$$

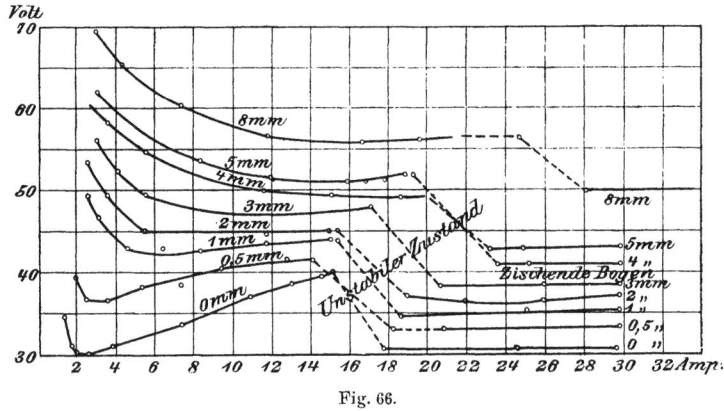

Fig. 66.

Das ist für konstante Bogenlänge die Gleichung einer rechtwinkligen Hyperbel. Die Konstante $e_0 = 38{,}88$ V für die Bogenlänge $l = 0$ entspricht der Summe der Konstanten des Anodenfalles $A_0 = 31{,}28$ V und des Kathodenfalles $K_0 = 7{,}6$ V.

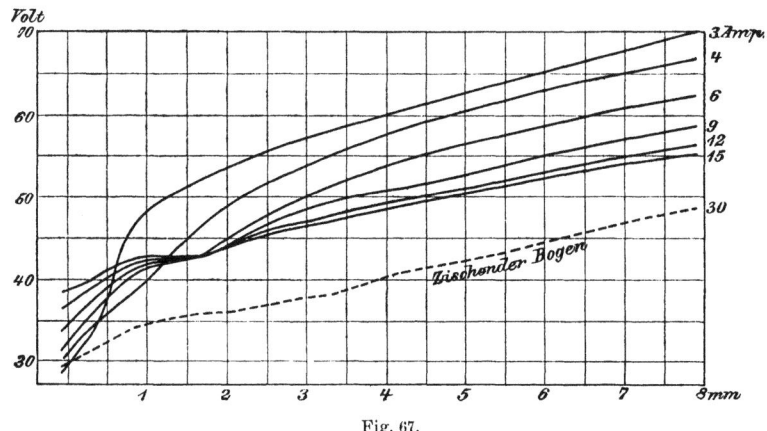

Fig. 67.

Bei Änderung der Kohlendurchmesser konnte eine wesentliche Veränderung der zur Lichtbogenbildung erforderlichen Spannung nicht nachgewiesen werden. Die Kohlenart übt jedoch hierauf großen Einfluß aus. Bei den üblichen Stromstärken von 6—14 A und Bogen-

Magnetitbogen. 87

längen von 2—4 mm für Gleichstrom beträgt die Klemmenspannung
40—50 V; bei Lichtbögen mit beschränktem Luftzutritt wie bei den
später zu beschreibenden vielstündigen Bogenlampen treten bei Strömen
von 2—5 A und Bogenlängen über 6 mm höhere Klemmenspannungen
von 80—85 V auf. In Europa wird bei Gleichstrom die obere Kohle
gedochtet, die untere Kohle homogen gewählt, während in Amerika noch
vielfach beide Kohlen homogen benutzt werden. Die vielstündigen
Bogenlampen mit ihren besonderen Kohlen machen eine Ausnahme, da sie
beide Kohlen homogen erhalten. Für Wechselstrom werden beide Kohlen
gedochtet. Diese Wahl, auf deren Begründung bei der Kohlenfabrikation
eingegangen wird, hat auf die Klemmenspannung einen maßgebenden
Einfluß. Die erforderliche Spannung ist bei Dochtkohlen unter sonst
gleichen Umständen kleiner als bei homogenen.

Die effektive Klemmspannung des Kohlenlichtbogens bei Wechselstrom ist von der Form der Stromkurve abhängig. Die Amplitude der
Spannung muß zur Bildung des Bogens eine bestimmte Größe bei jedem
Wechsel erreicht haben, bevor der Lichtbogen zur Geltung gelangt. Die
effektive Spannung, welche die Aufrechterhaltung eines ruhigen Bogens
gestattet, ist bei spitzen Stromkurven geringer als bei flachen. Hierauf
weist auch schon Fig. 8 S. 12 hin.

Für Wechselstrom von 10—30 A bei etwa 3 mm Bogenlänge ergab
sich bei spitzer EMK-Kurve mit Dochtkohlen $e = 20 + 2\,l + 37/i$.

Magnetitbogen. Fig. 68 gibt die Charakteristiken für Ströme von
2 bis 8 A und Lichtbögen von 38,1 25,4 12,7 und 3,2 mm Länge. Sie
entsprechen annähernd der Beziehung

$$e = [4{,}85\,(l+1{,}27)]/\sqrt{i} + 30,$$

in der l in Millimeter ausgedrückt ist, und deuten durch ihren abfallenden
Verlauf an, daß der Bogen ohne Vorschaltwiderstand unstet brennt. Bei
etwas sinkender Stromstärke würde der an konstante Spannung angeschlossene Bogen noch weitere Verminderung des Stromes erleiden und
erlöschen; bei steigendem Strom wäre statt konstanter Spannung abnehmende erforderlich, und der Strom würde noch weiter anwachsen[1]).
Schaltet man dagegen vor den Bogen von 25,4 mm (1″) Länge (Kurve I
der Fig. 69) noch 10 Ohm Ballastwiderstand (gerade Linie II derselben
Fig. 69), dann zeigt die Summenkurve III oberhalb des Stromes von
3,5 A steigenden Verlauf, also Stetigkeit des Bogens. Bei 142 V für
Lampe und Ballast würde der Bogen entweder mit 2 A unstetig
brennen und erlöschen oder mit 6 A stetig arbeiten. Jedem Stromwert
entspricht für gegebene Bogenlänge eine kleinste Betriebsspannung.

---

[1]) C. P. Steinmetz, Transact. El. Congress St. Louis, II S. 725, 1904.

Der geometrische Ort aller Stabilitätspunkte führt zur Kurve IV. Sie wird erhalten, indem man die Schnittpunkte B der an willkürliche Punkte A der Charakteristik I gezogenen Berührungslinien mit der Ordinatenachse ermittelt und auf der zu A gehörigen Ordinate durch Horizontale B C abschneidet. Die Dreiecke A B C und D O F sind dann kongruent. Die Betriebsspannung wird praktisch etwas höher gewählt,

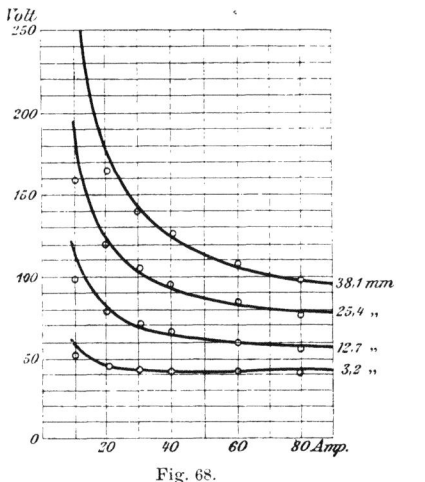

Fig. 68.

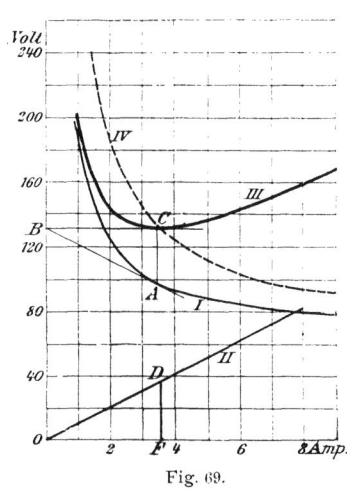

Fig. 69.

als die Stabilitätskurve angibt. Bei 125 V Betriebsspannung sind die verschiedenen Bögen entsprechenden Ströme, Spannungen und Vorschaltwiderstände in der folgenden Tabelle zusammengestellt:

Bogenlänge	Kleinster Strom Ampere	Klemmenspannung am Bogen Volt	im Vorschaltwiderstand verzehrt %
12,7 mm ($\frac{1}{2}''$)	1,9	82	34,4
19,0 mm ($\frac{3}{4}''$)	3,15	84	32,8
25,4 mm ($1''$)	4,8	87	30,4
31,8 mm ($1\frac{1}{4}''$)	6,9	90	28,0
38,1 mm ($1\frac{1}{2}''$)	9,1	94	24,8

Gebräuchlich sind Bögen von etwa 20—30 mm Länge. Sie bilden die eigentliche Lichtquelle, während die Elektrodenwirkung gänzlich zurücktritt.

Um die positive Elektrode von der Lichterzeugung auszuschließen, muß sie auf verhältnismäßig niedriger Temperatur gehalten werden, wodurch sie nicht verbrennt, sondern dauernd erhalten bleibt. Ihre

Temperatur darf indessen auch nicht zu niedrig sein, da sich sonst flüchtige Bestandteile des Lichtbogens auf der negativen Elektrode niederschlagen würden. Die positive Elektrode, die also ein guter Wärmeleiter sein muß, besteht aus einem Kupferstück.

Die negative Elektrode wird aus einem Eisenrohr gebildet. Dieses wird mit einem Pulver aus Magneteisenstein, der überall billig erhältlich ist, mit einem geringen Zusatz an Titan gefüllt. Elektroden aus reinem Magnetit brennen in der Stunde um etwa 3 bis 4 mm ab, so daß sich die Lebensdauer der 200 mm langen Elektroden schon auf 50—60 Brennstunden stellen würde. Durch Hinzufügen des genannten Zusatzes hat man indessen den Abbrand der Elektrode bei gleich hoher Lichtausbeute auf 0,9—1,3 mm/Std. verringert, was einer Lebensdauer von 150 bis 200 Stunden entspricht. Bei Darangabe eines geringen Betrages an Lichtausbeute durch entsprechende Vermehrung des Titanzusatzes ist die Lebensdauer der Elektrode sogar auf 500—600 Brennstunden gebracht worden.

Ein Gleichstrom von 4 A erzeugt zwischen zwei Magnetitelektroden bei 100 V einen standhaften Bogen von 16 mm Länge. Bei Wechselstrom kann man selbst mit 250 V einen Bogen von 4 A mit etwa 0,8 mm Länge nicht aufrecht erhalten, und es erfordert mindestens 500 V, um einen noch immer unstetigen zischenden Bogen zu schaffen. Ein in den Stromkreis geschaltetes Gleichstrom-Amperemeter zeigt hierbei gleichgerichteten Strom. Noch deutlicher ist dies beim Quecksilberbogen zu beobachten.

Quecksilberbogen. Die ersten Versuche mit Quecksilber liegen weit zurück. So zeigte schon 1860 Way die damit erzielbaren großen Lichtstärken, 1879 nahm Rapieff ein Patent auf eine Quecksilberlampe, die aus einem umgekehrten U-Rohr bestand und durch Neigen kurzgeschlossen und gezündet wurde. 1883 machte Max v. Bernd damit Versuche, wobei er fast das Augenlicht einbüßte. 1892 ließ Arons den Bogen in Luftleere zwischen zwei Quecksilberflächen übergehen. Die Zündung geschah durch Neigung oder Schütteln des Rohres. Das Glasgefäß erhitzte sich dabei stark, wenn es nicht durch Wasser gekühlt wurde. Dann aber trat Kondensation und dadurch Verminderung der Lichtausbeute ein.

An dieser Frage setzen die grundlegenden Arbeiten von Cooper Hewitt ein. Er bestimmte die geeignetste Gasdichte und suchte mit Hilfe von Kühlkammern ohne großen Vorschaltwiderstand standhafte und wirtschaftliche Lichtbögen zu erzielen. Die leuchtende zylindrische Gasstrecke erfordert eine mit der Länge ungefähr wachsende Lampenspannung. Die Stromstärke beträgt 3—3,5 A, liegt also am Wendepunkt der Charakteristik (Fig. 70). Die Elektroden sind beide aus

Metall, die zerstäubende Kathode aus Quecksilber, die Anode meist aus Eisen. Der Bogen ist in einem gut entlüfteten Glasrohre. Der Kathodenfall[1]) beträgt 5—7 V, der Anodenfall 7—9 V, ziemlich unabhängig von der Stromstärke. Durch andere Gefäßabmessungen können jedoch die Elektrodenfälle und die Charakteristik etwas verändert werden. Die General Electric Co. baut nach Steinmetz Lampen mit etwa 13 V Elektrodenfall für 2,4 A, während die großen kugelförmigen Behälter der Hewitt-Umformer nur 8—9 V ergeben.

Der Lichtbogen ist bis zu einem Meter lang und wegen seiner großen Länge, seines geringen Glanzes und der Abwesenheit roter Strahlen mittels eines roten Glases bequem zu beobachten. Er zeigt das allen Bögen charakteristische Verhalten, bei konstanter Bogenlänge zu erlöschen, sobald der Strom einen kleinsten Wert unterschreitet.

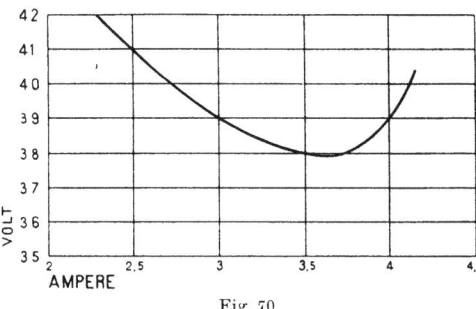

Fig. 70.

Ein Bogen von 22 mm Durchmesser und 405 mm Länge bleibt bis 2,4 A bei 50 V standhaft. Unter dieser Grenze erlischt er jedoch selbst bei 220 V. Schließt man dagegen von derselben Kathode einen Hilfsbogen mit 1 A nach einer Hilfsanode, so kann der Hauptstrom bis auf 1,4 A vermindert werden, bevor er erlischt. Sind jedoch Stücke der leitenden Stoffe, z. B. Eisen oder Chrom, auf dem Kathodensee vorhanden, so bleibt die Dampfströmung stabil bis auf weniger als 1 A, solange die negative Spitze nicht von diesen herausstehenden Stücken auf Quecksilber zurückspringt.

Durch Einfügung von induktiven Widerständen kann die untere Grenze der Stabilität gleichfalls weiter hinausgeschoben werden, weil die in ihnen magnetisch aufgespeicherte Energie dem erlöschenden Bogen noch zugeführt wird. Es ist leicht möglich, den Strom von einer Kathode auf zwei Anoden gleichzeitig oder in zeitlicher Aufeinanderfolge übergehen zu lassen, dagegen ist es unmöglich, den Bogen von einer Kathode auf

---

[1]) M. von Recklinghausen, ETZ 1904 S. 1102.

Quecksilberbogen. 91

eine andere Kathode umzuschalten; da die Dampfströmung von der Kathode wegbläst, unterbricht die Umschaltung an der Kathode den Stromkreis, während sie an irgend einer anderen Stelle des Dampfstromes, z. B. der Anode, sofort wieder geschlossen wird. Diese Erscheinungen sind bezeichnend für alle Bögen der dritten Klasse.

Für 110 V Betriebsspannung wird eine Lampe von 75—80 V gewählt, der Rest im Vorschaltwiderstand verzehrt. Für kleinere Lichtstärke werden zwei 40 Volt-Lampen in Reihe geschaltet. Die Lampe soll nicht mit übermäßigem Strom brennen, weil sonst eine sichtbare Einschnürung der die ganze Röhre ausfüllenden leuchtenden Strombahn und eine Verminderung der Lebensdauer stattfindet. Diese beträgt mehrere tausend Stunden. Innerhalb der ersten hundert Stunden findet eine Abnahme der Lichtstärke um etwa 20% statt. Dann bleibt diese unverändert. Der spezifische Verbrauch beträgt etwa 0,33—0,45 Watt/HK. Da die Außentemperatur die Gasdichte beeinflußt, muß die Lampe etwa durch Laternen vor allzu großer Abkühlung geschützt werden.

Das Licht ist stark chemisch wirksam, besonders bei dem von Heraeus, Offenbach, hergestellten, für ultraviolette Strahlen durchlässigen Quecksilberbogen im Quarzgehäuse. Seine Farbe kann verbessert werden durch Zufügung roter Strahlen von Glühlampen oder durch Fluoreszenz, durch Zufügung von Zinkamalgam oder von Edelgasen[1]).

Das zugeführte Gas wirkt als Leiter in der Röhre und zeigt unter Strom seine bezeichnende Farbe oder sein Spektrum, wenn man dafür sorgt, daß die an der Quecksilberelektrode sich bildenden Dämpfe in der nächsten Umgebung sich niederschlagen, um so zu verhindern, daß sie durch das ganze Gefäß hindurch als einziger Stromleiter wirken. Dies wird durch eine in der Nähe der Elektrode in der Röhre ausgeführte Ausbuchtung, eine Kühlkammer, erreicht. Die Lampe besitzt dann doppeltes Licht, da der Strom von der oberen positiven Elektrode, die von einem bestimmten Gas umgeben ist, ausgeht, dann auf die an der unteren Quecksilber-Elektrode auftretenden Dämpfe übertritt und sie durchsetzt. Dafür können verschiedene Gase wie Neon, dann Stickstoff und Argon verwendet werden.

Ventilwirkung. 35 V genügen, um einen Quecksilberbogen von 400 mm Länge und 22 mm Durchmesser bei Gleichstrom aufrecht zu erhalten. Um den gleichen Bogen mit Wechselstrom zu betreiben, ist eine Wechselspannung von mehreren tausend Volt erforderlich, so daß der große Luftspalt zwischen den Elektroden übersprungen wird, wenigstens wenn die umgebende Glasröhre zuvor auf die Betriebstemperatur angewärmt

---

[1]) P. Cooper Hewitt, El. World, S. 654, 1906. — E. Gehrke und O. v. Baeyer, ETZ 1906 S. 383.

92 Die elektrischen Lichtquellen.

wurde. Geschieht dies, dann ist der Strom gleichgerichtet, so daß nur jede zweite Halbwelle durchgelassen wird, und erst bei noch viel höherer Spannung erscheint ein wirklicher Wechselstrombogen. Dies erklärt sich wieder aus dem beständigen, von der Kathode ausgesandten Drucke.

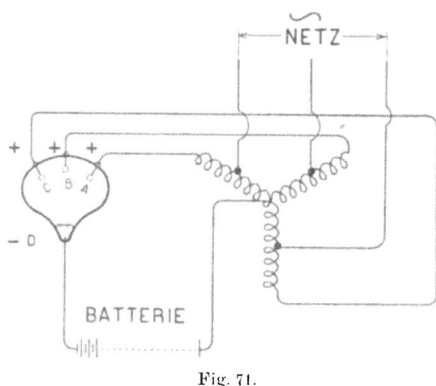

Fig. 71.

Wenn ein Wechselstrom während einer halben Welle durchgelassen wird, müßte die zweite Halbwelle den noch vorhandenen Kathodendruck überwinden, wozu eine viel höhere Spannung nötig wäre. Das Spiel wiederholt sich. Wird jedoch das Ventil durch geeignete Mittel offen, also in

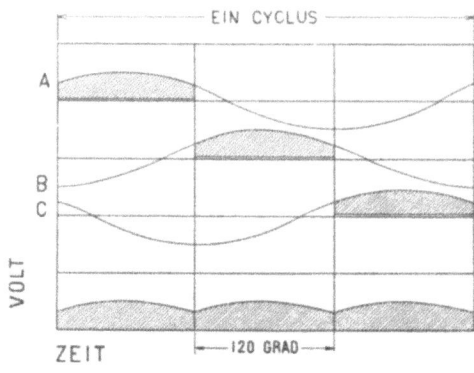

Fig. 72.

der Zerstäubung erhalten, so läßt es immer nur die Phase der einen Richtung durch, die entgegengesetzte nicht. Am einfachsten ist dies mit gutem Erfolg bei Drehstrom durchführbar, indem man jede der drei Anoden A, B, C, Fig. 71, durch eine Drosselspule mit dem neutralen Punkt des Drehstromtransformators verbindet und durch den Hilfsstrom einer zwischen diesen Punkt und die Kathode D geschalteten Batterie

Ventilwirkung. 93

mindestens einen Hilfsbogen nach dieser hin unterhält. Fig. 72 zeigt Art und Form des innerhalb einer Periode oder eines Zyklus entstehenden Gleichstromes. Bei einphasigem Wechselstrom muß dem Strom durch eine besondere Induktanz über den Nullpunkt weggeholfen werden, Das Netz ist an zwei Punkte eines Spannungsteilers oder Autotransformators angeschlossen; an dessen Außenenden liegen die zwei Anoden an. Die Hilfsstromquelle, eine Batterie, speist von der Mitte des Spannungsteilers den Hilfsbogen zwischen Anode und Kathode. Die Ingangsetzung erfolgt durch einen aus der Drosselspule und einer Kondensatorbelegung gebildeten Schwingungskreis. Die Energieverluste berechnen sich aus 8—14 V mal dem bei der Kathode austretenden Strom, der für Glas-

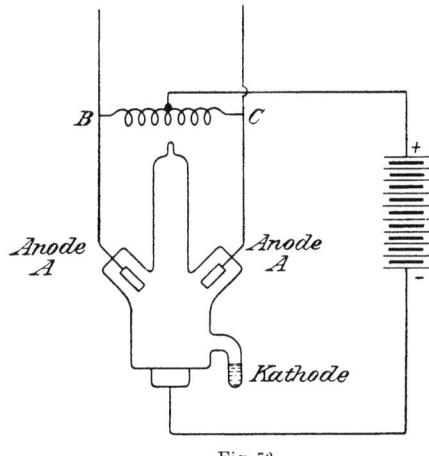

Fig. 73.

gefäße nicht über 30 A sein darf. Der Quecksilbergleichrichter muß durch Luft, Öl oder Wasser gekühlt werden. Die Konstruktion eines Gleichrichters von Steinmetz[1]) ist in Fig. 73 in der bis jetzt als normal geltenden Form für 700 W Leistung dargestellt. Man erkennt in einem kreuzförmigen Glaßgefäß von etwa 150 mm Breite und 300 mm Länge die unten angeschmolzene Kathode, von der der Quecksilberbogen nach den beiden parallelen Anoden A A übergeht. Die Bezeichnungen Anode und Kathode gelten nur für Gleichstrom. Die Batterie nimmt 70 V bei 10 A Gleichstrom auf, wenn den beiden Anoden A A Wechselstrom von 220 V bei 60 Per/Sek zugeführt wird. Die beiden Zuleitungen sind an der Stelle B C durch eine Drosselspule überbrückt, in deren Mitte die Anode der Akkumulatorenbatterie abzweigt. Der Wirkungsgrad beträgt

---

[1]) C. Feldmann, ETZ 1905 S. 449.

etwa 75%, die höchste Leistung etwa 1¼ PS. Zur Ingangsetzung wird das Gefäß wie die Aronssche Lampe etwas geneigt, was entweder von Hand oder elektromagnetisch durch ein Relais geschehen kann. Das Schaltbrett bekommt noch einen selbsttätigen und einen Handumschalter sowie zwei Meßinstrumente für den abgegebenen Gleichstrom.

Beim Quecksilberbogen gibt es also: 1. einen Spannungsbereich von Null bis zur Wirkung des Gleichstrombogens von gleicher Länge, wo keine Wirkung auftritt; 2. einen Spannungsbereich von da an, z. B. 25 V bei Quecksilber, bis zur Durchschlagsspannung der Elektroden, z. B. 6000 V, wo ein gleichgerichteter Bogen auftritt, wenn der Kathodendruck durch Fremderregung erhalten bleibt; 3. einen Spannungsbereich zwischen 6000 und 9000 V, wo die Gleichrichtung selbständig erfolgt; und 4. einen Spannungsbereich über 9000 V, wo Wechselstrom erscheint. Solche Ventilwirkungen treten auch bei anderen Stoffen, Metallen, Karbiden usw., selbst in geringem Maße bei sehr ungleich gewählten Kohlenelektroden auf. Doch haben bis heute vor allem der Quecksilberbogen als Umformer und Aluminiumplatten in Kalilauge als Ventilwiderstände Anwendung gefunden. Der Umformer der Cooper Hewitt Electric Company, New York, besteht aus einem kugeligen Glasbehälter von 230 mm Durchmesser mit zwei Anoden und einer Kathode in der früher gegebenen Schaltung der Fig. 71 und arbeitet zwischen 25 und 125 sekundlichen Perioden, zwischen 6 und 30 A Gleichstrom. Die Gleichspannung ist dabei 80—115 V, der Wirkungsgrad bei der höchsten Gleichspannung 80%.

8. Bogenlampen.

Zur Herstellung und zur Neubildung beim Erlöschen muß der Bogen gezündet werden. Dies geschieht meistens durch vorübergehenden Kurzschluß zwischen den Elektroden. In diesem Falle ist es Aufgabe der Zündung, die Elektroden zur Berührung zu bringen und dann wieder voneinander zu entfernen. Beim Quecksilberbogen kann die Zündung auch auf andere Weise geschehen, wie dort näher besprochen werden soll. Um beständiges Licht zu erzielen, muß beim Kohlen- und Magnetitbogen die durch den Abbrand der Elektroden wachsende Bogenlänge durch Näherrücken der Elektroden möglichst unverändert erhalten werden. Dies besorgt die Reglung. Die Bogenlampen sind nun Vorrichtungen, welche bei Zuführung elektrischer Energie einen zur Beleuchtung dienenden Lichtbogen erzeugen, indem sie die erwähnten Bedingungen meist selbsttätig, selten von Hand aus erfüllen. Die im Lichtbogen aufgezehrte Energie entspricht dem Produkte aus dem speisenden Strome mal seiner Spannung. Sie muß unverändert bleiben, damit die Umsetzung elektrischer Energie in Licht bei unveränderlichem Zustande der Elektroden gleichförmig erfolge. In dieser Festerhaltung liegt die Aufgabe der Reglung. Sie wird dadurch vereinfacht, daß für einen Faktor des Produktes durch die äußere Schaltung der Bogenlampe, d. i. ihre Schaltung im Stromkreise, an und für sich schon gesorgt wird, während die innere Schaltung ihres Regelmechanismus für die Unveränderlichkeit des zweiten Faktors aufzukommen hat. Ist also die Stromstärke unveränderlich wie bei der Reihenschaltung der Bogenlampen, so muß die einzelne Lampe auf beständige Spannung regeln; ist dagegen die Klemmenspannung unveränderlich wie bei der Parallelschaltung, so hat sie selbst für festen Stromwert aufzukommen.

Sobald die vorausgesetzte Beständigkeit des äußeren Faktors nicht völlig zutrifft, ergibt sich für die innere Reglung eine etwas erhöhte Aufgabe, der sich zum Teil durch die Vereinigung beider einfachen Fälle Rechnung tragen läßt.

Jede selbsttätige Bogenlampe enthält Spulen, die zum Lichtbogen so geschaltet werden, daß der sie durchfließende Strom unmittelbar durch die Veränderungen im Lichtbogen beeinflußt wird. Die magnetischen Felder dieser Spulen verursachen Bewegungen von Eisenkernen, Ankern, Scheiben usw. und bieten so das Mittel dar, die beabsichtigte Elektrodenbewegung mehr oder weniger unmittelbar oder durch mechanische Zwischenglieder stetig oder stoßweise zu erzielen. Daraus ergaben sich zahllose Systeme von Bogenlampen.

Es kann die innere Schaltung nach drei Gesichtspunkten durchgeführt sein, je nachdem die Reglungswindungen mit dem Lichtbogen in Reihe, mit ihm parallel oder teils in Reihe, teils im Nebenschlusse angeordnet werden. Diesen drei inneren Schaltungsweisen entsprechen Hauptstrom-, Nebenschluß- und Differentiallampen.

Hauptstromlampen. Ihre Wirkungsweise veranschaulicht Fig. 74. Die untere Kohle sei feststehend, die obere suche sich ihr unter dem Einflusse einer Federkraft oder des eigenen Gewichtes zu nähern. Dieser Bewegung wirkt der Eisenkern K der Spule F entgegen, indem er die Kohlenenden voneinander zu entfernen strebt. Der Mechanismus, welcher den Eisenkern K mit dem Kohlenhalter mittelbar verbindet, sei ganz beliebiger Art und durch S im Schema angedeutet.

Der Strom läuft durch die Windungen, geht durch die beiden Kohlen in den übrigen Stromkreis. Betrachten wir den Reglungsvorgang mit dem Augenblicke, in welchem der Lichtbogen seine normale Länge besitzt. Mit zunehmendem Kohlenabbrand wächst sein Widerstand. Dementsprechend fällt der Strom, und da er auch die Regelwindungen durchfließt, so vermindert sich die von ihnen auf den Eisenkern ausgeübte Anziehung. Die Kraft, welche eine Näherung der Kohlen zu bewirken strebt, gewinnt sonach das Übergewicht über die Wirkung des Eisenkernes und veranlaßt eine Verkürzung des Lichtbogens. Mit ihr geht aber eine Verminderung des Bogenwiderstandes und sonach eine Erhöhung des Stromes Hand in Hand, die bis zum Gleichgewicht anhält. Dieses wird durch den weiteren Abbrand der Kohle wieder gestört und dadurch der beschriebene Vorgang neu eingeleitet; er wiederholt sich, solange die Kohle ausreicht.

Bei der Hauptstromlampe müssen sich also eine beständige Kraft, etwa eine Federkraft oder das Gewicht des oberen Kohlenhalters, und die

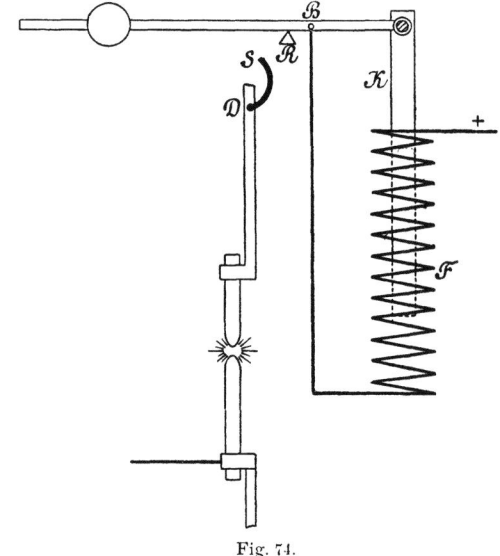

Fig. 74.

Wirkung der Regelwindungen das Gleichgewicht halten. Betragen diese N, ist der Strom J, die Kraft F, so gilt für den normalen Zustand die Gleichgewichtsbedingung $k\,N\,J = F$, worin k einen festen Wert bedeutet. $J = F/(k\,N)$ = Konstante besagt, daß die Hauptstromlampe selbsttätig ihren Strom unverändert beizuhalten bestrebt ist. Daraus folgt, daß für jeden Strom in weiteren Grenzen eine andere Bewicklung der Regelspule gefordert wird, während eine genaue Einreglung auf diesen Strom bei bereits gegebener Drahtspule durch Veränderung von F, also durch Einstellung des Gegengewichtes, Federzuges oder Hubbegrenzung des Solenoidkernes oder Ankers bewirkt werden muß. Soll die Hauptstromlampe angehen können, so muß ihr Stromkreis vorher geschlossen sein, also es muß bei Stromlosigkeit die Wirkung von F die Kohlen bis zur

Bogenlampen. 97

Berührung einander näher bringen. Ist die Berührung nicht gut, was bei frischen Kohlenstiften öfters der Fall ist, so geht die Lampe schwer oder gar nicht an.

Nebenschlußlampe. Bei ihr wird die Reglung der Bogenlampe durch eine zum Lichtbogen parallelgeschaltete Spule bewirkt. Wir legen unserer Betrachtung irgend eine Lampe von der in Fig. 75 schematisch dargestellten Einrichtung zugrunde.

Hier wirken eine die Kohlen auseinandertreibende Kraft, beispielsweise durch eine Feder, und die sie zusammenführende Wirkung der Nebenschlußspule M einander entgegen. Der Zweigstrom wächst und

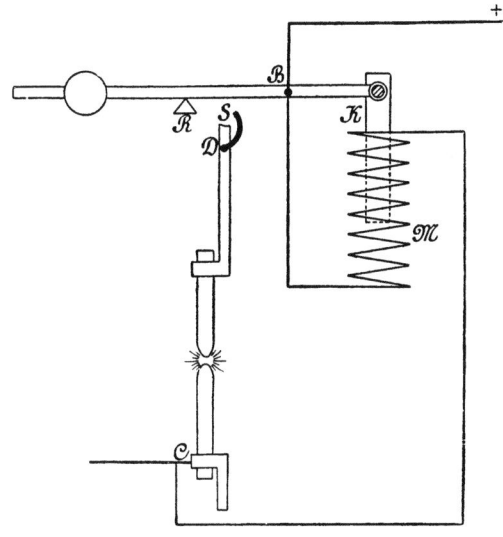

Fig. 75.

fällt mit der Bogenspannung. Sind die Kohlen in Berührung, so sinkt die Spannung, die Spule wird infolgedessen stromlos, und die Federkraft zieht die Kohlen auseinander, so daß sich der Bogen bildet. Mit steigender Spannung zwischen den Kohlen steigt auch der Strom im Nebenschlusse, bis schließlich ein Gleichgewichtszustand erreicht wird, welcher der normalen Bogenlänge entspricht. Mit dem Abbrande der Kohlen steigt die Spannung an den Kohlenenden und mithin auch der Strom im Nebenschlusse noch weiter, bis seine Wirkung die Federkraft überwindet und die Kohlen wieder einander nähert. Der Lichtbogen kehrt in seinen normalen Zustand zurück, und der Vorgang beginnt von neuem.

Im normalen Zustande des Bogens müssen sich eine ständige Kraft und die Wirkung des Nebenschlusses das Gleichgewicht halten. Ist i der

98   Die elektrischen Lichtquellen.

Strom im Nebenschlusse, n seine Windungszahl, F die Federkraft, so muß $k\,n\,i = F$ sein. Ist ferner r der Widerstand des Nebenschlusses und e die Klemmenspannung an den Kohlen, so kann i durch $i = e/r$ ersetzt werden, und man erhält $k\,n\,e/r = F\,e = F\,r/(n\,k) =$ Konstante besagt, daß die Nebenschlußlampe selbsttätig auf eine feste Klemmenspannung regelt.

Die Wirkung der Regelspule und der gegenhaltenden Kraft F ist gerade entgegengesetzt der bei der Hauptstromlampe. Soll diese Lampe auf einen bestimmten Betrag der Bogenspannung und damit für die normale Bogenlänge auch für einen bestimmten Strom eingeregelt werden, so braucht man, wie aus obiger Gleichung hervorgeht, nur F einzustellen; eine Umwicklung der Regelwindungen ist hierbei nicht erforderlich.

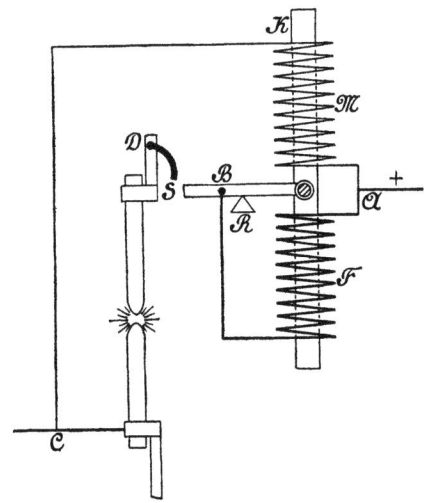

Fig. 76.

Differentiallampe. Ihre Reglung geschieht durch die Differenzwirkung einer Hauptstrom- und einer Nebenschlußspule.

Wie aus Fig. 76 ersichtlich, wirken eine dickdrähtige, in den Hauptstrom geschaltete Spule F und eine dünndrähtige, im Nebenschlusse zum Lichtbogen befindliche M auf einen gemeinsamen Kern K. Die Wirkungen der beiden Spulen auf den Kern sind einander entgegengesetzt. Der Kern ist mit dem oberen Kohlenhalter durch irgend eine Vorrichtung S so verbunden, daß der eine nach auf-, der andere nach abwärts sich bewegen kann. Im normalen Zustande halten sich die Wirkungen beider Spulen das Gleichgewicht. Mit dem Wachsen des Lichtbogens nimmt die Spannung zwischen den Kohlenenden zu, infolgedessen wächst der Strom im Nebenschlusse, zieht den Kern empor und bewirkt so ein Senken der Oberkohle. Im umgekehrten Sinne wirken die Hauptstromwindungen. Statt zwei getrennte Spulen zu verwenden, deren Wirkungen sich mechanisch aufheben, kann auch eine einzige Spule mit beiden im entgegengesetzten Sinne gewundenen Wicklungen verwendet werden, deren Wirkungen sich schon elektrisch aufheben.

Dem normalen Zustande des Bogens entspricht demnach die Gleichgewichtsbedingung $k N J = n i$, wenn $N J$ die Amperewindungen der Hauptspule, $n i$ jene des Nebenschlusses und k einen festen Wert bedeuten. Der Widerstand des Nebenschlusses sei r, die Klemmenspannung e; dann ist $i = e/r$ und somit $k N J = n e/r$ oder $e/J = k N r/n =$ konstant. Dies besagt, daß die Differentiallampe das Verhältnis der Klemmenspannung zur Stromstärke, also den Widerstand, den der Lichtbogen als Ganzes darbietet, unverändert beizubehalten sucht.

9. Schaltung der Bogenlampen im Stromkreise.

Die Regeltätigkeit der Bogenlampe hängt sowohl von ihrer äußeren und inneren Schaltung als auch von ihrer Empfindlichkeit ab. Man kann die erstere Abhängigkeit als allgemeine Schaltungsgröße bezeichnen, welche durch die Lampengattung und die jeweilige äußere Schaltung bestimmt ist, aber für alle Lampen, ob gut, ob schlecht, denselben Wert behält, während die zweite Beziehung den Sonderfehler der eben vorliegenden Lampenbauart betrifft, welche für jede Schaltung und für alle drei Gattungen erprobt werden muß. Das Arbeiten der Bogenlampe wird also nach dem Produkte dieser beiden Größen zu beurteilen sein.

Zu den Schaltfehlern gehört die Veränderung in der Reglung durch die Erwärmung der Spulen. Diese erhöht bei den Hauptstromspulen den Spannungsverlust und erniedrigt bei den Nebenschlußspulen den Strom. Ihr Einfluß kommt jedoch je nach der äußeren Schaltung zur Geltung. Bei Serienschaltung von Nebenschlußlampen bringt die Temperaturerhöhung der Spule die größte Veränderung hervor; bei Parallelschaltung von Hauptstromlampen ist sie belanglos. Bei Differentiallampen wird die Veränderung je nach der äußeren Schaltung der Lampen und dem Überwiegen der Haupt- oder Nebenschlußwindungen etwa halb so groß als bei Nebenschlußlampen sein. Ein weiterer Umstand bildet die Veränderung im elektrischen Widerstand und Gewicht der abbrennenden Kohlenstäbe.

Die Bogenlampen werden sowohl **hintereinander als auch parallel** in den äußeren Stromkreis eingeschaltet. Die einfachste Anordnung ergibt sich, wenn sämtliche Lampen hintereinander geschaltet werden. In diesem Falle kann durch die elektrische Maschine der Stromunverändert gehalten werden, während sich die Spannung des Leitungskreises nach der Lampenzahl ändert. Eine Hauptstrom-Bogenlampe wird also hier nicht anwendbar sein, weil die Spannung am Lichtbogen unbeeinflußt bliebe.

Die beiden übrigen Systeme eignen sich hingegen gleicherweise dafür, da sowohl in der Nebenschluß- wie in der Differentiallampe nur die Nebenschlußspule wirkt, wenn der Strom vollkommen unverändert bleibt. Da bei der Reihenschaltung derselbe Strom alle Lampen durchfließt, so muß dafür gesorgt werden, daß beim Erlöschen einer Lampe der Stromkreis nicht unterbrochen werde. Ist eine größere Anzahl von Bogenlampen hintereinander geschaltet, so besitzt jede stets eine selbsttätige Kurzschlußvorrichtung oder bei Wechselstrom eine parallel geschaltete Drosselspule.

Wesentlich andere Bedingungen als die Reihenschaltung stellt der Betrieb von Bogenlampen, welche parallel von einer Leitung mit konstanter Spannung abgezweigt sind. Diese Schaltung wird entweder als Parallelschaltung einzelner, je zweier oder dreier hintereinander geschalteter oder ganzer Reihen von Bogenlampen ausgeführt.

Die Aufgabe der Reglung wird erleichtert, wenn vor die Lampe ein Vorschalt- oder Beruhigungswiderstand in die Abzweigung eingefügt wird. Er vermindert die verhältnismäßigen Schwankungen des Stromes. Denken wir uns eine einzige Lampe in der Abzweigung ohne Vorschaltwiderstand. Im Augenblicke, in welchem sich die Kohlen der Lampe berühren, wäre der Widerstand des Zweiges sehr gering und die Stromstärke infolgedessen sehr groß. Die Lampe würde plötzlich sehr kräftig regeln und den entgegengesetzten Zustand, in welchem der Widerstand des Bogens sehr groß und die Stromstärke sehr klein ist, herbeiführen. Die Stromstärke würde somit innerhalb weiter Grenzen schwanken und jedes ruhige und gleichmäßige Arbeiten der Lampe ausschließen. Diese Schwankungen müssen natürlich viel geringer sein, wenn der Strom nicht bloß von den Veränderungen des Bogens, sondern zugleich auch von einem festverbleibenden Widerstande beeinflußt wird. Mit ihrer Verringerung wird die Gleichmäßigkeit und Ruhe des Bogens erhöht, und es würde daher, allein von diesem Standpunkt aus betrachtet, vorteilhaft sein, einen möglichst hohen Vorschaltwiderstand anzuwenden. Allerdings steht dem der Nachteil gegenüber, daß mit dem Wachsen des Beruhigungswiderstandes die in ihm nutzlos aufgewendete Energie größer wird, und somit der Betrieb sich verteuert.

Dieser Grund läßt es als vorteilhaft erkennen, in jede parallele Abzweigung zwei oder mehrere Lampen hintereinander einzuschalten, soweit es Bogen- und Netzspannung zulassen. Eine Lampe übernimmt dann gewissermaßen die Rolle des Vorschaltwiderstandes gegenüber der

Vorschalt- und Anlaßwiderstand. 101

anderen, so daß die Lampen einer Reihe die Schwankungen gegenseitig ausgleichen und daher einen viel geringeren Beruhigungswiderstand beanspruchen als im zuerst besprochenen Falle. Noch vorteilhafter gestalten sich die Verhältnisse bei Wechselstrom, wo die Lampen nur etwa 30 V Bogenspannung erheischen, und der Vorschaltwiderstand durch eine Drosselspule mit kleinerem Energieverlust ersetzt werden kann. Bei Wahl passender Kohlenstifte ist es aber auch bei Gleichstrom möglich, drei Lampen auf 110 V Netzspannung zu brennen, die sogen. Dreischaltung.

Die Stromschwankungen hängen auch von der Empfindlichkeit der Nachreglung durch die Lampe ab, und der Vorschaltwiderstand kann desto kleiner sein, je empfindlicher die Lampe ist. Diese Schwankungen bringen unter Umständen ein Pendeln des Mechanismus hervor, das sich

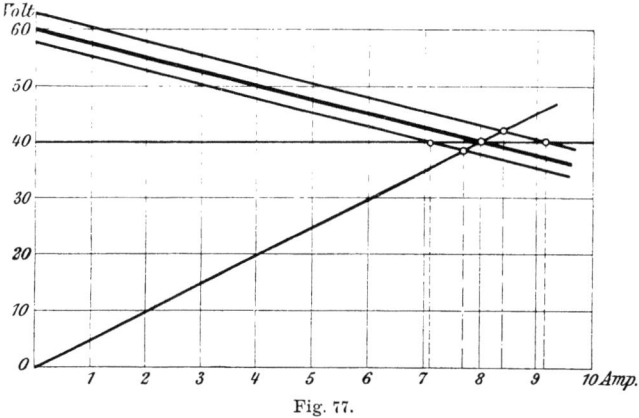

Fig. 77.

namentlich beim Angehen der Bogenlampen bemerkbar macht. Selbst empfindliche Regelwerke, die den Vorschaltwiderstand bei guten Betrieben während ihres Arbeitens entbehren können, erfordern bei Dreischaltung während des Angehens doch einen von Hand bedienbaren oder selbsttätigen Anlaßwiderstand. Sobald man einen größeren Vorschaltwiderstand anwendet, erhält der Bogen während des Nachregelns nicht mehr die durch die äußere Schaltung festgehaltene Spannung, sondern infolge des im Vorschaltwiderstande auftretenden Spannungsgefälles eine mit dem Strome veränderliche. Es kann demnach die innere Schaltung der Bogenlampe entweder auf die veränderliche Stromstärke unmittelbar oder aber auf die durch sie bedingte Spannungsveränderung wirken. Darum sind trotz der allgemeinen Erwägungen die Hauptstrom- und die Nebenschlußlampe für Parallelschaltung anwendbar. Besonders aber entspricht die Differentialbogenlampe den Anforderungen dieser Schaltung, weil sie auf einen unveränderlichen Widerstand regelt.

Das Verhalten der Nebenschluß- und der Differentiallampe für 8 A 40 V Bogen-, 60 V Netzspannung zeigt Fig. 77. Als Abszissen sind die Ströme, als Ordinaten die Spannungen aufgetragen; die Netzspannung ist bei dem Strome $J = 0$ auch an der Lampe vorhanden. Liegt vor der Lampe ein Vorschaltwiderstand, der 20 Volt verzehrt, so muß die Spannungslinie geradlinig abfallen. Eine Nebenschlußlampe mit vollkommenem Regelwerk wird die Bogenspannung unabhängig von der Stromstärke auf 40 V zu halten suchen. Infolgedessen stellt sich der Strom auf 8 A ein. Schwankt die Netzspannung von 57 bis 63 V, so schneiden die zwei Parallelen die Charakteristik der Nebenschlußlampe in zwei Punkten, die nach den bereits gegebenen Lehren von den charakteristischen Linien den Strömen 7,1 und 9,2 A entsprechen.

Die Charakteristik der Differentiallampe ist eine vom Ursprung unter dem Winkel α gezogene Gerade, wobei tg $\alpha = 40$ V/8 A $= 5$ Ohm. Bei der gleich großen Schwankung in der Netzspannung sind die entsprechenden Ströme 7,7 und 8,4 A. Der Strom schwankt also viel weniger als bei der Nebenschlußlampe, weil hier bei Erhöhung der Netzspannung nicht nur der Strom, sondern auch die Bogenspannung wächst. Dadurch wird weiterem Anwachsen des Stromes vorgebeugt.

10. Die Bauart der Kohlenbogenlampe.

Die Geschichte der heutigen Kohlenbogenlampe umfaßt mehr als ein Vierteljahrhundert. Die Entwicklung in dieser Zeit war wohl großartig, hat aber kaum Schritt gehalten mit jener der elektrischen Maschinen und Verteilungssysteme. Während hier höchste Nutzeffekte erreicht und der Gewinnung einiger Prozente größte Aufmerksamkeit geschenkt wurde, sah man bis zum Auftauchen der neuen getränkten Kohlenstifte keine einschneidende Verbesserung des Bogenlichtes. Die Bogenlampe verblieb im Wesen unverändert, wenn auch ihre Abmessungen kleiner, die Mechanismen leichter und besser geworden waren. Das äußere Bild der Bogenlampe erscheint noch immer als eine lange steife Röhre mit einer unteren Glocke von ungefälligem Aussehen. Das Innere enthält allerlei Magnete, Spulen, Ausschalter, die mit ihren drehbaren oder beweglichen Teilen eine gegen Staub, Wetter und ätzende Dämpfe (wie sie sich aus den Flammkohlen entwickeln) recht empfindliche Vielheit bilden. Die Bogenlampe erfordert deshalb auch heute noch viel Aufmerksamkeit und Pflege. Sie ist, besonders mit Effektkohlen ausgerüstet, das Schaustück der Geschäftsauslagen; sie sticht als Straßenbeleuchtung der Öffentlichkeit sozusagen in die Augen. Im

Kohlenbogenlampen. 103

Interesse der allgemeinen Sicherheit wird ihr unbefugtes Erlöschen auf der Straße oft polizeilich verzeichnet.

Beim Bogenlampenbau spielen eine gleich wichtige Rolle die elektrischen wie mechanischen Verhältnisse der Einzelteile. Gute Ausführung bedingt erst im Verein mit sorgfältiger Konstruktion die Güte der Lampe. Der Verlauf der Reglung kann z. B. schon durch die Abmessungen des Eisenkerns der Regelspule beeinflußt werden. Arbeitet er mit magnetischer Sättigung, so wird der Ursache eine verhältnismäßig geringe Wirkung entsprechen usw. Nach diesem Gesichtspunkte können die beiden Spulenkerne von Differentiallampen bemessen werden. Während der Strom frei durch die Parallelschaltung anwachsen kann, ohne eine Störung des Bogens zu verursachen, darf die Spannung des Bogens nur wenig schwanken. Wenn also die Lampe gegen Stromschwankungen wenig, gegen Spannungsschwankungen stark empfindlich sein soll, muß der Kern der Hauptstromspule stark, der des Nebenschlusses schwächer gesättigt werden.

Bei Wechselstrom sind noch besondere Punkte zu berücksichtigen, wie die Wirbelströme in geschlossenen Teilen, Einfluß der Polwechsel bei Tourenschwankungen des Antriebsmotors. Eine Wechselstromlampe kann im allgemeinen nur für eine bestimmte Kurvenform des Stromes, für welche sie eingeregelt wurde, richtig wirken. Auch können hier durch die von E. Thomson gefundene Abstoßung geschlossener Ringe oder durch Induktionsmotoren nach dem Prinzip des Drehfeldes eigenartige Bauarten entwickelt werden. Die durch den Strom beeinflußten Bewegungen der Kerne oder Anker werden auf die Kohle übertragen. Die Art dieser Übertragung bestimmt die Konstruktion und gibt auch einen Gesichtspunkt für die Einteilung der Lampen. Man unterscheidet in dieser Hinsicht vor allem zwei Hauptgruppen. Die eine schließt alle Lampen in sich, in welchen die Wirkungen des Regelstromes mittelbar, mit Hilfe eines Mechanismus, auf die Kohlen übertragen werden, indirekt wirkende Lampen. Die zweite Hauptgruppe umfaßt jene, bei welchen der Lichtbogen durch ein elektromagnetisches System ohne Zwischenmechanismus regelt, direkt wirkende Lampen. Innerhalb der angeführten Hauptgruppen gibt es eine überaus große Anzahl verschiedener Bauweisen und mannigfaltige Zusammenstellungen derselben Einzelteile und Vorrichtungen, deren wesentlichste betreffen:

1. Die Vorrichtung, um die Kohlenstäbe bei Stromlosigkeit in die der Schaltung entsprechende Stellung zu bringen und zu erhalten.

2. Die Vorrichtung, um den Nachschub der Kohlenstäbe je nach ihrem Abbrande stetig oder in Absätzen, zwangläufig oder freifallend zu bewirken.

3. Die Regelvorrichtung, um die Beschleunigung dieses Nachschubes zu verhindern.

104 Die elektrischen Lichtquellen.

4. Den Kohlenhalter zur sicheren Fassung und bequemen Erneuerung der Kohlen. Hierzu treten noch unter Umständen einige Hilfsteile, als:

5. Selbsttätige Kurzschließer innerhalb oder außerhalb der Lampe für Reihenschaltung.

6. Vorrichtungen zur unveränderten Lage des Lichtpunktes, die eine Verschiebung beider Kohlenstäbe bedingt.

7. Vorichtungen zum selbsttätigen Einspringen von Ersatzkohlen bei Lampen von größerer Lebensdauer und

8. Vorrichtungen zum mechanischen Schutze der Lampen und des Bogens, zur Veränderung der Lichtverteilung für bestimmte Zwecke, wie Schirme, Kugeln, Sparer usw.

Noch andere Einteilungen ergeben sich nach der Art des Stromes in Gleichstrom- und Wechselstromlampen; nach der Luftzufuhr zu den Kohlenstiften in offene und Dauerbrandlampen oder in solche mit freiem und beschränktem Luftzutritt; nach den verwendeten Kohlenstäben in Reinkohlen-, Flammbogen- und Intensivflammbogenlampen, ohne daß hiermit die Einteilungsmöglichkeiten erschöpft wären. Im folgenden sollen einige, die Entwicklung kennzeichnende Formen beschrieben werden.

Gleichstromlampen. Bei der 1886 durch Křižik und Piette gebauten Lampe beeinflussen die zwei differential geschalteten Spulen zwei kegelförmige Eisenkerne. Diese Bogenlampe wird von den Siemens-Schuckert-Werken und anderen noch heute ausgeführt und ist in England als Pilsen-Lampe bekannt. Sie kann zu den direkt wirkenden Lampen insofern gerechnet werden, als die Übertragungen nur aus einer Schnurscheibe und einer die beiden Kerne miteinander verbindenden Schnur bestehen, und sonstige, mechanisch die Reglung beeinflussende Teile nicht vorhanden sind. Die beiden konischen Kerne sind mit ihren Spitzen nach oben gerichtet und in zylindrische Blechröhren eingeschoben, welche unter- und oberhalb der nebeneinander liegenden Spulen durch Röllchen geführt werden. Die Hauptschlußspule bewirkt die Zündung, indem sie ihren konischen Kern nach oben zieht und dadurch die Kohlen einander nähert. Die zylindrischen Blechröhren dienen gleichzeitig als Kohlenhalter und erhalten oben den Strom durch biegsame Schnüre, während unten die aus flachen Federn bestehenden Kohlenhalter angeschraubt sind (Fig. 78). Während des Abbrandes der Kohlenstäbe tritt der Kern der Hauptstromspule immer weiter nach unten aus ihr heraus, während gleichzeitig der Kern der Nebenschlußspule nach unten immer tiefer in diese hineintaucht. Die Form des Kernes ist so gewählt, daß trotz Änderung der gegenseitigen Lage die Anziehung der Spulen auf die Kerne möglichst gleich bleibt. Dies ist nötig, damit nicht beim Abbrande der Kohlen der Brennpunkt sich verschiebe, oder der Strom

Gleichstromlampen. 105

und die Klemmenspannung der Lampe sich ändere. Das bewegliche System der Lampe soll somit in jedem Zustande vollkommen astatisch sein. In stromlosem Zustande wird dies dadurch erreicht, daß die Gewichte der Kohlenhalter und Kohlen gegeneinander vollkommen abgeglichen sind; beim Brennen soll die Astasie durch die Form der Kerne erreicht werden. Die Lampe besticht durch ihre Einfachheit und die Abwesenheit verwickelter mechanischer Teile. Sie hat deshalb weite Verbreitung gefunden. Man hat auch, solange das Patent auf den kegelförmigen Kern noch währte, durch zylindrische Kerne mit konischer Wicklung oder durch feststehende Kerne und bewegliche Wicklung den gleichen Erfolg angestrebt. Die Lampe stellt eine der wenigen Lösungen mit stetigem, zwangläufigem Kohlennachschub dar, die sich zwanzig Jahre lang auf dem Weltmarkte behaupten konnten. Sie arbeitet mit offenem Bogen.

Die Flammbogenlampe der Allgemeinen Elektrizitäts-Gesellschaft ist aus der gewöhnlichen Differentialbogenlampe dadurch entstanden, daß der Zündhub auf den 15 mm langen Bogen vergrößert wurde. Der Luftpuffer, der sich bei den fortwährenden Widerstandsänderungen des Flammbogens schädlich erwies, entfiel. Dagegen kam ein Sparer aus Chamotte über dem Lichtbogen hinzu. Die Anordnung eines Hohlraumes zur Ansammlung sauerstoffarmer Luft um die obere Kohlenspitze verzögert deren Abbrand und schließt zugleich die im Brennerraum entwickelten Stickstoffdioxyddämpfe und die mit der heißen Luft aufsteigende Asche vom Mechanismus ab. Die zur Erzielung

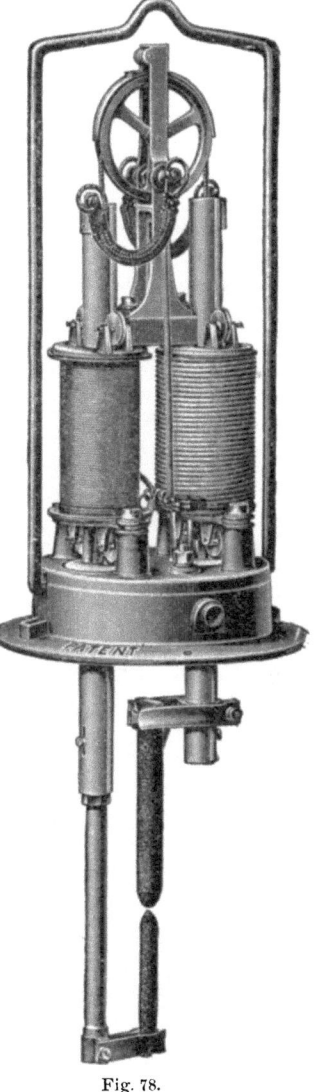

Fig. 78.

hoher Lichtausbeute oben und unten verwendeten Effektdochtkohlen müssen mit verhältnismäßig kleinem Querschnitt gewählt werden, um ruhigeres Licht zu erhalten. Eine gewöhnliche 8 A-Gleichstromlampe mit 40 V Lampenspannung hat oben 16 mm, unten 10 mm Kohlenstäbe und ergibt 16

106 Die elektrischen Lichtquellen.

bis 17 mm Abbrand in der Stunde, dieselbe Lampe als Flammbogenlampe mit übereinander stehenden Flammkohlen von 10 mm Durchmesser hat 27½ mm Abbrand, mit schräg nebeneinander gestellten, noch dünneren Kohlen, 8/7 mm, sogar 42½ mm Abbrand. Diese Abart der zunächst hier zu beschreibenden Flammbogenlampe wird als **Intensivflammbogenlampe** bezeichnet. Da zwei Kohlenstäbe 8/7 mm etwa 5—6 V Spannungsverlust bei je 325 mm Länge aufweisen, erheblich längere

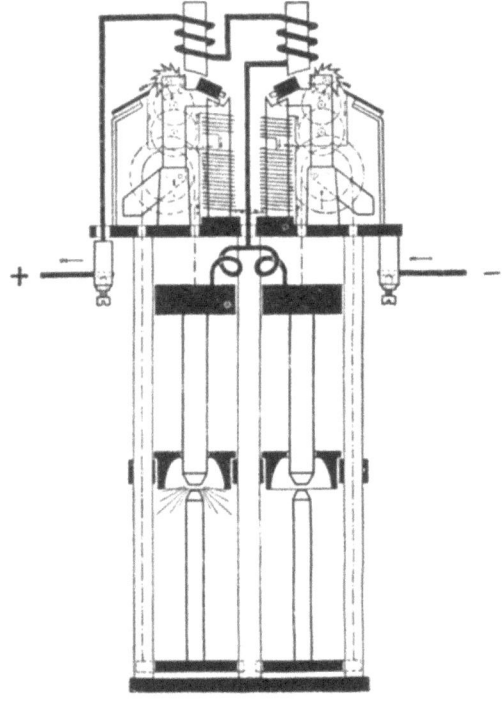

Fig. 79.

gerade Stäbe auch schwieriger zu beschaffen sind, hat die Allgemeine Elektrizitäts-Gesellschaft für 16 bis 18 stündige Brenndauer **Doppelkohlenlampen**[1]) eingeführt, die aus zwei in dasselbe Gehäuse gesetzten, mechanisch unabhängigen Differentiallampen bestehen. Elektrisch sind sie, wie Fig. 79 zeigt, so geschaltet, daß der Hauptstrom nach Eintritt in die Lampe an der einen Klemme die Hauptstromwicklungen beider Werke in Serie durchfließt und dann durch das eine oder das

---

[1]) J. Zeidler, ETZ 1903 S. 167.

Flammbogenlampen. 107

andere Kohlenstiftpaar zur zweiten Lampenklemme gelangt. Die Nebenschlußwicklungen sind beide parallel zum Lichtbogen geschaltet, aber so eingeregelt, daß die Auslösung des Hemmwerkes und damit der Kohlenvorschub beim zweiten Werk erst bei 1 bis 2 V höherer Bogenspannung als beim ersten erfolgt. Der Stromlauf des Hauptschlußkreises ist bereits geschildert; der Nebenschlußstrom zweigt vom Lichtbogen ab, läuft über die längere Nebenschlußspule, die isolierte Hemmklinke und das Laufwerk zur negativen Klemme. Berührt das Zahnrad die Hemmklinke nicht mehr, so läuft der Strom durch die kürzere Nebenschlußspule, die in entgegengesetzter Richtung aus Rheotandraht gewickelt ist. Sobald also infolge Einwirkung der Magnete auf den Anker die Sperrung des Zahnrades an der Hemmklinke gelöst ist, tritt eine kleine Schwächung des Nebenschlußelektromagneten und eine Rückwärtsbewegung des Laufwerkes ein, so daß der nächste Zahn die Klinke wieder berührt. Die Schaltung gleicht also die Folge der Remanenz der Magnete aus.

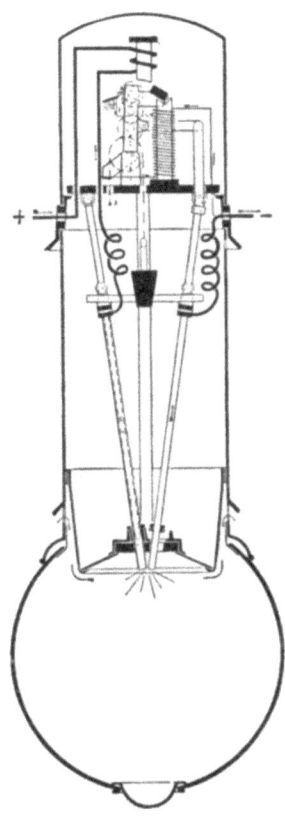

Die Intensivflammbogenlampe der Allgemeinen Elektrizitäts-Gesellschaft hat im wesentlichen denselben Mechanismus wie die beschriebene, nur sind außer den Hauptführungsstangen noch zwei um 90° versetzte Führungsrahmen und ein Querbalken vorhanden, auf welchen die beiden Kohlenhalter aufgehängt sind. Da infolge der Winkelstellung der Kohlen die Kohlenhalter sich seitwärts bewegen, sind sie zur Verminderung der Reibung mit Gleitrollen versehen. An den Hauptführungs-

Fig. 80.

stangen ist ferner ein Reflektor mit möglichst feuerfester Einlage angebracht. Bei den Gleichstromlampen genügt nun der beschränkte Hub infolge des spitzen Winkels zwischen den Kohlenstiften nicht, um die zur Zündung nötige Trennung der Spitzen einzuleiten; es ist deshalb, Fig. 80, der Führungsrahmen der negativen Kohle in der Grundplatte drehbar gelagert und durch Stange und Kniehebel so mit dem Laufwerk verbunden, daß der Hub bei der Zündung vergrößert wird. Der Kohlenvorschub erfolgt nach der Auslösung des Laufwerkes durch das Gewicht des Führungsschlittens. Die äußere Armatur schließt durch einen einstellbaren Einsatz den Brennerraum vom oberen Lampengehäuse ab; die Kohlenstifte sollen auf 60 mm Länge ungedochtet sein, damit bei ausgebrannten Stiften der Bogen an Leitfähigkeit verliert und abreißt, ohne den Reflektor zu zerstören. Das durch die Stromschleife aus den zwei Kohlenstiften und dem Bogen gebildete magnetische Feld genügt, um den Bogen an die Spitzen zu treiben und dort zur Flamme auszubreiten.

Die Excellobogenlampe von Körting & Matthiesen, Leutsch bei Leipzig, besitzt nebeneinander stehende Flammkohlen. Zur Erzielung größerer Haltbarkeit und ständigen zuverlässigen Arbeitens der Lampe mußte die darüber befindliche Armaturkammer derart abgeschlossen werden, daß die sich beim Abbrande der Kohlenstifte entwickelnden Dämpfe nicht an das Lampengestänge und noch weniger an das Regelwerk gelangen können. Um ihnen unbehinderten Abzug zu gewähren, ist der Brennerraum gut entlüftet und doch gegen äußeren Luftzug geschützt. Ein Teil der Dämpfe wird sich jedoch selbst bei der besten Lüftung an der Glasglocke niederschlagen und Lichtverlust verursachen. Da die Glocke jedesmal beim Kohleneinsetzen gereinigt werden muß, ist sie mit ihrer Fassung von der Armatur trennbar. Die Gleichstromlampe ist als Differentialbogenlampe ausgebildet. Das Regelwerk besteht, wie aus den Fig. 81 und Fig. 82 zu erkennen ist, aus zwei rechtwinklig zueinander angeordneten Magneten, dem Hauptstrommagneten h und dem Nebenschlußmagneten n, einem Laufwerke mit feststehendem Rahmen und dem Anker e, mit dem die Hemmung f des Laufwerkes verbunden ist. Beim Freiwerden des Laufwerkes senken sich beide Kohlenhalter gleichzeitig. Am unteren Ende des Gestänges ist der aus Porzellan bestehende Reflektorblock oder Sparer i angebracht. Dieser Reflektor schließt im Verein mit seiner Metallfassung den Brennerraum der Lampe gegen die Armaturkammer hin ab. Auf seiner Metallfassung ist eine zum Lichtbogenbildner gehörige Vorrichtung angebracht. Diese besteht aus einem seitlich beweglichen Schieber d, der mit dem Laufwerke durch die Zugstange b dergestalt in Verbindung steht, daß sich die Bewegung des Ankers auf die Spitze der durch den Schieber geführten Kohle überträgt. Der Vorgang bei der Lichtbildung ist folgender. Schaltet man die Lampe ein, so wird zunächst, da die Kohlenspitzen einander noch nicht berühren, nur der Nebenschlußmagnet n erregt, der den Anker e anzieht; hierbei wird die Zugstange b angehoben und eine seitliche Annäherung der Kohlenspitzen bewirkt. Sobald die Kohlenspitzen einander berühren, fließt ein starker Strom durch die Wicklung des Hauptstrommagneten, wodurch der Anker eine der ersteren entgegengesetzte Bewegung ausführt. Hierbei werden die Kohlenspitzen seitlich auseinander geführt, es erfolgt die Lichtbogenbildung.

Intensivflammbogenlampen. 109

Bei der Anordnung der Kohlenstifte in einem spitzen Winkel nebeneinander liegt eine Gefährdung des Sparers vor, wenn die Lampen nicht nach beendetem Kohlennachschube ausgeschaltet werden. Der Lichtbogen wird zunächst bei weiterem Kohlenabbrande tiefer in den Sparer hineinwandern, und da seine Länge nur wenig zunimmt, wird ein Abreißen des Lichtbogens sobald nicht eintreten, auch dann nicht, wenn es sich um Anschluß der Lampen an ein Netz von 110 V handelt. Um den Sparer gegen Zerstörung durch den Lichtbogen zu schützen, ist bei der Lampe eine Vorrichtung angebracht, durch die die Kohlen-

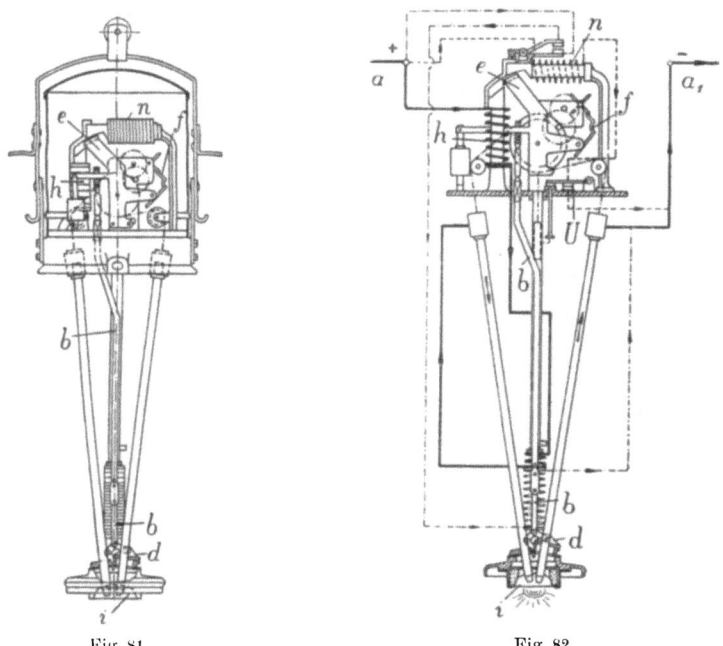

Fig. 81.　　　　　Fig. 82.

spitzen nach beendetem Kohlenabbrande um etwa 1 cm auseinander geführt werden. Sind die Kohlenhalter in ihre tiefste Stellung gelangt, so erfolgt eine selbsttätige Ausschaltung der Nebenschlußspulen, und der Anker e unterliegt alsdann nur der Einwirkung des Hauptstrommagneten h. Die hierdurch hervorgerufene Bewegung des Ankers überträgt sich durch die Zugstange b auf den Schieber d, der die Entfernung zwischen den Kohlenspitzen vergrößert. Bei Netzspannungen bis zu etwa 125 V reißt der Lichtbogen mit Sicherheit ab. Fig. 83 zeigt die untere Ansicht des Sparers mit den Kohlenspitzen.

Bei höheren Netzspannungen, bis etwa 240 V, genügt die vorbeschriebene Einrichtung nicht; es werden deshalb die Lampen, welche

110 Die elektrischen Lichtquellen.

zum Anschlusse an ein Netz von über 125 V bestimmt sind, noch mit einem Blasmagneten ausgerüstet, der bei Ausschaltung der Nebenschlußspulen hinzugeschaltet wird. Dieser Blasmagnet treibt den Lichtbogen so weit nach unten, daß er infolge seiner bedeutenden Längenzunahme abreißen muß. Die Lampen werden für 6—12 A bei 44—47 V Bogenspannung gebaut, der spezifische Verbrauch ist 0,21—0,15 W/HK$_\bigcirc$ für gelbes Licht, entsprechend einer Lichtausbeute beim nackten Bogen von 4,8—6,6 HK$_\bigcirc$/W. Für weißes Licht ist die Lichtausbeute etwa 25 % geringer. Der Durchmesser der Oberkohle für die 6, 8, 10, 12 A-Lampe beträgt 8, 9, 10, 11 mm, die Unterkohle hat jeweils 1 mm weniger für 8 Stunden Brennzeit bei je 325 mm langen Stäben. Der Kohlenabbrand beträgt also im Mittel etwa 34 mm für den Kohlenstab.

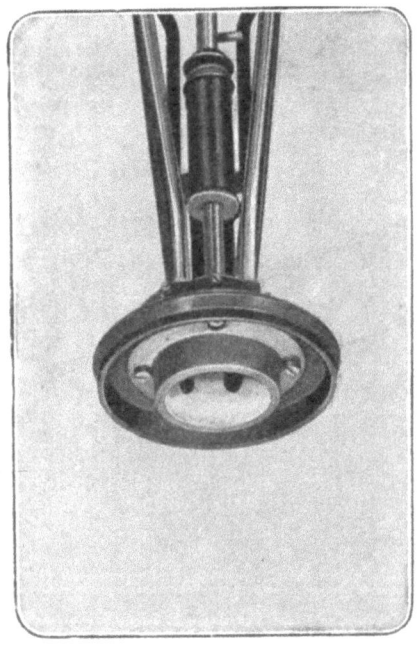

Fig. 83.

Die Lampe[1]) von H. Beck, der Deutschen Beck-Bogenlampen-Gesellschaft, Frankfurt a. M., ist eine Flammbogenlampe, deren eine Kohle a, Fig. 84, sich mit einer schwachen, seitlich hervortretenden Längsrippe b auf einen am Reflektor befestigten Anschlag c aufstützt, während die zweite runde Kohle mit ihr durch eine über zwei Rollen (Fig. 85) laufende Kette zwangläufig gekuppelt ist. Die Rippenkohle vermittelt den Nachschub, indem ihre Rippe langsam verzehrt wird; die bewegliche Kohle bewirkt die Zündung, sobald der eisengeschlossene Elektromagnet beim Anzug des Ankers durch den Kniehebel ihre Spitze seit- und aufwärts bewegt. Die Kohlen stehen schräg zueinander und sind von einem gußeisernen, weiß emaillierten Sparer und Reflektor umgeben. Die Lampe wird für Gleich- und Wechselstrom von 6—12 A gebaut und mit Klemmenspannung von 42—46 V betrieben. Nach Wedding liefert eine Lampe mit 9,1 A und 44,2 V ohne Glocke 2469 HK$_\bigcirc$ mit einem höchsten Werte von 3800 HK senkrecht unter der Lampe.

---

[1]) O. Arendt, ETZ 1905 S. 538.

Wechselstromlampen. 111

Der spezifische Verbrauch ist also 0,163 W/HK$_\smile$, die Lichtausbeute rund 6 HK$_\smile$/W. Mit 8 mm positiven, 7,5 mm negativen Stäben von je 330 mm Länge beträgt die Brenndauer 8 Stunden; für 30 stündige Brenndauer werden Doppellampen verwendet. Die Ausschaltvorrichtung besteht darin, daß die bewegliche Rundkohle sich rechtzeitig auf einen Anschlag aufsetzt, wodurch der Bogen länger wird und abreißt.

Wechselstromlampen. Das Werk der Wechselstromlampen kann entweder auch Spulen enthalten, deren Kerne aus Isolierstoffen oder geschlitzten Metallrohren bestehen, oder es kann von einem Drehfeldmotor einfachster Art betätigt werden. Dies ist z. B. der Fall bei der von Utzinger konstruierten M o t o r - l a m p e der Siemens-Schuckertwerke, bei der Motorlampe der Allgemeinen Elektrizitäts-Gesellschaft, der Excellolampe für Wechselstrom von Körting & Mathiesen usf.

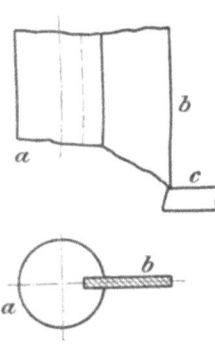

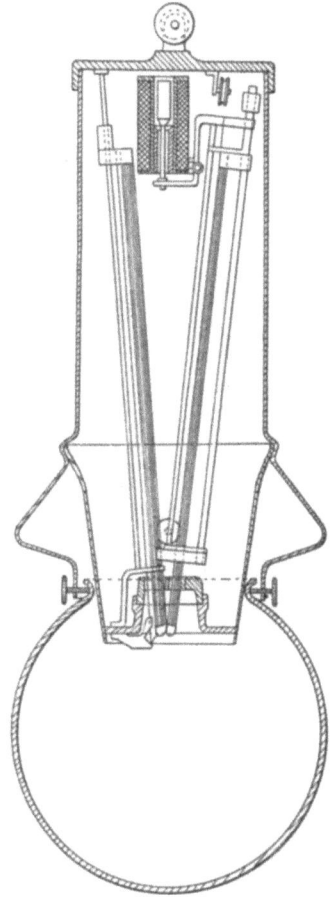

Fig. 81.   Fig. 85.

Die Wirkungsweise der UtzingerLampe, Fig. 86, beruht darauf, daß zwei Hufeisenmagnete e und E, deren magnetische Felder durch Messingstücke zum Teil abgedeckt sind, in der drehbaren Aluminiumscheibe a Wirbelströme induzieren, welche gegen die Betriebsströme in den Magnetspulen zeitlich verschoben sind, folglich Drehmomente erzeugen. Die durch die differential geschalteten Magnete in der Masse der Scheibe hervorgerufenen Wirbelströme wirken in dem Sinne, daß der Nebenschluß-

112   Die elektrischen Lichtquellen.

magnet die Kohlen nähert, der Hauptschlußmagnet sie voneinander entfernt. Zur Übertragung der Bewegung dient ein einfaches Laufwerk mit einer Schnurscheibe b. Der Reflektor c über dem Bogen, die Specksteinisolierungen D und d und die Stromzuführung f und g zum unteren Kohlenhalter sind ähnlich bei allen modernen Wechselstromlampen zu finden.

Die Excellolampe von Körting & Mathiesen ist eine Differentiallampe. Stromlauf und Wirkungsweise sind aus den Fig. 87 und 88 zu erkennen. Der Hauptstrom durchfließt von den Klemmen a, a_1 die Hauptstromspulen H, die Wicklung des Blasmagneten B und die beiden Kohlenstifte sowie den Lichtbogen. Von den beiden Anschlußklemmen wird ein zweiter, die Nebenschlußspulen N durchfließender Stromkreis abgezweigt, der durch den Nebenschlußunterbrecher U geleitet wird. Bei stromlosem Zustande der Lampe berühren die Kohlenspitzen einander. Schaltet man die Lampe ein, so wird zunächst nur der Hauptstrommagnet stark erregt und die Motorscheibe durch diesen in schnelle Umdrehungen versetzt, die ein sofortiges Anheben der Kohlenstifte bewirken. Mit der nun erfolgenden Lichtbogenbildung gewinnt auch der Nebenschlußmagnet an Kraft, die Drehung der Motorscheibe wird langsamer, bis sie bei Erreichung der normalen Lampenspannung zum Stillstand kommt. Die Kräfte des Hauptstrom- und Nebenschlußmagneten sind nunmehr gleich. Mit weiterem Abbrande der Kohlenspitzen steigt infolge Zunahme ihrer Entfernung die Lampenspannung, es nimmt also die Kraft des Nebenschlußmagneten zu, und die Motorscheibe führt eine Drehung aus, durch welche ein langsames Senken der Kohlenspitzen bewirkt wird. Der Unterbrecher zum Schutze der Nebenschlußspulen wirkt in ähnlicher Weise wie der Unterbrecher der Gleichstrom-Excellolampe. In dem Maße, wie sich die Kohlenhalter mit Abbrand der Kohlenstifte senken, steigt der im Mittelrohre der Lampe geführte Bolzen. Fig. 87 und 88 lassen die Lage dieses Bolzens erkennen, der bei langen Kohlenstiften mit einem seitlich aus dem Führungsrohre hervorragenden Stifte versehen ist. Sind die Kohlen nahezu aufgezehrt,

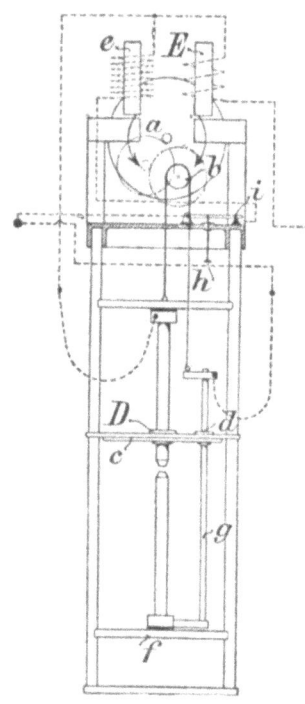

Fig. 86.

Wechselstromlampen. 113

so legt sich der Stift gegen einen durch den Teller geführten Anschlag und unterbricht nach einiger Zeit den Stromkreis der Nebenschlußspulen, indem er die obere Kontaktkohle des Unterbrechers U abhebt.

Die Motorlampe ist nicht mit einem Zusatzblasmagneten ausgerüstet, weil sie einzeln bei Netzspannungen über 120 V, zu zweien bei mehr als 160 V oder überhaupt bei mehr als 220 V entweder mit parallel geschaltetem selbsttätigen Ausschalter mit Ersatzwiderstand oder mit paralleler Drosselspule oder vom Transformator aus betrieben wird.

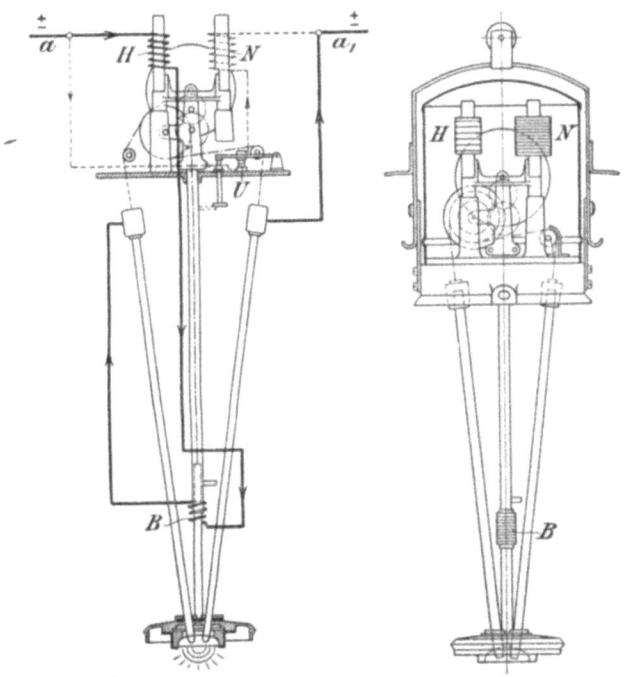

Fig. 87.

Die Excellolampen werden für 8, 10, 12 A, für Gleichstrom auch noch für 6 A gebaut; bei 325 mm Länge jedes Stiftes betragen die Brenndauern und Kohlendurchmesser

	bei Gleichstrom				bei Wechselstrom		
Strom in A	6	8	10	12	8	10	12
Bogenspannung in V	44	45	46	47	44	45	46
Kohlenstabdurchm. oben mm .	8	9	10	11	7	8	9
Kohlenstabdurchm. unten mm .	7	8	9	10	7	8	9
Brenndauer in Stunden . . .	$6^1/_2$	8	$8^1/_4$	$8^1/_4$	$7^3/_4$	$8^1/_4$	$8^3/_4$

114   Die elektrischen Lichtquellen.

Bei 400 mm langen Kohlen ist die Brenndauer 2—2½, bei 600 mm langen etwa 9 Stunden mehr.

Die Brenndauer hängt nicht nur von der Empfindlichkeit des Kohlennachschubs bei den verschiedenen Bauarten und Einzellampen einer Bauart ab, sondern vorwiegend von der Dichtheit des Luftverschlusses und der Temperatur der Umgebung. Bogenlampen in Innenräumen zeigen Unterschiede von 10 % und mehr gegen solche in Außenräumen.

Bogenlampen mit beschränktem Luftzutritt, Dauerbrandlampen. Der Abbrand der Kohlenstifte beim freien oder offenen Bogen rührt einerseits von der zur Bildung und Erhaltung des Bogens wesentlichen Verdampfung, andererseits namentlich bei der Oberkohle von der überflüssigen Aufzehrung durch die aufsteigende, glühende Luft her. Dieser Verlust kann nach Fr. Jehls Vorschlag durch den Sparer aus feuerfestem Material, der durch den gehemmten Abzug sauerstoffarme Luft ansammelt, verringert werden.

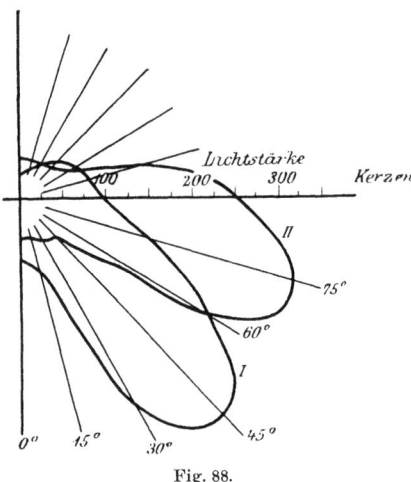

Fig. 88.

L. B. Marks hat die Kohlenspitzen in einem mit Deckel verschlossenen Glasgefäße untergebracht, so daß der Abbrand wegen der kleinen Öffnung im Deckel sich verminderte. Die größte Schwierigkeit bestand darin, das Anblaken des Glasgefäßes möglichst zu verringern, was durch besonders hergestellte Kohlen erreicht wurde.

Die Kohlen in Gleichstrom-Bogenlampen mit beschränktem Luftzutritt weisen keine Aushöhlungen bei der Oberkohle auf; der lange Bogen wandert unausgesetzt hin und her. Seine sichere Festhaltung ist nicht gelungen. Der Übelstand kann nur dadurch dem Auge verschleiert werden, daß man noch eine zweite, größere Glaskugel verwendet, wodurch der Lichteffekt noch weiter vermindert wird.

Fig. 88 stellt in Kurve I die Lichtverteilung einer gewöhnlichen Gleichstrom-Bogenlampe, in Kurve II jene einer Jandus-Bogenlampe für Dauerbrand dar.

Die offene Bogenlampe verbrauchte mit Kohlenstiften von 18 und 12 mm Durchmesser bei 10 A 46 V am Lichtbogen, also 460 W; letztere arbeitete mit 5,5 A und wies an den Kohlenstäben 78 V auf, so daß der Gesamtverbrauch im Bogen 429 W betrug. Die Dauerbrandlampe

Dauerbrandlampen. 115

war mit einer inneren und einer äußeren Glocke aus dünnem opalisierenden Glas versehen, von denen jene durch ihre eiförmige Gestalt als Reflektor wirkte und einen Teil der unteren hemisphärischen Lichtstrahlen nach oben warf. Aus der Abflachung beider Kohlenspitzen und aus der Länge des Lichtbogens erklärt sich die Lichtausstrahlung in der wagrechten Ebene.

Die Lichtverteilung bei der Dauerbrandlampe hängt wesentlich von der Zerstreuung durch die Glocke ab; sie ändert sich etwas mit wachsendem Abbrand der Stifte, und zwar wird der Lichtstrom stärker, weil der Bogen der Mitte der Glocke näher rückt. Diese Verstärkung überwiegt sogar die Absorption durch den beim Abbrand zunehmenden Belag der Innenglocke.

Die Dauerbrandlampen werden sowohl für Gleich- als Wechselstrom verwendet, jedoch bei den auf dem europäischen Festlande gebräuchlichen von 42 bis 50 Per/Sek nicht befriedigend. In Amerika mit 60 bis 100 sind beide Gattungen gebraucht.

Wegen des langen Bogens und geringen Abbrandes ist die Aufgabe der Reglung vereinfacht. Der Nachschub erfolgt in langen Zwischenzeiten, was zur Wiederaufnahme der in den achtziger Jahren durch die Brushlampe benutzten Klemmung der frei fallenden Oberkohle durch den uralten, aus der Mechanik bekannten Saladinschen Klemmring führte. Bei diesen Freifallampen greift die Hemmung unmittelbar an der Kohle oder am Kohlenhalter ohne Zwischenschaltung eines Laufwerkes an.

Von den zahlreichen Bauarten seien nur die von Marks und Jandus beschrieben.

Die in Fig. 89 dargestellte „Pionier"-Bogenlampe, von Marks, deren wesentliche Bestandteile am Rande der Figur vermerkt sind, hat ein einfaches Triebwerk aus zwei Spulen mit Ankern und Kernen sowie einer Bremsvorrichtung in den Kohlenhaltern. Die innere Glasglocke sitzt auf dem unteren Kohlenhalter und ist am oberen Ende mittels einer Kappe verschlossen.

Die Janduslampe, Fig. 90, arbeitet ohne besonderes Triebwerk, indem sie die Oberkohle samt einem oben kegelförmig zulaufenden Kern a unter der Einwirkung der Spule so hoch gegen ein feststehendes Schlußstück b zieht, daß sich die Wirkung der Spule und des Gewichtes der gehobenen Teile ausgleicht. In ihrer Stellung zum Kern a wird die Oberkohle durch die Klemmringe c festgehalten, die sich gegen die schrägen Flächen des Ringes d legen; mit fortschreitendem Abbrand sinken alle beweglichen Teile gemeinsam so lange herunter, bis die Klemmringe c an das obere Ende des schwarz angedeuteten Röhrchens anstoßen. Die hierdurch frei fallende Oberkohle sinkt nach, bis der etwas angehobene Eisenkern die Klemmringe c

116 Die elektrischen Lichtquellen.

wieder zum Greifen bringt. Zur Vermeidung von Schwingungen bewegt sich der mit der Oberkohle verbundene Kolben k in einem Gehäuse. Der Strom wird der Unterkohle durch die Stangen f, der Oberkohle durch die Kontaktringe g und das messingene Kohlenträgerrohr zugeführt. Die große äußere Glocke ist unten durch ein Ventil geschlossen, das sich bei zu hohem Überdruck öffnet. Da der Lichtbogen nur etwa 70 V

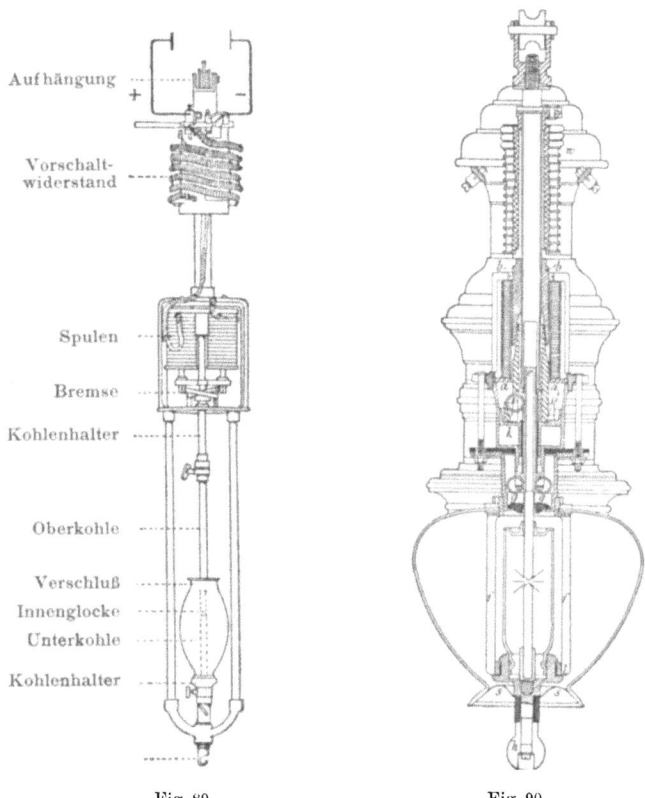

Fig. 89.   Fig. 90.

verzehrt, wird der Rest der Betriebsspannung in dem auf Porzellan gewickelten Vorschaltwiderstand w vernichtet. Zur Kohlenauswechselung wird durch Drehung des unteren Griffes h der Bajonettverschluß l gelöst; dann können die beiden Kohlen samt Innenglocke nach unten herausgezogen werden. Die Auswechselung ist je nach dem Abbrand alle 100—150 Stunden erforderlich.

Der Abbrand der Kohlenstifte ist je nach der Dichtheit des Luftabschlusses verschieden, doch immer klein. Je dicker die Kohlen

Dauerbrandlampen.   117

sind, desto kleiner ist der Abbrand, desto schlechter aber auch die Lichtausbeute. Die 4 A-Pionierlampe hat 300 mm lange positive, 130 mm lange negative Kohlen von 12,7 mm Durchmesser und verbrennt in der Stunde 1 mm von der positiven, 0,3 mm von der negativen Kohle. Die Dauerbrandlampe der Allgemeinen Elektrizitäts-Gesellschaft Berlin hat oben 300, unten 150 mm lange Stifte für 200 stündige Brenndauer, welche für 4 A 10 mm, für 5 und 6 A 13 mm Durchmesser erfordern. Ähnlich sind die Abmessungen bei den Dauerbrandlampen von Körting und Mathiesen, der Regina-Bogenlampenfabrik in Köln-Sülz usf. Der stündliche Abbrand ist etwa 1 mm bei der positiven, 0,5 mm bei der negativen Kohle, so daß die positiven Stummel später als negative Stifte verwendbar sind. Bei öfters unterbrochenem Brennen erhöht sich der Abbrand infolge des Lufteintrittes um etwa 10 %. Diesem Vorteil des kleinen Kohlenabbrandes und der geringen Bedienungskosten steht der Nachteil der durch die dickeren Stäbe und die Doppelglocken bewirkten schlechteren Lichtausbeute gegenüber.

	Watt/HK$_\bigcirc$	Bemerkungen
1. Dauerbrandlampen, Gleichstrom, 4—7 A, für Einzel- oder Reihenschaltung	1,1—1,0	Mit heller Opalinglocke innen, ohne Außenglocke und Reflektor
2. a) Offene Reinkohlenlampe, Gleichstrom, Zweischaltung, 110 V 3—35 A	1,08—0,32	Nackter Bogen, ohne Glocke und Reflektor
b) Dreischaltung 100—125 V 3 bis 12 A	0,85—0,4	
Dieselben für Wechselstrom 6—18 A	1,3—0,97	Mit Sparreflektor über dem Bogen, ohne Glocke
3. a) Flammbogenlampe, Gleichstrom, mit übereinander stehenden Kohlen 5—9 A	0,31—0,29	
mit nebeneinander stehenden Kohlen 6—12 A	0,21—0,15	Nackter Bogen für gelbes Licht; für weißes 25 % höher
b) Dieselben, Wechselstrom, mit nebeneinander stehenden Kohlen 8—12 A	0,18—0,16	

Dauerbrandlampen sind dort vorteilhaft verwendbar, wo der Strompreis entweder sehr niedrig ist oder gegenüber den Kohlenstift- und Wartungskosten zurücktritt, also auf weiten Strecken wie ausgedehnten Bahnhofsanlagen und Straßen; besonders gilt dies für amerikanische Verhältnisse, wo hohe Löhne und noch mehr der von der Gewerkschaft der „Lamptrimmer" ausgeübte Zwang ihnen künstlich zu ungeheurer Verbreitung verholfen hat. Sie sind ferner wegen des dichten Luftabschlusses für feuchte und staubhaltige Räume, also chemische Fabriken, Spinnereien, besser als Lampen mit offenen Bögen geeignet.

Bogenlampen für geringe Stromstärke. Um den Vorteil des geschlossenen Bogens mit besserer Lichtausbeute und -verteilung zu erreichen, hat man kleine Lampen geschaffen, die mit geringem Strom und dünnen Stäben nur 15—30 Stunden lang brennen. Sie verdanken namentlich ihr Entstehen dem Wettbewerb mit dem 60 kerzigen Auergaslicht. Es ist nicht gelungen, ihr Licht völlig zuckungsfrei zu machen, da bei der Billigkeit der Lampe die einfachen Mechanismen keine tadellose Reglung erzielen und auch der Bogen wandert. Besonders gilt dies für Wechselstrom.

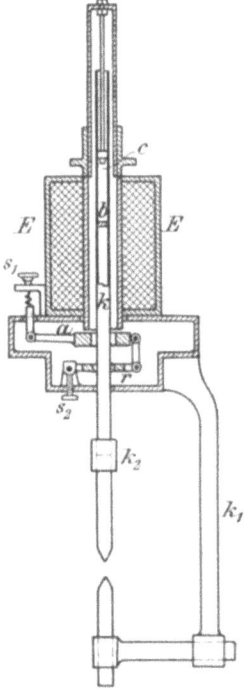

Fig. 91.

Rignon hat 1902 durch eine kleine Bogenlampe mit beschränktem Luftzutritt dieses Gebiet betreten und durch seine Erfolge sowie noch mehr durch seine Bestrebungen, die Lampe gut zu verkaufen, die Aufmerksamkeit aller Fabrikanten herausgefordert. Eine Flut von Bogenlämpchen war die Folge. Zuerst überraschte Siemens & Halske durch die Liliputlampe, dann kam die Miniaturlampe von Körting & Mathiesen, die Piccololampe der Elektrischen Gesellschaft Sirius und alle weiteren Verkleinerungen wie Mignon, Baby, Reginula aus Regina, Jandula aus Jandus, die kleinste A-E-G usw.

Die Freifallampe aus den achtziger Jahren nach Brush mit ihrer einfachen Bauart und dem Prinzip der Dauerbrandlampen, nämlich der beschränkten Luftzufuhr, ferner gute dünne und namentlich glatte Kohlenstifte führten zusammen zur Lösung der neuen Aufgabe. Die zentrische Anordnung der Lampe, welche geringsten Raum erheischte, hat schon Bohm[1]) vor 1882 in der folgenden Weise gegeben:

E E ist ein Elektromagnet mit röhrenförmigem Kern Fig. 91. Sein Anker a, ringförmig gebildet, wird durch die Spannvorrichtung s_1 gehalten und ist mittels Gelenks an eine ringförmige Platte r angeschlossen, welche für die wagrechte Lage durch eine Stellschraube s_2 unterstützt wird. Durch den inneren Raum des Elektromagnetkernes

---

[1]) Merling, Die elektrische Beleuchtung.

Kleine Bogenlampen. 119

und die runden Öffnungen des Ankers a, sowie der Platte r, führt der aus einem Messingrohr gebildete obere Kohlenhalter k. Seine Höhlung wird durch einen Boden b getrennt und im oberen Teil mit Glyzerin gefüllt. Als Dämpfer wirkt ein am Gehäuserohr oben befestigter Kolben c. Bei nicht angezogenem Anker a liegt die Platte r wagrecht, und in dieser Lage kann sich der obere Kohlenhalter ungehindert senken; im andern Falle wird r durch den bewegten Anker seitlich gehoben, dadurch am Kohlenhalter festgeklemmt und genötigt, dem weiteren Anzuge des Ankers mit dem verkuppelten Kohlenhalter zu folgen, wodurch sich der Lichtbogen bildet. Vergrößert er sich durch den Kohlenabbrand, so fällt der Anker ab, die Platte r nimmt, in der Unterstützung durch die Schraube s_2, die wagrechte Lage wieder an, und der Kohlenhalter k kann sich in dem Maße weitersenken, als es der Puffer zuläßt.

Die Rignonlampe, Fig. 92, ist eine Freifalllampe, deren Oberkohle durch Klemmring o mit dem hohlen Eisenkern c verbunden ist, der in dem Rohr a gleitet, sobald die Spule d ihn anzieht. Diese Bewegung wird durch die oberen Zylinder f und g gedämpft. Die feste Unterkohle ruht auf einem Rahmenrohr, das bei m eine durch eine Ventilkugel abgeschlossene Öffnung enthält. Die folgende Lampe wird noch deutlicher die neue Entwicklung auf alter Grundlage zeigen.

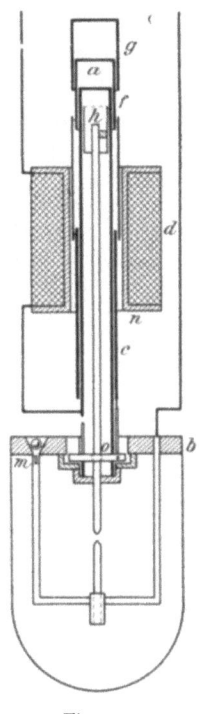

Fig. 92.

Die in Fig. 93 dargestellte Kolibrilampe[1]) besteht aus der Grundplatte 1 mit dem Ansatze 2, die eine bewegliche Platte 3 samt einer losen, austauschbaren, nicht leitenden und feuerbeständigen Klemmscheibe 4 zur Führung der Oberkohle trägt. Diese ist mit einer dem Kohlendurchmesser angepaßten, kegelförmig erweiterten Bohrung versehen, um das leichte Zurückgleiten der Kohle in Fällen zu ermöglichen, wo die Lampe kurz nach Abschaltung wieder in Betrieb gesetzt wird, und die noch glühenden Kohlenstifte das in der Glaskugel noch vorhandene Gasgemisch zur explosiblen Entzündung bringen, wodurch zuweilen die obere Kohle gewaltsam nach oben geschleudert wird. Die Metallplatte 3 ist einerseits bei 5 an der Rohrwand 2 drehbar befestigt, andererseits durch eine Zugstange 6 mit der Verlängerung des rohrförmigen Ankers 7 gelenkig verbunden. Auf dem an 2 angebrachten

---
[1]) D. R. P. No. 155540 1902, Ganz & Co. Ratibor.

Gehäuse 8 sitzt oben ein magnetisches kegelförmiges Schlußstück 9, dem ein entsprechender Rohranker 7 entgegensteht. Das Solenoid 10 ist zwecks bequemer Einreglung verstellbar auf dem Gehäuserohr 8 aufgeschoben. An der unteren Spulenfläche 10 schließt ein Hebel mit dämpfendem Luftpuffer 11 an. Das gegen Verdrehen mehrkantige Rohr 12 dient zur Führung des oberen Kohlenhalters 13 und ist am oberen wie am unteren Ende in das Gehäuserohr 8 isoliert eingesetzt, so daß alle äußeren Metallteile der Lampe stromfrei verbleiben. Der obere Kohlenhalter 13 entspricht der Innenlichte des stromführenden Rohres 12 und nimmt die Oberkohle auf. Wie aus der Nebenfigur ersichtlich, trägt der Kohlenhalter 13 ein feuerfestes, isolierendes Scheibchen 14, welches die eigentliche Führung des Kohlenhalters im Innenrohre 12 bildet. Die Stromzuführung erfolgt, Fig. 93, durch ein mehrlitziges gegen Verschlingung um Dorn 17 gewundenes Kabel. Die Grundplatte 1 besitzt an der unteren Seite den isolierten Bügel 16 mit dem unteren Kohlenhalter. Eine an die Grundplatte angedrückte Glaskugel besorgt den luftdichten Abschluß des Lichtbogens. Bei der Oberkohle kann nur die Luft beschränkt eindringen. Die Betätigung der Lampe ist folgende: Im stromlosen Zustande berühren sich bei Tieflage des Ankers 7 die Kohlenspitzen. Daher steht auch die mit dem Anker durch die Zugstange 6 verbundene Platte 3 und mit ihr die Scheibe 4 wagrecht, so daß auf den oberen Kohlenstift keine Wirkung ausgeübt wird, und sie durch ihr Gewicht auf der untern ruht. Nach Einschaltung tritt Strom ins Solenoid, welches ihn durch das Kabel in den oberen Kohlenhalter und damit in die Oberkohle entsendet. Von hier aus fließt er über den Bogen in die Unterkohle durch den isolierten Bügel 16 und weiter durch eine isolierte Leitung zur zweiten

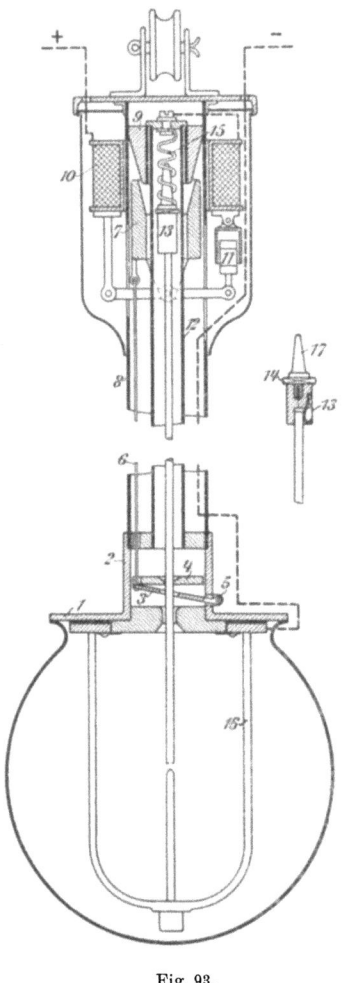

Fig. 93.

Hitzdrahtlampen. 121

oberen Anschlußklemme. Die Kabelverbindung zum oberen Kohlenhalter hat eine zweite Abzweigung zum mehrkantigen Führungsrohr 12.

Durch Erregung der Spule wird nun der Rohranker 7 angezogen, wodurch die in 5 bewegliche, mit dem Anker durch Zugstange 6 verbundene Platte 3 gehoben, mithin die darauf lagernde Klemmscheibe schief gestellt wird, wodurch sie die Kohle festhält, und in ihrem Zuge nach oben mitnehmend, den Lichtbogen zündet. Mit allmählichem Abbrande vergrößert sich der Lichtbogen, und der Anker 7 tritt, der geschwächten Zugkraft der Spule entsprechend, aus diesem heraus, wodurch sich die mit dem Anker durch die Zugstange verbundene Drehplatte 3 nebst darauf lastender Klemm- oder Hebscheibe 4 senkt. Sie wird mehr und mehr wagrecht und läßt hierdurch die Kohle sanft nachschlüpfen.

Auch die Liliput-Gleichstrombogenlampe der Siemens-Schuckert-Werke ist eine solche Dauerlampe mit einem Glase und erschütterungssicherem Klemmvorschub für die Kohlen. Die Lampe wird für 2 und 3 A ausgeführt und erfordert etwa 80 V Klemmenspannung. Die 2 A-Lampe ist für Einzelschaltung in Netzen von 100—120 V, für 200 bis 240 V wird Reihenschaltung zu zweien gebraucht. Sie liefert $J_\sigma = 130$ HK bei Verwendung einer Alabasterglocke, so daß $W/HK_\sigma = 1,2$. Die Lampe brennt mit besonderen Kohlenstiften 16—20 Stunden. Sie haben 5 mm Durchmesser; der obere Stift ist 190, der untere 65 mm lang. Die Reste der Oberkohle sind also als Unterkohle verwendbar. Die 3 A-Lampe brennt nur in Einzelschaltung mit denselben Stiften 12 bis 14 Stunden lang, wobei $J_\sigma = 280$ HK und der spezifische Verbrauch $W/HK_\sigma = 0,85$. Die äußeren Abmessungen dieser Bogenlampe sind klein; der zylindrische Mantel der Laterne besitzt nur 6 cm; die Glocke nur 8 cm Durchmesser, ihre ganze Höhe beträgt 31 cm. Lampen derselben Bauart werden unter dem Namen Doppelspannungslampen Bivolta mit über- oder nebeneinander stehenden Kohlen für 6, 8, 10 A 80 V am Bogen, für Einzelschaltung bei 110 und Zweischaltung bei 220 V geliefert.

Hitzdrahtlampen sind seit langem versucht worden. Die Wärmeausdehnung eines Drahtes oder Bandes durch den Strom kann mittelbar oder unmittelbar die Reglung besorgen. Bei der alten Nuttinglampe, 1892, umschlang ein Band eine Wachsrolle. Durch ihr Weichwerden wurde die Reglung eingeleitet. W. E. Irisch 1892, Foster & Co. 1901, Crudgington 1902, und viele andere benützen die zweite Art, von welcher die als Junolampe von Johnson & Phillips, Old Charlton, auf den Markt gebrachte näher beschrieben werden soll. Die Kohlenstäbe, Fig. 94, $C_1 C_2$ sind mit ihren Haltern H an dem Schlitten S befestigt, der längs der Führungsstangen R durch Eigengewicht nach unten gleitet, sobald die Kohle C_1 so weit an dem festen Anschlag A aufgezehrt

122   Die elektrischen Lichtquellen.

worden ist, daß die letzte feine Spitze der Kohle um ein paar Millimeter wegbricht. Dann erfolgt wie bei der Becklampe der Kohlennachschub, und das Spiel beginnt von neuem. Die Zündung wird durch die Ausdehnung des Hitzdrahtes W bewirkt, die dem zweiarmigen Zündhebel F eine Drehung um G nach links erlaubt. Der rechte Arm K reißt dann

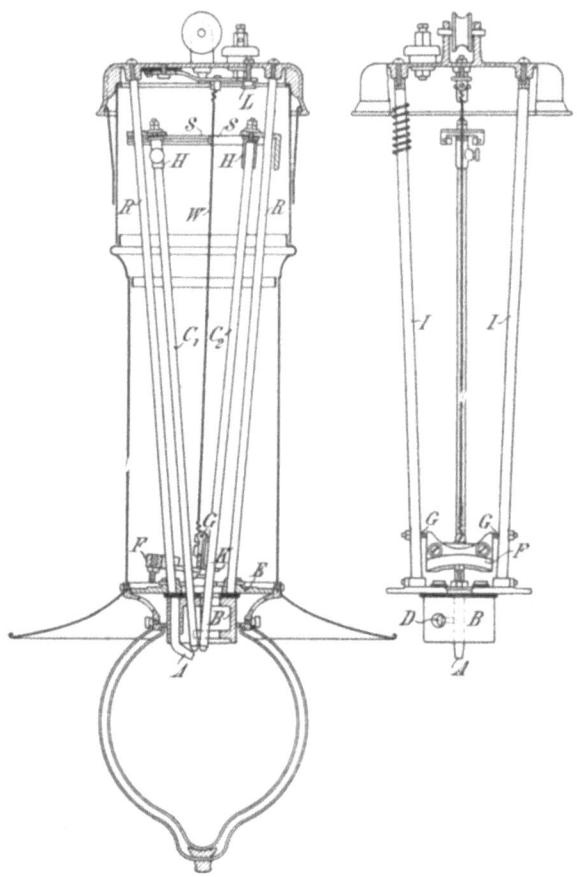

Fig. 94.

die Kohle C_2 von C_1 weg nach rechts und bildet so den Bogen. Der Anschlag A besteht aus Kupfer und ist durch die Schraube D an dem eisernen emaillierten Sparer B befestigt; dieser soll sich etwa 2—3 Monate halten. Der Hitzdraht besteht aus einer Nickeleisenlegierung, ist in der Mitte behufs besserer Ausstrahlung abgeplattet und kann durch die Daumschraube L angespannt werden. Er ist in Reihe zum Bogen und den Hilfswindungen geschaltet, die eine der

Magnetitlampen. 123

eisernen Stangen J zur Bildung eines Blasmagneten umgeben. Die Lampe ist für Gleich- und Wechselstrom geeignet. Als Hauptstromlampe jedoch nur für Einzelschaltung und daher für Wechselstrom am besten mit Transformator oder Spannungsteiler verwendbar. Sie brennt bei 8 bis 10 A mit 9/8 mm Kohlen von 450 mm Gesamtlänge 10—12 Stunden. Die Bogenspannung beträgt 40—45 V und der Verlust in den Kohlen, dem Hitzdraht und dem Blasmagneten 6—7 V. Die träge Zündung, in etwa 10 Sekunden, eine Folge der allmählichen Erwärmung des Hitzdrahtes, mag als Übelstand aller Hitzdrahtlampen gelten.

Alle Spulenlampen können nach geringfügigen Änderungen in der Bauart und Bewicklung für Gleich- und Wechselstrom verwendet werden, wenn sich nicht durch Nebenumstände, z. B. Geräusch infolge mechanischer Erschütterungen, andere Anforderungen an die Luftführung oder -abdichtung oder dergl. Schwierigkeiten ergeben. Die Motorlampen sind heute nur für Wechselstrom gebräuchlich; Lampen dagegen, deren Reglung auf Wärmewirkungen beruhen, für beide Stromarten. Bei Drehstrom hat man vielfach, z. B. durch Bentivoglio und Siciliani, die Sternschaltung dreier Lichtbögen in einer Glocke wegen zeitlich gleichmäßigerer Lichtwirkung, namentlich bei kleinen Periodenzahlen und wegen gleicher Phasenbelastung, bisher ohne durchgreifenden Erfolg versucht. Um die hohe Lichtausbeute der offenen oder Flammbogenlampe mit der wirtschaftlichen Bedienung zu erreichen, welch letztere die Dauerlampe auszeichnet, hat man neuestens wieder auf die alte Bauart mit selbsttätigem Kohlenstiftersatz zurückgegriffen. In den achtziger Jahren war dies wegen der kurzen Brennzeit der Kohlenstäbe erforderlich. Die Fortschritte in der Kohlenstiftherstellung ließen die Bauart als überflüssig eingehen, bis die neuen Triebe sie wieder aus der Vergessenheit rissen. Während man früher nur ein Paar Kohlen als Ersatz hielt, geht man aber jetzt wie bei den Mehrladevorrichtungen der Schießwaffen zu vielen über. Man wollte sogar bis 600 Brennstunden erreichen, was gewiß über Ziel geschossen ist. Die als Oriflamme bezeichnete Magazinlampe enthält neun Paar dünner Stifte von je 5 Stunden Dauer.

Die Magnetitlampe. Da die Leuchtkraft bei der Magnetit-Bogenlampe nicht von den Elektrodenspitzen, sondern vom Lichtbogen selbst ausgeht, so wird dieser auf 20—30 mm Länge gehalten. Die Lampe brennt mit 4 A und 80 V und wird in der Weise geregelt, daß die untere Elektrode beim Einschalten etwa auf 22 mm Abstand von der festen Kupferelektrode gebracht und in dieser Entfernung festgehalten wird. Sie kann in dieser Stellung einige Stunden bleiben und herunterbrennen, bis der Lichtbogen und damit die Lichtbogenspannung sich so weit vergrößert hat, daß die Hemmung der Elektrode ausgelöst und die Lichtbogenlänge wieder auf 22 mm verkürzt wird. Der Bogen wird

124   Die elektrischen Lichtquellen.

also nur in langen Pausen nachgeregelt, da der Abbrand eines 15 mm starken, 200 mm langen Magnetitstäbchens, das je nach der Mischung der in ein dünnwandiges Eisenrohr gepreßten magnetithaltigen Masse 180 bis 500 Stunden reicht, bei 4 A nur etwa 0,4 bis 1 mm in der

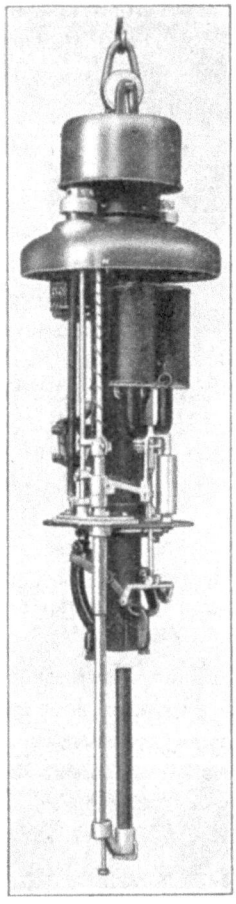 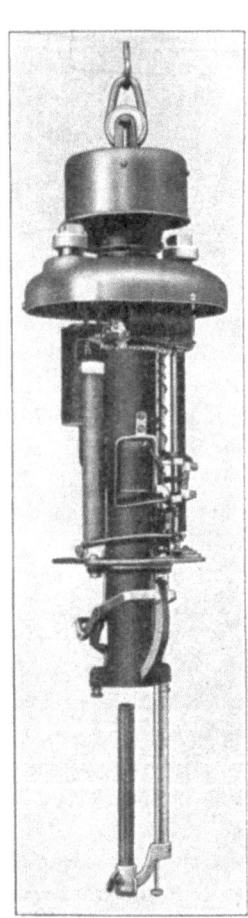

Fig. 95.   Fig. 96.

Stunde beträgt. Der Abbrand hinterläßt in der Glocke rotes Eisenoxyd in geringen Mengen. Außerdem steigen von der abbrennenden Kathode Dämpfe auf, die durch den inmitten der Lampe befindlichen Schornstein abgeleitet werden. Deshalb eignet sie sich nicht für geschlossene Räume. Die den Lichtbogen bildende Anode besteht aus einem starken halbkreisförmigen Kupfersegment, das bei der Zündung die Magnetit-

Quecksilberdampflampen. 125

kathode berührt, dann durch die in den Fig. 95 und 96 sichtbare Hauptstromspule durch Stange und Hebelübersetzung verdreht, und dann sich nicht weiter abnutzt, oder durch Eisenoxyde sogar an Gewicht zunimmt. Der den Bogen bildende Teil des Segments besteht aus gegossenem, der als Anode dauernd dienende aus gewalztem Kupfer. Die Verdrehung bezweckt, die Anode bei der Bogenbildung stets rein zu halten. —

Die Nachreglung wird von den Nebenschlußspulen durch Anheben der unteren Elektrode bewirkt, sobald bei fortschreitendem Abbrand der Kern der Nebenschlußmagnete tief genug in die Spulen eintaucht. Die Bewegung wird durch einen Luftpuffer gedämpft. Die Figuren lassen auch den auf einen Porzellanzylinder gewickelten Ersatzwiderstand für Reihenschaltung deutlich erkennen. Nur die untere negative Elektrode ist dem Verschleiß ausgesetzt und muß von Zeit zu Zeit ausgewechselt werden. Sie besteht aus einem dünnwandigen Eisenrohr, in welches die pulvrige Magnetitmischung eingebracht und zu einer zusammenhängenden Masse gepreßt wird. Die Elektroden werden entweder aus gegossenen Ferrotitanblöcken oder aus Ferrotitanpulver wie Kohlenelektroden hergestellt. Zu gutem Ergebnis führt die Mischung von 35 % Eisen und 65 % Titanpulver, die mit einem wässerigen Bindemittel, etwa Glyzerin, befeuchtet wird, um plastisch zu werden. Hieraus werden die Elektroden geformt, gepreßt, getrocknet und im Gas- oder elektrischen Ofen bei 1000—1200° C. gebrannt. Sie werden zu 20 M für 100 Stück verkauft.

Quecksilberdampflampen. Der Strom tritt an der negativen Elektrode in die Lampe ein, geht unter heftiger Zerstäubung der Oberfläche in die Gasstrecke über und kehrt von ihr aus durch die positive Elektrode ohne wesentliche Erscheinungen zum Netz zurück. Zuweilen verläßt der Strom die Anode nicht gleichmäßig, sondern es tritt sammetartiges Erglühen oder unregelmäßiges Funken auf. In beiden Fällen wird die Anode stark erwärmt und der Anodenfall erhöht.

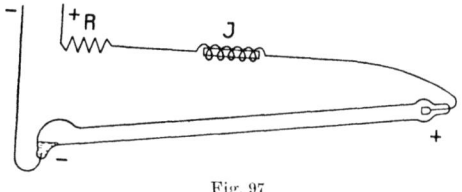

Fig. 97.

Das zerstäubte Quecksilber wird bei der Cooper Hewitt-Lampe in den oberen und unteren Kühlkammern, Fig. 97, kondensiert und fließt zur Negativen zurück. Ein Verbrauch an Quecksilber tritt also bei der hochgradig luftleeren Lampe nicht auf. Legt man nun eine 110 voltige

126   Die elektrischen Lichtquellen.

Netzspannung an eine solche Lampe, so wird sie nicht brennen. Die einfachste und zuverlässigste Zündung bewirkt das Kippen oder Neigen des drehbar aufgehängten Rohres, wodurch ein feiner Quecksilberfaden Anode und Kathode kurzschließen und die Zerstäubung einleiten kann. Der metallische Kurzschluß muß dann durch Zurückneigen der Lampe wieder unterbrochen werden. Die Lampe hat einen induktiven Vorschaltwiderstand J, bestehend aus etwa 800 Windungen auf einem fein unterteilten, 2 cm starken Eisenkern und einem Ohmschen Widerstand R zur feineren Einstellung der Stromstärke von 3—3,5 A. Bei 25,4 mm Rohrdurchmesser ist die Klemmenspannung einer 1070 mm langen Röhre etwa 75 V, d. h. 0,7 V/cm ohne Vorschaltwiderstand. Zwei etwa halbsolange Röhren in Reihenschaltung verbrauchen ebensoviel; der Rest von etwa 35 V wird im Vorschaltwiderstand R verzehrt. Dieser ist bei zwei in

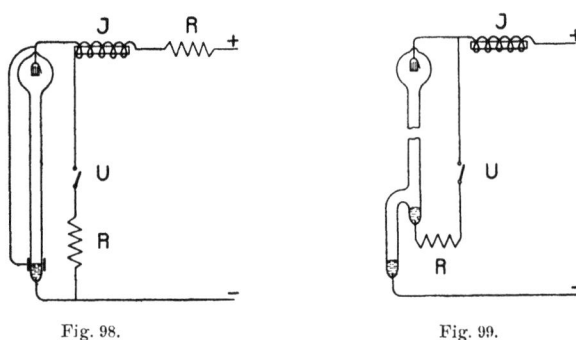

Fig. 98.   Fig. 99.

Reihe geschalteten Lampen anfänglich kurzgeschlossen und wird erst selbsttätig durch Aufhebung des Kurzschlusses eingeschaltet, wenn die Induktionsspule J durch den Lampenstrom magnetisiert wird.

Fig. 98 und 99 zeigen andere Formen der Zündung. In Fig. 98 wird durch rasches Schließen und Öffnen des Ölschalters U ein so starker Spannungsstoß in dem örtlichen Kondensatorkreise von der Anode durch die äußere Belegung zu der Kathode hervorgerufen, daß die Gasstrecke durchschlagen und die Zerstäubung eingeleitet wird. Die magnetische Energie der Drosselspule pendelt dabei zwischen dem Netz und dem Hilfskreise, Anode, Kathodenbelegung, Kathode, Hilfswiderstand R, Schalter U, hin und her. Fig. 99 zeigt dieselbe Wirkung des Spannungsstoßes beim Öffnen des Schalters U vermittelst einer Hilfsanode. Der Strom springt bei geeigneter Spannung zwischen Kathode und Hauptanode leicht zu dieser über, und die Hilfsanode kann selbsttätig oder von Hand ausgeschaltet werden. Die billigste und zuverlässigste Art der Zündung ist jedoch die von Rapieff und Arons schon verwendete Kippung. Außer der von der Westinghouse Co. in Pittsburg ge-

Quecksilberdampflampen. 127

bauten Hewittschen Form soll noch die von der General Electric Co. in Schenectadi gebaute und von Steinmetz angegebene Form, Fig. 100, beschrieben werden. Als wesentlichster Unterschied außer dem induktiven Widerstand erscheint eine besonders ausgebildete, elektrisch leitende Zündung durch einen Kohlenfaden, der an mehreren Stellen der Glaswandung festgehalten ist und oben und unten in dickeren Kohlenelektroden endigt. Die untere Elektrode taucht wenig in das Quecksilber ein und legt sich dort im stromlosen Zustande an einen den Kern der Drosselspule bildenden eisernen Schwimmer an, der bei Stromschluß nach unten gezogen wird und damit auch die Verdampfung des Quecksilbers durch den entstehenden Lichtbogen einleitet. Die Lampe zündet in wenigen Sekunden. In diesem Augenblick ist die Leitfähigkeit der parallel zum Zündfaden liegenden Dampfsäule so groß, daß der Kohlenfaden nicht mehr leuchtet. Trotzdem tritt, hier wie bei der Hewittlampe, in den ersten Minuten ein wesentlich gelblicheres Licht aus der Röhre als beim stetigen Zustande.

Die General Electric Co. vereinigt 25 kerzige Glühlampen mit einer Quecksilberlampe innerhalb einer Holophanglocke, Fig. 101. Die Glühlampen verzehren 80 V bei 3,5 A, die etwa 500 mm lange Quecksilberlampe 65 V bei derselben Stromstärke. Der spezifische Verbrauch ist etwa 2 W/HK. Die Wirkung ist eigenartig und reizvoll. Der mittlere und obere Teil der Glocke erscheint mehr rötlich, der untere mehr grünlich;

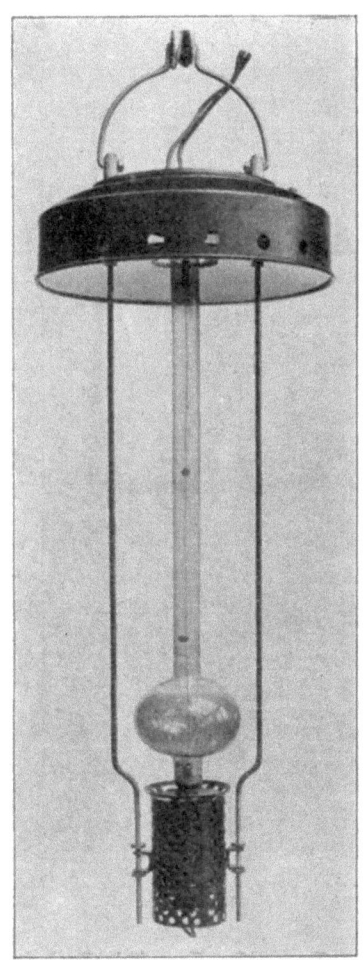

Fig. 100.

aber überall sind die Bilder durch die Holophanglocke zerstreut und in unregelmäßig verteilte Bildchen aufgelöst. Der Verbrauch W/HK liegt erheblich ungünstiger als bei der reinen Quecksilberlampe; aber die Beimengung der rötlichen Strahlen wird auch die Erkennbarkeit der Farben erhöhen und insbesondere die graphitische Verfärbung der roten und rötlichen Fleischteile des menschlichen Antlitzes oder der Hände etwas mildern. Vorläufig erscheint es aber ausgeschlossen, daß die reine Quecksilberlampe zu andern als technischen Zwecken, wie in Zeichensälen, Druckereien usw. oder in vorherrschend grünen Räumen, z. B. Wintergärten, verwendet wird. Dort ist ihr vollkommen zerstreutes Licht angenehm und für die Augen wenig ermüdend.

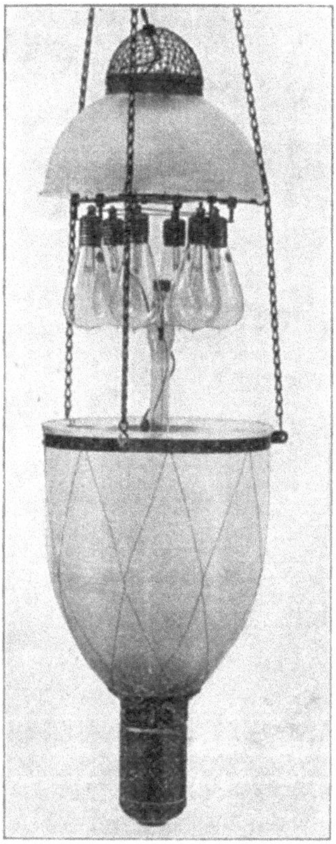

Besondere Anwendungen ergibt die stark aktinische Wirkung ihrer Strahlen. Die gewöhnliche Lampe ist vorzüglich zum Kopieren und Photographieren geeignet, die sogenannte Uviollampe aus Baryumphosphatchromglas, Uviolglas, von Schott & Genossen, Jena[1]), läßt noch Wellen von 2,53 μ, die Heraeussche Quarzglaslampe sogar noch solche von 2,20 μ durch. Diese beiden Lampen weisen dementsprechend starke physiologische Wirkungen auf, welche die Augen stark schädigen, aber zu Heilzwecken verwendbar sind. Schott & Genossen fertigen auch aus Thüringer Glas die Hageh-Lampe (Hg = Quecksilber) in Längen von 450, 650 und 950 mm für etwa 65, 110 und 150 V. Die Lampe (Fig. 102) ist symmetrisch gebaut und hat zwei Kohlenelektroden; der als Kathode dienende Pol darf während des Brennens nie von Quecksilber entblößt werden und die Zündung durch Kippen vom positiven zum negativen Pol erfolgen, sonst tritt in kurzer Zeit Versprühen der Kohle unter Schwärzung des Rohres ein. Auch darf die Lampe nach dem Auslöschen nicht zurückgekippt werden, solange der positive Pol noch rotglühend ist. Es wird sonst das kühlere Quecksilber das stark erwärmte Glas am positiven Ende leicht zersprengen. Konrad Hahn in Braunschweig fertigt Gestelle für die Hageh-Lampe an, in denen die zur Beruhigung dienende Drosselspule eingebaut ist, und die auch mit Glühlampen zusammengebaut werden. Der Verbrauch W/HK$_0$ ist etwa 0,5 W

Fig. 101.

---

[1]) Dr. O. Schott, Über eine neue Ultraviolett-Hg-Lampe: Uviollampe. Jena 1905.

Vakuumröhren.   129

ohne, 0,64 W einschließlich Vorschaltwiderstand. Bei einer 65 cm langen Hageh-Lampe für 3 A betrug die Spannung an den Lampenklemmen 55 V, die Lichtstärke 330 HK; vorgeschaltet waren 2 Glühlampen zu nominell 32 HK, die je 25 HK lieferten. Der Effektverbrauch betrug bei 110 V 330 W, die gesamte Lichtstärke 330 + 50 = 380 HK, der spezifische Verbrauch also 0,87 W/HK.

Fig. 103 zeigt drei solcher Hagelampen innerhalb eines Gestelles zu einer Bogenlampe der üblichen Form für Straßenbeleuchtung vereinigt. Die Zündung erfolgt auch hier durch Neigen der Röhren.

Auch die Allgemeine Elektrizitäts-Gesellschaft, Berlin, hat unter Mitwirkung Dr. Arons, der schon 1892 die nach ihm benannte Lampe gebaut hatte, 1906 eine Quecksilberdampflampe von 50 cm Länge für 4 A und 40 V auf den Markt gebracht. Die Zündung des lotrechten

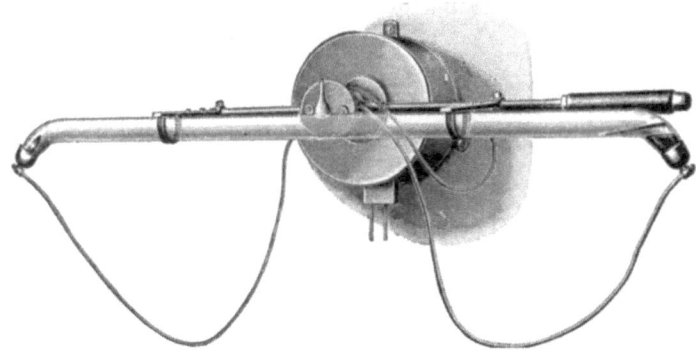

Fig. 102.

Rohres erfolgt durch einen Hilfsbogen, welcher von einem Elektromagneten im unteren Teil der Lampe nach einer Hilfsanode eingeleitet wird. Die Hauptanode im obersten mit Kühlkammern versehenen Teil des Rohres besteht aus Eisen. Bei 15 V im Vorschaltwiderstand verbraucht die Lampe 220 W und entwickelt 270 HK in wagrechter Richtung.

Vakuumröhren. Eine eigene Klasse bilden Vakuumröhren mit oder ohne Elektroden. Tesla hatte 1893 in einer Reihe glänzender Experimente Lichterscheinungen vorgeführt und beschrieben, die im elektrischen Spannungsfelde von Hochfrequenzströmen auftreten. Er führte die Klemmenspannung einer Wechselstrommaschine durch das Dielektrikum eines Kondensators einem Transformator zu, dessen Sekundärspule an einer Funkenstrecke endigte. Die eine Kugel der Funkenstrecke war geerdet, die andere durch einen Draht an eine mit äußeren und inneren Belegungen versehene Röhre angeschlossen. Diese leuchtete unter der

Wirkung der 2 bis 3 millionenmal in der Sekunde wechselnden Spannung; die Lichtstärke konnte durch phosphoreszierende Körper wie Uran oder Yttrium erhöht werden. Führte man die Spannung der Sekundärklemmen des Tesla-Transformators zwei Drahtgittern zu, so leuchteten luftleere Glasröhren an jeder Stelle des zwischen diesen Gittern entstehenden rasch wechselnden Feldes durch die Stöße der Elektronen gegen die Wandungen der Röhre auf. Die an dieses „Licht der Zukunft" geknüpften Hoffnungen haben sich bis nun nicht verwirklicht.

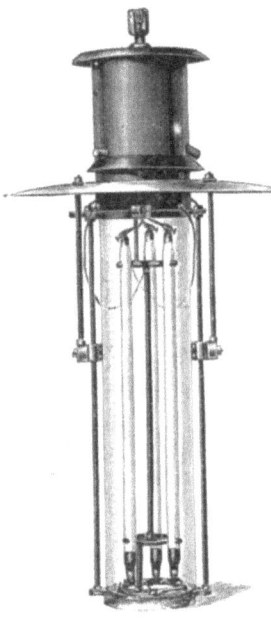

Fig. 103.

Einen etwas anderen Weg beschritt Daniel Mac Farlan Moore, indem er den von dem Stromerzeuger A kommenden Strom innerhalb einer Luftleere bei F, Fig. 104, unterbricht und schließt und den dabei sich bildenden Strom zur Lichterzeugung in schwach luftleeren, mit Elektroden versehenen Behältern R benutzt. Zur Beleuchtung eines 5,5 m langen, 4 m breiten und 3,5 m hohen Lesezimmers in New York mit weißen Wänden und Decken diente 190? eine Vakuumröhre von 17,5 m Länge und 4,5 cm Durchmesser, die auf 6 Auslegerarmen 2,9 m über dem Boden und in 32 cm Abstand von der Wand rund um das Zimmer geführt war. Sie erhielt 4000—5000 V Wechselspannung von 470 Per/Sek und gab eine zum Lesen völlig ausreichende, diffuse Beleuchtung bei Aufwendung von 3,9—4,8 W/HK. Der Strom

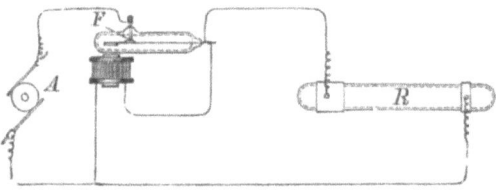

Fig. 104.

von so ungewöhnlichen Perioden wurde den Sekundärklemmen eines Transformators entnommen, der primär von einer durch einen 3 PS-Gleichstrommotor getriebenen Wechselstromdynamo mit 470 Per/Sek gespeist wurde. Auch diese Lösung hat sich bisher nicht weiter entwickelt.

11. Bogenlichtkohlen.

Die Beschaffenheit des Leuchtstiftes und seine Abmessungen üben auf das Arbeiten der Bogenlampe neben ihrer eigenen Tätigkeit den größten Einfluß. Sie bestimmen die Lichtausbeute und die Lebens- oder Erneuerungszeit des Stiftes, der gleichmäßig ruhig, ohne Zucken oder Kreiseln des Bogens mit geringem Rückstand und hoher Lichtausbeute abbrennen und dabei noch billig sein soll. Diese letzte Anforderung ist nicht die mindeste, häufig die ausschlaggebende.

Die besseren Bogenlichtstifte bestehen aus Ruß und einem Bindemittel, Steinkohlenteer sowie Beimengungen zur Verminderung des Abbrandes oder Erhöhung der Lichtausbeute. Bei den billigeren Sorten wird in den meisten Fabriken Retortenkohle, in einigen dagegen Petrolkoks, ein Nebenprodukt der Petroleumdestillation, verwendet. Ruß wird in besonderen Fabriken aus Steinkohlenteer, Hartpech oder schweren Ölen der Petroleumdestillation hergestellt. Alle Beimengungen, welche die Lichtstärke fördern, erhöhen den Abbrand. Die Herstellung muß zwischen den zum Teil sich widersprechenden Forderungen den wirtschaftlichsten und für den Einzelfall passendsten Ausgleich erstreben.

Die Rohstoffe werden sorgfältig gereinigt, gesichtet, vermahlen und von etwaigen von den Maschinenteilen herrührenden Eisenspuren durch magnetische oder elektromagnetische Scheidung befreit, dann in Mischmaschinen mit den Bindemitteln gemengt. Die Masse wird erst in einer Vorpresse mit etwa 400 Atmosphären zur Entluftung zu größeren Rundstücken gepreßt, dann in der Fertigpresse bei 200—300 Atmosphären mit vollem Querschnitt zu Homogenkohlen oder als Rohre mit rundem oder sternförmigem Kern zu Dochtkohlen geformt. Die Stifte werden dann in Gas- oder elektrischen Öfen bei etwa 1300° gebrannt und dabei teilweise graphitiert[1]). Die Homogenkohlen erhalten einen Zusatz von 0,2—0,5 % Borsäure, ebenso der Mantel der Dochtkohle. Der Kern oder Docht besteht meistens aus fein gemahlenen Abfällen des Mantels, für besondere Zwecke aus Ruß. Er dient zur Erhöhung der Leitfähigkeit der Gassäule und dadurch zur Festhaltung des Bogens. W. Th. Casselmann hatte schon 1843 Versuche mit Borsäure, Borax und schwefelsaurem Natron ausgeführt, um durch Tränkung der Kohle die Lichtausbeute zu erhöhen; 1877 hat Carré diese Frage erfolglos wieder aufgenommen. Sie ruhte bis 1899, wo Bremer durch die Erfolge seiner mit Metallsalzen getränkten Kohlen ihr einen neuen Anstoß gab.

---

[1]) Francis Jehl, Carbon making for all electrical purposes, London; Dr. Julius Zellner, Die künstlichen Kohlen, Berlin 1903.

Die elektrischen Lichtquellen.

In Amerika stellte man die Leuchtstifte aus Petrolkoks durch Ausglühen und nachträgliche Reinigung mit Säure her. Da jedoch die so gewonnenen Stifte geringe Leitfähigkeit besaßen, wurden sie galvanisch verkupfert, was auch ihr Aussehen verbesserte. Diese billigeren Stifte werden nur für Straßenbeleuchtung mit Gleichstrom verwendet; für Innenbeleuchtung und Wechselstrom gebrauchte man aus Europa eingeführte Rußkohle trotz ihres hohen Preises. Seit 1900 liefern auch die dortigen Fabriken bessere Erzeugnisse. Man hat auch versucht, Kohlenstifte aus Anthrazit herzustellen, doch hat sich dieses Produkt als minderwertig erwiesen.

Man verwendet allgemein die Reinkohle für Gleichstrom, als positive Elektrode Docht-, als negative Homogenkohle; bei Wechselstrom und Halbdauerbrandlampen in Deutschland zwei gedochtete, in England eine Docht- und eine Homogenkohle, bei Dauerbrandlampen für Gleichstrom zwei homogene, für Wechselstrom zwei gedochtete Stifte.

Prüfung und Verhalten der Leuchtkohlen. Die Art der Untersuchung richtet sich nach dem erstrebten Zweck. Die Prüfung während der Herstellung soll den Betrieb überwachen und seine Ergebnisse sichern. Aus den fortlaufenden Untersuchungen eigener und der zeitweiligen fremder Ergebnisse werden technische und wirtschaftliche Verbesserungen erreicht. Die Abnehmer suchen entweder die Brauchbarkeit einer bestimmten Kohlensorte für eine bestimmte Bogenlampe festzustellen, oder sie haben verschiedene Lieferungen untereinander zu vergleichen. Zuweilen sollen die Untersuchungen Grundlagen zu Vorschriften für Neulieferungen ergeben. Die Messungen werden demnach relativer oder absoluter Art sein müssen; sie werden sich auf die chemische und physikalische Zusammensetzung der Kohlen, auf ihre Lichtausbeute, ihr Verhalten beim Leuchten und ihren Abbrand erstrecken. Die Aufgabe der Prüfung kann darum schwierig werden, weil aus den zusammengesetzten Erscheinungen der Unvollkommenheiten der Stifte und Lampe die Einzelursachen herausgefunden und ihrer zulässigen Größe nach für gewisse Bedingungen festgesetzt werden müssen. Nach der chemischen Analyse kann die physikalische Prüfung auf Bruch, Härte, Dichte, elektrische Leitfähigkeit und Rückstände in Frage kommen. Die Bruchfläche der Stifte soll gleichmäßiges, körniges Gefüge ohne Hohlräume und eingesprengte Graphitteilchen unterm Mikroskop zeigen; sie soll gleich der Oberfläche mattgrau sein. Diese soll glatt und rißfrei sein; Längsrisse können unbedenklich zugelassen werden, während größere Querrisse das Abspringen von Kohlenstücken beim Leuchten befürchten lassen. Die Stäbe sind auch auf Krümmung zu untersuchen. Größte Spielräume sind 2% für Durchmesser und 1% für Länge für offenen Lichtbogen; 1% für Durchmesser und 1% für Länge bei Dauer-

Prüfung der Leuchtkohlen. 133

lampen. Gute Kohlen klingen beim Aufschlagen infolge ihrer Härte metallisch; sie zeigen 4—5 Grade nach der Moosschen Härteskala. Die weichere Petrolkokskohle von Siemens, Marke T, zeigt 4, die Siemenssche Rußkohle, Marke A, zeigt 5. Bei der Bestimmung des spezifischen Gewichts ist die Porosität zu berücksichtigen.
So zeigte:

	Wahres spez. Gew. bei $20°$ a	Scheinbares spez. Gew. b	Porosität $100(a-b)/a$
Siemens, Marke A (Ruß)	1,587	1,457	8,2 %
Siemens, Marke T (Petrolkoks)	1,689	1,460	14 -

Die geringe Porosität allein ist nicht maßgebend für die Haltbarkeit; sie hängt von der Menge des verwendeten Bindemittels, dem Druck beim Pressen und der beim Brennen der Stifte angewendeten Temperatur und erzielten oberflächlichen Graphitisierung ab. Das Verhalten der Lichtkohle als Elektrode in einem elektrolytischen Versuchsbade entscheidet nicht über ihre Güte als Lichtkohle, obwohl Anfressung oder Materialverlust in einer bestimmten Zeit auf die Zusammensetzung hinweisen können. Siemens A-Kohle verliert in 5 proz. Schwefelsäure bei 0,1 A/cm^2 6,3 g/Stunde. Die Zusammensetzung der Asche sowie die mikroskopische Prüfung des Kleingefüges der gepulverten Stifte kann über die verwendeten Rohstoffe Aufschluß geben. Gute Lichtkohlen haben nicht mehr als 0,5 % Asche, Homogenkohlen zeigen 0,3 % oder wegen erheblicher Mengen von Borsäure etwas größere Rückstände. Nach Zellner gibt Siemens A-Dochtkohle bei ausgebohrtem Docht 0,21 % Asche, bestehend aus Eisen, Silizium, Kalium; Siemens A-Homogenkohle 0,47 % Asche, bestehend aus Borsäure, Eisen. Das elektrische Leitungsvermögen wird meistens bei gewöhnlicher Temperatur ermittelt, während es eigentlich bei der Gebrauchstemperatur festzusetzen wäre. Wegen des negativen Temperaturkoeffizienten sind die gewöhnlich gemessenen Werte des spezifischen Widerstandes von 60—100 Ohm pro m und mm^2 zu hoch; die galvanisierten und Metalladerkohlen haben 30—40 Ohm spezifischen Widerstand.
So zeigten bei 20^0:

Siemens A . . . . 70 Ohm
Siemens T . . . . 55 -
Conradty C . . . . 68 -
Conradty-Noris Kupfermantel . . . 60 -
Conradty-Noris Metallader . . . . 80 -
Siemens gelb Metallader . . . . . 40 -
Schiff NH Metallader . . . . . . 62 -
Schiff K Metallader . . . . 45 -

Hartmann und Braun bauen eine besondere Doppelbrücke zur Messung von Kohlenwiderständen; für die Betriebskontrolle werden eigene Prüfstücke mit angesetzten Prüfdrähten zur fortlaufenden Messung hergestellt. Das Wichtigste liegt immer in der Anschlußart der Kohle an den Meßapparat, um den Übergangswiderstand im Vergleich zum Widerstand der Kohle klein zu halten. Werner Siemens hat schon 1874 als Klemmen die Drähte eines geöffneten Kabels um die Kohle gelegt und durch einen galvanischen Niederschlag den Kontakt verbessert. Metallische Klemmbacken zeigen große Übergangswiderstände; um sie zu mindern, wird Zinnfolie um die Kohle gelegt oder eine galvanische Umkupferung vorgenommen. Härdén hat eine Metallfassung mit Nase verwendet, die er in Quecksilber tauchen ließ, während Kuhn für beide Enden Quecksilberkontakte mit Erfolg gebrauchte. Die Länge der Verkupferung gibt selbst bei Quecksilbernäpfen noch Unterschiede bis zu 1 %, was wohl dem Einfluß der nicht mehr parallelen Stromfäden in den körperlichen Leitern zuzuschreiben ist. Der genauen Messung nach der Kompensationsmethode liegt dort, wo die Apparate vorhanden sind, nichts im Wege. Bei zu hohem Widerstand der Stifte tritt hoher Energieverlust und starke Erwärmung auf; es können sogar die Stäbe der ganzen Länge nach glühend werden. Nach Messungen des Technologischen Gewerbemuseums in Wien 1906 nimmt der spezifische Widerstand derselben Dochtkohlenstäbe mit wachsender Stromstärke nur wenig ab. Er betrug

	bei 1	10	20	25 A
bei Schiffkohle	97,6	96,6	95,2	94,2 Ohm
- Henrionkohle	94,6	94,0	92,4	91,6 -
- Siemens A-Kohle	87,4	87,0	86,2	85,4 -

Bei 25 A waren die 18 mm Dochtkohlen bereits beträchtlich erwärmt.

Das *Verhalten der Kohlenstifte* beim Leuchten soll nach drei Richtungen hin geprüft werden: Auf ruhiges Abbrennen und gleichmäßiges Weiterglühen ohne Veränderung in der Lichtausstrahlung. Das Licht soll nicht flackern, der Bogen nicht tanzen. Ist die Kohle eisenhaltig, so bildet sich von Zeit zu Zeit an der negativen Elektrode ein braunroter Kranz. Bei weniger als 0,3 % Aschengehalt kann man schon auf ruhiges Brennen rechnen. Hierbei ist vom Docht abgesehen, der stets beträchtlich mehr, etwa 15 % Asche enthält; er muß dickflüssig gut eingepreßt sein, da sonst Hohlräume in ihm Flackern des Bogens verursachen. Es bilden sich bei der Dochtkohle öfters kleine aus Silikaten bestehende Kügelchen, welche den Bogen schließen, Zischen verursachen und nach dem Erkalten eine Kruste bilden, die das Angehen

Abbrand der Kohlenstifte. 135

des Bogens erschwert. Häufig findet man die Kohle mit einem dichten Schaum bedeckt, der bis in das Triebwerk der Lampe eindringen kann und zu Störungen Veranlassung gibt. Es ist natürlich, daß die genannten Erscheinungen mit ein und derselben Kohle nicht bei jeder Lampe und Schaltungsart zu den gleichen Störungen führen, so daß über die Verwendbarkeit von Kohlenstiften kein allgemeines Urteil, sondern nur ein für bestimmte Verhältnisse bedingtes gefällt werden darf.

Durch gewissenhafte Fabrikation bei Verwendung sinnreicher Maschinen, ferner durch ausschließliche Verwendung von billigen Materialien und nicht in letzter Linie durch den großen Wettbewerb ist der Preis der Kohlenstifte etwa auf den zehnten Teil gesunken, und ihre Brenndauer hat sich verdoppelt, so daß heute die Auslagen für die Stifte gegenüber den Stromkosten stark zurücktreten. Zur Prüfung der Stäbe in Bogenlampen verwendet man zweckmäßig zwei ausgesuchte gut regelnde Lampen, in denen die zu untersuchenden Stäbe abwechselnd gebrannt werden. Der Verlauf der Bogenspannung und Stromstärke wird durch Volt- und Amperemeter aufgezeichnet; die Kurven sollen flachwelligen Verlauf ohne plötzliche Unregelmäßigkeiten aufweisen. Dabei wird die Asche aufgefangen und gewogen, die Bogenlänge und -form durch eine schwarze Schutzbrille oder durch Projektion auf einen weißen Schirm verfolgt. Es ist zweckmäßig, die Lampen in Einzelschaltung zu verwenden und sie von einer besonderen Stromquelle zu speisen, um so von den Lampenfehlern möglichst unabhängig zu werden. Dahin zielt auch die Vertauschung der Stifte und die abwechselnde Verwendung zweier geeichten Lampen zur Prüfung der Stäbe.

Der stündliche Abbrand beträgt bei Rußkohle nicht mehr als 1,2—1,7 cm und bei graphitisierter Kohle 1,7 cm oder 0,3—0,5 g/A St, bei den negativen Homogenkohlen noch etwas weniger. Bei den Dauerbrandbogenlampen, deren Homogenkohlen nur schwach belastet sind, beträgt der Abbrand der oberen positiven Kohle je nach Stromdichte von 0,03—0,05 A/mm^2 und dem Luftabschluß 0,7—2 mm, der negativen Kohle 0,2—1 mm/St. Da die Kohle hier flach abbrennt, tritt das Kreiseln des Bogens stark auf. Bei den Halbdauerlampen für kleine Stromstärken beruht die Wahl des Kohlendurchmessers auf einem Übereinkommen über Lebensdauer und Lichtausbeute. Um diese letztere zu erhöhen, verwendet man dünne gedochtete Stäbe von 5 bis 6 mm, zur Beruhigung des Bogens, erhält dann aber trotz des annähernd völligen Luftabschlusses nur verhältnismäßig kurze Brenndauer. Die folgende Zusammenstellung gibt ungefähren Aufschluß über gebräuchliche Stromdichten in A/cm^2.

Die elektrischen Lichtquellen.

Stromdichte in A/cm^2 bei guten Rußkohlen.

	positive Elektrode	negative Elektrode	Wechselstrom	Abbrand cm / St.
Dochtkohlen . . .	4	—	8—9	1,2—1,4
Homogenkohlen . .	—	8—10	—	1,3—1,6
Dauerbrandkohlen .	3—4	3—4	4—6	{ 0,07—0,25 oben { 0,02—0,1 unten
Halbdauerbrandkohlen	8—10	8—10	8—10	—
Flammkohle	14—16	9—10	{ 11—13 oben } { 10—11 unten }	2,5—3,5
Intensivflammkohle .	16—20	20—25	18—20	3,5—4,5
Blondelkohle . . .	20	—	—	2,0

Der Abbrand der billigeren Petrolkokskohle ist etwa 10—20 % kleiner, die Lichtausbeute ebenfalls. Der Abbrand steigt mit abnehmender Temperatur der Umgebung, auch mit wachsender Bogenspannung und wird durch einen Sparer oder Innenreflektor beeinflußt.

Bei Wechselstrom sind die obere und die untere Kohle gedochtet und von gleichem Durchmesser und gleicher Länge. Durch Verwendung eines Innenreflektors, dessen Öffnung nur wenig größer wie der Durchmesser der Kohle ist, verbrennt die obere Kohle etwas langsamer und muß infolgedessen schwächer im Durchmesser oder kürzer sein. In der Regel beträgt dieser Unterschied jedoch nur wenige Prozent, selbst bei Stromstärken über 15 A. Bei Wechselstrom über 40 Per/Sek und annähernd sinusförmiger oder spitzerer Spannungskurve kann man 2 Lampen hintereinander auf 50 V arbeiten lassen; hierfür sind jedoch Kohlen mit besonderem Docht notwendig. Bei Scheinwerfern hat man als negative Kohlen auch Kohlenstifte mit Erfolg benutzt, welche statt des Dochtes eine schwache verkupferte Homogenkohle enthalten. Der Kupferdocht bezweckt, den Lichtbogen, welcher bei Scheinwerfern das Bestreben hat, nach der Seite zu wandern, in der Mitte der Kohle festzuhalten.

Aus der Zusammenstellung des stündlichen Abbrandes kann man die für bestimmte Brennzeiten nötigen Stiftlängen ermitteln, wenn man noch etwa 40—50 mm zuschlägt. Um diese Stummel- oder Restlänge müssen die Kohlenstifte länger genommen werden, um Beschädigungen des Lampenwerkes zu verhüten. Die Enden der Stifte werden bei Flamm- oder Effektkohlen entweder auf 50—60 mm Länge ausgebohrt oder massiv ohne Docht hergestellt, um die Leitfähigkeit der bis zu den Enden abgebrannten Kohlenstifte zu verschlechtern (vgl. S. 108). Da die Kosten für Kohlenstifte etwa 15 % der gesamten Kosten des Bogenlampenbetriebes ausmachen und bei längerer Brenndauer auch die Kosten

Kohlenstifte mit Leuchtzusätzen. 137

der Wartung vermindert werden, ist zweckmäßige Wahl der Kohlenstiftlänge von großem Wert. Die Brennzeit der Lampen in den einzelnen Monaten richtet sich nach dem später zu besprechenden Brennkalender. Sie ist im Sommer klein, im Winter groß; man kann daher durch Verwendung von Saisonkohlen, d. h. Stiften, deren Längen in mindestens zwei Abstufungen der jeweils erforderlichen Brenndauer entsprechen, die Kohlenstiftkosten wesentlich herabsetzen. Man muß zu diesem Zwecke einen Kohlenbrennkalender anfertigen und die Länge so bemessen, daß die für eine Saison fallenden Reststücke für eine der anderen Zeitspannen oder für die andere Elektrode noch als Stift verwendbar sind. Bei starker Kälte kann die erhöhte Abkühlung, die Widerstandsverminderung in Zuleitungen und Vorschaltwiderständen und die dadurch erhöhte Bogenspannung den Abbrand um 15—20 % vergrößern. Nun fallen große Kälte und lange Brenndauer im Winter zusammen, so daß die Länge der Winterkohle oft für mehr als zwei Sommerabende ausreicht. Dem Gedanken der Saisonkohle kann man am besten durch Bezug langer Stücke nachkommen, die man nach den festgesetzten Stufen sich selbst maschinell zuschneidet und anspitzt, was sich bei großen Betrieben besorgen läßt. Versuche, Stummelenden anzudrehen und mit Kitt aneinander zu verzapfen, erscheinen wenig aussichtsvoll. Zur Verminderung der Wartungskosten kann bei Dauerlampen die Reinigung der Innenglocken statt von Hand bei der Kohlenerneuerung in großen Betrieben maschinell geschehen. Die New Yorker Edison Co. verwendet für ihre 20 000, über 100 qkm verteilten Dauerbrandlampen neben der Kohlenschneidemaschine auch eine besondere Maschine zum Waschen der Innengläser.

Die Ermittelung der Lichtausbeute in Watt/HK erfordert elektrische und photometrische Messungen. Die Lichtausbeute ist besonders groß bei den Effekt- oder Flammkohlen. Von diesem Gesichtspunkt allein betrachtet wären sie am vorteilhaftesten. Aber ihr Abbrand ist größer und ihr Preis höher als bei den Reinkohlen.

Der wichtigste Fortschritt auf dem Gebiete der Kohlenstiftherstellung war die durch Bremers Vorschlag angebahnte Ausbildung der Kohlen mit Leuchtzusätzen. Den wesentlichen Bestandteil der Bremerschen Kohlen bilden die Fluoride der alkalischen Erden, denen wegen leichtflüssigerer Schlacke Wasserglas, Borate u. dergl. zugesetzt werden. Schon Carré hat 1877 Salze zur Verlängerung des Lichtbogens und Erhöhung der Lichtausbeute den Stiften nachträglich zugesetzt; aber man erhielt infolge der nachträglichen Tränkung der Homogenkohle nur äußerliche Zusätze in geringer Menge und dadurch unruhigen Bogen. Durch den Erfolg des 1879 durch Siemens eingeführten Dochtes verließ man diese Bahn, bis 1899 Bremer der Kohlenmischung vor dem Glühen die erwähnten Fluoride mit mindestens 5 % erfolgreich beisetzte. Es kommen drei Arten von Kohlen in den Handel: für gelbes Licht mit Fluorkalzium CaF_2, für rotes Licht mit Fluorstrontium SrF_2 und für weißes Licht mit Fluorbaryum BaF_2.

Es ist Weddings Verdienst, durch seine Versuche 1902 gezeigt zu haben, daß die Lichtausbeute mit Zunahme des Salzgehaltes von 8—40 % zunimmt. Über 15 % stieg jedoch die Ausbeute nur noch schwach an, während die vermehrte Schlackenbildung lästig empfunden wurde. Er fand auch, daß bei gelbem Licht die Lichtausbeute am günstigsten, und daß Wechselstrom dem Gleichstrom mindestens gleichwertig war. Als Nachteil traten Unruhe des Lichtbogens durch Schlacke und Abtropfen glühender Teilchen auf; beide erhöhten die Schwierigkeiten der Reglung und das Angehen der Lampen. Als weitere Nachteile müssen stärkerer Abbrand durch den langen Bogen und vermehrte Luftzufuhr bei größerer Stromdichte sowie die Bildung des schädlichen und die Metallteile der Lampe angreifenden Stickstoffdioxyds angesehen werden.

Diese Übelstände ließen sich zum Teil durch Schiefstellung der Kohlen, Abdichtung des Triebwerkes usw. beheben. Schon in den achtziger Jahren wurden Bogenlampen mit wagrechten oder wenig geneigten Kohlenstiften vorgeschlagen, ja die Soleillampe mit einem Marmorblock über dem Bogen vielfach verwendet. Vor dem Auftauchen der Bremerkohlen hatte schon W. Hackl in Budapest eine Wechselstrombogenlampe mit stumpf zulaufenden Kohlenstiften von halbkreisförmigem Querschnitt und magnetischem Bläser mit vollem Erfolg in die Praxis wieder eingeführt. Bremer hat mit dieser Lampenkonstruktion seine Kohlenstifte mit reichem Leuchtzusatz als Probe vorgeführt. Den großen Winkel von über 90⁰ veränderte er durch spitzwinklige Stellung der Stifte, wodurch er den schmäleren Aufbau der Lampe und bei geringerer Schattenbildung ermöglichte.

Die übrigen Kohlenfirmen wandten sich nach Bremers mit mehr als 5 % Fluor in der ganzen Kohlenmasse erreichten Erfolgen der Herstellung von Effekt- oder Flammkohlen zu, die Leuchtzusätze nur dem Docht gaben. Die Effektkohlen enthalten weniger als 10 % Stoffe, die nicht Kohle sind, und weniger als 5 % an Fluor. Die Wirkung dieser Zusätze auf die Farbe des Lichtbogens ist aus der folgenden Liste zu entnehmen, welche man Versuchen des Direktors Ornstein der Firma Schiff & Comp., Schwechat, verdankt[1]).

Elementare Stoffe, als Pulver angewendet, ergaben:

---

[1]) Dr. J. Zellner, Fortschritte der Kunstkohlenfabrikation. Zeitschr. für angewandte Chemie 1904 S. 503.

Flammkohlen.

Zusatz	Farbe des Lichtbogens
Mg	rötlichviolett
Al	fahlgrünlich
Zn	weiß
Cu	fahlblau
Fe	blaßviolett
Si	blaßviolett

Die Färbung bei Oxyden ist im allgemeinen dieselbe wie bei Anwendung der freien Elemente, doch können diese in vielen Fällen nicht gebraucht werden.

Zusatz	Farbe des Lichtbogens
BaO	bläulich
SrO	rosa
CaO	rot
FeO	violett
MnO	grünlich

Oxydule färben den Lichtbogen kräftiger als Oxyde; so färbt FeO ihn violetter als Fe_2O_3, MnO grünlicher als MnO_2. Der Lichtbogen wird nicht verlängert.

Von den Salzen wurden zumeist Fluoride versucht:

Zusatz	Farbe des Lichtbogens
BaF_2	bläulich
SrF_2	rosa
CaF_2	gelb
NaF	fahlgelb
LiF	fahlrot (schwächer wie Sr)
NiF_2, FeF_2, CuF_2, ZnF_2	violett

Gemenge von mehreren Verbindungen geben nicht immer Mischfarben, sondern zuweilen abwechselnd die Farbe des einen oder anderen Gemengteiles. Das rote Licht mit Fluor-Strontium wird sehr wenig verwendet, nur gewisse Häuser und Kaffeehäuser bringen es an; an manchen Orten ist dieses rote Licht von der Polizei verboten. Zur Erzielung eines rein weißen Flammbogens griff man zu den Edelerden und seltenen Elementen. Das weiße Licht mit Fluor-Baryum ist im Jahre 1906 zu 75 % durch eine Kohle verdrängt worden, welche im Dochte Ceroxyd allein oder ein Gemenge von Ceroxyd und Fluor-Baryum nebst Kohle enthält. Siemens verwendet Nitride des Thoriums und Zirkons, Conradty bringt in die Dochtmasse Oxyde oder Salze der

seltenen Erden und Elemente (Titan, Thorium etc.) bis zu 30—50 %
vom Dochtgewicht. Je nach diesen Zusätzen ergeben sich verschiedenartige Stifte, die als Perle, Brillant und Edelweiß in den Handel kommen.
Die Flammbogenkohlen geben nur dann genügend ruhiges Licht,
wenn sie mit schwachem Querschnitt verwendet werden. Für 16 bis
18 stündige Brenndauer steigt dadurch ihre Länge bis auf 750 mm. Da
nun so lange Kohlen einen großen Widerstand haben, welcher die Lampenspannung um 12 V herabsetzt, so hat Körting & Mathiesen in Leutzsch
bei Leipzig neuerdings empfohlen, solche lange Stifte mit einer Metallader zu versehen, welche in unmittelbarer Berührung mit dem Kohlenhalter ist. Diese Metallader aus dünnem Zink- oder Messingdraht liegt
in einem gesonderten Kanal. Sie wird in die Wände dieses Kanals
eingepreßt, um mit der ganzen Länge auf dem Kohlenmantel innig aufzuliegen, wodurch der Spannungsverlust auf nur 1—2 V sinkt. Diese
Kohle wird von C. Conradty als Marke Excello auf den Markt gebracht.
Schon das britische Patent 5400 des Jahres 1882 sicherte für Kohlenstifte die Verwendung von eingelegten Drähten aus Aluminium, Magnesium
oder anderen Metallen, zur Verbesserung der Leitfähigkeit. Derartige
Metalladerkohlen werden jetzt von allen Firmen hergestellt.

Für Gleichstrombogenlampen mit umgekehrter Elektrodenstellung
hat Blondel erfolgreich für die untere positive Elektrode eine besondere
Zonenkohle 1902 angegeben, während als negative Oberkohle eine gewöhnliche Dochtkohle verwendet wird. Jene ist eine Dochtkohle mit mehr
als 10 % Kalziumfluorid oder Kalziumphosphat im Mantel, die mit einer
dünnen Außenschicht aus salzarmer oder reiner Kohle überzogen ist.
Der sehr dicke Docht enthält mehr als 40 % alkalische Salze zur Beruhigung des Bogens. Die Außenschicht aus Reinkohle soll etwas rascher
als der übrige Teil abbrennen. Steinmetz will für eine der Kohlen, am
besten die positive, Titan oder ein Karbid davon in genügender Menge
genommen, um den Bogen ohne übermäßige Aschenbildung zu färben.
Dies ist das Umgekehrte der Magnetitlampe, bei der Titan als
Kathode wirkt.

Der Preis der Kohlenstifte ist etwa auf den zehnten Teil gegenüber den achtziger Jahren gesunken. Es sind zurzeit etwa 40 europäische
Fabriken vorhanden, von denen etwa $1/4$ auf Deutschland, 2 auf Österreich
entfallen. Während die amerikanischen Fabriken seit 1901 unter einem
Trust geeinigt vorgehen, ist dies der alten Welt noch nicht gelungen,
trotzdem die Kohlenstifte gleich den Glühlampen ein Massenartikel geworden sind, dessen Absatzgebiet durch die letzten Fortschritte wesentlich
gewachsen ist.

12. Wirkungsgrad und Farbe der elektrischen Lichtquellen.

Bei allen technisch verwendeten Lichtquellen ist die Erzeugung leuchtender Strahlen nicht ohne gleichzeitige Hervorrufung von Wärmestrahlen möglich. Auch bei den elektrischen Lichtquellen sendet jedes Stück der strahlenden Fläche des Kohlenfadens oder -stabes eine bestimmte Gesamtmenge von Strahlen aus, von welchen nur ein kleiner Bruchteil als Licht erscheint.

Dieser Bruchteil wird absolut und relativ um so größer, je höher die Temperatur des leuchtenden Körpers ist. Deshalb ist nach dem über die Temperatur der Lichtquellen bereits Erwähnten klar, daß das Verhältnis der leuchtenden Strahlung S zur gesamten L bei Bogenlicht größer ist als bei Glühlicht.

Dieses Verhältnis $\eta = L/S$ heißt optischer Wirkungsgrad der Lichtquelle. Er beträgt bei Kohlenglühlampen etwa 3—5 %, bei Lichtbogen im Mittel etwa 10—15 %. Beim Vergleich verschiedener Lichtquellen kann man jedoch auch ihren gesamten Wirkungsgrad in Betracht ziehen. Er entspricht dem Verhältnis der zur Hervorbringung des Lichtes überhaupt aufgewendeten elektrischen Energie W in Watt zu der nützlich verwendeten und ergibt sich aus dem Produkt des Wirkungsgrades der Strahlung $\psi = S/W$ mit dem optischen Wirkungsgrad.

Bezeichnet man die von einer Lichtquelle mit der mittleren räumlichen Lichtstärke $J_\bigcirc$ ausgesandte, auf 1 cm² eines Bolometers in 1 m Abstand gemessene

mittlere räumliche Gesamtstrahlung mit Σ,
mittlere räumliche sichtbare Strahlung mit Λ,
gesamte räumliche sichtbare Strahlung mit $L = 4\pi \cdot 100^2 \Lambda$,
räumliche Gesamtstrahlung mit $S = 4\pi \cdot 100^2 \Sigma$,

dann ist

der optische Wirkungsgrad $\eta = L/S = \Lambda/\Sigma$,
der Wirkungsgrad der Strahlung $\psi = S/W$,
der Gesamtwirkungsgrad $\eta_{total} = L/W = \eta\,\psi$.

Da der Wirkungsgrad der Strahlung ψ oder das Umsetzungsverhältnis zwischen elektrischer Energie und Licht noch nicht genau festgestellt wurde, führt man für den Lichtbogen und das Glühlicht den spezifischen Energieverbrauch für die HK mittlerer räumlicher Lichtstärke ein. Dieses Verhältnis ist $J_\bigcirc/W$. Seinen reziproken Wert $O = W/J_\bigcirc$ hat man unlogischerweise als Ökonomie bezeichnet. Nach

142   Die elektrischen Lichtquellen.

dieser Ausdrucksweise wird eine Lampe um so ökonomischer arbeiten, je kleiner der Wert für ihre Ökonomie ausfällt. Der Gesamtwirkungsgrad $\eta_{\text{total}} = \text{L}/\text{W} = \text{L}/\text{J}_\circ : \text{W}/\text{J}_\circ$ läßt sich auch als Quotient aus dem Verhältnis $\text{L}/\text{J}_\circ = \text{A}$ zur Ökonomie $\text{W}/\text{J}_\circ = \text{O}$ ausdrücken. Man nennt $\text{L}/\text{J}_\circ$ das räumliche, $\text{A} = \varLambda/\text{J}_\circ$ das mittlere sphärische Äquivalent des Lichts. Für die Hefnerlampe mit $\text{J}_h = 1$ ist die auf 1 cm² in 1 m wagrechten Abstand entfallende räumliche Gesamtstrahlung zu

$$\varSigma = 21{,}4 \cdot 10^{-6} \frac{\text{g Kal}}{\text{sek} \cdot \text{cm}^2} = 892 \cdot 10^{-7} \frac{\text{W}}{\text{cm}^2},$$

die leuchtende Strahlung zu

$$\varLambda = 20{,}6 \cdot 10^{-8} \frac{\text{g Kal}}{\text{sek} \cdot \text{cm}^2} = 8{,}57 \cdot 10^{-7} \frac{\text{W}}{\text{cm}^2}$$

und der optische Wirkungsgrad $\eta = \varLambda/\varSigma = 0{,}96\,\%$ bestimmt worden[1]. Ihre absolute Temperatur beträgt 1825⁰ C. Bei dieser Temperatur der Lichtquelle entspricht also die Einheit der Flächenhelligkeit, ein Lux, dem Äquivalentwert A = 8,57 Erg/cm². Die gesamte sichtbare Strahlung der HK ist also $\text{L}_h = 0{,}1076$ W. Für jede Lichtquelle, die unter denselben Verhältnissen strahlt wie die Hefnerlampe, ist also der gesamte Wirkungsgrad $\eta_{\text{total}} = \dfrac{\text{L}_h}{\text{W}/\text{J}_\circ} = \dfrac{\text{L}_h}{\text{O}}$. Dies ergäbe z. B. für eine Glühlampe mit O = 3 W/HK $\eta_{\text{total}} = 10{,}76 : 3 = 3{,}55\,\%$, für eine Quecksilberdampflampe mit O = 0,4 W/HK sogar $\eta_{\text{total}} = 10{,}76 : 0{,}4 = 21{,}9\,\%$. Die Voraussetzung gleicher Verhältnisse ist jedoch nicht zutreffend.

Für höhere Temperaturen sinkt der Äquivalentwert A stark; etwas oberhalb 6000⁰ ist er am kleinsten[2]. Dies würde also auf die Zwecklosigkeit einer weiteren Temperatursteigerung, selbst wenn sie möglich wäre, hinweisen. Gleiches folgt auch schon aus dem Wienschen Gesetz $\lambda_m \text{T} =$ konstant, da bei sehr hohen Temperaturen der größte Energiebetrag immer mehr nach den physiologisch wenig wirksamen Strahlen sich verschiebt.

Die überaus starke Zunahme der Lichtstärke $\text{J}_\circ/\text{mm}^2$ oder der Flächenhelle eines strahlenden Körpers und die damit gepaarte Abnahme des Lichtäquivalents A sind aus der folgenden, von Schaum[3] aus Eislers Beobachtungen berechneten Zahlentafel ersichtlich.

---

[1] Knut Angström, Phys. Rev. 1903, 17, S. 302.
[2] H. Eisler, ETZ 1904 S. 188, 443.
[3] K. Schaum, Zeitschr. f. wissenschaftl. Photographie 1904, II, S. 389.

Wirkungsgrad der Lichtquellen. 143

$T_{abs.}$ Temp. in Graden	800	1000	1500	2000	3000	4000	6000
Glanz in HK/mm²	$1{,}94 \cdot 10^{-9}$	$1{,}94 \cdot 10^{-6}$	$6{,}4 \cdot 10^{-3}$	$4{,}04 \cdot 10^{-1}$	32	303	2950,0
A in Erg/cm² sek	258	77	17,5	7,0	3,58	2,70	1,93

Da Eislers Zahlen auf Langleys Messungen beruhen, sind infolge des Purkinjeschen Phänomens die Zahlen für den Glanz bei hohen Temperaturen vermutlich zu groß, bei geringen zu klein.

Sind Lichtäquivalent A und Ökonomie O für einen bestimmten Körper bekannt, so kann man daraus den Gesamtwirkungsgrad η_{total} berechnen und für bekannten optischen Wirkungsgrad η auch den Wirkungsgrad der Strahlung ermitteln.

Denn es ist mit Berücksichtigung von $L = 4\pi 100^2 A$

$$\psi = \frac{1}{\eta}\frac{L}{W} = \frac{1}{\eta}\frac{L}{J_\odot}\frac{J_\odot}{W} = \frac{4\pi 100^2}{\eta}\frac{A}{O}.$$

Die Grenzen, innerhalb deren ψ für die verschiedenen Lampenarten sich bewegt, sind etwa 50 und 75%. Für genauere Ermittlungen bei den einzelnen Lampenarten ist das vorliegende Beobachtungsmaterial nicht ausreichend. Rechnet man für eine Kohlenglühlampe mit O = 3 W/HK als absolute Temperatur annähernd 2000°, als optischen Wirkungsgrad 4%, dann wäre $A \simeq 7 \cdot 10^{-7}$

$$\psi = \frac{4\pi 100^2}{0{,}04}\frac{7 \cdot 10^{-7}}{3} \simeq 73\%. \quad \eta_{total} = 4 \cdot 0{,}73 = 2{,}93\%.$$

Dieser Wirkungsgrad der Strahlung muß vor allem von der spektralen Verteilung des vom strahlenden Körper ausgesandten Lichts abhängen. Er spielt z. B. eine besondere Rolle bei den Zusätzen zu den Kohlenstiften der Bogenlampen, die ohne Temperaturerhöhung erheblich mehr Licht liefern als gewöhnliche Kohlenstifte. Durch Einführung geeigneter Salze wie Fluorkalzium, Lithium, Strontium usw. werden technisch günstigere Leuchtstoffe zum Leuchten gebracht. Die Salzdämpfe senden kein kontinuierliches Spektrum aus, sondern vornehmlich farbiges Licht in dem für unsere Augen vorteilhaftesten Gebiete und nähern sich dadurch dem Leuchten farbiger Dämpfe durch Lumineszenz. Der höchste Gesamtwirkungsgrad wird sich dort ergeben, wo bei hoher Temperatur der optische Wirkungsgrad η und durch Verwendung glücklich gewählter Strahler auch der Wirkungsgrad der Strahlung ψ hoch liegt. Die optischen Wirkungsgrade lassen sich zum Teil aus Weddings Messungen, wie folgt, berechnen:

144   Die elektrischen Lichtquellen.

	Lichtstärke in HK$_\bigcirc$	W/HK$_\bigcirc$	Optischer Wirkungsgrad %
Kohlenglühlampe	34,6	3,0	3,93
Kohlenglühlampe	12,8	4,62	3,5
Nernstlampe	113	1,89	6,4
Osmiumlampe	31,4	1,55	7,7
Lichtbogen zwischen Homogenkohlen	—	0,5	10—15
Lichtbogen zwischen Flammkohlen	—	0,234	20—25
Quecksilberbogen[1])	—	0,4—0,6	40,9—47,9

Die Nernstlampe[2]) und die Osmiumlampe haben für gewisse Temperaturen im Grün eine selektive Emission. Bei den Glühlampen sind die gesamte und die leuchtende Strahlung nach verschiedenen Richtungen des Raumes hin verschieden groß; trotzdem bleibt der Wirkungsgrad annähernd konstant und gleich dem Wert des räumlichen optischen Wirkungsgrades. Fig. 105 stellt in der großen, stark ausgezogenen Linie die gesamte Strahlung der Osmiumlampe nach verschiedenen Richtungen, in der kleinen starken Linie innen die leuchtende Strahlung dar; der sphärische Wirkungsgrad von 7,7 % ist durch den Halbkreis angedeutet. Die Punkte beziehen sich auf die optischen Wirkungsgrade nach verschiedenen Richtungen. Stärkere Abweichungen werden nur durch Reflexe an der Glaswand, durch die Spitze und den Fuß der Lampe verursacht. Die in die nämliche Figur eingetragenen dünnen Linien sowie der Halbkreis entsprechend 3,5 % und die Kreuze beziehen sich auf die gesamte und leuchtende Strahlung und den optischen Wirkungsgrad der zweiten Kohlenfadenlampe der vorigen Tabelle. Die Verhältnisse der darin enthaltenen Glühlampen sind hier noch eingehender zusammengestellt. Die folgende Zahlentafel enthält deren wagrecht ausgestrahlte Lichtstärke J_h, ihr Verhältnis zur räumlichen $J_\bigcirc/J_h$, die W/HK$_h$, den optischen Wirkungsgrad für Neigungen unter 0, 70, 90 und 110° und das Verhältnis des nach unten entwickelten Lichtstromes zu dem nach oben ausgesandten $\Phi_u : \Phi_o$.

Lampe	J_h in HK$_h$	$J_h/J_\bigcirc$	W/HK$_h$	Optischer Wirkungsgrad					$\Phi_u : \Phi_o$
				0°	70°	90°	110°	sphär.	
Kohlenfaden	18,3	0,70	3,39	2,84	3,33	3,44	3,70	3,50	1 : 1,03
Kohlenfaden	43,8	0,79	2,376	4,0	4,0	4,05	4,30	3,92	1 : 1,10
Nernst	184,5	0,61	1,555	5,4	8,26	7,96	6,86	6,4	1 : 1,04
Osmium	42,3	0,74	1,15	2,21	8,05	7,48	7,97	7,7	1 : 1,42

---

[1]) Nach W. G. Geer, Phys. Review, Febr. 1903.
[2]) F. Kurlbaum u. G. Schulze, Berichte d. deutschen phys. Ges. 1903 S. 428.

Der optische Wirkungsgrad weist also für alle Glühlampen die höchsten Werte in der Nähe der Wagrechten auf, weil nach diesen Richtungen auch die größte Lichtausstrahlung erfolgt. Die nach oben ausgesandte Lichtströmung ist stets etwas größer als die nach unten gehende. Das Verhältnis liegt für die meisten Lampen zwischen 1 und 1,1, ändert sich aber mit der Birnenform, Fig. 28 bis 31 S. 38. Die räumliche Lichtstärke beträgt zwischen 0,6 und 0,8 der wagrechten.

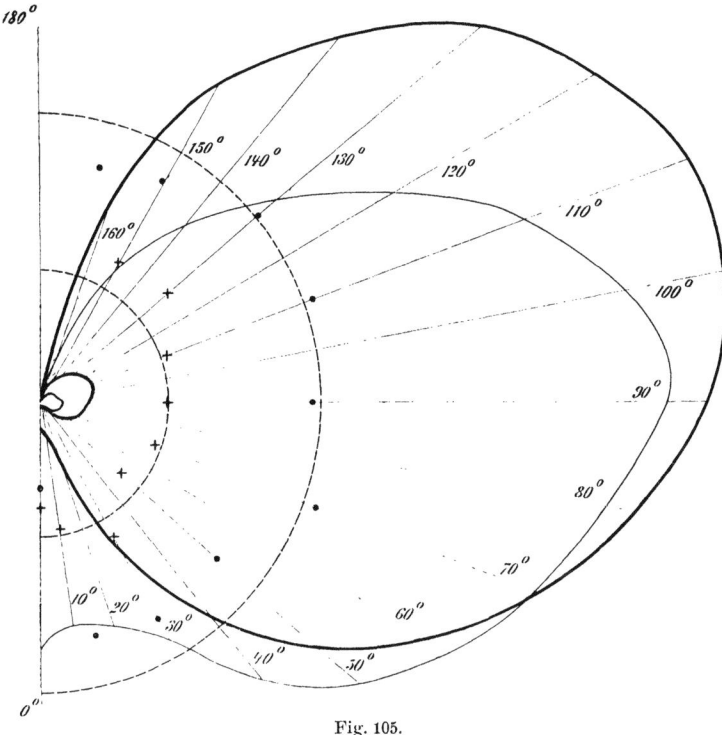

Fig. 105.

Optischer Wirkungsgrad und spezifischer Energieverbrauch hängen bei den im Vakuum arbeitenden Lampen in hohem Maße von der Güte dieses Vakuums ab. Bei der nämlichen Lampe steigt der Wirkungsgrad und die Zahl der HK/W mit steigender Klemmenspannung. Da jedoch dabei die Strahlen kürzerer Wellenlänge mehr und mehr überwiegen, decken sich diese beiden Verhältnisse nicht vollkommen.

Beim Lichtbogen ändern sich der optische Wirkungsgrad und der spezifische Energieverbrauch für verschiedene Richtungen; so fand Nakano für eine Gleichstrombogenlampe von 9 A bei 45 V Klemmenspannung je nach der Richtung des Lichtstrahles zwischen 5 % und

15%, im Mittel etwa 10% Wirkungsgrad. Beide hängen beim nackten Bogen von den Abmessungen und der Güte der Kohlenstäbe, von ihrem Gehalt an Metallsalzen und von der Luftzufuhr und dem Luftdrucke ab. Beim Gleich- und Wechselstrombogen steigt der Wirkungsgrad mit abnehmendem Durchmesser der Kohlenstäbe bis zu einem höchsten Werte, der bei Rotglut der ganzen Stäbe etwa erreicht wird. Bei weiterer Verminderung der Abmessungen sinkt der Wirkungsgrad wieder infolge dieser Erwärmung und der Wärmeabgabe an die umgebende Luft. Diese Wärmeabgabe tritt auch bei den Lichtbögen mit beschränktem Luftzutritt auf und beeinflußt den Wirkungsgrad ungünstig. Die Wahl der Kohlenstabdicke ist stets ein Abwägen zwischen höherer Lichtausbeute HK/W und verminderter Brenndauer. Beim Bogen zwischen Flammkohlen spielt die Tränkung und die Stellung dieser Kohlen deshalb eine große Rolle, weil hier der Lichtbogen selbst erheblich zur Lichtausstrahlung beiträgt. Man stellt deshalb aus früher erwähnten Gründen die Kohlen häufig seitlich nebeneinander. Auch beim Wechselstrombogen nimmt mit wachsender Bogenlänge der Lichtstrom zu, nach Erreichung eines höchsten Wertes aber wieder ab; ebenso verhält sich der Lichtstrom bei wachsender Stromdichte in den Kohlen. Eine Veränderung der Periodenzahl ist innerhalb der gebräuchlichen Grenzen nur von geringem Einfluß. Bei Erhöhung von 25 auf 200 Perioden nahm der Lichtstrom für Siemens A-Kohlen bei 33 V und 10 A um 20% ab. Dies rührt daher, daß mit der Periodenzahl auch die Länge des Bogens, und zwar von 1 mm bei 25 auf $3^1/_4$ mm bei 200 Perioden wächst, und daß hierbei die günstigste Bogenlänge bereits überschritten war.

Die Kurvenform der EMK muß Einfluß auf die Lichtwirkung ausüben, da die Temperatur der Kraterflächen mit der Dauer der Erlöschungen abnimmt. Bei spitzer Kurve sind diese länger als bei rechtwinklig verlaufender; da aber der Bogen selbst die Form der Kurve der Klemmspannung verzerrt, so dreht es sich weniger um die Form der Klemmspannungskurve als um jene des Stromes.

Der Wirkungsgrad und die Lichtausbeute der ganzen Bogenlampe hängt von ihrer Schaltung im Stromkreise, von der Größe des Ballastwiderstandes und den Eigenschaften der verwendeten Glocken und Schirme ab; sie sollen später behandelt werden.

Bei der Quecksilberdampflampe beeinflussen die Anwesenheit fremder Gase und die Dämpfe, der Gasdruck des Quecksilberdampfes und die Güte des Vakuums den optischen Wirkungsgrad und die Lichtausbeute in hohem Maße.

Farbe der Lichtquellen. Da bei den reinen Temperaturstrahlern, wie z. B. den Kohlen- und Metallfadenlampen, die Intensität der Strahlen kürzerer Wellenlänge mit steigender Temperatur stärker zunimmt als die der roten Strahlen, müssen solche Körper mit höherer Temperatur bläulich erscheinen. Es besteht also ein mittelbarer Zusammenhang zwischen Wirkungsgrad und Farbe.

Die Sonne als der heißeste Temperaturstrahler muß also mehr blaue Strahlen aufweisen als etwa das Bogenlicht, dieses mehr als das Glühlicht. In der Beurteilung der künstlichen Beleuchtung spielt die Gewöhnung des Auges eine mächtige Rolle. Trotzdem das Bogenlicht am meisten dem Tageslicht ähnelt, erschien es bei seiner anfänglichen Einführung blau und ließ die Farbentöne kälter erscheinen. Dies kam daher, daß unser Auge durch die stark gelben Flammen der Kerzen, Petroleum- oder alten Gasbrenner zu einer falschen Vorstellung über weißes Licht nach Eintritt der Dämmerung verführt wurde. Das weißeste Ding, das wir nach der Dämmerung noch erblicken konnten, war ein von diesen Flammen gelblich beleuchtetes Blatt weißen Papiers. Betrachtete man dann ein tatsächlich weißeres Licht, so mußte es uns natürlich bläulich und kalt erscheinen. Es ging uns eben wie unsern Vätern bei der Einführung des Gaslichtes, über welches Desormes 1819 schrieb: „Das Licht ist von einer unangenehm gelben Farbe, die vollständig verschieden ist von der warmen roten Glut der Öllampe; es ist von einer blendenden Helligkeit; seine Verteilung wird unregelmäßig und unmöglich sein, und es wird sich viel teurer als Ölbeleuchtung stellen." Seitdem sind durch Einführung der selektiv strahlenden Auerstrümpfe in der Gastechnik und durch die neueren Fortschritte im Glüh- und Bogenlicht unsere Augen an andersfarbige Lichtquellen gewöhnt worden, die zum Teil wieder in anderer Hinsicht sich vom weißen Licht entfernen. Eine feste Norm für weißes Licht gibt es nicht. Die spektrale Verteilung des Tageslichtes ändert sich mit der Bewölkung; der blaue Himmel, Fig. 106, Linie I, liefert mehr, das Sonnenlicht II weniger an blauen Strahlen als der bedeckte Himmel 00. Wird sein Licht als Einheit für alle Farben angenommen und auf die Lichtstärke im Gelbgrün, $\lambda = 0,56$, bezogen, dann zeigt diese Darstellung weiter, daß der Lichtbogen zwischen Homogenkohlen III, das Kohlenglühlicht IV, das Bremerlicht V und das Licht der Nernstlampe sowie der Tantal- und Osmiumlampe VI einen Überschuß an roten und einen Mangel an blauen Strahlen aufweisen, also gegenüber dem Tageslicht rötlich erscheinen, während die weißen Effektkohlen VII nur wenig, und zwar im Blau 5 %, im Grün 21 %, im Rot — 3 %, in der spektralen Lichtverteilung nach Blau hin vom Tageslicht abweichen[1]).

Bei den reinen Temperaturstrahlern, dem Glüh- und Bogenlicht und dem Sonnenlicht, nimmt die Intensität der Strahlen kürzerer Wellen-

---

[1]) W. Voege, Journ. f. Gasb. u. Wasservers. 1905 S. 513; Frl. E. Köttgen, Wiedem. Ann. 53 S. 807, 1893.

148　Die elektrischen Lichtquellen.

länge mit steigender Temperatur zu als die der roten Strahlen. Nur bei der Os-Lampe scheint der anormal hohe Wert im Rot auf selektive Strahlung hinzuweisen. Ausgesprochen diskontinuierliches Spektrum haben Bremer-, Flammbogen- und Quecksilberlampe. Der letzteren fehlen rote Strahlen so vollkommen, daß rote Körper dunkelbraun bis schwarz, gelbe rein grün erscheinen. Diesem ausgesprochenen Mangel der Quecksilberbogenlampe kann durch Beimengung von etwas Zink gesteuert werden. Zur Saalbeleuchtung ist sie unverwendbar, weil alle fleischfarbenen Töne, besonders die tiefer gefärbten Stellen der Wangen, Lippen, Nasenflügel und Ohren, wie mit graphitischem Überzug bedeckt erscheinen.

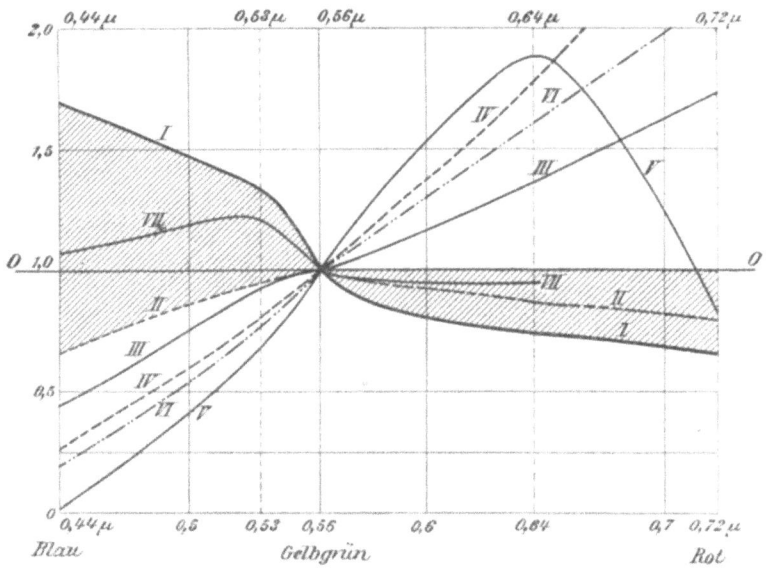

Fig. 106.

Lichtschirme oder andere Zerstreuer beeinflussen gleichfalls die Farbe. Selbst eine mattierte Glasglocke verändert durch Absorption der blauen Strahlen das Licht und läßt es rötlicher erscheinen, wie die nachstehende Beobachtung an Kohlenglühlampen zeigt.

	Mit Klarglas	Mit Mattglas
Blau	1	0,77
Grün	1	0,97
Gelbgrün	1	1,00
Rot	1	1,24

Hinsichtlich der Farbenunterscheidung ist dasjenige Licht am wertvollsten, das der Zusammensetzung des Tageslichtes am nächsten

Lichtvermittler. 149

kommt. Das ist heute der Lichtbogen zwischen weißen Effektkohlen. Aber der Wert einer Lichtquelle wird auch noch von vielen anderen Faktoren bestimmt, so z. B. von ihrer Flächenhelle, die nicht zu groß sein darf, da sonst physiologische Ermüdungen auftreten. Jeder Fortschritt in der Beleuchtung hatte bisher die unsern Vorfahren unbekannte Lichtsucht gesteigert. Wird die Flächenhelle einer Lichtquelle oder die Beleuchtungsstärke einer beleuchteten Fläche über 0,75 HK/mm² getrieben, so stellt sich im Auge ein unbequemes Gefühl oder bei längerer Einwirkung sogar ein peinigender Schmerz der Blendung ein. Sie tritt um so rascher und stärker auf, je stärker die unmittelbar ins Auge gelangenden Lichtstrahlen sind, und je kleiner ihr Winkel mit der Sehachse ist. Die Hygiene des Auges erfordert helle Beleuchtung, um eine Ermüdung der Sehnerven zu verhüten, und den Fortfall jeder Blendung. Der Arbeitsplatz soll zwar hell beleuchtet sein, das Auge selbst aber soll von keinen unmittelbaren Strahlen getroffen werden. Deshalb werden die Lichtquellen für Arbeitstische oft mit Augenschützern versehen. Bei den Bogenlampen auf den Pariser Boulevards mußte man solche Vorrichtungen sogar noch oben anbringen, damit die Bewohner höherer Stockwerke ungeblendet blieben. Kann die Lichtquelle hoch genug aufgestellt werden, wie dies die später zu besprechende gleichmäßigere Bodenbeleuchtung ohnehin wünschenswert erscheinen läßt, so entfällt jede Blendung von selbst. Dies ist auch mit ein Grund, weshalb man Bogenlampen in Klarglasglocken auf Gleisanlagen häufig in 20 und mehr Meter Höhe errichtet. Im Gegensatz hierzu kann man häufig sehen, daß zur Erzielung besonders hoher Flächenhelle bei Effektbogenlampen die Glocken zu klein gewählt werden. Dies ist bei niedrig hängenden Lampen für die Augen schädlich.

13. Lichtvermittelnde Vorrichtungen.

Zu diesen Vorrichtungen gehören alle die Lichtquellen umgebenden Glasglocken, die Schirme, Schalen, Reflektoren und dioptrischen Gläser.

Die Kohlen- und Metallfadenglühlampen besitzen in ihrer Glasbirne eine unvermeidliche Veränderung der ursprünglichen Lichtstärkenverteilung, und zwar durch Absorption und Rückstrahlungen. An gewissen Punkten erscheinen, wie auch die Messungen von Lilienthal Seite 38 deutlich zeigen, Beeinflussungen der Lichtstärke durch Reflexe an den Glaswänden, von denen ein Teil als Hohlspiegel, der andere als Sammellinse wirken kann. Bei den Kohlenlichtbögen bedingt die Empfindlichkeit gegen Wind und Wetter sowie meistens der Schutz gegen abfallende glühende Teilchen die Anbringung einer Glocke. Gegen die Verwendung der Klarglasglocken spricht die zu hohe Helle der

Lichtquellen, welche bei der Glühlampe 0,3—0,5 HK/mm^2, beim positiven Krater der Bogenlampe über 100 HK/mm^2 betragen kann. Hierdurch wird das Auge gereizt, die Pupille verengert, und es tritt Blendung und Übermüdung ein. Klarglasglocken werden deshalb nur dort verwendet, wo die Lampe dem unmittelbaren Blick entzogen ist; dies bedingt Hochstellung der Glühlampen über die Augenhöhe und bei Gleichstrombogenlampen mit klaren Glocken Höhen von 15—20 m. Die direkten Strahlen rufen helle Lichter aber auch scharfe Schlagschatten hervor und verursachen also große Unterschiede in der Flächenhelle. Der Verlust durch Absorption ist bei den Klarglasglocken klein, etwa 4—6 %; deshalb werden sie trotz der erwähnten Übelstände zur Beleuchtung von Straßen, Gleisanlagen und großen Plätzen vielfach verwendet.

Die Wirkung **lichtzerstreuender Glocken** beruht darauf, daß der durchgehende Strahl beim Austritt an der Körnung der Oberfläche nach allen Richtungen zerstreut wird. Alle Grade der Durchlässigkeit und Zerstreuung sind durch die Beschaffenheit des Glases zu erreichen. Klares Glas kann durch Sandstrahlgebläse oder Ätzung an der Oberfläche aufgerauht werden; oder es kann frostiges oder Eisglas mit zahllosen oberflächlichen Sprüngen und Rissen durch Abschrecken hergestellt werden. Die Birnen der Glühlampen werden oft mattiert, während Bogenlampenglocken aus Eisglas vorkommen. Den Nachteil dieser Gläser bilden die hohen Lichtverluste, die für Mattglas 10—20%, bei Eisglas sogar bis zu 40% ausmachen können, und leichte Ansammlung von Staub und Schmutz; ihr Vorteil besteht in der Abgleichung der Lichtausstrahlung und in der Vermeidung aller blendenden Glanzpunkte.

Die mattierte Glühlampe wird heiß, wodurch eine Verkürzung der Nutzbrenndauer sogar bis auf die Hälfte eintritt. Auch die Unterbringung einer Klarglaslampe in einer Mattglaskugel wirkt im gleichen Sinne. Säuregeätzte Gläser sollen geringere Verluste (9 bis 15%) aufweisen als im Sandstrahlgebläse mattierte (20 bis 30%); ihre Größe hängt in hohem Grade vom Korn der Mattierung ab. Die meisten lichtzerstreuenden Glocken für Bogenlampen bestehen entweder aus Opalglas, das durch die ganze Masse milchig ist (Alabasterglas), oder aus klarem, mit einer dünnen Schicht Opalglas überfangenen Glase, dem Opalinglas oder Opalüberfangglas. Der Lichtverlust ist bei den Opalinglocken, je nach der Dicke der Überfangschicht, 20 bis 40%. Besonders wichtig ist die Wirkung der Glocken bei den Dauerbrandlampen, da sie hier auch die Unstetigkeit der Lichtausstrahlung etwas mildern müssen. Man macht deshalb die innere Glocke stets, die äußere Glocke in vielen Fällen aus Opal- oder Opalinglas. Für Wechselstromlampen gelten dieselben Erwägungen, nur daß hier noch der später zu besprechende Innenreflektor hinzukommt.

Holophane Glocken.

Die Konstruktion von dioptrischen Vorrichtungen zur Erzielung einer gleichmäßigen Flächenbeleuchtung hat eine Reihe von Erfindern beschäftigt. Wenn eine ebene Kreisfläche durch eine senkrecht über ihrem Mittelpunkte befindliche gleichförmige Lichtquelle so zu beleuchten ist, daß Kreisringe von gleichem Flächeninhalte den gleichen Lichtstrom erhalten, so müssen die Halbmesser der Kreisringe wie $\sqrt{1}, \sqrt{2}, \sqrt{3}$.... wachsen; denn dann betragen die aufeinander folgenden Kreisflächen π, 2π, und ihre Unterschiede geben die Kreisringfläche π. Die Lichtstrahlen, welche von der Lichtquelle unter gleichen Winkeln gegeneinander ausgesandt werden, müssen demnach entsprechend den Strahlen zu diesen Kreisringen abgelenkt werden. So schlug Raffard 1881 zwei Scheiben mit aufeinander senkrecht stehenden Riffeln vor, während Trotter 1883 dieselbe Glasfläche auf beiden Seiten in senkrecht aufeinander stehenden Richtungen riffelte. Die Form dieser Einkerbungen war halbkreisförmig und zerstreute zu wenig; außerdem war der Verlust durch innere Spiegelung noch zu bedeutend. Frédureau und nach ihm Wahlström verwendeten prismatische oder parabolische Glaskörperchen auf der Außenseite der Gläser. Blondel und Psaroudaki haben 1892 Glasglocken mit Innen- und Außenriffeln unter dem Namen holophane Glocken mit großem Erfolg eingeführt.

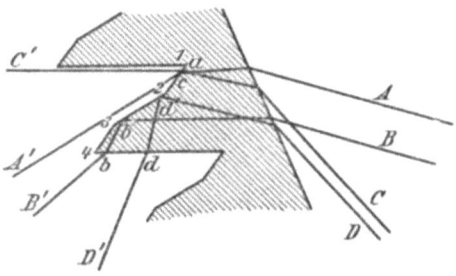

Fig. 107.

Die äußeren Riffeln führen im Längenkreis, die inneren im Breitenkreis, die Strahlen werden demnach durch die inneren nach der Senkrechten, durch die äußeren nach der Wagrechten hin aufgelöst. Spitze Winkel fehlen bei der Form der Einkerbungen (Fig. 107). Die Flächen dieser Einkerbungen bestehen aus zwei getrennten Teilen, von denen der eine 12, 34 die Strahlen bricht und austreten läßt, während der andere 23 sie ganz rückstrahlt, wie aus der stark (7 fach) vergrößerten Fig. 107 ersichtlich. Die Gläser werden in drei Formen durch Pressen in Stahlformen erzeugt. Die Riffelgröße beträgt etwa 3 mm. Eine Form wirft das Licht nur nach unten zur Tisch- und Pultbeleuchtung; die zweite dient zur Raumbeleuchtung, gibt Licht also nach allen Richtungen unter der wagrechten Ebene; während die dritte ihre stärkste Ausstrahlung in wagrechter Richtung und für große Räume und für Straßenbeleuchtung bestimmt ist. Die kleineren Kugeln tragen 30—50 Prismenflächen an der Außenseite mit zusammen 100—150 optischen Flächen; die größeren haben bis zu 400 Flächen. Die Profile sind

152   Die elektrischen Lichtquellen.

genau berechnet, werden photographisch auf eine Stahlplatte übertragen, und danach wird die Matrize für die Presse hergestellt. Die Lichtverluste der Holophanglocken betragen 15—20 %; da sie genau für eine bestimmte Stellung der Lichtquelle berechnet sind, so ist auf die Ein-

Fig. 108.

haltung dieser Stellung zu achten; für Bogenlampen erfordert dies feste Brennpunkte, die heute meistens zu finden sind. Fig. 108 zeigt eine Deckenlampe zur allgemeinen Raumbeleuchtung, wie sie die Beleuchtungskörper-Gesellschaft mit b. H., Berlin, ausführt.

Lichtrückstrahler, Reflektoren. Schon im Jahre 1902 hatten Smethurst und Paul ein Patent auf die Anordnung eines Reflektors genommen, der durch geeignete

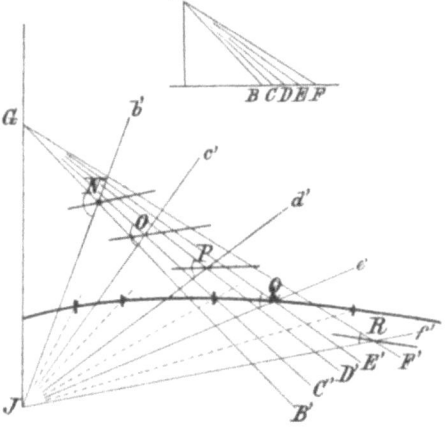

Fig. 109.

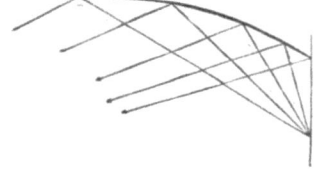

Fig. 110.

Strahlenablenkung eine gleichförmige Flächenbeleuchtung erzielen sollte. Um die Lichtverteilung zu verändern, werden Flächen benützt, an denen das Licht unter teilweiser Absorption nach gewünschten Richtungen hin zurückgeworfen wird. Die vollkommenste Rückstrahlung besorgt eine spiegelnde Fläche. Sie tut dies in regelmäßiger Form, indem die Rückstrahlen vom Spiegelbild auszugehen scheinen. Das Strahlenbündel, welches vom spiegelnden Punkt in das Auge des Beobachters gelangt,

Reflektoren. 153

ruft jedoch an der Spiegelfläche den fürs Auge lästigen Glanzpunkt hervor, weswegen die Verwendung spiegelnder Rückstrahler nur selten anzuraten ist. Weniger vollkommene Rückstrahler sind Schirme oder Reflektoren aus lichtundurchlässigem Metall mit weißem Emailbelag oder aus teilweise durchlässigem Porzellan oder Glas. Die mit einem dünnen Belage von Quecksilberamalgam oder von Silber versehenen Spiegel sind wenig beständig; auch Metallspiegel erblinden. Dagegen sind Porzellanschirme mit eingebranntem Platin dauerhaft. Gehen wir nun auf den Bau eines Reflektors ein, der die Beleuchtung entfernter liegender Bodenteile bei B, C, D in Fig. 109 zu verstärken hat.

Wir denken uns von der Lichtquelle A die Strahlen zu diesen Punkten gezogen; dieselben würden mit den Rückstrahlen des Reflektors zusammenfallen, sobald man annimmt, daß seine Größe zur Höhe über dem Fußboden verhältnismäßig gering ist. Von dem Punkte J gehen unter gleichen Winkeln gegeneinander die Lichtstrahlen Jb', Jc', Jd' aus, die Linien GB', GC' ... sind parallel zu den reflektierten Strahlen. Die Halbierungswinkel von JNG, JOG etc. müssen demnach parallel zu den Elementen der gesuchten Reflektorlinie sein, die sich danach unmitelbar zeichnen läßt. Man erhält eine nach außen gekrümmte Form, deren Größe wesentlich von der Entfernung des Reflektors von der Lichtquelle oder der leuchtenden Glocke abhängt. Für den Fall, daß die Entfernung zweier Straßenlampen das $5\frac{1}{2}$ fache ihrer Höhe beträgt, nimmt der Reflektor die Form wie in Fig. 110 an.

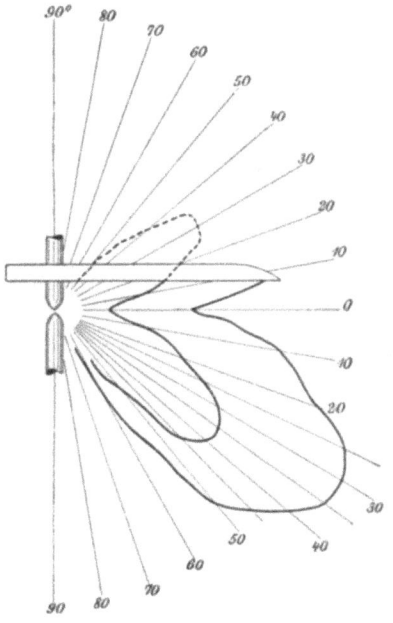

Fig. 111.

Die Anwendung eines Reflektors zur Erzielung gleichförmigerer Bodenhelligkeit hat bei solchen Lichtquellen einen Zweck, deren Lichtstrom in der oberen Halbkugel groß ist. Bei Wechselstromlampen wird demgemäß ein kleiner Innenreflektor nahe über dem Bogen angebracht (Fig. 111). Für Straßenglühlampen hat sich der in Fig. 112 ersichtliche Reflektorschirm gut eingebürgert. Oft wird seine Achse geneigt, um die Lichtstrahlung von seiner Befestigungsstelle weg gegen die Mitte der Straße zu begünstigen.

154 Die elektrischen Lichtquellen.

Man kann entweder ganz indirektes Licht von einer Lichtquelle beanspruchen oder nur zum Teil indirektes, je nach dem Zweck der Beleuchtung und den Eigenschaften der Lichtquelle. Um den direkten Lichtkegel abzuhalten, kann man einen unteren Schirm anwenden, der die direkten Strahlen abblendet und zugleich als Rückstrahler wirkt. Die Lichtstrahlen des übrigen Raumwinkels werden von einem oberen Reflektor empfangen und abgelenkt. Der untere Schirm wirkt als Augenschützer oder -schoner; bei tiefstehenden Lampen ist der untere Schirm überflüssig. Den Schutz besorgt dann der obere Schirm allein,

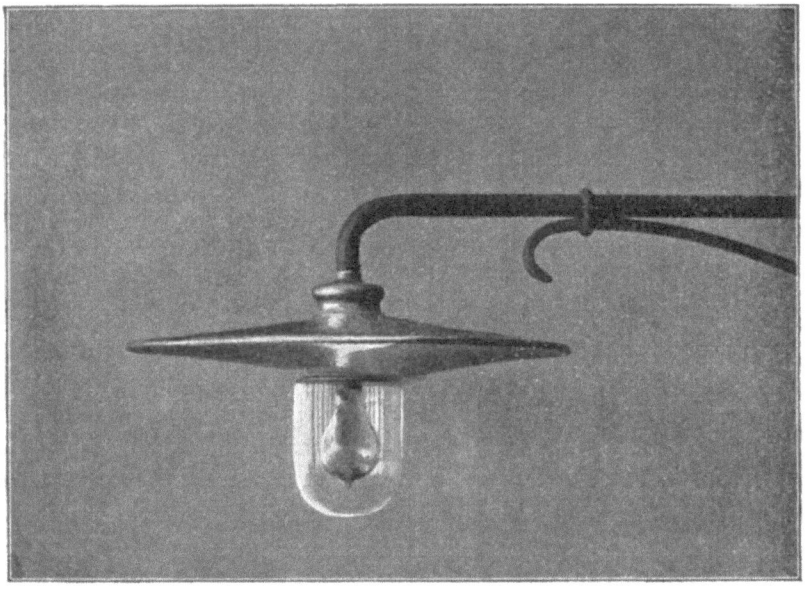

Fig. 112.

der durch Behänge, etwa aus Glasperlen, verlängert werden kann. Der eine oder andere Reflektor wird dort entbehrlich, wo die Lampe selbst im Innern dafür vorgesorgt hat. Dies ist der Fall beim positiven Krater der Gleichstromlampe oder beim Innenreflektor der Wechselstromlampe. Der obere Reflektor kann auch zur Erhöhung der Zerstreuung gewellt sein, wie dies die General Electric Co. für Dauerbrandlampen nach Fig. 113 durchgebildet hat. Der untere Milchglasschirm dient dem doppelten Zweck, das Licht zu dämpfen, und einen Teil nach oben an den Metallreflektor zu richten.

Die Beleuchtung der zuerst genannten durchsichtigen oder durchscheinenden Vorrichtungen wird als direkte bezeichnet; diejenige von

Indirekte Beleuchtung. 155

lichtundurchlässigen, nur rückstrahlenden Vorrichtungen als indirekte. Treten jedoch beide Wirkungen zugleich auf, so hat man es mit halbindirekter oder gemischter Beleuchtung zu tun.

Mittelbare oder indirekte Beleuchtung mit normal oder umgekehrt stehenden Kohlen. Die vollkommenste Art der indirekten Beleuchtung erreicht man durch den positiven unteren Krater des Bogenlichtes. Bei ihm wird das Licht, ehe es nutzbar wird, nur einmal zurückgestrahlt. Bei normal stehenden Kohlen ist zur Bodenbeleuchtung doppelte Reflexion erforderlich und es tritt somit größerer Verlust ein. Die Güte einer Beleuchtung, für die ja ein scharfes Maß fehlt, hängt

Fig. 113.

nicht nur von der erzielten Beleuchtungsstärke, sondern in hohem Maße auch von der erzielten Lichtzerstreuung (Diffusion) ab. Je stärker die unregelmäßige Zerstreuung, desto schwächer sind die Schlag- und Halbschatten der beleuchteten Gegenstände. Als erstrebenswertes Vorbild mag das zerstreute Tageslicht bei bedecktem Himmel dienen, das keinerlei seitliche Schatten liefert. Dies ist besonders wichtig in Arbeitsräumen, Schulzimmern, Zeichensälen. Die Schattenbildung der schreibenden Hand verursacht bei direkter Beleuchtung um ein Drittel größeren Verlust als bei indirekter. Der nackte Bogen liefert von diesem Gesichtspunkt aus das unvorteilhafteste Licht mit den schärfsten Schatten. Sein Licht kann durch lichtstreuende Glocken, noch mehr aber durch Verwendung zur indirekten Beleuchtung verbessert werden. Die indirekte Beleuchtung bei umgekehrt stehenden Kohlen ergibt dabei bei annähernd gleicher

Verteilung und Zerstreuung des Lichtes die höhere Nutzwirkung. Ihr würde also der Vorrang gebühren, wenn nicht durch abfallende Kohlenstückchen der negativen Oberkohle eine Unruhe des Bogens zeitweise aufträte. Die beim Abtropfen kleiner Schmelzkügelchen auftretende Verdampfung vermindert den Bogenwiderstand und löst das Triebwerk rasch aus. Es öffnet dann den Bogen zu weit und stellt sich nach einigen Schwankungen erst wieder ruhig ein. Diese Schwankungen sind belanglos für Spinnereien, Webereien, mechanische Werkstätten u. dergl., besonders wenn dort mehrere Lampen in einem Raume aufgestellt sind. Für Hörsäle, wo der Schatten des Lampenkopfes und -gestänges auf der Decke stören könnte, ist indirekte Beleuchtung mit normal stehenden Kohlen angezeigt.

Zur Erzeugung des indirekten Lichtes bei normal stehenden Kohlen wird unter dem Lichtbogen ein eiserner emaillierter Reflektor a, Fig. 114, angebracht. Seine Wände und Grundfläche b nehmen fast den ganzen Lichtstrom auf und senden ihn gegen die Decke, von wo das Licht in hohem Grade diffus zerstreut in den zu beleuchtenden Raum gelangt. Eine gut reflektierende, am besten matt weiß gestrichene Decke und helle Wände sind bei dieser Beleuchtung unentbehrlich.

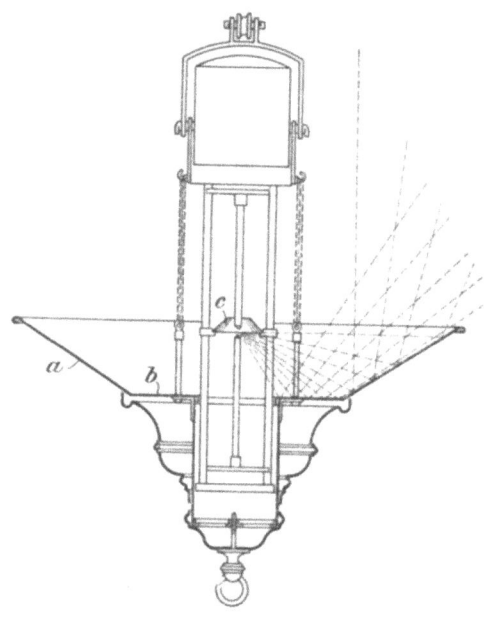

Fig. 114.

Um eine direkte Beleuchtung der oberen Wandflächen — verursacht durch die über die wagrechte Ebene hinausgehenden Lichtstrahlen — zu verhindern und somit einer an den Wänden erscheinenden Schattenbildung vorzubeugen, kann die zugehörige Lampe mit einer Blende c versehen werden, bei deren Anwendung ein allmählicher Übergang der Helligkeit der verschiedenen Reflexionszonen erzielt wird. Fig. 114 stellt eine Ausführung von Körting & Mathiesen, Leutzsch, dar. Bei Wechselstrombetrieb müssen die Blende c und der sonst übliche Sparer entfallen. Auch tritt dort häufig störendes Geräusch auf.

Fig. 115 u. 116 zeigen Decken-Reflektoren von Siemens & Halske in offener und geschlossener Form. Der offene Reflektor besteht aus

Invertierte Bogenlampen. 157

einem mittels Ketten an der Lampe befestigten, die untere Kohle umgebenden Mantel. Der geschlossene Reflektor ist zu wählen, wo die Lampen vor starker Zugluft geschützt werden müssen, sowie in staubigen Räumen; er ist nach oben durch Klarglasscheiben abgedeckt. Auch in feuergefährlichen Räumen, wie in Spinnereien, erfordert die indirekte Beleuchtung nach den Vorschriften der Feuerversicherungs-Gesellschaften einen abgeschlossenen Brennraum.

Invertierte Bogenlampen haben schon im Jahre 1881 bei der Pariser Ausstellung Anwendung gefunden. Dort war für einen weiß gehaltenen Innenraum eine Jasparlampe in einem Blumenarrangement mitten im Zimmer angeordnet, deren Licht vom positiven unteren Krater ausging.

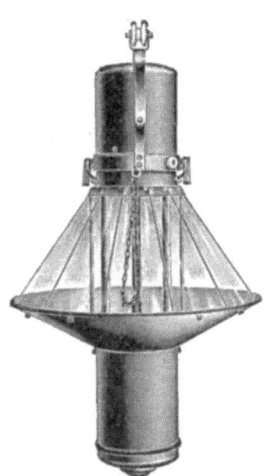

Der Reflektor für invertierte Bogenlampen soll einen großen Körperwinkel umfassen; die Betrachtung der Lichtstärkenverteilung eines Gleichstrombogens zeigt, daß unter Winkeln von mehr als 70^0 gegen die Achse der Kohlenstäbe nur wenig Licht ausgesandt wird. Ein Reflektor, der den ganzen innerhalb dieses Bereiches vorhandenen Lichtstrom umfaßt, sollte deshalb einen Körperwinkel von $0{,}684\,\pi$ umschließen. Es sollte mit anderen Worten der Halbmesser des Reflektors theoretisch etwa dreimal größer sein als die Entfernung des Reflektors vom Bogen; praktisch aber wird man den Reflektor so groß als möglich machen, um Schattenwirkungen, besonders von der Lampe selbst herrührende, zu vermeiden. Dobson hat 1893 konische Reflektoren der Cie. Internationale d'Electricité, Lüttich, mit 630 mm Durchmesser mit gutem Erfolge zur Beleuchtung einer mit Maschinen und Transmissionen reich besetzten Werkstätte im Jahre 1893 verwendet. Lembert hat die invertierte Lampe als Stand- oder Kandelaberlampe zur Beleuchtung von Spinnereien etc. wieder aufgenommen. Diese von Körting & Mathiesen in den Handel gebrachte Lampe mit umgekehrt stehenden Kohlen ist auch für Sheddächer oder Kappengewölbe zur indirekten Beleuchtung gut verwendbar. Fig. 117 veranschaulicht den Strahlengang für den letztgenannten Fall. Will man für Färbereien oder Webereien den für unsere Augen bläulichen Schein des Bogenlichtes mildern, so kann man der rückstrahlenden Deckenfläche einen gelblichen Ton verleihen.

Fig. 115.

Fig. 116.

Die elektrischen Lichtquellen.

Halbindirekte Beleuchtung. Die halbindirekte Beleuchtung wird durch die Anwendung durchscheinender Lichtvermittler bewirkt; diese fangen den Lichtstrom auf, lassen einen Teil unter starker Streuung durch und strahlen einen kleineren Teil gegen die Decke oder besondere Reflektoren, von wo das Licht wieder nach unten geworfen wird. Im einfachsten Fall ist der untere Reflektor eine durchlässige Halbkugel

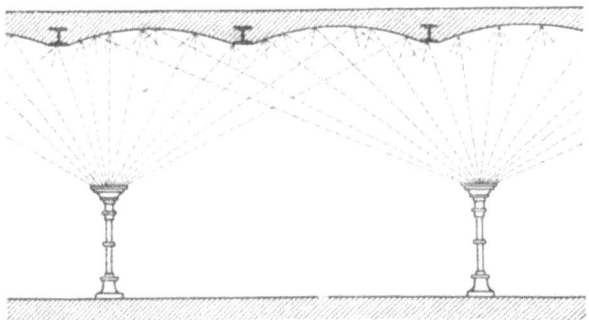

Fig. 117.

aus Opalin- oder Alabasterglas, der obere ein weiß emaillierter, weit geöffneter Metallschirm.

Elster hat versucht, durch einen Kranz von fächerartig zueinander gestellten Streifen aus schwach mattiertem Glase eine gleichförmige

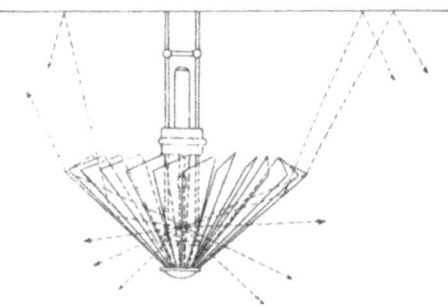

Fig. 118.

Lichtverteilung zu erreichen, welche insbesondere bei den Bogenlampen das Blenden verhindert, Fig. 118. Zwischen diesen einzelnen Streifen befinden sich zwar offene Spalten, doch sind die Streifen in solchen Winkeln zueinander angeordnet, daß die unmittelbaren Strahlen gänzlich vermieden werden, und die Beleuchtung nur durch rückgestrahlte oder beim Durchgange durch die mattierten Gläser abgeschwächte und zerstreute Strahlen erfolgt, wodurch eine milde Lichtwirkung erzielt wird.

Physiologische Wirkungen. 159

Der Oberlichtreflektor von Hrabowski, der in Fig. 119 abgebildet ist, besteht aus einem großen, flach glockenförmigen durchscheinenden Reflektor ABEF aus Leinwand, einer kleinen halbkugeligen Alabasterglocke L und einem Kristallglasring G von dreieckigem Querschnitt. Der große Reflektor ist oberhalb der Lampe angebracht und fängt den oberen Teil der von ihr ausgesandten Lichtstrahlen auf, um ihn zerstreut nach unten zu werfen. Die Alabasterglocke umgibt den unteren Teil der Lampe und läßt die ihr zugesandten Lichtstrahlen zum Teil zerstreut durch, zum Teil wirft sie sie nach oben gegen den Leinwandreflektor. Der übrige und größte Teil des Lichtes geht durch den wenig unterhalb Brennpunkthöhe angebrachten Glasring und wird dabei so abgelenkt, daß er ebenfalls den Leinwandreflektor trifft. Die nach unten erzielte Wirkung des Reflektors wiegt bei weitem den Rückstrahlungsverlust

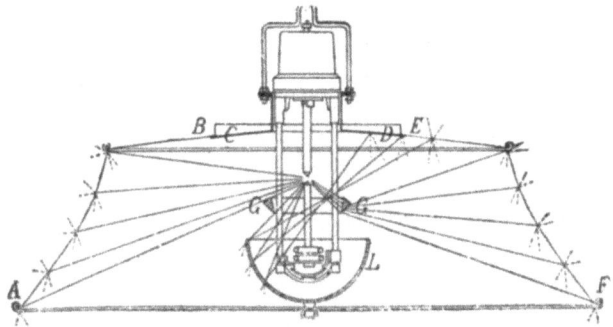

Fig. 119.

auf. Die Verstärkung der Bodenhelle wird das 2,5 fache gegenüber der durch Opalglaskugeln erzeugten betragen. Die Verteilung der Beleuchtung, die sich nach Ausdehnung der beleuchteten Fläche, nach der Schirmgröße und der Aufhänghöhe richtet, ist gleichförmig. Die Schatten erscheinen weich wie bei zerstreutem Tageslicht. Die Vorrichtung erheischt zur vollen Wirksamkeit keine weißen Wände oder Decke.

Physiologische Wirkungen der Lichtvermittler. Alle Lichtvermittler verändern die spektrale Zusammensetzung der Strahlung, da Glas sowohl die längsten Wellen oberhalb 2 μ als die kürzesten unterhalb 0,4 μ absorbiert. Aber auch innerhalb des viel engeren sichtbaren Bereiches von 0,4—0,8 μ verändern sie die Verteilung und damit die Farbe des Lichts. Eine mattierte Glasbirne läßt das Licht einer Fadenglüh- oder Nernstlampe, da sie die blauen Strahlen zurückhält, rötlicher erscheinen. Nimmt man die Ausstrahlung einer Kohlenglühlampe mit Klarglasglocke in den verschiedenen Teilen des Spektrums als Vergleichseinheit, dann erhält man nach Voege folgende Werte:

Die elektrischen Lichtquellen.

	Elektrische Kohlenglühlampe		Nernstlampe	
	Klarglas	Mattglas	Klarglas	Mattglas
Blau	1	0,77	1,20	1,01
Grün	1	0,97	1,06	0,94
Gelbgrün . . .	1	1,00	1,00	1,00
Rot	1	1,24	0,89	0,84
Äußerstes Rot .	1	—	0,79	—

Die Bewahrung vor kurzen aktinischen und langen Wärmestrahlen schützt die Augen und Gesichtshaut. Die Flächenhelle (oder Glanz) beträgt am positiven Krater des Gleichstrombogens mehr als 100 HK/mm². Es seien die Flächenhellen verschiedener Lichtquellen hier angeführt:

HK/mm²

Sonne im Zenit	900—1000
Sonne bei 30° Höhe . . .	800
Sonne am Horizont . . .	3
Bogenlicht	15—150 (höchstens 300 im posit. Krater)
Nernstbrenner	1,5 (ohne Glocke)
Glühlampe	0,3—0,5
Schmelz. Platin	0,185
Geschl. Bogen	0,12—0,15 (Opalglocke innen)
Petroleumlampe	0,006—0,012
Auerbrenner	0,03—0,04
Kerze	0,005—0,006
Gasbrenner	0,005—0,012
Matte Glühlampe	0,003—0,008

Aus physiologischen Gründen dürfen auf das Auge unmittelbar wirkende Lichtquellen nur 0,75 HK/mm² haben. Ist die Flächenhelle größer, so sind sie entweder dem Gesichtsfeld zu entrücken oder abzublenden. Gegen diesen Grundsatz verstoßen häufig zu niedrig angebrachte Straßenlampen und Schaufensterbeleuchtungen. Ihm entsprechen die an Tisch-Stehlampen meist angebrachten Schirme.

Grün überfangene Schirme werden für Arbeits- und Studierlampen sehr empfohlen, da sie den Arbeitstisch und das Papier mit unmittelbarem Lichte erhellen, in den übrigen dagegen schwach abgedunkeltes Licht lassen und dadurch dem hier und da aufblickenden Auge Erholung gestatten. Uneingeschränkt scheint dieser Nutzen doch nicht zu sein; denn es gibt Leute, die grüne Glocken unerträglich finden. Der Grund für diese Erscheinung liegt im schnellen Wechsel von Hell und Dunkel, dem das Auge dabei häufig ausgesetzt ist, und der damit verbundenen

Scheinwerfer. 161

krampfartigen Erweiterung und Zusammenziehung der Pupille. Im Krankenzimmer dagegen, wo die Wirkung des schnell wechselnden Gegensatzes entfällt, und nur die sanfte Abtönung des grellen Lichtes zur Geltung kommt, wird der grüne Lampenschirm seine Berechtigung wohl behalten.

Ähnliche Erwägungen gelten auch in erhöhtem Maße für den Einfluß der Lichtvermittler auf die Farbe des Bogenlichts. Durch passende Wahl des Stoffs und der Farbe der Glocken und Schirme hat man es in der Hand, das zu bläuliche Licht der Reinkohlen zu mildern, was besonders beim Wechselstrombogen wichtig ist. Schon seit langen Jahren hat man nach Abneys Vorgang passend gefärbte Glocken und Glasschirme verwendet, um rein weißes Licht von annähernd der spektralen Zusammensetzung des diffusen Tageslichts zu erzielen. Dies ist wichtig, wo es auf genaue Farbenunterscheidung ankommt, z. B. in Gemäldegalerien und besonders in Farbenfabriken und Färbereien. Für die letzteren hat eine mit derartigem Schirm ausgerüstete Bogenlampe von Dufton Gardner Verbreitung erlangt. Neuerdings wird das gleiche mit weißen Flammkohlenstäben erreicht.

Wo die chemische Wirkung der Strahlen erwünscht ist wie beim Photographieren oder Lichtpausen, bei medizinischen Behandlungen usf., wird sich der nackte Bogen oder der mit Quarzglas umgebene empfehlen. Besonders reich an aktinischen Strahlen ist der Quecksilberbogen in Quarzglas. Seine Farbe macht ihn jedoch wenig zur allgemeinen Beleuchtung geeignet. In Zeichensälen, Druckereien oder dergl. ist die nur mit schwacher Flächenhelligkeit strahlende lange Röhre ohne weiteren Lichtvermittler oder allenfalls mit einem halbrunden Metallreflektor sehr am Platze. Er blendet zugleich die Lichtquelle dem Auge ab und reflektiert das Licht an die Decke oder die Wände, von wo es zerstreut zurückfällt. Eine leichte Tönung der Decken und Wände in hellen Leimfarben oder mit rauhen Stoffen kann die Farbe und Verteilung des rückgestrahlten Lichts verbessern.

14. Scheinwerfer.

Der elektrische Scheinwerfer dient zur Fernbeleuchtung. Er besteht aus einer Gleichstrombogenlampe, deren Strahlung nach gewünschter Richtung in einem Lichtsammler verstärkt wird. Metallspiegel verziehen sich infolge der großen Wärme, und Mangin griff daher 1876 zu Glasspiegellinsen, die auf der Rückseite versilbert waren. Die Firma Sautter Lemmonier in Paris brachte diese in den Handel und in allen Kriegsmarinen rasch zur Einführung. Im Jahre 1886 wurden durch Schuckert die

162   Die elektrischen Lichtquellen.

Schwierigkeiten in der Herstellung genau parabolischer Spiegel von geringer Glasdicke soweit überwunden, daß sie den Erschütterungen des Rückstoßes bei Lösung der Geschütze verläßlich standhielten. Diese Spiegel haben kleinere Brennweiten, sind anscheinend durch zwei parabolische Flächen begrenzt, fassen das Lichtbündel ohne Farbenzerstreuung schärfer zusammen als die älteren Kugelspiegel. Mangin benutzte eine Bogenlampe mit unter 60° gegen den Horizont geneigten Kohlenstäben, während Schuckert den Lichtbogen zwischen wagrechten Kohlenstäben entwickelt und ihn magnetisch nach unten zieht.

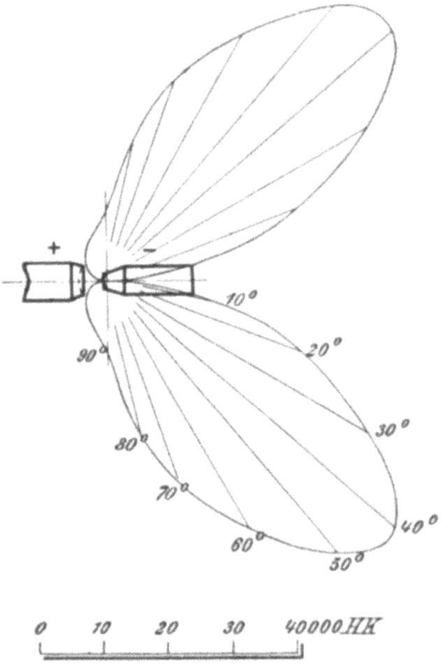

Die zur Erkennung ferner Gegenstände erforderliche Flächenhelle läßt sich aus dem Vergleich mit der Vollmondbeleuchtung, welche 0,16 MK beträgt, beurteilen. Um sie aus 1000 m Entfernung zu erhalten, muß eine Lichtstärke von 160 000 HK aufgewendet werden. Diese ließe sich ohne Verstärkung durch einen Lichtsammler nicht erzielen, denn ein Gleichstrombogen von 150 A 60 V erzeugt bei 23 mm Kraterdurchmesser der positiven Kohle die in Fig. 120 gegebene Lichtstärkenverteilung mit 58 000 HK als höchsten Wert. Selbst diese würde aber noch nicht genügen, weil bei unsichtigem Wetter Verluste bis zu 50 % auftreten können, ferner, weil das Auge des Beobachters durch Blendung infolge verirrtem hinteren Licht des Scheinwerfers und fremdem Nachbarlicht sowie aus dem Scheinwerferbündel selbst zur gleichen Erkennbarkeit etwa die doppelte Helle als jene des Abendlichtes erfordert. Im übrigen wird dieses Erfordernis mit dem jeweiligen Zwecke sich ändern müssen. Um Torpedoangriffe abzuwehren, wird eine geringere Beleuchtungsstärke genügen, als das Erkennen von Mannschaften auf Schanzen erheischt.

Fig. 120.

Denkt man sich eine punktförmige Lichtquelle von J HK im Brennpunkte O eines Parabolspiegels, Fig. 121, so würden alle auf ihn einfallenden Strahlen parallel zur Achse zurückgeworfen werden. Die zentrale Lichtströmung des Kohlenkraters wird durch den Spiegel in eine gleichförmige wie diejenige, die wir auf der Erde von der Sonne

Scheinwerfer. 163

genießen, umgewandelt. Dieses Parallelbündel zeigt demnach an allen Stellen auf senkrechten Schnitten gleiche Flächenhelle, welche jener des Spiegels selbst gleichkommt, sofern von Verlusten abgesehen wird. Hat der leuchtende Punkt eine ungleichmäßige Ausstrahlung von gegebener Lichtstärkenverteilung, so kann zu jeder Lichtstärke J die am Spiegel erzeugte Beleuchtungsstärke E und von dieser die zur Achse parallele Komponente ermittelt werden. Der Mittelwert aller Komponenten mit der Öffnungsfläche des Spiegels multipliziert, gibt die Lichtstärke des Scheinwerfers. Annähernd wird sie aus der mittleren Lichtstärke der Quelle J_1, bezogen auf den räumlichen Öffnungs- oder Nutzwinkel des

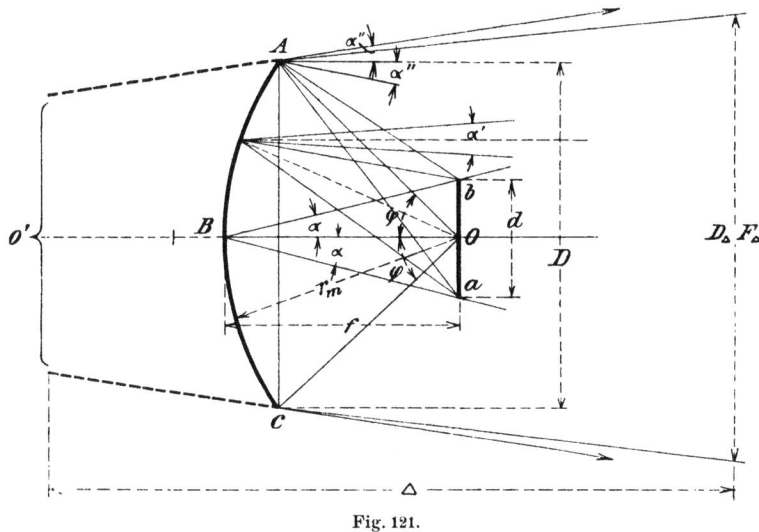

Fig. 121.

Spiegels, AOC, Fig. 121, und dem mittleren Fahrstrahl r_m durch $J_m = J_1/r_m^2$, von Verlusten abgesehen, gefunden werden können.

Die Lichtstärke müßte in der Achse selbst am größten sein, wenn nicht dort die Abblendung durch die Kohlen in Frage käme; sie werden gegen den Rand wegen größerem Fahrstrahl und schiefen Einfalls trotz wachsender Lichtstärke abnehmen. Hätte die Lichtquelle die Gestalt einer Kreisscheibe a b vom Durchmesser d, so wird jeder Punkt des Spiegels ABC die von a, b empfangenen Lichtstrahlen unter Winkeln α, α', α'' zu den Fahrstrahlen zurückwerfen. Bei B ist dieser Winkel am größten und am Rande A am kleinsten. Sehen wir jedoch von dem kleinen Unterschiede zwischen ihnen wegen der Kleinheit dieses Leuchtwinkels 2α von höchstens 3^0 ab, so setzt d das Auseinandergehen der äußersten Strahlen fest. Er bestimmt die durch die räumliche Aus-

11*

164 Die elektrischen Lichtquellen.

dehnung der Lichtquelle bedingte Streuung. Denkt man sich die zurückgeworfenen Strahlen hinterm Spiegel von einer eingebildeten Quelle O' hervorkommen, was beim hyperbolischen Spiegel vom leuchtenden Brennpunkt zum zweiten Brennpunkte als Scheinbild genau führen würde, so kann die Wirkung des Spiegels in der Umsetzung des dem Nutzwinkel 2φ entsprechenden Lichtstromes in einen von der neuen Scheinquelle O' unter dem Leuchtwinkel 2α hervorbrechenden angesehen werden. Es muß also der entsandte Lichtstrom, von Verlusten abgesehen, gleich dem zurückgeworfenen $J_L \cdot \widehat{\varphi} = J_R \cdot \widehat{\alpha}$ sein, wobei die Bögen die räumlichen Winkel bedeuten[1]).

In Wirklichkeit sind diese Strömungen nicht einfach zentrale, sondern sie setzen sich aus mannigfachen Strahlengruppen zusammen, und ein Scheinwerfer zeigt daher in seiner Nähe die verschiedenst gerichteten Strahlungen, so daß Gegenstände in der Nachbarschaft des Spiegels im Scheine keinen Schatten oder einen unbestimmten zeigen müssen. Das Verhältnis $\eta = J_R/J_L = \widehat{\varphi}/\widehat{\alpha}$ ist von Punkt zu Punkt des Spiegels verschieden groß. Nimmt man den mittleren Wert, so gibt er die mittlere Verstärkung des Spiegels an. Das Verhältnis der räumlichen Winkel ist aber:

$$\eta = \frac{1 - \cos\varphi}{1 - \cos\alpha} = \frac{2\sin^2 {}^1/_2\varphi}{2\sin^2 {}^1/_2\alpha}.$$

Da man für den Leuchtwinkel α etwa 3^0 und für den Nutzwinkel φ etwa 140^0 als obere Grenzen beim parabolischen Glasspiegel erreicht, so würde η rund das 2000fache betragen; durch Verkleinerung von α auf etwa 2^0 würde sie auf rund 4500 steigen. Der Ausdruck für diese Verstärkung läßt sich in roher Annäherung durch das Verhältnis der Quadrate von Krater zu Spiegeldurchmesser darstellen. Es ist nämlich:

$$\frac{1-\cos\varphi}{1-\cos\alpha} = \frac{1-(1-\sin^2\varphi)^{1/2}}{1-(1-\sin^2\alpha)^{1/2}} = \frac{1-(1-{}^1/_2\sin^2\varphi - {}^1/_8\sin^4\varphi - \ldots)}{1-(1-{}^1/_2\sin^2\alpha - {}^1/_8\sin^4\alpha - \ldots)} =$$

$$= \left(\frac{\sin\varphi}{\sin\alpha}\right)^2 + \left(\frac{\sin^2\varphi}{2\sin\alpha}\right)^2.$$

Das erste Glied wird durch D^2/d^2, das Verhältnis der Krater zur Spiegelöffnung, dargestellt. Es ist die Verstärkung, welche zweien ebenen Flächen des Spiegels und des Kraters zukäme, während das zweite Glied schon der Flächenkrümmung zuzuschreiben ist. Die Beleuchtungsstärke einer ebenen Fläche $F_\varDelta$ in der senkrechten Entfernung $\varDelta$

---

[1]) F. Nerz, Scheinwerfer und Fernbeleuchtung, Stuttgart. — A. Blondel und J. Rey, l'Eclairage électr. 1898.

Scheinwerfer. 165

vom Scheinwerfer würde bei der Absorption p der Luft pro Längeneinheit und dem Reflexionskoeffizienten der Ebene ρ betragen

$$E_\varDelta = \frac{\varrho \, J_1}{\varDelta^2 (1-p)^\varDelta} \quad \ldots \ldots \ldots 1)$$

Für die Entfernung $\varDelta$ des zu beleuchtenden Gegenstandes käme die Bildweite O' hinterm Spiegel in Rechnung. Dieses zusätzliche Stück hinterm Spiegel kann aber vernachlässigt werden. Bei einem Spiegel von 1500 mm Durchmesser, einem Leuchtwinkel von 2^0 wäre sie nur

$$\tfrac{1}{2} D : \text{tg} \, 1^0 = 0{,}75 : 0{,}0174 = 43 \text{ m}.$$

Die Torpedoboote werden natürlich so angestrichen, daß sie wenig Strahlen zurückwerfen, ρ also klein ist. Eine mattschwarze Farbe wäre deswegen am besten, da sie aber in hellen Nächten vom grauschwarzen Horizont sich zu stark abheben würde, so wählt man schwarzgrau, braun und schwarz.

Der Beobachter steht meist in der Nachbarschaft zum Scheinwerfer. Seine Entfernung vom Gegenstande sei $\varDelta_1$, dann wird auf der Netzhaut des Beobachters eine Beleuchtungsstärke des fernen beleuchteten Gegenstandes hervorgerufen, die gleich ist

$$E_a = \frac{\varrho \, J_\varDelta F_\varDelta}{\varDelta_1^2 \cdot (1-p)^{\varDelta_1}} \quad \ldots \ldots \ldots 2)$$

und durch Multiplikation von Gleichung 1) mit 2), wobei $E_\varDelta = \varrho \, J_\varDelta$ gesetzt wurde, findet sich

$$E_a = \frac{\varrho \, J_1 F_\varDelta}{\varDelta^2 \varDelta_1^2 (1-p)^{\varDelta + \varDelta_1}} \quad \ldots \ldots 3)$$

Je größer der Winkel des beleuchtenden Strahles zum Rückstrahle ist, desto günstiger ist dies für die Beobachtung. Die größten erreichbaren Entfernungen bezeichnet man als Reich- und Sichtweite. Ist der Beobachter sehr nah zum Scheinwerfer, so werden sie gleich der Wirkungsweite. Ihr entspricht eine kleinste aber noch genügende Beleuchtungsstärke

$$E_w = \frac{\varrho \, J_1 F_w}{\varDelta^4 \cdot (1-p)^{2\varDelta}}.$$

Man sieht hieraus, daß die Wirkungsweite $\varDelta_{max}$ mit der vierten Wurzel der Lichtstärke des Scheinwerfers wächst und daher zur Kennzeichnung seiner Leistungsfähigkeit wenig geeignet sein kann. Die voranstehende Gleichung dient dazu, verschiedene Scheinwerfer

166   Die elektrischen Lichtquellen.

untereinander zu vergleichen oder für ein und denselben die Verhältnisse bei verschiedenen Entfernungen oder Luftzuständen zu berechnen. Für p kann 10 % auf den Kilometer als Mittelwert gelten. Dann folgt z. B. für einen Schuckertschen Spiegel mit dem Durchmesser von D = 600 mm und einer Brennweite f = 250 mm, der einen Gleichstrombogen von 60 A bei 47 V von einer Kraterfläche von d = 12,1 mm enthält, die Verstärkungszahl $\eta = D^2/d^2 = 600^2/12{,}1^2 = 2459$, die Eigenstreuung $2\alpha = 2^0\,47'$ aus $\operatorname{tg} \alpha = d/2f = 12{,}1/2 \cdot 250$. Aus der mittleren Flächenhelle des Kraters $e_m = 108$ HK/mm² findet sich die Lichtstärke des ganzen Kraters $L_k = \frac{1}{4} d^2 \pi\, e_m = 12\,400$ HK und die des Spiegels mit 10 % für Brechungs- und Reflexionsverluste $L_1 = \frac{1}{4} D^2 \pi\, 0{,}9\, e_m = 27\,400\,000$ HK.

Soll der ferne Gegenstand gleichzeitig von zwei auf entgegengesetzten Seiten des Standortes befindlichen Beobachtern verfolgt werden, so muß der geschlossene Scheinwerferstrahl derart eingestellt werden, daß der Gegenstand inmitten der leuchtenden für die Beschauer größere Blendung durch den längeren im Leuchtschein gehenden Rückstrahl hervorbringt. Um diesem Umstande Rechnung zu tragen, steigert Schuckert durch besondere Formgebung des Spiegels die zentrale Helle der Scheibe gegenüber der des Randes um 30 %.

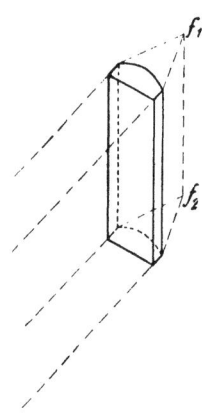

Fig. 122.

Da außer dem geschlossenen Scheinwerferstrahl mit geringer Eigenstreuung zeitweilig zur Horizontabsuchung wagrecht zerstreutes Licht gefordert wird, versieht man zuweilen den Spiegel statt eines Abschlußglases mit einer Reihe paralleler lotrechter Zylinderlinsen. Diese **Streuer** erzeugen eine Brennlinie $f_1\,f_2$, Fig. 122; sie formen also parallele Strahlenbündel zu Lichtkeilen um und lassen das Licht in der Lotrechten unter dem eigenen durch die räumliche Ausdehnung der Lichtquelle bedingten Streuwinkel, in der Wagrechten aber unter einem künstlich wesentlich vergrößerten ins Freie gelangen. Ist J die Beleuchtungstärke im Beleuchtungsfeld bei Eigenstreuung in HK, so wird sie bei Anwendung von Zerstreuungsgläsern vom Winkel a' auf $J' = J a/a'$ sinken müssen. Nerz[1]) hat diese Anordnung durch Anwendung zweier paralleler Reihen von Zylinderlinsen in der durch Fig. 123 angedeuteten Weise vervollkommnet. Bei diesen **Doppelstreuern** aus dem Jahre 1887, welche den leichten Übergang von einer Benutzungsweise in die andere gestatten, besitzt das zweite Linsensystem kleinere Brennweite,

---

[1]) Nerz, ETZ 1890 S. 373.

und das erste gestattet eine Verschiebung parallel zu den Lichtstrahlen. Man kann also je nach der Entfernung der beiden Systeme parallele, wie in der Figur oben, oder auseinander laufende Strahlen entsenden, wie in der Fig. 123 unten, und findet dabei noch dunkle Zwischenräume zur Unterbringung von jalousieartigen Vorrichtungen F, die zur Dunkelstellung oder Zeichengebung dienen.

Der parabolische Glasspiegel konnte erst durch die von Schuckert und Munker erfundenen Schleifmaschinen genau hergestellt werden, wodurch er den älteren Spiegel von Mangin verdrängte. Durch theoretische Untersuchungen hatte dieser gefunden, daß man bei sphärischen Hohl-

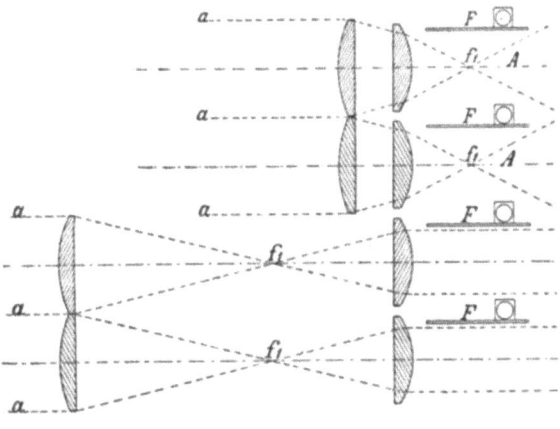

Fig. 123.

spiegeln aus Glas die Abweichung von der parallelen Widerstrahlung fast vollständig aufheben kann, indem die rückwärtige spiegelnde Kugelfläche schwächer krümmt, so daß eine Konvexkonkavlinse, die am Rande stärker als in der Mitte ist, entsteht. Auf die Konstruktion der Scheinwerfer und ihre Verwendung werden wir später noch eingehen.

15. Beleuchtungsstärken.

Über die von den Lichtquellen hervorgebrachte Beleuchtung.
Nachdem wir die Lichtquellen als Selbstleuchter kennen lernten, soll nun die von ihnen hervorgebrachte Beleuchtung betrachtet werden. Es muß zwischen dem von der Lichtquelle ausgesandten Lichtstrom und dem von einer Fläche aufgenommenen unterschieden werden. Diese widerstrahlt nach ihrem Vermögen einen Teil, der je nach der Stellung des Beobachters auf die Netzhaut seines Auges einwirkt. Die erzeugte

168 Die elektrischen Lichtquellen.

schließliche Wirkung ist also eine persönliche und außerdem von vielen Umständen, auch vom Zustande des Zwischenmittels, in dem sich der ganze Verlauf von der Quelle bis zur Schlußstelle abspielt, abhängig. Wir beschränken uns vorerst auf den ersten Schritt, nämlich den von der Fläche empfangenen Lichtstrom mit seiner Beleuchtungsstärke in Betracht zu ziehen.

Der Zusammenhang dieser Größen ist durch die gegebenen Festsetzungen auf Seite 23 ersichtlich. In einem Punkte des Raumes wird von einem Lichtpunkte von J Kerzen die nach Richtung des Strahles genommene Beleuchtungsstärke J/r^2 Lux hervorgerufen. Sie gilt für ein Flächenteilchen f, senkrecht auf r. Vor oder hinter O, Fig. 124, aufgetragen, je nachdem man sich f durchsichtig oder rückstrahlend denkt. Diese Beleuchtungsstärke E ändert sich nach dem Lambertschen Kosinusgesetze, wenn das Flächenteilchen f gegen den Strahl oder umgekehrt bewegt wird. Zerstreuende Flächen zeigen in Wirklichkeit keine genaue Kugelform für diese Indikatrix, sondern unregelmäßige Körperformen. E ist also eine Vektorgröße mit Länge und Richtung. Wird daher der Einfluß von mehreren leuchtenden Punkten gesucht, so sind ihre Wirkungen vektoriell zusammenzusetzen.

Untersuchen wir die Verteilung der Beleuchtungsstärken bei ein oder mehreren gleichmäßig leuchtenden Lichtpunkten in geschlossenen Räumen auf den Boden, die Decke

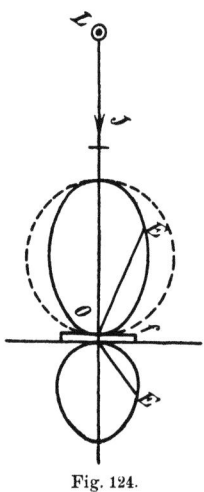
Fig. 124.

und die Seitenwände. Eine Ebene werde durch einen im Abstande a befindlichen Lichtpunkt L, der allseitig die Lichtstärke J ausstrahlt, beleuchtet. Für einen Punkt P der Ebene, der vom Fußpunkte des Lotes L' um das Stück x entfernt ist, wird $r = \sqrt{a^2 + x^2}$, $\cos \alpha = a/r$ sein und seine auf die wagrechte Ebene gerichtete lotrechte Beleuchtungsstärke $E_v = J a \sqrt{(a^2 + x^2)^{-3}}$ betragen. Hieraus folgt $x = \sqrt{(J a/E_v)^{2/3} - a^2}$.

Nach dieser Formel kann man sofort berechnen, in welchem Abstande x von L' eine gegebene Beleuchtungsstärke E_v herrscht. Die Kurven gleicher Helle sind konzentrische Kreise um den gemeinsamen Mittelpunkt L'.

Als Beispiel dienen die Kurven gleicher Beleuchtungsstärken auf der Decke, Fig. 125a, einer Wand, Fig. 125b, und dem Boden Fig. 125c eines quadratischen Zimmers von 5 m Seitenlänge und 3,5 m Höhe, in dem 1,5 m unter dem Mittelpunkte der Decke eine Lampe von 64 Kerzen

Beleuchtungsstärken. 169

leuchtet[1]). Die eingezeichneten Kreise entsprechen 25, 20, 15, 10 und 5 MK. Ihre Halbmesser sind:

MK	Decke	Wand	Boden
25	0,450 m	—	—
20	0,772 -	—	—
15	1,094 -	—	0,419 m
10	1,506 -	0,316 m	1,213 -
5	2,218 -	1,957 -	2,165 -

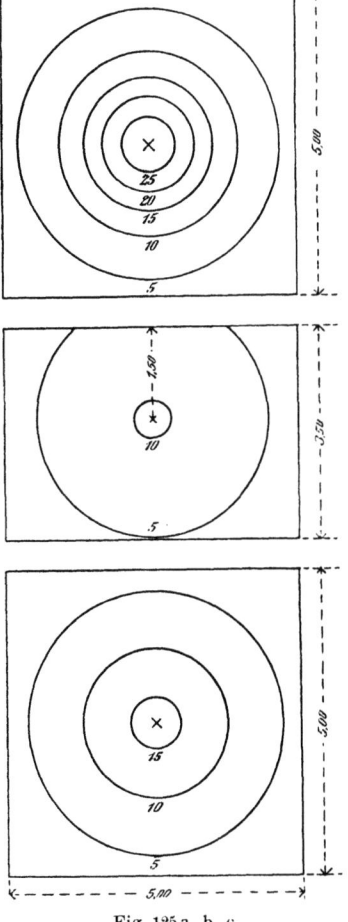

Fig. 125 a, b, c.

Wird die Ebene von zwei Lichtquellen bestrahlt, so lassen sich die Hellegleichen, wie folgt, ermitteln. Man berechnet und zeichnet für jede Lichtquelle die ihren Beleuchtungsstärken entsprechenden Kreise, summiert in den Schnittpunkten je zweier Kreise beider Systeme die ihnen zukommenden Werte und zieht schließlich die Kurven gleicher Stärken durch die Schnittpunkte, in denen dieselben Summen entstanden sind. Liegen beide Lichtquellen in einer Lotrechten zur Ebene, so haben beide Kreisscharen denselben Mittelpunkt. Für beliebige Entfernungen x werden die zugehörigen E berechnet. Auf diese Weise ermittelt man die Stärken längs einer Geraden der Ebene, die durch den Fußpunkt des gemeinschaftlichen Lotes geht. Trägt man die in beliebigen Punkten der Geraden gefundenen Beleuchtungsstärken als Ordinaten auf, so erhält man eine Hellegleiche, schneidet man diese mit Parallelen zur Achse, die in den Abständen von 5, 10, 15 ... MK hindurchgelegt sind, und projiziert die Schnittpunkte auf die Achse, so erhält man in ihr Punkte der angenommenen Stärke.

---

[1]) Dr. F. Meisel, ETZ 1905 S. 860.

170   Die elektrischen Lichtquellen.

Von Bedeutung ist der Fall, daß zwei Lichtpunkte von gleicher Lichtstärke J im Abstande a von der beleuchteten Ebene vorhanden sind. Bezeichnet 2 p ihre gegenseitige Entfernung, und legt man die x-Achse durch die Fußpunkte beider Lichtquellen und den Ursprung in die Mitte zwischen beiden, so ist für einen Punkt P (x, y) die Beleuchtungsstärke

$$E_v = Ja\{[a^2+(x+p)^2+y^2]^{-3/2}+[a^2+(x-p)^2+y^2]^{-3/2}\}.$$

Diese Gleichung ist nach x nicht auflösbar, man muß also die Kurven gleicher Flächenhelle durch den Schnitt zweier Systeme konzentrischer Kreise ermitteln. Auf die

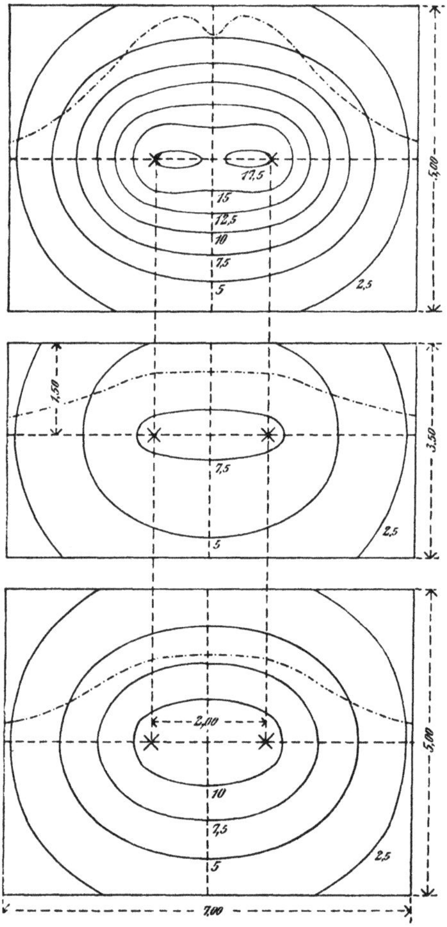

Fig. 126 a, b, c. 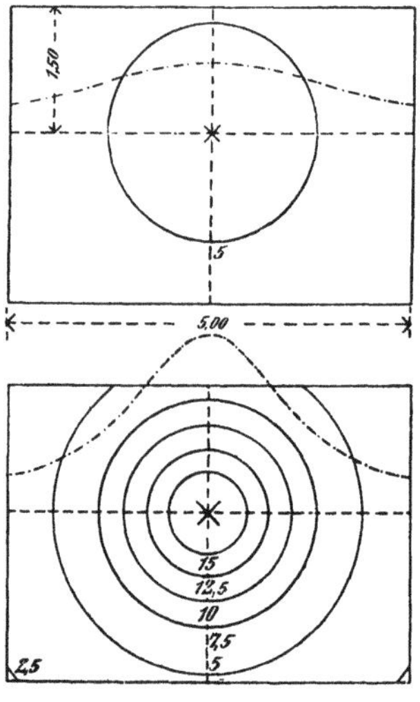   Fig. 127 a, b.

Weise wurden Hellegleichen auf der Decke, Fig. 126 a, den Wänden, Fig. 126 b und Fig. 127 a, und dem Boden, Fig. 126 c, eines Zimmers von 7 m Länge, 5 m Breite und 3,5 m Höhe ermittelt, in dem 1,5 m unter der Mittellinie der Decke zwei Lampen von je 32 Kerzen leuchten. Sie sind symmetrisch angeordnet und 2 m voneinander entfernt. Von besonderem Belang ist die Verteilung längs der durch die

Hellegleichen. 171

Lotpunkte der Lichtquellen gehenden Geraden. Für ihre Punkte ist $y = 0$, also:

$$E_v = J a \left\{[a^2 + (x + p)^2]^{-3/2} + [a^2 + (x - p)^2]^{-3/2}\right\}.$$

Aus diesem Ausdruck erkennt man folgendes. Wird der Abstand der Lampen von der Ebene größer als ihre Entfernung voneinander, so liegt in der Mitte zwischen ihren Lotpunkten ein höchster Wert der Helle, der von den ellipsenähnlichen Hellegleichen umkreist wird. Ist er aber kleiner, so liegt in ihrer Mitte ein kleinster Wert und in gleichen Abständen rechts und links von ihm befinden sich dann auf der Achse zwei Höchstwerte der Helle, die von den lemniskatenähnlichen Hellegleichen umschlossen werden.

Um die Wirkung eines Lichtpunktes von 64 HK mit der von zwei getrennten von je 32 HK innerhalb desselben Raumes unmittelbar vergleichen zu können, wurde in Fig. 127b noch die Beleuchtung der rechten und linken Seitenwand des Zimmers unter der Voraussetzung dargestellt, daß seine Länge nur 5 m beträgt, der Raum also wie im ersten Falle quadratisch ist. Die Fig. 126a, b, c braucht man sich ja nur an jeder Seite um 1 m abgeschnitten vorzustellen.

Weiter wurden die Beleuchtungsverhältnisse dieses quadratischen Zimmers untersucht, wenn es von vier in den Ecken eines Quadrates leuchtenden Punkten von je 16 HK erleuchtet wird. Seine Seiten sind 2 m lang und den wagrechten Kanten des Raumes parallel. Der Mittelpunkt des Quadrates liegt lotrecht unter jenem der Decke. Die Beleuchtung der Decke und des Bodens wurde dadurch ermittelt, daß auf die oben beschriebene Weise die Wirkung der Lichtquellen 1 und 2, dann die der Lichtquellen 3 und 4 untersucht wurde. Beide Systeme der Hellegleichen sind kongruent und nur um die Länge der Quadratseite gegeneinander verschoben. In ihren Schnittpunkten wurden die diesen Kurven entsprechenden Stärken bezeichnet und schließlich die Punkte, in denen diese Summen gleich waren, verbunden. Für die senkrechten Wände wurden je zwei Lichtquellen, deren Verbindungslinien zur betrachteten Wand senkrecht sind, zusammengefaßt. Dadurch ergeben sich zwei Reihen konzentrischer Kreise. In ihren Schnittpunkten wurden die Hellen addiert und die Punkte gleicher Summen verbunden. Die Fig. 128a, b und c geben Hellegleichen für Decke, Boden und Wände des Zimmers sowie die zugrunde gelegten Maße an.

Eine weitere Untersuchung soll die Wirkungsweise eines Rechteckes, dessen Seiten den Bodenkanten des Zimmers parallel mit kleinen, gleich starken und voneinander gleichweit abstehenden Lampen besetzt sind, betreffen. Sie sind knapp unter die Decke gesetzt. Wollte man

172   Die elektrischen Lichtquellen.

in diesem Falle für jeden beleuchteten Punkt die Wirkungen der vielen Lampen addieren, so würde die Rechnung umständlich sein. Offenbar erhält man ein annäherndes Ergebnis, wenn man die gesamten Lichtstärken über die Seiten des Rechteckes gleichmäßig verteilt, also eine leuchtende Strecke betrachtet, die parallel oder senkrecht zur bestrahlten Ebene liegt.

Die Strecke sei parallel der Ebene: Es sei 2 p ihre Länge, a ihr Abstand von der Ebene, x die Entfernung eines beliebigen Punktes P der leuchtenden Strecke von ihrer Mitte. Die Punkte der beleuchteten Ebene sollen auf ein rechtwinkliges Achsensystem bezogen werden, dessen Ursprung die Projektion der Mitte der Strecke auf die Ebene und dessen x-Achse der Strecke parallel ist; x_1, y_1 seien die Koordinaten eines beliebigen Punktes der Ebene. Ist schließlich i die Lichtstärke der Längeneinheit der Strecke, so ist $i \cdot dx$ die Lichtstärke ihres Differentials, und demnach ist die Helle, die durch den Punkt P im Punkte x_1, y_1 der Ebene erzeugt wird:

$$dE_v = ia\,dx \cdot [a^2 + (x_1 - x)^2 + y_1^2]^{-3/2}$$

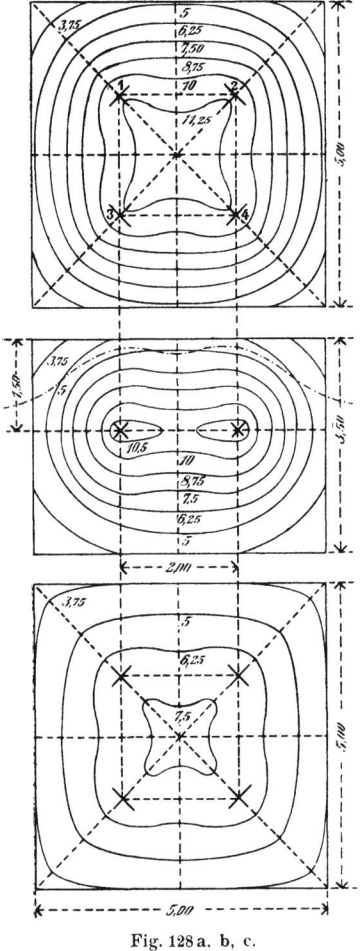

Fig. 128 a, b, c.

und demnach die durch die ganze Strecke in demselben Punkte erzeugte Beleuchtungsstärke:

$$E_v = ia \int_{p}^{+p} [a^2 + (x_1 - x)^2 + y_1^2]^{-3/2} \cdot dx =$$

$$\frac{ia}{a^2 + y_1^2} \left\{ \frac{x_1 + p}{\sqrt{a^2 + (x_1 + p)^2 + y_1^2}} - \frac{x_1 - p}{\sqrt{a^2 + (x_1 - p)^2 + y_1^2}} \right\}$$

Im Ursprung $x = 0$ herrscht natürlich die größte Helle

$$E_0 = 2ip\,a^{-1} \cdot (a^2 + p^2)^{-1/2}$$

Hellegleichen. 173

Die Strecke sei senkrecht zur Ebene: Es sei wieder ihre Länge 2 p, a_1 der Abstand ihrer Mitte von der Ebene, a jener eines beliebigen Punktes P der Strecke von ihr, x die Entfernung eines beliebigen Ebenenpunktes vom Fußpunkte der Strecke. Dann ist die durch P im betrachteten Ebenenpunkte erzeugte Beleuchtungsstärke:

$$d E_v = i\, a\, da \cdot (a^2 + x^2)^{-3/2}$$

und die durch die ganze leuchtende Strecke hervorgerufene

$$E_v = i \int_{a_1 - p}^{a_1 + p} a\,(a^2 + x^2)^{-3/2}\, da = i \left\{ \frac{1}{\sqrt{(a_1 - p)^2 + x^2}} - \frac{1}{\sqrt{(a_1 + p)^2 + x^2}} \right\}$$

Für den Ursprung $x = 0$ ist wieder $E_0 = 2\,p\,i\,(a_1^2 - p^2)^{-1}$. Dieselbe Helle würde im selben Punkte durch einen einzelnen leuchtenden Punkt hervorgebracht werden, in dem die Lichtstärke 2pi der Strecke vereinigt, und dessen Entfernung von der Ebene $\sqrt{a_1^2 - p^2}$ ist.

Die Wirkung eines leuchtenden Rechteckes setzt sich aus jener ihrer Seiten zusammen, welche den beiden Fällen entsprechen. Fig. 129 veranschaulicht die Deckenbeleuchtung eines quadratischen Zimmers von 5 m Seitenlänge. Die 16 Lampen von je 8 HK sind in gleichen Abständen von 0,625 m auf dem Umfange eines Quadrates von 2,5 m Seitenlänge angeordnet. Die Lampen hängen 0,75 m unter der Decke; auf den Meter entfallen i = 128 : 10 = 12,8 HK.

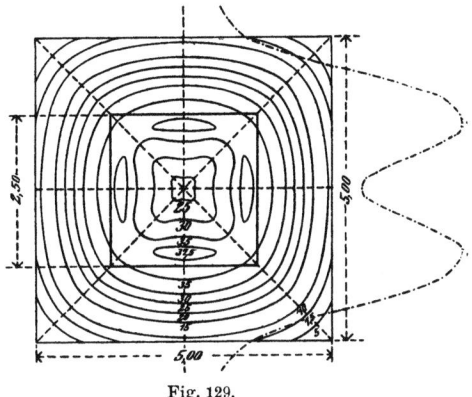

Fig. 129.

In entsprechender Weise läßt sich ein Kronleuchter, der aus mehreren wagrechten Lampenkreisen besteht, aus der Wirkung leuchtender Kreislinien auffassen.

Haben wir nun die Wirkung von leuchtenden Punkten und Linien erörtert, so soll nun jene von Flächen auf ein Flächenteilchen f gesucht werden.

Vorerst seien zwei Beispiele, eine leuchtende Kreisscheibe und eine ihr entsprechende Kugel als Einführung in die Frage entwickelt. Die Kreisscheibe K mit dem Halbmesser r und der Fläche F, Fig. 130, oberhalb f kann durch die gleichwertige Kugelschale der Einheitskugel nach dem Prinzip Seite 24 ersetzt werden. Die Zone mit der Höhe

$d\cos\alpha$ erzeugt $dE_v = e \cdot 2\pi d\cos\alpha \cdot \cos\alpha = \pi e \sin 2\alpha \, d\alpha$ und gibt die ganze Einwirkung auf f mit $E_v = \pi e \sin^2 \alpha_1$. Da die Kreisfläche $F = R^2 \pi \sin^2 \alpha_1$ ist, so wird $E_v = eF/R^2 = J/R^2$. Die Gesamtwirkung kommt also einer Lichtquelle J im Abstande $R = \sqrt{a^2 + r^2}$ gleich.

Ersetzt man die leuchtende Scheibe durch die Berührungskugel kg, welche von f aus unter gleicher scheinbarer Größe mit dem scheinbaren Halbmesser $\varrho/D = \sin \alpha_1$ gesehen wird, so heißt dies: Die Beleuchtung durch diese leuchtende Kugel vom Halbmesser ϱ und der Mittelpunktsentfernung D ist durch $E_v = \pi e \varrho^2/D^2$ oder, wenn O die Kugeloberfläche bedeutet, auch $E_v = 1/4 \, eO/D^2$, also die Beleuchtungsstärke wächst mit Oberfläche und nimmt mit dem Quadrate der Mittelpunktsentfernung ab.

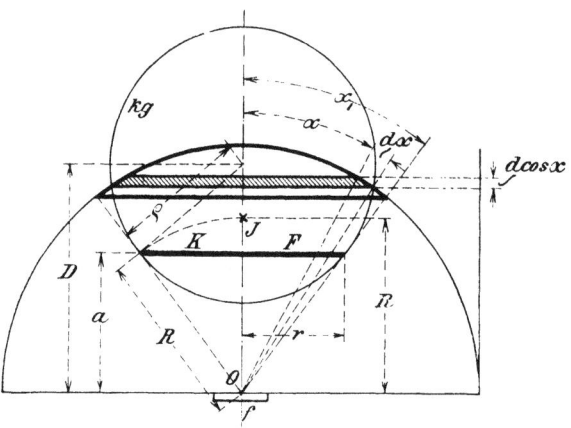

Fig. 130.

Die Beleuchtungsstärke E_v eines Flächenteilchens f läßt sich aber noch allgemeiner ausdrücken. Statt der leuchtenden Fläche F, Fig. 131, kann die gleichwertige ω auf der Einheitskugel, also ihr Raumwinkel, einspringen. Die lotrechte Gesamtwirkung auf f ist $e\varphi \cos\alpha$. $E_v = \omega$ ist $e\Sigma(\varphi \cos\alpha)$. Nun gilt für den Schwerpunkt S von ω die Momentengleichung $\omega \varrho \cos\alpha_s = \Sigma(\varphi \cos\alpha)$, es ist also: $E_v = e\omega\varrho \cdot \cos\alpha_s$. Bezeichnet man mit Weber[1]) den mit $\cos\alpha_s$ multiplizierten Raumwinkel ω als den reduzierten, so läßt sich die lotrechte Beleuchtungsstärke E_v als Produkt des reduzierten Raumwinkels mit dem Schwerpunktshalbmesser ansehen[2]). Dieser Satz läßt sich auf mehrere getrennte Flächen-

---

[1]) L. Weber, Zeitschr. f. Instrumentenkunde 1884 S. 341.
[2]) Wiener, Lehrbuch d. darst. Geom. 1884 S. 401 und Mehmke, Zeitschr. f. Math. u. Phys. 1898 S. 41.

Hellegleichen. 175

stücke und auf einzelne leuchtende Punkte gleichfalls verwenden. Mit ihm können die vorhergehenden Ergebnisse über die Wirkung von Kugelschalen sofort bewiesen werden, wenn für den Schwerpunkt der Halbierungspunkt der Höhe h eingesetzt wird.

Die vorhergehenden rechnerischen Betrachtungen lassen sich für technische Zwecke noch durch weitere ergänzen, welche die räumlichen Hellegleichen oder Isoluxe betreffen.

Für einen Strahl J_a einer Lichtstärkenlinie A B, Fig. 132, lassen sich die Beleuchtungsstärken $E_a = J/r^2$ als ähnliche Punktreihe zu jener für $J = 1$ finden, indem man einfach parallele Linien zeichnet. Wichtig sind die Komponenten von E_a, welche als horizontale Beleuchtung lotrecht, als vertikale wagrecht gerichtet sind. Die Boden- oder Decken-

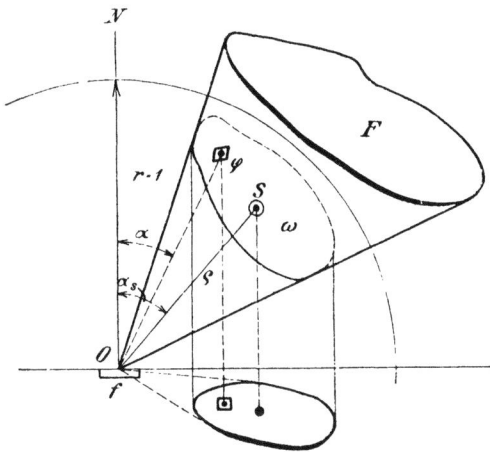

Fig. 131.

helle führt zur lotrechten Beleuchtungsstärke E_v und die Wandhelle zur wagrechten E_h. Erstere ist also $E_a \cos \alpha = (J_a/r^2) \cos \alpha = E_h$, letztere $E_a \sin \alpha = (J_a/r^2) \sin \alpha = E_v$, wo α den Winkel mit der Normalen bedeutet. Diese Komponenten sind gleichfalls Vielfache derjenigen, die für $J_a = 1$ ermittelt werden können.

Nimmt man bei der Höhe $a = 1$ die Konstruktion nach der Zickzacklinie P T P'' M N nach Fig. 132 vor, so stellt im Dreieck L M N die Hypotenuse $\overline{LM}$ die Beleuchtungsstärke E_a, die wagrechte Kathete $\overline{NM} = E_v$ und $\overline{LN}$ die lotrechte E_h dar. Die Kurven der E_h und E_v schneiden sich für $\alpha = 45°$. Es empfiehlt sich im allgemeinen, den Maßstab für E_a, E_h und E_v im Verhältnis $a^2/1$ größer als für J_a zu nehmen, dann kann man die Seiten jenes Dreiecks immer ohne weiteres zum Zeichnen der Kurven benutzen.

176 Die elektrischen Lichtquellen.

Der Punkt M erzeugt eine der AB zugewiesene Kurve ε. Ihre punktweise Aufsuchung kann noch durch zugehörige Berührungsgeraden ergänzt werden. Der Weg ist durch die zweimalige Umformung der $\overline{AB}$-Kurve durch reziproke Radien gewiesen. Vorerst ist der Grundkreis mit dem Halbmesser J_a und der Übersetzung J_a/r, wobei der Tangente t an AB ein Kreis K_t entspricht. Nun wird der neue Grundkreis mit dem Halbmesser J_a/r und der neuen Übersetzung $(J_a/r):r = E_a$ benutzt, wobei dem Berührungskreis K_t ein neuer zugewiesen ist, der die E-Linie berühren muß.

Ist die Lichtstärkenkurve ein Kreis K, Fig. 132, wie er als Ausstrahlung einer Ebene annähernd erscheint, so erhält man die in obiger

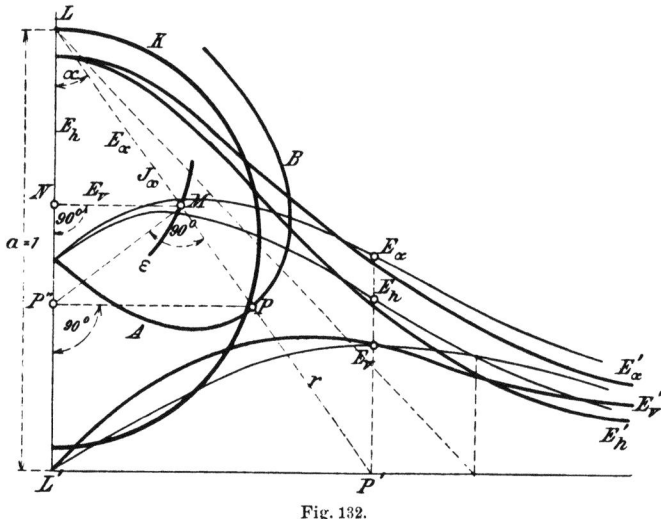

Fig. 132.

Figur mit E' bezeichneten Kurven. Die E_v' hat ihren Höchstwert unter der Lampe und fällt dann rasch ab.

Läßt man das wagrechte Flächenteilchen f eine solche Bahn beschreiben, daß seine lotrechte Beleuchtungsstärke E_v einen festen, unveränderlichen Wert beibehält, so erhält man eine neue Niveaufläche, die mit den wagrechten Ebenen zu Linien gleicher horizontaler Beleuchtung führt. In Fig. 133 sind z. B. diejenigen von 300 bis 20 Meterkerzen für eine Lichtstärke $J = 100$ HK im Punkte A dargestellt, wie sie Leonhard Weber in seinen „Kurven zur Berechnung von künstlichen Lichtquellen indizierter Helligkeit"[1]) bestimmt hat. Durch einfache Übertragung und proportionale Änderungen kann man mit diesen Niveaulinien diejenigen

---

[1]) Leonhard Weber bei Springer 1885.

Hellegleichen. 177

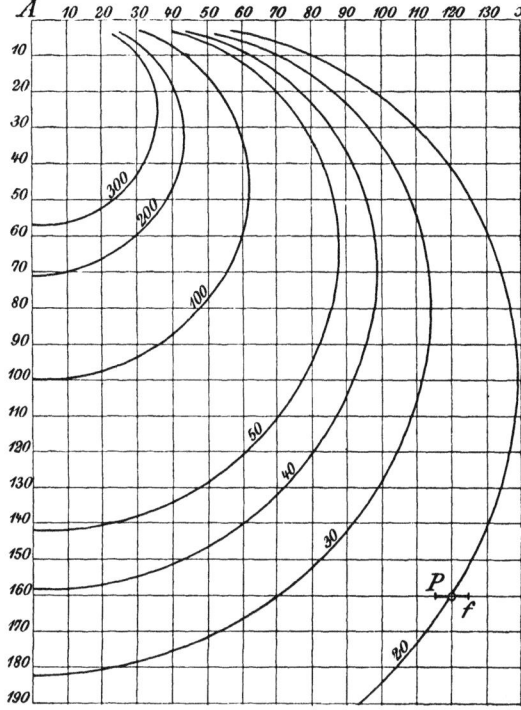

Fig. 133.

für eine irgendwie geformte Lichtstärkenkurve ein für allemal ermitteln. Ebenso für die lotrechten Komponenten. Durch solche für typische Lichtstärkenlinien auf Pauspapier geschaffenen Blätter erhält man ein bequemes Mittel zur zeichnerischen Lösung aller Fragen, die wir früher rechnerisch erläuterten.

Die Verteilung der Bodenhelle ist von einem nach allen Richtungen gleich stark leuchtenden Punkt sehr ungleich. Ist $E_v = y$ für einen Punkt, der vom Fußpunkt F der Lichtquelle A, Fig. 134a, die Entfernung x hat, so ist für $J = 1$:

$$E_v = y = (1/r^2) \cdot \cos \alpha = 1/r^3$$
$$\text{oder } y = (1 + x^2)^{3/2},$$

die als Kurve eingezeichnet ist.

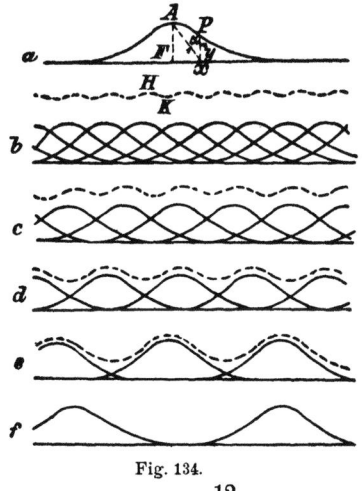

Fig. 134.

Herzog-Feldmann, Handbuch. 3. Aufl. 12

Die Beleuchtungsstärke am Umfange eines Kreises, dessen Halbmesser zweimal der Höhe des Lichtpunktes gleichkommt, beträgt etwas über 3 vom Hundert von der größten. Um diese Ungleichheit in der Bodenhelle zu mildern, wird man größere Flächen durch mehrere schwächere Lichtquellen zu erhellen suchen.

Nun soll der Einfluß klargelegt werden, den ein zweiter Lichtpunkt im Abstande gleich Eins vom ersten ausübt. In Fig. 134b ist für diesen Fall die Summenlinie gezeichnet. Ihr höchster Wert bei H beträgt 1,976, der kleinste bei K 1,91; die Veränderung des Mittelwertes nur 3,4%. In gleicher Weise wurden für den $1^1/_2$, 2, 3 und $5^1/_2$ fachen Abstand der leuchtenden Punkte voneinander die Ergebnisse ermittelt und in Fig. 134b, c, e und f gezeichnet.

Verhältnis des Abstandes zur Höhe	Höchste	Mindeste	Mittlere	Unterschied in % vom Mittel
		Bodenhelle		
1	1,976	1,91	1,943	3,4
1,5	1,438	1,2	1,319	18,0
2	1,216	0,789	1,003	42,7
3	1,060	0,342	0,701	88,3
5,5	1,011	0,08	1,046	89,0

Man sieht aus der letzten Reihe deutlich, daß der Einfluß des zweiten Lichtpunktes auf das Lichtfeld des ersten, bei etwas größerem Abstande der leuchtenden Punkte voneinander, rasch verschwindet.

Die Ungleichheit in der Beleuchtung einer Fläche kann durch eine günstiger gestaltete Lichtstärkenausstrahlung, durch bessere gegenseitige Stellung dieser Lichtquelle zur beleuchteten Fläche, dann durch mehrere kleinere Lichtquellen und ihre zweckmäßige Verteilung verbessert werden.

Im vorhergehenden wurde zu einer Lichtstärkenkurve AB die Bodenhellegleiche gesucht. Die umgekehrte Frage kann ebenfalls aufgeworfen werden, sie ist im Wesen dieselbe geblieben, weil in Fig. 132 die ε-Kurve zur AB sich gerade so verhält, wie AB zu ε. Die früheren Ergebnisse bleiben also aufrecht. Soll insbesondere eine völlige gleichmäßige Bodenhelle, E_v = konstant, erreicht werden, so erhält man eine muschelartige Lichtstärkenkurve AB, Fig. 135. Ihre Punkte P lassen sich aus dem Scheitel S durch den Linienzug Sn, nm und mP gewinnen. Auch ihre bezügliche Berührungslinie t läßt sich durch Aufsuchung des zu nahe liegenden Punktes N, wenn auch recht schlecht, finden. Die Konstruktion erhält durch den Ausdruck tg(NPn) = cos α/(3 sin α) ihre Begründung. Für $\alpha = 30^0$ hat die Kurve einen Wendepunkt i.

Mittlere Flächenhelle. 179

Um günstige Ausstrahlungen zu erhalten, werden bei den Lichtquellen innere oder äußere Lichtvermittler angewendet, die die ursprüngliche Ausstrahlungsform zweckmäßig umgestalten.

Über die mittlere Beleuchtungsstärke eines Flächenstückes. Der Beleuchtungsstärke $E_v = (J_\alpha/r^2) \cos \alpha$ eines Flächenteilchens entspricht der Lichtstrom $d\Phi = E_v df = (J_\alpha/r^2) \cos \alpha \cdot df$, welcher also durch ein Säulchen mit der Grundfläche df und der Höhe E_v dargestellt werden kann. Der gesamte Lichtstrom $\Phi = \int E_v \cdot df$ wird auch hier wie bei den Lichtquellen durch den Inhalt eines Körpers mit der Grundfläche f, Fig. 136. gegeben. Seine Hoch- und Tiefpunkte E_{max} und E_{min} geben die größten und kleinsten Beleuchtungsstärken an; ihre Unterschiede messen die größte Verschiedenheit der Helle. Sein Inhalt geteilt durch die Grundfläche gibt den Mittelwert E_m. Dieser Inhalt ist dem empfangenen Lichtstrome gleich.

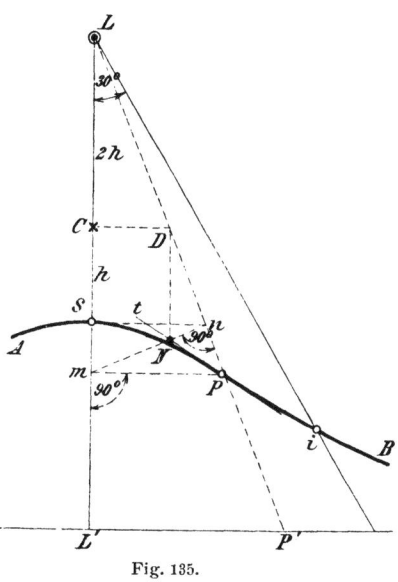

Fig. 135.

Der empfangene Lichtstrom ist aber, von Verlusten abgesehen, dem von der Lichtquelle in den zur Fläche f gehörigen Raumwinkel ω entsandten gleich. Man erhält demnach auch

$$E_m = \frac{\Phi}{f} = \frac{\int J_\alpha \cdot d\omega}{f} =$$
$$= \frac{J_m \omega_f}{f},$$

d. h. die erzeugte mittlere Beleuchtungsstärke E_m kann aus der entsandten mittleren Lichtstärke J_m bezogen auf den zugehörigen Raumwinkel ω_f gerechnet werden. Dieser Satz gilt auch für beliebig gekrümmte Flächen

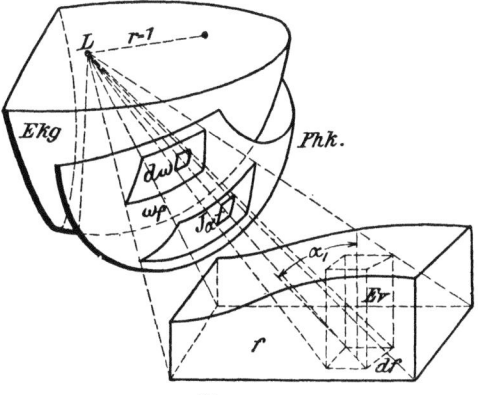

Fig. 136.

f, er spricht ja nur die Kontinuität der Lichtströmung aus. Bei seiner Verwendung ist nur folgendes zu berücksichtigen: Die Entfernung dieser Ebene vom leuchtenden Körper muß im Vergleich zur Ausdehnung der

12*

Lichtquelle verhältnismäßig groß sein, wie es die Entstehung des photometrischen Körpers bedingt. Bei der geringen Genauigkeit, mit der solche Berechnungen im allgemeinen für die Praxis der Beleuchtungstechniker wegen sonstiger unbekannter Umstände gefordert werden können, ist jene Beschränkung meist belanglos. Nur bei der Photometrie selbst ist sie zu berücksichtigen.

Die örtliche Schwankung in der Beleuchtungsstärke wird durch das Verhältnis vom größten Unterschied $E_\varDelta$ zur mittleren Beleuchtungsstärke gemessen. Sie ist also $E_\varDelta/E_m = (E_{max} - E_{min})/E_m$. Gewöhnlich werden Unterschied und Schwankung vom Hundert ausgedrückt. In dem früher betrachteten quadratischen Raum von 5 m Seitenlänge und 3,5 m Höhe wird eine 1,5 m unter dem Mittelpunkt der Decke aufgehängte Lampe von der mittleren hemisphärischen Lichtstärke $J_m = 64$ HK auf der Fläche f die mittlere Beleuchtungsstärke $E_m = 2\pi J_m/f$ hervorrufen. Die nach unten bestrahlte Fläche besteht hier aus der Bodenfläche und den Seitenflächen bis zur Höhe der Lampe; sie ist also $5 \cdot 5 + 4 \cdot 5 \cdot 2 = 65$ m² und

$$E_m = \frac{2\pi \cdot 64}{65} \sim 6{,}4 \text{ MK.}$$

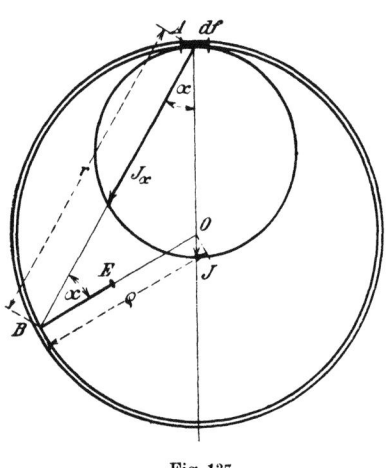

Fig. 137.

In diesem Beispiel haben wir nur das unmittelbar von der Lampe entströmte Licht berücksichtigt. Die Flächen erhalten jedoch auch voneinander zurückgeworfenes Licht, und diese erborgten Lichtströme erzeugen zusätzliche Beleuchtungsstärken.

Einen einfachen Fall der Rückstrahlung gibt eine Kugelinnenfläche, die von einem ihrer Oberflächenteilchen df beleuchtet wird, Fig. 137. Dieses strahlt Lichtstärken $J_\alpha = J \cos \alpha$ nach dem Kosinusgesetz aus. Ihr entspricht im Strahle beim Punkte B eine Beleuchtungsstärke E_α in Richtung des Krümmungsradius ϱ $E_\alpha = (J \cos \alpha) \cos \alpha \cdot 1/r^2 = 1/r^2 \, J \cos^2 \alpha$; aber es ist $\cos \alpha = r/2 \varrho$, also $E = J/4 \varrho^2 =$ konstant. Die Beleuchtungsstärke hat demnach denselben Wert für alle Flächenteilchen der Kugel; dies ist auch der Mittelwert $E_m = \varPhi/f = J \pi/4 \pi \varrho^2 = E$. Jedes beleuchtete Teilchen wird nun für die anderen wieder zur Lichtquelle, welche nur einen Teil des empfangenen Lichtstromes weitergibt, den Rest verschluckt. Dies gilt auch für irgend eine

Rückstrahlung. 181

von der kugeligen abweichende Flächenform. Eine schwarze Fläche vernichtet den einfallenden Lichtstrom Φ vollständig; ihr Rückstrahlungsvermögen R ist Null, ihr Absorptionsvermögen A ist Eins. Eine farbige oder weiße Fläche vernichtet den Betrag $A\Phi$ und strahlt $R\Phi = (1-A)\Phi$ zurück; fällt dieser Betrag $R\Phi$ auf eine zweite Fläche vom gleichen Rückstrahlvermögen, so bleibt für eine dritte nur der Betrag $R^2\Phi$ usw. Die gesamte Wirkung der Rückstrahlung erzeugt also den Lichtstrom

$$\Phi(1 + R + R^2 + \ldots) = \Phi/(1-R) = \Phi/A.$$

Das Rückstrahlungsvermögen R, Lamberts Albedo, erreicht theoretisch den Grenzwert 1, bei matten weißen Flächen den Wert 0,90. Nehmen wir jedoch für gewöhnliche Wände R = 0,5 an, so würde der Raum zweimal glänzender beleuchtet erscheinen als bei schwarz bekleideten Flächen, für welche R = 0, A = 1. Für gelbe Tapeten ist R = 0,4, für blaue 0,25, für dunkelbraune 0,13; für weißgetünchte Flächen 0,8, für gelbgetünchte 0,4—0,6, für schwarzes Tuch 0,01. Besteht ein Raum aus mehreren verschiedenartigen Flächen, so kann man die mittlere Rückstrahlung berechnen, indem man die Summe aus jeder Fläche mit ihrem zugehörigen Rückstrahlvermögen bildet, und durch die Flächensumme teilt. Bei einem würfelförmigen Raum mit heller Decke und dunklem Boden und dunklen Wänden hätte man

$$\frac{\text{Decke}\ \ \text{Seitenwände}\ \ \text{Fußboden}}{\underset{1\ \ +\ \ 4\ \ +\ \ 1}{40 \times 1 + 20 \times 4 + 20 \times 1}} = 23{,}3\,^0/_0 \text{ mittlere}$$

und die hervorgebrachte Beleuchtung würde $100/(100-23{,}3) = 1{,}3$ mal besser sein als in einem Raume mit schwarz ausgekleideten Flächen, die nichts zurückgestrahlt hätten. Der durch Rückstrahlung gewonnene Lichtstrom beträgt $(\Phi/A) - \Phi = \Phi \cdot \dfrac{1-A}{A} = \Phi \cdot R/A$, ist also um so größer, je größer das Verhältnis R/A wird. Für gelbe Tapeten ist dies 0,667, für blaue 0,333, für dunkelbraune 0,15, für weißgetünchte Wände 4, für schwarzes Tuch 0,01.

Für jeden leuchtenden Punkt, der nicht in der Oberfläche liegt, sondern innerhalb der früher betrachteten Kugel, ist die unmittelbare Beleuchtungsstärke an den einzelnen Punkten ungleich, während die zusätzliche Beleuchtungsstärke nach den obigen Erklärungen als Reflex von den beleuchteten Teilen gleichmäßig über das Innere verteilt sein muß. Die Rückstrahlung trägt also dazu bei, die Schwankung in der Gesamtbeleuchtung zu vermindern.

Betrachtet werde noch das Innere einer Halbkugel in bezug auf ihre Bodenbeleuchtung durch eine Lichtquelle oberhalb des Mittelpunkts der

Bodenfläche[1]). Dieser Boden habe kein Rückstrahlungsvermögen; er erhalte unmittelbar den Lichtstrom Φ_ω mit dem der Bodenfläche zugehörigen Körperwinkel ω. Der Rest des Lichtstromes $\Phi_{(4\pi-\omega)}$ fällt gegen die Halbkugel, von welcher R $\Phi_{(4\pi-\omega)}$ zurückgeworfen werden. Die Hälfte hiervon fällt auf den Boden und erzeugt dort den zusätzlichen Lichtstrom $1/_2$ R $\Phi_{(4\pi-\omega)}$. Die andere Hälfte fällt wieder gegen die Halbkugel, von der nur $1/_2$ R² $\Phi_{(4\pi-\omega)}$ zurückgestrahlt werden, von denen die Hälfte, also $1/_4$ R² $\Phi_{(4\pi-\omega)}$ auf den Boden fällt, usw.

Der gesamte zusätzliche Lichtstrom beträgt also

$$\Phi = \Phi_{(\omega-4\pi)} [(R/2) + (R/2)^2 + (R/2)^3 + \ldots] =$$
$$= \Phi_{(\omega-4\pi)} R/2 [1 - (R/2)] = \Phi_{(\omega-4\pi)} (1-A)(1+A).$$

Bei der gesamten Lichtströmung einer Lichtquelle lassen sich drei Teile unterscheiden. Der erste dient unmittelbar zur Beleuchtung, der zweite wird durch Rückstrahlung von äußeren Flächen nutzbar gemacht, und ein dritter Betrag wird zur Beleuchtung der betrachteten Flächen weder mittel- noch unmittelbar wirksam beitragen. Die beiden ersteren können durch lichtvermittelnde Vorrichtungen wie Glocken, Schirme, Prismen in oder außerhalb der Lampen zweckdienlicher gelenkt werden. Der Lichtstrom trifft die inneren und äußeren Lichtvermittler und wird von ihnen je nach ihren Eigenschaften in Lichtgarben aufgelöst. Sind die Rückstrahler z. B. Spiegel, so treten die Spiegelpunkte der leuchtenden Urquelle gleich weit hinter der spiegelnden Fläche als neue Quellen auf. Ihre Lichtgarben kommen dann geschwächt und von weiterem Abstande als von der Urquelle. Diese treffen die Oberfläche der Gegenstände und Wände des Raumes und verleihen ihnen eine erborgte Strahlung, so daß sie als Quellen neuerdings erscheinen, die für andere Flächen so behandelt werden, als wenn sie Urquellen wären. Demnach ist die Indikatrix der lichtzerstreuenden Oberflächen nichts anderes als ihr Lichtstärkenkörper bei ihrer Wirkung als Zwischenquellen. Die Aufgabe der Lichtzerstreuer besteht also darin, den von der Lichtquelle erzeugten Lichtstrom so zu verteilen und zu leiten, daß möglichst viel von ihm auf bestimmte bevorzugte Flächen fällt und die Verluste möglichst klein werden. Es läßt sich demnach immer der Wirkungsgrad eines ganzen solchen Beleuchtungsverlaufes übersehen; er ist wie bei jeder Kette von Vorgängen das Produkt der aufeinander folgenden Einzel-Wirkungsgrade.

---

[1]) S. Högner, Lichtstrahlung und Beleuchtung 1906.

16. Erforderliche Beleuchtungsstärke.

Die *natürliche Beleuchtung* setzt sich aus der unmittelbaren Wirkung der Sonnenstrahlen und aus deren Widerstrahlung vom Himmelsgewölbe zusammen. Sie wechselt demnach nach dem Stand der Sonne über dem Horizont, also nach Tages- und Jahreszeit, nach der örtlichen Bewölkung des Himmels und der Reinheit der Luft. Messungen Nußbaums an einem Arbeitsplatz ergaben im Jahre Unterschiede von 30 MK bis 7500 MK. An wolkenlosen Tagen, zwei Wochen vor und nach der Sommersonnenwende, fanden sich um die Mittagszeit Schwankungen zwischen 30 und 300 MK. De Nerville fand in einem 4 m langen, 3 m breiten, dunkeltapezierten Bureau des Laboratoire central d'électricité zu Paris Ende Juni 1890 um 3 Uhr nachmittags bei bewölktem Himmel 112 MK Bodenhelle; einige Augenblicke später wurden bei Sonnenschein 200, um 4 Uhr 160, um 5 Uhr 75 MK gemessen. Bei trübem Wetter wurde die Bodenhelle um 3 Uhr zu 40, um 5 Uhr zu 24 MK bestimmt. In Kiel schwankte nach L. Weber die mittägliche Ortshelle im dreijährigen Monatsmittel von 5469 MK im Dezember auf 60020 MK im Juli. Die größte Beleuchtungsstärke war 154300 im Juli 1892, die kleinste 655 MK im Dezember 1891.

Es fällt daher schwer festzustellen, ob ein bestimmter Raum genügend Tageslicht während des ganzen Jahres erhält. Die erreichte Beleuchtungsstärke E_r hängt von der erwähnten Helle e des Himmelsgewölbes und vom zugehörigen Raumwinkel ω nach der S. 174 gegebenen Formel $E_r = e \cdot \varrho \omega \cdot \sin \alpha$ zusammen. L. Weber hat $\omega \sin \alpha$ als den auf den Horizont reduzierten Raumwinkel bezeichnet und zu seiner Messung einen Raumwinkelmesser angegeben. H. L. Cohn hat sich ursprünglich zur Vergleichung von Tageshellen ausschließlich an den Raumwinkel gehalten und für Schulen den Wert von 50 Quadratgraden für unerläßlich gehalten, bis er auf seine später zu erörternde schärfere Angabe der erforderlichen Beleuchtungsstärke kam. Die Tageshelle wird in Bauordnungen noch einfacher und ebenso unbestimmt durch das Verhältnis der Lichtöffnungen zur Grundfläche des betrachteten Raumes oder bei Schulen auch auf je einen Schüler festgelegt. Cohn hat 1885 durch Beobachtung der Schnelligkeit, mit der Borgis Frakturschrift der Breslauer Zeitung gelesen werden konnte, die kleinste erforderliche Beleuchtungsstärke festgestellt. Diese zwei Worte sind hier mit diesen Lettern gesetzt. Bei zerstreutem Tageslicht von 300 MK konnten 16—17 Zeilen in der Minute in 1 m Abstand fließend gelesen werden. Die erreichbare mittlere Lesgeläufigkeit blieb bis zu 50 MK bei Gasbeleuchtung mit Schnittbrennern unverändert. Beide Messungen der

184   Die elektrischen Lichtquellen.

Beleuchtungsstärke wurden mit dem Weberphotometer im Rot ausgeführt; 50 MK Gas entsprachen mit Rücksicht auf das ganze Spektrum 22 MK Tageslicht. Wurde die Beleuchtungsstärke noch weiter vermindert, so zeigt sich die schwindende Erkennbarkeit in der abnehmenden Zahl minutlich gelesener Zeilen. So konnten bei 10, 8, 4, 2 MK nur noch 12, 10, 8, 6 Zeilen in der Minute gelesen werden. Auf Grund dieser Versuche verlangte Cohn als Mindestbeleuchtungsstärke 10—12 MK für künstliche Beleuchtung. An einen gleichwertigen Ersatz der Tagesbeleuchtung durch die künstliche Beleuchtung läßt sich aus gesundheitlichen Gründen nicht denken; doch ist es möglich, für beschränktere Anforderungen sie in ausreichender Weise zu beschaffen. Diese Anforderungen sind:

Die Farbe des Lichtes soll dem Tageslicht möglichst nahekommen, dem unser Auge am besten angepaßt ist. Rasche Lichtschwankungen und zu große Flächenhelle (Glanz) sind als dem Auge lästig und schädlich zu vermeiden. Die umgebende Luft soll nicht wesentlich thermisch und chemisch beeinflußt werden. Erzeugung und Verwendung des Lichtes sollen möglichst gefahrlos und billig sein.

Erforderliche Helle. Die Bestimmung des Raumes schreibt die erforderliche mittlere Beleuchtungsstärke vor. Diese ist am größten für die feineren Arbeiten wie Lesen, Zeichnen, Setzen und Drucken, bei denen sie 100, ja bei ärztlichen Operationstischen sogar 170 MK erreicht. Sie nimmt für Beleuchtung von Nebenstraßen bis zur Mondhelle ab, die bei 45 Grad Höhe 0,3 und bei Hochstellung des Mondes 0,5 MK beträgt. Die erforderlichen Beleuchtungsstärken richten sich aber auch sehr nach der Gewohnheit des Auges. Im Laufe der Zeiten sind sie fortwährend gewachsen. Das elektrische Licht steigerte die Ansprüche gegenüber der Beleuchtung mit Schnittbrennern; die Einführung des Auerschen Gasglühlichtes hat wieder die Ansprüche an die elektrische Glühlichtbeleuchtung erhöht. Zur Veranschaulichung seien die bescheidenen Meßergebnisse von de Nerville, 1890, erwähnt. In der Mitte des großen Saales der Pariser Oper fand er in der wagrechten Ebene $E_v = 1$, im Parterre 1,3, in den Gängen 1—5, am Büffett 4—5, an der Treppe 14, im Foyer 20 MK, in der lotrechten Ebene in den Logen $E_h = 0,8$ bis 1,5 MK. Der Ballsaal der Oper hatte auf der Bühne $E_v = 4$—30 MK. Die Beleuchtung des Hippodroms ergab $E_v = 20$—45 MK, $E_h = 50$ MK; auf einer Bühnenfahrbahn maß man $E_v = 72$, E_h 20—55 MK; eine Theateraufführung ergab den Höchstwert von 130 MK unter einer Bogenlampe, das Mittel zu 60. Im Pariser Telegraphenamt wurde $E_v = 15$ bis 20 und in der Mitte seiner Halle 60 MK gefunden. In den Markthallen wurden 2—10, in ihren Gängen 1—3,5 MK festgestellt.

Diese älteren Ziffern haben im Laufe der drei Jahrfünfte zum Teil Erhöhungen auf das 2—3 fache erfahren, so daß sich gangbare Mittelwerte schwer aufstellen lassen. Der Lichthunger scheint nur vor den Kosten innezuhalten.

Für einige Räume kann man die folgenden Beleuchtungsstärken als dem heutigen Stande gut entsprechende Mittelwerte ansehen.

Spinnerei . . . . 20 MK oder Lux
Weberei (für helle Stoffe kleinere Werte als für dunkle),
  Werkstätten, Schlosserei, Maschinenfabriken . . . 30 -
Verkaufsräume, Hörsäle, Schreibstuben, Werkstätten
  für feinere Arbeiten . . . . 35 -
Druckerei, Konzertsäle . . . . 45 -
Setzerei, Zeichensäle . . . . 70 -

Erforderliche Lampenzahl nach Erfahrungswerten. Die angeführte Berechnungsart zur Bestimmung der Beleuchtungsstärken reicht meistenteils aus. Sie dient zur Überprüfung einer Wahl oder ist richtungsgebend für deren Umänderung. Da aber manchen Gesichtspunkten von Einfluß nur unsicher Rechnung getragen werden kann, muß der vorsichtigen Erfahrung nach guten Vorbildern Raum gewahrt bleiben. Die Rückstrahlung an den Wänden, der Decke, dem Boden und an den Gegenständen und Personen schafft mit den Schattenwirkungen eine Helligkeitsverteilung, die von der einfachen, der Rechnung zugrunde liegenden wesentlich abweichen kann. Die Rechnung wird sich der wirklichen Erscheinung desto mehr anpassen können, je mehr die Hauptumstände die nebensächlichen überwiegen wie bei der Glühlichtbeleuchtung eines Arbeitstisches, bei der Bogenlichtbeleuchtung eines freien großen Platzes oder einer breiten Straße, wo Decken- und Seiteneinfluß zu vernachlässigen sind.

Die rohe Praxis setzte entweder die Zahl der Lampen oder ihre Gesamtkerzen in Beziehung zu einer Größe, welche den zu beleuchtenden Raum am besten kennzeichnet. Bei großen Sälen bezog man sie auf den Rauminhalt, bei Bodenbeleuchtung richtiger auf die Fläche, bei Wohnräumen auf die Fensterzahl; bei Werkstätten, Kanzleien, Theaterräumen, bei Gefängnissen auf den Mann; bei Spitälern auf das Bett; bei Ställen auf das Tier usf. Solche Zahlen werden oft nur zum raschen Überblick oder zur statistischen Vergleichung aufgestellt, wie etwa in den Städten die auf den Kopf der Bevölkerung entfallenden Hefnerkerzen der öffentlichen oder privaten Beleuchtung. Der Wert solcher Rechnungen hängt ganz von ihrem Ursprung und ihrem Besitzer ab. Die richtige Umwertung setzt die Kenntnis der Einzelfälle voraus, aus welchen die Mittelzahlen stammen. Nur so können die Zahlen den Sonderforderungen jedes eben vorliegenden Falles angepaßt werden. Wesentlich wird die Entscheidung dadurch erleichtert, daß die Lampenverteilung in einem bestimmten Raume meist durch seine Bestimmung,

Ausstattung und architektonische Durchbildung mehr oder weniger umschrieben ist. Man benutzt dann die Mittelwerte nur, um die den Lampengruppen, den Kronleuchtern, den Wandarmen usw. zuzuweisenden Lichtstärken greifen zu können. Die Frage der Beleuchtungskörper steht also mit dem vorliegenden Behandlungsgegenstande im grundsätzlichen Zusammenhange. Sie wird im Kapitel über Beleuchtungskörper behandelt werden.

Glühlicht für Innenbeleuchtung. Die Glühlampenzahl und -stärke, die zur allgemeinen Erhellung von Innenräumen erforderlich ist, soll hier näher erörtert werden. Mittelwerte hierfür schöpfte der Elektrotechniker aus den Erfahrungen der Gasmänner. Da das Licht des alten Schmetterlingsbrenners sich nicht allzuarg von dem der gewöhnlichen Kohlenglühlampe unterschied, so konnten seine älteren Faustregeln ohne weiteres übernommen werden. Bei nicht dunklen Wänden und Decken auf 30—40 m³ Rauminhalt eine 16 kerzige Glühlampe oder 0,4—0,5 HK/m³ rechnet man für gewöhnliche Anforderungen. Für Festräume eine Lampe auf 20—30 m³ Raum oder 0,5—0,8 HK/m³. Der Raumhöhe wird hierbei gleicher Einfluß wie der Länge und Breite eingeräumt. Die Lampenhöhe steigt jedoch nicht in gleichem Maße mit den übrigen Raummaßen. Man geht dabei für den tiefsten Lüsterpunkt nicht unter 2 m und in großen Sälen höchstens bis zum unteren Drittel der Raumhöhe. So findet man bei günstiger Farbe und Dekoration des Raumes bei 2 m Höhe 2 HK/m² und bei 6 m Lüsterende 3, also zwischen 2—3 HK/m² Bodenfläche.

Die folgenden Mittelwerte entsprechen älteren Ansprüchen: man steigt heute zuweilen auf das Doppelte.

Bessere Wohnung:	Salon	4 — 5	HK/m²	Bodenfläche
	Wohn- und Speisezimmer	3 — 3,5	-	
	Schlafzimmer	1,5— 2	-	
	Nebenräume	1 — 2	-	
Kanzlei:	Hauptkanzlei	5 — 6		
	Nebenkanzlei	2 — 2,5	-	
	Dienerkanzlei	1,5— 3	-	
Geschäft:	Verkaufsladen	4 — 7	-	
	Lagerraum	2 — 2,5	-	
	Schaufenster	50 —100	HK/lauf. m	
Gasthof:	Gesellschaftszimmer	5 — 7	HK/m²	
	Besseres Gastzimmer	3 — 4	-	
	Einfaches Gastzimmer	2 — 3	-	
	Gang und Nebenraum	1 — 1,5	-	
	Wirtschaftsraum	1 — 2	-	
	Festraum	9 — 13	-	

Innenbeleuchtung. 187

Ein wesentlicher Punkt in der Benutzung solcher rohen Mittelwerte liegt in der Verteilung der Lampen zu entsprechenden Gruppen, je nach architektonischen und dekorativen Ansprüchen. Die gewonnene Gesamtzahl von Kerzenstärken für einen Raum teilt man in die Mittel- und Seitenlichter ein. Kronleuchter oder Lüster besorgen die ersteren, die Wandleuchter die letzteren. Die Mittelgruppe überwiegt meistens bei weitem. Die Wandbeleuchtung bleibt in der Regel unter einem Dritteile, ja bei kleineren Räumen verschwindet sie oft ganz. In manchen Fällen tritt noch eine besondere Deckenbeleuchtung hinzu. Gerade das Glühlicht hat durch die große Freiheit in seiner Verwendung diese Entwicklung gefördert. Die Anzahl der Kronleuchter wird von der Form des Saalgrundrisses abhängen. Wenn dieser vom Quadrate wesentlich abweicht, so werden zwei oder mehr Lüster gewählt. Man teilt den länglichen Grundriß in mehrere quadratische Beleuchtungsfelder und

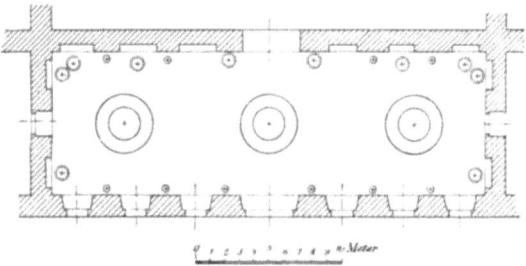

Fig. 138.

bestimmt für jedes die erforderliche Lampenzahl. Im allgemeinen führt dies zu mehreren Lösungen, etwa einem großen Mittellüster und in der Längsachse des Raumes mehrere kleinere oder durchaus gleiche. Die richtige Entscheidung wird meistens durch andere Bedingungen gefördert. Ist sie getroffen, so wird es sich empfehlen, einige Hellegleichen im Grundrisse für jeden Beleuchtungskörper einzutragen. Auf diese Weise wird ein klares Bild über die getroffene Wahl und ihrer allfälligen Abänderung gewonnen. Bei dieser Aufgabe bleibt die Sachlage insolange einfach, als die Lüstergröße zum Bodenabstand gering ist. Für die Praxis des drängenden Tages kann man sich die Lichtmasse meist in einem Punkte unterhalb des Schwerpunktes der Lampengruppe eines Beleuchtungskörpers zusammengedrängt denken. Nur bei Riesenkronen und -lüstern mit mehreren Lampenkränzen von bedeutender Ausladung, meist nicht unter $1/7$ der Raumbreite, wird eine genauere Ermittelung der Lichtwirkung am Platze sein.

Als Beispiel zu diesen Auseinandersetzungen sei der große Festsaal in der Hofburg zu Budapest angeführt. In Fig. 138 ist sein Grundriß

188 Die elektrischen Lichtquellen.

und aus Fig. 139 ist sein Lichtbild ersichtlich. Die Seitenwände in lichtgelber Marmormasse und eingelegten Spiegelflächen sind recht wirksam. Die Decke ist ganz weiß gehalten. Die Saallänge beträgt 30, die Breite 9,7 m, so daß die Grundfläche 291 m² hat. Die Raumhöhe zählt 9,5 m, was zu 2764 m³ Rauminhalt führt. Die Mittelbeleuchtung besorgen 3 Lüster mit je 80 Glühlampen von 16 HK; die Wandbeleuchtung versehen zwei Wandarmreihen. Die untere, ungefähr im ersten Höhendrittel, in der Fig. 138 mit Doppelkreisen gekennzeichnet, enthält

Fig. 139.

12 Wandleuchter mit je 13 Glühlampen von 10 HK, die obere Reihe 8 Wandarme von je 19 Lampen zu 10 HK. Die Gesamtlichtstärken setzen sich also wie folgt zusammmen:

3 Kronleuchter zu . . . . 80 Glühlampen von 16 HK = 3840 HK
12 obere Wandarme zu . . . 13   -   - 10 - = 1560 -
8 untere   -   zu . . . 19   -   - 10 - = 1520 -

woraus 2,5 HK/m³ und 23,8 HK/m² folgen. Die letzte Zahl erheischt jedoch eine Richtigstellung. Die obere Wandarmreihe von 1560 HK sowie die oberen Kränze der Mittellüster sind für die Bodenhelligkeit ohne viel Einfluß. Es verbleiben für sie also nur 4104 HK, die zu 14,1 HK/m³ führen.

Bogenlicht für freie Plätze und gedeckte größere Räume.
Zur Beleuchtung von freien Plätzen und großen Hallen empfiehlt sich das kräftigere und wirtschaftlichere Bogenlicht. Die Anbringungshöhe der Bogenlampen wird je nach ihren Eigenschaften, ob Gleich- oder Wechselstrom, je nach ihrer Lichtstärke oder der erstrebten Mindestbeleuchtung gewählt. Letztere darf nicht immer als lotrechte Beleuchtungsstärke E_v eingeführt werden; in vielen Fällen wird vielmehr die wagrechte E_h in Betracht kommen, weil die seitliche Beleuchtung von Personen und aufrechten Gegenständen angestrebt wird. Bei Beleuchtung eines Bahngeleises ist E_v zu berücksichtigen, denn ein niedriger Fremdkörper soll sich vom Geleise abheben; dagegen kommt in einer Bahnhofshalle E_h in Frage, weil den Seitenflächen der Waggons alle Aufmerksamkeit zufällt.

Für einige Beleuchtungsfälle geben die folgenden mittleren Lichtstärken bezogen auf die untere Halbkugel für die Bodenfläche Aufschluß. Die erste Reihe bezieht sich auf bescheidene, die letztere auf mittlere Ansprüche.

Restauration, großer Geschäftsraum, Konzertsaal   8—4   20—10 HK/m²
Fabrikhallen . . . . 4—2   10— 5 -
Markt- und Bahnhofshallen . . . . 2—1   5— 3 -
Höfe . . . . 1—0,5   3— 1 -

Die größten Aufgaben für Hallenbeleuchtung stellen Ausstellungen. Die Maschinenhalle des Industriegebäudes in Chicago 1893 hatte eine Bogenweite von 380 m, eine Tiefe von 108 m und eine Höhe von 64 m. Ihre Ansicht zeigt Fig. 140. Die Beleuchtung besorgten 5 große, in der Längsachse verteilte Lüster, welche wesentlich aus Reifen bestanden, von denen der mittlere 23 m und die andern 18 m Durchmesser hatten. Der Mittellüster trug 102 Bogenlampen, die übrigen je 78, alle mit 10 A Gleichstrom. Bei jedem Lüster waren, um die Schatten zu mildern, die Bogenlampen in zwei Ringen untereinander angebracht. Die Lüsterhöhe betrug 43 m vom Fußboden. Die Gesamtlichtstärke ergibt sich zu

$$414 \times 10 \times 70 = 289\,800 \text{ HK}.$$

Die Grundfläche mit 41 040 m² führt zu 7 HK/m².

Im Gegensatz zu diesen Angaben über Ausstellungsbeleuchtung soll die Beleuchtung der großen Kuppelhalle des Reichstagsgebäudes in Berlin angeführt werden. Diese bildet ein Achteck von beiläufig 21 m Durchmesser und hat 21 m Höhe. Der Raum enthält nur eine von O. Dedreux entworfene Riesenkrone, welche 8 m Durchmesser hat und

12 Bogenlampen von je 15 A und 120 Glühlampen von je 30 Kerzen trägt, von denen letztere nur das Deckengemälde und den kunstvollen Lüster selbst beleuchten, während die Bogenlampen die allgemeine Raumbeleuchtung bewerkstelligen sollen.

An dem Reifen sind tabernakelartige Gehäuse angebracht, welche die Statuen berühmter Deutschen enthalten; zwischen ihnen befinden sich die Wappen derjenigen Fürstengeschlechter, die Deutschland Könige und Kaiser gegeben haben. Die Bogenlampen hängen in laternenförmigen Gehäusen unmittelbar unter den Wappen. Die prismatisch hervortretenden Gläser dieser Laternen beleuchten ihre eigenen Spangen und widerstrahlen einen Teil des Lichtes zur Decke. Die Glühlampen sind

Fig. 140.

in gotisch ornamentiertem Astwerk angebracht und können für die Bodenbeleuchtung außer acht bleiben. Die Gesamtlichtstärke beträgt hiernach $12 \times 15 \times 70 = 12\,600$ HK und, da der Saal mit Vorhallen etwa 600 m² Grundfläche aufweist, würden 21 HK/m² entfallen, wenn nicht die dioptrische Verglasung der Laternen Licht absorbieren würde. Immerhin galt die Erhellung des ganzen Raumes durch 1,3 HK/m³ als künstlerisch vollendete.

Eine Beleuchtung mit zerstreutem Licht ist in eigenartiger Weise in der Lesehalle der Columbia Universität in New-York zur Verwendung gelangt. 28 m über dem Fußboden, Fig. 141, des von einer Kuppel überwölbten Bibliothekraumes hängt an einem kaum sichtbaren Drahtseil eine auf hölzernem Rahmenwerk aufgebaute Kugel von 2,3 m Durchmesser, die mit weißer, matter Farbe angestrichen ist. Auf sie fallen Lichtbündel aus 8 je 18 A starken Scheinwerfern, die inmitten der

Hallenbeleuchtung. 191

Bücherregale in den Ecken der Galerie aufgestellt sind. Die in mildem Glanze strahlende Kugel scheint vor der Wölbung der Kuppel zu schweben, deren Dunkel sie erhellt. Ihr zerstreutes Licht dient jedoch nur zur allgemeinen Raumerhellung. Die Tische sind außerdem noch mit Leselampen ausgestattet.

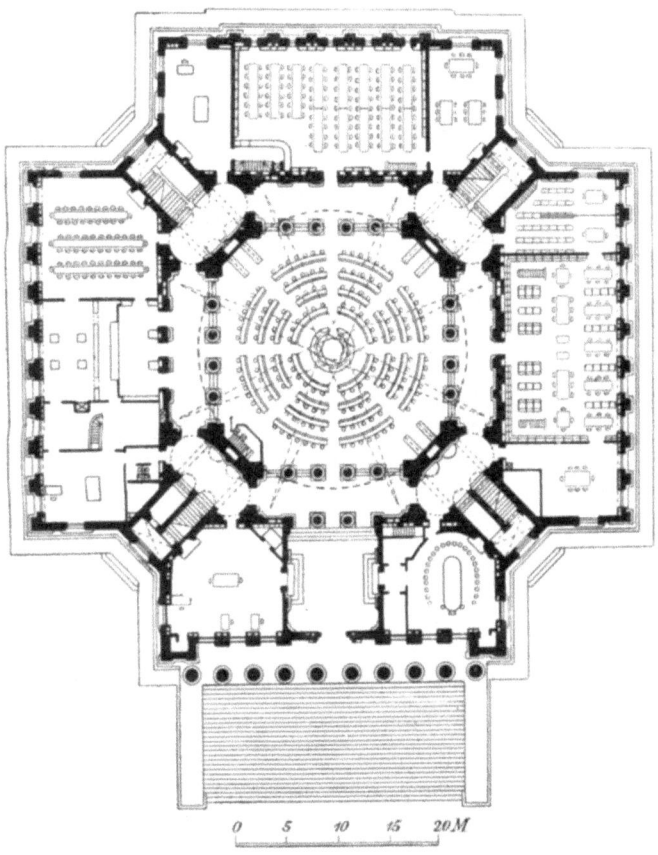

Fig. 141.

Die Fig. 142, 143, 144 stellen die Beleuchtung E_V in 1 m Abstand von der Bodenfläche des 10 m langen, 6 m breiten, 5 m hohen Photometriersaales der Firma Körting & Mathiesen, Leutzsch bei Leipzig, für den Fall der Verwendung direkten Lichtes mit normal stehenden Kohlen, Fig. 142, indirekter Beleuchtung mit verkehrt stehenden Kohlen, Fig. 143 und mit normal stehenden Kohlen, Fig. 144 und der in Fig. 114 S. 156 abgebildeten Ausrüstung, dar. Alle Versuche sind mit 8 A 40 V

Gleichstrom und Siemens A-Kohlen von 16 mm für die Anode, 10 mm für die Kathode durchgeführt worden, wobei die Lichtpunkthöhe 3,35 m betrug. Die Ergebnisse waren folgende:

	Lichtstrom	Mittlere Bodenbeleuchtung	Lichtverlust
Für den nackten Bogen	$\Phi = 4727$ Lm	$E_v = 60{,}2$ Lux	—
- Fig. 142, 350 mm Opalüberfangglas	$= 3685$ -	$= 47$ -	$22^0/_0$
- - 143, 500 - Reflektor	$= 2921$ -	$= 37{,}2$ -	38 -
- - 144, 700 - -	$= 1556$ -	$= 19{,}8$ -	67 -

Trotz der großen Lichtverluste wird man von der indirekten Beleuchtung in vielen Fällen Gebrauch machen können, wo das direkte Licht wegen der Blendung ausgeschlossen und auf gleichmäßige Durchhellung Gewicht gelegt wird. So beleuchtet man z. B. die Bühne eines Konzertsaales mit 4 Lampen von 8 A und indirektem Licht bei weißen Wänden, wobei die Zuschauer von direkten Strahlen nicht belästigt werden und die Notenpulte ausreichende Beleuchtung erhalten.

Wahl zwischen Glühlicht und Bogenlicht. Die Entscheidung, ob Bogenlampen oder Kohlenglühlampen zur Verwendung gelangen sollen, ist für die meisten Fälle unschwer zu treffen. Die Verschiedenheit der erzielten Beleuchtung ist so groß, daß nur in vereinzelten Fällen Zweifel aufkommen können. Große freie Räume erhalten im allgemeinen Bogenlampen; kleine Innenräume, bei welchen kleinere Lichtgrößen vielfach verteilt sein können, Glühlicht. Der durch das Kohlenglühlicht hervorgebrachte gelbliche Farbenton erschien seinerzeit wärmer, wodurch die innere Ausstattung mancher Räume besser zur Geltung kam.

Das Bogenlicht ist für die Lumenstunde wesentlich billiger, wodurch es auch dort verwendet wird, wo das Glühlicht besseren, wenn auch weniger schreienden Erfolg erzielt. In besseren Hotelsälen, Cafés usw. hat man mit Erfolg gemischte Beleuchtung vorgezogen, indem man für die allgemeine Beleuchtung die Bogenlampe hoch unter der Decke anbrachte und ihre scharfen Schatten durch Glühlicht abdämpfte. Dem Auge mußte das aufdringliche unmittelbare Bogenlicht dabei möglichst entzogen werden, da sonst das Kohlenglühlicht ärmlichen Eindruck hervorrief.

Das weißere Licht der Nernstlampe und der niederwattigen neueren Glühlampen, welche für höhere Kerzenzahlen geeigneter sind, entspricht den eben besprochenen Verhältnissen besser. Die Nernstlampe hat das Bogenlicht für kleinere Hallen mit Erfolg verdrängt und die angedeutete Lücke zwischen der großen Bogenlampe und Kohlenglühlampe ausgefüllt. Die kleine Bogenlampe mit geringer Stromstärke machte der Nernstlampe wieder in vielen Fällen dieses Gebiet strittig.

Bodenhelle.

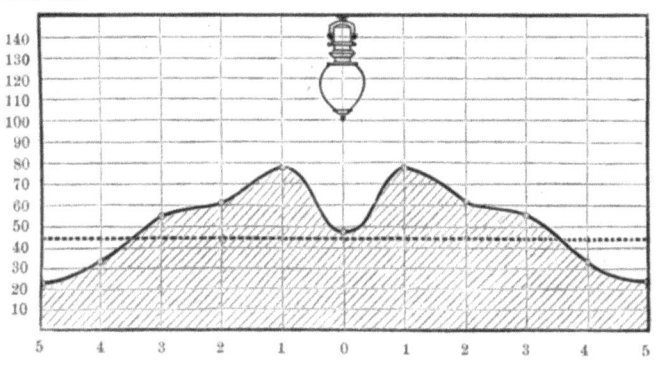

Fig. 142.

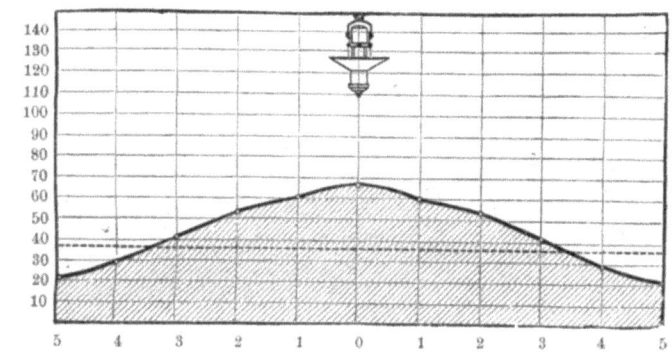

Fig. 143.

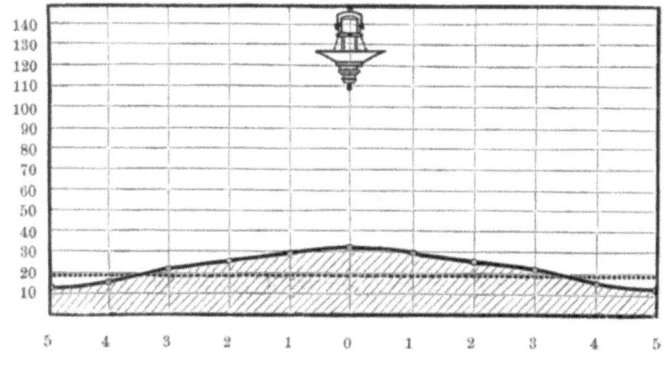

Fig. 144.

194   Die elektrischen Lichtquellen.

17. Lichtmessung.

Für die Messung der Lichtstärke J, des Lichtstroms Φ, der Beleuchtungsstärke E und der Flächenhelle oder des Glanzes e dienen Photometer. Da das Auge nur urteilen kann, ob zwei Lichtempfindungen gleich oder ungleich sind, muß jede Lichtmessung auf dieser Ermittelung beruhen. Die Gleichheit der Lichteindrücke wird auf einem Einstellstück hervorgerufen entweder durch Verschiebung dieses Stückes zwischen den feststehenden zu vergleichenden Lichtquellen, der zu messenden und der Vergleichslampe, oder durch meßbare Schwächung des Lichts mittels

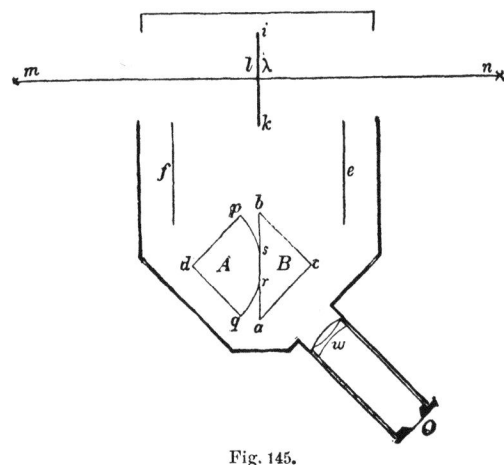

Fig. 145.

Milchglasplatten, sich drehenden Kreisausschnitten oder Zerstreuungslinsen. Es sollen hier einige Photometer beschrieben werden.

Photometer. Eines der verbreitetsten Instrumente zur Messung der Lichtstärke ist das Bunsensche Fettfleckphotometer. Seinen Hauptteil bildet ein weißes Papierblatt mit kreisrundem Fettfleck. Wird dieser in einem mit zwei schräg gestellten Spiegeln versehenen Gehäuse zwischen zwei Lichtquellen mit den Lichtstärken J_1 und J_2 gebracht, so wird der Fettfleck in den beiden Spiegeln ungleich beleuchtet erscheinen. Bei passender Verschiebung des Schirmes läßt sich jedoch erreichen, daß der Fettfleck entweder vollkommen verschwindet oder mindestens gleiche Schärfe der Ränder (gleichen Kontrast gegen die Papierflächen) aufweist. Ist dann die Entfernung des Papierschirmes von den beiden Lichtquellen r_1 und r_2, dann verhalten sich die Lichtstärken wie die Quadrate der Entfernungen $J_1 : J_2 = r_1^2 : r_2^2$. Die Genauigkeit einer Einstellung beträgt etwa 3 %.

Photometer. 195

Da nun der Fettfleck nicht alles auf ihn gefallene Licht durchläßt, das Papier nicht alles Licht zurückwirft, stellt der von Lummer und Brodhun[1]) angegebene Würfel, Fig. 145, eine wesentliche Verbesserung vor. Dieser Würfel wird zunächst durch eine Ebene a b in zwei gleiche Prismen geteilt, von denen das eine an den Enden der Fläche r s angepreßt wird. Es tritt dann an der einen Kathetenfläche totale Reflexion ein, während das Licht ungehindert durch die gemeinsame Berührungsfläche der beiden Prismen gehen kann. Die Vorrichtung gestattet Einstellungen mit $1/_2 - 1\%$ Genauigkeit. Der Schirm i k läßt kein Licht durch und steht lotrecht zur Achse der Photometerbank. Seine beiden Seiten werden von den zu vergleichenden Lichtquellen m und n be-

Fig. 146.

leuchtet. Das diffuse, von den Schirmseiten λ und l ausgehende Licht fällt auf die Spiegel e und f, die es senkrecht auf die Kathetenflächen c b und d p der Prismen B und A werfen. Der Beobachter bei o blickt durch die Lupe w senkrecht zu a c und stellt scharf auf die Fläche a r s b ein. Der Schirm i k, die Spiegel e und f, der Würfel A B und das Rohr o w sitzen im Photometergehäuse E F, Fig. 146, das auf dem Schlitten der Photometerbank befestigt und durch die Deckel D_1 gegen Staub verschließbar ist.

Das Auge kann etwa mit der doppelten Empfindlichkeit wie bei der Helligkeitsvergleichung den Kontrast zweier beleuchteten Flächen gegen ihre beleuchtete Umgebung angeben.

---

[1]) O. Lummer und E. Brodhun, Zeitschr. f. Instrumentenkunde 1892.

13*

Es läßt sich daher eine weitere Vervollkommnung durch eine abgeänderte Bearbeitung der gemeinsamen Berührungsfläche erzielen, indem man durch Mattierung die kleinen Kontrastflächen $r_1\ r_2$, Fig. 147 und 148, hervorruft und durch Aufbringung der Glasplatten b g und m c die Kanten zum Verschwinden bringt. Bei der gleichen Stellung des Photometers treten die Felder r_1 und l_1 gleich stark gegen ihre Umgebung l_2 und r_2 hervor, wie dies in Fig. 149a angedeutet ist. Die

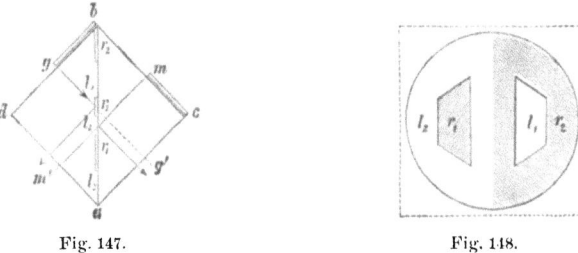

Fig. 147. Fig. 148.

Trennungslinie zwischen den Feldern l_2 und r_2 ist dann verschwunden; die ganze Umgebung der geschwächten Felder (r_1 und l_1) erscheint als eine zusammenhängende gleich hellleuchtende Fläche. Dabei sind die Helligkeiten von l_1 und r_1 gleich; ebenso diejenigen von l_2 und r_2. Je nach der Größe des Kontrastes unterscheiden sich beide Helligkeiten um ver-

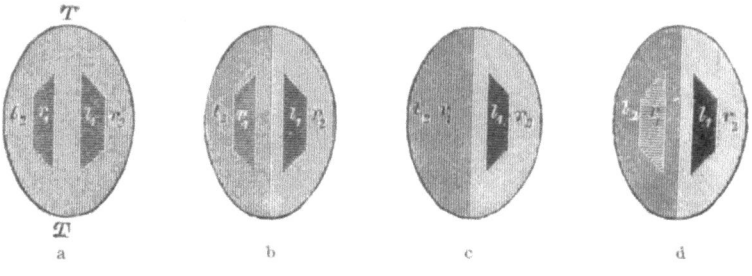

Fig. 149.

schieden große Beträge. Fig. 149b—d zeigen das Aussehen des Kontrastfeldes bei Verschiebung nach rechts über die Nullstellung für gleichen Kontrast, Fig. 149a, hin.

Da die Felder r nur Licht von rechts, die Felder l aber nur Licht von links erhalten, so tritt keine Abgleichung der verschiedenfarbigen Lichter ein wie etwa beim alten Bunsenschen Photometer. Vielmehr zeigen die Felder genau die Farben der beiden Lichter. Da das Auge aber nicht imstande ist, die Helligkeit stark verschieden gefärbter Felder zu vergleichen, so muß man für solche Fälle nach neuen Kennzeichen

Photometer. 197

suchen. Bei geringem Farbenunterschiede, wie bei Vergleichung einer Hefnerlampe mit einer Glühlampe, genügt noch die Beobachtung gleicher Helligkeit. Infolge der scharf zusammenstoßenden Felder r_2 und l_2, Fig. 149 a—d, sollte man vermuten, daß bei verschiedener Färbung der Lichtquellen auch bei Gleichheit der von rechts und links kommenden Lichtanteile beide Felder scharf getrennt seien. Dem ist jedoch nicht so. Vielmehr gehen bei einer gewissen Stellung des Photometers die verschieden gefärbten Felder r_2 und l_2 allmählich ineinander über, die Grenze wird unscharf trotz des Farbenunterschiedes, es bietet sich also auch hier etwas Ähnliches dar wie bei gleichgefärbten Lichtquellen, wo man auf Verschwinden der Grenze einstellt.

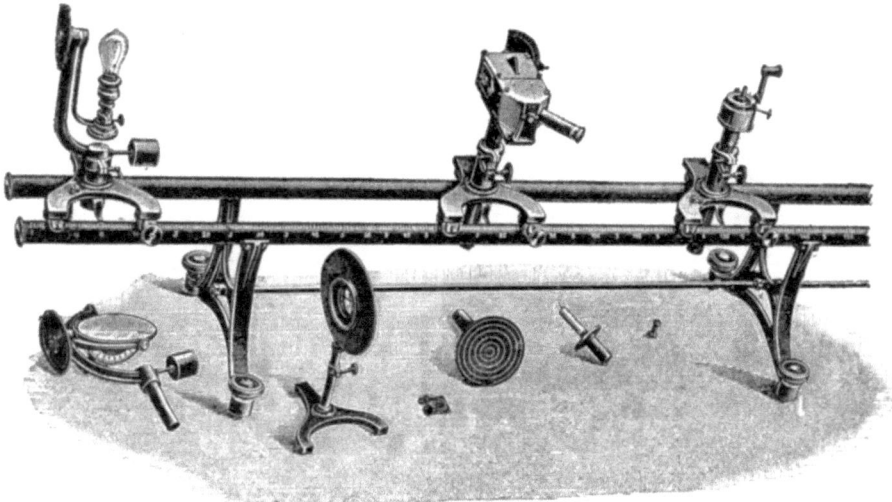

Fig. 150.

Der mittlere Fehler ist gleich dem bei gleichgefärbten Lichtern. Weichen die Farben beider Felder stark voneinander ab, so tritt die Unschärfe der Grenze nicht mehr auf. Beim Kontrast wirkt die ungleiche Färbung der Felder r_1 und l_1 gegen l_2 und r_2 störend auf die Einstellung ein. Um daher in diesem Falle das Auftreten der Kontrasterscheinung zu vermeiden, werden die Glasplatten herausgenommen, wodurch im Augenblick der Einstellung auch die Grenzen der Felder r_1 und l_1 verschwinden, und bei gleicher Färbung das ganze Sehfeld als gleichmäßig helle Ellipse erscheint.

Fig. 150 zeigt eine optische Bank nach Lummer-Brodhun in der Ausführung von Hartmann & Braun, Bockenheim, Frankfurt a. M. Sie besteht aus mit Hartgummi umkleideten Metallröhren von über 2 m

198 Die elektrischen Lichtquellen.

Länge, die durch Stützen zu einem Schienenpaar zusammengefügt sind. Es läßt sich eine Schienenverlängerung mit einer weiteren Stütze einstecken, wodurch die Bank auf etwas über 3 m Länge gebracht werden kann. Die vordere Schiene trägt eine bezifferte Teilung in halben Zentimetern, wovon die Strecke von 75 bis 175 in Millimetern ausgeführt ist. Die hintere Schiene kann mit einer das Lichtstärkenverhältnis der zu vergleichenden Lichtquellen unmittelbar anzeigenden Teilung versehen werden. Auf der Bank laufen drei bremsbare Wagen mit Röhrenstativen, wovon zwei mittels Zahn und Trieb in der Höhe verstellbar sind. Das mittlere Stativ ist ausgerüstet mit einem umlegbaren Photometerschirm mit Lummer-Brodhunschen Prismen, die auf Gleichheit und Kontrast eingerichtet sind; das zweite Stativ trägt eine Amylacetatlampe mit Flammenmaß; in das dritte lassen sich die Aufsätze, Kerzenhalter, Glühlampenfassung, Teller für Zwischenlichtquellen einstecken.

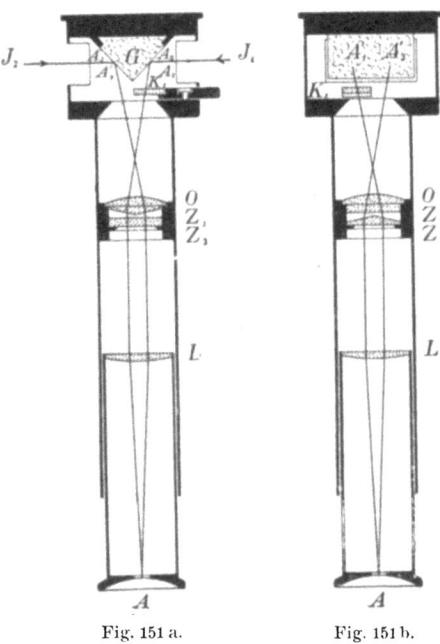

Fig. 151 a. Fig. 151 b.

Ein anderes, von der Firma Schmidt & Haensch, Berlin, hergestelltes Photometer zur Vergleichung der Lichtstärke zweier rechts

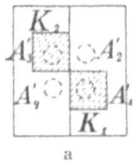 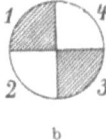 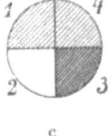 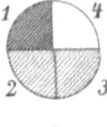

a   b   c   d

Fig. 152.

und links von dem Ritchieschen Gipsprisma G auf der Photometerbank aufgestellter Lichtquellen zeigen die Fig. 151a und 151b. Der diffus reflektierende Gipskörper G steht in der Brennweite der mit einem Zwillingsprisma Z_1 verkitteten Linse O und der Augendeckel A in der Brennweite der Linse L. Zwischen Linse L und Zwillingsprisma Z_1 ist

Flimmerphotometer. 199

noch ein gleiches Z_2 derart eingeschaltet, daß ihre brechenden Kanten senkrecht zueinander stehen und sich nahezu berühren. Z_2 ist durch eine runde Blende begrenzt und wird mit L als Lupe scharf gesehen. Das Aussehen des Gesichtsfeldes entspricht den Fig. 152b, c und d. Fig. 152b ist die richtige Einstellung auf gleichen Kontrast.

Durch die gekreuzte Anordnung der Zwillingsprismen entstehen vier virtuelle Lagen der Augenpupille auf dem Gipskörper, d. h. jeder der Quadranten 1, 2, 3, 4 wird von den entsprechenden Stellen A'_1, A'_2, A'_3, A'_4, Fig. 152a, des Gipses beleuchtet, und zwar die senkrecht übereinander liegenden Quadranten 1 und 2 bezw. 3 und 4 von je einer Lichtquelle. In die von A'_1 und A'_3 kommenden Strahlenbündel sind die kleinen Kontrastgläser K_1 und K_2 fortschlagbar eingeschaltet. Werden diese Gläser zurückgeschlagen, so wirkt das Instrument als einfaches Gleichheitsphotometer.

Flimmerphotometer. Hat man sehr verschiedenfarbige Lichtquellen zu vergleichen, so verwendet man Flimmerphotometer. Sie greifen auf das Talbotsche Gesetz, welches wir bereits S. 55 erwähnt haben, zurück, das nicht nur gilt, wenn die wechselnden Lichteindrücke hell und dunkel, sondern auch, wenn sie verschiedenfarbig sind[1]). Die strenge Gültigkeit dieses Satzes wird jedoch von physiologischer Seite bestritten[2]). Ein im Dunkeln am Auge rasch vorbei ziehender Reiz ruft eine ganze Reihe aufeinander folgender Empfindungen hervor, die noch andauern, nachdem der Reiz verschwunden ist und dann erst langsam abklingen. Um die Zulässigkeit der Messung verschiedenfarbiger Lichtquellen mit dem Flimmer- oder Flackerphotometer zu erklären, muß man Unempfindlichkeit des Auges gegen Farbenperzeption für Strahlen verschiedener Wellenlänge und Intermittenzgeschwindigkeit annehmen. Die Geschwindigkeit des drehenden Stückes muß beim Photometrieren so hoch gesteigert werden, bis die von ihm reflektierten Strahlen keine oder nur unbestimmte Farbenempfindung hervorrufen. Dies ist bei etwa 120—360 Umdrehungen in der Sekunde, entsprechend doppelt so vielen Lichteindrücken, völlig erreicht. Doch tritt eine die Lichtvergleichung ermöglichende unbestimmte Mischfarbe schon weit früher auf.

In dem Flackerphotometer von Simmance und Abady befindet sich eine weiße Scheibe aus Magnesia, deren Umdrehungsebene lotrecht steht und mit der Achse des Beobachtungsrohres zusammenfällt. Der Umfang der Scheibe ist von beiden Seiten aus kegelförmig so abgeschliffen, daß die beiden Kegelachsen nicht mit der Umdrehungsachse

---

[1]) O. N. Rood, Am. Journ. (3), 46, S. 173, 1893.
[2]) H. W. Vogel, Verh. der phys. Ges. Berlin 14, S. 45, 1895. Dr. H. Krüß, Zeitschr. f. Instrumentenkunde 1905, April.

zusammenfallen, sondern daß sie im umgekehrten Sinne aus dem Mittel stehen. Hierdurch wird bewirkt, daß die dem Auge zugekehrte Fläche in den beiden äußersten Stellungen entweder nach rechts oder nach links geneigt ist. Sie wird deshalb abwechselnd von beiden Lichtquellen beleuchtet.

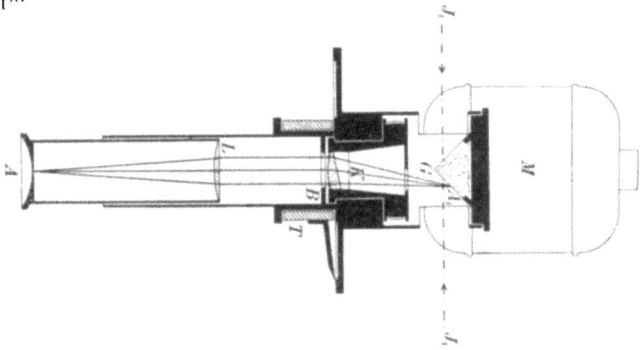

Fig. 153.

Bei dem Flimmerphotometer von W. Bechstein[1]) wird eine Keillinse in Umdrehung versetzt und als diffuser Reflektor ein Gipsprisma verwendet. Blickt das Auge durch den Schlitz A, Fig. 153 und 154,

Fig. 154.

mittels der Lupe L durch die feststehende Blende B auf die rotierende keilförmige Linse K, so beschreibt das auf dem Ritchieschen Gipsprisma G liegende Bild A_1 des Augendeckels A eine Bahn, wie sie Fig. 155 zeigt. Bei richtiger Stellung von G wird demnach das ganze

---

[1]) W. Bechstein, Zeitschr. f. Instrumentenkunde 1905, Febr.

Gesichtsfeld während je einer halben Umdrehung der durch Motor M angetriebenen Keillinse K von J_1 bezw. J_2 beleuchtet. Bei richtiger Wahl der Umlaufzahl entsteht ein dauernder Eindruck, eine Mischfarbe; bei zu kleiner Zahl der Lichteindrücke aber ein Flimmern. Die Einstellung geschieht durch Verschiebung des Photometerkopfes T, wobei die Umlaufszahl des Motors M für jeden Beobachter und für jeden Farbenunterschied der Lichtquellen auf die erreichbare größte Empfindlichkeit eingestellt werden muß. Das beschriebene Instrument wird von Schmidt & Haensch hergestellt. Bechstein hat neuerdings auch ein Flimmerphotometer mit zwei Flimmerphasen angegeben.

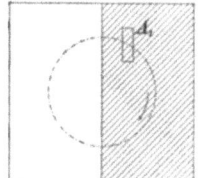

Fig. 155.

Sollen nicht nur Lichtstärken J, sondern auch Beleuchtungsstärken E gemessen werden, so verwendet man häufig das Milchglasphotometer von L. Weber, das neuerdings auch mit Lummer-Brodhun-Würfel ausgestattet wird. Dieses Photometer besteht im wesent-

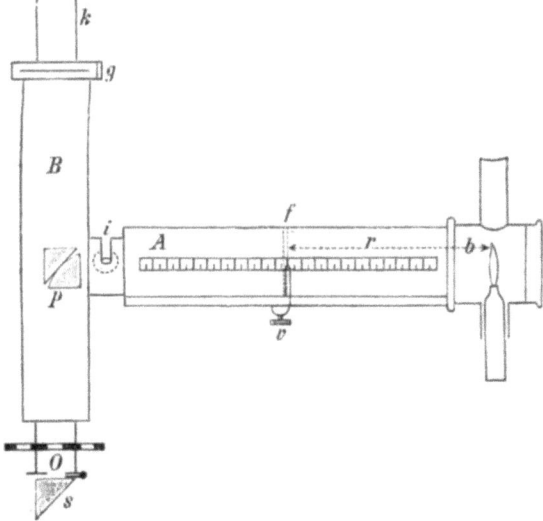

Fig. 156.

lichsten aus zwei senkrecht zueinander stehenden, innen geschwärzten Röhren, von denen das Hauptrohr B auf die zu messende beleuchtete Fläche gerichtet wird und zur Beobachtung dient, während das Nebenrohr A als Hilfslichtquelle eine Benzinlampe b enthält, Fig. 156. Die beiden total reflektierenden Flächen des Würfels sind nach der Hilfslichtquelle und der zu messenden Fläche gerichtet, die gemeinsame Berührungsfläche beider Prismen P liegt im Schnittpunkte der Achsen beider

Rohre. Der Beobachter kann also am Ende O des Hauptrohres B die durch eine Milchglasplatte g abgeblendete Beleuchtung der zu untersuchenden Fläche mit jener Beleuchtung vergleichen, welche durch die Hilfslichtquelle b auf der im Nebenrohre A verschiebbaren Milchglasplatte f hervorgerufen wird. Die Eichung geschieht am einfachsten dadurch, daß auf einer weißen Tafel ein Lux hervorgebracht und hierfür die Stellung der Milchglasplatte f im Nebenrohr A ermittelt wird. Die

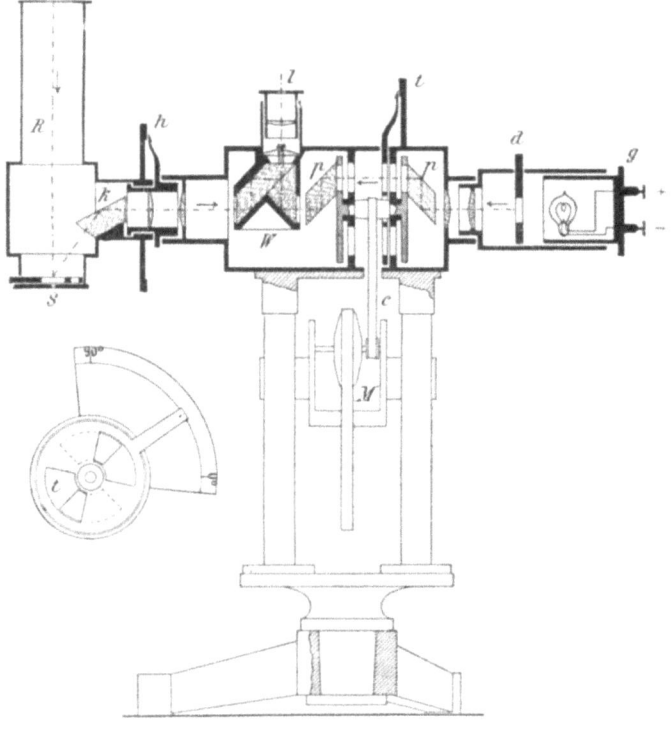

Fig. 157.

Entfernung r wird geändert, bis die im Würfel p liegenden Vergleichsfelder gleich hell erscheinen. Die durch k eindringende Lichtmenge ruft dann auf f eine mit dem Quadrate der Entfernung umgekehrt proportionale Beleuchtung hervor. Dieses Photometer ist auch zur Bestimmung der Sehschärfe verwendbar, wobei die Milchglasplatte g durch eine andere mit schwarzen Zeichnungen ersetzt wird.

Von der Reichsanstalt wird zur Messung von Beleuchtungsstärken das Straßenphotometer von Dr. Brodhun verwendet, Fig. 157. Im Gehäuse g befindet sich die durch Milchgläser d und drehbaren Kreisausschnitt t meßbar zu schwächende elektrische Vergleichslampe. Sie beleuchtet durch zwei Linsen die durchlässigen Teile der Trennungsfläche eines Lummer-Brodhunschen Würfels W; die zu messende Lichtquelle beleuchtet den Gipsschirm S, dessen Strahlen durch ein Prisma k in Richtung der Apparatenachse reflektiert werden. Das Rohr R mit Schirm S und Prisma k ist um diese Achse drehbar. Seine Stellung wird mittels des Weisers h abgelesen. Der Würfel W ist für Einstellung auf gleiche Helligkeit oder gleichen Kontrast eingerichtet und wird durch die Lupe l betrachtet. Auf gleiche Helligkeit der Vergleichsfelder wird dadurch eingestellt, daß das Licht der Vergleichslampe meßbar geschwächt wird. Zu dem Zwecke sind zwischen W und d zwei Fresnelsche Prismen pp an einer Art Trommel angeordnet, welche durch den Elektromotor M mittels der Schnurscheibe c um die Längsachse des ganzen Apparates in schnelle Drehung versetzt werden kann. Das von der Vergleichslampe kommende Lichtbündel dreht sich also um die Längsachse des Apparates und wird auf einem größeren oder kleineren Teil seiner Bahn abgeblendet, bis gleiche Helligkeit der Vergleichsfelder vorhanden ist. Diese Abblendung geschieht durch den Ausschnitt t. Er besteht aus einer ruhenden Metallscheibe mit zwei Winkelöffnungen von 90^0 und einer darüber befindlichen zweiten drehbaren Scheibe mit Zeiger. Mit dem abgelesenen Öffnungswinkel steht die von der Vergleichslampe erzeugte Flächenhelle im geraden Verhältnis.

Handelt es sich um Bestimmung des Lichtstromes Φ einer Lichtquelle in Lumen, so kann man entweder die Lichtstärken unter verschiedenen Ausstrahlungsrichtungen messen und daraus Φ berechnen oder aber Φ unmittelbar durch integrierende Photometer messen. Beide Verfahren sind heute noch vom Verbande deutscher Elektrotechniker zur Bestimmung der unteren halbräumlichen Lichtstärke der Bogenlampen zugelassen.

Denkt man sich um die zu untersuchende Lichtquelle mit lotrechter Symmetrieachse eine Kugel geschlagen, und nennt man J die Lichtstärke in einer durch die Breite ϑ und Länge φ bezeichneten Richtung, dann ist der Lichtstrom

$$\Phi = \int_{-\pi/2}^{\pi/2} \int_0^{2\pi} J \cos \vartheta \, d\vartheta \cdot d\varphi.$$

Gewöhnlich mißt man auf einem oder mehreren bevorzugten Längenkreisen φ unter verschiedenen Breiten ϑ und findet

$$\Phi = 2\pi \int_{-\pi/2}^{+\pi/2} J \cos \vartheta \, d\vartheta.$$

204   Die elektrischen Lichtquellen.

Das Photometrieren von Bogenlampen nach diesem Allardschen Verfahren kann mit starken Zwischenlichtern oder lichtschwächenden Vorrichtungen vorgenommen werden. Will man die räumliche Verteilung der Lichtstärke ermitteln, so photometriert man mit dem Rousseauschen Photometer die Bogenlampe ohne fremde Lichtquelle, indem man ihr Licht auf zwei auf den Armen eines Winkels verschiebbare Hilfsspiegel fallen läßt, von denen es dann auf den Meßschirm mit Fettfleck oder Würfel fällt. Dieser Meßschirm ist an einem den Winkel halbierenden Arme angebracht; der eine Schenkel des Winkels und der zugehörige Spiegel bleiben fest, der andere Schenkel wird gedreht; der zweite Spiegel muß dann zur Erzielung gleicher Beleuchtung des Fleckes vorgeschoben werden. Die Lampe wird auf diese Weise mit sich selbst photometriert; will man nicht nur relative Werte haben, so ermittelt man den absoluten Wert für eine Stellung. Die absoluten Messungen bereiten wegen des Farbenunterschiedes der Lichtquellen große Schwierigkeiten, weil der eine Teil des Fleckes rotgelb, der andere bläulich erscheint. Man photometriert entweder mit dem Flimmerphotometer oder nach L. Weber mit den zwei Komplementärfarben Rot und Grün und kann dann nach Vornahme einiger Hilfsbeobachtungen aus dem Verhältnis der für rote und grüne Strahlen erhaltenen Lichtstärken auf weißes Licht schließen. Will man den Zeitverlust und die Ungenauigkeit dieser punktweisen Messungen vermeiden, was für unbeständige Quellen wie Lichtbögen gewiß empfehlenswert ist, so muß man integrierende Photometer verwenden.

Bei den *Mesophotometern* wird von mehreren Stellen zugleich das Licht auf den Meßschirm durch Spiegel reflektiert. Dieser kann sich wie bei Houston & Kennelly 1896 drehen, oder es können mehrere feste Spiegel einen Kegelstumpf wie bei Blondel[1]) bilden. Das Licht muß dann im geraden Verhältnis mit dem Kosinus der Breite ϑ für jeden Spiegel geändert werden. Dies geschah in dem älteren Mesophotometer von C. P. Matthews bei 24 Spiegeln, deren Lichtabsorption durch Rauchgläser den Kosinuswerten proportional bemessen war. Die Summenbeleuchtung des Meßschirmes wurde dann durch einen drehenden Kreisausschnitt nochmals meßbar geschwächt. Auf der Ausstellung in St. Louis 1904 zeigte Matthews ein Photometer mit 11 über einen Halbkreis verteilten Doppelspiegeln. Der Durchmesser des Halbkreises steht lotrecht, und die zwei letzten Spiegel unter 90 und 270°, deren Kosinus 0 ist, fehlen. Die Doppelspiegel stehen unter 45° geneigt und sind gegen den halbkreisförmigen Träger zur Abgleichung der verschiedenen Absorption verstellbar. Sie werfen ihr Licht auf einen voll-

---

[1]) A. Blondel, Ecl. él. 81, S. 49, 1896; Ecl. él. 42, S. 66, 1905.

Lumenmeter. 205

kommen diffus reflektierenden Schirm, der nach dem Lambertschen Gesetz die auffallenden Strahlen im geraden Verhältnis zum Kosinus des Einfallswinkels schwächt. Das von dem Schirm ausgestrahlte Licht wird dann photometrisch gemessen.

Lumenmeter. Das Prinzip der Lumenmeter, welches man 1895 Blondel[1]) verdankt, beruht auf folgendem: Man versetzt die zu messende Lichtquelle in den Mittelpunkt einer undurchsichtigen Kugel, welche mit einem oder mehreren Ausschnitten in der Form von Kugelzweiecken versehen ist, Fig. 158. Der durch diese Ausschnitte auftretende Lichtstrom, ein ganz bestimmter Teil des Gesamtstromes, wird mittels eines Spiegels auf einen durchscheinenden, lichtzerstreuenden Schirm geworfen. Auf dem Schirm entsteht dann ein Lichtfleck, dessen einzelne Elemente als selbständige Lichtquellen anzusehen sind und photometriert werden. Da die Öffnungen bei M M je 18 Grad betragen, erhält man den Lichtstrom durch Vervielfachung mit 10, wenn die Licht-

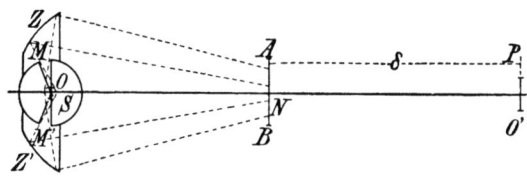

Fig. 158.

verteilung für alle Längenkreise φ die gleiche ist. Da Absorption und Zerstreuung von Einfall- und Zerstreuungswinkel abhängen, müssen die vom Rande des Lichtfleckes ausgehenden Strahlen das Photometer noch unter einem Winkel von 4 Grad treffen, d. h. die Entfernung zwischen Schirm und Photometer muß ca. 8 mal so groß als der Durchmesser des Lichtfleckes sein. Das Spiegellumenmeter von Blondel besteht, Fig. 158, aus einer undurchsichtigen, innen geschwärzten Kugel S, in deren Zentrum der geometrische Mittelpunkt O der zu prüfenden Lichtquelle gebracht wird. Bei M M sind zwei Ausschnitte von je 18 Grad Öffnung. Die hier austretenden Lichtstrahlen treffen auf die spiegelnde Zone Z Z aus versilbertem Glase und werden von da auf den zerstreuenden Schirm A B geworfen. Die Zone ist ein Umdrehungsellipsoid mit einem Brennpunkt im Mittel der Hohlkugel, dem andern in 3 m Entfernung. Der dort aufgestellte Schirm erhält einen Lichtfleck von 20—50 cm Durchmesser.

Der Verband Deutscher Elektrotechniker schlägt zur Messung von Lichtströmen das Kugelphotometer nach Ulbricht vor. Befindet sich

---

[1]) A. Blondel, Ecl. él. 3, S. 406, 1896.

eine Lichtquelle L, Fig. 159, deren unmittelbares Licht von dem mattierten Milchglasfenster M durch die kleine weiße Blende B abgehalten wird, irgendwo in einer Kugel vom Halbmesser r, deren Innenfläche aus einem undurchsichtigen, diffus reflektierenden Stoffe besteht, so muß nach der S. 180 zu Fig. 137 gegebenen Darstellung die indirekte Beleuchtung konstant sein, wie auch immer die Verteilung der direkten Beleuchtung sei. Der Lichtstrom, welchen die diffuse Kugelfläche, nachdem das Licht bis zur völligen Absorption hin und her geworfen ist, infolge der indirekten Bestrahlung aussendet, ist $\Phi(1-A)/A$ und somit die auf dem Milchglasschirm M durch mittelbare Beleuchtung entstehende Flächenhelle

$$\frac{1-A}{A} \cdot \frac{\Phi}{4\pi\varrho^2} = \frac{1-A}{A} \cdot \frac{1}{\varrho^2} \cdot J_\circ$$

eine mit dem Lichtstrom Φ der Lichtquelle von der räumlichen Lichtstärke $J_\circ = \Phi/4\pi$ im Verhältnis stehende Größe. Diese kann durch

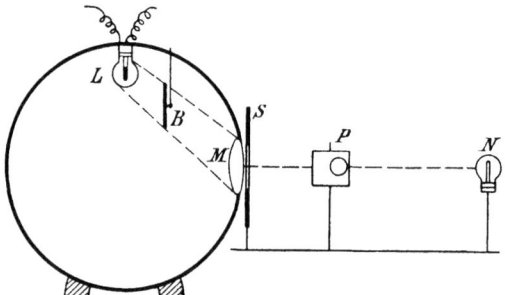

Fig. 159.

den Photometerkopf P mit einer Vergleichslampe N gemessen werden. Die durch die Blende B und die nicht leuchtenden Teile wie Gestänge, Halter der zu messenden Lichtquelle verursachten Fehler sind klein, wenn der Durchmesser des Kugelphotometers genügend groß genommen wird[1]). Er betrug anfänglich 500 mm und wurde später bei einzelnen Ausführungen bis auf 2 m erhöht; bei 1 m Durchmesser fand Bloch 2—3 % Abweichung zwischen punktförmig aufgenommenen und mit dem Kugelphotometer gemessenen räumlichen Lichtstärken. Befindet sich die Lichtquelle am Rande der Kugel, dann ist die mittelbare Beleuchtung der Milchglasscheibe M durch reflektiertes Licht der Hälfte der halbräumlichen Lichtstärke $J_\supset$ proportional. Der Kugeldurchmesser soll für solche Messungen mindestens 1,5 m betragen.

---

[1]) R. Ulbricht, ETZ 1900 S. 595; 1905 S. 512. — L. Bloch, ETZ 1905 S. 1047, 1074. — M. Corsepius, ETZ 1906 S. 468.

Photometrische Messung von Bogenlampen. Die Leistung der Bogenlampe wird je nach den praktischen Fällen verschieden bewertet. Als ihr Maß gilt nach den Beschlüssen der Kommission für Lichtmessung[1]) der Vereinigung der Elektrizitätswerke und des Verbandes Deutscher Elektrotechniker, 1906, die untere halbräumliche Lichtstärke $J_\cup$ in Hefnerkerzen. Diese Angabe ist jedoch in vielen Fällen zu ergänzen durch die räumliche Lichtstärke J_O, die oft für den Handelswert kennzeichnender ist[2]). Beide sollen sich beziehen auf den betriebsmäßigen Zustand der Bogenlampen, jedoch ohne Außenreflektor und nach Ersatz der sonst im Betrieb benutzten Glocken durch Klarglasglocken von gleicher Abmessung. So sind z. B. bei Dauerbrandlampen die inneren und äußeren Glocken durch Klarglasglocken zu ersetzen. Angaben über den Einfluß von Außenreflektoren, zerstreuenden Glocken und dergleichen sind auf die so festgesetzte Lichtstärke zu beziehen; solche für Wechselstromlampen auf sinusförmige Betriebsspannung und 50 Perioden in der Sekunde. Als **praktischer Effektverbrauch** einer Bogenlampe gilt der Gesamtverbrauch eines Bogenlampenkreises, gemessen an der Abzweigstelle vom Netz, dividiert durch die Anzahl Lampen. Die Netzspannung ist mit anzugeben. Diese Bestimmung nimmt auf die Größe des Vorschaltwiderstandes und die Zahl der in Reihe geschalteten Lampen Rücksicht. Als **praktischer spezifischer Effektverbrauch** gilt der so bestimmte, geteilt durch die halbräumliche Lichtstärke $W/HK_\cup$ unter Angabe der Netzspannung. Sein reziproker Wert $HK_\cup/W$ heißt **praktische Lichtausbeute**. Für Wechselstromlampe ist anzugeben, ob induktionsfreier oder induktiver Vorschaltwiderstand angenommen ist. Vor der Messung sind die Bogenlampen mit den vorgeschriebenen Kohlen zu versehen und eine Stunde lang zu brennen. Die Länge der Kohlenstäbe soll dabei der halben Brenndauer der Lampe entsprechen. Die unmittelbar sich hieran anschließende Messung erfolgt entweder durch Auswertung der mittleren Polarkurve, also punktweise, oder mit Hilfe eines integrierenden Photometers. Bei punktweiser Messung sind in der Meßebene auf beiden Seiten der Lampe unter gleichen Winkeln gleichzeitig die Lichtmessungen in Abständen von höchstens 10^0 zu 10^0 vorzunehmen. Als Meßebene gilt bei übereinander angeordneten Kohlen eine durch die Kohlenachse gelegte Ebene. Bei Lampen mit nebeneinander stehenden Kohlen sind zwei zueinander senkrechte Meßebenen anzunehmen, deren eine mit der Kohlenebene zusammenfällt. Bei Messung im Kugelphotometer muß dieses mindestens 1,5 m Durchmesser haben.

---

[1]) ETZ 1906 S. 479.
[2]) Herzog und Feldmann, Mittlere Licht- und Beleuchtungsstärken, ETZ 1907 S. 93.

Lichtmessung an Scheinwerfern. Die Prüfung erstreckt sich sowohl auf das erzeugte Lichtbündel als auf den Spiegel selbst. Man mißt bei geschlossenem Lichtstrahl durch ein Photometer die in größter Entfernung, etwa 1000 m, auf einem Schirm hervorgerufene Beleuchtungsstärke. Ferner ermittelt man das Verhältnis des beobachteten Leuchtwinkels zum theoretisch berechneten, das bei guten Spiegeln 1,08 beträgt. Aus diesen Zahlenangaben und den Abmessungen des Spiegels und Kraters läßt sich die Lichtwirkung des Spiegels, wie auf S. 164 angegeben, berechnen und mit den gemessenen Werten vergleichen, wobei die Absorption der Luft gesondert in Rechnung zu ziehen ist. Formfehler des Spiegels werden durch Beobachtung der Verzerrung des Spiegelbildes eines langen, geradlinigen Stabes mit Teilung direkt beobachtet oder auf photographischem Wege ermittelt.

Zweites Kapitel.
Leitungsbau.

1. Einleitung.

Zur Fortleitung des Stromes dient als guter Elektrizitätsleiter namentlich Kupfer. Um den Strom von einem Punkte zum andern ungeschwächt zu führen, muß der Leiter isoliert, d. h. von Nichtleitern so umgeben sein, daß ein Ableiten oder Lecken des Stromes auf Abwegen möglichst verhindert wird. Die Luft ist ein ausgezeichnetes Dielektrikum, man kann daher den Leiter frei spannen und hat dann nur noch für die Isolierung an den Unterstützungsstellen zu sorgen. In diesem Falle heißt der Leiter blank. Im Gegensatz hierzu kann der Leiter auf seiner ganzen Länge mit einem besonderen Nichtleiter umhüllt werden; man nennt ihn dann isolierten Leiter, obzwar der blanke in elektrischer Hinsicht die gleiche Bezeichnung verdienen würde. Wir können je nach dem Verlegungsorte im Freien geführte, innerhalb gedeckter Räume geleitete, ferner in Erde oder unter Wasser versenkte Leitungen unterscheiden. Diese Einteilung ist keine scharfe, sie soll nur zur übersichtlichen Bewältigung des Gegenstandes dienen, der als Leitungsbau alle Fragen des eigentlichen metallischen Leiters, seiner Isolierung und seiner Bettung umfassen soll.

Schon vor Jahren, bevor man noch ahnen konnte, daß die Elektrizität auch für Licht und Kraft eine Rolle spielen würde, hatte sie bereits in der elektrischen Telegraphie einen weltbedeutenden Erfolg hinter sich. Diese benutzt jedoch Tausendstel eines Amperes mit Spannungen selten über 100 Volt, während jene viele Tausende Ampere bei ein oder mehreren Hundert Volt, oder mehrere Hundert Ampere bei Spannungen von mehreren, ja vielen Tausend Volt erheischen. Trotzdem sind aber manche Bedingungen der Fortleitung des Stromes in beiden Fällen wesensgleich, so daß die neuere Starkstromtechnik

210 Leitungsbau.

Erfahrungen der älteren Schwachstromtechnik mitbenutzen konnte. Vom Jahre 1835—1885 hat sich die Entwicklung des Leitungsbaues unter dem ausschließlichen Einflusse der nach verschiedenen Richtungen hin mächtig aufstrebenden Schwachstromtechnik vollzogen. Durch die glückliche Durchführung der unterseeischen und unterirdischen Leitungen, welche Städte und Weltteile miteinander verbanden, hatte sich der Leitungsbau immer mehr entfaltet, und schon glaubte man, daß eine weitere Entwicklung unwahrscheinlich sei, als gegen Mitte der achtziger Jahre unverhofft neue Gebiete der Verwendung des elektrischen Stromes einerseits zur Telephonie, andererseits zur Beleuchtung sich erschlossen, die erneute Anregungen hervorbrachten. Die großen oberirdischen Fernleitungsanlagen für hohe Spannungen und die ausgebreiteten unterirdischen Leitungsnetze für Stadtbeleuchtungen waren die Ergebnisse jener Bestrebungen. Die fieberhafte Tätigkeit bis etwa 1890 war vornehmlich auf die Verbesserung der Stromerzeugung und der Verteilungssysteme selbst gerichtet, und bot wenig Muße, alle Zweige des Leitungsbaues gleichmäßig zu vervollkommnen. So kam es auch, daß den Innenleitungen trotz der raschen Verbreitung des elektrischen Lichtes lange Zeit hindurch nicht die verdiente Aufmerksamkeit geschenkt wurde; erst das letzte Jahrzehnt hat auch hierin ernste Wandlung gebracht und mit der leichtsinnigen Nachahmung der Haustelegraphenleitungen bei Starkstrom gründlich und endgültig aufgeräumt. Schließlich muß der selbständigen Entwicklung des Leitungsbaues für elektrische Nah- und Fernbahnen gedacht worden, welche besondere Lösungen zeitigte.

2. Der metallische Leiter.

Als Leiter für Starkstrom kommen Kupfer und Aluminium in Anwendung. Das im Handel vorkommende Kupfer weist geringe Beimengungen von Silber, Arsen, Antimon, Wismut und Eisen auf. 1% Kupferoxydul vermindert die elektrische Leitfähigkeit um etwa 2% und $0,01\%$ Arsen oder Antimon sogar um etwa 5%. $0,5\%$ Antimon und $0,3\%$ Blei bewirken Rotbruch, und $2,25\%$ Kupferoxyd Kaltbruch. Als man das erste unterseeische Kabel herstellen wollte, untersuchte Sir W. Thomson die eingelaufenen Kupferproben und fand zu seiner nicht geringen Überraschung, daß ihre Leitfähigkeiten Unterschiede bis zu 50% aufwiesen. Das Bedürfnis nach Drähten guter Leitfähigkeit stammt aus jener Zeit. Ihre Herstellung bestand bis 1866, wo Elkington die elektrolytische Läuterung zum ersten Male versuchte, ausschießlich in der metallurgischen Behandlung des natürlich vorkommenden oder aus

Kupfer als Leiter. 211

Erzen gewonnenen Rohkupfers. Auch heute beschränkt sich die elektrolytische Raffination auf edelmetallhaltiges Rohkupfer, das hüttenmännisch auf 96—99 % Kupfer angereichert ist. Die dabei gewonnenen Kathoden enthalten 99,3—99,9 % Kupfer und werden, zu Barren und Platten ausgegossen, als Elektrolytkupfer in den Handel gebracht. Es ist jedoch irrig, anzunehmen, daß Elektrolytkupfer das beste Leitungsmaterial sei; das aus den Lake Superior Minen durch Handscheidung gewonnene gediegene Kupfer (best selected) besitzt bei fast gleicher chemischer Reinheit erheblich größere Zähigkeit als das Elektrolytkupfer. Aber seine Menge beträgt auch bei den reichsten Minen nur wenige Prozent, bei den Quincy-Minen $1^1/_2$, bei den Hecla & Calumet-Minen 3 % der Erzförderung. Der Kupferbedarf der Welt muß also, da die elektrolytische Gewinnung von Reinkupfer unmittelbar aus Erzen gescheitert ist, wesentlich durch Verhüttung der Erze und schließliche elektrolytische Raffination des Rohkupfers gedeckt werden. Im Mansfelder Gebiet überwiegt das hüttenmännische Verfahren; in Europa ist die Tagesproduktion der einzelnen elektrolytischen Kupferhütten 0,2—20 t, in Amerika 5—180 t. Da auch die amerikanischen Erze viel reicher sind als die europäischen, erscheint es erklärlich, daß von der Gesamterzeugung an Kupfer von 700 000 t für 1905 mehr als die Hälfte auf Amerika entfällt.

Durch Erhöhung der Stromdichte in den Bädern von 20—45 A/m^2 auf 170, 220, ja 500 A/m^2 Elektrodenfläche sind die Leistungsfähigkeit erhöht, die Erzeugungskosten vermindert worden. Trotzdem hält sich der Preis durch unnatürliche Ringbildungen auf drückender Höhe. Im Jahre 1888 wurde das Standard-Kupfer durch ein französisches Syndikat auf 105 £ per t getrieben; 1889 fiel es nach Sprengung des Syndikats auf 35 £. Die Preise für Kupfer werden im „Mining Journal" in London für Standard-(Chili-)kupfer und für Elektrolytkupfer notiert, obgleich gegenwärtig Amerika den Preis wesentlich festsetzt. Am 27. Oktober 1906 notierte das „Mining Journal" für Chilikupfer 97 £ 5 sh., für Elektrolytkupfer 104 £ 10 sh. — 106 £ 10 sh. Dieser Preis ist etwa doppelt so hoch als die Durchschnittsnotierung der letzten zehn Jahre und der höchste bisher verzeichnete. Die Kupferknappheit rührt zum Teil von der 15—25 %-igen Zunahme des Verbrauches her, zum Teil mag sie in spekulativem Zurückhalten der Vorräte zum Zweck der Preiserhöhung begründet sein. Da die Preisschwankungen unregelmäßig auftreten, pflegen Vereinbarungen eine Kupferklausel zu enthalten. Wegen ihrer Schärfe empfiehlt sich folgende Fassung mit Kupferpreisen vom Dezember 1905: „Die Kabelpreise basieren auf 75—80 £ und erhöhen sich um 0,20 Mk. pro 1 mm^2 und 1 km Länge für jedes angefangene £, oder ermäßigen sich um den gleichen Betrag für jedes volle £, um welches

14*

die Londoner Elektrolytkupfer-Notierung am Tage des Auftragseinganges höher als 80 £ oder niedriger als 75 £ ist. Unter Londoner Elektrolytkupfer-Notierung ist derjenige höchste Preis zu verstehen, welcher an dem letzten Samstag vor dem Tage des Auftragseinganges im „Mining-Journal" als Freitags-Notierung für Elektrolytkupfer veröffentlicht wurde."

Als Hauptbedigung für die Wahl des Leiterstoffes tritt bei den Starkstromleitungen die elektrische Leitfähigkeit auf, in zweiter Linie folgen dann die mechanischen Eigenschaften, die absolute Festigkeit, die Elastizität, die Geschmeidigkeit, das Gewicht und schließlich, aber nicht zuletzt, der Preis. Weicher Kupferdraht, wie er großenteils zur Verwendung gelangt, hat eine absolute Festigkeit von nur 20—24 kg/mm², halbhartgezogener von 30—35 und hartgezogener von 38—42 kg/mm². Die Leitfähigkeit dieser Sorten kann dabei leicht 95—97% des Normalkupfers, d. h. eines Kupfers mit der Leitfähigkeit 60 bei 15° C. erreichen. In Fällen, wo die Festigkeit in den Hintergrund tritt, wird weiches oder halbhartes Elektrolytkupfer als zweckmäßiges Material erscheinen. In besonderen Fällen, wo Kupfer stark chemisch angegriffen wird, verwendet man verzinkten Eisendraht oder auch verbleite, d. h. mit Blei unmittelbar umpreßte Kupferdrähte.

In der Telegraphie versuchte man in der ersten Zeit gleichfalls Kupferdrähte, ersetzte sie jedoch bald wegen ihrer schwächeren Festigkeit und geringeren verführerischen Anziehung durch stärkere und billigere Eisendrähte. Aus jener Zeit rühren die vergeblichen Versuche, Stahldrähte durch kupfernen Überzug bessere Leitfähigkeit bei guter Festigkeit zu geben. Gleiches sollten die späteren Doppelbronzedrähte leisten, deren Kern aus Bronze hoher Bruchfestigkeit, deren Mantel aus solcher mit hoher Leitfähigkeit besteht.

Da die verschiedene Leitfähigkeit des Kupfers dem nichtleitenden Kupferoxydul, welches sich beim Schmelzprozesse bildete und in die Masse hineingelangte, zuzuschreiben war, bemühte man sich 1881 diese Bildung durch Beimengung von Reduktionsmitteln wie Phosphor zu verhindern.

Die Herstellung der ersten Telephonnetze, welche in diese Zeit fiel, geschah mit diesen Phosphorbronzen. Die Desoxydation mit Phosphor war jedoch unvollkommen und durch die in der Masse verbleibenden Phosphorspuren litt die Leitfähigkeit des Materials; die gewünschte Zugfestigkeit des Erzeugnisses war im Voraus nicht zu bestimmen und außerdem ließ der freie Phosphor mit der Zeit den Zerfall des Drahtes durch phosphorsaures Kupfer befürchten. L. Weillers Siliziumbronzedraht aus einer Legierung des Kupfers mit etwa 3% Zinn kam daher leicht in Aufnahme. Anfangs enthielt er vielleicht auch Spuren von Silizium, das bei seiner Herstellung angewendet

Natrium als Leiter.

wurde; sein Vorzug lag jedoch ausschließlich in seiner vorzüglichen mechanischen Herstellung und nicht in dem wundertätigen Einflusse des Siliziums. Bei diesen Kupferbronzedrähten kann man jeweiligen Forderungen an Festigkeit und Leitfähigkeit des Materials genügen, weil sie in einer ganzen Reihe von Zusammensetzungen von 44—86 kg/mm² Festigkeit bei 99—42 % Leitfähigkeit herstellbar sind. Die Kupferbronzedrähte werden trotzdem nur ausnahmsweise bei großen Spannweiten in der Starkstromtechnik verwendet.

Im allgemeinen wird derjenige Leiterstoff den Vorzug verdienen, welcher bei geringsten Kosten höchste Leitfähigkeit, größte Festigkeit und geringstes Gewicht aufweist, was für hartes Elektrolytkupfer oder bei sehr hohen Kupfer- und billigen Aluminiumpreisen für dieses spricht.

Betts hat 1906 Natrium als Leitungsmaterial versucht. Es hat die größte elektrische Leitfähigkeit auf die Gewichtseinheit bezogen, wie die folgende Zusammenstellung lehrt:

Metall	Elektrische Leitfähigkeit	
	der Gewichts-Einheit	der Volumen-Einheit
Natrium	115	31,4
Kalzium	100	45,1
Aluminium	80,4	63,0
Kupfer	37,5	97,6
Silber	32,5	100
Kadmium	9,7	24,4
Zinn	6,7	14,4
Eisen	6,3	14,6

Das Natrium läßt sich verhältnismäßig billig herstellen; 1 kg kostet 1—1,4 M. und soll auf 70 Pf. herabsetzbar sein. Da es nicht luft- und wasserbeständig ist, ja mit Wasser die heftigsten Reaktionen eingeht, so wurde es in geschmolzenem Zustande in schmiedeeisernen Röhren luftdicht eingefüllt und abgeschlossen. Aus solchen einzelnen Stücken wurde die Versuchsleitung zusammengefügt. Die Eisenrohre hatten 38 mm innere Lichtweite und der laufende Meter erforderte 1,35 kg Natrium. Das Kilogramm in dieser Weise gefaßt kam allerdings auf 4,70 M. Die Leitung wurde bei 0° C. mit 500 Ampere belastet und zeigte einen Widerstand von $333 \cdot 10^{-7}$ Ohm. Trotz des günstigen Ergebnisses wird die Verwendung eine beschränkte bleiben müssen, weil die Freihaltung der Eisenrohre von Rost, die durch äußere Erwärmung der Leitungen bedingte Ausdehnung des Natriums die Eisenhülle sprengen könnte u. a. m.

3. Form des Leiterquerschnittes und Gewicht des Leiters.

Die gebräuchliche Form des Leiterquerschnittes ist, von Ausnahmefällen abgesehen, die runde, weil sie während Herstellung und Verlegung einfachste Handhabung gestattet. Bei blanken Luftleitungen wird bis zu einem Durchmesser von 8 bis 9 mm voller Draht verwendet. Die Schwierigkeit seiner Geradstreckung während der Leitungsspannung und die dadurch zeitweilig hervorgerufene Beanspruchung der Tragkonstruktion, sind dabei so bedeutende, daß meist die Verlegung von zwei 7 mm starken Drähten billiger kommt, als jene eines 9 mm-Drahtes. Bei isolierten Leitern für Innenleitungen geht man nicht gern über 6 mm mit dem vollen Querschnitte, ja es empfiehlt sich, weit unter dieser Grenze zu bleiben. Es ist jedoch nicht nur die zu geringe Geschmeidigkeit, welche zu einem neuen Behelf zwingt; auch die geringen Fabrikationslängen, in welchen die Werke Drähte mit größerem Querschnitte liefern könnten, drängen hierzu. Man verarbeitet „Normalbarren" bis zu ca. 60—80 kg, so daß durch Lötstellen viele schwächende Verbindungen in die Leitungen kämen. Hierin hat die Praxis des Baues oberirdischer Bahnlinien insofern Wandel geschaffen, als ihr 8—9 mm dicker Arbeits- oder Trolleydraht in Rollen von 750 kg Gewicht geliefert wird, die in der Regel vier, etwa 50—60 cm lange, mit Silber oder elektrisch gelötete Verbindungsstellen enthalten. Bildet man dagegen aus dünnen Drähten ein Seil, so kann die Fabrikationslänge je nach dem Drahte weit länger ausfallen. Die Trommel, auf welche der Litzenleiter, schlechtweg das Kabel, aufgewickelt werden soll, darf nicht unhandlich groß ausfallen, um ihre Versendung und Bedienung nicht unnötig zu erschweren.

Beim einfachen Litzenleiter, Fig. 160, wird ein grader Mitteldraht von gleich großen gewundenen Drähten umgeben sein. Die erste Lage wird 6 solcher Drähte enthalten, denn der Umfang des Kreises, welcher durch die Mittelpunkte dieser Lage geht, ist $(2\,d)\,\pi = 6{,}28\,d$, der äußere Durchmesser dieses 7 fachen Kabels wird $3\,d$ betragen. Fügt man noch eine Lage dazu, so liegen die Mittelpunkte dieser zweiten Lage auf dem Umfange $(4\,d)\,\pi = 12{,}56\,d$, wodurch es möglich ist, 12 Drähte hinzuzufügen, um zu einem 19 fachen Kabel mit dem äußeren Durchmesser von $5\,d$ zu gelangen. Die nächste Lage führt zu 37 drähtigen, in gleicher Weise von da zu 61- und 91 fachen Kabeln. Allgemein besteht ein einfacher Litzenleiter mit einem einzigen Mitteldraht und n darauf ruhenden Lagen aus:

$$1 + 6 + 12 + \ldots = 3\,n\,(n+1) + 1 \text{ Drähten.}$$

Verseilung. 215

Sein äußerer Durchmesser ist durch $(2n+1)d$ gegeben. Der Mitteldraht, die Seele, ist gradgestreckt. Die folgende Drahtlage ist von links nach rechts gewunden, die darauffolgende in umgekehrter Richtung usw. Durch diesen Kreuzschlag wird das Bestreben jedes gewundenen Drahtes, sich von selbst aufzuwickeln, durch den entgegengesetzten Einfluß von Lage zu Lage behoben.

Noch mehr wird dies durch Gegendrehung jedes einzelnen Drahtes in der Verseilmaschine erreicht. Bilden also die miteinander zu verseilenden Drähte rechts gewundene Schraubenlinien, so müssen die Drähte selbst nach links um ihre eigenen Achsen verdreht werden. Über 91 fache Kabel mit $n=5$ Lagen geht man des ungenügenden Zusammenhaltes wegen nicht. Lieber greift man zu Kabeln mit zusammengesetzter Verseilung, deren Grundformen der einfachen Verseilungsart entsprechen, nur bilden statt der einzelnen Drähte Drahtlitzen die Elemente zum Aufbau, wie Fig. 161 ersichtlich macht. Die Flecht-

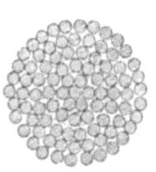
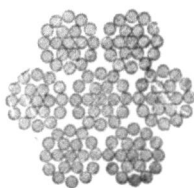

Fig. 160.   Fig. 161.   Fig. 162.

richtungen der Litzen im Seile, derjenigen der Drähte in den Litzen entgegengesetzt oder gegensinnig. Zum Mehrlitzenkabel zwingt öfters nur die Fabrikation, weil man sich mit einer Seilmaschine von geringer Bobinenzahl dabei behelfen kann; z. B. braucht ein 19 faches Kabel eine Maschine mit 18 Bobinen, während ein 49 faches Kabel, bestehend aus 7 Litzen von je 7 Drähten, mit einer solchen von 7 Bobinen herzustellen wäre. Wird aus solchen Mehrlitzenleitern wieder neuerdings ein Seil geflochten, Fig. 162, so entsteht ein Taukabel aus $7 \times 7 \times 7 = 343$ Drähten. Für sehr biegsame Leiter aus feinen Drähten, z. B. die beweglichen Zuleitungen von Lampen, macht man hiervon Gebrauch. Die Bildungsweisen von Kabeln sind damit nicht erschöpft, man findet häufig Zwischenformen, wie etwa statt eines graden Mitteldrahtes deren drei und darauf einfache Lagen u. s. f. Die Oberfläche der mehrlitzigen und der Taukabel weicht von der Kreislinie bedeutend ab, wodurch sich der Isolierungsstoff faltig auflegt. Diesem Übelstande kann nur beim einfachen Kabel durch besondere ineinander greifende Querschnittsformen begegnet werden, wodurch sich geschlossene Kabel aus Form-

oder Fassondrähten mit glatter Oberfläche ergeben, deren Raumausnutzung auch besonders gut ist.

Als **Raumausnutzung** oder **Füllfaktor** eines Kabels oder Seils wird das Verhältnis des wirklichen Drahtquerschnittes zum Querschnitt des dem Seil umschriebenen Kreises bezeichnet. Für den einfachen Litzenleiter mit einem Mitteldraht und n darauf ruhenden Lagen ist der Füllfaktor also

$$[3n(n+1)+1] : (2n+1)^2 = (3n^2+3n+1) : (4n^2+4n+1).$$

Für $n = 0$ ist er 100%, für großes n nähert er sich 75%. Regelmäßig gebildete Kabel erreichen also schon bei der dritten Lage den theoretischen Grenzwert von 75%. Bei gleichartiger Bildung für die zusammengesetzten und Taukabel würde man auf $0{,}75^2 = 0{,}56$ kommen. Schiebt man jedoch die den Lagen umschriebenen Vielecke, 6, 12... ecke, mit den graden Seiten aneinander, so werden kleinerer Außendurchmesser und Raumausnutzung von $70-75\%$ erreicht. Die tatsächlich erreichten Werte weichen nur bis zu 2% von den berechneten ab, trotzdem hier statt der wirklichen schiefen Schnitte die senkrechten genommen sind also vom Drall abgesehen wurde.

Da die einzelnen Drähte schraubenförmig um den Halbmesser ihrer Lage D/2 gewunden werden, muß ihre Länge L größer sein, als die des Kabels l. Das Verhältnis $(L-l)/l$ heißt die **Verlängerung**, das reziproke Verhältnis $l/(L-l)$ die **Eindrehung**. Einen vollständigen Umgang des Drahtes nennt man **Drall**. Ist D der äußere Durchmesser einer Lage von gleichen Drähten vom Durchmesser d und ist die Ganghöhe oder Länge des Dralls das m fache dieses Lagendurchmessers, so bilden der abgewickelte Umfang $(D-d)\pi$ und die Ganghöhe mD die rechtwinkligen Seiten eines Dreiecks, dessen schiefe Seite mit dem Winkel φ

$$L = \sqrt{(D-d)^2 \pi^2 + m^2 D^2}$$

die wirkliche Länge des einzelnen Drahtes mißt. Die Verlängerung ist

$$\alpha = L/l = \sqrt{1 + \frac{(D-d)^2 \pi^2}{m^2 D^2}} = 1/\cos\varphi = \sqrt{1 + \mathrm{tg}^2 \varphi},$$

wobei φ als Flechtwinkel der einzelnen Lage bezeichnet wird. Für das einfache Seil geht die Formel $\mathrm{tg}\,\varphi = (D-d)\pi : mD$ über in $\mathrm{tg}\,\varphi = 2n\pi : (2n+1)m$, wobei n die Ordnungszahl der Lagen bedeutet. Die Länge des Dralls wird gleich dem 15—20 fachen Lagendurchmesser genommen. Dies gibt folgenden Längenzuschlag oder prozentuelle Mehrlänge $100 \cdot (1/\cos\varphi - 1)$ für die einzelnen Lagen

Eindrehung und Drall. 217

Nummer der Lage	Mehrlänge jeder Lage $100(a-1)$			
	$m = 15$	φ^0	$m = 20$	φ^0
1	0,97	8	0,56	6
2	1,39	9	0,79	7
3	1,59	10	0,90	8
4	1,72	11	0,97	8
. . .	. . .	. . .	. . .	. . .
∞	2,17	12	1,22	9

Der Flechtwinkel φ liegt zwischen 6 und 12.

Für die durchschnittliche Mehrlänge eines Kabels muß man die Verlängerung jeder Lage mit ihrer Drahtzahl multiplizieren und die Summe dieser Produkte über alle Lagen durch die gesamte Drahtzahl des Kabels dividieren. Dies gibt

Zahl der Lagen	Durchschnittliche Mehrlänge $100(a-1)$ für das Kabel	
	$m = 15$	$m = 20$
1	0,83	0,48
2	1,18	0,68
3	1,38	0,78
4	1,51	0,86
. . .	. . .	. . .
∞	2,17	1,22

Für ein aus mehreren Litzen bestehendes zusammengesetztes Seil erhält man die Werte für die jeweilige Verlängerung, indem man die der Zahl der Lagen entsprechenden Werte von a obiger Zahlentafel miteinander multipliziert. So z. B. ist ein aus 19 Litzen zu je 7 Drähten bestehendes Seil aus 3 Lagen zusammengesetzt, deren Litzen wieder aus 2 Lagen von Drähten bestehen. Es ergeben sich also bei einem Dralle gleich dem 15 fachen Lagendurchmesser für das Verhältnis der wirklichen Drahtlänge zur Seillänge die Zahlen $a_1 = 1{,}0118$ und $a_2 = 1{,}0083$. Für das ganze Seil kommt man also zu $a = 1{,}0118 \cdot 1{,}0083 = 1{,}0202$. Die Verlängerung beläuft sich also in diesem Falle auf $2{,}02\%$. Da es im allgemeinen dabei auf höchste Genauigkeit nicht ankommt, kann man die Rechnung unter Vernachlässigung des Gliedes höherer Ordnung in der Weise kürzen, daß man die beiden Prozentzahlen addiert. Es ergibt sich dann in unserem Falle für die durch den Drall eintretende Verlängerung der Wert $1{,}18 + 0{,}83 = 2{,}01\%$.

Die vorhergehenden Rechnungen sind für Kabel mit so kleinem Flechtwinkel gegeben, daß diese nur Zusammenhalt durch die Isolierhülle erhalten. Für blanke Luftkabel, insbesondere für große Spannweiten, wird man zu $m = 7$ bis 12 nehmen und Flechtwinkeln von

15⁰ bis 20⁰ übergehen müssen, wie sie bei den Drahtseilen gebräuchlich sind. Für diese größeren Flechtwinkel müssen auch schon die Querschnitte anders gerechnet werden; es sind die zur Seilachse senkrechten Schnitte Ellipsen und die früher ausgerechneten Füllfaktoren sind umzurechnen. Die Dehnbarkeit des Kabels hängt von dem Flechtwinkel φ, also auch von dem Füllfaktor ab. Bei einmaliger Verflechtung ist der Seildurchmesser $D = A_1 d$, wobei $A_1 = 1 + \sec \varphi \cosec \pi/N$, und N die Zahl der Drähte einer Lage bedeutet. Für $\varphi = 5$ gibt dies in der

ersten Lage $N = 6$ $D = 3 d$ statt $3 d$
zweiten - $N = 12$ $D = 4{,}86 d$ - $5 d$
dritten - $N = 18$ $D = 6{,}76 d$ - $7 d$

Für zusammengesetzte Verseilung, also Litzenkabel ist $D = A_1 . A_2 . d$, wobei A_1 und A_2 wie oben zu bilden sind.

Das Gewicht von Rundkupfer in gr/m oder kg/km für das spezifische Gewicht von 8,91 beträgt $8{,}91 f = 8{,}91 . 0{,}25 d^2 \pi \backsimeq 7 d^2$, wo d den Durchmesser in mm, f den Querschnitt in mm² bedeutet. Es schwankt das spez. Gewicht bei den im Handel vorkommenden ausgeglühten Elektrolytkupferdrähten innerhalb enger Grenzen, etwa von 8,889 bis 8,912. Hartgezogene Drähte gehen bis 8,96.

Das spezifische Gewicht des Aluminiums ist 2,7, sein Gewicht also $2{,}12 d^2$ in kg/km. Für Eisen und Stahl mit dem spezifischen Gewicht 7,8 ist das Gewicht $6{,}13 d^2$ in kg/km.

4. Elektrischer Widerstand des Kupferleiters.

Der elektrische Widerstand des Leiters ergibt sich in Ohm aus der Beziehung $r = L/(k f)$, wobei L die Länge in m, f den Querschnitt in mm² und k die spezifische Leitfähigkeit, oder $\varrho = 1/k$ den spezifischen Widerstand des Leiters bedeuten. Der elektrische Widerstand eines Seiles ist nicht völlig berechenbar, weil er von der veränderlichen Oberflächenberührung der Drähte unter sich abhängt. Vernachlässigt man diese sehr geringen Nebenschließungen, so wird die Gesamtleitfähigkeit des Seiles der Summe der Leitfähigkeiten seiner Drähte gleich. Bei Seilen aus sehr dünnen verzinnten Drähten hat die Verzinnung schon einen Einfluß von mehreren Prozenten. Der Widerstand metallischer Leiter nimmt mit steigender Temperatur zu. Für eine kleine Temperaturveränderung t steigt r auf $r_1 = r(1 + a . t)$, wobei a den Temperaturkoeffizienten bezeichnet. Für die meisten reinen Metalle beträgt $a = 0{,}0040$. Nach Mathiesen an reinem Kupfer 1862 vorgenommene Messungen rechnete man die Leitfähigkeit bei der Temperatur t auf 0⁰ C.

Widerstand kupferner Leiter. 219

mit $K_t = K_0 (1 - 0{,}0038901\, t + 0{,}00000909\, t^2)$. Bestimmt man hieraus den Widerstand r_t aus r_0, indem man vorher das quadratische Glied vernachlässigt und nach der Binominalreihe entwickelt, so führt dies auf eine träge konvergente Reihe, deren Abbrechung mit dem linearen Gliede schon bei 100° Fehler bis mehrere Prozente ergibt. Neuere Messungen haben aber dargetan, daß der Widerstand treffender durch die lineare Form im Vorhinein dargestellt werden kann. Nämlich $r_t = r_0 + \alpha\, r_t$. Die Vervielfältigungszahl α wird von Deutschen mit 0,4 %, von den Engländern mit 0,428 % und von den Amerikanern mit 0,42 % gebraucht. Eine Einigung wird erst angestrebt. Geht man nicht von 0° aus, so kann man je nach der Grundtemperatur T die Berichtigung in α vornehmen. $r_{T+t} = r_T \cdot (1 + \alpha t)$ und nach Kennelly für α setzen:

$T =$ 0   12   25   40° C.
$\alpha =$ 0,0042 0,0040 0,0038 0,0036

Der spezifische Widerstand des Leitungskupfers wird durch den in Ohm ausgedrückten Widerstand eines Stückes von 1 m Länge und 1 mm² Querschnitt bei 15° C. angegeben. Als Leitfähigkeit des Kupfers gilt der reziproke Wert des so bestimmten spezifischen Widerstandes. Kupfer, dessen spezifischer Widerstand größer als $\varrho = 0{,}0175$ oder dessen Leitfähigkeit kleiner als $k = 57$ ist, wird nicht als Leitungskupfer angenommen. Der deutsche Kupferdraht-Verband rechnet im Mittel mit $\varrho = 0{,}0172$ oder $k = 58{,}1$, für Hartkupfer mit dem Grenzwert $\varrho = 0{,}0175$, entsprechend $k = 57{,}1$. Als Normalkupfer von 100 % Leitfähigkeit gilt ein Kupfer, dessen Leitfähigkeit 60 beträgt. Zur Umrechnung des spezifischen Widerstandes oder der Leitfähigkeit von anderen Temperaturen auf 15° C. ist in allen Fällen, wo der Temperaturkoeffizient nicht besonders bestimmt wird, ein solcher von 0,4 % für 1° C. anzunehmen.

Die Kupfernormalien des Verbandes deutscher Elektrotechniker vom Juni 1906 lauten:

Leitungskupfer darf für 1 km Länge und 1 mm² Querschnitt bei 15° C. keinen höheren Widerstand haben als 17,5 Ohm. Der bei t° C. gemessene Widerstand R_t ist nach der Formel $r_{15} = r_t : 1 + 0{,}004\,(t - 15)$ umzurechnen.

Kupferleitungen müssen aus Leitungskupfer hergestellt sein. Die wirksamen Querschnitte von Kupferleitungen sind grundsätzlich durch Widerstandsmessungen zu ermitteln, wobei ein kilometrischer Widerstand für 1 mm² von 17,5 Ohm einzusetzen und für Litzen und Mehrfachleiter die Länge des Kabels, also ohne Zuschlag für Drall, zu nehmen ist.

Bei der Untersuchung, ob eine Leitung aus Leitungskupfer besteht, ist der Querschnitt durch Gewichts- und Längenbestimmung eines ein-

220   Leitungsbau.

fachen gerade gerichteten Leiterstückes zu ermitteln, wobei, falls eine besondere Bestimmung des spezifischen Gewichtes nicht vorgenommen wird, für dieses der Wert 8,91 einzusetzen ist."

Bei Freileitungen kann auch Kupfer verwendet werden, das diesen Normalien nicht entspricht, wenn Festigkeitsrücksichten dies erforderlich machen.

In England ist von dem Standardising Committee für weiches Kupfer 59,4, für hartes 58,3 als Leitfähigkeit bei 15° C. festgesetzt. Als spezifisches Gewicht gilt 8,913, als Temperaturkoeffizient 0,004022 für beide. Als hartgezogenes Kupfer wird dasjenige angesehen, das sich um nicht mehr als 1 % ausdehnt, bevor es reißt. Für Berechnung von Tabellen über Drahtseile soll ein Drall m = 20 mal dem Kaliber weniger eine Drahtdicke als normal gelten.

A. Freileitungen.

1. Durchhang und mechanische Spannung des Leiters.

Um den Zusammenhang zwischen Durchhang oder Pfeilhöhe f eines freihängenden elastischen Leiters mit der Spannweite a in m und seiner Beanspruchung p in kg/mm² zu finden, betrachtet man unter der Annahme unverrückbarer Stützen A und B, Fig. 163, das Gleichgewicht seiner inneren Kräfte mit den äußeren. Unter dem Einflusse dieser Kräfte nimmt der Leiter die Form einer Kettenlinie an. Da der Quer-

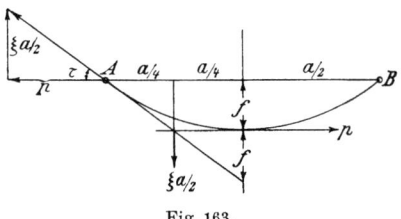

Fig. 163.

schnitt q in mm² klein gegen die Bogenlänge des Leiters L ist, so kann man ihn in parallele Fasern von 1 mm² Querschnitt zerlegt denken. Das Gewicht eines Meters einer solchen Einzelfaser sei ξ. Da die Pfeilhöhe im Vergleiche zur Spannweite gering, etwa von 1,5—3 % ist, wird das Verhältnis n = a/f zwischen 66 und 33 schwanken. Man kann dann für den flachen Bogen für die hier zu behandelnden Fragen annehmen, daß das Gewicht des Leiters längs der Sehne statt des

Durchhang bei Freileitungen. 221

Bogens gleichmäßig verteilt sei. Das entspricht einer Parabel als Hängelinie, deren Zugspannung in den Aufhängepunkten A und B gegen die Wagerechten einen Winkel τ einschließt, für den tg $\tau = (2\,f) : (a/2) = 4\,n$ ist. Für die angegebenen Grenzen ist tg $\tau = 0{,}06$ bis $0{,}12$ oder $\tau = 3^0\,30'$ bis 7^0. Die lotrechte Seitenkraft, welche die Stütze aufzunehmen hat, entspricht dem Gewichte des Seils $^1/_2\,a\,\xi$. Folglich ist der wagrechte Zug $p = ^1/_2\,a\,\xi : \text{tg}\,\tau = a^2\,\xi : 8\,f$; er bewegt sich also hier zwischen dem 16,6 bis 8,3 fachen vom $a^2\,\xi$ und nimmt mit abnehmendem Durchhang rasch zu.

Die gefundene Gleichung besagt nur, daß das äußere Moment p f dem inneren $(\xi\,a/2) \cdot a/4$ bezogen auf den Punkt A gleich sein muß.

Es ist daher:

$$f = \frac{a^2\,\xi}{8\,p} \quad \text{und} \quad p = \frac{a^2\,\xi}{8\,f} \quad \ldots \ldots \ldots \ldots 1)$$

Die flache Parabel, welche sich der Kettenlinie sehr vollkommen anschmiegt, hat in ihrem Scheitel, Fig. 164, einen Krümmungskreis vom

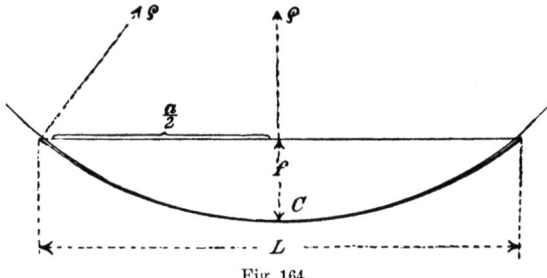

Fig. 164.

Halbmesser ϱ, der dem Parameter der Parabel $\varrho = a^2 : 8\,f$ gleichkommt. Die Länge des Kreisbogens für die Sehne a findet sich demnach

$$\frac{L}{2} = \varrho \,\text{arc sin}\, \frac{a}{2\,\varrho} = \varrho \left[\frac{a}{2\,\varrho} + \frac{1}{2 \cdot 3} \left(\frac{a}{2\,\varrho} \right)^3 + \ldots \right]$$

oder mit dem Werte von ϱ bei Vernachlässigung der höheren Glieder

$$L \sim a \cdot \left[1 + \frac{2}{3} \left(\frac{2\,f}{a} \right)^2 \right] = a + \frac{8}{3} \frac{f^2}{a} = a + \frac{a^3\,\xi^2}{24\,p^2} = L \ldots \ldots 2)$$

Der Leiter wird bei einer Abnahme der Temperatur kürzer und erfährt bei der niedrigsten vorkommenden Temperatur die größte mechanische Beanspruchung, welche die zulässige auch nicht bei ungünstigsten klimatischen Verhältnissen überschreiten darf. Diese Beanspruchung wird als ein Teil der Bruchfestigkeit genommen, bei welcher ein Zerreißen eintreten würde. Je kleiner er gewählt wird, desto größere Sicherheit liegt in den Annahmen. Der Sicherheitskoeffizient schwankt zwischen $1/3$ und $1/5$ und wird wesentlich durch die Elastizitätsgrenze bedingt sein. Bei elastischem Material reicht die zulässige Belastung bis zu $1/3$ der Bruchfestigkeit, bei weichem dehnbaren nur bis zu $1/5$ aus.

Der Einfluß der Temperatur ist um so wichtiger, als die geringere Gefahr von gegenseitigen Drahtverschlingungen durch Wind auf kleinen Durchhang hindrängen. Die spezifische Ausdehnung des Leiters, d. i. jene für 1 m Länge und 1°C. Temperaturänderung, sei β. Ein Leiter von der Länge L wird bei einer Temperaturänderung Δ t eine neue Länge $L' = L[1 + \beta . \Delta t]$ annehmen, wobei β den Ausdehnungskoeffizienten für 1°C. bedeutet. Der Einfluß der Elastizität soll nun in Betracht kommen. Die Ausdehnung eines Meter Drahtes von 1 mm² Querschnitt infolge einer Zugbelastung von 1 kg sei λ. Da der Elastizitätsmodul E die ideelle Belastung bis zur Ausdehnung gleich der ursprünglichen Drahtlänge bedeutet, so dehnt 1 kg einen Meter um den Betrag der spezifischen Zugdehnung $1/E = \lambda$ aus. Demnach wird ein Draht von L' Meter Bogenlänge infolge der elastischen Dehnung eine neue Länge $L'' = L' (1 + \lambda . \Delta p)$ erhalten. Die gleichzeitige und entgegengesetzte Wirkung von Temperatur und Elastizität gibt somit als tatsächliche Länge $L'' = L (1 + \beta . \Delta t) (1 + \lambda . \Delta p) = L (1 + \beta . \Delta t + \lambda . \Delta p)$, wobei das quadratische Glied $\beta \Delta t . \lambda \Delta p$ gegenüber den linearen vernachlässigt wurde. Wird von der niedrigsten Temperatur t_0, z. B. von $-20°$ C., ausgegangen und die Temperatur von diesem Punkte aus als Nullpunkt gezählt, ihre Zugspannung mit p_0, diejenige bei einer anderen Temperatur mit p_t, die entsprechenden Bogenlängen mit L_0 und L_t bezeichnet, so erhält man für diese

$$L_t = L_0 [1 + \beta t + \lambda (p_t - p_0)] = a + \frac{a^3 \xi^2}{24 p_t^2}.$$

Wird nun ausmultipliziert und $L_0 - a \sim 0$ gesetzt, so erhält man nach Einsetzung des Wertes $L_0 = a + \frac{a^3 \xi^2}{24 p_0^2}$ und Ordnung der Glieder die Beziehung:

$$t = \frac{a^2 \xi^2}{24 \beta} \left(\frac{1}{p_t^2} - \frac{1}{p_0^2} \right) + \frac{\lambda}{\beta} (p_0 - p_t) \quad \ldots \ldots \quad 3)$$

welche den Zusammenhang der jeweiligen Temperatur t über $t_0 = 0$ mit der hervorgerufenen Spannung p_t angibt, sofern die Spannweite a, das auf einen laufenden Meter entfallende Eigen- und Zusatzgewicht,

Durchhang bei Freileitungen. **223**

geteilt durch den Leiterquerschnitt ξ, die spezifischen Dehnungen für Wärme und Elastizität β und λ sowie die der niedrigsten Temperatur entsprechende größte Zugspannung p_0 bekannt sind.

Aus 3) findet sich bei Berücksichtigung von $p_t = \dfrac{a^2\,\xi}{8\,f_t}$ die weitere Beziehung

$$t = \frac{1}{\beta}\left[\left(\frac{8\,f_t^2}{3\,a^2} - \frac{\lambda\,\xi}{8}\,\frac{a^2}{f_t}\right) - \left(\frac{a^2\,\xi^2}{24}\,\frac{1}{p_0^2} - \lambda\,p_0\right)\right] \quad \ldots \ldots 4)$$

welche in ähnlicher Weise den Durchhang f_t wiedergibt.

Die zulässige Beanspruchung p_0 kg/mm² wird meist, wie bereits angegeben, als ein Teil der Bruchfestigkeit gewählt. Man muß daher diese vorerst angeben. Ebenso sollen vor Betrachtung der Beziehung 3) und damit auch 4) die darin enthaltenen Werte β, λ und ξ ferner die größte Schwankung in der Temperatur des Leiters während des Jahres und die Steigerung von ξ durch Winddruck für Leiter aus Kupfer, Eisen, Stahl und Aluminium erörtert werden.

Das Verhalten der weichen Stoffe bis zur Bruchgrenze ist von dem der harten verschieden. Weiches Kupfer und weiches Aluminium zeigen nach Aufhören der Spannung dauernde Dehnungen, während die elastischen Leiter aus hartgezogenen Materialen bis zur Elastizitätsgrenze vollkommen auf ihre ursprüngliche Länge zurückkehren. Mit Rücksicht auf die Wichtigkeit des weichen Kupfers als Leitmaterial bei Niederspannungsleitungen sei sein Vorhalten näher betrachtet.

Die Größe der spezifischen Bruchfestigkeit hängt bei gleicher Güte des Rohstoffes vom Durchmesser des Drahtes ab. Sie nimmt mit Zunahme des Durchmessers zuerst rasch, dann langsam ab, was als Folge der durch das Drahtziehen hervorgerufenen Oberflächenspannung erklärlich erscheint. Die nachfolgenden Versuchsergebnisse der 1891er Frankfurter Ausstellungskommission zeigen diesbezüglich:

Kupferdraht, Durchmesser in mm	1	2	6	10	12
Spez. Bruchbelastung per mm² in kg	26	25,6	23,1	22,4	21,9
Bruchdehnung in %	—	26,9	35,1	43,6	45,6

Wenn man daher einen einzigen bestimmten Sicherheitsgrad einhalten will, so erhält man für verschiedene Durchmesser verschieden große Werte als zulässige Spannung. Der Draht soll nur so weit gespannt werden, daß bei einer Temperaturabnahme keine derart nennenswerte Ausdehnung auftritt, welche nach darauffolgender Temperaturzunahme zu einem übermäßigen Durchhang führt.

224 Leitungsbau.

Dieses zeitliche Nachhängen der Leitungen, welches zu gefährlichen Verschlingungen mit Nachbardrähten führen kann, ist bei elastischem Leitungsmateriale, also bei Drähten aus Stahl, Eisen, hartem Kupfer und Bronze, leicht zu vermeiden, indem man das Material nur bis zur Elastizitätsgrenze beansprucht. Bei weichen Kupferdrähten liegt diese Grenze sehr tief. Sie verlängern sich schon bei geringen spezifischen Belastungen mit bleibender Dehnung. C. Bach hat an einem 25,2 mm starken Kupferstab folgende Werte erhoben:

Spez. Belastung in kg/mm²	Gesamte Ausdehnung in % der ursprünglichen Länge	Bleibende Ausdehnung in % der ursprünglichen Länge	Verhältnis zwischen der bleibenden zur Gesamtausdehnung in %
1	0,0091	0,0001	1,1
2	0,0182	0,0008	4,4
3	0,0293	0,0025	8,5
4	0,0434	0,0066	15,2
6	0,0852	0,0210	24,6

Trägt man in Fig. 165 die spezifischen Belastungen p auf die lotrechte, die Dehnungen auf die wagrechte Achse auf, so erhält man die Kurven der Gesamtausdehnungen O a C und der bleibenden Dehnungen O E D. Jene verläuft bis ungefähr a geradlinig, während die Linie der Dehnungsreste anfangs etwa bis zum Punkte E mit der Achse O Y fast zusammenfällt und sich nachher nach O X krümmt. Das untersuchte Material zeigte sich dementsprechend bis E vollkommen elastisch, indem es keine bleibenden Dehnungen aufwies. Eine Belastung von 4 kg/mm² gibt eine Gesamtausdehnung von 0,043 % der Drahtlänge, eine bleibende nur 0,0066 %, d. i. 15,2 % der Gesamtausdehnung. Bei dünneren Drähten als 25 mm, deren Bruchbelastung größer ausfällt, sind die Zahlen entsprechend kleiner. Die spezifische Belastung von 4 kg entspricht also ungefähr einer 5 bis 6 fachen Sicherheit.

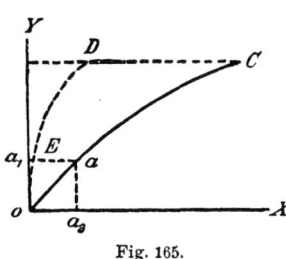

Fig. 165.

Die Bruchfestigkeit des halbharten Kupfers beträgt 30—35 kg/mm², die des harten Kupfers 38—42 kg/mm². Die Elastizitätsmoduln sind 12 000—12 500 und 12 800—13 200 kg/mm². Daraus berechnen sich die spezifischen Längendehnungen

Durchhang der Seile. 225

$\lambda = 1/E = 0{,}835 \cdot 10^{-4}$ bis $0{,}8 \cdot 10^{-4}$ für halbhartes Kupfer
und $\quad\quad\quad\quad 0{,}78 \cdot 10^{-4} - 0{,}76 \cdot 10^{-4}$ - hartes -.

Die härteren und elastischeren Stoffe, Eisen und Stahl, haben höhere Bruchfestigkeit und kleinere Längendehnung. E ist

	E	$\lambda \cdot 10^{+4}$	Bruchfestigkeit
für Eisendraht . . .	18 000—20 000	0,555—0,50	40— 60 kg/mm²
- Stahldraht . . .	18 800—21 700	0,532—0,46	60—140 -

Aluminiumdraht hat nur 20—24 kg/mm² Bruchfestigkeit und 7200 bis 7400 als Elastizitätsmodul. Seine spezifischen Dehnungen $\lambda = 1{,}4 \cdot 10^{-4}$ sind noch um 40—50% größer als die des weichen Kupfers, weshalb es als Draht zu Leitungen nicht verwendet wird. Der Elastizitätsmodul ist in geringem Maße für alle Stoffe von der Temperatur abhängig. Die Abnahme von 0 bis 100° beträgt für Kupfer etwa 15%, für Eisen und Stahl 2,3%, für Aluminium 19,5%.

Bei neuen Seilen nimmt der Elastizitätsmodul E' mit steigender Belastung desto mehr zu, je weniger das Seil bereits vorher ausgedehnt wurde. E' läßt sich für Kabel mit einer Lage aus den Elastizitätsmoduln der unbenutzten Drähte E berechnen, wobei $E' = 0{,}6\,E$. Für einfache Litzenkabel ergibt sich demnach $E' = 0{,}36\,E$. Wird das Kabel einer Belastung unterworfen, welche die Längeneinheit des einzelnen Drahtes um die Länge $\lambda' = 1/E'$ verlängern würde, so wird der Draht im Kabel um eine Länge $\lambda'' = \lambda' \cos^2 \varphi$ gedehnt, wie dies nach Hrabak aus Fig. 166 mit Berücksichtigung der kleinen Winkel folgt. Für ein einfaches Seil ist demnach bei $\varphi = 18°$ $\lambda'' = 0{,}904\,\lambda'$, für zweimaliges Flechten, also für Litzenkabel, $\lambda'' = \lambda' \cos^2 \varphi = 0{,}818\,\lambda'$. Es ist demnach für einen Draht, der unverseilt den Elastizitätsmodul E hat, bei einmaliger Verseilung der Elastizitätsmodul des Drahtes gesunken auf $E'' = 1/\lambda'' = 0{,}6\,E/\cos^2\varphi = 0{,}6636\,E$ für einfache und 0,4399 E für zweifache Verflechtung. Durch die Unterbringung im Seil gehen 40% bzw. 64% der Elastizität verloren; durch den Drall dagegen werden bei $\varphi = 18°$ 6,4 bzw. 8% wieder gewonnen. Der Mitteldraht oder die Seele übernimmt bei 7 drähtigen Kabeln theoretisch 60% der Last. Untersuchungen sowohl bei Förderseilen als bei großen Spannweiten elektrischer Kabel haben bestätigt, daß die Seele immer zuerst reißt, weswegen sie auch bei elektrischen Luftleitungen mit großen Spannweiten aus Hanf hergestellt wird. Demnach werden für blanke Luftleitungen folgende Elastizitätsmoduln E'' und spezifische Dehnungen λ'' in Betracht kommen.

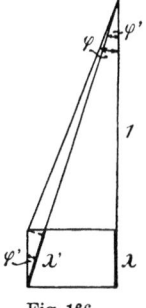

Fig. 166.

226   Leitungsbau.

Kabel aus	Elastizitäts-modul E des Drahtes	E'' des Kabels	$\lambda \cdot 10^4 = 1/E$	$\lambda'' \cdot 10^4$	$\beta \cdot 10^5$	Festig-keit	Sicherheit	größte zuläss. Belastung p_0 pro mm²
weichem Kupfer	10 000—11 000	6 640— 7 300	1,0 −0,9	1,51—1,37	1.686	20—24	5	4—4,8
halbhartem -	12 000—12 500	8 000— 8 300	0,835—0,8	1,25—1,20	1,686	30 - 35	5	6—7
hartem -	12 800—13 200	8 500— 8 800	0,78 −0,76	1,18—1,14	1,686	38—42	3	12—14
Eisendraht . . .	18 000—20 000	12 000—13 200	0,555—0,50	0,83—0,76	1,169	40—60	3	13—20
Stahldraht . . .	18 800—21 700	12 500—14 400	0,532—0,46	0,80—0,70	1,139	60-120	3	20—40
Aluminium . . .	7 200— 7 400	4 800— 4 900	1,4 −1,35	2,08—2,04	2,382	14—16	5	2,8—3

Die Zahlentafel enthält auch die zulässigen größten Belastungen p_0 in kg/mm², welche bei der niedrigsten Temperatur in Frage kommen. In Europa sinken die beobachteten tiefsten Temperaturen im allgemeinen bis $-30°$ C und äußerst wie auf dem Montblanc bis $-43°$. Die höchsten Temperaturen bewegen sich zwischen $20°$ bis $25°$ und steigen äußerst bis $40°$. Für technische Zwecke bei Berechnung von Eisenkonstruktionen im Freien wie von Brücken und Dächern wird für Mitteleuropa mit Abweichungen von $\pm 25°$ nach unten, bis $\pm 30°$ nach oben gegen die mittlere Ortstemperatur gerechnet. Diese betrug z. B. in Stuttgart für einen Zeitraum von 50 Jahren $10°$. Man begnügt sich mit der Gesamtveränderung von $60°$, obzwar die Temperatursteigerung von etwa $15°$ über diejenige der umgebenden Luft durch die unmittelbare Sonnenbestrahlung dabei nicht gesondert berücksichtigt ist. An Meeresküsten sind die Unterschiede viel kleiner. Für nördlichere Gegenden werden Schwankungen bis $100°$ verzeichnet.

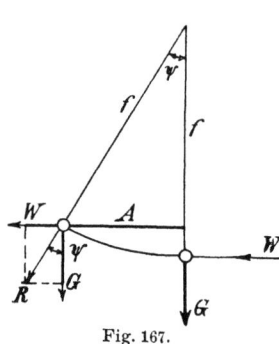

Fig. 167.

Die Temperaturdehnung β ist für weiches, halbhartes und hartes Kupfer $1,686 \cdot 10^{-5}$, für Eisendraht $1,169 \cdot 10^{-5}$, für Stahldraht $1,139 \cdot 10^{-5}$ und für Aluminium $2,382 \cdot 10^{-5}$. Die Kupferdehnung ist also etwa 30% kleiner als die des Aluminiums und um 40% größer als die des Eisens.

Für einfache Seile ist die Temperaturdehnung β' von dem Flechtwinkel φ derart abhängig, daß $\beta' = \beta \cos^2 \varphi$, gerade so wie die Längendehnung bei Zug.

Nun soll der Einfluß des Windes besprochen werden. Seine Richtung soll nach Beobachtungen des Luftschiffers Lilienthal im allge-

Einfluß des Windes.

meinen nur unter 3^0 gegen die Wagrechte ansteigen. Wir wollen jedoch den ungünstigsten Fall annehmen, daß der größte Winddruck wagrecht und winkelrecht auf den hängenden Draht einwirke. Winddruck W und Schwerkraft G setzen sich zur Resultierenden R zusammen, und wenn jene stoßweise wirkt, so wird der Draht je nach den zwei Schwingungszahlen der Windstöße und der Eigenschwingungen des Seils in Bewegung geraten. Die Größe der Ausschwingung oder der Abtrieb A aus der lotrechten Ruhelage läßt sich aus Fig. 167 ablesen.

$$A = f \sin \psi = \frac{f \cdot W}{\sqrt{W^2 + G^2}}.$$

Dies ist der Abtrieb auf Grund statischer Rechnung. Größere Werte könnten bei Synchronismus der Windstöße mit den Eigenschwingungen R des Seils auftreten. Die Schwingungszeit für die Grundwelle ist

$$T = \frac{2}{\pi} \cdot \pi \cdot a \sqrt{\frac{\xi}{g\, p_0}} = 2 a \sqrt{\frac{\xi}{g\, p_0}} = 4 \sqrt{\frac{2 f}{g}},$$

worin g die Beschleunigung durch die Schwerkraft ist.

Die Ausrechnung ergibt, daß das Auftreten des auf Grund dynamischer Rechnung möglichen größten Wertes unwahrscheinlich ist. Für eine 8 mm-Leitung aus halbhartem Kupfer ergibt sich für Sturmwind mit v = 32 m/sek für den Meter Draht W = 0,667 kg, G = 0,448 kg, also $\sin \psi = 0,83$ und der Ablenkungswinkel $\psi = 56^0$. Nimmt man $p_0 = 6$ kg/mm², $\xi = 0,00891$, g = 9,81 m/sek², dann folgt

$$T = 2 a \sqrt{\frac{0,00891}{9,81 \cdot 6}} = 0,0246\, a$$

und die Schwingungszahl in der Sekunde $1/T = 40{,}7/a$. Für rund 40 m Spannweite tritt also eine Schwingung in einer Sekunde, für 120 m Spannweite eine Schwingung in 3 Sekunden auf. Der Durchhang für die höchste Spannung $p_0 = 6$ kg/mm² ist

$$f = \frac{a^2 \xi}{8 p_0} = \frac{4 a^2 \cdot 0,00891}{8 \cdot 6} \simeq 0{,}30\ \text{m}$$

für 40 m und 2,70 m für 120 m Spannweite. Die Abtriebe sind $f' = 0{,}30 \cdot 0{,}83 = 0{,}258$ m bezw. 2,24 m.

Die Stärke des Windes hängt von seiner Geschwindigkeit v in m/sek ab. Der spezifische Winddruck in kg/m² ist $w = c \cdot \gamma \cdot v^2/2g$, worin c ein Erfahrungswert zwischen 1 und 3, γ das Gewicht eines m³ Luft = 1,293 kg/m³ für trockene Luft bei 760 mm Barometerstand,

228 Leitungsbau.

$g = 9{,}81$ m/sek^2 ist. Nach Versuchen von Grashof ist $w = 0{,}122$ v^2. Dies gibt bei mittleren Windgeschwindigkeiten von $v = 16-18$ m/sek etwa 31—40 kg/m^2, bei starkem Sturm mit $v = 28-32$ m/sek etwa 100—125 kg/m^2. Die letzte Zahl entspricht den Vorschriften des Verbandes Deutscher Elektrotechniker. Die höchsten Windgeschwindigkeiten, die bei dem Orkan vom Februar 1894 gemessen wurden, lagen zwischen 39 und 45 m, die zu $W = 185-250$ kg/m^2 führten. Stößt der Wind unter dem Winkel α auf eine ruhende ebene Fläche F, so ist der winkelrecht auf die Fläche wirkende Winddruck $W = w_1 F$, worin

nach Isaak Newton . . . . $w_1 = w \cdot \sin^2 \alpha$

nach F. R. von Lößl . . . . $w_1 = w \cdot \sin \alpha$

zu setzen ist.

Für einen Kreiszylinder, dessen Achse winkelrecht zur Windrichtung steht, ist also für das Flächenelement $1/2$ d . dα der winkelrechte Winddruck $dW = w_1 \sin \alpha \cdot 1/2$ d . dα und der wagrechte somit

nach Newton . . $W = 1/2 \, w \cdot d \int_0^\pi \sin^3 \alpha \, d\alpha = 2/3 \, w \, d = 0{,}667 \, w \, d$

nach v. Lößl . . $= 1/2 \, w \, d \int_0^\pi \sin^2 \alpha \, d\alpha = \pi/4 \, w \, d = 0{,}785 \, w \, d.$

Die Newtonsche Formel gibt für kreisförmige Leiter die bessere Übereinstimmung. Finzi und Soldati maßen 1905 an einem 48 mm-Draht $W = 0{,}622$ w d. Setzt man $w = 125$ kg/m^2, so ist für den laufenden Meter eines Drahtes von d mm Durchmesser $W = 2/3 \cdot 0{,}125 \cdot d = 0{,}0833$ d, und da das Gewicht G pro m bekannt ist, folgt

für Kupfer . . . . $G = 0{,}00891 \, \pi/4 \, d^2 = 0{,}007 \, d^2$ $W/G = 11{,}9/d$
- Eisen und Stahl $= 0{,}0078 \, \pi/4 \, d^2 = 0{,}00613 \, d^2$ $= 13{,}6/d$
- Aluminium . . $= 0{,}0027 \cdot \pi/4 \, d^2 = 0{,}0212 \, d^2$ $= 39{,}2/d$

Ein dauernder Winddruck $w = 125$ kg/m^2 würde demnach einen größten Ausschlagwinkel ψ aus der Lotrechten geben, dessen tg $\psi = W/G$, also umgekehrt proportional dem Durchmesser d ist.

Bei Seilen ist die dem Winddruck ausgesetzte Oberfläche größer als die Oberfläche des umschriebenen Kreiszylinders vom Durchmesser D. Für das 7 fache und 19 fache Kabel ist das Verhältnis dieser Oberflächen $4/3$ bezw. $7/5$. Man kann also angenähert für das 7 adrige Kabel $W = 4/3 \cdot 2/3 \, w \, D = 8/9 \, w \, D$, für das 19 adrige Seil $W = 14/15 \, w \, D$ rechnen. Für $w = 125$ kg/m^2 gibt dies $W = 0{,}111$ D, für das 19 adrige $W = 0{,}117$ D. Um die Abhängigkeit von der Windgeschwindigkeit zu über-

Einfluß des Windes. 229

blicken, setzt man in die Grundformel die Werte $^2/_3$, $^8/_9$ und $^{14}/_{15}$ ein und erhält dann: für Drähte w $= 0{,}082$ v^2; für 7 fache Seile $0{,}108$ v^2; für 19 fache $0{,}114$ v^2. Übereinstimmend hiermit hat Buck an einem 19 adrigen Aluminiumseil, das auf 13,7 m hohen Masten 290 m weit über den Niagara gespannt war, durch unmittelbare Messung W $= 0{,}113$ v^2 gefunden, indem er die zur Rückführung in die Ruhelage erforderliche Kraft mittels eines Dynamometers in der Mitte der Spannweite und zugleich mittels eines Anemometers die Windgeschwindigkeit ermittelte. Nimmt man den Füllfaktor des Seils gleich 0,7, dann ist das Gewicht pro Meter für Kupferseile G $= 0{,}0049$ D^2, für Eisen- und Stahlseile G $= 0{,}0043$ d^2, für Aluminiumseile G $= 0{,}0148$ D^2, also das Verhältnis W/G $=$ tg ψ.

	W/G für 7 fache Seile		W/G für 19 fache Seile	
	bei gleichem Durchmesser	bei gleichem Querschnitt	bei gleichem Durchmesser	bei gleichem Querschnitt
aus Kupfer	22,6/D	19/D'	23,9/D	20/D'
- Eisen oder Stahl .	25,9/D	21,8/D'	27,2/D	22,8/D'
- Aluminium . . .	75/D	62,7/D'	79/D	66/D'

Der Einfluß der Windkomponente ist also bei den ausschließlich in Betracht kommenden einfachen Seilen doppelt so groß als bei Drähten von gleichem Außendurchmesser D. Nimmt man gleichen Querschnitt für den vollen Draht und das Seil, dann hat dieses den Durchmesser D' und man erhält nur 60—70 % höheren Einfluß der Windkomponente gegenüber dem vollen Draht. Die Resultante R im Verhältnis zum Gewicht G ergibt sich für Drähte und Seil aus folgender Liste.

Kupferdraht			Eisen- und Stahldraht		
d $= 4$	$\psi = 72^0$	R/G $= 3{,}24$	d $= 4$	$\psi = 74^0$	R/G $= 3{,}55$
6	63^0	2,20	6	66^0	2,5
8	57^0	1,83	8	59^0	2
10	49^0	1,53	9	53^0	1,7

Aluminiumseil			
q $= 70$ mm^2	7 Joch	$\psi = 80^0$	R/G $= 6$
120	19	78^0	4,8
185	19	75^0	3,9

Die Windbelastung kann auch als eine Vermehrung des Gewichts $\frac{\gamma}{z}$ für den mm^2 und laufenden m, je nach dem Durchmesser des Drahtes oder Seiles verschieden groß in die Rechnungen über Durchhang und mechanische Beanspruchung des Leiters eingeführt werden. Über die Größe der Vermehrung geben die obigen Zahlen Aufschluß.

230 Leitungsbau.

Schnee und Eis hängen ebenfalls vom Umfang des Drahtes ab. Bei Telegraphendrähten hat man solche Eisbelegungen in strengen Wintern oft beobachtet. So ist im Winter 1879 in der Umgebung von Paris ein 4 mm-Eisendraht durch Eisbelag auf 38 mm Dicke angewachsen. Da die stromdurchflossenen Starkstromleitungen jedoch um einige Grade höhere Temperatur als die Umgebung aufweisen, und die Eisbildung bei Tauwetter in Frage kommt, genügt erfahrungsgemäß diese geringe Übertemperatur, um stromdurchflossene Starkstromdrähte vor der gefährlichen Eis- oder Schneebelastung zu bewahren. Da aber auch Leitungen mitunter tagsüber totliegen, stromlos oder nur schwach belastet sind, muß auf geringe Eisbildung immerhin gerechnet werden. Würde der Leiter durch die Eisschicht auf den doppelten äußeren Durchmesser gebracht, so erhöht sich das Gewicht bei Kupfer um $1/4$, bei Stahl um $1/3$, bei Aluminium um $9/10$. Damit steigt nun allerdings auch der Winddruck wegen der dem Sturme ausgesetzten Oberfläche auf das Doppelte.

Nachdem alle Zahlenwerte für die Gleichung über den Durchhang von Freileitungen einzeln besprochen worden sind, bleibt noch zu beurteilen, welche von den ungünstigen Beanspruchungen als zusammenfallend anzusehen sind. Denn die Wahrscheinlichkeit, daß tiefste Temperatur, stärkste Windbelastung und eine Eiskruste oder ein gleichwertiger Hagelschlag gleichzeitig auftreten, ist nach den meteorologischen Aufzeichnungen sehr gering. So hat Hoopes aus den Angaben der Wetterwarte der Vereinigten Staaten ausgerechnet, daß auf einem Gebiet von 25 000 qkm stärkster Frost und Sturm nur einmal in 20 000 Jahren zusammentreffen. Für einen so seltenen Fall wird die Konstruktion über die festgesetzte Sicherheit in Anspruch genommen, die Beanspruchung überschreitet die Elastizitätsgrenze, und das Leitermaterial erfährt eine dauernde Dehnung. Dabei wird der Durchhang größer und das Seil durch geringere Zugbeanspruchung entlastet. Die weichen Stoffe sind den harten gegenüber im wesentlichen Vorteil, was die langjährige Bevorzugung des weichen Kupfers für Freileitungen erklärt. Betrachtet man nun für weiches Kupfer nach den Gleichungen 3) und 4)

$$t = \frac{a^2 \xi^2}{24 \beta} \left(\frac{1}{p_t^2} - \frac{1}{p_0^2} \right) + \frac{\lambda}{\beta} (p_0 - p_t) \quad \ldots \ldots \ldots \ldots \text{3)}$$

$$t = \frac{1}{\beta} \left[\left(\frac{8}{3} \frac{f_t^2}{a^2} - \frac{\lambda \xi}{8} \frac{a^2}{f_t} \right) - \left(\frac{a^2 \xi^2}{24} \frac{1}{p_0^2} - \lambda p_0 \right) \right] \quad \ldots \ldots \text{4)}$$

den Zusammenhang zwischen Temperatur und spezifischer Spannung für verschiedene Spannweiten einerseits und zwischen Temperatur und Durchhang für verschiedene Spannweiten andererseits und setzt man die Werte ein:

Durchhang und Spannweite.   231

$\xi = 0{,}0089$ Gewicht von 1 m weichen Kupferdrahtes von 1 mm² Querschnitt in kg,

$\lambda = 0{,}0001$ spez. Dehnung für 1 kg Zugspannung,

$\beta = 0{,}000017$ spez. Dehnung für 1⁰ C.,

$p_0 = 4$ kg/mm², zulässige spez. Spannung bei — 20⁰ C.,

$p_t =$ spez. Spannung bei t⁰ C., gezählt von — 20⁰ C. an,

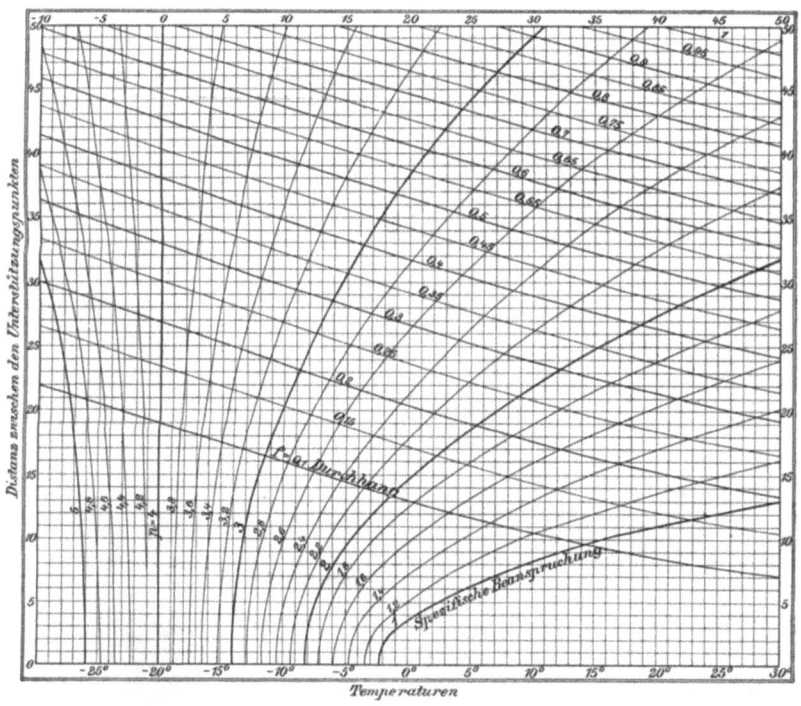

Fig. 168.

dann geht 3) über in die Form

$$t = a^2 \left(\frac{0{,}194}{p_t^2} - 0{,}0121 \right) - p_t \cdot 5{,}87 + 23{,}5$$

und 4) über in die Form

$$t = 156\,800 \, \frac{f_t^2}{a^2} - 0{,}0065 \cdot \frac{a^2}{f_t^2} - a^2 \cdot 0{,}012 + 23{,}5.$$

Die graphische Darstellung[1]) der Gleichung 3) gibt also die in Fig. 168 dargestellte Parabelschar; die Abhängigkeit der t und a gibt

---

[1]) Josef Herzog, ETZ 1894 S. 437.

232 Leitungsbau.

für jeden bestimmten Wert des Durchhangs f_t eine Kurve vierten Grades nach a, die für größere Werte des Durchhangs so flach verläuft, daß sie als eine Gerade erscheint. Will man aus Fig. 168 z. B. den Durchhang ermitteln, welchen man bei 40 m Spannweite und bei einer Temperatur von — 12⁰ einem Drahte geben muß, damit er bei — 20⁰ C mit 4 kg/mm² belastet sei, so geht man auf der lotrechten Achse bis 40 m, auf der wagrechten bis

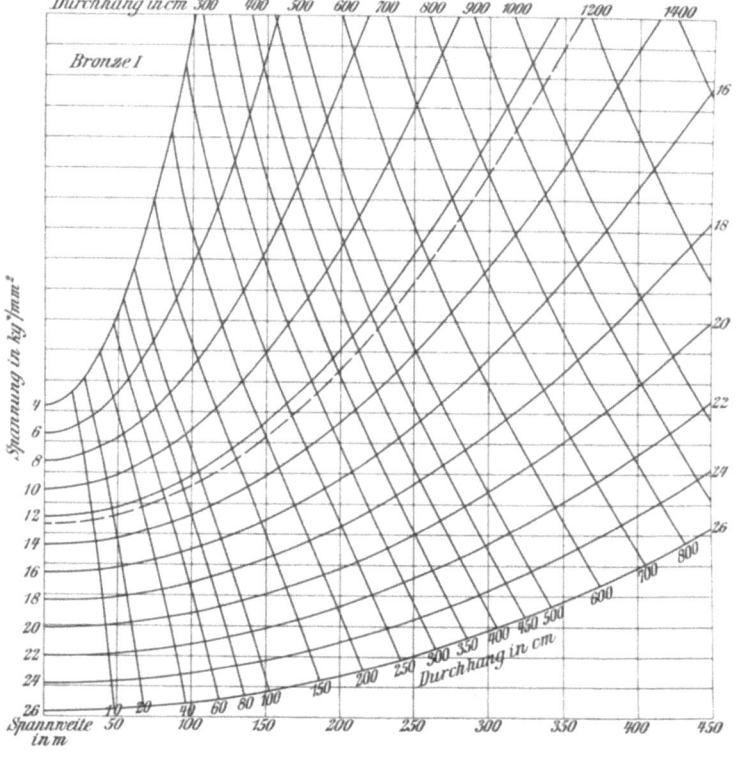

Fig. 169.

— 12⁰; man trifft dann auf den Durchhang von 0,5 m; die spezifische Spannung liegt dabei, wie aus der Parabelschar ersichtlich, nahe bei 3,6 kg/mm². Bei + 30⁰ wäre der Durchhang dieses Drahtes zwischen 0,75 und 0,8 m. Für harten Draht gibt Fig. 169 die gleichen Kurvenscharen, welchen A. Blondel[1]) in überaus trefflicher Weise eine weitgehende Aus-

---

[1]) A. Blondel, Calcul rapide des conducteurs aériens au moyen d'un abaque unique, 1902.

Durchhang und Spannweite. 233

legung gab. Man kann für beliebige höchste Spannungen p_0 bei gegebener Spannweite 2 a als Unterschied der Abszissen den Temperaturunterschied $t - t_1$ bei veränderlichen Durchhängen f aus der Figur sofort ablesen, ohne auf den Tiefwert der Temperatur zu achten, der nur für ein bestimmtes p_0 gibt. So ist beispielsweise für 2 a = 50 in Meter und p_0 = 12 kg/mm² der Durchhang f = 24 cm und für den Durchhang f = 50 die Spannung p = 5,5 und der Temperaturunterschied $t - t_0$ = 43°. Man kann auch umgekehrt für einen bestimmten Durchhang und eine beliebige Temperaturstufe die Spannung p_t für eine gegebene Spannnweite ablesen. Es sei etwa 2a = 100, f = 200 (p = 11 kg/mm²). Bei 12° Temperaturabnahme ist f = 90 und p = 12,5; für 33° Zunahme der Temperatur wird f = 150, p = 7,5. Ebenso läßt sich die Beanspruchung durch Wind und Schnee berücksichtigen. Man tut dies rechnerisch, wie wir später zeigen werden, durch die Annahme eines vergrößerten Gewichtes, Blondel aber hat für den hier angestrebten Zweck den folgenden Weg eingeschlagen. Durch Wind und Schnee wachse das laufende Gewicht eines Meters von ξ auf $\xi' = \omega \xi$. Der Durchhang beträgt dann f = $(\omega \xi)$ a²/8p. Diese Gleichung läßt sich aber als fω = $\xi (\omega a)^2/8p$ beschauen, d. h. die Figur läßt sich für die ω fache Stützweite benützen, wenn gleichzeitig der ωte Teil des Durchhanges berücksichtigt wird. Ist beispielsweise 2a = 150, ω = 3, so findet man für die Stützweite von 450 m bei p = 20 den dreifachen Durchhang 3 f = 1140 cm.

Um die Zugspannung p_t kg/mm² für eine bestimmte Temperatur in Abhängigkeit von der größten Spannung p_0, der Spannweite a und dem Gewicht ξ, welches das wirkliche Gewicht oder das durch Windbelastung vergrößerte Gewicht von 1 m und 1 mm² darstellt, auszudrücken, muß die Gleichung 3) nach p_t aufgelöst werden. Dies gibt eine Gleichung dritten Grades, deren Behandlung dadurch in praktischen Fällen vereinfacht werden kann, daß man einen Näherungswert der Unbekannten entweder durch Vernachlässigung des Gliedes mit $1/p_t^2$ oder des linearen Gliedes der Gleichung 3) ermittelt. Um den Einfluß des Winddruckes mit zu berücksichtigen, schreiben wir

$$t = \frac{\xi^2 a^2}{24 \beta} \left(\frac{\omega^2}{p_t^2} - \frac{1}{p_0^2} \right) + \frac{\lambda}{\beta} (p_0 - p_t),$$

worin ω die scheinbare Erhöhung des Gewichts durch Winddruck bedeutet. Diese Gleichung gibt für

weichen Kupferdraht . . . . $t = 0.2 a^2 \left(\frac{\omega^2}{p_t^2} - 0.0625 \right) + 5.92 (4 - p_t)$

234   Leitungsbau.

halbharten Kupferdraht . . . . . $0{,}2\,a^2 \left(\dfrac{\omega^2}{p_t^2} - 0{,}0278\right) + 4{,}9 \ (\ 6 - p_t)$

harten Kupferdraht . . . . $0{,}2\,a^2 \left(\dfrac{\omega^2}{p_t^2} - 0{,}007\right) + 4{,}6 \ (12 - p_t)$

Stahldraht . . . . $0{,}22\,a^2 \left(\dfrac{\omega^2}{p_t^2} - 0{,}0025\right) + 4{,}7 \ (20 - p_t)$

Aluminiumdraht . . . . $0{,}051\,a^2 \left(\dfrac{\omega^2}{p_t^2} - 0{,}0111\right) + 5{,}9 \ (\ 3 - p_t)$

Kupferseil aus halbhartem Draht . $0{,}2\,a^2 \left(\dfrac{\omega^2}{p_t^2} - 0{,}0278\right) + 7{,}4 \ (\ 6 - p_t)$

Stahlseil . . . . $0{,}22\,a^2 \left(\dfrac{\omega^2}{p_t^2} - 0{,}0025\right) + 7{,}0 \ (20 - p_t)$

Aluminiumseil . . . . $0{,}051\,a^2 \left(\dfrac{\omega^2}{p_t^2} - 0{,}0111\right) + 8{,}7 \ (\ 3 - p_t)$

Bei weichen Metallen und großen Spannweiten wird das lineare Glied für die Bestimmung des ersten Näherungswertes vernachlässigbar, und man erhält aus einer rein quadratischen Gleichung

$$t = c_1 \frac{\omega^2}{p_t^2} - \frac{c_1}{p_0^2}, \qquad \text{wobei} \qquad c_1 = \frac{\xi^2 a^2}{24\,\beta}$$

gesetzt wurde. Für eine angenommene Temperatur und bei großen Spannweiten ist p_t annähernd proportional $p_0\,\omega$. Durch Umformung kann man auch schließen, daß bei kleinen Spannweiten $p_t = p_0 \sqrt[3]{\omega^2}$.

Bei den harten Materialien überwiegt bei kleinen Spannweiten das lineare Glied, bei großen wieder das quadratische. Aus diesen Sätzen kann man einen Näherungswert für p_t ermitteln und ihn durch Einsetzung verbessern. In ähnlicher Weise[1]) ergibt sich auch, daß der Durchhang f_t bei kleinen Spannweiten $f_t = \sqrt[3]{\omega} \cdot f_0$, während bei großen Spannweiten f_t fast unabhängig von ω bleibt, also $f_t \simeq f_0$. Ebenso läßt sich eine Veränderung der Spannweite auf die andern Größen durch Differentiation der Gleichungen beurteilen, wobei man findet, daß bei kleinen Spannweiten eine geringe Änderung einen bedeutenden Einfluß gibt, während bei größeren Spannweiten der Einfluß auf den spezifischen Zug geringer ist.

Bestimmt man die mechanische Beanspruchung (p), welche einer Temperaturänderung von 1^0 in kg entspricht, so kann die näherungsweise Rechnung auch unter dem Gesichtspunkte durchgeführt werden, daß (p) $= \beta\,E \cdot t$ gesetzt wird. 1^0 C. Temperaturerhöhung gibt eine

---

[1]) A. Sengel, ETZ 1903 S. 802.

Aluminiumseile. 235

Verminderung der Spannung von β E kg/mm². Die bei t⁰ auftretende Spannung ist dann $p_t = p_0 - (p)$.

Über die Schwankungen im Preis des Kupfers haben wir bereits gesprochen. Vergleicht man hiermit die anderen Metalle auf Grund gleicher Länge und elektrischer Widerstände, dann erhält man folgende Zusammenstellung zwischen den bezüglichen Verhältniszahlen:

Metalle	Leit-fähigkeit	Quer-schnitt	Gewicht	Festigkeit	Zulässiger Preis
Weiches Kupfer . .	60	1,00	1,00	1,00	1,00
Halbhartes Kupfer .	58	1,02	1,02	1,34	0,98
Hartes Kupfer . .	57	1,04	1,04	2,10	0,96
Eisen	8,4	7,14	6,21	11,56	0,16
Stahl	6,6	9,09	8,09	26,70	0,12
Aluminium	36	1,66	0,50	1,46	2,00

Für eine Leitung von gegebener Länge dürfte bei demselben elektrischen Widerstand Stahldraht nur 12 % vom jeweiligen Kupferpreise kosten. Tatsächlich kommen Eisen und Stahl als Leiter für Starkstrom nur selten in Betracht. Hat man dagegen mit Aluminium- oder Kupferseilen größere Spannweiten zu bewältigen, so hängt man sie öfters an Tragdrähte oder -Seile vermittelst Hängestücken auf. Die erste Anwendung dieses Mittels rührt von Wheatstone her, der 1860 in London, seinem Patente entsprechend, Telegraphenleitungen von Hausdach zu Hausdach führte. Man kann den Tragdraht elektrisch vom Gestänge isolieren und ihn dann zur Leitung des Stromes mit verwenden, wenn nicht Sicherheitsgründe, die später bei der Anerdelegung besprochen werden, dagegen sprechen.

Das Aluminium, das vor einem halben Jahrhundert auf umständlichem Wege durch Erhitzung der Tonerde im chemischen Laboratorium hergestellt wurde, ist gegenwärtig dank der Erfindung des elektrischen Schmelzofens Gegenstand der Großindustrie geworden. Die Erzeugungskosten eines Kilogramms beliefen sich 1855 auf etwa 800 M., 1885 waren sie schon 80, 1890 bereits 12, und um 1900 betrugen sie bei einer Jahresproduktion von etwa 7500 t etwa 4,5 M. Der Verkaufspreis war 1894 auf 3,2 und 1900 auf den Tiefstand von 1,6 M. gesunken. 1906 betrug der Marktpreis 3 M/kg. Seit 1897 sind infolge dieses niedrigen Aluminium- und des hohen Kupferpreises namentlich in Amerika große Leitungsanlagen mit Aluminium ausgeführt worden. Aluminiumdraht hat sich dabei nicht bewährt, dagegen sind 19- und besonders 7 fache Seile aus gezogenen Aluminiumdrähten besonders für Fernleitungen mit großen Spannweiten mit Erfolg verlegt worden. Setzt man die Leitfähigkeit des Kupfers gleich 100, so ergibt sich jene des 99,6 prozentigen Aluminiums nach Northrup zu 61,5, nach Lord Kelvin zu 60,5. Um die Festigkeit des Aluminiums für Leitungsdrähte zu erhöhen, wird es mit Kupfer oder Eisen legiert. Die Leitfähigkeit sinkt etwa bei 0,50 % Kupfer auf 58, bei 0,75 auf 56, woraus die große Empfindlichkeit bezüglich der Beimengungen hervorgeht. Aluminium ist gegen trockene und feuchte Luft, Wasser, Kohlensäure fast unempfindlich, wird von Salpetersäure und verdünnter Schwefelsäure nur langsam angegriffen, von Salzsäure und alkalischen Flüssigkeiten dagegen rasch gelöst.

Es hat, gleich dem weichen Kupfer, keine bestimmte Elastizitätsgrenze, da schon bei kleineren Belastungen bleibende Dehnungen auftreten. Es sind auch hier Fließgrenzen vorhanden, so daß durch Verseilung die Verhältnisse infolge der Abnahme des Elastizitätsmoduls günstiger werden. Die Bruchfestigkeit wurde von Kershaw für 99%-iges Aluminium mit 22,8 kg/cm², und bei einer Legierung mit 1 % Eisen mit 27 ermittelt. Das Ziehen zu Draht steigert bei jedem Metall die Zugfestigkeit, und die schließliche Festigkeit des Erzeugnisses hängt von dem Verlaufe dieser Vorgänge, nicht nur von der chemischen Zusammensetzung des Stoffes ab. Die von maßgebenden Personen ermittelten Werte der Zugfestigkeit des Aluminiums bewegen sich für den massiven Leiter um 22 kg/cm², für Seile um 14—16 kg/cm². Das spezifische Gewicht des Kupfers ist 8,913, das des Aluminiums 2,70, ihr Verhältnis also 3,33 : 1. Die Kostenvergleichung der beiden Stoffe bei gleichem elektrischen Widerstand und bei einem Verhältnis ihrer spezifischen Gewichte Al : Cu = 2,70 : 8,913 bei Berücksichtigung der bezüglichen Leitfähigkeiten $36 : 60 = 0{,}6$ demnach $\frac{2{,}70}{8{,}913} \cdot 1{,}66 = 0{,}5$, d. h. daß Aluminium bei dem doppelten Preis für das kg dieselben Kosten wie Kupfer ergibt. Hieraus wird ersichtlich, daß das Aluminium das billigere Material ist, was sich jedoch nur auf das bloße Metall beziehen kann, nicht unmittelbar eine Ersparnis bei der fertigen Leitung bedeutet. Auf diese Fragen des Leitungsbaues können wir erst später näher eingehen.

Aluminium ist sehr weich. Dies verdient auch bei dem Verpacken der Rollen Beachtung und empfiehlt den vorsichtigen Gebrauch harter Werkzeuge wegen der leichten Verletzbarkeit des Drahtes. Er darf nicht geknickt oder verletzt werden und muß an eventuell schadhaften Stellen abgeschnitten werden. Die Tatsache, daß der Draht sich konstant ausdehnt, wenn er zu stark gespannt wird, erheischt bei dem, wegen des Montage- und des Temperatur-Einflusses ängstlich einzuhaltenden Durchhange weit mehr Vorsichtsmaßregeln und größere Sorgfalt als die Kupferleitungen. Durch diese Umstände kann die Errichtung von Aluminiumleitungen trotz leichteren Gewichts und demzufolge

Ungleiche Stützenhöhe. 237

mäßigerer Fracht- und Verladungsspesen kostspieliger ausfallen. Mit fortschreitender Erfahrung und hieraus erwachsender Erkenntnis, namentlich bezüglich der das Kupfer auszeichnenden zeitlichen Unveränderlichkeit gegen äußere Einflüsse, hat sich, trotz anhaltendem Hochpreise des Kupfers, dieses bis nun noch den Vorrang im allgemeinen bewahrt.

Bei ungleicher Höhe der Stützpunkte der Leitung liegt der Scheitel des Bogens um so näher dem niedrigeren, je größer der Höhenunterschied d, Fig. 170, ist. Beträgt d mehr als der Durchhang f, so bildet natürlich die tieferliegende Stütze selbst den tiefsten Punkt des Leiters, während der Scheitel der verlängerten Parabel außerhalb der Stützen fällt. Bezeichnet $A_1 B = h$ die wagrechte Stützenweite, $A A_1 = d$

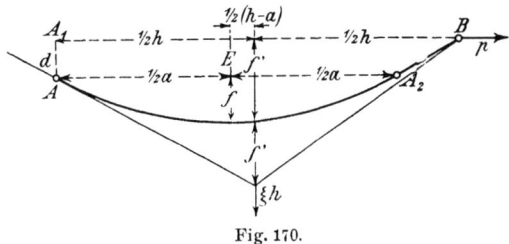

Fig. 170.

die lotrechte oder den Höhenunterschied, so ergibt sich die gesuchte Bogenweite $A A_2$ aus der Momentengleichung der Kräfte bezüglich des Punktes E

$$p\,d = \xi\,h \cdot {}^1/_2\,(h - a),$$

woraus

$$a = h - \frac{2\,p}{\xi}\left(\frac{d}{h}\right).$$

Den Durchhang f kann man nun vermittelst der Spannweite a wie vorher bei gleichen Stützen aufsuchen. Um die Zugspannungen in den Stützen zu finden, sind deren Berührungslinien, wie in der Figur ersichtlich, zu berücksichtigen.

Die Parabelschar der Fig. 169 S. 232 entspricht mit verkürzten Höhen den tatsächlichen Hängelinien; sie kann nach Blondel demnach auch für ungleiche Höhe der Stützpunkte unmittelbar benützt werden.

2. Isolierglocken.

Ursprünglich wand man den Leiter um Glasknöpfe, die auf Holzstützen saßen oder führte ihn durch Hülsen aus Ton oder Porzellan. Die Feuchtigkeit, welche die Oberfläche zeitweilig bedeckte oder durchdrang, verursachte Ableitungen. Es zeigte sich, daß nicht nur das Material selbst, sondern auch seine Gestaltung in Betracht kommen. Als entsprechende Form erwies sich die Glocke, weil ihre Höhlung vor Witterungseinflüssen mehr weniger schützte und auf diese Weise die Ableitung vom Draht über die Stütze durch eine trockene Strecke erschwert wird, also bessere Oberflächenisolation schuf. Fig. 171 gibt den Schnitt einer einfachen Glocke und eine Abwicklung ihrer drei Oberflächenteile. Sie reicht für niedrige Spannungen, etwa bis zu 200—300 V aus, und hat selbst bei 1000 V Wechselstrom zu keinen Anständen geführt, sich aber in der Telegraphie frühzeitig als ungenügend erwiesen. Der erste Schritt zu ihrer Verbesserung rührt von Borggreve 1857 in der in Fig. 172 ersichtlichen Form her, die sich durch größeren mechanischen und elektrischen Widerstand auszeichnete, aber infolge eines Nebenumstandes zu schlechten Ergebnissen führte.

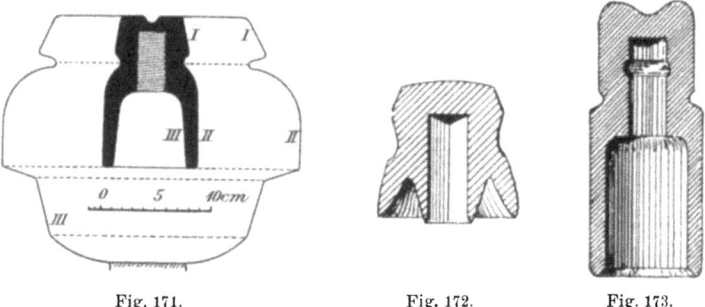

Fig. 171.   Fig. 172.   Fig. 173.

Die Höhlung zur Aufnahme der Stütze war vierkantig, wodurch ungleiche Spannungen in der Masse und häufiger Bruch auftraten. Im selben Jahre empfahl die vom preußischen Handelsministerium eingesetzte gelehrte Kommission nach vielfachen Beratungen den in Fig. 173 abgebildeten sogenannten „Kommissionskopf". Er zeichnete sich durch bedeutende Länge und geringen Querschnitt aus, wodurch seine Höhlung eng und tief wurde. Offenbar wollte man zunächst den Widerstand der feuchten Schicht dadurch erhöhen, daß man sie länger und schmäler gestaltete, und ferner durch den tiefen Innenraum eine ruhende Luftschicht sichern. Diese Isolatoren bestanden aus weißem Glase, welches durch die brennglasartige Wirkung der Sonnenstrahlen starke Erwärmung und Ausdehnung des eisernen Bolzens begünstigte. Die hieraus erwachsenen Übelstände wurden erst durch die kurz darauf von Chauvin eingeführte Doppelglocke aus Porzellan, Fig. 174, völlig vermieden. Bei ihr ist über den inneren zylindrischen Teil eine zweite Glocke gestülpt, welche die Wärmeausstrahlung des inneren Teils erschwert und dadurch ein Betauen verzögert. Aus ihrer Anordnung und dem Umstande, daß

Isolierglocken. 239

die Flüssigkeitsschicht unzusammenhängend wurde, ferner, daß beim Zerschlagen des äußeren Mantels noch immer der innere wirksam bleiben konnte, ergab sich ihr großer Vorteil, gegenüber den einfachen. Ihre Vorzüge brachte die Frage des Isolatorenbaues auf Jahre zur Ruhe. Bis 3000 V Spannung war die gewöhnliche Doppelglocke mit einer Höhe von 75—110 mm mit Erfolg in Verwendung gelangt. Bei Spannungen über 3000 V tauchte wieder die Frage weiterer Verbesserungen in der Starkstromtechnik auf, während sie für Telegraphenlinien längs Meeresküsten schon früher rege geworden war.

1869 nahmen Lenoir und Prudhomme ein Patent auf die Verwendung von Öl für Isolierglocken. Bekannter wurden solche Flüssig-

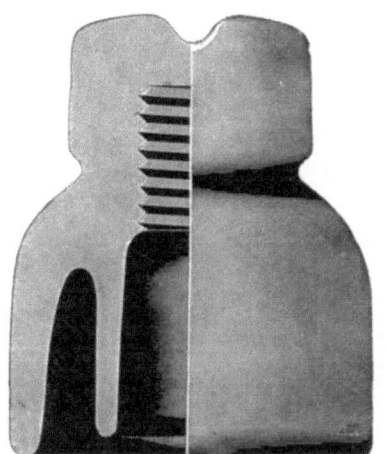 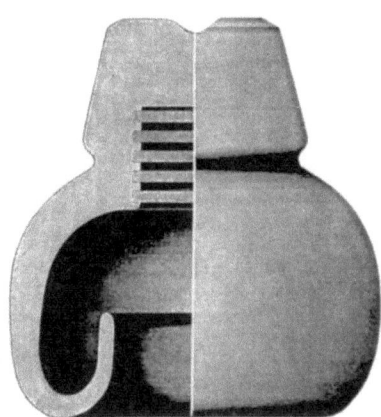

Fig. 174. Fig. 175.

keitsisolatoren 1876 durch Johnson und Phillips. Der untere Rand eines einfachen Glockenisolators wurde nach innen zu einer ringförmigen Ölrinne ausgebildet, Fig. 175. Seine isolierende Oberfläche bestand also zum Teil aus der Oberfläche dieser Ölschicht, welche namentlich bei feuchtem Wetter maßgebend für die Isolation sein sollte. Die erste Johnson-Anlage war die Kanallinie von Paddington nach Uxbridge. Preece klagte, daß die drei Feinde der oberirdischen Leitungen, nämlich Regen, Wind und Insekten, ihr nicht minder zusetzten, als den Leitungen mit Glocken ohne Öl. Wassertropfen schlugen auf das Öl, sanken unter und nach einiger Zeit fand man statt des Öls nur Wasser. Dem wurde bald abgeholfen, imdem statt des leichten Öles, dickflüssiges, schwereres gewählt wurde. Der Wind blies das leichte heraus, und man hatte also beide Übelstände gleichzeitig behoben. Die Spinnen schienen jedoch durch das Öl angelockt zu werden, denn sie bildeten mit ihren

Fäden eine Brücke vom Glockenrand zur Isolatorstütze und machten hierdurch die Ölschichte unwirksam. Ihre letzte hervorragende Anwendung fanden Ölisolatoren noch 1891 bei der großen Kraftübertragung von Lauffen nach Frankfurt. Große Glocken von einem äußeren Durchmesser von 200 mm mit mehreren übereinanderliegenden Schalen, Fig. 176, sollten 30 000 V widerstehen. Eine verbesserte Form führte zu einer gesonderten, leicht senkbaren Unterschale für Öl, die leicht gereinigt und gefüllt werden konnte. Sie wurde in der ersten europäischen Hochspannungsanlage für 5000 V in Tivoli—Rom und bei 10 000 V Anlage zu Ponoma in Kalifornien verwendet. Doch erwies sich bald die Schale mit Öl als zwecklos. Diese Versuche hatten den Unwert der Ölisolatoren endgültig bestätigt. Die großen am Kaiser Wilhelm-Kanal 1892 benützten dreifachen Glocken ohne Öl entsprachen bei 7500 V Wechselstrom trotz

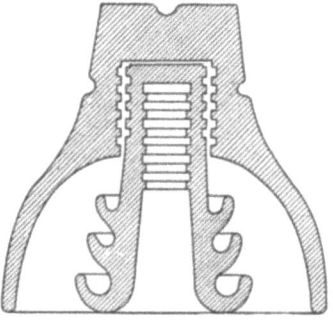
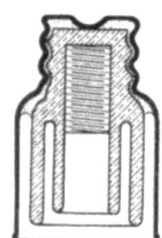

Fig. 176.   Fig. 177.

Salzluft gut. Solche Hochspannungsglocken aus Hartfeuerporzellan kamen seither für immer höhere Spannungen allgemein in Aufnahme. Die Porzellanindustrie bemühte sich, den unteren Rand der Glocken, auf den diese im Ofen aufzusitzen pflegten, auch zu glasieren, indem sie die Glocken im Porzellanofen auf Chamottesäulchen ruhend brannte.[1]
Um Glocken zur schlechteren Zielscheibe gegenüber mutwilligen Steinwürfen der Straßenjugend zu machen, werden sie häufig braun, blau und grau glasiert. Sollen aber einzelne im Gegenteile zur Unterscheidung hervorstechen, so werden sie rot, für Schaltleitungen nur ihre Köpfe allein, farbig gebrannt. Die Befürchtung, daß farbige Glasuren durch die Metalloxyde leitend werden, ist unbegründet, weil sie mit Quarz, Feldspath und Kalk Gläser bilden, in welchen die Metalle an Kieselsäure gebunden sind. Unangenehmer ist, wenn die Zollbehörde diese farbigen Glocken zu Kunstporzellan mit hohen Sätzen zählen will.

---

[1] ETZ 1900 S. 905, Herzog-Feldmann, Die Herstellung des Porzellans für die Elektrotechnik.

Isolierglocken. 241

Die Westfälischen Stanz- und Emaillierwerke A.-G. Ahlen in Westfalen erzeugen für den in Fig. 177 ersichtlichen losen oder eingekitteten Porzellanisolator aufschraubbare emaillierte Stahlblechkappen. Sie bieten für niedrige Spannungen nebst guter Isolation Schutz gegen böswillige Zertrümmerung des Porzellans.

Fig. 178 veranschaulicht eine dreifache Glocke, die bei einer Höhe von 130 und einem Manteldurchmesser von 110 mm bis zu Betriebsspannungen von 10 000 V ausreicht. Auch verwendet man Isolatoren, die nicht bloß an der gesamten Außenfläche und am unteren Rande der äußeren Glocke, sondern auch in der inneren, mit Gewinde versehenen

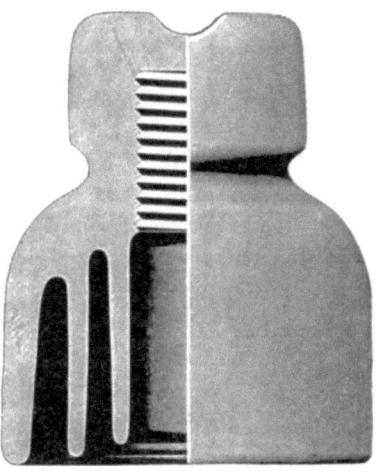

Fig. 178.

und zur Aufnahme der Stütze bestimmten Öffnung glasiert sind. Solche Glocken bieten einen größeren Durchschlagswiderstand bei dünnerer Wandung dar.

In Amerika wurden die Isolatoren meistens aus Glas hergestellt und auf hölzerne Bolzen aufgesetzt. Die Westinghouse Comp. hat im Jahre 1893 ihre 10 000 voltige Fernleitung von 47,5 km bei Pomona in Kalifornien mit Glasisolatoren ausgeführt. Der äußere Rand der Glocke hatte einen Durchmesser von 150 mm und eine Rinne mit zwei gegenüberliegenden Abtropfnasen, um das Regen- und Schneewasser über den tragenden Querarm abzuleiten. Dadurch soll auch die Ansetzung von Eiszapfen verhindert werden. Die einfache Glasdoppelglocke mit 75 mm Durchmesser wurde für 3000 V 1890 bei der ersten Anlage in den Vereinigten Staaten erfolgreich verwendet. Im Jahre 1898 war bereits die erste ständige Hochspannungsanlage zu Provo in

Utah mit 40 000 V im Betrieb. Die verwendete Glasglocke von 180 mm Durchmesser und 145 mm Höhe hatte den Kopf mit drei Außenrillen des erhöhten Oberflächenwiderstandes wegen sowie drei Mantelrillen in der Glockenwölbung zum besseren Schutze gegen den Bolzen zu versehen. Von den beiden Stoffen, aus denen die Porzellanglocke besteht, Masse und Glasur, ist letztere isolierfähiger, weil sie ein bei etwa 1800⁰ C. durchschmolzenes Kali-Kalk-Tonerde-Glas darstellt, während die Masse nur gefrittet ist. Solche Isolatoren mit drei und mehr Mänteln mit zwischenliegender, bei Hartfeuer verbundener Glasur sind leicht und gut. Fig. 179 gibt das Bild der in der Niagaraanlage in Verwendung befindlichen Porzellanglocken, die für 10 000 V Spannung benutzt werden, jedoch weit höheren Spannungen genügen sollen.

F. M. Locke verwendete für sehr hohe Spannungen Glocken, die aus zwei Teilen bestehen: der innere aus Glas, der äußere aus Porzellan. Glas als gleichförmige Masse ist schwerer durchzuschlagen, während Porzellan durch die Glasur bessere und dauerhafte Oberflächenisolation behält als Glas. Seine Glocken hatten eine flachere regenschirm- oder pilzartige Gestalt, um mit ihrem äußersten Rande weit von der Unterstützungsstelle zu bleiben und ein Überschlagen des Lichtbogens nach dorthin zu vermeiden. Dieser Gesichtspunkt führte zu Bauweisen, bei welchen der innerste Mantel sich tief über den Bolzen senkt.

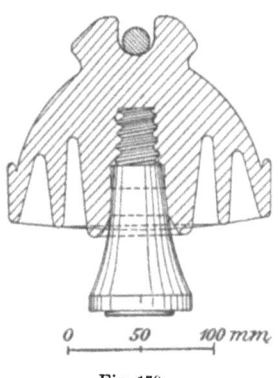

Fig. 179.

Glasisolatoren können elektrisch überhaupt nicht durchschlagen; maßgebend ist für sie jene Überschlagsspannung, die einen Lichtbogen um den Isolator herum zu erzeugen vermag. Sie müssen bei der Herstellung wie jedes Glas langsam abgekühlt sein, um vor inneren Spannungen, die die mechanische Festigkeit schwächen, zu bewahren. Die Feuchtigkeitsschicht, welche sich auf Glocken unter Umständen niederschlägt, wird wie Schneeflocken und Regentropfen schon bei 10 000 V durch die statische Elektrizitätswirkung abgestoßen und die Feuchtigkeit durch den dauernd zur Erde fließenden Kondensatorstrom verdampft. Deswegen empfahl man eine langsame, schrittweise Inbetriebsetzung von Hochspannungsanlagen.

Die Oberflächenisolation hängt im wesentlichen von der Weglänge der Stromfäden von der Bundrille bis zur Stütze ab; ferner von dem Verhältnis der durch Regen benetzten Fläche zu der trocken bleibenden. Je kleiner dieses ist, um so besser. Als benetzte Flächen haben nicht nur die Außenflächen, die unmittelbar vom Regen getroffen

Randentladung. 243

werden, sondern auch innere Flächenteile, die von Gestängeteilen zurückgeworfenem Spritzwasser erreicht werden, zu gelten.

Zur Vergrößerung der isolierenden Oberfläche wurde ihre vielfache Faltung, durch eine feine Rillenbildung versucht, die sich wegen unprüfbarer Haarrisse nicht bewährte. Dagegen hat man mehrere Falten innerhalb des Außenmantels, ähnlich ineinander steckenden aufgespannten Regenschirmen oder wie die Engländer und Amerikaner zutreffender sagen, Unterröcken, untergebracht, Fig. 180. Durch diese flache Form sollen die innersten Hohlräume der Mäntel vom Spritzwasser frei bleiben, außerdem wird die Bauhöhe gering, was kurze Isolatorstützen begünstigt.

Die Durchschlagsfestigkeit wird nur bis zu einer gewissen Grenze mit der Dicke der Masse wachsen. Darüber hinaus ist es nicht

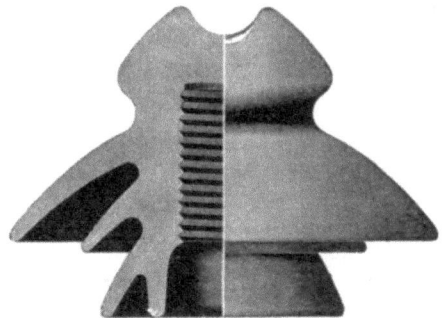

Fig. 180.

mehr möglich, das Material im Garbrande so zu verglasen, daß es frei von feinen Rissen und Hohlräumen bleibt, welche die Durchschlagsfestigkeit herabsetzen. Jeder Isolator wirkt wie ein Kondensator, in welchem die Porzellanmasse die Rolle des Dielektrikums spielt. Der in der Bundrille befestigte Draht stellt die eine Belegung, die mit der Erde in mehr oder minder guter Verbindung stehende Stütze die andere dar. Die an der Oberfläche des Isolators niedergleitenden Wassertropfen, sowie die schwebenden Feuchtigkeitsbläschen, welche mit dem Leitungsdrahte in Berührung kommen, nehmen eine Ladung von gleichem Vorzeichen wie dieser an und streben nun auf den mannigfaltigsten Bahnen der anderen Belegung der Stütze und Erde zu. Sie folgen hierbei nicht dem durch die Manteloberfläche vorgeschriebenen Wege, sondern bilden einen Nebenschluß zur Oberflächenisolation. Durch diese Randentladungen werden die Wassertropfen nicht lotrecht vom unteren Rande des Außenmantels abtropfen, sondern in bestimmten Kurven der Stütze zustreben.

16*

Das schirmartige Ausbreiten der Mäntel und das hierdurch bedingte weitere Abrücken der Ränder von der Stütze erweist sich nicht nur wegen der vergrößerten Oberflächenisolation günstig, sondern vermindert auch die Randentladungen und erhöht die Spannung, bei welchen der Lichtbogen von der Glocke zur Stütze überschlägt. Der Entladeweg der Wassertropfen wird durch die vorgeschobenen Mäntel erschwert, wie dies die von Friese angegebene Deltaglocke der Porzellanfabrik Hermsdorf-Kloster Lausnitz, Fig. 180, mit dreifachem Mantel zeigt.

Bei der Formgebung von Hochspannungsglocken muß der Einfluß der elektrischen Spannung auf das dem Leiter benachbarte Dielektrikum beachtet werden. Dieses besteht aus Luft zwischen Glas, Porzellan oder Holz. Alle Isolierungen werden durch das elektrostatische Feld zuerst in einen elektrischen und mechanischen Spannungszustand versetzt, welcher bei örtlicher Überanstrengung zu einem Ausgleichsvorgang mit Zerstörung des festen Isolationsstoffes und Entladungen durch die Luft führt. Luft hat bei gewöhnlicher Temperatur und gewöhnlichem Druck einen viel geringeren dielektrischen Widerstand als die festen Isolierstoffe. In dünnen Schichten ist sie widerstandsfähiger als in dichten Massen. Die dielektrische Festigkeit wächst mit dem Drucke unmittelbar, mit der absoluten Temperatur im umgekehrten Verhältnis. Prof. Ryan zeigte, daß für jeden Stoff eine bestimmte elektrische Spannung für sonst gleiche Verhältnisse den Durchbruch herbeiführt. Die Durchschlagsfestigkeit einer Reihenschaltung dielektrischer Körper kann geringer sein, als es der Summe ihrer einzelnen Gliedern entsprechen sollte.

Eine isolierende Scheibe, Fig. 181, werde zwischen zwei Elektroden einer elektrischen Spannung unterworfen[1]). Ist diese vorerst gering, so entwickelt sich ein Ladestrom. Bei genügender Steigerung aber wird die Luft über und unter der Scheibe bei den Elektroden zerrissen und eine Büschelentladung tritt ein. Sie besteht darin, daß sich um die Pole Schichten ionisierter Luft von verhältnismäßig geringerem Widerstande bilden, wodurch die kleinen Elektrodenflächen gewissermaßen vergrößert werden. Mit der elektrischen Spannung schreitet die ionisierte Luft immer mehr über die Scheibe hinaus, wodurch die Kapazität und der Ladestrom anwachsen. Strahlungen zeigen sich auf der Plattenoberfläche, welche als Wege geringeren Widerstandes geladen werden und ionisierte Luft hinaus gegen die Scheibenkante führen. Dieser Bewegungsvorgang würde sich bei parallelen und sehr großen Scheibenflächen mit einer Geschwindigkeit vollziehen, welche nur von der Abkühlung des Stoffes, vom Widerstande in jenen Wegen und der Frequenz des Wechselstromes abhängt. Bei begrenzter Scheibe treffen sich die

---

[1]) M. H. Gerry, Transact. St. Louis Congres, Vol. II, S. 372, 1904.

Ionisierung. 245

oberen und unteren Strahlen bei der Plattenkante, wo ein Durchschlag erfolgt. Der so durchlaufene Weg ist einige Mal länger als die Luftstrecke für gleiche Durchschlagsspannung. Dieses Ergebnis verdankt man keineswegs einer Oberflächenleitung, sondern es ist eine Folge der elektrostatischen Kapazität und der örtlichen strukturalen Vorgänge in der Luft als Dielektrikum.

Wird die eine Elektrode zur Platte erweitert, Fig. 182, so erscheint die Strahlungsbewegung nur auf einer Seite und zwar bei weit geringerer Spannung. Wird eine isolierende Röhre, Fig. 183, verwendet,

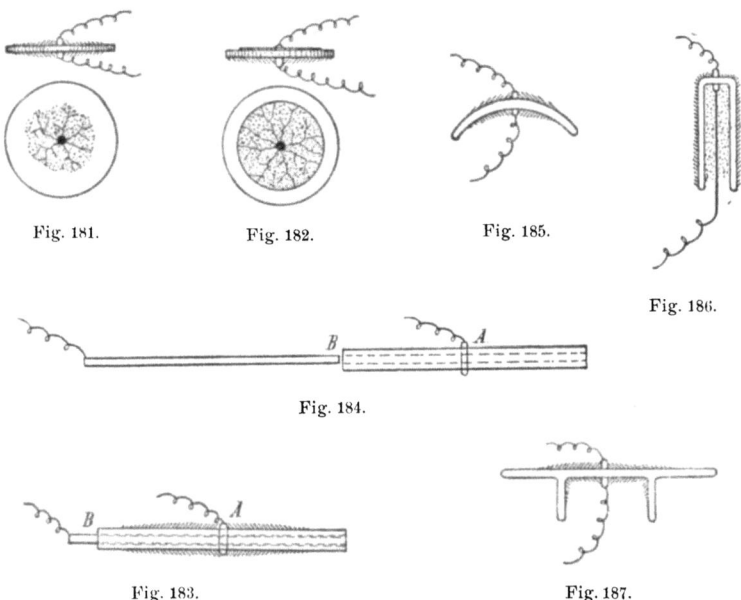

Fig. 181. Fig. 182. Fig. 185.

Fig. 186.

Fig. 184.

Fig. 183. Fig. 187.

so ist der Vorgang entsprechend jenem bei Fig. 181. Von A werden Strahlen gegen B fließen und die äußere Röhrenoberfläche wird durch eine ionisierte Luftschicht bedeckt werden. Die Strahlenrichtung stimmt in allen Fällen mit der Vergrößerung der elektrostatischen Kapazität. Endlich erreichen bei noch wachsender Spannung die Strahlen das Ende B der Röhre, es erfolgt der Durchbruch gegen den anderen Pol durch die Luftmassen. Würde man jetzt den inneren Leiter hinausziehen, wie Fig. 184 zeigt, so würde die Strahlung sofort aufhören, obgleich der Oberflächenweg von A nach B derselbe wie in Fig. 183 verblieb. Der Durchbruch, die Entladung, erheischt nun eine wesentlich höhere Spannung als zuvor, ungefähr als ob die Isolierröhre überhaupt fehlen würde.

246 Leitungsbau.

Die Ausbreitung der Strahlen wird nach beginnendem Ausgleichvorgange zum Teil von der Form des festen Isolierstoffes beeinflußt. Fig. 185 zeigt eine flache Schale gleicher Dicke, Fig. 186 eine tiefe und Fig. 187 eine besondere Form. Fig. 185 erweist sich im Verhalten entsprechend Fig. 181 oder, wenn einseitig bedeckt, der Fig. 182. Bei der tiefen Schale wird die Innenluft derart ionisiert, daß sie sich wie ein Leiter verhält. In Fig. 187 tritt die Strahlung wie in Fig. 181 ein, aber sie muß sich dann erst über die Falten ziehen, bis sie auf die obere Strahlung stoßen kann.

Alle Glocken entsprechen den vorhergehenden Grundformen. Die Oberflächenisolierung hat mit dem Verhalten der Glocken bei sehr hohen Spannungen wenig zu tun, ausgenommen, daß die Flächen durch Regen oder andere Stoffe leitend werden; sie kann vom Standpunkt des Ingenieurs vernachlässigt werden. Die nasse Oberfläche verhält sich wie eine metallisch leitende Schicht, entsprechend Fig. 182.

Die erste Beachtung bei der Glockenform verdient die Erhaltung trockener Flächenteile unter allen Witterungsverhältnissen. Der Regen fällt durchaus nicht bis zu einer Neigung von 45° gegen die lotrechte, sondern man muß für ungünstige Fälle die wagerechte Richtung annehmen. Bei der „Schirmtype" von Glocken wird oft die dem Regen nicht ausgesetzte Seite durch Verspritzen feucht. Der Luftstrom wird durch die Glocke oft derart abgelenkt, daß er den Regen zu sonst trocken bleibenden Teilen führt.

Nun soll die Verteilung des Potentials über die Glocke untersucht werden. Der ganze obere Teil der Glocke hat bei Regen gleiches Potential wie der Leiter, und das Erdpotential ist gehoben bis unter die Glocke. Wenn ein leitender Glockenbolzen angewendet wird, so steigt das Erdpotential sogar bis zum höchsten Punkt der Innenglocke auf, wo dann das Dielektrikum durch die Zwischenschicht von Glas oder Porzellan und die dem Leiter und dem Bolzen benachbarte Luft gebildet wird. Die größte Spannung am Isolator ist die zur Erde, also bei Drehstrom um $\sqrt{3}$ kleiner als zwischen zwei Drähten. Trotzdem sollen die Glocken aber mit Rücksicht auf ungewöhnliche Erfordernisse für die volle Spannung berechnet werden. Die Form der Spannungskurve ist auch von Einfluß, denn ihr Scheitelwert leitet die Durchbrechung ein.

Wenn die Spannung ein genügendes elektrostatisches Feld schafft, so wird die Luft in Reihe mit dem festen Stoff durchlocht und eine Büschelentladung sowie Strahlung bilden sich, welch letztere, zwar gehemmt, sich doch über die ganze Oberfläche ausdehnen kann, bis sie einen Kurzschluß verursacht. Große Oberfläche und Mäntel so angeordnet, daß sie die elektrostatische Spannung derart tief halten, daß

Hochspannungsglocken. 247

die Luft nicht ionisiert wird, verhindern das Ausbreiten der leitenden Luftschicht. Diese Anordnung erfordert allerdings beträchtliche Abmessungen bei geringer Sicherheit. Alle Büschelentladungen erfordern viel Energie und zerstören organische Stoffe. Sie und der Ladestrom verursachen das Brennen der Holzbolzen, auf welche die Glocken in Amerika meist gestützt wurden.

Der gerade Luftweg vom Leiter zum Querarm muß groß genug sein, um ein Durchschlagen der Luft hintanzuhalten. Daraus ergibt sich die Größe der Glocke. Besteht sie aus mehreren gekitteten Stücken, so ist die Verteilung der elektrostatischen Spannung wegen der Ungleichartigkeit der Stoffe wesentlich geändert. Schwefel, Mennige mit Glyzerin, Portland-Zement und ähnliche Stoffe haben weit geringere elektrostatische Eigenschaften als Porzellan oder Glas; diese Kittschicht in der Glocke ist der gleichen elektrostatischen Spannung unterworfen wie jene. Unter Umständen fällt sogar die ganze Spannung auf diese schwachen Stellen. Die Kitte müssen daher die besten dielektrischen Eigenschaften haben. Der Potentialverlauf soll gleichmäßig sein. Zu großen Spannungsstufen an den Kittstellen fallen Glocken leicht zum Opfer.

Die folgenden Hochspannungsglocken sollen als Vertreter bisherigen amerikanischen Gebrauches dienen. Fig. 188 ist ein zweiteiliger Glasisolator der Schirmtype von 6 kg Gewicht. Fig. 189 gibt das Bild eines Glasglockenisolators der Missouri River Power Company in Montana für 55 000 V, der seit 1901 verwendet wird. Der Unterteil schützt nur den Holzstift der Glocke. Ihr Gewicht ist 5,7 kg. Dies ist die einzige amerikanische Anlage, die bei mehr als 33 000 V Glasglocken verwendet, und die einzige mit Glaskelchen über dem Bolzen. Wegen der Schwierigkeit guter Abkühlung größerer Glasisolatoren werden diese höchstens noch bis zu 12 000 V verwendet, doch hat sich dieser Kampf erst in der letzten Zeit zugunsten des Porzellans entschieden. Im Jahre 1900 forderten die Bay Counties und Standard Electric Co. von Kalifornien für 60 000 V die bis dahin größten Porzellanisolatoren von 305 mm Durchmesser und 340 mm Höhe. Ihr flacher Oberteil ließ das Regenwasser über zwei Randnasen rechts und links über den Querarm abtraufen, während sich der untere Glaskelch über den Bolzen zog. Beide Stücke dieser sogenannten Pilztype waren ursprünglich mit Schwefel, später mit Zement gekittet, Fig. 190. Fig. 191 stellt einen braunglasierten Porzellanisolator der Washington Water Power Company von der Schirmform vor. Er ist dreiteilig, gekittet und wiegt 9 kg. In Fig. 192 ist die dreiteilige, weißglasierte, 6 kg schwere Glocke der Shawinigan Water and Power Company für 53 000 V dargestellt. Für 60 000 V wurde zu Guanajuato, Mexiko, die 4teilige Form, Fig. 193, benutzt. Sie hat

248   Leitungsbau.

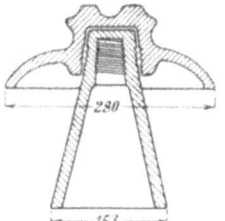

Fig. 188.

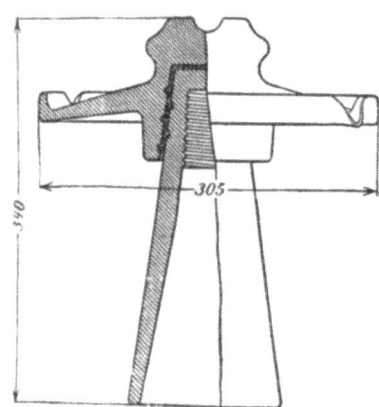

Fig. 190.

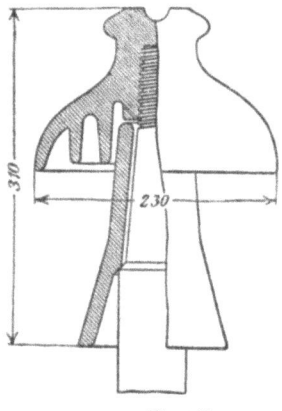

Fig. 189.

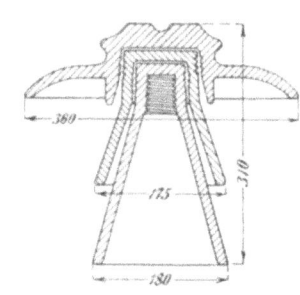

Fig. 191.

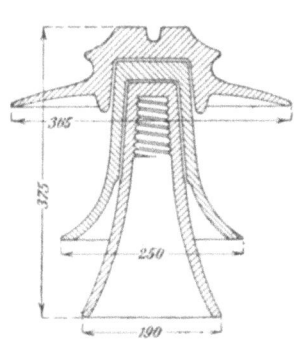

Fig. 192.

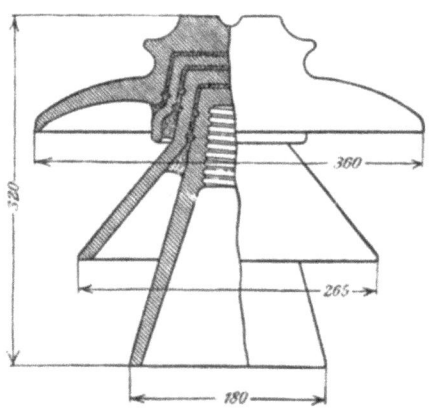

Fig. 193.

Hochspannungsglocken.

Fig. 194.

Fig. 197.

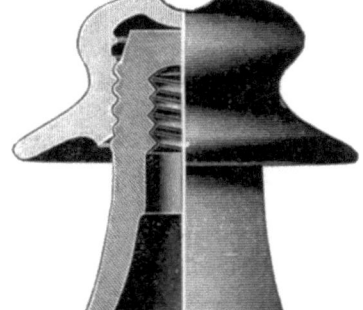

Fig. 199.

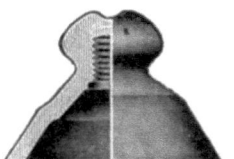

Fig. 198.

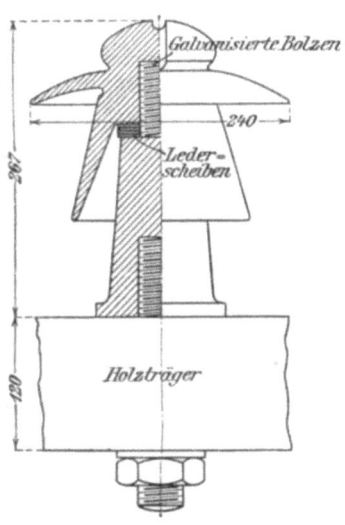

Fig. 195.

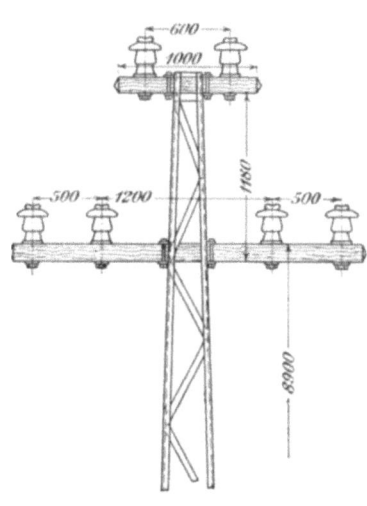

Fig. 196.

360 mm Durchmesser, 320 mm Höhe und ruht vermittelst Zement auf einem hohlen eisernen Bolzen.

Ähnlich durchgeführt ist die Hochspannungsglocke, Fig. 194, der Karlsbader Kaolin-Industrie-Gesellschaft in Merkelsgrün. Sie ist für 30 000 V bestimmt und auf 90 000 V geprüft. Ihr größter Durchmesser ist 176 mm, ihre Höhe einschließlich des tief herabgezogenen Kelches 210 mm, ihr Gewicht 2,3 kg. Sie besteht aus drei aufeinander gekitteten Teilen.

Von den italienischen Formen sei auf die 60 000 voltige Glocke der Caffaro Brescia Fernleitung, Fig. 195, hingewiesen, welche vermittelst Porzellansockel und Bolzen auf Holzquerarmen, wie Fig. 196 zeigt, ruhen.

Die Societa Richard-Ginori in Doccia bei Florenz erzeugt nach Semenzas Angaben eine Hochstromglocke, Fig. 197, welche über dem Draht noch einen förmlichen Regenschirm trägt. Nachdem dieser beim Überschlagbogen nicht unmittelbar in Betracht kommt, so kann er aus billigerem Porzellan oder anderem Stoffe als die Glocke selbst bestehen.

Nächst der Glockenform mit unterer Stütze hat sich für besondere Fälle auch deren Befestigung von der Kopfseite aus und die Einsetzung eines Tragstiftes von unten zur Leitungsführung entwickelt. Namentlich gilt dies für Bahnleitungen oder zu Leitungen in Tunnels u. a. Zum Abspannen der Leitungen werden kugelförmige Isolatoren mit zwei sich umgreifenden Rillen sogenannte **Wirbelisolatoren** vielfach gebraucht.

Statt des Porzellans sind schon bei Schwachstrom in den Tropen Hartgummiglocken vor Jahren verwendet worden. Neuerdings hat die Vereinigte Isolatorenwerke A.-G. Berlin-Pankow erfolgreich für hohe Spannungen Glocken aus **Ambroin**, Patent Kleinsteuber, auf den Markt gebracht. Während Porzellan gegen plötzliche Temperaturwechsel empfindlich ist, leicht Sprünge und Risse in der Glasur aufweist und böswilliger Zerstörung wenig widersteht, zeigen diese Ambroin-Glocken aus fossilen Harzen Wetterbeständigkeit, gute Bruch- und Durchschlagsfestigkeit. Da Ambroin aber durch Lichtbögen und Büschelentladungen angebrannt werden kann, so wird für den metallischen Leiter eine porzellanene Drahthalterkappe in weißer, grüner oder brauner Glasur auf die Ambroin-Glocke aufgeschraubt. Das Innengewinde der Glocke hat eine Metallbüchse, um für den Bolzen sicher einschraubbar zu sein. Sie werden als einfache Glocke, wie Fig. 198, oder als zweiteilige, wie Fig. 199, oder für sehr hohe Spannungen auch aus drei Stücken gebaut. Ihr Gewicht erreicht kaum die Hälfte entsprechender Glocken aus Porzellan.

Die Prüfung der Isolatoren bezieht sich vorerst auf die Auffindung grober äußerer Fehler, dann auf mechanisches und elektrisches Verhalten. Die Glocken sollen bei Anschlag hell klingen und ihre Glasur

Prüfung der Glocken. 251

darf weder Sprünge, Risse noch Blasen aufweisen. Ihre Bruchfläche muß gleichartig und glänzend sein. Um die nicht augenscheinlichen Fehlstücke festzustellen, wurden schon bei Schwachstrom die Glocken mit den Köpfen nach unten in einen metallenen, mit angesäuerter Flüssigkeit erfüllten Trog getaucht. In das gleichfalls mit etwas Flüssigkeit gefüllte Innere der Glocken werden Kupferdrähte eingesetzt zu einem und der Trog zum andern Pol einer Dynamomaschine verbunden, so zeigt sich nach einiger Zeit bei den fehlerhaften Glocken infolge der Elektrolyse beim Kupferpol durch Kupfersalz die innere Flüssigkeit blau gefärbt.

Um den Isolationswert fehlerfreier Stücke zu ermitteln, bestimmte man nach der Methode des direkten Ausschlages den Übergangswiderstand vom Drahtlager bis zur Stütze, indem man die Glocken, wie oben beschrieben, anordnet und sie in einem Raum bestimmter Wärme und Feuchtigkeit durch Zerstäubung von Wasser aussetzt.

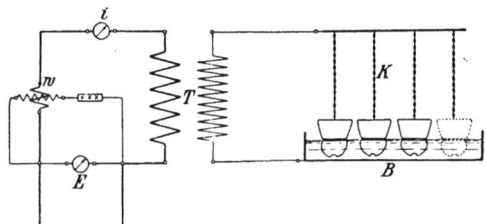

Fig. 200.

Diese Methoden genügten bei den Hochspannungsglocken nicht mehr. Die Porzellanfabriken, so beispielsweise die Porzellanfabrik Hermsdorf, die Karlsbader Kaolin-Industriegesellschaft in Merkelsgrün, die Locke Insulator Mfg. Co. Victor N. Y. u. a. waren durch die hohen Garantien, die sie geben mußten, gezwungen, alle Isolatoren vor dem Versand einer Hochspannungsprobe zu unterwerfen.

Die deutschen Verbandsvorschriften fordern, daß für Gebrauchsspannungen von 2000 V und mehr die Glocken in der Fabrik mit mindestens der doppelten Betriebsspannung geprüft werden. Die Glocken tauchen (Fig. 200) in einen Behälter B bis zur Halsrille und sind auch in den Stützenlöchern mit Wasser gefüllt. Dabei kann man gleichzeitig mittels Strommessers i, Spannungsmessers E und Leistungsmessers w in der primären Niederspannungsspule des Transformators T die zugeführte Energie messen. Friese[1]) hat gleichzeitig 90 Stück der Delta-

---

[1]) Das Porzellan als Isolier- und Konstruktionsmaterial in der Elektrotechnik. Im Auftrage der Porzellanfabrik Hermsdorf-Klosterlausitz 1904.

glocke auf diese Weise gemessen. Der Transformator nahm bei offenen Sekundärklemmen bei 78 V primär, entsprechend 50 000 V sekundär, 315 W und 5,4 A auf mit einem Leistungsfaktor $\cos \varphi = 0{,}75$. Wurde nun der Versuch wiederholt, nachdem vorher an die Hochspannungsklemmen die Versuchseinrichtung ohne Glocken angeschlossen worden war, so fiel der Strom, Fig. 201, auf 5,15 A und der Verbrauch stieg auf 363 W, entsprechend einem $\cos \varphi = 0{,}90$. Es war eine Stromkomponente von 1,5 A hinzugetreten, die größtenteils Ladestrom von 1,38 A war, aber auch noch eine kleine Komponente von 0,62 A zur Deckung der Strahlungsverluste von 48 W enthielt.

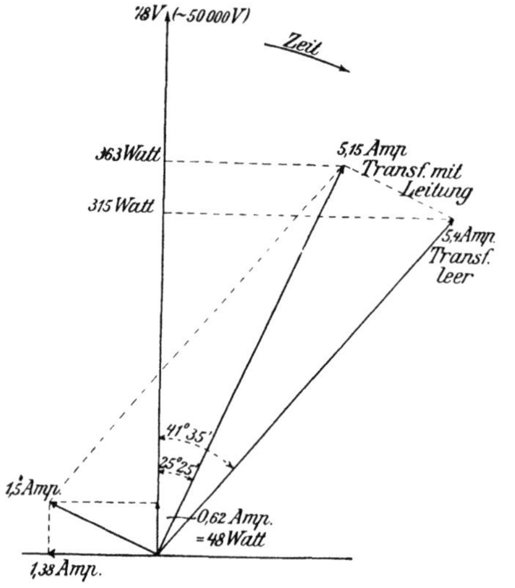

Der gleichwertige Widerstand für diese Verluste ist somit 51,5 Megohm, die Kapazität der Versuchseinrichtung selbst $1{,}37 \cdot 10^{-4}$ Mikrofarad. Die Deltaglocke wies bei 50 Per/Sek und 50 000 V 0,418 Milliampere und 2,45 W bezw. 20,89 Voltampere Verbrauch auf.

Daraus berechnet sich

$$\cos \varphi = \frac{2{,}48}{20{,}89} = 0{,}118;$$

der effektive Widerstand $R =$

$$\frac{50\,000}{0{,}418 \cdot 10^{-3} \cdot 0{,}118} = 1020 \text{ Meg-}$$

Fig. 201.

ohm und die Kapazität zu $C = 2{,}64 \cdot 10^{-5}$ Mikrofarad.

Die großen Glocken werden in den Fabriken mit der doppelten, die kleineren mit der drei-, ja vierfachen Betriebsspannung geprüft. Eigentlich wird jetzt in den Fabriken jede Type ohne Rücksicht auf die oft ganz unbekannte Betriebsspannung so nahe als möglich bis zur festgesetzten Randentladungsspannung untersucht. Die Hermsdorfer Porzellanfabrik ist in ihrem Prüfraum auf einen Transformator für 50 KW und 200 000 V gekommen[1]). Die Locke Insulator Mfg. Co., Victor N. Y. hat außer einem solchen noch einen für 600 000 V und 200 KW Dauerleistung oder 350 KW kurzzeitiger Leistung. Dieses Versuchsverfahren beruht auf der Annahme, daß das Material, welches der Überspannung auf 30—40 Minuten widersteht, gewiß einer Teilspannung auf unbestimmte

---

[1]) ETZ 1907, S. 283.

Prüfung der Glocken. 253

Zeit wird standhalten können. Es muß daher diese äußerste Anstrengung wirklich für das fernere Verhalten der Glocken unschädlich bleiben.

Die Prüfung der Ambroin-Glocken wird nicht mit Quell- und Leitungswasser, sondern mit besserleitendem Regenwasser vorgenommen. Die Verwendungs-Spannung ist nicht das 0,6- bis 0,8-fache der Überschlags-Spannung, bei der die Randentladung erfolgt, sondern sie wird durch die um ein- bis zweitausend Volt verminderte Spannung der Glimm-Entladungen festgesetzt. Dieser Spannungsabzug richtet sich nach der Isolierung der Bolzen und der Höhe der Betriebsspannung.

Bezeichnet man nach Friese die Überschlags-Spannung bei Regen mit E_r, jene am trockenen Isolator mit E_t und das Verhältnis $\dfrac{E_r}{E_t} = \alpha$ als Randziffer; ferner mit G das Glockengewicht und nennt das Verhältnis $\dfrac{E_r}{G} = \beta$ die Gewichtsziffer, so kann für vergleichende Zwecke $\alpha \cdot \beta = g$ als Güteziffer dienen. Einige Versuchsergebnisse dieser Ambroinglocken für eine künstliche Beregnung mit etwa 10 mm Höhe in der Minute seien angeführt:

Fabriknummer	E_t in Volt	E_r in Volt	G in g	$\alpha = \dfrac{E_r}{E_t}$	$\beta = \dfrac{E_r}{G}$	$g = \alpha \cdot \beta$
110	56 000	29 000	610	0,52	47	24
220	69 000	46 000	740	0,67	62	41
230	77 000	54 000	810	0,70	67	47
240	83 000	66 000	1200	0,80	55	44

Die Güteziffern für Porzellanglocken erreichen schon wegen ihres höheren Gewichtes kaum die halben Werte.

Mit wachsender Regenhöhe nimmt die Spannung, bei der die Randentladung beginnt, etwas ab. Im gleichen Sinne ändert sich auch α, wie folgende Messungen an einer Porzellanglocke für 50 000 V Betriebsspannung ergaben. Die Randentladung begann:

Im trockenen Zustand bei 120 000 V
Bei 0,1 mm Beregnung in der Minute - 100 000 V $\alpha = 0,835$
  - 4 -   - - - - -   82 000 V $\alpha = 0,685$
  - 35 -   - - - - -   72 000 V $\alpha = 0,600$

Nachdem die Spannungsverteilung und die Kapazität nicht nur von der Glocke allein, sondern auch von ihrer Lagerung abhängig ist, so kann man von der beschriebenen Wasserprobe auf ihr Verhalten auf dem für sie bestimmten Glockenbolzen nicht unmittelbar schließen. Gewiß ist die Durchschlagspannung bei Einbringung eines Eisenbolzens kleiner als bei der Probe mit wassererfülltem Bolzenloch. Man stellt daher ein Stück Leitung her und versucht die Glocken auf ihren Bolzen tunlichst unter den Betriebsverhältnissen, z. B. auch mit Nachahmung eines Regengusses. Hutton erzählt, daß Glocken nach Fig. 190 mit einer Rille und zwei Tropfnasen versehen, ursprünglich an der Küste verwendet wurden. Diese und andere wurden auf der Rackerbank geprüft und bestanden die Probe gut; aber nach einer Weile verbrannten die hölzernen Bolzen. Sorgfältige Nachprüfung lehrte, daß der die Glockenteile verbindende Schwefel durch den Ableitungsstrom geschmolzen und abgeronnen war, ja sogar das Gras um den Mastfuß in Brand gesetzt hatte.

Sobald die hohe Versuchsspannung eintritt, gibt sich ein lautes, summendes Geräusch kund, und es verbreitet sich ein starker Ozongeruch im Versuchsraum bis infolge der hohen Spannung die fehlerhaften Glocken durchzuschlagen beginnen. Dabei wird zuerst ein tiefer Ton hörbar, dann ein heftiges Knacken, wobei sich die Durchschlagstelle bis zur Rotgluthitze erwärmt. Isolatoren, welche nach 30 Minuten kalt bleiben, sind gut.

Bei Gleichstrom halten die Glocken höhere Spannungen aus, eine erhebliche Wärmeerscheinung tritt nicht auf, auch fehlt das dem Durchschlagen bei Wechselstrom vorangehende prasselnde Geräusch. Glimmerentladungen zeigen sich erst beim Durchschlagen.

Nebst den elektrischen Eigenschaften muß ein Isolator noch mechanische Festigkeit aufweisen. Diese hängt außer von der Formgebung, von der Güte und Verarbeitung des Rohstoffes und von seiner Behandlung während des Brandes ab. Versuche ergaben für die Deltaglocke, Fig. 180, im Mittel eine Festigkeit von 1400 kg bei wagerechtem Zuge in der Halsrille und von 1800 kg bei lotrechtem Drucke in der Scheitelrille.

Ein weiterer Punkt betrifft die Einnistung von Insekten. Schmale, lichtdunkle Teile der Glocken bilden einen beliebten Zufluchtsort von Insekten usw., deren Gespinste und Absonderungen diese Räume erfüllen, während dies offene Formen vermeiden. Gleiches gilt für den freien Zutritt des Windes, der die Anhäufung des Schmutzes verhindert.

Die Glocken beschlagen sich mit Feuchtigkeit, in der Nähe der Küste mit Salz und in den Industriestädten mit Staub und Ruß. Sie müssen deshalb von Zeit zu Zeit gereinigt werden und sollten so geformt sein, daß sie in allen ihren Teilen der Reinigung zugänglich sind. Bei der ältesten amerikanischen Hochspannungslinie in Provo mit 16 000 V wird die Reinigung der Glocken vierteljährlich vorgenommen. Ihr Wert ist nicht zu leugnen. So hielt ein anscheinend schadhaft gewordener 50 000 V-Isolator nach der Reinigung bei einer Probe noch bei 120 000 V gut stand.

3. Glockenstütze.

Die Form des tragenden Glocken-Bolzens richtet sich vornehmlich nach der Art seiner Stützung. Er ist ein gerader Eisen- oder in Amerika meist ein Holzstift, sofern seine Befestigung auf einem Querbalken aus Holz oder einem Querstück aus U-Eisen erfolgt, wie Fig. 202 zeigt. Ein J-förmiger Eisenbügel, der im längeren Teile zwei Löcher für Holzschrauben besitzt, dient oft als unmittelbare Stütze an Holzsäulen. Dieser Bügel kann aus Schmiedeeisen oder schmiedbarem Guß hergestellt sein. Einfacher gestaltet sich die Befestigung bei der in Fig. 203 dargestellten Schrauben- oder Hakenstütze, welche 1857 mit den bereits angeführten Borggreve-Glocken zum erstenmal eingeführt wurden. Der Leitungsdraht liegt in gleicher Höhenlage mit der Schraube, um kein Drehungsmoment durch

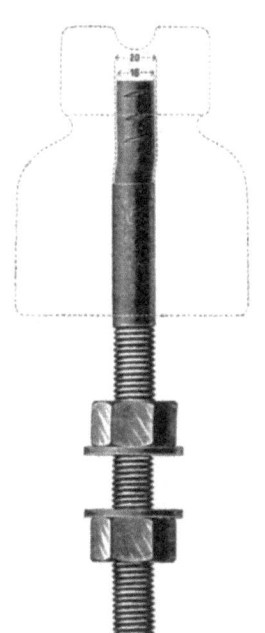
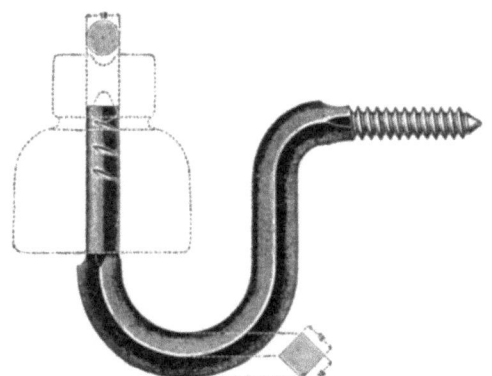

Fig. 202.   Fig. 203.

den vom Leiter ausgeübten Zug hervorzubringen. Gleiches Bestreben läßt den geraden Bolzen so kurz als möglich bemessen. Abtropfwasser, und in höherem Grade noch der auf dem schweren Querbalken sich lagernde Schnee bestimmen seine Mindesthöhe. Bis 3000 V Wechselstrom verursacht, wie uns die Erfahrung gelehrt hat, selbst die völlige Verschneiung der Glocke keine Störungen. Erst bei Höchstspannungen wird man auf diese Höhe Bedacht nehmen müssen.

In Amerika wird mit Vorliebe der Bolzen aus Holz mit Gewinde für die Einschraubung in die Glas- oder Porzellanglocke verwendet. Die unmittelbare Befestigung auf dem Maste erfolgt durch Eintreiben des keilförmigen Unterteiles, Fig. 204, während beim Aufsetzen auf einen Querarm einfach der gerade Holzstift, Fig. 205, oder bei Hochspannungen nach Locke ein Stahlstift in dem hölzernen, in Paraffin gekochten Oberteil Verwendung findet, Fig. 206. Die hölzernen Bolzen werden am besten aus der seltenen Bergakazie (Locust), ferner aus der rechtzeitig geholzten Eiche und einige Sorten der Schönmütze (des Eucalyptus) hergestellt. Diese hölzernen, in der Luftleere getränkten und mit Hochspannung geprüften Bolzen haben sich bis 25 000 Volt für besondere Verhältnisse in der neuen Welt gut bewährt. Darüber jedoch sind sie

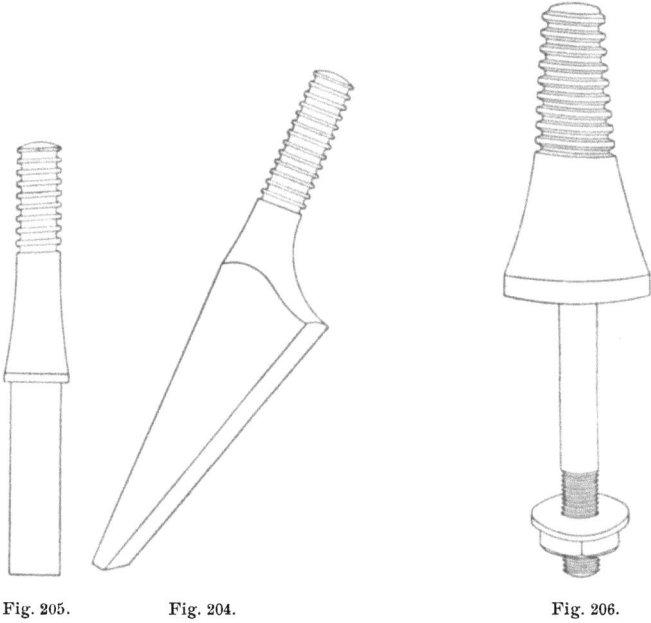

Fig. 205.   Fig. 204.   Fig. 206.

durch Büschelentladung oder durch Stromentweichen über die staubige oder feuchte Glocke angekohlt worden. Deshalb war die Überdeckung des hölzernen Bolzens durch einen kelchartigen Mantel angezeigt. Auch durch um den Bolzen geführtes, im Nebenschluß zu ihm liegendes Metall wurde die Haltbarkeit der Bolzen erhöht.

Bei der Missouri River Power Co. werden die 55 000 V-Glocken von hölzernen, nach dem Trocknen in Paraffin getränkten Bolzen nach Fig. 207 getragen. Glaskelche stützen sich auf einen Absatz des Bolzens. Um die Vorteile des isolierten Bolzens zu behalten, hat Locke 1903 Stützen ähnlich der in Fig. 206 aus Porzellan hergestellt, die durch einen durchlaufenden Stahlbolzen mit Gegenscheibe festgehalten wird.

Eisenbolzen. 257

Die Verbindung der Glocke mit dem Eisenbolzen geschieht auf zweierlei Weise: entweder durch Verwendung von Kitten oder durch Aufschrauben der mit Gewinde versehenen Glocke auf der Stütze. Als Kitt werden namentlich Schwefel, Gips oder ein Gemisch von 10 Teilen Bleiglätte mit 1 Teil Glyzerin und besondere Zemente und Metallkitte gebraucht. Da der Schwefel mit dem Eisen der Stütze sich oberflächlich zu Schwefeleisen verbindet, so sah man darin einen Vorteil bezüglich des Zusammenhaltes zwischen Glocke und Stütze, während andere durchs Treiben das Zersprengen der Glocke befürchteten. Gips hat den Nachteil, daß er etwas hygroskopisch bleibt und leicht zum Abbröckeln neigt. Um ein rasches Erstarren beim Bereiten zu verhindern, kann der Brei mit zerriebener Malvenblüte verrührt werden. Das Aufsetzen der Glocken auf die Stütze erfolgt vor ihrer Befestigung auf der Tragkonstruktion. Der Schwefel oder Kitt soll nur die für die Aufnahme der Stütze bestimmte Höhlung der Glocke erfüllen. In der Telegraphie wurde zwischen der Stütze und Glocke in Leinöl getränkter Hanf oder Teerwerg benutzt, bei den Starkstromleitungen wird jedoch die Verkittung der höheren Sicherheit wegen trotz umständlicherer Auswechslung schadhafter Glocken vielfach bevorzugt.

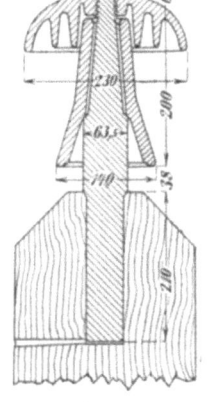

Fig. 207.

Neuestens schlägt C. Egnér Schichten von paraffinierten Papierhülsen für diesen Zweck vor, welche noch mit Birkenteer getränkt werden, um durch den Geruch die Insekten aus der Glockenhöhlung zu bannen.

Für hohe Spannungen über 20000 V werden Stahlbolzen oder Stahlrohre verwendet. Weiches Blei gibt für das Bolzengewinde bessere Resultate als Zement. Der Bleifaden wird zwischen die Gewinde des Bolzens und der Glocke eingelegt und soll sich nach oben und unten ausdehnen können, ohne dabei überzuhängen. Auch gießt man das Gewinde aus Blei um den aufgerauhten stählernen Bolzen. In beiden Fällen kann die Glocke vom Bolzen abgeschraubt werden, was gegenüber der Verbindung mit Zement vorteilhaft ist.

Die Washington Water Power Company verwendet die in Fig. 208 dargestellten Stahlbolzen von Huntington. Auf dem hölzernen Querarm E sitzt in einem gußeisernen Schuh C der Stahlbolzen D mit aufgegossenem Bleigewinde B, das durch eine exzentrisch angedrehte Halsrille A festgehalten wird. Die mexikanische Guanajato Power and Electric Company verwendet für 60000 V Bolzen aus Temperguß.

Creaghead hat 15 mm starke, etwa 220 mm lange Temperguß-Bolzen, welche unten durch eine kurze Stahlstütze im Querarm sitzen und oben mittels eingestemmtem Blei-Compound oder Kitt in der Glocke festgeklemmt werden. In Italien wurden immer eiserne Bolzen gebraucht; die Glocke erhält innseitig eine dünne Kupferkappe.

Die Eisenstütze soll mit einem Anstrich von Leinölfirnis oder durch galvanische Verzinkung gegen Verrostung geschützt werden.

Durch die Vereinigte Isolatorenwerk A.-G., Berlin-Pankow sind ambroinisolierte Stahlbolzen für hohe Spannungen eingeführt worden, welche durch ihre mechanische und elektrische Widerstandskraft gut entsprechen. Das in Ambroin gepreßte Gewinde wird mit einer Messinghülse ausgefüttert.

Die Bemessung der Stütze geschieht auf Biegungs- und Abscherungsfestigkeit. Der Sicherheitsgrad soll geringer sein als bei der Glocke selbst, weil deren Zerstörung schädlicher empfunden wird als jene. Der Sicherheitsfaktor soll auch aus dem gleichen Grunde unter jenem des Tragarmes liegen. Die mechanischen Kräfte als Folge eines verschwindenden oder anwachsenden Feldes treten bei Kurzschlüssen von vielen tausend Ampere manchmal unerwartet in die Erscheinung.

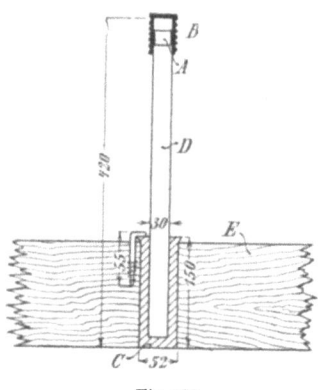

Fig. 208.

Befestigung des Leiters mit der Glocke. Der Leiter kann in bezug auf die Glocke eine zweifache Lage einnehmen: eine obere, wozu oft eine Kerbe oder Sattel auf dem Kopfe als sicheres Lager dient, und eine seitliche, wobei eine wagerechte Rille um die Glocke benutzt wird und der Leiter an dem Glockenhals ruht. In der geraden Strecke der Leitung kann der Leiter sowohl im Scheitel als im Halslager sich befinden. In den Krümmungen und den Winkelpunkten der Strecke muß er seitlich so angeordnet sein, daß die Glocke innerhalb des vom Leiter gebildeten Winkelraumes fällt, damit der mechanische Zug den Leiter an die Glocke anpreßt und nicht abzieht. Diese Bedingung ist bei seitlich äußerer Befestigung erfüllt.

Der Leiter wird meist an jeder Glocke vermittelst eines Bindedrahtes unverrückbar festgebunden. Einige Gründe, wie die Ausgleichung der verschiedenen Zugspannungen, welche zu beiden Seiten einer Glocke bei ungleich langen Nachbar-Spannweiten auftreten, die Verteilung der Züge auf mehrere Säulen, sprechen gegen die Befestigung an jeder einzelnen Glocke. Man hatte deswegen im Telegraphenbau vor Jahrzehnten versucht, den Leiter etwa nur an jedem fünften Isolator festzubinden und an den Zwischenstellen keine oder nur eine lose Verbindung vor-

Drahtbefestigung. 259

zunehmen, welche eine gleitende Bewegung des Leiters in der Längsrichtung zuließ. Die seinerzeitige Erfahrung zeigte jedoch, daß der Leiter infolge Abscheuerns an der Glocke litt und zu Brüchen führte. Die Leitung wurde also an jeder Glocke je nach den örtlichen Verhältnissen durch Ober- oder Seitenbund niedergehalten.

Nur in besonderen Fällen wird neuerdings wieder wegen leichterer Maste eine elastische Verbindung zwischen Glocke und Leiter oder eine einseitig freie ausgeführt, wie wir noch später bei den Masten erörtern werden. Der Bindedraht ist bei Eisendrähten oder -seilen aus verzinktem weichen Eisendraht.

Bei Kupfer wird Kupfer- und bei Aluminium ebensolcher Bindedraht verwendet. In Fig. 209 zeigen die beiden Glocken links den Seiten-, die beiden rechts den Oberbund. Während zur seitlichen Befestigung

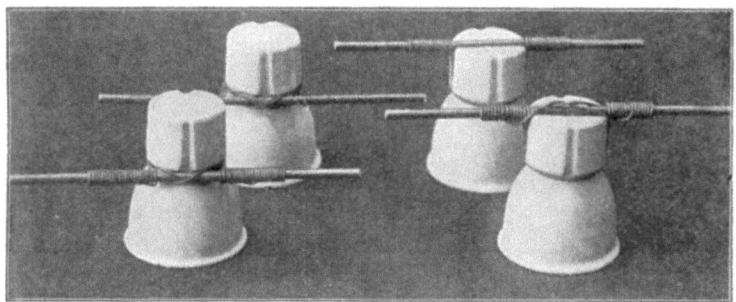

Fig. 209.

nur ein einziger Bindedraht notwendig ist, wird die Kopfbindung mit zweien bewirkt. Erstere ist auch leichter und fester herzustellen und darum wird auch gerne in gerader Strecke der Draht innen seitlich angeordnet, obzwar der Oberbund zufolge der geringen Beanspruchung des Bindedrahtes zu bevorzugen wäre. Aus Fig. 210 ist die Bindung eines 23 mm starken Aluminiumseils auf einer 75 cm hohen Glocke der Niagaraanlage zu ersehen.

Statt der Drahtbindung kamen hie und da besonders bei zeitweiligen Anlagen verschraubbare Bügelklemmen in Gebrauch. Siemens & Halske benutzte die in Fig. 211 ersichtliche, aus verzinktem Eisendraht hergestellte und in Richtung des Leitungszuges aufgelegte Zwinge, ohne daß sie allgemeine Aufnahme fand. Reine Klemmbefestigungen, ähnlich den bei Sodaflaschen gebräuchlichen Drahtverschlüssen, sind oft, aber erfolglos versucht worden.

An einzelnen Leitungspunkten, oder in Gegenden mit heftigen Stürmen oder überhaupt bei schwereren Leitern und großen Spannweiten

17*

und hohen elektrischen Spannungen werden die Anforderungen an die Befestigung steigen. Die Glocke erhält dann eine zweite Rille für einen zweiten Bund. Man greift in solchen Fällen auch zum Aufsetzen

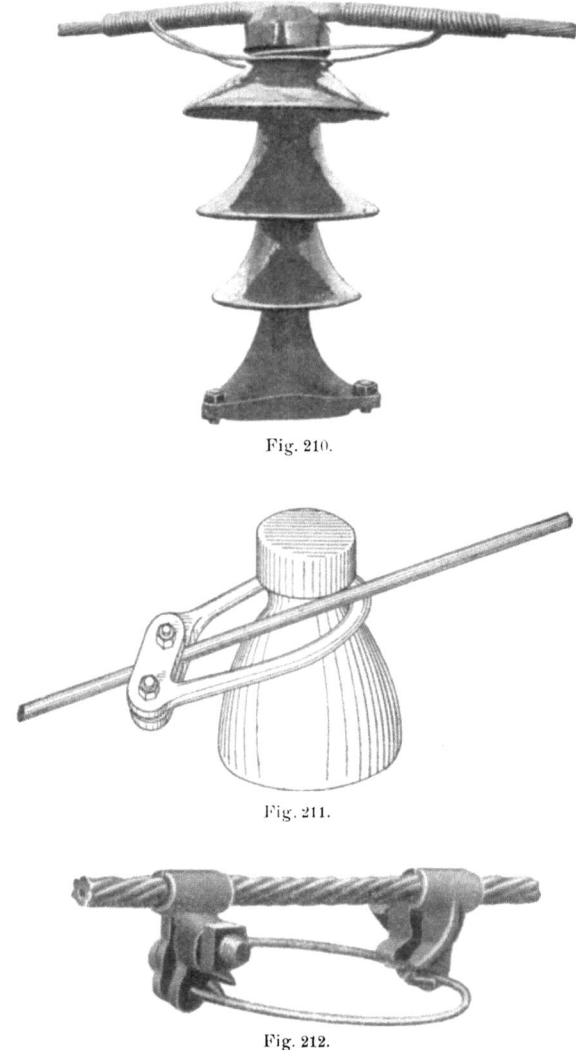

Fig. 210.

Fig. 211.

Fig. 212.

einer Metallkappe auf die Glocke. An ihr wird der Leiter oben oder seitlich eingelegt und mit Klemmbacken festgehalten. Die Clark Electric and Manufacturing Co. in New-York legt um den Glockenkopf einen Ring, der durch zwei vom Kabel getragene Klemmen gefaßt wird, wie Fig. 212 zeigt.

4. Verbindungsstellen der Leiter.

Die Vereinigung zweier oder mehrerer Leiterstücke erfolgt durch Lötstellen, durch mit Lot vergossene Muffen oder durch Klemmverbindungen. Alle Arten haben folgende mechanische und elektrische Bedingungen zu berücksichtigen.

Einfachheit der Verbindung. Der Leiter soll in gerader Richtung aus ihr heraustreten, um an dieser Stelle durch allfälligen Zug unverbogen zu bleiben. Sie soll wechselndem Zug und Schwingungen, namentlich in Freileitungen, widerstehen.

Die Verbindung muß genügend lang sein und die Berührungsstelle der Leiterenden muß dauernd rein bleiben; es muß also das Eindringen fremder Stoffe und die chemische Veränderung der berührenden Oberflächen verhindert werden. Auf diese Weise wird eine wesentliche Widerstandserhöhung und Festigkeitsverminderung an dieser Stelle vermieden. Vor Herstellung einer jeden Verbindung sind die zu vereinigenden Enden auf eine ensprechende Länge blank zu schaben oder zu schmirgeln. Ein Beizen mittels Säure ist für diesen Zweck nicht empfehlenswert und durch die Sicherheitsvorschriften des V. D. E. verboten, weil bei nicht achtsamer Reinigung der anhaftende Rest das Metall angreift; besser ist die Verwendung von Kolophonium oder anderen Harzen.

Die Firma Küppers Metallwerke in Bonn stellt eine salbenartige Lötmasse Tinol her, die auf die Lötstelle aufgestrichen und mittels Lötkolbens oder Flamme erhitzt werden kann. Das geschmolzene Weichlot wird vor einer Düse durch Preßluft oder Dampf zerstäubt, mit einem die Oxydation verhütenden oder das Oxyd lösenden Mittel, z. B. Chlorammonium oder Chlorzink und mit Glyzerin, Öl oder Fett zu einer Paste vermengt. Das Desoxydationsmittel hat höheren Siedepunkt als das Weichlot und schließt deshalb von jedem Lotteilchen die Luft während des Schmelzens ab. Das Weichlot besteht aus einer Legierung von Zinn und Blei, die bei 180—200° schmilzt; da Glyzerin erst bei 290° siedet, kann es dem angedeuteten Zwecke genügen. Nach Versuchen von Corsepius waren verdrillte und mit Tinol verlötete Stellen besser leitend und fester als der fortlaufende Draht, was zum Teil dem vermehrten Querschnitt zuzuschreiben ist.

Die Anzahl der für eine Leitungsanlage notwendigen Verbindungsstellen richtet sich nach den Herstellungslängen der Leiter, der Arbeitsweise und den örtlichen Verhältnissen. Die gelötete Verbindung soll als Bund bezeichnet sein.

Die Form der Bünde ist mannigfach. Der einfache Bund (in Fig. 213 der erste) wird durch Verwinden der Leiterenden unter-

262 Leitungsbau.

einander hergestellt. Er sowie der Würgebund und seine Verbesserung durch rückgeschlagene Enden kommen nur bei dünnen Drähten in Betracht, weil die mechanische Materialbeanspruchung durch das Verwinden zu groß ist. Diese Bünde bieten nur geringe Sicherheit gegen Zug dar und sind auch wegen ihrer größeren Umständlichkeit wenig mehr in Gebrauch. Dagegen ist die in Fig. 213 als letzte dargestellte Wickel- oder Britannialötstelle eingebürgert. Die beiden Leiterenden werden mit einem Bindedraht umwickelt und gelötet, damit ihre Enden sich nicht auflösen. Man kann die Sicherheit noch erhöhen, wenn man die Enden der Leitungsstücke aufbiegt.

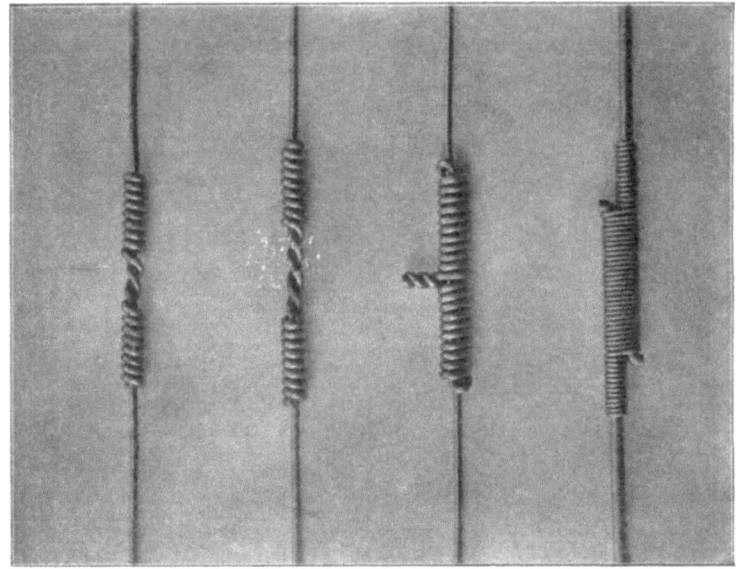

Fig. 213.

Dickere Drähte oder Stangen werden keilförmig abgeschrägt, oft noch zusammengenietet und in gleicher Weise mit verzinntem Kupferdraht umwickelt. Die Stärke des Bindedrahtes richtet sich nach dem Durchmesser der zu verbindenden Drähte; bis etwa 10 mm^2 Leitung nimmt man 1 mm, bis 25 mm^2 Leitung 1,5—2 mm als Bindedraht. Blanke Kabel werden durch gegenseitige Verflechtung der einzelnen Drahtenden verknüpft. Bequemer lassen sich die Leiter durch vergossene Muffenverbindungen vereinigen. Dicke Kupferstangen, deren verzinnte Enden stumpf aneinander stoßen, können mittels einer zylindrischen Muffe aus Kupferblech und durch Eingießen eines Lotes

Drahtverbindung. 263

gut verbunden werden. Ist diese Verbindung auf Zug beansprucht, so benutzt man bei Litzenleitern doppelkegelige Muffen mit Keilverschluß. Bis 1000 V verwendet die Allgemeine Elektrizitäts-Gesellschaft in Berlin die in Fig. 214 ersichtliche Muffe. Das Seilende a wird in die kleinere Öffnung der Muffe b eingeführt, worauf der die mittlere Ader aufnehmende kegelförmige Dorn c in entgegengesetzter Richtung eingetrieben und dadurch das Seil gegen die Wände der Buchse d gepreßt wird, so daß sowohl ein Herausgleiten verhindert, als eine innige, von Zug entlastete Berührung erreicht wird. Für Einzeldrähte erfolgt die Befestigung unter Benutzung des Keiles c oder auch ohne ihn durch einfaches Umbiegen des Drahtes.

Der Bequemlichkeit wegen und um bei hartem Kupferdraht keine Erwärmung vorzunehmen, sind Rohrverbindungen in Aufnahme gekommen, welche durch Verwindung innige Berührung sichern. Zu den auf kaltem Wege herstellbaren Drahtbunden hat sich für Bronzedrähte in der Schwachstromtechnik die H. Arldsche Kupplung eingebürgert. Ein flaches Kupferrohr über die Überlappungsstelle der beiden Leiterenden geschoben, dann das Ganze mit Hilfe von zwei Zwingen spiralförmig verdreht, so daß Kupferrohr und nebeneinander liegende Leiterenden in guter gegenseitiger Pressung sich befinden. Die Kupferhülsen haben für 3, 4, 5 mm eine Länge von 150, 200, 250 mm bei 0,6, 0,8 und 0,8 mm Wandstärke. Für Starkstrom wird die Arldsche Kupferrohrverbindung von Schmidtner, Nürnberg, in den Handel gebracht. Bei einer solchen Verbindung für 6 mm Kupferdraht und 140 mm langem Rohr fand das Laboratorium der städtischen Elektrizitätswerke München als Mittel aus 5 Verbindungen rund $1 \cdot 10^{-3}$ Ohm; nach mehrmaliger Überlastung mit bis zu 300 A und nachdem die Verbindung mehr als 4 Monate lang allen Witterungseinflüssen ausgesetzt worden war, besaß sie noch nicht den Widerstand der einfachen Leitung, sondern nur 82 % davon. Fünf Britanniallötstellen von 140 mm Länge und mit 0,5 mm Bindedraht hergestellt hatten im Mittel $5{,}8 \cdot 10^{-3}$ Ohm oder etwa 5,2 mal soviel als der unverbundene Draht.

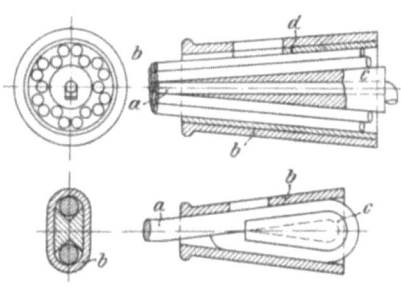

Fig. 214.

Besondere Schwierigkeiten bietet die Lötung von Aluminium, weil die frisch gereinigten Oberflächen sich sehr rasch an der Luft wieder oxydieren und Legierungen sich leicht an der Luft zersetzen. Die Rohrkupplung ähnlich der vorhergehenden durch maschinelle Verwindung und nachfolgende Pressung einer kalt übergeschobenen Aluminiumhülse ist namentlich in Amerika ausschließlich in Gebrauch gekommen. Messungen von Kennelly und Coffin 1903 an solchen Verbindungen ergaben für Drähte von 3,27—5,16 mm im Mittel $5 \cdot 10^{-3}$ Ohm, bei Kabeln aus 7 Drähten und mit Querschnitten zwischen 33 und 67 mm² im Mittel $0,2 \cdot 10^{-3}$ Ohm.

	Querschnitt mm²	Länge der Verbindung cm	Gleichwertige Länge in cm			Mittlerer Widerstand pro Verbindung Ohm	Verwunden
			größte	kleinste	mittlere		
Draht von 3,27 mm	8,40	22,4	210	140	180	0,0059	9 mal
- - 4,10 -	13,21	22,3	340	120	170	0,0036	7 -
- - 5,16 -	20,90	22	760	320	380	0,0051	7 -
Seil aus 7 Drähten von 2,476 mm	33,71	21	34	28	30	0,00026	7 -
- 2,794 -	42,91	21,7	58	49	52	0,00036	4 -
- 3,124 -	53,64	21,6	144	107	125	0,00067	4 -
- 3,494 -	67,04	21	144	96	131	0,00056	4 -

Man erkennt deutlich, daß die den Übergangswiderständen gleichwertigen Längen des laufenden Drahtes oder Kabels mit wachsender Drahtdicke sehr rasch zunahmen. Die Übergangswiderstände waren zwar klein, wiesen jedoch bei Änderungen der Stromstärke und damit der

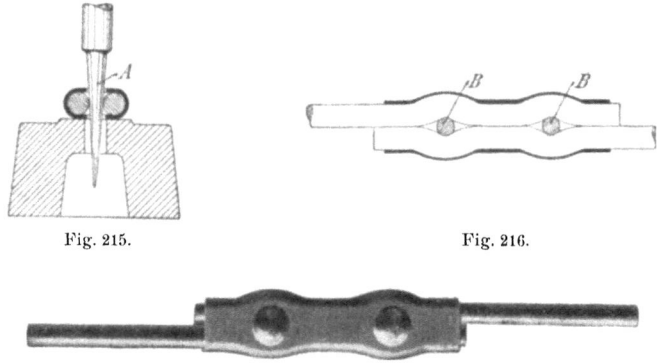

Fig. 215.   Fig. 216.

Fig. 217.

Erwärmung des Leiters unregelmäßige Änderungen auf. Die höchste Temperatur der Leiter lag stets unter 50° C.

J. W. Hoffmann in Kötzschenbroda bei Dresden liefert eine Nietverbindung für 6—70 mm² Drahtquerschnitt aus einer nahtlosen

Abzweigstellen.

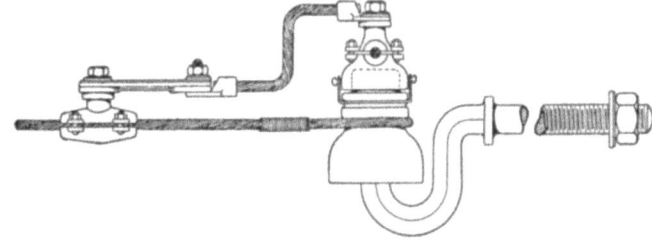

Fig. 218.

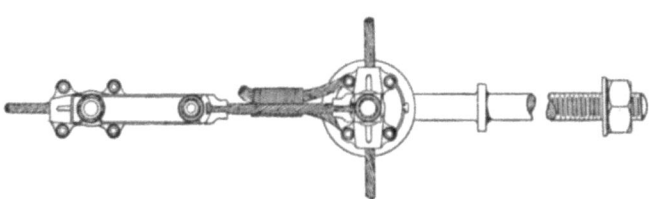

Fig. 219.

flachen Kupferhülse, welche über die Leiterenden nach Fig. 215, 216, 217 geschoben wird. Sodann wird ein zugespitzter Dorn A in die seitlichen Löcher eingetrieben, wodurch die Drähte ausgebuchtet werden. In die hierdurch geschaffenen Zwischenräume werden quer durch die Hülse Nieten B eingefügt, welche die erforderliche Pressung erzeugen und dem Leitungszug widerstehen.

Sollen mehrere Leiter zu einem Knotenpunkte verknüpft werden, so kann dies mittels der Verbindung, Fig. 218 und 219 ausgeführt werden. Die Abzweigung eines Drahtes von einem andern oder von einem Seile wird mittels gewöhnlicher Lötstelle, und zwar stets an einem Isolator derart ausgeführt, daß der Abzweigdraht zunächst am Isolator befestigt und dann erst das Ende mit dem durchgehenden Draht oder Seil verlötet wird. Soll hingegen von einem Seile ein Seil abgezweigt werden, oder sollen drei Drähte oder drei Seile von verschiedenen Querschnitten von einem Punkte aus sich verzweigen, so wird eine T-Muffe verwendet. Die Anbringung

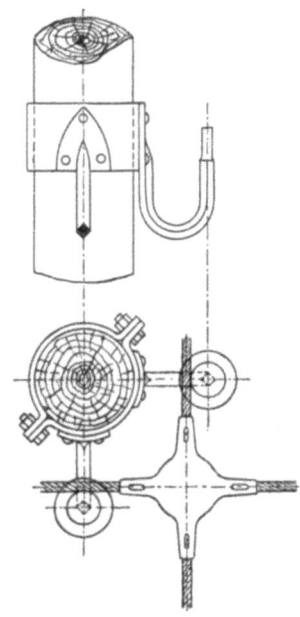

Fig. 220.

von 4 Leitungen geschieht mittels Kreuzmuffen, Fig. 220. Bei den Klemmverbindungen werden die Leiterenden mittels Verschraubungen verknüpft. Da sie aber dem bei Luftleitungen auftretenden Zug nicht zuverlässig widerstehen, sondern entlastet sein müssen, so spielen sie hauptsächlich bei den übrigen Leitungen eine Rolle, worauf wir noch zurückkommen werden.

5. Anordnung der Leitungen.

Allgemeines. Gehen Hochleitungen längs Wege oder über freie Landflächen oder durch gelichtete Wälder, so werden sie durch Tragsäulen gehalten; sind lotrechte Stützflächen zu erreichen, so werden Wandträger angewendet, während die Führung über Häuser hinweg mittels Dachgerüsten erfolgt. In jedem Fall wird die Anordnung der Leitungen, ihre Zahl, Stärke und Spannweite die Art und Abmessungen der Tragekonstruktionen beeinflussen oder umgekehrt diese jene bestimmen. Diese Gesichtspunkte sind der Hauptsache nach durch das benutzte Verteilungssystem der elektrischen Energie bedingt. Beim Zwei- und Dreileitersystem und niedriger Spannung bis 500 V werden starke und viele Leitungen zu führen sein, während bei hoher Spannung und bei Anwendung von Transformatoren verhältnismäßig wenige dünne Leiter auftreten, wie sich später bei der Beschreibung der Systeme ausführlicher zeigen wird.

Für die Niederspannungssysteme kann man zwischen Speise-, Verteilungs- und Prüfleitungen unterscheiden. Die Speiseleitungen führen den in der Zentralstation erzeugten Strom in geeigneten Knotenpunkten den Verteilungsleitungen mit derjenigen Spannung zu, welche von dem Schaltbrette aus nach Anzeige der von den Knoten zurückführenden Prüfdrähte eingestellt wird. Die Verteilungsleitungen werden im Absatzgebiet längs der Häuser geführt, um diese mit elektrischer Energie zu versorgen. Von ihnen zweigen die Hausanschlußleitungen ab. Die zweckmäßigste räumliche Anordnung dieser Niederspannungsleitungen ist im allgemeinen folgende: Die Speiseleitungen am Kopfe des Trägers, darunter die Verteilungsleitungen und am tiefsten die dünnen Prüf- und Signaldrähte.

Beim Transformatorensystem führen die Hauptleitungen den hochgespannten primären Strom zu Knotenpunkten, die bei Stadtnetzen oft zugleich Transformatorstationen bilden. Die Primärdrähte sollen von den sekundären tunlichst abgeschieden sein. Jene nehmen den kürzesten Weg von der Zentrale zum Verteilungsgebiete und überkreuzen daher als Luftleitung oft die Dächer der Häuser, was jedoch die Betriebs-

Wechselständige Befestigung. 267

überwachung erschwert. Ist eine solche getrennte Führung undurchführbar, so nehmen die Hochspannungsleitungen die oberste Lage am Maste ein, und darunter finden die Sekundärleitungen Platz.

Die einfachste und beste Anordnung der Leitungen ergibt sich bei wechselständiger Befestigung je eines Leiters rechts und links von der Mittellinie des Trägers. Dann reicht die U- oder Hakenstütze

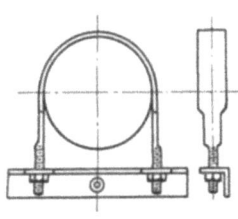

Fig. 221.

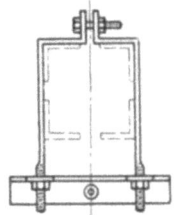

Fig. 222.

ohne Querarm beim kleinsten Hebelarm gegen Verdrehen aus. Bei mehr als sechs Leitungen erfordert diese Anordnung jedoch eine zu große Bauhöhe, und man spart daher durch gerade Bolzen, die auf Querträgern zu ruhen kommen. Sind diese letzteren aus Holz, so wird die runde Holzsäule wohl etwas angeschnitten, damit der viereckige Querriegel bessere Lagerung findet. Seine Befestigung erfolgt entweder durch eine Mittelschraube, welche allerdings den Querschnitt schwächt, oder besser durch eine den Mast umgreifende U-förmige Schelle, wie Fig. 221 sie für eine runde Holz- und Fig. 222 für eine viereckige Eisensäule darstellt. Solche Universalziehbänder, deren Bügel sich den verschiedenen Stützen anpassen, hat die

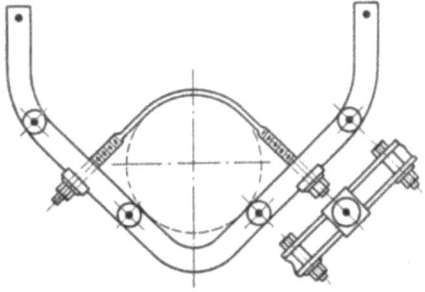

Fig. 223.

Allgemeine Elektrizitäts-Gesellschaft in Berlin nach Fig. 223 in Gebrauch.

Bei längeren Querarmen werden im Dreieck geführte, verspreizende Eisenbänder zugefügt. Auch werden unter Umständen mehrere Querarme untereinander durch lotrechte, an die Säule sich stützende Verbindungen verstärkt. Soll der Querträger aus Eisen sein, so greift man zu Winkel- oder U-Eisen mit eingebohrten Löchern für die Glockenstütze oder zu zwei in einem lichten Abstande voneinander gehaltenen und vernieteten Flacheisen, welche das freie Einfügen der Bolzen er-

268 Leitungsbau.

möglichen. Nur ungern benutzt man weit ausladende Querarme, weil ihre Ausladung zu großen Drehmomenten führt, wodurch auch die Montage erschwert wird. Treffen viele Drähte an einer Stelle knotenpunktartig zusammen, so wird durch Aufsetzen eines ringförmigen Aufsatzes Abhilfe geschaffen. Damit die Bolzen einstellbar sind, wird der Ring vorteilhaft aus zwei Flachbändern gebogen. Für schwere Kabel entspricht die in Fig. 224 ersichtliche, von der Allgemeinen Elektrizitäts-Gesellschaft Berlin entwickelte Ausführung, bei der die ringförmigen Sammelschienen aus verzinntem Messingguß hergestellt und, unter Zwischenlegung von Asphalt-Dachpappe oder dergl., in den Schlitzen von vier gegeneinander verspannten Isolatoren gebettet sind. Jedes Seilende wird durch den bereits beschriebenen Keilverschluß in einem auf dem äußeren Isolator befestigten Endverschluß verwahrt und somit von zwei Isolatoren getragen. Diese sitzen auf eisernen Tragarmen. Zum Anschluß der Prüfdrähte sind auf jeder Sammelschiene Messingschrauben vorhanden.

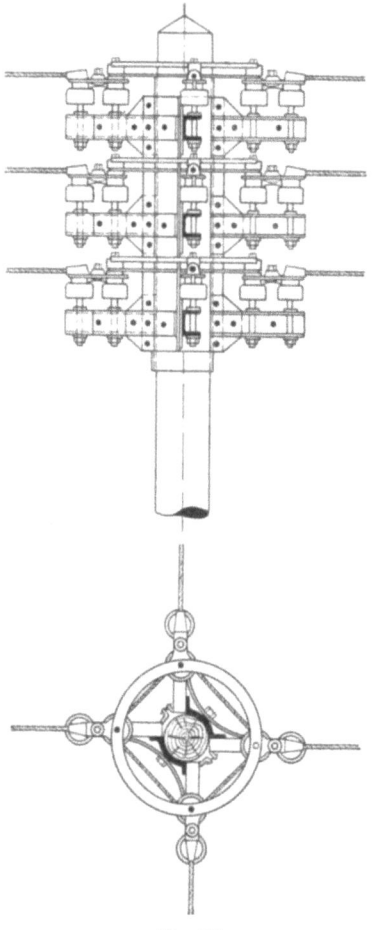

Fig. 224.

Eckmaste stellen hohe Anforderungen, insbesondere wo sich die Speisekabel von Gleichstrombeleuchtungsnetzen mit Bahn- und Schwachstromleitungen begegnen, wie dies häufig in Amerika vorkommt. Als Beispiel sei ein Mast für 40 Leitungen der Topeka Edison Illuminating Co., Topeka, Kan. in Fig. 225 in Ansicht und in Fig. 227 im Grundriß angeführt. Die Kabel werden durch eine kräftige Blechmuffe, Fig. 226, gefaßt und durch einen gelenkigen Ösen-Abspannisolator nach der in Fig. 227 ersichtlichen, von Kearney herrührenden Weise abgefangen.

Die Entfernung von Draht zu Draht richtet sich nach der elektrischen Betriebsspannung, der Stützenweite und dem verhältnis-

Eckmast. 269

mäßigen Leiter-Durchhange zwischen den Stützpunkten, die von der Trägerart abhängig ist. Bei Niederspannung sollen wagrecht nebeneinander nur Leiter gleicher Polarität oder Phase geführt werden, und

Fig. 225.

zwar soll deren Entfernung von einander mindestens 200 mm betragen, während der Abstand von Leitern entgegengesetzter Polarität oder Phase je nach der Spannweite, mindestens aber mit 350 mm bemessen werden muß.

270 Leitungsbau.

Um eine gegenseitige Berührung der Leiter zu verhindern, kann man bei größeren Spannweiten und geringem Abstande der Leiter bei Niederspannung zwischen ihnen einen schwingenden, die Entfernung sichernden Bügel einschalten. Dieser Bügel vereinigt zwei Isolatoren

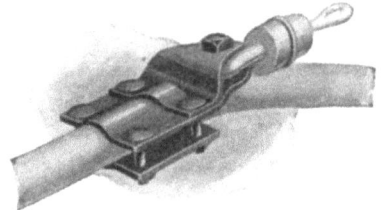

Fig. 226.

und kann noch durch einen entlastenden Stahlleiter gesondert getragen werden.

Beim Wechselstromsystem mit gemeinsamem Gestänge für Hoch- und Niederspannungsleitungen werden diese in einer kleinsten Entfernung von 500 mm unter den Hochspannungsleitungen angeordnet.

Besondere Sorgfalt erheischt natürlich die Bemessung des Drahtabstandes bei den langen Freileitungen mit 10—60000 V, die sich in den letzten Jahren entwickelt haben.

Die amerikanische Faustregel, Drahtabstand D in Zollen gleich dem 1,5 fachen der Spannung in Kilovolt oder auf Millimeter und Volt umgerechnet und abgerundet $D = 0,04\ V$, gibt zwar ausreichende Überschlagsweiten, aber keine genügenden Entfernungen, um den einmal entstandenen Lichtbogen abreißen zu können. Nimmt man als kleinsten Abstand 200 mm an, so entspricht in gleichen Einheiten $D = 0,03\ V + 200$ besser. Sie zählt in Zentimeter der dreifachen Kilovoltzahl den Beiwert 20 zu. Rundfragen des American Institute of Electrical Engineers haben 1904 über 47 Anlagen mit zusammen 2645 km Linienlänge und 218660 KW Gesamtleistung folgendes ergeben:

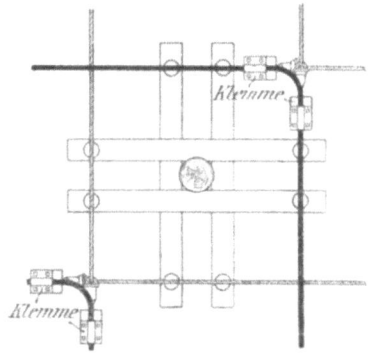

Fig. 227.

Drahtabstand bei Hochspannung.

Zahl der Anlagen	Spannung in 10^2 V			Linienlänge in km				Gesamte KW	Abstand der Leiter in mm			berechnet für	
	größte	kleinste	mittlere	größte	kleinste	mittlere	gesamte		größter	kleinster	mittlerer	mittlere Spannung nach der Formel $3\dfrac{V}{100} + 200$ mm	größte Spannung
19	120	46	80	40	4,8	15,3	350	31135	915	3560	483	440	560
7	160	145	150	50	11	37	480	65425	1016	4570	685	650	680
9	240	200	226	97	17,2	52	635	65000	1220	660	840	880	920
4	270	250	255	74	26,8	52	205	23400	1270	457	1000	965	1010
4	340	300	313	134	47	100	445	18825	1016	610	787	1140	1220
4	600	400	516	163	97	121	530	14875	2740	1067	1930	1750	2000

Rechnet man für die mittlere und höchste Spannung nach obiger Formel, so erhält man genügende Übereinstimmung. Die mittlere Spannweite war dabei a = 30—40 m, so daß der Beiwert der Formel (200 mm) ungefähr 5a ist, wenn a wie üblich in m angeführt wird.

Die Sicherheitsvorschriften des Wiener Elektrotechniker-Kongresses 1899 geben in § 28 Werte für den Abstand der Leitungsdrähte in cm, die etwa mit D = 5a + 0,01 V übereinstimmen, worin a in m, D in mm. Diese Formel geht von der richtigen Anschauung aus, daß der Abstand gleichwie der prozentuale Durchhang mit der Spannweite wachsen müsse, gibt aber durchweg kleinere Werte als die vorige. Sie war wahrscheinlich seinerzeit nur für einen Spannungsbereich bis 5000 V entworfen worden. Die Beziehung $D_{cm} = 38 \sqrt[4]{0{,}001 \cdot V}$, die zuweilen angegeben wird, liefert wegen des langsamen Anwachsens der vierten Wurzel anfangs zu große, für hohe Spannungen viel zu kleine Werte. Einheitlichkeit ist inbezug auf die Entfernung der Leitungen noch nicht vorhanden. So hat die Washington Water Power Co. bei ihrer 160 km langen 40000-voltigen Leitung aus hartem, 6,5 mm Kupferdraht nur D = 1050 mm, obgleich die Spannung später auf 60000 V erhöht werden soll (Fig. 228). Die von Nunn gebaute Madison River-Anlage, welche Butte, Montana, über 106 km Abstand mit 40000 V versorgt, hat dagegen D = 2700 (Fig. 229). Die Montreal-Anlage der Shawinigan Water and Power Company (Fig. 230) mit ihren 132 km langen Aluminiumleitungen aus 7 × 3,66 mm-Drähten und 53000 V Spannung hat dreiteilige Porzellanglocken auf hölzernen Bolzen mit 1500 m Drahtabstand.

Die Guanajato Power and Electric Company hat bei dem für 60000 V errichteten Leitungsbau aus leichten Eisentürmen auf der Spitze ein 75 mm starkes Verlängerungsrohr, Fig. 231, das den Querarm und den

272   Leitungsbau.

obersten Glockenbolzen trägt. Die mittlere Spannweite des hartgezogenen Kupferkabels beträgt 152 m bei einem Durchhang von 5,5 m und 1980 mm Drahtabstand.

Die von Gerry erbaute, für 57000 V bestimmte und 120 km lange Leitung der Missouri River Power Company fällt vom Kraftwerk aus

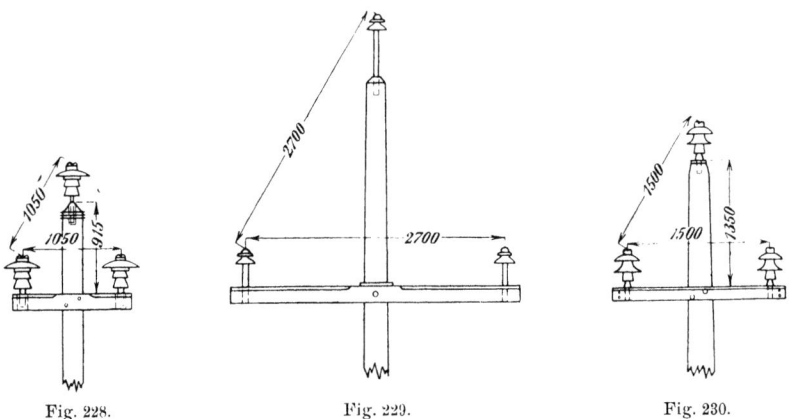

Fig. 228.   Fig. 229.   Fig. 230.

um 1130 m und überschreitet drei Wasserscheiden, wozu die 2225 m über Meereshöhe befindliche kontinentale Wasserscheide gehört. Die Masten sind in 61 m breiten, auf privaten Waldgründen ausgeholzten

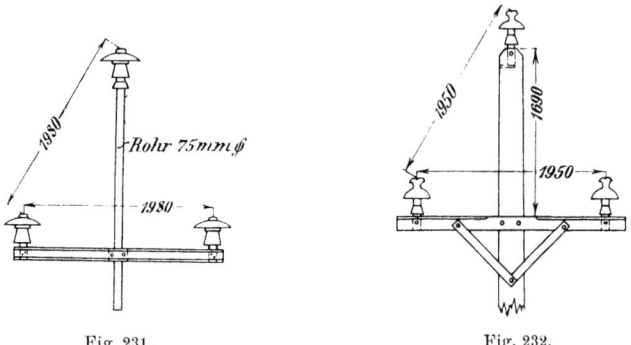

Fig. 231.   Fig. 232.

Lichtungen zweiseitig gesetzt und mit drei Kupferkabeln in der Form eines gleichseitigen Dreieckes von 1950 mm Seitenlänge versehen. Das 7 fache Kabel hat 54 mm^2 Querschnitt. Fig. 232 stellt den Mastoberteil dar.

Bei der Hochspannungsfreileitung in Paderno, Fig. 240, sind 18 Drähte von 6 Dreiphasenleitungen auf zwei Reihen von Gittermasten derart

Leitungsschutz. 273

befestigt, daß auf der einen Seite 5, auf der anderen 4 Drähte sich befinden. Bei 12000 V ist die Entfernung zwischen zwei aufeinander folgenden 9 mm-Weichkupferdrähten 600 mm. zwischen zwei Drähten derselben Phase 1039 mm.

Bei großen Spannweiten mit ihren größeren Durchhängen sollte der Drahtabstand D vergrößert werden; dies geschieht jedoch nicht immer, weil dadurch die mechanische Beanspruchung und daher die Kosten der Tragkonstruktionen wachsen und sich bei Wechselstrom durch Erhöhung der Induktionswirkungen Schwierigkeiten ergeben. Gleiche Leiter, insbesondere bei langen Spannweiten, schwingen durch den Wind aber gleichstimmig.

Eine 530 m lange Überspannung über ein Flußbett hat bei 60000 V nur $D = 1850$ mm. Bei der längsten bekannten Spannweite von 1350 m über die 840 m breite Carquinezstraße, Seite 360, beträgt der Drahtabstand dagegen überflüssigerweise $D = 6000$ mm bei 40000 V Betriebsspannung.

6. Schutz gegen eigene oder nachbarliche Leitungseinflüsse.

Mit der vielseitigen Entwicklung der Schwach- und Starkstromtechnik und ihren Leitungen ist das eigene, gegenseitige und allgemeine Schutzbedürfnis gegen die verschiedensten Einflußnahmen, die bis zu schweren Unfällen führen können, unabweislich geworden. Die eigenen Unfälle beziehen sich hier auf ein Losewerden oder Zerreißen der Leitungsdrähte. Die nachbarlichen betreffen den mittel- oder unmittelbaren Übergang von Strom oder die induktiven Wirkungen.

Die Schutzmittel sind teils vorbeugender Art, indem sie die gefürchtete Berührung der gegnerischen Leitungen oder die hieraus sich ergebenden Folgen verhüten sollen, oder sie sind nachhinkender Wirkung, d. h. sie heben die schädlichen Folgen des eingetretenen Ereignisses auf.

Aus einer Zeit, wo der Luftraum nur vom Staate für die Telegraphenleitungen in Anspruch genommen war, stammte in den meisten Ländern die herrische Verfügung, daß andere Leitungen die staatlichen Linien niemals überkreuzen durften. Allein ein Auffallen des zerrissenen Schwachstromdrahtes auf Starkstrom barg noch immer eine Gefahr für die Schwachstrombesitzer in sich und erheischte insbesondere bei hohen Spannungen Schutzvorkehrungen. Sollte dieser Schutz dem Schwächeren gegen den Stärkeren oder umgekehrt gewährt werden? Oder ist bei der Schwäche der Auskunftsmittel an beiden Teilen das Tunlichste vorzukehren? Bei der Wichtigkeit der Starkstromanlagen ist nach längerem Kampf in den meisten Staaten eine gesetzliche Regelung erfolgt, die den beiderseitigen Bedürfnissen Rechnung trägt.

Gegen das Herabgleiten des Leiters von der Glocke bei Hochstrom namentlich in Winkelpunkten der Leitungsstrecke infolge Lösung des Bindedrahtes, Glockenbruches oder Abhebens der ganzen Glocke von ihrem Bolzen sucht man sich durch einen C-förmigen, die Glocke umschließenden eisernen Fangbügel zu schützen. Querträger, auf denen die Glockenbolzen ruhen, erhalten für den gleichen Zweck lotrechte Fang- oder einwärts gekrümmte Stifte, die das Abgleiten des freigewordenen Drahtes verhindern sollen. Leitungsrisse treten durch Verschulden des Leitermaterials selbst bei Starkstrom selten auf, meist sind es äußere Veranlassungen. Weicher Kupferdraht dehnt sich in einer Weise aus, daß Brüche in fortlaufender Strecke nicht vorkommen, sondern sich nur an schlechten Lötstellen finden. Namentlich bei hartgezogenen Drähten wird die Festigkeit durch Weichlot von 40 auf 30 kg/mm² abgeschwächt. Lötstellen, welche vor dem Auswalzen des Drahtes hergestellt werden, erhalten dabei eine Länge von einem Meter und mehr und bieten fast die gleiche Sicherheit wie der laufende Draht.

Gegen die Folgen des Drahtbruches sollen mehrere Auskunftsmittel dienen. Ein auf eine Leitung auffallender Draht könnte diese elektrisch und mechanisch beschädigen. Da gewöhnlich isolierte Drähte, die wir erst im nächsten Abschnitt besprechen werden, im Freien keinen längeren Bestand haben, so greift man zu aufgesattelten hölzernen Schutzleisten oder zu geteilten Bambusröhren. Solche Konstruktionen werden vornehmlich beim Arbeitsdraht von elektrischen Bahnen angewendet. Auch durch den mit Minium bestrichenen Draht nach Hackethal ist man bestrebt, diesem Bedürfnis zu genügen.

Ein zweites Mittel sollen die Schutznetze bilden. Das Schutznetz aus mehreren Längsdrähten und vielen Querfäden wird zwischen eiserne Querstücke an den Masten gespannt. Es kann nach oben offen oder tunnelartig, alle Leitungen umgebend, ganz geschlossen sein. Die Breite des Schutznetzes ist bei Niederspannung so zu bemessen, daß es 250 bis 300 mm nach jeder Seite über die äußerste zu schützende Leitung hinausragt. Der Abstand zwischen Querstück und den nächsten darüber liegenden Drähten soll ausreichend groß, gegen allfällige Drahtsenkung, sein. Die Netze sind wohl im fertigen Zustande erhältlich, doch verziehen sich diese beim Ausspannen leicht, und ihr häßliches Aussehen an und für sich wird durch schiefe Parallelogramme nur noch erhöht. Deswegen spannt man die Netze mit lose aufgelegten, nach der Schablone gleichgeformten Querdrähten auf und befestigt letztere nachträglich. H. Linnartz, Saaralben, liefert Längsdrähte, die in bestimmten Abständen, z. B. alle Meter mit je zwei um den doppelten Durchmesser des Querdrahtes voneinander entfernten Ringen zur Aufnahme der an den Enden umgebogenen Querdrähte versehen sind.

Schutzvorrichtungen. 275

Bei der Montage werden die Längsdrähte durch viele Kilometer in Manneshöhe zwischen zwei Masten aufgehangen, sodann die einzelnen Querdrähte zwischen je zwei Ringen der Längsdrähte eingeklemmt und mit einer geeigneten Zange zugedrückt, worauf das Netz soweit fertig ist, daß es hochgezogen und vermittelst der an den Enden der Längsdrähte anzubringenden Spannschrauben an den vorher an den Masten angebrachten Anspannvorrichtungen befestigt werden kann.

Schneewindt in Westfalen empfiehlt feste Spiraldrähte zu Netzen. Gegen Schutznetze spricht die Unsicherheit, welche Schnee- und Windbelastung bei ihnen unmittelbar oder durch die Beanspruchung der Tragsäulen hervorbringt. Kastenförmige Netze mit 300—400 mm Abstand der Netzdrähte von den Leitungen geben bei Sturm fortwährend zu Störungen Anlaß. Denn bei 30 m Mastabstand schwingt unstimmig das ganze Schutznetz mit den Leitungen. Besser ist ein muldenförmiges Netz aus drei 3 mm starken Stahl- oder 5 mm starken Eisendrähten mit 2 mm stählernen oder 2,5—3 mm eisernen Querdrähten in 1 m Abstand; seine seitliche Ausladung sollte mindestens $1/3$ der Höhe des obersten Drahtes über dem Netz bei etwa 30 m Mastabstand sein. Aber auch hier treten an den Verbindungen der Längs- und Querdrähte durch Rost, Sturm oder Frost Brüche, bei Schneefall gar Klumpen auf, so daß ein 3- oder 4seitiges Netz, wenn es nicht dauernd gut geerdet ist, gefährlicher werden kann als ein einfacher geerdeter Schutzdraht.

Die Gouldsche Sicherheitskupplung sollte bei Bruch eines Hochspannungsleiters die Gefahren, welche seine herabhängenden Enden besonders an Wegüberführungen, aber auch längs der Straßen herbeiführen können, durch selbsttätige Abtrennung der zerrissenen Stücke beseitigen.

Fig. 233.

Auf jeder der beiden Glocken sitzt ein metallener Ring mit angegossenem, nach unten offenem Haken, Fig. 233. Der Draht hängt von unten mit zwei Ösen zwischen jenen Haken. Sobald die mechanische Spannung durch den Riß nachläßt, fallen diese Haken mit den Drahtstücken aus den Ösen. Nicht viel besser ist die Hessesche Abänderung mit um 90⁰ gedrehten Haken.

18*

276 Leitungsbau.

Trotz der Einfachheit dieser Lösungsweisen kamen sie nicht in allgemeineren Gebrauch, weil lose Verbindungen nicht nur im Notfalle, sondern auch im steten Betriebe zweifelhaft wirken. Auch der Ausschalterform in Fig. 234, welche mehr Vertrauen erweckt, war kein besserer Erfolg beschieden. Sollen die herabhängenden Enden drei Meter über Boden bleiben und nimmt man den Riß ungünstigst nächst einer Glocke an, so müßten die Säulen bei Übergängen um diesen Betrag höher sein als die Überspannungsweite. Dies ist meist unmöglich. Man

Fig. 234.

kann aber die freie Hängelänge durch mehrfache Aufhängung, d. h. an mehreren Punkten an ein isoliertes Tragseil oder Draht erreichen.

Ein anderes Mittel besteht in einem mit der Erde gut verbundenen Schutz- oder Kurzschlußring, Fig. 235. Diese geerdeten Fangösen müssen sorgfältig angeordnet und bemessen werden. Zu enge Masche

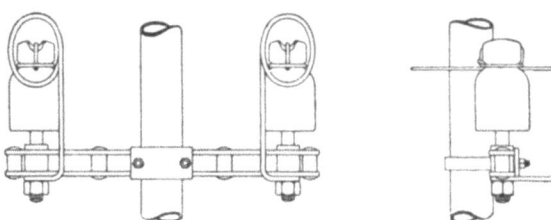

Fig. 235.

und zu große Nähe an die Glocke bringt unerwünschte Betriebsstörungen bei Stürmen oder Drahtsenkungen hervor, zu große Öffnung und weite Aufstellung macht sie im Notfalle unwirksam. Um innige Berührung zu sichern und nicht zu rosten, soll die Öse aus Bronze oder Kupferdraht, etwa von 4 mm Durchmesser hergestellt sein. Die längliche Öse kann bei 500 V eine Höhenweite von 80 und eine Breite von 60 bei 170 mm Entfernung von der Glocke erhalten, wie dies für das Wiener Stadtbahnnetz vorgeschrieben war. Stehen mehrere Glocken in einer Reihe, so kann statt der Erdungsöse eine geerdete Schiene, d. i. eine gemeinschaftliche Berührungsgelegenheit, geschaffen werden. Auch können durch die Berührung mit einer geerdeten Schutzleitung Bleisicherungen

Gegenseitige Beeinflussung von Leitungen. 277

zum Schmelzen gebracht oder selbsttätige Ausschalter betätigt werden. Allerdings kann dies auch durch Tiere verursacht werden.

Man kann auch statt des Erdschlusses in manchen Fällen die Herstellung eines Kurzschlusses, d. i. einer guten leitenden Verbindung zwischen Drähten verschiedener Polarität oder Phasen erstreben. Moritz hat durch Anbringung von federnden Querverbindungen vom Maste zu den einzelnen Drähten den Kurzschluß in einfachster Weise erreicht.

Um die Induktionswirkungen verfolgen zu können, muß man die Leitung in bezug auf ihre Selbstinduktion und Kapazität und auf ihre Wirkung auf benachbarte Stark- oder Schwachstromleitungen untersuchen, was im dritten Kapitel geschehen wird.

Die Umgebung jedes stromdurchflossenen Leiters bildet ein magnetisches Feld, dessen Stärke proportional ist der Leiterlänge und der Stromstärke im Leiter. Wechselt der Strom periodisch, so entsteht durch dieses von dem Leiter induzierte Feld in ihm selbst ein induktiver Verlust, in benachbarten parallelen Leitern eine induzierte elektromotorische Kraft, die beide mit der Frequenz des Wechselstromes wachsen. Je weiter Hin- und Rückleitung des hochgespannten Wechselstromes voneinander abstehen, desto stärker ist der induktive Verlust in der Leitung. Dies spricht also für den kleinsten, mit Rücksicht auf Betriebssicherheit zulässigen Abstand D der Leiter voneinander. Dagegen spricht das Anwachsen der Kapazität und des ihr entsprechenden Ladestromes, der mit wachsender Leiterlänge, Periodenzahl und Spannung zwischen den Leitern, und mit abnehmendem Leiterabstand D anwächst. Für eine 60 000 V Leitung aus zwei 9 mm-Drähten mit D = 2000 mm Abstand würde bei 50 Per/Sek der Ladestrom für je 100 km Linie 9 A, entsprechend 540 Kilovoltampere, betragen.

Wird eine Telephonleitung innerhalb des magnetischen oder elektrischen Feldes einer Wechselstromleitung angeordnet, so erfährt sie Induktionswirkungen, von denen die elektromagnetischen den Telephonbetrieb durch den dem Sprechstrom übergelagerten induzierten Wechselstrom stören, während die elektrostatischen nur das Potential der Telephonleitung gegen Erde, unter Umständen sehr erheblich erhöhen. Beide Wirkungen werden vermindert, wenn die Telephonleitung nur auf kurze Strecken parallel und in möglichst weitem Abstand von der Hochspannungsleitung geführt wird. Da die Anwendung beider Hilfsmittel beschränkt ist, werden die Leitungen eines einfachen oder doppelten Stranges je nach den Kraftentnahme- und Sprechstellen versetzt. Bei zwei Strängen wird der eine im entgegengesetzten Sinne als der andere verdrillt, obgleich sich auch Doppelleitungen im Betriebe befinden, die hinsichtlich des Fernsprechers gut arbeiten, obwohl der eine Leitungsstrang geradeaus durchläuft. Versuche mit einer 40 000 V Kraftleitung ohne Versetzung und einer 1,5 m tieferen, alle 8 km versetzten Fernsprechleitung ergaben in dieser 2100—2800 V gegen Erde. Diese statisch induzierte Spannung verschwand, als die Kraftdrähte zwischen den Entnahme- und Sprechstellen um $^2/_3$ einer vollen Wendung verdrillt worden waren. Bei der 120 km langen 57 000 V-Leitung der Missouri River Power Company sind die Drähte der Leitungen fünfmal verdrillt, so daß sie zwei vollständige Verwindungen zwischen Kraftwerk und Unterstation ausführen. Die beiden Hauptstränge können durch Schalter zusammen oder getrennt arbeiten. Eine Fernsprechleitung unter einer der Hauptleitungen ist gut benutzbar.

Die große Zahl von Unglücksfällen an Fernsprechleitungen, die mit den Kraftleitungen auf demselben Gestänge verliefen, haben völlig getrennte Fernsprechlinien, die unabhängiger, wenn auch vielleicht nicht deutlicher arbeiten, wenn tunlich, als berechtigte Forderung erscheinen lassen. Der Fernsprecher ist ja zu Störungszeiten am nötigsten. Ist eine Führung am selben Gestänge unerläßlich, so soll bei gleichem Durchhang der Abstand zwischen den Stark- und Schwachstromleitungen bei Spannungen von 30—60 KV mindestens 1,8, besser 2,4 m betragen.

Über 80 km Länge ist Kupfer oder Aluminium für den Fernsprechdraht anstatt des 3 mm Eisendrahtes zu wählen. Alle Fernsprechanlagen sollten metallische Hin- und Rückleitung, isolierte Telephon-Standplätze und isolierte Telephon-Einrichtung mit einem genügend langen akustischen Zwischenstück besitzen.

Die Sicherheitsvorschriften des V. D. E. des Jahres 1906 bestimmen über den gegenseitigen Schutz benachbarter Leitungen folgendes. Bei parallelem Verlauf von Hochspannungs-Freileitungen mit anderen Leitungen sind sie so zu führen, oder es sind solche Vorkehrungen zu treffen, daß eine Berührung der beiden Arten von Leitungen miteinander erschwert und ungefährlich gemacht wird. Bei Kreuzungen mit anderen Leitungen sind Schutznetze oder Schutzdrähte zu verwenden, sofern nicht durch die Bauart des Gestänges auch im Falle eines Drahtbruches die gegenseitige Berührung ausgeschlossen ist. Wenn Niederspannungs-Leitungen an einem Hochspannungs-Gestänge geführt werden, so sind Vorrichtungen anzubringen, die bei Bruch der Leitungen oder Isolatoren eine Berührung der beiden Arten von Leitungen miteinander oder das Auftreten hoher Spannung in den Niederspannungs-Leitungen verhindern. Wenn Telephonleitungen an einem Hochspannungs-Gestänge geführt sind, so müssen die Telephonstationen so eingerichtet sein, daß eine Gefahr für die Sprechenden ausgeschlossen ist.

Bezüglich der Sicherung vorhandener Telephon- und Telegraphenleitungen gegen Hochspannungs-Leitungen wird auf das Telegraphengesetz vom 6. April 1892 und das Telegraphenwegegesetz vom 18. Dezember

1899 verwiesen. § 12 des ersteren lautet: Elektrische Anlagen sind, wenn eine Störung des Betriebes der einen Leitung durch die andere eingetreten oder zu befürchten ist, auf Kosten desjenigen Teiles, welcher durch eine spätere Anlage oder durch eine später eintretende Änderung seiner bestehenden Anlage diese Störung oder ihre Gefahr veranlaßt, nach Möglichkeit so auszuführen, daß sie sich nicht störend beeinflussen.

Die Wiener Sicherheitsvorschriften von 1899 bestimmen in § 29: Wenn Telephonleitungen an einem Starkstromgestänge geführt werden, so müssen die Telephonstationen so eingerichtet sein, daß eine Gefahr für den Sprechenden ausgeschlossen erscheint. Vor den Stationen sind Sicherungen einzuschalten. Die Telephonleitungen sind stets unter den Starkstromleitungen zu führen. Wenn Leitungen Betriebsspannungen über 300 V Wechselstrom oder 600 V Gleichstrom führen und an demselben Gestänge Leitungen mit Betriebsspannungen unter diesen Werten geführt werden sollen, so sind diese letzteren Leitungen gegen den Übertritt der höheren Spannung zu schützen. Wenn derartige Niederspannungsleitungen nicht ganz getrennt von den hohe Spannungen führenden Leitungen auf einer Seite des Gestänges geführt werden, so sind solche stets unter den Hochspannungsleitungen zu führen.

7. Tragbau der Luftleitungen.

Welchen Kräften hat nun der Tragbau zu widerstehen? Vor allem dem Gewicht und dem mechanischen Zug der Leiter. Bei Berechnung des Leiterdurchhanges wurden diese Kräfte bereits erörtert. In fortlaufender gerader Strecke heben sich die vom Leiterzuge hervorgebrachten wagrechten Kräfte ganz oder zum Teil auf, während sie an End- und Gefällspunkten sowie in Krümmungen hervortreten. Weiter hat der Träger gleichzeitig mit jenen Kräften auch noch innerhalb der gebotenen Sicherheit den Kräften, welche Wind und Wetter ausüben, standzuhalten. Diese sind in gerader Strecke bedeutend größer als jene, d. h. es ist bei ungerissenen Leitern hauptsächlich Gefahr, daß die stützenden Maste gegen die Seite und nicht in Richtung der Leitung versagen. Es muß daher die Tragsäule die neutrale Achse ihres größten Widerstandsmomentes gegen Biegung parallel zur Leitungsrichtung erhalten. Die Ermittlung der erforderlichen Ausmaße ist Aufgabe der Mechanik und Festigkeitslehre und kann hier übergangen werden. Man pflegt den Stoffen dort verschiedene Sicherheit, sagen wir bei Eisen eine fünffache und bei Holz eine zehnfache, zuzumessen, was eigentlich für Anlagen mit Teilen aus beiderlei Baustoffen zu einer sicheren Unsicherheit führt. Eine Leitungsanlage soll wohl in allen ihren Stücken die gleiche

Sicherheit ihres Bestandes aufweisen. Der Billigkeit und oft wegen der leichten Beschaffung sind hölzerne Säulen für Freileitungen am meisten in Verwendung. Hartes Holz mit gedrängten Fasern oder Holzarten mit Harzinhalt halten verhältnismäßig lange aus, während weiches Tannen- und Fichtenholz mit lockerem Zellengewebe schon in wenigen Jahren zugrunde geht. Schon ein halbes Jahr nach der Einbauung der Säule kann nach Havelik ein erfahrener Fachmann auf die Dauerhaftigkeit der rohen Säule schließen. Sie erscheint grün oder weiß. Die grüne Färbung rührt von Algen her, später treten Flechten und dann Moose auf. Diese Pflanzen entnehmen ihre Nahrung aus der Luft und schaden dem Holze nicht, sondern schützen es sogar. Solche Säulen werden mit der Zeit dunkelgrün und halten sich sehr gut. Die weiße Färbung rührt von Schimmelpilzen her, die vom Holze ihre Nahrung beziehen und es dadurch zerstören. Die Dauerhaftigkeit der Säulen hängt mit der Größe und Zahl der Feuchtigkeitsschwankungen des Bodens ab. Diese wieder sind vom Klima, von der Bodenbeschaffenheit, von der örtlichen Aufstellung in bezug auf die Himmelsrichtung (der Wetterseite) und von der Art der Einbauung beeinflußt. Der Feuchtigkeitsverlauf des Bodens hängt mit den Niederschlägen und der Temperatur zusammen. Die Lebensdauer in den warmen Gegenden ist bei gleichem Feuchtigkeitswechsel geringer als in den kälteren. Die Lebensbedingungen im nördlichen Tirol sind z. B. so gut, daß man dort nur rohe Säulen zu verwenden braucht. Im lockeren, wasserdurchlässigen Boden ist der Wechsel größer als im festen. Am besten bestehen sie im feuchten Tonboden, am wenigsten im humusreichen Boden, dann im Sand oder Kies. Die Flüssigkeitsmenge hängt von der Einbaulage ab; ob im Abhange oder am Damm die Wasserableitung erfolgt. Stangen in einer sehr warmen Gegend, die im Sumpfe ständig stehen, halten trotzdem lange aus. An Orten, wo die Erde leicht austrocknet, gehen sie rasch zugrunde.

Die Holzstämme sollen im Winter gefällt werden, weil der Säfteflußin der Wedelzeit geringer ist. Das Liegen im Walde soll wegen Ansteckungsgefahr beschränkt werden. Es empfiehlt sich nach Nußbaum, die Stämme unten zu ringeln, damit die Säfte in lotrechter Lage abfließen können.

Das Verfaulen der Maste wird durch die stickstoffhaltigen Säfte des Holzes verursacht. Ihr Auslaugen verbessert die Stämme, weswegen geflößtes Holz einen gewissen Vorzug verdient, obzwar es feuchter ist. Um vor Fäulnis zu bewahren, werden die Hölzer mit gärungswidrigen Stoffen durchtränkt. Das verbreitetste Tränkungsverfahren rührt von Boucherie 1841 her, der die Säulen in zur Wagrechten wenig geneigter Lage dem Flüssigkeitsdrucke einer Lösung von

Holzsäulen. 281

1,5 Gewichtsteilen Kupfervitriol auf 100 Teile Wasser aussetzte. Die Lebensdauer dieser Säulen stieg im Mittel auf 12—15 Jahre. Um das Eindringen des Füllstoffes zu erleichtern, wird bei anderen Verfahrungsweisen die Säule in einen luftdichten Kessel gebracht und heißen Wasserdämpfen ausgesetzt. Dann wird die Luft ausgepumpt, worauf die Tränkung im luftverdünnten Raum entweder mit Chlorzinklösung, nach Burnett 1838, oder mit kreosothaltigem Teeröl, dem Kreositieren, 1838 von Bethell, erfolgt. Die Lebensdauer bei ersterem Verfahren ist 8—12 Jahre, während für dieses doppelte Dauer bei viel größeren Kosten angegeben wird. 1832 hat schon Kyan eine Tränkung mit Quecksilberchlorid, das Kyanisieren, vollzogen. Es soll nach Gebr. Himmelsbach große Lebensdauer sichern. Hasselmann benutzte eine erste Lösung von schwefelsaurer Tonerde und Eisenvitriol, dann eine Chlorkalzium und Kalkmilch. Rütgers vereinigen das Burnettsche und Bethellsche Verfahren. Bei der elektrokapillaren Imprägnierung werden die Hölzer in einen Trog mit einer 20 proz. Magnesiumsulfatlösung gelegt, wobei ihr Eindringen unter Wechselstrom beschleunigt wird. Alle zubereiteten Stangen sollen abgetrocknet zur Verwendung gelangen, damit nicht durch Ausfließen der ätzenden und zum Teil giftigen Tränkungsmittel die Arbeiter oder Fremde bösartige Hautausschläge oder Augenentzündungen erleiden.

Zu Tragsäulen werden in Europa meistens die Kiefer, zuweilen die Fichte, Lärche und Rottanne, in Amerika vor allem die gelbe Zeder verwendet. Der Stamm soll geraden Wuchs, wenig Spaltstellen und Äste besitzen. Da dies bei der Eiche schwer zu finden ist, und man auf gutes Aussehen für Stadtgebiete zu sorgen hat, sie auch selten und sehr teuer wurde, so muß man von ihr trotz ihrer langen Dauerhaftigkeit meist absehen. Ihr zunächst kommt die Lärche, deren Aussehen besser entspricht. Nur auf dem Bergrücken langsam gewachsene Lärchen, deren Schnitt dichte rötliche Ringe aufweist, sind dauerhaft, während die im Tale mit weichem Holz gewachsene Wiesenlärche minderwertig ist. Als böse Eigentümlichkeit der Lärche sei noch deren öfters auftretende spiralförmige Längsverwindung erwähnt, die im Gebrauche zu Leitungsstörungen tatsächlich geführt hat.

Die Stangen sollen bei einer Höhe von 8 m mindestens 15 cm am Kopfende haben, und die Verstärkung nach der Länge soll ungefähr 1 cm auf den Meter betragen. Je nach der Bodenbeschaffenheit werden sie 1,5 bis 2 m versenkt. Gestänge aus Holz dürfen bei 10facher Sicherheit mit 70 kg/cm^2 auf Biegung beansprucht werden. Die Standfestigkeit der einfachen Säule wird an scharfen Punkten der Leitung verstärkt. So werden an Winkelpunkten die Säulen vor dem Drahtspannen ausgiebig verankert. Der Anker besteht aus zwei oder mehreren verzinkten Eisendrähten, die durch eingeschraubte Haken an der Stange einerseits, an einem in den Boden getriebenen Rundholz oder durch eine Steinpackung andererseits befestigt werden. Bei Hochspannung, d. i. über 300 Volt, schreiben die deutschen Sicherheits-Vorschriften die Einschaltung einer isolierenden Spannkugel vor. Ist die Verankerung mittelst Eisendraht in der Zugrichtung wegen örtlicher Verhältnisse unmöglich, so kann mittels einer **Holz- oder Eisenstrebe** gegen die Zugrichtung abgeholfen werden. Sie muß die Leitungssäule möglichst nahe dem Kopfende fassen. Sind viele Drähte aufzunehmen, so werden zwei Stangen im Winkel oder parallel zueinander gestellt und oft durch einen oder mehrere Querriegel verspreizt; man erhält dadurch **Doppelständer** oder Böcke und **Doppelgestänge**. Von dieser zweiteiligen Bauart sieht man, wenn irgend tunlich, ab, weil sie bedeutend teurer werden.

Die Holzsäulen werden an ihrer Spitze dachförmig zugeschnitten, oft mit einer Holz-, Pappleinwand- oder Blechbedeckung als Regenablauf versehen. Bei besseren Säulen entwickelt sich dieser **Säulenkopf** zu einer Kapitälverzierung, die aus Holz, Zinkblech, Gußeisen besteht. Werden Lichtleitungen auf Säulen der elektrischen Bahn geführt, so wird eine Masthaube oder Pfahlkappe mit einem Leitungsdraht an der Spitze gebildet, während an zwei seitlichen Armen weitere zwei Glocken Platz finden.

Gestatten die Verkehrsverhältnisse die Errichtung einer Leitungssäule auf der Straße nicht, so muß sie als **Wandgestänge** an den Häusern oder als **Dachgestänge** nach oben heraus verlegt werden. Die Höhe der Säule sichert in beiden Fällen, daß die unter Hochstrom befindlichen Leitungen bei Mauer- und Dachbodenarbeiten nicht berührt werden können. Niederspannungsleitungen dagegen können weit billiger an Wandauslegern von genügender Ausladung unmittelbar ohne hochragende Säule, Befestigung finden. Wohl beeinträchtigen solche Leitungen das Straßenbild weniger als auf Straßensäulen gesetzte, dafür aber muß man die Aufrollung der langwierigen Rechtsfrage zwischen öffentlicher Wohlfahrt und privatem Eigentumsrecht mit in den Kauf nehmen.

Knapp unter der Stelle, wo die Säule ins Erdreich eintritt, ist sie dem Feuchtigkeitswechsel am meisten ausgesetzt und geht am raschesten zugrunde. Dort ist aber gerade der gefährliche Querschnitt in der mechanischen Beanspruchung. Diesem Umstande gelten die verschiedensten, oft bedenklichen Behelfe, welche das Abklopfen und Anbohren der Säule zur Prüfung ihres Zustandes erschweren. Der Fuß wird nämlich mit Wellblech oder Faltenpappe umschlossen und die Zwischenräume mit Weißkalk oder dgl. erfüllt, dann mit Pech oder Lehm verstrichen. Dieses Verfahren ist von Siemens vielfach ausgeübt worden und neuerdings von Sprecher & Schuh, Aarau, wieder in einer Form für die

Schweiz patentiert worden. Das oberflächliche Anbrennen der Säule, welches durch das dabei entstehende Kreosot wirkt, sowie Anstriche mit Linoleum von Avenarius sind wie gute Hausmittel anzusehen. Ein gewaltsames Einspritzen von Blauvitriol in den angebohrten Fuß schadet aber gewiß, weil die Fasern zerrissen werden, ohne daß der fäulniswidrige Stoff aufgesaugt wird. Blech- oder Holzverschalungen, auch eiserne Kappen und Ringe, welche als Zierde an Holzsäulen oft gefordert werden, sowie dichte Anstriche sind wegen verminderter Belüftung schädlich. Maste mit Karbolineum halten besser; sie nehmen unmittelbar darauf keine Ölfarbe an. Erst nach Überwaschen mit Schellack, der in denaturiertem Spiritus aufgelöst wird, hält ein Neuanstrich. Holzsäulen pflegen auch von der Spitze aus zu faulen; aber besonders an Stellen, wo Eisenteile befestigt werden. Kupfer wirkt durch seine oligodynamischen Gifte dagegen. Der berühmte mit Kupfernägeln dicht beschlagene Fichtenstamm am Wiener Stephansplatze, der Stock im Eisen, hält seit Jahrhunderten. Neuerdings werden gegen die pneumatischen Imprägnierungsverfahren bloße oberflächliche Tränkungen mit Phenol, Naphthol usw. empfohlen. Nach der mehr lauten als beweisenden Behauptung von Malenković liegt das Wesentliche im sichern Fernhalten der Pilze aus der Luft nicht in der völligen Querschnitterfüllung. Ferner soll das Tränkungsmittel später unlöslich werden, damit seine Auslaugung verhindert werde.

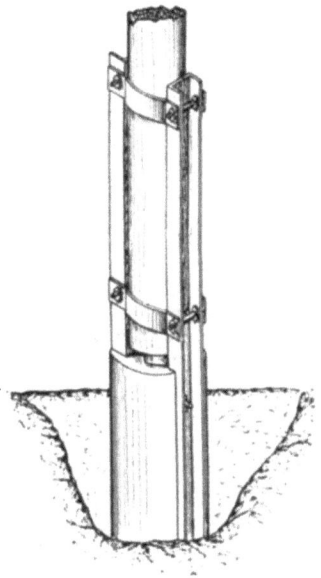

Fig. 236.

Am untern Ende verfaulte Holzsäulen werden ohne Abbindung der Leitungen durch Streben unterfangen, abgesägt, und mit neuen Füßen versehen. Hierzu kann man Eichenknüppelholz verwenden, welches nur an einem Ende vierkantig zugehauen wird. Auch Eisenbahnschwellen lassen sich zurichten. Die Holzsäule wird etwas eingeschnitten und mit dem ein- oder zweiteiligen Fußstück durch zwei durchgehende Schrauben mit Unterlagsscheiben oder besser umgreifenden Eisenbändern angestiftet. In vielen Fällen suchte man diese Mastfüße aus dauerhafteren Stoffen herzustellen. So wurden in Schweden Zementblöcke mit Eisenstäben zur Säulenverbindung angewendet. Statt des reinen Zementes nahm 1905 M. Kastler in Bendlikon einen armierten Betonblock, der in zwei

284 Leitungsbau.

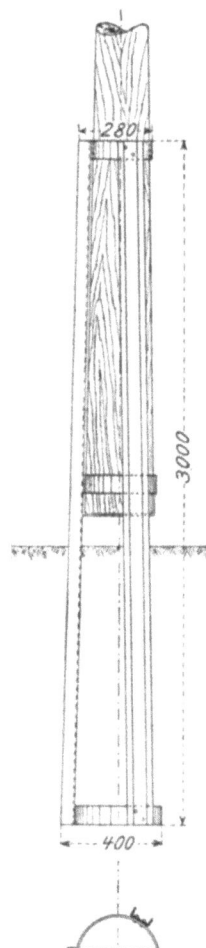

Fig. 237.

Längsnuten U-Eisen aufnimmt. Diese werden durch zwei Schraubenbolzen, Fig. 236, fest mit dem Sockel verbunden und ragen 70—90 cm nach oben hinaus. Zwischen den Eisen ruht die Holzstange, welche durch zwei Schellen gehalten wird. Das Stammende ruht auf einem kleinen Stein, um die Belüftung zu begünstigen. Statt des Fundamentblockes hat E. Gubler in Zürich-Enge 1906 ein eisernes Rohr mit Zement ausgefüllt und in sonst ganz gleicher Weise mit der Holzstange vereinigt. Schmiedeeiserne Körbe, welche die Säulen aufnehmen, sind in verschiedenen Formen in Gebrauch gekommen[1]). In Cuneo in Oberitalien hat die Mailänder Edison-Gesellschaft seit vielen Jahren die in den Fig. 237 ersichtliche Bauweise ausgeführt. Für stark beanspruchte Ecksäulen kann die von K. v. Kandó herrührende Bauweise aus alten Schienen, Fig. 238, hervorgehoben werden, während in laufender Strecke ein schwacher Gitterkorb wie in Fig. 239 gebraucht werden kann.

Die Fortschritte im Eisenbeton haben sich in den letzten Jahren auch bei der Säulenfrage gezeigt. Alte von Dampfkesseln herrührende Siederöhren werden nach Pittel in Weißenbach a. d. Triesting durch Rohrstücke zusammengekoppelt, mit zähflüssigem Zement umgeben, in dem der Länge nach Eisendrähte liegen. Poschenrieder[2]) hat einen Mast von 6 m Höhe, einer Zopfstärke von 150 auf 150, in 1,2 m Bodenhöhe 205 auf 205 mm bei einer Belastung von 380 kg eine Durchbiegung von 160, davon 12 mm verbleibend, gefunden. Der Transport solcher Maste, wie aller aus Betoneisen hergestellten, ist heikel, umständlich und teuer.

Ing. G. A. Porcheddu in Turin hat 1903 nach dem System Hennebique Säulen ausgeführt. Eiserne Längsstangen, die mit dünnen Querdrähten verbunden sind, werden in Kästen auf dem Aufstellungsplatze in Teilstücken aus Beton hergestellt und zu Säulen geformt. Sigwart setzt am Umfange eines eisernen Blechkernes, der später entfernt wird, stählerne Längs- und Querdrähte und wickelt dann mit einer Maschine die

---

[1]) Herzog-Feldmann, Zeitschr. Ver. dtsch. Jngenieure 1901 S. 666.
[2]) Bau und Instandhaltung der Oberleitungen elektrischer Bahnen, S. 27. 1897.

Mastfüße.

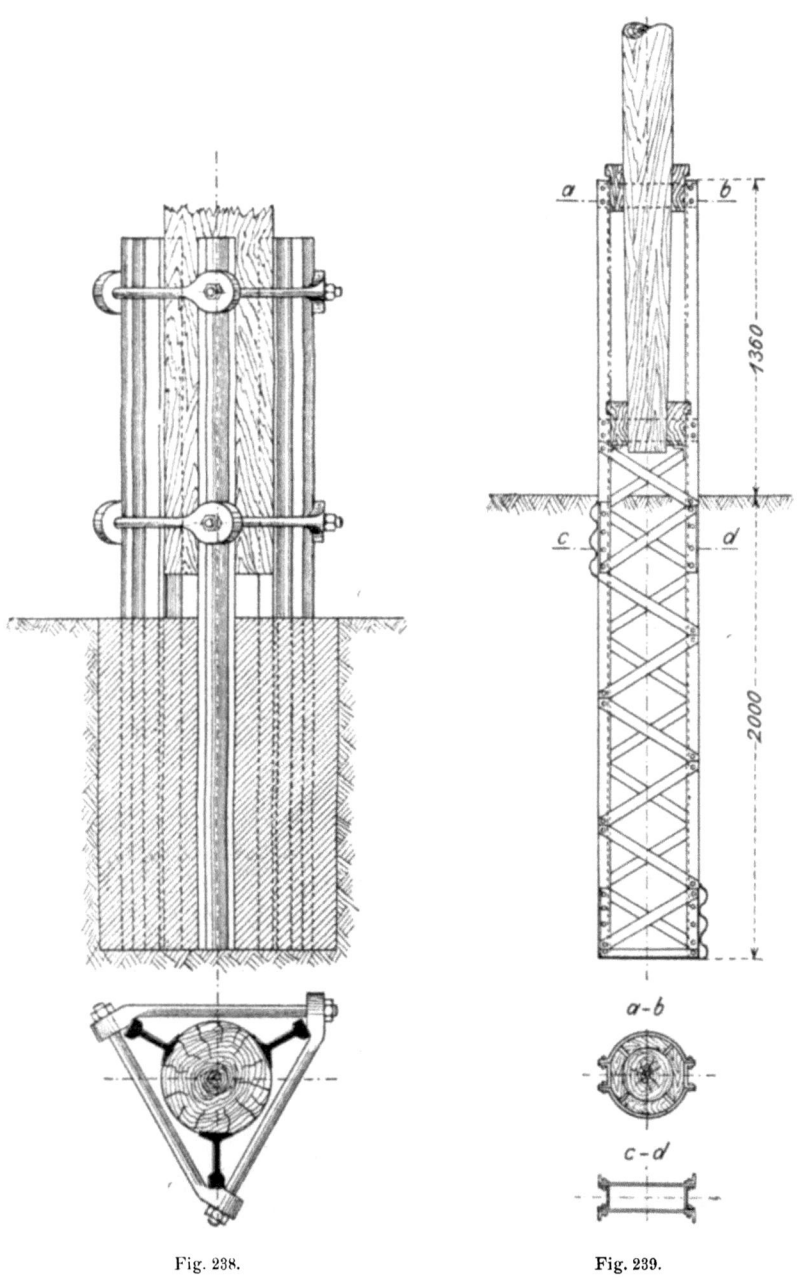

Fig. 238. Fig. 239.

Zementmasse in spiraligem Bande auf. Solche Säulen hat das Elektrizitätswerk Zürich in Verwendung. Ein Mast von 6 m freier Länge, mit einem unteren Durchmesser von 410, einem oberen von 270, einer Zementstärke von 30 mm und einer Eisenbewehrung aus 33 Flußeisenrundstäben von 7 mm Durchmesser ist für einen zulässigen wagrechten Zug von 236 kg bestimmt. Bei der Probe ergab es sich, daß sein Bruch bei 1300 kg durch Überwindung der Betonfestigkeit und Ausknickung der Eisenstäbe eintrat. Bei der Betondruckspannung von 0,3 kg/mm² und der Eisenzugspannung von 12 kg/mm² führt dies zu einer 5,5fachen Sicherheit. Solche Säulen müssen Zeit zum Erhärten haben. Für die Befestigung von Querarmen oder einzelner Glockenträger muß man schon bei ihrer Herstellung sorgen, weil die nachträglichen Behelfe oft umständlich und schädlich werden. Die Säulen erhalten oft nach der Länge spiralförmig gewundene Eisendrähte, welche die lotrechten Stäbe verbinden. Ihr Säulenfuß kann hohl sein.

Joh. Plachetka und K. Havelik in Prerau haben 1904 gleichfalls mehrteilige Säulen aus eisengewappnetem Kunststein hergestellt. Die hohen Gewichte haben ihre Verbreitung verhindert.

Ein Zwitterding bilden hölzerne Säulen, die mit Eisendraht spiralig umwunden werden und mit einer zusammenhängenden Zementhülle umgeben werden. Auf die Weise wurde nach Bourgeat die 36 km lange Fernleitung von Livet nach Grenoble und noch einige andre 1903 ausgeführt. Ebenso tat dies bei einigen Strecken M. Kastler in der Schweiz. Die Holzsäulen wurden dabei an dem Verwendungsorte in wagrechten Holzformen eingelegt und mit Zement umgossen.

Wir lassen die Vorschriften über die Herstellung und Unterhaltung von Holzgestängen für elektrische Starkstromanlagen folgen, welche der Verein Deutscher Elektrotechniker und die Vereinigung d. El. Werke 1903 erließen.

Stangen mit geringerer Zopfstärke als 15 cm sind nur für Niederspannung bis 250 V gegen Erde zulässig. Stangen für Hochspannung müssen mindestens 18 cm Zopfstärke haben.

Die Stangen sind je nach der Bodengattung und Länge entsprechend tief einzugraben (im mittleren Boden je nach ihrer Länge auf eine Tiefe von in der Regel mindestens 1,5 bis 2,5 m), gut zu verrammen (im weichen Boden einzubetonieren) und in allen Winkelpunkten zu verstärken, zu verankern oder zu verstreben. Wenn für die Aufstellung der Leitungstragstangen die Wahl der Straßenseite frei steht, so empfiehlt sich die Benutzung der Ostseite, weil dann die eventuell durch den am häufigsten auftretenden Weststurm umgeworfenen Stangen nicht auf die Straße fallen.

Bei Leitungen, welche heftigen Stürmen ausgesetzt sind, soll auch in geraden Strecken jede fünfte Stange mit Verankerungen derart versehen werden, daß ein Auffallen der Stangen auf die Verkehrswege infolge von Stangenbrüchen möglichst ausgeschlossen wird.

An den Stangen muß bezeichnet sein: das Jahr der Aufstellung, die fortlaufende Nummer, die Art der Imprägnierung.

Für gerade Strecken dürfen nachfolgende Mastabstände nicht überschritten werden:

Für Linien mit einem Gesamtquerschnitt der Leitungsdrähte und Schutzdrähte

a) von 100—200 mm² 45 m,
b) von 200—200 mm² 40 m,
c) darüber 35 m.

In Kurven, bei Kreuzungen mit anderen elektrischen Leitungen, mit Eisenbahnen und bei Wegüberführungen müssen die Stangenabstände, den Umständen entsprechend, geringer gewählt werden.

An Straßen- und Wegübergängen muß bei Hochspannungsleitungen auf jeder Seite der Straße eine Stange stehen, deren Umfallen auf die Straße durch Verstärkung der Verankerung oder Verstrebung möglichst zu verhindern ist. Ist der Gesamtquerschnitt der Leitungen größer als 300 mm², oder muß infolge besonderer Umstände, wie z. B. bei Flußübergängen, zu größeren Stangenabständen, als oben angegeben, gegriffen werden, so sind entweder Stangen von stärkeren Abmessungen oder gekuppelte Stangen anzuwenden.

Gußeisen eignet sich wegen seiner geringen Zugfestigkeit zu Tragsäulen nicht. Schmiedeeisen wird dagegen in allen Formen bei 5facher Sicherheit je mit 8—10 kg/mm² beansprucht. In manchen Fällen wird eine Vereinigung beider am Platze sein, indem der Säulenschaft aus Schmiedeeisen, der Fuß wegen seiner Widerstandsfähigkeit im Boden aus Gußeisen hergestellt wird. Loir hat 1872 Säulen aus aufeinandergelegte und verschraubte Zorés-Eisen empfohlen. Später entwickelten sich die schmiedeeisernen Röhren.

Die Rohrmaste bestehen aus flußeisernen oder stählernen Röhren von 100—400 mm Durchmesser bis zu 8 m Länge. Die hauptsächlichsten Bauarten sind folgende: Rohrmaste mit geschweißter Längsnaht; die schmiedeeisernen weisen eine Festigkeit von 35—40 kg/mm² bei einer Dehnung von 30—25 % auf, während die flußeisernen geschweißten Rohre bis zu 45 kg/mm² zulassen. Die Naht gestattet 90 % Festigkeit des vollen Bleches. Ferner Rohrmaste aus spiralgeschweißten Rohren und Mannesmann-Rohrmaste. Letztere sind außen, nicht aber innen genau rund. Im Durchmesser weichen sie um 1—2, in der Wandstärke um 0,5—1,5 mm ab. Ihre Bruchfestigkeit beträgt 50—60 kg/cm² bei einer Dehnung von 20—15 %. Schwächere sind in zwei oder drei Absätzen nach oben verjüngt in einem Stücke gewalzt. Die stärkeren werden

288 Leitungsbau.

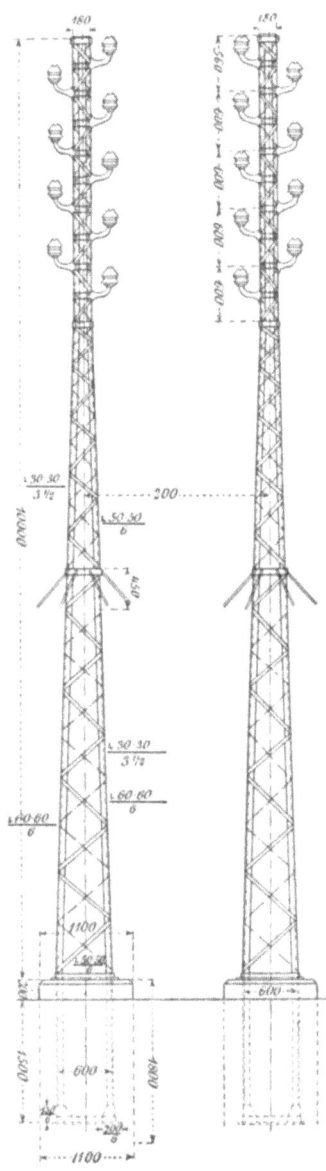

Fig. 240.

aus übergreifenden Teilen zusammengesetzt. Diese Verbindung geschieht entweder durch heißes Aufziehen, durch wellenartiges Überpressen oder durch Schrumpfringe u. dgl.

Rohrmaste nach dem Ehrhardtschen Verfahren werden bis zu 3 m Länge und 240 mm lichter Weite angefertigt.

Maste der Duisburger Eisen- und Stahlwerke aus nahtlosen Röhren mit Längsrippen vertragen 40—50 kg/mm² bei 20—30 % Dehnung und sind bis 10 m Länge von 105 bis 225 mm lichter Weite bei 4 bis 10 mm Wandstärke zu haben. Die Zugrichtung soll bei diesen nahtlosen Röhren mit der Richtung ihrer Längsrippen zusammenfallen, was bei ihrer Aufstellung zu beachten ist.

Stützen aus gewalzten T- und Doppel-T-Trägern sind in einfachen Fällen vielfach verwendet worden. Mit dem Fortschritte der Eisentechnik traten die Gitterträger auf. L-, T- und U-Eisen wurden zu Gitterträgern in den mannigfachsten Bauweisen verarbeitet.

Als Beispiel seien in Fig. 240 die Leitungsmaste der 12000 voltigen Anlage Paderno—Mailand von der Societá Edison 1898 angeführt. Sie tragen 6 Dreiphasenleitungen zu je drei Drähten von 9 mm Durchmesser. Die Drähte gleichschenkeliger Dreiecke von 60 cm Seite. Die 6 Linien werden zu je drei von zwei parallelen 2 m voneinander entfernten Masten aus Profileisen getragen. Die Entfernung der Maste in der Leitungsrichtung beträgt durchschnittlich 60 m; ihre ganze Höhe über dem Boden 10 m.

Bei der 20000 V-Linie Clermont-Ferrand 1902 sind zwecks Verminderung der Kosten für Grunderwerb schwerere Maste mit viereckigem

Gitterträger. 289

Rahmenaufsatz für die zwei Leitungsstränge aus je drei 8 mm Hart-Kupferdrähten verwendet worden, Fig. 241. Die normalen Maste für 100 m Spannweite und Winkel in der Leitungslinie über 170⁰ wiegen

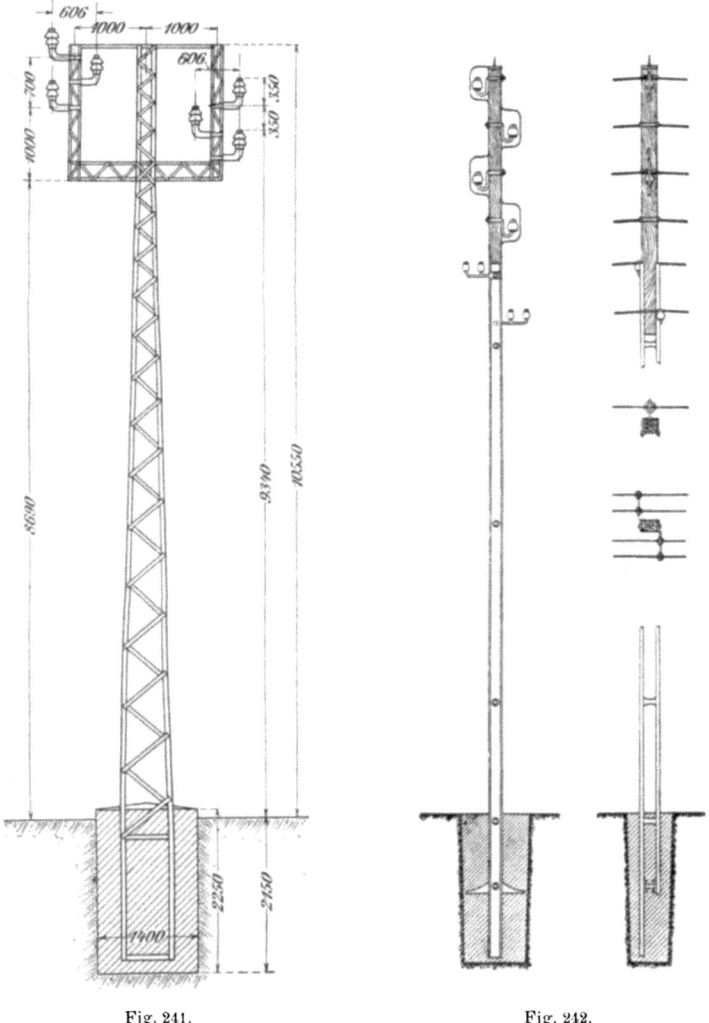

Fig. 241.   Fig. 242.

bei 10,55 m Länge über dem Boden 800 kg, die Eckmaste sind schwerer. Die Spannweiten liegen zwischen 35 und äußerst 155 m, in der Mehrheit jedoch zwischen 90 und 110 m. Die Kupferdrähte sind mit höchstens 10 kg/mm² beansprucht, ihr Durchhang ist bei —15⁰ und mit Reif-

Herzog-Feldmann, Handbuch. 3. Aufl.   19

belastung 1,77 m, bei höchster Temperatur 2,63 m; ihre Höhe über dem Boden mindestens 6,5 m. Ähnliche Gittermaste mit Rahmenaufsatz für zwei Leitungsstränge haben Brown, Boveri & Co. 1900 beim Kanderwerk in der Schweiz verwendet. Die Seiten des Rahmens bestehen hier aus imprägniertem Holz. Solche Ergänzungen von Eisenkonstruktionen durch Holz waren bereits 1898 auf der 5000voltigen Linie Tivoli—Rom verwendet worden, Fig. 242; ihr Unterteil bestand aus zwei 9 m hohen, durch gußeiserne Querstücke in 16 cm Seitenabstand voneinander gehaltenen T-Eisen, die am Fußende mit gußeiserner Querplatte einbetoniert waren und am oberen Ende einen 3,2 m langen Eichenbalken 16 . 20 cm 0,9 m weit umfaßten. Derartige Verwendung von Holz findet sich noch bis in die neueste Zeit; sie wird aber mit der fortgeschrittenen Entwickelung der Glocken- und besonders der umkleideten Bolzen verschwinden.

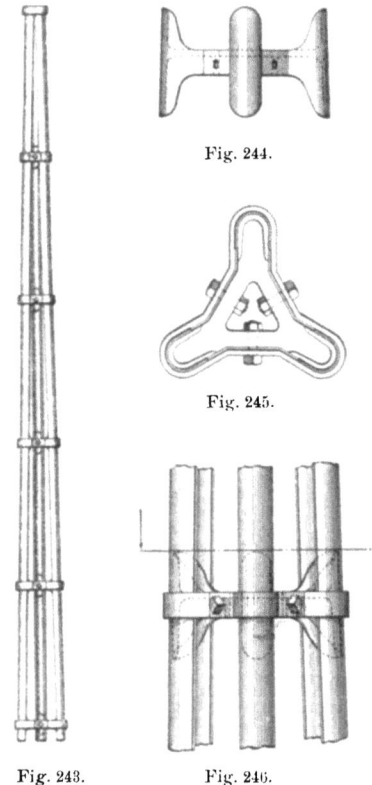

Fig. 244.

Fig. 245.

Fig. 243.   Fig. 246.

Seit 1899 werden nach dem Verfahren der Electric Tripartite Steel Pole Company, New-York, dreifüßige Stahlmaste aus T- oder V-förmigen Walzstücken hergestellt, die durch Stahlkeile und gußeiserne Zwischenstücke und Sockel verbunden werden (Fig. 243—246). Ähnliche Maste der Franklin Rolling Mill and Foundry Co. in Franklin, Pa, mit 12 m Höhe und 80—90 m Spannweite sind 1905 in Kalifornien verwendet worden. Stärker belastete Eckmaste werden durch ein Spannwerk verankert. Der Hauptvorzug dieser Maste, die hölzerne oder eiserne Querarme erhalten, ist ihre Zusammenstellbarkeit am Ort der Verwendung. Solche Ständer werden auch vielfach aus Gasröhren aufgebaut. So haben Brown, Boveri & Co. bei der Anlage am Simplon zwei- und dreifüßige Gasrohrständer verwendet.

Das Wasserkraftwerk Caffaro hat für 50—60 m Spannweite dreifüßige Maste (Fig. 247, 248) aus Stahlröhren, die durch Brillen zusammengehalten werden. Die zwei Leitungsstränge bilden gegenein-

Zerlegbare Maste. 291

ander versetzte gleichseitige Dreiecke von 1,2 m Seitenlänge. Solche drei- und vierfüßigen Maste aus Stahlröhren wurden in Amerika seit 1904 auf Grund der an Windradtürmen gemachten Erfahrungen mehrfach verwendet, zum Teil auch von der Airmotor Co., Chicago, geliefert. Das Gewicht dieser 12—18 m hohen Maste beträgt 1000—2000 kg, der höchste zulässige Zug an der Mastspitze 2000—4000 kg, der Preis etwa 30 bis 50 Pf/kg. Ecktürme, die seitlichem Zug ausgesetzt sind, werden besonders verspannt. Fig. 249 stellt einen 18 m hohen Turm von 1350 kg Gewicht zur Aufnahme von 3 Leitungen bei einem Flußübergang dar, Fig. 250 gibt einen für zwei Leitungen und einen höchsten Zug von 3600 kg bestimmten vierfüßigen Doppelturmmast von 1900 kg Gewicht der Hudson River Electric Power Company wieder.

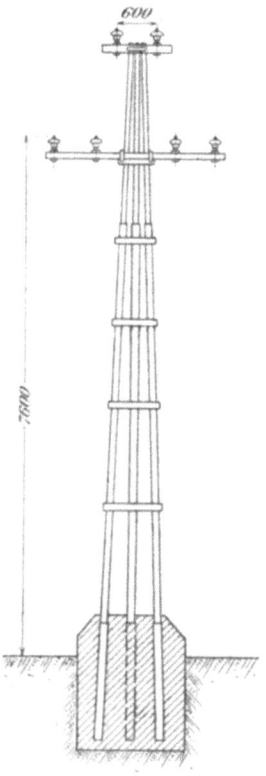

Fig. 251 stellt einen normalen 12 m hohen Turm, der von der General Electric Co. 1905 erbauten 60000 V Linie Niagara—Toronto dar. Zwei Mastreihen mit 14,5 m Achsenabstand tragen je zwei dreidrähtige Leitungsstränge. Die Spannweite ist im Mittel 120 m, in Kurven nur 85 m. Die Maste wiegen 1070 kg und können 4500 kg Zug ohne Schaden noch aushalten. Ähnliche Türme sind für mittlere Spannweiten von 150 m und höchste von 360 m in Gebrauch gekommen. Bei dem 1906 ausgearbeiteten Projekt für die Drehstrom-Fernanlage am Rand in Südafrika zur Übertragung von anfänglich 20000 PS auf 640 km, schließlich 50000 PS auf 1000 km sind von der Allgemeinen Elektrizitäts-Gellschaft Ständerweiten von 300 m angenommen worden.

Fig. 248.

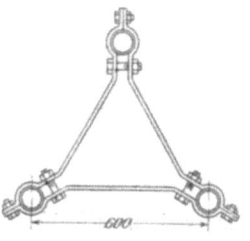

Fig. 247.

Wenn bei einem Gestänge einer oder mehrere Drähse reißen, pflanzt sich die Erhöhung der Mastspannung mit allmählich abnehmenden Ausbiegungen der Maste bis zum nächsten steif verankerten nach beiden Seiten der Rißstelle fort. Die Mastbeanspruchung wäre also beim Bruch aller Drähte um so kleiner, je elastischer die Maste

292 Leitungsbau.

in Richtung der Leitung sind. Senkrecht zu dieser Richtung müssen sie mit Rücksicht auf Winddruck steif sein.

Durch Anwendung dieser alten Überlegung hat man neuerdings unter gleichzeitiger Verringerung des Gewichts der eisernen Maste die

Fig. 249.

Spannweiten allmählich von 30 auf 120 m und darüber vergrößert. Solche Weitmaste sind zuerst in Brembo, dann auf der Linie Mailand-Vigevano angewendet worden. Diese Maste wiegen 610 kg bei 110 m Spannweite und 12 m Höhe, Fig. 252. Die Seitenansicht bezieht sich auf einen 12 m hohen Mast, die Vorderansicht auf einen 10 m hohen. Der vergrößerte Grundriß zeigt die Befestigung der Bolzenträger. Die

Weitmaste. 293

Maste in Brembo wiegen 420 kg und können sich bei rund 10 m Isolatorhöhe um 40 cm durchbiegen, wobei eine Beanspruchung der Mastteile von 25 kg/mm² auftritt. Beim Bruche aller Drähte würden diese Maste nur mit der Hälfte jenes Zuges beansprucht, der sich bei völlig steifen Masten ergäbe. Die Allgemeine Elektrizitäts-Gesellschaft plante z. B. etwa alle km einen standfesten Mast von 1300 kg Gewicht, während alle Zwischenmaste in 120 m Abstand elastisch in Richtung der Linie sind und etwa die Hälfte wiegen.

Die Beanspruchung einer Mastreihe läßt sich nach Hawthorn und Morton ermitteln. Man braucht nur die Änderung des wagrechten Zuges mit der Spannweite $dp/da = m$ und die Durchbiegung der Mastspitze $x = p/c$ zu kennen. Der Faktor c wird durch Versuche oder rechnerisch ermittelt; m läßt sich auf folgende Weise berechnen. Vernachlässigt man die elastische Veränderung in der Länge der Seillinie $L =$

$$a + \frac{a^3 \xi^2}{24 \, p^2},$$ also $dL = 0$ so folgt

$$dp = \left(-\frac{12 \, p^3}{a^3 \, \xi^2} + \frac{3}{2} \frac{p}{a}\right) da,$$ oder wenn

man $\dfrac{p}{a} = \dfrac{a\,\xi}{8\,f} = \dfrac{n\,\xi}{8}$ setzt, $dp =$

$\dfrac{3}{16}\left(\dfrac{n^3}{8} + n\right) da = m\,.\,da$. Zählt man nun vom Festmast an bis zur Bruchstelle, so sind die wagrechten Zugkräfte in den einzelnen Abschnitten beim Bruche aller Drähte gleich dem ursprünglichen, vermindert um den Betrag, der dem elastischen Nachgeben entspricht; und der Unterschied zweier aufeinander folgender Züge ist gleich c-mal der Ablenkung. Es ist also

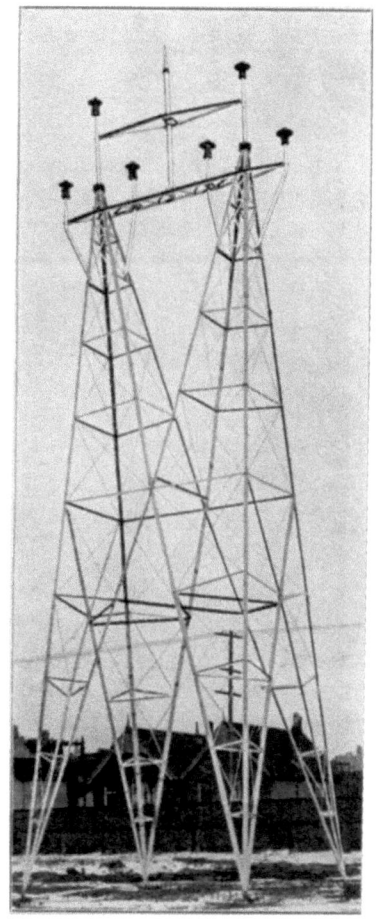

Fig. 250.

$p_{0,1} = p - m\,x_1$ und ferner $p_{0,1} - p_{1,2} = c\,x_1$
$p_{1,2} = p - m\,(x_2 - x_1)$ . . . . $p_{1,2} - p_{2,3} = c\,x_2$
. . . .
$p_{(n-1),n} = p - m\,(x_n - x_{n-1})$ $p_{n-1} = c\,x_n$.

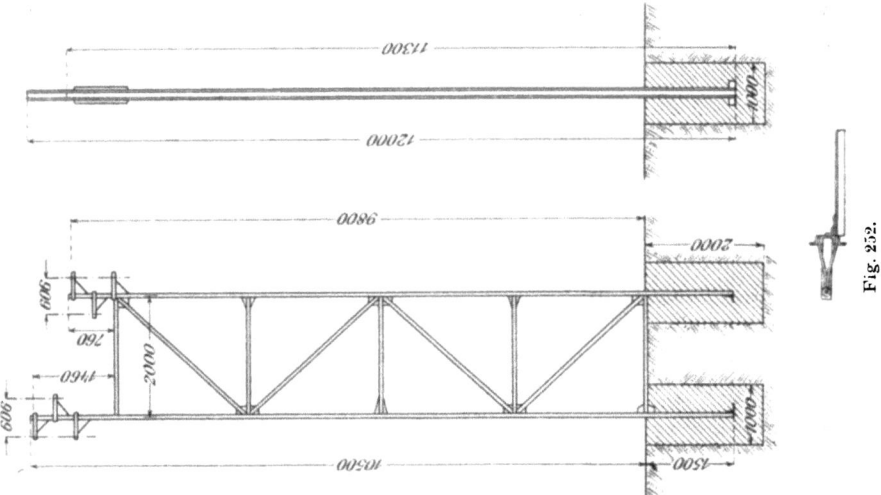

Fig. 252.

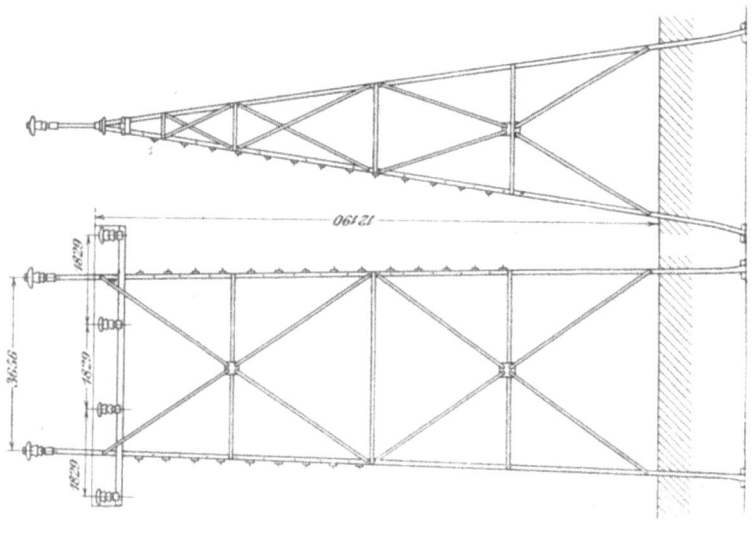

Fig. 251.

Elastizität der Maste.

Bildet man aus dem ersten Gleichungssystem die Unterschiede der Spannungen und setzt sie in das zweite ein, so erhält man n neue Gleichungen für die Ablenkungen:

$$x_2 - A x_1 = 0$$
$$x_3 - A x_2 + x_1 = 0$$
$$\cdots\cdots\cdots\cdots\cdots$$
$$x_n - A x_{n-1} + x_{n-2} = 0 \quad \text{und}$$
$$(A-1) x_n - x_{n-1} = B,$$

worin zur Abkürzung $A = 2 - \dfrac{c}{m}$ $\quad B = \dfrac{p}{m}$ gesetzt ist.

Die ersten $(n-1)$ Gleichungen bestimmen das Verhältnis der Ablenkungen, das unabhängig von der Bruchstelle regelmäßig abnimmt,

$$\frac{x_2}{x_1} = A; \quad \frac{x_3}{x_2} = A - \frac{x_1}{x_2} = A - \frac{1}{A}; \quad \frac{x_4}{x_3} = A - \frac{1}{A - \dfrac{1}{A}} \cdots$$

und, da $A > 2$ und $\dfrac{x_r}{x_{r-1}} > 1$, sich dem Grenzwert $z = A - \dfrac{1}{A}$ oder $z = \frac{1}{2}(A + \sqrt{A^2 - 4})$ nähert.

Die letzte Gleichung $x_n \left[(A-1) - \dfrac{x_{n-1}}{x_n} \right] = B$ bestimmt die größte Ablenkung an den beiden der Bruchstelle nächsten Masten. Setzt man für x_{n-1}/x_n den obigen Grenzwert z ein, so folgt

$$x_n = \frac{B}{(A-1) - \dfrac{1}{2}(A + \sqrt{A^2 - 4})} = \frac{2B}{A - 2 + \sqrt{A^2 - 4}}.$$

Wenn noch der ursprüngliche Zug p an der Bruchstelle wirkte, hätte bei Annahme von Proportionalität $x_n' = x_n' x = p/c = B/(A-2)$ sein müssen. Durch die elastischen Maste ist also die Ausbiegung im Verhältnis

$$\frac{x_n}{x_n'} = \frac{2}{1 + \sqrt{\dfrac{A+2}{A-2}}}$$

verkleinert worden.

Ein Zahlenbeispiel möge zur Erläuterung dienen. An Masten in $a = 100$ m Abstand seien 6 Kabel von 70 mm² Querschnitt gespannt. Für jeden Draht sei $\xi = 0{,}625$ kg/m, $p = 450$ kg. Durch Versuche wurde ermittelt, daß sich die Maste um 10 cm bei 360 kg ausbiegen. Dann ist

$$c = \frac{360}{0{,}1} = 3600; \quad \frac{a^2\,\xi}{8\,p} = \frac{100^2 \cdot 0{,}625 \cdot 6}{8 \cdot 6 \cdot 450} = 1{,}74 \text{ m} = 1{,}74\,^0/_0;$$

ferner

$$n = \frac{100}{1{,}74} = 57{,}5; \quad m = 16700; \quad A = 2 + \frac{3600}{16700} = 2{,}216;$$

$$B = \frac{2700}{16700} = 0{,}162.$$

Der Grenzwert z der Verhältnisse der Ablenkungen ist also 1,608, die größte Ablenkung $x_n = 0{,}272$ m. Mit steifen Masten wäre $x_n' = 2700 : 3600 = 0{,}75$ m gewesen, falls noch Proportionalität bestünde. Die elastischen Maste haben also die Ausbiegung im Verhältnis

$$\frac{2}{1 + \sqrt{\frac{A+2}{A-2}}} = \frac{2}{5{,}45} = \frac{1}{2{,}725}$$

verkleinert.

Es wird nur in den seltensten Fällen vorkommen, daß alle Drähte gleichzeitig reißen. Bricht nur ein Teil der Drähte, und heißt s das Verhältnis der übrig gebliebenen zu den ursprünglich vorhandenen, so wird in genügender Entfernung von den Endmasten die größte Ablenkung rechts und links von der Bruchstelle $x' = \dfrac{2\,B\,(1-s)}{A - 2 + 4\,s + \sqrt{A^2 - 4}}$ sein.

Im Beispiel für zwei gerissene Drähte von sechsen, also $s = {}^2/_3$ und

$$x' = \frac{2 \cdot 0{,}162 \cdot (1 - {}^2/_3)}{2{,}216 - 2 + {}^8/_3 + \sqrt{2{,}216^2 - 4}} = 0{,}028 \text{ m},$$

also kaum $^1/_{10}$ des früheren Wertes. Für verschiedene Bruchstellen bei gleichzeitigem Bruch aller Drähte gibt folgende Zahlentafel die Ausbiegung in cm.

Bruch am Mast	Ausbiegung in cm am Mast						
	1	2	3	4	5	6	7
1	12,9						
2	9,4	21					
3	6,3	14	24,2				
4	4,3	9,0	16	26,2			
5	2,7	5,8	10,2	16,8	26,6		
6	1,6	3,5	6,6	10,5	17,2	26,9	
7	1,2	2,3	4,3	6,6	11,0	17,2	27,1

Gründung der Maste. 297

Die größten Ausbiegungen wären

bei 1 gebrochenem Draht   1,2 cm
-   2 gebrochenen Drähten 2,8 -
-   3   -   -   5,0 -
-   4   -   -   8,4 -
-   5   -   -   14,3 -
-   6   -   -   27,2 -

Die Elastizität der Drähte selbst erhöht den Wert für A um 3, für B um 25 % und ergibt als größten Wert der Ablenkung an der Mastspitze beim Bruch aller Drähte 29,4 statt 27,2 cm.

Bei standfestem Boden genügt es in der Regel, den eisernen Mast mit oder ohne eiserne Fußplatte entsprechend seiner Länge 1,5—2,5 m tief einzusetzen. Auf schlechtem Boden wird die Gründung durch Sockel aus Ziegeln, Bruchsteinen oder Beton, in welche Steinschrauben oder durchgehende Ankerbolzen reichen, besorgt. In wasserhaltigem, läufigem Boden können einzelne tiefgehende Löcher durch einen mehrteiligen Rammkern eingetrieben werden. Nach seiner Herausziehung wird die Höhlung mit Zementbeton ausgestampft, in welchem die Eisenbolzen zur Aufnahme des Säulenfußes ruhen. Statt solcher Raymondpfähle sind auch andre Gründungsweisen, namentlich in Amerika, dem zeitkargen Lande, in Aufnahme gekommen.

Bei allen Röhrenformen ist es erforderlich, das Eindringen von Wasser zu verhüten, und bei allen stählernen schmiedeisernen Bauarten ist ein dauerhafter Überzug oder Anstrich, der oft erneuert werden muß, Bedingung gegen Rostbildung. Die zuletzt beschriebenen amerikanischen Rohr- und Turmmaste sind galvanisch verzinkt; auf ihre Lebensdauer läßt sich heute nur von den Windmühltürmen schließen, die nach 10—15 Jahren in gutem Zustande verblieben. In Europa werden eiserne Masten meistens vom Werk aus ein- oder zweimal mit Minium grundiert angeliefert. Nach der Aufstellung werden sie geputzt, nachgrundiert und mit Ölfarbe gestrichen. Die Erneuerung des Anstriches alle 4—5 Jahre wird unter günstigen Umständen den Mast vor Rost bewahren. An Stelle des Minium- und Ölfarbenanstrichs werden auch Rostschutzmittel verwendet, so die Bessemerfarbe, die Schuppenpanzerfarbe usw. Freileitungen müssen nach den Vorschriften des V. D. E. für Niederspannung mindestens 5 m, für Hochspannung mit ihren tiefsten Punkten mindestens 6 m, bei Wegübergängen mindestens 7 m von der Erde entfernt sein. Die vorzuschreibende Höhe ist dadurch nach oben begrenzt, daß höhere Maste dem Windbruch stärker ausgesetzt sind. In Ortschaften bei Wegübergängen müssen im Falle eines Drahtbruchs die herabhängenden Enden mindestens 3 m vom Erdboden entfernt bleiben oder durch besondere Vorrichtungen spannungslos gemacht werden.

298 Leitungsbau.

Die mechanischen Verhältnisse der Frei- oder Hochleitungen sind nun im vorhergehenden erläutert worden. Die Gleichungen über Spannweite und Durchhang sowie über die wirkenden Kräfte müssen durch die Gleichungen der Festigkeitslehre über die Biegung eines Trägers als Abhängige von seinen Abmessungen ergänzt werden und beide müssen sich in der Formel für die kleinsten Kosten des Trägers zusammenfinden. Aber zwischen der geringen Anzahl von ganz willkürlichen Größen und der beschränkten Zahl von innerhalb mäßiger Grenzen veränderlichen Größen wird es dem Ingenieure wie immer gehen: er wird auf Grund der eigenen und fremden Erfahrung die Kosten einzeln nach Annahmen berechnen und stufenweise dem gesuchten kleinsten Kostenaufwand näherrücken können.

B. Leitungen für Innenräume.

Isolierte Leitungen.

Wird der elektrische Leiter seiner ganzen Länge nach mit einer isolierenden Hülle versehen, so bezeichnet man ihn im Gegensatze zum blanken als isolierten Leiter. Die isolierten Leitungen verlieren ihren Isolationswiderstand entweder schon bei mäßiger Feuchtigkeit oder sie bewahren ihn, selbst im Wasser liegend, dauernd. Diese werden daher oft als beständiges Leitungsmaterial bezeichnet. Beide Gruppen kommen für Installationen von Leitungen außerhalb des Erdbodens, und zwar für Innenräume, selten fürs Freie in Verwendung, während die zweite, welche im dritten Abschnitt dieses Kapitels behandelt wird, namentlich für versenkte Verlegung in Wasser oder Erde bestimmt ist.

Die isolierende Hülle der Leitungen setzt sich aus mehreren Lagen des Isolierstoffes zusammen, um bessere Isolation, genügende Biegsamkeit des Drahtes oder Kabels zu erzielen. Für elektrische Apparate und Maschinen werden die Kupferdrähte mit 2—4 fachen Lagen von Seide, Zwirn oder Baumwolle umsponnen. Aufeinanderfolgende Lagen werden in entgegengesetzter Richtung aufgewickelt. Mit Baumwolle besponnene Drähte in Wachs getränkt werden nur für Schwachstrom verwendet, während für trockene Räume die Drähte zuerst mehrfach mit Baumwolle, dann mit Leinenzwirn oder auch mit gezwirnter Wolle oder sogenanntem Eisengarn umflochten werden. Diese wasseraufsaugenden Schichten werden mit Asphalt, Teer, Mennige, Bleiweiß u. a. getränkt. Die Verwendung derartiger, gewöhnlich isolierter Drähte, ist nach den bezüglichen Normalien sowohl in Deutschland, Österreich als der Schweiz

Isolierte Leitungen. 299

auf trockene Räume beschränkt. Sie müssen wie blanke Leiter behandelt werden. In den Kinderjahren der Installationstechnik legte man großen Wert auf die Unverbrennlichkeit der Isolierung und durchsetzte die Umspinnung mit feuerbeständigen Stoffen, wie Kreide u. a. Reiner Asbest wird nur für kurze Leitungsstücke in besonderen Fällen verwendet, wo die Leitung höherer Temperatur von außen her ausgesetzt wird, z. B. für eine Glühlampe, die zum Hineinleuchten in einen Backofen dient. Die früher verwendeten sogenannten Asbestdrähte waren meist brennbar, und ihre spröde Masse wurde beim Biegen rissig. Um den Leiter vor Feuchtigkeit besser zu bewahren, erhalten die Gummibanddrähte über der Baumwollbespinnung eine oder zwei Lagen spiralförmig den Leiter umschließenden Parabandes.

Solche Gummibandleitungen sind nach den Vorschriften des V.D.E. in vollen Querschnitten von 1—16 mm², in mehrdrähtigen Leitern bis 150 mm² in trockenen Räumen für Spannungen nur bis 125 V zulässig. Die Überlappung muß mindestens 2 mm betragen; auch das Mindestgewicht der Parabandhülle ist festgelegt. Da vulkanisierter Kautschuk das Kupfer mit der Zeit durch Bildung von Schwefelkupfer angreifen würde, so muß der Kupferleiter feuerverzinnt, oder vor Berührung mit dem vulkanisierten Gummi durch eine Zwischenlage von Baumwolle oder Zellulose geschützt werden. Im Freien und in Kellern haben sich auch die von Hackethal angegebenen Drähte bewährt, welche mit Minium d. i. Mennige mit Leinöl bestrichene Juteisolierung besitzen.

Für höhere Spannungen und für dauernd feuchte Räume greift man aber zum geschlossenen Kautschukmantel der Gummiaderleitungen. Für Spannungen bis 1000 V muß die feuerverzinnte Kupferseele der Spezialgummiaderdrähte mit einer wasserdichten Gummihülle uud darüber mit einer Lage gummierten Bandes umgeben sein. Für Hochspannungsleitungen über 1000 V sind mehrere Lagen Gummi, darüber Gummiband und Umklöppelung, vorgeschrieben. Nach 24 stündigem Liegen im Wasser von weniger als 25° C. müssen die Leitungen einer einstündigen Probe mit Wechselspannung standhalten, die mindestens 2000 V für Betriebsspannungen von 1000 V und darüber gleich dem 2—1 $^1/_2$ fachen der Betriebsspannung ist.

Guttapercha wird durch Wärme weich und empfiehlt sich daher für Starkstromzwecke nicht. Der Feuchtigkeitszutritt kann noch weiter durch einen dem isolierten Leiter aufgepreßten Bleimantel verhindert werden. Die Gummiaderleitungen und die Bleikabel haben bereits einen in mäßigen Grenzen veränderlichen Isolationswert; gepanzerte Drahtleitungen bestehen aus zwei oder mehreren Gummiaderdrähten, die mit einer gemeinsamen Hülle und darüber mit einer dichten Metallumklöppelung versehen sind. Zwei- oder Mehrfachleitungen, deren

Kupferseele aus feuerverzinnten Drähten von höchstens 0,3 mm besteht, können nach der Bespinnung mit Baumwolle und der Umwickelung mit Gummiband oder Umpressung mit Gummi als biegsame Leitungsschnüre verwendet werden. Jede Einzelleitung muß über dem Gummi mit Baumwolle oder dergl. umwickelt und umklöppelt sein. Bewegliche Gummibandschnüre sind bis 125 V, Gummiaderschnüre bis 500 V bis 4 bezw. 6 mm² zulässig. Sie finden ihre Hauptverwendung an oder bei Beleuchtungskörpern und sollen dort noch besprochen werden.

Die Bleikabel, welche hier nur für Verlegung in die Mauer bei Hausinstallationen und bei Übergängen von versenkten Straßen- zu Innenleitungen in Betracht kommen, bilden bereits den Übergang zu den in den Erdboden oder ins Wasser verlegten Bleikabeln.

Die isolierten Leitungen werden nach der Örtlichkeit, in welcher sie unterzubringen sind, verschiedenartig verlegt und befestigt. Die Wahl der Isolierung und die Art der Verlegung der Leitungen hängt jedoch nicht nur vom Raume und dessen Eigentümlichkeiten, d. h. davon ab, ob er ein Fabriksraum oder ein schmuckvolles Wohnzimmer ist, oder ob er trocken, feucht, naß, feuergefährlich usw. ist, sondern auch von den Eigenschaften des Stromes selbst, namentlich von seiner elektrischen Spannung. Die Anwendung hochgespannter Ströme erheischt nicht nur wegen der besseren Isolierung, sondern auch wegen des notwendigen Schutzes von Personen und Sachen besondere Maßnahmen. Nach der Reihe sollen nun die angegebenen isolierten Leiter und ihre Verwendbarkeit für verschiedentliche Örtlichkeiten und verschiedenartige Spannungen und Stromstärken besprochen werden. Vorher jedoch einige Bemerkungen über ihre Verbindung.

Die Verbindung der isolierten Drähte geschieht entweder durch Lötung oder durch Klemmung oder Schraubung der Leiter ganz wie in der für Luftleitungen angegebenen Weise und nachträgliche Umwicklung mit Isolierband oder in Einbettung einer Schutzhülle, wie wir dies bei den versenkten Leitungen ausführlich besprechen werden. Diese Verbindungen haben keinem mechanischen Zuge zu widerstehen. Am meisten kommen sie beim Anschluß der isolierten Leitungen an Maschinen, Apparate, Schaltetafeln, Beleuchtungskörper usw. vor, und ihre Entwicklung wird auch bei diesen erörtert werden.

Sichtbar verlegte Leitungen. Die unmittelbare Lagerung der isolierten Leiter auf Unterlagsflächen, wie Mauern, Wände, Decken usw. ist nur bei Bleikabeln oder ähnlichen Konstruktionen zulässig. Alle übrigen erfordern trotz ihrer isolierenden Schutzhülle die Befestigung auf einzelnen Stützpunkten aus Rollen u. dergl.

Die einfachste Befestigung isolierter Leiter war ursprünglich durch stählerne Doppelstifte, Heftstifte, Zwecken oder Krampen, d. s.

Befestigungsarten.

U-förmig gebogene Stifte, erfolgt. Um ihr Verrosten, welches die Hülle angreifen würde, zu verhüten, wurden sie verzinnt oder verkupfert. Fig. 253 zeigt eine Sattelklammer mit hartem Fiberpolster von Wilfert in Cöln, um den Leitungsdraht vor Verletzung durch Hammerschläge beim Anstiften zu schützen. Ebenso Abbildung 254 eine neuere amerikanische Durchbildung. Dieser Schutz wurde auch durch einen Gummi- oder Ledersattel angestrebt. Diese Verlegungsart kam nur in völlig trockenen Räumen auf Holz oder Ledertapete u. dergl. in Frage. Die deutschen, österreichischen und schweizerischen Sicherheitsvorschriften verbieten sie für isolierte Leitungen. Krampen sind nur zur Befestigung von betriebsmäßig geerdeten Leitungen zulässig, sofern dafür gesorgt ist, daß der Leiter weder mechanisch noch chemisch durch die Art der Befestigung geschädigt wird.

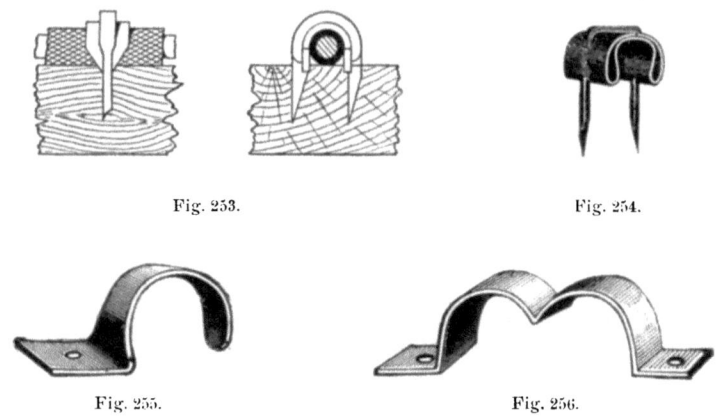

Fig. 253.   Fig. 254.

Fig. 255.   Fig. 256.

Bei der Verlegung mittels Klemmstücken und Rollen werden die Leiter durch Metall, Holz, Glas oder Porzellan festgehalten. Fig. 255, 256 geben ein Metallband für ein oder zwei Bleikabel an. Für die anderen Installationsdrähte werden Glas- oder Porzellanrollen oder Klemmen verwendet. Sie bestehen aus dem Untersatz, welcher den Leiter von der Wand oder Decke weghält, und dem Deckel, welcher durch Mittel- oder Seitenschrauben die erforderliche Niederpressung der Leitung besorgt. Besser ist es, den Untersatz gesondert zu befestigen, damit die Klemmschrauben nur für den Draht aufzukommen haben. Fig. 257 zeigt eine zweinutige Klemme aus Hartglas oder Porzellan, welche an trockenen, luftbestrichenen Orten verwendet werden. Glasklemmen sind zwar billiger, haben aber viel Bruch. Ihre Anwendung wird daher immer seltener. Da der Eindruck einer solchen Leitung wenig gefällig erscheint, so werden für Wohnräume oft beide Drähte, Hin- und Rück-

302 Leitungsbau.

draht, spiralförmig verwunden und nach Fig. 259—262 durch eine Porzellanklemme niedergehalten.

Bei Spannungen über 500 V ist es unzulässig, zwei oder mehr Drähte verschiedener Polarität oder Phase in eine Klemme zu legen.

Fig. 257.

Die meist angewendete Verlegung geschieht auf glasierten Porzellanrollen, welche als flache, abgerundete und als hohe mit Fuß unterschieden werden. Der Leitungsdraht oder das Kabel wird wie bei den

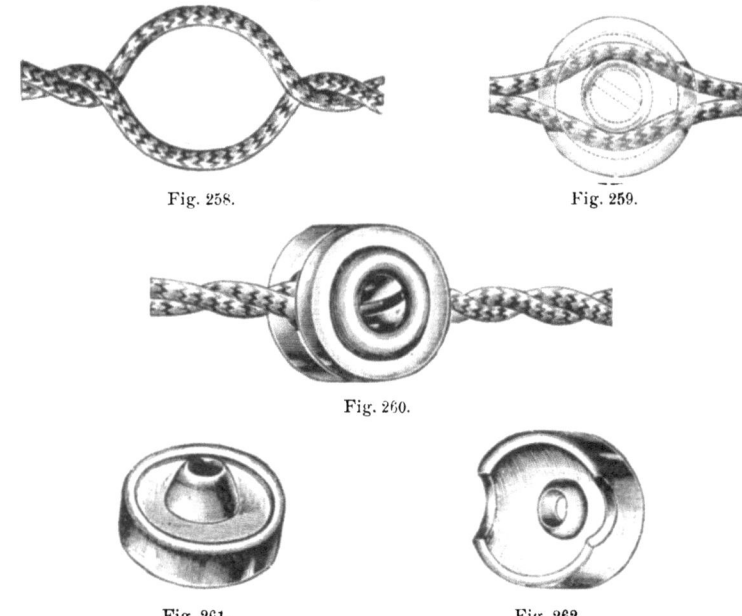

Fig. 258.   Fig. 259.

Fig. 260.

Fig. 261.   Fig. 262.

Porzellanglocken durch gleichartige Bindungen befestigt. Bei Einzelleitern werden hierzu metallische Bindfäden, meist Kupfer, benutzt, wobei die Isolierung des Leiters noch durch ein umwickeltes Isolierband vor Einschneiden geschützt wird. Bei Mehrfachleitern muß Jute, Garn

Befestigungsarten. 303

oder geteerte Hanfschnur zum Abbinden verwendet werden. Die Zugspannung in der Leitung darf wie bei den Außenleitungen nicht der Bindung zur Last fallen. Bei den vorgenannten Klammern entfällt diese Abbindung. Sollen mehrere Leiter an einer Rolle übereinander gelegt werden, so kommen Nutenrollen in Verwendung oder es werden flache Rollen auf eine hohe Fußrolle aufgesetzt und durch einen langen Schraubbolzen gemeinschaftlich niedergehalten. Um mit einer Größe des Befestigungsmaterials für mehrere Rollentypen auszukommen, hat Hartmann &

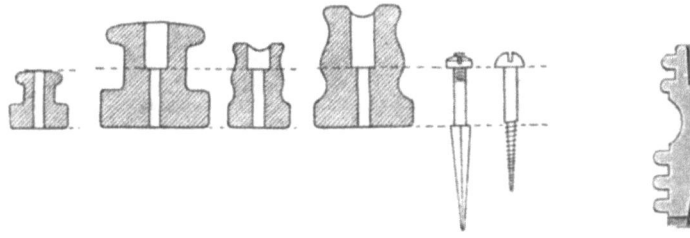

Fig. 263. Fig. 264.

Braun, A.-G., die in Fig. 263 ersichtlichen Rollen mit tieferen Lagen des Schraubenkopfes entworfen. Die Einheitlichkeit in den Schrauben sichert einen sparsameren Materialaufwand.

An Klemmen und Rollen setzt sich Schmutz fest, der von der Mauer oder Unterfläche leicht Feuchtigkeit aufzieht. Man versucht nun den Übergangswiderstand durck Rillen zu erhöhen, auch wird für höhere Spannungen der Kopf der Schraube durch Vertiefung und Abdeckung

Fig. 265.

vor leitender Berührung gesichert. Fig. 264 zeigt eine solche Spezialrolle von Hartmann & Braun, Bockenheim bei Frankfurt. Leitungsschnüre werden auf kleine Röllchen aus Glas oder Porzellan geklemmt und an einzelnen Winkelpunkten der Leitung mit Bindfäden aus Garn niedergebunden, Fig. 265. Das Porzellan wird bei ihnen oft unglasiert gewählt, um an Ort und Stelle entsprechend den Bedürfnissen gefärbt zu werden. Hartmann & Braun haben in ihrer Reformrolle aus Rikonit den Schraubenkopf mit einer zierlichen Deckplatte versehen, Fig. 266. Für drei Leiter kommt seine Universalrolle in Verwendung, Fig. 267.

Klemmunterlagen sowie Porzellanrollen werden an Holzwänden oder Balken vermittelst Holzschrauben unmittelbar befestigt, an eisernen

304 Leitungsbau.

Trägern dagegen durch Schellen nach Fig. 268, 269. In Mauerwerk aus Ziegel oder Stein werden Holz- oder Eisendübel in eine vorher ausgestemmte Öffnung eingelassen. Die hölzernen Dübel werden durch Gips, die eisernen durch Gips oder in festem Stein durch Schwefel, Zemente oder dergl. befestigt. Eiserne Dübel müssen gegen Rost galvanisch verzinkt oder verbleit sein, um häßliche Flecken an Mauern und Tapeten zu vermeiden.

Für bessere Räume, wo möglichst wenig Schmutz bei der Montierung gemacht werden soll, greift man von viereckigen Holzdübeln zu

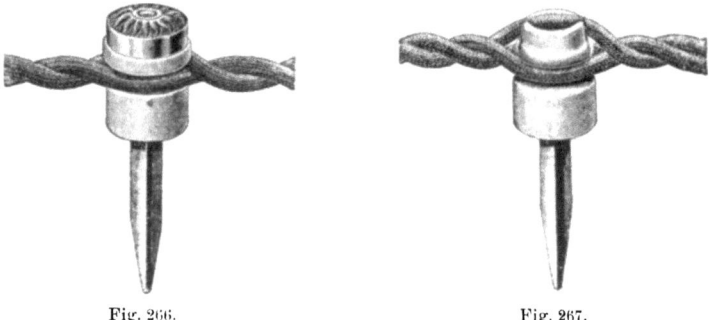

Fig. 266.   Fig. 267.

rurden; und soll man gar zur Schonung der Tapeten von der Eingipsung gänzlich absehen, so muß von unten durch Eintreiben eines kleinen Keils in den im Dübel gemachten Schlitz geholfen werden, obzwar das Ergebnis unsicher bleibt. Alle Holzdübel leiden nämlich an

Fig. 268.   Fig. 269.   Fig. 270.

dem Übelstande, daß sie beim Schwinden des Holzes locker werden; was bei jenen mit zur Unterlagsfläche paralleler Faserrichtung weniger zutrifft als bei denen mit senkrecht verlaufender. Wegen dieses Nachteils werden Holzdübel womöglich gemieden und eiserne immer mehr bevorzugt. Sollen mehrere Leitungen parallel geführt werden, so werden Rollen auf gemeinsamer Eisenschiene befestigt, welche mit dem Dübel ein einziges Stück bildet, Fig. 270. Die von A. Tolle, Stockum, Kreis Arnsberg, erzeugten schmiedeeisernen Dübel und Dübelschienen, Fig. 271, zeigen eine einfache Lösungsweise.

Bei der Keilverschraubung von Stube & Schneider in Hamburg, Fig. 272, lagern um einen Schraubenbolzen vier Gußeisenstreifen, die

Dübel. 305

von einem Blechring sanft gehalten werden. Wird nun an der sechseckigen äußeren Mutter oder am Schraubenkopf entsprechend gedreht, so wirken sie auf eine kegelförmige Schraubenmutter, die die Streifen auseinandertreibt und so die Verkeilung bewirkt. J. Böddinghaus in Düsseldorf hat den in Fig. 273 ersichtlichen Spiraldübel für allerlei Befestigungen erfolgreich eingeführt. Der Dübel selbst wird hier durch eine doppelte Drahtspirale gebildet, welche mit der eingesetzten Schraube eingegipst wird. Ein verzinkter Draht wird um eine Holzschraube aufgewickelt und in einen steileren Gang

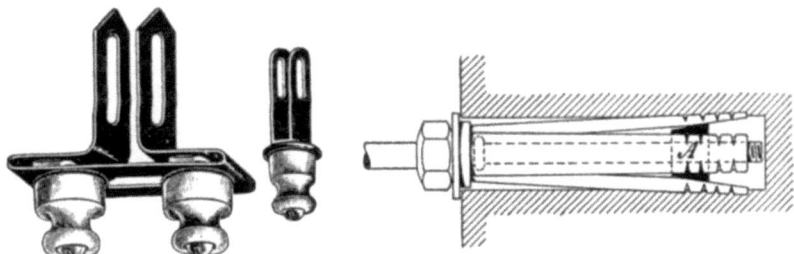

Fig. 271.   Fig. 272.

zurückgeführt. Wenn die Schraube angezogen wird, so wird dadurch der Dübel in der Mauer festgehalten. Um das Festhalten der Dübel in der Mauer zu sichern, geben H. Köttgen & Co. in Berg.-Gladbach den von ihnen fabrizierten Dübeln einen Fuß von dreieckigem Querschnitt dessen drei Kanten grobsägeförmig ausgezackt sind, jedoch so, daß die Zähne an den drei Kanten gegeneinander versetzt sind. Bei dickem Putz soll das Dübelloch bis auf das eigentliche Mauerwerk durchgeführt und kegelförmig erweitert werden. Das Loch soll dann mit Wasser ausgespritzt und zum Eingipsen soll dem Gips ein geringer Zusatz von getrockneten und zu Pulver zerriebenen Malvenblüten beigemengt werden, wodurch der Gips erst nach etwa einer halben Stunde erhärtet und

Fig. 273.

somit in größeren Mengen zum Gebrauch fertiggemacht werden kann. Nach dem Erhärten des Gipses kann die eingeölte Schraube zur Einsetzung der Porzellanrolle oder -Klemme leicht aus dem Dübel geschraubt werden. Diese Dübel lassen sich auf jeder Montagebude leicht selbst erzeugen und haben schon deswegen weiteste Verwendung gefunden.

Beim Verlegen von Leitungen in besseren Räumen wird sich das Aufsuchen der Mauerwerksfugen vermittelst eines Prüfbohrers empfehlen. Das Mauerwerk bildet stets Parallelen unter sich und gibt somit die beste Hilfslinie für eine symmetrisch auszuführende Leitung. In Neubauten kann der Holzdübel erst nach Austrocknung des Verputzes versetzt werden, während die Eisendübel direkt nach dem Rohbau eingesetzt und die Schrauben eingeschraubt werden können, so daß sie nach Fertigstellung aller Bauhandwerkerarbeiten nachträglich leicht auffindbar bleiben. Dies bezieht sich auf kleine Häuschen, wo die Bauaufsicht keine besondere Frage bildet. Bei großen Mietkasernen mit hunderten von Arbeitern sind solche voreilige Befestigungen, die von der Bauleitung nicht übernommen werden, verlorene Mühe. Die Backsteinmauer zeigt in einer Tiefe von 15 cm keinen Einfluß des hygrometrischen Standes der umgebenden Luft, hohle Backsteinmauern bis

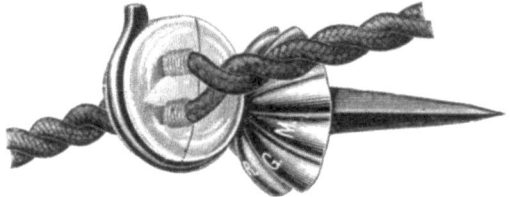

Fig. 274.

auf 20, Betonmauern 10 cm unter der Oberfläche. Von den Siemens-Schuckert-Werken werden auch Bleidübel geliefert, in welche Holzschrauben zur Befestigung der Rollen eingeschraubt sind. Diese Dübel werden nach hinten dicker und haben angegossene Rippen, so daß sie wie Holzdübel in Löcher mit Zement oder Gips befestigt werden können. Die Holzschraube kann im Blei nicht festrosten. Statt Dübel einzusetzen kann man auch kantige Stifte mit scharfer Schneide oder gehärteter Spitze aus Stahl verwenden. Sie lassen sich bequem in Ziegelmauerwerk mittels eines Setzeisens verwenden. Wo sie nicht genügend Halt finden, verwenden Hartmann & Braun, Bockenheim, U-förmig umgebogene Runddrähte, die mittels eines Setzeisens eingesetzt und einzementiert werden. Der kürzere Schenkel sichert festen Halt, der an ihm dicht anliegende längere Schenkel trägt die Rolle. Peschel hat Doppelschnüre durch den in Fig. 274 dargestellten Porzellanring, welcher in eine hakenförmige Feder eingedrückt war, tragen lassen. Die Leiterschnüre wurden in leichten Bögen von Isolator zu Isolator durchhängend angeordnet. Da sie beim Reinigen der Wände stete Aufmerksamkeit erforderten und dem Zerreißen ausgesetzt waren, wurden sie durch straff gespannte Schnüre verdrängt.

Holzleisten. 307

Die Verlegung auf Porzellanrollen hat ein weites Verwendungsgebiet. Sie kann bei passender Wahl der Rollen hohen Spannungen widerstehen. Glocken, Rollen, Ringe und Klemmen, die zur Verlegung von Draht- und Schnurleitungen dienen, müssen so angebracht werden, daß sie die Leitungen bis 500 V mindestens 10 mm, bis 1000 V mindestens 20 mm, darüber mindestens 50 mm, jedoch nicht unter 10 mm für je 1000 V von der Wand entfernt halten.

Bei Führung der Leitungen auf Rollen längs der Wand muß auf höchstens 80 cm eine Befestigungsstelle kommen. Bei Führung an der Decke können den örtlichen Verhältnissen entsprechend größere Abstände ausnahmsweise gewählt werden. Die Verlegung an Schaltwänden soll später besprochen werden.

Verlegung in Holzleisten. Holzleisten bestehen aus dem mit Nuten versehenen Grundbrette, in welchem die isolierten Leiter frei eingebettet sind, und der Deckleiste, welche mit Schrauben an die erstere

Fig. 275.

angepreßt wird. Um dieses Schließen sicherer zu gestalten, reichen die mittleren Holzstege des Grundbrettes etwas tiefer als die seitlichen Anschlußteile. Das Grundbrett wird an Dübeln durch Schrauben an die Mauer festgeschraubt. Diese Verlegungsart gelangte nur an zweifellos trockenen Stellen zur Verwendung. Aber an einzelnen Punkten kam doch Feuchtigkeit oft unvermutet dazu, dann saugte das meist weiche Holz die Feuchtigkeit auf und führte zu Stromableitungen. Salpeter aus den Mauersteinen sog sich an den Schraublöchern auf. Der Grünspan des Kupferleiters wirkte zerfressend auf die Isolierhülle. Erwärmungen und Brände folgten hie und da. Darum wurden Leiste und Deckel vor dem Gebrauche öfters mit Leinölfirnis durchtränkt oder an einzelnen Stellen der Grundleiste Porzellanrollen untergeschoben, womit eine unmittelbare Berührung mit der feuchten Wand vermieden werden sollte. Die Holzleiste erlaubt die Unterbringung von vielen nebeneinander ruhenden Leitern. Da Holzleisten Anstrich erhalten können oder mit Tapeten zu überkleben sind, da sie eine Überprüfung durch Abnehmen der Deckleiste bei Anbringung auf dem Verputze oder bündig mit demselben ermöglichen, und da durch Profilierung der Leiste, Fig. 275, dem

20*

schönheitlichen Bedürfnisse nachgekommen werden kann, so war diese Verlegungsart trotz aller Mängel vielfach beliebt. Die Ausführung schöner Holznutleitungen ist mehr Aufgabe eines tüchtigen Tischlers als eines Monteurs. Ganz besondere Vorsicht erheischen bei dieser Verlegungsart die Löt- oder Verbindungsstellen der Leitungen, da ihre Erhitzung bei schlechtem Kontakt der Leiste brandgefährlich wird. Die Verlegung in Holzleiste wird ausschließlich bei niedergespanntem Strome verwendet, hat aber zu sehr verschiedenen Beurteilungen Anlaß gegeben. Bei Gleichstrom, namentlich bei Mehrleiteranlagen mit 220 Volt und mehr, brachten sie öfters große Anstände mit, während sie sich bei vielen anderen Anlagen, insbesondere aber mit Wechselstrom unter und bis 110 Volt, gut bewährten. Das vollkommene Verbot ihrer Verwendung seitens der Sicherheitsvorschriften des V. D. E. scheint sich durch die schlimmen Erfahrungen bei Gleichstromanlagen mit 2×110 V und darüber zu erklären.

Holzleisten sind nach § 16 der deutschen und § 37 der Wiener Vorschriften verboten. Die schweizer Vorschriften von 1900 gestatten in § 36 ihre Verwendung in trockenen Räumen für Gummiband- und Gummiaderdrähte. Der Steg zwischen den Nuten soll mindestens 8 mm breit sein, und jede Nut darf nur einen Draht enthalten. Die Underwriters Specifications gestatten in § 50 des amerikanischen National Electric Code bedingsweise Verwendung von Holzleisten. Sie dürfen nicht in feuchten Räumen, Ställen, Brauereien, auch nicht an den äußeren Wänden der Gebäude und vor allem nicht in Luft- und Aufzugschächten verwendet werden. Dagegen sind sie, sichtbar verlegt, an Wänden und Decken im Innern von Häusern gestattet und auch allgemein in Verwendung.

Verlegung in Rohrwegen. Es lag nahe, die Technik der Gas- und Wasserleitungen auch für elektrische Zwecke nachzuahmen. Die isolierten Leiter wurden in Röhren eingezogen und so vor Feuchtigkeit und vor äußeren Angriffen mehr oder weniger geschützt. Es gibt viele Durchführungen dieses Gedankens; am ältesten ist das Installationssystem, welches von S. Bergmann & Co., New-York, herrührt. Die Rohre haben eine Länge von 3—4 m und lichte Weiten von 7—48 mm. Sie bestehen bei Bergmann aus mehreren Lagen von entgegengesetzt gewundenen Papierstreifen; bei Gebr. Adt, Ensheim, aus der Länge nach aufeinander überlappten Papierstreifen. Die rohen Papierrohre werden unter Luftleere mit einem bei hoher Temperatur schmelzenden Kohlenwasserstoff durchtränkt, wodurch sie wasserdicht und hart werden, aber doch etwas elastisch bleiben. Alle diese Röhren müssen im Innern vollkommen glatt sein, so daß das Einziehen von isolierten Leitern vermittelst eines Stahlbandes leicht erfolgen kann, wenn noch bei den Verbindungsstellen

Papierrohre. 309

der Rohre genügende Vorsicht gegen die Bildung eines Grates genommen wird. Das Rohrnetz wird vorerst verlegt, und dann werden erst die isolierten Leiter eingezogen. Außer geraden Rohrstücken werden wie bei schmiedeeisernen Rohrleitungen für die Biegungen und Ecken des Leitungsweges besonders gekrümmte Stücke angeliefert. Die einzelnen Rohrlängen werden durch leichte Metallmuffen, Fig. 276, verbunden, indem man diese leicht erwärmt auf das Rohr steckt und durch eine besondere Würgzange wasserdicht einkerbt. In solchen Räumen, wo durch Säuredämpfe diese Messingstücke bald unbrauchbar würden, oder in noch unfertigen offenen Neubauten, wo sie der Winterkälte ausgesetzt sind, müssen jedoch Muffen aus Papierrohr zur Anwendung gelangen.

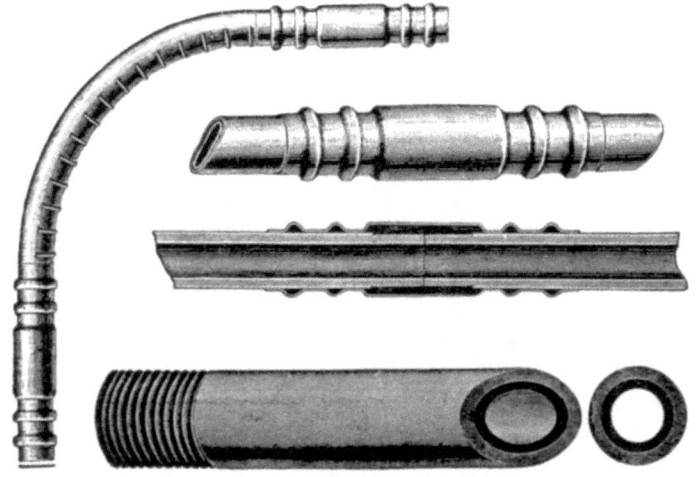

Fig. 276.

Die Röhren selbst können bei Bergmann nach gelinder Erwärmung gebogen werden; hierdurch sowie mit den erwähnten Ellbogen- und Kröpfungsstücken reicht man für alle Anforderungen des Raumes aus. Bei den Adtschen Röhren ist dies wegen der Längenstreifung des Papiers nicht tunlich. An passenden Stellen werden Dosen und Kästchen, Fig. 277, eingesetzt, von welchen aus die Leitung leicht zugänglich bleibt. Um auch an den Verbindungsstellen Zugang zum Rohrinnern zu behalten, fertigen die Bergmann Elektrizitätswerke, Berlin, T- und Kreuzstücke mit abnehmbarem Deckel, während die Allgemeine Elektrizitäts-Gesellschaft, Berlin, zu diesem Zwecke aufklappbare Verbindungsstücke aus Papierrohr herstellt.

Die Röhren erhalten durch Rohrschellen oder durch einen aus zwei Litzen zusammengesetzten Eisendraht, welcher mit einem Drahtstift an dem Mauerwerk gehalten wird, ihre Befestigung. In die fertiggestellten Rohrstränge, welche entweder Hin- und Rückleiter in einem Rohre gemeinschaftlich oder je in einem einzelnen Rohre führen, werden die Leiter nach völliger Austrocknung des Neubaues eingezogen. Es dürfen nicht mehr als 4 Krümmungen von Dose zu Dose auftreten, damit das Ein- und Ausziehen der Leiter keine Schwierigkeit bereitet. Haupt- und Steigleitungen erhalten gesonderte Röhren für Hin- und Rückleiter. Die Lötstellen der Leiter sollen nicht ins Rohr zu liegen kommen, sondern in Verbindungskästen prüfbar untergebracht werden. Die Röhren werden entweder unsichtbar oder sichtbar verlegt. Im ersteren Fall kommen sie in den Verputz, wo sie am besten durch eine

Fig. 277.

Gipsschicht von Kalkmörtel geschützt werden. Werden diese schwarzen Papierrohre durch die Ätzlauge des Mörtels angegriffen, oder liegen sie dauernd feucht, so werden sie morsch und bröckelig; Zement greift sie besonders stark an. Deswegen wurden sie zur Erhöhung ihrer chemischen Widerstandsfähigkeit und namentlich zu mechanischer Verstärkung mit einem Mantel aus gelötetem oder nahtlosem 1,25—2,5 mm dicken Eisenrohr umkleidet oder durch Streifen aus 0,15—0,30 mm dickem Messing- oder Eisenblech ummantelt. Diese Streifen werden durch einen Falz geschlossen; das Eisenblech wird verbleit, galvanisch vermessingt oder lackiert. Rohre mit gefalztem Metallmantel werden durch mit Kittrillen versehene glatte Muffen, solche mit Eisenrohr durch Gewindemuffen verbunden.

Die Erfahrungen über den Wert des reinen Messingblechmantels sind jedoch zum Teil recht ungünstige. Diese Mäntel zeigten sich gegen die dauernde Mauerfeuchtigkeit wenig widerstandsfähig, und in manchen Installationsvorschriften von Elektrizitätswerken wurde ihre Verlegung in ja sogar auf den Putz verboten. So hat das städtische Gleichstromwerk in Kopenhagen vorgeschrieben, daß Messingrohre auf Putz noch Holzunterlagen erhalten müssen. Jede Berührung mit einem andern Metall wird bei Messingröhren vermieden. Andrerseits hielten sie sich gut, falls sie mit Isolierlack bestrichen waren und besonders, nachdem bei Verwendung von Gips in dem getrockneten Putz die Bildung von Säuren nahezu beendet war. Vielfach begnügte man sich, daß der Messingmantel nur bis zur Austrocknung der Mauer sicher anhielt. Da man aber an der Wetterseite der Gebäude niemals gewiß ist, ob und wielange die Wände trocken sind und bleiben, ist es zweckmäßig, blanke Messingblechrohre nicht ohne Verbleiung oder Lackanstrich oder, etwas besser noch, ohne beides zu verwenden.

Auch blankes Blei ist gegen chemische Angriffe durch Kalk und Alkalien empfindlich, während reiner Gips mit der Oberfläche des Bleis eine unlösliche Verbindung bildet, die die tieferen Schichten schützt. Stahlblech soll etwa einige Jahre lang halten. In dem Bestreben, den Preis zu verringern, sind mit Metall umkleidete Isolierrohre in den Handel gekommen, deren Metallmantel von 0,1 mm Dicke die erforderliche Festigkeit missen ließ. Der V. D. E. hat deshalb 1906 in Stuttgart gemeinsam mit den Isolierrohrfabrikanten und -Verbrauchern die folgenden Normalien festgestellt[1]:

I. Isolierrohr mit gefalztem Metallmantel.

a) Innerer Rohrdurchmesser .	7	9	11	13,5	16	23	29	36	48
b) Außerer Rohrdurchmesser .	11	13	15,8	18,7	21,2	28,5	34,5	42,5	54,5
c) Blechbreite	40	47	58	65	74	97	118	143	183
d) Blechstärke, Messingrohr .	0,13	0,15	0,15	0,15	0,18	0,18	0,20	0,24	0,24
e) do. Eisenrohr, galvanisch vermessingt od. lack.	0,15	0,15	0,15	0,15	0,18	0,20	0,24	0,24	0,24
f) do. Bleirohr, verbleites Eisenrohr	0,20	0,20	0,20	0,20	0,23	0,25	0,29	0,29	0,29
g) Lichte Weite der Tüllen der Muffen	11,3	13,3	16,1	19	21,5	29	35	43	55

II. Isolierrohr mit glattem Eisenmantel.

h) Innerer Durchmesser . . .	7	9	11	13,5	16	21	29	36	48
i) Außerer Durchmesser . .	12,5	15,2	18,6	20,4	22,5	28,3	37	47	54
k) Stärke des Eisenmantels .	1,25	1,4	1,5	1,5	1,5	1,7	2,0	2,5	2,5
l) Gewindegangtiefe	0,6	0,7	0,7	0,7	0,7	0,8	0,8	0,8	0,8
m) Anzahl d. Gänge auf 1″ engl.	20	18	18	18	18	16	16	16	16

[1] ETZ 1906, S. 456.

312   Leitungsbau.

Die Maße a, c, d, e, f, h, k, also die inneren Abmessungen, Blech-Stärken und -Breiten sind nicht zu unterschreiten, die äußeren Durchmesser b und i und die Maße g, l, m der Muffen sind Normalmaße, wobei a bis l in mm ausgedrückt sind. Durch diese Festsetzung sollen alle Muffen und Tüllen auf Rohre von den verschiedensten Fabrikanten passen.

Alle mit dünnem Blech ummantelten Rohre bieten keinen sicheren Schutz gegen mechanische Beschädigungen. Daher griff man zu widerstandsfähigeren Röhren aus Stahl oder Eisen. Gewöhnliche Gasrohre, auch solche, welche innen verzinkt waren, hatten, insolange als schlecht isolierte Leiter eingezogen wurden, sich nicht bewährt, bis schließlich gute Gummiaderdrähte in Gebrauch kamen. Gasröhren wiesen scharfe Grate und lose Eisenspäne auf, welche die Isolierung verletzten. Die Ausfütterung der Gasröhren mit Papierröhren erschien umständlich und teuer. Man griff deshalb zu glatten, starken Stahlröhren mit besonderen Formstücken und Verbindungen ohne isolierendes Zwischenrohr. Die Simplex Steel Conduit Co. rollt Stahlblechstreifen, so daß die beiden Kanten dicht aneinander stoßen, und emailliert das so gebildete Rohr von außen und innen. Mit Ausnahme der Krümmer und geraden Muffen sind die mit abnehmbarem Deckel versehenen Winkelstücke, Dosen, Kästchen aus Gußeisen.

Die Ideal-Isolierröhren von Richard und Gerhard Bermann, Rixdorf-Berlin, haben einen Eisenmantel mit einer Bleischicht. Für die Krümmungen wird ein sehr biegsames Rohrstück an der Biegestelle eingeschaltet. Die Schellen zu ihrer Befestigung werden einzeln verbleit und verdienen den Schellen vorgezogen zu werden, welche aus verzinktem Bandeisen gestanzt und deren Schnittflächen rostig werden. Für Steigleitungen empfehlen sich diese starken Rohre besonders, weil sie den meisten Angriffen ausgesetzt sind.

Peschel hat 1902 ein durch Hartmann & Braun, Bockenheim, und den Siemens-Schuckert-Werken, Berlin, erzeugtes geschlitztes Stahlrohrsystem entwickelt. Nachdem die Feuchtigkeit in den geschlossenen Röhren selbst bei guter Lüftung nicht vermieden werden kann, so ließ er diese unerfüllbare Bedingung fallen. Das Rohr hat einen Schlitz, dem möglichst die unterste Stelle bei der Verlegung des Rohres zugewiesen wird, wo sich die Flüssigkeit, ohne dem isolierten Draht zu schaden, ansammeln sollte können. Werden die Rohre sichtbar verlegt, was sich, wenn irgend tunlich, empfiehlt, so ist für gute Lufttrocknung gesorgt. Die Rohre sind gegen Rost verzinnt. Trotzdem wird sich ihre Anwendung in feuchten Räumen nicht empfehlen. Ihr gefälliges Aussehen, die Möglichkeit, das Rohr als geerdeten Rückleiter zu benutzen, haben dieser Installationsweise

Stahlrohre. 313

weite Verbreitung verschafft. Wir gehen darum auf ihre Einzelheiten näher ein.

Der Aufbau einer Installation vollzieht sich mit Hilfe von Bögen, Muffen, Verbindungsstücken und sonstigem Zubehör. Für Rohrführungen im rechten Winkel werden Bogenstücke, Fig. 278, verwendet. Für größere Winkel dienen Halbbögen, Fig. 279, mit kürzeren oder längeren zwischengesetzten geraden Rohrstücken, wodurch allen bei der Verlegung von Leitungen nötigen Überbrückungen und Abbiegungen bei geringstem Widerstand für den später einzuziehenden isolierten Leiter nachzukommen ist. Die Abbildungen 283, 284, 287 zeigen einige Beispiele. Kupplungsmuffen dienen zum Verbinden und Lösen der Enden zweier Rohre, deren andere Enden festgehalten werden. Die Muffe, Fig. 280, 281 wird mit dem langen Teil voll-

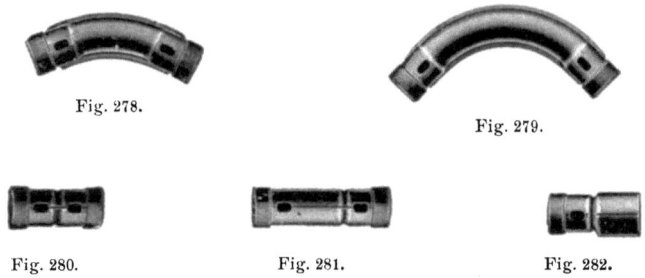

Fig. 278.

Fig. 279.

Fig. 280.   Fig. 281.   Fig. 282.

ständig auf das eine Rohr aufgeschoben und das zweite Rohr so zugerichtet, daß es an das kürzere Ende der Kupplungsmuffe anstößt. Das lange Ende der Kupplungsmuffe wird dann von dem einen Rohr abgezogen und gleichzeitig das kürzere Ende der Muffe über das andere Rohr übergeschoben. Die Verwendung der Kupplungsmuffen ist besonders da zu empfehlen, wo die Leitungen bei Verlegung auf dem Putz gemeinsam mit den Rohren verlegt werden. Man ist dadurch imstande, jederzeit einzelne Leitungen sowie Teile des Rohrnetzes auszuwechseln. Die Reduktionsmuffen, Fig. 282, gestatten die Verbindung eines Rohres mit einem zweiten Stahlrohr oder Stutzen von der nächst kleineren lichten Weite. Für kleine Überbrückungen, von verwickelter Form oder zur bequemen Zuführung der Leitungen zu irgend einer Klemme dient der Metallverbindungschlauch, Fig. 285, welcher nach Bedarf auf Länge abgeschnitten und in eine Reduktionsmuffe eingeschraubt wird. Der Metallverbindungsschlauch eignet sich jedoch nicht als stromführender Leiter.

Zur Durchführung von Leitungen durch Decken werden nahtlose Rohre von 1 m Länge, Fig. 286, verwendet, um ein Eindringen von

Leitungsbau.

Wasser in das Rohrsystem zu verhindern. Diese Rohre sind weich und können kalt gebogen werden, ihre Enden sind zum Anschluß der Stahlrohre muffenartig erweitert. Alle Bogenstücke, Muffen, Kupplungen usw. sind wie die Rohre dieses Systems aus beiderseitig verzinntem Stahlblech hergestellt. Die Verzinnung ist gewählt worden, um die Berührung an den Stoßstellen recht sicher und innig zu machen. Sie wird stets gleichmäßig gut bleiben, da durch die Temperaturunterschiede ein fortwährendes Verschieben dieser Berührungsflächen bedingt ist.

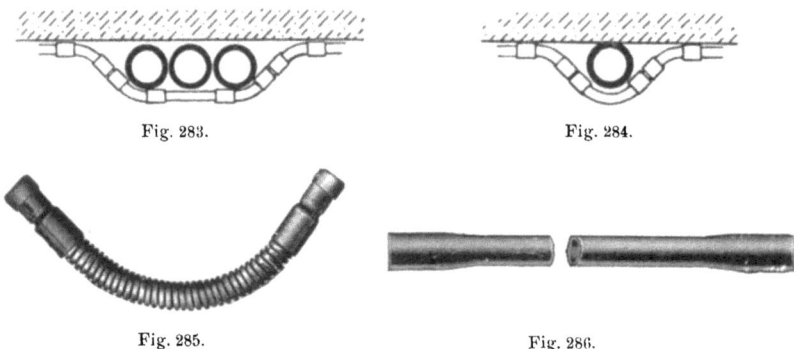

Fig. 283.   Fig. 284.

Fig. 285.   Fig. 286.

Aus der folgenden Zahlentafel sind die lichten Weiten der Stahlrohre, ihre Querschnitte und Widerstände samt dauernd zulässigen Stromstärken bei ihrer Verwendung als geerdeter Null- oder Rückleiter angegeben.

Lichte Weite	Querschnitt	Widerstand pro 1000 m bei 15° C.	Zulässige Strombelastung
8 mm	etwa 20 qmm	5,34 Ohm	15 Amp.
12 -	- 30 -	4,34 -	18 -
16 -	- 50 -	2,68 -	24 -
21 -	- 70 -	1,71 -	30 -
26 -	- 100 -	1,46 -	40 -

Reichen diese Querschnitte des Schutzrohrs nicht aus, oder hat man Bedenken gegen die Verläßlichkeit dieser Stromführung überhaupt, so kann man durch Parallelschalten eines blanken Kupferdrahtes, welcher entweder mit Krampen neben dem Rohr verlegt und an geeigneten Stellen mit dem Rohrsystem verbunden oder gemeinsam mit dem isolierten Leiter in das Rohr eingezogen wird, ohne bedeutende Kosten sich helfen.

Zwischenwinkel und T-Stücke in den Fig. 288, 289, 290 erleichtern wie bei allen Rohrsystemen bei langen, geraden Rohrleitungen in Vor-

Andere Rohrwege. 315

oder Hinterkrümmungen das Einziehen der Drähte. Gußdosen, Fig. 291, oder größere Gußabzweigkästen, Fig. 292, dienen zur Unterbrechung der Rohrstränge und zum Anschluß von Abzweigungen.

Statt der Papierrohre sind auch Gummiröhren verwendet worden, wozu ihre Biegsamkeit und ihre chemische Widerstandsfähigkeit einlud. Weichgummi entsprach in den gewöhnlichen, minderwertigen Sorten gar nicht, während Hartgummi wegen seiner Festigkeit noch bei Durchführungen von einem Raum in den andern, auf die wir noch zurückkommen werden, zur Anwendung kommt.

Man versuchte den nagelsicheren Verlaß auf schwache Rohre durch gesonderte vorgelegte Stahlblechstreifen zu erreichen. In der Tat haben die Nürnberger Herkules-Werke, A.-G., einen Panzerschutz aus geraden Hohlschienen und biegsamen schuppenförmigen Ellbogenteilen nach Fig. 293 geschaffen. Sie bestehen aus lackiertem, 1—1,2 mm starkem Stahlblech und werden durch Stifte und Draht festgehalten.

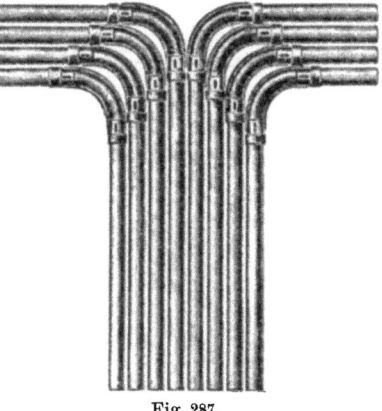

Fig. 287.

Fig. 288.   Fig. 289.   Fig. 290.   Fig. 291.

Bei hohen Spannungen werden die isolierten Leiter auf Rollen oder Glocken gelagert. Es ist in solchen Fällen nötig, den Kopf der Befestigungsschrauben zu versenken und mit einer Isolierungsmasse zu verstreichen oder mit einer Isolierkappe zu decken, damit Übergänge des Stromes zur Befestigungsschraube gegen Erde, allfällige Spannungsdurchschläge auf diesem Wege ausgeschlossen werden. Auf diese Weise kann man Leitungen mit vielen Tausend Volt Spannungsunterschied sicher führen; man wird dabei, wo der Zutritt Unberufener zu befürchten ist, eine luftige, allenfalls bei Metall geerdete Verschalung über die Leitung setzen oder ihre räumliche Absonderung vornehmen. Auch für

316 Leitungsbau.

niedergespannten Strom werden Leitungen in Maueraussparungen unsichtbar verlegt. Als Deckleiste des Mauerkanals können Metall, Stein- oder Schieferplatten dienen, welche den Mörtelputz gut aufnehmen, sich nicht werfen und durch leichtes Herabnehmen die Leitungsüberprüfung ermöglichen. Diese Anordnung erfordert reichlichen Abstand zwischen Hin- und Rückleitern, damit beim Nachlassen der mechanischen Spannung und entsprechendem Ausbauchen der Leitungen eine Berührung nicht stattfinden könne. Diese Leitungen bilden, besonders wenn die Kanäle schliefbar sind, den Übergang zu den bereits behandelten Leitungen im Freien. Soll das Porzellan seiner Bestimmung gerecht werden, so muß für ständige Luftbewegung gesorgt sein, da ein oberflächlicher Beschlag

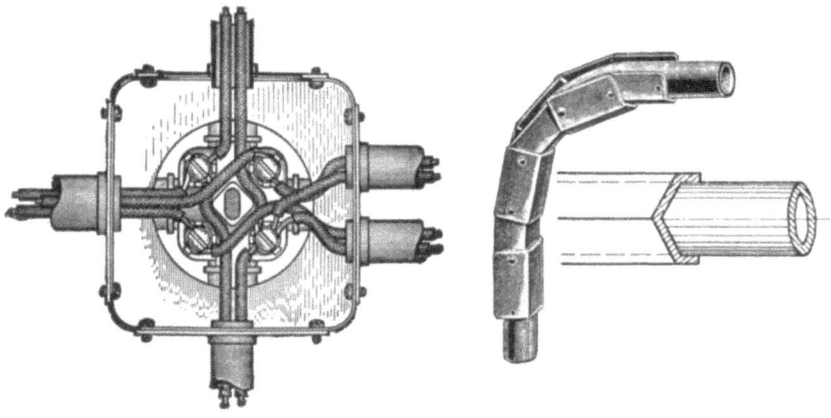

Fig. 292. Fig. 293.

mit Staub und Feuchtigkeit seine Wirkung beeinträchtigt. Die Vorschriften des V. D. E. enthalten für die Verlegung in Röhren für niedrige und hohe Spannungen die folgenden Bestimmungen.

Für Niederspannung:

a) Papierrohre ohne Metallüberzug dürfen nicht unter Putz verlegt werden.

b) Drahtverbindungen innerhalb der Rohre sind nicht statthaft.

c) Die lichte Weite der Rohre, die Zahl und der Halbmesser der Krümmungen sowie die Anzahl und Lage der Verbindungsdosen müssen so gewählt sein, daß man die Drähte leicht einziehen und entfernen kann.

d) Leitungen verschiedener Stromkreise dürfen nicht zusammen in ein und dasselbe Rohr verlegt werden. Im allgemeinen ist es gestattet, 3 Drähte desselben Stromkreises bis zu je 6 mm² Kupferquerschnitt in ein einziges Rohr zu verlegen. Wenn aber Leitungen, welche

Verlegung der Rohre. 317

Wechselstrom oder Mehrphasenstrom führen, in metallenen oder metallüberzogenen Rohren liegen, müssen sie ohne Rücksicht auf den Drahtquerschnitt so zusammengelegt werden, daß die Summe der durch das Rohr gehenden Ströme null ist.

e) Rohre für mehr als einen Draht müssen mindestens 11 mm lichte Weite haben.

f) In Metallrohren, auch solchen mit Längsschlitz, ohne isolierende Auskleidung müssen Gummiaderdrähte verwendet werden.

g) Die Rohre sind so herzurichten, daß die Isolierung der Leitungen durch vorstehende Teile und scharfe Kanten nicht verletzt werden kann.

h) Die Rohre sind so zu verlegen, daß sich an keiner Stelle Wasser ansammeln kann.

Für Hochspannung: Rohre dürfen nur für Spannungen bis 500 V unter Putz verlegt werden. Alle Rohre sollen einen metallenen Körper oder Überzug haben, der so stark ist, daß er den nach den Ortsverhältnissen zu erwartenden mechanischen Angriffen sicher widersteht. Rohre für mehr als eine Leitung müssen mindestens 15 mm lichte Weite haben. Stoßstellen der Rohre sind metallisch zu verbinden und die Rohre sind zu erden. Die Anzahl der in einem Rohr zulässigen Leitungen ist für Gleich- und Wechselstrom auf höchstens drei beschränkt, deren Querschnitt aber 6 mm^2 für jeden Draht nicht übersteigen darf. Sollen stärkere Drähte verwendet werden, so ist bei Gleichstrom jeder Leiter für sich in ein Rohr zu ziehen. Hierdurch wird eine gewisse Sicherheit erreicht, da nur Drähte geringen Querschnittes unmittelbar aneinander liegen.

In Räumen, die mit feuchter Luft oder Dünsten und Dämpfen von Gasen erfüllt sind, ist eine Abdichtung der Rohrwege an den Verbindungsdosen unerläßlich. Auch für gewöhnliche Fälle hätte dieser luftdichte Abschluß Berechtigung, da er eine Entflammung der Isolierhülle bei einem fehlerhaften elektrischen Leiter mit übermäßiger Erhitzung durch Luftmangel verhindert und örtlich beschränkt. Rohrwege übertragen auch das Feuer und den Rauch aus einem Raum in den andern, was bei Theatern usw. besonders ins Gewicht fällt. Die Schallübertragung kommt auch in Betracht, namentlich zwischen Gefängniszellen. Rohrwege sollen auch nach der Versicherung eines technischen Börsenrates einen beliebten Aufenthalt für Wanzen abgeben. Jedenfalls ist für Spitäler die Frage der Desinfizierung von Bakterien ernst. In gewöhnlichen Räumen muß die Abdichtung unterlassen werden, weil man die Rohrwege durch bewegte Luft auch dann trocken halten will, wenn eine oder die andere Verbindung undicht wird, und die Mauerfeuchtigkeit bei Neubauten eindringt. Man gibt deswegen den Röhren ein entsprechendes Gefälle, wodurch auch das Abfließen etwaiger Feuchtigkeit ermöglicht wird. Nach den Sicherheitsvorschriften des V. D. E. müssen die Rohre nach der Verlegung an der höher gelegenen Mündung des Rohrkanals luftdicht verschlossen werden, um das bei starkem Temperaturwechsel auftretende Niederschlagwasser möglichst zu verringern.

Für feuer- und explosionsgefährliche Betriebsstätten und Lagerräume, für Beleuchtung in Schaufenstern und Warenhäusern, für den Standort wechselnde Lampen und für fest verlegte Draht- und Schnurleitungen im Bühnenhaus von Theatern sind Rohre vorgeschrieben. Werden bei Wechsel- oder Drehstrom die Leitungen nicht derart verlegt, daß die Summe der durch das Eisenrohr gehenden Ströme in jedem Augenblick null ist, so entstehen im Rohre Wirbelstromverluste und Erwärmung, in den Drähten starke Spannungsverluste. Hierbei kann aber auf den Querschnitt keine Rücksicht genommen werden, so daß man besonders bei Spannungen von 110 V häufig auf so weite Rohre kommt, daß man auf die Verlegung in Rohrwegen überhaupt verzichten muß, wo sie nicht vorgeschrieben ist. Die Forderung, in Städten Hausinstallationen herzustellen, welche sowohl an ein Gleichstromdreileitersystem mit 2×110 V als an ein Wechselstrom-Einphasensystem mit 110 V angeschlossen werden, ist wegen dieser Bedingung nicht gut erfüllbar. Es ist daher die tatsächlich vorgekommene Forderung, nach den Vorschriften des V. D. E. schwarze, in Verputz verlegte Papierrohre derart zu installieren, daß sie je nach dem später zu fassenden Beschlusse entweder an die Dreileitergleichstrom- oder an die Zweileiterwechselstromanlage angeschlossen werden kann, undurchführbar.

Die unmittelbare Verlegung isolierter und metallgeschützter Leiter in oder auf Mauerputz wird verschieden durchgeführt. Gute kautschukisolierte Drähte oder mit Blei umpreßte imprägnierte Drähte werden in trocknem Mauerputz in Rillen gebettet, die vorher mit gut bindendem Gips und Pech ausgekleidet wurden. Nach Einlegung des Leiters wird die Nut wieder dicht oder nur oberflächlich zuerst mit Gips, dann Mörtel zugeschlossen. Hin- und Rückleiter benutzen keine gemeinschaftlichen Rillen. Für gute Kautschukdrähte, niedrige Spannung bis 120 V und alte trockene Mauern hat diese Verlegungsweise sich jahrelang, insbesondere bei Wechselstrom, gut bewährt. Die Neubauten und die höheren Spannungen bis 250 ja 500 V, besonders für Gleichstrom, brachten infolge Elektrolyse solche Mißerfolge, daß ihre Anwendung heute nach den deutschen Vorschriften verboten ist.

Wird ein mit getränkten Geweben oder Jute isolierter Leiter mit einer dichten Bleihülle umpreßt, so soll das Eindringen der Feuchtigkeit

Bleikabel. 319

verhindert werden und die unmittelbare Ein- oder Auflegung auf Putz ermöglicht sein. Diese Installationsbleikabel sind sehr biegsam und ihre Isolationsmasse muß Biegungen ohne Risse gestatten. Die Enden solcher Kabel saugen begierig Feuchtigkeit an; man muß sie daher sorgfältig herstellen, um eine Stromableitung vom inneren Kupferleiter zur äußeren Bleihülle zu vermeiden. Die Verbindung zweier Kabelenden zeigt Fig. 294. Die Bleihülle A wird auf eine Strecke abgestreift und mit gut klebendem Isolierband B umwickelt, deren Enden noch hie und da mit Bindfäden C gegen Aufwickeln gesichert werden. Auf gleiche Weise werden bei der Abzweigung die Drähte miteinander durch ein

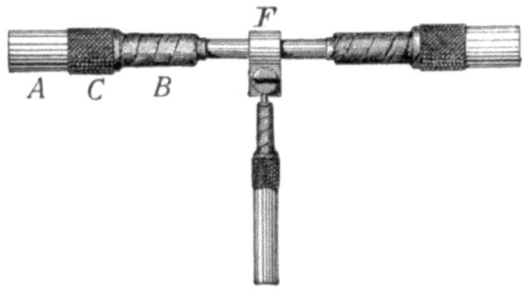

Fig. 294.

Klemmstück F, unter welches noch Zinnfolie geschoben werden kann, verbunden. Liegen die Kabel im Verputz, so werden Verbindungs- und Kreuzungsstellen in besonderen hölzernen oder aus Isolierstoffen bestehenden Kästchen, ähnlich Fig. 277 S. 310, untergebracht. Sollen sie keine Prüfstelle bilden, so können diese Kästchen ganz mit Isoliermasse ausgegossen werden. Oft wird statt des Isolierbandes eine Kautschukhülse stramm über die Übergangsstelle geschoben oder nur einfach ein Ebonitröhrchen benutzt, welches mit Isoliermasse auszugießen ist. Will man bei solchen Verbindungen das Kästchen ersparen, so kann ein Bleirohr über diese Stelle geschoben werden, dessen Enden vermittelst einer Rohrzange ausgezogen und zu dichtem Anschluß gebracht werden. Die Installationsbleikabel sind sehr empfindlich. Sie werden leicht chemisch und mechanisch angegriffen. Ihre unsichtbare Führung bietet noch Schwierigkeiten in der Fehleraufsuchung. Man hat vorgeschlagen, den Gips mit Mennige zu untermischen, um die Lage eines Kabels später sicherer zu erkennen. Für dünne Querschnitte ist dies überflüssig, denn es zahlt sich nie aus, sie auszubessern. Genaue Pläne, wie sie in vielen Fällen gefordert werden, zeigen gegen Nagelhiebe keine vorbeugende Wirkung, sie erleichtern jedoch oft die Fehlerermittlung.

320 Leitungsbau.

Die einstige allbeherrschende Installationsart mit einfachen Bleikabeln hat infolge der schlechten Erfolge, die sie meist durch die minderwertige Ware und billige, aber schlechte Verlegung erlitten hat, aufgehört. Gute, mit Eisenbändern bewehrte Bleikabel werden jedoch namentlich für Hauptleitungen viel und mit ausgezeichnetem Ergebnis verlegt. Solche Kabel werden auch in den Erdboden versenkt, und sie sollen daher bei den unterirdischen Leitungen behandelt werden.

Die Vorschriften des V. D. E. schreiben für niedere und hohe Spannungen die folgenden Bedingungen vor.

a) Bleikabel jeder Art dürfen nur mit Endverschlüssen, Muffen oder gleichwertigen Vorkehrungen, welche das Eindringen von Feuchtigkeit verhindern und gleichzeitig einen guten elektrischen Anschluß gestatten, verwendet werden.

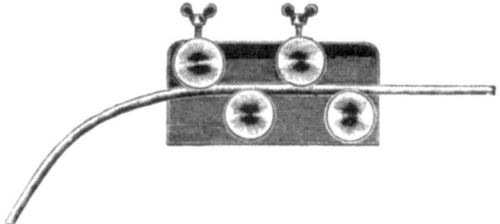

Fig. 295.

b) Blanke und asphaltierte Bleikabel dürfen nur da verlegt werden, wo sie gegen die im normalen Betriebe zu erwartenden mechanischen Beschädigungen geschützt sind.

Bei blanken Bleikabeln ist außerdem besondere Vorsicht gegen chemische Einflüsse geboten.

c) An den Befestigungsstellen ist darauf zu achten, daß der Bleimantel nicht eingedrückt oder verletzt wird; Rohrhaken sind daher nur bei armierten Kabeln und Panzerleitungen als Befestigungsmittel zulässig. Diese Bestimmungen gelten für niedrige Spannungen. Für hohe kommt noch hinzu, daß die Prüfdrähte nur zu Messungen am eigenen Kabel dienen dürfen.

Eine andere Lösungsweise besteht darin, den isolierten Leiter mit härterem Metall als Blei zu umpressen und die kurzen Stücke zu verbinden, wie bei den Metallrohrdrähten von E. Kuhlo, die Paul Firchow Nachf., Berlin seit 1905 auf den Markt bringen. Gute Gummidrähte werden mit dicht aufgepreßtem Metallrohr umgeben. Sie werden in Ringen von 25 und mehr Metern angeliefert, die mit den in Fig. 296 ersichtlichen Geradrichtern leicht an Ort und Stelle gestreckt werden. Die äußere Hülle kann aus Kupfer, Messing oder verbleitem Eisen be-

Versenkte Leitungen. 321

stehen. Nach dem Zuschneiden werden die Rohre mit einer Biegezange so gebogen, daß der Rohrfalz seitlich zu liegen kommt. Sollen diese Drähte sichtbar bleiben, was wegen ihrer geringen Dicke leicht durchführbar ist, so werden sie mit Benzin und Putzpomade ab-

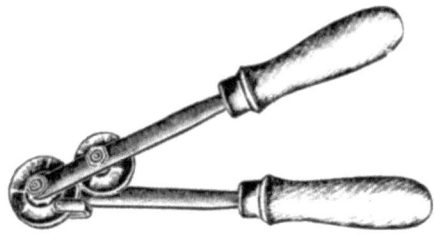

Fig. 296.

gerieben und mit Metallack überstrichen oder in der Farbe der Tapete angestrichen. Um eine Verbindung herzustellen, wird die Metallhülle abgeschnitten, und zwar niemals dem Falze entgegen. Die weitere Behandlung geschieht wie bei Bleikabel. Die Rohrhülle kann als Rückleiter des Stromes dienen. Die Anwendung dieser Drähte wird sich namentlich bei geerdetem Mittelleiter empfehlen, worauf wir später zurückkommen werden. Die konzentrische Anordnung mit äußerem an Erde gelegten Metallschutz hat schon Andrew für Schiffsleitungen und 1891 G. Stern, Wien, für Hausinstallationen mit Wechselstrom vorgeschlagen.

C. Versenkte Leitungen.

Allgemeines. Das Bedürfnis nach unterirdischen Leitungen für Starkströme tauchte mit der ersten elektrischen Zentralstation in großem Umfange auf, als Edison 1882 zur Beleuchtung eines größeren Häuserblockes schritt. Da die Stromverteilung nach dem Zweileitersystem mit 100 V Spannung zwischen den zwei Leitern erfolgte, so fielen die Leitungen so stark aus, daß ihre oberirdische Führung unmöglich wurde, und die unterirdische Verlegung sich als einzig mögliche Lösung darbot. Die großen technischen Schwierigkeiten, ihre hohen Kosten, sowie insbesondere der finanzielle Mißerfolg dieser ersten Zentralanlage haben die Verbreitung der unterirdischen Starkstromleitungen in den darauffolgenden Jahren verzögert. Für die schwachen Leitungen der in Reihe geschalteten Bogenlampen und für die Transformatorensysteme, welche hochgespannten Strom führten, lag zwar die oben erwähnte Ursache der

322   Leitungsbau.

Verlegung in Erde nicht vor; aber es trat in den bevölkerten Städten mit ihren zahlreichen anderen Luftleitungen aus Sicherheitsrücksichten das Bedürfnis nach einer Verlegung in den Boden ein. Am buntesten und zeitlichsten zeigte sich dies in New York, wo denn auch 1890 alle Luftleitungen verboten wurden.

Die erste Entwicklung der versenkten Leitungen für die neueren Starkströme wurde natürlich durch die zahlreichen, über ein halbes Jahrhundert reichenden Erfahrungen, welche man bereits in der Tele-

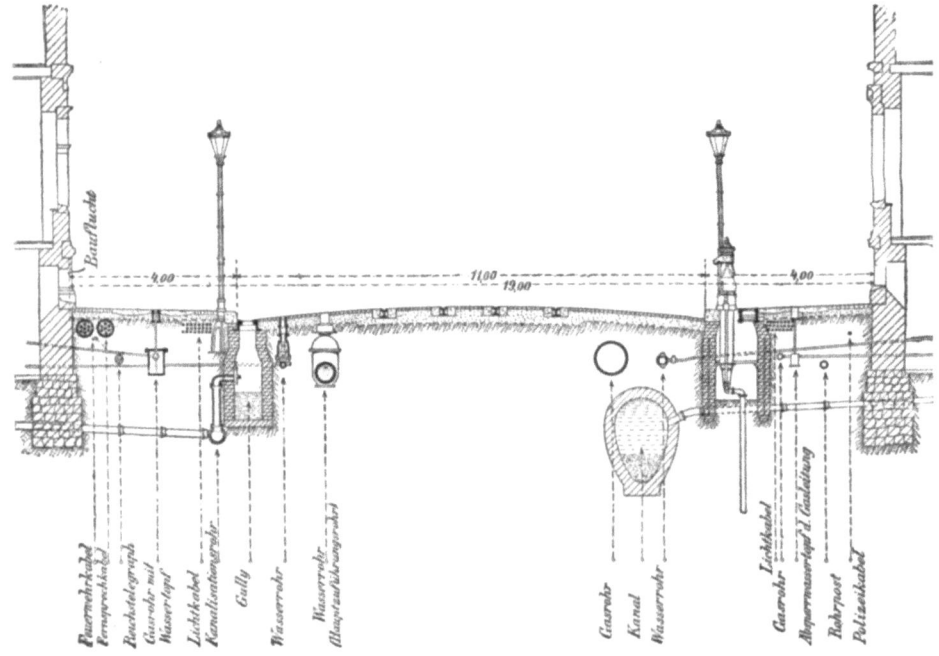

Fig. 297.

graphie gesammelt hatte, wesentlich gefördert. Bei den ersten Telegraphenlinien wurden voreilig zwecks größerer Sicherheit in Anlage und Betrieb versenkte Leitungen angewendet. Üble Erfahrungen infolge ihrer technischen Unvollkommenheit und großen Kosten brachten sie fast auf ein halbes Jahrhundert in Verruf. Schon 1837 hatte Cooke und Wheatstone versucht, Draht mit Wolle zu bedecken und in eine holzumrahmte, jedoch nicht rißfrei zu erhaltende Harzmasse einzubetten. 1845 schlugen daher die Genannten Bleiumhüllung vor; aber der Mißerfolg wiederholte sich, weil vor dem Überziehen des Bleimantels die Feuchtigkeit aus dem Isolierungsstoff nicht beseitigt wurde. Um diese

Zeit (1849) entdeckten Faraday und W. Siemens, daß Guttapercha ein gutes Dielektrikum sei; doch bewährte sich der anfänglich damit hergestellte Draht nicht, weil er eine unsichere Längsnaht besaß. 1868 kam vulkanisierter Kautschuk zu unterseeischen Zwecken mit gutem Erfolge in Gebrauch, was zur Verlegung der großen unterirdischen Telegraphenlinien wieder ermutigte. Seit 1876 sind hunderte deutsche Städte miteinander unterirdisch verbunden worden, denen die Städte Frankreichs und dann der anderen Staaten folgten. Ein neues Feld eröffnete sich durch die unterirdischen Leitungen, durch die Telephonie, womit jedoch ihrer Weiterentwicklung nach anderen Richtungen durchaus kein Einhalt geboten war. Vielmehr brachte der städtische Tiefbau mit den verschiedensten Versorgungsnetzen für Nutz- und Trinkwasser, für Kloaken- und Wasserabführung, für Gas und Elektrizität, diese zu Telegraphen-, Telephon- und Signalzwecken, sowie für Licht und Kraft im Straßenkörper, viele neue Aufgaben. Es ist ohne weiteres klar, welches Gewirr von Röhren und Leitungen entstehen kann, wenn nicht von vornherein auf eine übersichtliche Durchführung Rücksicht genommen wird. Fig. 297 gibt nach Kallmann ein Bild der räumlichen Inanspruchnahme unterhalb einer Berliner Straße, deren Bürgersteig 4 m ist. Vor der Häuserflucht ist ein $1^1/_2$ bis 2 m breiter Streifen den Leitungen der Post, des Reichstelegraphen- und Telephonamtes, der Feuerwehr und der Polizei vorbehalten. Dann folgen in einer Breite von $1^1/_2$ m die Gasröhren. Nächst den Randsteinen sollen die Starkstromkabel Platz finden. Auf dieser Strecke sind auch die Gaskandelaber in einem Abstande von etwa 0,5 m von der Bordkante errichtet; ferner enthält er die Tonröhren der Kanalisation und Hausentwässerung. Die dünneren Wasserröhren werden zunächst den Randsteinen auf der Fahrstraße angeordnet; für alle größeren Gas- oder Wasserrohre und für die Hauptschächte der Kanalisation dient der mehr nach innen liegende Teil des Fahrdammes. Die Tiefenlage dieser verschiedenartigen Leitungen ist rücksichtlich Abzweigungen und Wiederherstellungsarbeiten gewählt.

1. Einteilung unterirdischer Leitungen.

Bleibt der metallische Leiter nackt, so muß die Bettung nicht nur mechanisch sondern auch elektrisch schützen. Es lassen sich vier nicht scharf gesonderte Gruppen je nach der Lagerungsweise bilden. Leitungen in begehbaren Tunnels oder schliefbaren Kanälen, Leitungen in Kästen mit abhebbaren Deckeln, Leitungen in Röhren und Leitungen, die in den Boden ganz ohne oder doch mit teilweisem mechanischen Schutz verlegt werden.

324 Leitungsbau.

2. Die Tunnelleitungen.

Die Leitungen werden auf Porzellanglocken wie in Kellern als Luftleitungen gezogen. Die großen Kosten solcher Tunnels schließen ihre allgemeine Verwendung aus. In einzelnen Fällen, wo der Tunnel schon vorhanden oder wegen anderer Umstände auch sonst erforderlich ist, gelangt diese Unterbringung mit Vorteil zur Ausführung. So z. B. erhalten Theater mit Maschinen- und Kesselhaus ohnehin für die Lüftungs-, Wasser- und Heizungsröhren einen begehbaren Verbindungsgang. Die Leitungen können je nach Umständen blank oder isoliert, ja auch vielfach bleigeschützt sein. Die Katakomben in Rom und die großen Abzugskanäle, die Egouts in Paris, fanden stellenweise eine gleiche Verwendung.

In Ausstellungen, wo viele Leitungen zu führen sind und der Bedarf sich vorher nicht feststellen läßt, leisten sie gute Dienste. Fig. 298 und 299

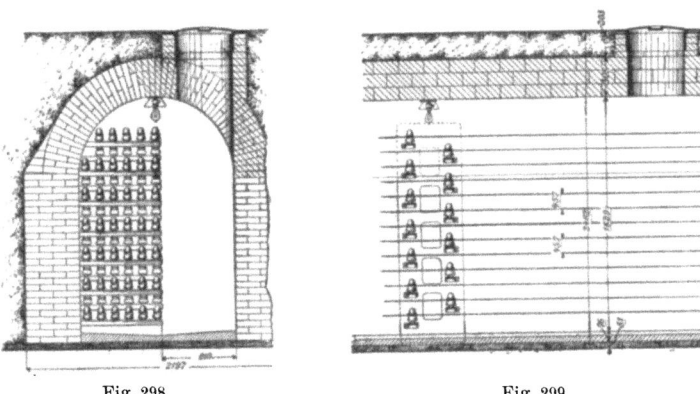

Fig. 298. Fig. 299.

geben ein Bild der Tiefwege, Subways, der Chicagoer Ausstellung zwischen der Maschinenhalle und den Hauptgebäuden. Querarme, welche je 5 Isolatorglocken trugen, wurden durch gußeiserne Ständer, in Abständen von 9 m durch Rahmengestelle verbunden. Bei allen Tunnelanlagen ist auf Entwässerung und Lüftung, leichte Zugänglichkeit und Übersicht der Leitungen Rücksicht zu nehmen. In dem genannten Ausstellungstunnel war jeder Querarm sowie jede seiner Glocken entsprechend beziffert und in übersichtlichen Plänen zur raschen Zurechtfindung eingetragen worden, um die Fehleraufsuchungen zu erleichtern.

3. Leitungen in abdeckbaren Kästen.

In offenen Kanälen aus Mauerwerk, Zement, Eisenbeton, Eisen und anderen Stoffen werden blanke Leitungen auf isolierenden Unterlagen oder isolierte Leitungen unmittelbar eingelegt und durch ein Deckelstück dicht verschlossen. Diese Kästen liegen entweder mit ihrer Oberfläche zugänglich oder in den Boden vertieft und nur örtlich durch Schächte erreichbar. Ursprünglich wurden Kupferschienen, später wegen der verminderten Zahl von Verbindungsstellen sorgfältig verzinnte Kupferkabel

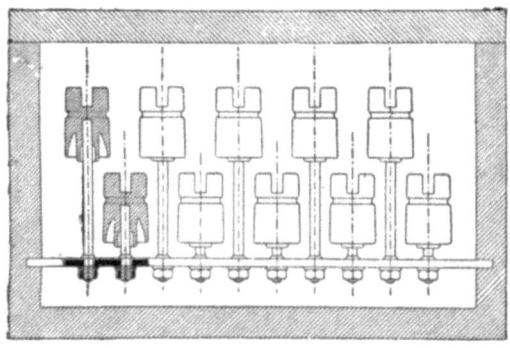

Fig. 300.

gebraucht, welche an ungünstigen Punkten gegen Grünspanbildung durch Fettanstrich geschützt waren. Das erste Leitungsnetz der Stadt Königsberg, ein Fünfleitersystem, wurde in dieser Weise, Fig. 300, durchgeführt. Um die Ansammlung von Gasen zu verhindern, mußten Anschlüsse an lotrechte Lüftungsrohre vorgesehen werden. Gase können sich durch Elektrolyse oder durch die Erhitzung der Isolierstoffe, namentlich durch zufällige Lichtbögen, bilden oder aus undichten Leuchtgasleitungen eindringen, wodurch die Gefahr von Explosionen heraufbeschworen wird. Für Ableitung des eindringenden Wassers ist gleichfalls zu sorgen. Die James and Pall Mall Electric Light Company in London verwandte für ihr Dreileiternetz gußeiserne Behälter mit Deckplatten nach Fig. 301.

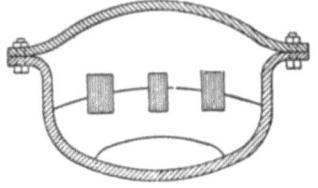

Fig. 301.

Porzellanstege trugen in ihren oberen Zahnlücken blanke Kupferstreifen, während untere Aussparungen dem Wasserablauf dienten.

Die Einlegeleitungen erstrebten einfache Verlegung und Verwechselbarkeit in den Leiterquerschnitten an, sie machten jedoch in ihrer reinen

326 Leitungsbau.

Form hinsichtlich guter Isolation und Anschlüsse von Zweigleitungen Schwierigkeiten. Die blanken Leiter haben zu größeren Explosionen geführt, und da sie hohe Betriebskosten erheischten, sind sie bald ganz außer Gebrauch gekommen. Nur in der unterirdischen Stromzuführung zu den Wagen elektrischer Stadtbahnen, wie in Budapest, haben sie sich mit offenem Schlitz für den Stromabnehmer eigenartig entwickelt. Um den Schwächen der Rinnenleitungen zu begegnen, wurden isolierte Leiter genommen, die in Isoliermasse gelegt wurden. Wir werden diese Leitungen bei der 4. Gruppe aufzählen.

4. Einziehleitungen.

Um bei Kabelfehlern oder bei nachträglichen Vermehrungen oder Verstärkungen der Leitungen den Straßenkörper nicht neuerdings aufreißen zu müssen, hat man zu Anordnungen die Zuflucht genommen, welche ein streckenweises Ein- und Ausziehen der Kabel durch einen Schutzkörper ermöglichen. Für Leitungen mit großen Querschnitten war die Möglichkeit eines solchen Vorganges wegen ihrer Steifheit und

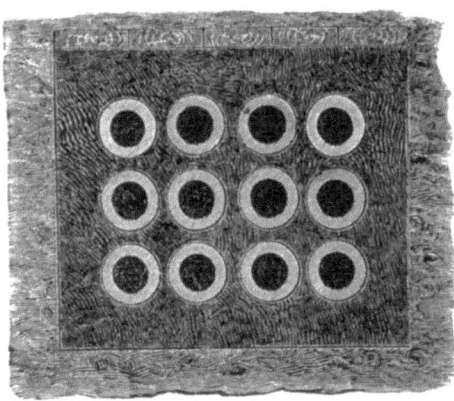

Fig. 302.

kurzen Baulängen erschwert, und diese Methode kam daher vornehmlich für Schwachströme und für Reihenbogenlampen in Amerika auf. Das Dorsettsystem fand dort in großem Maßstabe Verbreitung. Ein Gemisch von Asphalt, Kohlenteer und feinem Sand wurde zu Blöcken mit zylindrischen Öffnungen geformt. Diese Blöcke, welche auf einer Betonunterlage ruhen, werden an ihren Berührungsflächen durch Dampf erweicht und durch eine leichtflüssige, geschmolzene Masse zu einem einzigen

Stück verbunden. In Entfernungen von 65 m münden die zylindrischen Öffnungen in ein Mannloch, von dem aus das Ein- und Herausziehen der Kabel und ihre Verbindungen hergestellt werden. Gleicherart war die englische Callender-Webbersche Bauweise.

Das Weichwerden der Bettungsmasse, wodurch die Leitungen anklebten, ließ den erstrebten Zweck nicht erreichen. Man legte daher

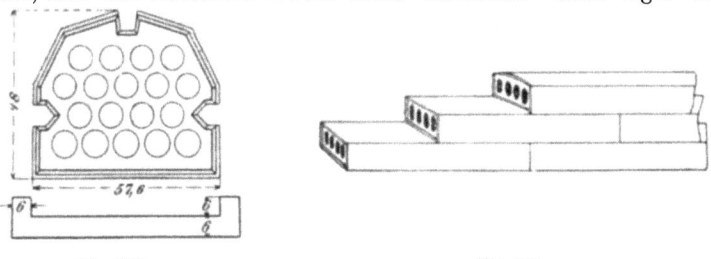

Fig. 303. Fig. 304.

dünne Eisenröhren in Zementguß ein. In dieser Weise hatte die Standard Underground Cable Co., Chicago, die Leitungen zu ihren 2000 Bogenlampen ausgeführt, Fig. 302.

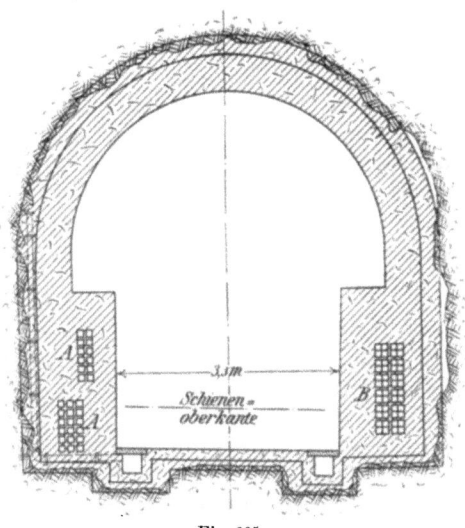

Fig. 305.

Der schwedische Ingenieur Hultmann hat mit Erfolg Zementblockkanäle eingeführt, die für Telephonnetze in größeren Städten angewendet werden. Blöcke von 1 m Länge und verschiedenen Querschnitten, etwa wie Fig. 303, werden durch in drei Längsrillen eingelegte, 5 m lange Eisenstangen starr zusammengehalten. Dann werden diese Längsrillen mit Zementmörtel, die Querfugen zwischen den Stücken mit einer Teer-

Asphaltmasse ausgefüllt. Die Kabel werden von Einsteigschächten aus eingezogen. Für Beleuchtungsnetze kommen diese Kanäle nur für Speiseleitungen, welche in langen Strecken keine Abzweigungen haben, in Frage.

Um nicht den Eisenmantel mit Zement in Berührung kommen zu lassen, werden viereckige Tonkörper mit einer oder vier Öffnungen, innen glasiert, zu dichten Kanälen zusammengebaut. Am bekanntesten sind jene der H. B. Camp Co. in New York. Nach Zappes Angaben hat Wayss & Freytag, A.-G., Berlin, an vielen Orten glasierte Formstücke, Fig. 304, zu Leitungen angeordnet. Die Stoßfugen werden mit Zement oder Asphalt gedichtet.

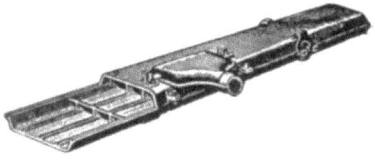

Fig. 306.

Im Bahntunnel unter dem East River Strome in New York wurden, Fig. 305, in der verstärkten Betonwandung solche Tonkörper, A für Starkstrom, B für Schwachstrom, eingebaut. Eiserne Röhren und Kästen wurden statt der Steinblöcke zu dichten Rohrleitungen entwickelt. So führt die House to house Electric Light Company in London ihren 2000 voltigen Strom durch Kautschukdrähte, welche in gußeisernen Röhren liegen. Ein anderes Beispiel gibt das Johnstonsche System, welches für New York und Chicago offiziell vorgeschrieben war. Es bestand aus einem gußeisernen zweiteiligen Rahmen, welcher durch einsetzbare Stege unterteilbar wird, Fig. 306.

5. Unmittelbare Einbettung von Leitungen in die Erde.

Da durch undichte Stellen in den Einlege- und Einziehleitungen Gas und Wasser eindrangen, so half man sich durch nachträgliches Ausgießen der Rohröffnung mit Isoliermasse. Man verzichtete also auf den Schutz hinsichtlich Isolation und begnügte sich notgedrungen auf den mechanischen. Schon 1858 hat Hughes vorgeschlagen, Leitungen in Öl zu legen. Das erste atlantische Kabel zeigte nämlich 1858, kurz nachdem es verlegt war, einen Fehler. Man schrieb dies der an mehreren Stellen durchlöcherten Guttapercha zu. Hughes meinte nun, es sollten die Kabel so isoliert werden, daß sich derartige kleine Öffnungen von selbst schlössen. Ein Kabel, welches ein solches Mittel zur eigenen Wiederherstellung, etwa Harzöl, eingeschlossen enthielte, würde kleine Fehler selbst gutmachen, gleichwie eine Schnittstelle am lebenden Baum oder Körper durch Stockung des Saftes oder Blutes sich verschließt. Fünfzehn Jahre später hat D. Brooks in Philadelphia wieder das Öl für Leitungen emp-

Einbettung in die Erde. 329

fohlen, und noch 1900 lebte sein semi-solid system of underground cables bei Johnson & Phillips, Kabelwerke London. Bei den Luftleitungen tauchten inzwischen die Ölisolatoren auf, und man griff eilig nach diesem Mittel, um auch Transformatoren für höhere Spannungen sicherer gegen Durchschläge zu schützen.

Die ersten versenkten Leitungen für Stadtnetze von Edison bestanden aus zwei parallelen, 6 m langen, halbkreisförmigen blanken Kupferstangen. Durch Pappscheiben wurden sie in Abstand voneinander und dem schmiedeeisernen Rohre gehalten, welches zum Schutze darüber gezogen wurde. Später wurden die Pappscheiben durch Porzellanstücke ersetzt, um welche die blanken Leiter spiralförmig liefen. Nach ihrer Einziehung wird das ganze Rohr mit Isoliermasse ausgefüllt. Für Leitungen von sehr starken Querschnitten und kurzen Längen ist das Edison tube system für Spannungen bis 300 V noch heute in Amerika in Gebrauch.

Man versah die Bleikabel mit zweifachem Eisenbandmantel und legte sie in mäßiger frostfreier Tiefe auf und in eine reine Sandschichte. Den mechanischen Schutz konnte der Stahlpanzer nur zum Teile leisten, gegen Pickenhiebe bot er keine Gewähr. Als Warnungszeichen sollten vorgelegte Eisenstreifen, Plankenstücke oder gar wie beim Secteur Champs-Elysées in Paris Drahtnetzstreifen dienen. Meist wurde aber diese obere Abdeckung der Sandschichte durch eine lose hingelegte Backsteinreihe billig und unverläßlich durchgeführt. Um auch gegen seitliche Hiebe etwas geschützt zu sein, wurden die Ziegel mit kaum besserem Erfolge kanalartig angeordnet, wie Fig. 307 zeigt.

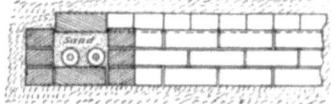

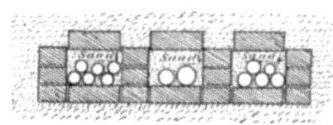

Fig. 307.

Die Ziegel verschoben sich beim Zuwerfen des Grabens zu leicht; man griff zu breiteren schweren Natur- oder Kunststeinplatten und Halbröhren. Zementplatten mit eingelegtem Eisennetz stehen hierin voran. Das städtische Elektrizitätswerk in Amsterdam verwendet nach G. de Gelder Zementplatten mit 4 mm starken inliegenden Eisendrähten, wie dies Fig. 308 zeigt. Die Platten haben eine Länge von 1 m bei einer Stärke von 40 mm. Ihre Breite richtet sich nach der Zahl der zu bedeckenden Kabel. Die Breite von 250 mm reicht für drei Kabeln aus. Mit an Ort und Stelle eingesetzten Bügeln werden die Platten zu einer zusammenhängenden Schutzhaut verbunden. Wo noch die Furcht chemischer Angriffe aus dem durchsetzten Erdboden der Städte hinzutrat, erweiterten sich diese Schutzmittel zu den geschlossenen

330 Leitungsbau.

Formen, wie wir sie bei den Einzieh- und Einlegeleitungen bereits kennen lernten. Auf die Dichtheit des Schutzes wurde jedoch nicht mehr das Hauptgewicht gelegt. J. Hevendehl, Düsseldorf, formte seine

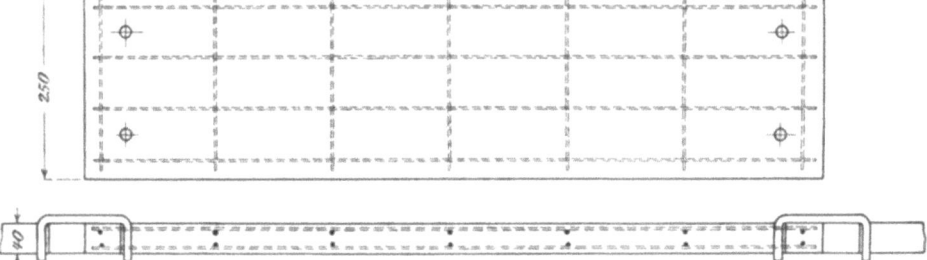

Fig. 308.

Reformkabelsteine aus klinkerhart gebrannten Tonsteinen zu Rinnen mit keilförmigen Deckplatten, Fig. 309, die Ziegelfabrik Thaingen in Hofen,

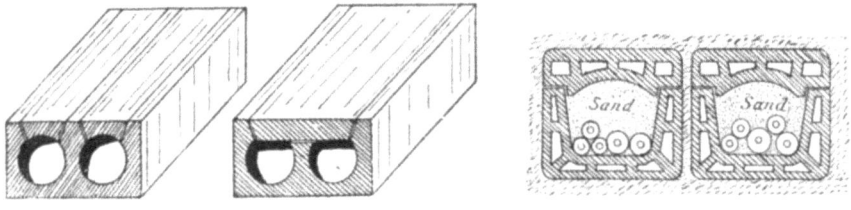

Fig. 309. Fig. 310.

Schweiz, hohle Zementrinnen nach Abb. 310, die mit Sand gefüllt werden. Ähnliche Formen weist Servais & Co., Tonwerk Witterschlick

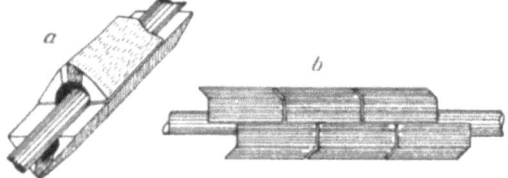

Fig. 311.

bei Bonn a/Rh. und Hotop, Berlin, auf. Wayß & Freitag haben aus Stampfbeton Formsteine nach Fig. 311 gebildet, die sich zu vielen zusammensetzen lassen. Dieselbe Firma hat auch an Ort und Stelle der Verlegung hergestellte, noch frische Betonmasse in Jutesäcke gefüllt und

Einbettung in die Erde.

schuppenartig mit Zwischenlegung von Teerpappe auf die Kabelleitungen als Betonkabelschutz eingeführt, Fig. 312 und 313. Der Beton zieht aus dem Boden noch nachträglich Feuchtigkeit und erhärtet bald. Die Berliner

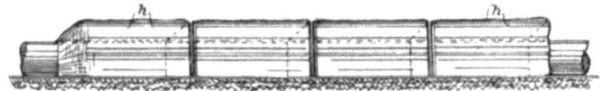

Fig. 312.

Elektrizitätswerke haben ihre 6000 voltigen Drehstromkabel von ihrem Kraftwerk in Oberschöneweide nach der Unterstation im Innern von Berlin auf diese Art, Fig. 314, geschützt. Wenn die Jutesäcke auch in Kürze zugrunde gehen, so bleibt der harte Betonkörper doch bestehen.

Unter Gleisen oder Straßenübergängen sucht man die Kabel gegen den mechanischen Druck besonders zu schützen. Gußeiserne Rohre, Rinnen aus U-förmigem Eisen u. dergl. dienen hierzu. In Köln ruhen die Kabel in mit Asphaltmasse ausgegossenen Holzkästen auf eisernen Querbändern. Die Abzweigungen in schmiedeeisernen Röhren, die dann gleichfalls in ausgegossenen Holzkästen liegen.

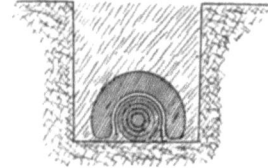

Fig. 313.

Fig. 314.

Werden jedoch Bleikabel ohne weiteres in Holzkästen verlegt, so müssen diese streckenweise durch eingegossene Asphaltstege dicht unterteilt werden, damit etwa eindringendes Leuchtgas keine offenen Bahnen antreffe und zu gelegentlichen Explosionen, namentlich bei Lötungen in den Kabelkästen oder Schächten führen könne. Da die Karbolsäure des Holzes das Kabelblei angreift, und das Holz überhaupt nur kurze Lebensdauer aufwies, wird es immer weniger zu diesen Zwecken verwendet.

6. Die Isolierstoffe und ihre Eigenschaften.

Die Isoliermittel, die bei der Herstellung isolierter Drähte und Kabel verwendet werden, sind vorwiegend Pflanzenfasern, wie Baumwolle, Jute, Hanf, Papier oder Pflanzensäfte, wie Guttapercha, Gummi, Harze und Öle. Daneben kommen in geringerem Maße noch fossile Harze und mineralische Bestandteile, wie Asphalt, dann Schwefel, Speckstein, Zinkoxyd, kohlensaurer Kalk und schwefelsaures Antimon, letztere als Beimengungen oder Beschwerungen zum Gummi in Betracht. Alle Pflanzenfasern enthalten Wasser und saugen nach dem Trocknen begierig Feuchtigkeit aus der Luft auf. Sie werden deshalb nur an solchen Stellen zuweilen ungetränkt verwendet, wo sie dauernd stark erwärmt werden, z. B. bei den mit Baumwolle isolierten Wickelungen von Dynamomaschinen für niedrige Spannung. Für Leitungen kommen sie nur mit Ölen oder Harzen nach dem Trocknen getränkt zur Verwendung. Auch die Pflanzensäfte enthalten etwas Feuchtigkeit und nehmen während des Auswaschens Wasser auf; ihre Trocknung kann jedoch nicht so weit getrieben werden wie die der Fasern. Nach dem Reinigen und Trocknen nehmen sie nur noch wenig Feuchtigkeit auf. Dies gilt besonders von Guttapercha und Gummi in dickeren Stücken.

Die Guttapercha, die 1843 zuerst nach Europa kam, ist der eingetrocknete Milchsaft des Guttaperchabaumes. Sie wird in dünnen Streifen auf den Leiter gewickelt und dann durch Umwickelung mit anderen Stoffen, z. B. geteerter Jute, oder Umpressung mit Blei vor Luftzutritt geschützt. Der Luft ausgesetzt oxydiert oder verharzt sie, besonders beim Wechsel von Feuchtigkeit und Trockenheit. Dagegen hält sie sich im Wasser gut. Da ihr Schmelzpunkt bei 100^0 liegt, und sie schon bei oder unter 40^0 erweicht, wird sie für Starkstrom nur selten noch verwendet, und zwar als wasserdichte Zwischenlage bei Gummi- oder Papierkabeln, die unter Wasser verlegt sind. Dagegen finden sie beinahe ausschließlich Verwendung bei allen unterseeischen Kabeln für Telegraphen und vielfach auch noch für unterirdische Telegraphenkabel.

Isolierstoffe. 333

Damit die einzelnen Lagen der Isolierstoffe Zusammenhalt gewinnen, benutzt man die verschiedensten isolierenden Füllmassen, etwa die von Chatterton und Smith 1857 angegebene, aus 3 Gewichtsteilen Guttapercha, 1 Teil Harz und 1 Teil Teer.

Der Kautschuk oder Gummi ist ebenfalls der getrocknete Milchsaft verschiedener Arten von Gummibäumen, vor allem aus Mittel- und Südamerika, Indien und Afrika. Die besten Sorten, wie Bolivia, Madeira und Up River kommen aus der Provinz Para und enthalten selten mehr als 1 % harzige Beimischungen, die billigeren bis zu 20%. Naturgummi nimmt in dünnen Lagen noch Feuchtigkeit auf und zersetzt sich durch Oxydation an der Luft; er wird, wie Goodyear 1839 entdeckte, durch Zufügung von etwa 3 % Schwefel, unter Dampfdruck von 2—3 Atmosphären, über 120° C. erhitzt, und geht dann nach $1/_2$—2 Stunden in den vulkanisierten Gummi über, der dauerhaft und elastisch ist und gut isoliert. Untervulkanisierter Gummi ist weich, übervulkanisierter hart. Weitaus der größte Teil des Gummis wird mit anderen, billigeren Gummisorten gemengt und mit Zusatzmitteln beschwert; die Mischungen werden mit angewärmten Walzen gut durchgeknetet, zu Platten gezogen und erst nach der Aufbringung auf den Leiter in Band- oder Schlauchform, der Gummiader, vulkanisiert.

Man hat oft den verzinnten Kupferdraht mit Baumwolle umsponnen und dann erst mit Gummi umwickelt oder umpreßt, um zu verhindern, daß der beim Vulkanisieren freiwerdende Schwefel das Kupfer nicht unmittelbar angreife und Schwefelkupfer oder Schwefelzinn bilde. Die getrockneten Drähte werden dann mit einer oder mehreren Lagen unvulkanisierten Paragummis spiralförmig umwickelt. Es liegt ganz in der Hand des Fabrikanten und hängt nur vom Preise ab, den Isolationswiderstand und die Durchschlagspannung des Isolierstoffes zu bestimmen. Da reiner Gummi teuer ist, etwa 10 M/kg kostet, wird man in vielen Fällen von einem Grundstoff sprechen können, dem Gummi zugesetzt ist. Bei dem überaus großen Verbrauch an Kautschuk ist er Gegenstand vielfacher Spekulationen; so gegenwärtig abhängig von den Verhandlungen der von Rockefeller beeinflußten Continental Cautschuk Company und dem Kongotrust unter König Leopold.

Durch verschiedene Mischungen und Beigaben hat man die Möglichkeit, ohne Verminderung der Durchschlagspannung die Dielektrizitätskonstante k des Gummis zu verändern. Reiner vulkanisierter Paragummi hat etwa $k = 3$; dagegen 58% Paragummi, 2% Schwefel, 26% Talkum und 14% Zinkweiß geben bei derselben Durchschlagspannung von 15 bis 20 000 V/mm als Dielektrizitätskonstante $k = 4$—4,2. Ein Gummi aus 64% Para, 8% Schwefel, 16% Talkum, 8% Minium und 4% Zinkweiß gibt $k = 5$. Nimmt man aber 56% Para, 22% Schwefel und 22% Talkum, so erhält man eine weitere Erhöhung von k auf 6,10, während die Durchschlagfestigkeit nach Jona fast unverändert ist. Dies ist wertvoll für die Isolation der Hochspannungskabel. Bei diesen kommt in Europa mehr und mehr Papier, und zwar vor allem aus Manilahanf hergestelltes, zur Verwendung, das getrocknet in Streifen spiralförmig aufgewickelt und nachträglich in der Luftleere mit Isoliermasse getränkt oder imprägniert wird. Diese Füllmassen bestehen, wie bereits gesagt, aus Harzen, Ölen oder deren Gemengen; Harze geben höhere Isolation, aber größere Steifigkeit; Öle größere Geschmeidigkeit. Deshalb finden neuerdings die geschmeidigeren Kabelmassen mit Ölzusatz und kleineren Isolationswerten mehr Verbreitung, weil das Material weniger brüchig ist, und die Kabel auch in der Kälte ohne Anwärmung verlegt werden können. Auch Jute dient als Träger der Isolationsmassen. Zu diesen werden das durch Destillation von Kolophonium gewonnene Harzöl, das Galipot oder Fichtenharz, Terpentin, Leinöl, das fossile Bitumen, Asphalt, Teer und Paraffin verwendet.

Das Paraffin ist ein ausgezeichneter Isolierstoff, dessen Anwendungsgebiet jedoch durch seine Sprödigkeit beschränkt ist. Das Ozokerit, hauptsächlich aus Galizien, Mähren, wird seit 1869 in Verbindung mit Teer oder allein zu allerdings minderwertigen Isolierbändern verarbeitet. Das seit 1879 bekannte Kerit ist eine Mischung von vulkanisiertem Kautschuk Ozokerit, Lein- oder Nußöl. Auch Okonit, Bitit und andere gehören hierher. Okonit soll aus 49,6 Gummi, 5,3 Schwefel, 3,2 Ruß, 15,5 Zinkoxyd, 26,3 Bleioxyd und 0,1 Kieselerde bestehen. Statt des Okonits ist auch für isolierte Drähte die künstliche Guttapercha von Adolf Gentsch, einer Mischung von reinem Gummi mit Palmenöl, unter dem Namen Gutta-Gentsch aufgetreten.

Die Isoliermasse von Heyl besteht aus einer Mischung von Olivenöl, Leinöl, Baumwollsamenöl, welche auf 200° C. mit etwas Salpetersäure und Kalkstein erhitzt wird.

Die isolierenden Stoffe lassen sich in zwei Gruppen bezüglich ihrer Verwendbarkeit bei der Kabelherstellung scheiden. Bei der ersten wird die Feuchtigkeit von der Isoliermasse selbst wenig aufgenommen, während bei der zweiten dies begierig geschieht, und diese daher durch eine wasserdichte, metallische Hülle ergänzt werden muß. Zur ersten Gruppe zählen vornehmlich Guttapercha und Kautschuk, sowie harzartige und ölige Stoffe; zur zweiten gehören Faserstoffe wie Jute, Hanf, Baumwolle, Papier, welche mit Öl, Wachs, bituminösen, harzigen Massen imprägniert werden, wobei ihnen die Feuchtigkeit bei der Kabelherstellung entzogen wird. Die erste Gruppe enthält Stoffe von ganz gleichmäßigem Gefüge, während die zweite aus Gespinsten besteht.

7. Herstellung und Eigenschaften der Kabel.

Solange man weit unter der Durchschlagspannung bleibt, läßt sich eine Veränderung des Isolierstoffes bei dauernder Elektrisierung nicht nachweisen. Nähert man sich ihr, so erfolgt bei dauernder Wirkung der Durchschlag vor jener Grenze, ein Zeichen, daß eine Zersetzung des Materials schon vorher Platz gegriffen hat. Der Isolationswiderstand wird von der Temperatur in umgekehrter Weise wie bei gutem Leiter beeinflußt, und zwar sinkt er viel rascher, als er bei diesem steigt. Darum lassen sich z. B. Kautschukkabel durch den Strom nur schwach belasten, weil die zunehmende Wärme des Kupferdrahtes die Isolation der Umhüllung rasch herabmindert. Alle Kabel mit Gummi-, Papier- oder Juteisolierung erfordern gegen die Feuchtigkeit bei Lagerung in den Boden oder ins Wasser einen Schutzmantel, der fast immer aus Blei, nur selten im Wasser aus einer Lage Guttapercha besteht.

1845 nahmen Wheatston und Cooke Patent auf die Verwendung eines mit Längsnaht versehenen Bleirohres. Young und Mc. Nair schlugen vor, die mit Wolle überzogene Kupferlitze zuerst durch geschmolzene Isoliermasse, dann durch weiches Blei zwischen 120 und 200° C. und zuletzt durch eine Düse unter hydraulischem Drucke zu führen. Mapple zog das isolierte Kabel in eine Bleiröhre, welche durch Rollen oder Scheiben nachträglich angepreßt wurde. Diese Verfahren hatten ursprünglich keinen Erfolg, sind aber heute, in ihren Einzelheiten verbessert, alle von Erfolg. Hauptsache ist es, das Bleirohr dicht, blasenfrei zu gewinnen. Hohe Temperatur, also leichtflüssiges Blei bei verhältnismäßig geringem Drucke wurden von Berthoud Borel seit 1879 verwendet, während Siemens seit 1881, Felten und Guilleaume, Fowler Waring u. a. bei niedriger, unter dem Schmelzpunkt liegender Temperatur und sehr hohem Drucke die Bleihüllen herstellten. Beim ersteren Verfahren mußte man fürchten, daß die Faser unter dem Einflusse der hohen Temperatur leide, während bei letzterem die Gleichmäßigkeit der Bleihülle nach einem Stillstand der Bleipresse mehr Schwierigkeiten bot und die Sicherheit gegen Blasen nur durch zweifach übereinanderliegende Bleihüllen früher zu erreichen war, was zu sehr steifen Kabeln führte. Heute ist jedoch die Technik so vorgeschritten, daß man nur eine einzige Bleimantellage nimmt.

Die größte Verbreitung hat die Kabelpresse von Carl Huber aufzuweisen, bei der das Blei auf zwei Seiten auf das Kabel unter hohem Druck gepreßt wird. Sie ist 1881 entstanden und wird seit 1892 vom Grusonwerk hergestellt. Jedes Bleikabel wird nach der Umpressung mit Blei 24 Stunden in Wasser gelegt und dabei auf Isolation und Spannung geprüft; trotzdem können kleine, durch Isolationsmasse gedichtete, Blei-

336 Leitungsbau.

poren hierbei unentdeckt bleiben. Deshalb glaubte M. F. Erens, Arnheim, 1906 die Prüfung unter Wasserdruck von 5 Atmosphären wieder vorschlagen zu sollen. Anordnung und Form der Leiter im Kabel können verschiedenartig sein. Ein einfaches blankes Bleikabel zeigt Fig. 315; es besteht aus dem Kupferleiter, der Isolation und dem Bleimantel. Das siebenadrige Seil enthält einen isolierten Draht als Prüfader eingeflochten. Kommt noch eine Isolierschicht aus geteertem Gespinst hinzu, so wird es als einfaches Bleikabel, Compound, bezeichnet. Wird es mit Eisenband geschützt, so spricht man von einem eisenbandarmierten Bleikabel. Soll dieses einem besonderen mechanischen Zuge widerstehen, wie in Flußläufen oder Grubenschächten, so greift man zu einer asphaltierten Bewehrung aus verzinkten Eisendrähten. Bedecken diese die äußere Oberfläche des Kabels vollends, so wird die Armierung als eine geschlossene, sonst als offene bezeichnet. Fig. 316 zeigt ein mit Eisendraht doppelt bewehrtes Flußkabel der Siemens-Schuckert-Werke. Zweileiter- oder Doppelkabel enthalten Hin- und Rückleiter unter gemeinschaftlichen

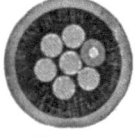
Fig. 315.

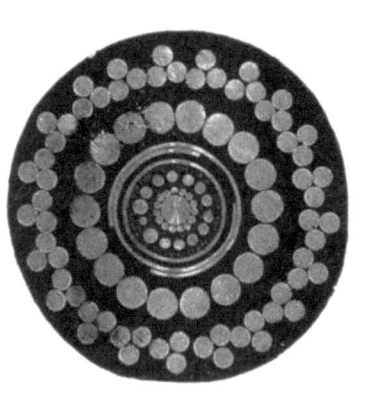
Fig. 316.

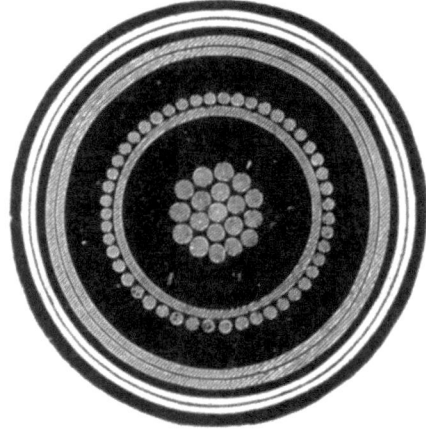
Fig. 317.

Hüllen. Sind die Leiter hierbei konzentrisch angeordnet, so hat man einfach konzentrische Kabel, die, anfänglich nach Borel mit innerem Bleimantel unter dem konzentrischen Leiter, dann ausschließlich ohne diesen verwendet wurden, heute jedoch durch die verseilten Leiter verdrängt sind. Ebenso gibt es Kabel mit drei Leitern, welche dreifach verseilt oder wenn konzentrisch, zweifach konzentrisch heißen. Für zweiphasigen Wechselstrom können vier Leiter verwendet werden. Fig. 317 stellt ein konzentrisches Kabel mit innerem Bleimantel und doppeltem äußeren Bleimantel dar, wie es um 1890 verwendet wurde,

Fig. 318 ein verseiltes Dreileiterkabel mit drei Prüfdrähten. Zur besseren Ausnützung des Raumes, namentlich bei hohen Spannungen, werden die Leiterquerschnitte nicht mehr rund gewählt, sondern segmentartig geformt. Fig. 319 und 320 stellen verseilte Kabel dieser Art von der Allgemeinen Elektrizitäts-Gesellschaft, Berlin, mit Sektorleitern und Papierisolation dar, das eine von 3×70 mm² für 6000 V mit Eisenbandbewehrung, das andere von $3 \times 32,3$ mm² für 20 000 V mit blankem Bleimantel. Die einzelnen Kabel erhalten, wenn sie mit andern in gemeinschaftlichen Gräben verlegt werden, durch angeschriebene Metallringe in Abständen von 1—2 m ihre Kennzeichnung. Die Adern selbst pflegt man ebenfalls schon bei der Herstellung durch geringfügige Zeichen zu unterscheiden. Blanke Leiter für die Anerdelegung sollten nicht mit isolierten Leitungen im selben Kanal oder Graben verlegt werden. Im Falle der Beschädigung des isolierten Leiters kann auch der erstere sogen.

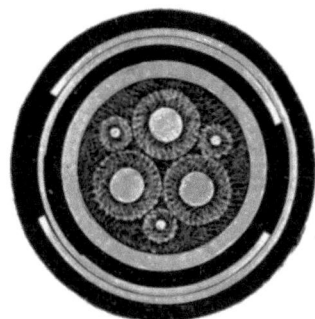

Fig. 318.

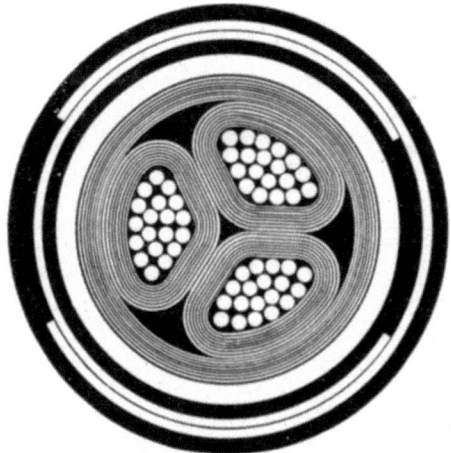

Fig. 319.

neutrale angebrannt oder unterbrochen werden. Wird ein Einleiterkabel von einem Wechselstrom durchflossen, so wird ein magnetisches Wechselfeld geschaffen, dessen Kraftlinien den Leiter umkreisen, wodurch größere Selbstinduktion und außerdem durch Foucaultströme und Hysteresis Energieverluste entstehen. Diese Verluste hängen von der Periodenzahl, der Stromstärke, der Art der Hülle, namentlich

338 Leitungsbau.

ob Blei allein oder mit Eisenbewehrung verwendet ist, sowie von ihrem Widerstande ab.

Um diesen Energie- und Spannungsverlusten vorzubeugen, greift man bei Verwendung von Eisenbewehrung und ein- oder mehrphasigem Wechselstrom zum Doppel- oder Mehrfachkabel, bei dem alle Leiter von gemeinschaftlichen Schutzhüllen umgeben werden. Da die Summe der Ströme aller Phasen bei den verketteten ausgeglichenen Systemen in jedem Augenblicke null ist, haben solche Kabel in diesem abgeglichenen Zustande weder merkbare Verluste in der Bewehrung noch merkbare Induktion auf benachbarte Leitungen. In der Schweiz werden

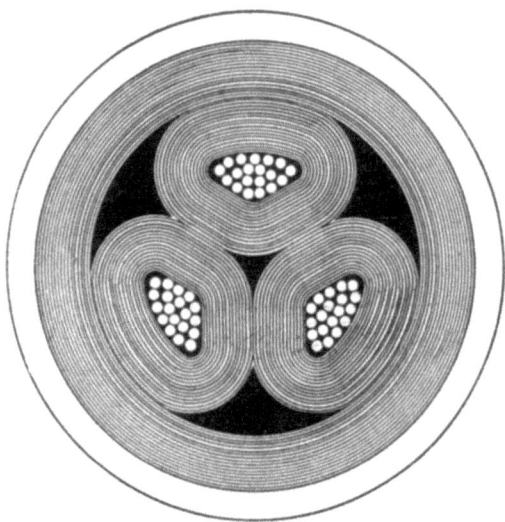

Fig. 320.

häufig auch blanke Einleiterbleikabel ohne Eisenbewehrung für Wechselstrom verlegt.

Für Spannungen über 10 000 V sind besondere Überlegungen nötig. Hier kommt neben dem Papier in öligen und biegsamen Isoliermassen der Gummi allein oder mit Papier zur Verwendung, weil hier die Mehrkosten für den Bleimantel und die Bewehrung die niederen Kosten für das in dickerer Schicht anzuwendende Papier überwiegen.

Bis zum Jahre 1900 hielt man 10—11 000 V als oberste Grenze, für welche unterirdische Kabel mit der gebotenen Sicherheit zu verwenden sind. 1904 kam die 30 km lange Fernleitung des Elektrizitätswerkes Bozen—Meran mit 12 000 V in dauernden Betrieb. Am Niagara sind 2 Kabel von je 7 km Länge seit November 1897 für 11 000 V 25 Per./Sek. in dauerndem Betrieb. Sie besitzen 3 Adern von je 6 mm² und

Kabel. 339

Gummiisolierung. In St. Paul, Nordamerika, werden zwei Kabelstrecken von je 5 km seit einigen Jahren mit 22 000 V und in Toulon 1904/05 eine Versuchsstrecke von 1400 m mit 28 000 V durch ein halbes Jahr mit Erfolg betrieben. Bis zu welchen Spannungswerten man bis 1906 Kabel verläßlich gebrauchen kann, beantwortet Marchena[1]) dahin, daß sie von den mechanischen Eigenschaften des Isolierstoffes, der meist aus imprägniertem Papier besteht, abhängen. Er gibt 40 000 V an.

Sämtliche Starkstromkabel werden in der Fabrik, die meisten auch nach der Verlegung, einer Prüfung in bezug auf Isolation und dielektrische Stärke unterworfen. Einfache Gleichstromkabel mit oder ohne Prüfdraht sollen nach den Normalien des V. D. E. bei Abnahme im Werk mindestens 500 Megohm/km bei 15 ⁰ C. aufweisen, nach der Verlegung einschließlich der Hausanschlußkabel, welche jedoch bei dieser Messung frei endigen müssen, mindestens 15 Megohm bei 15⁰. Bei konzentrischen und bikonzentrischen Kabeln, die nur bis 3000 V zulässig sind, und bei verseilten Mehrleiterkabeln soll der Isolationswiderstand vor der Verlegung gemessen, zwischen einem Leiter und den anderen, samt Bleimantel bezw. Erde ebenfalls 500 Megohm/km bei 15⁰ betragen. Von der Forderung viel höherer Isolationswiderstände, 1000 bis 3000 Megohm/km, ist man zurückgekommen, weil sie zu weitgetriebene Trocknung und harzige, steife Isoliermassen erfordern. Man zieht mittlere Isolationswerte vor, die sich mit öligen Isoliermassen bei hoher Durchschlagsfestigkeit erreichen lassen. Für die 700 V Gleichstromkabel sind Prüfspannungen nicht festgesetzt; für die übrigen Kabel soll die Spannung bei der Prüfung in der Fabrik das Doppelte, nach fertiger Verlegung das 1,25 fache der Betriebsspannung betragen.

Diese Spannungen sind mit Recht mäßig gewählt. Es kann ein Kabel eine Hochspannungsprobe gut überstehen und anscheinend vollkommen in Ordnung, tatsächlich aber derart überanstrengt sein, daß es bei der geringsten mechanischen oder elektrischen Überanspruchung versagt. Proben mit kurzen Kabelstücken lassen noch nicht unmittelbare Schlüsse auf die Durchschlagsfestigkeit langer Kabel zu. Es ist eine den Kabelfabrikanten wohlbekannte Tatsache, daß kurze Stücke sich verhältnismäßig günstiger verhalten als lange. Dr. H. Kath[2]) hat zur Erklärung der häufig unsicheren und einander widersprechenden Ergebnisse von Durchschlagsversuchen an Kabeln nach den Gesetzen der Wahrscheinlichkeitsrechnung ermittelt, daß bei einem Kabel mit n Lagen oder Schichten eines Isolierstoffes mit Fehlerstellen von der Größe δ auf die Flächeneinheit und gesunden Stellen mit der Größe $(1-\delta)$ der Mittel-

---

[1]) de Marchena, Bulletin de la Soc. int. des élect. 1906, Bd. 6, S. 163.
[2]) H. Kath, ETZ 1904, S. 568.

wert der Durchschlagsspannung n $(1-\delta)$ V, wobei V die höchste Durchschlagsspannung des homogenen Stoffes bedeutet. Je kürzer die Stücke sind, desto kleiner wird die Wahrscheinlichkeit, daß mangelhafte Stellen, sogenannte Löcher oder Nester aufeinander fallen.

Die Spannungsprobe bietet an sich keine Gewähr für die Dauerhaftigkeit des Kabels; sie dient nur zur Auffindung vorhandener Fehler. Die vom englischen Handelsministerium geforderte einstündige Prüfung des verlegten Kabels mit der doppelten Betriebsspannung erscheint deshalb zu hoch. Denn während eine kurzdauernde Überanspruchung des Dielektrikums, z. B. während einer Minute, mit der dreifachen Spannung noch harmlos verlaufen kann, vermag eine langandauernde, weniger hohe Überanstrengung eine dauernde Schwächung der Durchschlagfestigkeit hervorzurufen. Eine derartige vorzeitige Alterung kann durch teilweise Verkohlung einer Schicht erklärt werden, deren Beanspruchung ihrer elektrischen Bruchfestigkeit zu nahe kam. Bei langer Dauer der Spannungsprobe wird auch durch Erwärmung der Isolierstoffe infolge von dielektrischer Hysteresis[1]) der Isolationswiderstand vermindert.

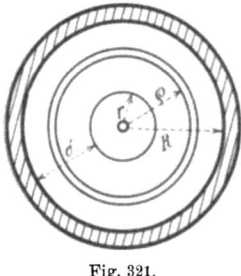

Fig. 321.

Denkt man sich die Isolation eines Kabels schichtenweise aufgetragen, so kann man aus dem inneren und äußeren Halbmesser jeder Schicht deren Kapazität berechnen. Im einfachsten Fall besteht das Kabel aus einem Draht vom Halbmesser r, der von den Isolationsschichten mit der Dicke δ umgeben und dann mit dem Bleimantel umpreßt ist, Fig. 321. Der Außenhalbmesser der Isolation sei $r + \delta = R$. Bis zu einer Schicht im Abstande ϱ ist die Kapazität in elektrostatischen Einheiten

$$c = \frac{k\,l}{2\lg\mathrm{nat}\,\frac{\varrho}{r}},$$

worin k die spezifische induktive Kapazität oder Dielektrizitätskonstante des Isoliermittels, l die Länge des Kabels bedeutet. Die Kapazität gleich dicker Schichten etwa 1 mm, nimmt von innen nach außen gezählt zu. Da die Gesamtkapazität des Kabels für $\varrho = R$

$$C = \frac{k\,l}{2\lg\mathrm{nat}\,\frac{R}{r}}$$

---

[1]) Vergl. Dr. R. Apt. & Mauritius, ETZ 1903, S. 879. — P. Humann, ETZ 1904, S. 359 u. 1905, S. 300. — B. Monasch, Energieverlust im Dielektrikum von Kabeln. Diss. Danzig 1906.

der Reihenschaltung der Kapazitäten c_1, c_2 ... der einzelnen Schichten entspricht, ist ihr reziproker Wert $\frac{1}{C} = \frac{1}{c_1} + \frac{1}{c_2} + \ldots$ und sie selbst ist kleiner als die Kapazität jeder einzelnen Schicht. Wirkt eine Spannung V auf reihengeschaltete Kondensatoren, so ist die Ladung $Q = c_1 v_1 = c_2 v_2 = \ldots = CV$ für alle dieselbe, und für die willkürlich gewählte Schicht im Abstand ϱ muß die Spannung gegen Erde

$$v = V \cdot \frac{C}{c} = V \frac{\log \mathrm{nat} \frac{R}{\varrho}}{\log \mathrm{nat} \frac{R}{r}}$$

sein, wenn V die Spannung des Drahtes in Fig. 321 gegen den geerdeten Bleimantel bedeutet. Die Änderung des Potentials längs des Halbmessers, der hier die Normale zu den zylindrischen Niveauflächen ist, oder der Gradient des Potentials ergibt sich durch Ableitung von v nach ϱ als

$$\frac{dv}{d\varrho} = \frac{V}{\varrho \log \mathrm{nat} \frac{R}{r}} = \frac{0{,}434\, V}{\varrho \lg_{10} \frac{R}{r}}.$$

Soll das Kabel der Spannung standhalten, so muß der Gradient jeder Schicht stets unter der Durchschlagsspannung für diese Schicht bleiben. Ist die Durchschlagspannung z. B. 12 000 V/mm und soll die Sicherheit vierfach sein, dann muß $\frac{dv}{d\varrho} < v_d = 3000$ V/mm. Je höher der Wert v_d der Durchschlagspannung, desto dünner wird das Kabel. Denn es ist

$$\lg R = \frac{0{,}434\, V}{r \cdot v_d} - \lg r.$$

Sei $r = 10$ mm, $V = 20\,000$ V, und das Kabel werde einmal für Gummiisolierung von 12000 V/mm, dann Papierisolierung mit 8000 V/mm Durchschlagspannung durchgerechnet. Die Sicherheit sei in beiden Fällen 4, also $v_{d_1} = 3000$, $v_{d_2} = 2000$ V/mm, $\frac{v_{d_1}}{v_{d_2}} = 1{,}5$. Die Dicken der Isolierschicht berechnen sich zu $\delta_1 = 9{,}45$ mm und $\delta_2 = 17{,}20$ mm, also $\frac{\delta_1}{\delta_2} = 1{,}82$; ihre Rauminhalte ergeben das Verhältnis $1 : 2{,}28$.

Innerhalb eines Kabels aus einzelnen Schichten desselben gleichförmigen Isolierstoffes nimmt der Gradient vom Leiter nach dem Bleimantel hin ab. Ein 7 mm-Draht mit $r = 3{,}5$ mm würde bei $V = 25\,000$ V Wechselspannung und $\delta = 14$ mm an Schichten mit dem Halbmesser ϱ den Gradienten

342   Leitungsbau.

$$v' = \frac{25\,000\,\sqrt{2}}{\varrho\,\lg\,\text{nat}\,\frac{17{,}5}{3{,}5}} = \frac{22\,000}{\varrho}\;\text{V}/\text{mm}$$

also bei

$\varrho =$	4,5	5,5	6,5	8,5	10,5	12,5	14,5	17,5 mm
$v' =$	4900	4000	3400	2600	2100	1760	1540	1260 V/mm

aufweisen.

Macht man die aufeinanderfolgenden Schichten eines Kabels aus Stoffen, deren spezifische induktive Kapazität umgekehrt proportional ihren Abständen ϱ ist, dann bleibt der Gradient für alle Schichten auf gleicher Höhe, und das Kabel wird bei gleicher Sicherheit dünner und biegsamer. O'Gormann schlug 1901 zur Abstufung des Potentialgefälles vor, die Lagen von innen nach außen entweder in der Durchschlagspannung oder in der spezifischen Leitfähigkeit oder in der spezifischen induktiven Kapazität abnehmen zu lassen. E. Jona hat für Pirelli & Cie., Mailand, 1900 in Paris ein derartiges Kabel für 25 000 V ausgestellt und 1906 in Mailand mehrere Kabel für sehr hohe Spannung vorgeführt, die erst zwischen 200 und 210 tausend V durchschlugen; ihre Isolierschichten mit von innen nach außen abnehmenden Dielektrizitätskonstanten bestanden zum Teil aus Gummi, zum Teil aus Papier. Drei von den in Fig. 322 dargestellten Kabeln sind durch den Gardasee verlegt und dienen zur Übertragung von 6000 KW vom Kraftwerk des Ponale nach Rovereto bei 13 000 V. Die 19drähtige Kupferader von 75 mm² Querschnitt ist mit Blei umpreßt, dann 5,5 mm dick mit Gummi isoliert. Darüber folgt eine 1,2 mm dicke Guttaperchaschicht, die vollkommen wasserdicht ist und als isolierender Ersatz des Bleimantels dem Kabel bei größerer Biegsamkeit höhere Durchschlagspannung zusichert. Der so isolierte Leiter ist dann noch mit geteerter Jute umwickelt und mit 18 Stahldrähten von 3 mm Dicke bewehrt. Drei solcher einfachen Kabel bilden einen Leitungsstrang; die Umwickelung der einzelnen Stahldrähte mit geteertem Manillahanf erhöht den magnetischen Widerstand der Bewehrung und vermindert die bei geschlossener Eisenbewehrung übergroße Selbstinduktion des Kabels auf die Größenordnung der Ohmschen Verluste. Nachdem die Jutebespinnung an beiden Enden auf 1,2 m Länge abgeschnitten war, hielten Stücke dieses Kabels noch

Fig. 322.

100 000 V ohne Durchschlag aus; doch traten so starke Funkenentladungen von der Bewehrung nach der Ader hin auf, daß die Prüfspannung nicht höher getrieben werden konnte. Hierbei ist zu beachten, daß bei einem Kabel mit dem Halbmesser R über der Isolierung der Gradient größer ist als bei einem Volldraht vom Halbmesser r' und gleichem Querschnitt. Die Erhöhung ist nach Jona

$$1{,}26 \; \frac{\lg_{10} \frac{R}{r'}}{\lg_{10} \frac{R}{r'} - 0{,}042}$$

und liegt zwischen 1,232 und 1,462. Dies kann vermieden werden, wenn man nach dem Muster der schon um 1890 verlegten Kabel von Berthoud Borel & Cie., Cortaillod, und Jacottet, Wien, die mehrdrähtige Kabelader unmittelbar mit einem Bleimantel umpreßt, Fig. 317, S. 336.

8. Kabelzubehör.

Um die Kabelstücke untereinander zu verbinden, um von versenkter zur Luftleitung oder zu Hausanschlüssen überzugehen, oder um die Herstellung von Knotenpunkten im Leitungsnetze zu ermöglichen, werden besondere Verbindungsteile, Kabelgarnituren, benutzt. Die Aufgabe dieser Teile umfaßt die elektrische Verbindung der metallischen Leiter, der Kabelseele oder Ader, an Unterbrechungs- oder Abzweigstellen, den Schutz der Isolierschichten vor dem Zutritt von Feuchtigkeit und den mechanischen Schutz der Verbindungsstelle. Da die Kabel wegen der Handlichkeit bei der Herstellung, Verfrachtung und Verlegung nur in Baulängen geliefert werden, die einem Gewicht bis zu 5000 kg entsprechen, sind die Baulängen der dickeren Kabel zwischen 500 und 100 m. Mindestens in diesen Abständen müssen die einzelnen Adern gut leitend mit denen des folgenden Stückes verbunden werden. Die Verbindung geschieht heute ausschließlich durch verschraubte Klemmen, ohne oder mit Lötung. Die geraden, winkel- oder kreuzförmigen Klemmstücke sind röhrenförmig oder zweiteilig, aus verzinntem Messing, und von mehreren kurzen Schrauben mit Spitzen durchsetzt, die sich in und zwischen die Drähte der Ader einpressen lassen. Zuweilen wird durch Eingießen von Lötzinn noch eine weitere Verbesserung der leitenden Berührung angestrebt. Die Verbindungslänge muß groß genug sein, um auch bei kleineren Erdsenkungen die Verbindung noch zu bewahren. Lange Strecken frisch verlegter Kabel ziehen sich zuweilen während des der Verlegung folgenden Winters aus der Klemme heraus. Bei Abzweigungen vermeidet man tunlichst die Anschneidung

344   Leitungsbau.

des durchgehenden Stranges; die T- oder Kreuzklemme muß also aus zwei Teilen mit entsprechenden Bohrungen bestehen, die um die Hauptader gelegt und gegeneinander angepreßt werden können. Bei verseilten Mehrleiterkabeln ist es nötig, die Adern soweit voneinander abzubiegen, daß die auf den entblößten Leiter aufzubringenden Klemmstücke sich nicht gegenseitig berühren. Hier ist also bei Abzweigung die Durchschneidung des Kabels nicht zu vermeiden.

Zur Herstellung der Verbindung wird das Kabel abgesetzt, d. h. nach den verschiedenen Isolier- und Schutzschichten zur Erreichung

Fig. 323.

großen Oberflächenwiderstandes stufenweise abgeschnitten. An solchen Stellen erleidet dann die Bleihülle meist eine dauernde, selten eine zeitweilige Unterbrechung, und es sind die Isolierschichten demnach vor dem Zutritt von Feuchtigkeit nachträglich zu schützen.

Kleine gußeiserne Tröge, in welchen diese Verbindungen und Abzweigungen vorgenommen werden, bezeichnet man als Muffen und unterscheidet für fortlaufende Strecken gerade oder Verbindungsmuffen, Fig. 323, ferner Abzweigungsmuffen, Fig. 324 und Kreuzungsmuffen. Fig. 325 und 326 stellen die Verbindungs- und Abzweigemuffen der für konzentrische Hochspannungskabel des Kölner 2000 voltigen Einphasennetzes dar. Die bloßgelegten Stellen werden durch Klemmen verbunden und hier der Außenleiter in zwei getrennten Bögen zusammengefaßt. Diese Muffen werden nach dem Aufbringen des Oberteils durch eine verschraubbare Öffnung mit Isoliermasse ausgegossen. Dabei kann die Luft durch eine zweite Öffnung entweichen, die später auch verschraubt wird. Die Isoliermasse läuft auch in die Dichtungsrinne und schließt so das Innere völlig dicht ab. Um ihr

Fig. 324.

Überfließen zu verhüten, muß der Blei- oder Eisenmantel, der vom
Muffenhals gehalten wird, gegen diesen durch Umwickelung abgedichtet
sein. Der Bleimantel kann von der Muffe und damit der Erde isoliert
oder mit ihr verbunden sein.

Bei Verbindung der vieladerigen hohlen Telephonkabel war es
nötig, auch den Bleimantel über die Verbindung hinwegzuführen, um
Feuchtigkeit abzuhalten und angewärmte Luft durch den Kabelstrang

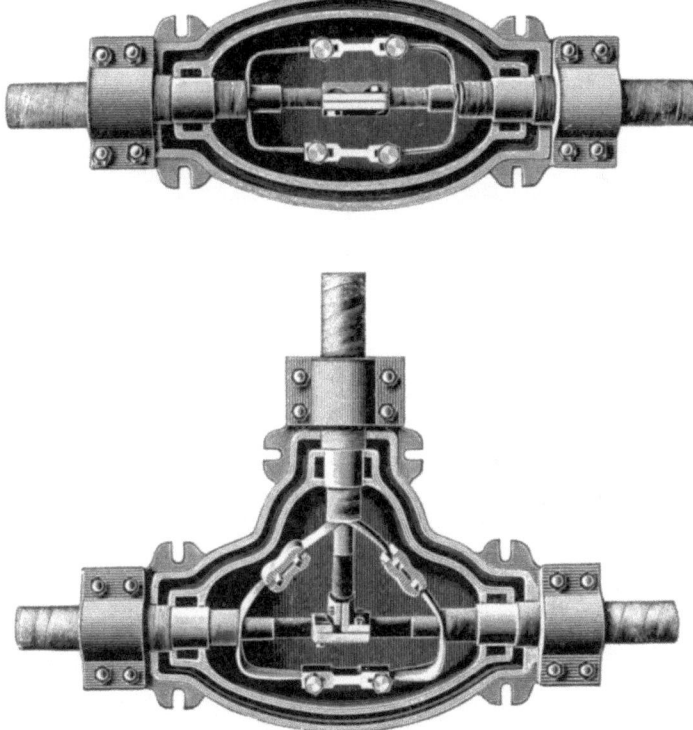

Fig. 325 u. 326.

nach der ganzen Länge pressen zu können. Obgleich diese Gründe bei
Starkstrom entfallen, hat man jene Gabelspleißung des Bleimantels an
Orten, wo Feuchtigkeit zu fürchten ist, übernommen. Solche Muffen
werden in England, Amerika und Holland ausgeführt. In Amsterdam
werden außer den gewöhnlichen Muffen auch solche mit geschlossenem,
gelöteten Bleimantel verwendet, deren Herstellung durch einen geübten
Monteur allerdings die doppelte Zeit kostet. In Fig. 327 erkennt man
die drei Adern des verseilten 3000 V Kabels, von denen eine gelascht
und isoliert, die zweite für die Lötung bereit, die dritte dafür vorbereitet

ist. Von der einen Ader werden die inneren, von der anderen die äußeren Drähte abgezwickt, so daß die Enden ineinander geschoben, mit Bindedraht umwickelt und dann gelötet werden. Darauf wird jede Ader für sich mit abwechselnden Lagen in Harzöl getränkten Leinenbandes und Glimmer isoliert, schließlich werden alle drei Adern gemeinsam isoliert. Dann wird das Bleirohr aufgeschoben, an den Enden auf Form dicht an den Bleimantel gehämmert und nun mit diesem verlötet. Die Lötstellen sind blank geschabt, die übrigen Teile mit einer Mischung

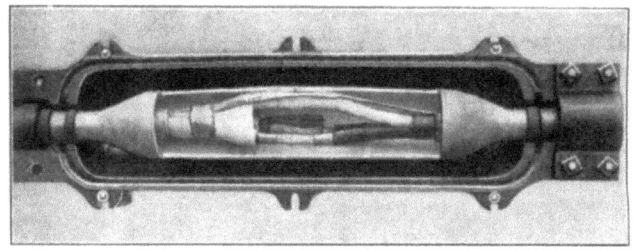

Fig. 327.

von Kienruß und Fett bestrichen, damit sie das Lot nicht annehmen. Das Lot wird aus dem Schmelztopf mit einem Löffel über die Lötstelle gegossen und mit einem Lederlappen angerieben, was Aufmerksamkeit und Übung erfordert, da stets nahe dem Schmelzpunkt des Bleis gearbeitet wird. Ist die Lötung beendet, so wird in den Mantel der Bleimuffe ein kleines Loch geschnitten, ihr Inneres mit Kabelmasse ausgegossen, und dann wird sie mit einer zweiteiligen Gußeisenmuffe

Fig. 328.

mechanisch geschützt. In der Fig. 327 ist die Bleimuffe teilweise weggeschnitten, so daß die Verbindungen sichtbar werden.

Die Endverschlüsse dienen zum Abschluß eines Kabelendes. Sie vermitteln den Übergang vom Bleikabel zur Frei- oder Innenleitung. Je nach der elektrischen Spannung und der Art und Verlegung des Kabels ist die Konstruktion verschieden. Fig. 328 zeigt eine einfache Weichgummihülse, welche bei niedrigen Spannungen für Hausanschlüsse genügt. Beim Endverschluß werden die freigelegten Kupferleiter im Innern eines Hauses mit Isolierband umwickelt; darüber sitzt die Gummihose. Liegt der Endverschluß im Boden, so wird das abgesetzte Kabel in eine gußeiserne, zweiteilige Endmuffe gelegt. Häufig

Endverschlüsse. 347

wird das abgesetzte Kabelende abisoliert, durch eine aufgelötete Bleikappe vor dem Eindringen von Feuchtigkeit bewahrt und dann erst innerhalb der Endmuffe vergossen.

Fig. 329 stellt einen lösbaren Kabelkopf für ein konzentrisches Anschlußkabel für 3000 V dar. K endet in zwei Klemmen, O und H, in welche die Hausanschlußdrähte D_b, D_k stöpselartig eingesteckt werden. P_b, P_k sind isolierende Überwurfhülsen, S ist eine Klemme

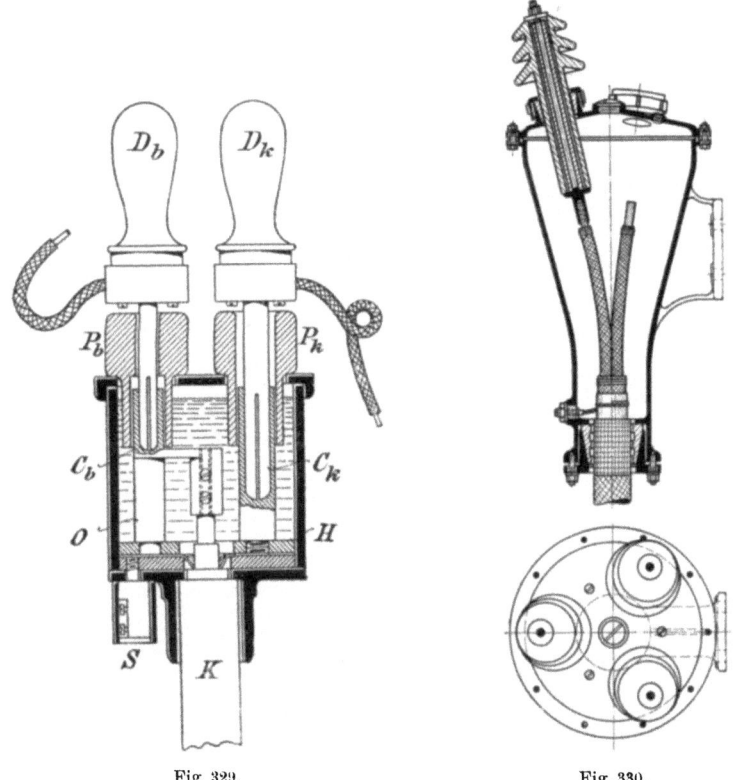

Fig. 329. Fig. 330.

zum Anschlusse der an späterer Stelle näher zu erläuternden Funkenstrecke. Der Kasten ist fast vollständig mit Isoliermasse ausgegossen.

In Fig. 330 ist ein Endanschluß für ein dreifach verseiltes Kabel mit drei Prüfdrähten für 2000—6000 V abgebildet, der von der Allgemeinen Elektrizitäts-Gesellschaft verwendet wird. Das verseilte Kabel tritt in die Muffe ein und teilt sich in ihr in die drei einzelnen Leiter, an deren Enden mittels Klemmen Gummikabel angeschlossen sind. Diese Anschlußkabel durchsetzen den Deckel der Muffe und gehen von da als

Innen- oder Luftleitungen weiter. Der obere flaschenförmige Teil wird gegen eine Stützwand verschraubt und mit Kabelmasse ausgegossen. Die

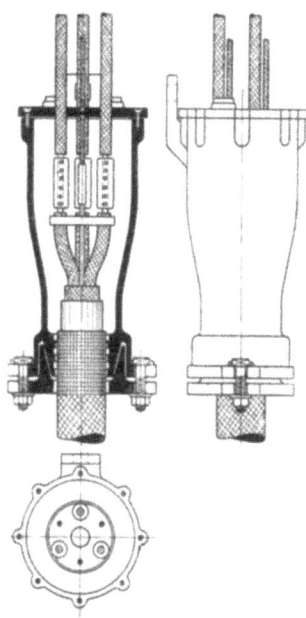

Adern sind durch ein Zwischenstück aus imprägniertem Holz in Abstand gehalten. Der Unterteil bildet eine Dichtung nach Art der Stopfbüchsen und ist durch Isolierband zwischen Metallboden und Bewehrung verpackt. Fig. 331 gibt einen Hochspannungsendanschluß derselben Firma für Spannungen bis 25 000 V wieder. Die Konstruktion ist im wesentlichen unverändert; nur fällt hier die Erdung des Bleimantels und die sorgsame Durchbildung der Dichtungen am Deckel und der Anschlußklemme auf. Diese besteht aus einem Volldraht, der isoliert und dann noch mit einem Rillenisolator aus Porzellan zwecks Erhöhung der Oberflächenisolierung versehen ist.

Fig. 331.

Sollen die Kabel so verbunden werden, daß eine leichte Zugänglichkeit und Unterbrechung möglich ist, so müssen größere Kästen eingebaut werden. Für einfache Abzweigung erhält man Abzweigungskästen, für Knotenpunkte mit mehreren

Fig. 332.

Verteilungskasten. 349

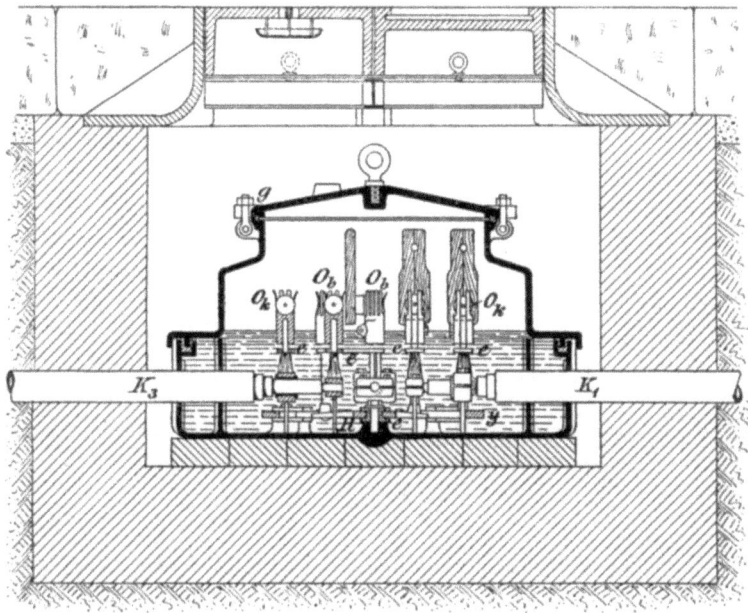

Fig. 333.

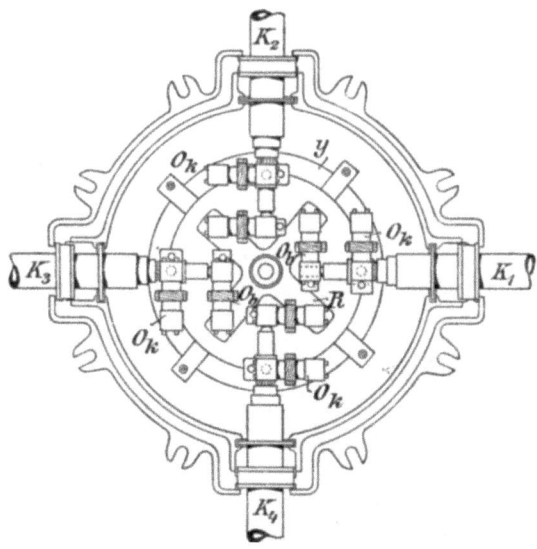

Fig. 334.

Abzweigungen Verteilungskästen. Fig. 332 zeigt einen solchen von Siemens & Halske, der für Dreileitersystem und niedrige Spannung bestimmt ist und dazu dient, vom Straßennetz Abzweigungen zu Häusern und zu Straßenlampen vorzunehmen. Der Anschluß erfolgt durch zwischengeschaltete Bleistreifen, die leicht herauszunehmen sind und die im Falle einer Stromüberlastung oder eines Kurzschlusses durch Abschmelzen des Bleis selbsttätig den Strom unterbrechen. Die Kästen werden luftdicht verschlossen und oft auch durch eine angesetzte Luftpumpe die Dichtigkeit des Verschlusses geprüft. Der Einbau in den Straßenkörper geschieht in verschiedener Weise. Es sei ein Beispiel in Fig. 333 u. 334 aus einer 3000 V Wechselstromleitung angeführt. Vier Kabel $K_1 - K_4$ münden in einen Kasten. Die äußeren Leiter legen an den Kupferring y, die inneren konzentrischen Teile an das Kreuz R an. Der Anschluß erfolgt mechanisch unter Verwendung von Klemmstücken einfacher Form, elektrisch unter Vermittelung der in Hülsen eingeschlossenen, mit isolierenden Griffen versehenen Bleisicherungen O_k. Der Kasten ist dann soweit mit Isoliermasse ausgegossen, daß nur die Sicherungen zugänglich bleiben.

9. Übergangsstrecken von einer Verlegungsart in eine andere.

In jeder Leitungsanlage finden sich besondere Stellen und oft größere Strecken, die infolge der örtlichen Verhältnisse eine erhöhte Behutsamkeit in ihrer Verlegungsart erheischen. In den Luftleitungen sind es, wie bereits erwähnt, Bruchpunkte der Leitungslinie, Übergänge über Straßenbahnen und Flüsse.

Bei den Innenleitungen sind es die Wand- und Deckendurchgänge, sowie die Stellen, wo eine Verlegungsart in die andere übergeht, z. B. Bleikabel oder Rohrinstallation in Verlegung auf Rollen. Bei den versenkten Leitungen die Kreuzungen von Straßen, die Über- oder Durchschreitungen von fremden Leitungen, wie Gas-, Wasser- und Kanalisierungsröhren und Elektrizitätsleitungen.

Kritische Aufmerksamkeit hinsichtlich Durchführung und Erhaltung erfordern alle Übergänge von einer Verlegungsweise in eine andere. Die Luftleitungen gehen durch Einführungsstellen zu den Innenleitungen, durch Übergangsmaste zu den versenkten über. Die versenkten schließen in Häusern, namentlich den Kellerräumen, an Innenräume an.

Die in den Fluß oder Schacht verlegten Leitungen zwingen an den Vereinigungspunkten mit anderen zu vorsichtigen Maßnahmen. Gleiches gilt für Anschlüsse aller Leitungen an Maschinen und Apparaten sowie Beleuchtungskörpern. Es sollen die wichtigsten Fälle kurz besprochen werden.

Wand- und Deckendurchgänge. 351

10. Wand- und Deckendurchgänge.

Die Übergangsstellen von isolierten Innenleitungen zu blanken Hof- oder Freiluftleitungen erheischen besondere Anordnungen, die sich zum Teil bei den Wand- und Deckendurchführungen innerhalb der Gebäude wiederfinden. Sie sollen die in der Mauer vorhandene Feuchtigkeit, ferner die durch Temperaturunterschiede sich überhaupt bildende als auch die durch atmosphärische Niederschläge an der Außenseite des Gebäudes auftretenden Flüssigkeitsschichten von den Innenleitungen abhalten und selbst die Isolation gut bewahren.

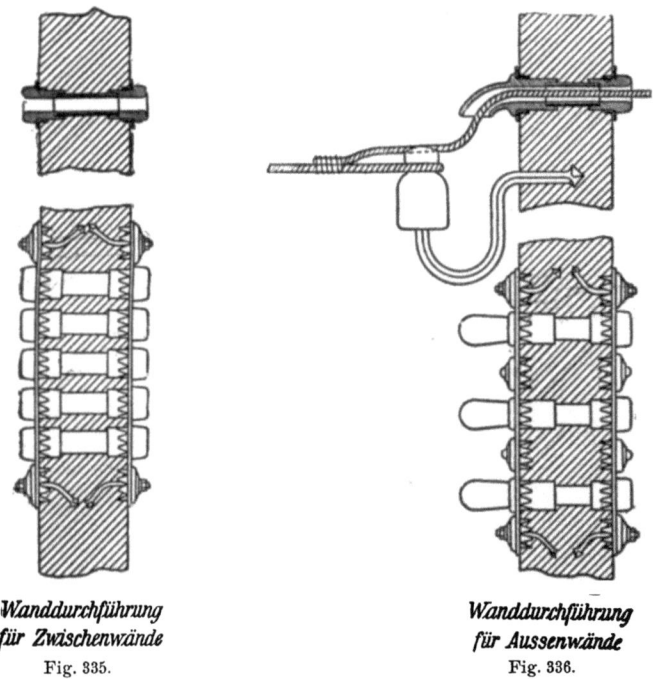

Wanddurchführung für Zwischenwände
Fig. 335.

Wanddurchführung für Aussenwände
Fig. 336.

Am zweckmäßigsten ist es, für Wand- und Deckendurchgänge einen hinreichend weiten Schlitz oder Kanal herzustellen, um die Leitungen frei hindurchführen zu können. Ist dies nicht angängig, so sind die Leitungen in Rohre aus Porzellan, Hartgummi zu verlegen, welche vor die Wand- und Deckenfläche um ein genügendes Stück hervortreten. Bei Durchgängen von der Decke eines Raumes zum Fußboden des darüber liegenden soll das Rohr bei niedrigen Spannungen auf der oberen Seite um 10 cm vorstehen, damit Unreinigkeiten und Feuchtigkeit nicht in das Schutzrohr laufen können. Papierrohre werden am besten mit

Metallüberzug versehen, oder wie Hartgummirohre mit einem weiteren Gasrohre mechanisch geschützt.

Bei Mauerdurchführungen aus dem Innern ins Freie werden dieselben Isolierrohre verwendet, an der Innenseite durch eine übergeschobene, nicht angesetzte Porzellantülle, an der Außenseite durch eine ähnliche Einführungstülle mit abwärts gebogenem Rande oder Kopfende geschützt. Die erste Isolatorglocke für die anschließende Freileitung sitzt unter dieser Einführungstülle oder -pfeife, um eine Abtropfstelle zu ermöglichen. Die von den Siemens-Schuckert-Werken ausgeführten Wanddurchführungen für Spannungen bis 1000 Volt bestehen aus wenigen Teilstücken, die sich den verschiedenartigsten Anforderungen anpassen lassen. Je nachdem Zwischen- oder Außenwände zu durchschreiten sind, werden Hülsen oder Trichter in erforderlicher Zahl in gelochte Blechstreifen eingekittet, die gleichzeitig zu sauberem Abschluß der in die Wand gebohrten Löcher dienen und so jede nachträgliche, die gute Isolation der Wanddurchführung gefährdende Maurerarbeit erübrigen. Fig. 335 und 336 zeigen diese beiden in Grund- und Aufriß. Sollen die Durchführungen etwa aus Rücksicht auf die Tragfähigkeit der Wände in größeren Abständen als 50 mm ausgeführt werden, so werden in freibleibende Löcher der Abschlußbleche Rosetten eingekittet. Die isolierende Verbindung zwischen den Hülsen oder Trichtern geschieht durch Hartgummirohre. Bei gasdichten Wanddurchführungen, z. B. in Akkumulatorräumen, können die Trichter mit nach oben gekehrter Öffnung eingekittet und nach Einziehen der Drähte mit überhängender Isoliermasse ausgegossen werden.

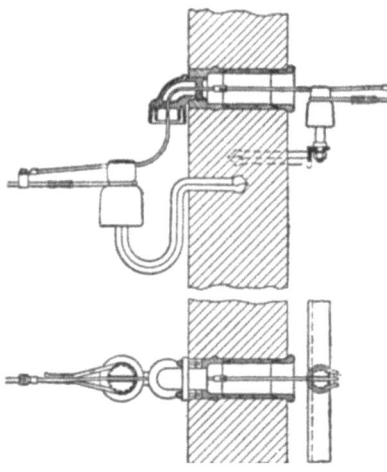

Fig. 337.

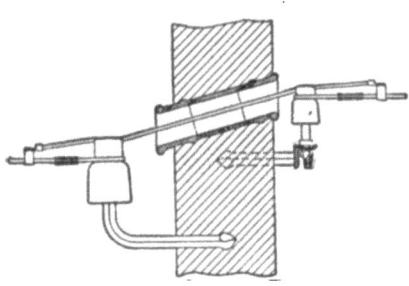

Fig. 338.

Für Zwischenwände können bis 10 000 V Hartgummirohre von 70 mm lichter Weite verwendet werden, in deren Enden Porzellankörper

Durchführungen. 353

mit Mittelöffnungen eingekittet sind. Für Außenwände geben die obigen Werte die in den Abbildungen 335, 336, 337 u. 338 ersichtlichen Ausführungen, für welche die folgende Zusammenstellung die näheren Aufklärungen enthält. Beim Zusammenkitten der Porzellanteile wird Asphalt oder ein ähnlicher Kitt, aber nicht Bleiglätte und Glyzerin verwendet.

Wand in Ziegelstärken	$1/2$	1	$1^1/_2$	2	$2^1/_2$	3	$3^1/_2$	
In Millimeter	120	250	380	510	640	770	900	
Wanddurchführg. Fig. 335 bis 3000 V besteht aus 1 Trichter, 2 Steinschraub., 1 Hartgummirohr von 55 mm lichter Weite:	200	340	470	600	740	875	1000	mm Hartgummirohr
Wanddurchführg. Fig. 336 bis 6000 V besteht aus 1 Trichter, 2 Schraubenbolz., 1 Anschluß-, 1 Mund- und Zwischenstück: Offene Wanddurchführung Fig. 337 bis 10 000 V besteht aus 2 End- und Zwischenstücken:	1	2	3	4	5	6	7	Zwischenstücke

Über 10 000 V gewiß, aber eigentlich schon über 3000, sieht man lieber von den brennbaren Hartgummiröhren ab und wählt gute Glas-

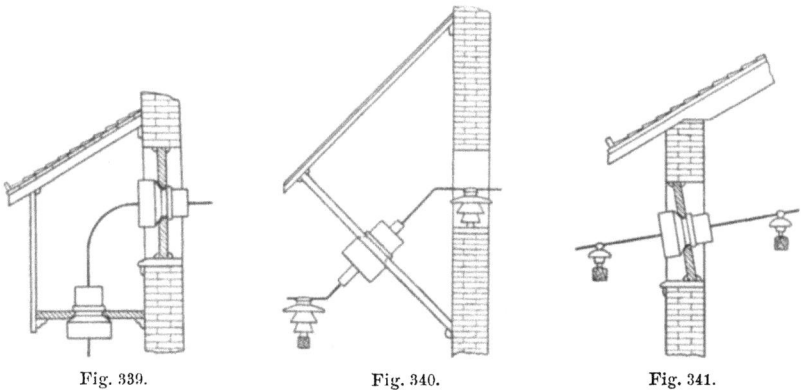

Fig. 339.   Fig. 340.   Fig. 341.

röhren oder besser Porzellanröhren, die weit überstehend in einer oder zwischen zwei Querwänden aus reinem Marmor ohne Metalladern oder Glas befestigt sind. Über 20 000 V läßt man die Drähte einzeln

354   Leitungsbau.

frei durch getrennte Glasscheiben gehen. Bei 50 000 V genügt eine Öffnung von 20 mm in der Glasplatte, die 300 mm Durchmesser mindestens haben soll. Man wird selbst diese in ein glasiertes Tonrohr lagern, wenn nicht überhaupt ein viel größerer und freierer Durchgang baulich vorgesehen wird. Die Figuren 339—341 stellen verschiedene Arten von Wanddurchführungen für Hochspannung nach Ausführungen der Locke Insulator Manufacturing Company, Victor, N. Y., dar. Die Isolatoren bestehen Fig. 342 aus mehreren, in einander geschobenen und verkitteten Porzellanhülsen, die in Scheiben aus Schiefer, Marmor, Glas oder getränktem Holz eingesetzt werden. Der Scheibendurchmesser ist mindestens das Zweifache des äußeren Rohrdurchmesser D.

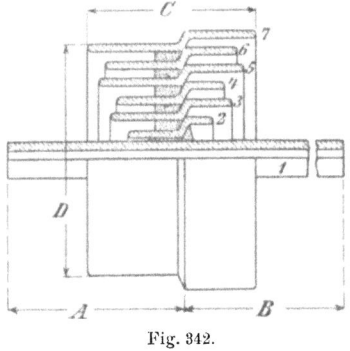

Fig. 342.

Betriebs-Spannung in KV	Prüf-spannung in KV	Stücke	Maße in mm				Gewicht kg
			A	B	C	D	
27	75	1 u. 2	165	229	178	121	5,5
40	85	1, 2 u. 3	165	229	254	190	11,3
55	110	1 bis 4	254	356	254	260	19,5
70	130	1 bis 5	254	356	305	330	38,6
85	160	1 bis 6	356	457	305	400	50,0
100	180	1 bis 7	356	457	356	470	79,4

Je nach dem Klima erfordern diese Bauweisen Änderungen. Handelt es sich um die Hinausführung der Hauptleitungen aus dem Generatorhause oder der Einführung in eine große Unterstation, so wird man schon bei den baulichen Einteilungen auf die erforderlichen Umstände Rücksicht nehmen. Die Dachfläche soll Schnee, Eis und Regen von der Übergangsstelle abhalten. Giebelwände sind also bevorzugt. Wenn diese nicht zu haben sind, so wird ein Schutzgiebelchen unmittelbar über die Öffnung gesetzt. Unterhalb ihr wird zur Befestigung der Glocken außen und innen oft eine Galerie angebracht. Läßt man bei den höchsten Spannungen die Drähte ganz frei eintreten, so muß die innere Galerie zu einem abgesonderten Innenraum entwickelt werden, der meist noch andere Apparate aufnehmen kann. Die angeführten Glasplatten beschlagen sich bei großer Kälte, werden warm und springen dann bei kaltem Wind leicht. Man sucht durch einen Vorbau Wind und Wetter, aber auch Fledermäuse, Nachtfalter,

Einführungen. 355

Spinnen abzuhalten. Dabei läuft man aber Gefahr, Pilzüberwucherungen durch abgesperrte Luft zu fördern.

Sollen Außenleitungen von den Dächern ins Innere geleitet werden, so werden lotrechte Einführungsröhren, Rohrständer gesetzt und mit geschützten Ein- und Ausführungsöffnungen versehen. Alle bereits genannten Schwierigkeiten wiederholen sich hier. Die durch Temperaturänderungen feuchte Luft erfordert vorzügliche Isolation der eingezogenen Drähte.

Der von Stotz & Co., Elektrizitätsgesellschaft, Mannheim, ausgeführte porzellanene Einführungskopf, in Fig. 313—315, be-

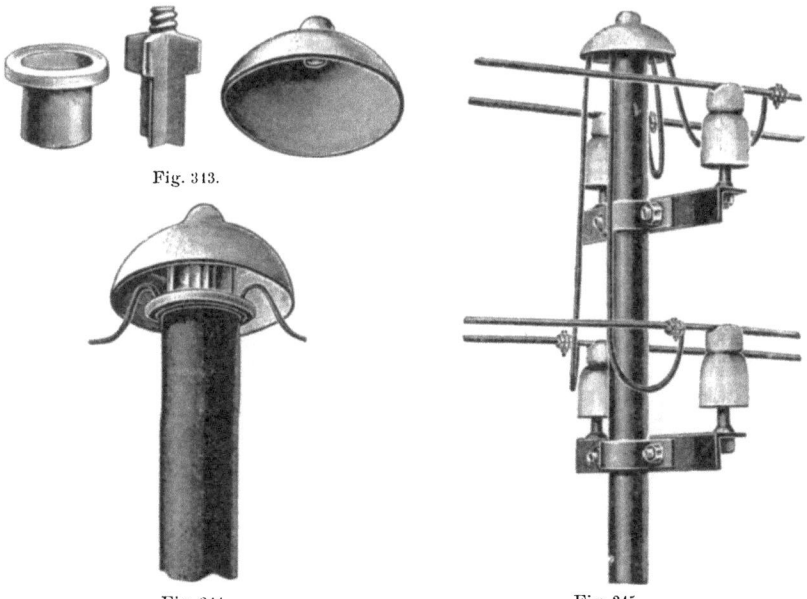

Fig. 313.

Fig. 314.   Fig. 315.

steht aus Tülle, Sterneinsatz und Regenschutz. Die isolierten Drähte können sich nicht verdrehen und sind voneinander bei der Einführungsstelle ferngehalten. Die aufschraubbare Porzellanglocke gewährt einen regensicheren Abschluß. Von derselben Firma rührt auch der Rohrständerabschluß, Fig. 316 her. An Stelle des obersten Porzellanisolators läßt sich auch eine Blitzableiterspitze setzen, worauf wir später noch zurückkommen werden. Bei höheren Spannungen entwickelt man die Röhre zu einem Schlauch, der die Führung der Leitungen auf Rollen oder Glocken gestattet.

Die versenkten Leitungen schließen mit den Außenleitungen in gleicher Weise an vorhandene oder eigens für diesen Zweck gebaute

23*

356 Leitungsbau.

Anschlußsäulen und -Häuschen an. Wird hierzu eine Holzsäule benutzt, so erhält sie eine mit Blechstreifen verdeckte Nut, in welche das Bleikabel eingelegt wird. Zu eisernen Säulen werden meist Gittermaste benutzt, deren Unterteil bis Manneshöhe abgedeckt ist. Bei hohen Spannungen wird die Säule gut geerdet und die Abdeckung aus Holz gemacht. Die Überführung der Freileitung zur versenkten erfolgt längs einer **Übergangssäule**, die je nach den Verhältnissen aus Holz oder Eisen hergestellt ist. In Fig. 347 ist ein Rohrmast für ein einziges Kabel angegeben. Der von Siemens-Schuckert ausgeführte Säulenkopf enthält in übersichtlicher, gedrängter Weise den leicht zugänglichen Kabelkopf und die Anschlußklemmen.

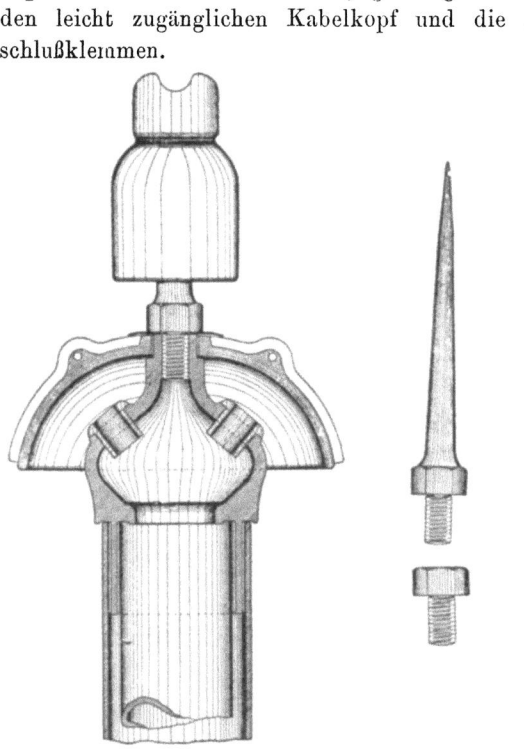
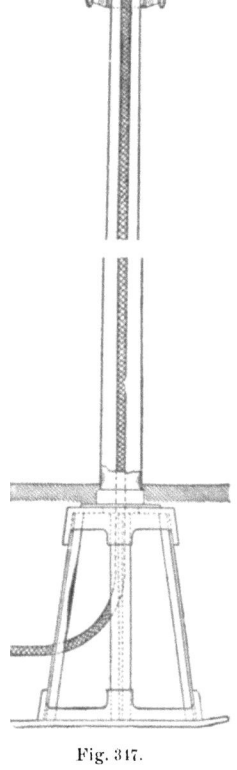

Fig. 346. Fig. 347.

In den meisten Fällen wird bei mehreren Kabeln zu einem verschalten Gittermast gegriffen, wenn nicht ein eigenes Häuschen aus Eisen oder Mauerwerk zur Aufnahme der Kabelenden und gleichzeitig

Bahnüberführung. 357

als Schaltstelle und Apparatenhaus dient. Dieser Fall soll später berührt werden. Bei allen Übergangssäulen endigt jedes Kabel in einem Endanschluß oder Kabelkopf, der zugänglich sein muß. Meistens ist er durch eine der später zu besprechenden Blitzschutzvorrichtungen gegen die von der Freileitung aus möglicherweise eindringenden Blitzentladungen geschützt.

In vielen Leitungsanlagen finden sich Strecken, bei welchen zwar kein Übergang in den Hauptverlegungsarten aber doch wegen besonderer Verhältnisse eine Veränderung der Verlegung Platz greifen

Fig. 348.

muß. So ist dies bei Straßen-, Bahn- und Flußübergängen der Fall. Bei all diesen Übergängen kann man entweder versenkte Leitungen einschalten, deren Enden an die Luftleitung in Übergangsmasten anschließen oder man kann mit den Luftleitungen oberhalb kreuzen, wobei die bereits beschriebenen Schutznetze und Vorrichtungen angewendet werden müssen. Bei hohen Spannungen und besonders bei vielen Drähten führt man wegen der Zugänglichkeit zuweilen förmliche Gitterkonstruktionen über die Straße oder den Bahndamm hinweg, an welchen die Leitung ihre sichere Verlegung wie sonst findet. Für die Kreuzung der Eisenbahn hat die Maschinenfabrik Örlikon für die 18 000 voltige Fernleitung zur Stadt Dramen die in Fig. 348 ersichtliche Überführung ausgeführt.

358 Leitungsbau.

Ebenso werden kleinere Flußübergänge überquert. Bei der Anlage der Canadian Power Co. wurde 1906 der Niagara durch die in Fig. 349 dargestellten Gittermaste überführt, wobei 6 Isolatoren von je 750 mm Höhe den mechanischen Zug des Seils aufnehmen. Fig. 350 zeigt für dieselbe Anlage einen Übergang über die Eisenbahn und den Fluß an der „Gorge" des Niagara; hier vermittelt ein auf den hohen

Fig. 349.

Felsen der amerikanischen Seite verankerter Ausleger, der als frei auskragende Gitterkonstruktion durchgebildet ist, den Übergang. Die Leitung bildet einen Winkelpunkt, dessen Druck durch ein von vier Isolatoren getragenes Querstück abgefangen wird.

Bei Übergängen aus Flüssen in den Boden muß das Flußkabel durch ein einerseits verankertes, anderseits in die Bewehrung des

Flußübergänge. 359

Kabels auf einer hinreichenden Strecke angreifendes Zugseil gesichert werden. Meist werden zu diesem Zwecke schon bei der Herstellung die Stahldrähte der Bewehrung an den Kabelenden zu einer Schlinge oder zweien verseilt; das Kabel selbst liegt dann in einer ausgebaggerten tiefen Rinne und wird oft durch verankerte Schutzteile gegen schleppende Anker geschützt. In den schiffbaren Grachten Amsterdams sind die Straßenkabel jedoch unmittelbar in etwa 2 m tiefe ausgebaggerte Rinnen wie die versenkten Straßenleitungen ausgelegt. Da die Lastkähne, sogenannte Schuten, in vielen Kanälen durch Staken, das ist durch Stoßen

Fig. 350.

mit dem Bootshaken, fortbewegt werden, soll die Bewehrung aus Profildrähten bestehen, welche eine geschlossene glatte Oberfläche geben, an der die gefürchteten Hakenstiche abgleiten.

Bei der Herstellung der 60 000 voltigen Fernleitung, aus dem in der Sierra Nevada gelegenen Elektrizitätswerke der Bay Counties Power Comp. in Kalifornien nach dem 225 km entfernten Oakland und San Franzisko war auch die Meerenge von Carquinez in der Bucht von San Franzisko in einer Breite von 976 m frei mit dem tiefsten Punkte 60 m über den Hochwasserspiegel zu übersetzen. Zu diesem Zwecke wurden an den Ufern Türme errichtet. Auf der Nordseite fand sich unfern vom Ufer eine Bodenerhebung von 48 m, Fig. 351, auf welcher ein Gerüst von 69 m errichtet wurde. Auf der Südseite wurde landeinwärts ein höherer Punkt gewählt, sodaß der Turm, Fig. 352, nur 20 m hoch werden mußte. Die Spannweite zwischen ihnen stieg auf 1350 m. Es wurden drei Seile für Drehstrom und eines noch aus Sicherheit

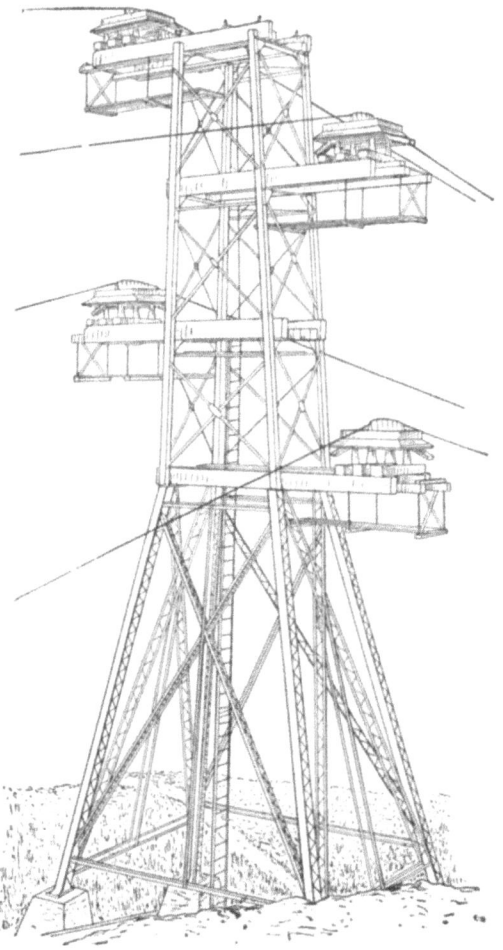

Fig. 352.

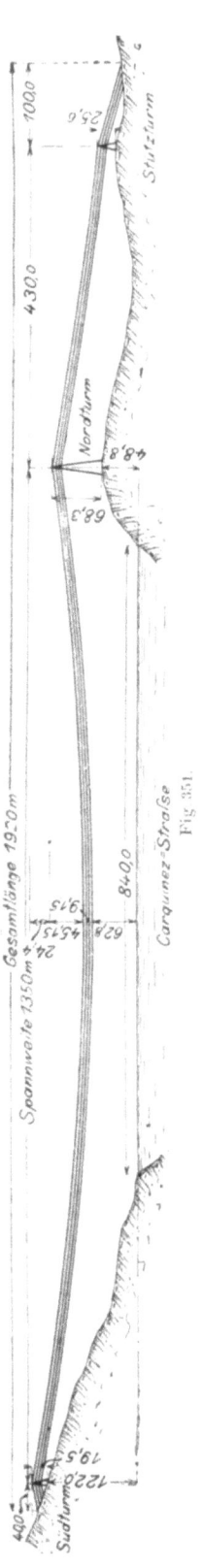

für die Bereitschaft gespannt. Jedes hatte einen äußeren Durchmesser von 22,2 mm, kam der Leitfähigkeit eines 6,54 mm Kupferdrahtes gleich und bestand aus 19 galvanisierten Stahldrähten. Die Bruchfestigkeit eines Seiles beträgt 44,5 t und wiegt 32 t. Bei 30 m Durchhang hat es eine 4 fache Sicherheit. Die Entfernung vonein-

Übergang über die Carquinezstraße. 361

ander ist mit 6 m gegen das Berühren beim Schwingen gewählt worden, was sich als überflüssig groß erwies. Die Türme tragen Ausleger, welche als eigentliche Seile-Sättel entwickelt sind. Jedes Seil ist über fünf

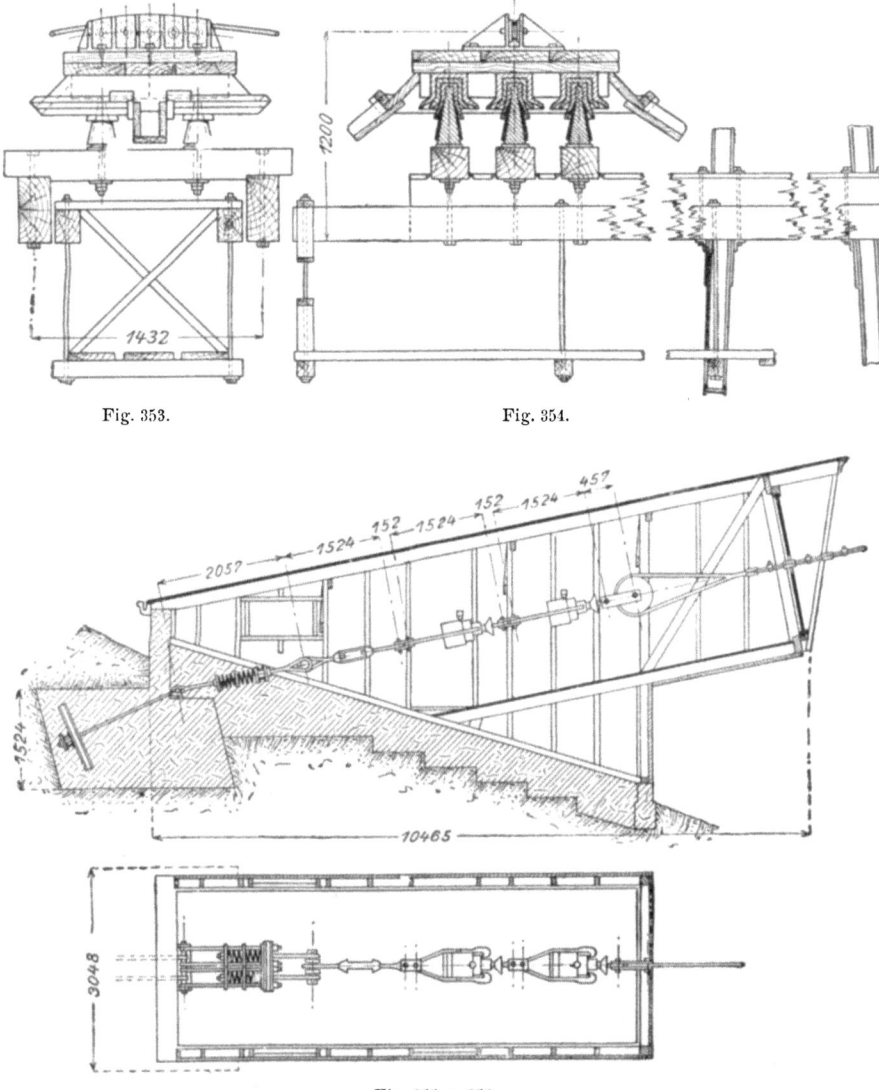

Fig. 353. Fig. 354.

Fig. 355 u. 356.

in seiner Richtung liegende Rollen aus Stahl geführt, Fig. 353 u. 354. Diese Rollenböcke ruhen, auf einer Holzunterlage befestigt, auf sechs Porzellanisolatoren, deren unterer Durchmesser 43 cm und deren Gewicht je 34 kg beträgt. Diese sind wieder auf den aus paraffiniertem Holze bestehenden Ausleger-Plattformen befestigt.

Vor den Verankerungsstellen sind von den Seilen Leitungen zu Schalthäuschen geführt, wo sie in beliebiger Weise mit der in gewöhnlicher Art hergestellten Luftleitung in Verbindung gebracht werden können, so daß bei dem Versagen eines der drei Spannungskabel das vierte in Bereitschaft gehaltene sofort in Betrieb gesetzt werden kann. Zwischen dem Kabel und dem Anker ist natürlich eine besonders gut isolierende Kupplung eingelegt. Ihre Herstellung verursachte infolge des hohen mechanischen Druckes beträchtliche Schwierigkeiten. Nach vieler Mühe hielt ein Mikanitisolator. Obwohl er große mecha-

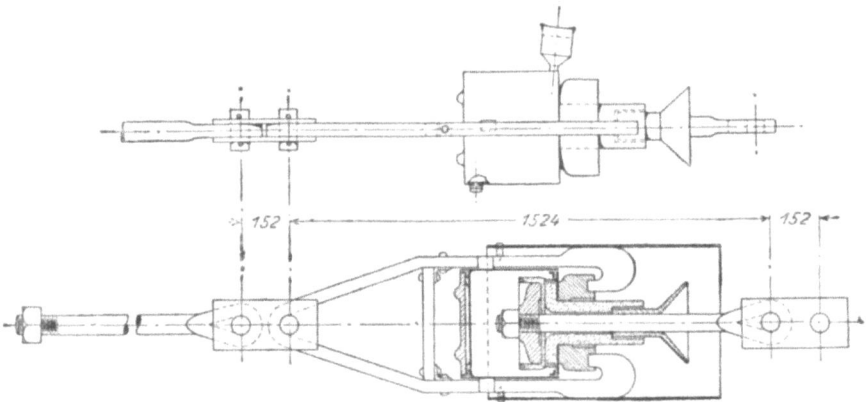

Fig. 357 u. 358.

nische als auch elektrische Widerstandsfähigkeit besaß, so haben sich doch die Schellackschichten oxydiert und zu Störungen geführt. Man schaltete daher einen Porzellanglockenisolator zwischen Seilstrang und Mikanithülle ein und setzte außerdem in geeigneter Weise diese Verbindungsstelle in einen Ölbehälter, wodurch man den beabsichtigten Zweck in befriedigender Weise erreicht hatte.

Fig. 355 und 356 stellen die Verankerung dar. Das Seil bildet eine Schleife, welche um eine Rolle von 600 mm Durchmesser geschlungen ist. Die Rolle ist mit einer Gabel an zwei hintereinander angeordneten Isolatoren befestigt. Diese werden durch zwei Zugfedern gehalten, deren Rahmen durch zwei Ankerbolzen mit einer 63 mm dicken, etwa 1 m breiten und 1,8 m langen verankerten Platte verbunden ist. Der Ankerisolator, Fig. 357 und 358, besteht aus einem mit Porzellan- und Mikanithülsen umgebenen Zugbolzen, der sich vollkommen isoliert mittels eines schweren gegossenen Unterlagsstückes auf einen Stahlring aufsetzt. Der Schraubenkopf, das Unterlagsstück und die Isolationsteile

Flußübergang. 363

des Bolzenkopfes sind noch in einem gegen den Stahlring abgesonderten Ölbehälter angeschlossen. Der Stahlring wird durch einen Bügel mit zwei starken Haken, der den Ölbehälter umfaßt, gehalten und an dem hinteren Ankerisolator oder den andern Verbindungsteilen befestigt. Die Verankerung eines jeden Seiles ist vor Feuchtigkeit durch einen besonderen geschlossenen Schuppen geschützt. Die Stromzuführung geschieht außerhalb durch angelötete Drähte, welche aus den erwähnten Unterstationen kommen, wo die Hochspannungsschalter sitzen.

Das genannte riesenhafte Bauwerk zählt zu den hervorragendsten Leistungen der gegenwärtigen Leitungstechnik. Die schlanke Seillinie mit ihren beiden Stützwerken verbinden den Eindruck von Schönheit, die durch die stählerne Schärfe geboten ist, mit augenscheinlicher Zweckdienlichkeit.

Die Stahlwerke in Homestead bei Pittsburg werden durch ein jenseits des 295 m breiten Monongahela-Flusses gelegenes Kraftwerk

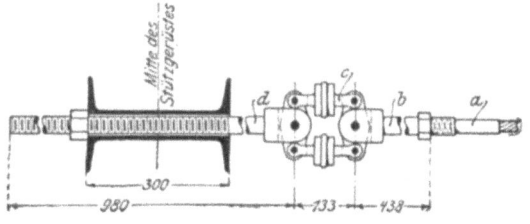

Fig. 359.

durch zwei parallelgeschaltete Leitungen mit niedergespanntem Strom von 800 A versorgt. Die vier Aluminiumdrähte von je 22,7 mm Durchmesser und 325 kg Gewicht werden an jedem Ufer von Eisengerüsten getragen. Die mittlere Höhe der Aufhängung beträgt auf der Kraftwerkseite 22,5 m, auf der andern Seite 15 m über Erdboden. Der Durchhang beträgt im Sommer 11,2 m, so daß über dem Wasserspiegel noch 18 m lichte Höhe bleiben. Im Winter, wenn die niedrige Temperatur den Zug in den Drähten erhöht, wird der ursprüngliche Durchhang durch die Spannbolzen, Fig. 359, wiederhergestellt. Die Aluminiumdrähte sind bei a mit einem aufgepreßten und verlöteten Aluminiumstulp versehen, der an dem einen Drahtende rechtsgängiges, am anderen linksgängiges Muttergewinde hat. In dieses sind Kupferbolzen b eingeschraubt. Letztere sind an Gelenkstücken c befestigt, welche gleichzeitig die Isolation der Leitung gegen das Gerüst bilden und in eisernen Spannbolzen d endigen. Der Anschluß der Freileitungsdrähte wird durch Kupferseile gebildet, die aufgespleißt um die Bolzen b geschlungen und mit diesen verlötet sind.

11. Die Anforderungen an Leitungen.

Sie lassen sich in mehrere Punkte zusammenfassen, und zwar:
1. Genügende und dauerhafte Isolation.
2. Gefahrlosigkeit für Personen und Sachen.
3. Zugänglichkeit, Auswechselbarkeit oder billiger und seltener Ersatz.
4. Schönheitsrücksichten.
5. Wirtschaftlichkeit in Anschaffung, Betrieb und Erhaltung.

Vergleicht man die aufgezählten Gesichtspunkte, so sieht man, daß es recht schwer hält, allen Bedingungen gleichzeitig gerecht zu werden; je nach dem gegebenen Falle wird eine Wahl getroffen werden müssen, indem man die wichtigeren Bedingungen vorherrschen läßt, die unwichtigeren zurückdrängt. Der Kostenpunkt ist an letzter Stelle angeführt, er erscheint jedoch wie immer als wichtigster Punkt meist voraus. Über die beiden ersten Punkte werden wir in einem folgenden Kapitel die nötigen Festlegungen machen. Über den dritten Punkt fällt es meistens nicht schwer, den herrschenden Umständen entsprechend zu wählen. Über die Erwärmung von Leitungen werden wir noch die allgemeinen Grundsätze, und in den Schmelzsicherungen noch ein Mittel gegen Überhitzung der Leitungen kennen lernen. Schönheitliche Forderungen stehen bedauerlicherweise meistens mit dem dritten Punkte im Widerspruche. Im letzten Kapitel, nach Kenntnis aller Fragen betreffend elektrischer Anlagen werden wir auf den Vergleich der Leitungen zurückkommen können. Hier sollen nur die Feinde der Leitungen erwähnt werden.

12. Die Feinde der Leitungen.

Beginnen wir mit jenen der Luftleitungen.

Die Freileitungen müssen oft der billigen Anschaffungs- und Verlegungskosten wegen den unterirdischen vorgezogen werden. Die Sicherheit ihres Betriebes kann durch aufmerksame Überwachung die gewünschte Vollkommenheit erreichen. Ebenso wie Eisenbahnen ihre Linien regelmäßig überwachen und abgehen lassen, so erheischen lange ausgebreitete Leitungsanlagen gleiche Streckenwartung. Sorgsame Beobachtung läßt dann vielen Störungen vorbeugen, welche durch allerlei Umstände und Zufälle an oberirdischen Leitungen auftreten können. Diese besitzen viele Feinde, meist angeborene, aber auch theoretische, eigentlich Widersacher, welche sie überhaupt noch vor ihrem Insleben-

Feinde der Luftleitungen. 365

treten aus Schönheitsgründen nicht aufkommen lassen möchten. „Schön werden Telegraphenleitungen nie aussehen, und kein Mensch hält sie für eine Zierde der von ihnen durchzogenen Gegend", sagte Ludwig in seinem Werke über Leitungsbau bereits 1870, „trotzdem muß auch hier, wo sie dem Auge sichtbar sind, dem ästhetischen Gefühl nach Möglichkeit Rechnung getragen werden, was sich im allgemeinen durch Regelmäßigkeit und augenscheinliche Zweckmäßigkeit mehr oder weniger erreichen läßt". Wie haben ihm die Leitungsnetze elektrischer Stadtbahnen in vielen Fällen Recht gegeben! Wenn aber viele Holzsäulen, stark wie Schiffsmaste, pallisadenartig die Straßen besetzen und mit ihren Drahtschwärmen bis zu einem halben Hundert auf den Stützenpunkt die Sonnenstrahlen abhalten, wie dies Telephonnetze allgemein bekunden, so kann man jene Widersacher doch begreifen.

Wirkliche Feinde der Luftleitungen, welche ihren Bestand gefährden, rühren her aus den verschiedensten Naturreichen: zu ihnen gehören Menschen, Tiere, zahlreiche Pilze und Schwämme. Kein Teil der Leitungen wird verschont. Die Menschen greifen aus Habsucht nach dem Drahte, besonders da er aus Kupfer ist, und nach der Glocke, wie S. Weiller und H. Vivarez so launig von den Arabern erzählen, da sie Liebhaber von Kaffee sind, aber dazu an Schalen arm. Die Glocken bilden außerdem eine beliebte Zielscheibe für die Steinwürfe der Straßenjugend und der Schüsse von übereifrigen Schützen. Man hat daher, wie bereits erwähnt, zu braunen unauffälligen Glocken gegriffen oder hat gegen jene die Glocken durch umgreifende Eisenbügel oder neuestens durch auf den Glockenkopf aufsitzende emaillirte Blechkappen Seite 240 vorsorgen wollen.

Die Leitungen können Angriffen von Vögeln ausgesetzt sein. So erzählt Christiani, das man in der Nähe von Gänseweiden Schutzdrähte ziehen mußte, um die Hüter des Kapitols auf ihrem Heimwege vom Gegenfliegen wider die Telegraphenleitungen abzuhalten. Gleiches ereignete sich 16. Oktober 1898 beim 2000 voltigen Primärnetz des Warasdiner Elektrizitätswerkes. Andernorts flog eine Pelikanherde an einen Telephondraht, der bei großer Spannweite so gestreckt wurde, daß er die oberhalbgehende 40 000 voltige Leitung durch den Anflug berührte.

Die hohen Spannungen schaffen in ihren ausgebreiteten Leitungsanlagen besondere Fälle. Hier wird auch umgekehrt die Leitung Menschen und Tieren Feind. Große Vögel, Adler und Pelikane, zwängen sich wider Willen zwischen die Drähte und werden durch den Kurzschlußlichtbogen verbrannt. Die hängenbleibende Gondel eines dahingejagten Luftballons hat der Leitung und den Insassen Fährlichkeiten bereitet.

Leitungsbau.

In einigen britischen Ansiedlungen verursachte die weiße Ameise an Holzmasten große Schäden. Das Bauminnere wurde vernichtet. Menschen und in den Urwäldern die Affen wollen mutwillig die Maste erklettern. Gegen jene genügt ein in entsprechender Höhe angebrachter Stachelring, gegen diese ein spiralförmig gewundener Stacheldraht, dem Gesetze aber meist schon die Zeichnung eines Blitzpfeils mit Totenkopf auf der Säule oder in intelligenteren Gegenden eine Tafel mit polizeilichem Verbot. Auch das Mineralreich stellt einen argen Gegner. In Gebirgstälern sind Leitungen dicht an Felsen oft herabrollendem Gesteinsregen, dem Steinschlag, ausgesetzt. Starke Leitungen, Kupferdrähte schon über 20 mm^2 Querschnitt und bei Spannweiten unter 35 m widerstehen ihm aber erfahrungsgemäß.

Der Einfluß des Klimas ist überall fühlbar, namentlich bei hölzernen Masten. Sie werden von Spechten, Insekten, Pilzen und Schwämmen angegriffen. Eine neue Säule setzt man nicht ohne weiteres in die Erdaushebung, aus der vorher eine verfaulte entfernt wurde, weil die zurückgebliebenen Fäulniserreger ihr bald schaden könnten. Den Gefahren atmosphärischer Entladungen begegnet man durch besondere Einrichtungen, auf die wir später eingehen werden. Reif und Schnee haben wir bereits erwähnt. So z. B. haben die Städte am südlichen Abhang der Alpen gegen starke Schneefälle zu kämpfen. Bei vollkommen ruhigem Wetter und einer Temperatur nahe dem Taupunkt fallen plötzlich dichte Flocken, die einen Schneemantel um den Draht bilden würden, wenn nicht seine Bildung rechtzeitig durch eigene Vorrichtungen am Gestänge, den Schneerüttlern, verhindert werden könnte. Die rechtzeitige Betätigung dieses Schutzes kann durch ein Schneesignal veranlaßt werden, welches einfach durch die Schneelast eines langen Spanndrahtes geweckt wird. Die gefährlichen Wirkungen des Windes auf Leitung und Träger haben wir bereits erörtert; es sei noch das leidige Mittönen mancher Leitungsdrähte erwähnt. Namentlich im Winter bei hoher Kälte und bei dünneren harten Drähten stellt sich bei Wind die von den Anwohnern wenig beliebte Äolsharfe ein, deren Tönen durch Mitklingen von Dachböden usw. verstärkt wird. Abhilfe bietet meist ein Nachlassen des Durchhanges oder, wenn dies untunlich, eines der vielen Dämpfungsmittel des schwingenden Drahtes: Das Aufziehen eines längeren Kautschukschlauches auf den Draht, die Drahtpressung zwischen zwei längeren, filzbekleideten Holzleisten, die Einschaltung eines Kettenstückes oder die elastische Lagerung des Drahtes auf der Glocke. Für Spanndrähte der elektrischen Bahnen, aber auch für Bogenlampen-Aufhängedrähte sind solche Schalldämpfer öfters vonnöten. Sie bestehen meist aus Zylinder- oder Kugelhälften aus Weichgummi, die durch ein Gehäuse aus

Feinde der Leitungen. 367

gepreßtem Schmiedeeisen zusammengehalten werden, wie Fig. 360 zeigt.[1])

Die Stürme betreffen nicht nur unmittelbar die Leitung, sondern ihre Sicherheit wird durch Windbrüche benachbarter Gegenstände, insbesondere von Bäumen, geschmälert. Ein abgerissener Ast oder selbst die leichte Baumrinde, vom Sturme getrieben, haben oft derart Schaden gebracht. Wenn Windstöße über Baumwipfel streichen, so erschüttert ein Unglücksbaum aus vielen, gleich einer Stimmgabel beim anklingenden Tone. Die Reihe läßt sich fortsetzen, insbesondere die Gefahr der eigenen und fremden Brände wäre zu erwähnen, aber wir schließen, indem wir beruhigend auf manchen Freund und günstigen Umstand hinweisen können. Die großen Regen z. B. reinigen die Glocken, und die Hochspannungsluftleitungen halten sich während der Regenperiode, wo die Glocken beschlagen sind, besser als nach einer langen trockenen

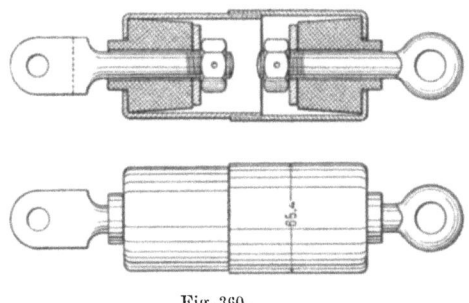

Fig. 360.

Zeit oder gar bei Staubstürmen, die an den Drähten elektrische Ladungen hervorbringen.

Trotz aller Feinde und Schädigungen lassen sich Luftleitungen in gutem Zustande und sicherem Betriebe erhalten; sie waren und sind dazu berufen, sowohl die motorische Energie weit abseits liegender Wasserkräfte auf wirtschaftliche Weise zu übertragen, als auch Städten oder Stadtteilen mit geringer Verbrauchsdichte die Wohltat elektrischer Energieverteilung zukommen zu lassen.

Die Innenleitungen haben die größten Feinde an jenen Architekten, welche entweder zu viel Künstler sind, um sie als sichtbare Leitungen zu dulden, oder so sehr niedrige Makler sind, um bei der Verdingung der Arbeiten fürs schlechteste Geld die größten Bedingungen zu stellen. So hat z. B. ein technischer Börsenrat für den Neubau einer Börse die

---

[1]) Poschenrieder, Bau und Instandhaltung der Oberleitungen elektrischer Bahnen, 1904.

Ausführung nach den Vorschriften des V. D. E. vorgeschrieben, gleichzeitig aber verlangt, daß alle Leitungen in schwarze Papierrohre in die Mauer verlegt werden. Über den anzuwendenden Strom, ob Einzelanlage mit 200 V, ob Gleichstrom von 2×115 V oder Wechselstrom von 1×105 V aus Elektrizitätszentralen konnte keine Vorschrift gemacht werden, dagegen war aber der kleinste Geldbetrag für die Ausführung durch die sich unterbietenden Firmen einfach entscheidend. Das sind die größten Feindschaften. Die Kinder mit ihrer Wißbegierde und die Auslagkünstler mit ihren Stecknadeln sind, solange sie keine Brände durch Kurzschlüsse verursachen, die harmloseren. Ebenso die Fliegen und Mücken, welche die sichtbaren Leitungen in gewissen Gegenden, namentlich in Küchen, im Sommer in dicke Seile verwandeln. Aus Australien kommt die Klage, daß die biegsamen Kautschukschnüre zugrunde gehen, weil die Ausscheidungsflüssigkeit der Fliegen Ammoniak enthalte, welches den Kautschuk zerstört.

Die unterirdischen Leitungen sind den bereits erwähnten chemischen und mechanischen Angriffen ausgesetzt. Ob Ratten sich schon an den im Lager ruhenden Kabeln vergreifen, bleibt eine offene Frage, daß sie aber entweder aus wissenschaftlicher Begier oder Hunger, zwei eng verbundene Begriffe, an Hochspannungsendverschlüssen ihren feuerbestatteten Eingang mit trauernder Teilnahme des Betriebsleiters fanden, ist eine mehrfach erhärtete Tatsache. Am meisten fürchtet man Pickenhiebe der Straßenarbeiter und Nachbohrungen der Gasleute mit ihrer Riechröhre. Immerhin sind die unterirdischen Leitungen besser daran als ihre verwandten unterseeischen, an denen sich zu gegenseitigem zu späten Bedauern schon Walfische erhängten, während in den Bleimantel von australischen Telephonluftleitungen der Jesuitenkäfer Bostrychus jesuita seine Larven mit Vorliebe rücksichtslos einnistet.

Drittes Kapitel.
Schaltung und Regelung von Leitungen und Maschinen.

A. Leitungssysteme.
Die elektrische Energie liefernden und sie aufnehmenden Teile sind untereinander und gegenseitig durch Energiewege verbunden. Für diese Bahnen wird meist durch eigene Leitungen gesorgt, manchmal auch die Erde als Rückleiter benutzt. Die Verbindungsweise wird als Schaltung bezeichnet. Die Leitungssysteme unterscheiden sich durch die Schaltung.

Die zu verbindenden Teile sind entweder elektrische Energieerzeuger oder -geber, wie namentlich die elektrischen Maschinen, welche mechanische Energie in elektrische umsetzen; oder sie sind Energieabnehmer oder -empfänger, wie die Lichtquellen, welche die elektrische Energie in Licht und Wärme umsetzen, oder wie die elektrischen Motoren, bei welchen die Rückumsetzung in mechanische Energie erfolgt. Außer diesen tätigen und betätigten Anfangs- und Endgliedern in der Arbeitskette kommen noch Zwischenteile wie Umwandler oder Umformer in Betracht, bei welchen die elektrische Energie von bestimmten Eigenschaften in eine anders beschaffene elektrische umgesetzt wird. Dies kann unmittelbar durch magnetische Verkettung wie bei den Transformatoren oder mittelbar durch Überführung in chemische wie den elektrischen Akkumulatoren geschehen.

Die Einteilung der Systeme kann nach verschiedenen Gesichtspunkten erfolgen. Nach der Schaltung der Energieabgeber und -aufnehmer, z. B. in solche mit Hintereinander- oder Serienschaltung, oder mit Nebeneinander- oder Parallelschaltung u. a. Nach der unmittelbaren oder mittelbaren Art der Verbindung zwischen Erzeuger und Abnehmer in direkte und indirekte Systeme. Nach der Zahl der Leiter in Zwei-, Drei- und Mehrleitersysteme und nach der Art des verwendeten Stromes in Gleichstrom-, Wechselstrom- und Mehrphasensysteme.

Diese Hauptgruppen lassen einzeln keine scharfe und ausreichende Unterscheidung aller ausgeführten Systeme zu. Nur durch gleichzeitige Heranziehung mehrerer Gesichtspunkte kann man die verschiedensten Ausführungen kennzeichnen. Die Energieaufnehmer, als Bogenlampen, Glühlampen, Motoren usw. bedingen, daß ihnen stets die gewünschte zulässige Energie zugeführt werde. Dies darf weder durch den wechselnden eigenen noch nachbarlichen oder fremden Bedarf der Abnehmer beeinflußt werden. Wegen der ersten Bedingung muß die Leistungsfähigkeit der Energieabgeber der geforderten Abgabe entsprechen, wobei die Leitungen nicht schädlich erwärmt werden dürfen.

Um der zweiten Forderung zu genügen, muß das System gegen zeitliche und örtliche Schwankungen im Energiebedarf unempfindlich sein. Diese Belastungselastizität entspricht beim Betriebe von Lichtquellen ihrer Löschbarkeit. Die Fortleitung der elektrischen Energie in den Leitungen selbst, sowie in den übrigen, oben genannten Teilen der Anlage geschieht mit einer Reihe von Energieverlusten. Diese dürfen nicht nur aus wirtschaftlichen Gründen, sondern auch wegen der Regelbarkeit des Systems gewisse Grenzen nicht überschreiten.

1. Strom- und Spannungsverteilung in Leitungen.

Für die Strom- und Spannungsverteilung in linearen Leitern gelten die von Ohm und Kirchhoff ermittelten Beziehungen. Ihre Anwendung gewinnt durch physikalische Deutung an Stelle der mathematischen Rechnung an Übersichtlichkeit. Die in der Beleuchtungspraxis meist vorkommenden Leitungen sind dadurch gekennzeichnet, daß die Stromabnehmer bezw. Nutzwiderstände zwischen je zwei Leiter oder Leiternetze parallel geschaltet werden und daß der Spannungsverlust in ihnen im Vergleich zu jenen in den Nutzwiderständen selbst gering ist.

Bilden die Hauptleiter einen ein- oder mehrfach in sich geschlossenen Linienzug, so nennt man die Leitung geschlossen, anderenfalls offen. Die genaue Berechnung führt zu sehr verwickelten Ausdrücken; man wendet daher ein Näherungsverfahren an, dem folgender Gedankengang zugrunde liegt. Infolge des geringen Spannungsverlustes in den Leitern im Verhältnis zu dem in den Nutzwiderständen geht der ausschlaggebende Einfluß für die Verteilung nur von diesen allein aus. Es kann daher angenommen werden, daß man für jeden Nutzwiderstand auch seinen Strom gleich kennt. Statt mit Nutzwiderständen rechnet man also von vornherein mit Abnahmeströmen.

Einfache Fälle. Im Folgenden werden die wichtigsten Fälle der Verteilung mit Ohmschen Widerständen vorgebracht. Fig. 361 stellt ein Leiterstück dar, dessen Widerstand r Ohm beträgt. Der Spannungs-

Strom- und Spannungsverteilung. 371

verlust V_{01} bringt einen Strom $J_{01} = V_{01}/r$ hervor. Wird der reziproke Wert des Widerstandes als Leitfähigkeit bezeichnet, so besagt dieses Ohmsche Gesetz, daß die Stromstärke dem Produkte der Leitfähigkeit und der Spannung entspricht. Da der Widerstand eines Kupferdrahtes von q mm² Querschnitt und L m Länge $r = \dfrac{L}{55\,q}$ beträgt, so folgt für

$$q = \frac{L}{55\,r} = \frac{L \cdot J_{01}}{55\,V_{01}}.$$

Dies ist die wichtigste Leitungsformel.

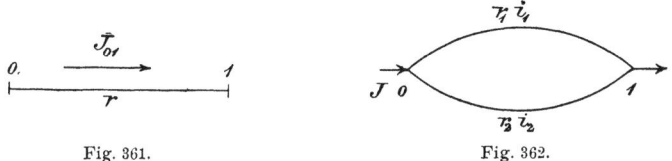

Fig. 361.   Fig. 362.

Werden mehrere Leitungsstücke hintereinander geschaltet, so ergibt sich für den gleichen Strom der gesamte Spannungsverlust als Summe der einzelnen Teile. Dies kommt bei der Reihenschaltung in Anwendung. Es ist der Strom

$$J = \frac{\Sigma V}{\Sigma R} = \frac{V_{01} + V_{12} + V_{23} + \cdots}{r_{01} + r_{12} + r_{23} + \cdots}.$$

Werden dagegen mehrere Leiterstücke zwischen den Punkten 0 und 1, Fig. 362, nebeneinander gesetzt, so findet sich der gleichwertige Widerstand R aus der Leitfähigkeit. Diese ist gleich der Summe der Leitfähigkeiten der einzelnen Teile, also

$$\frac{1}{R} = \frac{1}{r_1} + \frac{1}{r_2} + \cdots$$

Die Nebeneinanderschaltung gibt demnach in der Rechnung gleichartige Beziehungen, wie die Hintereinanderschaltung, sofern Widerstände durch Leitfähigkeiten ersetzt werden.

Der Strom, der durch ein Leiterstück infolge des Spannungsunterschiedes V fließt, kann auch als schließliche Summe von Einzelströmen betrachtet werden, welche dem zeitlichen Nacheinanderwirken von Teilspannungen $v_1 + v_2 + \ldots = V$ entsprechen. Ebenso kann der Gesamtstrom J bei parallel geschalteten Leitern als die Wirkung der Teilströme i gedacht werden, wenn diese einzeln nacheinander auftreten würden. Die Übereinanderlagerung oder Superposition von Spannungen und Strömen, oder dieser Zusammenhang zwischen Summen- und Einzelwirkung kann benutzt werden, um verwickelte Stromläufe aus einfachen abzuleiten.

372 Schaltung und Regelung von Leitungen und Maschinen.

Breitet man die beiden Leiter r_1 und r_2, Fig. 362, auseinander, wie in Fig. 363, so stellt dieses Bild den Fall dar, daß im Punkte 1 ein Stromabnehmer J zur Wirkung gelangt. Von beiden Seiten wird demnach der Stromzulauf entsprechend den Leitfähigkeiten der beiden Stücke vor sich gehen. Man kann sich vorstellen, daß der Strom J aus i_1, i_2 besteht. Die Übereinstimmung mit dem Auflagedruck eines auf zwei Stützen ruhenden Balkens vom Gewichte J ist in die Augen fallend.

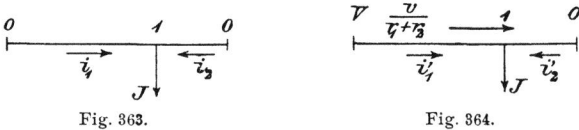

Fig. 363. Fig. 364.

Denkt man sich das Bild der Fig. 362 mit Fig. 363 überdeckt, so führt dies zur Lösung des Falles, daß ein Abnehmer Strom von zwei Seiten mit ungleich hohen Spannungen erhält, wie dies in Fig. 364 zum Ausdruck gebracht ist. Es fließt demnach zwischen V und 1 der Strom, welcher ohne den Abnehmer J fließen würde, vermehrt um jenen, welcher dem Teilstrom aus Fig. 363 entspricht. Es ergeben sich demnach die Teilströme

$$\frac{V}{r_1 + r_2} + i_1 = i'_1 \quad \text{und} \quad i_2 - \frac{V}{r_1 + r_2} = i'_2.$$

Man kann immer die Abnehmer zwischen zwei Knoten durch Abnehmer in diesen Knoten selbst ersetzen, ohne die äußeren Verhältnisse zu diesem Leiterstück zu berühren. Dieser Komponentensatz gilt auch

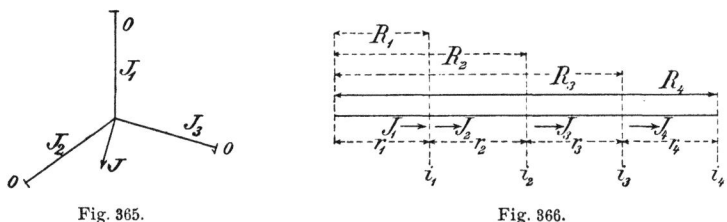

Fig. 365. Fig. 366.

für einen mehrfachen Knoten, wie in Fig. 365. Man kann ihn von seiner Last befreien, indem man J auf die Nachbarknoten wirft. Die Teilströme $J_n = J \cdot \dfrac{R}{r_n}$ ergeben sich wie früher. R ist aus $R^{-1} = \overset{n}{\underset{1}{\Sigma}} \left(r_n^{-1} \right)$ bestimmt.

Der gesamte Spannungsverlust in einem Leiter mit mehreren Abnehmern, Fig. 366, ist gleich der Summe der Teilverluste in den Strecken.

Netzberechnung.

oder auch
$$V = J_1 r_1 + J_2 r_2 + \ldots\ldots = \Sigma(J r)$$
$$V = i_1 R_1 + i_2 R_2 + \ldots\ldots = \Sigma(i R).$$

Das Produkt i R aus jedem Abzweigstrom mit dem bis zu seinem Abzweigpunkt vom Anfangspunkt aus gerechneten Leitungswiderstande heißt **Strommoment**. Der gesamte Spannungsverlust hält der Summe aller Strommomente das Gleichgewicht.

Setzt man $V = \Sigma(J r) = \Sigma(i R) = \Sigma(i) \cdot \varrho$, so erkennt man, daß das Produkt aus Gesamtstrom mit dem Schwerpunktswiderstand dem größten Spannungsverluste V gleich ist.

Netzberechnung. Für einen einfach geschlossenen Leiter kann, ohne sich auf irgend eine Voraussetzung zu stützen, die Stromverteilung wie folgt ermittelt werden. Im Punkte A der Fig. 367 wird der Strom J zugeführt, der sich nach beiden Seiten teilt und in den Abzweigungen 1, 2 und 5, 4 abgegeben wird. Für einen ganz beliebigen Abzweigpunkt denkt man den Abnehmer geteilt und die Leitung aufgeschnitten. Die Momentengleichungen lassen sich nun ansetzen, z. B. für den Knoten 3:

$$i_1 R_1 + i_2 R_2 + i_3 R_3 =$$
$$i_5 \cdot (R - R_5) + i_4 \cdot (R - R_4) + (i_3 - x) \cdot (R - R_3).$$

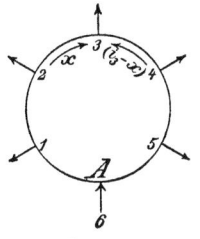

Fig. 367.

Aus dem Teilstrome x, welcher aus dieser für einen **ganz beliebigen** Punkt aufgestellten Gleichung gefunden wird, kann sofort auf die Lage des **wahren** Schnittpunktes geschlossen werden. Die Ströme x und $(i_3 - x)$ sind nämlich nach Größe und Zeichen die tatsächlich in $\overline{23}$ und $\overline{24}$ auftretenden. Wenn daher einer der beiden Werte sich als negativ ergibt, so schreitet man in seinem Sinne zur nächsten Abzweigung, zieht den hier abgezweigten Strom ab und fährt so fort, bis man zu einem Punkte gelangt, in welchem beide Ströme positiv sind. Dies ist der gesuchte Schnittpunkt. Gelangt man ausnahmsweise zu einem Punkt, in welchem der eine Teilstrom Null ist, so hat man den besonderen Fall, daß ein Leiterstück stromlos ist.

Um bei Netzen mit n Maschen die Rechnung mit n Unbekannten aus den n linearen Gleichungen zu beschränken, werden vorerst durch den Komponentensatz die Leiter von den Abnehmern befreit. Parallele Widerstände zwischen zwei Knoten werden zu einem gleichwertigen einzigen zusammengefaßt. Weitere Vereinfachung bringt die **widerstandstreue Umgestaltung** von unbelasteten Sternen auf Dreiecke. Soll das Dreieck, Fig. 368, mit den Eckspannungen A, B, C und den

Seitenwiderständen a, b, c in den Stern α, β, γ transfiguriert werden, so gilt für jeden Schenkelwiderstand des Sternes die Beziehung

$$\alpha = \frac{bc}{a+b+c}.$$

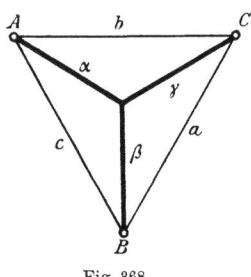
Fig. 368.

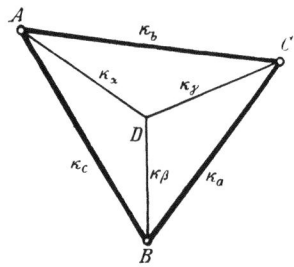
Fig. 369.

Ist der Stern D, Fig. 369, mit den Schenkeln AD, BD, CD, deren Leitfähigkeiten k_α, k_β, k_γ sind, durch das Dreieck mit den Leitfähigkeiten k_a, k_b, k_c zu ersetzen, dann ist

$$k_a = \frac{k_\beta k_\gamma}{k_\alpha + k_\beta + k_\gamma}.$$

Die weitere Behandlung dieser vereinfachten Netze fällt meist nicht schwer. Wir verweisen auf unser ausführliches Werk hierüber[1]).

2. Leitungen mit Induktanz und Kapazität.

Der veränderliche Strom in einem Wechselstromkreise induziert in seiner Umgebung ein je nach ihrer Beschaffenheit verschieden starkes, veränderliches magnetisches Feld. Bei sinusartigem Stromverlauf wird die durch das veränderliche Feld induzierte Gegen-EMK der Selbstinduktion in der Phase gegen die Stromstärke, also auch gegen die Phase derjenigen Spannung, die zur Überwindung des Ohmschen Widerstandes dient, um 90^0 verschoben sein.

Der scheinbare Widerstand oder *Richtungswiderstand* eines Leiterstückes r kann als die geometrische Summe aus seinem wirklichen Energie verzehrenden Widerstand und dem induktiven aufgefaßt werden, Fig. 370. Es ist danach

$$\Re = \sqrt{r^2 + (\omega L)^2},$$

---

[1]) Herzog-Feldmann, Berechnung elektrischer Leitungsnetze, 2. Aufl. Berlin, Julius Springer.

Richtungswiderstand. 375

wobei r den Ohmschen Widerstand, $\omega = 2\pi \sim$ die Winkelgeschwindigkeit der Änderung des sinusförmigen Wechselstromes mit $\sim$ Perioden in der Sekunde, kurz als Per/Sek bezeichnet, und L die Induktanz in Henry bedeutet. Lω nennt man auch Reaktanz und den Ausdruck unter der Wurzel Impedanz. Beide haben im absoluten Maßsystem die Dimension eines Widerstandes und der Richtungswiderstand oder die Impedanz spielt in den Rechnungen mit Wechselstrom dieselbe Rolle wie der Ohmsche Widerstand in Gleichstromkreisen.

Fig. 370 hat auch noch eine andere Bedeutung. Multipliziert man nämlich den Widerstand r, die Reaktanz Lω und die Impedanz $\Re$ mit der Stromstärke J, so erhält man nach Größe und Phase die

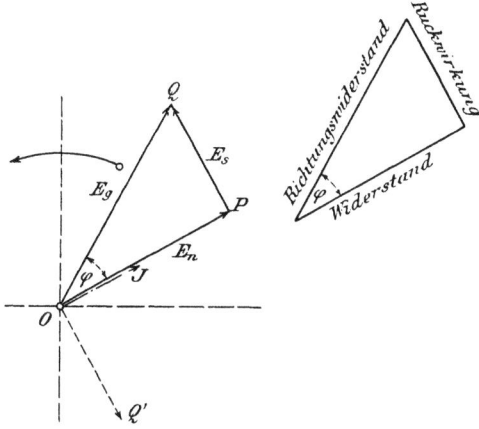

Fig. 370.

Ohmsche oder Nutzspannung E_n und die induktive oder Selbstinduktionsspannung E_s, welche durch die Katheten, und die wirkende EMK oder Gesamtspannung $E_g = E$, welche durch die Hypotenuse dargestellt ist. Da nun die Phase des Stromes J mit der Phase der Spannung E_n übereinstimmt, so gibt der Winkel φ zugleich die Phasenverschiebung zwischen EMK und Strom; sie kann aus tg $\varphi = \omega L/r$ ermittelt werden. Das Ohmsche Ausgleichgesetz hat nun die Form:

$$J = E_g : \sqrt{r^2 + (L\omega)^2} = E/\Re.$$

Mit Hilfe dieses Phasenwinkels kann auch die durch den Strom geleistete Arbeit berechnet werden. Die augenblickliche Leistung erhält man, indem man den augenblicklichen Wert der Spannung mit jenem der Stromstärke vervielfältigt. Alle Formeln für die momentanen Werte übertragen sich aber auch auf die maximalen oder effektiven, wenn statt

Schaltung und Regelung von Leitungen und Maschinen.

der einfachen Werte Richtungsgrößen oder Vektoren eingeführt werden. Die in einer Sekunde von den effektiven Werten E und J geleistete Arbeit ist danach E J cos φ.

Für die Größe der Leistung ist nicht die Stromstärke selbst maßgebend, sondern nur ihre Projektion auf die Richtung der EMK. Diese Komponente nennt man daher den Wattstrom $J_n = E \cdot R/\Re^2 = J\cos\varphi$; die andere Stromkomponente, die senkrecht steht zur Richtung der EMK und infolgedessen zur Arbeitsleistung nichts beiträgt, wird nach v. Dolivo-Dobrowolsky der wattlose Strom $J_0 = E \cdot L\omega/\Re^2 = J\sin\varphi$ genannt. Der Gesamtstrom $J = \sqrt{J_n^2 + J_0^2}$. Da ferner bei gleicher EMK und Stromstärke die Größe des geleisteten Effektes vom Werte des cos φ abhängt, so nennt man cos φ den Leistungsfaktor. Man kann aber auch, wie in Fig. 370, die Spannung E_g in eine wattlose Komponente E_s und eine wattleistende E_n in Richtung des Stromes J zerlegen.

Beide Arten der Zerlegung sind gleichwertig; die erste nimmt einen Strom J und drei Spannungen: die gesamte E, die Wattspannung E cos φ und die wattlose Spannung E sin φ an; die zweite nimmt eine Spannung und die entsprechenden drei Ströme an.

Induktanz von Luftleitungen. Obwohl in Wechselstromkreisen als induktive Belastungen hauptsächlich die Eisen enthaltenden Verbrauchsapparate in Betracht kommen, darf man doch auch bei längeren Leitungen die in ihnen selbst auftretenden induktiven Rückwirkungen nicht außer acht lassen. Maxwell gab den Koeffizienten der Selbstinduktion oder die Induktanz eines geraden Drahtes, wenn der Stromkreis durch einen parallelen geraden Draht vervollständigt wird. Dieselbe Rechnung kann auch für beliebig viele parallele Drähte von der Länge l mit den Strömen $J_1, J_2, J_3 \ldots$ und den Radien $r_1, r_2, r_3 \ldots$ und Permeabilitäten $\mu_1, \mu_2, \mu_3 \ldots$ in einem Mittel von der Permeabilität μ_0 durchgeführt werden. Die Abstände zwischen zwei Drähten p und q seien D_{pq}. Dann findet man die kinetische Energie des Systems T aus der Beziehung:

$$2T/l = 1/2 \cdot (\mu_1 J_1^2 + \mu_2 J_2^2 + \mu_3 J_3^2 + \ldots) -$$
$$- 2\mu_0 (J_1^2 \log\text{nat } r_1 + J_2^2 \log\text{nat } r_2 + J_3^2 \log\text{nat } r_3 + \ldots) -$$
$$- 4\mu_0 (J_1 J_2 \log\text{nat } D_{12} + J_1 J_3 \log\text{nat } D_{13} + J_2 J_3 \log\text{nat } D_{23} + \ldots)$$

mit der alleinigen Bedingung $J_1 + J_2 + J_3 + \ldots = 0$.

Aus diesen zwei Gleichungen können die Koeffizienten L und M der Selbstinduktion und der gegenseitigen Induktion gefunden werden. Es seien nur vier Drähte vorhanden, von denen 1 und 3 den einen, 2 und 4 den anderen Stromkreis bilden. Dann ist $J_3 = -J_1$, $J_4 = -J_2$ und

Induktanz von Luftleitungen.

$$2\,T/l = J_1{}^2 \left(\frac{\mu_1 + \mu_3}{2} + 2\,\mu_0 \log \text{nat}\, \frac{D_{13}{}^2}{r_1\,r_3} \right) +$$
$$+ J_2{}^2 \left(\frac{\mu_2 + \mu_4}{2} + 2\,\mu_0 \log \text{nat}\, \frac{D_{24}{}^2}{r_2\,r_4} \right) +$$
$$+ 2\,J_1\,J_2 \left(2\,\mu_0 \log \text{nat}\, \frac{D_{14} \cdot D_{23}}{D_{13} \cdot D_{24}} \right).$$

Der Faktor von $J_1{}^2$ ist L_1, der von $J_2{}^2$ ist L_2, der Faktor von $2\,J_1\,J_2$ ist M. Nimmt man $r_1 = r_3 = \frac{1}{2}\,d$ und $\mu_0 = \mu_1 = \mu_3 = 1$, so findet man für eine Schleife aus zwei unmagnetischen, in Luft verlegten Leitern von je 1 cm Länge in Henry H

$$L = 2\,l\,(0{,}5 + 2 \log \text{nat}\, 2\,D/d)$$

und für $l = 1$ km $= 10^5$ cm und L in Millihenry Mh

$$L = 2\,L_1 = 2\,(0{,}05 + 0{,}4606 \log_{10} 2\,D/d).$$

Denkt man sich die Induktanz der Schleife aus der Reihenschaltung zweier Induktanzen L_1 für jeden Draht gebildet, so erkennt man, daß $L_1 = \frac{1}{2}\,L$. Die folgende Zahlenreihe gibt die Induktanzen in Mh/km-Schleife oder Hin- und Rückleitung zusammen 2 km Draht.

Durchmesser	D = 25 cm	D = 50 cm	D = 75 cm	D = 100 cm	D = 150 cm	D = 200 cm
d = 4	2,033	2,308	2,464	2,584	2,746	2,864
5	1,942	2,218	2,380	2,496	2,656	2,772
6	1,868	2,146	2,308	2,422	2,588	2,700
7	1,808	2,084	2,246	2,360	2,524	2,636
8	1,754	2,030	2,194	2,308	2,470	2,584
10	1,664	1,942	2,104	2,218	2,380	2,496
12	1,592	1,868	2,030	2,143	2,308	2,424
14	1,530	1,808	1,968	2,084	2,246	2,360
16	1,490	1,754	1,920	2,030	2,194	2,308
18	1,430	1,706	1,868	1,984	2,146	2,256
20	1,388	1,664	1,826	1,942	2,104	2,218

Die Induktanz von Drehstromleitungen ist für jeden Draht L_1, also halb so groß als vorstehend angegeben.

Für ein und dieselbe Entfernung D wächst also in allen Fällen die Induktanz zwischen 4 bis 8 mm Drähten um etwa 0,165 Millihenry; auch von D = 25 bis 200 verändert sie sich nur um ± 20 % ihres Betrages, und da dieser Wert mit der vorherrschenden Kathete des ohmschen Widerstandes rechtwinklig zusammengesetzt wird, so folgt, daß der Einfluß auf die Veränderung der Hypotenuse in den obigen Grenzen für

378   Schaltung und Regelung von Leitungen und Maschinen.

praktische Rechnungen vernachlässigbar ist. Man kann also für die obigen Fälle entweder drei Werte der Induktanz oder einen Mittelwert für alle Durchmesser annehmen, wie sich aus folgender Rechnung ergibt. Es sei J = 1 Amp., die Länge = 1 km, d = 5 mm und D das eine Mal 50, das andere Mal 100 cm. Dann folgt für 50 Per/sek $\omega = 2\pi \cdot 50$ = 314 und die Gegen-EMK für ein Ampere und Kilometer mit 0,348 bezw. 0,391 Volt.

$$314 \cdot 1 \cdot 1 \cdot 1{,}110 \cdot 10^{-3} = 0.348 \text{ V}$$

$$314 \cdot 1 \cdot 1 \cdot 1{,}247 \cdot 10^{-3} = 0.391 \text{ V}.$$

Der Unterschied beträgt nur 10 %. Man kann also für die erste Annäherung für 1 A und 1 km den ohmschen Verlust als Abszisse und einen konstanten induktiven Verlust V = 0,36, entsprechend D = 60 cm, als Ordinate auftragen. Die großen Durchmesser sind mit Rücksicht auf Aluminiumkabel aufgenommen worden. Sie sind für Seile mit dem Außendurchmesser d annähernd richtig. Für volle Drähte mit größerem Durchmesser sind sie etwas zu groß. Bei Wechselstrom verteilt sich nämlich der Strom nicht gleichmäßig über den ganzen Querschnitt des Leiters. Die einzelnen Stromfäden erzeugen vielmehr wechselnde Kraftfelder, welche gegen die Mitte des Leiters zu am dichtesten sind und deshalb dort nur den schwächsten Strom aufkommen lassen. Ein starker Wechselstromleiter würde infolgedessen in seiner Mitte besonders bei hohen Perioden stromlos werden. Diese Schirmwirkung der Oberfläche bewirkt eine Widerstandserhöhung des Leiters, für welche man eine Übersicht durch die Dicke einer zylindrischen Schichte gewinnt, deren ohmscher Widerstand dem wirklichen Widerstand des vollen Drahtes gleichkäme.

Setzt man $g = \mu\omega/R$, worin μ die Permeabilität des Leiterstoffes, $\omega = 2\pi \sim$ ist, so findet man die veränderten Werte nach Lord Rayleigh und Heaviside

$$R' = R\left(1 + \frac{g}{12} - \frac{g^2}{12 \cdot 15} + \frac{11\,g^3}{12 \cdot 28 \cdot 80} - \cdots\right)$$

und

$$L' = L\left(1 - \frac{g}{24} + \frac{13\,g^2}{12^2 \cdot 30} - \frac{73\,g^3}{12^2 \cdot 28 \cdot 80} + \cdots\right).$$

Für runde Kupfer- oder Aluminiumdrähte bis d = 20 mm Durchmesser kann der erhöhte Widerstand R' mit genügender Genauigkeit aus der Formel $R' = (1 + 7{,}5 \sim^2 \cdot d^4 \cdot 10^{-11})\,R$ berechnet werden. Bei 50 Per/sek und 20 mm Durchmesser beträgt die Widerstandszunahme nur 3 %, bei 100 Per/sek nur 12 %; sie ist also bei Leitern aus Kupfer oder Aluminium für die meisten vorkommenden Fälle vernachlässigbar. Bei eisernen Leitern wäre ihr Einfluß dagegen sehr bedeutend, weil hier

Zusammensetzung von Richtungswiderständen. 379

μ etwa 150 beträgt. Bei allen Leitern erhöht die Schirmwirkung den Widerstand und verringert die Induktanz.

Zusammensetzung von Impedanzen und Spannungen. Sind in einem Wechselstromkreise Widerstände mit verschieden großen Induktanzen vorhanden, so hat man durch geometrische Zusammensetzung der den einzelnen Teilen entsprechenden Richtungswiderstände ein Mittel, um den Strom, die an den Klemmen der Widerstände herrschenden Spannungen und die Phasenverschiebung des Stromes sowie die in ihnen aufgezehrten Energiemengen zu ermitteln.

Motoren und Transformatoren erzeugen in Wechselstromkreisen, namentlich bei geringeren Belastungen, große Induktanzen und haben bedeutende Phasenverschiebungen zur Folge. Während der Strom in Transformatoren bei Vollbelastung gegen die Spannung nur geringe Phasenverschiebung besitzt, wächst diese bei kleineren Belastungen und erreicht bei Leerlauf bedeutende Werte, die nahe an 90° heranreichen

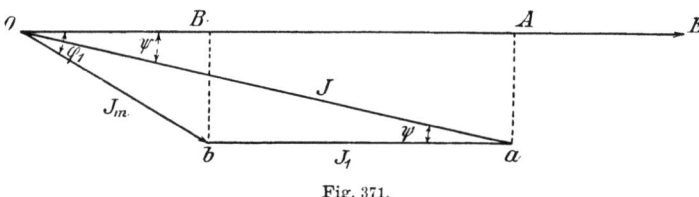

Fig. 371.

würden, wenn die Hystereiserscheinungen dem nicht entgegenwirkten. Man darf deshalb Transformatoren, die etwas belastet sind, praktisch als induktionsfreie Verbraucher betrachten und kann annehmen, daß bei modernen Transformatoren der Leistungsfaktor auch bei Leerlauf nicht unter 0,6—0,7 sinkt.

Bei Induktionsmotoren ist der Leistungsfaktor stets kleiner als bei Transformatoren. Man kann etwa annehmen, daß $\cos \varphi$ bei Leerlauf zwischen 0,2 und 0,3 liegt und dann allmählich bis zu einem höchsten Werte von 0,75—0,9 zu wächst, welcher bei der normalen Belastung erreicht wird. Bei Überlastung nimmt dann der Leistungsfaktor wieder ein wenig ab. Er ist bei Einphasenmotoren stets etwas kleiner als bei Mehrphasenmotoren; auch nimmt er mit wachsender Größe des Motors etwas zu. Man kann also die niedrigeren Werte für mittelgroße Wechselstrommotoren, die höheren für mittlere Mehrphasenmotoren als Anhaltspunkte für die Größe des Leistungsfaktors betrachten.

Werden von ein und derselben Leitung $W_1 = E J_1 = \overline{BA}$, Fig. 371, Watt für Lampen oder andere induktionsfreie Lasten und $W_m = E J_m \cos \varphi_1 = \overline{OB}$ Watt für Motoren mit $\cos \varphi_1$ entnommen, so weist

380 Schaltung und Regelung von Leitungen und Maschinen.

der Gesamtstrom $J = 0\,a$ gegen E die Verschiebung ψ auf, für die aus dem Dreieck O a b

$$\operatorname{tg}\psi = \frac{A\,a}{O\,A} = \frac{W_m \operatorname{tg}\varphi_1}{W_m + W_1}.$$

Ist $W_1 = W_m$ und $\cos \varphi_1 = 0{,}70$, so folgt $\cos \psi = 0{,}9$.

Als Beispiel für die Berechnung eines Wechselstromkreises diene der folgende Fall. Es sei von einer 100 KW-Wechselstrommaschine bei 2000 V und 50 Per/sek ein 6 km entfernter Transformator für 80 KW zu speisen. Die Leitung bestehe aus zwei 8 mm Kupferdrähten mit $D = 50$ cm Achsenabstand. Die Primärwickelung des Transformators habe bei Vollast den Richtungswiderstand $r_3 = 36$ Ohm, der sich aus der Ohmschen Komponente $r_3 = 35{,}4$ Ohm, und der Reaktanz $l_3\,\omega = 8{,}2$ Ohm zusammensetzt, Fig. 372. Die Phasenverschiebung des Stromes in

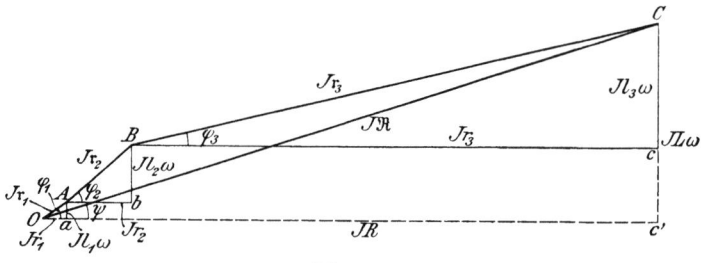

Fig. 372.

der Primärwickelung gegen die Klemmenspannung ergibt sich aus $\operatorname{tg}\varphi_3 = 8{,}2 : 35{,}4 = 0{,}232$ zu $\varphi_3 = 13^0\,2{,}5'$. Der Widerstand der Leitung ist $r_2 = 6000 \cdot 2/55 \cdot 50{,}27 = 4{,}34$ Ohm; ihre Induktanz ist 2,03 Millihenry/km, die Reaktanz also $l_2\,\omega = 6 \cdot 203 \cdot 10^{-3} \cdot 314 = 3{,}825$ Ohm, der Phasenwinkel also $\varphi_2 = 41^0\,46'$ und der Richtungswiderstand $r_2 = \sqrt{4{,}34^2 + 3{,}825^2} = 5{,}78$ Ohm. Der Generator habe $r_1 = 1{,}6$ Ohm Widerstand und $l_1\,\omega = 1{,}2$ Ohm Reaktanz. Die Phasenverschiebung der in ihm aufgezehrten Spannung gegen den Strom ist also gegeben durch $\operatorname{tg}\varphi_1 = 1{,}2 : 1{,}6 = 0{,}75$ oder $\varphi_1 = 36^0\,45'$. Der Richtungswiderstand des Generators ist $r_1 = 1{,}73$ Ohm. Werden diese Widerstände zusammengesetzt, so ergibt sich ein gesamter Ohmscher Widerstand $R = r_1 + r_2 + r_3 = 41{,}34$ Ohm und eine Gesamtreaktanz $L\,\omega = (l_1 + l_2 + l_3)\,\omega = 13{,}225$ Ohm. Der Richtungswiderstand des ganzen Stromkreises wird daher $\Re = 43{,}8$ und die Phasenverschiebung der EMK gegen den Strom wird $\operatorname{tg}\psi = L\,\omega/R = 13{,}33/41{,}34 = 0{,}32$ oder $\psi = 17^0\,44'$ betragen. Will man $J = 50$ A durch den Stromkreis senden, so ist dazu eine EMK $E = J\,R = 50 \cdot 43{,}8 = 2190$ V

Kapazität von Luftleitungen. 381

nötig. Der Spannungsverlust in der Maschine wird $J\,r_1 = 86{,}6$ V, in der Leitung $J\,r_2 = 289$ V. Die Spannung an den Transformatorklemmen ist $J\,r_3 = 1800$ V und der Spannungsverlust bis zum Transformator ist $2190 - 1800 = 390$ V, also kleiner als die Summe $86{,}6 + 28{,}9 = 375{,}6$ V der Verluste in Generator und Leitung, wie Fig. 372 erkennen läßt. Die Leistung des Transformators ist $1800 \cdot 50 \cdot \cos\varphi_3\,10^{-3}$, also 90 Kilowattampere oder 85,4 Kilowatt.

Kapazität von Luftleitungen. Ist im Wechselstromkreise eine Kapazität eingeschaltet, so entsteht durch Ladung und Entladung des Kondensators ein Strom, dessen Phase der EMK um 90^0 voreilt. Seine Größe ist $J_c = V \cdot \omega \cdot C \cdot 10^{-6}$, wenn J_c in Amp., das Potential V gegen Erde in Volt, C in Mikrofarad Mf ausgedrückt ist. Dieser Strom leistet ebensowenig Arbeit wie der wattlose Strom, den man aus der Selbstinduktionswirkung berechnet. Da nun diese beiden wattlosen Ströme gegeneinander um 180^0 verschoben sind, läßt sich der schließliche wattlose Strom durch ihren Unterschied berechnen.

Parallel geführte Luftleitungen besitzen nur geringe Kapazität, und der wattlose Ladestrom erreicht nur bei sehr hohen Potentialen V nicht mehr vernachlässigbare Werte. Für eine Luftleitung aus zwei Drähten von l cm Länge, d cm Dicke und D cm Achsenabstand ist die Kapazität C, bezogen auf die Potentialdifferenz $E = 2$ V der zwei Leiter im elektrostatischen Maße,

$$C = \frac{l}{4 \log \operatorname{nat}(2\,D/d)}.$$

Dies gibt im elektromagnetischen Maß und für $l = 1$ km Schleifenlänge $= 2$ km Draht

$$C = \frac{10^5 \cdot 10^{15}}{9 \cdot 10^{20} \cdot 2{,}303} = \frac{1}{4 \log_{10}(2\,D/d)} = \frac{0{,}04826}{4 \log_{10}(2\,D/d)} =$$
$$= \frac{0{,}01206}{\log_{10}(2\,D/d)} \text{ in Mikrofarad (Mf)}.$$

Hierbei ist der Einfluß der Erde, benachbarter Leitungen und Bäume vernachlässigt. Ersterer ist meist gering; sind die zwei Drähte h cm über dem Boden aufgehangen, dann ist

$$C = \frac{0{,}01206}{\log\left(\dfrac{2\,D}{d} \cdot \dfrac{2\,h}{\sqrt{4\,h^2 + D^2}}\right)};$$

benachbarte leitende Massen können jedoch die Kapazität um einige Prozent erhöhen. Denkt man sich die Kapazität der Schleifenleitung aus zwei hintereinander geschalteten Kondensatoren gebildet, die der Kapazität je eines Drahtes C_1 entsprechen, so erkennt man, daß diese

382 Schaltung und Regelung von Leitungen und Maschinen.

doppelt so groß sein muß als die Kapazität der Schleifenleitung, also $C_1 = 2\,C$. Die Werte der Kapazität in Mf/km Schleife sind in der folgenden Tabelle zusammengestellt; die Kapazität von Drehstromleitungen, bezogen auf die Spannung zwischen einem Draht und einer vorhandenen oder gedachten Nulleitung, ist deshalb doppelt so groß.

Kapazität in Mf/km Schleife = Hin- und Rückleitung[1]).

	D = 250 mm	D = 500 mm	D = 750 mm	D = 1000 mm	D = 1500 mm	D = 2000 mm
d = 4 mm	0,00576	0,00503	0,00470	0,00447	0,00420	0,00402
5	0,00604	0,00524	0,00487	0,00464	0,00435	0,00416
6	0,00628	0,00543	0,00503	0,00478	0,00447	0,00427
7	0,00651	0,00560	0,00517	0,00491	0,00458	0,00438
8	0,00672	0,00576	0,00531	0,00503	0,00470	0,00447
10	0,00710	0,00604	0,00554	0,00524	0,00487	0,00464
12	0,00745	0,00628	0,00576	0,00543	0,00503	0,00478
14	0,00777	0,00651	0,00595	0,00560	0,00517	0,00491
16	0,00800	0,00672	0,00611	0,00576	0,00531	0,00503
18	0,00836	0,00692	0,00628	0,00590	0,00543	0,00515
20	0,00863	0,00710	0,00644	0,00604	0,00554	0,00524

Für $d = 4$ mm, $D = 500$, $\omega = 314$ ist bei 20 km Doppelleitung dieser wattlose 90^0 voreilende Strom bei $E = 10\,000$ V zwischen den Drähten:
$$J_c = 10\,000 \cdot 314 \cdot 0{,}005 \cdot 10^{-6} \cdot 20 = 0{,}314 \text{ A}.$$

Wenn also der Gesamtstrom ohne Kondensatorwirkung z. B. 5 A mit $\cos \varphi = 0{,}75$ ($\sin \varphi = 0{,}66$) beträgt, ist der 90^0 nacheilende Leerstrom $5 \cdot 0{,}66 = 3{,}3$ A; der schließliche Leerstrom also $3{,}3 - 0{,}314 \cong 3{,}0$ A, und somit der Gesamtstrom statt 5 A nur $\sqrt{(5 \cdot 0{,}75)^2 + 3{,}0^2} \cong 4{,}8$ A.

Hieraus erkennt man, daß die Kapazitätswirkung für kurze Linien von wenigen Kilometern Länge überhaupt vernachlässigbar ist.

3. Reihen- oder Seriensysteme.

Bei ihnen durchfließt derselbe Strom ungeteilt alle Stromverbraucher hintereinander. Unterbricht ein einziger, so ist der Stromkreis gestört. Reine Reihensysteme erfordern in der Leitungsschaltung, daß die Verbraucher, Bogen- oder Glühlampen, mit Kurzschließern versehen werden, wodurch erst ihre Löschbarkeit erreichbar wird. Solche Systeme sind in Amerika durch lange Zeit vielfach ausgeführt worden. Man scheute

---

[1]) Herzog-Feldmann, Leitungsnetze I S. 354, II S. 349.

Leitungssysteme. 383

sich nicht Bogenlampenkreise bis zu 3000 V zu verwenden, wovon 2500 V auf 50 Bogenlampen und 500 V auf den Leitungsverlust entfielen. Solche Bogenlampen wurden meist für Straßenbeleuchtung verwendet und besaßen selbsttätige Kurzschließer, um beim Erlöschen einer Lampe den Kreis für die andern zu schließen. Das System ist für Gleichstrom und für Wechselstrom zur Ausführung gelangt; auch hat man sogar Glühlampen in Reihe mit diesen Bogenlampen geschaltet. Das System regelt auf konstanten Strom und erfordert deshalb Maschinen besonderer Art.

Der Kaiser-Wilhelm-Kanal wird durch ein Reihensystem mit beschränkter Löschbarkeit erhellt; es wird eine Drosselspule parallel zu jeder Glühlampe von 25 HK und 25 V geschaltet; 250 solcher Glühlampen bilden eine Reihe mit 6250 V Nutzspannung und 7500 V Betriebsspannung. An jedem Ende des 100 km langen Kanals ist eine mit einphasigem Wechselstrome arbeitende Zentrale angeordnet, welche zu jeder Kanalseite eine Strecke von 50 km Länge speist. Die Löschbarkeit ohne Nachreglung beträgt bis zu 20 %.

Die Westinghouse Co. schaltet die Primärspulen kleiner Transformatoren in Reihe und läßt jede Sekundärspule ihre eigene Bogenlampe speisen.

4. Parallelsysteme.

Das einfachste System der Parallelschaltung ist das *Zweileitersystem*, bei welchem zwei Leiter das ganze Beleuchtungsgebiet durchziehen, sich in ihm verzweigen und bis zu den Lampen der Konsumenten verästeln, stellenweise sich auch zu Knotenpunkten vereinigen. Die Speisung des so gebildeten Netzes kann dabei an einem oder an mehreren Punkten geschehen. Die Löschbarkeit ist unbeschränkt. Das System ist einfach, erfordert aber wegen der geringen Lampenspannungen, die angewendet werden können, große Kupferquerschnitte. Durch Anwendung von Speiseleitungen mit 15 % Spannungsverlust bei höchster Belastung kann das Beleuchtungsgebiet für eine Lampenspannung von 110 V auf etwa 500 m Halbmesser ausgedehnt werden. Bei 220 V erreicht man 800 m.

Das Zweileitersystem wird als **direktes** System bezeichnet, weil die Leitungen den Verbrauchern unmittelbar den Strom zuführen. Als **indirektes** System findet es Anwendung bei Wechselstrom mit Transformatoren. Es wird hierbei ein Zweileitersystem mit Speise- und auch Verteilungsleitungen ausgebildet, welches mit hoher Spannung arbeiten kann, weil als Anschlüsse nur die gut isolierten, den Abnehmern unzugänglichen und kaum Wartung erfordernden Primärspulen bei den Transformatoren auftreten. Die von diesen Spulen räumlich und elektrisch ge-

384 Schaltung und Regelung von Leitungen und Maschinen.

trennten sekundären Spulen sind mit den primären auf einem gemeinsamen, geschlossenen Eisenkern aufgebracht und unterliegen den Wirkungen des durch den Primärstrom im Eisenkerne erzeugten, wechselnden Feldes. Dadurch werden sie selbst zu Wechselstromquellen, welche wieder für die eigentlichen Energieempfänger zu Stromquellen werden und als solche zur Speisung weiterer offener oder geschlossener Leitungen dienen.

Reihen- und Parallelschaltung lassen sich vereinigen, wenn man entweder mehrere Reihen von Lampen parallel schaltet oder mehrere parallele in Serien anordnet. Erstere Anordnung wurde vielfach für von der Zentrale ausgehende Bogenlampenkreise verwendet; letztere Anordnung, Fig. 373, fand sich bei der ersten europäischen öffentlichen Beleuchtung von Temesvar, bei welcher parallele Glühlampen zu Serien zusammengefaßt waren. Diese Gruppensysteme haben aber nie Bedeutung erlangt.

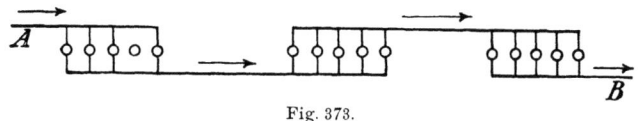

Fig. 373.

Die Mehrleitersysteme sind dadurch gekennzeichnet, daß die Gesamtspannung des Systems von mehreren Stromerzeugern oder von mehreren möglichst unabhängigen Teilen eines und desselben Stromerzeugers geliefert und zur Speisung eines aus mehreren Teilen bestehenden, gemischten Leitersystemes verwendet wird.

Beim *Dreileitersystem* sind meist zwei Stromerzeuger hintereinander geschaltet. Von den beiden Außenklemmen und der gemeinsamen Mittelklemme führt je ein Draht nach dem Versorgungsgebiet. Die Verbraucher werden zwischen einen Außen- und einen Mittelleiter geschaltet, und die Gesamtspannung des Systems ist somit gleich dem doppelten Wert der Spannung der Verbraucher. Der gemeinsame Mittelleiter ist bei gleicher und symmetrischer Belastung beider Hälften des Leitungssystems stromlos; sonst führt er den Unterschied der beiden Ströme, welche der ungleichen Strombelastung auf beiden Seiten des Leitungssystems entspricht. Der Querschnitt des Mittelleiters kann bei geringer Löschbarkeit halb so stark genommen werden wie die Außenleiter. Daraus und aus der höheren Spannung des Systems ergibt sich eine Ersparnis an Leitungskupfer.

Aus dem Dreileitersystem wird durch Zufügung einer weiteren Stromquelle und eines vierten Drahtes ein Vierleitersystem, durch Zufügung zweier Stromquellen und zweier Drähte das Fünfleiter-

Mehrphasensysteme. 385

system entwickelt. Die höchste Spannung des Systems wird dadurch auf den drei- bezw. vierfachen Wert der Gebrauchspannung gebracht, da die mittleren Leiter stets nur mit dem Unterschied der Ströme der beiden angrenzenden Teilsysteme belastet sind.

Die Mehrleitersysteme sind in gleicher Weise für Gleichstrom wie für Wechselstrom geeignet; bei ersterem kann man die Zahl der n — 1 Stromquellen verringern, die bei einem n-Leitersystem erforderlich wären; beim Wechselstrome kann man direkt ohne besondere Vorkehrungen die als Stromquelle verwendeten Dynamos oder Transformatoren derart unterteilen, daß man stets mit einer Stromquelle Systeme mit beliebiger Leiterzahl speisen kann.

Mehrphasensysteme enthalten mehrere gegeneinander phasenverschobene EMK gleicher Frequenz, welche ebensolche Ströme erzeugen.

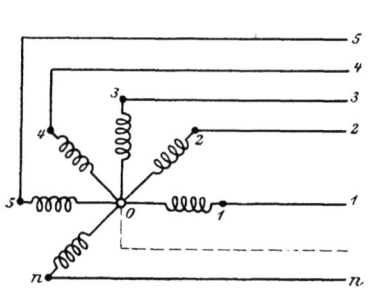

Fig. 374.

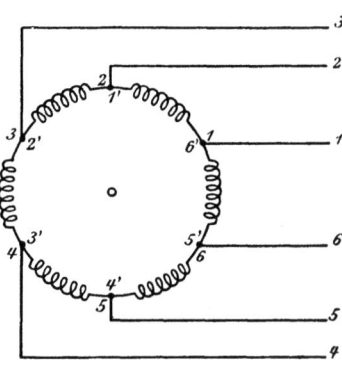

Fig. 375.

Sind n gleich große, um $2\pi/n$ gegeneinander verschobene EMK vorhanden, so bilden sie ein symmetrisches n-Phasensystem. Dieses kann durch 2n-Leiter n unabhängige Verbrauchskreise speisen und heißt dann unverkettet. Werden die einzelnen phasenverschobenen Zweigstromkreise miteinander elektrisch verkettet, dann gehören die Leiter gleichzeitig mehreren Phasen an. Die verketteten Mehrphasensysteme weisen zwei Schaltungsarten auf, die Sternschaltung, Fig. 374, und die Ringschaltung, Fig. 375. Bei jener werden die Endpunkte der Stromkreise in 0 zusammengefaßt, die Enden 1, 2 ... n mit den n Leitungssträngen verbunden. Bei der Ringschaltung sind die Phasen zum Ringe verbunden und von den Verbindungsstellen $21'$, $32'$ ... $n(n-1)'$ werden die n Leiter abgezweigt oder zugeführt. Beide Schaltungsarten werden für Stromerzeuger und -verbraucher verwendet.

Für die zwei Schaltungsarten müssen die Begriffe der Stern- und Ringspannung, des Stern- und des Ringstromes eingeführt werden. Der Strom in den Übertragungsleitungen 1, 2. . . n ist für beide Fälle der Sternstrom, die Spannung zwischen zwei Übertragungsleitern ist für beide Fälle die Haupt- oder Ringspannung E_s. Bei Sternschaltung stimmt der Sternstrom J mit dem Phasen- oder Ringstrom $J_s = 01, 02 \ldots 0n$ überein $J = J_s$; bei Ringschaltung ist der Sternstrom J in jeder Leitung die Resultante aus den Ringströmen J_s der benachbarten Phasen, also $J = 2 J_s \sin \pi/n$. Die Ring- oder Hauptspannung E_s stimmt für Ringschaltung mit der Phasenspannung $E = 11', 22' \ldots$ überein, $E_s = E$; für Sternschaltung ist sie die Resultierende aus den benachbarten Phasenspannungen, also $E_s = 2 E \sin \pi/n$, Fig. 376. Die von jeder Phase zwischen zwei benachbarten Leitern vorhandene oder übertragene Leistung ist

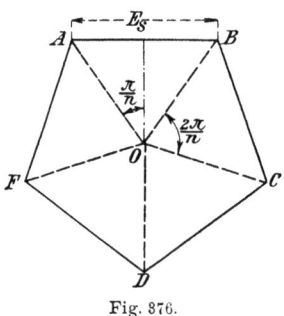

Fig. 376.

bei Sternschaltung $E_s . J . \sin \varphi = (E J \sin \varphi) \, 2 \sin \pi/n$,
- Ringschaltung $E . J_s . \sin \varphi = (E J \sin \varphi) \, 2 \sin \pi/n$,

also in beiden Fällen gleich. Die Gesamtleistung ist n mal so groß.

Für das Dreiphasensystem mit $n = 3$ ist $2 \sin \pi/n = \sqrt{3} = 1,732$,
- - Zweiphasensystem - $n = 4$ - $2 \sin \pi/n = \sqrt{2} = 1,414$.

Bei Sternschaltung kann auch der neutrale oder Nulleiter von 0, Fig. 374, aus durchgeführt werden. Sein Strom ist Null, wenn n ungerade ist und $J = J_s \sin \pi/n$, wenn n gerade ist. Bei Abweichungen von der Sinusform führt der neutrale Leiter jedoch die Summe der Oberschwingungen dritter Ordnung.

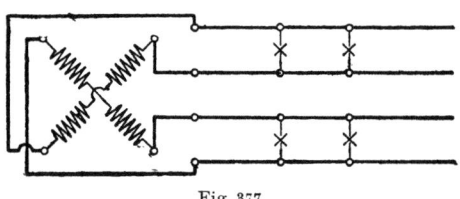

Fig. 377.

Wenn beim getrennten Zweiphasensystem beide Teile gleich belastet sind, führen die vier Leiter vom Widerstande R gleich starke Ströme J, Fig. 377. Das System bildet also zwei getrennte Einphasensysteme, deren Ströme und Spannungen nicht zusammenfallen, sondern um 90° verschoben sind. Legt man zwei Drähte des Systems zu einem gemein-

Mehrphasensysteme. 387

schaftlichen Leiter vom Widerstand R' zusammen, Fig. 378, so wird der Strom in diesem um $\pi/4$ oder 45^0 gegen jenen in jedem Außenleiter verschoben sein, und sein Mittelwert wird die Größe $\sqrt{2}\,J$ besitzen. Der Spannungsverlust in jedem Teilsystem ist also jetzt $R'\,J\,\sqrt{2} + R\,J$; er wird ebenso groß wie im vorhergehenden Fall, wenn der Mittelleiter um das $\sqrt{2}$fache größer im Querschnitt ist als jeder Außenleiter. Betrachtet man aber den Effektverlust in beiden Fällen, so erkennt man, daß er im ersten Falle in den vier Drähten $4\,R\,J^2$, im zweiten

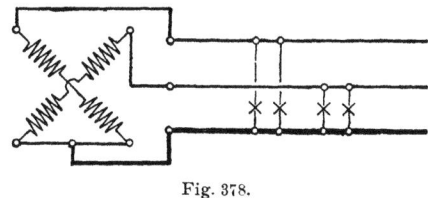

Fig. 378.

in den drei Drähten $2\,(R + R')\,J^2$ ist und daß beide Effektverluste gleich groß werden, wenn $R' = R$ ist. Man kann also einfach einen der Drähte weglassen, das System verketten und dabei denselben Effektverlust erzielen wie zuvor. Dies erklärt sich dadurch, daß jetzt die verkettete Spannung am Anfang der Leitung $E_s = E\sqrt{2}$, also um 41% höher als zuvor ist. Die Leistung der Zweiphasenquelle ist in beiden Fällen $2\,E\,J$.

Beim Dreiphasensystem findet man die Sternschaltung mit oder ohne Nulleiter, Fig. 379, häufig bei Generatoren, Motoren und Transformatoren angewendet, wo bei Ausführung der Wickelungen für die

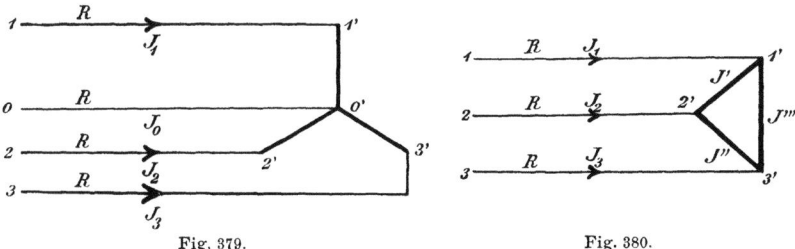

Fig. 379.   Fig. 380.

Phasenspannung E die verkettete Spannung an den Klemmen $E_s = E\sqrt{3}$ ist. Der Strom E_0 im neutralen Leiter ist bei symmetrischer Belastung und sinusförmigen Strömen Null. Die Dreieckschaltung, Fig. 380, bietet für Maschinen und Transformatoren nur dann Vorteile, wenn der Strom in den Wickelungen $J' = J_0/\sqrt{3}$ verkleinert werden soll. Beim Anschluß von Lampen ergibt sich, wenn diese zwischen zwei Drähten abgezweigt werden, von selbst die Dreieckschaltung.

388 Schaltung und Regelung von Leitungen und Maschinen.

Bezieht man alles auf das Potential der Drähte, das ist ihre Sternspannung gegen eine tatsächlich vorhandene oder nur gedachte geerdete Nulleitung, dann ist die Kapazität der Drehstromleitungen doppelt, ihre Induktanz halb so groß als die Formeln und Zahlenreihen auf den Seiten 377 und 382 angeben.

5. Berechnung der Leiterquerschnitte und Verluste für alle Systeme.

Die kleinste Menge des in einem Leitungsnetze aufzuwendenden Leitungskupfers findet sich dann, wenn für jeden Knotenpunkt die Gleichung $\Sigma(q^2/i) = 0$ erfüllt ist, wobei q Querschnitt und i Stromstärke jedes Leiters bezeichnet. Dies heißt mit anderen Worten: Die einzelnen Querschnitte verhalten sich für die kleinste Kupfermenge zueinander wie die Quadratwurzeln aus den in ihnen fließenden Strömen. Dieser Gesichtspunkt wird jedoch nur in wenigen Fällen unmittelbar zu benutzen sein, da für die Wahl des Querschnitts meistens andere Gesichtspunkte, die später erwähnt werden, maßgebender sind.

Ein weiterer wirtschaftlicher Gesichtspunkt läßt sich aus der Thomsonschen Regel ableiten, daß beim günstigsten Querschnitt die Ausgabe für den Energieverlust gerade gleich dem Aufwande an Verzinsung und Tilgung für jenen Teil des Anlagekapitals sei, welcher dem Leiterquerschnitte proportional ist. Die Größe des wirtschaftlichen Querschnittes und des wirtschaftlichen Spannungsverlustes hängt aber vor allem von der Art, Länge und Verlegung der Leitung, von dem Preise der Betriebsstoffe, den Anlagekosten, Verzinsungs- und Tilgungssätzen, und von der Art und Dauer des Betriebes ab. Dagegen enthalten diese Beziehungen keine Rücksicht auf die Erfordernisse der Stromverbraucher. Es ist deshalb oft, ja meistens so, daß diese Rücksicht eine andere Querschnittermittlung erheischt, und daß somit die ganze Berechnung auf Grund der Thomsonschen Regel selten in Frage kommt; ihr Grundgedanke jedoch findet sich nicht nur bei Leitungen, sondern bei allen anderen Teilen der Anlagen immer wieder.

Der wirtschaftliche Spannungsverlust wird sich nur selten mit dem zulässigen Spannungsverlust decken. Diese Größe ist dadurch bestimmt, daß bei Anlagen mit großem Belastungswechsel kein Abnehmer durch seine eigenen noch durch fremde Vorgänge gestört werden darf. Bei Anlagen ohne Ablöschung kann also den genannten wirtschaftlichen Gesichtspunkten mehr Raum gegeben werden. Bei Anlagen mit Löschbarkeit, wie bei allen ausschließlich oder vornehmlich mit Parallelschaltung der Stromverbraucher arbeitenden, soll der zulässige Spannungsverlust in den eigentlichen Verteilungsleitungen nicht mehr

Leitungsberechnung. 389

als 1—3 % bei den höchsten Schwankungen des Verbrauchs betragen, wobei konstante Spannung an den Speisepunkten vorausgesetzt ist. Dieser geringe Wert ist mit Rücksicht auf den Glühlampenbetrieb erforderlich.

Beim Anschlusse von Motoren an Lichtnetze ist besonders darauf zu achten, daß sie keine Überschreitung der zulässigen Spannungsverluste bewirken. Alle Motoren nehmen beim Anlauf verhältnismäßig große Ströme auf, weil der ruhende Anker noch keine Gegen-EMK entwickelt. Dies ist bei allen Motoren in um so höherem Maße der Fall, je weniger die Anlaßwiderstände ausreichen, und je größer die geforderte Anzugskraft ist.

Nimmt man für eine Leitung mit der einfachen Länge l in m, und dem Querschnitt f mm² nur eine Abzweigung am Ende an, dann gilt für das Zweileitersystem mit Gleichstrom oder Wechselstrom bei induktionsfreier Belastung, wobei der Effektverlust und Spannungsverlust p in Hundertsteln gleich werden,

$$f = \frac{2\,l\,J}{k\,p\,E} = \frac{2\,l\,W}{k\,a\,E^2} \quad \text{und} \quad Q = 2\,l\,f = \frac{4\,J\,l^2}{k\,p\,E} = \frac{4\,W\,l^2}{k\,a\,E^2}$$

Hierin ist k = 55 bis 60 für Kupfer oder = 32 bis 36 für Aluminium die spez. Leitfähigkeit des Leiterstoffes, Q die Menge des Leitungsmetalles.

Je größer die Betriebsspannung ist, desto kleiner werden die zur Übertragung des gleichen Effektes erforderlichen Stromstärken. Gleichzeitig wachsen aber die zulässigen Spannungsverluste. Folglich werden die zur Übertragung der gleichen Energiemenge auf gleiche Entfernung erforderlichen Querschnitte im quadratischen Verhältnisse der Spannung abnehmen. Man sieht, daß man bei Verwendung höherer elektrischer Spannungen entweder leichtere und billigere Leitungen bei gleichen Entfernungen, oder größere Entfernungen bei gleichen Leitungsquerschnitten erreichen kann.

Für das Dreileitersystem berechnen sich die Querschnitte der Außenleiter

$$f_3 = \frac{2\,l\,J_3}{k\,p\,E_3} = \frac{2\,l\,W}{k\,a\,E_3^2}.$$

Die Formel ist also dieselbe wie zuvor, weil die Außenleiter des Dreileitersystems eben nur ein Zweileitersystem bilden. Der Vorteil liegt nur darin, daß man mit gleicher Spannung an den zwischen Mittel- und Außenleiter eingeschalteten Anschlüssen, also z. B. mit Glühlampen für E = 110 oder 220 V, auf die doppelte Betriebsspannung zwischen den Außenleitern $E_3 = 2\,E$ kommt. Man kann somit bei gleicher Größe der zu übertragenden Leistung W den Strom halbieren

Schaltung und Regelung von Leitungen und Maschinen.

$J_3 = \tfrac{1}{2} J$ oder den Kupferaufwand für die Außenleiter bei gleicher Länge und bei gleichem prozentischen Verlust $a = p$ auf ein Viertel seines früheren Wertes Q_2 herabsetzen.

Man hat also für die Außenleiter des Dreileitersystems

$$J_3 = \frac{J}{2},\quad E_3 = 2\,E,\quad f_3 = \frac{2\,l\,\frac{J}{2}}{k\,p\,2\,E} = \frac{f}{4},\quad Q_3 = \left(\frac{Q_2}{4} + \text{Mittelleiter}\right).$$

Für das Fünfleitersystem erhalten wir unter denselben Bedingungen

$$J_5 = \frac{J}{4},\quad E_5 = 4\,E,\quad f_5 = \frac{f}{16},\quad Q_5 = \left(\frac{Q_2}{16} + \text{Mittelleiter}\right).$$

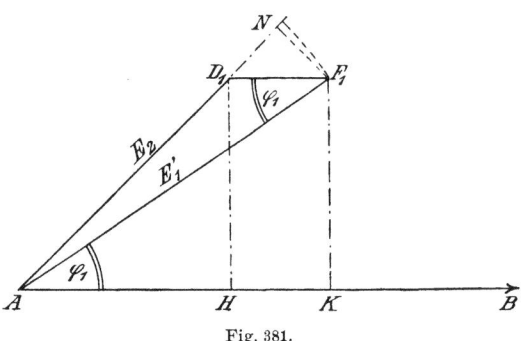

Fig. 381.

Ist am Ende einer induktionsfreien Wechselstromleitung ein Strom $J = \overline{AB}$, Fig. 381 abgezweigt, der um den Winkel $D_1 AB = \varphi_2$ gegen die Spannung $\overline{AD_1} = E_2$ am Ende der Leitung verzögert ist, so ruft er in ihr einen Spannungsverlust $v = J \cdot r = \overline{D_1 F_1}$ hervor und die Spannung am Anfang ist

$$E_1' = \overline{AF_1} = \sqrt{E_2^2 + J^2 r^2 + 2\,E_2\,J\,r\cos\varphi_2}$$

mit der Phasenverschiebung $\operatorname{tg}\varphi_1 = E_2 \sin\varphi_2 / (E_2 \cos\varphi_2 + J\,r)$. Der prozentische Spannungsverlust sei $p = v/E_1'$, dann ist der Effektverlust

$$a = \frac{v\,J}{W_1} = \frac{J}{E_1'\,J\cos\varphi_1} = \frac{p}{\cos\varphi_1}.$$

Der prozentische Effektverlust ist also bei Wechselstrom **nicht gleich** dem prozentischen Spannungsverlust, sondern **größer** als dieser. Der zur Übertragung einer Wechselstromleistung W_1 bei einem Spannungsverlust p erforderliche Querschnitt f_W ist wegen des im Verhältnis $1/\cos\varphi_1$ größeren Stromes

$$f_W = \frac{2\,l\,J}{k \cdot p\,E_1'\cos\varphi_1} = \frac{f}{\cos\varphi_1},$$

Leitungsberechnung. 391

also im Verhältnis $1/\cos\varphi_1$ größer als der Querschnitt f zur Übertragung derselben Leistung über die nämliche Leitung und mit dem prozentischen Spannungsverlust p bei Gleichstrom.

Für gleichen prozentischen Effektverlust gilt $f_w = f/\cos^2\varphi_1$; der Querschnitt muß also im Quadrat des Leistungsfaktors am Anfang der Linie vergrößert werden. Der Unterschied zwischen Anfangsspannung E_1' und Endspannung E_2 ist $\overline{D_1 N}$, Fig. 381. Da für alle praktisch vorkommenden Fälle der Kreisbogen durch die Gerade $\overline{N F_1} \perp \overline{A N}$ ersetzt werden kann, ist der Unterschied der Spannungen $\Delta E = \overline{D_1 N} = E_1' - E_2 = v\cos\varphi_2$. Zur Übertragung der nämlichen Leistung sind demnach für den gleichen Unterschied Δ zwischen Anfangs- und Endspannung bei Wechsel- und Gleichstrom gleich große Querschnitte erforderlich, da $f_w \cos\varphi_2 = f \cos\varphi_2 / \cos\varphi_1 \cong f$.

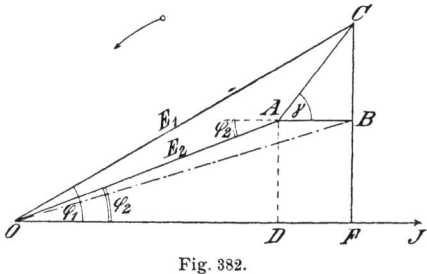

Fig. 382.

Dieselben Beziehungen gelten auch für induktive Leitungen. In Fig. 382 ist $\overline{OJ}$ der Strom, $\overline{OA} = E_2$ die Spannung am Ende, $\overline{OC} = E_1$ die am Anfang der Linie, $\overline{AC} = J\Re$ der Verlust im Richtungswiderstand $\Re$. Man erkennt aus der Figur, daß im allgemeinen $E_1 < E_2 + \Re J$. Dieser höchste Wert wird nur für $\varphi_2 = \gamma$ erreicht[1]).

Es ist

$$E_1 = \sqrt{(E_2 + \Re J)^2 - 2 E_2 J \Re \{1 - \cos(\varphi_2 - \gamma)\}}.$$

Setzt man

$$\overline{AB} = JR = v, \quad \overline{BC} = JL\omega = e_s,$$

so wird

$$E_1 = \sqrt{E_2^2 + (v^2 + e_s^2) + 2 E_2 (v \cos\varphi_2 + e_s \sin\varphi_2)}.$$

Der Unterschied der Spannungen wird also angenähert

$$E_1 - E_2 = v \cos\varphi_2 + e_s \sin\varphi_2 + (v^2 + e_s^2)/2 E_2$$

---

[1]) Vergl. Herzog-Feldmann, Leitungsnetze, II. Aufl. I, S. 60 ff., II, S. 63.

392 Schaltung und Regelung von Leitungen und Maschinen.

oder bezogen auf $E_2 = 100$:

$$v \cos \varphi + e_s \sin \varphi + (v^2 + e_s^2)/200.$$

Um für die Wechselstromsysteme alle Betrachtungen einheitlich durchführen zu können, rechnet man für alle Systeme den Materialaufwand für jeden Draht des gleichmäßig und voll belasteten Systems, wobei für vorhandene Ausgleichs- oder neutrale Leitungen besondere Erwägungen anzustellen sind. Dann besteht z. B. das Einphasensystem für Gleichstrom oder Wechselstrom mit der Potentialdifferenz E zwischen den Leitern aus zwei eindrähtigen Systemen je von dem Potential $+ \frac{1}{2}$ E und $-\frac{1}{2}$ E. Das Dreiphasensystem mit der Spannung E zwischen den Leitern besteht aus drei eindrähtigen Systemen je von dem Potential $E/\sqrt{3}$.

Da nun der Aufwand an Leitungsmaterial unter sonst ganz gleichen Umständen umgekehrt proportional dem Quadrate des Potentials ist, so stehen die Kupfermengen im Verhältnis $(E/\sqrt{3})^2 : (E/2)^2 = 4:3$.

Zu demselben Ergebnis kommt man auch auf folgende Weise. Die effektive Spannung zwischen je zwei Drähten ist ebenso groß wie beim Zweileitersystem für Gleichstrom $E_3' = E$. Auch der Strom für jeden Draht ist bei induktionsfreier Belastung unverändert, also $J_3' = W/E = J$. Also ist

$$f_3' = \frac{lJ}{kpE} = \frac{f}{2} \quad \text{und} \quad Q_3' = \frac{3}{4} Q.$$

Wählt man aber die Hauptspannung $E_s = E\sqrt{3}$, dann wird für gleiche Leistung

$$J_3' = J/\sqrt{3} \; f_3' = \frac{lJ/\sqrt{3}}{kpE\sqrt{3}} = \frac{f}{6} \quad \text{und} \quad Q_3' = \frac{3 lf}{6} = \frac{1}{4} Q_2.$$

Man kann also Drehstromleitungen für gleichen Effektverlust bei induktionsfreier gleichmäßiger Belastung aller Phasen halb so stark nehmen als beim Zweileitersystem, wenn die Verbrauchsspannungen gleich groß sind, und ein sechstel so stark, wenn die Verbrauchsspannung bei Drehstrom $\sqrt{3}$ mal größer genommen wird.

Das verkettete Zweiphasensystem kann aus dem Zweiphasensystem mit vier getrennten Drähten dadurch gebildet werden, daß man einen Draht einer Phase wegläßt und einen Draht der anderen Phase zur gemeinsamen Rückleitung benutzt. Hierbei wird ein Draht ganz gespart, der Effektverlust aber nicht geändert; aber die maximale Spannung im Systeme und die Stromdichte im gemeinsamen Drahte werden um 41,4 % erhöht. Wählt man aber die Stromdichten in allen drei Leitern dieses Systems gleich, verleiht man also dem Rückdrahte einen um 41,4 % größeren Querschnitt als den Außenleitern, so erhält man noch etwas günstigere Bedingungen und erspart an Kupfer im

Leitungsberechnung. 393

Verhältnis 100 : 72,9. Der Querschnitt jedes Außenleiters muß $f_4' = \frac{1}{8}(2 + \sqrt{2})f_2$ werden. Daraus folgt der Materialaufwand

$$Q_4 = 1 f_4'(2 + \sqrt{2}) = \frac{1}{16}(2 + \sqrt{2})^2 Q_2 = 0{,}729\, Q_2.$$

Zur Übertragung gleichen Effekts auf gleichen Abstand mit gleichem Effektverlust, also mit gleichem Wirkungsgrad, sind die betreffenden Kupferbeträge:

Zweidrähtige Systeme: Einphasen- oder Gleichstrom 100,0

Drei-
drähtige
Systeme:
- Dreileiter-, Einphasensystem, Mittelleiter $\frac{1}{2}$ 31,3
-    -   -   - $\frac{1}{1}$ 37,5
- Verkettetes Zweiphasensystem, gleiche Dichte in allen Leitern 72,9
- Dreiphasensystem, Dreieckschaltung 75,0
-    -   Sternschaltung 25,0

Vier-
drähtige
Systeme:
- Gleichstrom- oder Einphasensystem, innere Drähte $\frac{1}{2}$ 16,7
-    -   -   -   - $\frac{1}{1}$ . . . 22,2
- Dreiphasensystem mit neutralem Draht (Sternschaltung) . . 33,3
- Unabhängiges Zweiphasensystem 100,0

Fünf-
drähtige
Systeme:
- Fünfleiter, G.S.- oder Einphasensystem, Innendrähte $\frac{1}{2}$ . . 10,9
-    -   -   -   - $\frac{1}{1}$ . . 15,6
- Verkettetes Zweiphasensystem mit neutralem Draht 31,3

Die Vergleichung des relativen Aufwandes an Leitungsmetall kann für verschiedene Systeme nach zweierlei Gesichtspunkten durchgeführt werden. Für die eigentlichen Verteilungsleitungen ist die Spannung an den Verbrauchsstellen als maßgebend zu betrachten. Für lange Leitungen, bei denen besonders hohe Spannungen verwendet werden, kann der höchste Wert der Spannung im System als maßgebend betrachtet werden. Dies gilt jedoch nur für Wechselstrom. Bei Gleichstrom ist die höchste Spannung im Gesamtsystem stets gleich der arithmetischen Summe der Spannungen der Einzelsysteme. Außerdem aber muß berücksichtigt werden, daß bei Gleichstrom außer der Beanspruchung der Isolierung auch elektrolytische Wirkungen auftreten können.

Wenn also auch auf Grund der einfachen Überlegung, daß beim Wechselstromsysteme mit der effektiven Spannung E die Isolierstoffe mit dem höchsten Augenblickswert von etwa $E\sqrt{2}$ beansprucht sind, bei gleicher Maximalspannung das Gleichstromsystem eine Ersparnis an Kupfer im Verhältnis $(E / E\sqrt{2})^2 = \frac{1}{2}$ bewirken würde, so ist diese Überlegung mit Rücksicht auf die Elektrolyse nicht ganz gerechtfertigt.

Für Beleuchtungsanlagen kommt Gleichstrom mit derartigen Spannungen selten in Betracht. Die Gründe liegen in den bedeutenden Schwierigkeiten, in der Unzuverlässigkeit der Stromwender, welche bei den Stromerzeugern und bei den notwendigerweise umlaufenden Stromwandlern erforderlich wären, den Kosten der Bedienung dieser Trans-

Schaltung und Regelung von Leitungen und Maschinen.

formatoren und der Schwierigkeit ihrer Ausführung in reiner Parallelschaltung. Thury ist neuerdings bis zu 20 000 V gegangen, indem er mehrere Dynamos und Motoren hintereinander schaltete.

Führt man den Vergleich der relativen Mengen von Leitungsmetall unter Zugrundelegung der nämlichen höchsten Spannung durch, so findet man als zur Übertragung einer gegebenen Leistung mit gleichem Effektverlust erforderlich

beim Einphasen- oder getrennten Zweiphasensystem 100
- verketteten Zweiphasensystem 145,7
-        -   -   mit drei gleichen Drähten 150
- Dreiphasensystem . . . . 75.

6. Gegenseitige Induktion.

Die gegenseitige Induktion kann die Symmetrie des Zwei- oder Dreiphasensystems beeinflussen. Um dies rechnerisch verfolgen zu können, kann man sich die Induktanz L entstanden denken als Unterschied zwischen der **Eigeninduktanz** A eines einzelnen unmagnetischen und in Luft verlegten Drahtes von der Länge l

$$A_1 = 2l\,(\log \operatorname{nat} 4\,l/d - 0{,}75)$$

und seiner **gegenseitigen Induktanz** M_1 auf einen zweiten parallel zu ihm im Achsenstand D gespannten, gleich langen und gleich starken Draht

$$M_1 = 2l\,(\log \operatorname{nat} 2\,l/D - 1).$$

Dann ist

$$L_1 = A_1 - M_1 = 2l\,(\log \operatorname{nat} 2\,D/d - 0{,}25) = {}^1\!/_2\,L,$$

also genau halb so groß als der früher für die Schleife aus zwei gleichen Drähten gefundene Wert. Führt man die Rechnungen für die vier in Fig. 383[1]) dargestellten Fälle durch, so erhält man statt rechtwinkliger Reaktanzen nunmehr schiefwinklige. Die Anordnungen a und b in Form eines gleichseitigen Dreiecks sind um vernachlässigbare Beträge günstiger als die Anordnungen c und d. Die Induktanz der Drehstromlinie L_1 ist halb so groß als die Werte der Tafel auf S. 377 angeben, ihre Kapazität C_1 dagegen doppelt so groß als die Werte auf S. 382.

Bei Zweiphasenlinien sind die durch gegenseitige Induktion auftretenden Unsymmetrien größer; doch kommen diese Leitungen wegen des erhöhten Metallaufwandes den Drehstromleitungen gegenüber kaum mehr in Betracht.

---

[1]) A. Blondel, Ecl. él. 1894. 1, S. 241 und Ecl. él. 1906, 43, S. 121. — Herzog-Feldmann, Leitungsnetze, I S. 333 ff.

Gegenseitige Induktion.

Werden mehrere Leitungen auf dem gleichen Gestänge von verschiedenen Stromquellen gespeist, so können bei nahezu übereinstimmenden Perioden durch gegenseitige Induktion zwischen den Luftleitungen unangenehme Schwebungen im Lichtbetrieb hervorgerufen werden. Ähnliche Einwirkungen können auch durch Wechsel- oder Drehstromleitungen auf Stark- oder Schwachstromleitungen ausgeübt werden. Sie können durch **Verdrillung** der Leitungen ganz oder teilweise beseitigt werden.

Sind an einem Gestänge beispielsweise zwei Drehstromleitungen nach Fig. 384

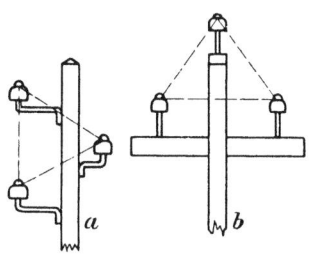

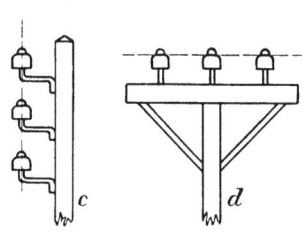

Fig. 383.   Fig. 384.

vorhanden, und bedeutet d den Durchmesser der sechs gleichen Drähte, dann wird für den Draht A' die Vektorsumme aller vom Kreise A, B, C induzierten Kraftlinien für 1 cm Länge

$$\Phi_{a'} = J_a (2 \log \text{nat}\, 2\,x/d + \tfrac{1}{2}) + J_b (2 \log \text{nat}\, 2\,z/d + \tfrac{1}{2}) + J_c (2 \log \text{nat}\, 2\,y/d + \tfrac{1}{2}).$$

Da aber
$$J_a + J_b + J_c = 0,$$
folgt
$$\Phi_{a'} = 2 (J_a \log \text{nat}\, x + J_b \log \text{nat}\, z + J_c \log \text{nat}\, y)$$

und für die bei der Frequenz ∞ auf 1 km parallelen Verlaufes der Leitungen induzierte EMK in V:

$$v_a' = 2\,\pi \infty \Phi_{a'} \cdot 1.10^{-4} = 0{,}0029 \infty (J_a \log_{10} x + J_b \log_{10} z + J_c \log_{10} y)$$
$$= 0{,}0029 \infty (J_a \log_{10} x/z + J_c \log_{10} y/z).$$

Die Wirkung der gegenseitigen Induktion zwischen zwei Stromkreisen bleibt also ungeändert, solange man die relativen Werte der Entfernungen unverändert läßt. Bezieht man alle Maße auf die Entfernung zwischen zwei Drähten als Einheit, dann erhält man folgende Werte der EMK für je 100 A × km bei $\infty = 50$ Per/Sek:

Werte von K	Beide Systeme unverdrillt			Syst. I unverdrillt SystemII 1 mal verdrillt	Beide Systeme gegeneinander verdrillt	Beide Systeme gleichsinnig verdrillt
	AB	AC	CA			
½	4,72	3,71	1,53	3,93	3,06	1,94
1	2,24	1,75	0,95	2,81	1,56	0,76
2	0,85	0,68	0,44	1,83	0,63	0,25

Wird das eine System einmal, das andere im gleichen oder entgegengesetzten Sinn dreimal verdrillt, dann kann die gegenseitige Induktion vollständig behoben werden.

Diese Betrachtungen sind auch von Wichtigkeit für die Induktion einer Drehstromfernleitung auf eine benachbarte parallele Telephonleitung. Unter einer Verdrillung soll eine vollständige zyklische Vertauschung der Drahtlagen verstanden werden, die beispielsweise innerhalb dreier gleicher Streckenabschnitte mit Rechts- oder Linksdrehung folgendes Schema für die Drähte a, b, c ergibt.

Die gegenseitige Induktion ist stets Null, wenn eine Leitung eine vollständige Verdrillung durchläuft, während die andere auf derselben Strecke dreimal verdrillt ist. Diese Anordnung empfiehlt sich also, wenn eine Telephonleitung auf eine längere Strecke parallel mit einer Fernleitung geführt werden muß. Läßt sich dies vermeiden, so entfällt auch die Notwendigkeit der Verdrillung mit ihren erhöhten Kosten für Isolatoren und Montage.

7. Gegenseitige Kapazität.

Sind mehrere Drähte in gleicher Höhe über dem Boden vorhanden, deren Halbmesser r_{11}, r_{22}, r_{33} ..., deren Potentiale V_1, V_2, V_3 .. und deren Ladungen für 1 cm Länge q_1, q_2, q_3 ... sind, dann lassen sich die Kapazitäten berechnen, sobald man außer den Drähten auch ihre Spiegelbilder, bezogen auf die lotrechten Ebenen durch die Drahtmitten, einführt, wie Heaviside 1880 gezeigt hat.

Sei r_{mn} die Entfernung zwischen den Achsen zweier Drähte m und n,
s_{mn} - - - - - ihrer Spiegelbilder,
dann sind die Potentiale, ausgedrückt durch die Ladungen

$$V_1 = 2 q_1 \log s_{11}/r_{11} + 2 q_2 \log s_{12}/r_{12} + 2 q_3 \log s_{13}/r_{13} + \ldots$$
$$V_2 = 2 q_1 \log s_{21}/r_{21} + 2 q_2 \log s_{22}/r_{22} + 2 q_3 \log s_{23}/r_{23} + \ldots$$
$$V_3 = 2 q_1 \log s_{31}/r_{31} + 2 q_2 \log s_{32}/r_{32} + 2 q_3 \log s_{33}/r_{33} + \ldots$$

Gegenseitige Kapazität. 397

Um die Kapazität eines Drahtes zu finden, drückt man seine Ladung durch die Potentiale aus; es wird dann etwa für Draht 1

$$q_1 = c_{11} V_1 + c_{12} V_2 + c_{13} V_3 + \ldots,$$

wobei c_{11} die Eigenkapazität von 1, c_{12} die gegenseitige Kapazität von 1 und 2 ist, und so fort. Als Kapazität einer Leitung wird das Verhältnis der auf der Leitung befindlichen Elektrizitätsmenge zu ihrem Potential angesehen[1]). Die Kapazität einer isolierten Schleife ist

$$C = \frac{0{,}0483}{2 \cdot \log_{10} u} \text{ Mf/km, worin}$$

$$\frac{u-1}{u+1} = \sqrt{\frac{A^2 - (D+d)^2}{A^2 - D^2} \cdot \frac{D}{D+d}}$$

und D der lichte Abstand zwischen den Drähten der Schleife, d deren Durchmesser und A der mittlere Abstand der zunächst gelegenen Nachbardrähte von der Schleifenmitte ist. C erscheint doppelt so groß, als wenn man die Potentialdifferenz der Drähte gegeneinander einführt.

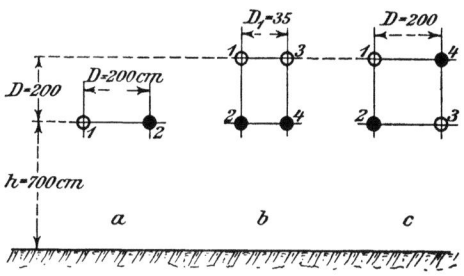

Fig. 385.

Als Beispiel sei die Kapazität einer 50 000 voltigen Einphasenleitung aus zwei oder vier Drähten von $d = 6{,}6$ mm-Drähten nach Fig. 385 angeführt, wobei $\infty = 50$ Per/Sek. angenommen wird.

Leiter-anordnung Fig. 385	Induktion			Kapazität		
	auf einen Leiter in Mh/km	auf eine Phase in Mh/km	bezogen auf die Schleife in Mh/km	auf einen Leiter in Mf/km	auf eine Phase in Mf/km	bezogen auf die Schleife in Mf/km
a	1,33	1,33	2,66	0,0087	0,0087	0,0044
b	1,68	0,84	1,68	0,0066	0,0132	0,0066
c	1,26	0,70	1,40	0,0091	0,0182	0,0091

Durch Vermehrung der Zahl der Drähte gleichen Querschnitts und durch ihre gegenseitige Versetzung wird also die Induktanz vermindert

---

[1]) Breisig, ETZ 1898, S. 774; 1899, S. 127.

Schaltung und Regelung von Leitungen und Maschinen.

und die Kapazität erhöht. Würde man dagegen in den Fällen b und c einen Volldraht $d' = d\sqrt{2} = 9{,}33$ mm verwenden, so wäre für $D = 200$, $h = 700$ cm die Induktanz L' und Kapazität C' von 1 km Schleife:

$$L' = 2\left[0{,}46\log_{10}\frac{2D}{d'} + 0{,}05\right] = 2{,}52 \text{ Mh/km}$$

$$C' = \frac{0{,}0121}{\log_{10}\dfrac{2D}{d'}\cdot\dfrac{2h}{\sqrt{(2h)^2+D^2}}} = \frac{0{,}0121}{\lg\dfrac{400}{9{,}33}\cdot\dfrac{1400}{1414}} = 0{,}0046 \text{ Mf/km}.$$

Ein Volldraht hat also größere Induktanz und kleinere Kapazität als zwei parallele Drähte vom halben Querschnitt; die Unterschiede sind bei versetzten Leitern besonders groß[1]).

Rings um die Drähte tritt bei sehr hohen Spannungen ein starkes elektrostatisches Feld auf. Scott maß mittels einer Funkenstrecke, die an eine parallel zur Arbeitsleitung verlegte tote Leitung angeschlossen wurde, etwa $1/10$ der Betriebsspannung als Wert der durch elektrostatische Wirkung in der toten Arbeitsleitung hervorgerufenen Spannung. Die vier Drähte bildeten dabei die Kanten eines Parallelepipeds mit 122 cm Achsenabstand zwischen je 2 zusammengehörigen Drähten und 53 cm Achsenabstand zwischen Arbeits- und toter Leitung. Wurde die Funkenstrecke zwischen einen der toten Drähte und dem darüber liegenden Draht der Arbeitsleitung eingeschaltet, so zeigte sich

bei einer Arbeits-spannung von	Überschlagen bei	entsprechend einer induz. Spannung von
17 500 V	3,2 mm Funkenstrecke	6 000 V
33 000 -	6,4 - -	12 000 -
41 000 -	9,6 - -	16 000 -
49 000 -	12,7 - -	20 000 -

Es ist also wesentlich und unerläßlich, daß die Drähte einer solchen Hochspannungsleitung spiralig verdrillt werden, so daß jeder Draht des einen Kreises zu jedem Draht des anderen Kreises dieselbe relative Lage nacheinander annimmt, so daß sich die Wirkungen der statischen Induktion aufheben. Dabei wird gleichzeitig auch die gegenseitige magnetische Induktion am kleinsten.

8. Fernleitungen.

Induktanz und Kapazität sind nicht an einigen Stellen an die Leitungen angeschlossen, sondern alle kennzeichnenden Größen sind gleichmäßig über die Fernleitung verteilt anzunehmen.

---
[1]) G. P. Markovits, Berechnung elektrischer Konstanten paralleler Wechselstromoberleitungen. Voitsche Sammlung elektr. Vorträge VII, S. 325, 1905.

Fernleitungen.

Nennen wir für die Längeneinheit, etwa 1 km, eindrähtigen Leitungsstranges: R den effektiven Widerstand, entsprechend allen EMKen in Phase mit dem Strom J; L die effektive Induktanz, entsprechend allen EMKen senkrecht zu J; A die effektive Ableitung, entsprechend allen Strömen in Phase mit dem Potential V des Drahtes; C die effektive Kapazität, entsprechend allen Strömen senkrecht zu V; dann gelten die Differentialgleichungen:

$$-\frac{\partial V}{\partial x} = RJ + L\frac{\partial J}{\partial t}$$

$$-\frac{\partial J}{\partial x} = AV + C\frac{\partial V}{\partial t}$$

wobei der Abstand x positiv in Richtung wachsender Entfernung von der Quelle zu nehmen ist. Diese beiden Differentialgleichungen in bezug auf J und V sind vollkommen identisch gebaut; sie können somit für J und V nur Lösungen ergeben, die sich ausschließlich durch ihre den Grenzbedingungen entsprechenden Integrationskonstanten voneinander unterscheiden. Diese Gleichungen entsprechen gedämpften Wellen mit der Wellenlänge $\lambda = 2\pi/\alpha$ und der Fortpflanzungsgeschwindigkeit $v = \lambda \infty = \omega/\alpha$, wenn $\omega = 2\pi \infty$ die Winkelgeschwindigkeit der aufgedrückten Wechselspannung ist[1]).

Die Wellenlängenkonstante ist

$$\alpha = \sqrt{\frac{1}{2}\left[\sqrt{(A^2 + \omega^2 C^2)(R^2 + \omega^2 L^2)} + (AR + \omega^2 LC)\right]}$$

Die Dämpfungskonstante ist

$$\beta = \sqrt{\frac{1}{2}\left[\sqrt{(A^2 + \omega^2 C^2)(R^2 + \omega^2 L^2)} + (AR - \omega^2 LC)\right]}$$

die für sehr kleine Werte von $\frac{R}{\omega L}$ und für $A = 0$ übergehen in

$$v = 1/\sqrt{CL}; \quad \alpha = \omega\sqrt{CL} \quad \text{und} \quad \beta = \frac{R}{2}\sqrt{\frac{C}{L}}.$$

Die Wellen bestehen aus zwei Komponenten, von denen die Amplitude der einen mit dem Faktor $\varepsilon^{-\beta x}$ mit wachsendem x, also nach dem Ende der Leitung hin abnimmt, während die Amplitude der anderen mit dem Faktor $\varepsilon^{\beta x}$ nach dem Ende der Leitung hin zunimmt. Die letztere kann als reflektierte Welle aufgefaßt werden. An jeder Abzweigstelle treten Reflexionserscheinungen auf und die einzelnen

---

[1]) A. E. Kennelly, El. World 23, S. 17, 1894. A. Blondel, Eclair el. 1, S. 241, 1894 und 43 S. 121, 1906.

Leiterstücke führen jenen Strom und besitzen in einem bestimmten Augenblick jene Spannung, die sich aus der Übereinanderlagerung der einzelnen vom Generator ausgehenden und von den hinter dem Leiterstück liegenden Abzweigstellen reflektierten Wellen ergeben.

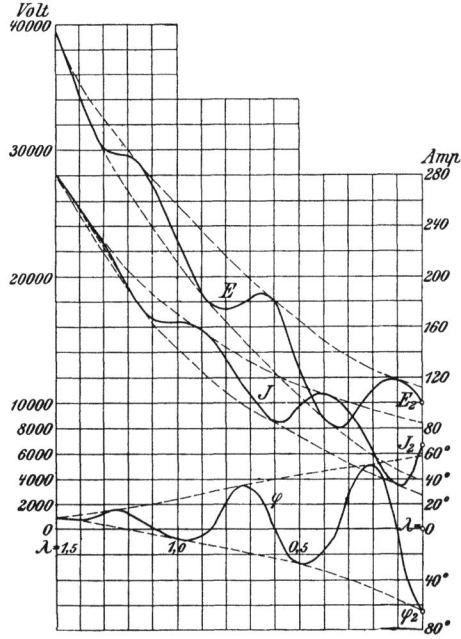

Fig. 386.

Fig. 386 stellt nach Steinmetz das Verhalten einer Fernleitung dar, die am Ende $J_2 = 65$ A bei einem Leistungsfaktor von 0,385, entsprechend einer Verzögerung um $\varphi_2 = 67°\,20'$ und einer Spannung von $E_2 = 10\,000$ V abgibt, wobei die Leitungskonstanten für 1 km,

$$R = 1 \qquad A = 2 \cdot 10^{-5}$$
$$L\omega = 4 \qquad C\omega = 20 \cdot 10^{-5}.$$

Es ist dann also $\alpha = 28{,}36 \cdot 10^{-3}$, $\beta = 4{,}95 \cdot 10^{-3}$ und die Wellenlänge $\lambda = \dfrac{2\pi}{\alpha} = \dfrac{6{,}28}{28{,}36 \cdot 10^{-3}} = 221{,}5$ km.

Die stark übertriebenen Verhältnisse ergeben für $1\frac{1}{2}$ Wellenlänge den in Fig. 386 dargestellten Verlauf der Stromstärke, Spannung und Phasenverschiebung. Wir haben gezeigt[1]), daß es genügt $J = i + e\,\Re$

---

[1]) Herzog-Feldmann, Leitungsnetze I, S. 25, 398 und II, S. 339.

Fernleitungen. 401

$E = e + i \mathfrak{S}$ zu setzen, worin $\mathfrak{R} = A + j \omega C$ der aus Ableitung und Kondensatorwirkung, $\mathfrak{S} = R + j \omega L$ der aus Widerstand und Induktanz sich ergebende Richtungswiderstand, e und i Spannung und Strom am Ende, E und J Spannung und Strom am Anfang $j = \sqrt{-1}$ bedeuten, sofern die Leitung kürzer als 100 km ist. Längere Leitungen werden in

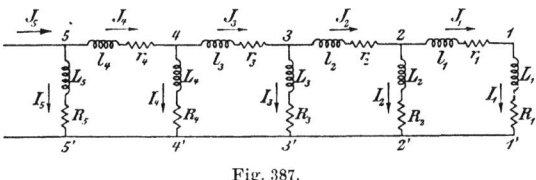

Fig. 387.

Abschnitte, etwa von 50 oder 100 km zerlegt und für jeden Abschnitt wird seiner Länge entsprechend, eine Induktanz L in Reihe geschaltet, ein Kondensator parallel abgezweigt. Sind mehrere Abzweigungen vor-

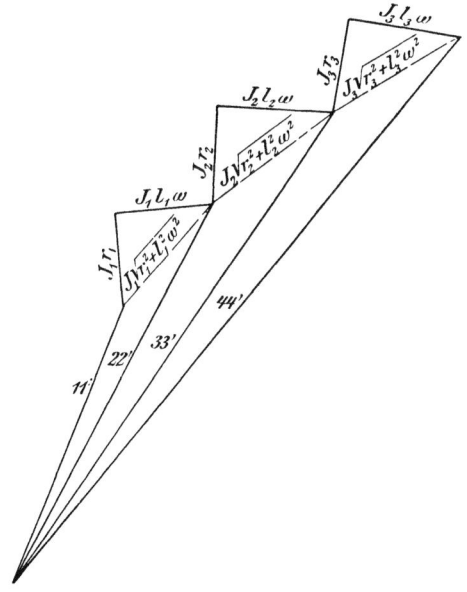

Fig. 388.

handen, so kann man an den Stellen 1, 2 ... 5, Fig. 387, die Kondensatorströme mit den Nutzströmen zu den Gesamtströmen $I_1, I_2 \ldots I_5$ zusammenfassen und nun graphisch wie folgt vorgehen. Die Spannung $11'$, Fig. 388, schließe mit dem Strome $J_1 = I_1 = 11'/\mathfrak{S}_1$ den Winkel φ_1 ein. In der Zuleitung 12 $1'$ $2'$ entsteht ein ohmscher Verlust $J_1 r_1 \| J_1$

Herzog-Feldmann. Handbuch. 3. Aufl. 26

und ein induktiver $J_1 l_1 \omega \perp J_1$, die zusammen die Verlustspannung $J_1 \sqrt{r_1^2 + l_1^2 \omega^2}$ ergeben. Diese, geometrisch zu 11' gezählt, gibt die Spannung 22', die gegen den Strom I_2 um $\operatorname{tg} \varphi_2 = L_2 \omega / R_2$ verschoben ist. Wir zeichnen nun in das Strombild eine Linie $\parallel 22'$, tragen φ_2 an, erhalten dadurch die Richtung von I_2, dessen Größe $I_2 = 22'/\mathfrak{S}_2$. Jetzt kann das Stromdreieck aus J_1 und I_2 gezeichnet werden.

Der dabei gefundene Strom J_2 erzeugt in 23 den Gesamtverlust $J_2 \sqrt{r_2^2 + l_2^2 \omega^2}$ und ergibt die Gesamtspannung 33' u. s. f. Bei dem Aufbau des Spannungs- und Stromdiagramms nach dieser Zweibildermethode war die Endspannung als gegeben angenommen. Ist die Anfangsspannung gegeben, so nimmt man eine beliebige Endspannung willkürlich an und ändert dann den Maßstab der Diagramme entsprechend. Bei Auflösung in viele kleine Abschnitte erhält man Stücke von logarithmischen Spiralen.

Dieses zeichnerische Verfahren ist ausreichend zur Ermittlung des Spannungsverlustes. Will man die während der unstetigen Zustände auftretenden Schwingungen verfolgen, so muß man genauer rechnen. Unter Vernachlässigung der Dämpfung ist die bei Unterbrechung eines Kurzschlusses mit der Stromstärke J_k auftretende höchste Ausschwingung der Spannung angenähert gegeben durch $E_{max} = J_k \sqrt{L/C}$. Der Wurzelwert kann in Ohm ausgedrückt und als **Widerstand gegen freie Schwingungen** unter Vernachlässigung der Dämpfung bezeichnet werden. Er wird für Hochspannungsluftleitungen mit großer Induktanz L und kleiner Kapazität C, etwa 400—600 Ohm, für Kabel, deren Induktanz und Kapazität noch besprochen werden sollen, erheblich kleiner. Wie wir gezeigt haben[1]), können schädliche Überspannungen durch Oszillationen auch während der unsteten Zustände in Gleichstromkabeln auftreten.

Ursache und Größe der Ableitung. Die Ableitung A ergibt sich aus dem Effektverbrauch, der von unvollkommener Isolation, dunklen Entladungen, elektrostatischer Influenzwirkung und dielektrischer Hysteresis herrührt, geteilt durch das Quadrat der Spannung.

Nach den Vorschriften des Verbandes deutscher Elektrotechniker muß bis 500 V der Isolationswiderstand von Freileitung bei Regenwetter mindestens 20 000 Ohm für das Kilometer einfacher Länge, bei Hochspannungsanlagen mindestens 80 Ohm für das Volt und Kilometer einfacher Länge betragen. Bei den Höchstspannungen von 20—60 000 V sieht man die Leitungen und Isolatoren im Dunklen leuchten. Es treten also, wie schon Schneller vor Inbetriebnahme der Lauffener Anlage voraussagte, dunkle Entladungen auf, die bei der Anlage Bülach-Oerlikon

---

[1]) Feldmann-Herzog, ETZ 1906, S. 897.

Bemessung von Leitungen. 403

bei 34 000 V und 50 Perioden für den Isolator je nach dem Wetter 1—9 Watt betrugen.

An den Drähten selbst treten bis zu einer bestimmten Spannung, die als die kritische bezeichnet wird, nur sehr geringe Effektverluste durch dunkle Entladungen auf. Die kritische Spannung ist dadurch gekennzeichnet, daß das Spannungsgefälle für 1 mm Dicke oder der Potentialgradient dV/dr, wobei dV der Spannungsabfall auf die Länge dr ist, die Durchschlagfestigkeit der Luft übertrifft; es tritt dann dunkle Entladung ein, und der Durchmesser aller Drähte erscheint im Dunklen vergrößert auf den gleichen Wert.

Nach Jona[1]) ist für Drähte in 1,5 m über dem Erdboden der effektive Wert der kritischen Spannung in Kilovolt KV für

d =	0,1	0,2	0,5	1	2	4	6	7,5	10	12 mm
KV =	15	20	30	40	58	80	105	125	150	185 Kilovolt,

während Ryan[2]) folgende Werte gegeben hatte:

d =	1,475	2,70	4,87	10,92	18,05	25,20 mm
KV =	55	83,3	111,1	166,6	222,2	277,7 Kilovolt effekt.

Trotz der großen Abweichung der beiden Zahlenreihen kann man schließen, daß für 50 000 V ein Draht von 4 mm Durchmesser etwa die unterste Grenze darstellt. Seile von etwa 16 mm² sind also mit Rücksicht auf diese dunklen Entladungen zulässig. Eisen- oder Stahldraht ist wenig empfehlenswert, denn die dunklen Entladungen spalten, da sie stets in geringem Maße auftreten, aus der Luft salpetrige Säure ab, die den Draht schwärzt und mit der Zeit angreift.

Bemessung von Leitungen. Für alle Leitungssysteme gelten die einfachen Grundgleichungen, wenn

bezeichnen:
e und i Strom und Spannung am Ende,
E - J -   -   -   - Anfang
für den Spannungsabfall in V $v = a \cdot e \cdot M$
  -   - Strom in jedem Draht $i = W_2 / e \cdot T$
  -   - Querschnitt in mm² $f = \dfrac{l\,W_2}{a\,e^2} \cdot S$

worin W_2 die Leistung am Ende, l die einfache Länge der Leitung, M, T und S näher zu bestimmende Konstanten bedeuten. M hängt vom Leistungsfaktor am Ende der Leitung ab und ist

---

[1]) Transact. St. Louis 1904, II, S. 550.
[2]) Ryan, Journ. Am. Inst. El. Eng. 23, S. 101, 1904.

Schaltung und Regelung von Leitungen und Maschinen.

$$M = \cos\varphi_2\left[\left(1 + \frac{a}{2} + \frac{a}{2}\,\frac{L\omega}{R}\right)\cos\varphi_2 + \frac{L\omega}{R}\sin\varphi_2\right]$$

und wird für Gleichstrom gleich 1.

Die Konstante T ist abhängig vom Leistungsfaktor der Last und dem System nnd nimmt für Zweileiter bei Gleichstrom ebenfalls den Wert 1 an. Sonst ist

für Einphasen-Wechselstrom $\quad T = \dfrac{1}{\cos\varphi_2}$

- Drehstrom $\quad = \dfrac{1}{\sqrt{3}\cos\varphi_2}$

- vierdrähtiges Zweiphasensystem $\quad = \dfrac{1}{2\cos\varphi_2}$.

Die Konstante S schließlich ist eine Funktion des spezifischen Widerstandes ρ und des Systems und beträgt

für Einphasenstrom $\quad S = \dfrac{2\rho}{\cos^2\varphi_2}$

- Drehstrom und vierdrähtiges Zweiphasensystem $= \dfrac{\rho}{\cos^2\varphi_2}$.

Durch diese Formeln ist die Lösung einer transzendenten Gleichung für die Fernleitungen umgangen und die Leitungsrechnung mit praktisch genügender Genauigkeit durchführbar.

Es ist jetzt leicht, für alle praktisch vorkommenden Fälle die Werte von M, T und S_{Cu} für Kupfer zusammenzustellen.

Verteilungs-system	Licht $\cos\varphi_2 = 0{,}95$	Licht und Motoren 0,85	Motoren 0,80
Einphasen-strom	$S_{Cu} = 0{,}0372\quad T = 1{,}052$	$S_{Cu} = 0{,}0464\quad T = 1{,}176$	$S_{Cu} = 0{,}0520\quad T = 1{,}250$
Drehstrom, 3-drähtig	$0{,}0186\quad = 0{,}607$	$0{,}0232\quad = 0{,}679$	$0{,}0260\quad = 0{,}725$
Zweiphasen-4-drähtig	$0{,}0186\quad = 0{,}526$	$0{,}0232\quad = 0{,}588$	$0{,}0260\quad = 0{,}625$

Für Gleichstrom oder einphasigen Wechselstrom mit $\cos\varphi_2 = 1$ wäre $S = 2 \cdot 0{,}1675 = 0{,}335$, $T = 1$, $M = 1$.

Ergibt sich der Wert von f kleiner als 16 mm², so wäre dieser Querschnitt als kleinster mit Rücksicht auf dunkle Entladungen zu wählen, sobald die Spannung e etwa 40 000 V übersteigt.

Es seien 5000 KW bei $\cos\varphi_2 = 0{,}8$ am Ende einer 500 km langen Drehstromlinie zu übertragen. Die Spannung zwischen zwei Drähten

Kapazität der Kabel. 405

sei $e = 60\,000$ Volt, die Zahl der sekundlichen Perioden 25, der als zulässig erachtete Effektverlust $a = 30\,\%$. Nimmt man die Leitung aus Aluminium, so wird die Systemkonstante

$$S_{Al} = \frac{\varrho_{Al}}{\cos^2 \varphi_2} = \frac{0{,}278}{0{,}8^2} = 0{,}0435,$$

der Strom

$$i = \frac{W_2}{e} \cdot T = \frac{5000 \cdot 1000}{60\,000} \cdot 0{,}725 = 60 \text{ Ampere}$$

und der Querschnitt

$$q_{Al} = \frac{1 \cdot W^2}{a \cdot e^2} \cdot S = \frac{500 \cdot 1000 \cdot 5000 \cdot 1000}{0{,}3 \cdot 60\,000^2} = 100 \text{ mm}^2.$$

Kapazität und Verluste bei Kabeln. Da bei technisch verwendeten Wechselströmen die Veränderungen der EMK nur langsam vor sich gehen, kann man für die Ladungen der einzelnen Leiter, etwa eines verseilten Wechselstromkabels, die Beziehung aufstellen, daß die Ladung zum Teil von der eigenen, zum Teil von der gegenseitigen Kapazität herrührt. Es seien in den folgenden Figuren die

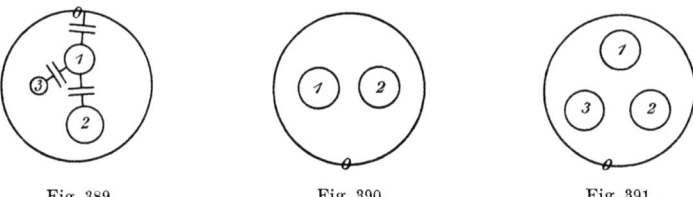

Fig. 389.   Fig. 390.   Fig. 391.

einzelnen Leiter durch 1, 2, 3 ...; ihre Potentiale bezw. die gegen den Nullpunkt gemessenen Sternspannungen seien V_1, V_2, V_3; 0 deute den Bleimantel, V_0 sein Potential an[1]). Die gegenseitigen Kapazitäten zwischen zwei Leitern seien c_{10}, c_{12}, c_{13} ..., Fig. 389. Bei normalem Betrieb ist $V_0 = 0$, bei Erdschluß eines Leiters wird dessen Potential Null. Man kann dann als scheinbare Gesamtkapazität des Kabels das Verhältnis $C = Q_n / V_n$ auffassen, wenn Q die gesamte Ladung, V_n die Spannung des nten Leiters gegen Null ist. Dies gibt

für das Zweileiterkabel Fig. 390:

$$V_1 + V_2 = 0$$
$$Q = c_{10}(V_1 - V_0) + c_{12}(V_1 - V_2) = (c_{10} + 2c_{12})V_1 - c_{10}V_0$$
oder $\quad C = c_{10} + 2c_{12}$

bei Erdschluß im Leiter 2 ist: $C = 2c_{10} + 2c_{12}$

---

[1]) Dr. H. Kath, ETZ 1903, S. 39. L. Lichtenstein, ETZ 1904, S. 104. Roeßler, Fernleitung von Wechselströmen 1905.

Schaltung und Regelung von Leitungen und Maschinen.

für das Dreileiterkabel Fig. 391:

$$V_1 + V_2 + V_3 = 0; \quad c_{12} = c_{13}$$

$$Q = c_{10}(V_1 - V_0) + c_{12}(V_1 - V_2) + c_{13}(V_1 - V_3)$$
$$= (c_{10} + 3 c_{12}) V_1 - c_{10} V_0$$

oder $\quad C = c_{10} + 3 c_{12}.$

Bei Erdschluß im Leiter 2 des Dreileiterkabels gibt es keine scheinbare Kapazität mehr. Der hierbei auftretende Ladestrom läßt sich berechnen aus

$$J_0 = dQ/dt = \omega V \left\{ \cos \omega t \left[\left(1 - \cos \frac{2\pi}{3}\right) c_{10} + 3 c_{12} \right] + \sin \omega t \left[\sin \frac{2\pi}{3} c_{10} \right] \right\}.$$

Der Erdschluß eines Leiters wirkt also wie eine Belastung mit Widerstand unter gleichzeitiger Veränderung der Kapazität.

Um die Kapazität zu messen, kann man einen oder zwei oder alle drei Leiter auf das Potential V laden und die beiden anderen oder den dritten und den Mantel auf das Potential V_0. Dann erhält man als Kapazitäten $c_{10} + 2 c_{12}$ bezw. $2 c_{10} + 2 c_{12}$ bezw. $3 c_{10}$. Man hat so eine Prüfung der aus den Teilkapazitäten berechneten Gesamtkapazität. Die mit Wechselstrom gemessenen Werte sind meist kleiner als die mit Gleichstrom gemessenen. Neuerdings will man aus dem Verhältnis dieser Kapazitäten mit Wechsel- und Gleichstrom ein Maß für die Güte der Kabel ableiten. Das Verhältnis soll möglichst gleich 1 sein.

Der bei einer bestimmten Betriebsart im Kabel auftretende Verlust entspricht dem Energieinhalt des elektrischen Feldes

$$W = \frac{1}{2} \Sigma Q_n V_n.$$

Ist ein Leiter auf dem Potential vom Maximalwert V, die beiden anderen auf dem höchsten Wert V_0, so daß $E_{max} = V - V_0$, dann ist $W = \frac{1}{2} (c_{10} + 2 c_{12}) E^2$. Werden zwei Leiter gegen den dritten und den Mantel mit der Gleichspannung E geladen, dann ist $W = (c_{10} + c_{12}) E^2$, und werden alle drei Leiter gegen den Mantel geprüft, dann ist $W = \frac{3}{2} c_{10} E^2$. Befinden sich bei einem vom Drehstrom durchflossenen, verseilten Dreileiterkabel der Mantel und der neutrale Punkt auf dem Potential Null, dann ist die scheinbare Kapazität $C = c_{10} + 3 c_{12}$ und der Effektverlust ist proportional $\frac{3}{2} (c_{10} + 3 c_{12}) E^2$. Liegt eine Phase, etwa Leiter 3 an Erde, so ist der Verlust annähernd doppelt so hoch, nämlich proportional $\frac{3}{2} (2 c_{10} + 5 c_{12}) E^2$.

Ein Kabel von 3×50 mm² mit 10 mm Isolation zwischen den Leitern und gegen den Bleimantel wies folgende Werte auf. Die Kapazität aller 3 Adern gegen Blei betrug $3 c_{10} = 0,282$ Mf/km, die Kapazität einer Ader gegen die beiden anderen und Blei $c_{10} + 2 c_{12} = 0,143$ Mf/km.

Wahl der Frequenz. 407

Daraus folgt $C = c_{10} + 3 c_{12} = 0,167$ Mf/km. Der Verlust[1]) ist proportional der Frequenz, der Kapazität C und einer Konstanten k

$$W = k . \sim C E^2,$$

worin k nach Humann für $10-50^0$ C zwischen $0,06-0,14$ liegt und für wachsende Temperatur abnimmt, während Monasch für k Werte zwischen 0,10 und 0,18 angab. Im Mittel kann für 30^0 k = 0,12 etwa gesetzt werden. Dann wird bei $\sim = 50$ und $E = 10\,000$ V verketteter Spannung

$$W_0 = 0,12 . 50 . 0,167 . (10\,000 / \sqrt{3})^2 . 10^{-6} = 334 \text{ Watt/km},$$

und der Ladestrom wird

$$J_0 = C \omega E / \sqrt{3} = 0,167 . 10^{-6} . 50 . 2\pi . 10\,000 / \sqrt{3} = 0,3 \text{ A/km}.$$

Der Leistungsfaktor des Ladestromes berechnet sich aus $W = E J_0 \sqrt{3} \cos \varphi$ zu $\cos \varphi_0 = W / E J_0 \sqrt{3} = 334/5200 = 0,064$, entsprechend $\varphi_0 = 86^0 20'$. Bei Erdung einer Phase wäre $C = 0,31$, $W_0 = 620$ W/km, $J_0 = 0,55$ A/km, $\cos \varphi_0 = 0,065$.

Zur Berechnung der Kapazität eines verseilten Zwei- oder Dreileiterkabels aus den Abmessungen dienen folgende Formeln[2]).

Für das verseilte Zweileiterkabel

$$C = 0,0121 \, \varepsilon : \left(\log \frac{2 A}{d} \cdot \frac{D^2 - A^2}{D^2 + A^2} \right) \text{ Mf/km},$$

für das verseilte Dreileiterkabel

$$C = 0,0483 \, \varepsilon : \left(\log \frac{4 A^2}{d^2} \cdot \frac{(3 D^2 - 4 A^2)^3}{(3 D^2)^3 - (4 A^2)^3} \right) \text{ Mf/km}.$$

Hierin bedeutet ε die Dielektrizitätskonstante der Isoliermasse, d den äußeren Durchmesser der Adern, D den inneren Durchmesser des geerdeten Kabels, A die Entfernung der Leiterachsen voneinander. Die Kapazität ist für das Zweileiterkabel auf die Spannung zwischen Hin- und Rückleitung, für das Drehstromkabel auf das absolute Potential jedes Leiters, d. h. die Sternspannung des Drehstromsystems bezogen.

Wahl der Frequenz. Als gebräuchliche Periodenzahlen kommen 15, 25, 30, 42, 50, 60, 100 und 120 Per/Sek vor. In Europa sind 50 und 25 Per/Sek am meisten angewendet, in Amerika 60 und 25. Der Einfluß der Periodenzahl erstreckt sich über die Leitung im weiteren

---

[1]) R. Apt und C. Mauritius, ETZ 1903, S. 879. P. Humann, ETZ 1904, S. 359, 1905, S. 300. Bruno Monasch, Über den Energieverlust im Dielektr. von Kabeln, Dissertation Danzig.
[2]) L. Lichtenstein, ETZ 1906, S. 126.

Sinn, also auch auf die Maschinen und Transformatoren, die angeschlossenen Lampen und Motoren.

Wo die Beleuchtung mit Glüh- oder Bogenlampen überwiegt, wird man mit Rücksicht auf das früher besprochene Flimmern des Lichtes bei geringen Polwechseln oder bei bewegten Gegenständen die Frequenz nicht unter 42 wählen. Der Spannungsabfall in der Leitung wird dabei bei Fernleitung in der ohmschen Komponente höchstens $JR = 10-15\,\%$, in der induktiven etwa $JL\omega = 20-30\,\%$ betragen. Der Spannungsunterschied zwischen Anfang und Ende der Leitung hängt vom Leistungsfaktor ab. Dieser wird durch leerlaufende oder teilweise belastete Transformatoren und Motoren beeinflußt.

Der Leistungsfaktor nimmt bei vollkommen induktionsfreier Belastung den höchsten Wert eins an. Bei starker Belastung einer fast ausschließlich Glühlampen speisenden Zentrale, also z. B. an Winterabenden gegen 7 oder 8 Uhr, erreicht er bis zu 0,95. Im Laufe des Tages sinkt er jedoch, und zwar bei Zentralen ohne Motorenbelastung bis auf oder unter 0,5, bei Zentralen mit relativ hoher Motorenbelastung während des Tages auf etwa 0,7.

Der Verschiebung zwischen Strom und Spannung entspricht ein wattloser Strom, welcher die Kabel belastet und die Maschinenerregung erhöht. Nehmen wir $JR = 10\,\%$, $JL\omega = 15\,\%$, $\cos\varphi = 0{,}7$, $0{,}8$ und $0{,}95$, dann sind die Spannungsunterschiede für eine einzige, am Ende angeschlossene Last mit diesen Leistungsfaktoren 19,4, 18,6 und 15,8 %. Der ohmsche Verlust kann durch Verdopplung des Leitungsquerschnittes auf die Hälfte vermindert werden, der induktive vermindert sich dabei nur um wenige Hundertstel. Dieser bestimmt also für längere Abstände die Grenze der durch eine gegebene Leitung übertragbaren Energie und den Regulierzwang. Herabminderung der Frequenz auf 25 Per/Sek vermindert den induktiven Abfall auf die Hälfte und ebenso den Ladestrom der Leitung. Für die Leitung allein wären also 25 Per/Sek vorzuziehen. Auch für Motoren ergibt diese Frequenz kleinere oder langsamer laufende Typen und besseren Leistungsfaktor. Aber sie verteuert die Transformatoren und Generatoren erheblich und kommt deshalb vornehmlich da in Betracht, wo der Lichtbetrieb eine untergeordnete Rolle spielt, und die Anschlüsse von Motoren oder rotierenden Umformern überwiegen.

Erhöhung der Frequenz ergibt leichtere Generatoren und Transformatoren, besseres Licht; aber sie erhöht den Regulierzwang. Für den Export hat man deshalb bei kleinen Anlagen zuweilen 100 bis 120 Per/Sek gewählt, wo die Leitungen verhältnismäßig kurz waren. Verminderung der Frequenz ergibt günstigere Verhältnisse bei Motoren, rotierenden Umformern und bei der Regelung langer Linien. Bei Bahnen findet man deshalb vorzugsweise 25, selbst 15 Per/Sek.

9. Erwärmung der elektrischen Leiter.

Bei allen elektrischen Maschinen, Apparaten und Leitungen muß man die Vorgänge beachten, welche durch die Umsetzung der elektrischen Energieverluste in Wärme hervorgerufen werden. Diese Wärme erzeugt eine Strömung, für welche das innere Wärmeleitungsvermögen, die Wärmekapazität, und der an den Grenzflächen zwischen zwei Körpern, an deren Oberfläche auftretende Wärmeübergang oder die äußere Wärmeleitung in Betracht kommen. Um über den Verlauf der Wärmeströmung ein Bild zu bekommen, ist für jeden Raumpunkt der zeitliche Verlauf der Temperatur zu ermitteln. Für unsere Verhältnisse genügt es jedoch, den Beharrungszustand an Grenzflächen zu betrachten, wobei die sekundliche Wärmezufuhr und Wärmeabgabe einander gleich sind.

Bei allen Erwärmungsvorgängen dieser Art steigt die Temperatur τ anfangs rasch, dann nur noch allmählich an, um schließlich nach längerer Zeit einen Endwert τ_m zu erreichen, bei dem die Abkühlung und die Wärmezufuhr einander gerade das Gleichgewicht halten. Die Größe und Beschaffenheit der ausstrahlenden Oberflächen, die Temperatur und Wärmeleitungsfähigkeit der Umgebung des erwärmten Körpers und schließlich die Wärmeabfuhr durch Luftströmungen, wie bei den Freiluftleitungen und den künstlich ventilierten Transformatoren, oder durch die Bewegung des erwärmten Körpers, wie bei den Dynamomaschinen und Motoren, beeinflussen die schließliche Endtemperatur. Die Differenz zwischen Endtemperatur τ_m und mittlerer Temperatur der Umgebung τ_0 bezeichnet man als Temperaturerhöhung τ.

Für blanke Leitungen mit dem Durchmesser d mm, Querschnitt q mm² und spezifischem Widerstand ϱ Ohm/m und mm² ist die sekundliche Wärmezufuhr $0{,}24\, J^2 \varrho/q$. Die sekundliche Wärmeabgabe, die nach Newtons Näherungsgesetz proportional der Oberfläche $d\,\pi$, der Erwärmung τ und der Wärmeübergangszahl λ in g Cal/cm² und Grad erfolgt, ist $\lambda\, d\, \pi\, \tau$. Es ist also

$$0{,}24\, J^2 \varrho/q = \lambda\, d\, \pi\, \tau$$

oder

$$\tau = K \cdot J^2/d^3,$$

bezw. für ein bestimmtes τ

$$J = C\, d^{3/2}.$$

Diese einfachen Formeln sind für die hier erforderliche Genauigkeit ausreichend. Die Beiwerte K und C hängen von den Materialwerten λ und ϱ, Beschaffenheit und Farbe der Oberflächen des Leiters, seiner Lage und der Bewegung der Luft ab, der Wert C auch von der als zulässig erachteten Temperaturerhöhung τ. Die Sicherheitsvorschriften des V. D. E. legten bis 1904 für blanke Kupferleitungen in geschlossenen Räumen $\tau = 10^0$ und die Konstante $C = 4{,}5$ zugrunde. In den neueren Vorschriften 1907[1]) ist bis 50 qmm Querschnitt etwa die doppelte Temperaturzunahme zugelassen worden, wie nachfolgende Zahlenreihe der höchsten zulässigen Dauerstromstärken zeigt.

q in mm²	0,75	1,0	1,5	2,5	4	6	10	16	25	35	50
J in A	9	11	14	20	25	31	43	75	100	125	160

Für blanke Aluminiumleitungen wird $C' = C \sqrt{\varrho/\varrho'} = 0{,}75\, C$, wobei C' und ϱ' sich auf Aluminium beziehen. Die zulässige Stromstärke ist also $^3/_4$ der für Kupferdrähte angegebenen.

Bei isolierten Leitungen kann durch besseres äußeres Wärmeleitungsvermögen λ und vergrößerte Oberfläche der Kupferleiter kühler bleiben als der blanke Draht vom gleichen Durchmesser. Trotzdem gilt obige Tabelle nach den deutschen Vorschriften auch hier bis 50 mm². Darüber sind die Stromdichten kleiner, wie folgende Zusammenstellung angibt.

q in mm²	70	95	120	150	185	240	310	400	500	625	800	1000
J in A	200	240	280	325	380	450	540	640	760	880	1050	1250

Für die Leitungen in Innenräumen hängt die Erwärmung wesentlich von der Verlegungsart ab. Einfache Beziehungen sind demnach nicht zu erwarten. Teichmüller[2]) gibt die Formel

$$J^2 = C_1 d^2 + C_2 d^3.$$

Für die Drähte in Rohrwegen, wo die Luftabfuhr ungünstiger ist, wird die Erwärmung im Beharrungszustande größer sein. Schon eine geringe Temperaturerhöhung wirkt verflüchtigend auf die Tränkungsmasse der Gewebe ein. Die Gummimasse wird ebenfalls schon bei verhältnismäßig niedrigen Erwärmungen angegriffen; auch wird die Tränkungsmasse der Papierrohre schon bei 30° C. so weich, daß die Drähte ankleben. Bei 60° Übertemperatur wird die Umklöppelung mürbe, und bei 90° wird sie völlig brüchig und leicht zerfallend. Zur Feststellung der Erwärmung wurden 1906 im städtischen Elektrizitätswerk München Versuche mit 10 m Hin- und 10 m Rückleitung auf Rollen a, gemeinsam in messingbewehrtem Papierrohr b und Stahlpanzerrohr c auf Putz, gemeinsam in Stahlpanzerrohr d und in Peschelrohr e unter Putz verlegt. Die beigefügten Buchstaben beziehen sich auf die

---

[1]) H. Passavant, ETZ 1907 S. 499 u. 514.
[2]) Teichmüller u. Humann, ETZ 1907 S. 475.

Erwärmung elektrischer Leiter. 411

in der folgenden Zahlentafel zusammengestellten Versuchsergebnisse[1]). Die Verlegung auf Rollen war am günstigsten. Dann folgte das Peschelrohr und das Stahlpanzerrohr unter Putz, während das Rohr auf dem Putz stärkere, das Papierrohr die stärkste Erwärmung aufwies.

Leiterquerschnitt	Art der Verlegung	Übertemperatur in C.° bei der Belastung			Belastung in A für 40°C. Übertemperatur
		n = normal	1,5 n	2 n	
1,0 mm² n = 6 A	a	6,4	10,9	17,3	20,73
	b	4,9	11,8	23,3	15,67
	c	10,3	17,0	25,6	16,17
	d	10,3	17,0	24,9	17,10
	e	6,2	12,4	20,4	18,07
1,5 mm² n = 10 A	a	8,0	15,8	26,4	26,5
	b	9,2	19,8	38,0	20,4
	c	5,6	11,0	27,5	22,5
	d	7,4	13,5	29,0	23,5
	e	11,8	22,2	37,4	21,6
2,5 mm² n = 15 A	a	13,0	20,7	30,0	37,3
	b	17,0	33,0	53,0	25,3
	c	13,7	31,4	50,0	26,0
	d	6,7	20,7	39,0	30,4
	e	7,6	23,0	42,3	29,1
4,0 mm² n = 20 A	a	4,6	11,5	22,6	52,2
	b	7,5	23,2	43,0	38,7
	c	6,6	18,4	38,8	40,5
	d	9,2	19,2	32,0	44,9
	e	9,2	19,8	32,6	45,3
6,0 mm² n = 30 A	a	12,8	27,6	40,6	59,5
	b	16,0	38,4	75,0	45,9
	c	11,2	28,4	54,4	52,3
	d	9,8	24,7	46,4	56,0
	e	9,8	24,1	43,4	57,7
10,0 mm² n = 40 A	a	10,3	16,0	27,2	99,0
	b	18,9	43,7	77,3	57,5
	c	10,8	30,4	65,6	66,45
	d	10,5	29,4	45,7	73,7
	e	11,6	23,0	34,4	80,7

[1]) W. Klement, ETZ 1906 S. 331.

412 Schaltung und Regelung von Leitungen und Maschinen.

Bei der Untersuchung der Wärmeerscheinungen an im Boden verlegten Kabeln kommt zunächst die Wärmeströmung zwischen zwei konzentrischen Zylindern in Frage.

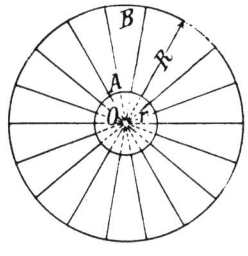

Fig. 392.

Wenn A und B, Fig. 392, die Querschnitte zweier konzentrischer Zylinder mit den Halbmessern $R = D/2$ und $r = d/2$ darstellen, die auf dem konstanten Temperaturunterschied τ erhalten werden, so wird, falls der ringförmige Raum zwischen beiden Zylindern mit einem gleichförmigen Stoff vom spezifischen Wärmewiderstande σ ausgefüllt ist, sein Widerstand S für die Längeneinheit

$$S = \frac{\sigma}{2\pi} \log \text{nat} \frac{R}{r} = \frac{\sigma}{2\pi} \log \text{nat} \frac{D}{d}$$

und der Wärmestrom in Wattsekunden

$$W = \frac{\tau}{S} = \frac{2\pi\tau}{\sigma \log \text{nat} \frac{D}{d}}.$$

Um für die spezifischen Widerstände σ der in Betracht kommenden Stoffe Anhaltspunkte zu gewinnen, seien trotz ihrer großen Veränderlichkeit einige Zahlenwerte angegeben:

Kupfer 0,2
Eisen 1,5
Blei 3
Kalktuff 16
Toniger Kalk 30
Sandboden . . . . . 40—50
Ton . . . . 70—100
Papier 780
Paraffin 960

Für den sandigen Erdboden, in den die Kabel gebettet werden, hat sich ein Mittelwert von $\sigma_e = 50$ ergeben und für die Kabelisoliermasse $\sigma_k = 550$. Es wird dann angenähert der Wärmewiderstand der Kabelisolation für 1 m

$$S_k = \frac{\sigma_k \cdot 10^{-2}}{2\pi} \log \text{nat} \frac{D}{d} = \frac{550 \cdot 2{,}303}{2\pi \cdot 100} \log_{10} \frac{D}{d} \simeq 2 \log_{10} \frac{D}{d}.$$

Die Strömung von der Kabelhülle zur Erdoberfläche erfolgt theoretisch so, als wenn die Strömungslinien zu einem Spiegelbild des

Erwärmung von Kabeln. 413

Kabels oberhalb der Erde sich vereinigen würden. Der Wärmewiderstand bis zur Erdoberfläche ist also die Hälfte vom Gesamtwiderstand zwischen dem Kabel und seinem Bild. Er beträgt

$$S_e = \frac{\sigma_e}{2\pi} \cdot \log \text{nat} \left(\frac{l}{R} + \sqrt{\left(\frac{l}{R}\right)^2 - 1}\right).$$

Da die Verlegungstiefe l etwa 70 cm ist, wird das Verhältnis l/R nie kleiner als 10, und der obige Ausdruck wird angenähert für 1 m Länge

$$S_e = \frac{\sigma_e \cdot 10^{-2}}{2\pi} \log \text{nat} \frac{2l}{R} = \frac{\sigma_e \cdot 10^{-2}}{2\pi} \log \text{nat} \frac{4l}{D}$$

oder für $\sigma_e = 50$, $S_e = 0{,}183 \log_{10} D/d$.

Ist ein Kabel in Erde gebettet, so hat der Wärmestrom W den Wärmewiderstand S_k der Isolation und S_e der Erde in Hintereinanderschaltung zu überwinden. Es ist dann

$$W = \frac{\tau}{S_k + S_e} = \frac{\tau}{\frac{\sigma_k}{2\pi} \log \text{nat} \frac{D}{d} + \frac{\sigma_e}{2\pi} \log \text{nat} \frac{4l}{D}}$$

oder für $\sigma_k = 550$, $\sigma_e = 50$:

$$W = \frac{\tau}{2 \log_{10} \frac{D}{d} + 0{,}183 \log_{10} \frac{4l}{D}}.$$

Für die den deutschen Vorschriften entsprechenden Kabelabmessungen der Einleiterkabel bei 70 cm Verlegungstiefe ergeben sich die folgenden Wärmewiderstände S_k und S_e. Da ferner $W = J^2 \varrho/q$ ist, folgt

$$J = \sqrt{\frac{q\,\tau}{\varrho\,(S_k + S_e)}} = \sqrt{\frac{1}{\varrho\,(S_k + S_e)}} \cdot \sqrt{q\,\tau} = C\sqrt{q\,\tau}.$$

Vom gesamten Temperaturgefälle τ entfallen $100\,S_k/(S_k + S_e)$ auf die Isoliermasse des Kabels, der Rest auf das Erdreich.

Querschnitt	S_k	S_e	$S_k + S_e$	$C = \sqrt{\dfrac{100}{0{.}02\,(S_k + S_e)}}$	$100\,S_k/(S_k+S_g)$ Proz.
16	50,6	45,5	96,1	7,2	52,6
70	26,8	41,7	68,5	8,55	39,2
120	21,7	40,0	61,7	9,0	35,0
500	15,2	34,9	50,1	10,0	30,4
1000	11,9	32,0	44,4	10,5	26,8

414   Schaltung und Regelung von Leitungen und Maschinen.

Apt[1]) hat bei blanken Bleikabeln der Allgemeinen Elektrizitäts-Gesellschaft, die in Sand 70 cm tief eingegraben waren, für C Werte zwischen 7 bis 8,8 gefunden, die sich mit der Temperatur etwas änderten. Er nahm $\tau = 25^0$ als zulässig an und setzte $J = 40\sqrt{Q}$, was $C = 8$ entspricht. Humann[2]) hat bei 80 cm tief in Sandboden verlegten eisenbewehrten Kabeln von Felten und Guilleaume für C Werte zwischen 6,8 bis 8,7 gefunden und $C = 7,5$ als Mittelwert angenommen.

Im Frühjahr 1903 sind in München unter Uppenborns Leitung Versuche an den Kabeln von 9 deutschen Firmen unternommen worden, über die Teichmüller[3]) eingehend berichtet. Die Kabel wurden 70 cm tief verlegt und die Ergebnisse der Messungen auf Vorschlag von Kath zusammengefaßt zu der Formel

$$J = K\sqrt{\frac{q\,\tau}{\log_{10}\frac{4\,l}{d}}} = 11{,}55\sqrt{\frac{q\,\tau}{\log_{10}\frac{4\,l}{d}}},$$

worin l die Verlegungstiefe, d den Durchmesser der Kabelader bedeutet, und K als Mittel aus den Versuchen von Apt, Humann und der Münchener Kommission zu 11,55 angenommen wurde. Diese Formel hat zur Ermittelung der seit Januar 1907 in Deutschland maßgebenden zulässigen Stromstärken für Einleiterkabel bis 700 V gedient, die in der folgenden Liste der Belastungen enthalten sind.

Querschnitt in mm²	Strom in A	Querschnitt in mm²	Strom in A
16	130	185	575
25	170	240	670
35	210	310	785
50	260	400	910
70	320	500	1035
95	385	625	1190
120	450	800	1350
150	510	1000	1585

Dieser Zahlenreihe ist 25° C. als Übertemperatur und 70 cm Verlegungstiefe zugrunde gelegt. Bei ungünstigen Abkühlungsverhältnissen, wie bei Nachbarkabeln im selben Graben, wird nur der ³/₄ Teil obiger

---

[1]) R. Apt, ETZ 1900 S. 613.
[2]) P. Humann, ETZ 1903 S. 599.
[3]) J. Teichmüller, Die Erwärmung der elektrischen Leitungen. Voits Sammlung elektrot. Vorträge VII, Heft 1—7, S. 68 ff. Vergl. auch ETZ 1904 S. 464 und ETZ 1907 S. 500.

Erwärmung von Kabeln. 415

höchster Belastung empfohlen. Über die Frage der gegenseitigen Wärmebeeinflussung geben die Isothermen oder Wärmegleichen Aufschluß.

Fig. 393 stellt den Fall eines Kabels dar, dessen Achse um den 40fachen Betrag seines Halbmessers unter die Erdoberfläche versenkt ist. Wählt man die Temperatur der Kabelhülle als Einheit, so deuten die exzentrischen Kreise die Isothermen von 95 % bis herab zu 10 % dieser Einheitstemperaturen an. Die in Fig. 393 angegebenen Längenmaßstäbe

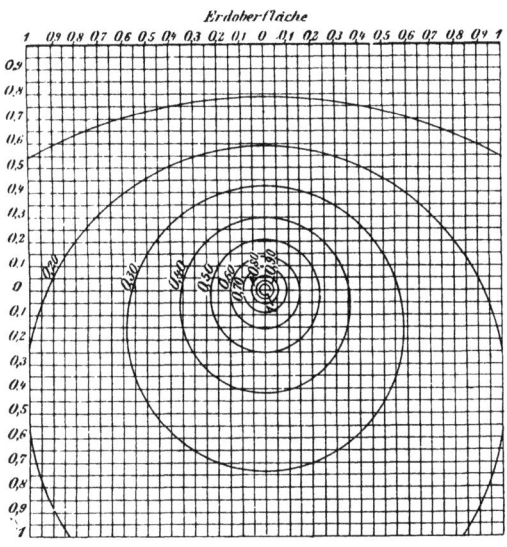

Fig. 393.

beziehen sich auf die Tiefe der Kabelachse unter der Erdoberfläche als Längeneinheit. Die Zahlen der Tabelle ergeben sich daher aus der Figur durch Multiplikation der Abszissen mit 20.

Berechnung der Isotherme in Prozenten der Hüllentemperatur:
95 90 85 80 75 70 65 60 55 50 45 40 35 30 25 20 15 10 5

Horizontaler Abstand der Isotherme,
gemessen von der Kabelachse aus in Kabeldurchmessern:
0,63 0,784 0,976 1,21 1,5 1,8 2,3 2,9 3,6 4,5 5,6 7,1 8,9 11,2 14,2 18,4 24,3 33,8 53,9.

Man erkennt, daß ein guter Wärmeleiter, der in die Bahn einer dieser Isothermen eingebracht wird, die Temperatur dieser Isotherme annehmen muß, unter der Voraussetzung, daß seine Einführung die ursprüngliche Isotherme nicht wesentlich beeinflußt. Dies gilt für die praktisch häufig vorkommenden Fälle, daß zwei oder mehrere Kabel

416 Schaltung und Regelung von Leitungen und Maschinen.

nebeneinander in denselben Graben gelegt werden. Die bloße Gegenwart mehrerer Kabel, von denen nur eines stromführend zu sein braucht, verursacht Temperaturzunahmen auch in den stromlosen Kabeln und drückt dadurch bis zu einem gewissen Betrage den maximalen Strom herab, den die Kabelgruppe zu führen vermag. Nimmt man an, daß jedes Kabel sich um 25^0 erwärmen darf, und hat man ermittelt, daß das zuerst eingeschaltete Kabel die anderen um 5^0 erwärmt, auch wenn sie stromlos wären, so darf man die anderen Kabel nur so weit belasten, daß sie selbst durch Eigenwärme noch um 20^0 zunehmen. Bei den Münchener Versuchen 1903 waren 9 Kabel verschiedener Fabrikation in drei Lagen übereinander angeordnet. Sie ergaben bei 200 A nach 8 Stunden folgende Temperaturerhöhungen in ^{0} C.

Bei Einzelschaltung			Bei Hintereinanderschaltung		
18,6	20,4	19,2	23,2	24,0	22,9
20,6	21,8	21,4	27,5	27,7	28,0
20,6	20,5	17,0	25,6	26,0	20,9

Die Kabel der mittleren Lage haben infolge größeren Wärmewiderstandes höhere Erwärmung, besonders beim Betriebe aller 9 Kabel. In diesem Falle tritt auch die gegenseitige Anwärmung dadurch zutage, daß alle Zunahmen der Temperatur um $4-7^0$ C. höher liegen als beim Einzelbetriebe.

Sind im Einleiterkabel dickere Isolierschichten vorhanden, so gibt die zuerst von uns[1]) ausführlich behandelte Rechnung mit den Wärmewiderständen den sichersten Weg zur rechnerischen Ermittlung der für eine bestimmte Temperaturerhöhung bei Dauerbetrieb zulässigen Erwärmung. Besitzt das Kabel mehrere, etwa n Adern, so liegt die zulässige Stromstärke J_n niedriger als die Stromstärke J des Einleiterkabels. Führen alle n Adern denselben Strom, so ist $W = n J_n^2 \rho/q$ und dementsprechend

$$J_n = \sqrt{\frac{2\pi q \tau}{n\rho \left(\sigma_k \log \text{nat} \frac{D}{d} + \sigma_e \cdot \log \text{nat} \frac{4l}{D}\right)}} = \frac{J}{\sqrt{n}}.$$

Das verseilte Zweileiterkabel erhält also $J_2 = 0{,}717\ J$
- - Dreileiterkabel - - $J_3 = 0{,}58\ J$
- - Vierleiterkabel - - $J_4 = 0{,}50\ J$

als zulässige Stromstärke. Für zwei- oder dreifach konzentrische Kabel gelten andere Verhältnisse, da der innere Leiter sich erheblich stärker erwärmt als der äußere. Alle diese Betrachtungen gelten nur für Dauerbetrieb.

---
[1]) Herzog u. Feldmann, ETZ 1900, S. 783. Berechnung elektr. Leitungsnetze, 2. Aufl., II, S. 127.

Erwärmung und Abkühlung.

Betrachtet man den Verlauf der Erwärmung eines Kabels, so zeigt sich, Fig. 394, daß die Temperatur allmählich nach einer Exponentialkurve ansteigt. Zur willkürlichen Zeit t ist die Temperatur

$$\tau = \tau_m (1 - \varepsilon^{-t/T}),$$

worin T die Zeit ist, in der das Kabel seine Endtemperatur τ_m ohne Abkühlung erreicht hätte. Zur Zeit t = T ist τ = 0,633 τ_m, zur Zeit 2 T hat das Kabel etwa 85 %, zur Zeit 3 T schon 95 % seiner Endtemperatur erreicht. Um bis auf p % an seine Endtemperatur zu gelangen, braucht ein Körper

$$t = T \log nat (100/p).$$

Dies gibt für

p = 5   4   3   2   1 % Abweichung
t = 3 T   3,2 T   3,5 T   3,9 T   4,6 T.

Eine weitere Beziehung für T ergibt sich aus der Gleichung

$$\frac{dt}{d\tau} = \cotg \alpha = T.$$

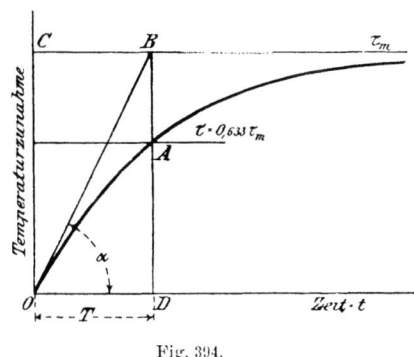

Fig. 394.

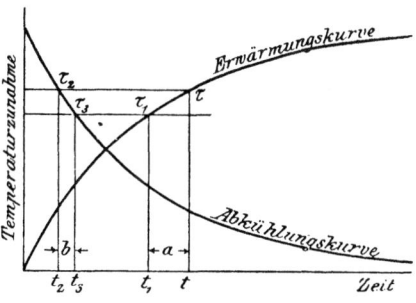

Fig. 395.

Auf diese Beziehung hat schon Lambert 1744 hingewiesen, indem er T nach der geometrischen Bedeutung als Subtangente der Erwärmung (oder Erkaltung) bezeichnete. Darnach stellt T für die Abkühlung jene Zeit dar, in welcher der Leiter seinen ganzen Temperaturüberschuß verlieren würde, wenn er durchweg die Erkaltungsgeschwindigkeit des ersten Zeitteilchens beibehielte. Die Abkühlungskurve, Fig. 395, ist, gleiches λ für Erwärmung und Abkühlung vorausgesetzt, das Spiegelbild der Erwärmungskurve, und ihre Gleichung ergibt sich als

$$\tau = \tau_m \varepsilon^{-t/T}.$$

Herzog-Feldmann, Handbuch. 3. Aufl.

418   Schaltung und Regelung von Leitungen und Maschinen.

Wenn nun die Belastung so schwankt, daß sie regelmäßig während einer Zeit a $= (t - t_1)$, Fig. 395, von τ_1 auf τ ansteigt, dann während einer Zeitdauer b von τ_2 auf τ_3 fällt, und darauf dasselbe Spiel von neuem beginnt, so wird offenbar nach Erreichung des stationären Zustandes die Temperatur zu Beginn der Erkaltung τ_2 gleich der am Ende der Erwärmung τ, und analog $\tau_3 = \tau_1$ sein müssen.

Bis zum Eintritt dieses Zustandes wird auch bei diesem periodischen Betrieb mit intermittierender Belastung die Temperatur während jeder Periode a ansteigen, während jeder Periode b abfallen, wie Fig. 396 dies andeutet; aber es wird doch im ganzen die Temperatur deshalb etwas ansteigen, weil die Zunahme anfangs steiler, die Abkühlungen anfangs flacher verlaufen als nach Erreichung des Beharrungszustandes. Die einzelnen Abschnitte der Zickzacklinie sind Teile der Erwärmungs- und Erkaltungskurven und ergeben sich leicht, wenn man mit einer Schablone diese Kurven parallel zu sich selbst verschiebt und jeweilig die Stücke zwischen den Zeitabschnitten zeichnet. Für ein aussetzend betriebenes Kabel gilt[1]), daß eine p fache Überlastung zur Erreichung derselben Übertemperatur τ_m zulässig ist, wenn die Dauer der Belastung a zur Dauer der Periode $P = a + b$ sich verhält wie

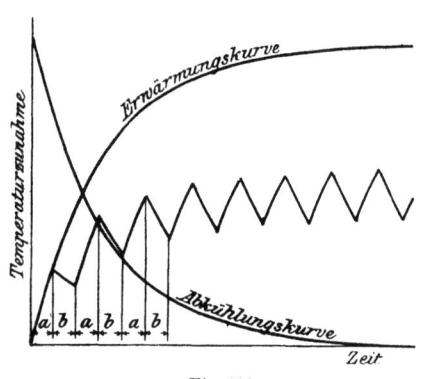

Fig. 396.

$$\frac{a}{P} = \frac{1}{1 - \dfrac{T}{a} \log \operatorname{nat} \left[p - \varepsilon^{\tfrac{a}{T}} \cdot (p-1) \right]}$$

Die Werte p sind in Fig. 397 für verschiedene Verhältnisse a/T und a/P dargestellt, und es ist nun nur noch erforderlich, aus dieser allgemein gültigen Beziehung die für Kabel in mittlerem Boden gültigen Verhältnisse herauszugreifen.

Für ein Lichtkabel wird die Dauer der höchsten Beanspruchung selten mehr als 4 Stunden betragen, wie Fig. 398 andeutet; ein Kabel zwischen Haupt- und Akkumulatorenunterstation kann durch 20 Stunden gleichmäßig belastet sein und nur während 4 Stunden sich wieder ab-

---

[1]) Oelschläger, ETZ 1900 S. 1058. Die Berechnung von Widerständen, Motoren u. dergl. für aussetzende Betriebe.

Erwärmung und Abkühlung.

kühlen. Hier wird man das Kabel verhältnismäßig schwächer beanspruchen müssen und sich trotzdem der zulässigen Maximaltemperatur mehr nähern. Solche Kurven werden also im Verein mit den Erwär-

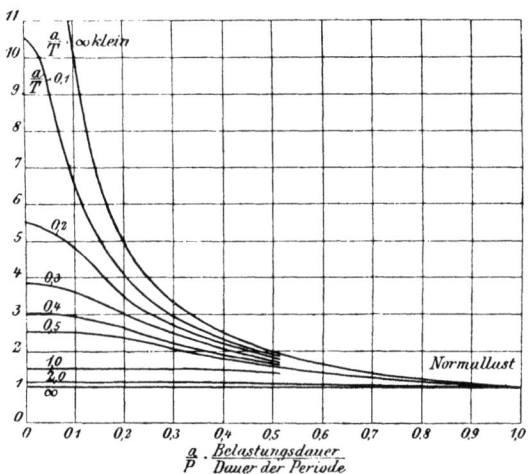

Fig. 397.

mungslinien, der Verlegungsart und Verwendungsweise der Kabel die Beurteilung der höchsten Erwärmung für eine bestimmte Inanspruchnahme oder der höchsten Beanspruchung für eine bestimmte Erwärmung gestatten.

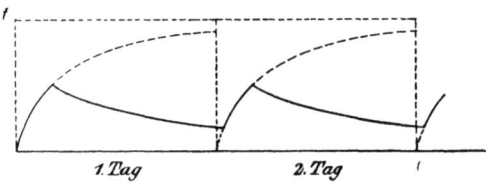

Fig. 398.

Die Zeitkonstante T läßt sich angenähert berechnen. Ist c die spezifische Wärme, G das Gewicht des die Erwärmung hervorrufenden oder des erwärmten Körpers, so ist für die Längeneinheit

$$T = \frac{c\,G\,\tau_m}{W} = c\,G\,S_m,$$

wenn S_m den Wärmewiderstand darstellt, der durch τ_m/W definiert ist. Die erste Form dieser Gleichung ist zweckmäßig für die Ermittlung der Zeitkonstanten des Kupferleiters vom Volumen V. Hier ist

Schaltung und Regelung von Leitungen und Maschinen.

$$T_{Cu} = \frac{c\,G\,.\,\tau_m}{W} = \frac{c\,s\,V\,\tau_m}{J^2\,\varrho/q} = \frac{c\,s}{\varrho}\left(\frac{q}{J}\right)^2.\tau_m,$$

also proportional der Endtemperatur τ_m und umgekehrt proportional dem Quadrat der Stromdichte. Für ein mit 1000 A belastetes 500 mm² Einleiterkabel wird $\tau_m \cong 29^0$, also $\sigma = 0{,}02$ Ohm/m und mm², $c = 0{,}093$ g Cal/Sek cm² und

$$T_{Cu} = \frac{0{,}093\,.\,0{,}89}{0{,}24\,.\,0{,}02\,.\,100}\cdot\left(\frac{500}{1000}\right)^2.\,29 = 1{,}8\,.\left(\frac{q}{J}\right)^2.\,29 = 12{,}5 \text{ Sekunden,}$$

also sehr klein.

Die zweite Form der Gleichung ergibt die Zeitkonstante für den Isoliermantel

$$T_k = c\,.\,G\,S_k = c\,s\,\sigma_k\,.\,V\,\frac{\log\,\text{nat}}{2\,\pi}\,D/d.$$

Die spezifische Wärme c ist etwa gleich 0,2, das spezifische Gewicht S des Papiers $0{,}7-1{,}1$, im Mittel 0,9; $\sigma_k = 550$, daraus folgt für das 500 mm²-Kabel mit $D = 34{,}5$, $d = 29$ mm für $V = 270$ cm³/m

$$T_k = \frac{0{,}2\,.\,0{,}9\,.\,550\,.\,270\,.\,0{,}172}{2\,\pi\,.\,0{,}24} = 3060 \text{ Sek} = 0{,}85 \text{ Stunden.}$$

Will man T_k in Stunden, G in kg ausdrücken, so ergibt sich

$$T_k = \frac{4160}{3600}\,.\,c\,G\,S_k = 1{,}155\,.\,0{,}2\,G\,S_k = 0{,}231\,G\,S_m \text{ Stunden}$$

und

$$T = T_k\,.\,\frac{\tau_m}{\tau} = T_k\,.\left(1 + \frac{\tau_0}{\tau}\right).$$

Das Gewicht der Isoliermasse war $G = 0{,}225$ kg/m, ihr Wärmewiderstand $S_k = 14{,}6$, also $T_k = 0{,}231\,.\,0{,}243\,.\,15{,}2 = 0{,}85$ Stunden, wie oben. Für $\tau = 29^0$, $\tau_0 = 15^0$ folgt $T = 0{,}88\,.\,1{,}52 = 1{,}3$ Stunden. Wegen der Vernachlässigung des Übergangswiderstandes der äußeren Hülle des Kabels an die Erde und des abkühlenden Einflusses der Erdmasse ist die tatsächlich an einem 500 mm²-Kabel beobachtete Zeitkonstante etwas größer als der berechnete Wert, nämlich 1,4 Stunden. Für verschiedene Belastungen desselben Kabels ändert sich die Zeitkonstante T mit der Neigung α der Tangente im Ursprung, Fig. 394. Wenn $J = C\sqrt{q\,\tau}$ wäre, müßte

$$T = \frac{c\,G\,\tau_m}{J^2\,\varrho\,/\,q} = \frac{c\,G}{C^2\,\varrho}\,.\,\frac{\tau_m}{\tau} = \frac{c\,G}{C^2\,\varrho}\left(1 + \frac{\tau_0}{\tau}\right) = a + \frac{b}{\tau}$$

sein. Für unveränderte Temperatur der Umgebung ist also $T\,\tau =$ konstant, oder T umgekehrt proportional J^2. Dies ist bei einem in Erde

Erwärmung von Kabeln. 421

verlegten Kabel der Fall. Nach Messungen von G. de Gelder, Amsterdam, betrug die Zeitkonstante für ein in Erde verlegtes 500 mm² Einleiterkabel

bei 500 A   T = 2   Stdn. τ = 7,2 °
- 700 -   1,75   -   15,1 °
- 900 -   1,5   -   21,4 °

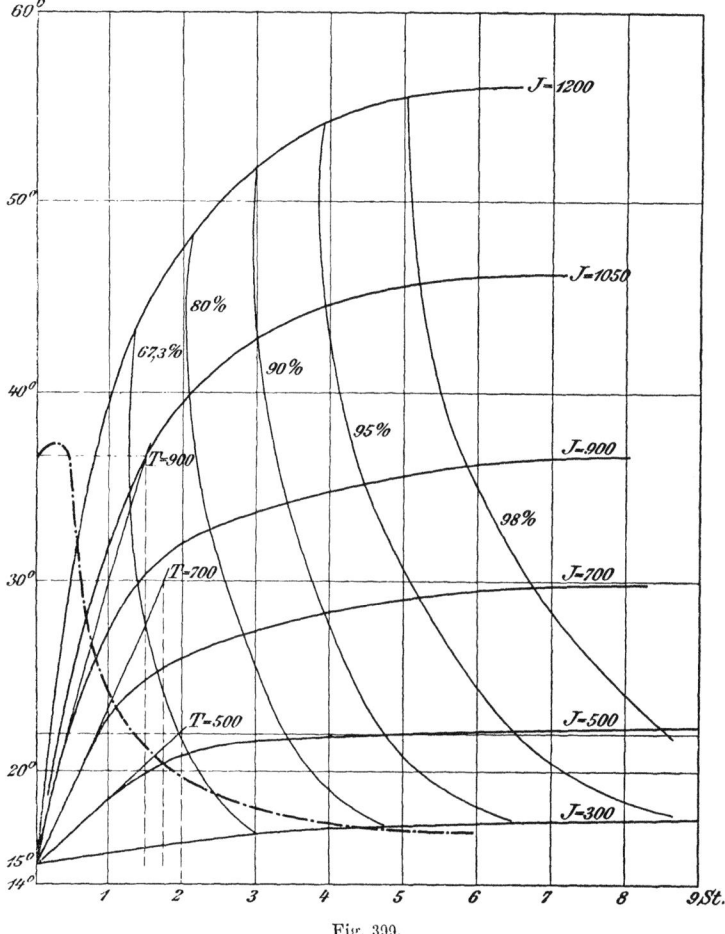

Fig. 399.

Die übrigen Linien des Kurvenblattes, Fig. 399, sind aus der Beziehung $J = 8{,}35 \sqrt{Q \tau}$ angenähert gerechnet; die Kurven, welche Punkte gleicher Abweichung p % von den Endtemperaturen verbinden, genügen der Gleichung

$$t = T \log nat \frac{100}{p} = \log nat \frac{100}{p} \left(a + \frac{b}{\tau} \right),$$

sind also annähernd gleichseitige Hyperbeln. Die strichpunktierte Linie ist eine Akbühlungskurve nach langer Erwärmung mit 900 A.

Als praktische Erfahrungsregel kann man also annehmen, daß die Zeitkonstante eines in Erde gelegten, mit den zulässigen Strömen nach Tabelle S. 414 belasteten Kabels etwa $T = (0{,}4$ bis $0{,}5)\ G\ S_k$ Stunden ist. Das 500 mm²-Kabel wird also 98 % seiner Endtemperatur nach $T' = 3{,}9\ T_k \cong (1{,}5$ bis $2)\ G\ S_k$ Stunden erreichen. Dies wäre beim 500 mm²-Kabel für

$J =$	500	700	900	1200 A
$T' =$	8,5	6,75	5,75	5 Stunden.

Die Überlastbarkeit der Kabel hängt von dem Verhältnis der Betriebsdauer a zur Zeitkonstanten T ab. Dieses Verhältnis wird meistens groß sein, nahe an oder selbst über 1. Die zulässige Überlastung ist dann klein. Hier kommt jedoch der abkühlende Einfluß der Erde und die Unempfindlichkeit der Kabelmasse günstig in Betracht. Ein 150 mm² Einleiterkabel, dessen Zeitkonstante etwa $T = 1$ Stunde für die zulässige Stromstärke $J = 700$ A beträgt, konnte täglich zweimal je 4 Stunden mit 600—470 A belastet werden, ohne daß eine Veränderung des Kabels sich bei sorgfältiger Prüfung ergab. Gerade der Umstand, daß ein für Ausstellungszwecke verlegtes konzentrisches 3000 V-Kabel von 2×10 mm² während mehrerer Monate 3—4 Stunden täglich mit der unerwarteten Belastung von 100 A ohne Schädigung der Isoliermasse betrieben werden konnte, hat uns im Jahre 1900 zum Studium der Kabelerwärmungen veranlaßt. Von besonderem Interesse ist die Grenze der zugelassenen Erwärmung für die Garantien und in Anwendung auf Reservekabel, die bei Störungen stark überlastet werden sollen.

10. Wirtschaftliche Gesichtspunkte.

Die Frage der Wirtschaftlichkeit tritt in der Technik immer in den Vordergrund. Die Aufgabe des Ingenieurs bezieht sich demnach sowohl auf die rein technische Lösung der Probleme als auch auf die Bestimmung der für das Anlagekapital und die Betriebsauslagen günstigsten Verhältnisse. Die wirtschaftlichen Rücksichten bei Berechnung elektrischer Leitungen betreffen also jenen Energieverlust in der Leitung bezw. jenen Querschnitt der Leitung, bei welchem die Zinsen und der Betrieb am geringsten werden.

Der Wert allgemeiner Formeln zur Lösung des wirtschaftlichen Problems für Leitungen ist zweifelhaft, da eigentlich jeder einzelne Fall eine besondere Behandlung erheischen würde, je nachdem die Leistung am Ende oder am Anfang einer Leitung bestimmt ist, oder bestehende Anlagen Umänderungen erfahren, etwa indem eine Erweiterung durch Akkumulatoren vorgenommen wird, oder Dampfmaschinen als Ergänzung einer Wasserkraftanlage in Frage kommen[1]). Jedem Wert der für die Anlage gewählten Spannung entspricht ein Wert des wirtschaftlichen Verlustes. Der gefundene wirtschaftliche Querschnitt muß jedoch nicht immer der zweckentsprechendste sein; er kann durch den zulässigen Spannungsabfall, die Stromdichte, Anzahl der Drähte und andere Umstände beeinflußt werden.

Die Kosten einer Leitung vom Querschnitt q lassen sich angenähert durch $a + bq$ in Pf/m darstellen, wobei a und b von der Spannung, Verlegungsart, Isolierung und Bauweise der Leitung abhängige Konstanten sind. Für eine zweidrähtige Fernleitung zur Übertragung von W_1 Watt in der Zentrale über L Meter Abstand seien die wirtschaftlich günstigsten Werte des Querschnittes [q] und Energieverlustes [w] zu ermitteln.

Bezeichnen wir nun mit m_1 die Betriebskosten für die in der Zentrale erzeugten Watt, mit A die Anlagekosten der Zentrale für 1 Watt, mit p und p' den Betrag für Amortisation, Verzinsung und Instandhaltung der Leitung und der Zentrale, ausgedrückt in Prozenten, dann ergeben sich als gesamte Betriebskosten der Fernleitung

$$K = W_1 A p' + w T P'_1 + (a + bq) L p.$$

Setzen wir hierin ein

$$q = \left(\frac{W_1}{V_1}\right)^2 \cdot \frac{2 L \varrho}{w},$$

dann ergibt sich aus $dK/dw = 0$ der wirtschaftliche Verlust $dK/dw = 0$

$$[w] = \left(\frac{W_1}{V_1}\right) L \sqrt{\frac{2 \varrho p b}{T P'_1 + A p'}}$$

und der wirtschaftliche Querschnitt

$$[q] = \left(\frac{W_1}{V_1}\right) \frac{2 L \varrho}{[w]}.$$

Hochenegg nennt $\sqrt{\varrho p b}$ die Leitungszahl und $\sqrt{T P'_1 + A p'}$ die Betriebszahl. Die Übertragung der verfügbaren Energie W_1 kann mit verschiedenen Spannungen E_1, demnach bei verschiedenen Stromstärken W_1/E_1 erfolgen. Da jedoch sowohl a, b und p für die Leitung, als A, P_1' und p' für die Zentrale von E_1 abhängen, findet sich unter mehreren Spannungen eine, für welche die Betriebskosten einen kleinsten Betrag erreichen.

---

[1]) Ausführlich in unserem Werk: Die Berechnung der Leitungsnetze II, 4. Kapitel.

B. Stromerzeuger und -umsetzer.

Faraday hatte 1831 das Entstehen und Verschwinden eines elektrischen Stromes in einem geschlossenen Leiter beobachtet, der einem benachbarten magnetischen Felde von veränderlicher Lage oder Stärke ausgesetzt war. 1832 baute er eine Maschine zur Erzeugung solcher Ströme. 1835 erfand Sturgeon den T-Anker in Hufeisenmagneten mit zweiteiligem Stromwender. Schon 1838 war die Überlegenheit der Elektromagnete über Stahlmagnete erkannt und von Page in Washington bei seiner Maschine herangezogen worden. Woolrich baute 1841 mehrpolige Maschinen mit permanenten Magneten. 1841 erhielten Wheatstone, 1852 Watt Patente auf die Verwendung von Elektromagneten mit Batterieerregung. 1848 schlug Jakob Brett vor, den im Anker entwickelten Strom zur Verstärkung der Magnete zu gebrauchen, und 1851 fand Sinsteden die Außen- oder Fremderregung einer Maschine durch eine andere. 1856 erfand Werner Siemens den Doppel-T-Anker und am 17. Januar 1867 beschrieb er vor der Berliner Akademie der Wissenschaften die erste dynamo-elektrische Maschine mit Hauptstromwickelung. Als diese am 14. Februar 1867 der Royal Society in London vorgelegt wurde, beschrieb Sir C. Wheatstone seine im Sommer 1866 gebaute Nebenschlußmaschine. 1866 nahmen die Brüder Varley Patente auf Maschinen mit Elektromagneten und 1876 bauten sie eine Maschine, die 15 Jahre später gesetzlich als Compounddynamo anerkannt wurde. Inzwischen hatte Pacinotti 1865 einen Nutenanker mit 16 Spulen und 16 teiligem Stromwender als „transversalen Elektromagnet" erfunden, dessen Wicklungsweise 1870 von Zenobe Gramme unabhängig wiedergefunden wurde. 1873 trat schließlich v. Hefner-Alteneck mit der Abänderung des T-Ankers, der Trommelwickelung auf. Vielpolige Wechselstrommaschinen waren von Wilde 1867 für Fremd- und Selbsterregung patentiert worden, und 1868 hatte er bereits den notwendigen Synchronismus bei der Parallelschaltung der Wechselstrommaschinen erkannt. Die heutige Dynamomaschine war also etwa Mitte der 70er Jahre des vorigen Jahrhunderts in allen Grundzügen sowie die Umkehrbarkeit des dynamoelektrischen Prinzipes und die Verwendung als Motor zur Lieferung mechanischer unter Aufwendung elektrischer Leistung bekannt. Die Motoreigenschaft soll in den Werkstätten Grammes 1874 durch einen Arbeiter zufällig entdeckt und von Hypolite Fontaine richtig gedeutet worden sein.

Maschinen, die nach Art der Faradayschen Scheibe durch sogen. unipolare Induktion Gleichstrom ohne Stromwender liefern sollten,

Aufbau der Stromerzeuger. 425

waren vielfach vergeblich angestrebt, schließlich vollkommen fallen gelassen, bis 1904 J. E. Noeggerath sie in seinen azyklischen Maschinen für Antrieb durch Dampfturbinen wieder, wenn auch vereinzelt, zu neuem Leben erweckte. Bei allen anderen Bauweisen hat man zyklische Veränderungen der erzeugten elektromotorischen Kräfte. Die Wirkungsweise ist dann folgende:

Durch Bewegung von Windungen durch ein festes magnetisches Feld oder umgekehrt verändert sich die Anzahl, meist auch die Richtung der die Windungsflächen durchsetzenden Kraftlinien, wodurch in ihnen periodisch sich ändernde elektromotorische Kräfte entstehen; diese werden entweder bei den **Wechselstrommaschinen** unmittelbar im äußeren Schließungskreise verwendet oder für diesen durch einen besonderen **Stromwender** oder **Kommutator** gleichgerichtet. In diesem Falle wird die Maschine als **Gleichstromdynamo** bezeichnet. Bei beiden Maschinen durchläuft die Zahl der eine Windung durchsetzenden Kraftlinien bei einer Verschiebung von einem Nordpol zum darauffolgenden Südpol einen Stromwechsel oder eine halbe Periode. In einem zweipoligen festen Felde tritt für jede Umdrehung der Windungen eine Periode auf; in einem 2 p-poligen Felde ergeben sich für jede Umdrehung p Perioden, für n Umläufe in der Minute also $p n/60 = \sim$ Per/Sek; 360 elektrische Grade entsprechen dabei also $2\pi/p$ Winkelgraden. Bei einer 6 poligen Maschine mit 600 Uml/Min ist $\sim = 3600/2 \cdot 60 = 30$ Per/Sek.

Die Maschinen bestehen also aus zwei Teilen, dem induzierten, mit den regelmäßig angeordneten Windungen versehenen Teile, dem **Anker** oder der **Armatur**, und dem induzierenden Teile zur Erzeugung des **magnetischen Feldes**. Welcher von diesen beiden Teilen als Läufer ausgebildet wird, ist für die Wirkung gleichgültig und beeinflußt nur die Bauweise. Der Bau wird am zweckmäßigsten, wenn man bei Gleichstrommaschinen den mit dem Kollektor verbundenen Anker, bei Wechselstrommaschinen das Magnetfeld als Läufer wählt. Die Rolle des Stromwenders ist eine zweifache: einmal wandelt er den im Anker fließenden Wechselstrom für den äußeren Schließungskreis in Strom von gleichbleibender Richtung und innerhalb einer Umdrehung wenig schwankender Stärke um, dann aber verschiebt er ständig die den Ankerströmen entsprechenden Pole, gegenüber den drehenden Windungen, so daß diese Pole im Raume feststehen. Eine Gleichstromdynamo kann also auch angesehen werden als ein **Mehrphasenerzeuger**, dessen Phasenzahl der Zahl der Kollektorsegmente entspricht. Da diese Zahl groß, für Beleuchtungsmaschinen mindestens 20 ist, müssen die Pulsationen in der Höhe der Spannung während einer Umdrehung wegen der Überdeckung der vielen Phasen sehr klein sein. Bei 20 Stromwenderlamellen treten bei jeder Umdrehung 20 Schwankungen auf, deren größter Wert 0,61 % der mittleren EMK beträgt. Die Zahl der Kollektorlamellen richtet sich nach der erforderlichen Spannung und nach der Zahl und Anordnung der Windungen. Diese kann zweifacher Art sein. Entweder umgeben die in sich zurücklaufenden Windungen den ringförmigen Eisenkern der Armatur kettengliederartig, indem sie auch sein Inneres durchsetzen, oder knäuelartig, indem sie nur seine äußere Oberfläche umspannen. Im ersten Falle, Fig. 400, hat man den Grammeschen Ring, im zweiten Falle, Fig. 401, die Hefner-Altenecksche Trommel. Diese beiden Hauptklassen von Wickelungen können für zwei- oder mehrpolige Anker in mannigfaltiger Weise ausgeführt werden. Bei 2p-poligen Ankern können die Windungen entweder alle parallel oder teilweise in Reihe, allgemein in 2a

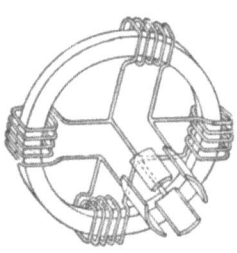
Fig. 400.

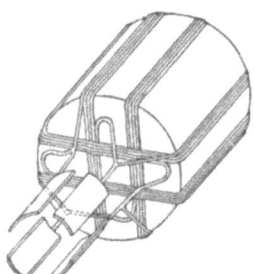
Fig. 401.

parallele Kreise geschaltet werden[1]). Für a = p hat man die Parallelwickelung, für $1 < a < p$ die Reihenparallel-, für a = 1 die Reihenwickelung. Die EMK verhalten sich dabei wie $1 : p/a : p$ und die Zahl der Stromabnahmestellen ist mindestens 2a, höchstens gleich der Zahl der Pole 2p.

Bei Wechselstrommaschinen wird der im Anker erzeugte Strom von mindestens zwei Punkten abgenommen, welche bei drehendem Anker an Schleifringe anzuschließen sind. Da man jedoch hochgespannten Strom besser von ruhenden als von bewegten Teilen abnimmt, gestaltet man meist den Anker als Ständer, das Feld als Läufer und kann dann den Strom unmittelbar von zwei ruhenden Punkten des Ankers abnehmen. Den induzierten Teil baut man stets aus dünnen, voneinander isolierten Blechscheiben ringförmig auf, versieht ihn häufig in axialer Richtung mit Luftschlitzen und bettet die induzierten Leiter

---

[1]) E. Arnold, Die Ankerwickelungen der Gleichstrommaschinen. — G. Kapp, Dynamomaschinen für Gleichstrom und Wechselstrom. — H. F. Parshall & H. M. Hobart, Armature Windings of electric machines. 1895.

in Nuten oder Löcher der Ankerbleche. Diese Nuten werden zuweilen geschlossen, meist aber mehr oder weniger offen gestaltet und vor der Einbringung der Wickelungen mit einem der Spannung entsprechenden Isolierstoff ausgekleidet.

Dreht sich das in Fig. 402 zweipolig angedeutete Feld von N S innerhalb des mit zwei Wickelungen I I', II II' versehenen Ständers, so ist der Richtungswechsel der EMK und des Stromes der Wickelung II um $\pi/2$ zeitlich gegen den Richtungswechsel von I verschoben. Eine derartige Maschine kann also entweder vier Spannungen gleicher Größe und in gleichen Phasenabständen über 2π elektrische Grade verteilt, oder in der gezeichneten Schaltung zwei gleiche Spannungen E_p im Phasenabstand $\pi/2$ über π elektrische Grade verteilt, liefern und heißt Vierphasen- oder Zweiphasenmaschine. Sind über 2π elektrische

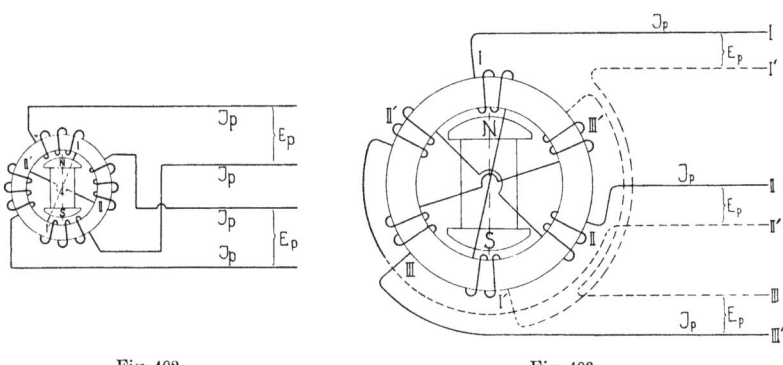

Fig. 402.   Fig. 403.

Grade 3 Spulengruppen verteilt, wie in Fig. 403, dann liefert die Maschine Dreiphasen- oder Drehstrom. Die Zahl der Stromabnahmestellen ist beim m-phasigen System entweder 2 m, wie in den Fig. 402 und 403 oder (m + 1) oder m. Im ersteren Falle heißt das System unverkettet, im letzteren verkettet. E_p sind die Phasen- oder Ringspannungen, J_p die Sternströme, wie früher erläutert.

C. F. Scott hat ein Verfahren angegeben, Zweiphasenstrom dadurch in Drehstrom umzuwandeln, daß man der einen Phase die Spannung E, der anderen die Spannung $1/2 E \sqrt{3}$ gibt und diese dann an die Mitte der ersten anschließt. Zwischen den drei freibleibenden Enden hat man dann drei um je 120° verschobene Spannungen von der Größe E. Auf ein ähnliches Auskunftsmittel greift Steinmetz zurück, um bei einem Wechselstromnetz die angeschlossenen Motoren als Mehrphasenmotoren anlaufen zu lassen. Das so gebildete System nennt er monozyklisch. Der monozyklische Generator G, Fig. 404, enthält in der Mitte zwischen den die Hauptwindungen N einschließenden

428   Schaltung und Regelung von Leitungen und Maschinen.

Ankernuten ein zweites System von Zahnlücken, in denen die Neben- oder Hilfswickelung untergebracht ist. Sie liefert nur ein Viertel der Hauptspannung und ist an die Mitte der Hauptspule angeschlossen. Durch Transformatoren $T_1 T_2$ wird dann unter Gegenschaltung der Sekundärspulen Drehstrom für den Motor M gewonnen.

Ein- oder mehrphasiger Wechselstrom kann auch von jeder Gleichstrommaschine entnommen werden. So kann jede 2 p-polige Gleichstrommaschine mit n Uml/Min bei Anordnung von zwei Schleifringen und Stromentnahme an zwei um 180 elektrische Grade auseinanderliegenden Punkten a und b, Fig. 405, einphasige Wechselstrom von $\sim = p \, n/60$ Per/Sek, bei Anordnung von drei Schleifringen und Stromentnahme an drei um je 120° elektrisch entfernten Punkten Drehstrom von der nämlichen Frequenz liefern. Eine solche Maschine heißt dann Doppelmaschine, wenn sie Gleichstrom (GS) und Wechselstrom (WS) liefert oder rotierender

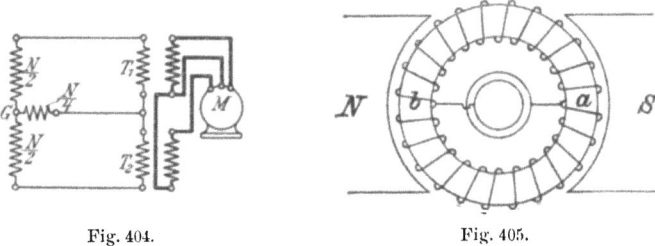

Fig. 404.   Fig. 405.

Einankerumformer, wenn sie von der Wechsel- oder Drehstromseite Energie als Motor aufnimmt, auf der Gleichstromseite Energie liefert.

Die Pole des Feldes werden heute stets durch Elektromagnete gebildet; nur bei den Leuchttürmen Frankreichs und Englands hat man noch immer die alten Meritens Maschinen mit permanenten Stahlmagneten in Verwendung. Als Material dient vornehmlich bei GS-Maschinen Stahlguß, für das die einzelnen Pole verbindende Joch auch Gußeisen. Bei Wechsel- und Mehrphasenstrommaschinen baut man das Magnetgestell zuweilen ganz in derselben Weise, zuweilen vollkommen aus dünnen Blechen auf. Die Pole werden häufig mit Polschuhen aus Stahl oder aus Blechen für alle drei Arten von Maschinen versehen und in den meisten Fällen erhält jeder einzelne Pol seine Erregerspule. Bei GS-Maschinen verwendet man zur Erregung der Pole den Ankerstrom oder einen Zweigstrom von den Bürsten; bei WS ordnet man in der Regel besondere Erregerdynamos an, obgleich man auch hier einen Teil des Ankerstromes durch Kommutierung zu einem zur Magneterregung verwendbaren, wenn auch wegen der geringen Kollektorlamellenzahl meist stark pulsierenden Gleichstrom umformen kann. Dies haben zuerst 1883 Chertemps und 1884 Zipernowsky, Déri und Bláthy getan.

1. Gleichstrommaschinen.

Die Leistung einer Gleichstrommaschine ist vornehmlich durch die Rücksicht auf funkenfreien Gang und Erwärmung der Wickelung begrenzt. Die Stromwendung wird erschwert durch die Ankerrückwirkung, die beim Generator die Feldstärke an den Eintrittsseiten oder anlaufenden Polkanten a und d, Fig. 406, schwächt, an den Austrittsseiten oder ablaufenden Polkanten b und c stärkt. Der Anker bildet nämlich selbst ein Feld nn' senkrecht zum Hauptfelde NS; beide

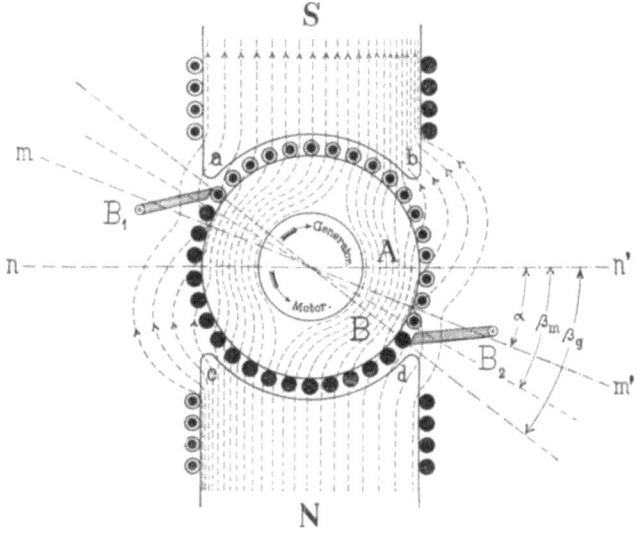

Fig 406.

zusammen ergeben ein resultierendes, um den Winkel α verschobenes Feld mm'. Fig. 406 stellt einen mit dem Uhrzeigersinn drehenden zweipoligen Anker dar, dessen Bürsten zur Erzielung funkenlosen Ganges, um den Winkel $\beta_g > \alpha$ verschoben sind. Da die Stromumkehrung auf dem Durchmesser $B_1 B_2$ stattfindet, so fließt ein nach unten gerichteter, durch volle Kreise angedeuteter Strom in allen Drähten unterhalb dieser Linie und ein nach oben gerichteter, durch Punkte angedeuteter Strom in allen Leitern auf ihrer oberen Seite. Nun kann man sich nach Esson die magnetisierende Wirkung der Ankerdrähte von zwei Gruppen von Spulen herrührend denken, den Gegenwindungen, von a bis c und b bis d, deren Kraftlinien denen des Feldmagneten genau entgegengesetzt gerichtet sind und das Feld schwächen, und den Querwindungen a bis b und c bis d, deren Kraftlinien senkrecht zu jenen des Feldes stehen und es verzerren, wie in Fig. 406 durch die Kraftlinien angedeutet ist. Die Stromwendung geschieht stets nahe den geschwächten Polecken und erfordert bei der Dynamomaschine eine Verschiebung der Bürsten im Sinne der Drehung um β_g, beim Motor eine Verschiebung gegen den Sinn der Drehung um den kleineren Winkel β_m[1]). Gelingt es, den Schwierigkeiten der Stromwendung durch die konstruktive Durchbildung und Bewickelung des Ankers, die Form und Sättigung der Polschuhe und die Wahl der Bürsten zu begegnen, so kann man von freier Kommutierung sprechen; muß man jedoch durch Verschiebung der Bürsten, durch besondere Hilfspole oder durch eine Kompensationswickelung funkenfreien Gang erzielen, so hat man eine erzwungene Kommutierung[2]). Bei den meisten Maschinen genügt eine geringe, zwischen Leerlauf und Vollbelastung unveränderliche Verschiebung der Bürsten aus der theoretischen neutralen Zone n n' zur Erzielung funkenfreien Ganges. Nur bei Maschinen mit besonders schweren Kommutierungsbedingungen, besonders bei Turbodynamos[3]) mit hohen Kollektorgeschwindigkeiten, ist dieses Mittel nicht mehr ausreichend.

Man versieht dann die Maschine nach den ihrer Zeit vorauseilenden Vorschlägen von Menges 1884 und Swinburne 1889 mit Hilfs- oder Wendepolen in der neutralen Zone, deren vom Hauptstrome durchflossene Wickelungen ein mit der Belastung wachsendes Kommutierungsfeld schaffen; oder man bringt auf den Feldmagneten nach Ryan, Fischer-Hinnen oder Déri eine räumlich um etwa 90 elektrische Grade gegen das Hauptfeld verschobene verteilte Kompensationswickelung, die vom Hauptstrome entgegengesetzt der Ankerwickelung durchflossen wird und deren Rückwirkung nahezu oder völlig aufhebt.

Entgegen diesen Mitteln zur Verminderung der Ankerrückwirkung bei unveränderlicher Umlaufszahl ist durch Rosenberg[4]) eine Anordnung zu so starker Erhöhung der Rückwirkung angegeben worden, daß seine Maschine bei stark veränderlicher Geschwindigkeit annähernd konstante Stromstärke ergibt. Diese Maschine ist vornehmlich zur Zugbeleuchtung mit Antrieb von der Wagenachse bestimmt.

Bei Gleichstrommaschinen unterscheidet man je nach der Anordnung des Erregerkreises der Magnete zum Ankerkreise drei Arten, von denen jedoch für die Zwecke der Beleuchtung fast nur noch die Nebenschluß- und die Compound- oder Verbunddynamo in Betracht kommen.

---

[1]) E. Arnold, Die Gleichstrommaschine.
[2]) Görges u. Kübler in Streckers Hilfsbuch f. d. Elektrot., 7. Aufl. 1907, p. 348.
[3]) F. Niethammer, Turbodynamos.
[4]) E. Rosenberg, ETZ 1905 S. 393, 637.

Charakteristische Kurven. 431

Bei der am häufigsten verwendeten und verwendbaren *Nebenschlußmaschine* ist die Bewickelung der Magnete, Fig. 407, von den Bürsten oder Klemmen des Ankers im Nebenschluß abgezweigt. Bei unveränderlicher Umlaufzahl hängt die im Anker D_2 induzierte EMK nur von der Stärke des Feldes, also auch des Stromes in der Nebenschlußwickelung ab. Ist der äußere Schließungskreis offen, dann stimmen Klemmenspannung e und EMK E praktisch überein; bei Belastung mit dem Strom J nimmt die Klemmenspannung wegen des Verlustes im Widerstand R_a des Ankers und R_b der Bürsten um $J(R_a + R_b)$ und wegen der Ankerrückwirkung noch um e_r ab.

Das Verhalten einer Dynamomaschine erkennt man am deutlichsten aus ihren charakteristischen Kurven. Stellt man die EMK für unbelasteten Gang als Funktion der Erregerstromstärke i im Nebenschluß dar, so erhält man die Leerlaufcharakteristik. Stellt man für unverändert

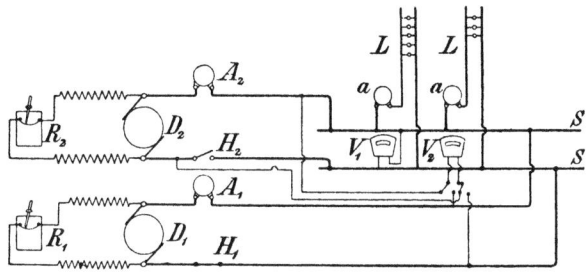

Fig. 407.

gehaltene Umlaufzahl und Belastung J den Zusammenhang zwischen Klemmenspannung und Erregerstrom vor, so ergibt sich die Belastungscharakteristik. Und drückt man schließlich für eine Maschine den Zusammenhang zwischen der Klemmenspannung und verschiedenen Belastungsströmen für konstant gehaltenen Erregerstrom durch eine Kurve aus, so ist dies die äußere Charakteristik.

Wird die Nebenschlußwickelung von Sammelschienen mit unveränderlicher Spannung gespeist, dann sei die Charakteristik dieser fremderregten Maschine für Nullast die Linie E_{a_0}, Fig. 408. Die Belastungscharakteristik E_k liegt um so tiefer, je größer der konstante Belastungsstrom J ist. Bei kurzgeschlossenen Bürsten muß durch die Amperewindungen $\overline{od}$ eine EMK $\overline{cd}$ im Anker induziert werden, die den Strom J durch den Ankerwiderstand R_a und den Widerstand R_b der Bürsten zu treiben vermag. Ist R_u der Übergangswiderstand jeder Bürstengruppe, und sind 2 a parallele Ankerzweige vorhanden, dann ist $R_b = R_u/2a$ und $\overline{cd} = \overline{ab} = J(R_a + R_b)$. Die Länge $\overline{cb} = \overline{ad}$ entspricht den zur Abgleichung der Armaturrückwirkung erforderlichen

Amperewindungen AW. Verschiebt man das Dreieck a b c parallel so mit sich selbst, daß der Punkt c auf der Leerlaufcharakteristik E_{a_0} bleibt, dann beschreibt der Punkt b die Kurve der EMK E_a und der Punkt a die Belastungscharakteristik für den unverändert gehaltenen Strom J.

Aus der Leerlaufcharakteristik kann man die äußere Charakteristik $E_k = f(J)$ für eine unveränderliche Fremderregung i_{n1} angenähert mit Hilfe des Dreiecks $P_4 P_3 P_2$ mit den Seiten $P_2 P_3 = J (R_a + R_b)$, $P_4 P_3 = A W_r$ finden, Fig. 409. Nimmt man an, daß die Armaturrückwirkung $A W_r$ im graden Verhältnisse mit dem Strome J sich ändert, was angenähert

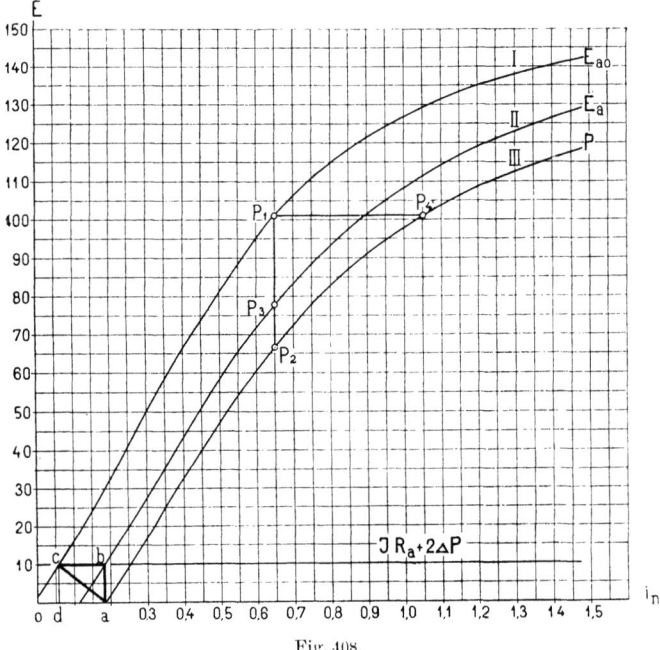

Fig. 408.

zutrifft, so bleibt für konstante Erregung $i_{n1} = O P$ und unveränderliche Umlaufzahl die Strecke $P_2 P_4$ stets parallel mit sich selbst und proportional dem Belastungsstrom. Verschiebt man also diese Gerade parallel mit sich selbst so, daß ihr einer Endpunkt P_4 auf der Leerlaufcharakteristik, ihr anderer auf $P P_1$ liegt, dann ist ihre Länge $P_2' P_4'$ proportional deren Belastung J_1', und die Klemmenspannungen sind für die Ströme $J_1 J_1'$ durch Projektion von $P P_2 = J_1 Q$ und $P P_2' = J_1' Q_1$ zu finden. Zieht man durch Q die Wagrechte $Q O'$ und durch O' die Parallele $O' Q'$ zur Widerstandslinie $J (R_a + R_b)$, dann erhält man auch die **innere Charakteristik** $E_a = f(J)$ für den betrachteten Erregerstrom. In Fig. 410 sind auch die Leistungshyperbeln $E_k J =$ konstant eingezeichnet. Betreibt man die Maschine selbsterregend, indem man die Nebenschlußwickelung von den Bürsten abzweigt, so ist der Spannungsabfall zwischen Leerlauf- und Belastungscharakteristik größer als bei

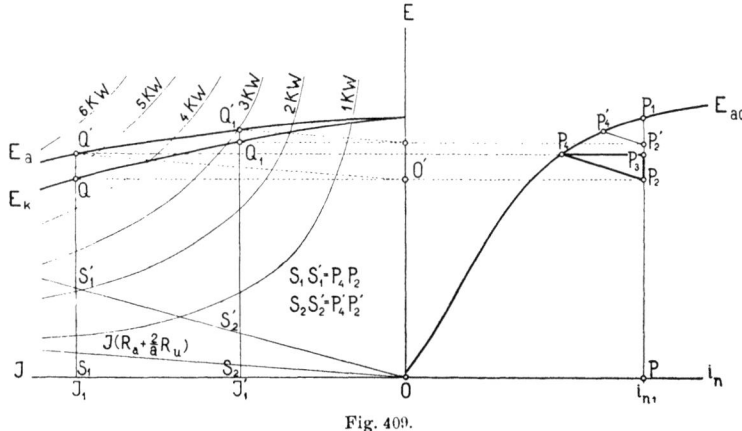

Fig. 409.

Fremderregung, weil der Erregerstrom mit sinkender Klemmenspannung auch abnimmt. In Fig. 410 stellt Linie I die äußere Charakteristik bei

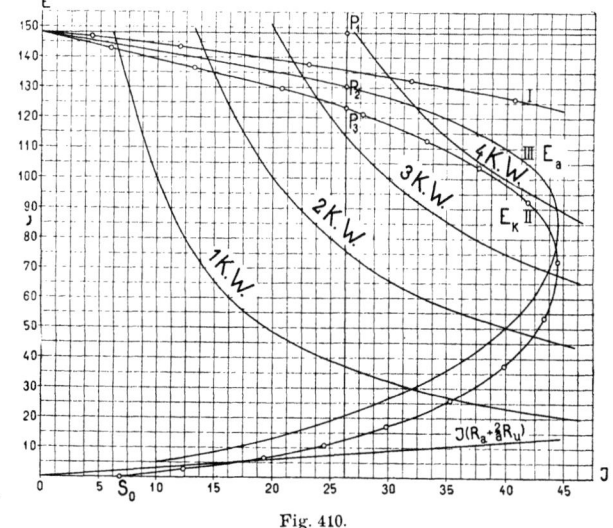

Fig. 410.

Fremderregung dar. Die äußere Charakteristik bei Selbsterregung E_k Kurve II fällt rascher ab und kehrt für die kritische Stromstärke um. Bei weiterer Verminderung des äußeren Widerstandes läuft die

434 Schaltung und Regelung von Leitungen und Maschinen.

Kurve II rückwärts und schneidet bei Kurzschluß die Abszissenachse im Punkte S_0, dessen Lage durch den remanenten Magnetismus bestimmt ist. Praktische Bedeutung hat nur der obere Teil der Kurve vor Erreichung des Wendepunktes. Aus der E_k-Linie kann durch Erhöhung der Ordinatenwerte um den Betrag des Spannungsverlustes $R_a + 2R_u/a$ in Anker und Bürsten die innere Charakteristik E_a gefunden werden. Die Nebenschlußmaschine wird bei Kurzschluß der Bürsten die Spannung Null und den Kurzschlußstrom OS_0 ergeben, weil der Nebenschluß dabei stromlos wird. Bei Leerlauf hat sie die höchste Spannung. Ist diese niedriger als die Spannung des Netzes, so läuft die Maschine als Motor unter Stromentnahme aus dem Netz.

Diese Eigenschaft der Nebenschlußmaschine, ohne Änderung der Schaltung und Bürstenverstellung als Motor zu laufen, sobald die Spannung an ihren Klemmen größer wird als ihre EMK, läßt sie vorzüglich zur Parallelschaltung mit anderen Nebenschlußmaschinen oder mit Akkumulatoren geeignet erscheinen.

Beim *Parallelschalten von Nebenschlußdynamos* werden die gleichnamigen Bürsten miteinander verbunden, nachdem zuvor die Maschinen möglichst genau auf gleiche Spannung eingestellt worden waren. Fig. 407 zeigt eine Schaltanlage mit einer an die Außenleitungen L L angeschlossenen Dynamo D_1 und einer neu einzuschaltenden D_2, die nach der Parallelschaltung gemeinsam auf die Sammelschienen S S und von da in das Netz L speisen sollen. Man erregt zunächst die zuzuschaltende Maschine D_2 entweder von den Sammelschienen S oder, wie gezeichnet, von ihren eigenen Klemmen aus, stellt ihre Spannung nach dem Voltmeter V_2 durch den Rheostaten R_2 etwas niedriger als jene von D_1 und schaltet dann durch Einlegen des Hebels H_2 zu. Die Maschine wird dann anfangs keinen Strom in das gemeinsame Netz liefern, vielleicht sogar Strom aus dem Netze aufnehmen. Durch allmähliche Nachstellung von R_2 erhöht man nun ihre Spannung so lange, bis die Amperemeter $A_1 A_2$ beider Maschinen gleich oder bei verschiedener Leistung der Größe der Dynamos entsprechend ausschlagen. Beim Ausschalten von D_2 beobachtet man das umgekehrte Verfahren. Man erregt also so, daß D_1 die ganze Belastung trägt, und schaltet dann D_2 durch den Ausschalter H_2 ab. Die Widerstände bis zu den Anschlußpunkten der Verbrauchsleitungen sollen annähernd gleich sein. Im gezeichneten Falle muß also bei gleicher Leistung entweder die Zuleitung von D_1 nach S S stärker oder die EMK von D_1 höher sein als jene von D_2. Der früher zuweilen verwandte Belastungswiderstand für die zuzuschaltende Maschine ist entbehrlich, sobald die einzelnen Maschinen von der gleichen Welle oder von gut regelnden Motoren angetrieben werden. Belastet man die Riemenscheibe oder Welle eines Nebenschlußmotors

Hauptschlußmaschine. 435

mechanisch, so zeigt sich, daß er bis auf wenige Prozent seine Umlaufzahl beibehält; sein Geschwindigkeitsabfall zwischen Leerlauf und voller Belastung beträgt nur etwa 6 bis 12%, so daß er zum Antriebe von Transmissionen und Werkzeugmaschinen gut verwendbar ist.

Bei der **Hauptschlußmaschine** oder Seriendynamo durchfließt der gleiche Strom der Reihe nach den Anker und die Bewickelung der Magnete, so daß die Klemmen der Maschine an einer Bürste und dem freien Ende der Magnetbewickelung liegen. Die erregende Kraft ist also proportional der Stromstärke, und die Beziehung zwischen Stromstärke im gesamten Schließungskreise und EMK des Ankers kann durch die Kurve O D E, Fig. 411, dargestellt werden. Die Klemmenspannung ist um den Spannungsverlust $\overline{OR}$ in der Armatur und den Magnetbewickelungen kleiner als die EMK. Sie ist also durch die Kurve O B e dargestellt und wächst stark mit wachsender Belastung. Die Hauptschlußmaschine ist also wenig geeignet für Parallelschaltungsanlagen, in denen

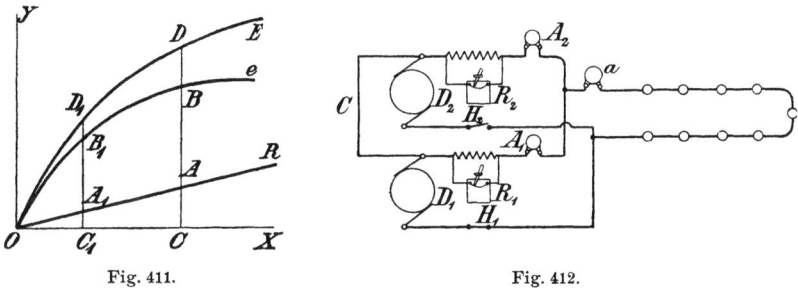

Fig. 411. Fig. 412.

die Spannung bei stark wechselndem Stromverbrauch unverändert bleiben soll. Sie kann nur da zur Verwendung gelangen, wo die Stromverbraucher in Reihe geschaltet sind und stets derselbe Strom herrscht.

Sendet man Strom in eine Hauptschlußmaschine, so läuft sie ohne Umschaltung und Verstellung der Bürsten als Motor in umgekehrter Richtung wie als Generator. Dabei wird sie, wenn auch der Betrieb als Motor nur kurz gedauert hat, umpolarisiert. Man versteht hierunter die elektrische Umkehrung der Magnetpole des Feldes, die bei Wiederherstellung der ursprünglichen Drehrichtung auch eine Umkehrung der Polarität der Klemmen zur Folge hat. Wenn Fig. 412 von zwei Reihenschlußmaschinen, die in Parallelschaltung arbeiten, die Maschine D_1 etwas höhere Spannung erhält, so wird sie Strom in umgekehrter Richtung durch die Feldmagnete und den Anker der Maschine D_2 senden und sie daher umpolarisieren. Wenn dann die Störung behoben ist, werden die Maschinen mit entgegengesetzten Polen unter starker Funkenbildung gegeneinander arbeiten. Beim Parallelschalten von Reihendynamos muß

28*

man deshalb nach Grammes Vorschlag die beiden mit der Hauptstromwickelung verbundenen Ankerklemmen unmittelbar miteinander durch eine reichlich bemessene Ausgleichsleitung C, Fig. 412, verbinden oder nach Gülcher den Ankerstrom der einen Maschine in Wechselspeisung mit den Magneten der anderen erregen lassen. Um bei gleich großen Maschinen stets gleiche Leistungen an den Amperemetern $A_1 A_2$ erzielen zu können, muß man Widerstände $R_1 R_2$ parallel zu den Hauptschlußbewickelungen der Magnete anordnen. Will man eine vorhandene Seriendynamo als Motor mit unveränderter Drehrichtung verwenden, so kreuzt man die Verbindungen der Bürstenkabel, so daß der Strom entweder den Anker oder das Feld in umgekehrter Richtung durchläuft. Der Serienmotor läuft mit großer Zugkraft an, verändert aber seine Umlaufzahl je nach der Belastung innerhalb weiter Grenzen. Bei Leerlauf und Anschluß an konstante Spannung erreicht der Motor

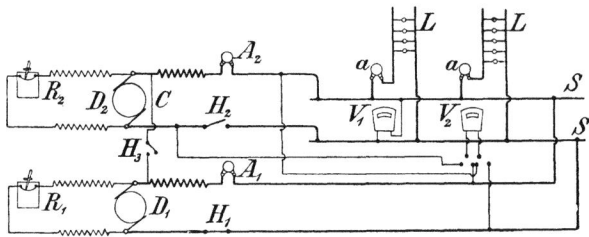

Fig. 413.

in den meisten Fällen eine unzulässig hohe Umlaufzahl, er „geht durch"; deshalb sind Hauptschlußmotoren nur da anwendbar, wo sie stets etwas belastet und starke Anzugsdrehmomente erforderlich sind, also bei Straßenbahnen, Aufzügen, Kranen.

Bei der *Compoundmaschine,* die zuweilen für kleinere Beleuchtungsanlagen und zum Betriebe von kleineren Straßenbahnnetzen Anwendung findet, besteht die Bewickelung, Fig. 413, aus einem in Serie zum Anker geschalteten Hauptschluß und einem parallel zum Anker (oder zu dem aus Anker und Hauptschluß gebildeten Kreise) abgezweigten Nebenschluß. Die Nebenschlußbewickelung allein würde mit steigender Belastung einen geringen Abfall der Klemmenspannung ergeben; die Hauptschlußbewickelung allein würde mit wachsender Belastung eine Erhöhung der Klemmenspannung bewirken. Wenn beide richtig gegeneinander abgeglichen sind, bleibt bei konstanter Umdrehungszahl die Klemmenspannung ohne jede Nachregelung fast unverändert. Überwiegt die Serienbewickelung, so steigt mit wachsender Belastung die Klemmenspannung, und die Dynamo heißt dann übercompoundiert; überwiegt die Nebenschlußbewickelung, so sinkt die Klemmenspannung bei

Compoundmaschine. 437

wachsender Belastung, und die Dynamo heißt untercompoundiert. Die Compoundmaschine ist gut zur Speisung von Anlagen verwendbar, in denen parallel geschaltete Abnehmer starken Wechsel in der Stromentnahme verursachen und konstante Spannung erheischen. Ihre geringere Verbreitung rührt daher, daß durch ihren Hauptschluß bei der Parallelschaltung Schwierigkeiten auftreten.

Bei der *Parallelschaltung von Compoundmaschinen* ist die Ausgleichsleitung C oder die Wechselspeisung erforderlich. Soll D_2 zugeschaltet werden, so schließt man, Fig. 413, zuerst den Schalter H_3 der Ausgleichsleitung und regelt dann durch Verstellung von R_2 den so erregten Nebenschluß so lange, bis die Spannung V_2 von D_2 höchstens gleich ist der Spannung V_1 von D_1; dann erst wird durch Schließung von H_2 die Parallelschaltung der Anker vorgenommen. Beim Abstellen öffnet man zuerst H_2, dann H_3 und dann durch Rückwärtsdrehen von R_2 den Nebenschluß, nachdem man zuvor durch entsprechende Regulierung mit R_1 und R_2 die auszuschaltende Maschine fast vollkommen entlastet hat. Der gemeinsame Betrieb mehrerer Maschinen auf ein gemeinsames Netz stellt erhöhte Bedingungen an die Regulierung der Antriebsmotoren und an die Aufmerksamkeit des Bedienungspersonals.

Will man Compoundmaschinen als Motoren verwenden, so wird bei der normalen Schaltung der Hauptschluß umgekehrt wie der Nebenschluß den Anker zu drehen streben. Es können daraus zuweilen Schwierigkeiten entstehen, und es ist ratsam, durch Kreuzen der Bürstenkabel den Hauptschluß umzuschalten, so daß er beim Betriebe der Maschine als Generator gegen den Nebenschluß arbeiten würde. Auch in dieser Form werden Compoundmotoren nur selten verwendet. Dagegen gebraucht man als Zusatzmaschinen zuweilen Doppelschlußdynamos, deren Haupt- und Nebenschlußwickelung gegeneinander wirken.

Trotz der bei parallel geschalteten Compoundmaschinen vorgesehenen Ausgleichsleitungen C kommen Umpolarisierungen vor, welche auf unrichtige Bemessung und Anordnung der Ausgleichsleitungen und Schaltanlagen zurückzuführen sind. Der Widerstand der beiden zugehörigen Hauptstromwickelungen, der Sammelschiene und der beiderseitigen Zuleitung muß unter allen Umständen größer sein als der Widerstand der Ausgleichsleitung. Diese soll mindestens so stark als die Maschinenleitung sein, besser 25 % größeren Querschnitt erhalten. Die Schließung des Schalters H_3 kann vergessen werden. Dieser Übelstand läßt sich durch die in Fig. 414 wiedergegebene Schaltung[1]) vermeiden. Die nicht an der Hauptstromwickelung liegende Bürste B_1 wird mit einem selbsttätigen Schwachstromausschalter verbunden, der bei

---

[1]) B. Jakobi, ETZ 1906, S. 335.

Unterbrechung der Ausgleichsleitung abschaltet. Von der mit der Serienwickelung verbundenen Bürste B_2 geht eine Leitung unmittelbar zu einem doppelpoligen Ausschalter A, so daß die Ausgleichsleitung zwangläufig mit der Maschinenleitung geöffnet und geschlossen wird. Die Verwendung einer besonderen Sammelschiene für die Ausgleichsleitung empfiehlt sich besonders dann, wenn eine bestehende Compoundmaschinenanlage durch eine Akkumulatorenbatterie erweitert und zu deren Ladung eine Nebenschlußdynamo aufgestellt werden soll. Für die Nebenschlußmaschine, in deren Verbindung mit der Ausgleichsleitung der Widerstand W eingeschaltet wird, ist ein doppelpoliger Umschalthebel mit einem blinden Kontakte vorgesehen.

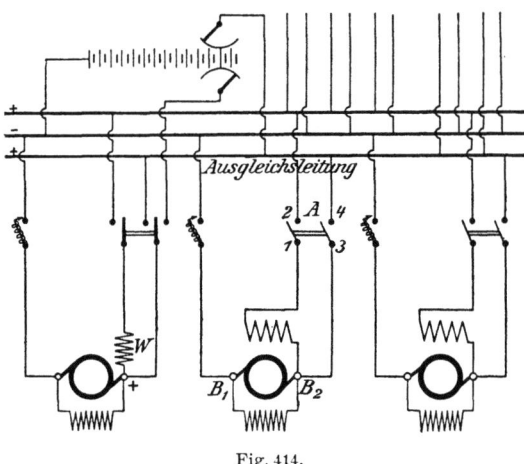

Fig. 414.

Doppelmaschinen und Spannungsteiler. Wegen der Schwierigkeiten in der Reserve und der Kosten suchte man nach Lösungen für Drei- oder Mehrleitersysteme für Gleichstrom ohne Serienschaltung von zwei oder mehreren Gruppen. Die einfachste dieser Lösungen ist die Verwendung nur einer Maschine oder eine Gruppe parallel geschalteter Maschinen für die Außenleiter des Dreileitersystems und die Spannungsteilung durch eine parallel geschaltete, in der Mitte mit Abzweigung zum Mittelleiter versehene Akkumulatorenbatterie mit Doppelzellenschalter.

Ein anderes Mittel besteht darin, daß nach E. Thomson der Mittelleiter statt an die Verbindungsstelle der zwei Hauptdynamos an die von zwei hintereinander geschalteten Ausgleichsdynamos angelegt wird. Diese bestehen aus zwei mechanisch gekuppelten Elektromotoren, deren Anker und Nebenschlüsse je in Serie geschaltet sind und von den Außenleitern Spannung erhalten. Man kann auch, Fig. 415, die Hilfsmaschine als Doppelmaschine ausführen, indem man auf einen gemeinsamen Anker-

Spannungsteiler. 439

kern zwei Bewickelungen mit zwei Kollektoren aufbringt und die in Serie geschalteten Bewickelungen sowie den gemeinsamen Nebenschluß S von den Außenleitern abzweigt. Solange die beiden Systemhälften gleich belastet sind, fließt durch den Anker nur so viel Strom, als zur Aufrechterhaltung der Drehung nötig ist. Werden die Belastungen ungleich, so wirkt der Anker der stärker belasteten Systemhälfte als Dynamo, der andere als Motor, wodurch eine genügende Ausgleichung hervorgebracht wird. Diese Ausgleichsmaschinen vereinfachen die Wartung und sind besonders bei Anlagen mit Akkumulatoren vielfach und in mancherlei Schaltungen in Verwendung.

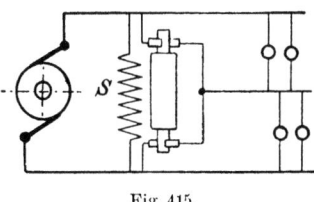

Fig. 415.

Eine weitere Lösung hat von Dolivo-Dobrowolsky angegeben. Bei seiner Dreileitermaschine, Fig. 416, werden zwei um 180 elektrische Grade auseinander liegende Punkte a b des als Grammering gezeichneten Ankers R an die Enden einer Drosselspule D angeschlossen, und der Mittelleiter N wird von der Mitte O dieser Spule abgeführt. Dreht sich die Drosselspule mit dem Anker, so ist ein Schleifring für den Anschluß des Mittelleiters nötig. Ist sie außerhalb des Ankers und ruhend angeordnet, so sind zwei Schleifringe a b erforderlich, von denen aus der die Spule D durchfließende Wechselstrom abgeleitet wird. Bei gleicher Belastung durchfließt die Spule nur schwacher Wechselstrom; bei ungleicher Belastung überlagert sich

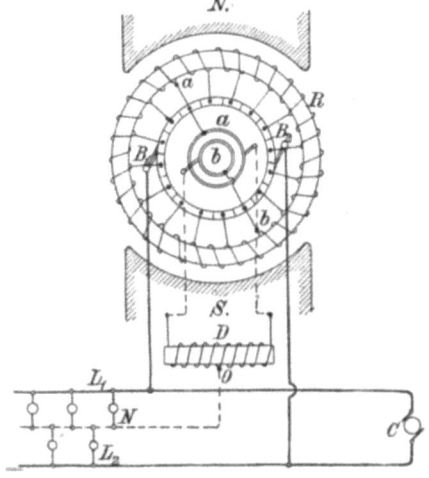

Fig. 416.

ihm in der einen Hälfte Gleichstrom, der der einen Ankerhälfte zufließt. In ähnlicher Weise läßt sich ein rotierender Einankerumformer als Gleichstromdrehstromgenerator ausbilden, indem man nach Kandó den Mittelleiter vom neutralen Punkte der Drehstromapparate abzweigt.

Wenn Maschinen mit Spannungsteiler compoundiert[1]) werden sollen, kann man entweder die Hauptstromwickelung in zwei Teile zerlegen,

---

[1]) E. Rosenberg. Z. für Elektrot. Wien 1904, S. 269.

440   Schaltung und Regelung von Leitungen und Maschinen.

deren jeder in einem Außenleiter liegt, oder die Ausgleichung durch eine zweite, in den Mittelleiter eingelegte Hauptstromwickelung bewirken, die bei halber Windungszahl gleichsinnig mit der Hauptstromwickelung magnetisiert.

2. Ein- und mehrphasige Wechselstrommaschinen.

Man unterscheidet zwischen synchronen Maschinen, deren Feld durch Gleichstrom erregt wird, und asynchronen, deren Feld als Drehfeld ausgebildet und durch Wechselströme erregt wird. Diese besonders von Leblanc vorgeschlagenen asynchronen Maschinen böten beim Parallelbetrieb wichtige Vorteile, weil sie, wie der Name andeutet, frei vom Synchronzwange sind, allein sie haben wegen anderer Gründe bisher wenig praktische Bedeutung erlangt. Wenn daher von Wechselstrommaschinen kurzweg gesprochen wird, sind stets synchrone gemeint.

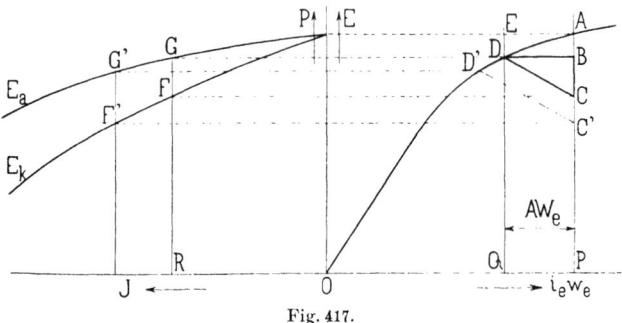

Fig. 417.

Die Leistung einer Wechselstrommaschine ist außer durch die Erwärmung vor allem durch den Spannungsabfall begrenzt. Dieser ist von der Phasenverschiebung zwischen Strom und Klemmenspannung abhängig.

Geht man von der normalen Klemmenspannung bei Leerlauf, unveränderlicher Umlaufszahl und Erregung aus, so sinkt die Klemmenspannung mit zunehmender Belastung auf e' und der prozentische Spannungsabfall wird $\varepsilon = 100\,(e - e')/e = 100\,\varDelta'/e$. Regelt man dagegen auf normale Klemmenspannung bei Belastung ein und entlastet, so steigt die Klemmenspannung bei Leerlauf auf e'' und die Spannungserhöhung ist $\varepsilon'' = 100\,(e'' - e)/e = 100\,\varDelta''/e$. Wegen der höheren Sättigung des Magnetgestells kann die Spannungsänderung $\varDelta''$ bedeutend kleiner als der Spannungsabfall $\varDelta'$ sein. Die Klemmenspannung für verschiedene Belastungen J kann ganz ähnlich wie bei der fremderregten Gleichstrommaschine bestimmt werden. O A, Fig. 417, sei die Leerlaufcharakteristik der Maschine, $i_e\,w_e$ seien die unverändert gehaltenen

Spannungsabfall bei Wechselstrommaschinen. 441

Erregeramperewindungen; dann ist die Klemmenspannung für Leerlauf
$e = \overline{PA} = \overline{QP}$. Zieht man hiervon die den Gegenamperewindungen
$AW_e = \overline{BD}$ entsprechende Spannung $E_s = \overline{AB}$ und die Spannungsänderung $\overline{BC} = J \cdot r_a \cos\varphi + x \sin\varphi$ ab, worin x die Reaktanz des
Streuflusses bezeichnet, so erhält man als Klemmenspannung für den
betrachteten Strom $e' = \overline{PC} = \overline{RF}$ und damit den Punkt F der
äußeren Charakteristik. Unter der annähernd zutreffenden Annahme,
daß für andere Belastungen die entmagnetisierenden Amperewindungen
$\overline{BD}$ und der Abfall $\overline{BC}$ sich proportional dem Strome ändern, erhält man
durch Parallelverschiebung von $\overline{DC}$ und Pro-
jektion die Kurve der Klemmenspannung E_k und
der EMK E_a abhängig vom Belastungsstrom bei
konstanter Phasenverschiebung. Der Spannungs-
abfall $\Delta' = \overline{AC}$; die Spannungserhöhung Δ''
würde kleiner ausfallen, weil man, von A aus
nach rechts um $AW_e = \overline{BD}$ weitergehend, einen
kleineren Wert von E_s erhielte. Für die meisten
Untersuchungen ist es genügend, als synchrone
Reaktanz x_a die Summe der Wirkungen der
quer- und entmagnetisierenden Windungen des
stromdurchflossenen Ankers und seiner durch
Streufelder hervorgerufenen Selbstinduktion einzuführen.

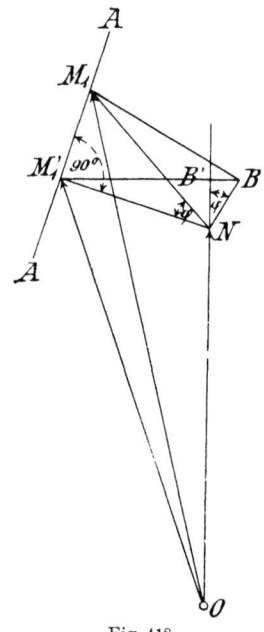

Fig. 418.

Wenn eine Maschine mit der EMK $E = \overline{OM_1}$, Fig. 418, an die Sammelschienen eines
Netzes einen Strom J in der Richtung $\overline{BN}$ mit
der Phasenverschiebung φ gegen die Netzspannung
$e = \overline{ON}$ entsendet, so entspricht $\overline{M_1 N}$ nach
Phase und Größe dem Spannungsabfall in der
Maschine. Dieser besteht zum kleineren Teile
aus dem Ohmschen Verlust $\overline{NB} = J \cdot r_a$ in den
Widerständen der Ankerwickelung, zum über-
wiegenden Teile aus dem induktiven Abfall $\overline{BM_1} = J x_a$. Da $\overline{NB}$ mit
dem Strome im geraden Verhältnisse wächst, so muß die Leistung
$\overline{ON} \times \overline{NB} \cos\varphi = \overline{ON} \cdot \overline{NB'}$ sein. Ist die Belastung induktionsfrei
und die Phasenverschiebung zwischen Strom und Netzspannung $\varphi = 0$,
so stellt $\overline{NB'}$ den Ohmschen, $\overline{B'M_1'}$ den induktiven und $\overline{M_1'N}$ den
gesamten Abfall für die gleiche Leistung der Maschine auf das Netz dar,
und die Linie $\overline{AA}$ ist somit der geometrische Ort für alle Punkte M_1,
die derselben Leistung der Maschine bei verschiedenen Leistungsfaktoren
$\cos\varphi$ zugehören. Diese Leistungslinie steht senkrecht auf der Linie
$\overline{M_1'N}$ des Gesamtabfalls bei induktionsfreier Belastung. Man erkennt

daraus, daß die EMK der Dynamo bei wachsender Verzögerung des Stromes für gleiche Netzspannung größer als bei unverschobenem Strom wird. Der Spannungsabfall $\overline{M_1'N}$ ist bei $\varphi = 0$ am kleinsten, wächst bei zunehmender Verzögerung des Stromes im positiven Sinne, bei wachsender Voreilung des Stromes im negativen Sinne, so daß bei Kondensatorlast $\overline{OM_1} < \overline{ON}$ werden kann.

Fremde Erregung der synchronen Maschinen. Die Magnete müssen von einer besonderen Gleichstromquelle her erregt werden, wenn nicht Selbsterregung durch einen besonderen Stromwender vorgesehen wird. Dies ist selten ausgeführt worden. Die Erregermaschine kann mit der Hauptmaschine unmittelbar gekuppelt werden, fällt aber dann bei langsam laufenden, großen Maschinen teuer aus, oder sie kann besonderen Antrieb erhalten und kann als Zentralerregung für mehrere Wechselstrommaschinen dienen. Die Vor- und Nachteile der direkt und gesondert betriebenen Erreger sollen später besprochen werden. Da sie nur den Abfall der Spannung von etwa 15 % bei cos $\varphi = 0{,}7$ oder 5 % bei cos $\varphi = 1$ für unveränderliche Umlaufzahl und die Wirkung der Verringerung der Geschwindigkeit um etwa 4 % zwischen Leer- und Vollast bei Dampfmaschinen auszugleichen hat und dabei auf den unveränderlichen Widerstand der Magnete geschaltet ist, muß sowohl ihre Spannung als ihre Stromstärke verändert werden. Ihre Leistung beträgt je nach Größe der Wechselstrommaschinen 3—6 % von deren Leistung, bei größeren Maschinen weniger, bei kleineren mehr. Die Schaltung der gesonderten Erreger ist meist die der Nebenschluß-, seltener der Reihenschlußmaschine. Da die Beeinflussung des Nebenschlusses allein leicht zu grobe Regelstufen ergibt, werden zwei Regelwiderstände verwendet, einer im Nebenschluß, der andere im Hauptstromkreis der Erreger. Auch ist die Fremderregung des Nebenschlusses der Erregermaschinen für stark schwankende Betriebe mit Erfolg benutzt worden.

Die *Selbsterregung und Compoundierung* der Wechselstrommaschinen ist schwieriger als bei Gleichstrom, weil hier nicht nur der ohmsche Abfall, sondern vor allem die mit dem Leistungsfaktor stark veränderliche Armaturrückwirkung aufgehoben werden muß. Bei plötzlichen Belastungsänderungen können diese zwei Komponenten der Spannungsänderung annähernd aufgehoben werden, die durch die Geschwindigkeitsänderung hervorgerufene Spannungsänderung jedoch nicht. Da unmittelbare Einwirkung auf die Erregung nicht möglich ist, hat man zwei wesentlich verschiedene Arten der Compoundierung; die Anordnung eines Compoundtransformators in Verbindung mit einer Gleichrichtung des Wechselstromes, oder die passend ausgenutzte Rückwirkung des Ankerstromes der Wechselstrommaschine dem Anker einer synchron mit ihr umlaufenden Erregerdynamo an Schleifringen zugeführt wird.

Compoundierung von W. S. Maschinen. 443

Die ersten Gleichrichter zur Selbsterregung von Wechselstrommaschinen wurden industriell 1883 von Chertemps mit einem in seinen beiden Teilen um den Kurzschlußwinkel verdrehten Kommutator gebaut. 1884 benutzten Zipernowsky, Déri und Bláthy dafür einstellbare Kurzschlußbürsten zur Dämpfung der starken Schwankungen des Erregerstromes und einen Compoundierungstransformator, dessen eine Spule in den Hauptstromkreis geschaltet war. Die zweite Spule war ursprünglich in Reihe zu einer einzigen Ankerspule geschaltet, deren Strom bei 2 p-Polen durch einen 2 p poligen Stromwender gleichgerichtet und zur Erregung verwendet wurde. Später wurde die Erregung durch einen Nebenschluß zum Hauptstrom entnommen und gleichgerichtet. Weiter ist der gleiche Grundgedanke neuerdings durch Heyland ausgebildet worden. Fig. 419 zeigt[1]) zwei Transformatoren. Der Hauptschluß- oder Compoundtransformator C T ist in Reihe mit den drei Zweigen des Drehstromgenerators G geschaltet, der Nebenschluß- oder Erregertransformator E T ist parallel von ihnen abgezweigt. Die sekundären Spulen beider Transformatoren sind unter Zwischenschaltung eines Regelwiderstandes R W für den im Dreieck geschalteten Erregertransformator an gemeinsame, besonders ausgebildete Bürsten angeschlossen.

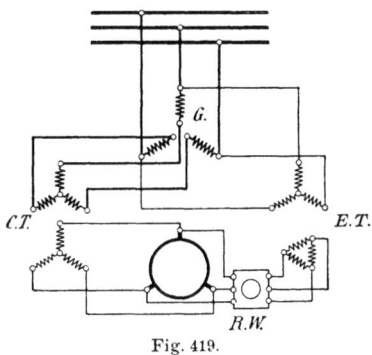

Fig. 419.

Der Kreis soll den Stromwender des Generators darstellen. Statt des Erregertransformators kann man auch nach Boucherot eine Hilfswickelung oder allgemein die Fremderregung anwenden.

Die Lösung von E. F. Alexanderson[2]), welche die General Electric Co. heute baut, ist eine Wiederbelebung der ursprünglichen von Zipernowsky, Déri und Bláthy angegebenen. Einem Stromwender mit ebensovielen Teilstreifen als Pole wird der Drehstrom einer Hilfswickelung des Ankers durch drei um 120° gegeneinander versetzte Brücken zugeführt; diese Hilfswickelung ist in den Ankernuten untergebracht und um 90 elektrische Grade gegen die Hauptwickelung verschoben. Zwischen ihren Phasen und ihrem Verkettungspunkt liegt ein dreiphasiger unveränderlicher Feldwiderstand, Fig. 420, an welchen auch die sekundären Spulen eines Compoundierungstransformators angeschlossen sind. Die

---

[1]) Strecker, Hilfsbuch für die Elektrotechnik, 7. Aufl. 1907, S. 394.
[2]) E. F. Alexanderson, Proc. Am. Inst. El. Eng. 1906, 25, S. 29 u. 145. ETZ 1906, S. 450.

primären Spulen werden in Reihe vom Hauptstrome durchflossen. Bei Leerlauf liefert nun die Hilfswickelung die Erregung für die Feldwickelung; bei Belastung wird der Spannungsabfall im Feldwiderstand durch die vom Reihenschlußtransformator gelieferte Spannung aufgehoben. Da diese unter 90^0 gegen die Spannung der Hilfswickelung verschoben ist, setzen sich die Wirkungen bei rein induktiver Belastung algebraisch, bei teilweise induktiver geometrisch zusammen. Die stärkste Erregung tritt also, wie erforderlich, bei stärkstem Abfall auf.

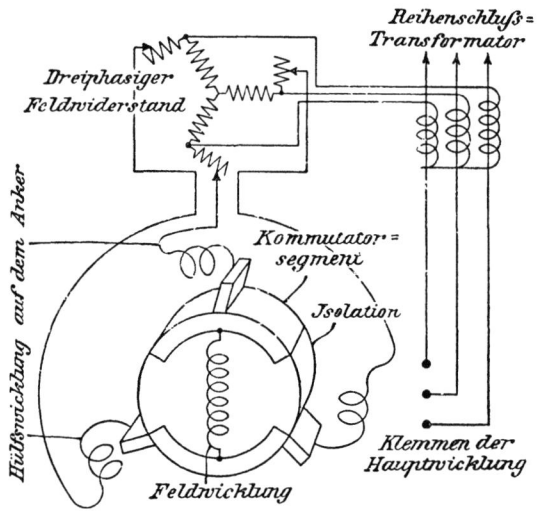

Fig. 420.

Eine große Anzahl von Lösungen sind für die Anwendung von gekuppelten Umformern gegeben worden. Hutin und Leblanc vereinigen den Compoundtransformator und Umformer in einer Maschine.

Leblanc setzt, Fig. 421, auf dieselbe Achse O O zwei Ringe A und B, von denen jeder eine der Phasenzahl des Generators entsprechende Bewickelung S_1, S_2 trägt, während beide gemeinsam von einer an den Kollektor C angeschlossenen Gleichstrombewickelung Σ umschlungen werden. Die Bewickelungen S_1 sind in Reihe mit den entsprechenden Armaturkreisen des Generators geschaltet und versorgen die Compoundierung, die Bewickelungen S_2 sind für die Erregung parallel zu diesen Gruppen angeordnet, wie Fig. 421 u. 422 für einen Drehstromgenerator darstellen. Von den ringförmigen Feldern D und E ist das eine schwach, das andere stark gesättigt. Beide besitzen noch eine Kurzschlußwickelung e e, die den synchronen Gang gewährleistet. Die von den Ringen A und B entwickelten Felder drehen sich mit dem

Wechselstrom des Generators synchron und entgegengesetzt den Ringen A und B. Die Gleichstromwickelung Σ erzeugt also an den Bürsten des Sammlers oder Kollektors C eine gleichgerichtete EMK, deren Größe nur von den Drehfeldern A und B und der Bürstenstellung abhängt.

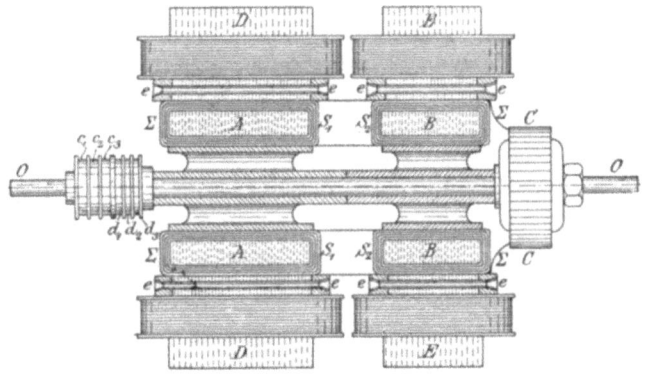

Fig. 421.

Das Feld A compoundiert vornehmlich die Wattkomponente, während Feld B die wattlose Komponente. Der Erreger muß synchron mit dem Generator laufen und wird also nur für kleine, rasch laufende Typen unmittelbar gekuppelt, sonst gesondert angetrieben. Die Ringe D und E werden vom Gleichstrom des Kollektors erregt.

Die Ausnützung der Ankerrückwirkung zur Beeinflussung der synchron angetriebenen Erregerdynamo ist 1896 von Blondel auf dem Genfer Kongreß vorgeschlagen worden. Dieser Gedanke liegt der Maschine von E. Danielson[1]) zugrunde. Bei ihr wird der Anker der Erregermaschine neben der Gleichstromwickelung A, Fig. 423, noch mit einer Wechselstromwickelung B versehen, welche vom Hauptstrom der Ankerwickelung C des Dreiphasenerzeugers direkt oder unter Zwischenfügung von Transformatoren in solchem Sinn durchlaufen wird, daß sie die Ankerrückwirkung kompensiert. Die einfachste Lösung ergibt sich, wenn Dreh- und Gleichstromanker auf der gleichen Welle angebracht sind. Ersterer erhält dann Schleifringe E, vom Kommutator D der Erreger wird der Strom der Bewickelung F der Feldmagnete zugeführt.

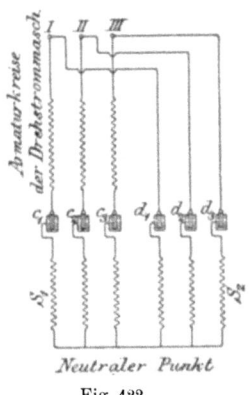

Fig. 422.

---

[1]) ETZ 1899, S. 38.

Heyland verkettet bei normaler Wechselstrommaschine mit auf derselben Achse gekuppeltem Erreger die Felder der beiden Maschinen durch ein Streufeld derart, daß bei steigender Ankerrückwirkung jener, das Feld dieser steigt. Durch unsymmetrische Ausbildung abwechselnder Pole wird von der Ankerrückwirkung der Hauptmaschine in der Achsenrichtung ein Streufeld erzeugt, welches bei passender Abgleichung das Feld der Erregermaschine im graden Verhältnis zur Ankerrückwirkung des Belastungsstromes beeinflußt.

Bei aller Findigkeit der verschiedenen Lösungen ist die Theorie und Durchführung der Compoundierung etwas schwierig. Vorläufig werden meist Maschinen mit möglichst geringem Abfall angewendet, die leicht von Hand mit Widerständen im Erregerkreis nachzuregeln sind.

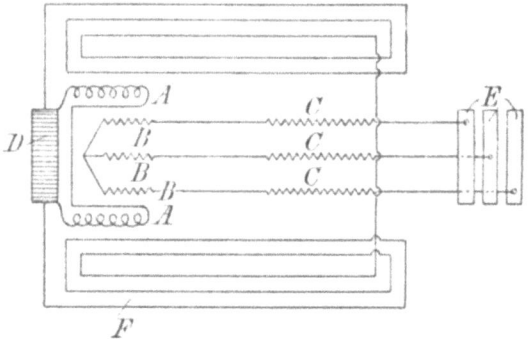

Fig. 423.

Der *Parallelbetrieb von Wechselstrommaschinen* ist bereits 1868 durch Wilde für magnet-elektrische, mechanisch gekuppelte Dynamos versucht worden; 1884 hat Hopkinson die theoretischen Grundlagen geliefert und durch einen Versuch bestätigt, aber erst 1886 sind zwei von derselben Welle betriebene, von Zipernowsky, Déri und Bláthy angebene Wechselstrommaschinen in Treviso durch Herzog parallel geschaltet worden. 1888 hat Bláthy in Rom zwei mit Dampfmaschinen gekuppelte Wechselstrommaschinen in Parallelbetrieb gesetzt und darin erhalten. Trotzdem begann erst einige Jahre nachher der Zweifel an der Ausführbarkeit der Parallelschaltung von getrennten Dampfdynamos langsam zu weichen. Die Aufgabe ist mehr und mehr eine solche des Antriebes geworden. Die Durchführung der Parallelschaltung von Einphasenmaschinen ist zwar ebenso einfach wie die von Gleichstrommaschinen; doch ist die Zahl der Bedingungen, die bei jenen zu erfüllen sind, größer.

Damit die zum Netze oder zu einer laufenden Maschine hinzuzuschaltende Wechselstrommaschine keine Schwankung verursache, müssen

Parallelschaltung von W. S. Maschinen. 447

ihre Perioden, ihre Phasen und ihre Spannung mit denen der Netzmaschine übereinstimmen. Die Gleichheit der Perioden und die Übereinstimmung der Phasen sind erforderlich, damit die neue Maschine in Tritt gelangen kann. Die Spannungsgleichheit ist nötig, damit nach dem Einschalten kein hoher wattloser Ausgleichstrom zwischen den Maschinen fließt. Man könnte auch Maschinen mit sehr verschiedener Spannung parallel schalten, erhielte aber dann für die Parallelgruppe eine zwischenliegende Spannung, was unzulässig ist. Bei Mehrphasenmaschinen tritt zu den obigen Forderungen noch die vierte,

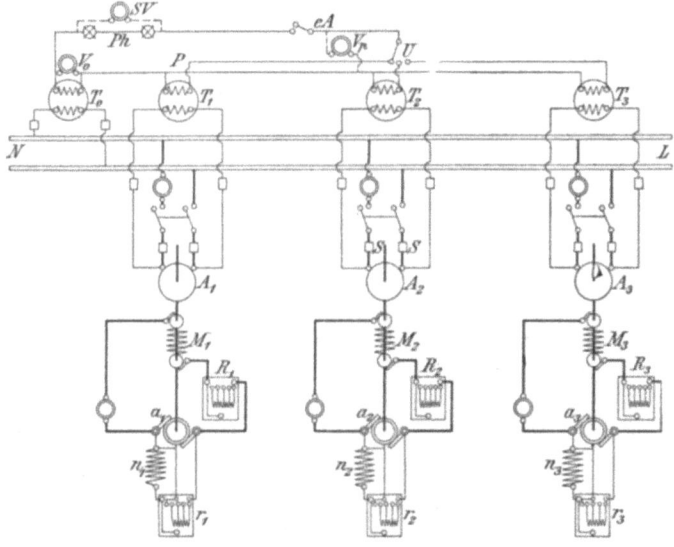

Fig. 424.

daß die zeitliche Aufeinanderfolge der einzelnen Phasen für die anzuschließende und die Netzmaschine übereinstimmen müssen.

Die Anordnungen für den Parallelbetrieb bei Dampfzentralen sind im allgemeinen folgende: Jede Wechselstrommaschine mit ihrer gekuppelten oder besonders betriebenen Erregerdynamo wird von einer besonderen Dampfmaschine angetrieben.

Bei Zentralerregung werden alle Magnetwickelungen M der Wechselstrommaschinen A parallel von den Sammelschienen der Gleichstrommaschine a erregt. Zur Regelung dienen Widerstände R. Bei Einzelerregung, Fig. 424, wird das Magnetfeld M jeder WS-Dynamo von der gekuppelten Gleichstrommaschine a erregt, deren Spannung durch den Widerstand r im Nebenschluß n verändert werden kann. Außerdem soll jede Dampfmaschine während des Ganges durch Drosselventil oder Ver-

448 Schaltung und Regelung von Leitungen und Maschinen.

stellung des Regulators regelbar sein. Soll zu der auf das Netz arbeitenden Dampfdynamo A_1 die gleich große A_2 parallel geschaltet werden, dann läßt man A_2 anlaufen, erregt durch Verstellung von r_2 und R_2 auf normale Spannung, beobachtet am Umlaufszähler oder Frequenzmesser die Perioden-, am Phasenzeiger Ph die Phasen-, am Spannungszeiger V die Spannungsgleichheit und schaltet bei Erfüllung aller Forderungen zweipolig parallel. Die Regulierung in bezug auf die Belastung oder die Stromstärke jeder Maschine erfolgt zum größten Teile durch Einwirkung auf die Dampfeinströmung der Maschinen.

Man führt anfangs der Dampfmaschine von A_2 nur soviel Dampf zu, als sie zum erregten Leerlauf braucht, schaltet dann parallel und erhöht nun die Dampfzufuhr unter geringer Nachreglung der Erregerspannung, bis beide Maschinen gleich belastet sind. Der zwischen beiden elektrischen Maschinen fließende Ausgleichs- oder Synchronisierstrom hält sie im Tritt.

Bei Abstellung einer Wechselstromdynamo soll die Belastung nicht plötzlich abgenommen werden; man muß vielmehr die Dampfeinströmung so vermindern, daß die Leistung der Wechselstrommaschine auf Null geht. Dann darf nur bei stillstehenden Zeigern der Amperemeter ausgeschaltet werden, es kann sich sonst ereignen, daß die Drosselung zu weit getrieben war, und die auszuschaltende Wechselstromdynamo als synchroner Motor lief.

Der meist verwendete Phasenindikator besteht bei hochgespannten WSt-Maschinen aus kleinen Transformatoren, in Fig. 425, deren Primärspulen vom Netze N und von den parallel zu schaltenden Maschinen A_1 und A_2 abgezweigt sind. Die Sekundärspulen der beiden Transformatoren T_0 und T_1 sind dann hintereinander oder gegeneinander geschaltet und durch zwei in Serie geschaltete Glühlampen Ph geschlossen. So lange die beiden Maschinen nicht genau perioden- und phasengleich sind, werden Schwebungen des Lichtes dieser Glühlampen auftreten, die um so langsamer erfolgen, je näher Phasengleichheit erreicht ist. Ist dies der Fall, so bleiben beide Lampen hell, wenn die beiden Phasentransformatoren sekundär hintereinander geschaltet waren. Bei Gegenschaltung deutet Dunkelheit der Lampen den Synchronismus an. In diesem Falle heben sich die phasengleichen und gleichgroßen Spannungen gerade auf, im anderen Falle addieren sie sich. Dieser Phasenzeiger läßt zuweilen den Eintritt des Lichtmaximums oder völliger

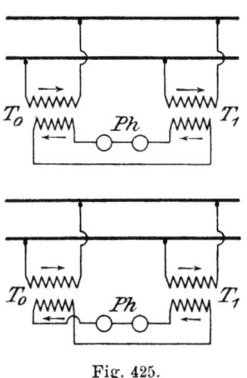

Fig. 425.

Phasenvergleichung. 449

Dunkelheit nur schwer erkennen. Man ersetzt deshalb vielfach eine der Phasenlampen durch einen Spannungszeiger oder verwendet außer den Phasenlampen noch ein Summenvoltmeter SV, das in der Schaltung nach Fig. 424 bei Synchronismus die Summe der Spannungen des Netzes und der zuzuschaltenden Maschine angibt. Der Umschalter U dient zur Phasenvergleichung für alle Maschinen, das Voltmeter V_p zur Spannungsmessung vor der Zuschaltung, der Ausschalter e A zur Abstellung der Phasenlampen nach geschehener Parallelschaltung. Diese läßt sich natürlich am leichtesten ausführen, wenn die Phasengleichheit länger andauert. Das richtige Erfassen des Zeitpunktes, an welchem die parallel zu schaltenden Maschinen vorübergehend genau in Phase waren, erfordert einige Übung und ist bei kleinen Schwungmassen und nicht genau übereinstimmenden Regulatoren zuweilen umständlich. Um das Intrittfallen zu beschleunigen, hat man bei einigen Anlagen sogenannte **Synchronisatoren** angewendet. Dies waren zwei größere Transformatoren in derselben Schaltung wie die Phasentransformatoren, deren Sekundärspulen auf einen allmählich zu verstellenden Widerstand schlossen. Sie sollten die einspringende Maschine gewissermaßen in den Gleichschritt reißen. Kapp hat für Bristol zum gleichen Zwecke zwei in Reihe geschaltete Drosselspulen verwendet.

Die Phasenlampen oder das Phasenvoltmeter lassen im unklaren, welche Maschine voreilt. Dies kann man an stroboskopischen Erscheinungen erkennen. Man beleuchtet ein von der laufenden Wechselstrommaschine A_1 synchron angetriebenes Rädchen durch das Licht einer von der zweiten Maschine A_2 gespeisten Bogenlampe. Das Rädchen läuft dann scheinbar vorwärts, rückwärts oder gar nicht, je nachdem A_2 nacheilt, voreilt oder synchron ist.

Wenn zwei **Dreiphasengeneratoren** parallel geschaltet werden sollen, müssen die drei Ringspannungen

$$a_1\,b_1 \cong a_2\,b_2 \qquad a_1\,c_1 \cong a_2\,c_2 \qquad b_1\,c_1 \cong b_2\,c_2$$

phasengleich, periodengleich und gleich groß sein, was durch das Zeichen der Kongruenz angedeutet sein soll. Schaltet man drei Glühlampen zwischen die drei entsprechenden Punkte a_1-a_2, b_1-b_2, c_1-c_2, so erlöschen alle drei Lampen bei Phasengleichheit und Gleichheit der Spannungen; so lange die Phasen sich noch nicht decken, werden alle Lampen des Phasenindikators gleichzeitig hell oder gleichzeitig dunkel. Dann sind gleichnamige Klemmen verbunden, und die **Reihenfolge der Phasen ist in beiden Maschinen die nämliche**; diese Klemmen müssen auch beim Parallelbetrieb durch dreipolige Schalter verbunden werden. Man schaltet parallel in dem Augenblick, wo die Lampen dunkel sind. Da bei fest verbundenen und aufgestellten Maschinen die Reihenfolge der Phasen nur einmal festgestellt zu werden braucht, sucht man gleichnamige Pole oder Klemmen auf die vorbeschriebene Weise bei der Montage auf und verwendet dann als Phasenzeiger häufig nur eine Lampe für eine der Phasen. Die Lampen müssen die doppelte Sternspannung noch aushalten können.

Um zu erkennen, welche Maschine schneller läuft, ordnet Michalke zwei Lampen zwischen b_1 und c_2 und zwischen c_1 und b_2 an; die dritte Lampe bleibt zwischen a_1 a_2. Fig. 426 zeigt die Verbindungen für den Anschluß an Spannungstransformatoren. Beim Parallelschalten von Maschinen und Netz tritt an Stelle des Umschalters links der dreipolige Ausschalter. Das Voltmeter links dient als Phasen-, das rechts als Spannungsvergleicher. Bei dieser Schaltung werden die Lampen nacheinander dunkel. Läuft die zuzuschaltende Maschine zu langsam, so leuchten die Lampen in derselben Reihenfolge auf, in der die entsprechenden Phasen der zuzuschaltenden Maschine einander folgen. Bringt man die Lampen zyklisch in einem mit matter Tafel abgeschlossenen Gehäuse unter, so dreht sich der Lichtschein nach rechts oder links.

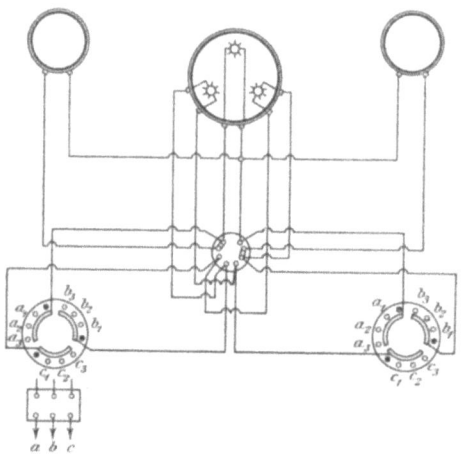

Fig. 426.

Mechanische Analogie zur Parallelschaltung von W-Maschinen. Die Vorgänge beim Parallelschalten lassen sich nach Mordey durch ein Bild zur rohen Anschauung bringen. Man stelle sich zwei Dampfmaschinen vor, welche mittels Zahnrädern eine gemeinsame Welle antreiben. Die Welle veranschauliche den Stromkreis, welchem Energie zugeführt werden soll; die Zähne der Räder entsprächen den aufeinander folgenden Stromwellen. Das Intrittfallen wird verständlich, wenn man sich eine der beiden Maschinen im Gange und die Welle mitnehmend denkt. Um die zweite Maschine als Unterstützung der ersten in Betrieb zu bringen, wird man sie auf die synchrone Umlaufszahl bringen müssen. Der Phasenzeiger entspricht der mechanischen Vorrichtung, welche anzeigt, daß die Zähne des einen Rades genau gegenüber den Zahnlücken des andern laufen.

Pendeln paralleler W. S. Maschinen. 451

Der mechanische Vorgang, die beiden andern Zahnräder in Eingriff zu bringen, entspricht dem Zuschalten einer Maschine. Alle Wirkungen der Zuschaltung im falschen Augenblicke werden erläutert durch den plötzlichen Stoß, welchem die Zähne begegnen. Bei Zulaß oder Absperrung des Dampfes kann der Generator zum Motor werden. Die getriebene Maschine erhält ihre Kraft von der Welle; die Tatsache, daß hierbei der Zahndruck nicht mehr an der Vorder-, sondern an der Rückseite der Zähne auftritt, entspricht dem Zuge an den Magnetpolen und Armaturspulen, welcher beim Motor in entgegengesetzter Richtung wirkt als beim Generator. Der Wechsel der Phasenverschiebung des Ausgleichstromes zwischen Generator und Motor entspricht diesem Wechsel der relativen Lage der Zähne der zwei Räderpaare. Durch diese Analogie ist es auch möglich zu erklären, was geschieht, wenn eine Dampfmaschine während einer Umdrehung mit verschiedener Kurbelgeschwindigkeit läuft. Wenn nämlich zwei solcher Maschinen in Betrieb kommen, und eine am Totpunkt etwas zurückbleibt, während die andere voreilt, so werden die Zähne der ersteren Maschine verringerten Druck auf die Zähne des Rades auf der gemeinsamen Welle ausüben, während die zweite Maschine erhöhten Druck abgeben muß.

Das Pendeln parallel geschalteter Wechselstrommaschinen. Man beobachtet zuweilen bei parallel geschalteten, von Dampfmaschinen angetriebenen Wechselstrom- oder Drehstrommaschinen, daß die Amperemeterzeiger stark zu schwingen beginnen. Sie zeigen dadurch an, daß zwischen den Maschinen starke Ausgleichströme fließen, und daß somit die gesamte, von den parallel geschalteten Dynamos abgegebene Leistung zwischen den einzelnen Dynamos hin- und herwogt. Dieses Pendeln der Maschinen[1]) hängt in erster Linie mit einer Resonanz der Eigenschwingungen der Dynamos mit der natürlichen Schwingungsperiode der Dampfmaschinen zusammen, doch wird es auch vom Trägheitsmoment der rotierenden Massen, von der Dämpfung der Schwingungen durch Wirbelströme in den Polschuhen der Dynamos und von der Torsion der Welle beeinflußt. Sind die elektromotorischen Kräfte zweier parallel geschalteter Maschinen durch die Vektoren $\overline{OM_1}$ und $\overline{OM_2}$, Fig. 427, dargestellt, und denkt man sich die Maschine II vollkommen gleichförmig laufend, so kann man die Richtung $\overline{OM_2}$ als vollkommen unveränderlich ansehen. Jede Ungleichförmigkeit im Gange der Maschine I wird sich dann in einem Schwingen des Vektors $\overline{OM_1}$

---

[1]) A. Blondel, Lum. él. 45 und 46, 1892. P. Boucherot, Lum. él. 45, S. 265. M. Leblanc, Lum. él. 46, S. 601, 651. G. Kapp, ETZ 1899, S. 134, S. 870. H. Görges, ETZ 1900, S. 29, 188. E. Rosenberg, ETZ 1903, S. 857.

452   Schaltung und Regelung von Leitungen und Maschinen.

gegen $\overline{OM_2}$ zu erkennen geben. Eilt die Maschine I vor, so wird der Winkel α größer, bleibt sie gegen II zurück, so wird α kleiner. Der Unterschied $\overline{M_1 M_2}$ in den Spannungen der beiden Maschinen bringt den zwischen beiden fließenden Ausgleichsstrom J zustande. Dieser Strom muß eine beträchtliche Verschiebung gleich dem Winkel $M_2 M_1 A$ gegen die ihn erzeugende EMK besitzen. Von der gesamten Leistung wird also der kleinere Teil durch den Ohmschen Verlust $\overline{M_1 A}$, der größere Teil durch den induktiven Abfall $\overline{M_1 B}$ verzehrt. Dieser Teil wird von der voreilenden Maschine $\overline{OM_1}$ entnommen und dazu verwendet, die zurückbleibende Maschine als Motor zu treiben. Das Merkmal hierfür ist, daß beim Generator der Winkel OM_1J_1 spitz, beim Motor OM_2J_2 stumpf ist. Die notwendige Bedingung, daß die voreilende Maschine stärker belastet, die zurückbleibende Maschine entlastet wird, ist also durch den Abfall der Maschinen gewährleistet. Durch die stärkere Belastung wird die voreilende Maschine verzögert, während gleichzeitig die zurückgebliebene Maschine durch die Entlastung in der Umlaufzahl steigt. Im einfachsten, idealen Falle wird also nach einer zufälligen oder vorübergehenden Störung der Parallelbetrieb sich wieder in vollkommener Weise vollziehen, indem $\alpha = 0$ wird, die beiden Vektoren $\overline{OM_1}$ und $\overline{OM_2}$ sich decken, und der Ausgleichsstrom verschwindet.

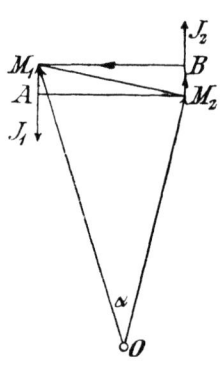

Fig. 427.

Wenn aber das Tangentialdruckdiagramm der antreibenden Dampfmaschine periodisch veränderlich ist, so wird im allgemeinen die voreilende Maschine zwar verzögert werden und der Spannungsvektor $\overline{OM_1}$ wird der Mittellage zuschwingen, in dem Augenblick aber, wo er sie durchschreitet, wird die Geschwindigkeit der Schwungmassen unter den Mittelwert gesunken sein. Der Vektor wird deshalb weiter zurückgehen, und die Leistung der Maschine wird abnehmen bis unter jenen Betrag, der der normalen Leistung der Dampfmaschine für die Mittellage des Vektors $\overline{OM_1}$ entspricht. Der Überschuß der von der Dampfmaschine zugeführten Leistung wird also jetzt wieder verwendet werden, um die Schwungmassen zu beschleunigen, bis der Spannungsvektor wieder die Mittellage erreicht und überschritten hat, worauf das eben geschilderte Spiel von neuem beginnt. Die ganze Schwingung besteht also aus der Summe zweier Sinusschwingungen, deren erste die Schwingungszahl der Antriebsmaschine z_a und deren zweite die Eigenschwingungszahl z_0 der Dynamomaschine besitzt. Es treten also Schwebungen auf, die entweder eine geringe oder eine bedeutende Verstärkung der ursprünglichen

Vergrößerungszahl. 453

Schwingung bewirken können. Ersteres ist der Fall, Fig. 428, wenn eine der beiden Schwingungen nur klein ist, letzteres, Fig. 429, wenn beide Schwingungen etwa gleich groß sind. Im ersteren Falle tritt ein stärkeres

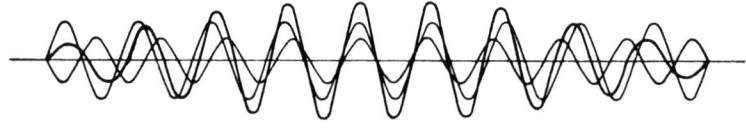

Fig. 428.

Pendeln auf, ohne daß die Maschinen außer Tritt fallen, im letzteren Falle nehmen die Ausgleichsströme so lange zu, bis die Maschinen außer Tritt fallen.

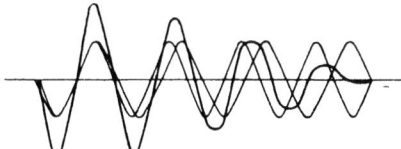

Fig. 429.

Wenn man von der Dämpfung absieht, so kann man annehmen, daß die Amplitude der Schwingungen S_0 beim Parallelbetrieb gegenüber der bei Einzelbetrieb S' vergrößert wird im Verhältnis

$$\zeta = \frac{S_0}{S'} = \pm \frac{z_a^2}{z_0^2 - z_a^2}.$$

Die Zahl ζ heißt deshalb Vergrößerungszahl oder, nach Görges, Resonanzmodul.

Sieht man von der Dämpfung ab, welche die Eigenschwingungszahl der Dynamomaschine verkleinert, und vernachlässigt man den kleinen Spannungsabfall durch Ohmschen Widerstand, dann gelangt man zu einfachen Ausdrücken. Die Leistungslinie AA, Fig. 430, wird parallel zur Netzspannung $E_n = O\bar{N}$, der induktive Spannungsverlust durch den phasengleichen Strom J' wird durch $\overline{M'N} = E_s' = J' x_a$ dargestellt. Die Voreilung der EMK $E = \overline{O M}$ ist α. Die Leistung ist für jede Phase $E_n J'$, bei m Phasen also

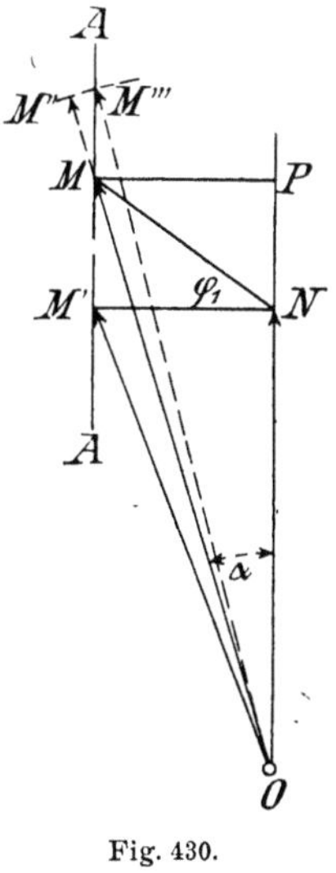

$$A = m\, E_n\, J' = m\, E_n\, J \cos \varphi,$$

Fig. 430.

worin J der normale Strom bei der Phasenverschiebung φ ist.

454   Schaltung und Regelung von Leitungen und Maschinen.

Bezeichnet J_0 die Kurzschlußstromstärke bei derselben Erregung, welche die Klemmenspannung E_n ergab, dann verhält sich $J_0/J' = \overline{ON}/\overline{M'N} = E_n/E_s$, und somit $A_0 = m \cdot J_0 \cdot E_s' = m \cdot J_0 \cdot E \sin \alpha$, also abhängig vom Voreilungswinkel α, wie zu erwarten war. A_0 ist die augenblickliche **synchronisierende Leistung** der Maschine.

Bei einer Maschine, deren idealisiertes Tangentialdruckdiagramm nach einer Sinuslinie verläuft, bleibt der Gegendruck, den die Wechselstrommaschine auf ihre Antriebsmaschine ausübt, nicht unveränderlich.

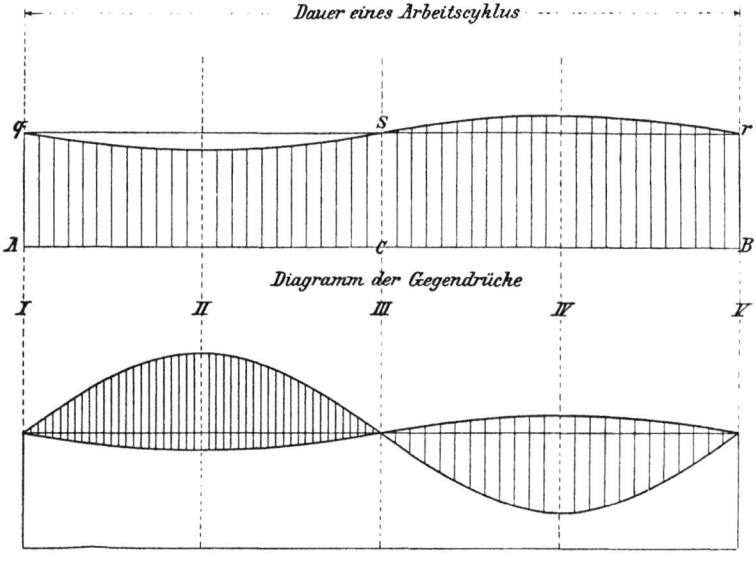

Fig. 431.

Er verändert sich mit dem **synchronisierenden Drehmoment** M_0 nach der Wellenlinie q s r, Fig. 431. Dieses Moment verhält sich zum normalen wie die entsprechenden Leistungen

$$M_0/M = A_0/A = J_0 \sin \alpha / J \cos \varphi = J_0 \sin \alpha / J'.$$

Setzt man $J_0/J = j$, so wird $M_0 = M j \cdot \sin \alpha$. Das synchronisierende Moment wäre also gleich dem normalen für $\arcsin \alpha = 1$, $\alpha = 32^0$ in elektrischen oder $32/p$ in gewöhnlichen Graden. Die linsenförmigen Flächen geben in der enger schraffierten Hälfte des Arbeitszyklus den Arbeitsüberschuß der positiven Pendelkraft, in der weiter schraffierten Hälfte den Arbeitsausfall der negativen Pendelkraft.

Bei diesen Ableitungen ist vorausgesetzt, daß der Vektor $\overline{ON}$ einem **Netze von unendlicher Leistung** entspricht, also als völlig gleichförmig drehend angesehen werden kann. Für den Fall zweier gleich-

Eigenschwingungen der Maschinen. 455

großer Maschinen wären die Ausgleichströme und die synchronisierenden Leistungen und Drehmomente halb so groß.
Für die Eigenschwingungszahl z der Dynamo ergibt sich

$$z_0 = \frac{1}{T} = \frac{p}{2\pi} \cdot \sqrt{\frac{A_0 \cdot (E_n + E'_s \operatorname{tg} \varphi)}{2\pi \sim g \Theta E'_s}}.$$

Hierin bedeutet T die Zeit einer Schwingung, p die Anzahl der Polepaare, $E_n = \overline{ON}$, Fig. 430, die Netzspannung oder Klemmenspannung der Maschine, $E_s = \overline{M'N}$ den induktiven Abfall der Maschine für $\cos\varphi = 1$, A_0 die mittlere Leistung, Θ das Trägheitsmoment, $g = 9{,}81$ die Beschleunigung durch die Schwerkraft. Die Schwingungsdauer T_0 nimmt mit abnehmendem Leistungsfaktor $\cos\varphi$ und für einen unveränderlichen Wert von $\cos\varphi$ auch mit wachsender Belastung ab. Dies kann zur Folge haben, daß die Schwingungen mit wachsender Belastung größer oder kleiner werden. Nimmt man induktionsfreie Belastung, so wird

$$z_0 = \frac{p}{2\pi}\sqrt{\frac{A_0 E_n}{2\pi \sim g \Theta E'_s}} = \frac{p}{2\pi}\sqrt{\frac{m J_0 E_n}{2\pi \sim g \Theta}}$$

abhängig vom Kurzschlußstrom J_0 und Trägheitsmoment Θ. Eine Maschine mit großem Kurzschlußstrom, also kleinem Abfall, fordert also ein schwereres Schwungrad als eine Maschine mit starkem Abfall. Eine von einer Turbine angetriebene Dynamomaschine ohne Dämpfung wird mit der Periode $T_0 = 1/z_0$ schwingen, wenn sie durch Vergrößerung der Erregerstromstärke aus der stetigen Bewegung gebracht wird. Der Vektor O M, Fig. 430, Seite 453, wächst bis M″, schwingt aber der unveränderten Leistung wegen dem Punkt M‴ auf der Leistungslinie zu. Die letzte Gleichung kann aber noch weiter vereinfacht werden, wenn man für das Trägheitsmoment $\Theta = G D^2/4g$, für $\sim\, = p \cdot n/60$ und für das Verhältnis des Kurzschlußstromes zum normalen Strom $j = J_0/J'$ einführt. Da die Leistung $A = 75\, g \cdot \eta \cdot N_e$ ist, worin η den Wirkungsgrad, N_e die Zahl der effektiven Pferdestärken bedeutet, ist

$$z_0^2 = \frac{p^2}{4\pi^2} \cdot \frac{m J_0 E_n}{2\pi \cdot \dfrac{p\,n}{60} \cdot g \cdot \dfrac{G D^2}{4g}} = \frac{60\, p\, j\, A}{2\pi^3 n\, G D^2} = 710\, \frac{p j \eta}{n}\left(\frac{N_e}{G D^2}\right).$$

Die Gleichung enthält an elektrischen Größen nur das Verhältnis j des Kurzschlußstromes zum normalen Strom, an mechanischen die PS_e und das Schwungmoment GD^2 in m²/kg.

Wenn die Tangentialdruckdiagramme sinusförmig verliefen, so hätte man

456   Schaltung und Regelung von Leitungen und Maschinen.

beim Zweitaktgasmotor für z_a die Zahl der ganzen Schwingungen,
bei einzylindrigen Dampfmaschinen für z_a die Zahl der halben Schwingungen,
bei Zwillingsdampfmaschinen mit versetzten Kurbeln für z_a die Zahl der Viertel-Schwingungen,
bei Drillingsmaschinen für z_a die Zahl der Sechstel-Schwingungen einzusetzen, und es läge vollkommene Resonanz für $z_0 = z_a$ vor.

Hierbei wäre Betrieb ohne Dämpfung unmöglich. Für sicheren Betrieb muß man von dieser kritischen Schwingungszahl fern bleiben und z_0 kleiner als z_a wählen. Die angegebenen Werte sind nur die Grundschwingungen; man müßte die nicht sinusförmig verlaufenden Tangentialdruckdiagramme in Grund- und Oberschwingungen zerlegen und für jede Schwingung getrennt untersuchen.

Rosenberg[1]) verwendet statt der Vergrößerungszahl ζ einen anderen Wert

$$q = \frac{\zeta+1}{\zeta} = \frac{z_0^2}{z_a^2} = 710 \frac{p\,j\,\eta}{n} \cdot \left(\frac{N_e}{G\,D^2}\right) \cdot T_a^2;$$

das Reaktionsverhältnis, das also nie gleich Eins werden darf, wenn der kritische Wert nicht erreicht werden soll. Für den praktischen Fall ist j etwa 3 bis 4,5, und $\eta \simeq 90-94\%$. Die Zahl der Polpaare und Umdrehungen ist durch die Beziehung verknüpft, daß $p \cdot n/60 = \sim$. Nimmt man, wie in Europa allgemein üblich, $\sim = 50$, dann wird $p = 3000/n$. Für $j = 3,75$, $\eta = 0,94$ ist $j\,\eta = 3,53$, und daraus folgt, da auch die Dauer des Antriebszyklus $T_a = 60/n$ ist,

$$q = 710 \cdot 3,53 \cdot 3600 \cdot 3000 \cdot \frac{N_e}{n^4\,(G\,D^2)} = 27 \cdot 10^9 \frac{N_e}{n^4\,(G\,D^2)}$$

oder für das kritische Reaktionsverhältnis $q = 1$:

$$\frac{G\,D^2_{krit}}{N_e} = \frac{27 \cdot 10^9}{n^4}.$$

Für Antriebsschwingungen von halber Umdrehungszahl ist der vierte Teil dieses Wertes einzusetzen. Da nun nach der „Hütte" angenähert $G\,D^2 = C N_e / \delta n^3$, worin δ den Ungleichförmigkeitsgrad, C eine Konstante bedeutet, so tritt der kritische Wert des Ungleichförmigkeitsgrades ein für

$$\delta_{krit} = \frac{C}{9 \cdot 10^6 \cdot p}.$$

In bezug auf Schwingungen von $1/\nu$ der Umdrehungsdauer wird die kritische Ungleichförmigkeit ν^2 mal so groß. Da C für einkurbelige

---

[1]) E. Rosenberg, Zeitschr. d. Ver. deutscher Ing. 1904, S. 793 u. 856.

Kritischer Ungleichförmigkeitsgrad. 457

Maschinen gleich $2,3 \cdot 10^6$, für Verbundmaschinen mit versetzten Kurbeln gleich $(0,85$ bis $1,3) \cdot 10^6$, für Dreikurbelmaschinen mit 120^0 Versetzung gleich $0,5 \cdot 10^6$ ist, findet man für Schwingungen mit der Dauer einer ganzen Umdrehung bei der Frequenz 50:

δ_{krit}	bei p = 12 n = 250	20 150	24 125	32 94	36 83	40 75
für Einzylinder- oder Tandemmaschinen $\quad C = 2,3 \cdot 10^6$	$1/_{77}$	$1/_{78}$	$1/_{94}$	$1/_{125}$	$1/_{141}$	$1/_{157}$
für Verbundmaschinen $\begin{cases} C = 1,3 \cdot 10^6 \\ \text{bis} \\ C = 0,85 \cdot 10^6 \end{cases}$	$1/_{83}$ bis $1/_{127}$	$1/_{138}$ bis $1/_{212}$	$1/_{166}$ bis $1/_{254}$	$1/_{222}$ bis $1/_{339}$	$1/_{249}$ bis $1/_{381}$	$1/_{277}$ bis $1/_{423}$
für Dreifachexpansions- maschinen $\quad C = 0,5 \cdot 10^6$	$1/_{216}$	$1/_{360}$	$1/_{432}$	$1/_{576}$	$1/_{648}$	$1/_{720}$

Man erkennt die Wertlosigkeit der Forderung eines bestimmten Ungleichförmigkeitsgrades, etwa $1/_{200}$ bis $1/_{300}$, ohne genaue Angabe der Art der Antriebsmaschine. Diese allgemein üblichen Werte liegen für einkurbelige Maschinen zu tief, für dreikurbelige, langsam laufende zu hoch, falls in der Kraftäußerung der Maschine Perioden von der Dauer einer ganzen Umdrehung auftreten. Bei Maschinen mit gleichmäßigem Tangentialdruckdiagramm muß der Ungleichförmigkeitsgrad kleiner sein als bei Maschinen mit ungleichförmigem Diagramm. Bei Viertaktgasmotoren mit einem oder zwei Zylindern liegen die kritischen Ungleichförmigkeitsgrade über $1:50$ bei $p = 24$, über $1:90$ bei $p = 40$, also so hoch, daß sie leicht vermieden werden können; $\delta = 1:150$ wäre hierfür völlig ausreichend, auch bei $p = 40$ Polpaaren. Bei vierzylindrigen Viertaktmotoren können Schwingungen von der Dauer zweier Umläufe bei unregelmäßigem Arbeiten eines Zylinders auftreten, und dies würde sehr kleine Werte für den kritischen Ungleichförmigkeitsgrad ergeben. Maßgebend ist dabei der wirklich auftretende, nicht der aus dem Tangentialdruckdiagramm mit unveränderlichem Gegendruck berechnete Ungleichförmigkeitsgrad, der mit $1:100$ etwa groß genug ist.

Die Schwankung der an das Netz abgegebenen Leistung darf nicht zu groß werden, etwa $\pm 20\%$ nicht überschreiten. Sie ist dem synchronisierenden Drehmoment M_0 proportional, also

$$M_0 = \frac{q}{1-q} M.$$

Da diese Schwankung außer von dem Reaktionsverhältnis auch von der ursprünglichen Pendelkraft M abhängt, muß sie für verschiedene Maschinen verschieden ausfallen. Wenn $M_0 = 2 M$ wie bei Gasmotoren, darf $q/(1-q)$ nur $0,1$ sein, wenn die Schwankung 20% nicht überschreiten soll. Ist dagegen bei einer Verbunddampfmaschine die Ungleichheit im Diagramm bei Vor- und Rückgang so, daß $M_0 = 0,1 M$, dann darf $q/(1-q) = 2$, also $q = ^2/_3$ werden.

Die im vorhergehenden berechneten Werte von q treten nur bei ungünstigster Kurbelstellung auf. Bei Kurbelsynchronismus, gleichen Maschinen und vollständiger Übereinstimmung der Tangentialdruckdiagramme der Antriebsmaschine wäre $q = 0$. Die Schwungmomente können dann kleiner werden, als angegeben. Da das Verhältnis $j = J_0/J$ durch Drosselspulen verkleinert, durch höhere Erregung vergrößert werden kann, hat man auch ein elektrisches Mittel, um das Reaktionsverhältnis q zu verändern. Doch ist dieses Mittel des vergrößerten Abfalles oder der veränderten Spannung wegen nur selten anwendbar. Dagegen kann bei Maschinen mit kleiner Pendelkraft, und wenn q nahe $= 1$ ist, durch eine Dämpferwickelung nach Leblanc die Parallelschaltung verbessert werden. Sie besteht in der einfachsten Form aus Stäben, die in Löchern der Polschuhe nahe am Luftspalt zwischen Anker und Magneten untergebracht und untereinander für mindestens zwei, besser alle 2 p Pole kurzgeschlossen sind. Bei Pendelungen wirken diese Stäbe wie der Kurzschlußanker eines asynchronen Motors, und das im Anker entstehende Drehfeld schleppt das Magnetfeld nach. Die elektrische Dämpfung tritt auch in massiven Polschuhen oder Spulenkästen um jeden Pol, wenn auch in schwächerem Maße, auf. Selbst bei $q = 1$ wirkt die Dämpfung wie ein Bewegungshindernis und verhütet zu hohes Anwachsen der Schwankung in der Leistungsabgabe. Am stärksten wirkt sie für q nahe gleich 1; für q zwischen $^1/_2$ und 1 ist sie bei Generatoren stets nützlich; für q zwischen 0 und $^1/_2$ wirkt sie schädlich. Auch wenn die ursprüngliche Pendelkraft die normale Umfangskraft um ein Vielfaches überschreitet, ist wirksame Dämpfung nicht erzielbar.

Für hydraulische Anlagen wird[1]) je nach der Schlußzeit und der Spielraumzeit des Reglers der Turbine ein Schwungmoment $G D^2/N_e = 1,6 \cdot 10^6/n^2$ bis $5 \cdot 10^6/n^2$ gefordert. Die Schlußzeit ist die Zeit, welche das Reglergetriebe braucht, um die Turbine ganz zu öffnen oder zu schließen, die Spielraumzeit ist der Bruchteil einer Sekunde, der vom Augenblick der Belastungsänderung an bis zum Beginn der Verstellung der Füllung vergeht. So besaßen einige 1000 PS-Turbinen mit $n = 630$ $G D^2/N_e = 6000 - 7000$ m²/kg, einige 1300 PS-Turbinen bei $n = 430$, $G D^2/N_e = 18000 - 20000$ m²/kg.

---

[1]) A. Pfarr, Des Ingenieurs Taschenbuch „Hütte". 19. Aufl. 1905.

3. Motoren für ein- und mehrphasigen Wechselstrom.

Bisher wurden die Eigenschaften der Stromerzeuger betrachtet und nur bei den Gleichstrommaschinen ihre Verwendung als Motoren kurz beigefügt. Nun sollen die Motoren für ein- und mehrphasigen Wechselstrom besprochen werden.

Es gibt zwei wesentlich verschiedene Arten von solchen Motoren, synchrone und asynchrone. Die synchronen besitzen ein mit Gleichstrom erregtes Feld; sie entsprechen völlig den synchronen Wechselstrommaschinen und müssen wie diese vor dem Einschalten mit den Perioden des Netzes auf Gleichtritt gebracht werden.

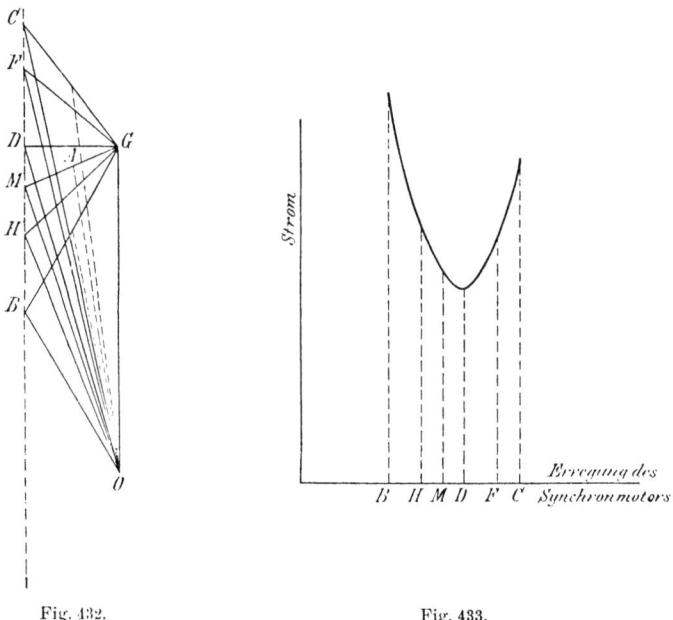

Fig. 432.   Fig. 433.

Betrachten wir, Fig. 432, eine Kraftübertragung von einem Generator auf einen gleich großen synchronen Motor. $\overline{OA}$ stellt das der gleichen Klemmenspannung von Motor und Generator entsprechende Feld oder ihre Amperewindungen dar. OG stellt die Erregeramperewindungen oder kurz das Feld des Generators, OM das Feld des Motors, und $MA = AG$ bleibt, die Amperewindungen der beiden, einander gleichen Armaturen dar. Wenn dann das Feld des Generators $\overline{OG}$ unverändert, jenes des Motors aber verändert wird, so bewegt sich bei konstanter Leistung des Motors, die sich durch den festen Inhalt des Dreiecks O M G zeigt, der Punkt M auf einer zu O G Parallelen B C. Die mit O A wachsende Klemmenspannung verändert sich nach Größe und Richtung mit der Erregung O M des Synchronmotors und ebenso der mit M G steigende Strom. Er wird am kleinsten für die Stellung G D $\perp$ O G und ist dann phasengleich mit der zu $\overline{OG}$ senkrecht stehenden EMK des Generators. Deutlicher wird dieses Verhalten, wenn man Strom und Erregung in ein rechtwinkliges Achsenkreuz einträgt, Fig. 433. Dann ergibt sich die Mordeysche V-förmige Kurve, deren tiefster Punkt D einem mit der EMK phasengleichen Strom entspricht, während bei stärkerer Erregung F, C voreilender, bei schwächerer B, H verzögerter Strom sich ergibt. Diese Eigenschaft des Sychronmotors läßt ihn als wertvolles Hilfsmittel zur Phasenregelung erscheinen.

Der asynchrone Motor ist durch sein von Wechselströmen erregtes Feld gekennzeichnet. Bei den asynchronen Induktionsmotoren sind zwei Bewickelungen, eine primäre oder induzierende und eine sekundäre oder induzierte je in Nuten eines drehbaren und eines festen Ringes untergebracht.

Bei der gebräuchlichen Anordnung trägt der feststehende Teil, der Stator, die primäre Wickelung und die sekundäre, der drehbare, als Rotor bezeichnete. Der Motor beruht dann auf der vom Stator auf den Rotor ausgeübten Induktionswirkung und ist tatsächlich ein Transformator, dessen sekundärer Kreis beweglich angeordnet ist. Die dem Stator zugeführten Mehrphasenströme erzeugen ein Drehfeld, das mit Streuung den Luftraum zwischen Stator und Rotor durchsetzt, die Rotorstäbe oder -windungen schneidet und somit in ihnen elektromotorische Kräfte und daher Ströme erzeugt, sofern sie wie im Käfiganker unmittelbar oder durch Kurzschlußringe oder ein Anlaßwiderstand geschlossene Kreise bilden. Diese Ströme erzeugen in Wechselwirkung mit dem Felde ein Drehmoment. Die hieraus folgende Drehung des Rotors ist bei Leerlauf fast synchron, weicht aber mit steigender Belastung des Motors mehr und mehr vom Synchronismus ab. Das Zurückbleiben des Rotors gegen die Periodenzahl der primär zugeführten Mehrphasenströme nennt man die Gleitung oder Schlüpfung des Motors. Ihre Größe wird durch den Widerstand des Rotorkreises bestimmt und beträgt bei normaler Belastung des Motors nur wenige Prozent. Das Verhalten dieser Motoren ist in den folgenden Figuren wiedergegeben.

Fig. 434 stellt die Ohmschen Verluste, die Leistung und das Drehmoment abhängig von der Schlüpfung dar. 100 % Schlüpfung entsprechen dem Stillstand des Motors. Dreht man den Motor entgegen seiner Drehrichtung nach rückwärts, so wird die Schlüpfung größer. Läßt man ihn synchron laufen, so ist die Schlüpfung Null; läuft er schneller, so wird sie negativ. Bei positiver Schlüpfung ist auch die

Asynchrone Motoren. 461

elektrische Energie positiv und muß daher zugeführt werden; sie erreicht ihren größten Wert kurz vor Synchronismus, geht dann rasch durch den Achsenmittelpunkt und erreicht bei mäßiger negativer Schlüpfung einen gleichgroßen negativen Höchstwert.

Ähnlich verläuft auch die Linie des Leistungsfaktors. Die mechanische Energie, Fig. 434, beginnt mit einem negativen Wert — y_2, schneidet bei 100 % positiver Schlüpfung die Abszisse und erreicht kurz vor Synchronismus den positiven höchsten Wert. Von hier ab geht die

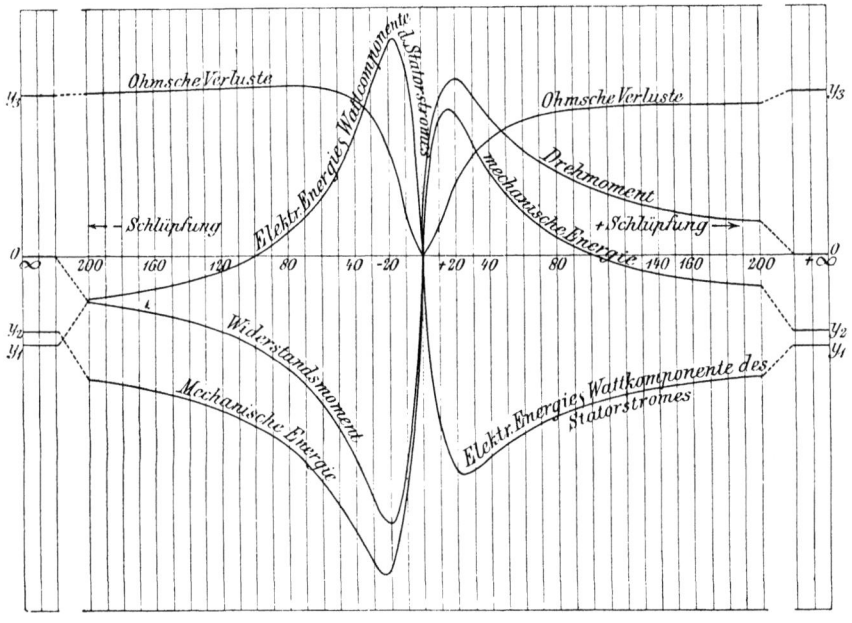

Fig. 434.

abgegebene Leistung durch den Achsenursprung zu einem bedeutend größeren negativen Höchstwerte über. Je größer die Ohmschen Verluste im Motor sind, um so mehr unterscheiden sich diese beiden Höchstwerte, deren Unterschied gleich der Summe der Verluste in den beiden Betriebszuständen ist. Diese Verluste sind bei Synchronismus Null und nähern sich bei wachsender positiver Schlüpfung einem endlichen Werte y_3. Bei negativer Schlüpfung erreichen sie den gleichen Endwert, nachdem sie bei etwas weniger als 100 % Voreilung einen höchsten Wert durchlaufen haben. Bei positiver Schlüpfung kann also unter Aufwendung elektrischer Energie mechanische gewonnen werden; die Maschine arbeitet als asynchroner Motor. Bei negativer Schlüpfung kann unter Aufwendung mechanischer Energie elektrische gewonnen werden, und die Maschine arbeitet dann als asynchroner Generator.

Die Wattkomponente des Statorstromes kann in entsprechendem Maßstab durch die Leistungskurve dargestellt werden. Die wattlose Komponente ist für alle Schlüpfungen stets positiv und erreicht bei der Schlüpfung Null gerade den konstanten Wert des Magnetisierungsstromes. Von da aus steigt sie bei positiver und negativer Schlüpfung rasch an und erreicht bei — 100 % einen höchsten Wert.

Die beträchtlichen wattlosen Ströme können nach Leblanc oder Heyland durch Kommutatoren teilweise oder völlig kompensiert werden. Auch sind in neuerer Zeit vielfach Serien-, Repulsions- und kompensierte Kommutatormotoren angegeben worden.

4. Asynchrone Generatoren.

Diese Maschinen sind über Synchronismus betriebene asynchrone Motoren[1]). Sie können keine wattlosen Ströme in das Netz entsenden und bedürfen auch zu ihrer eigenen Erregung solcher Ströme.

Die Kraftzufuhr seitens des Antriebs muß so bemessen werden, daß sie gerade dem Widerstandsmoment des voll belasteten asynchronen Generators das Gleichgewicht hält; sonst beschleunigt er sich und geht durch. Wenn als Antriebsmotor eine Dampfmaschine verwendet wird, muß dieser Forderung die größte Dampfzuströmung entsprechen; erfolgt der Antrieb durch eine Wasser-Turbine, so sollen bei voller Belastung der Asynchrondynamo alle Schaufeln des Leitrades voll beaufschlagt werden. Da als Periodenfestleger, Taktgeber oder Schrittmacher stets eine synchrone Dynamo erforderlich ist, müssen auch bestimmte Anforderungen an die Reglung der Antriebe gestellt werden.

Der Regulator für die Antriebsmaschine des Asynchrongenerators ist kein Leistungsregler, sondern nur ein statischer Regulator mit einer ausgeprägten labilen oder wankelbaren Gleichgewichtslage für alle Umlaufzahlen unter der synchronen. Der Regulator für den Synchrongenerator dagegen muß astatisch sein, insofern zu allen Muffenstellungen der vom Stellwerk betätigten Reglerhülse eine nur um ± 3—4 % etwa veränderliche Umlaufzahl n gehört.

Wenn die Antriebsmaschinen diesen Anforderungen entsprechen, vollzieht sich der Betrieb einer Zentrale mit parallel geschalteten Asynchrongeneratoren sehr einfach: Der Synchrongenerator läuft stets als Periodenfestleger. Wird eine Induktionsdynamo zugeschaltet, so erhöht sie selbsttätig unter der Wirkung der Antriebsmaschine oder als asynchroner Motor ihre Umlaufzahl bis zum Synchronismus und von da an

---

[1]) C. Feldmann, Asynchrone Generatoren. 1902.

Asynchrone Generatoren.   463

unter gleichzeitiger Steigerung ihrer Nutzleistung bis zu Umläufen $n' > n$. Wächst dann die Umdrehungszahl noch weiter, so übersteigt das noch wachsende Widerstandsmoment das Drehmoment der Antriebsmaschine und der Regulator beginnt zu wirken, bis das Widerstandmoment wieder gleich dem Drehmoment geworden ist. Diese Gleichheit bestimmt die Leistung des Generators. Die Induktionsdynamos werden also um so mehr leisten, je schneller, um so weniger, je langsamer sie innerhalb der Geschwindigkeitsgrenzen n und n' laufen, und arbeiten dabei stets mit nahezu voller Belastung, während gleichzeitig der Synchrongenerator durch seinen Regler so beeinflußt wird, daß er den Unterschied zwischen der gesamten und der Leistung der Asynchrongeneratoren bei konstanten Umläufen n liefert. Die normale Dynamomaschine hat dabei außer dem auf sie entfallenden Teil des Wattstromes den gesamten wattlosen Strom zu liefern, sofern die asynchronen oder Induktionsdynamos nicht mit besonderen Erregervorrichtungen nach Leblanc oder nach Heyland ausgerüstet sind. Sie werden in diesem Falle verhältnismäßig groß. Wenn z. B. der Leistungsfaktor des Netzes 0,9 beträgt, was etwa 50% Licht-, 50% Motorbelastung mit $\cos \varphi = 0,7$ entspricht, beträgt die scheinbare Leistung der Synchronmaschine noch 50% jener der Asynchronmotoren. Bei einem $\cos \varphi = 0,8$ des Netzes steigt das Verhältnis auf 75%, bei $\cos \varphi = 0,7$ auf 100%. Sind aber die Asynchrongeneratoren mit einer Erregermaschine nach Leblanc oder einer Hilfswickelung nach Heyland ausgerüstet, so hat man es in der Hand, die als Taktgeber verwendete synchrone Dynamo auch vollkommen von den wattlosen Strömen zu entlasten.

Die kompensierte Asynchronmaschine ist bisher nicht in größerem Umfang angewendet worden. Die nicht kompensierte erhöht durch die wattlosen Ströme, die sie selbst und das Netz braucht, die scheinbare Leistung der synchronen Maschinen und Transformatoren um 25—50% und belastet die Leitungen durch die wattlosen Ströme. Sie sind zuweilen angewendet worden, wo es galt, aus einer Hauptzentrale mehrere kleinere Unterzentralen unter Ersparung an Bedienungskosten auf einfache Weise parallel zu betreiben. Es entfallen dabei die Erregermaschinen für die asynchronen Zentralen; doch muß in jedem Falle geprüft werden, ob nicht wegen der erforderlichen größeren Leistungsfähigkeit der Synchronzentrale diese Mehrkosten jene Ersparnisse überwiegen.

Danielson verwendet bei seinen autosynchronen Generatoren asynchrone Motoren, deren Drehstromrotor in zwei Phasen kurzgeschlossen ist. Führt man dieser Verbindung und der dritten Phase Gleichstrom zu, dann läuft die Maschine von selbst zum Synchronismus, und man kann ihr durch Übererregung voreilende wattlose Ströme entnehmen. Solche Maschinen und Motoren sind in Schweden mehrfach mit Erfolg verwendet worden.

5. Ruhende Transformatoren.

Die Transformatoren dienen zur Umwandlung der die Leistung bildenden Faktoren, Stromstärke und Spannung. Sie sind elektromagnetische Vorrichtungen mit zwei einander gegenseitig beeinflussenden, mit einem gemeinsamen Felde verketteten Bewickelungen. Wird die Induktionswirkung durch Umlaufen der einen Bewickelung gegen die andere hervorgebracht, so hat man einen Dreh-Umformer; wird sie durch periodische Veränderungen des gemeinsamen Feldes innerhalb der festen oder einstellbaren Spulen hervorgebracht, so hat man einen ruhenden Transformator.

Er besteht aus einem Gerüst aus unterteiltem Eisen, das als Kern oder Mantel mit zwei Spulengruppen umgeben ist. Die primäre nimmt elektrische Energie auf, die sekundäre gibt sie ab; wenn von den kleinen Verlusten vorerst abgesehen wird, müssen die aufgenommene und die abgegebene Leistung einander gleich sein. Wenn sekundär keine Leistung entnommen wird, kann primär nur der kleine Betrag verbraucht werden, der zur Überwindung der Hysteresis- und der Wirbelstromverluste erforderlich ist; wird der Transformator sekundär belastet, so nimmt er primär so viel auf, als den konstanten Leerverlusten, dem mit der Belastung wachsenden Ohmschen Verlust und der sekundären Nutzleistung entspricht. Das Verhältnis der primären und sekundären EMK ist dabei gleich dem Verhältnis der primären Windungen zu den sekundären, das Verhältnis der Ströme ist sehr nahe gleich dem umgekehrten Verhältnis der Windungszahlen. Wenn etwa bei einem 10 KW-Transformator jede Windung 5 V gibt, hat er primär für 2000 V 400 Windungen, sekundär für 100 V nur 20 Windungen, und seine Übersetzung ist 20:1. Die sekundären Windungen sind für volle Belastung von 100 A zu bemessen, die primären haben etwas mehr als 5 A zu führen. Die Isolation muß derartig sein, daß sie nach den Vorschriften des V. D. E. eine einstündige Probe mit der doppelten Betriebsspannung oder bei Spannungen über 3000 V mit 3000 V Überspannung zwischen primärer und sekundärer Wicklung und zwischen primärer und Eisengestell je eine Stunde lang widerstehen kann. Die Arbeitsbedingungen eines Transformators sind einfach. Bei offenem Sekundärkreise, Fig. 435, nimmt der Primärkreis die zur Ummagnetisierung des Eisenkerns erforderliche Energiemenge auf. Sie beträgt bei kleinen Transformationen 4, bei großen

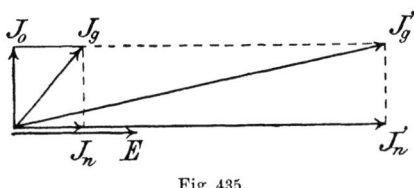

Fig. 435.

1,5 % der Gesamtleistung. Der Leerlaufstrom J_g zerfällt in zwei rechtwinklige Komponenten, den Nutzstrom J_n und den Leerstrom J_0. Der Nutzstrom fällt in der Phase mit der Spannung zusammen und gibt mit ihr multipliziert bei Leerlauf den Leerverlust; bei Belastung, je nach der Auftragung, die aufgenommene oder abgegebene Energie. Der Leerstrom liefert das wechselnde magnetische Feld und wirkt wattlos. Der Gesamtstrom ist gegen die Spannung um den Winkel φ verzögert, und ihm entspricht eine Leistung $J_g \cdot E \cdot \cos \varphi = J_n \cdot E$.

Der Leerstrom beträgt bei guten eisengeschlossenen Transformatoren nur wenige Prozent des Stromes bei Vollbelastung. Der Winkel der Phasenverschiebung wird also schon bei $^1/_{10}$ Belastung sehr klein, und für größere Belastung kann der Transformator wie ein induktionsfreier Widerstand mit dem Leerstrom Null betrachtet werden. Seine Spannungen sind um praktisch 180° gegeneinander verschoben und fallen bei induktionsfreier Sekundärbelastung, wie sie Glühlampen und Bogenlampen darstellen, mit den entsprechenden Strömen zusammen. Aus diesen einfachen Arbeitsbedingungen ergeben sich die Bedingungen für ihren Parallelbetrieb. Sollen Transformatoren primär und sekundär parallel geschaltet werden, so müssen zur Vermeidung von Kurzschlüssen solche Pole verbunden werden, welche im selben Zeitaugenblicke gleichnamig sind. Sollen die Leistungen bei Parallelbetrieb sich entsprechend den Leistungsfähigkeiten teilen, so müssen die Spannungsabfälle bei den der normalen Leistung jeder Type entsprechenden Belastungen gleich sein. Hierbei sind gleichlange Zuleitungen vorausgesetzt.

Sollen nicht benachbarte Transformatoren primär und sekundär parallel geschaltet werden, wie dies bei sekundären Leitungsnetzen vorkommt, so muß auch der Widerstand zwischenliegender Leitungsstücke in Betracht gezogen werden, wie es bei parallelen Dynamomaschinen, durch die regelbare Magnetisierung erleichtert, auch geschieht.

Der Spannungsabfall eines Transformators setzt sich aus den effektiven und den induktiven Verlusten rechtwinklig zusammen. Letzterer rührt von der magnetischen Streuung zwischen den Spulengruppen her. Diesen Einfluß kann man nach Kapps Vorschlag leicht messen, indem man den sekundären Kreis auf einen Strommesser kurzschließt und dem primären so viel Wechselstrom von der normalen Periodenzahl und solcher Spannung zuführt, bis im Sekundärkreis gerade der normale Sekundärstrom herrscht.

Sei e_s, Fig. 436, die so ermittelte Kurzschlußspannung, n die Übersetzung und $v = i_1 (R_1/n) + i_2 R_2$ der auf den Sekundärkreis herabgesetzte Ohmsche Spannungsverlust, dann mache man $\overline{OS} = e_s/n$ gleich der aufs Sekundäre abgeglichenen Kurzschlußspannung, errichte $\overline{So} = v$ senkrecht auf $\overline{OS}$ und ziehe $\overline{OE_3}$ gleich der sekundären EMK und parallel

466 Schaltung und Regelung von Leitungen und Maschinen.

So. Schlägt man nun mit dem Halbmesser $\overline{OE_3}$ zwei Kreise aus den Mittelpunkten O und o, so ist der eine der geometrische Ort der Endpunkte B aller Klemmenspannungen, der andere der geometrische Ort der Endpunkte E aller EMK. $\overline{E_3B_3}$ stellt also den gesamten Abfall für induktionsfreie Belastung, $\overline{EB}$ jenen für induktive Belastung bei um φ voreilender Klemmenspannung vor. Für Belastung mit voreilendem Strome sind bis zum Punkte B_2 die Spannungsabfälle kleiner als bei induktionsfreier Belastung, im Punkte B_2 gleicht die Rückwirkung des um den Winkel φ_2 voreilenden Stromes dem Spannungsabfall vollständig, und bei weiterer Zunahme der Voreilung des Stromes bis auf den Wert φ_1 ist die Klemmenspannung im Sekundärkreise höher als die induzierte EMK. Dieser Fall kann bei stark streuenden Transformatoren, wenn die Belastung aus Kabeln mit starker Kapazität und hohem Ladestrom besteht, eintreten. Der Abfall ist annähernd $v \cdot \cos \varphi \pm e_s \sin \varphi$, wobei das $+$-Zeichen für nach-, das $-$-Zeichen für voreilenden Strom gilt.

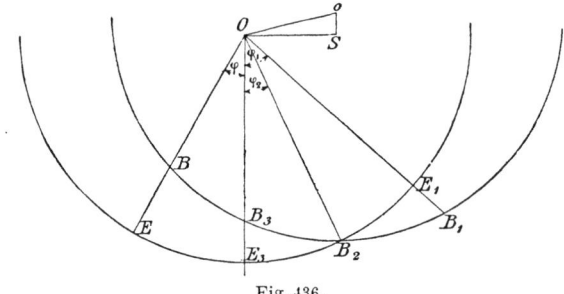

Fig. 436.

Aus dem Schaubild erkennt man sofort, daß hohe Kurzschlußspannung, also starke Streuung, den Spannungsabfall besonders bei Belastung mit Induktionsmotoren stark anwachsen läßt. Es ist deshalb wichtig, entweder gesonderte Transformatoren für Licht- und Kraftbetrieb aufzustellen oder für eine Anlage, bei der Licht- und Kraftstrom gleichzeitig demselben Transformator entnommen werden müssen, nur solche mit kleiner Streuung aufstellen. Die Kurzschlußspannung nimmt mit wachsender Zahl der Spulen ab und beträgt bei guten modernen Transformatoren, etwa 3—6 % der Klemmenspannung. Die primären und sekundären Spulen folgen abwechselnd aufeinander.

Bei Drehstromtransformatoren bietet die Dreieckschaltung Vorteile, wenn man dünnere Wickelungen erhalten will, also wesentlich bei den Sekundärspulen großer Transformatoren, die Sternschaltung, wenn man an Windungszahl sparen will, also vornehmlich bei Hochspannungswickelungen. In Amerika werden vielfach drei Einphasentransformatoren primär im Stern, sekundär im Dreieck geschaltet; Betrieb ist dann auch

Drehende Umformer. 467

noch bei Beschädigung eines Transformators möglich. Drehstromtransformatoren, die primär und sekundär gleichartig, also entweder im Stern oder im Dreieck geschaltet sind, lassen sich primär und sekundär parallel schalten. Dagegen kann man zu solchen Transformatoren keinen anderen parallel schalten, der im einen System im Stern, im anderen im Dreieck geschaltet ist. Dies würde Kurzschluß ergeben.

Zum Übergang vom Drehstrom auf Sechsphasenstrom erhalten die Drehstromtransformatoren ein doppeltes Sekundärsystem, dessen eine Hälfte um 180° elektrisch verschoben, also umgekehrt angeschlossen wird.

6. Drehende Umformer.

Oft liegt das Bedürfnis vor, Wechsel- oder Drehstrom in Gleichstrom oder umgekehrt umzusetzen. Diese Umwandlung kann entweder eine einzige Maschine, der drehende Umformer, vornehmen, dessen Armatur Wechselstrom oder Drehstrom an Schleifringen erhält und Gleichstrom an den Bürsten des Kollektors abgibt, Fig. 405, oder man kann eine Gleichstromdynamo mit einem synchronen oder asynchronen Wechselstrom oder Drehstrommotor kuppeln und so den Motorgenerator bilden. Beide Arten von Maschinen besitzen Vor- und Nachteile, und beide sind auch vielfach angewendet worden, wenn auch im allgemeinen sich sagen läßt, daß die amerikanische Gepflogenheit den drehenden Umformer oder Converter stärker bevorzugt als die europäische.

Der Motorgenerator läßt sich, da er zwei getrennte Maschinen umfaßt, bis 5000 V etwa direkt wickeln und gestattet unabhängig von der Höhe der Wechselspannung die Erreichung jeder beliebigen Gleichstromspannung. Er erlaubt die Regelung der Spannungen, die Parallelschaltung der Gleichstrom- und der Wechselstromseiten mit den bereits erläuterten Mitteln und ermöglicht, wenn der Wechselstromteil aus einem synchronen Motor besteht, die Regelung der Phasenverschiebung. Wird der Wechselstromteil durch einen asynchronen Mehrphasenmotor gebildet, was überall da empfehlenswert ist, wo nur ungeschultes Bedienungspersonal zur Verfügung steht, so entfällt der Vorteil der Phasenregelung. Der Induktionsmotor belastet im Gegenteil die Leitungen induktiv. Er kann aber auf die einfachste Weise angelassen werden.

Der drehende Umformer besitzt im allgemeinen etwas höheren Wirkungsgrad als der Motorgenerator und kann zuweilen geringere Anlagekosten verursachen; auch ist sein Raumbedarf kleiner als der des Motorgenerators. Da er aber einen Synchronmotor und eine Gleichstromdynamo mit nur einer einzigen Armaturwickelung vorstellt, besteht zwischen der Gleich- und der Wechselspannung ein bestimmtes Ver-

Schaltung und Regelung von Leitungen und Maschinen.

hältnis, das sich auch bei Belastung nur unwesentlich ändert. Dieses Verhältnis beträgt

	Spannung des Wechsel-Gleichstr. sinusförmig	Polbogen 2/3	Polteilung 1/2
Einphasen . . .	$1/\sqrt{2} = 0{,}707$	0,75	0,82
Zweiphasen . .	$1/\sqrt{2} = 0{,}707$	0,75	0,82
Dreiphasen . .	$\sqrt{3}/2\sqrt{2} = 0{,}612$	0,65	0,71
Vierphasen . .	$1/2 = 0{,}50$	0,53	0,58
Sechsphasen . .	$1/2\sqrt{2} = 0{,}354$	0,37	0,42

In den meisten Fällen sind Transformatoren nötig, um die Netzspannung auf die Spannung zwischen den Schleifringen zu vermindern, zuweilen auch um Drei- in Sechsphasen umzuwandeln. Soll die Gleichstromseite in der Spannung geändert werden, so kann dies durch Ab- oder Zuschaltung sekundärer Windungen oder durch die Ankerrückwirkung wattloser Ströme geschehen. Starke Erregung bewirkt voreilende Ströme, schwache Erregung phasenverspätete. Eine vor den synchronen Wechselstrommotorteil geschaltete Induktanz wird phasenverspätete Ströme, und somit schwächeres Feld erfordern; verstärkt man dieses bei wachsender Belastung durch eine Compoundwickelung, dann wird der Strom allmählich phasengleich, zuletzt voreilend werden, und der Umformer wird wie eine übercompoundierte Gleichstrommaschine wirken.

Der Mehrphasenumformer kann bei geöffnetem oder stark geschwächtem Magnetfeld von selbst unbelastet anlaufen, wenn ihm Mehrphasenstrom an den Schleifringen zugeführt wird. Die Anzugskraft rührt im wesentlichen von der Einwirkung der die Armatur durchfließenden Wechselströme auf die von der vorhergehenden Phase zurückgebliebene Magnetisierung her. Sie ist nur gering. Am Kollektor treten bis zum erreichten Synchronismus Funken auf. Hebt man, um Funkenbildung zu vermeiden, die Gleichstrombürsten ab, so kann der Umformer mit jeder beliebigen Polarität an den Gleichstrombürsten in Synchronismus kommen, was bei der Einschaltung der Gleichstromseite beachtet werden muß. Gleichzeitig unterliegen während des Anlaufs die Feldspulen als Sekundärwindungen eines Transformators, dessen Primärkreis die Armaturspulen sind, hohen Spannungen, für deren Isolierung besondere Vorsicht nötig ist. Wenn durch Änderung in der Belastung der Gleichstromseite deren EMK um ein geringes nachläßt, wird der Umformer Strom etwa von einer der Akkumulatorenbatterie entnehmen und als Gleichstrom-Wechselstrom-Umformer laufen. Wird zufällig gerade in diesem Augenblick der zweite Umformer von der Wechselstromseite aus eingeschaltet, so entnimmt er phasenverspäteten Strom aus dem Netz und dem ersten Umformer. Letzterer wird wegen schwächerer Felderregung seine Geschwindigkeit erhöhen, bis er keinen Strom mehr aus der Batterie entnimmt. Dann kann sich das Spiel wiederholen, und es können beide Umformer pendeln oder, wenn der Umformer im Verhältnis zur Zentrale groß ist, sogar aus dem Tritt fallen. Um dies zu verhüten, hat man in vielen Fällen die Umformer einzeln auf getrennte Netze arbeiten lassen, so daß sie also nur mit der Wechselstromseite parallel liefen; oder man hat besondere Kupferwindungen nach Art der Kurzschlußankerstäbe oder des Leblancschen Dämpfers in die Polschuhe eingebettet, um das Pendeln zu verhüten.

Läßt man den Umformer von der Gleichstromseite aus an, so vollzieht sich die Parallelschaltung wie bei Wechselstromgeneratoren. Doch ist auch hier die Möglichkeit des Pendelns wegen der, den beiden Seiten des Umformers gemeinsamen Erregung vorhanden. Betreibt man einen Umformer allein von der Gleichstromseite aus, so kann die plötzliche Belastung der Wechselstromseite, beispielsweise durch Induktionsmotoren, infolge der entmagnetisierenden Wirkung der nacheilenden Ankerströme eine für den Umformer gefährliche Erhöhung der Umdrehungszahl herbeiführen.

Beim Einphasenumformer heben sich die Gleichstrom- und die Wechselstromrückwirkungen der Armaturwindungen gegenseitig nicht auf. Die resultierende Armaturreaktion verändert vielmehr sich mit der doppelten Periodenzahl des zugeführten Wechselstroms, und dementsprechend oszilliert auch das sich ergebende Magnetfeld, so daß selbst der von der Maschine gelieferte Gleichstrom etwas pulsierend ist, und Funkenbildung sowie zusätzliche Verluste nur schwer zu vermeiden sind. Für größere Leistungen wird man bei Einphasenstrom stets, bei Mehrphasenstrom häufig den Motorgenerator mit Vorteil anwenden können, wobei es besonderen, von Fall zu Fall anzustellenden Erwägungen überlassen bleiben muß, ob synchrone oder asynchrone Motoren anzuwenden sind.

Statt der drehenden Umformer in dieser Form kann man durch besondere Anordnungen Umformer mit ruhenden Wickelungen verwenden, bei denen ein Drehfeld passender Form primäre Wickelungen durchläuft, während synchron mit ihm umlaufende Bürsten Gleichstrom von sekundären Wickelungen abnehmen. Solche Lösungen sind von Leblanc[1]), von Rougé-Faget[2]), für kleine Leistungen auch von Blondel gegeben worden.

---

[1]) Feldmann, ETZ 1901 S. 806.
[2]) Corsepius, ETZ 1905 S. 942.

Eine eigenartige Lösung bietet der aus einem asynchronen Motor und einem damit gekuppelten Umformer bestehende Kaskadenumformer[1]) von Arnold und La Cour. Der Läufer des Motors speist den Anker des Umformers, sein Ständer nimmt den hochgespannten Mehrphasenstrom auf. Hat der Motor des Kaskadenumformers m und die Dynamo n Pole, so läuft die Maschine ebenso schnell wie ein Synchronmotor mit m + n Polen. Während also das Drehfeld im Motorständer m + n Pole durchwandert, rückt der Läufer nur um m Pole vor, schlüpft also um n Pole. Die Periodenzahl des Läuferstroms ist also proportional n, und dies ist für die Gleichstrommaschine die synchrone. Von der gesamten zugeführten elektrischen Energie wird der Teil m/(m + n) in mechanische Energie umgewandelt, der Rest n/(m + n) wird unmittelbar elektrisch umgeformt. Für den Entwurf ergeben sich hieraus günstige Verhältnisse, selbst bei hohen Per/sek, die bei gewöhnlichen Umformern große Schwierigkeiten verursachen würden.

7. Akkumulatoren.

Der elektrische Akkumulator oder Sammler hat den Zweck, elektrische Energie in chemischer Form aufzuspeichern, um sie im Bedarfsfalle abgeben zu können. Alle praktisch wichtigen Akkumulatoren bestehen aus Bleielektroden in verdünnter Schwefelsäure. Bei der Bunsenschen Gasbatterie wurde angesäuertes Wasser durch den Strom in Wasser- und Sauerstoff zerlegt. Diese Gase strebten unter Bildung eines Entladestromes sich wieder zu Wasser zu vereinigen. Der Schritt hiervon zu den modernen Bleiakkumulatoren wurde 1854 durch Sinsteden angebahnt, der nachwies, daß diese Rückwirkung sich wesentlich dadurch verstärken läßt, daß man als Elektroden solche Metalle wählt, die mit den Gasen chemische Verbindungen, besonders auch höhere Sauerstoffverbindungen zu bilden vermögen. Unter diesen Metallen erwies sich nach G. Plantés Versuchen vom Jahre 1869 das Blei als das geeignetste. Es kann an der Sauerstoffelektrode sauerstoffreiche Verbindungen eingehen, die eine hohe Potentialdifferenz gegen den an der Wasserstoffelektrode durch Reduktion gebildeten Bleischwamm aufweisen. Planté bildete seinen ersten Akkumulator aus zwei spiralig ineinander gewickelten Bleiplatten, auf denen er durch längeres Laden mit schwachen Strömen von abwechselnder Richtung und unter Einhaltung von Ruhepausen eine dünne Schicht aufgelockerten Bleischwammes auf der negativen und Bleisuperoxyds auf der positiven Platte erzeugte. Dieses Formieren der Platten war zeitraubend und teuer und wurde jahrelang vollkommen verdrängt durch

---

[1]) Arnold-La Cour, Voit-Sammlg. elektrot. Vortr. VI.

Akkumulatoren. 471

das von Faure, Sellon und Volckmar angegebene Verfahren der Formierung bestrichener oder mit Masse ausgefüllter Gitterplatten. Die Gitterplatten besaßen Rippen und Stege, welche die wirksame Masse festhalten sollten. Als solche diente für die positiven Platten im wesentlichen Mennige, für die negativen Bleiglätte, deren Formierung sich rasch vollzieht. Diese Gitterplatten haben jedoch eine verhältnismäßig geringe Lebensdauer, da die wirksame Masse beim Gebrauch frühzeitig herausfällt, und dadurch die Kapazität des Akkumulators schwindet.

Tudor formierte seit 1882 den Akkumulator zunächst durch mehrere Wochen ganz nach der Plantéschen Weise, wodurch sich eine innig mit dem Kern verbundene Bleisuperoxydschicht bildete, auf welche dann Mennige aufgetragen wurde. Hierauf wurde die Platte nochmals dem Strom ausgesetzt, um die Mennige ebenfalls in Superoxyd zu verwandeln, welcher Vorgang nur einige Tage dauerte. Auf diese Weise sollte die Haltbarkeit des Plantéschen Akkumulators mit der abgekürzten Herstellung nach Faure vereinigt werden. Als folgende Entwicklung trat die positive Großoberflächenplatte auf, deren zahlreiche tiefe und schmale Rinnen aus reinem Blei nach Plantéschem Verfahren mit einer fest an der Oberfläche haftenden dünnen Superoxydschicht überzogen werden. Als negative Elektroden dienen mit Masse versehene Gitterplatten.

Ein geladener Akkumulator zeigt an der positiven Platte, der Anode, Bleisuperoxyd PbO_2: an der negativen Platte, der Kathode, Bleischwamm Pb. Sein Elektrolyt besteht aus Schwefelsäure H_2SO_4 und Wasser H_2O.

Theorie des Bleiakkumulators. Die gesamte Energieänderung, welche einen chemischen Vorgang begleitet, ist durch die Reaktionswärme bestimmt. Zwischen der Wärmetönung U und der freien Energie A besteht die Beziehung $A = U + T \frac{\partial A}{\partial T}$, worin T die absolute Temperatur und daher $\frac{\partial A}{\partial T}$ den Temperaturkoeffizienten der Arbeitsfähigkeit bedeutet. Da nach dem Faradayschen Gesetze 96 540 Coulomb 1 g-Äquivalent chemischer Substanz umsetzen, so ist $A = 96\,540$ E Voltcoulomb. Da ferner 1 Volt-Coulomb 0,239 g-cal. gleichkommt, so findet sich für

$$E = \frac{U}{23\,073} + T \frac{\partial E}{\partial T} \text{ Volt} \quad \ldots \ldots \ldots \text{ I)}$$

Diese von v. Helmholtz 1882 aufgestellte Gleichung läßt sich vielfach anwenden. Der Temperaturkoeffizient $\frac{\partial E}{dT}$ wird im Akkumulator bei einer Säuredichte von 1,044 (15° C.) Null, d. h. seine elektromotorische Kraft ist dabei unabhängig von der Temperatur. Für diesen besonderen Fall ergibt sich dann die vereinfachte, von Thomson gefundene Regel:

$E = \dfrac{U}{23\,073}$ Volt, worin für U die auf 1 g-Äquivalent entfallende Wärmetönung der Reaktionsgleichung I) einzusetzen ist. Fr. Streintz und Tscheltzow haben diese Wärmetönung auch durch Versuche ermittelt. Die berechnete elektromotorische Kraft beträgt je nach der Säuredichte 1,96 bis 2,01 Volt, während die wirkliche mit 1,99 bis 2,01 beobachtet wurde.

Diese thermodynamischen Beziehungen gewähren keinen vollständigen Einblick in die Bildung der elektromotorischen Kraft des Akkumulators. Er wird erst durch die Nernstsche osmotische Theorie geboten. Jedem Metall in einem Elektrolyt kommt nämlich, ähnlich wie einem löslichen Salz, ein starkes Bestreben zu, in Lösung, d. h. in den Ionenzustand überzugehen. Sobald sich infolge der elektrolytischen Lösungstension in der Flüssigkeit Metallsalz gebildet hat, nimmt die Potentialdifferenz so lange ab, bis der osmotische Druck der Metallionen der Lösungsspannung das Gleichgewicht hält. Geht vom Metall eine Elektrizitätsmenge von 96540 Coulomb über, welche 1 g-Äquivalent entspricht, so wird bei ε Volt die Arbeit $96540 \cdot \varepsilon$ Voltcoulomb geleistet. Gleichzeitig werden $\dfrac{1}{n}$ g-Ionen des n-wertigen Metalles vom Lösungsdruck P auf den osmotischen Druck p der Ionen in der Lösung gebracht, was einer Arbeit von $\dfrac{RT}{n} \log \mathrm{nat} \dfrac{P}{p}$ entspricht. Denn es gilt für den osmotischen Druck in verdünnten Lösungen dasselbe wie für Gase. R stellt die Gaskonstante dar, welche in elektrischem Energiemaß ausgedrückt zu folgendem führt:

$$\varepsilon = \frac{RT}{n} \log \mathrm{nat} \frac{P}{p} = \frac{0{,}000\,198\,3}{n} T \log_{10} \frac{P}{p} \text{ Volt}.$$

Setzt man statt des Verhältnisses der osmotischen Drücke jene der Ionenkonzentration:

$$\varepsilon = \frac{0{,}000\,198\,3}{n} T \log_{10} \frac{C}{c} \text{ Volt} \quad \ldots \ldots \ldots \text{ II)}$$

Diese von Nernst 1889 entwickelte Gleichung bildet mit der v. Helmholtzschen I) die Grundlage der modernen Elektrochemie. Sie haben auch ihre Fruchtbarkeit in der Anwendung auf den Bleiakkumulator bewiesen[1]).

Eine gute Erklärung der Vorgänge bei der **Entladung** und **Ladung** liefert die Ionentheorie. Le Blanc[2]) nimmt eine gewisse Lös-

---

[1]) Dr. Friedrich Dolezalek, Die Theorie des Bleiakkumulators, 1901.
[2]) Le Blanc, Lehrbuch der Elektrochemie, II. Aufl., 1900.

Theorie des Bleiakkumulators. 473

lichkeit des Bleisuperoxyds im Wasser an. Dieses gelöste Superoxyd setzt sich mit Wasser so um, daß sich vierwertige Bleiionen und Hydroxylionen bilden:

$$Pb\,O_2 + 2\,H_2O = \overset{++++}{Pb} + 4\,\overset{-}{O}H \quad \ldots \ldots \ldots 1)$$

Die vierwertigen Bleiionen geben bei der Entladung zwei elektrische Ladungen durch den äußeren Stromkreis an die Kathode ab, und diese entsendet zweiwertige Bleiionen $\overset{++}{Pb}$ in Lösung, die gleich den ersten, zweiwertig gewordenen Bleiionen von der Anode mit $\overset{=}{S}O_4$-Ionen zu festem Bleisulfat zusammentreten, Gleichung 2). Die frei werdenden $\overset{+}{H}$-Ionen der Säure bilden mit den $\overset{-}{O}H$-Ionen Wasser, Gleichung 3); die verbrauchten $\overset{++++}{Pb}$-Ionen werden aus dem festen Superoxyd der Anode wieder ergänzt. Der Entladungsvorgang entspricht also den Gleichungen

$$\overset{++++}{Pb} + Pb + 2\,\overset{=}{S}O_4 = 2\,Pb\,SO_4 \quad \ldots \ldots \ldots 2)$$

$$4\,\overset{-}{O}H + 4\,\overset{+}{H} = 4\,H_2O \quad \ldots \ldots \ldots 3)$$

Bei der Ladung entsendet das auf beiden Elektroden angehäufte Bleisulfat zweiwertige Bleiionen in den Elektrolyten, Gleichung 4). Diese nehmen an der Anode zwei elektrische Ladungen auf und gehen dort in vierwertige Ionen über, während sie an der Kathode durch Abgabe ihrer Ladungen sich in metallisches Blei verwandeln, Gleichung 5). Ebenso setzen sich die vierwertigen Bleiionen mit Wasser wieder zu festem Superoxyd, Gleichung 6), die frei werdenden $\overset{+}{H}$-Ionen mit den $\overset{=}{S}O_4$-Ionen zu Schwefelsäure, Gleichung 7), zusammen.

Der Ladungsvorgang ist also nach Le Blanc genau die Umkehrung des Entladevorganges und entspricht den Beziehungen:

$$2\,Pb\,SO_{4\,\text{fest}} = 2\,\overset{++}{Pb} + 2\,\overset{=}{S}O_4 \quad \ldots \ldots \ldots 4)$$

$$2\,\overset{++}{Pb} = \overset{++++}{Pb} + Pb \quad \ldots \ldots \ldots 5)$$

$$\overset{++++}{Pb} + 4\,\overset{-}{O}H = Pb\,O_2 + 2\,H_2O \quad \ldots \ldots \ldots 6)$$

$$4\,\overset{+}{H} + 2\,\overset{=}{S}O_4 = 2\,H_2SO_4 \quad \ldots \ldots \ldots 7)$$

Dagegen geht Liebenow[1]) von der Annahme aus, daß in einer Bleisulfatlösung außer zweiwertigen $\overset{++}{Pb}$- und $\overset{=}{S}O_4$-Ionen auch zweifach negativ geladene $\overset{=}{Pb}\,O_2$-Ionen vorhanden sind, und betrachtet die Anode als umkehrbar bezüglich der $\overset{=}{Pb}\,O_2$-Ionen, die Kathode als umkehrbar

---

[1]) C. Liebenow, Zeitschr. f. Elektrochem. II, S. 420 und 653.

474 Schaltung und Regelung von Leitungen und Maschinen.

bezüglich der $\overline{\overline{Pb}}$-Ionen. Bei der Entladung verhält sich die Kathode wie in der vorigen Hypothese auseinandergesetzt, während an der positiven Elektrode Bleisuperoxyd in Gestalt von $\overline{Pb}\,\overline{O}_2$-Ionen in die mit solchen Ionen gesättigte Lösung tritt und zunächst mit den $\overset{+}{H}$-Ionen der Säure unter Bildung von $\overset{++}{Pb}$-Ionen und Wasser, Gleichung 8), zusammenwirkt; die entstandenen zweiwertigen Bleiionen treten darauf mit den $\overline{\overline{S}}\overline{O}_4$-Ionen der Säure zu festem Bleisulfat zusammen. Gleichung 9).

$$\overline{Pb}\,\overline{O}_2 + 4\overset{+}{H} = \overset{++}{Pb} + 2H_2O \quad \ldots \ldots \quad 8)$$

$$\overset{++}{Pb} + \overline{\overline{S}}\overline{O}_4 = Pb\,SO_{4\,\text{fest}} \quad \ldots \ldots \quad 9)$$

Bei der Ladung werden umgekehrt an der Kathode die $\overset{++}{Pb}$-, an der Anode die $\overline{Pb}\,\overline{O}_2$-Ionen aus der Lösung gefällt und durch das an den Elektroden angehäufte Sulfat nachgeliefert

$$2\,Pb\,SO_4 + 2\,H_2O = \overset{++}{Pb} + 4\overset{+}{H} + \overline{Pb}\,\overline{O}_2 + 2\,\overline{\overline{S}}\,\overline{O}_4 \quad \ldots \quad 10)$$

und die zweiwertigen Blei- und Superoxydionen bilden unter Abgabe ihrer Ladungen schwammiges Blei und festes Bleisuperoxyd.

Wendet man die Nernstsche Formel im Sinne der Liebenowschen Theorie an und bezeichnet mit C_0 die Lösungstension der Superoxydelektrode für $\overline{Pb}\,\overline{O}_2$-Ionen mit C_p, diejenige der Bleischwammelektrode für $\overset{++}{Pb}$-Ionen und wird die Ionenkonzentration in der Säure durch die eingeklammerten chemischen Symbole ausgedrückt, so ist die Potentialdifferenz der Anode gegen die Säure

$$\epsilon_0 = -\frac{RT}{2}\log\text{nat}\frac{C_0}{[\overline{Pb}\,\overline{O}_2]}$$

und diejenige der Kathode

$$\epsilon_p = \frac{RT}{2}\log\text{nat}\frac{C_p}{[\overset{++}{Pb}]}.$$

Die gesamte EMK des Akkumulators ergibt sich dann als Unterschied der Einzelpotentiale zu

$$E = \epsilon_p - \epsilon_0 = \frac{RT}{2}\log\text{nat}\frac{C_p \cdot C_0}{[\overset{++}{Pb}]\cdot[\overline{Pb}\,\overline{O}_2]}$$

oder für die Zimmertemperatur $T = (273 + 18)^0$

$$E = 0{,}0288\,\lg_{10}\frac{C_p}{[\overset{++}{Pb}]}\cdot\frac{C_0}{[\overline{Pb}\,\overline{O}_2]}.$$

Verhalten der Bleiakkumulatoren. Die elektromotorische Kraft des Akkumulators bei Füllung mit Schwefelsäure von 1,17 bis 1,20 spezifischem Gewicht bei 15⁰ C. beträgt etwa 2 V. Sie wird stark durch den Säuregehalt der Flüssigkeit in der Nähe der wirksamen Masse der Elektroden beeinflußt. Dieser ändert sich während des Ladens und Entladens beträchtlich; er steigt bei der Ladung, sinkt bei der Entladung, und mit ihm steigt und sinkt die EMK. Unterbricht man eine Ladung oder Entladung, so fällt oder steigt die EMK allmählich auf 2 V, da die Unterschiede in der Säuredichte in der Nähe der Platten und ihrer weiteren Umgebung sich allmählich durch Diffusion ausgleichen. Bei verschiedenem Säuregehalt beträgt die EMK des nicht arbeitenden Bleiakkumulators nach Kendrick wie folgt:

Gehalt an H_2SO_4 in %	5	10	15	20	22,5	25	27,5	30
Spez. Gewicht bei 15⁰	1,037	1,075	1,116	1,162	1,185	1,210	1,236	1,263
EMK bei 25⁰ in V	1,878	1,925	1,958	1,992	2.009	2,026	2,043	2,059

Die EMK wird von der Temperatur wenig beeinflußt. Der Temperaturkoeffizient ist nämlich positiv für Säuredichten über 1,044, negativ für kleinere Dichten; die größte Änderung beträgt nur 0,38 Millivolt für Säure von 1,125 spezifischem Gewicht.

Der innere Widerstand R wächst während der Entladung anhaltend, anfangs langsamer, dann rascher. Der Endwert kann doppelt so hoch sein als der Anfangswert. Bei der Ladung geht die Abnahme des inneren Widerstandes anfangs am raschesten, dann langsamer vor sich. Diese Veränderungen rühren nicht allein von der Menge des vorhandenen Bleisulfates her, sondern vor allem von der Änderung des Säuregehalts in der Flüssigkeit und in den Poren der wirksamen Masse; sie rühren nach Dolezalek und Gahl fast ausschließlich von den positiven Platten her. Der innere Widerstand sinkt mit steigender Temperatur und steigt mit sinkender.

Die Klemmenspannung hängt von der EMK, dem inneren Widerstande R und der Stromstärke J ab. Sie zeigt bei der Entladung mit konstanter Stromstärke etwa den in Fig. 437 dargestellten Verlauf, den C. Heim[1]) an einer Zelle der Akkumulatorenfabrik A.-G., Berlin und Hagen i. W., beobachtet hat. Diese Zelle besaß positive Großoberflächenplatten, negative Masseplatten, war vor Beginn der Ladungen mit Säure von 1,151 spezifischem Gewicht (19⁰ B.) gefüllt und geladen worden. Bei Entladung fällt die Klemmenspannung Kurve I in den ersten Minuten von 2,06 auf 1,97 ab, sinkt dann nach Verlauf von 2 weiteren Stunden auf 1,90 V und erreicht nach etwa 3½ Stunden den

---

¹) C. Heim, ETZ 1900, S. 940.

476 Schaltung und Regelung von Leitungen und Maschinen.

unteren Grenzwert von 1,8 V. Kurve II stellt das Verhalten derselben Zelle dar, wenn sie nicht sofort nach Beendigung der Ladung wieder entladen wird, sondern zwischen Ladung und Entladung eine Pause von 14 Stunden liegt. In diesem Falle ist die Klemmenspannung durch eine geringe Selbstentladung infolge Diffusion der Säure schon in ihrem Anfangswerte niedriger, nämlich etwa 1,97 V; außerdem aber zeigt sie noch eine Unstetigkeit. In den ersten Minuten nach Stromschluß sinkt die Klemmenspannung auf 1,925 V, steigt dann wieder, ohne den Anfangswert zu erreichen, wendet sich und fällt erst langsamer, dann rascher zum Endwerte ab. Das vorübergehende Ansteigen der Klemmenspannung zu Beginn der zweiten Entladung in Fig. 437 rührt daher,

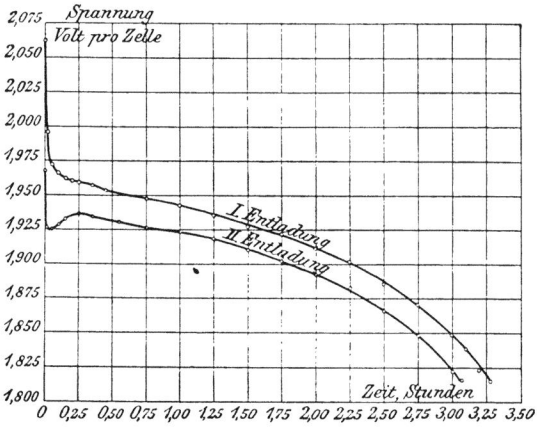

Fig. 437.

daß zu Anfang der Entladung die Säure in den Poren der wirksamen Masse eine wesentlich höhere Konzentration hat als zwischen den Platten. Bei Beginn der Entladung wird dann zunächst in den Poren dieser Masse Wasser gebildet, wodurch die EMK E der Zelle sinkt; gleichzeitig wird aber durch die Wärmeentwickelung des Entladestromes die Temperatur der Flüssigkeit vornehmlich in diesen Poren erhöht, wodurch der innere Widerstand R der Zelle sinkt. Da nun die Klemmenspannung e bei der Entladung $e = E - JR$ ist, kann bei starker Abnahme des inneren Widerstandes die Verringerung des Spannungsabfalles JR größer sein als die gleichzeitige Abnahme der EMK. In diesem Falle zeigt sich dann das vorübergehende Ansteigen der Klemmenspannung e.

Unmittelbar nach beendigter Ladung war die Klemmenspannung auf 1,1715 bei 21,5° C. gestiegen, sofort nach Schluß der Entladung war es wieder auf 1,1455 bei 20,7° C. gesunken. Blieb die geladene Zelle

Entladung und Ladung. 477

sich selbst 10 bis 14 Stunden überlassen, so stieg das spezifische Gewicht der Säure durch die aus den Poren der Masse austretende konzentrierte Flüssigkeit auf 1,1730 bei 19⁰. Das Fassungsvermögen oder die Kapazität der Zelle betrug bei sofortiger Entladung mit 26 A, entsprechend einer Stromdichte von 1,06 A/dm², 89,7 Amperestunden, bei Entladung nach etwa 10 stündiger Pause 86,6 Amperestunden.

Bei der Ladung mit konstanter Stromstärke muß die Klemmenspannung e den Spannungsverlust JR in der Zelle und die Gegen-EMK der Zelle überwinden; es muß also e = E + JR sein. Man erkennt, Fig. 438, daß die Kurve der Klemmenspannung bei der Ladung mit konstantem Strom J = 23 A von dem Anfangswerte 2,05 V in den ersten Minuten nach Stromschluß auf etwa 2,15 V steigt und erst nach

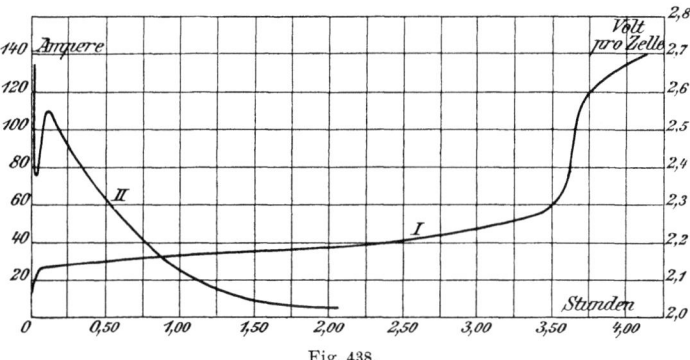

Fig. 438.

2 Stunden 2,2 V erreicht. Dann beginnt die Kurve der Klemmenspannung stärker zu steigen, sich nach oben zu krümmen und steigt über 2,6 V nur noch langsam an. An der ersten Krümmung, etwa bei 2,25 V, beginnt die Gasentwickelung an der Anode, dann an der Kathode. Das Auftreten dieser Sauerstoffbläschen an den positiven und der Wasserstoffbläschen an den negativen Platten ist ein Zeichen, daß die Oxydation bezw. Reduktion an ihnen so weit schon vorgeschritten ist, daß Teile des elektrolysierten Wassers in Gasform frei entweichen können, ohne gebunden zu werden. Die Grenze, bei der die normale Ladung mit konstantem Strom als beendet anzusehen ist, steht nicht so sicher fest wie jene der Entladung. Manche Firmen nehmen an, es genüge bis zur beginnenden starken Gasentwickelung, dem Kochen, also bis etwa 2,5 V pro Zelle zu laden, andere verlangen wenigstens allmonatlich einmal die Überladung bis auf etwa 2,7 V pro Zelle, wobei jedoch während der Periode der starken Gasentwickelung die Stromstärke bis auf etwa $^2/_3$ des normalen Wertes abnehmen soll.

Bei der Ladung mit konstanter Klemmenspannung von 2,342 V für die Zelle erhielt Heim bei demselben Akkumulator den in Fig. 438 durch Linie II dargestellten Verlauf des Ladestromes. Der Strom betrug 7 Sekunden nach Stromschluß 135 A, 20 Sek. später etwa 77 A als Minimum. Dann nahm er bei der fünften Minute seinen höchsten Wert von 110 A an und fiel zwei Stunden nach Stromschluß auf 6 A. Der unregelmäßige Verlauf der Stromkurve ist auch hier durch Änderungen der Säuredichte und des inneren Widerstandes zu erklären. Mäßige Gasbildung trat an den Anoden nach 15 Minuten, an den Kathoden nach einer Stunde auf. Die Ladung war nach zwei Stunden beendet. Bei sofortiger Entladung mit konstanter Stromstärke von 26 A ergaben sich 75 A-Stunden, bei Entladung nach 13 stündiger Nachtpause 71,6 A-Stunden. Die Abgabefähigkeit hatte sich also durch die schnelle Aufladung um 16—17 % verringert.

Die von einer Zelle aufgenommene Elektrizitätsmenge soll stets größer als die abgegebene sein. Man bezeichnet das Verhältnis der beiden als den **Wirkungsgrad**, bezogen auf Amperestunden. Da nun aber auch die mittlere Ladespannung um etwa den doppelten Betrag des inneren Spannungsverlustes höher ist als die mittlere Entladespannung, muß der eigentliche, auf Arbeitsmengen oder Wattstunden bezogene Wirkungsgrad wesentlich kleiner sein als das vorerwähnte Verhältnis der Elektrizitätsmengen. Es ergab sich nun für die von Heim untersuchte Zelle, die auch hier wieder als typisches Beispiel gelten kann, bei Ladung mit konstantem Strom von 26 A als

	ohne Pause	nach 13 stündiger Pause
Wirkungsgrad bezogen auf Amperestunden	94,4 %	91,6 %
- - - Wattstunden	79,7 -	76,7 -

Die Ladung mit konstanter Spannung kommt besonders bei **Pufferbatterien** in Frage. Dies sind parallel zur Dynamo geschaltete Batterien solcher Spannung und Zellengröße, daß sie bei normaler Vollbelastung der Dynamo weder Strom aufnehmen noch abgeben, bei stoßweiser Überlastung die Dynamo unterstützen, bei plötzlicher Entlastung von ihr geladen werden. Die Batterie würde vollkommen puffern, wenn ihre Klemmenspannung unabhängig vom Strom stets unverändert bliebe, die Dynamospannung sich dagegen nahe der Vollbelastung stark änderte. Die Zellen müssen also groß sein und geringeren inneren Widerstand besitzen. Bei Elementen mit mehr als 250 A-Stunden Kapazität bei einstündiger Entladung schwankt die Klemmenspannung von 1,89 bis 2,23 V, wenn auf eine 0,6 Minuten dauernde Entladung mit der einstündigen Entladestromstärke eine Ladung mit der höchsten zulässigen Ladestromstärke von 1 Minute Dauer folgt. Dies gilt für 15° C.; für jeden Grad mehr oder minder steigt oder sinkt die Spannung um 2 % des Unterschiedes 2,23 — 1,89 = 0,34 V. Die Säuredichte ist dabei 1,20 am Ende der Ladung mit 2,7 V für die Zelle. Pufferbatterien arbeiten dauernd in unstetigem Zustand, erreichen dabei höhere Wirkungsgrade und Lebensdauer als ständig belastete sogen. Kapazitätsbatterien. Um die Ladungsdauer zu verkürzen, ladet man auch diese Batterien mit der höchsten zulässigen Stromdichte. Die Erfahrung hat gezeigt, daß diese ohne Schaden für die Lebensdauer weit überschritten werden kann im ersten Teil der Ladung bis zum Beginn der Gasentwickelung. Die neueren Garantiebedingungen nehmen auf diese Erfahrung Rücksicht.

Die Kapazität eines Akkumulators wird durch den Säuregehalt in der unmittelbaren Umgebung der wirksamen Masse, die Porosität und Dicke dieser Masse und die Temperatur der Zelle beeinflußt. Die aus der Menge der wirksamen Masse beider Elektroden bei der völligen Umsetzung in Bleisulfat erzielbare Elektrizitätsmenge stellt die theoretisch mögliche Kapazität dar. 3,86 g Bleischwamm und 4,46 g Bleisuperoxyd sollten 1 A-Stunde liefern. Die praktisch erreichbare Kapazität beträgt etwa 0,1—0,35 der theoretisch möglichen, hauptsächlich wegen frühzeitiger Abnahme des Säuregehalts an den Elektroden.

Je poröser die wirksame Masse, je dünner die aktive Schicht, desto höher die Kapazität, weil hierdurch die Säure leichter und inniger mit der wirksamen Masse in Berührung kommt. Auch Erhöhung der Säuredichte bis nahe zum oder über den höchsten Wert der elektrischen Leitfähigkeit der Säure, der beim spezifischen Gewicht 1,224 bei 15° C. auftritt, erhöhen die Kapazität, verkürzen aber wegen der Bildung inaktiven Bleisulfats die Haltbarkeit der Platten. Bei Temperaturerhöhung steigt die Kapazität aus zweierlei Ursachen; die Leitfähigkeit der Säure nimmt zu, der innere Widerstand also ab, und die Diffusion wird erleichtert. Bei einer Stromdichte von 1—1,2 A/dm², die einer Entladung in 3—4 Stunden entspricht, nimmt die Kapazität für 1° C. Erwärmung innerhalb des Temperaturbereichs von 15—45° C. um 1 % bezogen auf den Wert bei 15° C. zu.

Die Kapazität der einzelnen Elektroden verändert sich im Laufe der Zeit. Bei positiven Pasteplatten fällt die in die Gitter des Bleiträgers eingetragene Füllmasse allmählich heraus; dadurch sinkt ihre Kapazität. Die gleichzeitig stattfindende Planté-Formierung des Trägers ersetzt diese Abnahme nur zum Teil, schwächt aber das Bleigerüst, so daß die Platte schließlich zerfällt. Bei Großoberflächenplatten schreitet die Planté-Formierung allmählich von außen nach innen fort, die Kapazität nimmt also anfänglich zu, später nach Zerstörung von Teilen der Oberfläche langsam wieder ab. Die Kapazität der negativen Platten, die stets als Gitterplatten verwendet werden, nimmt durch Schrumpfen des Bleischwammes, der allmählich zu metallischem Blei zusammensintert, und durch Sulfatbildungen dauernd ab. Ihre Kapazität wird deshalb stets etwa doppelt so hoch genommen als die Kapazität der positiven Platten.

Die Messung der Einzelkapazitäten kann nach der Fuchsschen Methode mit Hilfselektroden geschehen. Man mißt die Klemmenspannung der Zelle und den Spannungsunterschied der Hilfselektrode gegen die einzelnen Platten. C. Liebenow[1]) hat eine in Hartgummi eingelagerte Kadmiumplatte für rohe Messungen der Kapazität eingeführt. Da die EMK dieser Hilfselektrode gegen die Lösung von der Dichte der abgehenden Kadmiumionen gemäß der Nernstschen Formel abhängig ist, deren Anzahl aber in der Schwefelsäure keine bestimmte Größe ist, so war eine gewisse Unsicherheit zu fürchten. Es hat sich jedoch gezeigt, daß durch die langsame Auflösung des Kadmiums genügende Konstanz vorhanden ist. Man darf jedoch die Schwefelsäure nach dem Gebrauch nicht auf der Kadmiumelektrode zu Kadmiumsulfat eintrocknen lassen, weil dieses bei der nächsten Messung Fehler verursacht.

Gewöhnlich wird bei Batterien für die Versorgung mit elektrischer Beleuchtung, kurz Lichtbatterien oder Kapazitätsbatterien, die Entladung innerhalb einer Tag- und Nachtschicht vorgenommen. Stehen geladene Zellen länger, so büßen sie, zunehmend mit der Zeit, infolge der Selbstentladungen an Ladung und Spannung ein. Mehrtägiges Stehen im vollgeladenen Zustande schadet nichts. Wenn sie aber voll entladen sind, erheischen sie sofortige Neuladung, weil sich bei entladenen Platten festes unwirksames Bleisulfat bildet, wobei sich die positiven Platten heller, die negativen dunkler färben. Bei neuerlichem Laden verbleiben diese unwirksamen Bleisulfatkristalle zum Teil unzersetzt, wodurch der Kapazitätsschwund eintritt. Die Batterien werden, wenn sie längere Zeit nicht gebraucht werden, voll aufgeladen und in Zeiträumen von etwa einer Woche regelmäßig wieder nachgeladen.

Die Akkumulatorenfabrik in Philadelphia hat 1900 gefunden, daß die geschwächte Kapazität der negativen Platten durch Einbau von 1 mm dicken Holzbrettchen wieder gehoben werden kann. An Stelle des Glasstabes kommt ein runder Holzstab mit einem Schlitz, in welchen die Brettchen eingeschoben werden. Von den zwei Ursachen des Kapazitätsschwundes ist die Sinterung des Bleischwammes unheilbar, die Bildung von Bleisulfatkristallen durch die Brettchen heilbar. Die Holzbrettchen erleichtern die Reduktion, besonders der größeren Kristalle, erhöhen aber auch die Ladespannung um etwa 2 %; sie müssen sorgfältig ausgelaugt werden, damit nicht Essigsäure oder andere Stoffe aus ihnen

---

[1]) C. Liebenow, ETZ 1902 S. 524.

Wirkungsgrad der Akkumulatoren. 481

die positiven Platten angreifen. Da sie den Vorteil boten, bei Bleiplattenverbiegung die Kurzschlußgefahr zu vermindern, und da längere Beobachtungen ihre Unschädlichkeit auf die Lebensdauer der positiven Platten nachwiesen, so werden sie von der Akkumulatorenfabrik-Aktiengesellschaft bei tragbaren Akkumulatoren immer und bei feststehenden bei Kapazitätsschwund der negativen Platte durch Sulfatation verwendet.

Die Kapazität, welche ein Bleiakkumulator bei der Entladung bis zur normalen Grenze von 1,8 V etwa gibt, ist wesentlich abhängig von der Stromdichte oder von der Dauer der Entladung. Sie nimmt mit wachsender Stromdichte ab. Schröder hat 1891 die Erfahrungsformel Kapazität $K = M \cdot J^{2/3}$ für stärkere Ströme und rasche Entladung, worin M eine Konstante, gegeben; Liebenow hat 1896 für Entladung in mehr als 8 Stunden $K = M/(1 + a_3 J)$ angegeben, worin M und a Konstanten sind. Vereinigt man diese beiden Formeln nach Liebenow, 1897, so führt dies zur Gleichung

$$K = \frac{A'}{1 + a/t^n}.$$

Hierin sind 3 Konstanten, nämlich A', a und n, welch letzteres nach Liebenow $= 0,5$ ist, und t bedeutet die Entladedauer in Stunden. Nach Peukert, 1897, ist das Produkt $J^n t$, in welchem J die Entladestromstärke, t die Dauer der Entladung und n eine Erfahrungszahl bedeutet, die für die bekannten Typen von Akkumulatoren zwischen 1,35 und 1,72 liegt. Dies hat Loppé 1898 bestätigt gefunden. Die Kapazität steigt auch bei unterbrochener Entladung wegen der in den Ruhepausen eintretenden Erholung des Akkumulators.

Man enthält das Verhältnis der bei der Entladung gewonnenen Strommenge $\int_0^{t_e} J_e \cdot dt$ zu der bei Ladung aufgewendeten $\int_0^{t_1} J_1 \cdot dt$, den Wirkungsgrad des Akkumulators bezogen auf Amperestunden. Sind die Entladestromstärke J_e und die Ladestromstärke J_1 konstant, so vereinfachen sich die Ausdrücke. Dieses Verhältnis kann auch größer als Eins sein, was eine Frage der Lebensdauer bildet. Bei wirtschaftlicher Entladung und Ladung beträgt es je nach der Stromdichte 91—96 %. Bei Verunreinigungen der Stoffe verändert sich das Verhältnis der Elektrizitätsmengen sehr; bei Anwesenheit von Platinsalzen kann es sogar auf 0,3 sinken. Das Verhältnis der bei der Entladung gewonnenen Arbeit $\int_0^{t_e} J_e\, e_e \cdot dt$ zu der bei Ladung aufgewendeten $\int_0^{t_1} J_1\, e_1 \cdot dt$ wird als Wirkungsgrad bezogen auf Wattstunden bezeichnet. Hierin deutet der Weiser e die Entladung, l die Ladung an. Dieser Wirkungsgrad der

Arbeiten beträgt durchschnittlich 75 %. Nach Heim[1]) beträgt für positive Großoberflächenplatten und negative Gitterplatten

	3	5	7 Stunden
je nach der Dauer der Entladung in			
und der Stromdichte der Entladung	1,3—1,0	0,9—0,7	0,65—0,5 A/dm²
das Verhältnis der A-Stunden . .	91—94	92—95	93—96 %
das Verhältnis der W-Stunden . .	77—81	78—82	80—84 %

für einzelne Zellen. Der Verlust ist wesentlich dem Auftreten von Konzentrationsströmen in der Zelle zuzuschreiben, die sich durch Verschiedenheit der Lade- und Entladeklemmenspannung e_l und e_e äußern.

Die Gefäße werden aus Glas, Hartblei und mit Bleiplatten ausgeschlagenem Holz hergestellt. Für tragbare Akkumulatoren wird noch Hartgummi, der öfters, wie Sieg sagt, außer im Namen keinen Gummi enthält, gebraucht. Glaskasten werden aus einer geblasenen Kugelform erzeugt und müssen daher wegen gleicher Dicke in Länge und Breite nicht zu viel verschieden sein. Bleikästen biegen sich in Größen über 400 bis 500 mm mit der Zeit unter der Säurelast durch. Man greift dann zu Pitchpineholzkästen, die in Teer, Karbolineum getränkt und mit $^1/_2$ bis 2 mm Walzblei ausgeschlagen werden. Die Holzkästen sollen mit Holznägeln, nicht mit eisernen, wegen des Säureangriffes zusammengeschlagen sein.

Der Akkumulatorstrom soll seinen Weg durch die Säure von einer Plattenoberfläche zur andern überall in möglichst gleicher Stärke nehmen. Die Platten müssen daher so eingebaut werden, daß nicht nur ihre unmittelbare Berührung unmöglich wird, sondern auch daß hineinfallende Fremdkörper und abfallende wirksame Plattenmasse keine Kurzschließung zwischen den Elektroden herbeiführen. Faure bedeckte die Platten mit Zwischenwänden aus Tuch. Später wurden Gummipfropfen oder lotrechte Glasstäbe zur Abstandhaltung benutzt. Die Platten saßen auf isolierenden Leisten auf oder hingen mit Nasen an solchen. Man faßt je nach der Leistung mehrere gleichpolige Elektroden kammartig zusammen und läßt die gegenpolige Verbindung dazwischen greifen. Die verbindenden Bleileisten zwischen den einzelnen Platten und Zellen werden durch Bleilötung vermittelst eines Wasserstofflötapparates bewerkstelligt. Quecksilberlot aus 82 % Blei, 15 % Quecksilber und 3 % Zinn führt zu spröden Verbindungen, gestattet jedoch die gewöhnliche Lötlampe oder den sehr erhitzten Kolben zu gebrauchen. Noch einfacher, aber noch weniger zuverläßlich sind Verschraubungen, wobei verbleite Eisen-Bolzen und -Muttern verwendet werden. Durch Überstreichen

---

[1]) C. Heim, Die Akkumulatoren für stationäre elektr. Anlagen. 4. Aufl. 1906 S. 42.

Aufbau der Akkumulatoren.

mit geschmolzenem Paraffin u. dgl. werden sie gegen den Säureangriff geschützt. Bei kleineren Elementen wird die Reihenschaltung durch seitlich liegende Bleileisten nach Fig. 439 hergestellt, während diese bei größeren nach der Quere wie in Fig. 440 liegen, wobei die Stromverteilung auf die einzelnen Zellen gleichmäßiger wird. Da positive, einseitig erregte Platten sich leicht werfen, so verwendet man stets eine negative Platte in jeder Zelle mehr. Die kleinsten Platten feststehender Batterien haben etwa 1,5—3 qdm einseitige Fläche. Bei mehr als 6 positiven Platten greift man durch größere Platten zu einer Zellenstufe von meist doppelter Leistung. Da die wirksame Schicht der positiven Platten mit Plantéscher Formierung im Betriebe wächst, so muß für ihre Ausdehnung gesorgt werden. Die größten Akkumulatorplatten haben etwa 1 qm einseitige Fläche. Der Plattenabstand beträgt für kleinere

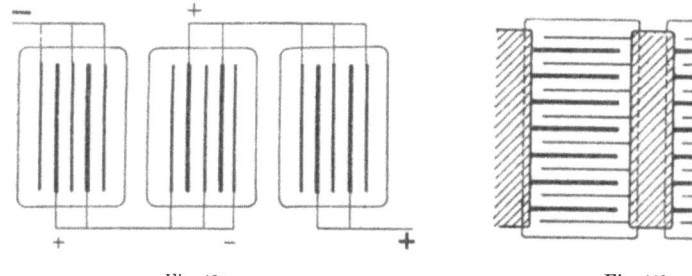

Fig. 439.   Fig. 440.

8—10, für mittlere 10—12 und für größere 12—15 mm. Die Schwefelsäure muß frei von Verbindungen sein, die bei der Ladung Bleiteilchen an der Anode lösen würden, die sich als Bleibäumchen an der Kathode niederschlagen. Besonders schädlich sind Salpeter- und Salzsäure, ferner Chlorverbindungen und Essigsäure. Diese letztere kommt zuweilen in Spiritusfabriken vor, in denen die Luft durch Alkoholdämpfe geschwängert ist, welche von der Schwefelsäure angezogen werden.[1] Dieser Alkohol wird dann zu Essigäther und Essigsäure oxydiert.

Von den zahlreichen Formen der Platten müssen wir uns hier begnügen, die in Deutschland verbreitetsten anzuführen.

Die Akkumulatorenfabrik A.-G. in Hagen i. W. verwendet als Anoden ausschließlich gegossene Bleiplatten mit 1,2 mm voneinander abstehenden tiefen Nuten. Von 6 zu 6 mm Entfernung stehen schmale Versteifungsrippen. Diese Großoberflächenplatten werden nach Planté formiert. In der Regel kommen sie aus gesundheitlichen Rücksichten mit negativer Formierung zum Versand; die wirksame Schicht wird dann erst am Verwendungsorte bei der ersten 30stündigen Ladung in

---
[1] Dr. E. Sieg, Die Akkumulatoren 1901.

Bleisuperoxyd verwandelt. Als Kathoden kommen zwei Bauweisen zur Anwendung. Die H-Type ist eine gepastete Gitterplatte aus Hartblei, d. i. Blei mit 2 % Antimonzusatz, die mit einem breiigen Gemisch aus Bleiglätte, verdünnter Schwefelsäure und Zusätzen zur Erzielung der Porosität eingestrichen wird. Die negativen Platten werden nach dem Trocknen in verdünnte Schwefelsäure getaucht, getrocknet und unformiert versandt. Die J-Type ist ein Mittelding zwischen Masse- und Gitterplatte; ein Bleirahmen bildet einen vielfach durchlöcherten Kasten mit einigen inneren Versteifungsrippen, so daß sein Inneres Kästchen etwa von $40 \times 40 \times 7$ mm bildet. Jede solche Abteilung enthält lose eingestrichene wirksame Masse, die durch Zusätze porös gemacht wird und dadurch weniger rasch sintern soll. Die H-Platte ist für Pufferbatterien, die J-Platte für Beleuchtungsanlagen bestimmt.[1]

Die Kölner Akkumulatorenwerke Gottfried Hagen, Kalk bei Köln, verwenden als Anoden eine Gitterplatte mit länglichen Öffnungen, deren Hohlräume mit Füllmasse ausgestopft werden; für schnelle Entladungen auch eine 6 mm dicke Großoberflächenplatte mit 0,3 mm dicken senkrechten Rippen in etwa 1,7 mm Abstand voneinander, zwischen denen 1,2 mm weite Öffnungen bleiben. Die Querrippen von 1—2 mm Dicke laufen senkrecht zu den Längsrippen in Abständen von je 10 mm. Diese Platte wird anfänglich mit Masse lose bestrichen und nur in dem Maße, wie diese Paste während des Betriebes abfällt, nach Planté formiert. Wenn alle Masse herausgefallen ist, hat die Plantéschicht allein die volle Kapazität erreicht. Als Kathode verwendet diese Firma eine Gitterplatte mit rautenförmigem Querschnitt der Gitterstäbe, die unter 45^0 zum Plattenrande laufen. Die in die einzelnen Maschen eingefüllten Massepastillen sind ziemlich groß; dadurch soll die Neigung zum Sintern verringert werden. Positive und negative Gitterplatten werden 250 bis 300 Stunden lang in der Fabrik formiert, dann in Wasser gespült und getrocknet. Die erste 30stündige Ladung soll vor allem die auf der Bleischwammplatte gebildete Oxydschicht entfernen.

Nicht alle Zellen einer Batterie sind vollkommen gleich beschaffen. Es können daher die genannten Verhältniszahlen aus einzelnen Prüfwerten an Zellen, wo man die Bedingungen für die Beanspruchung wählen und einhalten kann, nicht auf ganze Batterien übertragen werden, für welche der dauernde Betrieb gelten soll. Selbst die vom Käufer meist bedungenen Abnahmeversuche schaffen günstigere Bedingungen und Zahlen herbei. Da namentlich die Kapazität des Akkumulators von den vorherigen Be- und Entlastungsverläufen abhängt, so ist eine gewisse „Trainierung" der Platten für die Vorführung erklärlich. Bei Entladung

---

[1] Dr. L. Lucas, Die Akkumulatoren, 1906.

Prüfung und Garantie. 485

in etwa drei Stunden erhält man bei Abnahmeversuchen gegenüber der obigen Zahlentafel noch immer das Verhältnis der Elektrizitätsmengen wesentlich über 90 % und jenes der Arbeitsmengen bis 80 %. Die Vereinigung der Elektrizitätswerke hat mit den Fabriken Abnahmenormen beraten, welche die bezeichneten Umstände festsetzen. Das mittlere Verhältnis der Arbeitsmengen für die ganze Gebrauchsdauer einer Batterie wird für überschlägliche Kostenberechnung mit höchstens 75 % angesetzt. Bei durchschnittlich hoher Entladestromstärke und lässiger Behandlung sinkt das Verhältnis auf 70 %, günstige Umstände bringen ausnahmsweise auf 80 % hinauf, während für die Stromstärken die Werte von 0,85 immer und 0,90 leicht erzielbar sind.

Die für die Inbetriebsetzung und Kapazitätsprobe erforderliche elektrische Arbeit hat der Auftraggeber unentgeltlich zu liefern. Falls jedoch die nach den Ladevorschriften gelieferte Strommenge in Amperestunden den fünffachen Betrag der im gleichen Maße ausgedrückten zehnstündigen Kapazität überschreitet, kann der Auftraggeber die gelieferte Mehrarbeit nach dem Tarif für gewerblichen bezw. Kraftstrom, höchstens jedoch zum Preise von 16 Pf. pro Kilowattstunde, dem Unternehmer in Rechnung stellen.

Außer der Leistungsfähigkeit der Batterie gewährleistet der Unternehmer, daß nach Entnahme der garantierten Kapazität bei normaler Entladestromstärke die Spannung der Batterie nicht unter einen vereinbarten Betrag, etwa 1,78 bis 1,83 für die Zelle gesunken sein darf.

Der Unternehmer gewährleistet ferner für die Dauer der einjährigen Garantiezeit einen jederzeit nachweisbaren Wirkungsgrad der Batterie von etwa 75 % in Wattstunden und etwa 90 % in Amperestunden.

Der Unternehmer gewährt entweder eine ein- bis zweijährige kostenlose Garantie, oder er übernimmt gegen eine voraus zu zahlende jährliche Entschädigung, die Batterie in der Leistungsfähigkeit unverändert zu erhalten. Diese jährliche Entschädigung beträgt 10 % des Anschaffungspreises bei einer Batterie für 1000 Mk., nimmt aber bei Batterien für 60 000 Mk. auf $6^1/_4$ % ab. Da die negativen Platten etwa 4—6 Jahre halten, so ist in den zehn Jahren mindestens die einmalige Auswechselung aller negativen Platten erforderlich.

Vor der Kapazitäts- und Wirkungsgradprobe muß eine Aufladung mit Ruhepausen stattfinden. Hierauf nimmt man im normalen Betriebe eine gewöhnliche Entladung vor, alsdann wird die Batterie normal geladen, und zwar bis zur lebhaften Gasentwickelung an den negativen und positiven Platten, wobei die Stromstärke, Spannung und Gasentwickelung genau zu beobachten sind. Nun erfolgt eine Entladung bei normaler Stromstärke, bis die garantierte Kapazität entnommen ist bezw. bis zur kleinsten zulässigen Spannung am Ende der Entladung, worauf alsdann die Wiederladung erfolgt. Diese muß mit normaler Stromstärke vorgenommen und bis zur Erreichung der gleichen Spannung und Gasentwickelung fortgesetzt werden wie bei der vorangegangenen normalen Ladung. Das Verhältnis der letzten Entladung zur letzten Ladung ist maßgebend für das Verhältnis der A-Stdn. und der W-Stdn. Dabei sind die Verluste in den Zuleitungen entsprechend zu berücksichtigen.[1])

Neben der technischen Entwickelung des Akkumulators verdient auch die geschäftliche Erwähnung. Die anfänglichen Mißerfolge, namentlich bezüglich der Lebensdauer, brachten sie um jedes Vertrauen. In Deutschland begannnen daher Müller und Büsche bezw. Müller und Einbeck und in der Folge die Akkumulatorenfabrik Aktiengesellschaft als deren Rechtsnachfolgerin den Verkauf mit einer Lebensdauerversicherung in der geschilderten Form.

Die verschiedenartigste Beanspruchung und Bedienung der Akkumulatoren, der Umstand, daß die Abnützung mit den Jahren wächst, daß überall mit der Zeit der gesteigerte Absatz zu Erweiterungen, auch der Batterie, drängt u. dgl. m., ließ diese Geschäftsgrundlage als ein wahres Hindernisrennen für die kühnen Verkäufer, die mehr Rechtskundige denn Techniker sein mußten, erscheinen.

Aber die geschäftliche Organisation, die namentlich durch Gebhart für die Akkumulatorenfabrik A.-G. eingeleitet wurde, zeitigte durch entgegenkommendes Verhalten und gesunde versicherungstechnische Gestaltung Erfolge, welche noch durch geschickte Interessengemeinschaft mit Siemens & Halske und der Allgemeinen Elektrizitätsgesellschaft in Berlin, sowie durch eine monopolistische Vertrustung oder Aufsaugung der meisten deutschen Akkumalatorenfabriken ihre derzeitige Höhe erreichten. Die Kölner Akkumulatorenwerke Gottfried Hagen, die zweitgrößte Firma, führend auf dem Gebiet der Automobilbatterien, stehen mit ihr im Bündnis, und es bestehen in Deutschland zurzeit nur noch die Wittener Akkumulatorenwerke und die Akkumulatorenfabrik vorm. Boese, Berlin.

Die Zellen werden auf Holzgerüsten, wenn irgend tunlich, in einer Höhenlage, bei Raummangel in zwei Reihen übereinander aufgestellt. Es werden nicht mehr als zwei Reihen nebeneinander gestellt, und zwischen den Gruppen wird ein Bedienungsgang von mindestens 80 cm Breite gelassen, so daß jedes Element besichtigt werden kann. Bei Spannungen über 250 V ist für kleinere Zellen ein auf dem Fußboden liegender, durch Glasuntersätze mit Abtropfkante isolierter Laufboden aus Holz erforderlich, für höhere Zellen eine Laufbühne. Bei

---

[1]) Vergl. J. Uppenborn, Kalender für Elektrotechniker, und Dr. K. Strecker, Hilfsbuch für die Elektrotechnik, 1907.

Batterieaufstellung.

Batterien für Dreileitersysteme mit geerdetem Mittelleiter ist dies nötig, wenn die Spannung jeder Batteriehälfte 250 V übersteigt. Das Holz wird gegen Säureangriff und Fäulnis durch Tränkung und Anstrich geschützt. Diese Holzgestelle sitzen auf zweiteiligen Glas- oder Porzellanuntersätzen, deren Oberteil glockenförmig gestaltet ist, um das Überkriechen der Säure zu erschweren, während der schalenförmige Unterteil eine Ölrinne enthält. Für große Zellen und hohe Spannungen kann der in Fig. 441 dargestellte Lockesche Isolator von 250 mm Höhe, 150 mm Durchmesser und 5 kg Gewicht verwendet werden. Er ist oben und unten in gußeiserne Schalen gefaßt, und seine Bruchlast ist 14 000 kg.

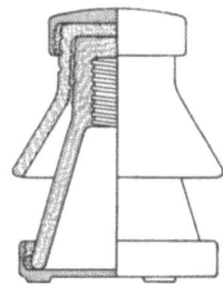

Fig. 441.

Die hohen Gewichte der Akkumulatoren erfordern eine gesicherte Grundlage, da selbst gleichmäßiges Setzen des Bodens wenigstens für Glasgefäße gefährlich werden kann. Der Boden wird meist mit Asphalt von 30 mm oder säurebeständigen Platten belegt, deren Fugen mit Teer ausgegossen werden; die Wände, Decken und Leitungen des Raumes werden mit säurebeständigem, alkoholfreiem Emaillack gestrichen, wobei die Eisenteile zuerst mit Mennige grundiert werden.

Die Räume müssen wegen der Säuredämpfe und der entstehenden Gase eine gute natürliche Lüftung erhalten; in die Luftöffnung eingebaute Ventilatoren erhalten sich wegen der Säuredämpfe nicht gut. Diese Lüftung ist nötig, um den Gasen, insbesondere auch der bei starker Gasbildung stets mitgerissenen schwefligen Säure den Abzug zu gestatten. Zuweilen werden die Zellen mit Glasplatten überdeckt, an denen sich mitgerissene Säureteile niederschlagen und als Tropfen zurückfallen. Die Gasentwickelung bei der Ladung erfordert wegen der Explosionsgefahr durch Knallgas strenges Verbot aller offenen Flammen, besonders auch strenges Rauchverbot für Batterieräume; selbst die elektrischen Lampen werden in säuredichten Fassungen ohne Ausschalter verwendet.

Um diese Vorsicht wirksamer hervorzuheben, seien zwei Unglücksfälle erwähnt. Die Batterie einer Zentrale wurde für die Abnahme durch langes Laden über Nacht vorbereitet. Die Fensterscheiben des Batterieraumes wurden zur Lüftung geöffnet, aber die Tür des Raumes zur Sicherheit geschlossen. Eine zufällige Sommerschwüle ließ die Fensteröffnungen wirkungslos, die Gase sammelten sich an, und es kam morgens durch das verbotene Betreten des Raumes mit einer brennenden Zigarette zu einer heftigen Explosion. Der zweite Fall betrifft die Überprüfung eines Akkumulators, der unter einem Waggon angebracht war. Der Kastendeckel wurde ein wenig geöffnet, um mit einem brennenden Streichholz hinein zu leuchten. Die einfallende Explosion schlug den Deckel in die Höhe und vernichtete dem Unvorsichtigen das Auge.

Bei der Wartung wird auf die Säuredichte durch Messung mit besonderen Aräometern geachtet. Diese Säuremesser haben flache statt zylindrische Glasgefäße und müssen entweder in Höhe der Flüssigkeitsschicht oder bei Anordnung von Holden außerhalb des heberförmigen Gefäßes abgelesen werden. Da der Unterschied in der Säuredichte zwischen Ober- und Unterkante der Akkumulatoren-Platte bis 1,5 % betragen kann, wird die Messung an mehreren Stellen vorgenommen.

Die verdunstete Säure wird ersetzt, und die nachzufüllende Säure soll das richtige spezifische Gewicht für die ganze Zelle ergeben; ist dies für den vorhandenen Rest schon zu hoch, so ist destilliertes Wasser nachzufüllen.

Große Anlagen stellen sich das destillierte Wasser durch einen Destillationsapparat, etwa von Otto Schusell in Gera, her, der mit Reduktionsdüse an eine Frischdampfleitung angeschlossen oder mit besonderem Dampferzeuger ausgerüstet werden kann. Kleine Anlagen beziehen das destillierte Wasser. Beim Mischen der Säure gießt man sie langsam unter Umrühren dem Wasser in großen Gefäßen zu, wobei die Mischung sich beträchtlich erhitzt. Es ist gefährlich, dem umgekehrten Weg zu folgen und das Wasser der Säure zuzusetzen. Am besten bezieht man die verdünnte Akkumulatorensäure von Säurefabriken.

Die Verwendung von Akkumulatoren bezweckt eine Unterstützung des Maschinenbetriebes, indem die zur Zeit geringer Stromabgabe geladenen Akkumulatoren während der Hauptbetriebszeit einen Teil der Stromlieferung übernehmen, wobei sie bei Störungen an den Erzeugermaschinen in betriebsfertiger Bereitschaft stehen, sofern ihre Kapazität ausreicht. Sie dienen deshalb oft im Winter als Reserve, weil zu dieser Zeit die unmittelbare Stromlieferung vorherrscht, während sie im Sommer für die Verminderung der Betriebsstunden mit den Generatoren sorgen.

Zur Erzielung der für Beleuchtungszwecke meist geforderten konstanten Spannung muß die Zahl der in Reihe und parallel zu den Maschinen geschalteten oder die Lampen speisenden Zellen während der Ladung oder Entladung durch Zellenschalter verändert werden. Die Gesamtzahl der für eine bestimmte Spannung erforderlichen Zellen soll bei den Regulierungen und Schaltungen erläutert werden.

Es sind auch noch andere umkehrbare Elemente als Akkumulatoren versucht worden. So z. B. das Element Zink—Schwefelsäure—Bleisuperoxyd mit 0,5 V für die Zelle, ferner der Ersatz des Zinkes durch Kadmium mit 2,3 V und Kupfer mit 1,2 V. Ein Akkumulator ohne Blei und Schwefelsäure beruht auf der umkehrbaren Kette Zink—Kalilauge—Kupferoxydul und ist vornehmlich von Wadell-Entz durchgebildet worden.

Seine EMK war 0,9 V, sein Wirkungsgrad bei angewärmtem Elektrolyt 60 % in Wattstunden; er hat sich nicht bewährt. Der von Jungner und Edison angegebene Akkumulator besitzt als Kathode fein verteiltes Eisen, das mit flockigem Graphit in dünne Stahlblechgitter eingefüllt wird, als Anode Nickeloxyd, als Elektrolyt Kalilauge. Seine mittlere Entladespannung ist etwa 1,1 V. Trotz vieljähriger Bemühung hat er sich, wenigstens bis jetzt, 1907, nicht praktisch einzuführen vermocht.

8. Parallelbetrieb von Maschinen und Akkumulatoren.

Da die Spannung einer Sammlerbatterie während der Entladung abnimmt, muß die Zahl der eingeschalteten Zellen bei fortschreitender Entladung allmählich vergrößert werden. Dazu dient der Zellenschalter.

Fig. 412 gibt eine Schaltung wieder, bei welcher die Dynamo und die Batterie unter Verwendung eines einfachen Zellenschalters entweder allein oder gemeinsam die Lampen speisen können. Steht der Maschinenumschalter M nach links, so ist die Batterie ausgeschaltet, und die Dynamo allein speist die Lampen. Steht M nach rechts, L nach links, wie gezeichnet, so werden je nach dem Stande des Zellenschalters Z, also auch der Betriebsspannung, die Lampen von Batterie und Dynamo gemeinschaftlich gespeist. Steht L nach rechts, dann speist die Batterie allein. Die Entladung ist also entsprechend. Bei der Ladung dürfen keine Lampen brennen; auch werden stets alle Zellen vom Dynamostrom durchflossen, die selten gebrauchten Endzellen also unnötig und stark überladen. Man wählt deshalb zuweilen die Schaltzellen für größere Stromstärke als die Stammzellen. Wenn die Spannung an den Glühlampen und die tägliche Stromentnahme aus den Akkumulatoren festgesetzt sind, kann man zunächst die Größe und Anzahl der Zellen sowie die Spannung der Dynamo bestimmen. Die Größe der Zellen wird durch die während eines Tages der Batterie zu entnehmende Strommenge in A-Stdn. und durch die benötigte höchste Stromstärke bestimmt,

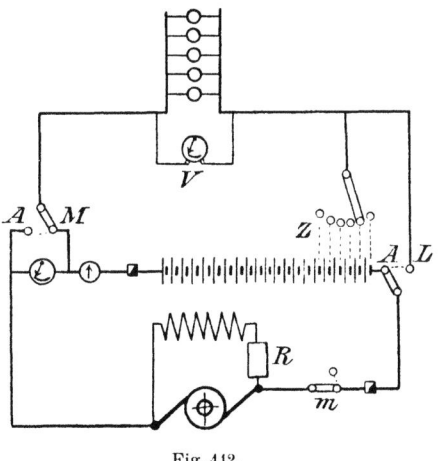

Fig. 412.

490 Schaltung und Regelung von Leitungen und Maschinen.

für welche die Kapazität und die zulässige Entladestromstärke der zu wählenden Akkumulatorentype ausreichen müssen. Zweckmäßig wählt man die Zellen etwas größer, weil dies die Haltbarkeit der Batterie vermehrt, und weil ein Rückhalt in der Leistungsfähigkeit vorteilhaft ist.

Wird bei der Einrichtung der Anlage eine spätere Vergrößerung der Kapazität der Akkumulatoren vorgesehen, so kann man für die einzelnen Zellen gleich bei der Aufstellung größere Gefäße wählen, in welche man später weitere Akkumulatorenplatten einbauen und hierdurch die Leistungsfähigkeit der Batterie erweitern kann. Die Zahl der Zellen ergibt sich als Quotient aus der Betriebsspannung und der Endspannung eines Elementes, die bei 10, 3, 1 stündiger Entladung bezw. 1,83 V, 1,80 V, 1,75 V beträgt. Die Zahl der Stammzellen ergibt sich, wenn man die Betriebsspannung durch die Anfangsspannung eines Elementes, rund 2 V, dividiert. Der Unterschied in den beiden so erhaltenen Werten gibt die Zahl der Schaltzellen und Zellenschalterkontakte.

Die Dynamomaschine soll Nebenschlußwickelung besitzen, und wird bei kleinen Anlagen zweckmäßig auf Spannungserhöhung eingerichtet, damit die Ladung ohne fremde Hilfsstromquelle vorgenommen werden kann.

Sollen auch während der Ladung der Batterie gleichzeitig Lampen betrieben werden, so muß ein Doppelzellenschalter, Fig. 443, verwendet werden, damit durch den Ladehebel h_1 die Zellen nach Bedarf zwecks Ladung an die Maschine angeschlossen oder abgeschaltet werden können, während durch den Entladehebel h_2 so viele Elemente an die Lichtleitung angeschlossen werden, als für die Lampenspannung erforderlich sind. Der vom positiven Pol der Maschine ausgehende Strom geht dann zum Teil als Ladestrom durch die Stammbatterie, zum Teil durch die Lampen, den Entladehebel h_2 und die Schaltzellen, durchfließt diese mit dem Ladestrom der Batterie vereinigt und gelangt durch den Ladehebel h_1 zum negativen Pol der Maschine zurück. Die Zellen, welche bei der Ladung zwischen den zwei Hebeln h_1 und h_2 des Doppelzellenschalters liegen, erhalten demnach nicht nur den vollen Ladestrom der Stammbatterie, sondern auch den durch die Lampen gehenden Strom, was ihre Haltbarkeit gegenüber den Stammzellen verringert. Der Entladehebel muß stets, wie in Fig. 443 gezeichnet, zum Ladehebel liegen, da sonst der von den Lampen zur Maschine zurückfließende Strom die Schaltzellen entladen würde. Um dies zu verhindern, pflegt man die

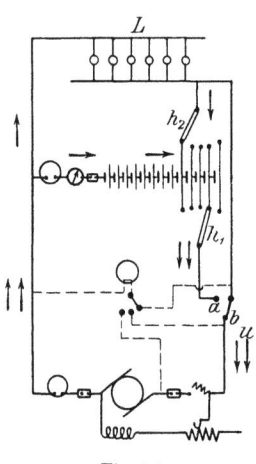

Fig. 443.

zwei Hebel mit entsprechenden Ansätzen zu versehen und durch das so geschaffene mechanische Hindernis eine Bewegung des Ladehebels jenseits des Entladehebels zu vermeiden. Die Spannung der einzelnen Zellen beträgt am Schluß der Ladung ca. 2,7 V, am Schluß der Entladung ca. 1,8 V, die Differenz demnach $^1\!/_3$ der maximalen Ladespannung. Infolgedessen pflegt man bei Verwendung eines Doppelzellenschalters $^1\!/_3$ der Elemente als Schaltzellen auszubilden und mit den Kontakten des Doppelzellenschalters zu verbinden. Die Regulierung der Lichtspannung erfolgt dann in Stufen von ca. 2 V. Bei höheren Lampenspannungen, 220 V, kann man bei größeren Zentralanlagen, um die Zahl der teuren Zellenschalterleitungen zu reduzieren, je zwei Elemente zwischen zwei benachbarte Kontakte des Zellenschalters schalten. Die Regelung der Lampenspannung erfolgt dann in Stufen von ca. 4 V. Außer dem Doppelzellenschalter und der hierdurch bedingten weiteren Sicherung an der Leitung zum Ladehebel besitzt die Schaltung nach Fig. 443 gegenüber der Schaltung nach Fig. 442 nur noch den einen Unterschied, daß an Stelle eines Ausschalters A ein Umschalter u verwendet wird. Er ist erforderlich, um die Maschine entweder zwecks Ladung mit dem Ladehebel oder für den Parallelbetrieb mit dem Entladehebel des Doppelzellenschalters zu verbinden, und wird zweckmäßigerweise so ausgeführt, daß bei dem Ausschalten der Stromschluß bei a noch nicht unterbrochen ist, wenn der Kontakt bei b eben geschlossen wird, damit beim Umschalten keine Unterbrechung der Beleuchtung erfolge. Vor dem Umschalten muß dann die Maschine auf die entsprechende Spannung gebracht und die zwei Hebel des Doppelzellenschalters müssen auf Kontakte desselben Elementes gestellt werden, damit kein Kurzschluß der zwischen den Schalthebeln befindlichen Elemente durch den Umschalter erfolgt.

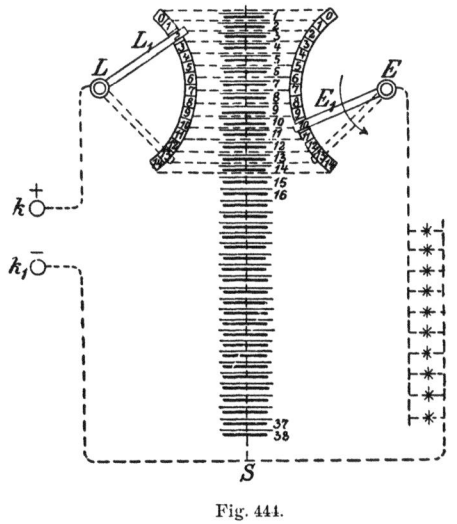

Fig. 441.

Die Schaltung des Doppelzellenschalters bei Ladung ist in Fig. 444 für eine Batterie von 38 Zellen, entsprechend einer Verbrauchsspannung von 65 V, dargestellt. 14 Elemente sind in der angedeuteten Weise an die 14 Ladekontakte L_1 und die 14 Entladekontakte E_1 angeschlossen.

Der Strom tritt von der + Klemme k durch den Ladekontakt LL_1 in die Batterie ein und verzweigt sich, sofern die erzeugte Energie größer ist als die verbrauchte, beim Kontakte 10, indem ein Teil zur Ladung der übrigen Zellen dient, während der Überschuß den Lampen zufließt. Die beiden Zweigströme vereinigen sich bei S und fließen nach k_1 zurück. Da nun bei der gezeichneten Stellung der Gesamtstrom die Zellen 2—10 durchfließt, werden diese vor den übrigen geladen sein. Die Zellenschalterzellen müssen also den höchsten bei der gleichzeitigen Ladung und Entladung auftretenden Gesamtstrom aufnehmen.

Bei fortschreitender Ladung steigt die Spannung der Endzellen, und müssen die beiden Hebel am Zellenschalter verstellt werden, bis sie schließlich bei beendeter Ladung die in Fig. 444 punktierten Stellungen einnehmen. Der Entladehebel EE_1 muß nämlich mit fortschreitender Ladung auch im Sinne des Pfeils langsam verstellt werden, damit die Lampenspannung konstant bleibt. Am Ende der Ladung sind noch 38—13 = 25 Zellen von je 2,6 V eingeschaltet, und Lade- und Entladehebel stehen auf dem nämlichen Kontakte 13. Beginnt nun der Strombedarf die Stromlieferung der Dynamo zu überwiegen, so sinkt die Spannung. Es ist deshalb erforderlich, die beiden Hebel im umgekehrten Sinne gleichmäßig zu bewegen, solange die Maschine mitarbeitet. Nach Abstellung der Maschine ist LL_1 außer Tätigkeit und diese Bedingung somit belanglos.

Bei der beschriebenen Anordnung sind die Ein- und Ausschalterkontakte getrennt gezeichnet worden. Praktisch werden sie vereinigt und mit zwei verschiebbaren Kontakten geradlinig angeordnet. Um beim Ab- und Zuschalten von Zellen weder Stromunterbrechung noch Kurzschluß eintreten zu lassen und um die Stromänderungen beim Verschieben um einen Kontakt möglichst klein zu machen, geschieht die Ausführung des Apparates in Form der Fig. 445. Die Endzellen z_1 z_2 .... der Batterie sind mit den gegeneinander versetzten Kontakten c_1 c_2 .... des Ladeschalters A und des Entladeschalters B verbunden. Die Kontakte sind in abwechselnder Folge mit metallischen Zwischenstücken a_1 a_2 .... zu Schienen S_1 S_2 vereinigt. So entstehen zwei ebene Gleitbahnen C_1 und C_2 für die beiden Gleitstücke b_1 und b_2, welche auf dem Schlitten T isoliert angeordnet sind und mit ihm durch die Spindel f und das Handrad h bewegt werden. Zwischen die Schienen S_1 S_2 ist ein Widerstand w geschaltet, durch welchen der Entladestrom in den Zwischenstellungen des Schlittens T fließen muß. Da w veränderlich ist, können die Abstufungen von 2 etwa auf 1 V verkleinert werden. Bei der gezeichneten Stellung von T läuft der Strom von z_6 über den Zellenkontakt zum Schleifstück b_1 und über die Schiene S_1, die Leitung l und den eingeschalteten Teil des Widerstandes w zur Schiene S_2 und durch das Amperemeter zu den Lampen. In der folgenden

Stellung x y fließt der Strom über c_6 und b_2 direkt nach S_2 und den Lampen, ohne w zu passieren; in der Zwischenstellung u v ist eine Zelle gerade durch w allein geschlossen.

Der Ladeschalter A dient dazu, die nur wenig beanspruchten und deshalb nur wenig Ladung erfordernden Endzellen bei fortschreitender Ladung auszuschalten. Fig. 445 zeigt nun außer den bereits beschriebenen Vorrichtungen noch zwei Hilfsschienen s_1 s_2 und zwei isolierte Schleitbürsten P_1 P_2, mittelst deren an einem Spannungsmesser die Spannung der noch eingeschalteten Zellen und somit das Ende der Ladung bestimmt werden kann. Um die Funken beim Ein- und Ausschalten unschädlich zu machen, sind Funkenentziehvorrichtungen in Verwendung. Die Funken werden dabei nach bequem auswechselbaren Kontaktstücken verlegt. Außer der hier beschriebenen Form sind auch runde Formen und durch Motoren betätigte Zellenschalter in Verwendung. Bei diesen werden durch Spannungsrelais kleine Motoren umgesteuert und zur Verschiebung der Kontaktschlitten längs der Gleitbahnen verwendet.

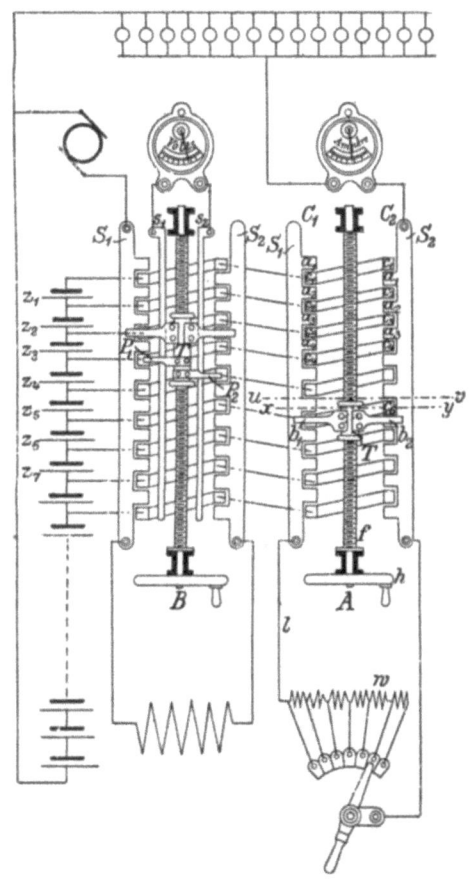

Fig. 445.

Die zuletzt betrachtete Schaltung mit Doppelzellenschalter ist die zweckmäßigste, wenn die Ladung der Batterie durch Erhöhung der Dynamospannung möglich ist. Wo die Dynamo nur für die Lampenspannung konstruiert wurde, muß die Ladung auf andere Weise erfolgen. Man kann in dem Fall, wenn die Batterie nur eine geringe Anzahl von Lampen speisen soll, z. B. für Notbeleuchtung, für diese Lampen ein getrenntes Leitungsnetz anlegen und dieses an die Batterie anschließen. Dann besorgt die Maschine die Hauptbeleuchtung und soll auch während derselben Zeit die Batterie laden. Es empfiehlt sich, hierbei für die von der Batterie zu speisenden Lampen eine geringere Spannung zu wählen als für die Hauptbeleuchtung, so daß die Ladung der Batterie ohne Spannungserhöhung der Dynamo möglich wird. Zu Beginn der Ladung muß dann die überflüssige Spannung in einem Vorschaltwiderstand vernichtet werden. In der Regel jedoch ist es nicht angängig, für die von der Batterie zu speisenden Lampen eine geringere Spannung und für diese ein getrenntes Leitungsnetz zu verwenden. Dann kann die Ladung der Batterie nach Fig. 446 erfolgen. Die Batterie wird in zwei Gruppen geteilt, welche parallel geschaltet durch die Dynamo ohne Spannungserhöhung bei gleichzeitiger Beleuchtung geladen werden. Dann muß man einen Vorschaltwiderstand zur Spannungsvernichtung in der ersten Zeit der Ladung verwenden und außerdem noch einen Ausgleichswiderstand in eine oder beide Gruppenleitungen erhalten, um etwaige Ungleichheiten in der Spannung der zwei Gruppen auszugleichen. Bei der Entladung werden die beiden Elementgruppen in Reihe geschaltet und können mit der Dynamo parallel das Lampennetz speisen. Bei dieser Schaltung benötigt man nur einen Einfachzellenschalter. Infolge des Energieverlustes im Widerstande ist diese Schaltung nicht so wirtschaftlich wie die Schaltung mit Spannungserhöhung der Dynamo und Doppelzellenschalter. Statt die Batterie in zwei Gruppen zu teilen, kann man sie auch in drei spalten.

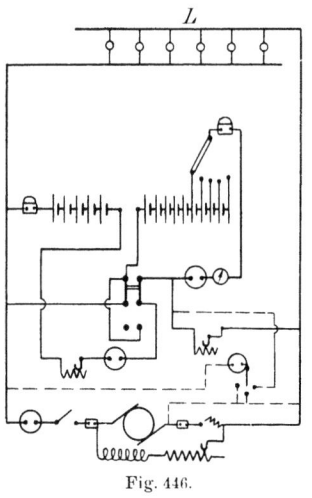

Fig. 446.

Die Ladung der drei Abteilungen geschieht nach A. Micka (D. P. 124 647 v. 29. Nov. 1900, im Besitze d. Akkumulatorenfabr. Aktienges. Hagen), wie folgt: Zuerst wird Batterie-Abteilung I u. II parallel und mit III in Reihe geschaltet und unter Zuhilfenahme eines Ladewiderstandes w, Fig. 447, so lange geladen, bis Abteilung III aufgeladen ist. Hier vernichtet der Ladewiderstand anfangs rd. 19 %, am Ende 8 % der Ladespannung. Sodann werden Abteilung I u. II in Reihe fertig geladen. Hierbei zerstört der Ladewiderstand anfangs 20 % der Betriebsspannung, am Schlusse 8 %. Die Schaltung, welche obigen Bedingungen entspricht, zeigt Fig. 447, in welcher 1, 2, 3 sich auf die bezeichneten Vorgänge beziehen. Statt des dreifachen Doppelumschalters kann man einen Dreiwegumschalter, etwa nach der Ausführung von Scheiber & Kwaysser, Wien, Fig. 448, anwenden. Dieser Schalter besteht aus sieben in einem Kreise

Gruppenschaltung. 495

angeordneten Bürsten, welche durch drei Kreisbogenstücke wechselseitig verbunden werden können. Ein federnder Anschlag, unterstützt von drei Täfelchen, welche die drei Stellungen des Schalters bezeichnen, ermöglicht

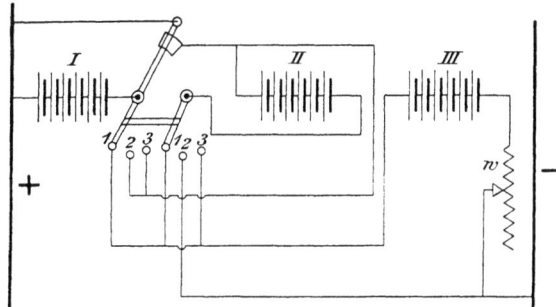

Fig. 447.

die richtige Einstellung der Bogenstücke, welche miteinander mittels der zwei Handhaben verdreht werden. Die Stellungen sind:

1. $A_1 - B_1 - C_1$: Entladung I — II — III
2. $A_3 - B_3 - C_3$: Ladung I/II — III
3. $A_2 - B_2 - C_2$: Ladung I — II.

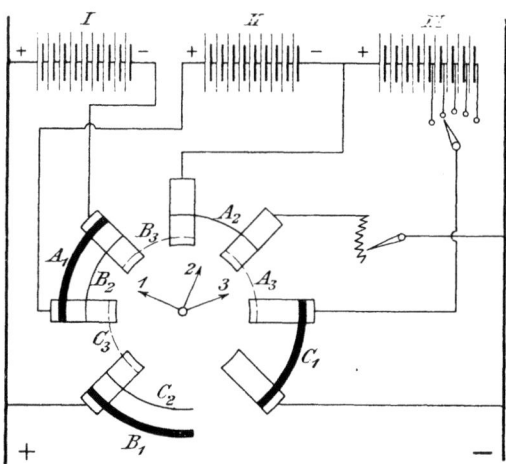

Fig. 448.

Man sieht hieraus, daß der Widerstand bloß in den zwei Ladestellungen in den Stromkreis eingeschaltet, bei Entladung jedoch durch den Schalter selbst umgangen wird. Zur Erzielung unbedingt gleicher Stromstärken in I u. II während deren Parallelschaltung hinter III ist es geboten, einen kleinen Ausgleichswiderstand zwischen $+$ Netz und $-$ I einerseits und $-$ Netz und A_2 andererseits einzuschalten.

Die Schaltungen mit Ladung in Gruppen haben alle den Nachteil, daß sie die Dauer der Ladung verlängern.

Will man die Gruppenschaltung vermeiden, und läßt die zur Verfügung stehende Maschine die Erhöhung der Spannung nicht zu, so kann man die Ladung der Batterie mit Zuhilfenahme einer Zusatzmaschine vornehmen, Fig. 449. Zur Erhöhung der Spannung wird bei der Ladung in Serie mit der Dynamo G und der Batterie noch eine Zusatzmaschine Z geschaltet, durch welche der ganze Ladestrom durchgeht, und deren Spannung so reguliert werden kann, daß sie der Differenz zwischen der jeweiligen Ladespannung der Batterie und der Spannung der Hauptdynamo gleich ist. Die Zusatzdynamo kann von der Hauptbetriebsmaschine, einer besonderen Kraftmaschine, der Transmission oder von einem Elektromotor angetrieben werden. Zumeist wird sie von einem Elektromotor angetrieben, der den Strom zu seinem Betrieb vom Beleuchtungsnetz entnimmt.

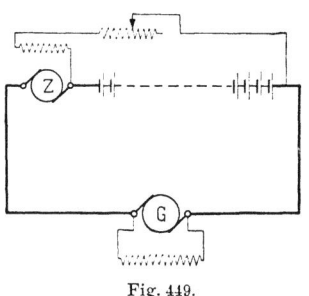

Fig. 449.

In den Dreileiteranlagen war eine Zusatzmaschine für jede Netzhälfte erforderlich. Die Zellenschalter lagen dabei anfänglich, bis etwa 1894, an den äußeren Elementen der zwei Batteriehälften. Dies ist mit Rücksicht auf etwaige Erdschlüsse nicht empfehlenswert. Besser ist es, die Zellenschalter an die inneren, dem Mittelleiter benachbarten Elemente anzuschließen. Dort herrscht bei geerdetem Mittelleiter das Potential 0, und die Zellenschalter weisen nur kleine Spannungen gegen Erde auf. Durch Fischinger DRP 62 432, 1891, Siemens & Halske DRP 77 159, 1892, und Schuckert & Co. DRP 80 563, 1894, sind Schaltungen mit einer Zusatzmaschine und innenliegenden Zellenschaltern angegeben worden. Der stromerzeugende Teil der als Gleichstromwandler ausgeführten Zusatzdynamo arbeitet dabei auf die stärker entladene Batteriehälfte, der stromaufnehmende Teil wird aus der weniger entladenen gespeist. Weitere Schwierigkeiten ergeben sich, wenn man sowohl die Zusatzzellen, als die ganze Batterie, als jede Batteriehälfte nachladen will. Dies strebt die Schaltung Fig. 450 nach Fischinger an. D bedeutet die Hauptmaschine, D_1 und D_2 sind zwei Spannungsteiler, D_3 ist die Zusatzmaschine. Diese kann nicht zur Stromabgabe an die Sammelschienen SS benutzt werden; in der gezeichneten Stellung des Umschalters U liefert D_3 die erforderliche Zusatzspannung zur Ladung der Batteriehälften $A_1 A_2$,

Zusatzmaschine bei Dreileiteranlagen. 497

während die Entladespannung durch den Entladehebel des Doppelzellenschalters D Z geregelt wird. Soll nun eine Batteriehälfte A_1 oder A_2 nachgeladen werden, so wird U nach links oder rechts gestellt. Im ersten Falle ist a mit c, b mit e in Verbindung, im zweiten a mit d, b mit f. Findet keine Ladung statt, so steht D_3 still. Soll die Zusatzmaschine mit zur Spannungsteilung verwendet werden, so kann man

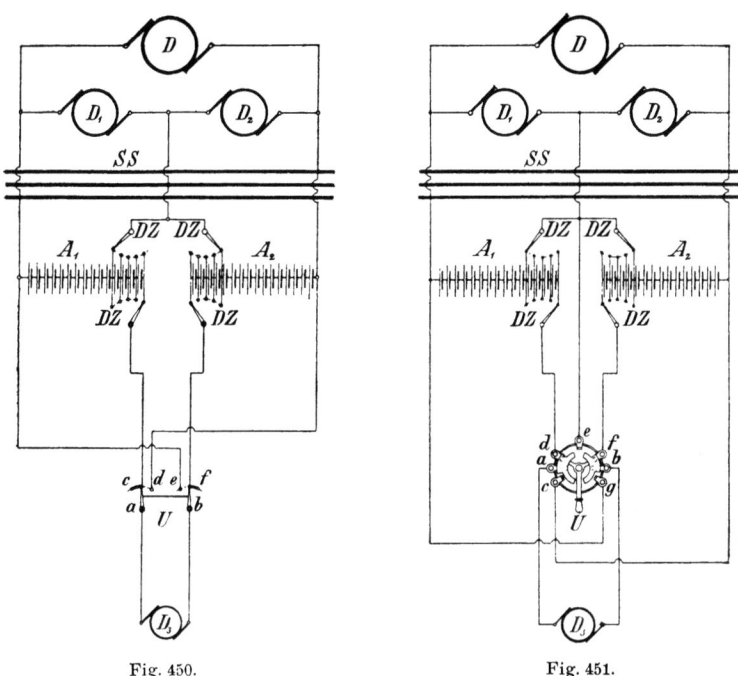

Fig. 450. Fig. 451.

nach Gruber einen Umschalter mit 5 Stellungen, Fig. 451, verwenden. Die Stromläufe sind dabei

für Ladung der ganzen Batterie
$$D_3 - a - d - D Z - A_1 - D_1 - D_2 - D Z - f - b - D_3$$
für Ladung der halben Batterie $A_1 + 0$
$$D_3 - a - d - D Z - A_1 - g - b - D_3$$
für Ladung der halben Batterie $A_2 - 0$
$$D_3 - a - c - A_2 - D Z - f - b - D_3$$
als Reserve für die Netzhälfte $+ 0$
$$D_3 - a - e - S S - g - b - D_3$$
als Reserve für die Netzhälfte $- 0$
$$D_3 - a - c - S S - e - b - D_3.$$

Herzog-Feldmann, Handbuch. 3. Aufl. 32

498 Schaltung und Regelung von Leitungen und Maschinen.

Schaltet man eine Akkumulatorenbatterie parallel mit einer Nebenschlußmaschine, so wird sie bei veränderlicher Beanspruchung des Netzes oder veränderlicher Umlaufzahl der Dynamo je nach der äußeren Charakteristik der Maschine in höherem oder geringerem Maße ausgleichend wirken. Bei Anlagen mit stark schwankendem Kraftverbrauch übersteigt der Energiebedarf den Mittelwert oft plötzlich um ein Vielfaches und sinkt dann auf einen kleinen Bruchteil des Mittelwertes. Die Nachteile dieser ungleichförmigen Belastung können durch die **Pufferwirkung** einer Batterie, die als Momentreserve den plötzlichen Mehrverbrauch leistet und bei Minderbedarf den Überschuß aufnimmt, vermindert werden. Damit diese Pufferwirkung rasch auftrete, muß einer geringen Änderung der Stromstärke J im Anker der Dynamo eine verhältnismäßig große Änderung der Klemmenspannung e entsprechen. Die Dynamo muß also eine stark abfallende äußere Charakteristik $e = f(J)$ haben; sie wirkt dann am günstigsten für den Parallelbetrieb mit der Batterie. Maschinen, die allein betrieben günstig arbeiten, also möglichst konstante Klemmenspannung aufrecht erhalten, werden beim Parallelbetrieb nahezu die ganzen Stromschwankungen übernehmen und den Akkumulator kaum zur Wirkung kommen lassen. Compound- oder gar übercompoundierte Maschinen weisen bei steigendem Strom noch unveränderte oder gar steigende Klemmenspannung auf und trachten deshalb, bei plötzlichem Anwachsen des Stromes die Batterie noch zu laden. Sie wirken also im verkehrten Sinne. Die **Parallelschaltung von Compoundmaschinen mit Akkumulatoren** ist also wenig empfehlenswert; sie wird zuweilen erforderlich, wenn zu einer vorhandenen Dynamo nachträglich eine Batterie beschafft werden soll. Man muß in diesem Falle, um Umpolarisieren zu vermeiden, entweder die Hauptschlußwickelung ganz ausschalten oder wenigstens die Batterie nur von den Bürsten abzweigen. Bei Neuanschaffungen wird man stets für gleichzeitigen Batteriebetrieb Nebenschlußdynamos wählen. Dagegen werden zur Erhöhung der Pufferwirkung bei stark wechselnder Belastung sowohl bei Nebenschluß- als bei Compoundwickelung der Hauptdynamomaschine selbsttätige Zusatzmaschinen verwendet. Das sind Maschinen mit **gegengeschalteter Compoundwickelung** zur selbsttätigen Ladung und Entladung der Batterie ohne Zellenschalter. Bei der Puffermaschine von Pirani, Fig. 452, liegt die Nebenschlußwickelung N S der Zusatzmaschine Z mit Regelwiderstand R an den Batterieklemmen, ihr Hauptschluß H S wird vom Netzstrom durchflossen. Ist der Stromverbrauch groß, so überwiegt die Hauptschlußwickelung, die EMK von Z wird umgekehrt, und die Maschine Z wirkt als Saugedynamo in Richtung des Pfeiles II; ist die Belastung klein, so überwiegt die Nebenschlußbewickelung, und die EMK von Z in Richtung des Pfeiles I lädt die

Batterie. Die beiden Wickelungen N S und H S sind so bemessen, daß sie bei normaler Belastung des Generators G einander gerade Gleichgewicht halten. Bei steigender Belastung wirkt Z als Sauger, bei sinkender als Auffrischer oder Vorspann für die Batterie.

Bei den Ausführungen für Bahnanlagen wird die Zusatzmaschine in zwei Maschinen getrennt, eine zum Puffern dienende Dynamo und eine Erregermaschine, welche die bei der Zusatzmaschine angegebenen Wickelungen trägt und von ihren Klemmen aus die Magnete der Puffermaschine speist. Beide Maschinen werden gemeinsam von einem gekuppelten Motor angetrieben. Ähnliche Lösungen sind für Bahnbetriebe von Kapp, Highfield, Oerlikon, Brown, v. Ittersum und anderen gegeben worden.

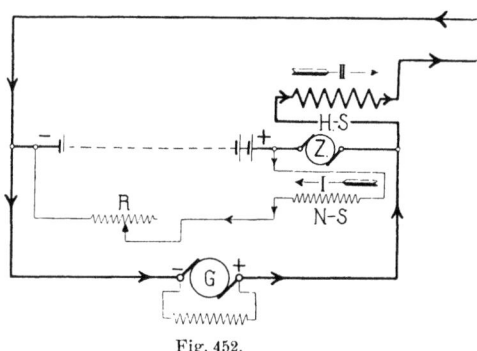

Fig. 452.

Auch in Lichtzentralen werden zur Ersparung von Zellenschaltern und Zellenschalterleitungen vielfach, besonders in Holland, Puffermaschinen verwendet. Fig. 453 gibt die Schaltung einer Dreileiteranlage[1]), wobei die Hauptmaschine A nur an den Außenleitern anliegt, und die beiden Piranischen Puffermaschinen $B_1 B_2$ mit den Motoren $C_1 C_2$ auf gemeinsamer Welle V W sitzen. Bei der Entladung liefern sie Spannung gleichsinnig mit der Batterie, bei der Ladung sind die Pole umgekehrt, und die Maschinen liefern nur Zusatzspannung zur Ladung. Die Verwendung zweier Motoren ermöglicht Ausgleich in der Belastung bei ungleich belasteten Netzhälften und in der Ladung bei ungleich entladenen Batteriehälften. Kommen diese nicht gleichzeitig zur Gasentwickelung, so muß man ohne Überladung der einen Hälfte D_2 die andere D_1 noch aufladen, indem man ihren Motor C_1 als Dynamo arbeiten und von C_2 antreiben läßt. Es ist dann möglich, die Batteriehälfte D_1 aufzuladen und gleichzeitig für die vollgeladene Hälfte D_2 den Strom annähernd auf Null einzustellen. Bei Schadhaftwerden des einen Maschinensatzes kann er durch die angedeutete lösbare Kuppelung abgeschaltet werden.

---

[1]) L. Schröder, ETZ 1906 S. 252.

Um kleine Zusatzmaschinen zu erhalten, ist es zweckmäßig, ihre höchste Spannung beim Entladen und Laden gleich zu nehmen. Bei einem Dreileiternetz mit 2×220 V und 20 V Verlust in jedem Außenleiter ist die höchste Spannung an den Sammelschienen 480, die kleinste 440, die mittlere 460 V. Das Mittel aus der höchsten Ladespannung

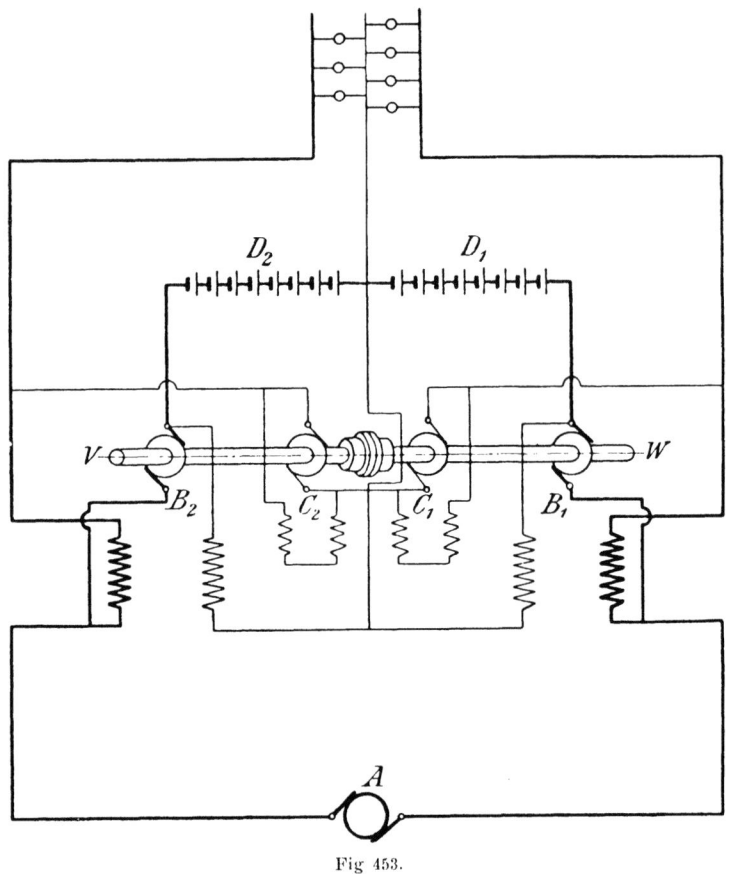

Fig. 453.

2,75 V und der niedrigsten Entladespannung 1,80 V ergibt 2,28 V für die Zelle. Es werden also zweckmäßig $460/2{,}28 = 202$ Elemente gewählt, die beim Laden $202 \cdot 2{,}75 = 556$ V brauchen, beim Entladen $202 \times 1{,}80 = 364$ V liefern. Die zwei Zusatzmaschinen haben dann beim Laden höchstens $556-440 = 116$ V, beim Entladen höchstens $480-364 = 116$ V zu liefern, und jede von ihnen muß für die Hälfte, 58 V, eingerichtet sein.

Auch die Rosenbergmaschine kann fremderregt oder mit Hauptschlußwickelung als selbsttätige Zusatz- oder Puffermaschine verwendet

Rosenbergmaschine. 501

werden. Fig. 454 zeigt eine zweipolige Maschine, deren Magnetspulen f von der Batterie Q erregt werden, während ihre in der neutralen Zone liegenden Hilfsbürsten b b kurzgeschlossen sind und nur ein Querfeld erzeugen. Dieses Querfeld ruft an den um eine halbe Polteilung versetzten Hauptbürsten B B die nutzbare Spannung hervor. Als Nutzstromkreis ist eine Lampe gezeichnet. Das Feld des Nutzstromes wirkt entmagnetisierend auf das Hauptfeld ein, und ihr kleiner Unterschied dient zur Erzeugung des Hilfsstromes in den Kurzschlußbürsten b b und begrenzt den Strom im Falle des Kurzschlusses der äußeren Bürsten B B auf einen Wert J_k. Sinkt der Strom unter J_k, so überwiegt das Hauptfeld, und die Spannung steigt; steigt der Strom über den Wert J_k, was beim Betrieb als Zusatzmaschine möglich ist, so liefert die Maschine negative Spannung. Je nach der Bauart und Bemessung der Maschine nimmt dann die Stromstärke mit fortschreitender Ladung ab, und ihre Spannung paßt sich der Batteriespannung an.

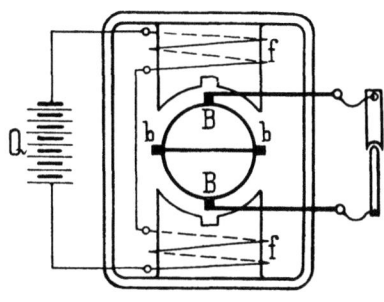

Fig. 454.

Die Ladung von Akkumulatorenbatterien aus Wechselstromnetzen kann auf mehrfache Weise erfolgen. Zunächst kann man drehende

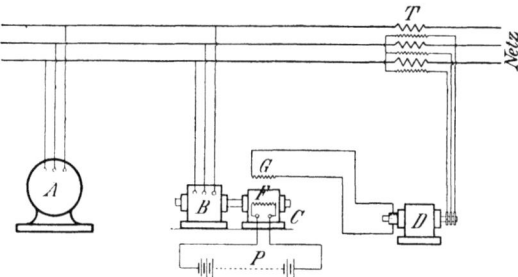

Fig. 455.

Umformer verwenden oder durch ein- oder mehrphasige Wechselstrommotoren der asynchronen oder synchronen Bauart Gleichstrommaschinen antreiben lassen. Eine besondere Schaltung, Fig. 455, ist der Akkumulatorenfabrik A.-G., Hagen und Berlin, unter DRP 161 805 für Pufferbatterien geschützt. A ist die Hauptdrehstrommaschine, B C ein Motorgenerator, dessen Gleichstromseite C mit der Pufferbatterie P verbunden ist, während sein Feld zwei Bewickelungen trägt, von denen die eine F an die Batterie angeschlossen ist, die andere G durch einen mechanisch mit B C gekuppelten

Hilfsumformer D unter Zwischenschaltung des Reihentransformators T aus dem Netz gespeist wird. Der in D erzeugte gleichgerichtete Strom ist proportional dem Belastungsstrom im Drehstromnetz; er durchfließt die Wickelung G in Gegenschaltung zu F. Bei steigender Belastung vermindert sich somit die Spannung von C, so daß P sich entladen und die Drehstromseite B Strom an das Netz liefern kann; bei sinkender Belastung wird P durch die steigende Spannung von C wieder geladen.

Auch die mechanischen und chemischen Gleichrichter sind zur Ladung von Batterien aus Wechselstromnetzen verwendbar.

Richtet man mittels eines synchron umlaufenden Stromwenders einen Wechselstrom üblicher Periodenzahl gleich, so erhält man bekanntlich einen pulsierenden Gleichstrom der in Fig. 456 dargestellten Form. Soll der dem Stromwender entnommene Strom zur Ladung von Akkumulatoren nutzbar gemacht werden, so fällt dem Stromwender noch die Aufgabe zu, den Ladestromkreis innerhalb jeder Wechselstromperiode zweimal derart zu unterbrechen und wieder zu schließen, daß der Stromkreis nur

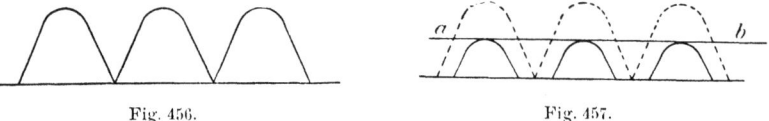

Fig. 456.   Fig. 457.

in den Zeiten geschlossen bleibt, in denen die Spannung des Ladestromes die Klemmenspannung der Batterie übersteigt. Liegt die Klemmenspannung etwa in Höhe der Linie a b, Fig. 457, so nimmt der Ladestrom die Form der ausgezogenen Kurve an: er setzt zeitweilig aus.

Verursacht schon das Gleichrichten eines Wechselstromes mittels drehenden Stromwenders erhebliche Schwierigkeiten, so wird es praktisch fast unmöglich, das Schließen und Öffnen des Stromes genau im Augenblick der Spannungsgleichheit zwischen Batterie und Ladeimpuls zu bewirken. Lichtbögen am Stromwender führen bei stärkeren Strömen bald zur Zerstörung der Kontaktteile, vermindern den Wirkungsgrad und bedingen ständige Aufsicht.

Der schwingende Gleichrichter von Koch[1]), gebaut von Nostiz und Koch, Chemnitz, und von Koch und Sterzel, Dresden, besteht aus einem polarisierten Anker A, Fig. 458, der durch den Wechselstrommagnet in synchrone Schwingungen versetzt wird und den Stromkreis in den Augenblicken der Stromlosigkeit öffnet und schließt. Dies wird durch einen Kondensator K erreicht, der in Reihe ist mit einer verstellbaren Drosselspule

---

[1]) F. J. Koch, ETZ 1901 S. 853 und 1903 S. 841.

oder einem Phasenregler P und überbrückt wird durch einen Widerstand W_1. Sollen Akkumulatoren geladen werden, so sichert eine zweite, zur Batterie B im Nebenschluß liegende Magnetbewickelung mit dem regelbaren Widerstand W die funkenlose Unterbrechung bei allen Batteriespannungen. Von der Wechselstromquelle T, welche durch den doppelpoligen Schalter H abgeschaltet werden kann, führt die eine Leitung durch die Hauptstromdrosselspule D nach dem dreikontaktigen Schalter S, der sie an den positiven Pol der zu ladenden Batterie und an die Unterbrecherbewickelung anschließt und gleichzeitig die sekundäre Schenkelbewickelung des Unterbrechers an die Klemmen der Batterie anlegt. Der andere Wechselstromleiter führt durch den Anlasser R zum Ankerlager L, von da durch den Anker A und Unterbrecherkontakt C zum negativen Pol der Batterie. Der Erregerstrom zweigt vom Schalter S ab, führt durch den Kondensator K und den ihn überbrückenden Widerstand W_1 durch die Selbstinduktionsspule P zu den Erregerspulen und von da zur Wechselstromquelle zurück. Die Bewickelungsrichtungen der Spulen und die Polarität des Unterbrechers sind im Schema ersichtlich.

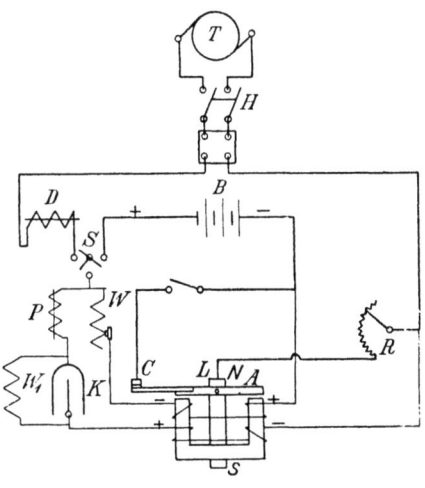

Fig. 458.

Bei 15—20 A Gleichstrom und 120 V Wechselstrom 50 Per/sek ist K = 4 M f, W_1 = 3000 Ohm und der Wirkungsgrad etwa 90%.

Auf die Verwendbarkeit der Quecksilberdampflampen zur Gleichrichtung ist bereits mehrfach hingewiesen worden. Fig. 459 stellt die Anordnung der Cooper Hewitt Electric Co. dar. Der birnförmige Umformer von etwa 220 mm Durchmesser besitzt oben zwei Anoden in Glasröhren, unten eine Hilfselektrode. Die Anoden liegen an den äußeren Klemmen eines Spartransformators; zwischen dessen Mitte und die Kathode kann unter Zwischenschaltung einer Drosselspule eine Batterie geschaltet werden. Der Umformer dient für 80—115 V bei 6—30 A auf der Gleichstromseite und für 25—100 Per/sek. Das Anlassen geschieht selbsttätig durch Neigen der in Schneiden gelagerten Glasbirne mittels eines Elektromagneten. Der Wirkungsgrad beträgt 80% bei 115 V Gleichstrom.

504 Schaltung und Regelung von Leitungen und Maschinen.

Aluminiumzellen werden von der Gesellschaft für elektrische Zugbeleuchtung in Berlin beim Parallelbetrieb von Dynamo und Akkumulatoren als Ventilwiderstände verwendet. Sie bestehen aus Aluminium und Eisenplatten in einem alkalischen Elektrolyt und lassen den Strom nur in einer Richtung durch. Auch der Grissongleichrichter ist eine

Fig. 459.

solche Zelle mit schräg gestellten Platten. Die Erwärmung solcher Zellen ist beträchtlich, die Stromdichte darf nur gering sein. Diese chemische Umformung ist also für dauernden Betrieb weniger wirtschaftlich als die Umformung mit Maschinen.

C. Regelung.

Die vornehmste Aufgabe der Regulierung für Beleuchtungsanlagen besteht in der Erreichung steten Lichtes der Lampen. Bei parallelgeschalteten Abnehmern verlangt dies unveränderliche Spannung, bei reihengeschalteten feste Stromstärke. In besonderen Fällen, wie bei Bühnenlampen, soll dagegen die Regulierung eine Veränderung der Lichtstärke in weiten Grenzen bezwecken. Bei Besprechung des Parallel-

Selbsttätige Spannungsregelung. 505

betriebes von Maschinen und Akkumulatoren haben wir die Verwendung der Zellenschalter und der Zusatzmaschinen in verschiedenen Schaltungen als Mittel zur zeitweiligen Veränderung der Spannung bereits besprochen. Ebenso haben beim Dreileitersystem die Ausgleichsmaschinen und die gegencompoundierten Zusatzmaschinen Erwähnung gefunden.

Schon aus diesen wenigen Gesichtspunkten läßt sich erkennen, daß die Einteilung hauptsächlich nach dem Zwecke der Regulierung geschehen kann, während die weitere Trennung nach den physikalischen Gesetzen, welche der Regulierung zugrunde liegen, den Unterschied von Regelung durch Einschaltung von Widerständen oder elektromotorischen Kräften für Gleichstrom oder Wechselstrom ergibt. Ein dritter Weiser für die Unterscheidung findet sich, wenn man die Regelung in ihrem Zusammenhang mit den einzelnen Anlageteilen, also in ihrer Einwirkung auf die elektrischen Maschinen und ihre Antriebsmaschinen, auf das Netz oder die Lichtquellen selbst betrachtet. Ein Sonderfall der Einwirkung elektrischer und mechanischer Regelung ist bei der Parallelschaltung der Wechselstrommaschinen bereits besprochen worden. Es zeigte sich, daß bei allen diesen unsteten oder Übergangszuständen auch die bewegten Massen und ihre Trägheit von ausschlaggebender Bedeutung sind. Auch bei den elektrischen Regelverfahren finden sich stets Übergangszustände, bei denen mechanische und elektrokinetische Trägheitsmomente stärker hervortreten als in den stetigen Zuständen. Mehrfach sind Regelungen angegeben worden, die unter dem Einfluß elektrisch betätigter Schaltwerke die Energiezufuhr zu den Antriebsmaschinen regeln, so bereits 1884 von Menges; Routin hat 1904 denselben Grundgedanken zur Ausbildung seines in Frankreich mehrfach verwendeten elektromechanischen Compoundierungssystems verwendet.

Die selbsttätige Regelung der Stromquellen auf konstante Spannung infolge der inneren Schaltung des Energieerzeugers ist bereits gelegentlich der Besprechung der Compoundbewickelungen für Gleich- und Wechselstrom erwähnt worden. Da man aber genau compoundierte Maschinen kaum fabrikmäßig herstellen kann, muß man in den meisten Fällen auch für Gleichstrommaschinen mit Haupt- und Nebenschlußbewickelungen einen regelbaren Widerstand für letztere vorsehen, um so mehr, als man auf unveränderliche Umdrehungszahl nur in gewissen Grenzen rechnen kann. Dagegen hat man es bei Wechselstromtransformatoren, die hier als indirekte Stromquellen in Betracht kommen, vollkommen in der Hand, durch Bauart, Bemessung und Bewickelung das Selbstregeln beliebig weit zu treiben. Meist begnügt man sich mit einem Abfall von etwa 1,5—3% für die größten bezw. kleinsten Typen zwischen Vollbelastung und Leerlauf und erhält dementsprechend im Eisenkern Verluste von etwa 1,5—6%. Der Eisenverlust und der

Kupferverlust verändern sich dabei stets in umgekehrtem Sinne. Die Verringerung des Eisenverlustes durch Erhöhung der Kupferverluste auf etwa 3—8 % erhöht den Regulierungszwang so, daß die Selbstregelung unmöglich wird, und zur künstlichen Regelung gegriffen werden muß.

Wenn ein fremd erregter ein- oder mehrphasiger Stromerzeuger bei Ausschaltung der vollen induktionsfreien Last um 5—7 %, der vollen induktiven Last mit dem Leistungsfaktor 0,8 um 15—20 % in der Spannung steigt, so ist seine Selbstregelung zwar gut, aber völlig unzureichend zum Betrieb einer Beleuchtungsanlage. Die Maschine muß vielmehr durch einen Spannungsregler bei Veränderung

der Last von Leerlauf bis zu 25 % Überlastung,
des Leistungsfaktors von $\cos \varphi = 0{,}7$ bis $\cos \varphi = 1$,
der Geschwindigkeit der Antriebsmaschine um $\pm 5 \%$,
der Temperatur der Bewickelungen um 40—50° C.,

auf einem annähernd festen Wert, beispielsweise ± 1—1,5 % von der normalen Spannung, erhalten werden.

Bei den Gleichstrommaschinen entfällt nur eine der Bedingungen. Dieser Aufgabe genügt der Einbau von Rheostaten oder regelbaren Widerständen in die Stromkreise der Erregerwickelungen. In der einfachsten Form werden sie von Hand bedient, in der vollkommeneren wirken sie selbsttätig.

Widerstandsregelung. Jeder Rheostat für Handregelung besteht aus drei Teilen: den eigentlichen in Reihe oder teilweise parallelgeschalteten Widerständen, welche meist in Form von Spiralen verwendet werden; der Laufbahn, an welche die einzelnen Abteilungen des Widerstandes angeschlossen sind, und auf der der Hebel zur Stromabnahme schleift, und dem Gestell, das Widerstände und Laufbahn isoliert trägt. Die Widerstände müssen verschieden gebaut sein, je nachdem sie dauernd, etwa für Nebenschlußwickelungen, oder kurzzeitig, etwa als Anlaßwiderstände für Motoren, verwendet werden. Fig. 460 stellt einen Nebenschlußregler für Einbau in Schalttafeln dar, der von Vogelsang für Voigt & Haeffner, A.-G., Frankfurt a. M., gebaut wird. Die Spiralen sind um Porzellanrollen gelegt und zu beiden Seiten einer Eisenplatte angeordnet, die die Wärmeabfuhr begünstigt. Für größere Stromstärken

Fig. 460.

werden die Spiralen auch auf Porzellanrollen gewickelt, deren Kaminwirkung stärkere Luftkühlung ermöglicht.

K. E. Carpenter und W. Leonard haben Emailrheostate ausgeführt, bei denen der spiralig gewickelte und dann zickzackförmig zusammengelegte Neusilberdraht überall von einer isolierenden Emailmasse umgeben ist, welche den Draht schützt und sich mit ihm ausdehnt und zusammenzieht. Das Gestell ist mit Rippen zur Erhöhung der Wärmeausstrahlung versehen. Dr. M. Levy, Berlin, baut ähnliche Apparate aus einzelnen Gußeisenstreifen, Fig. 461, die je zwei hochkant gestellte, zickzackförmig gewickelte Bänder enthalten. Die Beanspruchung darf bei vorübergehender Belastung 4—5 W/cm² Oberfläche, bei dauernder 1 W/cm² betragen. Widerstände für hohe Stromstärken, wie sie etwa für den Hauptstromkreis der Erreger von Wechselstromdynamos erforderlich sind, werden aus Eisen- oder Neusilberband, nach amerikanischem Vorgang auch aus zickzackförmigen Gußeisenstreifen aufgebaut. Diese Gußeisenstreifen werden durch eiserne Bolzen entsprechend geschaltet und, unter Zwischenlegung von Glimmer, isoliert festgehalten. Die Bolzen greifen durch angegossene Ösen.

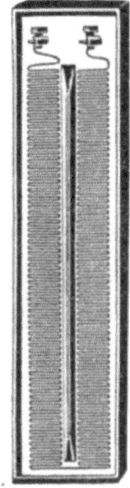

Fig. 461.

Bei der selbsttätigen Widerstandsregelung kann man direkt und indirekt wirkende Arten unterscheiden. Fig. 462 stellt einen unmittelbar wirkenden, selbsttätigen Regler nach Bláthy dar. Die auf Holz- oder Eisenrahmen gewickelten Drähte oder Spiralen endigen in abgestuften Endkontakten, welche durch das allmählich hochgehende Quecksilbergefäß miteinander elektrisch verbunden werden. Die Stellung des Quecksilbergefäßes bedingt somit den Wert des noch wirkenden Widerstandes; sie erfolgt selbsttätig durch die Einwirkung einer Spule auf einen mit dem unteren Schwimmer verbundenen Eisenkern. Der Regelspule ist ein Vorschaltwiderstand vorgesetzt und von jenen Punkten abgezweigt, an welchen die Spannung konstant gehalten werden soll. Dies sind im vorliegenden Falle die Sammelschienen oder die Maschinenklemmen. Der Auftrieb des Schwimmers gleicht gerade die nach abwärts wirkenden Kräfte der Spule ab.

Die Wirkungsweise des Apparates läßt sich nur erklären, wenn man alle wirkenden Kräfte beachtet.

Es sind dies: 1. Das Gewicht aller beweglichen Teile, das während des ganzen Weges, den der Eisenanker zurücklegt, konstant bleibt nach Kurve $a_1 b_1$, Fig. 463. 2. Der magnetische Zug, der in der tiefsten Lage x, wobei $^2/_3$ des Kerns in die Spule eintauchen, den höchsten

508   Schaltung und Regelung von Leitungen und Maschinen.

Wert $x\,b_2$ besitzt, beim Aufwärtsgehen nach y allmählich kleinere Werte nach der Kurve $a_2\,b_2$ annimmt. 3. Der abwärts gerichtete Auftrieb der Kontaktstäbchen im oberen Quecksilbergefäße nach abwärts. In der tiefsten Stellung x, bei welcher alle Stäbchen frei sind, ist er gleich Null und erreicht seinen größten Wert, wenn an der höchsten Stellung y des Ankers alle Stäbchen durch das Quecksilbergefäß kurzgeschlossen werden. Sind die Stäbchen um gleiche Längen abgestuft, so verläuft diese Kraft nach einer Parabel $a_3\,x$, mit dem Scheitel in x. 4. Der Auftrieb des Schwimmers und des mit ihm verbundenen Bremsringes, die während des ganzen Weges des Ankers annähernd konstant wirken, wie Kurve $a_4\,b_4$ andeutet.

Durch geeignete Wahl der Dicke der Stäbchen kann man nun leicht erreichen, daß für die höchste und die tiefste Stellung dieselbe Stromstärke in der Regelspule Gleichgewicht des Kernes herbeiführt. Dies ist dann der Fall, wenn $\overline{y\,a_3} = (x\,b_2 - a_2\,y) - (\overline{x\,b_4} - \overline{y\,a_4})$ ist.

Da die Kurve $a_2\,b_2$ angenähert den Verlauf einer Parabel zeigt, genügt in den meisten Fällen die gleichförmige Abstufung der Länge der Stäbchen zur Erreichung

Fig. 462.

der Astasie auch für die Zwischenlängen. Andernfalls läßt sich diese durch Änderung der Länge der Stäbchen nach der Kurve $a_3\,x$ erreichen.

Bei richtiger, guter Bauart und Erreichung vollkommener Astasie

Selbsttätige Widerstandsregelung. 509

muß also der Kern so lange in jeder Lage stehen bleiben, als die Spannung richtig ist, und so lange sich andrerseits in einem oder anderem Sinne verstellen, bis sich wieder die richtige Spannung eingestellt hat.

Selbstverständlich müssen die Abstufungen der Widerstände kleiner sein, als es der Empfindlichkeit der Spule entspricht, so daß die Richtungen der Wirkungen sich decken; andernfalls würde ein Pendeln des Kernes auftreten. Periodische Schwankungen, welche durch äußere Kräfte, z. B. Geschwindigkeits-Änderungen des Antriebsmotors hervorgerufen werden, können durch einen auf den Schwimmer aufgesetzten Bremsring gedämpft werden. Bei Betätigung der Spule durch Wechselstrom kann der Regulierwiderstand entweder in den Nebenschluß oder in den Hauptschluß der Erreger eingeschaltet werden und somit indirekt oder direkt auf die Erregung der WS-Maschine einwirken. Der Eigenverbrauch der Spule betrug dabei jedoch 500—700 W.

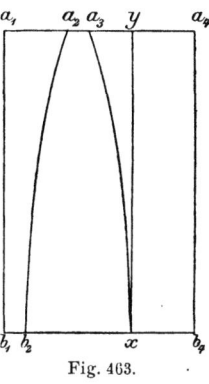

Fig. 463.

Eine zweite Klasse von Selbstreglern begnügt sich damit, durch die zu beeinflussende Stromquelle nur eine Auslösung oder Kuppelung zu betätigen, während die Arbeit von einer fremden Quelle geleistet wird.

So lassen die Siemens-Schuckert-Werke eine Riemenscheibe durch einen dauernd laufenden Elektromotor oder durch eine Transmission antreiben. Diese Drehung wird durch ein Exzenter für eine mit der Schubstange verbundene Doppelklinke in auf- und niedergehende verwandelt, aber nur dann auf das Regelrad übertragen, wenn die Spannung zu niedrig oder zu hoch ist. In diesem Falle wird nämlich durch die Wirkung eines Relais auf zwei Elektromagnete die eine oder andere Seite der Doppelklinke angezogen und dadurch das mit den Schleiffedern verbundene Rad so weit nach rechts oder links gedreht, bis nach Erreichung der normalen Spannung die Nase des Gesperres nicht mehr in die Radnuten eingreift. Die Anordnung der Nuten ist so getroffen, daß die Schleiffeder niemals zwischen zwei Kontakten stehen bleiben kann.

Fig. 464 stellt einen Selbstregler der Allgemeinen Elektrizitäts-Gesellschaft, Berlin, dar. Durch das Steigen oder Fallen der Spannung wird das Relais beeinflußt, die rechte oder linke Seite des Schaltapparates eingeschaltet und in weiterer Folge dem Hilfsmotor für die eine oder andere Drehrichtung Strom gegeben. Der Motor setzt mittels Schnurübertragung ein auf dem Kontaktbrette des Reglers angebrachtes Vorgelege mit großer Übersetzung und selbsttätiger Endauslösung in Bewegung.

Schaltung und Regelung von Leitungen und Maschinen.

Ein auf völlig neuer Grundlage beruhender, sehr rasch wirkender Spannungsregler ist von A. A. Tyrrell[1]) angegeben worden. Ein in den Kreis der Feldwickelung E F der Erregermaschine E, Fig. 465, eingeschalteter fester Widerstand R_1 wird durch eine 50 bis 1000 mal in der Minute auf- und niederspielende Zunge z mittels des Kontaktstiftes c kurzgeschlossen, so daß der Erregerstrom der Hauptmaschine pulsierend wird. Um Funkenbildung an der Kontaktstelle zu vermeiden, ist ein kleiner Kondensator C von einigen Tausendstel Mf parallel zur

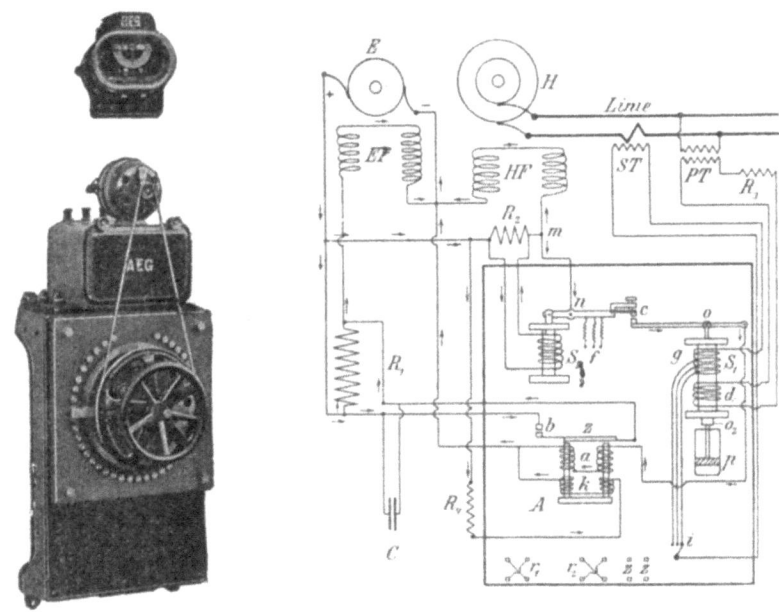

Fig. 464. Fig. 465.

Unterbrechungsstelle gelegt. Steigt die Spannung der Hauptmaschine H, so wächst auch die Sekundärspannung des kleinen Transformators P T und damit die Stromstärke in den Windungen d der Spule S_1, die mit dem Widerstand R_3 an P T liegt. Der in S_1 befindliche Eisenkern wird in seiner Bewegung durch den Luftpuffer p gedämpft, in die Höhe gezogen und schließt durch den Kontakt c den Stromlauf von m über n, c, o nach den Windungen a des Magneten A und von dort zum negativen Pol der Erreger. Um zum Erregerfeld E F zu gelangen, muß der Erregerstrom nun über R_1 fließen, weil die Windungen a die Zunge z festhalten, und der Kontakt b offen ist. Der Erregerstrom wird also

---

[1]) J. Hárdén, ETZ 1903 S. 795.

Regelung auf konstanten Strom. 511

geschwächt, damit auch das Hauptfeld H F und die Spannung der Hauptmaschine H. Dadurch sinkt aber auch die Stromstärke in d, so daß die Stange o_2 herabschnellt und den Kontakt c öffnet. Dadurch wird die Windung a stromlos, so daß die Zunge z den Widerstand R_1 über b wieder kurzschließt. Die Bewegung der Zunge wird dadurch wesentlich beschleunigt, daß eine polarisierende Wickelung k in entgegengesetzter Richtung zu a auf dem Magnete A angebracht ist. Diese Wickelung erhält über R_4 nur so viel Strom, daß A bei stromlosen Windungen a augenblicklich entmagnetisiert wird, ohne jedoch die Zunge z anziehen zu können. Hierdurch wird es möglich, daß die Zunge z sehr rasch spielt, wenn rasch aufeinander folgende Stromstöße durch a fließen. Die Windungen g der Spule S_1 werden zur Compoundierung vom Strom der Hauptmaschine mittels des Stromtransformators S T beeinflußt; sie sind unterteilt und mittels des Schalters i für verschiedene Belastungen passend einstellbar. Zur Beeinflussung der Empfindlichkeit dient auch die Spule S_2, die Strom von dem in Reihe zur Hauptfeldwickelung H F liegenden Widerstand R_2 erhält und auf den durch Spiralfedern f regelbaren Hebel n einwirkt. Die Stellung des Kontaktes c wird hierdurch auch in Abhängigkeit gebracht vom Erregerstrom selbst. Die Umschalter $r_1 r_2$ dienen zur Umkehrung der Stromrichtung an den Kontakten b und c, die Schalter z z zur Außerdienstsetzung des Apparates. Die zugehörigen Leitungen sind der Deutlichkeit wegen fortgelassen.

Der ganze Apparat, mit Ausnahme der Widerstände und des Kondensators, wird neben oder auf der Hauptschalttafel an einer Marmortafel von nur 40×55 cm aufgebaut und arbeitet trotz der anscheinend verwickelten Wirkungsweise äußerst rasch und zuverlässig. Er wird von der General Electric Co., Schenectady, und der Allgemeinen Elektrizitäts-Gesellschaft, Berlin, ausgeführt und bis zu 60 Kw Erregerleistung verwendet.

Die Regulierung der Stromquellen auf konstanten Strom muß den Zweck haben, bei veränderlicher Belastung den Strom im Anker konstant zu halten und den Feldmagnetstrom so zu verändern, daß die erzeugte Spannung der jeweils erforderlichen entspricht.

Die Reihenschaltung der Lichtquellen ist älter als ihre Verwendung in Nebeneinanderschaltung. Demgemäß begannen auch die Bemühungen zur Herstellung von Maschinen, deren Stromstärke bei stark wechselndem äußeren Widerstand nur in engen Grenzen sich ändert, schon in den siebziger Jahren des vorigen Jahrhunderts. Amerikanische Konstrukteure wie Brush, E. Thomson, Wood haben für Reihenstromkreise sinnreiche Vorrichtungen angewendet, welche bei wachsender Stromstärke durch Verstellung der Bürstenbrücke Verringerung der

Schaltung und Regelung von Leitungen und Maschinen.

Spannung bewirken. Blondel hat 1902 Fremderregung der Dynamo und Gegenerregung durch eine Hauptstromwickelung angegeben, Rosenberg hat 1905 für den gleichen Zweck eine eigenartige Lösung veröffentlicht, die S. 501 erwähnt ist. Alle diese Lösungen beziehen sich auf einzelne Kreise speisende Dynamomaschinen.

Wechselstrommaschinen können nicht so in Serie betrieben werden, daß die Leistungen der Maschinen sich addieren. Sie streben im Gegenteil dahin, ein Minimum an Gesamtleistung abzugeben und einander entgegengesetzte Phasen anzunehmen. Steinmetz hat vorgeschlagen, die unabhängig betriebenen Stromquellen elektrisch so zu kuppeln, daß sie ein stabiles Mehrphasensystem ergeben. Wenn z. B. drei unabhängig betriebene einphasige Wechselstrommaschinen von gleicher EMK hintereinander geschaltet werden, so stellen sie sich wie die Seiten eines gleichseitigen Dreiecks ein, und von den Verbindungsstellen zwischen je zwei Generatoren können dann Dreiphasenströme abgenommen werden. Will man aus drei Wechselstrommaschinen mit voneinander unabhängigen Antriebmaschinen Zweiphasenstrom entnehmen, so verleiht man zweien gleiche Größe und macht die dritte um $\sqrt{2}$ mal größer. Sie stellen sich dann so ein, daß sie ein gleichschenkliges rechtwinkliges Dreieck bilden, von dessen drei Ecken die Außenleiter und der gemeinsame Leiter eines dreidrähtigen Zweiphasensystems abgenommen werden können. Dieselben Ergebnisse lassen sich auch mit zwei Maschinen erzielen, wenn man den Winkel zwischen ihnen durch einen Induktions- oder Synchronmotor festgelegt hat. Durch Anwendung dieses Gedankens können Mehrphasensysteme gebildet werden.

Die reine Serienschaltung von Dynamos kommt nur bei Gleichstromsystemen mit konstanter Stromstärke vor und wird für Anlagen nur von Thury verwendet, so daß es schien, als ob Ferraris Recht behalten sollte, als er 1891 Thury scherzend prophezeite, mit ihm stürbe der hochgespannte Gleichstrom aus.

Aber auch in der Technik greift man vielfach wieder auf ältere, lange weniger beachtete Lösungen zurück; sie erwecken häufig unter neuen Umständen die Aufmerksamkeit. Als man mit den Reichweiten und Spannungen der Fernleitungen immer höher kam, traten einzelne Vorzüge der Übertragung großer Energiemengen auf weite Entfernung mittels hochgespannten Gleichstromes wieder stärker hervor. Diese Vorzüge sollen vor allem die für sinusförmige Ströme $\sqrt{2}$ mal kleinere Beanspruchung der Isolierung bei gleichem Effektivwert und der Fortfall dielektrischer Hysteresis in den Isolierstoffen sein. Nachteilig sind die unveränderlich bleibenden Ohmschen Verluste, die den Wirkungsgrad bei schwacher Belastung herabsetzen, und die Schwierigkeit der Unterteilung und Regelung der Energiezufuhr.

Regelung auf unveränderlichen Strom. 513

Die Schaltung ist derart, daß man die in der Regel sechspoligen Dynamomaschinen, die für Spannungen bis 3600 V und für Leistungen bis 360 KW gebaut werden, hintereinander schaltet mit den Motoren, die alle konstanten Strom und je nach ihrer Leistung verschieden hohe Spannung aufnehmen. Diese Motoren geben entweder direkt mechanische Energie ab oder sind mit Dynamos gekuppelt.

Die Gemeinde Lausanne besitzt eine solche 27 km umfassende Anlage von 6000 PS bei 27 000 V seit 1901, die Soc. Grénobloise de force et lumière in Lyon verwendet 6300 PS seit 1906. In dem von der Cie. de l'Industrie électrique et mécanique, Genf, erbauten Kraftwerk in Pombière bei Moutiers in Savoyen wird das Gefälle der Isère in 4 Einheiten von je 1570 PS in Gleichstrom von 57 600 V bei 75 A nutzbar gemacht, und dieser wird durch eine Luftleitung aus 9 mm Kupferdrähten von 98 Ohm Widerstand bei 180 km Länge nach Lyon übertragen, wo zwei durch eine unterirdische Leitung von 4 km Länge miteinander verbundene Unterstationen die verfügbare Leistung aufnehmen. Das Kabel von Berthoud Borel & Cie in Lyon hat 75 mm² Querschnitt, besteht aus 19 Drähten mit Papierisolierung, doppeltem Bleimantel und Eisenbewehrung und hat etwa 2 Ohm Widerstand. Der Spannungsverlust beträgt also 7500 V, der Energieverlust 562 KW oder 13 % der an den Klemmen verfügbaren Leistung. Jede Einheit liefert 14 400 V und besteht aus zwei unter sich und mit der antreibenden Reaktionsturbine durch elastische Riemenkuppelungen verbundenen Doppelmaschinen mit zwei auf gemeinsamer Welle sitzenden Ankern und drei Lagern. Jeder Anker liefert also 3600 V und 75 A bei 300 Uml/Min. Auf jeder Doppelmaschine ist ein selbsttätiger Rückstromausschalter angebracht, der durch einen Daumen in Tätigkeit gesetzt wird und die betreffende Dynamo kurzschließt, sobald sie anfangen will, sich als Motor in umgekehrter Richtung zu drehen.

Thury verwendet stets besondere Regelvorrichtungen, Fig. 466, die auf dem Zusammenwirken eines Fliehkraftreglers und eines vom Hauptstrom durchflossenen Solenoids beruhen und die von voller bis herab zu ³/₄ Belastung den Erregerstrom durch parallel zur Feldwickelung geschaltete Widerstände schwächen, von ³/₄ Belastung bis Leerlauf aber die weitere Regelung durch Bürstenverstellung bewirken. Auch in Pombière wird die Geschwindigkeit so geregelt, daß bei konstant bleibender Stromstärke erst die Spannung und weiterhin die Geschwindigkeit entsprechend der erforderlichen Leistung sich ändert. Das Klinkwerk des Reglers wird durch einen kleinen Elektromotor in hin- und hergehende Bewegung versetzt und durch einen vom Kern des Hauptstrommagneten betätigten Hebel mit den Zähnen eines Zahnrades, Fig. 467, nach der einen oder anderen Seite in Eingriff gebracht. Das

514 Schaltung und Regelung von Leitungen und Maschinen.

Zahnrad sitzt auf der Hauptwelle, und diese treibt kleine Hilfsmotoren an, welche durch Öldruck die Einströmungsdüsen der Turbinen öffnen

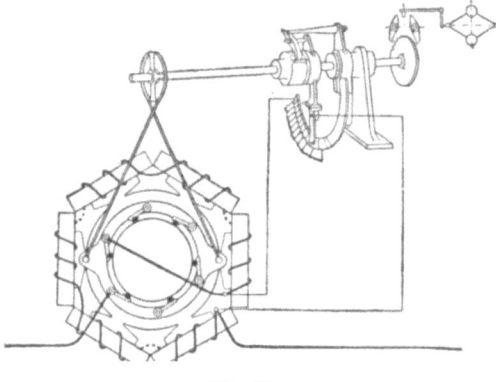

oder schließen. Eine neue Bauart wird von dem Konstrukteur Belli der Cie. de l'Industrie él. et méc. in Genf für Thuryanlagen ausgeführt.

Die Zwischenstation in Vaulx en Velin ist mit drei Hauptstrommotoren von je 720 PS ausgerüstet, die je eine Drehstrommaschine von 500 KW antreiben. Diese sind mit dem Dreiphasennetz der Soc. Grénobloise verbunden, so daß sie entweder in deren Netz speisen

Fig. 466.

oder aus ihm Arbeit entnehmen können, um die Gleichstrommaschinen als Dynamos in Not- und Aushilfsfällen zu verwenden. Die Endstation

Fig. 467.

hat fünf Hauptstrommotoren von je 720 PS, die mit je einer Gleichstrommaschine von 500 KW 600 V zur Speisung des Straßenbahnnetzes

Regelung auf unveränderlichen Strom. 515

in Lyon gekuppelt sind. Die 8 Motoren sind vierpolige Doppelmaschinen mit 428 Uml/Min und 2 × 3820 V bei 75 A; ihre Geschwindigkeit wird durch Bürstenverschiebung unverändert erhalten.

Die Spannung gegen Erde kann auf die Hälfte vermindert werden, indem man die Mitte der in Reihe arbeitenden Dynamos erdet. Man hofft dadurch zu praktisch verwendbaren Spannungen von 2 × 75 000 und 2 × 100 000 V gelangen zu können. Tatsächlich ist von einem Projekt zur Ausnutzung der Viktoriafälle am Rand in Südafrika unter Übertragung von 100 000 PS über 900 km nach dem Thurysystem die Rede gewesen.

Bei dieser Schaltung ist naturgemäß eine eigentliche Regulierung des Netzes ausgeschlossen. Einmal nehmen die Netze nur die Form langer Linienzüge an; dann aber kann bei konstantem Strome ohne Hilfsvorrichtungen an den Stromaufnehmern von Löschbarkeit nicht die Rede sein. Damit fällt auch das Bedürfnis nach einer Netzregulierung im strengen Sinne fort. Dagegen treten jetzt als wichtigste Faktoren der selbsttätige Ersatz beschädigter oder ausgeschalteter Stromquellen oder Motoren und die entsprechende Nachregulierung in den Vordergrund. Beide zusammen vermögen dann mittelbar ein Seriensystem mit beschränkter Löschbarkeit und somit eine Nachregelung in übertragenem Sinne zu ergeben.

An Stelle des üblichen großen Netzes müßten in diesem System eine genügende Anzahl unabhängiger Stromkreise vorhanden sein. Diese Stromleitungen, strahlen- oder kreisförmig angeordnet, müßten in Stunden leichter Belastung auf dieselbe Gruppe Generatoreinheiten in Serie geschaltet werden können und in Stunden voller Belastung in direkter und unabhängiger Verbindung mit ihren eigenen zugehörigen Generatorgruppen sein. Die geeignetste Kraftmaschine für die Generatoranlage ist eine Maschine mit veränderlicher Umdrehungszahl und gleichbleibendem Drehmoment. Bei konstantem Feld genügt die Konstanz des Drehmomentes, um ohne andere Hilfsmittel die Unveränderlichkeit des erzeugten Stromes zu sichern. Die Dampfturbine kommt daher nicht in Frage, da sie nur bei hohen und gleichbleibenden Geschwindigkeiten ökonomisch arbeitet; auch die Gasmaschine gestattet keine empfindliche Geschwindigkeitsregelung dieser Art. Die annehmbarste Lösung scheint die Wasserturbine oder die mehrzylindrige Dampfmaschine ohne Schwungrad, aber mit konstanter Füllung zu sein. Die Schwierigkeit der elektrischen Umwandlung in der Unterstation ist bis jetzt noch nicht gelöst. Dies ist der schwache Punkt des ganzen Systems, und solange hier keine zufriedenstellende Lösung vorliegt, bleibt das Drehstromsystem mit konstanter Spannung überlegen.

Regelung der Netze. Netze für Parallelschaltung sind nur dann als *auf konstante Spannung* selbstregelnd zu bezeichnen, wenn

Schaltung und Regelung von Leitungen und Maschinen.

bei der größten Löschung die Nachregulierung in genügender Weise auf die Einstellung einer von Zeit zu Zeit festgesetzten, übrigens konstanten Klemmenspannung im Maschinenhause beschränkt bleiben kann. Dieser Anforderung entsprechen kleine Einzelanlagen, ferner viele mit Gleichstrom betriebene Blockstationen und die Wechselstromnetze mit beschränkter Ausdehnung.

Sobald das Netz nicht mehr selbstregulierend ist, genügt es nicht mehr, die Spannung an den Sammelschienen oder den Maschinenklemmen auf gleicher Höhe zu erhalten. Sie muß dort vielmehr entsprechend der steigenden Belastung erhöht werden, damit sie an den Speisepunkten des Verteilungsnetzes konstant bleibe. Sind nur wenige Speiseleitungen vorhanden und die Spannungsverluste in ihnen gering, 3—5 % bei höchster Belastung, wie dies häufig bei Hochspannungsanlagen der Fall ist, so genügt es, nach den Angaben der Strommesser die Spannung an den Klemmen der Maschine oder den Sammelschienen um den Verlust in den Speiseleitungen zu erhöhen.

Sind jedoch mehrere oder viele Speiseleitungen mit großen Verlusten vorhanden, so genügt dieses einfache Mittel nicht mehr. Man wird vielmehr in der Regel besondere Rückdrähte verwenden, welche von den Speisepunkten abzweigen und zur Zentrale zurückführen, wo sie zur Einstellung ihrer Spannungen dienen. Dafür, daß die Unterschiede zwischen den einzelnen Knoten- oder Speisepunkten nicht zu groß werden, hat das Vorteilungsnetz selbst zu sorgen.

Die äußere Regulierung kann den Ausgleich im Netze selbst nicht vollständig besorgen. Die Spannung dieser Speisepunkte selbst kann durch eingebaute regelbare Widerstände, sogen. Feederrheostate, verändert werden.

Im allgemeinen ist es schwer, diese Feederrheostate richtig zu bemessen, weil die größte und die kleinste Stromstärke sich von vornherein wegen der unbekannten und wechselnden zukünftigen Inanspruchnahme kaum feststellen lassen. Die Rheostate können leicht genügend stark sein, um den maximalen Strom zu vertragen. Aber ihre Regulierungsstufen werden dann bei kleineren Strömen ganz anderen Empfindlichkeitsstufen entsprechen, als ursprünglich angenommen worden war. Man sucht deshalb, und aus Gründen der Wirtschaftlichkeit, auf die wir später eingehen werden, die Verwendung dieser Widerstände, wenn irgend möglich, zu umgehen.

Will man den in den Hauptstromrheostaten auftretenden Energieverlust vermeiden, so muß man zur Regulierung statt der Widerstände elektromotorische Kräfte verwenden, welche in Reihe zu der EMK der Hauptquelle geschaltet werden. Bei dieser Anordnung durchfließt der Hauptstrom der Speiseleitung hintereinander den Anker und die Magnet-

Regelung der Netze. 517

bewickelung der Hilfsdynamo. Wird letztere mit konstanter Tourenzahl durch ein Vorgelege oder einen Elektromotor betrieben, so entwickelt sie eine mit der Stromstärke, also auch mit dem Spannungsverlust wachsende Zusatzspannung. W. Lahmeyer hat die Methode noch dadurch erweitert, daß er bei seiner Fernleitungsdynamo F D, Fig. 468, die Magnete mit gemischter Bewickelung versieht. Bei schwachem Ankerstrom überwiegt der Nebenschluß, und die Dynamo vermag Arbeit

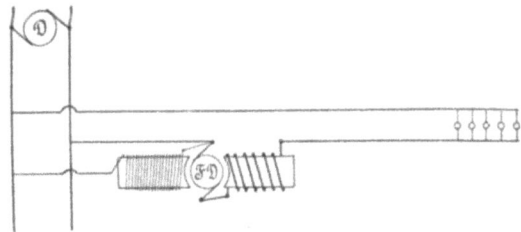

Fig. 468.

abzugeben, bei starkem Anker- und Speisestrome überwiegt der Hauptschluß, und die Dynamo verbraucht Energie und erzeugt dafür Zusatzspannung. Ähnliche Lösungen lassen sich auch für Wechselstrom finden.

An die Stelle der für Gleichstrom verwendbaren Regelung durch die EMK von Zellen, Fern- oder Reglerdynamos tritt die Regulierung durch Drosselspulen, Transformatoren oder Motoren. Auch sie bietet wie die Regulierung durch Gegen-EMK bei Gleichstrom den Vorteil geringeren Energieverlustes gegenüber der reinen Widerstandsregulierung.

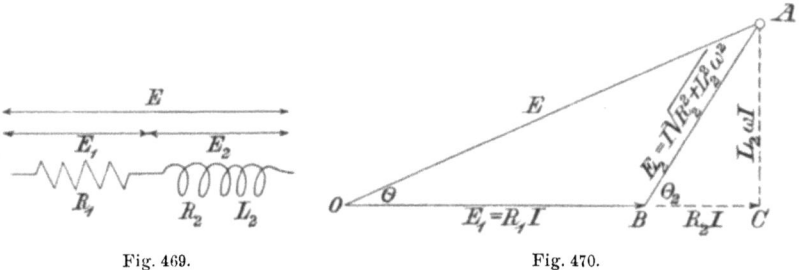

Fig. 469. Fig. 470.

Fügt man in einen Wechselstromkreis eine Drosselspule, d. h. einen mit der Induktanz L Henry behafteten Widerstand R Ohm ein, so setzt sie dem Durchgang des Stromes ihren Richtungswiderstand $R = \sqrt{R^2 + L^2 \omega^2}$ entgegen. Wenn man also hinter den Widerstand R_1 einer Speiseleitung eine Drosselspule mit dem Widerstand R_2 und der Induktanz L_2 schaltet, Fig. 469 u. 470, so wird die vernichtete Spannung $E = J \sqrt{(R_1 + R_2)^2 + L^2 \omega^2} = J W$; die verzehrte Energie $E \cdot J \cos \theta = J^2 (R_1 + R_2)$.

518 Schaltung und Regelung von Leitungen und Maschinen.

Bei Verwendung induktionsfreier Widerstände hätte die Vernichtung derselben Spannung E einen Energieaufwand J^2. W erfordert; er wäre also im Verhältnis W : $(R_1 + R_2) = 1 : \cos \theta$ größer gewesen. Diese Methode ist, solange θ nicht zu groß wird, verwendbar; in diesem Falle würde der wattlose Strom, welcher der drosselnden EMK $\overline{AC}$ entspricht, die Maschinen und Leitungen zu stark belasten.

Statt der Drosselspule können auch Transformatoren mit veränderlichem Übersetzungsverhältnis verwendet werden. Die Änderung kann durch Zu- und Abschalten von primären oder sekundären Windungen geschehen oder durch Veränderung der gegenseitigen Stellung oder des magnetischen Widerstandes von induzierenden und induzierten Spulen. Wenn von den Sammelschienen C der Zentrale, Fig. 471, die Speiseleitung S mit hohem Verluste zu den Transformatoren der Unterstation T führt, von welcher das sekundäre Verteilungsnetz V

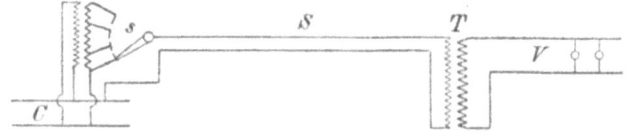

Fig. 471.

abzweigt, so kann zur Regelung der Spannung am Speisepunkte T ein Hilfstransformator B aufgestellt werden, welcher primär parallel von den Sammelschienen abzweigt, sekundär in Serie zur Hauptleitung S geschaltet ist. Der Zusatztransformator B wirkt als Spannungserhöher oder Booster; er wird also dauernd magnetisiert, und seine sekundäre Wickelung ist regulierbar eingerichtet und gerade so bemessen, daß er den größten Spannungsverlust in der Einstellung des Hebels s auszugleichen vermag. Für den Schalthebel gelten dieselben Gesichtspunkte, welche bei Besprechung der Zellenschalter entwickelt wurden. Bei dem Spannungsregler nach Fig. 472 werden die induzierenden

Fig. 472.

Wickelungen II an das Netz angeschlossen; die induzierte Spule kann durch Hand oder Motorantrieb verstellt werden und liefert eine Zusatzspannung. Bei dem Regler nach Fig. 473 stehen beide Spulengruppen I und II fest, und der drehbare Eisenkern J bewirkt bei seiner Verstellung

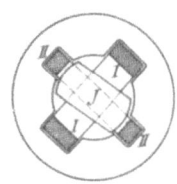

Fig. 473.

eine Veränderung des magnetischen Widerstandes, damit auch der Kraftlinienzahl und Spannung im Sekundärkreise. Bei größter sekundärer Spannung ist der magnetische Widerstand am größten. Diese

Mittlere Spannung. 519

Regler werden ähnlich den Induktionsmotoren aus Blechen aufgebaut und mit verteilten Wickelungen versehen. Ihr Magnetisierungsstrom und Spannungsabfall sind beträchtlich. Zur Verringerung des Abfalls wird der Statorteil I, Fig. 472, zuweilen mit einer um 90⁰ elektrisch versetzten, kurzgeschlossenen Kompensationsspule versehen.

Für jeden Speisepunkt sind im einfachsten Fall zwei Prüfdrähte zur Spannungsmessung erforderlich. Diese werden häufig behufs Messung der mittleren Spannung nach Fig. 474 vereinigt. Die einzelnen Prüfdrähte $P_1 P_2 P_3 P_4$ sind zunächst durch Vorschaltung von Widerständen w_1, w_2.. auf den gleichen Wert abgeglichen und an Schienen S angeschlossen. Bei passender Abgleichung wird der durch den Voltmeterstrom verursachte Spannungsverlust für alle Speiseleitungen gleich groß. Das Voltmeter muß unter Berücksichtigung des Gesamtwiderstandes von Vorschaltung w und Prüfdraht P geeicht sein, da bei 2000 Ohm Eigenwiderstand ein Unterschied von etwa 10 Ohm im Widerstand der Prüfdrähte, entsprechend einem Längenunterschied von etwa 600 m 1 mm starken Prüfdrahtes, schon $1/2\%$ Fehler verursachen würde. Will man die Abgleichung vermeiden, so wählt man w_1, w_2... so groß, z. B. 500 Ohm, daß die Unterschiede in den Prüfdrahtwiderständen zu vernachlässigen sind. Das bei c d anliegende Voltmeter V zeigt die mittlere Netzspannung.

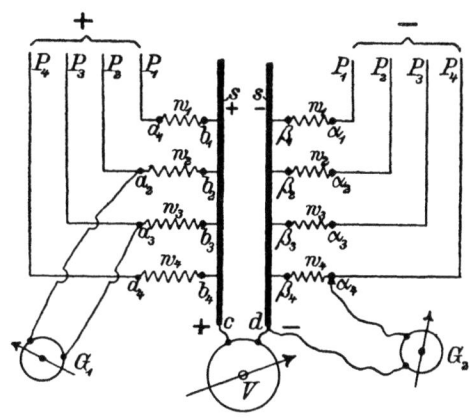

Fig. 474.

Sind bei $b_1 \beta_1$, $b_2 \beta_2$ ... entsprechende Umschalter angeordnet, so kann man an diesen Punkten auch die Einzelspannungen beobachten. Dabei ist jedoch zu beachten, ob durch Einschalten eines Prüfdrahtes nicht die mittlere Spannung wesentlich geändert wird. Bei Abgleichung aller Prüfdrähte auf den kleinen Widerstand W_1, 20—30 Ohm, wird die am Voltmeter S angegebene mittlere Netzspannung

$$e = 1/n \ (E_1 + E_2 + ..) - 1/n \ w \ (i_1 + i_2 + ...),$$

wobei E_1, E_2 die Spannungen der Speisepunkte, w den abgeglichenen Widerstandswert, i die Stromstärke, und n die Zahl der Speiseleitungen bedeutet.

Man hat auch Compoundvoltmeter ausgebildet, bei denen außer der Spannungsspule auch eine Hauptstromspule und eine im Nebenschluß zum Rheostaten der Speiseleitung liegende Spule angeordnet sind; diese beiden Spulen, Fig. 475, wirken im gleichen Sinne auf den Eisenkern, die Fernspannungsspule arbeitet in entgegengesetztem Sinne und mißt die Spannung am Anfange der Leitung. Da nun die ihr entgegengesetzten Hauptstromspulen den Spannungsverlust in der Speiseleitung und im zugehörigen Hauptstromrheostat messen, gibt das Fernspannungsvoltmeter ohne besondere Prüfdrähte die Spannung am Speisepunkte an.

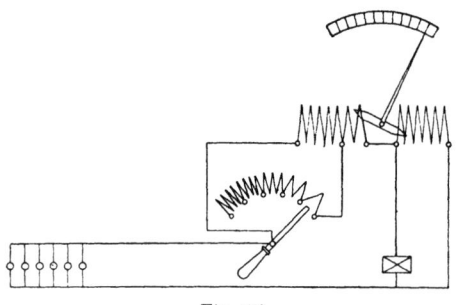

Fig. 475.

Rasch[1]) schaltet zum gleichen Zwecke in einen der Fernleiter einer Gleichstromanlage einen kleinen Widerstand w, Fig. 476, und überbrückt die Klemmen durch zwei in Reihe geschaltete hohe Widerstände a und b. Ist 2 W der Widerstand der Fernleitung, und liegt das Voltmeter vom Widerstand r zwischen a und b an, dann wird dessen Spannung

$$v = r \, \frac{a E - (a + b) w J}{a b + (a + b) r}.$$

Die Endspannung $e = E - 2 J W$. Soll $v = e$ werden, so muß $(a + b) w/a = 2 W$ sein.

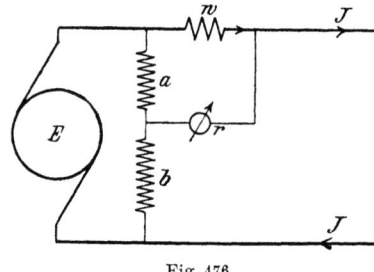

Fig. 476.

Bei Dreileiteranlagen mit geerdetem Mittelleiter werden die Speisepunkte nur durch zwei Leitungen mit der Zentrale verbunden. Man mißt dann nur die Spannung der Außenleiter. Ist der Mittelleiter zu einem besonderen Netz ausgebildet, so kann nötigenfalls dessen Spannung noch besonders gemessen werden.

Bei ein- oder mehrphasigen Wechselstromanlagen können die Prüfdrähte erspart und die Spannung an den Speisepunkten unter Zuhilfenahme von Transformatoren gemessen werden, deren Primärwindungen vom Hauptstrom durchflossen werden; die sekundären beeinflussen eine Hilfsspule des Voltmeters, deren Wirkung proportional dem Hauptstrom und entgegengesetzt der Spannungsspule des Voltmeters

---

[1]) G. Rasch, ETZ 1906 S. 805.

Spannungsregelung. 521

gerichtet ist. Damit bei steigender Stromstärke der Zeiger des Voltmeters auf diese Marke einspielen kann, muß die Zugkraft des Voltmetersolenoids durch Verstellung des Regulators vermehrt werden. Der Kompensator reguliert also nicht direkt die Maschinenspannung, sondern gestattet nur die Messung der am Ende der Speiseleitung vorhandenen Spannung und veranlaßt somit, daß die Maschinenspannung nach den Ablesungen des Amperemeters proportional der Belastung verändert werden kann. Diese Art der Regulierung wurde gleichzeitig und unabhängig von Bláthy, Kapp und Stillwell erfunden.

Bláthys Anordnung, der sogenannte Egalisator, ist in Fig. 477 in Verbindung mit dem die Erregung der Maschine beeinflussenden automatischen Rheostaten dargestellt, an dessen Stelle auch ein Handregler treten kann. Die primäre Spule des Egalisators E wird vom Hauptstrom durchflossen. Die sekundäre Spule ist auf einen Widerstandsrahmen R_1 geschlossen, der vom Strome des Egalisators und von jenem des zur Spannungs-Erniedrigung dienenden Spannungstransformators T im gleichen Sinne durchflossen wird; es wird also mit steigender Belastung im Egalisierwiderstande R_1 bei passender Wahl der einzelnen Größen derselbe Verlust auftreten, welcher in der Speiseleitung durch den Strom verursacht wird. Das zwischen a und b angeschlossene Voltmeter wird also die Spannung am Ende der Speiseleitung anzeigen, und der Rheostat, dessen Spule S in Serie mit einem entsprechenden Zusatzwiderstand R_2 parallel zum Voltmeter abgezweigt ist, wird somit die Erregung der Wechselstromdynamos entsprechend der Belastung selbsttätig verändern.

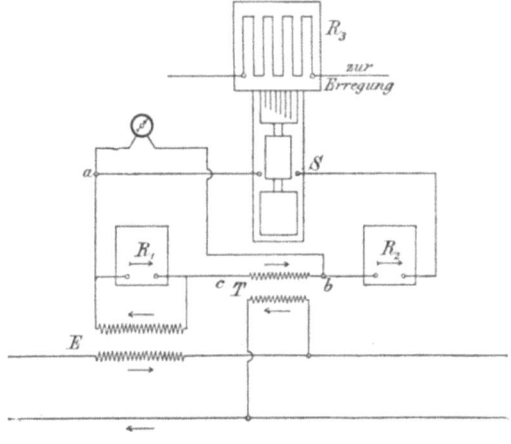

Fig. 477.

Man regelt entweder auf unveränderliche oder auch auf einstellbare Spannung während gewisser Zeiten. Dieser Aufgabe sind wir bereits bei Besprechung der Batterieladung begegnet. Ebenso gehören hierher die Methoden, welche dazu dienen, bestimmte Signal- oder Beleuchtungsvorrichtungen zu einer bestimmten Zeit durch Änderung der sonst konstanten Spannung ein- oder auszuschalten. Ein Beispiel hierfür boten die an das Netz der Berliner Elektrizitätswerke

522 Schaltung und Regelung von Leitungen und Maschinen.

angeschlossenen Hefner-Alteneckschen Uhren, welche jeden Morgen zu bestimmter Zeit reguliert werden; ferner Relais oder sonstige Vorrichtungen zur Löschung eines Teils der Straßenbeleuchtung nach Mitternacht von der Zentrale aus. Solche Vorschläge sind mehrfach gemacht, aber kaum in größerem Maßstabe durchgeführt worden, weil durch derartige Spannungsveränderungen auch jene noch brennenden Lampen und anderen Anschlüsse beeinflußt würden, deren Beeinflussung nicht beabsichtigt ist.

Eine interessante Reglungsaufgabe bot die Kraftübertragungsanlage der Cataract Power and Conduit Co. in Buffalo, die an drei fernliegenden Speisepunkten jede Spannung zwischen 2200 und 2300 V Drehstrom erhalten wollte, wenn die Primärspannung zwischen 9500 und 11 000 V oder doppelt so viel betrug. Für den Fall der Verdoppelung der Spannungen ergab sich die Lösung einfach; man schaltete die Hochspannungsspulen anfangs

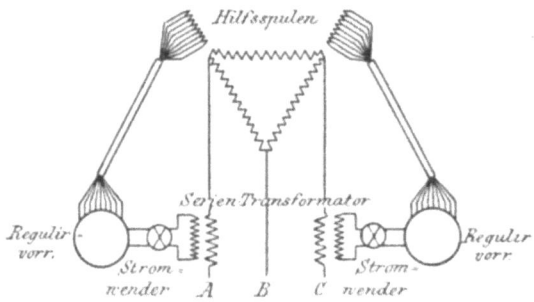

Fig. 478.

in zwei Kreisen parallel, später hintereinander. Schwieriger war die Lösung des anderen Teils der Aufgabe, weil man jede Transformatorengruppe aus 3 Umwandlern von je 850 KW Leistung bildete, und somit die Stärke des sekundären Stromes und die Höhe der primären Spannung eine direkte Regelung durch Ein- und Ausschaltung von Windungen gewagt erscheinen ließen. Man wählte schließlich folgende Lösung. Die drei 850 KW-Transformatoren wurden primär in Stern, sekundär in Dreieckschaltung verbunden. Die Primärspannung betrug also für 11 000 V Phasenspannung nur 6350 V an jedem Transformator, und demgemäß der Primärstrom rund 134 A, die Sekundärspannung betrug 2200 V. Von den Ecken des aus den drei Sekundärspannungen gebildeten Dreiecks gingen die drei Leitungen A, B, C, Fig. 478 u. 479, nach dem einen der 3 Speisepunkte. In zwei dieser Leitungen waren die Sekundärspulen von 75 KW Transformatoren eingebaut, deren Primärspulen mit einem Stromwender und einer zellenschalterartigen Reguliervorrichtung in Serie geschaltet waren mit zwei Hilfswickelungen

Phasenregelung. 523

der 850 KW Transformatoren. Diese Hilfswickelungen waren für maximal 750 V und 300 A angeordnet und so fein abgestuft, daß die zwei zu einem Apparat vereinigten Reguliervorrichtungen die Spannung in allen drei Phasen in Schritten von je $1/2\%$ von 750—240 V verändern konnten. Die Primärspulen der Hilfstransformatoren konnten außerdem durch Stromwender so geschaltet werden, daß die Sekundärspulen zwischen 0 und 240 V zufügten oder abzogen. Die höchste Spannung an den Reguliervorrichtungen war also nur 750 V, der stärkste Strom etwa 100 A. Fig. 479 zeigt die Schaltung für die drei Transformatoren und die von ihnen zu versorgenden 3 Speisepunkte. Man erkennt auch die nicht benützte Hilfswickelung des dritten Transformators, die in Fig. 478 der Deutlichkeit halber fortgelassen ist.

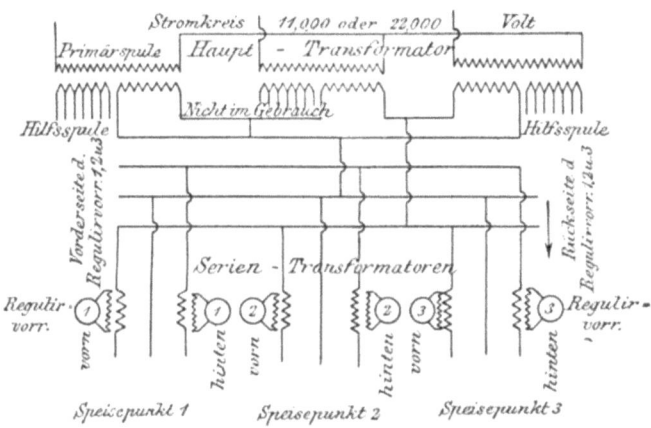

Fig. 479.

Regulierung der Phasenverschiebung. Die durch leerlaufende Transformatoren und besonders durch Motoren hervorgerufenen Leerströme sind gegen die Spannung verzögert, bewirken erhöhten Spannungsabfall in den Maschinen und Leitungen und erfordern für gleichbleibende Spannung verstärkte Erregung. Die durch Kondensatoren, also durch die Kapazität der Leitungen, übererregte Synchronmotoren oder Drehumformer hervorgerufenen Leerströme eilen dagegen der Spannung vor, verringern die Erregung der Dynamos und vermögen auch deren Spannung bei gleicher Erregung zu erhöhen. Man kann also durch Verwendung von parallel zu den Maschinen in der Zentrale oder an Verteilungspunkten angeordneten Kondensatoren den verzögerten Leerstrom verringern oder vernichten, die Erregung und den Spannungsabfall der Maschinen vermindern und ihre Leistung somit erhöhen.

Wenn ein synchroner Motor oder Drehumformer in der Zentrale oder einem Verteilungspunkte von den Leitungen abgezweigt wird, kann man durch allmähliche Verstärkung seiner Magneterregung den gesamten wattlosen Strom der Leitungen verstärken, auf Null bringen oder umkehren. Die Verstellung der Erregung kann auch selbsttätig, etwa durch einen Tyrrell-Regler, erfolgen. Ein übererregter Synchronmotor wirkt wie ein Kondensator, ein untererregter wie eine Drosselspule. Dabei ist es zulässig, den Motor auch zu belasten. Bei entsprechend weit getriebener Erregung könnte man auch die Spannung der Verteilungsleitungen über die Maschinenspannung erhöhen, doch läuft der Motor dann nicht stabil, so daß diese Art der Spannungserhöhung nicht empfehlenswert ist. Sie ist im allgemeinen teuer, weil man Motoren wählen muß, welche für die volle Spannung und den gesamten wattlosen Strom ausreichen. Ist E die Spannung, J der Strom der Zentrale, φ die Verschiebung zwischen E und J, dann muß der Synchronmotor die Leistung $EJ \sin \varphi$ geben. Setzt man $EJ = 100$, so erhält man als Leistung des Motors in Prozenten der Zentralenleistung $100 \sin \varphi$, also für $\cos \varphi = 0{,}9$ rund 30, für $\cos \varphi = 0{,}8$ rund 60%. Praktisch wird man den Motor zwischen $1/3$ und $1/2$ der Zentralenleistung wählen und bei Tyrrell-Regelung mit Zuhilfenahme ausschaltbarer Transformatorspulen auf $\cos \varphi = 0{,}95$ im Mittel einstellen.

Für die Werkstätten der General Electric Co. in Schenectady wird hochgespannter Drehstrom durch eine stark induktive Linie dem Primärkreis von Transformatoren zugeführt, an deren Sekundärkreise rotierende Drehstrom-Gleichstrom-Umformer angeschlossen sind. Diese Umformer sind mit einer starken Hauptschlußwickelung und einer schwachen Nebenschlußwickelung versehen. Bei Leerlauf treten also wattlose verzögerte Ströme in die Anker der Umformer und verstärken die Felderregung. Sie erzeugen in der induktiven Fernleitung so starken Abfall, daß die Gleichstromspannung trotz des Leerlaufs nicht zu hoch wird. Mit wachsender Belastung tritt die Wirkung der Hauptschlußspule mehr hervor, die wattlosen verzögerten Ströme werden schwächer, so daß schließlich bei etwa $3/4$ der vollen Belastung der Leistungsfaktor sich der Einheit nähert. Wächst die Belastung noch mehr, so tritt voreilender wattloser Strom auf, welcher Zunahme der Spannung an den Schleifringen und damit auch an den Gleichstromklemmen bewirken kann. Die induktive Linie bewirkt also mit dem compoundierten rotierenden Umformer zusammen, daß dieser sich sekundär wie ein übercompoundierter Gleichstromgenerator verhält.

Die Regelung auf Ausgleich kommt bei Maschinen und Netzen vor. Ihr Zweck ist die Teilung der Gesamtbelastung unter Aufrechterhaltung konstanter Spannung bezw. konstanten Stromes in den

Regelung auf Ausgleich. 525

einzelnen Teilen eines Mehrleiter- oder den einzelnen Phasen eines Mehrphasensystems.

Diesem Zwecke dienen für das Dreileitersystem die Ausgleichs- und Zusatzmaschinen, die Zellenschalter und die Teilungsdynamos. Sie sind zur Erzielung guten Ausgleichs nur befähigt, wenn die Belastungen der Netzhälften nicht allzustark voneinander abweichen, oder wenn durch Umschaltung einzelner Abnehmer von einer Netzhälfte auf die andere die Belastungen annähernd gleich gehalten werden.

Für die Netze ist der Ausgleich der Spannungen und der Ströme gesondert zu betrachten. Der Ausgleich der Spannungen ist im allgemeinen um so leichter und vollkommener erreichbar, je elastischer das Netz, also je kleiner der prozentuale Spannungsverlust bei gegebener Löschbarkeit ist. Ein Netz wird also um so vollkommeneren Ausgleich besitzen, je vollkommener seine Selbstregelung ist, oder je einfacher die erforderliche Nachregulierung sich vollziehen läßt, und je gleichmäßiger sie alle Punkte des Netzes beeinflußt. Die diesem Zweck dienenden Ausgleichsleitungen sind bereits behandelt worden.

Die Mannigfaltigkeit der Ausgleichsysteme ist bei Verwendung von Wechselströmen besonders groß. Als einfachste Form kann die Anordnung einer Mittelklemme an der Sekundärwickelung eines Transformators betrachtet werden. Die Verluste werden bei guten Transformatoren selbst dann nicht groß, wenn von dem so entstehenden sekundären Dreileitersystem eine Hälfte voll, die andere unbelastet ist.

Auf ähnlicher Grundlage beruht die von E. Thomson angegebene Drosselspule, welche den Betrieb und die Löschung einzelner in Reihe geschalteter Lampen gestattet und darum zutreffender als Spannungsteiler oder Autotransformator bezeichnet wird, Fig. 480. Die eine

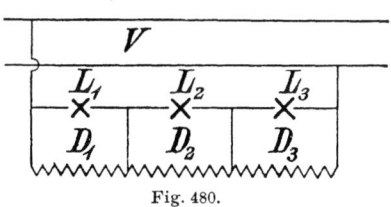

Fig. 480.

Spule wirkt gleichzeitig als Umformer und Spannungsteiler, indem sie z. B. 120 V aufnimmt und an drei einzeln löschbare Bogenlampen verteilt. Den Belastungsausgleich gestattet ferner der 1885 bereits verwendete Egalisator für Reihenkreise in der in Fig. 481 dargestellten Form. Führt man die von einer gemeinsamen

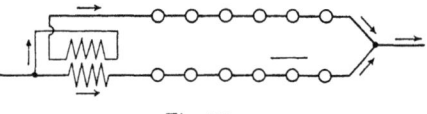

Fig. 481.

Stromquelle stammenden Zweigströme in entgegengesetzten Richtungen durch die Bewickelungen eines Transformators, so bleibt das Verhältnis der beiden Stromstärken fast konstant. Die Elektrizitäts-Gesellschaft Alioth

526   Schaltung und Regelung von Leitungen und Maschinen.

verwendet einen einspuligen oder Autotransformator T, Fig. 482, dessen Spulen an die Sammelschienen a angeschlossen und dessen Regelungswindungen unter Vermittelung von Ölschaltern 1, 2 ... veränderliche Zusatzspannung an die in Reihe zu ihnen geschalteten Leitungen b abgeben können. Um Stromunterbrechung und Kurzschluß von Windungen bei Verstellung der in Ölschaltern untergebrachten fünf Schaltmesser zu verhüten, sind die Hilfsschienen c c in Verbindung mit dem Schaltmesser 5 und dem induktiven Widerstand J W angebracht. Die in

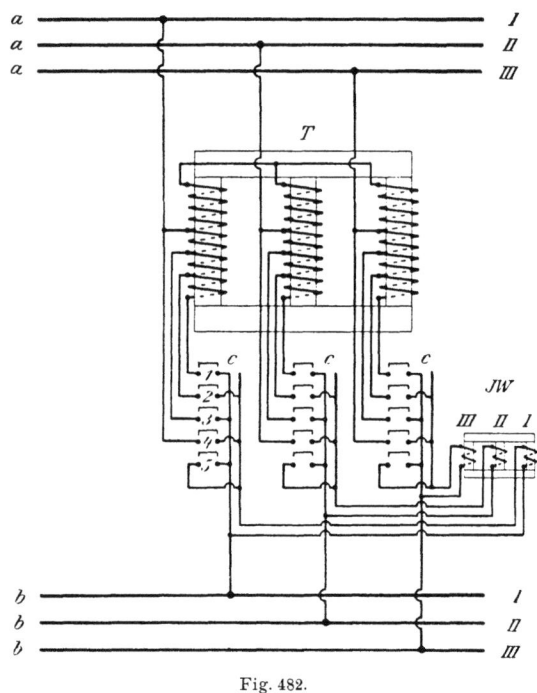

Fig. 482.

Fig. 482 für Drehstrom mit dreipoligen Ölschaltern dargestellte Anordnung ist auch für Wechselstrom anwendbar.

Die Regelung der Lichtquellen bezweckt meistens die Erhaltung unveränderlicher Lichtstärke. Bei Regelung des Netzes auf annähernd feste Spannnng ist eine weitere Beeinflussung bei Glühlampen nicht nötig. Bei Bogenlampen können je nach Bauweise der Lampe und den Abmessungen und Eigenschaften der Stifte bei Gleichstrom zwei bis drei Lampen mit offenem Bogen von 110 V, vier bis sechs von 220 V, bei Wechselstrom zwei Lampen von 72—80 V, drei von 105—120 V, sechs von 200—220 V Netzspannung gespeist werden. Flammbogen-

Vorschaltwiderstände. 527

lampen werden für Gleich- und Wechselstrom auf 45 V eingestellt; man kann also für je 110 V Netzspannung zwei Lampen in Reihe schalten. Dauerbrandlampen verbrauchen etwa 70—80 V im Bogen; sie können also von 110 V Netzen einzeln, bei 220 V zu zweien gebrannt werden. Es sind deshalb Vorschaltwiderstände nötig, um die unvermeidlichen kleinen Schwankungen der Stromstärke und Klemmenspannung nicht unangenehm bemerkbar zu machen. Sie sind wenig regelbar, weil für dauernde Einstellung bestimmt, und werden als Drahtspiralen auf Porzellan gewickelt oder in Email eingebettet und mit Gleitstück versehen. Um das Angehen der Lampen ohne starke Stromschwankungen und Zucken zu erleichtern, werden bei Hauptstrom- und Differentiallampen mit kurzem Lichtbogen Anlaßwiderstände mit mehreren von Hand oder selbsttätig verstellbaren Stufen vorgesehen. Nur nach dem Einschalten der Lampe werden diese Widerstände allmählich vermindert. Nebenschluß-, Dauerbrand- und Flammbogenlampen erfordern dauernde Einschaltung des Vorschaltwiderstandes. Hierbei wird für 3—15 A ein Rheotandraht von 1—2,5 mm Dicke und 20—25 m Länge in Rillen eines Porzellan- oder Schieferzylinders gewickelt. Die dauernde Einstellung erfolgt durch Verschiebung eines auf den Drahtwindungen nach Lösung einer Klemmschraube verschiebbaren Kontaktes. Die Drahtabmessungen müssen so gewählt sein, daß der normale Strom und der unmittelbar nach dem Einschalten der Bogenlampen besonders starke Angehstrom den Draht nicht bis zur Rotglut erhitzen. Die Widerstände sind mit einer Umkleidung aus gelochtem Blech oder sonstigen feuersicheren Schutzhülle zu versehen und derart anzuordnen, daß eine Berührung zwischen den wärmeentwickelnden Teilen und entzündlichen Materialien nicht vorkommen und die von den erhitzten Drähten aufsteigende Luftströmung nicht unmittelbar an brennbare Stoffe gelangen kann. Sie müssen außerdem auf feuersicherem, gut isolierendem Material montiert sein und dürfen an Wänden nur freistehend auf feuersicherer Unterlage angebracht werden. In Räumen, wo betriebsmäßig Staub, Fasern oder explosible Stoffe vorhanden sind, dürfen sie überhaupt nicht angewendet werden.

Bei Wechselstromlampen können Drosselspulen, Spannungsteiler oder kleine Einzeltransformatoren angewandt werden. Hierbei sind gegenüber den Vorschaltwiderständen Ersparnisse an Energie möglich, namentlich, wenn die Transformatoren primär abschaltbar sind.

Bei Reihenschaltung muß jede stromverbrauchende Vorrichtung eine selbsttätige Kurzschluß- oder Nebenschlußvorrichtung erhalten. Auch hier ist Regulierung durch Widerstände, Drosselspulen und Transformatoren möglich.

Wird zu einer Glüh- oder Bogenlampe vom Widerstande R eine

praktisch fast widerstandslose Drosselspule mit der Induktanz L parallel geschaltet, so wird der Gesamtstrom J aus zwei zueinander rechtwinkligen Komponenten bestehen, von denen die eine i_m wattlos ist, die zweite i_l dem Verbrauche der Lampe entspricht, Fig. 483. Es ist also $J = \sqrt{i_m{}^2 + i_l{}^2}$ und $e = i_l R = L \omega i_m$, wo $\omega = 2\pi \sim$.

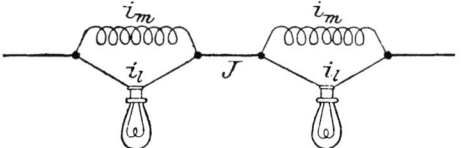

Fig. 483.

Reißt nun der Faden der Lampe, oder erlischt der Bogen, dessen Widerstand R entspricht, so strömt der ganze Strom J durch die Drosselspule. Die Theorie zeigt nun, daß bei konstanter Induktanz L die zur Durchführung des Stromes J erforderliche Klemmenspannung

$$e' = L \omega J = e \cdot J/i_m,$$

also unter Umständen viel größer sein müßte als die normale Klemmenspannung e. Glücklicherweise gibt es aber in der Praxis keine konstanten Selbstinduktionskoeffizienten. Es läßt sich vielmehr bei passender Bemessung der Drosselspulen erreichen, daß etwa $1/3$ aller in einem Kreise enthaltenen Lampen ohne Nachregelung der Spannung und ohne praktisch merkbare Veränderung des Stromes gelöscht werden können.

Solche parallelen Drosselspulen werden bei Bogenlampen auch als **Sicherheitsspulen** bezeichnet. Die Westinghouse Co. hat zur Erzielung gleicher Wirkungen seit längerer Zeit Serientransformatoren verwendet, deren Primärspulen hintereinander geschaltet sind, während die Sekundärspulen einzeln Kohlenglühlampen speisen.

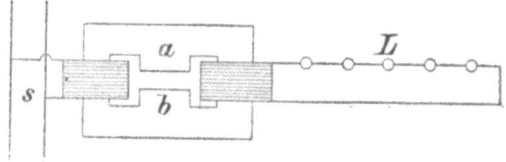

Fig. 484.

Bei dem von E. Thomson 1889 vorgeschlagenen Streutransformator, Fig. 484, ist die primäre Spule an die Hauptleitung angeschlossen, die sekundäre speist die Lampen L. Je größer der sekundäre Strom wird, um so größer wird die Streuung in dem Schlitze a b; sie hat ihren höchsten Wert, wenn alle Lampen kurzgeschlossen sind, ihren kleinsten,

Regelung bei Straßenbeleuchtung. 529

wenn alle Lampen brennen. Es wird also im ersten Falle die kleinste, im letzten die größte Klemmenspannung zum Betriebe der Lampen zur Verfügung stehen. Man erkennt an, daß auf diese Weise eine annähernde Regulierung auf konstanten, sekundären Strom selbst dann erzielt werden kann, wenn primär bei s die Spannung konstant gehalten wird.

In Amerika hat die Straßenbeleuchtung durch reihengeschaltete Wechselstromlampen große Verbreitung erlangt. Die 6 bis 7 A Lampen für 72 V sind als Differentiallampen gewickelt und mit einem Anlaßwiderstand ausgerüstet, der 15 V verzehrt und kurzgeschlossen bleibt, solange nur die Nebenschlußspulen wirken. Jede Lampe trägt außerdem einen von Hand bedienbaren Kurzschließer. Luft- oder ölgekühlte Transformatoren für Reihen von 25, 50 und 100 Lampen setzen die zugeführte konstante Spannung von 1800, 3600 oder 7200 V in konstanten Strom von 6,6 bis 7,5 A um. Der Leistungsfaktor beträgt etwa 0,76—0,78. Die Primärspule des Manteltransformators der General Electric Co., Schenectady, liegt fest um den Mittelschenkel, die bewegliche sekundäre liegt im Ruhezustande auf ihr und wird bei Stromschluß abgestoßen. Sie ist an Winkelhebeln durch Fahrradkettchen so aufgehängt, daß das Gegengewicht zusammen mit der durch den normalen Strom bewirkten Abstoßung gerade ihr Gewicht abgleicht. Bei wachsender Stromstärke wird die Abstoßung größer, die Spannung wegen der vermehrten Streuung kleiner, der Strom also wieder normal. Andere Lösungen[1]) benutzen zudem noch ausschaltbare Primär- oder Sekundärwindungen, die derart an die Schaltbretter angeschlossen werden, daß durch Stöpsel mit isolierten Griffen von einem Netze aus Reihen mit verschiedener Lampenzahl parallel betrieben oder Lampen aus verschiedenen Reihen zu einer neuen verbunden werden sollen. Diese Umschaltung ist zuweilen wegen der Löschung der Lampen erforderlich; man verbindet zu einer Reihe Lampen mit gleicher Löschzeit.

Öfters ist es wünschenswert, einzelne Glühlampen oder kleinere Gruppen hell oder dunkel brennen zu lassen. Erforderlich ist dies in Krankensälen während der Nacht, wo für die Wächter eine nur geringe Beleuchtung genügt; dann für Leuchtfeuer, wo durch zeitweiliges Abblenden des Lichtstromes Signale gegeben werden sollen, und insbesondere für Theater zur Hervorbringung der „Beleuchtungseffekte".

Wenn man zu verschiedenen Zeiten von einer Lichtquelle, z. B. einer Glühlampe, zwei verschiedene Lichtstärken, eine große und eine geringe, fordert, kann man entweder, wie bei der Hylo-Lampe, deren Namen aus High-low gebildet ist, zweierlei Glühfäden mit Umschalter in einer Birne anordnen oder bei GS einen Widerstand, bei WS eine

---

[1]) Vergl. C. Feldmann, Reisebriefe aus Amerika, ETZ 1904 S. 764.

Drosselspule anwenden, welche bei der hohen Lichtstärke kurz geschlossen, bei der geringen eingeschaltet sind. Solche Lösungen sind mehrfach verwendet worden; doch sind sie teuer und unwirtschaftlich. Hat man Bogenlampen zur Straßenbeleuchtung, so löscht man entweder bestimmte Lampen gegen Mitternacht oder an Orten mit geringem Nachtverkehr die Bogenlampen alle und ersetzt sie durch Glühlampen, die in besonderem Stromkreise geordnet und an dem Bogenlampenträger angebracht sind. Die Regelung der Bogenlampen auf einige wesentlich verschiedene Lichtstärken ist an und für sich nicht möglich.

Bei Seefeuern wird die Regelung dadurch bewirkt, daß mittels mechanisch oder elektrisch bewegter, mit Ausschnitten versehener Scheiben die Lichtquelle zeitweilig ganz abgeblendet wird, zeitweilig voll wirkt.

Die Beleuchtungstechnik der Theater fordert die allmähliche Veränderung der Lichtstärke, den Farbenwechsel und die Farbenmischung. Betrachten wir zunächst die allmähliche Abstufung der Lichtstärke des einfarbigen Lichtes.

Die Veränderung der Lichtstärke soll als allmähliche empfunden werden. Nun verändert sich die Lichtstärke einer Glühlampe mit heller Glasbirne, wenn durch Vorschaltung von Widerstand ihre Klemmenspannung allmählich vermindert wird, in zweierlei Art. Es wird nicht nur der Glanz des Fadens und die Lichtstärke verringert, sondern es nähert sich gleichzeitig das anfänglich gelblichweiße Licht mehr und mehr dem Orange und Rot. Die Eindrücke, welche die Netzhaut des Auges also bei dieser Vorschaltung von Widerstand empfängt, werden nicht nur von der absoluten Verminderung der Lichtstärke, sondern auch von der physiologischen Wirkung der Strahlen verschiedener Wellenlänge beeinflußt.

Will man nun einen Rheostat bauen, welcher eine allmählich empfundene Veränderung der Lichtstärken bewirkt, so müßte man das Gesetz kennen, nach welchem eine durch die Regelung hervorgerufene Veränderung des Reizes uns zum Bewußtsein, zur Empfindung bringen.

Man nahm früher nach E. H. Weber und Fechner an, daß die Empfindungsstärken sich verhalten wie die Logarithmen der Reizstärken. Das Verhältnis des Reizes R zu einer kleinen Änderung dR wäre also eine Konstante $a = R/dR$, welche man als die Verhältnisschwelle des Reizes bezeichnete. Für einen bestimmten Reiz S war die Empfindung E noch Null; diesen Wert nannte man den Schwellenwert des Reizes. Es war also $R = S (1 + 1/a)^E$.

Für den vorliegenden Fall müßte R als höchste Lichtstärke λ_{max}, S als kleinste Lichtstärke λ_0, $1/a$ als das Verhältnis zweier aufeinander folgenden Lichtstärken, und E als die der Zahl der Empfindungen ent-

Farbenmodulierung.   531

sprechende Zahl der Abstufungen n angesehen werden, so daß also $\lambda_{max} = \lambda_0 (1 + 1/a)^n$. Ist beispielsweise $\lambda_{max} = 16$ HK, $\lambda_0 = 1/25$. λ_{max}, so folgt für n = 20 der Wert $1/a = \sqrt[20]{1/25} = 0{,}85$.

Entsprechend diesem Verhältnis ermittelt man nun durch Messung an einigen Musterlampen für $\lambda_0 = 0{,}6$; $\lambda_1 = 0{,}7$; $\lambda_2 = 0{,}8$; $\lambda_{n-1} = 13{,}6$; $\lambda_n = 16{,}0$ Lichtstärke, Strom und Spannung und berechnet daraus leicht den erforderlichen Vorschaltwiderstand[1]). Das Weber-Fechnersche Gesetz wird durchaus nicht allgemein als gültig anerkannt. Ph. Breton folgert z. B. aus seinen optisch-physiologischen Versuchen, daß die Beziehung zwischen Empfindungs- und Reizstärke parabolisch ist. Man zieht es deshalb heute im allgemeinen vor, die Zahl der Abstufungen möglichst groß zu machen, etwa jede Stufe noch in drei gleiche Unterabteilungen zu zerlegen, damit man in der Modulierung möglichst freie Hand hat. Dies ist besonders dann notwendig, wenn man es nicht mehr mit ein-, sondern mit verschiedenfarbigen Lichtquellen zu tun hat.

Licht- und Farbenmodulierung werden nach den oben auseinandergesetzten Grundzügen vorgenommen und mit möglichst sanften Übergängen ausgestattet; Hauptsache ist die Vermeidung zu hoher Erwärmungen, um Feuersgefahr durch den entzündlichen Bühnenstaub zu verhüten. Da in vielen Fällen die Raumfrage eine bedeutende Rolle spielt, werden neuerdings die in Email ganz oder teilweise eingebetteten Rheostate gebraucht. Um jeden größeren Beleuchtungskörper in ganz beliebiger Weise regeln zu können, verwendet man für jeden einen besonderen Hebel, welcher entweder für sich allein oder gekuppelt mit einer beliebigen Anzahl anderer in ganz beliebiger Weise verstellt werden kann. Die unabhängige oder gemeinsame Verstellung ist nötig, wenn bald einzelne Punkte, bald größere Teile, bald die ganze Bühne reguliert werden soll. Es gibt zwei Anordnungen für die Bühnenmodulierung: das Einlampen- und das Mehrlampensystem.

Bei dem Einlampensystem enthält jeder Bühnenbeleuchtungskörper nur weiße Lampen, deren verschiedenartige Färbung durch bunte, an den Beleuchtungskörpern angebrachte zylindrische Gelatineschirme bewirkt wird. Diese Schirme drehen sich um die Lampen und enthalten gelbe, rote und grüne Streifen in der Reihenfolge, die den allmählichen Übergang von Tag zum Abend mit Abendrot und zur mondbeschienenen Nacht gestattet. Die Zylinder werden durch Schnurzüge entweder einzeln oder gekuppelt verwendet und ergeben drei ziemlich scharf abgegrenzte Farbenwechsel. Das Einlampensystem, das der Gastechnik

---
[1]) Vergl. E. Löbbecke, ETZ 1890 S. 234, Strecker, Hilfsbuch für die Elektrot., S. 637, 1907.

folgte, ist zwar billig, aber es erfordert mechanische Einrichtungen und schwerere Versatzkörper und Soffiten als das Mehrlampensystem, bei welchem jeder Bühnenbeleuchtungskörper meist drei verschiedenfarbige, und zwar weiße, rote und grüne oder blaue Lampen enthält.

Hier lassen sich Farbenstimmungen leicht erzielen, indem man die von einander unabhängigen Lampen einzeln oder in Gruppen mit verschieden abgestuften Lichtstärken einschaltet. Das System ist erheblich teurer, entspricht jedoch den hohen Ansprüchen der heutigen Bühnentechnik. Die einfachste Bedienung ergibt sich, wenn für jede Farbe ein besonderer Regulierungshebel angebracht wird. Die drei Hebel sind treppenförmig hintereinander angeordnet, und die jeweils in einer senkrechten Ebene liegenden Hebel gehören den drei Farben eines Beleuchtungskörpers an.

Um Raum zu sparen, verwendet man jedoch häufig auch Apparate mit zwei Hebelsystemen und einer Farbeneinstellung, was um so eher möglich ist, als an einem Beleuchtungskörper meist nicht mehr als zwei Farben gleichzeitig in Gebrauch kommen. Die zwei Hebel sind ebenfalls treppenförmig hintereinander angeordnet, und über der hintersten Reihe befindet sich als Farbeneinstellung für jede Farbe ein besonderer Schieber, welcher durch Vorziehen mit dem vorderen, durch Rückwärtsschieben mit dem hinteren Schalthebel verbunden wird. Jeder selbständige Beleuchtungskörper besitzt also zwei Hebel, drei Gruppen von Lampen und drei Farbeneinstellungen. Um eine Überlastung der Leitungen und Rheostatabteilungen zu verhüten, sind an den Farbeneinstellungen Anschläge, welche die Verwendung von mehr als zwei Lampenfarben verhüten. Da man unter Umständen mit den verschiedenen, zeitweilig gekuppelten Hebeln zu verschiedenen Zeiten die Endstellungen erreichen kann, ist in dieser Endstellung eine selbsttätige Los- und Wiederankuppelung vorgesehen.

Bei Wechselstrom können an Stelle der Widerstände auch Drosselspulen, Transformatoren mit verstellbaren oder abschaltbaren Windungen in den beschriebenen Anordnungen verwendet werden.

Viertes Kapitel.
Die ergänzenden Vorrichtungen und Einrichtungen zu elektrischen Anlagen.

Die elektrischen Anlagen erheischen bei den Stromerzeugern, den Leitungen und den Anschlußteilen mannigfache Hilfsvorrichtungen zur Ergänzung ihrer Tätigkeit, zur Erhöhung der Sicherheit von Sachen und Personen sowie zur Erreichung bestimmter Zwecke. Sie dienen also dem Schutze gegen unwillkommene innere oder äußere Vorgänge, der Schaltung und Regelung oder dem verschiedentlichen Bedürfnis der ständigen oder nur zeitweiligen Überwachung und Messung. Nach den beabsichtigten Zwecken lassen sich folgende Gruppen bilden, in denen oft die gleichen Grundgedanken wiederkehren und die Übergänge vermitteln.

A. Schmelzsicherungen.

In Parallelschaltungsanlagen treten trotz aller Sorgfalt Zufälle ein, welche in einzelnen Leitungsteilen einen zu hohen Strom hervorrufen und durch Überhitzung eine Gefahr für die Isolierung der Leitung und für die Feuersicherheit der Umgebung in sich bergen. Unter diesen Zufällen spielt der Kurzschluß, d. i. die unmittelbare gutleitende Verbindung zwischen Hin- und Rückstrom, die wichtigste Rolle. Erhalten dagegen beide gute Verbindung mit der Erde und durch diese, etwa durch ein metallenes Rohrnetz, miteinander, so spricht man von Erdschlüssen. Vor den Folgen solcher Möglichkeiten müssen die Leitungsanlagen durch Vorrichtungen geschützt werden, welche im gefährdeten Teile den Strom rechtzeitig von selbst unterbrechen, noch bevor er eine gefahrdrohende Stärke erreicht.

Zu diesem Zwecke hat Edison 1880 in die Leitung ein leichtschmelzbares Metallstück von hohem Widerstand eingefügt, welches bei Überstrom infolge der entwickelten Wärme abschmolz und so ihn selbst-

534 Die ergänzenden Vorrichtungen und Einrichtungen zu elektrischen Anlagen.

tätig unterbrach. Jede Schmelzsicherung beschützt nur jenen Leitungsteil, welcher in Richtung der Energieströmung hinter ihr liegt. Bei Wechselstrom wechselt die Stromrichtung periodisch, aber damit nicht der Energiefluß. Die Sicherung muß daher bei offenen Leitungen, welche eine unveränderliche Energierichtung haben, möglichst an den Anfang des zu schützenden Teiles gesetzt werden. Bei zweiseitig angeschlossenen Leitungen kann der Energiefluß seine Richtung mit der Löschung wechseln. Man muß daher beide Anfänge mit Sicherungen versehen.

Beim Leitungsring setzt man die Sicherung nur in die gemeinschaftliche Zuführung. Will man aber die Empfindlichkeit erhöhen, so werden die beiden Seiten an ihren Anfängen und der geschlossene Weg in seiner Mitte noch durch eine Brücken- oder Trennsicherung versehen, die sich nur nach dem Strom der größten einseitigen Belastung zu richten hat.

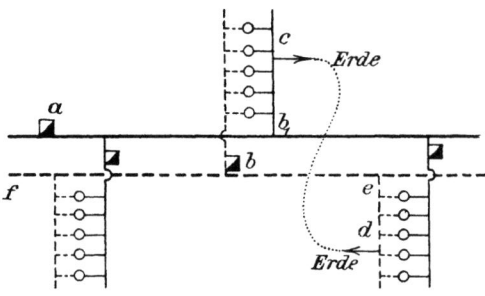

Fig. 485.

Die Vorschriften des V. D. E. bestimmen, daß von der Schalttafel ab sämtliche Leitungen durch Schmelzsicherungen zu schützen sind. Die unverzweigte Leitung, welche den gesamten Strom zur Schalttafel führt, muß also nicht gesichert werden. Es ist oft sogar empfehlenswert, die Antriebseinrichtungen wie Dampfmaschinen oder Riemen vor plötzlicher völliger Entlastung infolge Abschmelzens dieser Hauptsicherungen zu bewahren.

Die Sicherungen wurden ursprünglich nur, Fig. 485, in einem Strang etwa den Hinleitern eingefügt. Tritt bei dieser einpoligen Sicherungsweise ein Kurzschluß in der ersten Abzweigung ein, so wird ihre Sicherung davon betroffen. Wenn jedoch wie bei der zweiten Abzweigung die Anbringung der Sicherung statt bei b_1 fälschlich bei b erfolgte, so kann beim eingezeichneten Stromübergang der gefürchtete Überstrom unbehelligt von b_1 nach e verlaufen. Er findet erst bei a eine vorgesetzte stärkere Sicherung, die vielleicht, je nach den Verhältnissen, zu spät oder gar nicht in Wirksamkeit gerät.

Bauart der Sicherungen. 535

Das einpolige Einfügen ließ sich schon beim Zweileitersystem in weitverzweigten Anlagen nicht genau einhalten. Man sicherte daher bald nach Einführung der Sicherungen einzelne kleinere Gruppen von einpolig geschützten Lampenabzweigungen zweipolig. Noch immer hielt die große Menge an dem ursprünglichen Wahn fest, daß die Schmelzsicherung die Glühlampe vor explosionsgefährlichem Überstrom zu beschützen habe. Erst nach Jahren gewann die Erkenntnis Oberhand, daß nicht der Glühlampe, sondern ihrer Leitung der Schutz zu gelten habe, und die zweipolige Sicherung wurde, durch die Mehrleitersysteme mit Gleich- und Wechselströmen gefördert, allgemein. Die Sicherheitsvorschriften des V. D. E. enthalten über die Anbringung der Sicherungen folgendes: Sämtliche Leitungen, welche von der Schalttafel nach den Verbrauchsstellen führen, sind durch Abschmelzsicherungen oder andere selbsttätige Stromunterbrecher zu schützen; ausgenommen sind Nullleitungen bei Mehrleiter- oder Mehrphasensystemen sowie betriebsmäßig geerdeten Leitungen; alle diese dürfen keine Sicherungen enthalten. Sicherungen sind an allen Stellen anzubringen, wo sich der Querschnitt der Leitung vermindert.

Es sollen die Bauarten der Schmelzsicherungen vorerst für niedrige Spannungen, dann für höhere angeführt werden, wobei ihre Eigenschaften an Hand der geschichtlichen Entwickelung Erörterung finden, während am Schlusse die Theorie folgen soll, welche die Erfahrungsergebnisse deutet und zu Fortschritten führt.

1. Die Bauart der Schmelzsicherungen. Jede Schmelzsicherung besteht aus zwei getrennten Metallstücken, welche einerseits für die Leitungsverbindung, andererseits für die Einfügung des Schmelzstückes geeignet sind. Am einfachsten gestaltet sich diese Lösung, wenn ein Schmelzdraht oder -Streifen zwischen zwei auf Schiefer oder Porzellan befestigte Klemmbolzen oder -Blöcke gelagert wird. Ist der Leitungsdraht dünn, so läßt er sich zur Öse über den Bolzen biegen und unter eine Schraubenmutter mit Unterlagsscheibe unterklemmen. Bei stärkerem Querschnitt muß die gute Berührung durch Klemmen mit mehreren Schrauben erzielt werden.

Als Schmelzstoff wurde meist Blei oder eine seiner Legierungen verwendet. Edison nahm 60% Blei mit 40% Zinn, welche Legierung bei 200° schmolz. Reines Blei schmilzt bei 325° und hat einen spez. Widerstand, der zehnmal größer ist als der des Kupfers. D'Arcet nahm eine Legierung aus Blei, Zinn und Wismut im Verhältnisse 5:3:8, die bei 94° schmilzt.

Später sah man von der niedrigeren Schmelztemperatur ab, wählte für die höher gewordene Spannung von 220 V feine Silberdrähte. Sie warfen keine glühenden Kügelchen beim Abschmelzen, wie dies Zink

536 Die ergänzenden Vorrichtungen und Einrichtungen zu elektrischen Anlagen.

u. a. taten; sie blieben an der Luft unverändert, und sie erzeugten ferner wegen ihrer geringeren Masse weniger Metalldämpfe als Blei oder seine Legierungen. Das Blei oxydiert an der Luft und erfordert daher oft eine Erneuerung. Seine unmittelbare Einklemmung ist unsicher, da bei zu starkem Anzug der Schraube der Querschnitt verletzt wird, bei zu schwachem dagegen die Berührung mangelhaft ausfällt. Darum versah man die Schmelzdrähte mit Metallösen oder Schuhen, Fig. 486, 487. Die dünnen Bleidrähte können diese Ösen schwer tragen, und man hat daher oft zur Versteifung und zum Abschlusse gegen außen

Fig. 486. Fig. 487.

den Bleidraht in Glasröhrchen eingesetzt oder das dünne Bleiplättchen oder die Zinnfolie auf ein Fiber-, Flimmer- oder Porzellanstück geklebt.

Fig. 488 zeigt eine derartige zweipolige Ausführung mit biskuitförmigen Einsatzstücken zwischen federnden Berührungsflächen. Sie wird bis 25 A und meist nicht über 110 V verwendet. Beim Abschmelzen des Metalles wird die Unterlage leitend bestäubt, wodurch das rasche Abreißen des Schmelzbogens verhindert wird.

Fig. 488.

Um das Einsetzen eines Schmelzstückes in die Sicherung zu erleichtern, hat Edison in seinen ersten Ausführungen schon ein einschraubbares Stöpselgehäuse, Fig. 489, benutzt. Das Schraubengewinde entsprach jenem seines Glühlampenfußes. In dem Anschlußstück, Fig. 490, welches für zwei Abzweigungen von einer durchlaufenden Leitung gebaut ist, lassen sich vier Stöpsel zu zwei zweipoligen Sicherungen einschrauben. Die Allgemeine Elektrizitätsgesellschaft, Berlin, führt die gleichen Sicherungen zum elementenweisen Zusammenbau nach Fig. 491 und 492 bis zu Betriebsspannungen von Zweileiteranlagen von 250 V und Dreileiteranlagen von 2×250 V aus. Das Element besteht aus einem Porzellansockel A, auf welchem eine Messingbrücke B mit

Bauart der Sicherungen. 537

angebogener Gewindehülse C und Anschlußschraube D für die Leitung aufgeschraubt ist. Im Porzellansockel A liegt die Kupferschiene E eingebaut, welche zu beiden Seiten mit je einer Anschlußschraube E_1 und E_2 behufs Befestigung des stromführenden Kabels bezw. des Vereinigungs-

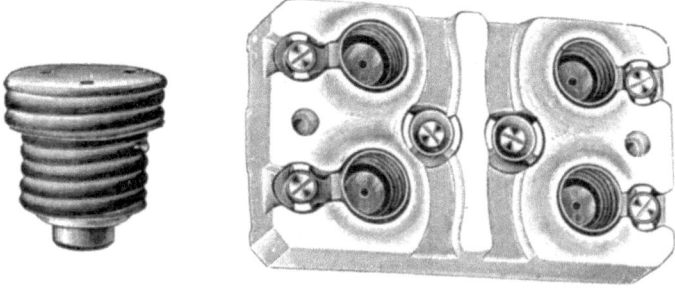

Fig. 489.   Fig. 490.

stückes F versehen ist. Der Porzellandeckel G, welcher auf einer Seite zwei Nasen, auf der anderen ein Schraubenloch besitzt, ist auf der Oberseite mit einer Ringwulst versehen, welche die Metallteile des ein-

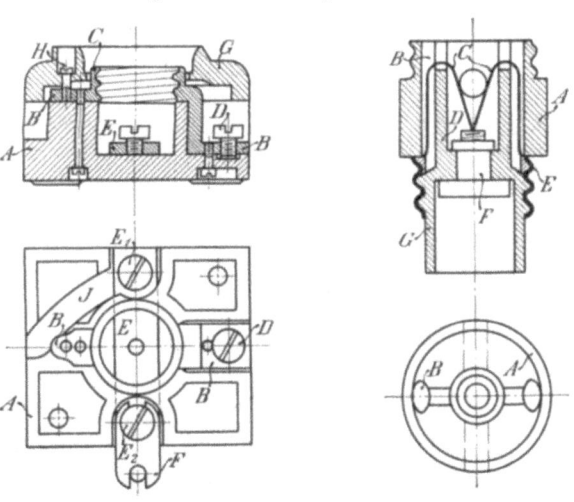

Fig. 491.   Fig 492.

geschraubten Stöpsels vollständig verdeckt und ein unbeabsichtigtes Berühren der stromführenden Teile des Stöpsels und der Sicherung während des Einschraubens ausschließt. Für durchlaufende Leitungen erhielt der Porzellankörper den Kanal J, durch welchen der mit der Kontaktschraube verbundene Leitungsdraht geführt wird. Der Porzellan-

538 Die ergänzenden Vorrichtungen und Einrichtungen zu elektrischen Anlagen.

körper A des Stöpsels, Fig. 492, enthält für höhere Stromstärken die parallelen Schmelzdrähte C, welche von der Gewindehülse E durch die Kanäle B über die Zwischenwände D und den inneren Hohlraum des Stöpsels bis zur Kontaktschraube F geführt werden und mit beiden Polen E und F verlötet sind. Die inneren Hohlräume sind mit einem grobkörnigen, schwerschmelzbaren Stoff wie Schmirgel, Sand, Talkum, Gips u. dergl. angefüllt. Die räumliche Trennung des Gewinderinges von der Kontaktschraube wird durch den als Porzellanzylinder ausgebildeten Stöpselfuß G, welcher die Kontaktschraube umschließt, bewirkt, wodurch eine Lichtbogenbildung beim Abschmelzen des Drahtes vermieden wird. Zur Befestigung des Deckels dient die Schraube H, welche in ein Gewindeloch der Messingbrücke B eingreift.

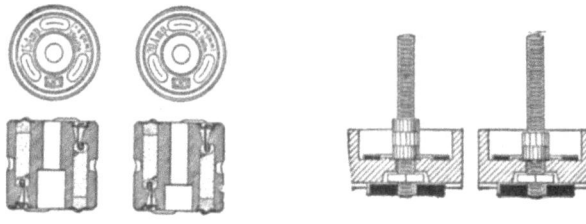

Fig. 493.   Fig. 494.

Im Laufe der Entwickelung hat sich ergeben, daß es für Hausinstallationen mit Laienbedienung geraten sei, die Unverwechselbarkeit des Einsatzstückes zu fordern. Es mußte ausgeschlossen werden, in eine für eine Leitung richtig bemessene Sicherung ein Abschmelzstück für höhere Stromstärke einzufügen. Diese Unverwechselbarkeit wird hier dadurch erreicht, daß der als Hohlzylinder ausgebildete Stöpselfuß für eine bestimmte Stromstärke mit einer entsprechend hohen Kontaktschraube ausgerüstet wird, weshalb notwendigerweise die Kontaktschiene mit der in den Hohlzylinder passenden Kontaktschraube versehen werden muß, wenn gute Berührung erreicht werden soll.

Diese Sicherungselemente, welche als Einzelsicherungen in 3 Größen für Ströme bis 6, bis 20 und bis 60 A ausgeführt werden, können durch besondere Eisenschienen aneinander gesetzt und mit Eisendübeln an der Mauerfläche gehalten werden.

Hundhausen gab für Siemens & Halske Patronensicherungen, Fig. 493, 494, an, deren Schmelzdrähte aus Silber vollständig im Talkumpulver saßen, während ein parallelgeschalteter äußerer Kenndraht außen lief. Eine irrtümliche Verwendung von Patronen mit zu starken Abschmelzdrähten ist dadurch ausgeschlossen, daß in ihnen verschieden tiefe Aussparungen, Fig. 493, angebracht sind und diesen entsprechend hohe Ansätze auf den Patronenbolzen, Fig. 494, gegenüberstehen, die

Bauart der Sicherungen. 539

durch eine Anzahl von 5 mm hohen Stellmuttern gebildet werden. Der gleiche Zweck ist auf mannigfachste Weise erreicht worden.

Klement entwickelte Patronensicherungen, die Siemens-Schuckert für 30 bis 100 A und bis 100 V baut, und die sich namentlich in den Anschlußkästen der Hausinstallationen an unterirdische Stadtleitungen einführten. Die porzellanene Patrone wird mit wenig gegeneinander geneigten metallenen Berührungsflächen als Keil zwischen die Anschlußflächen

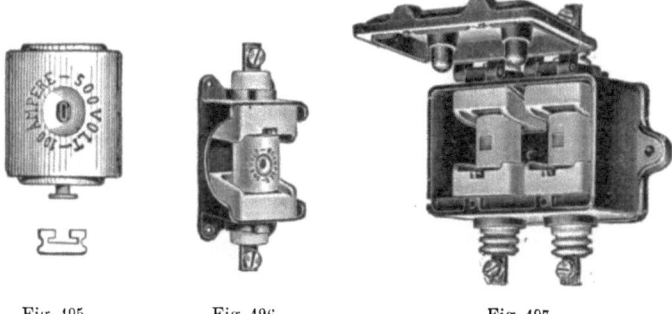

Fig. 495.   Fig. 496.   Fig. 497.

eines Lagerblockes eingeschoben, Fig. 495—497. Die Unverwechselbarkeit wird wieder durch verschiedene Formung eines mittleren Einsatzstiftes und passende Durchgangsöffnung erreicht.

Um Schmelzsicherungen übersichtlich auf einer Marmorplatte anzubringen, werden Metallschienen als gemeinsame Leitungspole entwickelt, über welche Brücken oder Reiter nach Fig. 498, 499 hinweggreifen.

Fig. 498.   Fig. 499.

Die gegenseitige Verbindung zwischen Brücke und Schiene wird durch eingeschraubte Sicherungsstöpsel herbeigeführt.

Das Einziehen eines neuen Schmelzdrahtes in die Schmelzpatrone erfordert bei eingelöteten Schmelzdrähten genaue Arbeit und Überprüfung, die am sichersten, wenn auch für die Kundschaft nicht immer am wohlfeilsten, in den Fabriken erreicht werden kann. Um diese Kosten durch eine geringere Anzahl der in Bereitschaft zu haltenden Patronen zu ermäßigen, haben Hepke & Diener in Berlin eine Mehrfachpatrone für 2—25 A bis 500 V, Fig. 500, 501, unter dem Namen Magazin-

540 Die ergänzenden Vorrichtungen und Einrichtungen zu elektrischen Anlagen.

Sicherungsstöpsel in den Handel gebracht, die drei Abschmelzdrähte in getrennten Kammern besitzt, welche durch ein unten befindliches, um je 120° verschiebbares Kreisausschnittstück einschaltbar sind.
Die Elektrizitätsgesellschaft Richter, Dr. Weil & Co. in Frankfurt a. M. lötet den Silberdraht einerseits an ein an den Untersatz gepreßtes Schräubchen, während sein anderes Ende im Stöpsel an eine Klemme leicht einklemmbar ist. Auf diese Weise braucht man nur Drähte mit Schräubchen und keine Patronengehäuse in Vorrat zu halten. Die Unverwechselbarkeit ist durch die verschieden passenden Schräubchen im unteren Kontakt erreicht.

 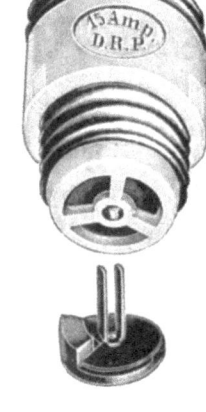

Fig. 500.   Fig. 501.

Die mehrfachen Fäden und die revolverartig arbeitenden Bauweisen von Schmelzstücken und Sicherungen verleiten zur Vernachlässigung der Störungsursache, was dem eigentlichen Zwecke der Sicherungen zuwiderläuft.
Bei Stöpseln und Rohreinsätzen ist die rasche Erkennung des unversehrten Schmelzdrahtes oft schwierig. Man sucht diesem Bedürfnis durch Unterbrechungsmelder oder -zeichen nachzukommen. Ein paralleler dünner Nebenfaden schmilzt als Funkennachzieher, und seine Zerstörung verrät sich an einem Fensterchen. Mix & Genest A.-G. in Berlin bringen einen Isolierpfropfen an, welcher in dem unverletzten Stöpsel festgehalten ist, beim Drahtabschmelzen aber in der Deckelmitte sichtbar wird. Die Bergmann El. W. A., Berlin, ziehen den Schmelzfaden durch einen im Stöpselkopf sitzenden Federbolzen, welcher sich beim Durchschmelzen des Fadens aus dem Kopfe hervorhebt.
Fig. 502 zeigt eine dreipolige Streifensicherung von Voigt & Haeffner A.-G. in Frankfurt a. M.-Bockenheim, welche die Pole durch

Bauart der Schmelzsicherungen.

Zwischenwände trennt, die gleichzeitig auch als Träger einer Deckkappe dienen. Die Länge a des Streifens und der Abstand b von Mitte zu Mitte betragen bis 250 V

bei	30	100	200	500	1000 A
a =	55	70	115	135	180 mm
b =	45	50	70	115	160 -

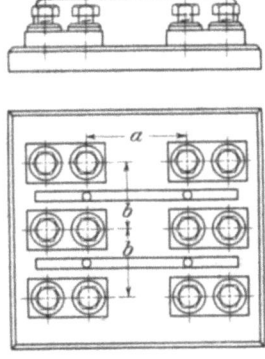 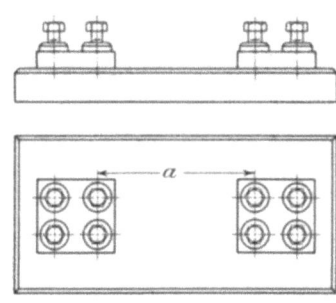

Fig. 502.   Fig. 503.

Für 1500 und 2500 A erhalten die Metallklötze die doppelte Anzahl von Schraubenmuttern, Fig. 503, und eine Länge a von 225 mm. Die Schmelzstücke werden meist aus kräftigen Kupferschuhen mit eingelöteten Schmelzstreifen oder Drähten hergestellt, wie Fig. 504 zeigt.

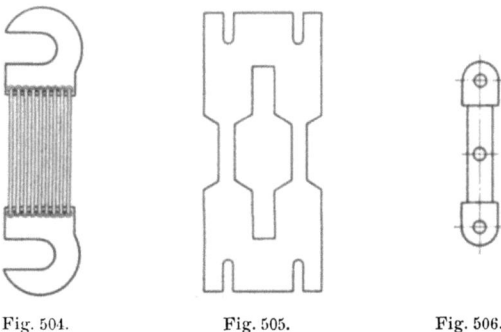

Fig. 504.   Fig. 505.   Fig. 506.

Man nimmt auch in der Mitte eingezogene, einfache oder mehrfache Streifen aus Blei oder wie die Westinghouse Co. aus Aluminium, Fig. 505. Der gleiche Zweck läßt sich durch eine mittlere Ausnehmung im Streifen, Fig. 506, erreichen. Statt einer kreisrunden Öffnung können es mehrere sein, die dafür etwas länglicher gewählt werden.

542   Die ergänzenden Vorrichtungen und Einrichtungen zu elektrischen Anlagen.

Die E. A. G. vorm. Schuckert & Co. in Nürnberg verwendete Bleche aus Britanniametall, die durch Längsschlitze so unterteilt wurden, daß jedes Band bei 10 A schmolz. Ein Band wurde nach der einen Seite, das folgende in der entgegengesetzten Richtung ausgebogen, wodurch die Luftkühlung verbessert wurde. Fig. 507, 508 zeigt eine doppelpolige

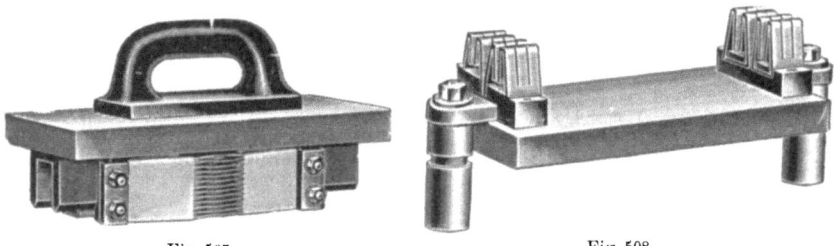

Fig. 507.   Fig. 508.

abschaltbare Sicherung mit diesen Einsätzen nach Siemens-Schuckert. Sie werden bis 60 A und 600 V auf Speckstein gesetzt und mit Schutzkappe versehen.

Die Vorschriften des V. D. E. fordern nur, daß für Sicherungen bis 40 A Abschmelzstrom durch die Bauart eine irrtümliche Verwendung

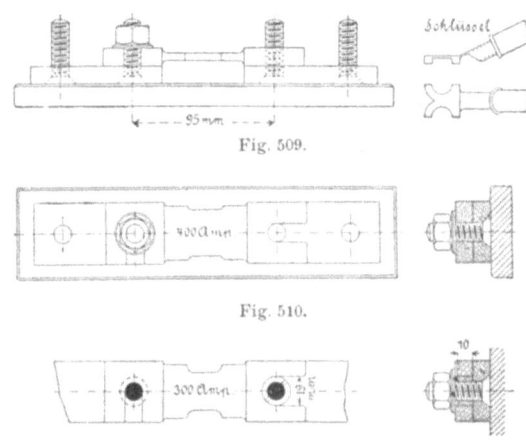

von Stöpseln für höhere Abschmelzströme ausgeschlossen sein müsse. Für höhere Ströme und Streifensicherungen hat zuerst A. Rittershausen die in Fig. 509—511 dargestellte preisgekrönte Lösung für Unverwechselbarkeit gegeben. Es werden Metallringe auf Klemmschrauben gesetzt, deren Zahl und Durchmesser für verschiedene Stromstärken verschieden ist, und welche in entsprechende Ausschnitte der Abschmelzstreifen passen.

Die Sicherungen für Freileitungen. 543

Die Sicherungen werden für 50, 100, 400 und 1000 A hergestellt und beziehentlich mit Bohrungen für Klemmschrauben von $^1/_4$, $^5/_{16}$, $^1/_2$ und $^3/_4''$ versehen. Die in Fig. 510 abgebildete Sicherung ist für 400 A bestimmt und hat zwei Einschnitte von je 12 mm Durchmesser; bei 300 A, Fig. 511, erhält der Bleistreifen je ein Loch von 12 und eines von 19 mm, bei 200 A erhält er zwei Löcher von je 19 mm. Eine irrtümliche Benutzung eines Streifens für zu hohe Stromstärke ist dadurch verhütet, die mut- und böswillige natürlich nicht.

Fig. 512a.   Fig. 512b.

Die Sicherungen für Freileitungen unterscheiden sich von jenen für Innenleitungen nur durch die veränderten Umstände ihrer Unterbringung. Die freischwingende Einhängung in den freien Draht bietet wenig Sicherheit. Sie kann nur für dünne Drähte ohne starken Zug in Frage kommen. Die Fig. 512a zeigt nach Siemens-Schuckert ein Porzellanstück mit zwei Durchbohrungen, durch welche die bis 1,5 mm² starken Leitungsdrähte gezogen und zur Schleife geschlossen werden.

Fig. 513.

Für Drähte bis 4 mm² Querschnitt ist die Sicherung, Fig. 512b, mit einem auf Druck beanspruchten Porzellankörper für stärkeren Drahtzug bestimmt; während für Drähte bis 95 mm² Querschnitt Sicherungen in verschiedenen Größen mit zwei Porzellanrollen und verzinnten Eisenblechlaschen nach Fig. 513 zur Aufnahme des Schmelzstreifens dienen. Die darüber befindlichen Polhörner, welche wir später bei den Blitzschutzvorrichtungen eingehender erörtern werden, dienen zum besseren Verlöschen des Abschmelzlichtbogens. An Außenwänden sowie an Masten werden Sicherungen verwendet, bei denen der Porzellankörper zur vollständigen Isolatorglocke entwickelt wird und wie diese auf eisernen Bolzen ruht. Fig. 514, 515 sind zwei Formen der Allgemeinen Elektrizitäts-Gesellschaft, Berlin. Bei Fig. 515 sitzen die beiden Glocken auf gemeinschaftlicher Eisenstütze. Wenn sich an einzelnen Masten als Netzknoten

544 Die ergänzenden Vorrichtungen und Einrichtungen zu elektrischen Anlagen.

mehrere Sicherungen einfinden, so werden sie ähnlich den Verteilungsmasten, Fig. 224 S. 268, zwischen einem Sicherungs- und Spannring angeordnet.

Bei hochgespanntem Strom hat man mit längeren Lichtbogen zu tun. Ferner muß man zwischen dem günstigeren Wechselstrom gegenüber Gleichstrom unterscheiden. Die gefahrlose Handhabung der Sicherung und ihrer Arbeitsweise kommen in Betracht.

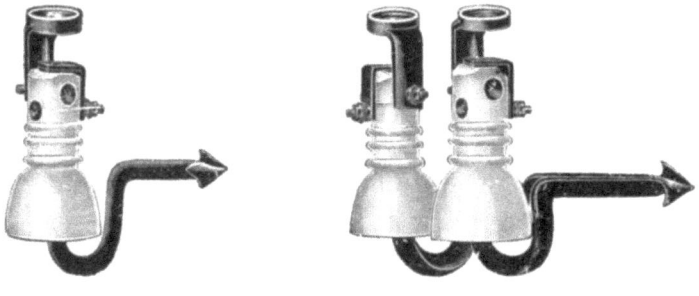

Fig. 514.   Fig. 515.

Um den langen Bogen abzureißen, wurden die beiden Kontaktenden des Drahtes durch die Wirkung eines Gewichtes oder einer Feder voneinander entfernt. Dazwischen geschobene Fallschieber oder Querwände mit kleiner Durchgangsöffnung wirkten wärmeabführend und schieden die Räume gegen Fortleitung der Metalldämpfe ab. So wirkte bis zu Spannungen von 3000 V die in Fig. 516 ersichtliche isolierende Zwischenwand, wie sie O. T. Bláthy bei den Primärsicherungen von Transformatoren bis 30 KVA jahrelang verwendete. Der Bleidraht war an zwei metallene Kappen gelötet, die auf einem mit einer Öffnung versehenen Ebonitrohre aufsaßen. Ein Holzgriff umfaßte in der Mitte das Rohr. Ferranti hat später ähnliche Querwände aus Asbest gebraucht. Auch nahm er zweiteilige ölgefüllte Porzellankästen, in denen der Schmelzdraht auf einer Scheidewand ruht und an jedem Ende durch eine gespannte Feder festgehalten wird. Beim Abschmelzen wird das Ende ins Öl gezogen und der Lichtbogen dabei erstickt.

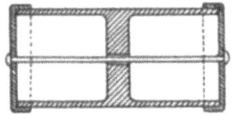

Fig. 516.

Einfacher war die Einbettung in eine körnige isolierende Masse wie reinen Sand, Schmirgel, Karborundum oder die Verwendung von Schieferscheiben oder ähnlichen Körpern, die auf den Draht aufgefädelt sind und beim Schmelzen des Drahtes durch ihr Zusammenfallen in ähnlicher Weise wie der Fallschieber oder die Querwände den Lichtbogen abreißen oder ersticken sollen. Der Lichtbogen bäckt zuweilen diese Füllstoffe zu einer Blitzröhre zusammen, wie sie Blitzschläge in Sandboden erzeugen.

Sicherungen für hohe Spannungen. 545

L. W. Downes und W. C. Woodward ergänzten die Anwendung von Pulvern, indem sie in der Mitte des Schmelzdrahtes eine kleine geschlossene Papiertrommel dicht aufsetzten. Die Erhitzung wird daselbst durch die abgeschlossene Luft am höchsten und die Abschmelzstelle sicherer erzielt.

Fig. 517.

Fig. 518.

Für 500 V zeigt Fig. 517, 518 eine zweipolige Röhrensicherung mit Messerkontakt für Anschluß hinter und vor der Grundplatte von Voigt & Haeffner, A.-G., Frankfurt a. M.—Bockenheim. Sie hat eine Länge

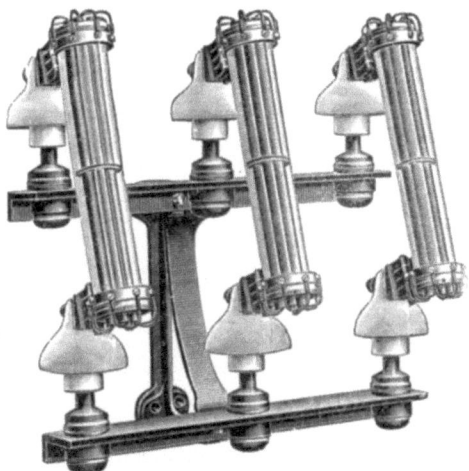

Fig. 519.

von 255 mm bei 50 A und 330 mm bei 300 A. Dieselbe Bauart für Spannungen von 1000—3000 V und 50—200 A wächst von 300 bis 460 mm Länge.

Die General Electric Co. baut für 2300—6600 V Sicherungen, die aus einem schräg gelagerten Metallgehäuse bestehen, in dessen oberes Ende eine Fiberröhre eingeschraubt ist. Der im Gehäuse befindliche

Herzog-Feldmann, Handbuch. 3. Aufl. 35

546 Die ergänzenden Vorrichtungen und Einrichtungen zu elektrischen Anlagen.

Teil des Schmelzstreifens besitzt geringeren Querschnitt als der im oberen Teil, so daß der Schmelzstreifen im Gehäuse durchschmilzt, und die sich ausdehnenden Gase das Metall herausschleudern und somit die Unterbrechung bewirken.

Um eine Zertrümmerung der ganzen Schmelzeinsätze zu vermeiden, wie sie insbesondere bei Kurzschlüssen auf große Energieleistungen fast immer eintrat, hat Siemens & Halske die in Fig. 519 ersichtliche Bauart geschaffen. Die Schmelzdrähte lassen sich leicht in die in den Einsätzen enthaltenen isolierenden, an beiden Enden offenen Innenröhren einziehen. Beim Abschmelzen der Drähte dringen die Verbrennungsgase mit Gewalt aus den Enden der Röhren und löschen die entstehenden Lichtbögen aus. Um einen natürlichen Luftzug zu sichern, soll die Röhre wenig aus der Senkelrichtung, etwa um 15^0, abweichen.

Fig. 520.

An und hinter Schaltwänden führt Voigt & Haeffner Hochspannungssicherungen, Fig. 520, aus, bei denen der Schmelzdraht von einem unten beschwerten Isolierrohr umgeben ist. Beim Durchgehen des Drahtes fällt das Rohr nach unten und schneidet den Lichtbogen ab. Die bajonettartige Ausbildung der unteren Kontaktzunge macht es unmöglich, daß sich die Patrone beim Herausziehen zuerst unten löst, da der hierbei auftretende Lichtbogen die Hand des Bedienenden beschädigen würde; der Unterbrechungsfunke muß sich oben bilden und kann an den dazu bestimmten Hörnern, von denen das eine aus Zink besteht und auswechselbar angeordnet ist, emporsteigen. Beim Ausschalten zieht man den oberen Teil der Patrone langsam heraus und dreht sie nach unten, der Bogen läuft sicher an den Hörnern hoch und reißt in geringer Entfernung ab. Hierauf erst wird die Patrone aus dem unteren Teil ausgehoben. Beim Einschalten ist der Handgriff mit der unteren Feder zunächst sicher in die Führung des unteren Kontaktes einzusetzen, bis die Spannschraube ihre Lagerung findet. Um diesen nun entstandenen Drehpunkt wird die Patrone in den oberen Kontakt gedrückt. Das Schmelzrohr muß lotrecht stehen. Unmittelbares Übereinandersetzen mehrerer Patronen ist unzulässig, auch dürfen sich darüber keine stromführenden oder überhaupt metallene Teile befinden, an welchen sich der bildende Lichtbogen verhängen

Sicherungen für hohe Spannungen.   547

kann. Die wagrechte Entfernung der Patronen bei Nichtanwendung von Schutzwänden muß mindestens 300 bis 500 mm betragen. Diese Sicherung kann Doppelschmelzdrähte erhalten und mit Rücksicht auf die bei sehr hohen Spannungen auftretenden Ladungserscheinungen mit geerdetem Handgriff ausgestattet werden.

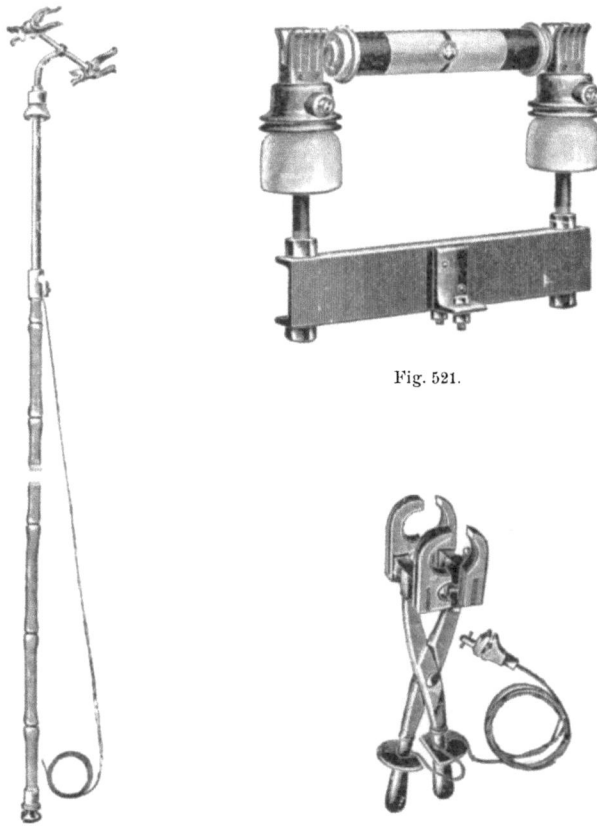

Fig. 521.

Fig. 522.   Fig. 523

Im Freien wird die Rohrpatrone in wagrechter Stellung benutzt. Die Kontaktkappen sitzen auf Glocken, Fig. 521, auf. Zum gefahrlosen Herausheben und Einsetzen der Patrone werden Zangen, Fig. 522 und 523, verwendet, die Klemmen für die Erdung besitzen.

Die Hochspannungssicherung der Westinghouse Electric and Mfg. Co. in Pittsburg, Pa., besteht aus zwei spitzwinklig zueinander liegenden Hartholzstangen, Fig. 524, die durch ein unteres Gelenk miteinander verbunden sind, so daß nach dem Schmelzen des Aluminium- oder Neusilberdrahtes durch Federkraft der Winkel sich öffnet, und der

35*

548 Die ergänzenden Vorrichtungen und Einrichtungen zu elektrischen Anlagen.

kurze Arm bei Spannungen bis 6000 V etwa 900, darüber bis 60 000 V etwa 1800 mm zurückschlägt. Dieser Arm ist hohl, und die Verbindung zwischen seinem oberen Ende und der unteren Klemme wird durch ein biegsames Kabel hergestellt.

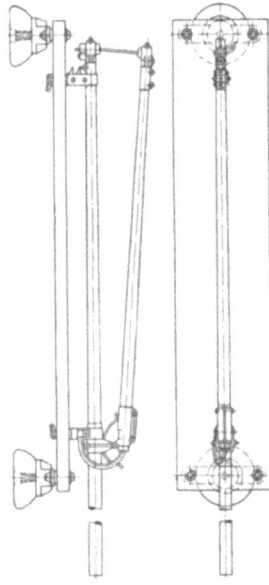

Fig. 524.

Der Schmelzdraht wird an die mit durchbohrten Kohlenstücken versehenen Kupferkontakte der zwei Holzstangen befestigt, an dem kürzeren Arm durch Schrauben, am längeren durch Klemmen, so daß mit einem an das Auge des kurzen Armes geführten Zugseil die Sicherung auch ohne Schmelzung des Drahtes ausgeschaltet werden kann. Das Einziehen des 150—250 mm langen Schmelzdrahtes erfolgt bei abgenommenen Stangen; dann erst werden diese mittels des freien Endes des langen Armes in die federnden Klemmen der marmornen Grundplatte eingesetzt. Fig. 524 zeigt die Ausführung für Spannungen bis 40000 V. Über 40—60000 V wird der Schmelzdraht noch durch eine enge mit Zwischenwänden versehene Ausblasröhre aus Kohle geführt und die Grundplatte zwischen isolierenden Scheidewänden eingebaut. Die Abmessungen sind für Betriebsströme bis 100 A folgende:

	Kurzer Arm	Freies Ende des langen Armes	Achsenabstand benachbarter Stangensicherungen
3 000 – 6 000 V	500 mm	460 mm	150 – 300 mm
6 000 – 15 000	1025	880	300 – 500
15 000 – 40 000	1025	880	500 – 800
40 000 – 60 000	1025	1830	800 – 1400

Bis zu 8 A Schmelzstrom wird Neusilber-, von 12 bis 220 A Aluminiumdraht verwendet.

Um den Bogen zu erdrücken, setzt man auch den Schmelzeinsatz unter Öl. So baut Kolben & Co. in Prag für 3000 und 6000 V und bis 200 resp. 100 A bestimmte Sicherungen. Am Boden eines Ölgefäßes schließen die Leitungsanschlüsse an, während der aufschlagbare Deckel inwendig die Patronen mit den Schneiden trägt. Beim Zuklappen setzen sich diese in die Bodenkontakte ein. Ähnliche Bauarten, jedoch ohne Öl, werden oft für Transformatoren verwendet. Wichtig bei allen bleibt die Vorsorge für Abkühlung. Die Federn dürfen sich selbst bei Überlastung nicht zu stark erhitzen, sonst ermatten sie. Der Kasten muß

Theorie der Sicherungen. 549

genügend groß und massig sein, um bei Kurzschlüssen als Wärmespeicher zu wirken. Natürliche Lüftung und Rippenkühlung, Gesichtspunkte, die wir bei den Schaltern näher beschreiben werden, kommen dabei in Erwägung.

Ähnlich der erwähnten Ferranti-Sicherung hat die Maschinenfabrik Oerlikon bei Zürich 1901 eine Sicherung, bei der die Silberpatrone über Öl zum Schmelzen gebracht wurde, verwendet, deren eines Ende durch eine Feder ins Öl gezogen wurde. Ferner hat die E. A. G. W. Lahmeyer & Co. in Frankfurt Sicherungen für sehr hohe Spannungen 1906 entwickelt, bei welchen der Schmelzstreifen in einer Schmelzkammer untergebracht ist, die mit ihrem unteren Rande in Öl taucht. Die glockenförmige Kammer zwingt die Lichtbogendämpfe, durch die Flüssigkeit zu entweichen, wodurch sie abgekühlt werden. Das Gefäß kann wie eine Taucherglocke sogar im Öl ruhen, ohne daß der Faden es berührt.

2. Theorie der Sicherungen. Für das Verhalten der Sicherung und ihres Schmelzdrahtes gelten alle Betrachtungen, die wir für das Erhitzen und Abkühlen von Leitungen bereits gegeben haben. Während bei diesen nur kleine Temperaturstufen für gewöhnliche Verhältnisse Wichtigkeit besitzen, müssen hier die Betrachtungen noch über den Eintritt der Schmelzung und den Durchbruch des Leiters hinausgehen und das Abreißen des Lichtbogens zwischen den Klemmen behandelt werden. Für jede gegebene Sicherung müssen also eine Reihe von Kurven bekannt sein, welche je einer konstanten Stromstärke entsprechen und die Abhängigkeit der Temperatur von der Zeit wiedergeben. Beobachtet man vermittelst eines Thermometers etwa eine geschlossene Streifensicherung für 250 V und 600 A vom kalten Zustande aus mit einem Dauerstrom von 600 A, so steigt die Temperatur nach $3^1/_2$ Stunden um 75^0, nach weiteren 3 um noch 90^0 C, wobei die Legierung endlich abschmilzt. Dieser träge Anstieg verschwindet mit größeren Werten der Dauerlast rasch. Dieselbe Sicherungsart für 600 V und eine Betriebsbelastung von 400 A würde überhaupt keine Abschmelzung hervorrufen. Weil die Ausführung der einzelnen Stücke und die Gebrauchsumstände örtlich und zeitlich in gewissen Grenzen sich verändern, so wählte man in Amerika noch einen um 10% höheren Strom, hier also von 440 A, der an der äußersten Grenze steht. Seine kleinste Erhöhung würde schon eine sehr träge Abschmelzung nach vielen Stunden herbeiführen. Dagegen öffnen 600 A nach 10 Minuten, 800 nach 2, 1000 nach $^1/_2$ und 2000 A nach ungefähr 7 Sekunden.

Sobald die heißeste Stelle im Schmelzleiter die Schmelztemperatur erreicht, wird die weitere Energiezufuhr zum Schmelzen eines genügend großen Abschmelztropfens verwendet.

550   Die ergänzenden Vorrichtungen und Einrichtungen zu elektrischen Anlagen.

Die rechnerische Verfolgung der Erwärmungsvorgänge hat sich auf den dynamischen Verlauf, nach Zeit und Ort am Schmelzdraht samt den Klemmen zu beziehen. Denkt man sich den Faden sehr lang, und die Wärmeentziehung von einer Klemme vorerst, so ist der örtliche Abfall der Temperatur von der Mitte des Drahtes gegen die Klemme aus längs des Drahtes durch eine logarithmische Linie gegeben. Dies ist ohne Rechnung klar, denn für drei Punkte A, B und C von gleicher gegenseitiger Entfernung wird das natürliche Gesetz der Abnahme der Temperaturen $t_a : t_b$ wie $t_b : t_c$ bestehen müssen. Für die zweite Klemme gilt gleiches. Nimmt man nun an, daß sich die beiden Klemmen in ihrer Wärmewirksamkeit nicht unmittelbar beeinflussen, so wird das Verhalten beider Klemmen mit dem zwischengespannten Leiter durch die Zusammenfassung beider logarithmischer Linien annähernd gefunden sein. Dies führt zur Kettenlinie, die so nahe mit einer Parabel zusammenfällt, daß sich ihre Entdeckung um ein volles Jahrtausend verspäten konnte.

Hat man Betriebe mit veränderlichen Belastungen, so muß man sich aus den obigen Einzelkurven ein zusammenhängendes Bild ableiten.

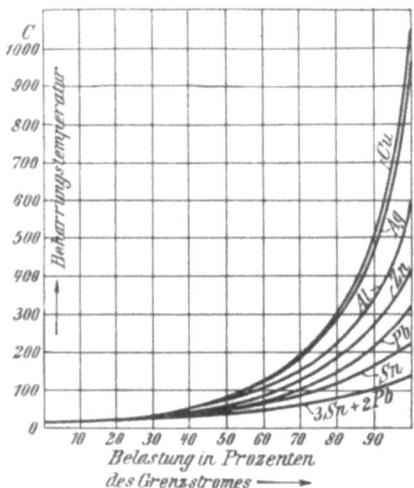

Fig. 525.

Zu den Erwärmungskurven kommen hier noch jene der Abkühlung hinzu, die durch die veränderte Luftbewegung nicht ganz übereinstimmen können.

Georg J. Meyer[1]) hat den Grenzwert des geringsten möglichen Schmelzstroms als Grenzstrom bezeichnet. Die Belastung der Sicherung wird dann am übersichtlichsten in Hundertstel des Grenzstromes angegeben. Wird die Belastung in dieser Weise als Abszisse und die Beharrungstemperatur als Ordinate für verschiedene Stoffe geprüft, so zeigt sich in Fig. 525, daß die Dauertemperatur der schwer schmelzbaren Stoffe gegen die Grenze hin rasch ansteigt. So kann ein Kupfereinsatz mit 90 % seines Grenzstromes be-

---

[1]) Theoretisches und Praktisches über Abschmelzsicherungen. ETZ 1907 S. 430.

lastet nicht selbst bei dauernder Belastung 510^0 erreichen. Dabei glüht er nicht und bleibt daher unbeeinflußt. Silber weist nach dieser Richtung hin keinen wesentlichen Vorteil auf, weil sein Schmelzpunkt nicht viel tiefer liegt, und die erforderliche Masse sogar größer als bei billigerem Kupfer ist. Um das Kupfer chemisch zu schützen, wird es versilbert.

Für den Grenzstrom J_{min} läßt sich die Wärmebilanz wie bei den Leitungen aufstellen, wobei man auf die gleichen Formeln kommt. So findet man durch Beobachtung annähernd bestätigt, daß bei einem 25 mm langen Bleidraht bei kräftigen Klemmbolzen $J_{min} = 17\,d\sqrt{d}$ beträgt, wobei d den Durchmesser in mm bedeutet. Für Legierungsdrähte sinkt der Zahlenwert auf ein Drittel herab. Ähnliches gilt für Bleiplatten, deren Schaftlänge 40 mm betrug, $J_{min} = 10\sqrt{b\cdot h\,(b+h)}$, wobei b die Breite, h die Dicke in mm bedeutet. Nimmt man 1 mm starke Platten, so gilt innerhalb der Unsicherheit genug zutreffend $J_{min} = 10\,b$, also für ein Millimeter Plattenbreite 10 A.

Die Vorgänge zwischen Eintritt des Schmelzpunktes und Bogenabriß sind zufolge der kurzen Dauer schwierig zu beobachten und auch sehr mannigfach. Die meisten Metalle verhalten sich beim Schmelzpunkt unstetig; so vergrößert sich der Widerstand beim Blei plötzlich um 90, beim Zink um 100, beim Zinn um 112%. Für Kupfer gilt ebenfalls eine starke Vermehrung. Der Querschnitt des Schmelzstückes schnürt sich ein. Aluminium und Zink bilden an der Luft bei der Schmelzstelle feste Oxydhäutchen, während Kupfer ein flüssiges und Silber überhaupt keins aufweisen. Je höher die Spannung der Elektroden, desto rascher spielt sich der Abschmelzprozeß ab. Bei höheren Spannungen tritt sofortige Verdampfung der Stoffe auf der Länge des überall gleichen Querschnitts ein; es ist keine Zeit zur Längsableitung der Wärme, und der Vorgang wird explosionsartig. Die Überschlagweite des Bogens ist dabei größer als bei Schaltern, weil hier die Elektrodenhalter schon erhitzt in Wirksamkeit geraten. Bei Zink bildet sich bei niedrigen Spannungen ein in einem Beutel ruhender Schmelztropfen. Diese Haut reißt auch bei Aluminium leicht. Bei Drähten unter 1 mm Durchmesser genügt hierzu der Grenzstrom nicht mehr und bedingt eine geringe Steigerung. Bei Kupferdrähten tritt die Verdampfung in einzelnen Punkten des Drahtinnern ein, wodurch sich an der Drahtoberfläche Höhlungen und Ausblähungen bilden. Der Grenzstrom bringt eine bestimmte Schmelzlänge hervor. Je nach der Spannung und verfügbaren Energiezufuhr wird diese als freie Länge ausreichen oder nicht. Mit Vergrößerung der Stromstärke wächst die Öffnungslänge anfangs rasch, später fast gar nicht. Man wird daher eine Sicherung für normal 40 A mit einer Öffnungslänge wählen, welche ausreichend wäre für einen Grenzstrom von 400—500 A.

Durch parallele Sicherungen oder durch parallele Einsätze derselben

552 Die ergänzenden Vorrichtungen und Einrichtungen zu elektrischen Anlagen.

Sicherung läßt sich die **Trägheit** der Abschmelzung weiter beeinflussen. Je mehr man vom runden Querschnitt abweicht, desto empfindlicher wird der Schmelzstreifen. Um die Trägheit der Sicherungen zeitweise wie bei Motoren oder anderen Anschlüssen mit starken Anlaufströmen einzustellen, benützt Kirchhoff zwei parallele Sicherungen beim Anlauf und schaltet eine für den regelmäßigen Betrieb aus.

Kallmann schlägt Sicherungen aus zwei parallelen Metallen von sehr verschiedenen Temperaturkoeffizienten vor. Bei normaler Belastung bietet diese Vereinigung geringen Spannungsabfall, bei Überlast wird er gesteigert und zufolge der Änderung der Stromverteilung das Abschmelzen beider Drähte nacheinander genau erreicht. Für besondere Fälle hat man die Schmelzsicherungen mit Vorteil durch selbsttätig elektromagnetische Ausschalter ersetzt. Der Überstrom verstärkt die Wirkung eines Magneten, welcher einen Kontakthebel löst, der den Strom unterbricht. Solche Apparate werden namentlich bei den elektrischen Bahnen, die mit 500 V Gleichstrom arbeiten, benutzt.

Wichtigkeit besitzt noch der Fall, wo eine Sicherung einem plötzlichen Kurzschlusse ausgesetzt ist. Die zugeführte Energie überwiegt die abgeführte, welche wegen der Kürze der Wirkungszeit, je nach der Stromstärke, zu vernachlässigen sein wird. Bezeichnet T die Kurzschlußdauer, q den Querschnitt, c die spezifische Wärme, ρ den elektrischen spez. Widerstand, A eine Konstante und t die Temperatur, so gilt nach obigem $J_{max}^2 T = a q^2 \int c/\rho \, dt = A q^2$. Bestimmt man c und ρ als Abhängige von der Temperatur, so wird das Integral für jeden Stoff in den festen Zahlenwert A aufgehen. Schaltet man zwei Sicherungen hintereinander, so werden sie je nach ihren Werten A sich verhalten. Bei gleichem Querschnitt ist beispielsweise Kupfer zehnmal so träge wie Zink, d. h. dieses schmilzt in $1/10$ der Zeit wie Kupfer ab. Sind ihre Querschnitte verschieden, aber für denselben Grenzstrom bestimmt, so braucht der Zinkdraht bei einem Kurzschluß fünfmal so lange zum Durchschmelzen als der Kupferdraht. Bei den Sicherungen kommt nur der erste Fall der Trägheit in Betracht. Setzt man jene des Zinkes gleich hundert, so fand Georg Meyer für

Zinn	92	Schmelzpunkt	230°
Blei	80	-	325
Weichlot (3 Sn + 2 Pb)	41	-	135
Aluminium	40	-	600
Silber	22	-	954
Kupfer	13	-	1054
Nickel	5	-	1400

Auf den Lichtbogen wirken, wie S. 11 auseinandergesetzt ist und im folgenden noch ausführlicher erörtert werden wird, die im Leitungs-

Der Nennstrom der Sicherung. 553

kreise befindlichen Widerstände, Selbstinduktion und Kapazitäten. Sie erzeugen einen Schwingungsvorgang für die Stromstärke und Spannung. Oelschläger hat mit 20 A Silberpatronen wie in Fig. 496 diesen Verlauf mit dem Oszillographen untersucht. Der Schmelzdraht hatte kalt 0,0054 Ohm, vor dem Schmelzen bei etwa 1000° 0,017 Ohm. Bei 110 V wären also 110 : 0,017 = 6500 A zu erwarten, wenn nicht die eintretende Schwingungserscheinung den Strom auf etwa 850 A nach 0,005 Sek. beschränkte. Nach 0,0052 Sek. begann der Strom zu fallen, nach 0,00535 Sek. erreichte er Null. Die Spannung steigt kurz vor dem Abschmelzen auf 25 V, schnellt im Augenblick des Abschmelzens auf 800 V und fällt innerhalb etwa 0,001 Sek. nach einigen Schwankungen auf den Wert der Netzspannung von 110 V zurück. Der Schmelzstrom war hier also 34 mal so groß als der Grenzstrom, während die Spannung an den Klemmen die Netzspannung um das Achtfache übertraf.

Je nach den Eigenschaften der Leitungs- oder der Nutzanschlüsse wird man die Trägheit des Schmelzeinsatzes zu bemessen haben. Glühlampen erfordern diesbezüglich keine Berücksichtigung. Bogenlampen mit stärkeren Angehströmen sowie Motoren wohl. Erstere können aus diesem Gesichtspunkte trägere Sicherungen erhalten. Luftleitungen, bei denen die Erhitzung keine Rolle spielt, werden empfindlicher wegen der Anschlüsse und namentlich wegen der rechtzeitigen Beschränkung des Fehlergebietes und der Rückwirkung auf die Nachbargebiete sowie auf die Energie liefernde Stelle gewählt.

Der auf dem Schmelzeinsatz bezeichnete Normal- oder Nennstrom wird auf den Grenzstrom oder umgekehrt bezogen. Er kann beispielsweise 33 % geringer als der Grenzstrom sein, oder, was das gleiche besagt, der Grenzstrom liegt um die Hälfte höher als der Nennstrom. Die Vorschriften des V. D. E. geben diesbezüglich noch nichts an; sie schreiben vor, daß bei doppeltem Nennstrom die Sicherung innerhalb zwei Minuten durchschmelzen soll. Bei dünnen Drähten wird der Grenzstrom nahezu das Doppelte des Nennstromes betragen. Es ist dies grade für Lampenleitungen viel, denn bei ihnen werden gemäß den Vorschriften mehrere Lampenabzweigungen zu einer Gruppe mit nicht mehr als 6 A gesamtem Stromverbrauch vereinigt und gemeinschaftlich gesichert. Nur bewegliche Leitungsschnüre sollen stets von Wandkontakten mit Einzelsicherungen abgezweigt werden, welche der Stromstärke genau anzupassen sind. Außerdem ist es zulässig, die Sicherungen empfindlicher zu nehmen, als dies die obige Regel angibt. Die ursprünglich von Edison gegebenen Vorschriften bezogen sich auf den, den angeschlossenen Lampen entsprechenden Strom. Der Schmelzstrom betrug das Doppelte dieses Lampenstromes.

Gegen die Verwendung allzulanger Schmelzeinsätze spricht trotz begünstigter Bogenlöschung bei niedrigen Betriebsspannungen ihr nennenswerter elektrischer Widerstand. Dr. C. Heim hat an Sicherungen für 110 V und Ströme von 5—100 A Spannungsverluste von 0,06—0,1 V beobachtet. Oft sind von der Energiequelle bis zur Lampe drei und mehr Sicherungen für denselben Strom hintereinander zu durchlaufen. Bei doppelpoligem Schutz sind diese Werte zu verdoppeln. Der Gesamtverlust bei Vollast wird also dabei nicht allzuschwer bis auf 1 % ansteigen können.

Der jährliche Energieverlust in den Sicherungen wird von dem zeitlichen Belastungsverlauf abhängen. Für Glühlicht mit wenig Benutzungszeit wird er ganz belanglos werden. Für die beschriebene Keilpatrone von 80 A 250 V für Hausanschlüsse hat Klement mit Dauerlasten beobachtet, daß der Verlust bei 40 A 0,04 V, bei 80 A 0,1 V und bei 120 A 0,22 V beträgt. Sie geben also bei voller Last nur den bescheidenen Verlust von 0.1 %.

In Amerika besteht die Vorschrift, daß eingeschlossene Sicherungen eine 10 proz. Überlast über den Nennstrom vertragen sollen und bei 25 % durchschmelzen müssen. Das heißt, daß der Grenzstrom nicht ganz 25 % über den Nennstrom liegen soll. Die größeren, nicht eingeschlossenen Sicherungen sollen 25 % Überlast über Nennleistung dauernd aushalten, dagegen bei 50 % Steigerung übers Normale durchschmelzen. Die österreichischen Vorschriften setzen den Grenzstrom mit $33^{1}/_{3}$ % über den Nennstrom fest. Bei der Trägheitsbestimmung kommt die Zeitkonstante des Anschlusses in Betracht. Größere Apparate, Motoren und Maschinen ließen eine höhere Trägheit zu. Ihre allgemeine Beschränkung, wie sie die Vorschriften enthalten, deckt sich mit dem Wesen der Sache nicht.

B. Schutzvorrichtungen gegen Blitz und Überspannungen.

1. Erklärung der Erscheinungen. Über die Wirkungen der atmosphärischen Elektrizität auf oberirdische Leitungsanlagen und die Mittel, ihnen zu begegnen, lagen aus der Schwachstromtechnik zahlreiche Erfahrungen vor. Aus ihr wurde auch die Einschaltung einer Funkenstrecke übernommen, welche für die Betriebsspannung unüberwindlich ist, während die Blitzentladung sie leicht überspringt und so sich zur Erde abführt. Dagegen ist die im Telephon- und Telegraphenbetrieb geübte Praxis, während starken Gewitters die Apparate abzuschalten und die Leitungen an Erde zu legen, natürlich für Starkstromanlagen nicht verwendbar. Mit der wachsenden Verbreitung der Starkstromanlagen war ein tieferes Eingehen in die Fragen des Schutzes mit Rücksicht auf die

Schutzvorrichtungen gegen Blitz und Überspannungen.

besonderen Erfordernisse und Eigenschaften der Starkstromanlagen geboten. Dabei hat sich im Sprachgebrauch der Begriff des Blitzschutzes allmählich erweitert. Die Wirkungen der atmosphärischen Elektrizität lassen sich in unmittelbare und mittelbare teilen. Erstere erfolgen, sobald der Blitz in die Leitung selbst einschlägt und seine Entladung in ihr findet; letztere tritt ein durch Influenz von geladenen Wolken auf die Leitung oder auch durch Induktion von benachbarten Entladungsströmen zwischen Wolken und Erde auf die Leitung. Diese indirekten Wirkungen sind besonders häufig; sie rufen die statischen Entladungen in Form von Büschel- und Glimmlicht an den Blitzplatten hervor. Oft dient eine mittelbare atmosphärische Störung nur zur Erzeugung einer längs der Leitung wandernden Welle, die, an den Maschinen und Apparaten zerschellend, dort Schwingungen hoher Frequenz erzeugt, schwache Stellen in der Isolation durchbohrt und dadurch einen Kurzschluß oder Erdschluß mit einem Lichtbogen hervorruft. Ein solcher Lichtbogen hat in der Luft das Bestreben, aufsteigend sich selbst zu löschen und explosionsartig wieder zu zünden. Die ihm von den Stromquellen noch weiter zuströmende Energie schwingt dann in Form einer stehenden Welle mit geringerer Frequenz, und dies kann tiefgreifende Störungen im Betriebe und Zerstörungen an Leitungen und Anschlüssen zur Folge haben. Der erweiterte Begriff des Blitzschutzes umfaßt auch die Verhütung dieser Störungen, selbst wenn die Überspannungen und Schwingungen überhaupt nicht durch atmosphärische Einflüsse hervorgerufen worden sind. Man begreift nämlich als unter den Blitzschutz fallend alle Erscheinungen erhöhter Spannung und Periodenzahl, die in Wechsel- oder Gleichstromnetzen auftreten können.

Als Ursachen solcher Spannungserhöhung treten dreierlei Erscheinungen auf, nämlich Beanspruchung durch elektrische Aufladung, wandernde Wellen, herrührend von Impulsen oder Energiestößen, und stehende Wellen, hervorgerufen durch Oszillationen oder Energiewogungen.

Elektrische Ladungen können durch elektrostatische Induktion beim Herannahen und Wegziehen einer geladenen Wolke, durch Verschiedenheiten der Potentialdifferenzen zwischen Leitung und Erde hervorgerufen werden, besonders wenn die Leitung Täler und Höhenzüge überschreitet. In ähnlichem Sinne wirken auch durch Erdschlüsse bewirkte Unsymmetrien des Potentials der einzelnen Leiter eines Mehrleiter- oder Mehrphasensystems. Die Gefahr dieser Spannungserhöhung durch Auf- ladung beruht in der Überanspruchung der Isolation, die durchschlagen werden kann. Sie tritt auch in induktiv mit dem Stromkreis verketteten Kreisen auf und muß durch empfindlich eingestellte Funkenstrecken oder dauernd wirkende Spannungsbegrenzer zur Erde abgeleitet und unschädlich gemacht werden, bevor sie andere Störungen einleiten kann.

Ähnlich der Aufladung wirken auch die 3., 9., 15. Oberschwingungen in der Spannungswelle der EMK-Kurve eines Mehrphasensystems, die bei Sternschaltung, wie bereits angeführt, zeitlich zusammenfallen und dadurch bei Erdung der neutralen Punkte eine periodische Schwankung des Netzpotentials gegen Erde hervorrufen können. Auch die Erscheinungen der Resonanz und Konsonanz können hierher gerechnet werden. Als Resonanz wird die völlige, als Konsonanz überhaupt die angenäherte Übereinstimmung der Eigenschwingungszahl des Netzes mit der Periodenzahl der ihm aufgedrückten Spannung bezeichnet. Bei modernen Wechselstrommaschinen treten vor allem die ungeraden Oberschwingungen und darunter am stärksten die von der Nutung des Ankers herrührenden auf. Sind für jedes Polpaar m Zähne vorhanden, dann sind die $(m+1)$te und die $(m-1)$te Oberschwingung besonders ausgeprägt, etwa für $m = 12$ also die 13. und 11. Auch diese Oberschwingungen können im Netz Resonanz ergeben. Doch sind im allgemeinen die hiervon herrührenden Überspannungen klein, wenn dafür gesorgt ist, daß die Scheitelwerte der niedrigeren Oberschwingungen höchstens 3—4% der Grundschwingung ausmachen.

Wandernde Wellenzüge werden durch plötzliche Blitzschläge in die Leitung oder deren Umgebung oder heftige örtliche Änderungen im Betriebszustande der Spannungs- und Stromwelle hervorgerufen. Dem Impuls entspricht eine Spannungswelle, die vom Störungspunkt mit steiler Wellenstirn längs der Leitung fortschreitet, durch die Dämpfung sich allmählich abflacht und schließlich sich verliert, wenn die Leitung lang genug ist. Am Ende der Leitung und an allen durch Anschlüsse hergestellten Überbrückungen tritt Reflexion ein. Die auffallende und die zurückgeworfene Welle bilden dann eine stehende Welle. Trifft die wandernde Welle auf leitende Überbrückungen, wie Stromerzeuger, Umwandler oder Motoren, die durch Induktanz L oder Kapazität C als Wellenbrecher eine plötzliche Umwandlung der aufprallenden kinetischen Energie $^1/_2\,L\,J^2$ in potentielle $^1/_2\,C\,E^2$ in mehr oder weniger vollkommener Weise einleiten und ermöglichen, dann zerschellt die Welle, und die ankommende elektrische Brandung löst statische Büschelentladungen aus, ruft stehende Wellen mit mannigfachen Oberschwingungen hervor.

Als plötzliche Störungen im Betriebszustande sind das Ein- und Ausschalten von Leitungen mit oder ohne Last oder das Auftreten und die Unterbrechung eines Kurzschlusses hier in Betracht zu ziehen. Das Schließen in einem willkürlichen Augenblick der Periode ruft höchstens die doppelte Spannung hervor; das Ausschalten dagegen kann, wenn es am Ende der Linie vor den Empfängern geschieht, sehr starke Spannungssteigerungen zur Folge haben. Ist L die Induktanz der auszuschaltenden Linie, C ihre Kapazität, so ist ihre niedrigste

Stehende Wellen in den Leitungen. 557

natürliche Schwingungszahl $\sim = 1/2\,\pi\sqrt{CL}$. Es können aber auch alle Vielfachen dieser Grundschwingung auftreten. Schwingungen ergeben sich nur, wenn der Widerstand R des Stromkreises kleiner ist als 4 L C; ist $R > 4\,LC$, dann verläuft die Störung ohne Schwingungen und mit dem Dämpfungsfaktor $a = R/2\,L$ logarithmisch abnehmend. Daraus folgt der Nutzen der Einschaltung eines Widerstandes zur Dämpfung von Schwingungen. Wird jedoch ein Stromkreis, in welchem, etwa durch einen Kurzschlußbogen, starke Schwingungen bereits vorhanden sind, plötzlich unterbrochen, dann staut sich die schwingende Energie an den Belegungen des Kondensators C plötzlich auf und erzeugt eine um so höhere Spannung E, je höher der elastische Widerstand gegen Schwingungen $\sqrt{L/C}$ und die Stromstärke vor der Unterbrechung J war; denn es ist $E = J\sqrt{L/C}$. Daraus folgt, daß besonders die Unterbrechung eines Kurzschlusses gefährlich werden kann. An die Leitung angeschlossene Maschinen und Transformatoren erhöhen die Selbstinduktion L. Luftleitungen besitzen verhältnismäßig hohe Induktanz und kleine Kapazität, so daß $\sqrt{L/C}$ bei ihnen 400—600 Ohm betragen kann; Kabel weisen wegen großer Kapazität und kleiner Induktanz nur etwa $\sqrt{L/C} = 30$—50 Ohm auf. Aber auch die Maschinen selbst und die Transformatoren, ihre Schalt- und Nebenapparate und die Isolatoren der Leitung besitzen Kapazität, die Transformatoren beispielsweise zwischen den einzelnen Windungen einer Spule, zwischen den einzelnen Spulen und zwischen beiden Spulensystemen und dem Eisenkern. Daraus ergibt sich die Notwendigkeit, beim Schutze dieser Apparate deren Eigenkapazität in Betracht zu ziehen.

Stehende Wellen oder Wogungen entstehen durch Übereinanderlagerung schwach gedämpfter wandernder Wellen. Ist L_0 die Induktanz, C_0 die Kapazität, R_0 der Widerstand, bezogen auf die Längeneinheit der Leitung, l ihre Länge, dann ist die Geschwindigkeit der Fortpflanzung ungedämpfter Wellen $v = 1/\sqrt{C_0 L_0}$. Die Grundschwingung wird $\sim = v/4\,l$. Die Leitungslänge entspricht also einer Viertelwelle; außer ihr treten noch alle ungeraden Oberschwingungen auf. Das Verhältnis der Stärke der Oberschwingungen zur Grundschwingung hängt von der Verteilung der Spannung und des Stromes im Augenblick des Eintritts der Störung ab. Eine Fernleitung besitzt also eine unendliche Menge von Schwingungszahlen, von denen nur die Grundschwingung angenähert angegeben werden kann. Da wegen der ungleichmäßigen Verteilung des Stromes und der Kraftlinien bei hohen Perioden auch die Werte von L_0, C_0 und R_0, für die Längeneinheit genommen, oder von $L = L_0\,l$, $C = C_0\,l$ und $R = R_0\,l$ für die ganze Leitung nicht mehr konstant sind, weist jede lange Leitung außer der Grundschwingung und ihren ungeraden Oberschwingungen niedriger, etwa dritter, fünfter ... Ordnung auch noch eine unbestimm-

558 Die ergänzenden Vorrichtungen und Einrichtungen zu elektrischen Anlagen.

bare Zahl sehr hoher Schwingungswerte auf, die wieder neue stehende Wellen verursachen.

Die Wiederherstellung des Gleichgewichts vollzieht sich nach einer heftigen Störung durch Wogungen oder Schwingungen der Energie. Die sehr hohen Schwingungen wirken dabei ähnlich den Ladungen vor allem auf die Isolation ein. Die verhältnismäßig langsamen Wogungen der Energie in einem ausgedehnten Netz können aber sehr große Energiemengen ins Spiel bringen.

Die größte Energiemenge tritt bei Unterbrechung eines Kurzschlusses J_0 ins Spiel. Die Gleichung der dabei auftretenden Spannung E_0 ist nach Steinmetz[1])

$$E_0 = J_0 \sqrt{L/C} \{1,26 \cos \varphi \, x \cdot \sin \omega t + 0,40 \cos 3 \varphi \, x \cdot \sin 3 \omega t + + 0,22 \cos 5 \varphi \, x \cdot \sin 5 \omega t + \ldots\}$$

worin x den Abstand längs der Leitung vom Punkte der Unterbrechung des Kurzschlusses, t die Zeit, l die Länge, L die Induktanz, C die Kapazität der ganzen Leitung bedeutet und $\varphi = \pi/2\,l$, $\omega = 2\pi \infty = \pi \,\mathrm{v}/2\,l = \pi/2 \sqrt{L/C}$.

Für eine Wechselstromleitung, welche 30000 V bei 25 Per/Sek über l = 100 km überträgt, ist bei d = 12 mm, D = 175 cm die Induktanz $L = l\,L_0 = 203$ Mh $= 0{,}203$ Henry, die Kapazität $C = l\,C_0 = 0{,}576$ Mfd $= 0{,}576 \cdot 10^6$ Farad, der Widerstand $R = l\,R_0 = \dfrac{200 \cdot 1000}{57 \cdot 113} = 28$ Ohm und der elastische Widerstand gegen Schwingungen $\sqrt{L/C} = 595$ Ohm. Daraus folgt als Reaktanz $2\,\pi \cdot 25 \cdot 0{,}2 = 31{,}4$ Ohm, als Richtungswiderstand der Leitung $\Re = \sqrt{28^2 + 31{,}4^2} = 42$ Ohm und als Kurzschlußstrom, wenn die Anfangsspannung auf $1/3$ sinkt, $J_0 = E_0/3\,\Re = 10000/42 = 238$ A. Die Energiewogung hat also als Scheitelwert der Spannung $E_0 = 238 \cdot 595 = 141600$ V und als Scheitelwert der Leistung $E_0\,J_0 = 340000$ Kilovoltampere.

Bei stehenden Wellen liegen die Periodenzahlen zwischen den verhältnismäßig niedrigen Werten der ganzen Linie, hier also $\sim = \mathrm{v}/4\,l$ = 730 Per/Sek, da $\mathrm{v} = 1/\sqrt{C_0 L_0} = 292000$ Km/Sek, und den Hertzschen oder Tesla-Schwingungen von mehreren hundert Millionen Per/Sek, die an den Zylindern einer mehrfachen Funkenstrecke auftreten können. Da auch die zur Erde abzuleitenden Energiebeträge ungefähr ebensoweit auseinanderliegen, erscheint es erklärlich, daß ein Blitzschutz im weitesten Sinne des Wortes nicht allen Bedingungen zugleich genügen kann. Daraus ergibt sich die Notwendigkeit der gemeinsamen Verwendung verschiedener Apparate.

---

[1]) Transact. Am. Inst. El. Engin. 1907.

Bauweisen der Schutzvorrichtungen. 559

Die Grundsätze für die Ableitung einer Überspannung sind dieselben, ob diese nun vom Netze selbst oder von atmosphärischen Einflüssen herrührt. Nur sind beim Blitzschlage die Energiemengen größer und die Schwingungen rascher, so daß in der Einstellung, Anordnung und Bemessung der zu verwendenden Apparate, Widerstände und Selbstinduktionsspulen hierauf Rücksicht zu nehmen ist.

Eigentliche Blitzableiter sollen eine Entladung hoher Periodenzahl und Spannung zur Erde abführen. Der Weg dahin muß also vor allem geringe Induktanz aufweisen, während es auf den Ohmschen Widerstand weit weniger ankommt.

Zur Abführung des Entladestromes dient die möglichst geradlinig verlaufende Erdleitung und die in Grundwasser oder feuchten Koks gebettete Erdplatte. Die für Hausblitzableiter geltenden Regeln, die freilich recht unsicher sind, kommen auch hier in Betracht. Jedenfalls soll eine genügend starke und dauerhafte Erdverbindung vorgesehen werden.

Der Linienschutz gegen die unmittelbaren Blitzschläge in die Leitung oder ihre Gestänge wird recht verschieden ausgeführt. Einzelne besonders gefährdete Leitungssäulen werden durch Anbringung einer Aufsaugspitze, eines Ableitungsdrahtes und einer Erdplatte geschützt. Viele erachten diesen Schutz für ungenügend und rüsten jede Leitungssäule gegen Blitzgefahr aus. Den Übergang in den Erdboden, der der Verwitterung stark ausgesetzt ist, isoliert man durch Umpressen von Blei. Immerhin steht zu befürchten, daß die eine oder die andere Säule schlechte Erdleitung erhält. Man hat daher die Stangen durch einen Draht leitend verbunden, um die Erdleitung nur bei vereinzelten Stangen vorzunehmen und von der Güte der Erdleitung einer oder der anderen Stange unabhängig zu bleiben. Außerdem glaubte man durch die Vermehrung der Spitzen einen leichteren Ausgleich der Elektrizität zu erreichen. Diese Ansicht einer vorbeugenden Wirkung der Spitzen ist heute verlassen, und damit fällt auch das in Übertreibung des alten Grundsatzes empfohlene und häufig geübte Verfahren, den Verbindungsdraht aus Stacheldraht herzustellen, der sich schwer spannen läßt, infolge von Eisansätzen leicht reißt und die Unsicherheit bedeutend erhöht.

2. Bauweisen der Schutzvorrichtungen. Die Aufgabe dieses Linienschutzes ist die Vorbeugung oder Verhütung des Blitzschlages. Sie kann durch Erdung der Schutznetze, wo solche vorhanden sind, und der neutralen Punkte des Hochspannungsnetzes bei sterngeschalteten Transformatoren verstärkt werden. Doch wird in diesem Falle die Gefahr der Betriebsstörungen durch andere Ursachen erhöht. Die umfangreichere Aufgabe des Stationsschutzes ist die Einschränkung schädlicher Nachwirkungen und die Beseitigung der Störung. Die Entladung soll

560 Die ergänzenden Vorrichtungen und Einrichtungen zu elektrischen Anlagen.

also die Maschinen und Apparate unbeschädigt lassen und soll sicher zur Erde abgeleitet werden. Der nachfolgende Kurzschluß soll womöglich ganz vermieden oder wenigstens selbsttätig störungsfrei unterbrochen werden. Der Weg von der Leitung zu den Maschinen und Apparaten soll der hochfrequenten Blitzentladung durch Selbstinduktion versperrt werden, welche für den Maschinenstrom nur unerheblichen, für die Entladung aber sehr hohen Widerstand darbietet. Fig. 526 stellt die Anbringung dieser Induktions- oder Schutzspulen dar. Sie sind entweder schrauben- oder schneckenförmig gewickelt, müssen vorzüglich isoliert sein und große Abkühlungsoberfläche besitzen. Zuweilen werden sie auch in Verbindung mit Kondensatoren verwendet, wobei der Kondensator zwischen Leitung und Erde eingeschaltet ist, und sein Anschlußpunkt an der Leitung zwischen

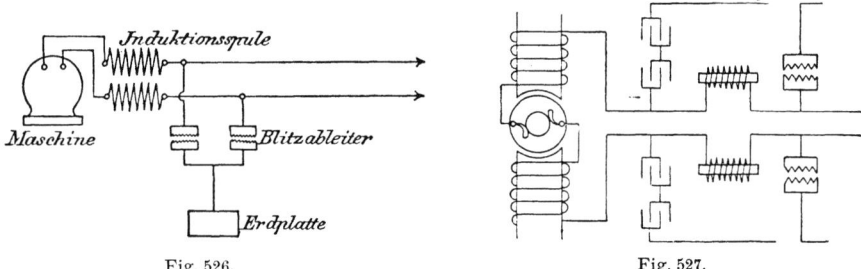

Fig. 526.   Fig. 527.

der Drosselspule und dem zu schützenden Apparat liegt. In Fig. 527 ist dies eine Reihenschlußmaschine einer nach dem Thurysystem arbeitenden Gleichstromanlage.

Überspannungssicherungen oder Spannungsbegrenzer sollen die Spannungen, welche im Netz durch innere Störungen oder atmosphärische Einflüsse auftreten, etwa auf das $1^1/_2$ fache der Betriebsspannung begrenzen und nur den Überschuß zur Erde ableiten. Sie können aussetzend oder dauernd wirken. Die zur Erde abfließende Energie ist hier viel kleiner, die Empfindlichkeit der Einstellung viel größer als bei Blitzableitern. Es ist deshalb hier die Einschaltung eines hohen dämpfenden Widerstandes zur Vermeidung von Strömungen durch Kurzschlüsse wünschenswert. Dieser Widerstand in der Erdleitung und die Empfindlichkeit der Einstellung, die bei Überspannungssicherungen etwa das 1,2—1,7 fache, bei Blitzschutzvorrichtungen etwa das 3—5 fache der Betriebsspannung ist, bilden den Hauptunterschied zwischen beiden Gruppen. Die nämlichen Formen finden für beide Zwecke Verwendung. Der später ausführlich zu besprechende Hörnerblitzschutz kann in bedeckten Räumen und mit geeignetem Vorschaltwiderstand als Spannungsbegrenzer oder im Freien als Blitzableiter verwendet werden. Die kleinste Schlagweite ist dabei in folgender Reihe zusammengestellt.

Betriebsspannung bis	7	9	10	12	14	16	18	20	24	33 Kilovolt
Kleinste Schlagweite als Spannungsbegrenzer	3	4	5	6	7	9	10	12	15	23 mm
Kleinste Schlagweite als Blitzableiter		8	11	13	16	20	25	32	40	70 160 mm

In Fig. 528 sind bei III zwei einpolige, von einander getrennte Blitzplatten oder Funkenstrecken mit gesonderten Erdplatten angedeutet. Bei sehr heftigen Entladungen können sich gleichzeitig an beiden Funkenstrecken der Hin- und Rückleitung Lichtbögen bilden, welche als gutleitende Brücke bei Schaltung nach Fig. 528 I und II metallisch kurzschließen, im Falle III aber die Maschinen auf den Erdwiderstand zwischen den Platten schalten. Für Anlagen mit hoher Betriebsspannung

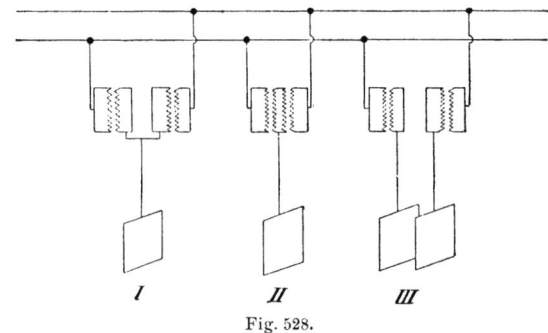

Fig. 528.

werden in die Erdleitung besondere Metall-, Kohlen- oder Flüssigkeitswiderstände eingefügt. Die Größe dieses Widerstandes richtet sich nach der Spannung und der zulässigen Kurzschlußstromstärke der zur Erde abzuführenden Energiemenge. Diese darf im Verhältnis zur Gesamtleistung der zu schützenden Anlage nicht zu groß sein. Bei verschiedenen Anordnungen findet man Widerstände zwischen 6 und 20 Ohm für je 1000 V, was einer Begrenzung des vorübergehend zur Erde abfließenden Leistungsstoßes auf 167 bis 50 KW gleichkommt. Als Baustoffe werden in Öl gebettete Metalldrähte, Kohlenstifte oder hartgebrannte Gemenge aus Kohle, Graphit oder Karborundum verwendet. Auch teigartige Massen aus Lehm mit leitenden Beimengungen, dann in Tonröhren eingeschlossenes Wasser mit und ohne Zusatz von Salzen, werden als Widerstände verwendet.

Zeitweilig wirkende Spannungsbegrenzer. Die Funkenstrecke wird auf mannigfache Weise hergestellt. Fig. 529 und 530 zeigen ältere Formen, bei welchen die Funkenentladung zwischen Metallkämmen erfolgt. Bei Fig. 529 wird ein Kamm mit einem Leitungspole, der andere zur Erde verbunden, während bei der zweipoligen Platte, Fig. 530, Hin-

562 Die ergänzenden Vorrichtungen und Einrichtungen zu elektrischen Anlagen.

und Rückdraht einer Leitung mit den Seitenkämmen, die Mittelklemme jedoch zur Erde verbunden werden.

Viele Vorschläge wollen dem Stehenbleiben des nachfolgenden Kurzschlußbogens abhelfen. In einem Blitzableiter der Westinghouse Co. werden die Elektroden selbsttätig durch die Wärmewirkung des Lichtbogens auseinandergeschleudert, Fig. 531. Die Kohlenelektroden sind an Armen befestigt, die nahezu vertikal herunterhängen und um je eine oben angeordnete Achse drehbar sind. Dehnt ein Lichtbogen die Luft im Innern des Kastens plötzlich aus, so werden die Kohlen herausgeschleudert, um gleich darauf wieder zurückzufallen. Vielfach wird der Kurzschlußstrom

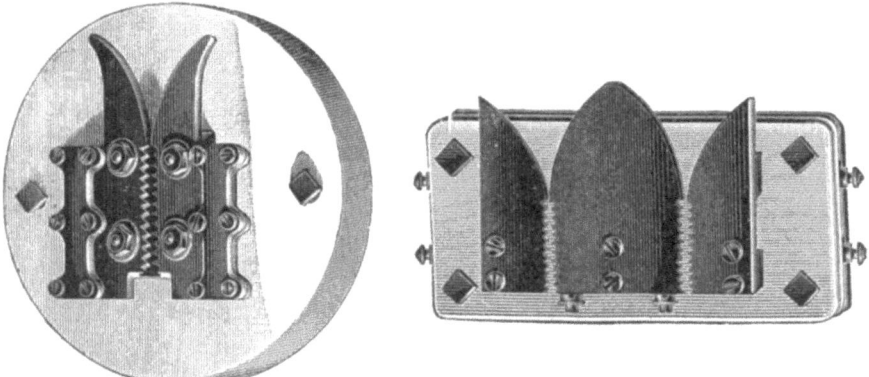

Fig. 529. Fig. 530.

zur Betätigung elektromagnetischer Wirkungen benutzt, welche den sich bildenden elektrischen Bogen durch Vergrößerung der Funkenweite zum Abreißen bringen. Die in Fig. 532 dargestellte Blitzplatte der General Electric Co. von Elihu Thomson für Gleichstromanlagen enthält keine beweglichen Teile. Die Klemmen a, b, c werden zur Erde, zur Leitung und zur Maschine verbunden. Das Funkenausblasen geschieht bei ihr durch die Wirkung des magnetischen Feldes, welches den Bogen wie einen freibeweglichen, vom Strome durchflossenen Leiter nach oben treibt, ihn dabei infolge der hornförmigen Ansätze streckt und zum Abreißen bringt, ein Prinzip, welches wir schon bei den Bleisicherungen erwähnten. Diese elektromagnetische Funkenlöschung wurde jahrelang verschmäht, während man die Hörner beließ, weil für das Aufsteigen und Verlängern des Bogens zwei Anschauungen sprachen. Die erste gründete sich auf die mechanische Wirkung der aufsteigenden heißen Luft, die zweite auf die elektrodynamische Abstoßung zweier paralleler, in entgegengesetzten Richtungen verlaufenden Ströme.

Bei dem in Fig. 533 dargestellten Hörnerblitzableiter für Hochspannung von Siemens & Halske sind zwei starke, hornförmig gebogene

Bauweise der Blitzschutzvorrichtungen. 563

Kupferdrähte einander gegenübergestellt; sie werden von gußeisernen Kappen getragen, die auf Porzellanisolatoren gekittet sind. Um die elektrodynamische Wirkung sicher zu erhalten, ist hier dafür gesorgt, daß die parallelen Stromläufe wirklich die in Fig. 534 ersichtlich gemachte Richtung besitzen und nicht wie in Fig. 535 verlaufen, wo die von den Klemmen ausgehenden Stromlinien sich zum Teil in ihrer elektrodynamischen Wirkung aufheben, so daß die schließliche Kraft, je nach der Form des Stückes, nach unten oder oben gerichtet sein kann.

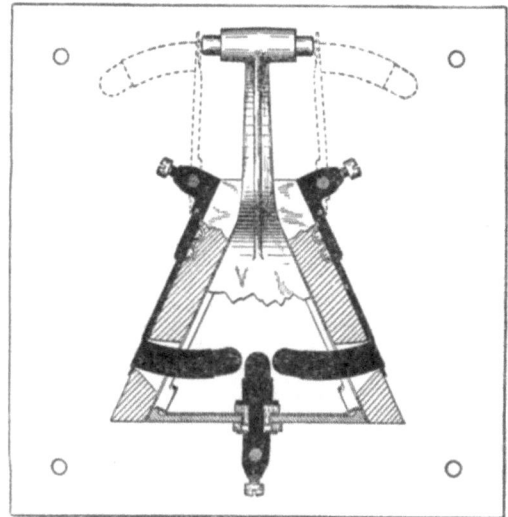

Fig. 531.   Fig. 532.

Diese Hörnerblitzableiter werden im Freien ohne besonderen Schutz verwendet. Die Spaltweite muß mit Rücksicht auf Regentropfen, Staub und Insekten reichlich, wie auf S. 561 angegeben, bemessen sein und wird im Winter, um Schnee- und Eisansätze zu vermeiden, vergrößert; dies erscheint angängig, da der Winter meist gewitterfrei ist. Die Beigabe von Eisenplatten an den wagrecht laufenden Teil des Hornes, die von manchen Seiten versucht wurde, erscheint verfehlt, weil das Eisen bei den hohen Wechselzahlen durch Schirmwirkung nach außen nur schwach magnetisch wirkt. Dagegen hat Benischke für die Allgemeine Elektrizitäts-Gesellschaft in Berlin eine Blitzschutzvorrichtung mit schräg gestellten Hörnern und magnetischer Ausblasevorrichtung konstruiert.

Die Elektromagnetspule, welche die Ausblasung des Entladungs- oder Kurzschlußbogens bewirken soll, darf nicht in die Erdleitung geschaltet sein, da sie infolge ihrer Selbstinduktion dem Abfließen der veränderlichen Entladungen entgegenwirken würde. Sie wird in die

564 Die ergänzenden Vorrichtungen und Einrichtungen zu elektrischen Anlagen.

Hauptleitung geschaltet, wo sie das Abdrängen der Entladungen auf die Blitzplatten zur Erde befördert.

Andere Bauweisen von Funkenstrecken für Gleichstrom benutzen die elektromagnetische Wirkung nur zur Auslösung von Gewichten,

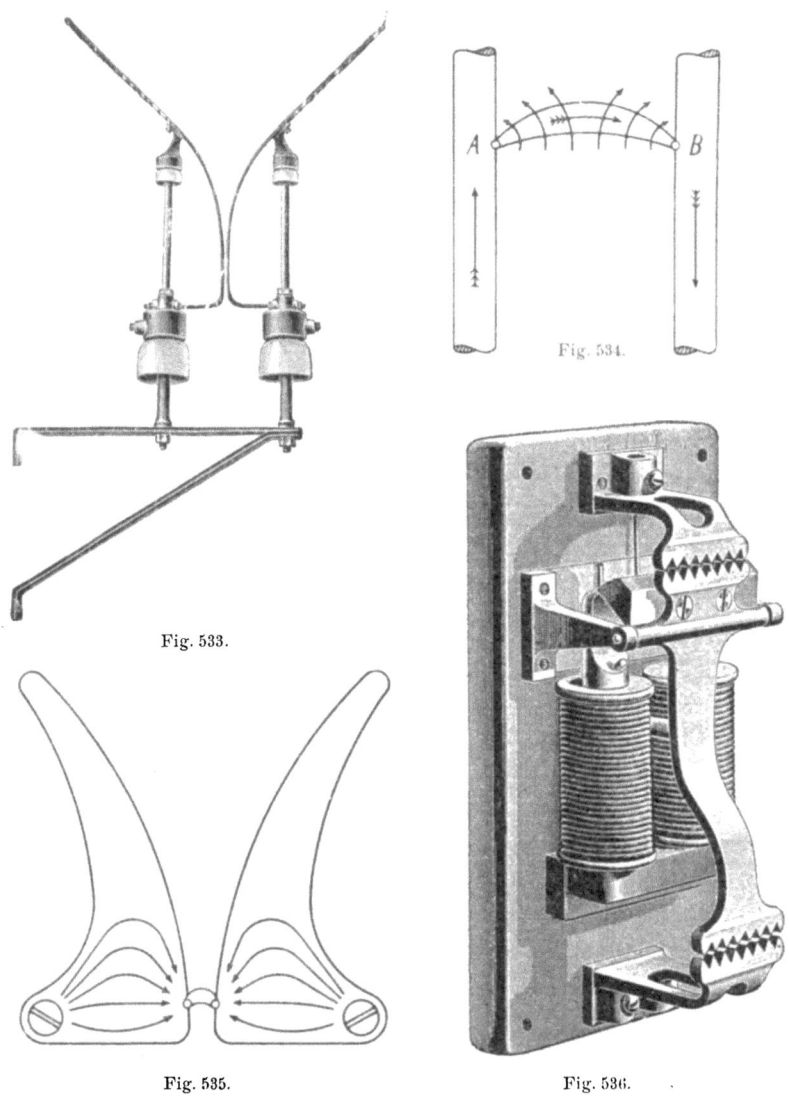

Fig. 533.

Fig. 534.

Fig. 535.   Fig. 536.

Hebeln usw., um die Funkenweite mechanisch zu vergrößern. Der Elektromagnet in Fig. 536 zieht ein Schlußstück an, welches mit einem doppelarmigen Hebel fest verbunden ist. Dieser Hebel bildet an seinen Enden

Bauweise der Blitzschutzvorrichtungen.

die Funkenstrecken. Der Entladungsstrom wird hierbei an zwei Funkenstrecken unterbrochen.

Die Allgemeine Elektrizitäts-Gesellschaft, Berlin, führt die Konstruktion Fig. 537 für Niederspannung aus: Zwei kurze Funkenstrecken F_1 und F_2 aus gerillten Scheiben führen die atmosphärischen Ladungen

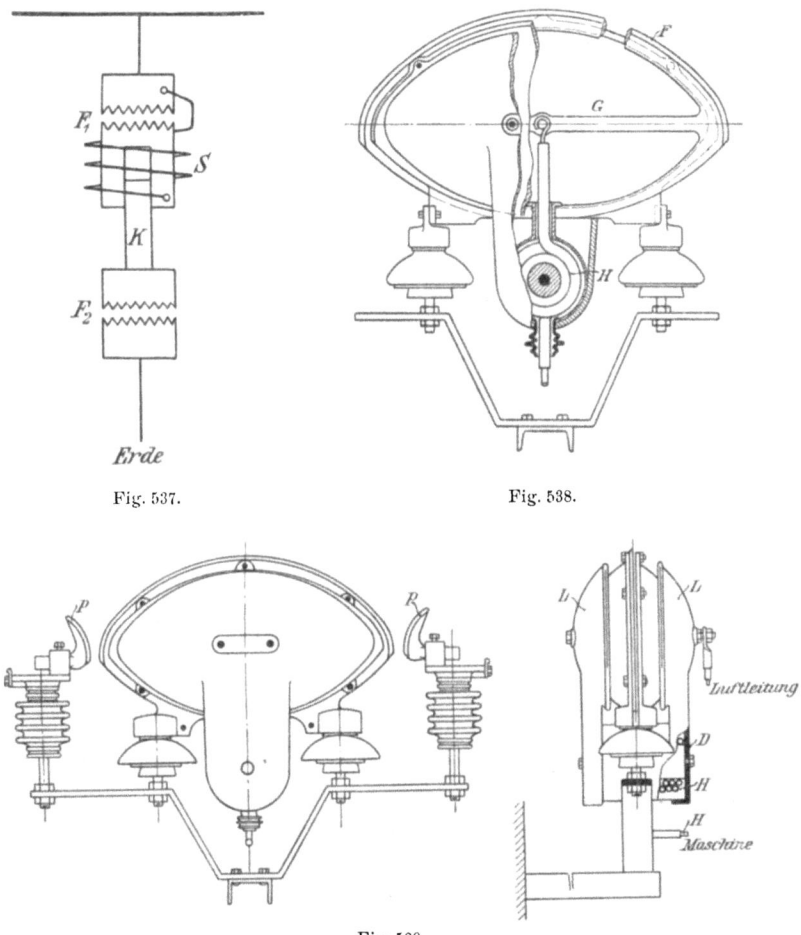

Fig. 537.   Fig. 538.

Fig. 539.

zur Erde. Bei F_2 berühren sich die Rillen, denn der bewegliche Eisenkern K der Spule S liegt im Ruhezustande auf der unteren Platte. Folgt der atmosphärischen Entladung ein Kurzschlußstrom, so geht er zum Teil durch diese Spule, der Kolben K wird plötzlich nach oben gezogen, und die Funkenstrecke F_2 wird so vergrößert, daß der Lichtbogen abreißt. Infolgedessen wird die Spule wieder stromlos, der Kolben K fällt

566 Die ergänzenden Vorrichtungen und Einrichtungen zu elektrischen Anlagen.

herab, und der Apparat ist zur Ableitung einer neuen Entladung bereit. Der Blitzableiter von Gola, der von der Allgemeinen Elektrizitäts-Gesellschaft gebaut wird, besteht aus zwei großen Kalotten, Fig. 538, 539 und 540, aus galvanisch verkupfertem Eisen, welche durch kleine Bronzebolzen unter Einlage eines Rahmens aus Zink oder schwer den Lichtbogen bildendem Stoff zusammen verschraubt sind. Der Rahmen bildet eine ringsum laufende Rippe und trägt im Innern ein Querstück G, zwei andere Kalotten aus Eisen umgeben mit gleichmäßigem Luftabstand diesen Hohlkörper, mit dem sie durch dünne Bolzen verbunden sind und tragen in der unteren Ausbuchtung einen Kern D aus weichem Eisen mit einer Spule H. Diese ist mit der Mitte des Querstückes G verbunden, mit dem anderen Ende isoliert durchgeführt und an die zur Maschine führende Leitung angeschlossen. Der Maschinenstrom läuft dann ohne merkbares Hindernis durch H und G auf die inneren Schalen und durch die dünnen Bolzen auf die großen äußeren

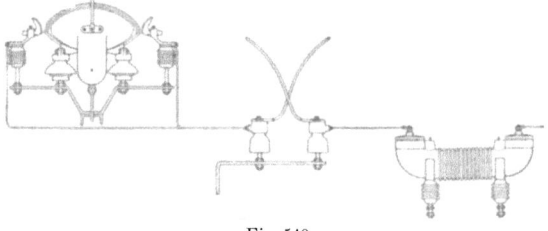

Fig. 540.

Schalen C und von dort weiter in die Luftleitung. Dieser Weg bietet aber wegen des magnetischen Feldes zwischen den inneren und äußeren Schildern, den scharfen Wendungen und plötzlichen Form- und Querschnittsänderungen der Strombahn den hochfrequenten Blitzschlägen oder Wogungen der Energie so hohen Widerstand, daß der Weg über die an den Spitzen der äußeren Schilder angebrachten Blitzhörner zur Erde bequemer ist. Der reihengeschaltete Blitzableiter von Gola wirkt also eigentlich nur wie eine Drosselspule. Für Spannungen bis 3000 V wird zwischen die Hörner P und Erde noch ein Kohlenwiderstand geschaltet. Für 3000—10000 V wird nach Fig. 540 noch ein Blitzschutz mit gekreuzten Hörnern und ein Wasserwiderstand in Tonröhre eingeschaltet; für 10—20000 V wird dieser Hörnerblitzableiter noch mit einem solchen Wasserwiderstand im Nebenschluß überbrückt.

Statt der einfachen Funkenstrecke des Hörnerblitzableiters weisen Fig. 536 und 537 doppelte, Fig. 541 und 542 sogar vielfache Funkenstrecke auf. In Fig. 541 sind auf einer zur Erde abgeleitete Grundplatte eine Reihe von Zinkscheiben säulenförmig aufeinander geschichtet, welche voneinander durch volle Glimmerscheiben isoliert

Bauweise der Blitzschutzvorrichtungen.

werden. Die Entladung erfolgt von der obersten Scheibe zur nächsten usw., und auf diesem Wege wird ihr so viel Wärme entzogen, daß kein großer Lichtbogen zustande kommt, sondern nur kleine Fünkchen auftreten. Für höhere Spannungen, etwa für 3000 V, nimmt man eine Reihe von parallelen Zinkröhren oder Bronzeröhren, welche auf isolierende Bolzen drehbar aufgeschoben sind, um alle Teile des Mantels, der durch Funken angegriffen wird, ausnutzen zu können. Zink oder Messing, welches wegen der schweren Schmelzbarkeit bevorzugt wird, hat sich dabei bewährt, weil die durch den Lichtbogen gebildeten Metalloxyddämpfe schlecht leitend sind und die Bildung größerer und dauernder Lichtbögen hintanhalten oder mindestens erschweren. Wurts bettet bei seiner Funkenstrecke, Fig. 542, die geriffelten Zylinder in Porzellanstücke

Fig. 541.

mit entsprechenden Schlitzen ein und schließt die beiden äußersten Walzen an die beiden Pole des Netzes, die mittlere an Erde an. Die Vorrichtung, Fig. 542, ist also doppelpolig mit drei Funkenstrecken von je 1 mm und

Fig. 542.

600 V Betriebsspannung zwischen Pol und Erde. Wurts hat anfänglich auch Legierungen aus Kupfer, Zink und Antimon als Anti-Arc-Metal bei seinen mehrfachen Funkenstrecken verwendet. Diese den Bogen schwer bildenden Legierungen haben den von Blondel nachgewiesenen Nachteil, die Überspannungen im Falle einer oszillierenden Entladung mit Wiederzündungen zu erhöhen.

568 Die ergänzenden Vorrichtungen und Einrichtungen zu elektrischen Anlagen.

Nach Rushmore und Dubois beruht der Hauptvorzug des Rollenableiters, Fig. 542, mit vielen Funkenstrecken in der elektrostatischen Kapazität zwischen je zwei Rollen und zwischen jeder Rolle und der Erde. Das Spannungsgefälle zwischen zwei Walzen oder Rollen verteilt sich deshalb nicht gleichförmig über die einzelnen Funkenstrecken, sondern ist nahe der Leitung am höchsten, am geerdeten Ende des Ableiters am kleinsten. Es wird also zunächst die erste Funkenstrecke durchschlagen und das Potential der zweiten Rolle, die durch den Lichtbogen mit der ersten verbunden ist, erhöht. Darauf folgt ein Durchschlag nach dem dritten Zylinder usw., bis der Bogen alle Funkenstrecken überbrückt hat. Die Potentialerhöhung nach dem Durchschlagen einer Funkenstrecke ist für den darauf folgenden Zylinder von der Stromstärke, Periodenzahl und Kapazität abhängig, also für hohe Perioden größer als bei niedrigen. Durch passende Wahl der in Reihe oder parallel geschalteten Widerstände und durch geerdete Seitenplatten oder Metallschilder, welche die Kapazität zur Erde hin je nach ihrer Form und Lage zur vielfachen Funkenstrecke verändern, kann diese Form des Blitzableiters den Entladungen hoher und niedrigerer Periodenzahl gleich gut angepaßt werden. Diese Schilder oder Schirme stellen die neueste Entwickelung der Rollenblitzableiter dar. Ein Blitzableiter mit einer Reihe von 190 Funkenstrecken von je 0,8 mm Spalt wies mit bzw. ohne Schirm oder Schild die folgenden Werte auf:

	ohne Schirm	mit Schirm
Isolierte Funkenstrecke	68 KV	60,4 KV
Ein Pol dauernd geerdet	47,5 -	53,9 -
Ein Pol durch Lichtbogen geerdet .	34—36 -	40—43 -

Der geerdete Schirm strebt also das Funkenpotential für die verschiedenen Fälle ein wenig gleichförmiger zu erhalten, erreicht dies aber nur unvollständig.

Bei Hörnern und Funkenstrecken soll die Funkenweite mit Rücksicht auf die Leichtigkeit der Abführung der atmosphärischen Entladung so klein als möglich sein; mit Rücksicht auf den Kurzschlußbogen und die entsprechende Stromstärke muß sie jedoch um so größer sein, je höher die Betriebsspannung ist. Dabei kommen noch die Induktanz L und Kapazität C des ganzen Leitungskreises in Betracht, und es ist namentlich zu beachten, daß die Summe der hintereinander geschalteten Durchschlagswiderstände, etwa von der Armatur durch den Luftweg der Maschine und das isolierte Gestell zur Erde, weit größer sein muß als diejenige der Funkenstrecke. In sehr gewitterreichen Gegenden, also hoch im Gebirge, stellt man die Transformatoren und Maschinen isoliert auf, obzwar dies bei Kuppelung mit Turbinen recht schwierig

Hilfsfunkenstrecken. 569

ist. Man verwendet deshalb häufig Vorrichtungen zur Verminderung des Funkenpotentials, um die größere Funkenstrecke sicher zum Ansprechen zu bringen bezw. bei Spannungsbegrenzern die Schlagweite zu vergrößern, ohne an Empfindlicheit der Einstellung einzubüßen. B. Franklin hatte 1747 die Wirkung der Spitzen erkannt, J. Cavallo hatte 1779 beobachtet, daß glühendes Eisen die Schlagweite vergrößerte. Heute weiß man, daß hier die vom glühenden Metall herrührenden Ionen und Elektronen die Ionisierung und damit den Bogen eingeleitet hatten, und daß insbesondere bei Bestrahlung durch Radium, durch ultraviolettes Licht oder einen mittels Hilfselektrode oder besonderen Schwingungskreises eingeleiteten Hilfsbogen als Ionisatoren das Funkenpotential erniedrigt und die Bogenbildung erleichtert wird.

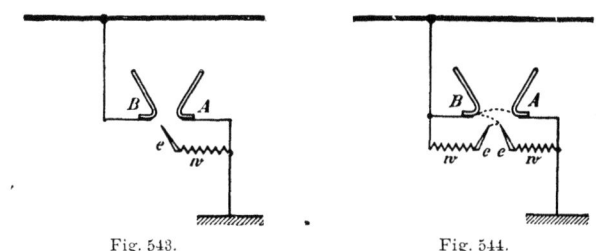

Fig. 543.   Fig. 544.

Fig. 543 stellt die Anordnung der Land- und Seekabel-Werke in Köln dar. Eine einstellbare zugespitzte Hilfselektrode e leitet die Ionisierung in der Nähe des Hauptspaltes A B ein. Die Elektrode e kann isoliert oder durch Widerstand w an Erde gelegt werden. Fig. 544 stellt als Verdoppelung der Anordnung in Fig. 543 eine Hilfsfunkenstrecke parallel zur Hauptstrecke dar. Das Spiel der Entladungen umfaßt hier die drei punktiert angedeuteten, etwas an Länge zunehmenden Bögen. Durch die größere Schlagweite wird die zufällige Überbrückung der Hauptelektroden durch Regentropfen, Staub oder Insekten vermieden und die Bildung von Schmelzperlen an ihnen erschwert. Diese Fehler treten aber in verstärktem Maße bei den Hilfselektroden auf. Bei passender Bemessung des Vorschaltwiderstandes w können sie zugespitzt und damit weiter gestellt werden als bei abgerundeten Enden; aber auch dann noch bleiben zufällige Störungen am Hilfsbogen lästiger als am Hauptbogen: denn es besteht die Gefahr, daß der Hauptbogen durch Luftzug etwa auf die nahestehenden Hilfselektroden überspringt und diese durch Anschmelzung in Form und Empfindlichkeit ändert.

Ein anderer Grundgedanke liegt in der Verwendung der induktiven Wirkung der in der Anlage selbst auftretenden schnellen Schwingungen zur Auslösung der Hauptfunkenstrecke. Fig. 545 zeigt eine Anordnung von Seibt, bei welcher H der Hörnerableiter, A die Primärspule eines

570 Die ergänzenden Vorrichtungen und Einrichtungen zu elektrischen Anlagen.

kleinen Transformators ist. Sie ist in die Hauptleitung eingeschaltet und induziert die Sekundärwickelung B. an deren Klemmen eine Geißlersche Röhre angeschlossen ist. Diese bleibt bei normalem Betrieb dunkel, leuchtet aber bei der durch Schwingungen erzeugten Überspannung auf und ionisiert die Hauptfunkenstrecke. Statt der Geißlerschen Röhre kann auch eine Hilfsfunkenstrecke verwendet werden. Die Periodenzahl der Schwingungen hängt vom Leitungskreise ab.

A. Dina verwendet einen besonderen Schwingungskreis, Fig. 546, bestehend aus der Primärwickelung eines kleinen Tesla-Transformators P, zwei kleinen Kondensatoren C C' und einer Hilfsfunkenstrecke F, die parallel zu dem aus Blitzableiter BA und Sekundärspule S des Tesla-Transformators gebildeten Kreise liegt und durch den Widerstand W an die Leitung angeschlossen ist. Die im Schwingungskreise durch beliebige Ursachen auftretenden Schwingungen hängen nur von den Kapazitäten C C' und der sehr kleinen Induktanz der Spule P und ihrer Zuleitungen ab; sie lösen als Relais die Entladung zwischen A und B aus, indem sie zunächst die Sekundärspule S in der Spannung er-

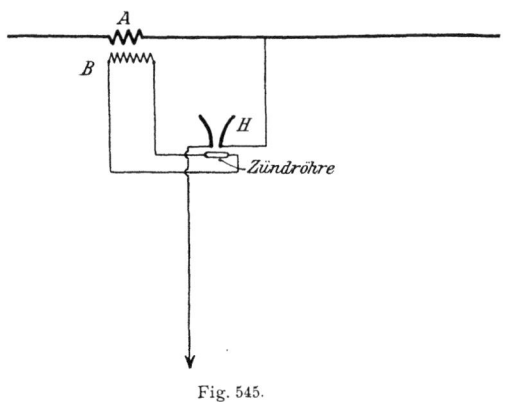

Fig. 545.

höhen. Diese Erhöhung ist ungefährlich, weil sie zwischen Erde und einem Horn A entsteht und sich durch den Schwingungskreis einerseits und den ionisierten oder, bei größerem Abstand des Relais, nur auf höhere Spannung gebrachten Funkenweg W, B, A, S zur Erde anderseits ausgleichen kann. Die Sicherung s schaltet den Hilfskreis im Fall des Durchschlags eines Kondensators aus. Fig. 547 stellt die Ausführung des Relais durch die Siemens-Schuckertwerke dar. Die Kondensatoren C von etwa 0,005 Mf und C' von etwa 0,01 Mf sind durch eine Blechbüchse geschützt, die auch den einen Pol bildet. Die aus 20 Windungen bestehende Sekundärspule des Tesla-Transformators ist im Innern eines Porzellanrohres untergebracht, das von der einzigen Windung der Primärspule umgeben wird. Dieses Rohr trägt vorn die Sicherung s, Fig. 546, seitwärts die Kondensatoren CC', deren Klemmen auch die eingeschlossene Hilfsfunkenstrecke festhalten. Die Schutzkappe ist in Fig. 547 weggelassen.

Für hohe Spannungen werden die vorbeschriebenen Apparate in verschiedener Weise und Empfindlichkeit untereinander und mit

Widerständen und Schutzspulen zusammengebaut. Bei den einfachen, älteren Anordnungen wurden parallele Bleistreifen mit Funkenstrecken in die Erdleitung eingesetzt, Fig. 548. Die Funkenweite der verschiedenen Kämme ist von einem zum anderen wachsend, die Entladung erfolgt bei dem geringsten Luftspalt, die Bleisicherung schmilzt infolge des Maschinenkurzschlusses; bei der nächsten Entladung folgt der nächste Kamm.

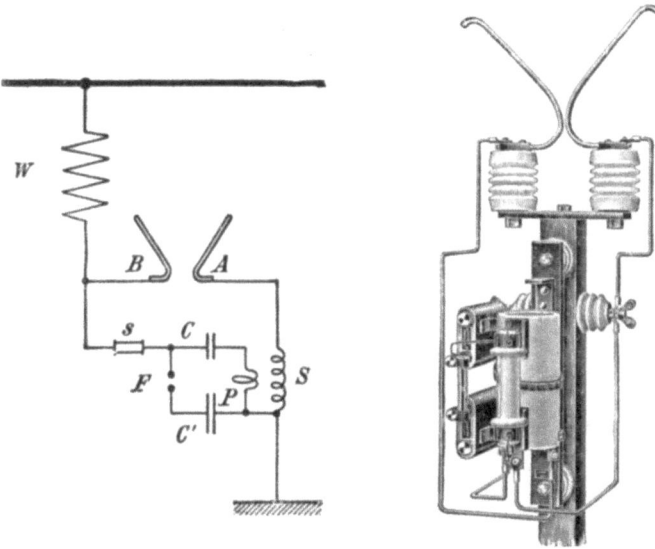

Fig. 546. Fig. 547.

Man muß demnach eine größere Anzahl von Kämmen anwenden, um rasch einanderfolgenden Blitzschlägen zu widerstehen. Die von Lodge angegebenen und von Muirhead & Co. in London gebauten Apparate sind nach diesem Prinzip ausgeführt.

Die Fig. 549, 550 und 551 stellen Anordnungen des Wirtschen Rollenableiters der General Electric Co. dar. Sie bestehen aus Rollen einer schwer den Lichtbogen bildenden Legierung und Stäben aus Karborundum oder verkupfertem, graphithaltigem Widerstandsmaterial und sind so aufgebaut,

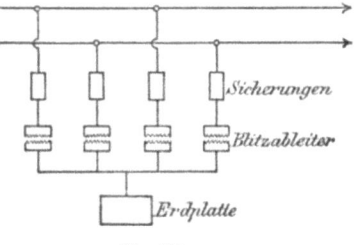

Fig. 548.

daß zwischen den beiden Polen und Erde gleichviele Funkenstrecken vorhanden sind. Fig. 549 zeigt das doppelpolige Element für etwa 2000 V, Fig. 550 das für 4000 V. Jede Funkenstrecke ist etwa 1,5 mm lang, und es entfallen auf sie je nach der Betriebsspannung etwa 500 V bei den niedrigeren, 300 V bei den höheren Spannungen über 5000 V. Um

572 Die ergänzenden Vorrichtungen und Einrichtungen zu elektrischen Anlagen.

die Wirkungen des Kurzschlußstromes bei hohen Spannungen zu verringern, hat Wurts durch Parallelschaltung seiner Funkenstrecken den Strom gespalten und in jeder Spaltung je nach der Höhe der Betriebsspannung die entsprechende Anzahl reihengeschaltet. Vor jeder Spaltung ist eine Abdrängungs- oder Schutzspule angebracht, wodurch sich die in Fig. 551 dargestellte pyramidenförmige Anordnung für 15000 V ergibt. In dieser Figur bedeuten die Kreise die Schutzspulen, die Vierecke die Funkenstrecken. Zum Aufbau wird ein Holzgestell verwendet, welches unten die Schutzspulen, oben die Funkenstrecken aufnimmt.

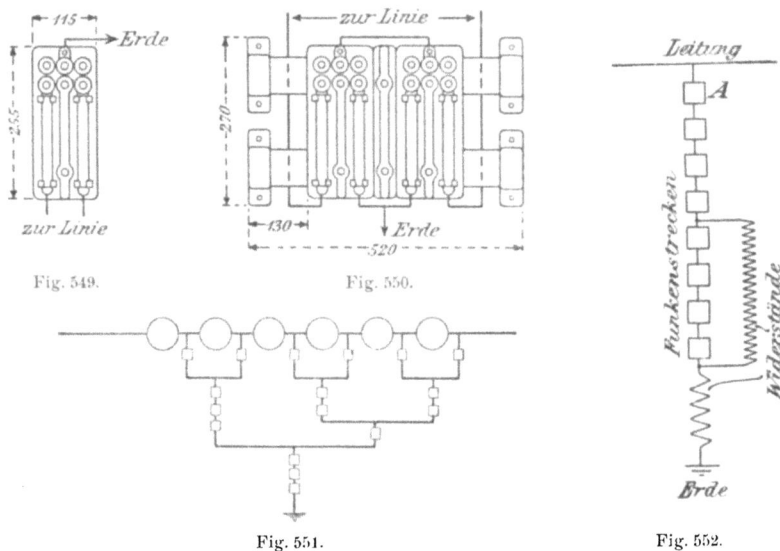

Fig. 549.   Fig. 550.   Fig. 551.   Fig. 552.

Fig. 552 stellt den neuen Blitzableiter der Westinghouse Co. dar. Eine Anzahl von Rollenableitern A ist mit einem niedrigen, induktionsfreien Widerstand in Reihe geschaltet, ein anderer höherer Widerstand liegt im Nebenschluß zu einem Teil der Funkenstrecken. Für 3000 V sind 86 Ohm aus Neusilberdraht in Reihe zu 7 geriefelten Rollen geschaltet, zwischen denen 6 Luftspalte von je 0,8 mm bestehen. Parallel zwischen der vierten und siebenten Rolle sind 128 Ohm aus Eisendraht abgezweigt. Eine Entladung kann nur stattfinden, wenn die Reihenfunkenstrecke von 1—4 durchschlagen wird. Die hochfrequente Schwingung läuft dann hauptsächlich durch die anderen Funkenstrecken und den Reihenwiderstand zur Erde, während der Maschinenstrom über den parallel abgezweigten Nebenschluß geht.

Eine Neuerung aus dem Jahre 1906 bietet der elektrolytische Blitzschutz von Creighton. Er besteht aus zwei Metall-

Elektrolytischer Blitzschutz.

elektroden, die in einen gut leitenden Elektrolyt eintauchen oder von ihm durch kleinen Abstand getrennt sind. Trotz kleinen Ohmschen Widerstandes beträgt die Gegen-EMK der Zelle 1500 V; wird diese kritische Spannung überschritten, dann erfolgt ein heftiger Stromdurchgang. Bei Wechselspannungen kann nur der Scheitelwert die Zelle durchschlagen, und wird der Bogen vor dem Durchgang der Spannung durch Null erstickt. Falls die Elektroden die Flüssigkeit nur berühren, wird eine einfache Funkenstrecke in Reihe zur elektrolytischen Zelle geschaltet. Die auf mehr als die Betriebsspannung eingestellte Funkenstrecke kann nur bei Überspannung durchschlagen werden, und der Kurzschlußstrom erzeugt in der Zelle einen kleinen Bogen, der den Elektrolyt von der Elektrode abtreibt und den Bogen innerhalb einer

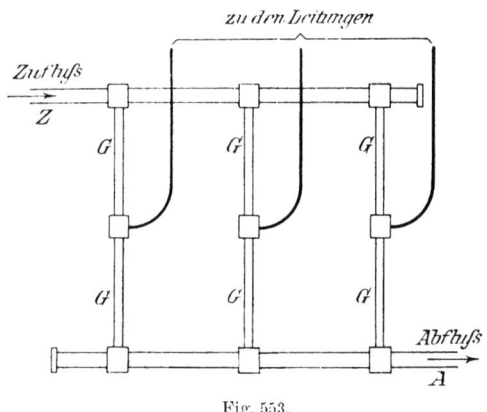

Fig. 553.

Periode erstickt. Versuche mit 2300, 13000 und 33000 V haben gute Ergebnisse gezeitigt. Cooper Hewitt hat die Quecksilberdampflampe als elektrolytische Blitzschutzvorrichtung auf Grund ihrer früher erwähnten Eigenschaften verwendet. Es handelt sich hier um eine unabhängige Wiedererfindung; denn Ferranti hat schon im Englischen Patent 25426 von 1901 als Vorschaltwiderstand für Hörnerableiter elektrolytische Unterbrecher geschützt und auch praktisch erprobt. Sie bestanden aus flachen Aluminiumschalen, die mit kleinem Abstand ineinander gesetzt und deren Zwischenräume mit doppeltchromsaurem Kali gefüllt waren.

Dauernd wirkende Spannungsbegrenzer sind in den Wasserkraftwerken Frankreichs, der Schweiz und Italiens durch **Wasserstrahlantennen** hergestellt worden[1]. Sie führen dauernd Energie durch den regelbaren Wasserstrahl zur Erde ab, deren Betrag bei Über-

---

[1] Das erste bezügliche Patent ist von J. W. Gibboney in Lynn 1894 entnommen worden.

574 Die ergänzenden Vorrichtungen und Einrichtungen zu elektrischen Anlagen.

spannungen wegen der dabei eintretenden Zerstäubung des Strahles nur wenig wächst und ein stärkeres Anwachsen der Spannung wirksam verhütet. Fig. 553 stellt die in Morbegno für 11000 V angewendete Lösung dar; drei Glasröhren sind durch Hartgummistücke an zwei geerdete Wasserrohre für Zu- und Abfluß angeschlossen und tragen in der

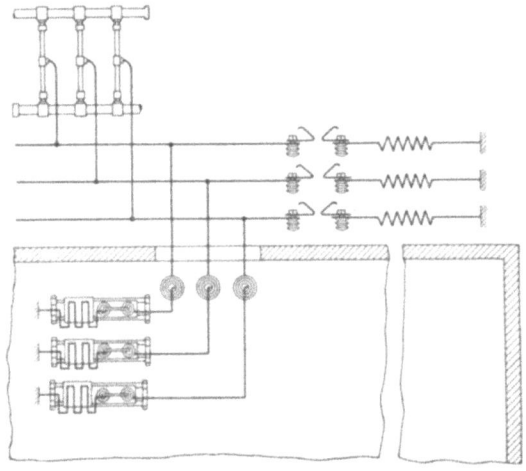

Fig. 554.

Mitte ein Metallstück, das mit je einer Zuleitung verbunden ist. Die Stromstärke beträgt 0,2 A entsprechend 3,8 KW bei 11000 V. Fig. 554 zeigt diese Wasserstrahlableiter in Verbindung mit Siemenshörnern, mit vorgeschalteten Wasserwiderständen, Rollenableitern und Drosselspulen

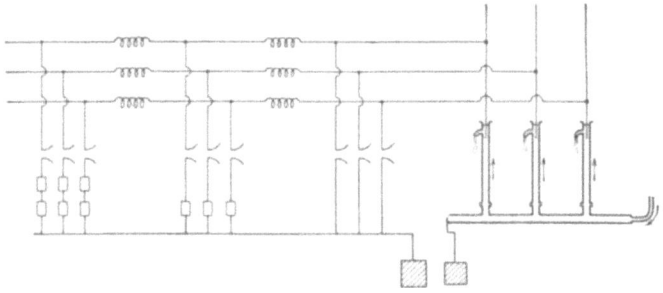

Fig. 555.

beim Eintritt einer Leitung in das Maschinenhaus. Auch andere Lösungen finden sich, bei denen das Wasser durch Tonröhren aufsteigt und dann austritt oder frei gegen höher stehende Erdplatten spritzt oder gegen niedriger liegende aus einem Behälter fällt. Der Verbrauch beträgt etwa 3—7 KW dauernd für 10—20000 V. Fig. 555 stellt den vollständigen Blitzschutz einer 60000 V-Anlage dar. Die lotrechten Linien rechts bedeuten die durch Wasserstrahlableiter geschützten Sammelschienen, die wagrechten Linien entsprechen einer abgehenden Leitung. Diese ist für Überspannungen verschiedener Wechselzahl durch Hörner ohne Widerstand, mit einem und mit zwei Widerständen geschützt, und jeder Abteilung ist noch ein Satz von drei Schutzspulen vorgeschaltet.

Besondere Spannungssicherungen sind dazu bestimmt, Niederspannungsstromkreise gemäß den Vorschriften des V.D.E. vor dem Auftreten von gefährlichen Spannungen gegen Erde zu schützen. Diese Sicherungen werden zweckmäßig für Anlagen mit Spannungen zwischen irgend einer Leitung und Erde bis 250 V ausgeführt und so eingestellt, daß sie bei ca. 400—500 V die Erdverbindung herstellen. Bei Transformatorenanlagen, in denen Hoch- und Niederspannungsnetze vorhanden sind, soll ausgeschlossen bleiben, daß durch Blitzschlag oder Isolationsfehler eine Verbindung zwischen beiden eintritt. Ihre Folge wäre das Auftreten von lebensgefährlichen Spannungen im Niederspannungsnetze. Das einfachste Mittel, um in einem solchen Falle einen Unfall bei Berührung des Niederspannungsnetzes zu vermeiden, wäre, das Netz an irgend einem Punkte mit der Erde dauernd zu verbinden, was jedoch in benachbarten Telephonnetzen leicht Störungen hervorrufen könnte; es ist deshalb angezeigt, die Erdverbindung unter Zwischenschaltung einer Funkenstrecke als Spannungssicherung herzustellen. Sie wird in diesem Fall an den neutralen Punkt eines sterngeschalteten Drehstromtransformators oder die Mitte der Niederspannungsspule eines Wechselstromtransformators und Erde geschaltet und enthält eine Durchschlagpatrone in einem einschraubbaren Sicherungsstöpsel. Die Patrone kann aus mehreren Stückchen Ölpapier oder aus einem zwischen Metallscheibchen gepreßten Glimmerplättchen mit ein paar Löchern bestehen. Dem gleichen Zwecke dient auch die auf elektrostatischer Anziehung eines zwischen zwei Messingplatten liegenden Aluminiumplättchens beruhende Schutzvorrichtung von Cardew. Sobald die Spannung die gefährliche Höhe überschreitet, verbindet das Aluminiumplättchen die obere Platte mit der unteren an Erde liegenden. Auf dieselbe Weise können auch unterirdische Kabel gegen Überspannungen geschützt werden. Schon Acheson hat 1888 die Wahrnehmung gemacht, daß bei Gleichstrombogenlampenkreisen mit langen einfachen Bleikabelleitungen Durchschläge gegen Erde erfolgten, die er der Kapazität des aus Kabel und Erde gebildeten Kondensators zuschrieb. Bei konzentrischen Wechselstromnetzen hat zuerst Jacottet von dieser Methode 1892 Gebrauch gemacht, während sie unter ähnlichen Verhältnissen zum Schutze des Hochspannungsschaltbrettes von Bláthy in die Praxis eingeführt wurde.

Die Funkenstrecke besteht entweder aus einer Spannungssicherung

576 Die ergänzenden Vorrichtungen und Einrichtungen zu elektrischen Anlagen.

oder wie bei den beschriebenen Blitzschutzvorrichtungen aus zwei gezahnten Metallplatten oder Walzen, die einen entsprechenden Luftspalt zwischen sich offen lassen. Die eine dieser Platten ist mit dem äußeren Leiter des Kabels verbunden, die andere zur Erde geführt.

Die Erfahrungen mit diesen Apparaten waren befriedigend, doch zeigte sich zuweilen, daß die Platten der Funkenstrecke miteinander verschmolzen, wodurch unter Umständen ein andauernder, übermäßiger Stromdurchgang zur Erde stattfand, dem die Funkenstrecke auf die Dauer nicht widerstehen konnte. Um eine zu große Erhitzung zu vermeiden, wurde eine Bleisicherung in die Erdleitung eingeschaltet oder der Luftspalt selbsttätig durch einen starken Metallhebel überbrückt.

Zum Schutze gegen Feuersgefahr, welcher die Telegraphenämter, Fernsprechvermittelungsämter und die Teilnehmerstellen bei Blitzschlägen

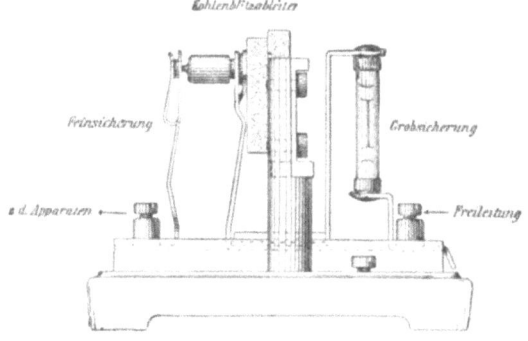

Fig. 556.

und beim Übertritt von Starkströmen in die Schwachstromleitungen ausgesetzt sind, werden in sämtliche Schwachstromleitungen, welche blanke Stromleiter von Starkströmen kreuzen oder sich ihnen bis zur Berührungsgefahr nähern oder auch mit gefährdeten Leitungen auf Teilstrecken zusammenlaufen, Kohlenblitzableiter und Schmelzsicherungen eingeschaltet. Der Kohlenblitzableiter vermittelt als dämpfender Widerstand den Spannungsausgleich nach der Erde. Dabei wird die vor dem Blitzableiter liegende Grobsicherung „durchgehen" und die Leitung nach der Station bezw. dem Fernsprechvermittelungsamt unterbrechen und so alle Gefahr beseitigen. Da diese Grobschmelzsicherungen erst bei 2—3 A wirken, können sie nicht verhindern, daß die Spulen der Apparate beschädigt werden. Diese werden deshalb noch durch Feinschmelzsicherungen für 0,22 A, meist aus 0,07 mm Nickelindraht, geschützt, wie Fig. 556 andeutet.

Zahl und Unterbringung der Blitzschutzvorrichtungen. Die völlige Verhütung von Blitzschlägen wäre nur bei vollkommener Durchbildung eines dauernd geerdeten Faradayschen Käfigs denkbar.

Schalter. 577

Dieses Mittel ist undurchführbar, würde aber auch die im Netz selbst hervorgerufenen Wogungen nicht verhüten. Für die Zahl und Anbringung der Spannungsbegrenzer und Blitzableiter lassen sich feste Regeln nicht geben. Ein Zuviel kann mehr Störungen verursachen als ein Zuwenig, zumal empfindlich eingestellte Spannungsbegrenzer häufig durch ihr Arbeiten Veranlassung zu kurz dauernden Schwankungen der Netzspannung werden können.

Die Société d'énergie électrique de Grenoble et Voiron hatte 1898 in ihrem 60 km langen Freileitungsnetz mit 15000 V anfänglich viele Störungen. Man verbesserte die Schaltung und Anordnung der Blitzhörner in der Zentrale, entfernte die anfänglich in Abständen von 2—3 km angebrachten Blitzableiter und brachte nur an zwei gefährdeten Stellen sorgfältig durchgebildeten Blitzschutz mit gutem Erfolg an. Andere französische und schweizerische Anlagen mit 30—60 km Freileitungsnetz verwendeten in der Zentrale Wasserstrahlableiter mit 0,1 bis 0,3 A dauerndem Stromverbrauch, Schutzspulen für die Maschinen, Hörner- oder Rollenableiter mit geeigneten Widerständen an den Transformatoren-Unterstationen und einen oder zwei ebensolche Blitzableiter und Spannungsbegrenzer nahe dem Schwerpunkt des Netzes, zuweilen auch an einem gefährdeten Ausläufer.

Die erfolgten Blitzschläge können bei Rollenableitern durch in die Funkenstrecke eingeschobene Papierstreifen, bei Hörnern durch Seidenfähnchen verfolgt werden und ergeben nach einiger Zeit die Lage der meist gefährdeten Leitungsstellen. Diese hängen von der Bodenform, Bewaldung, Grundwassertiefe usw. ab, auch von den zufällig auftretenden Knoten und Bäuchen im Falle einer stehenden Welle. Als gefährdete Stellen werden die Freileitungsenden, die Überführungen von Freileitungen zu unterirdischen Kabeln und die Unterstationen zu beobachten sein.

C. Schalter.

Die Schalter dienen zur bequemen Änderung im Stromlauf der Schaltungen, die bereits im vorigen Kapitel besprochen worden sind. Sie haben sich allmählich vom Taster der Telegraphentechnik zum selbsttätigen Aus- oder Parallelschalter für Tausende von Pferdestärken und Spannungen bis zu 80000 V entwickelt. Art und Umfang der von ihnen zu bewältigenden Aufgaben können demnach sehr mannigfaltig sein. Bei Parallelschaltungsanlagen wird die Abstellung eines Anschlusses durch Unterbrechung der Stromzuführung herbeigeführt; der Schalter wird dann als Ausschalter bezeichnet und kann wie die Schmelzsicherung mehrfach sein, indem er für alle Pole und Phasen sorgt, oder beim Zweileitersystem nur einpolig, beim Dreileitersystem nur zweipolig sein. So werden Lampen und Motoren in und außer Betrieb gesetzt.

Soll ein Leitungsstrang von einer Leitung auf eine andere geschaltet werden, so benutzt man Umschalter, die ebenfalls in einfache oder einpolige, doppelte oder zweipolige usw. unterschieden werden. Sie werden benutzt, um eine Gruppe von Leitungen von einer oder der anderen Maschine je nach Bedarf speisen zu lassen.

Die Bauart ist vor allem bestimmt durch das Schaltungsschema, durch Spannung und Strom des normalen Betriebes und der beim Ein-, Aus- oder Umschalten auftretenden Schwingungsvorgänge. Bei jedem Schalter wird man unterscheiden können zwischen den festen Verbindungen mit den zu- und abführenden Leitungen und den beweglichen Teilen, welche über Berührungsflächen die neuen Wege herzustellen haben. Das Verhalten des Schalters ist also für den normalen Betrieb und die Übergangszeit während des Schaltens ins Auge zu fassen. Es sollen die Ausführungen nach gleichartigen Bedingungen zusammengefaßt werden, wobei viele der bei den Sicherungen und Blitzableitern besprochenen Gesichtspunkte wieder auftauchen.

1. *Installationsschalter*. Die ersten Schalter der elektrischen Beleuchtung waren zur Abstellung einzelner Glühlampen bestimmt. In den Fassungskörper der Glühlampe wurde ein kleiner Ausschalter eingebaut, dessen Griff oder Hahn zum „Abdrehen" wie bei den Gashähnen diente. Diese Fassung mit Hahn und die bereits erwähnte Bleisicherung boten den Kleinkonstrukteuren die ersten Aufgaben der heute so stark entwickelten Herstellung in Massen. Sollen kleinere Gruppen wie Kronleuchter abgestellt werden, so werden ihre Zuleitungen einpolig durch einen in handlicher Höhe an die Wand gesetzten Ausschalter unterbrochen.

Fig. 557 stellt einen einpoligen Drehschalter mit Dose dar. Sein bewegliches Kontaktstück wird durch geblätterte Bürsten gebildet. Durch eine beim Schalten angespannte Feder sichern sich selbsttätig Grenzlagen, wodurch ein Stehenbleiben des Lichtbogens bei mutwilliger oder unsachgemäßer Handhabung vermieden wird. Der Schalter ist nur nach rechts drehbar, während durch Linksdrehung die Achse des Kontaktstückes nicht mitgenommen wird. Man spricht von toter Linksdrehung.

Statt Wellen mit Kontaktfedern zu bewegen, werden auch bei den Wirbelschaltern die festen Kontakte auf dem drehbaren Wirbel verwendet, während die elastischen Federn fest im Sockel angebracht sind. Die Vorschriften des V. D. E. fordern die Bezeichnung der Betriebsspannung und Stromstärke auf dem Sockel, nicht allein auf

Installationsschalter. 579

der vertauschbaren Kappe. Auch geben sie Vorschriften für die Prüfung dieser Installationsschalter, welche sich auf Durchschlagsspannung, Erwärmung und mechanische Widerstandsfähigkeit beziehen. Die Isolation muß im ausgeschalteten Zustand einerseits gegen die Befestigungsschrauben, andererseits gegen den mit Stanniolstreifen umwickelten Griff einer Spannung von 1000 Volt mindestens fünf Minuten lang widerstehen. Die Kontaktteile eines Schalters werden bis 10 A der $1^1/_2$ fachen, darüber der $1^1/_4$ fachen Stromstärke eine Stunde lang ausgesetzt, ohne daß die Temperatur irgend eines Teiles über 60° steigen darf, was durch aufliegendes Bienenwachs erprobt wird. Die Übertemperatur der Kappe wird auf 10° beschränkt. Die Haltbarkeit der Federn soll einer 5000maligen Ein- und Ausschaltung innerhalb 5 Stunden widerstehen. Zum Schlusse wird ein 10 A-Schalter unter Strom innerhalb drei Minuten

Fig. 557.

mit 30% Überlastung 90 mal, ein 40 A-Schalter mit 25% Überlastung 60 mal ausgeschaltet, um festzustellen, ob sich kein allzu schädlicher Lichtbogen bildet.

Das Anwendungsgebiet dieser Installationsschalter ist aus der folgenden Reihe seiner Schaltungen nach einer Zusammenstellung von Siemens-Schuckert zu entnehmen, Fig. 558 und 559.

Aus dem Linienwähler des Schwachstroms haben sich Stöpselund Steckkontakte für Starkstromanlagen entwickelt. Sie fanden eine ausgedehnte Anwendung bei den Schalttafeln für Reihenbogenlampen, wo es gilt, entweder jeden Bogenlampenkreis auf jede Maschine oder mehrere Kreise je nach Zahl der benutzten Lampen hintereinander zu schalten. Wegen der hohen Spannung erfordern sie gute Isolation. Allgemeiner wurden die Steckkontakte in den Glühlichtanlagen, um tragbare Beleuchtkörper an Schnurleitungen durch Wandanschlüsse meist mit zweipoligen Sicherungen bequem an eine Leitung anzuschließen. Die Vorschriften fordern hier ähnlich wie bei Sicherungen Unverwechsel-

37*

580 Die ergänzenden Vorrichtungen und Einrichtungen zu elektrischen Anlagen.

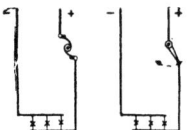 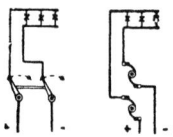

Einpolige Ausschaltung.   Zweipolige Ausschaltung.

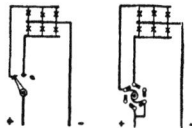 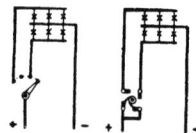

Einpolige Umschaltung für 2 Stromkreise, mit 1 Unterbrechung.   Einpolige Umschaltung für 2 Stromkreise, mit 2 Unterbrechungen.

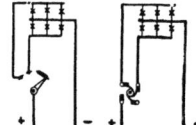 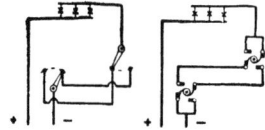

Stufenweise Einschaltung von 2 Stromkreisen, mit 1 Unterbrechung, einpolig.   Einpolige Ein- und Ausschaltung einer Lampengruppe von 2 Stellen aus. (Hotelschaltung.)

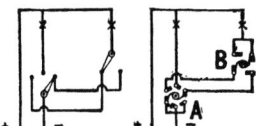 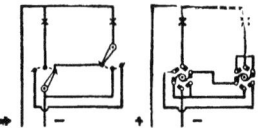

Schaltung für 2 abwechselnd brennende, nicht gleichzeitig benutzbare Lampengruppen, wobei die eine von 2 Stellen, die andere nur von einer Stelle zu bedienen ist.   Schaltung für 2 abwechselnd brennende oder gleichzeitig benutzbare Lampengruppen, wobei die eine von 2 Stellen, die andere nur von einer Stelle zu bedienen ist.

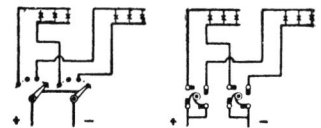

Zweipolige Umschaltung für 2 Stromkreise, mit 2 Unterbrechungen.

Fig. 558.

Hebelausschalter. 581

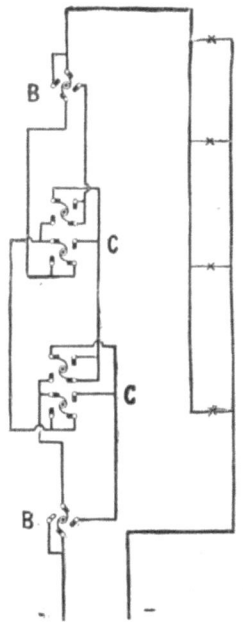

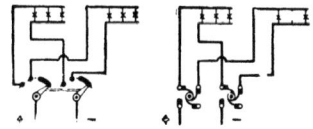

Stufenweise Einschaltung von
2 Stromkreisen, mit 1 Unterbrechung,
zweipolig.

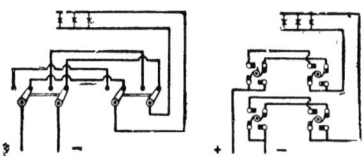

Zweipolige Ein- und Ausschaltung einer
Lampengruppe von 2 Stellen aus.

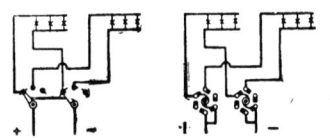

Schaltung für Treppenbeleuchtung,	Zweipolige Umschaltung für 2 Stromkreise,
bei welcher mit jedem der 4 Umschalter	mit 1 Unterbrechung.
die ganze Treppenbeleuchtung ein- und	
ausgeschaltet werden kann.	

Fig. 559.

barkeit des Steckers. Bei solchen mit drei Leitungen stehen daher die Stifte in den Ecken eines unregelmäßigen Dreiecks, dessen Spitze sich nur wenig außer der Mitte der beiden andern befindet. Besonders hohe Sicherheit in der Bauart fordern die Anschlußkontakte für Bogenlampen und Versatzstücke der Theaterbühnen-Beleuchtung.

Stärkere Ströme werden durch **Hebelausschalter** unterbrochen. Als erstes Beispiel diene ein einpoliger Ausschalter, Fig. 560, der Siemens-Schuckert-Werke, bei welchem die feststehenden Kontakte und das im Querschnitt U-förmige Schaltmesser federnd sind. Um die Kontaktflächen blank zu erhalten, wird das Messer nicht einfach um einen Drehpunkt aufgeschlagen, sondern es macht unter der Wirkung einer Feder erst eine kleine Bewegung in Richtung der Grundplatte. Der Anschluß der Leitung kann bei Schalttafeln mit durchgehenden Schrauben von rückwärts erfolgen, Fig. 561, wobei die Grundplatte durch die Schalttafel gebildet wird. Bei großen dauernden Stromstärken von 700 A und 550 V werden mehrere Hebel parallelgeschaltet, um bei geringerer Länge genügende Querschnitte und Übergangsflächen zu erhalten, Fig. 562. Bei den Umschaltern ist noch ein zweiter Satz von

582 Die ergänzenden Vorrichtungen und Einrichtungen zu elektrischen Anlagen.

feststehenden Kontakten vorhanden. Fig. 563 stellt die Ausführung des nämlichen Schalters als Umschalter dar.

Bei dem einpoligen Ausschalter, Fig. 564, wird die Bewegung des Handgriffes zuerst zum Spannen einer Feder verwendet, die dann das eigentliche Stromschlußstück aus den feststehenden Kontakten herausreißt und dadurch den Strom rasch unterbricht.

Durch Nebeneinandersetzung einpoliger Schalter mit mechanisch gekuppelten Schaltmessern ergeben sich die mehrpoligen Schalter, von denen Fig. 565 einen dreipoligen Ausschalter für 1000 A zeigt.

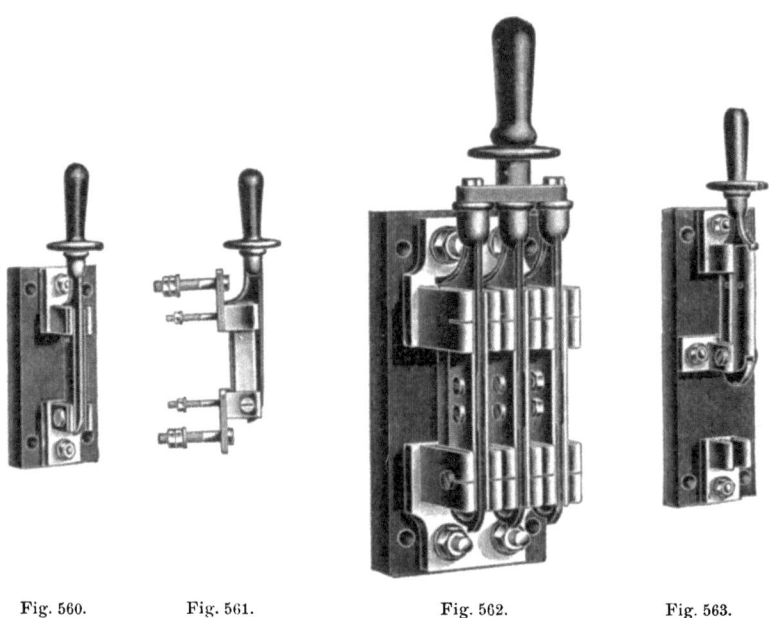

Fig. 560.   Fig. 561.   Fig. 562.   Fig. 563.

Solche Schalter bis 550 V ohne besondere Vorrichtung zur Funkenlöschung gestatten bei einer gegebenen Spannung eine bestimmte höchste Dauerstromstärke und sind für eine gegebene Stromstärke nur für eine höchste Spannung geeignet. Mit Rücksicht auf die bei der Ausschaltung auftretenden Erscheinungen ist jedoch die ausschaltbare Leistung kleiner als das Produkt der höchsten Spannung und der Dauerstromstärke. Bei dem 1000 A-Ausschalter, Fig. 565, mit zwei parallelen Messern beträgt die ausschaltbare Leistung bei 250 V Drehstrom nur 275 KVA, bei 550 V nur 125 KVA.

Da bei Wechselstrom der Lichtbogen mit der Stromstärke durch Null geht und zwischen Metallelektroden schwer wieder zündet, sind

Hebelschalter. 583

die Lichtbogenerscheinungen des Abschaltens hier günstiger als bei Gleichstrom. Das Ausschalten großer Leistungen wird nur im Notfall ausgeführt, da die Kontakte hierbei leiden.

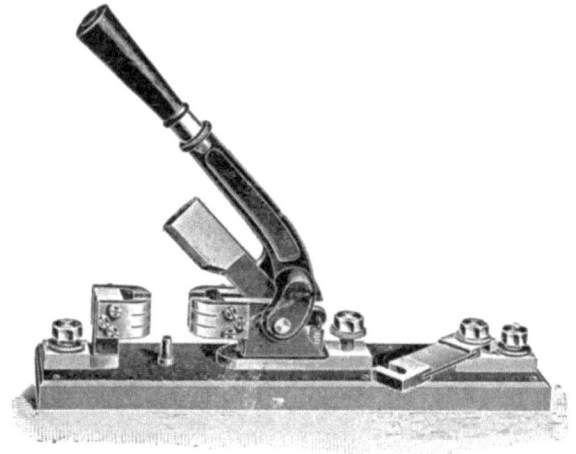

Fig. 564.

Fig. 565.

2. Hochspannungsschalter. Wenn tunlich, wird die Lostrennung eines Leitungsstranges nicht unter Strom und Spannung, sondern außer Betrieb vorgenommen.

584 Die ergänzenden Vorrichtungen und Einrichtungen zu elektrischen Anlagen.

Bis 500 V werden die Kontakte auch auf Schiefer, darüber hinaus nur auf aderfreiem Marmor befestigt; für Spannungen über 3000 V werden sie auf Porzellanglocken zwecks besserer Isolierung angebracht und sind dann auch im Freien ohne besonderen Schutz anwendbar. Im

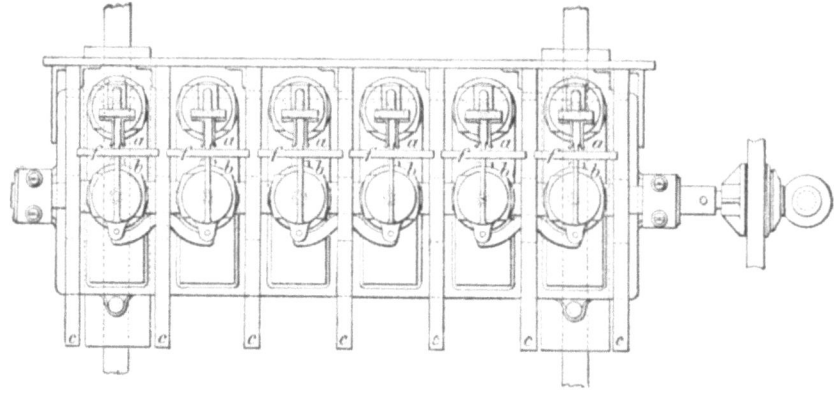

Fig. 566.

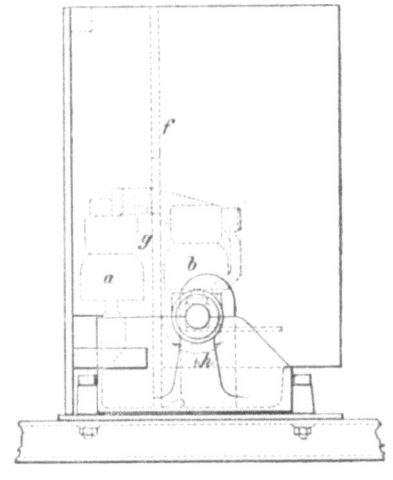

Fig. 567.

Gegensatz zu den später zu besprechenden Ölschaltern, wo die Schaltung in einem Ölbad vorgenommen wird, sollen diese Schalter schlechtweg als Luftschalter bezeichnet werden. Fig. 566 und 567 zeigen eine solche Durchbildung für eine Dreiphasenanlage für 10000 V zur Unterbrechung von 800 KW. Jeder Leitungspol wird an zwei Stellen möglichst gleichzeitig unterbrochen. Die festen Kontakte sind auf den Isolatoren a, die beweglichen auf den Isolatoren b angebracht, während die Scheidewände c und f eine weitere Trennung bewirken. Beim Öffnen des Schalters bewegen sich die Marmorplatten g unter der Wirkung des Exzenters h nach oben, bis sie an die Platten f kommen und die beweglichen Kontaktmesser von den festen Kontakten trennen. Bei diesem Ausschalter wird die Bewegung der festen gegen die beweglichen Kontakte durch Drehung an dem Handrade bewirkt.

In ähnlicher Weise baut die A.E.-G. in Berlin Hochspannungsschalter in zwei Typen bis 300 A bei 5000 V und bis 200 A bei

Hochspannungsschalter. 585

12000 V nach Fig. 568, die hinter der Schalttafel Platz finden, deren verlängerter Hebel jedoch vor der Tafel zu handhaben sind.

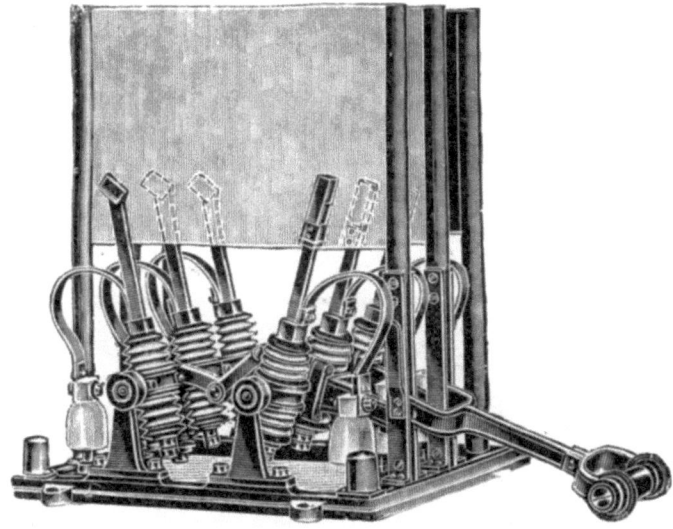

Fig. 568.

Bei weitverzweigten Hochspannungsnetzen ist die Anwendung von Mastschaltern zur Abschaltung von Leitungsstrecken und Unterteilung des Netzes zweckmäßig. Der in Fig. 569 dargestellte Mastschalter von Voigt & Haeffner, A.-G., wird durch Stangen mit Haken, welche in Ringe des Schalthebels eingreifen, bedient. Der Schalter für jeden Pol ist auf einem Gußbock aufgebaut. Die beiden seitlichen Isolatoren tragen die metallenen Anschlußstücke, die direkt zum Abspannen der Leitungen dienen. In dem mittleren Teil des Gußbocks beweglich gelagert ist ein dritter Isolator, auf dessen Metallkappe sich das Kontaktmesser befindet. Es ist durch ein biegsames Kupferband mit dem Metallknopf eines seitlichen Isolators leitend verbunden. Durch Umlegen des mittleren

Fig. 569.

Isolators in die anderseitig geneigte Lage wird der Schalter geschlossen oder geöffnet. Beim Ausschalten steigt der Lichtbogen an den Hörnern

586 Die ergänzenden Vorrichtungen und Einrichtungen zu elektrischen Anlagen.

empor und erlischt, wie früher erörtert. Bei anderen Bauweisen werden die Elektroden selbst hörnerförmig entwickelt und beim Ausschalten voneinander entfernt.

Durch direkte Beobachtungen hat sich ergeben, daß diese Ausschalter in freier Luft Veranlassung zu starken Schwingungen oder Energiewogungen geben können, wenn sie zufällig nahe dem Höchstwert des Stromes zu unterbrechen beginnen. Die Unterbrechung eines Wechselstromes mit 50 Per/Sek ist erst nach $2-2^1/_2$ Perioden beendet, wenn der Bogen nicht längs der Klemmen aufsteigt und stehen bleibt. Da er sich in Luft verhältnismäßig leicht wieder zündet, kann er stets

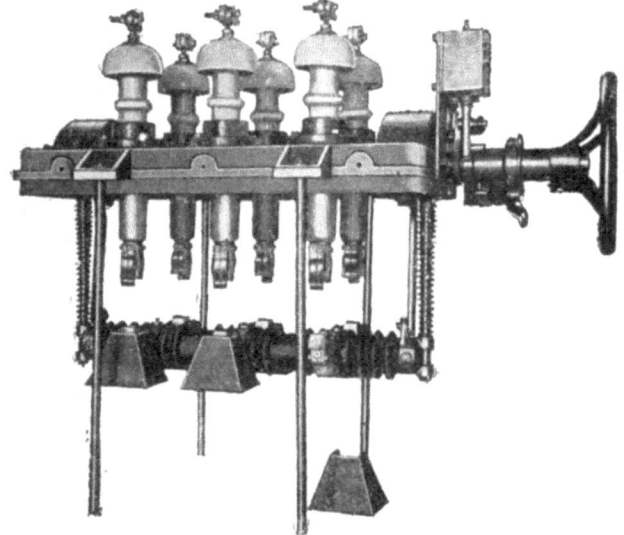

Fig. 570.

neue Wogungen hervorrufen. Man ist deshalb zur Unterbrechung in enggeschlossenen Räumen übergegangen, indem man einen Stempel aus einer eingepaßten Röhre zog oder die Röhre vom Stempel entfernte und den sich bildenden Lichtbogen durch den in die Röhre nachgesaugten Luftstrom ausblies. Dieser Grundsatz ist durch die Siemens-Schuckert-Werke, durch Oerlikon u. a. ausgebildet worden, ist jedoch durch Schalter mit Erstickung des Bogens unter Öl für Spannungen über 15000 V überholt worden. Oszillographische Untersuchungen haben die amerikanische Erfahrung bestätigt, daß die Ölschalter bei Nullstrom unterbrechen, was durch die im Dielektrikum hervorgebrachten mechanischen Druckverhältnisse erklärlich erscheint.

Um die Wärme des Lichtbogens und allfällige durch Zersetzung gebildete Kohlenstoffteilchen abzuführen, wird durch die Schaltbewegung

Ölschalter. 587

für eine rege Bewegung des Öls gegen die Kontaktstelle gesorgt. Dieser Grundsatz ist von Brown, Boveri & Co. in Baden und von der General Electric Co. eingeführt worden. Fig. 570 zeigt bei einem Ölschalter der Allgemeinen Elektrizitäts-Gesellschaft in Berlin einen nach unten sich erweiternden Trichter, der mit den beweglichen Kontakten fest verbunden ist und sie vollkommen umschließt. Bei Ausschaltung des Stromes dringt das vom Trichter umschlossene Öl durch die obere Öffnung aus. Der Ölkasten ist in Fig. 570 weggelassen. Bei diesem Ausschalter erfolgt die Schaltung durch Drehung an einem Handrade oder durch Elektromagnete.

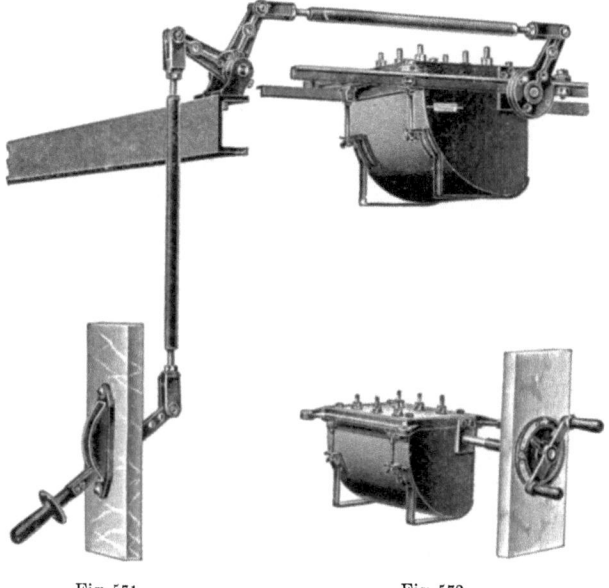

Fig. 571.   Fig. 572.

Für den Antrieb kommen Handkurbeln, Gestänge oder Seile in Betracht, wie Fig. 571 und 572 nach Ausführungen der Siemens-Schuckert-Werke erkennen lassen. Doch können alle Schalter durch Verbindung mit Motoren, Elektromagneten oder Relais zu selbsttätigen Schaltern ausgebildet werden.

Für Spannungen bis 10000 V und mäßige Leistung werden alle Phasen in einen gemeinsamen Ölbehälter mit isolierenden Zwischenwänden gelegt; bei höheren Spannungen wird jede einzelne Phase getrennt in einen Behälter gesetzt, und bei sehr hohen Leistungen und Spannungen wird jede Phase in einem gemauerten Raum von $1/4$—$1/2$ Stein Stärke untergebracht. Diese Vorsicht ist dadurch geboten, daß ein Ölbrand beim Versagen des Schalters oder bei schlechtem Öl nicht ausgeschlossen ist. Das Öl soll frei von Wasser, Säuren und Alkalien sein, um die metallenen Teile nicht anzugreifen, es soll hohen Isolationswiderstand und hohe Entflammungstemperatur besitzen und so dünnflüssig sein, als es noch mit der Lichtbogenlöschung verträglich ist. Alle Isolierstoffe in der Ölkammer dürfen von Öl nicht angegriffen werden; Ebonit und alle Kautschukverbindungen sind wegen der in allen Ölsorten vorkommenden, sie angreifenden Benzolverbindungen zu vermeiden. Auf die Ausdehnung des Öls infolge der Wärme ist bei Bemessung der Ölkammer Rücksicht zu nehmen. Die Schlagweite unter Öl hängt auch wesentlich von der Form der Elektroden ab. Das Spannungsgefälle wird daher von 10000—20000 V/mm schwankend angegeben. In Amerika sind vorwiegend zwei Konstruktionen von Ölschaltern in Gebrauch, zunächst die Apparate der General Electric Co., welche den Antrieb des Schaltapparates durch einen kleinen Elektromotor vollziehen läßt, und dann die der Westinghouse Electric & Mfg. Co., bei denen die Bewegung des Schalterteiles durch je einen Zugmagnet für die Einschaltbewegung und die Ausschaltbewegung bewirkt wird. Die beweglichen Kupferstücke unterbrechen den Bogen oben im Ölgefäß an zwei konzentrischen Kontakten. Die Überlandzentralen haben den Schalterbau zu lebhafter Entwickelung gebracht. Ein Eingehen auf weitere Formen ist im Rahmen dieses Werkes unmöglich[1]).

3. Selbsttätige Schalter sollen bei Über- oder Unterschreiten einer bestimmten Stromstärke oder Spannung, oft erst nach einer einstellbaren Zeit in Tätigkeit treten. Danach unterscheidet man zwischen Maximal- und Minimalschaltern. Die ersteren finden an Stelle der Schmelzsicherungen Anwendung zum Schutz der Stromerzeuger, Apparate, Leitungen und Anschlüsse. Ihr rasches Ansprechen auf kurz anhaltende Stromstöße läßt sie besonders für Motoren und Bahnanlagen oder Pufferbatterien geeignet erscheinen. Dagegen sind sie aus dem gleichen Grunde für Lichtleitungen im allgemeinen weniger geeignet. Die Schalter besitzen magnetische Funkenlöscher, deren Wirkung mit wachsender Stromstärke zunimmt, und häufig Funkenentzieher, deren Wirkung wir früher bei den Zellenschaltern besprochen haben. Bei dem selbsttätigen Maximalschalter für Gleichstrom der Siemens-Schuckert-Werke, Fig. 573, ist der Kontakthebel mit dem Handhebel durch eine Kuppelung verbunden, welche ausgelöst wird, sobald der Strom den zugelassenen Wert übersteigt. Besteht der Überstrom oder Kurzschluß weiter, so erfolgt beim

---

[1]) Dr. F. Niethammer, Berechnung und Entwurf elektrischer Maschinen, Apparate und Anlagen, III. Bd., Elektrische Schaltanlagen. 1905; ferner Handbuch der Elektrotechnik von Dr. C. Heinke, III. Bd., H. Pohl, Schalt- und Sicherheitsapparate.

Schließen des Kontaktes durch den Handhebel sofort erneute Unterbrechung.

Die Minimalschalter finden hauptsächlich in Gleichstromanlagen mit Akkumulatoren Verwendung und haben alsdann den Zweck, zu verhindern, daß die Dynamomaschine Strom vom Akkumulator empfängt, was sowohl beim Laden als auch beim Parallelschalten auf das Netz möglich ist. Ebenso geeignet sind diese Schalter beim Parallelbetrieb von Dynamomaschinen; sie verhüten, daß die eine Maschine Strom von der anderen erhält und als Motor läuft. Auch bei Reihenschaltung von 3—5 Nebenschluß- oder Differentialbogenlampen finden sie Anwendung,

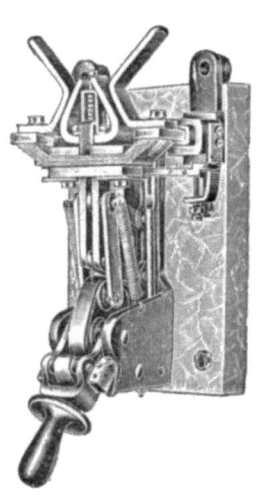

Fig. 573.

Fig. 574.

um ein Verbrennen der Nebenschlußspulen bei Unterbrechung des Hauptstromes zu verhüten. Bei dem in Fig. 574 dargestellten selbsttätigen Minimalschalter wird der Stromschluß dadurch hergestellt, daß zwei durch die Spule des Elektromagneten miteinander verbundene Schaltmesser in die ringförmig ausgebildeten Kontakte der Stromzuführung eingreifen. Sobald durch Aufwärtsbewegung des Handhebels der Strom geschlossen ist, wird der Elektromagnet erregt und durch magnetischen Schluß mit der Grundplatte an dieser festgehalten. Um die hierzu erforderliche Kraft zu verringern, ist die Feder so angeordnet, daß sie in der Schlußstellung an einem sehr kleinen Hebelarm angreift. Damit nun diese geringe Kraft den Schalter trotz der beträchtlichen Reibung, welche an den zur Übertragung größerer Stromstärken nötigen Kontaktflächen auftritt, sicher auslöst, ist die Anordnung getroffen, daß der

590 Die ergänzenden Vorrichtungen und Einrichtungen zu elektrischen Anlagen.

Handhebel mit dem eigentlichen Schalthebel nicht starr verbunden ist, sondern sich zwischen zwei Anschlägen um ein gewisses Stück frei drehen kann. Eine Bewegung der Kontakthebel findet daher beim Ausschalten erst dann statt, wenn der Handhebel sich bereits etwas gedreht hat, und die Feder an ihrem größten Hebelarm angreift, so daß genügend Kraft vorhanden ist, um die Reibung an den Kontaktflächen zu überwinden.

Beim selbsttätigen Minimalausschalter hängt das Fallen des Ankers von der Stärke der vorausgegangenen Magnetisierung, von der Geschwindigkeit der Stromabnahme und besonders stark von der Geschwindigkeit des Richtungswechsels der Energieströmung ab. Tritt nämlich etwa bei dem zwischen Dynamo und Akkumulatorenbatterie eingebauten Minimalschalter die Änderung der Stromrichtung sehr schnell ein, dann polarisiert sich der ganze Apparat sofort um, ehe der Anker Zeit hat abzufallen; er fällt also nicht, sondern bleibt fest haften, und die Batterie kann sich bis zum Schmelzen der Sicherungen oder dem Ausfallen des Maximalschalters auf die Maschine entladen.

Hauptsächlich wohl aus diesem Grunde ist man dazu übergegangen, an Stelle der selbsttätigen Minimalschalter sogenannte Rückstromschalter anzuwenden, welche erst bei eintretendem Rückstrom auslösen, und bei welchen die Energie der Auslösung bei steigender Rückstromstärke wächst. Die Auslösung ist die gleiche wie die eines gewöhnlichen Maximalautomaten, und sie bezeichnet einen höheren Grad elektromagnetischer Zwangläufigkeit[1]).

Bei den Rückstromschaltern erzielt man die Auslösung dadurch, daß der auslösende Magnet zwei Wickelungen erhält, eine Spannungswickelung und eine Hauptstromwickelung. Auf die Spannungswickelung ist natürlich die Umkehrung der Richtung des Hauptstromes im Betriebe ohne Einfluß, ihre Wirkung ist also unveränderlich. Die elektromagnetische Wirkung der Hauptstromwickelung ist bei normaler Stromrichtung derjenigen der Spannungswickelung entgegengerichtet. Bei eintretendem Rückstrom setzen sich die beiden Wirkungen zusammen, und die Auslösung wird eintreten, sobald die kritische Amperewindungszahl für die Anziehung des Ankers erreicht ist. Es ist klar, daß jeder Maximalschalter durch Hinzufügung einer gegenläufigen Spannungswickelung so eingerichtet wird, daß er als Maximalausschalter etwa bei dem Doppelten der normalen Stromstärke und gleichzeitig als Rückstromschalter bei 15—20 % Rückstrom unterbricht. Rückstromschalter werden auch dann erforderlich, wenn von einer Zentrale aus große Unterstationen der Sicherheit halber mit doppelten, untereinander verbundenen Leitungen

---

[1]) M. Vogelsang, ETZ 1902 S. 847.

Selbsttätige Schalter. 591

gespeist werden. Ein Kurzschluß in einem Hauptstrang würde dann nicht nur die Maximalausschalter seines Leitungsstranges betätigen, sondern durch die Querverbindungen oder Brücken zwischen den zwei Leitungen auf den zweiten Strang einzuwirken streben. Ebenso würde bei Ausschaltung eines Maximalstromschalters nahe der Zentrale eine mit Akkumulatorenbatterie ausgerüstete Unterstation nicht nur ihre eigenen Umformer, sondern auch diejenigen der anderen, an dem nämlichen Strang hängenden Unterstationen zu betätigen streben. Deshalb bringt man in diesen Querverbindungen oder vor solchen Unterstationen Rückstromausschalter an. Bei hochgespanntem mehrphasigen Wechselstrom kann man natürlich keine polarisierten Apparate verwenden. Man schaltet deshalb nach Fig. 575 zwei kleine Wechselstrommotoren so ein, daß die Felder f durch Spannungstransformatoren T_1 dauernd in einer Richtung stark erregt werden, während die Anker a von den Bürsten aus Strom in der einen oder anderen Richtung aus Serientransformatoren T_2 erhalten und somit bei Rückströmung der Energie mit nach der Zentrale hin gerichtetem Spannungsgefälle umgesteuert werden. Die Anker schlagen dann an andere Anschläge als zuvor und schließen einen Ortsstromkreis B, der die ebenfalls durch parallel geschaltete Sicherungen geschützten Ausschalter A betätigt. Der Ortsstrom wird besonderen Transformatoren entnommen, obwohl in der Figur der Einfachheit halber Batterien B gezeichnet sind. Auch sind Vorkehrungen getroffen, daß der Ortsstromkreis durch den Ausschalter selbst wieder unterbrochen wird, nachdem er gewirkt hat.

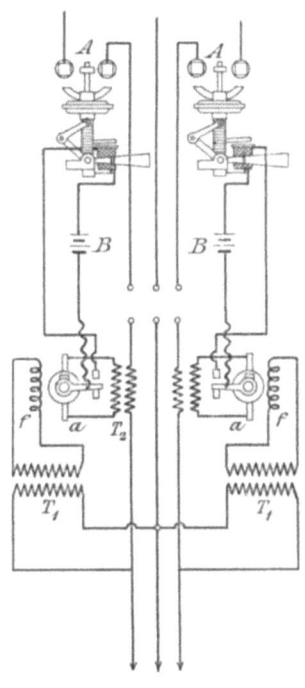

Fig. 575.

Stillwell hat am Niagarafall erst nach Ablauf einer bestimmten Zeit wirkende Maximalausschalter angewendet. Diese Zeitschalter sollen bewirken, daß beim Eintritt eines Kurzschlusses am Ende eines Hauptstranges zuerst der zunächst liegende Maximalausschalter etwa nach 3 Sekunden zu wirken beginnt; der folgende würde erst nach 6 Sekunden, der der Zentrale zunächst liegende erst nach 10 Sekunden wirken. Dadurch wird verhütet, daß beim Auftreten eines Kurzschlusses eine mehrere Kilometer lange Leitung mit allen ihren Anschlüssen außer

592 Die ergänzenden Vorrichtungen und Einrichtungen zu elektrischen Anlagen.

Betrieb kommt, wenn zufällig von den verschiedenen Maximalausschaltern ein der Zentrale nahe liegender vor einem weiter entfernten zu wirken beginnt.

Bei der Anordnung der Westinghouse Co. ist mit einem Momentausschalter für 2000 V eine Auslösung verbunden, die einem kleinen Motor entspricht. Eine Kupferscheibe hat das Bestreben, sich unter der Wirkung mehrphasiger, den Strömen in den Leitungen proportionaler Ströme zwischen den Polen permanenter Magnete langsam zu drehen, wird daran aber durch einen mit dem Ausschalthebel verbundenen Anschlag mechanisch gehindert. Wenn Überlastung eintritt, dreht sich die Scheibe ein wenig, löst ein Relais aus und gibt dann erst, nachdem dieses einige Zeit gewirkt hat, die Scheibe und dadurch den Anschlag frei. Durch Verstellung der permanenten Magnete läßt sich die Wirkung

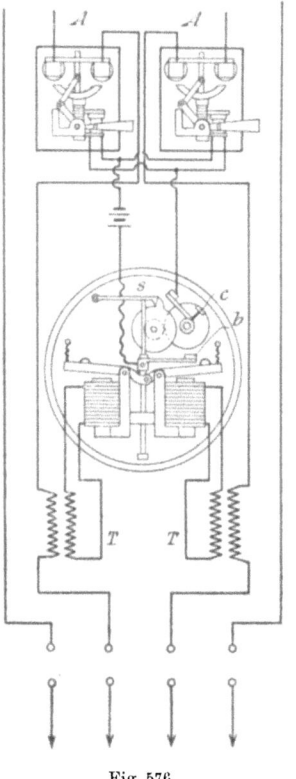

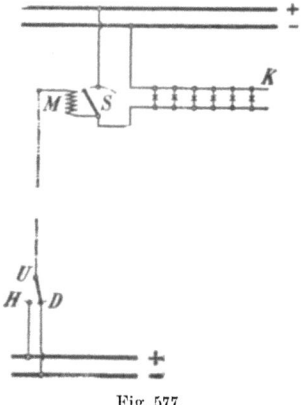

Fig. 576.   Fig. 577.

verzögern oder beschleunigen. Fig. 576 stellt den gleichen Apparat in der Ausführung der General Electric Co. dar. Die Speiseleitungen, die nach den Unterstationen führen, diese selbst und die Leitungen, die von ihnen ausgehen, sind alle mit Stromunterbrechern A ausgerüstet und enthalten reihengeschaltete Transformatoren T, die bei zu starkem Strom durch die Wirkung ihrer sekundären Spulen ein Relais und durch dieses eine Sperrklinke s auslösen, so daß mittels eines Ortsstromes die Elektromagnete der Hochspannungsausschalter A nach der durch die Stellung

Fernschalter. 593

des Kontaktes c bedingten Zeit erregt und zur Wirkung gebracht werden. Der Lichtbogen wird durch eine zu den Kontakten des Ausschalters parallele Sicherung unterbrochen. Das Relais ist mit zwei Elektromagneten ausgerüstet, die in je eine Phase des Zweiphasensystems oder in zwei Leitungen bei Drehstrom eingebaut werden. Denn es ist stets die gesamte Energiezufuhr abgeschnitten, sobald nur zwei Leitungen von den dreien unterbrochen werden. Dies sind indirekt wirkende selbsttätige Schalter.

Eine weitere Steigerung der elektromagnetischen Zwangläufigkeit wird erreicht, wenn der auslösende Elektromagnet für gewöhnlich stromlos ist und nur im Augenblick des Auslösens einen starken Stromstoß erhält. Die Kontaktgebung für diesen Stromstoß muß hierbei durch ein Relais geschehen, welches je nach dem Zweck als Minimal-, Rückstrom-, Maximal- oder Zeitrelais ausgebildet werden kann. Man gelangt hierdurch zu den Fernschaltern. Die Einschaltung der öffentlichen Beleuchtung kann entweder durch ein Ausschaltnetz besorgt werden oder, falls dies zu teuer ist, durch Fernschalter von der Zentrale aus zu einigen Verteilungspunkten bewirkt werden. Man kann jede einzelne Lampe mit Relais versehen oder kleine Gruppen von einem Relais aus bedienen lassen.

In Fig. 577 bezeichnet K den ein- oder auszuschaltenden Fernstromkreis, S den zum Einschalten des Stromkreises dienenden Hebel, welcher von dem Elektromagneten M beeinflußt wird. Das eine Ende der Magnetwickelung ist an den Fernstromkreis K, das andere unter Vermittelung einer einzigen dünnen Fernleitung an einen einfachen in der Zentrale angebrachten Umschalter U angeschlossen, dessen beide Kontakte mit H (hell) und D (dunkel) bezeichnet sind. Soll der Fernstromkreis K eingeschaltet werden, so wird der Umschaltehebel U auf H gestellt. Es fließt dann ein Strom von der positiven Verteilungsschiene durch die Wickelung des Elektromagneten und die Lampen zum negativen Pole des Verteilungsnetzes, wodurch der Magnet M erregt wird, welcher die Schließung des Schalters S bewirkt. Sobald der Stromkreis K eingeschaltet ist, wird die Wickelung des Elektromagneten stromlos, weil jetzt beide Enden der Spule auf das gleiche Potential gebracht sind. Um den Fernstromkreis K auszuschalten, wird der Umschalter U auf D gestellt. Die Magnetspule erhält die volle Spannung des Verteilungsnetzes, der Magnet wird erregt und der Hebel des Schalters kräftig in die Ausschaltestellung gezogen. An eine Fernleitung von 6 mm^2 Kupferquerschnitt können bis 10 Fernschalter für je 16 Glühlampen von 16 HK angeschlossen und von einem einzigen Umschalter aus betätigt werden. Die Schalter S werden einpolig für Zweileiteranlagen bis 250 V und zweipolig für Dreileiteranlagen bis

594 Die ergänzenden Vorrichtungen und Einrichtungen zu elektrischen Anlagen.

2×250 V ausgeführt; ihre Kontakte sind für 30 A Dauerstrom bemessen.

Auch einzeln oder parallel arbeitenden Transformatoren will man zur Ersparung an Magnetisierungsarbeit in den Ruhepausen abschalten. Dies kann bei einzelnen Transformatoren von Hand, bei parallelen selbsttätig geschehen. Die Wirkungsweise des Transformatorenschalters der Siemens-Schuckert-Werke ist aus Fig. 578 ersichtlich. Wird der Schalter A im sekundären Stromkreise geschlossen, so wird dadurch gleichzeitig ein Stromkreis eingeschaltet, der von der Hilfsstromquelle B, der Kontaktfeder b und der Spule des Elektromagneten D gebildet wird. Infolgedessen wird der Anker a

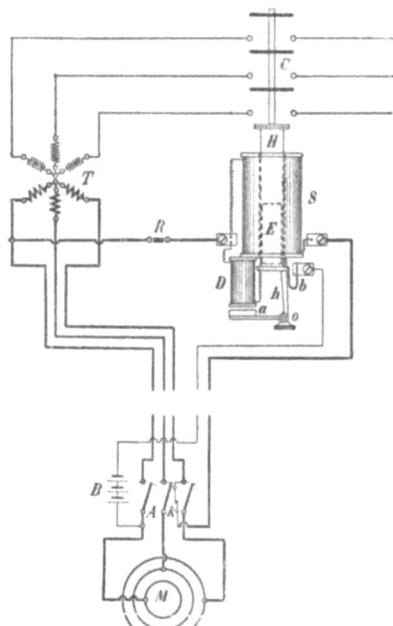
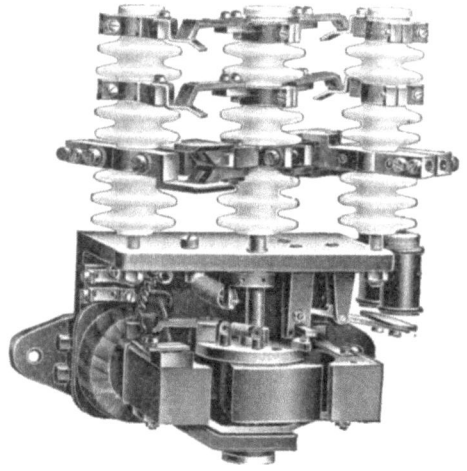

Fig. 578. Fig. 579.

angezogen. Gleichzeitig wird der mit a fest verbundene Hebel h, dessen Ende die den Eisenkern E einschließende Hülse H stützt, um O gedreht, wodurch die Hülse nach unten fällt und ein Schließen des Hochspannungs-Ausschalters C bewirkt. Beim Wiederöffnen des Schalters A wird der Kontakt k geschlossen und die Solenoidspule S durch sekundären Wechselstrom erregt. Es erfolgt ein Einziehen des Kernes E in die Solenoidspule S, wobei die Metallhülse H nachgezogen und der Hochspannungsschalter C in seine Ausschaltestellung geführt wird. Ein Zurückfallen der Schaltvorrichtung wird durch das Vorfallen des stützenden Hebels h unter die Hülse H verhindert. Ganz ähnlich ist der Vorgang bei den Schaltern nach Fig. 579 für Spannungen bis

Fernschalter. 595

10000 V, bei denen der Hubmagnet mit Solenoid durch einen Magneten mit drehbarem Anker ersetzt ist.

Selbsttätige Hochspannungsschalter können auch von der Schaltstelle aus nach dem in Fig. 580 abgebildeten Stromlauf mit Hilfe zweier Druckknöpfe ausgelöst werden. Aus dem Schema ist ersichtlich, daß, wenn man den Druckknopf für „Einschalten" betätigt, der Stromkreis für die Einschaltspule e geschlossen wird. Der Selbstschalter wirkt,

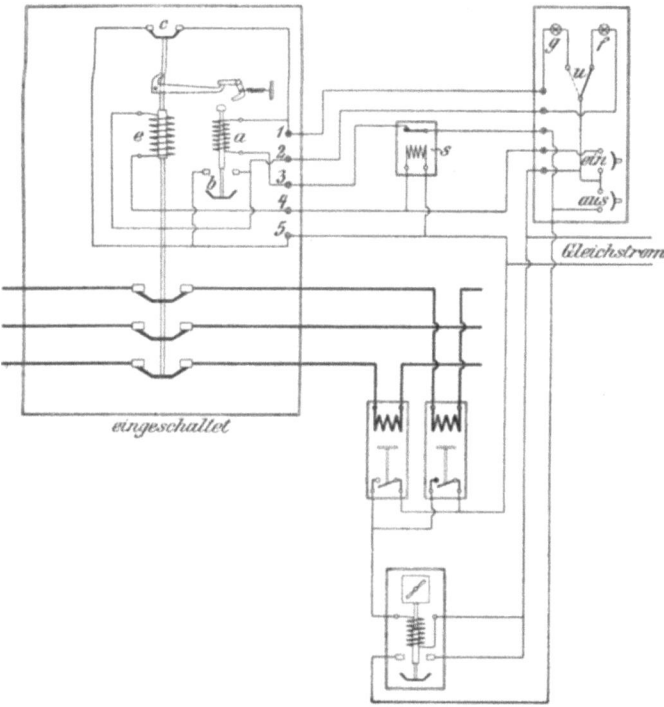

Fig. 580.

und im nächsten Augenblick wird durch den kleinen Schalter b der Stromkreis der Spule e wieder unterbrochen. Umgekehrt wird, wenn der Druckknopf für „Ausschalten" betätigt wird, die Ausschaltspule a erregt und durch die Ausschaltbewegung des Ölschalters und des damit verbundenen kleinen Schalters c sofort wieder stromlos gemacht. Selbstverständlich liegt ein Bedürfnis vor, an der Schaltstelle ein Erkennungszeichen dafür zu haben, daß der Automat die beabsichtigte Schaltbewegung auch wirklich ausgeführt hat. Diesem Zwecke dienen die beiden Merklampen g und f. Denken wir uns zunächst die drei Punkte

38*

des kleinen Umschalters u noch zusammenhängend verbunden, dann erkennt man aus dem Schema, daß die Lampe g durch den kleinen Schalter c, die Lampe f durch den Schalter b ein- resp. ausgeschaltet wird. Wenn also der Schalter die Einschaltbewegung richtig vollzogen hat, leuchtet f auf, und g erlischt. Die Lampen hängen in der Tat elektrisch zwangläufig mit dem Selbstschalter zusammen, und ihr Leuchten oder Nichtleuchten hat mit der Bewegung der Druckknöpfe selbst direkt nichts zu tun. Durch die Lampen wird also eine zwangläufige Rückmeldung der vollzogenen Schaltung erreicht.

Die höchsten Anforderungen stellen Vorrichtungen zur selbsttätigen Parallelschaltung von ein- oder mehrphasigen Wechselstrommaschinen. Diese darf, wie im vorigen Kapitel auseinandergesetzt, nur bei Gleichheit der Spannung, Periode und Phase vollzogen werden. Wie bei dem von Vogelsang[1]) angegebenen selbsttätigen Parallelschalter von Voigt & Haeffner durch verschiedene Relais die Erfüllung dieser Bedingungen festgelegt wird, ist aus Fig. 581 zu ersehen. Hierin sind mit n und m die Vergleichs-Spannungstransformatoren für das Netz und die zuzuschaltenden Maschinen bezeichnet. Wie ersichtlich, sind diese so geschaltet, daß die Parallelschaltung erfolgen muß, wenn die Phasenlampe p hell brennt.

Um nun die erste der oben genannten Bedingungen festzustellen, daß nämlich die zuzuschaltende Maschine eine etwas höhere Spannung habe als das Netz, ist das Differentialvoltmeter d mit seinen zwei Spulen an n bezw. m angeschlossen und durch seine Kontakte mit dem Ruhestromrelais r verbunden. Wenn die Spannung der zuzuschaltenden Maschine richtig ist, leuchtet die unterste weiße Lampe auf, der Kontakthebel von d spielt frei zwischen den Kontakten, der Stromkreis der Spule r des Ruhestromrelais ist unterbrochen und sein Kontakt a geschlossen. Bei zu hoher Spannung leuchtet die rote Lampe links in Fig. 581, bei zu niedriger die grüne Lampe rechts. In beiden Fällen erhält das Relais r Strom, und der Kontakt a bleibt offen. Der Maschinist hat also an dem Feldregler der zuzuschaltenden Maschine so zu regulieren, daß die weiße Lampe leuchtet.

Die zweite Bedingung, daß die Phase der zuzuschaltenden Maschine mit der Phase des Netzes übereinstimmen soll, wird durch ein normales Kontaktvoltmeter v festgestellt, dessen Spule der Phasenlampe p parallel geschaltet ist. Das Kontaktvoltmeter wird also den Stromschluß bei b immer dann ausführen, wenn die Phasenlampe p voll aufleuchtet. Das Vorhandensein der dritten und letzten Bedingung für die Parallelschaltung, nämlich die Übereinstimmung der Periodenzahl, wird dadurch

---

[1]) M. Vogelsang, ETZ 1905 S. 442.

Vorrichtungen zur selbsttätigen Parallelschaltung. 597

erkannt, daß die Phasenlampe p länger hell brennt. Die Parallelschaltung muß dann erfolgen, wenn die Lampe lang genug aufleuchtet, und die Geschicklichkeit im Parallelschalten von Hand besteht darin, diesen Zeitpunkt richtig zu erfassen. Seine Ermittelung geschieht bei der selbsttätigen Parallelschaltung unter Benutzung eines entsprechend eingestellten Zeitrelais z, das Strom erhält, wenn sowohl der Kontakt a

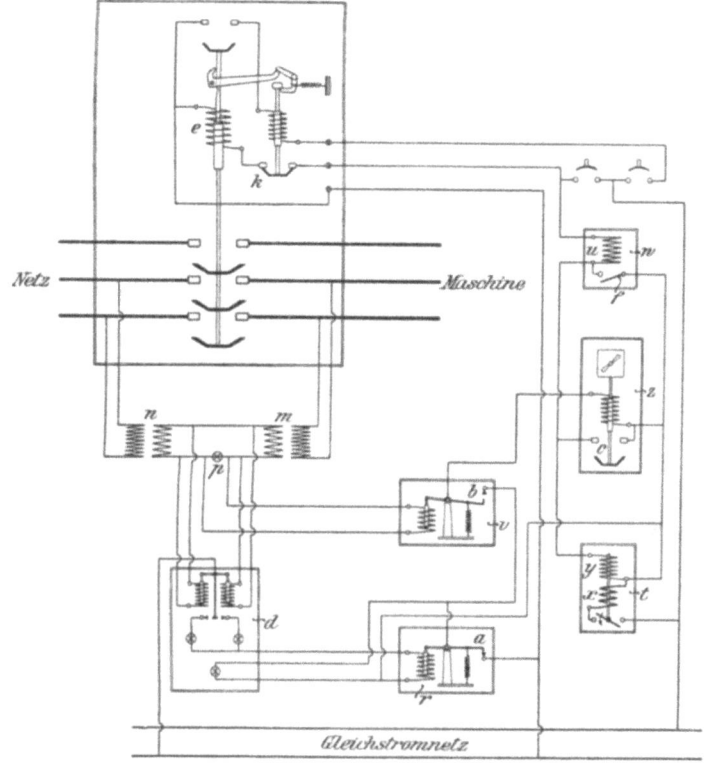

Fig. 581.

als auch der mit ihm reihengeschaltete Kontakt b geschlossen ist. Der Kontakt a schließt sich, wie oben erklärt, wenn die Felderregung der zuzuschaltenden Maschine richtig reguliert wird. Der Kontakt b öffnet und schließt sich, je nachdem die Phasenlampe p dunkel wird oder hell brennt, und die Schnelligkeit des Aufleuchtens ist ein Anhaltspunkt für die Regelung der Antriebsmaschine. Wird, während a geschlossen ist, b bei längerem Aufleuchten der Phasenlampe eine gewisse Zeit geschlossen erhalten, so vermag das Zeitrelais z abzulaufen und zuletzt den Kontakt c zu schließen, wodurch der selbsttätige Hochspannungsschalter eingeschaltet und die Parallelschaltung vollzogen wird.

Die ganze Einrichtung wird noch durch einen Schalter t vervollständigt, welcher den Gleichstrom-Anschluß für die Parallelschaltvorrichtung einschaltet und nach Art eines Minimalautomaten ausgebildet ist. Der Magnet des Automaten trägt zwei Wickelungen x und y. Letztere ist eine Spannungswickelung und liegt an beiden Kontakten des Zeitrelais an. Wenn man also den Schalter t einschaltet, wird der Anker durch die Wirkung der Spannungsspule y festgehalten. In dem Augenblick, wo das Zeitrelais den Kontakt c schließt, wird y kurzgeschlossen, und x erhält den vollen Strom der Einschaltspule e. Sobald aber die Einschaltspule gewirkt hat, wird ihr Stromkreis an der automatischen Schaltvorrichtung bei k unterbrochen, dadurch wird auch die Spule x stromlos, und der Minimalautomat t löst aus, schaltet also den Stromkreis für die automatische Parallelschaltung ab.

Schließlich ist noch ein Sicherheitsrelais w zu erwähnen. Dasselbe hat folgenden Zweck: Es kann vorkommen, daß das Zeitrelais den Kontakt c nur für einen zu kurzen Augenblick schließt. In einem solchen Falle würde der automatische Hochspannungsschalter eben anspringen, ohne vielleicht vollständig einschalten zu können. Das ist aber unerwünscht, und es ist zweckmäßig, den Schalter in diesem Falle doch völlig einzuschalten, was für die richtige Parallelschaltung ganz unbedenklich ist. Zu dem Zwecke ist in dem Stromkreis der Einschaltspule e der kleine Magnet u angebracht, welcher bei auch nur augenblicklicher Erregung den Kontakt f schließt und damit parallel zu c nochmals einen Stromschluß ausführt, der so lange aufrecht erhalten wird, bis die Einschaltung vollzogen und der Einschaltstromkreis bei k unterbrochen worden ist.

Für mehrere Maschinen einer Zentrale ist nur eine solche Parallelschaltvorrichtung erforderlich, da man durch Einfügung eines mehrpoligen Umschalters nach Art eines Voltmeterumschalters die Einrichtung leicht auf verschiedene Maschinen umschalten kann; natürlich müssen aber alle Maschinenschalter mit automatischer Ein- und Ausschaltvorrichtung versehen sein.

Die selbsttätige Vorrichtung der Allgemeinen Elektrizitäts-Gesellschaft in Berlin zum Parallelschalten von Drehstrommaschinen[1], Fig. 582, besteht aus einem elektromagnetisch betätigten Schalter S, einem Zeitrelais und einem Synchronisierapparat. Dieser besteht aus einem Elektromagneten mit drei Wickelungen D, G, H, die in der gezeichneten Weise an die Klemmen der beiden Maschinen A und A' angeschlossen sind und

---

[1] Benischke, ETZ 1906 S. 642.

durch ihr Zusammenwirken den Anker B entgegen der Federkraft F mit derselben Zahl von Schwebungen anziehen und loslassen, mit der die Glühlampen des Phasenindikators dunkel werden und aufleuchten. Da aber die Einschaltung nur erfolgen soll, wenn der Synchronismus eine Zeitlang anhält, so muß das Zeitrelais für die Wahrnehmung des richtigen Zeitpunktes sorgen. Seine Spule L erhält nur Strom, wenn bei hochgezogenem Anker der Kontakt K geschlossen ist; sie zieht dann den Eisenkern M in einer einstellbaren Zeit langsam hoch, bis der Kontakt P geschlossen ist. Dauert der Synchronismus nicht so lange, so öffnet sich der Kontakt K wieder, und der Eisenkern M fällt in seine

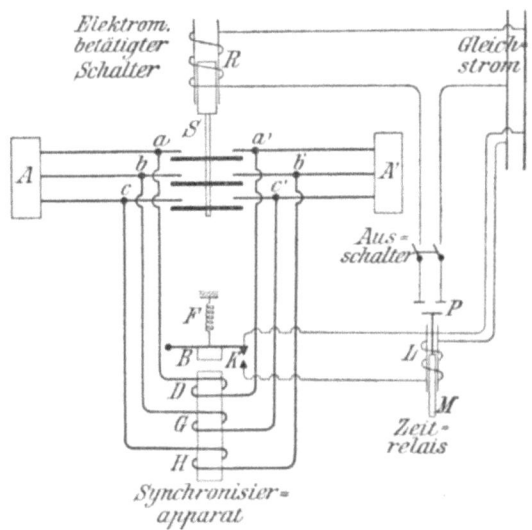

Fig. 582.

Anfangslage zurück; bei genügender Dauer des synchronen Ganges der Maschinen A A' wird P und damit der Gleichstromkreis P R geschlossen und die Parallelschaltung durch den Schalter S vollzogen. Die Einstellung des Zeitrelais auf 2—20 Sek. geschieht nach dem Vorbilde der General Electric Co. durch Verstellung einer kleinen Öffnung in einem luftgefüllten Balg, auf den der Eisenkern M beim Aufwärtsgang drückt.

Außer genannten Schalterformen sind noch für mannigfache Bedürfnisse andere vorhanden. So werden in feuchten Räumen die Schalter in geschlossene wasserdichte Gehäuse gesetzt. Ebenso können in das unterirdische Leitungsnetz Kästen mit Ausschaltern eingebaut werden. Es bieten sich hierbei wegen der Raumbeschränkung Schwierigkeiten, so daß man, wenn tunlich, von ihnen absieht und die Straßenleitungen in kleine Schalthäuschen oder in vorhandene Gebäude einführt, wo man mit normalen Bauarten auslangt.

D. Die Vor- und Einrichtungen zur Messung.

Die Einrichtung einer Einzel- oder Zentralanlage für die Erzeugung elektrischer Energie, einer „Elektrizitätsfabrik", ihre Erhaltung und die Führung ihres technischen und geschäftlichen Betriebes erheischen je nach Art, Zweck und Umfang die verschiedensten Messungen. Sie erstrecken sich auf die primären Energiequellen und Einrichtungen und auf den elektrischen Teil, auf die Untersuchung der eingekauften Rohstoffe und der selbsterzeugten Verkaufswerte, auf die Prüfung und Instandhaltung des Betriebes. Die Messungen lassen sich einteilen in ständig und nur zeitweilig vorzunehmende oder nach dem zu prüfenden Teil der Anlage in Messungen an Stromerzeugern, Stromumwandlern, Leitungsnetz und Anschlüssen oder nach der Art der vorzunehmenden Messung in Strom-, Spannungs-Leistungsmessung, Feststellung der Phasenverschiebung, der erzeugten und den Abnehmern gelieferten Arbeit, der Geschwindigkeit, Periodenzahl, Temperatur und Isolation[1]).

Im allgemeinen werden für alle Arten von praktischen Messungen Vorrichtungen mit unmittelbarer Anzeige der zu messenden Größe bevorzugt, während die empfindlicheren Apparate mit Nulleinstellung geübteren Händen im Prüf- oder Eichraum vorbehalten bleiben. Die grobe Praxis der Errichtung und des Betriebes von Anlagen sieht womöglich von ihnen ab. Zur Ermöglichung rascher Ablesung verwendet man stark gedämpfte oder aperiodische Apparate, deren Zeiger sich ohne längeres Schwingen einstellen. Die Anzeige soll unabhängig von benachbarten Streufeldern oder Strömen und von der Dauer der Einschaltung sein. Dieser Bedingung entsprechen insbesondere die Drehspulinstrumente nach Art des Deprez - d'Arsonvalschen Galvanometers, die von Weston, Siemens, Hartmann & Braun, u. a. zu technischen Strom-, Spannungs- und Leistungszeigern ausgebildet worden sind.

Bei den Parallelschaltungsanlagen ist die Messung der Spannung unbedingt erforderlich und auch die Messung der Stromstärke selbst für

---

[1]) G. J. van Swaay, Elektr. u. magn. Messungen und Meßinstrumente. Deutsch von H. S. Hallo und H. W. Land. 1906. — Dr. E. W. Lehmann-Richter, Prüfungen in elektr. Zentralen 1905. — Dr. F. Niethammer, Elektrotechnisches Praktikum.

kleine Anlagen wünschenswert. Bei Reihenanlagen sind die Verhältnisse gerade umgekehrt: die Spannung sollte, der Strom muß gemessen werden.

1. Strom-, Spannungs- und Leistungsmessung. Zur direkten Strommessung durch unmittelbare Einschaltung in den zu messenden Strom dienen Weicheiseninstrumente und Elektrodynamometer. Bei jenen ändert ein mit dem Zeiger verbundener Weicheisenkern seine Lage zu der ihn umgebenden Spule je nach der Stromstärke in dieser Spule; sie sind bei entsprechender Eichung für Gleich- und Wechselstrom verwendbar, wenig empfindlich gegen grobe Behandlung und plötzliche Überlastung, außerdem auch billig und deshalb als Schalttafelinstrumente weit verbreitet, obgleich sie durch fremde Streufelder stark beeinflußt werden.

Diese Apparate unterscheiden sich von den direkt zeigenden Spannungsmessern gleicher Bauart nur durch den höheren elektrischen Widerstand und die kleinere Stromstärke der Spule. Wichtig ist, daß bei dauernder Einschaltung die unvermeidliche Erwärmung der Spule die Angaben nicht beeinflusse; dies wird dadurch erreicht, daß man entweder die Spule selbst oder ihren Vorschaltwiderstand aus einem Material von geringem Temperaturkoeffizienten herstellt. Auch dann noch sind die Angaben bei Wechselstrom von der Zahl der Per/Sek und der Kurvenform abhängig.

Direkt zeigende **Elektrodynamometer** sind für Gleich- und Wechselstrom anwendbar, werden aber als Instrumente für Schalttafeln hauptsächlich zur Leistungsmessung, weniger zur Messung der Stromstärke und Spannung verwendet, weil ihre in diesem Falle quadratische Teilung den verwendbaren Meßbereich stark einengt.

Zur indirekten Strommessung schaltet man in den Hauptstromkreis einen kleinen Widerstand aus Mangankupfer oder ähnlichem Material mit kleinem Temperaturkoeffizienten, der etwa 0,99 oder 0,999 des Hauptstromes aufnimmt, während 0,01 oder 0,001 davon das im Nebenschluß dazu angeordnete, als Amperemeter geeichte Voltmeter für niedrige Spannung durchfließt. In ähnlicher Weise werden auch die Drehspulinstrumente von Weston und von Siemens & Halske zur Strommessung bei Gleichstrom verwendet. Bei Wechselströmen ergeben sich eine Reihe besonderer Lösungen für die indirekte Messung der Spannung und des Stromes durch Verwendung von Transformatoren. Die Spannung der Wechselstromzentralen ist häufig so hoch, daß zur direkten Messung nur elektrostatische Instrumente in Betracht kämen, denen man jedoch vielfach Hitzdrahtinstrumente zur Messung der mittels eines Transformators von bekanntem Übersetzungsverhältnis erniedrigten Spannung vorzieht. Der

602 Die ergänzenden Vorrichtungen und Einrichtungen zu elektrischen Anlagen.

Eisenkern dieser kleinen Stromwandler wird unmittelbar über die Sammelschiene geschoben, so daß diese Schiene die primäre Bewicklung des Transformators bildet, während seine sekundäre Spule ans Instrument anschließt.

Für Stromstärken bis 300 A bauen Siemens & Halske A.-G. die primäre Spule, Fig. 583, des Stromtransformators in die Starkstromleitung durch acht Schrauben ein; der Eisenkern umgibt die so gebildete Ausbuchtung der Sammelschienen als Mantel und trägt auf dem Mittelsteg die sekundäre Spule. Die Isolation liegt zwischen der Sekundärwickelung einerseits und der Primärwickelung mit Eisenkern andererseits und ist für Betriebsspannungen bis 3000 V bemessen. Für höhere Stromstärken umfaßt der Eisenkern mit der Sekundärwickelung

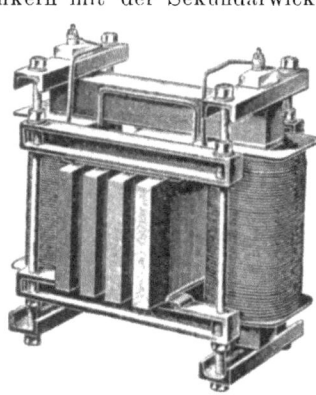

Fig. 583. Fig. 584.

den in Fig. 584 durch vier parallele Schienen angedeuteten Leitungsstrang, der von dem zu messenden Strom durchflossen wird. Der primäre Leitungsstrang ist durch Zwischenlage von Preßspan oder Glimmer entsprechend der Netzspannung gegen den Eisenkern isoliert. Die Führung der Rückleitung bei diesen Transformatoren erfolgt so, daß die Achse der durch die Hin- und Rückleitung gebildeten Windung parallel mit den Achsen der sekundären Wickelungen liegt. Für hohe Spannungen werden die Windungen der Stromwandler durch Porzellan und Einbettung in Öl gegeneinander und gegen Erde isoliert. Zur Messung der Stromstärke in den Leitern einer Anlage hat Dietze bei seinem Anleger den Stromwandler mit zweiteiligem, aufklappbarem Eisengestell versehen. Der Leiter bildet die primäre Spule für 100 bis 300 A, das Eisengestell trägt die sekundäre, die, an ein passend geeichtes Meßgerät angeschlossen, die Messung des Stromes im Leiter gestattet, wie Fig. 585 nach einer Ausführung von Hartmann & Braun andeutet.

Zur indirekten Strommessung sind alle Spannungsmesser mit entsprechendem Meßbereich verwendbar, bei Wechselstrom also auch die nach dem Ferrarisschen Drehfeldprinzip hergestellten Apparate von Siemens & Halske, Westinghouse u. a.

Bei diesen Meßvorrichtungen wirkt ein durch zwei phasenverschobene Ströme gebildetes Drehfeld auf eine Aluminiumtrommel, deren mit dem Strom quadratisch anwachsendem Drehmoment eine in gleichem Verhältnis zunehmende Gegenkraft entgegenwirkt, so daß der mit der Trommelachse verbundene Zeiger sich über einer annähernd gleichförmigen Teilung aperiodisch einstellt. Diese Instrumente sind ausschließlich für Wechselströme geeignet, aber in den Angaben von deren Periodenzahl abhängig. Wird einer der Ströme unter Vorschaltung induktionsfreien Widerstandes der Spannung E proportional und durch

Fig. 585.

geeignete Mittel genau gleichphasig mit ihr gemacht, so kann die Vorrichtung, deren Drehmoment dann proportional dem Produkt der beiden Ströme und dem Sinus des Phasenverschiebungswinkels zwischen ihnen ist, je nach ihrer Anordnung entweder als **Leistungsmesser** das Produkt $E J \cos \varphi$ oder als **Phasenmesser** die Stärke des wattlosen Stromes $J \sin \varphi$ bei unveränderlicher Spannung E anzeigen. Solche Phasenmesser finden Anwendung beim Betrieb synchroner Motoren oder drehender Umformer.

Die Messung der Leistung oder des Effektes ist bei Gleichstromanlagen kaum nötig, dagegen lassen bei Wechselstromanlagen die Angaben des Ampere- und Voltmeters noch keinen Schluß auf die in einem bestimmten Augenblicke abgegebene Leistung zu. Die zeitweilige Ermittelung des Leistungsfaktors bei verschiedenen Gesamtbelastungen der Zentrale kann nur beschränkten Wert haben, weil der Leistungs-

604 Die ergänzenden Vorrichtungen und Einrichtungen zu elektrischen Anlagen.

faktor sich mit der Belastung dauernd verändert und für denselben Wert der scheinbaren Ampere zu verschiedenen Tages- und Jahreszeiten wechselt. Will man also wirklich den Effekt messen, so muß man Wattmeter einbauen. Ein als Wattmeter verwendetes Dynamometer, Fig. 586, besteht aus einer festen, den Hauptstrom führenden Spule und einer beweglichen Spule, die unter Vorschaltung eines großen Widerstandes zwischen die Hauptleitungen eingeschaltet ist. Die Bedingung für die Richtigkeit der Angaben eines solchen Gerätes ist, daß der Nebenschlußstrom genau gleichphasig mit der Spannung verläuft, und daß die Haupt- und die Nebenschlußspule oder die von ihnen erzeugten Felder senkrecht aufeinander stehen. Scheut man den Einbau der Spannungsspule oder der

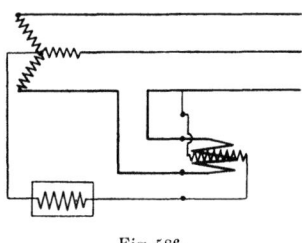

Fig. 586.

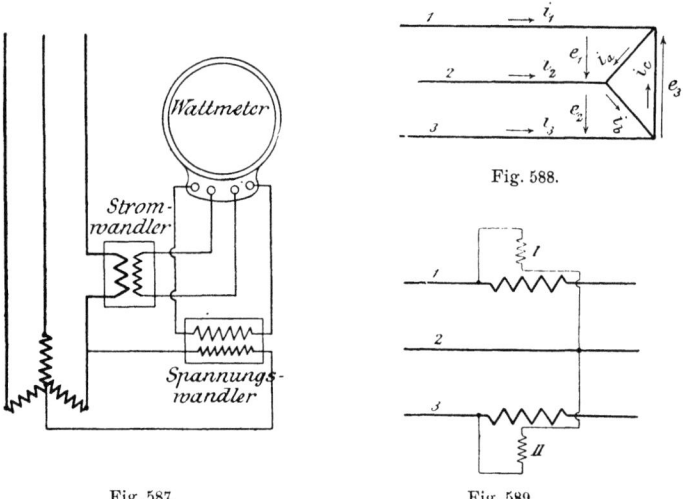

Fig. 587.   Fig. 589.

Fig. 588.

Spannungs- und der Stromspule in den Hochspannungskreis, so kann man auch eine oder beide Spulen mit Transformatoren ausrüsten, wobei sich die Anordnung Fig. 587 ergibt. Die Spannungsspule liegt hier am neutralen Punkt eines Stromerzeugers oder Transformators an, und das Wattmeter mißt die Leistung einer Phase, bei gleichmäßiger Belastung aller Phasen also auch eines Drittels der Gesamtleistung.

Für die Augenblickswerte aller Größen des Wechselstromes kann man die nämlichen Beziehungen aufstellen, die bei Gleichstrom gelten würden.

Leistungsmessung bei Drehstrom. 605

In einem Dreiphasensystem mit drei Leitungen nach Fig. 588 ist zu einer bestimmten Zeit t der elektrische Effekt $W_t = i_a e_1 + i_b . e_2 + i_c e_3$, wo e_1, e_2, e_3 die Spannungen zwischen den drei Leitungen und i_a, i_b, i_c die von ihnen abgenommenen Ströme zur Zeit t bedeuten. Da nun die Summe der drei Spannungen in der in Fig. 588 dargestellten Dreieckschaltung $e_1 + e_2 + e_3 = 0$ sein muß, und da ferner die Beziehungen $i_1 = i_a - i_c$; $i_2 = i_b - i_a$; $i_3 = i_c - i_b$ zwischen den Leitungs- und den Verbrauchsströmen bestehen müssen, kann man eine Reihe von Beziehungen ableiten, die für die Effektmessung im Dreiphasensystem gelten müssen. Ersetzt man eine der Spannungen durch die negative Summe der beiden anderen, so erhält man die von Prof. Aron angegebene Beziehung $W_t = e_1 i_1 - e_2 i_3$, aus der man die mittlere Leistung durch zwei Dynamometer bestimmen kann, deren Hauptspulen in je eine Leitung,

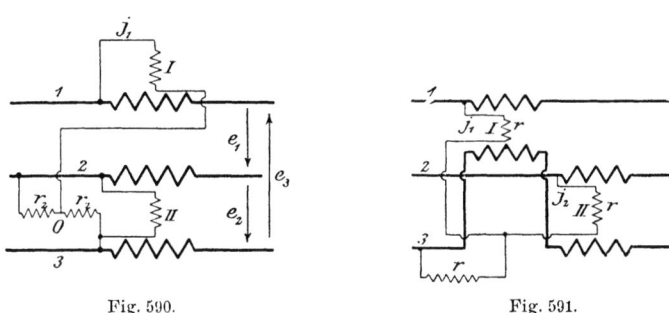

Fig. 590.   Fig. 591.

etwa 1 und 3, Fig. 589, eingeschaltet sind, während die beiden Nebenschlußspulen die Spannung zwischen diesen Leitungen und der dritten unbenutzten messen. Kuppelt man die beiden Leistungsmesser mechanisch, so zeigen sie unmittelbar die Drehstromleistung, auch bei ungleichmäßiger Belastung der Phasen, an. Dies gilt auch von den Schaltungen, Fig. 590 und 591, was von besonderer Wichtigkeit bei den später zu besprechenden Elektrizitätszählern ist.

Die Schaltung nach Fig. 590 beruht auf der Gleichung

$$W_t = \tfrac{1}{2} [i_1 (e_1 - e_3) + e_2 (i_2 - i_3)].$$

Die Hauptspule des Dynamometers I wird vom Strome i_1, seine Spannungsspule vom Strome j_1 durchflossen. Dieser Strom ergibt sich, indem man ein Ende dieser Spannungsspule I an die Leitung 1, das andere an die Mitte O zweier gleichen Widerstände r_2 anlegt, die zwischen Leitung 2 und 3 angeschlossen sind. Das Dynamometer II enthält zwei Hauptstromspulen, die von i_2 und i_3 durchflossen werden, und eine Spannungsspule, die e_2 mißt. Es ist dann, wenn mit r_1 und w der Widerstand der Spannungsspulen I und II bezeichnet wird, für $w = 2 r_1 + r_2$ die obige Gleichung erfüllt.

In ähnlicher Weise wird die mittlere Leistung erhalten durch Zusammenfügung der Angaben zweier Dynamometer I und II mit je zwei Hauptspulen, welche nach Fig. 591 geschaltet werden[1]). Die beiden Spannungsspulen, von denen jede mit zwei Hauptstromspulen zusammenwirkt, werden dabei durch Vorschaltung bifilaren Widerstandes auf den Gesamtwiderstand r gebracht und mit einem bifilaren Widerstand r in Stern geschaltet. Es ist dann

$$W_t = [(i_1 - i_3) j_1 + (i_2 - i_3) j_2] r,$$

so daß bei richtiger Abgleichung der Konstanten die gekuppelten Dynamometer den Mittelwert der Leistung anzeigen werden.

Alle diese Schaltungen gelten bei beliebiger, auch stark unsymmetrischer Belastung aller drei Phasen. Verteilt sich die Belastung gleichmäßig auf alle drei Phasen wie annähernd bei reiner Motorenbelastung, so kann man die Spannungsspule des Wattmeters an den neutralen Punkt anlegen, Fig. 586. Ist der neutrale Punkt nicht zugänglich, oder ist wie bei Dreieckschaltung der stromverzehrenden Vorrichtungen ein neutraler Punkt nicht vorhanden, so kann man bei symmetrischer Belastung der drei Phasen einen neutralen Punkt künstlich schaffen, indem man nach Fig. 591 die Stromspule in Leitung 1 schaltet und die Spannungsspule einerseits von 1, andererseits von der Mitte eines Widerstandes 2 r abzweigt, der zwischen 2 und 3 eingeschaltet ist.

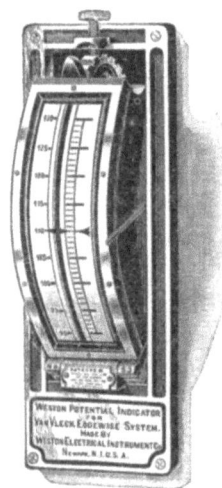

Fig. 592.

Hat man Zweiphasenstrom zu messen, so mißt man jede Phase getrennt wie eine Einphasenleitung, falls die beiden Phasen unsymmetrisch belastet sind. Sind sie symmetrisch belastet, so genügt die Messung einer Phase zur Ermittelung der halben Leistung des Systems.

Spannungs-, Strom- und Leistungsmesser werden für den Einbau in Schalttafeln meist mit Anschlüssen von rückwärts versehen. Mit Rücksicht auf Raumersparnis hat Van Vleck die Profilinstrumente, Fig. 592, kantig oder steil gestellt, deren Zeiger sich in einer Vertikalebene senkrecht zur Fläche der Schalttafel bewegt, und die zuweilen von innen

---

[1]) J. A. Möllinger, ETZ 1900 S. 573. G. Stern, ETZ 1900 S. 666.

Elektrizitätszähler. 607

beleuchtet sind. Bei dem Voltmeter von Weston-Van Vleck in Fig. 592 kann man durch eine in einen gezahnten Kamm eingreifende Stellschraube die Lage so einstellen, daß die Ablesung der gekrümmten Teilung unter günstigem Gesichtswinkel möglich ist.

2. *Elektrizitätszähler*. Die erzeugte oder verbrauchte elektrische Energie kann nach verschiedenen Gesichtspunkten ermittelt und verzeichnet oder gezählt werden. Die hierfür verwendeten Meßwerkzeuge werden Elektrizitätszähler genannt. Ihre Angabe bildet bei der gewerbsmäßigen Abgabe elektrischer Arbeit die Grundlage der Verrechnung zwischen dem Stromliefernden und dem Abnehmer und dient andererseits den Zentralen zur Aufstellung der Berechnungen, welche Selbstkosten, Verkaufspreise und andere wirtschaftliche Lebensfragen betreffen.

Im allgemeinsten Falle soll das Zählwerk des Elektrizitätszählers die geleistete elektrische Arbeit $A = \int E J \cos \varphi \, dt$ unmittelbar in Wattstunden anzeigen. Wesentlich vereinfacht wird die Aufgabe des Zählers, wenn einer der drei Faktoren des Produktes $EJ \cos \varphi$ unveränderlich bleibt. Wird die Stromstärke J konstant gehalten, der Leistungsfaktor gleich Eins gesetzt, so vereinfacht sich der obige Ausdruck auf $J \int E \, dt$, bei Parallelschaltungsanlagen nimmt er dagegen die Form $E \int J \, dt$ an. Die Aufgabe des Zählers beschränkt sich darnach bei Reihenanlagen auf die Ermittlung der Voltstunden, bei Parallelanlagen auf die Zählung der Amperestunden.

Die ältesten Zähler waren Amperestundenzähler, ihre erste Form der von Edison schon 1882 in New York verwendete elektrochemische Zähler, bei dem zwei Zinkelektroden in Zinksulfatlösung tauchten, und die Gewichtszunahme der Kathode alle 14 Tage durch Wägung ermittelt wurde. Der Hauptstrom durchfloß einen Neusilberwiderstand, ein Zweigstrom ging durch die Zersetzungszelle, deren Widerstand auf Temperaturänderungen abgeglichen war. Dieser Edisonzähler hat sich über 20 Jahre lang halten können, mußte dann aber den Motorzählern weichen. Statt des Edisonschen Zinkvoltameters hat Bastian ein Knallgasvoltameter mit Nickelelektroden verwendet, bei welchem die durch Zersetzung des angesäuerten Wassers gebildeten Gase frei entweichen können, und der Elektrolyt oben mit einer Paraffinschicht bedeckt ist, um Verdunstung zu verhüten; es werden nicht die entwickelten Gasmengen, sondern die Höhenunterschiede des Elektrolyts gemessen. Wright zersetzt in einem allseitig geschlossenen Glasgefäße Merkuronitrat mit Quecksilber als Anode und Platin als Kathode, wobei das durch Zersetzung gebildete Quecksilber zur Messung der Elektrizitätsmenge in A St dient und nach 150 bezw. 1000 Stunden durch Kippen des Glasgefäßes zur Anode zurückgebracht werden muß.

608 Die ergänzenden Vorrichtungen und Einrichtungen zu elektrischen Anlagen.

Der Pendelzähler von Aron beruht auf der elektromagnetischen Einwirkung einer vom Strom durchflossenen Spule auf die Schwingungsdauer eines Pendels, an welches statt der Linse ein in diese Spule tauchender Stabmagnet befestigt ist, und besteht aus zwei auf gleiche Schwingungsdauer abgeglichenen Pendeln.

Der Gangunterschied zwischen dem beeinflußten und dem Vergleichspendel ist der Stromstärke proportional. Das linke Pendel ist ein gewöhnliches, das rechte trägt beim A St-Zähler einen Stahlmagneten. Die Pendel werden durch ein von Federkraft getriebenes Uhrwerk in Gang erhalten. Beide wirken auf ein gemeinschaftliches Zählwerk, welches den Gangunterschied verzeichnet.

Die neue Bauart dieses Zählers zeigt kurze und leichte Pendel, die

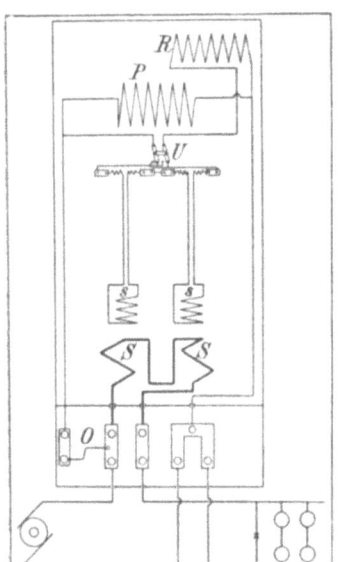

Fig. 593.

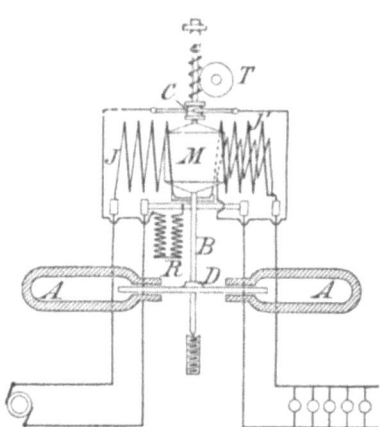

Fig. 594.

in der Stunde etwa 12 000 Schwingungen machen und bei höchster Belastung um etwa 2500 Schwingungen in der Stunde sich unterscheiden. Bei den W St- Zählern für Dreileitersysteme wird für jeden Stromkreis ein Pendel verwendet, und es ist die Einrichtung vorgesehen, daß alle 20 Minuten eine selbsttätige Umschaltung vorgenommen wird, wodurch man vom Gangfehler des Uhrwerks frei wird. Die in Fig. 593 angedeutete Umschaltung U dreht elektrisch den Strom im Nebenschluß und mechanisch die Drehungsrichtung des Zählwerkes um, so daß der Zähler den Stromverbrauch in einem Sinne aufnimmt. S S bedeuten die Hauptstrom-, s s die Nebenschlußspulen, R einen Widerstand parallel zu den Pendeln, durch dessen genaue Abgleichung die Konstante des Zählers eingestellt wird. O stellt eine lösbare Verbin-

Elektrizitätszähler. 609

dung zwischen Hauptschluß und Nebenschluß dar, und P sind die Windungen eines Elektromagneten, der mittels eines schwingenden Ankers und einer Feder den selbsttätigen Aufzug des Zählers bewirkt. Der Zähler ist sowohl für Gleichstrom als für Wechselstrom verwendbar.

Gleich gut für Gleich- oder Wechselstrom eignet sich der in Fig. 594 veranschaulichte Motorzähler von Elihu Thomson. Eine lotrechte Welle B trägt die Trommel M eines eisenfreien Elektromotors und eine zwischen permanenten Magneten A laufende Kupferscheibe D als elektrische Bremse. Der zu messende Strom durchläuft die beiden Magnetspulen J J', so daß ihr magnetisches Feld sich proportional mit dem Strome ändert. In dem von diesen Spulen hervorgerufenen Felde bewegt sich der induzierte Anker M, dessen Stromwender und Bürsten C aus Silber sind, und der mit dem großen induktionsfreien Widerstand R im Nebenschluß von den Klemmen abgezweigt ist, so daß der Eigenverbrauch des Zählers sehr klein und die Selbstinduktion des Nebenschlusses so gering ist, daß der Zähler mit gleicher Genauigkeit für Gleich- und Wechselstrom verwendet werden kann und bei diesem von der Zahl der Per/Sek unabhängig ist.

Die Zahl der Umläufe des Ankers M ist der zu messenden Stromstärke bei unveränderlicher Spannung oder der Leistung proportional. Der Stromwender wird zuweilen in besonders zugänglichem Gehäuse untergebracht. Zur Erleichterung des Anlaufens bei kleiner Belastung und Beseitigung der durch Reibung entstehenden Fehler sind auf den Feldmagneten noch feine Hilfswickelungen angeordnet, die ebenfalls im Nebenschluß liegen und gegen die festen, vom Hauptstrom durchflossenen Feldspulen behufs leichterer Erzielung der ersten Einstellung etwas verstellbar sind.

Wird statt der Hauptstromspulen das Feld eines Dauermagneten verwendet, so wird der Apparat zum A St-Zähler. Der Anker steht dann nur bei Stromverbrauch unter Spannung und kann bei offenem Hauptstromkreis nicht laufen und keine Energie verbrauchen. Bei den W St-Zählern kann insbesondere bei Verschiebung der Hilfsspule während der Überführung zur Verwendungsstelle Leerlauf nach vor- oder rückwärts auch ohne Strom in den Hauptspulen auftreten, wenn dies nicht durch eine besondere Vorrichtung, etwa ein kleines Eisenstück, das vor dem Dauermagneten nach wenigen Umdrehungen der Scheibe stehen bleibt, verhütet wird. Außerdem tritt hier stets ein Arbeitsverlust durch den Eigenverbrauch der Zähler ein, der in den 8760 Stunden eines Jahres bei 10 W Eigenverbrauch 87,6 KWSt ausmachen würde. Gute Zähler haben etwa 1—2 W Eigenverbrauch im Nebenschluß und möglichst kleinen Verlust im Hauptschluß. Die

A St-Zähler mit Stromwender haben wegen des schwächeren Anlauffeldes höhere Anlaufstromstärke als die W St-Zähler, doch werden sie wegen ihrer Billigkeit und Einfachheit bei kleineren Anlagen vielfach bevorzugt.

Für Wechselstrom können auf dem Ferrarischen Prinzip der Induktionsmotoren beruhende Motorzähler zur Anwendung gelangen. Der älteste dieser Zähler ist von Bláthy 1889 angegeben worden. Er besteht im wesentlichen aus einer Aluminiumscheibe A, Fig. 595, die auf einer Welle E durch ein vom Hauptstrommagneten P und Nebenschlußmagneten Q gebildetes Drehfeld in Bewegung gesetzt und durch den permanenten Magneten Z gebremst wird. Die Anzahl der Umläufe wird durch ein Zählwerk aufgezeichnet.

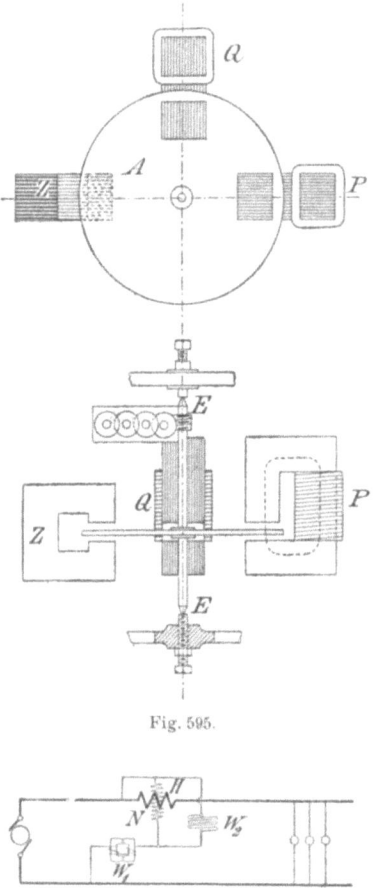

Fig. 595.

Fig. 596.

Soll der Zähler auch bei induktiver Last richtig zeigen, so muß bei induktionsfreier Last der Phasenunterschied zwischen dem Felde des Hauptstromes und Nebenschlusses genau 90° betragen. Hummel erreichte dies durch einen regelbaren induktiven Widerstand W_1, Fig. 596, der zum Nebenschluß N in Reihe liegt, und einen induktionsfreien Widerstand W_2 parallel zu N. H deutet die Hauptstromspule an.

Solche Induktionszähler sind in verbesserter und billigerer, weil kleinerer Form von Shallenberger, Duncan, Raab, Lotz, Bruger u. a. angegeben worden, und zahlreiche Patente, darunter die von Belfield, Raab, Görges, Möllinger u. a., befassen sich mit den Mitteln zur Erzielung von 90° Phasenverschiebung. Alle Zählerfirmen bauen gegenwärtig auch solche Induktionszähler und verwenden sie nach den für die Messung mehrphasiger Ströme erörterten Grundsätzen auch als Drehstromzähler. Darf man die Phasen als gleichmäßig belastet ansehen, was bei Motorbelastung mit genügender Annäherung der Fall ist, so genügt

Zeitzähler und Selbstverkäufer. 611

es nach Fig. 586, nur eine Phase mit einem Einphasenzähler zu messen. Können den Phasen aber zufällig oder absichtlich stark ungleiche Arbeitsmengen entnommen werden, so ist es erforderlich, zwei Zähler, etwa nach Fig. 589—591, zu kuppeln und dabei besonders auf vollständige Phasenabgleichung für den Nebenschluß zu achten. Die Allgemeine Elektrizitäts-Gesellschaft in Berlin fertigt jedoch auch einen besonderen Drehstromzähler mit nur einer Scheibe an, auf welche alle drei Phasen einwirken. Ein näheres Eingehen verbietet uns der beschränkte Raum.

Soll der Preis der Arbeitseinheit für einzelne Stunden des Tages niedriger sein als während der Hauptbelastung am Abend, so werden Doppeltarifzähler verwendet. Sie besitzen zwei Zählwerke, eines für den niederen und eines für den hohen Tarif, von denen mit Hilfe eines Relais entweder das eine oder das andere mit dem Zähler gekuppelt wird. Die Umschaltung wird mechanisch durch ein einstellbares Uhrwerk eingeleitet und kann bei Zählern aller Bau- und Stromarten durch Zufügung der Umschaltuhr und des doppelten Zählwerkes erreicht werden.

A. Baumann hat einen gewöhnlichen Zähler mit einer kleinen Rechenmaschine verbunden. Diese multipliziert den Energieverbrauch je nach der Tageszeit mit einem anderen Einheitspreis und zählt die so erhaltenen Werte zusammen.

Die Zeitzähler sind Uhren, deren Gangwerk mechanisch derart gehemmt ist, daß durch die Wirkung eines Elektromagneten die Hemmung aufgehoben wird, sobald die Leitung Strom führt. Schaltet man daher den Zeitzähler in den einen Pol einer stromführenden Leitung ein, oder zweigt man den im Nebenschluß liegenden Auslösemagneten hinter dem doppelpoligen Ausschalter einer Leitung ab, so wird das Uhrwerk bei Stromschluß in Gang kommen, wenn die Stromstärke zur Aufhebung der Hemmung genügt. Die günstigsten Verhältnisse ergeben sich, wenn diese Anlaufstromstärke etwa ein Zehntel der höchsten Stromstärke ist. Die Zeitzähler können als Meßgeräte in kleinen Anlagen mit nahezu unveränderlichem Verbrauch verwendet werden. Sie sind einfach und billig; doch setzt ihre Verwendung ein Abkommen mit dem Abnehmer voraus, wonach dieser einen festen Satz für die Stunde zu zahlen hat.

Die hieraus häufig entspringenden Zwistigkeiten werden vermieden, wenn der Zeitzähler noch durch Geldeinwurf selbsttätig eingeschaltet wird und sich nach einer Anzahl Stunden wieder öffnet. Dieser Selbstverkäufer besteht im wesentlichen aus einem Schalter, einem guten Uhrwerk und einer Münzenschaltvorrichtung. Wird der Schalter nach Einwurf der vorgeschriebenen Münze ge-

612 Die ergänzenden Vorrichtungen und Einrichtungen zu elektrischen Anlagen.

schlossen, so fängt das Uhrwerk an zu laufen und läuft so lange, bis der Schalter wieder geöffnet wird. Die Münzenschaltvorrichtung dient zur Vorausbezahlung mehrerer Münzen. Für jede in den Automaten eingeführte Münze kann der Schalter eine bestimmte Zeit geschlossen werden: an einem Zifferblatt werden die vorausbezahlten Stunden angezeigt. Steht der Zeiger über diesem Zifferblatt auf Null, so sind die eingeführten Münzen verbraucht, und der Schalter wird selbsttätig ausgeschaltet. Er kann dann erst wieder nach neuerlichem Einwurf geschlossen werden. Der Gefahr der Überschreitung des vereinbarten Verbrauches kann durch einen selbsttätigen Maximalausschalter begegnet werden. Das Überlastungsrelais der Siemens-Schuckert-Werke schließt bei Überschreitung der eingestellten Stromstärke einen Hilfsstromkreis und schaltet den Stundenautomaten aus. Der Schalter kann sofort wieder geschlossen werden, sobald die Belastung auf die festgelegte Grenze zurückgebracht wird.

Den Selbstverbrauch beliebiger Energiemengen nach Vorausbezahlung eines für die A St oder W St festgesetzten Preises ermöglicht ein Stromautomat als Zusatz zu einem Zähler. Der Stromautomat besteht in der Hauptsache aus einem Schalter, einer Münzenschaltvorrichtung und einem Fortschalterelais; ein Uhrwerk besitzt dieser Automat nicht. Wird nach dem Einwurf einer Münze der Schalter geschlossen und beispielsweise eine Lampe eingeschaltet, so bewegt sich der Zähler und schließt nach einigen Umdrehungen diesen Kontakt; dadurch wird das Fortschalterelais erregt und schaltet den Zeiger eine kleine Strecke gegen Null zurück. Dieses Spiel wiederholt sich, bis nach einer gewissen Kontaktzahl, also nach einem bestimmten Verbrauch in W, der Zeiger vollständig auf Null gerückt ist und dann den Stromkreis unterbricht.

Eichvorschriften für Zähler. Mit zunehmender Verbreitung der elektrischen Zentralen hat sich das Bedürfnis nach gesetzlicher Regelung der Eichung der gewerblich verwendeten Elektrizitätszähler ergeben. Die Zwangseichung erscheint als zulässig, weil nur ein kleiner Teil der Zähler sich während des Versandes ändern, und die Zähler mit Stromwender 2 Jahre, die Induktionszähler 3 Jahre Betrieb ohne wesentliche Änderung aushalten; sie ist nützlich, weil durch das Zusammenwirken der Fabriken und Zentralen die Bauweisen verbessert werden, weil sie das Verhältnis zwischen den Abnehmern und den Elektrizitätswerken angenehmer gestaltet, was besonders für die kleinen unvollkommen ausgerüsteten Werke gilt, in denen etwa die Hälfte aller gewerblich in Deutschland verwendeten Zähler sich befindet.

In Österreich ist eine Verordnung über die Eichung der Elektrizitätszähler schon 1894 erschienen; der Erlaß des österreichischen Handelsministeriums vom 4. Juli 1900 setzte zunächst eine Typenprobe

Eichvorschriften für Elektrizitätszähler. 613

und auf Grund davon eine vorläufige oder endgültige Zulassung der Type zur Eichung fest; die Befundscheine galten für vorläufig zugelassene Typen 2, für die übrigen 3 Jahre.

Die Abweichungen der Angaben des Zählers durften bei 15° C. für volle, halbe und zehntel Belastung im Mehr oder Minder höchstens 4 % der Sollangabe betragen; diese Eichfehlergrenze galt bei Wechselstromzählern auch für induktive Belastung. Zähler für 3 A höchste Stromstärke sollten bei 3 %, solche für höhere Stromstärke bei 2 % der höchsten Belastung sicher angehen. Da aber ein derartig empfindlicher Zähler sehr leicht vorwärts oder rückwärts läuft, wenn nur die Spannungsspulen angeschlossen sind, war in Österreich festgesetzt, daß Zähler bei unbelastetem Zustande, aber angeschlossener Spannung nicht mehr als $^1/_{10}$ % der Angabe verzeichnen durften, welche sie in der gleichen Zeit bei voller Belastung gemacht hätten. Diese Bedingung bezieht sich nur auf den Vorwärtslauf und schützt so den Abnehmer, der gegen den Rückwärtslauf erfahrungsgemäß keinen Einwand erhebt.

Diese Bedingungen waren nur schwer erfüllbar und zu scharf im Vergleich zu den Verhältnissen bei den Gasmessern, die nur einmal für alle Zeit vom Eichamte geprüft werden, und bei den Wassermessern, welche man trotz ihrer einfacheren Bauart und der großen durch sie verrechneten Beträge in Deutschland als noch nicht reif für die amtliche Eichung erachtet.

In Deutschland wurden 1901 auf Grund des § 6 Abs. 1 des Gesetzes, betreffend die elektrischen Maßeinheiten vom 1. Juni 1898, die äußersten Grenzen der bei gewerbsmäßiger Abgabe elektrischer Arbeit zu duldenden Abweichungen der Elektrizitätszähler von der Richtigkeit wie folgt bestimmt:

1. **Gleichstromzähler.** a) Die Abweichung der Verbrauchsanzeige nach oben oder nach unten von dem wirklichen Verbrauche darf bei einer Belastung zwischen dem Höchstverbrauche, für welchen der Zähler bestimmt ist, bis zu dem zehnten Teile desselben nirgends mehr betragen als sechs Tausendstel dieses Höchstverbrauchs vermehrt um sechs Hundertstel des jeweiligen Verbrauchs und ferner bei einer Belastung von ein Fünfundzwanzigstel des obigen Höchstverbrauchs nicht mehr als zwei Hundertstel des letzteren. Auf Zähler, die in Lichtanlagen verwendet werden, finden diese Bestimmungen nur insoweit Anwendung, als die anzuzeigende Leistung nicht unter 30 Watt sinkt.

b) Während einer Zeit, in welcher kein Verbrauch stattfindet, darf der Vorlauf oder der Rücklauf des Zählers nicht mehr betragen, als einem halben Hundertstel seines oben bezeichneten Höchstverbrauchs entspricht.

2. **Wechselstrom- und Mehrphasenstromzähler.** Für diese gelten dieselben Bestimmungen wie unter 1, jedoch mit der Maßgabe, daß,

614 Die ergänzenden Vorrichtungen und Einrichtungen zu elektrischen Anlagen.

wenn in der Verbrauchsleitung zwischen Spannung und Stromstärke eine Verschiebung besteht, der nach 1a berechnete Fehler in Hundertstel des jeweiligen Verbrauchs umgerechnet und der entstehenden Zahl der Hundertstel die doppelte trigonometrische Tangente des Verschiebungswinkels hinzugefügt wird. Dabei bedeutet der Verschiebungswinkel den Winkel, dessen Kosinus gleich dem Leistungsfaktor ist. Alle zur Berechnung der Fehler dienenden Größen sind mit dem gleichen Vorzeichen zu nehmen.

Daraus ergeben sich die folgenden Werte für die im Verkehr zulässigen Fehlergrenzen der Elektrizitätszähler, wenn J die höchste, i die jeweilige Belastung ist:

Für Gleichstrom bei

$$i = 0{,}1 \quad 0{,}2 \quad 0{,}3 \quad 0{,}4 \quad 0{,}5 \quad 0{,}6 \quad 0{,}7 \quad 0{,}8 \quad 0{,}9 \quad 1{,}0 \times J$$
$$\pm \; 12 \quad 9 \quad 8 \quad 7{,}5 \quad 7{,}2 \quad 7{,}0 \quad 6{,}9 \quad 6{,}8 \quad 6{,}7 \quad 6{,}6 \; \%.$$

Für Wechselstrom ist hierzu noch zu zählen bei

$$\cos \varphi = 0{,}50 \quad 0{,}60 \quad 0{,}65 \quad 0{,}70 \quad 0{,}75 \quad 0{,}80 \quad 0{,}85 \quad 0{,}90 \quad 0{,}95 \quad 1{,}0$$
$$3{,}46 \quad 2{,}67 \quad 2{,}34 \quad 2{,}00 \quad 1{,}74 \quad 1{,}50 \quad 1{,}24 \quad 0{,}97 \quad 0{,}66 \quad 0{,}0 \; \%.$$

Die Beglaubigung von Meßgeräten, welche zur Bestimmung der Vergütung bei der gewerbsmäßigen Abgabe elektrischer Arbeit dienen sollen, findet statt, wenn ihr System von der Reichsanstalt zur Beglaubigung zugelassen worden ist, und wenn sie die Hälfte der genannten Verkehrs-Fehlergrenzen einhalten. Jedoch soll bei Wechselstromzählern der Zusatzfehler, welcher für eine Verschiebung φ zwischen Spannung und Stromstärke festgesetzt ist, mit seinem ganzen Betrage, $2 \, \mathrm{tg} \, \varphi$, in Rechnung gestellt werden.

Bis 1907 waren in Deutschland 20 verschiedene Typen zur Beglaubigung durch die Physikalisch-Technische Reichsanstalt und die elektrischen Prüfämter zugelassen. Für diese sind die Einrichtung und die Befugnisse durch die Prüfordnung für elektrische Meßgeräte festgelegt. Die Zwangseichung soll ab 1. Januar 1908 eingeführt und bei der Prüfung nur die Einhaltung der Beglaubigungsfehlergrenzen verlangt werden, während ab 1. Januar 1911 nur noch Zähler zugelassen werden sollen, welche außerdem einem zur Beglaubigung zugelassenen System angehören.

Außer diesen gesetzlichen Anforderungen muß ein guter Zähler noch einigen anderen genügen, die sich zum Teil aus jenen ergeben. Die Zähleranzeigen sollen bei auf- und absteigender Belastung möglichst gleich sein und nur wenig von der Dauer der Einschaltung abhängen. Bei Wechselstromzählern kommt hierzu noch die Forderung kleiner Empfindlichkeit auf Veränderungen in der Kurvenform, Phasenverschiebung und Periodenzahl des Nutzstromes.

Die nach 2—3 Jahren erforderliche Wiederherstellung erstreckt sich auf Reinigung der Kontakte bei Pendelzählern, der Lagersteine und Kugelzapfen bei Motorzählern, gegebenenfalls auch der Stromwender und Bürsten. Zur Nachprüfung auf beim Versand entstandene Fehler dienen besondere Prüfklemmen, mit deren Hilfe es möglich ist, bei Anwendung tragbarer Belastungswiderstände den Zähler am Verwendungsort nachzueichen. Solche Widerstände sind von Orlich und in selbstregelnder Form von Kallmann[1]) angegeben worden.

Die Eichgesetze und Prüfvorschriften beziehen sich auf Zähler als Meßwerkzeuge zur gewerbsmäßigen Abgabe elektrischer Arbeit oder Energie. Diese selbst aber entbehrte der Sachqualität nach der herrschenden Lehre, und daher mußte der Diebstahl elektrischer Arbeit straflos bleiben, weil nach dem Wortlaut des Gesetzes nur „Sachen" gestohlen werden können. Seit dem 9. April 1900 besteht in Deutschland ein besonderes Gesetz betr. die Bestrafung der Entziehung elektrischer Arbeit, das mit Gefängnis und mit Geldstrafe den bedroht, der „einer elektrischen Anlage oder Einrichtung fremde elektrische Arbeit mittels eines Leiters entzieht, der zur ordnungsmäßigen Entnahme von Arbeit nicht bestimmt ist".

3. Registrierende Meßgeräte dienen entweder zur Überwachung der Zuverlässigkeit der Bedienungsmannschaft oder der selbsttätigen Regelvorrichtungen, oder sie verzeichnen die höchsten und tiefsten Werte der von ihnen gemessenen Größe.

Als Geräte der ersten Art seien registrierende Voltmeter zur selbsttätigen Aufzeichnung der Spannung angeführt. Die registrierenden Vorrichtungen von Richard Frères in Paris, von Hartmann & Braun in Bockenheim und von Prof. Mengarini in Rom sind technische Galvanometer oder Elektrodynamometer, die den Zeiger als Schreibstift ausgebildet haben. Dieser Stift schreibt auf eine in 24 Stunden eine Umdrehung vollendenden, mit auswechselbaren geteilten Tafeln bespannten Trommel zeichnerisch den Verlauf der Spannung. Zu den Instrumenten der zweiten Art gehören die registrierenden Amperemeter, die aus den technischen in ähnlicher Weise hervorgegangen sind. Die Ermittelung des Flächeninhalts der von ihnen in 24 Stunden aufgezeichneten Kurve gibt ein rohes Maß der verbrauchten Amperestunden und läßt deutlich den Verlauf und den höchsten Wert der Belastung erkennen.

Bei dem von Wright und Reason in Brighton ausgearbeiteten Demand Indicator oder Höchstverbrauchsmesser, Fig. 597, befördert der zu messende Strom durch Ausdehnung eines Gases Flüssigkeit aus einer U-förmigen Röhre in ein geeichtes Gefäß. Die Höhe der übergetretenen

---

[1]) Kallmann, ETZ 1906 S. 45, 335, 686.

616 Die ergänzenden Vorrichtungen und Einrichtungen zu elektrischen Anlagen.

Flüssigkeit zeigt den höchsten Wert an, der seit der letzten Ablesung aufgetreten ist. Der Apparat braucht 10 Minuten zur Einstellung und spricht deshalb nicht auf plötzliche, kurzdauernde Stromstöße an. Um die Flüssigkeit ohne Stromunterbrechung nach Vornahme der Ablesung wieder in die U-Röhre zurückzuschaffen, ist diese nebst den damit zusammenhängenden Gefäßen vermittelst der gelenkig ausgebildeten Zuleitung in vertikaler Ebene drehbar eingerichtet. Solche Höchstverbrauchsmesser können auch in Akkumulatoren- oder Transformatoren-Unterstationen zur Überwachung der höchsten aufgetretenen Belastung dauernd oder zeitweilig mit Vorteil eingeschaltet werden.

4. Stromrichtungszeiger und Polsucher. In einzelnen Fällen, wie beim Akkumulatorenbetrieb, ist die Beobachtung der Stromrichtung außer der Stromstärke erwünscht. Hierzu dient ein um eine Achse drehbares Magnetstäbchen, welches bei schwachen Strömen vor einigen Windungen, bei starken vor dem geraden Leiterstück angeordnet und bei Stromdurchgang aus seiner Gleichgewichtslage abgelenkt wird, wobei es einen Zeiger mitnimmt. Das Instrument soll empfindlich sein, also schon bei kleinen Strömen einen Ausschlag zeigen; anderseits darf es bei den höchsten vorkommenden Strömen nicht umpolarisiert werden, eine für Kurzschlüsse schwer einhaltbare Bedingung. Die Stromrichtung spielt ferner bei Anlagen mit Gleichstrombogen- und Nernstlampen, wie bereits erwähnt, eine wesentliche Rolle. Zur Untersuchung der Pole benutzt man jedoch den genannten Richtungszeiger nur selten, meist begnügt man sich entweder damit, die Kohlenstäbe nach dem ersten Versuch selbst zu beobachten und die richtige Schaltung zu prüfen, oder man benutzt das Wilkesche Polreagenzpapier, welches, angefeuchtet und auf beide Pole gepreßt, den negativen Pol durch einen roten Fleck auf dem Papier erkennen läßt. Demselben Zweck dient auch Berghausens Polsucher. In ein Glasrohr, welches mit der reagierenden Flüssigkeit gefüllt ist, führen die beiden mit kugelförmigen Enden versehenen Pole. Am negativen Pol erscheint eine rote Färbung, die beim Umschütteln der Flüssigkeit wieder verschwindet.

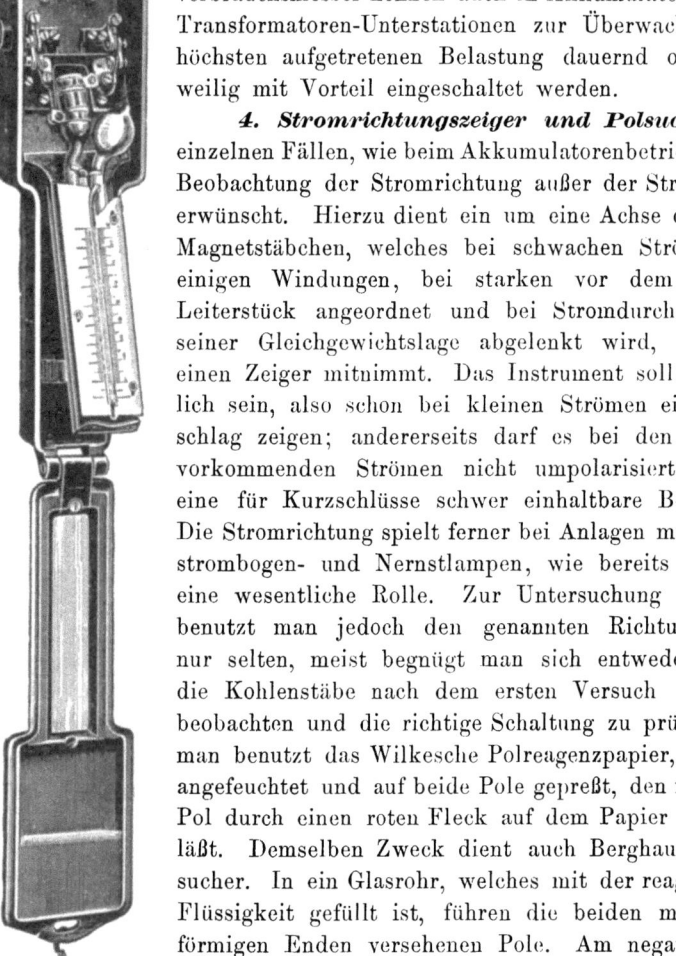

Fig. 597.

5. Frequenzmesser. Die Messung und Fernanzeige der Geschwindigkeit und der Frequenz ist in den letzten Jahren durch Resonanzapparate ermöglicht worden. Bei dem von Friedrich Lux G. m. b. H. in Ludwigshafen a. Rh. hergestellten Frahmschen Geschwindigkeitsfernzeiger, Fig. 598, wird ein mit abgestuften Stahlfedern verschieden hoher Eigenschwingungszahl versehener Federkamm an seiner Wurzel periodisch erschüttert, wobei jeweils eine der Federn durch Resonanz ihrer Eigenschwingungszahl mit der Zahl der aufgedrückten Schwingungen weite Ablenkungen erreicht, die durch ein aufgesetztes Fähnchen sichtbar gemacht werden. Die Erschütterungen können durch Wechselstrom oder unterbrochenen Gleichstrom oder rein mechanisch hervorgerufen

Fig. 598.

werden. Die Schwingungszahl der Federn liegt meistens zwischen 20 und 75 Per/Sek. Diese Geräte können also bei Wechsel- und Drehstromanlagen unter Vorschaltung eines großen Widerstandes oder spannungserniedrigenden Umwandlers an irgend einer Stelle des Netzes eingeschaltet werden; ihr Verbrauch beträgt etwa ein Watt. Bei Gleichstrommaschinen wird mit jeder Maschine ein besonderer Geber verwendet, oder der vorhandene Gleichstrom wird periodisch unterbrochen. Besondere Geber sind auch für jeden Stromerzeuger erforderlich, wenn der Betriebsleiter an einem umschaltbaren Empfänger erkennen will, welche Maschinen der Zentrale gerade in Betrieb sind. Bei Dampfturbinen ist die mechanische Erregung durch die Erschütterungen des Maschinengestells meistens genügend, um einen kräftigen Ausschlag der Federn hervorzurufen. Durch eine Ver-

618 Die ergänzenden Vorrichtungen und Einrichtungen zu elektrischen Anlagen.

besserung ließ sich die Empfindlichkeit steigern, so daß der Apparat nicht nur bei unmittelbarer Anbringung an der Dampfturbine, sondern auch in einigem Abstand von der Maschine ganz lose auf den Boden gestellt, arbeiten kann. Auf ähnlicher Grundlage beruht auch der Geschwindigkeitsmesser von Dr. Kempf-Hartmann, der von Hartmann & Braun A.-G. in Frankfurt a. M. hergestellt wird. Beide Arten von Apparaten können mit doppelter Skala und zwei Systemen von schwingenden Zungen zur Periodenvergleichung bei der Parallelschaltung von W. S. Maschinen mit Vorteil verwendet werden und sind hierfür besonders von Hartmann & Braun durchgebildet worden.

6. Über Isolation von Anlagen. Je minderwertiger das Isoliermaterial eines Stromleiters, desto geringer ist der Widerstand, welchen der die Isolierungsstellen oder die Isolierhülle durchfließende Ableitungsstrom findet, und desto schlechtere Isolation zeigt der Leiter. Geht die Nebenschließung durch Erde, so pflegt man von der **Isolation gegen Erde** zu sprechen. Bei zwei benachbarten, von Erde

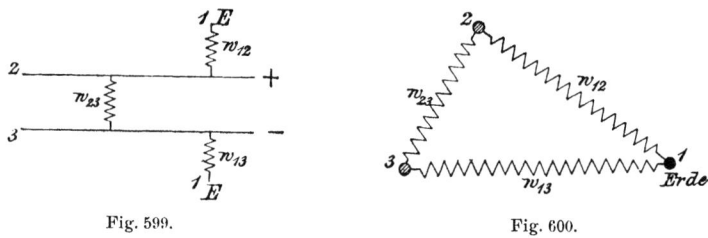

Fig. 599.   Fig. 600.

vollkommen isolierten Leiterstücken ist noch die unmittelbare **Isolation von Leiter zu Leiter** zu berücksichtigen. Sie hängt auch vom mechanischen Druck ab, mit welchem die sich berührenden Leiterhüllen aneinander gepreßt werden; dies gilt beispielsweise für Drähte in den engen Röhren der Beleuchtungskörper. Der Widerstand des Leiters 2 in Fig. 599 und 600 gegen Erde setzt sich aus dem Widerstande w_{12} mit der Nebenschließung $w_{23} + w_{13}$ zusammen, der von 3 gegen Erde aus w_{13} mit $w_{23} + w_{12}$ und schließlich der von 2 gegen 3 aus w_{23} mit $w_{12} + w_{13}$. Demnach gelten die Ansätze

$$\frac{1}{w_{12}} + \frac{1}{w_{13}} = a_1; \quad \frac{1}{w_{12}} + \frac{1}{w_{23}} = a_2; \quad \frac{1}{w_{13}} + \frac{1}{w_{23}} = a_3;$$

wobei a den Fehlerstrom bezeichnet, der den verschiedenen Wegen entspricht. Diese Fehlerströme lassen sich leicht durch Beobachtung ermitteln. Die Isolationswiderstände sind nämlich den Strömen proportional, welche ein Galvanometer zeigt, wenn es einerseits an Erde, andererseits an den Hin- bzw. Rückleiter gelegt wird oder zwischen diese geschaltet

Isolationswiderstand. 619

wird. Aus diesen Ablesungen können nach den drei Gleichungen die Widerstände w_{12}, w_{13}, w_{23} rechnerisch ermittelt werden; so ist beispielsweise $1/w_{12} = \frac{1}{2}(a_1 + a_2 + a_3) - a_3$.

Diese Auswertung kann auch leicht graphisch erfolgen, indem man ein Dreieck, Fig. 601, aus den drei Stromwerten a_1, a_2, a_3 bildet. Der eingeschriebene Kreis ergibt durch seine Berührungspunkte die gesuchten Werte $1/w_{12}$, $1/w_{23}$, $1/w_{13}$. Dies gilt auch für Wechselströme, wenn man statt der Ohmschen die Richtungswiderstände einführt.

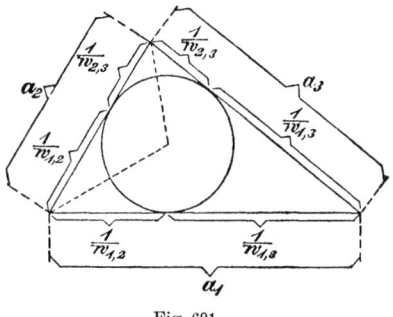

Fig. 601.

Der dem Isolationswiderstand entsprechende Ableitungsstrom nimmt nicht in allen Fällen den Weg durch das Isolationsmaterial, sondern es kommt an gewissen Punkten der Leitungsanlage der Weg auf der Oberfläche des Isolationsmaterials in Frage. Diese Oberflächenisolation ist bei niedriger Spannung nur in feuchten Räumen, so bei dem Übergang von Kabeln zu gewöhnlichen Leitungen, oder bei den Anschlüssen und Isolatoren in Betracht zu ziehen, während sie eine besonders wichtige Rolle bei Verwendung von hochgespannten Strömen spielt. Wir haben sie bereits bei den Isolierglocken und den Endverschlüssen der Kabel erörtert. Sie kommt in gleicher Weise auch bei der Isolierung von Maschinen, Transformatoren und Schaltapparaten in Betracht. Man trachtet den Oberflächenwiderstand durch Verlängerung des Ableitungsweges oder durch Ölisolierung zu vergrößern.

Ein Ableitungsstrom tritt auch bei vollkommener Isolierung bei einer Änderung der Potentialverteilung auf. Zuerst soll der Einfluß untersucht werden, den eine an einem einzigen Punkte hergestellte Erdableitung auf einen bei C offenen, sonst isolierten Gleichstromkreis, Fig. 602, ausübt. Sobald die Quelle AB in Tätigkeit tritt, wird, wenn die Schnittfläche bei C offen ist, BC und AC das Potential von B resp. A annehmen. Die Differenz der Potentiale E muß demnach gleich der Spannung der Quelle sein; bei 100 V ist das Potential in BC $+50$, in AC -50 V, die Differenz also wieder $50 - (-50) = 100$ V. Jeder Leiter $\overline{AC}$ und $\overline{BC}$ wird mit der Elektrizitätsmenge $\frac{1}{2} C \cdot E$ geladen, wenn C die Kapazität jedes Leiters bedeutet. Bei Erdung eines Leiters erfolgt eine Änderung der Potentiale durch

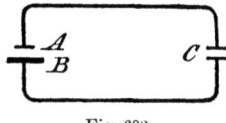

Fig. 602.

Ausgleich, indem dieser Leiter das Erdpotential Null annimmt, während der andere auf das Potential E steigt. Demzufolge fließt ein Strom von der höchsten Stärke $E/2R$ durch den Widerstand R gegen Erde ab, und dabei lädt sich der zweite Leiter mit der Elektrizitätsmenge $\tfrac{1}{2} C \cdot E$ auf $C \cdot E$. Wird die Schnittstelle bei C geschlossen, und liegt C in der Mitte des ganzen Leitungswiderstandes, so wird daselbst das Potential Null herrschen, wenn keine andere Stelle zur Erde abgeleitet ist. Gleichzeitig findet sich natürlich in der Elektrizitätsquelle selbst ein entsprechender Punkt, der gleichfalls das Potential Null aufweisen muß. Diese beiden Punkte, zur Erde abgeleitet, würden keine Veränderung in der Spannungsverteilung herbeiführen, wenn die übrige Leitung von Erde frei wäre.

Bei Wechselstrom ändert sich die Ladung periodisch mit der Spannung E, und der dauernd durchfließende Ladestrom eines Kondensators mit der Kapazität C ist $J = 2\pi\infty CE$, wie früher schon angegeben.

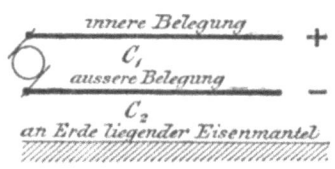

Fig. 603.

Ein aus konzentrischen Kabeln bestehendes Wechselstromnetz entspricht zwei Kondensatoren, C_1, C_2, Fig. 603; der eine Kondensator wird durch Innen- und Außenleiter, der andere durch den Außenleiter und die geerdete metallene Schutzhülle gebildet. Bláthy beobachtete bereits 1886 in Rom an einem konzentrischen Faserkabel von 2×220 mm² bei 2000 V einen dauernd zur Erde fließenden Ladestrom von 2,6 A. Durch Untersuchung mit einem Strommesser und einer Glühlampenbatterie zeigte sich dort auch zum ersten Male, daß die äußere Leitung des konzentrischen Kabels während des Betriebes scheinbar an Erde liegt, während die innere als vollständig isoliert erscheint. Wenn die Kapazität C_2 des äußeren Leiters zur Erde bedeutend und die Isolation in allen Teilen des Netzes gut ist, so ist das mittlere Potential E_2 des äußeren Leiters $E_2 = E C_1/(C_1 + C_2)$, das des inneren $E_1 = E C_2/(C_1 + C_2)$, wobei $E = E_1 + E_2$ die Spannung zwischen den Leitern bedeutet.

Ist nun die Kapazität C_1 des inneren Leiters vernachlässigbar gegen jene C_2 des äußeren, so folgt angenähert $E_1 = E$. Diese Spannungsverteilung wird jedoch verändert, sobald in irgend einem Teile des Stromkreises ein Isolationsfehler vorkommt. Wenn etwa bei einer Transformatorspule eine Erdverbindung eintritt, so wird diese Stelle auf das Potential Null gebracht, und unter solchen Umständen kann auch der äußere Leiter eine beträchtliche Spannung annehmen, wenn dies nicht vermittelst der erwähnten Funkenstrecken verhütet wird. Ähnliche Betrachtungen führen auch zur Einsicht, daß durch einen Ver-

Elektrolytische Vorgänge. 621

bindungsleiter zwischen der Bewehrung zweier gesonderter Kabel Strom fließen wird, der durch Nebenschließungen von geringerem Widerstande geschwächt sein kann.

Schaltet man irrtümlich den Außenleiter eines konzentrischen Kabelstranges ab, an dem noch ein leerlaufender Transformator hängt, so wirken die Außenleiter des ganzen Netzes so, als ob sie Erdschluß hätten, und die Isolierung des abgeschalteten Außenleiters muß der hohen Spannung des ganzen Ladestromes widerstehen. Häufig erfolgen dabei Durchschläge, besonders wenn noch Resonanzerscheinungen auftreten. Solche Durchschläge treten auch auf, wenn der Innenleiter Erdschluß erhält und dadurch die Potentialverteilung plötzlich geändert wird. Die bei oder nach Durchschlägen auftretenden Fehlerströme bedeuten im Gegensatz zu den wattlosen Ladeströmen einen Energieverlust.

Die zulässige Stärke des Ableitestromes durch die Isolierung der Leitungen und ihrer Anschlußobjekte kann nach drei Richtungen hin Erörterung finden: nach den elektrolytischen Wirkungen, der Sicherheit gegen gefährliche Wirkungen bei Berührung und dem Effektverlust. Diese sollen nun der Reihe nach kurz besprochen werden:

Der Ableitestrom einzelner Stellen darf schon mit Rücksicht auf elektrolytische Vorgänge, die er auf die Isolierstoffe an den Stellen der Berührung mit anderen, namentlich feuchten Stoffen an den Bettungs- oder Lagerungsstellen der Leitungen ausübt, nur gering sein. Bei allen Gleichstromanlagen weist mit der Zeit der negative Pol, an dem sich der Sauerstoff bei der Elektrolyse bildet, eine schlechtere Isolation auf als der positive. Auch bei Wechselstrom kann Elektrolyse auftreten. De la Rive hatte schon 1837 bei der Wechselstromelektrolyse von angesäuertem Wasser mit Platinelektroden eine Knallgasentwicklung beobachtet. Neuere Untersuchungen haben eine Verminderung der Knallgasentwicklung mit wachsender Periodenzahl ergeben. Dies ist nach Le Blanc und Schick darauf zurückzuführen, daß die Zeit, welche den entladenen Ionen bei höherer Wechselzahl zur Verfügung steht, nicht ausreicht, um sie als Gase entweichen zu lassen, so daß sie vom Gegenstromstoß in den Ionenzustand zurückgeführt werden, was auf das Problem der Bildungsgeschwindigkeit komplexer Ionen führt. Die Menge des durch Wechselstrom in Lösung gehenden Kupfers hängt von der Form und Größe der Elektrodenoberfläche ab, ist aber stets kleiner, als dem Faradayschen Gesetz entspricht, also kleiner als bei Gleichstrom. Der Elektrodenverlust wächst mit der Stromdichte, der Konzentration des Elektrolyten und mit abnehmender Periodenzahl; die Wasserstoffentwicklung an Kupferelektroden ist für niedrige Per/Sek äquivalent der gelösten Kupfermenge, wenn diese einwertig in Rechnung gestellt wird. Grobkristalline Elektroden lösen sich weniger als feinkristalline, geschmirgelte noch weniger. Untersuchungen von Kintner 1905 zeigten, daß Eisen und Stahl nicht merklich und Blei und Zinn nur schwach von Wechselströmen von 25 Per/Sek in Salzwasser oder im Boden angegriffen werden, während der Angriff mit Gleichstrom stark war. Immerhin läßt sich nicht angeben, bei welchem Wert des Ableitungsstromes diese Zersetzungen von Belang werden, und darum kann von diesem wichtigen Gesichtspunkte aus keine Ermittelung desjenigen Ableitestromes erfolgen, der in Hinsicht auf die Erhaltung der Isolation nicht überschritten werden dürfte.

Die Wirkung des Ableitungsstroms auf einen menschlichen Körper, der mit der Leitung in Berührung gelangt, gewährt für diese Festsetzung ebenfalls keinen genügenden Anhaltspunkt, weil bei Hochspannungsnetzen eine absichtliche Berührung überhaupt ausgeschlossen sein muß, während bei den Niederspannungsnetzen von 110 und 220 V die physiologische Wirkung auf den menschlichen gesunden Organismus unter den in der Praxis auftretenden Umständen keine Gefahr bildet. Nach Kath[1]) beträgt der Widerstand des von der Haut entblößten Körpers 500 Ohm, der Widerstand der Haut etwa 50000 Ohm bei 1 qcm Berührungsfläche. Umfaßt man also mit einer Hand eine Leitung fest, und berührt man die zweite nur mit der Fingerspitze von etwa 1 qcm Fläche, so schaltet man den Körper mit etwa 50000 Ohm ein und würde 500 V noch gut aushalten können, von 1500 V an aber sich gefährden.

Von wesentlich größerer Bedeutung ist der Fall, daß eine auf dem mehr oder weniger reinen Fußboden stehende Person einen Pol einer Leitung zufällig berührt, deren anderer Pol Erdschluß hat. Der Gesamtwiderstand besteht in diesem Falle aus der Summe der Widerstände der Haut an der berührenden Hand, des Körpers, Schuhwerks und Fußbodens bis zur nächsten mit Erde verbundenen Metallplatte. In normalen Werkstatt- oder Fabrikbetrieben ist allein der Übergangswiderstand zwischen dem Schuhwerk und dem trockenen Fußboden etwa 150000 Ohm, also so hoch, daß er gefährliche Ströme überhaupt bei der Berührung von Leitungen mittlerer Spannung nicht aufkommen läßt. Selbst bei feuchtem Boden beläuft sich der Widerstand noch auf etwa 10—15 Tausend Ohm. Sobald aber der Boden und das Schuhwerk mit gut leitenden Flüssigkeiten, z. B. mit der herausgespritzten Strontianlauge in Zuckerraffinerien, beschmiert und durchtränkt sind, sinkt der Widerstand auf 900—2000 Ohm, so daß also die mit 100 V Betriebsspannung bei diesen Betrieben tatsächlich vorgekommenen Todesfälle erklärlich erscheinen. Für diese schmierigen Betriebe sind deshalb vom V.D.E. besondere Sicherheitsmaßregeln vorgeschrieben worden.

---

[1]) Dr. H. Kath, ETZ 1899 S. 601.

Die tödliche Wirkung des elektrischen Stromes auf den lebenden Organismus kommt zustande entweder durch Zerstörung der Gewebe, wobei jedoch größere, länger andauernde Ströme (etwa 8 Ampere bei den amerikanischen Hinrichtungen mittels des elektrischen Stromes) erforderlich sind, oder nach D'Arsonval durch indirekte Hemmung der nervösen Zentralorgane, z. B. der Lungen- und Herztätigkeit, also insbesondere des Nervus vagus, der sowohl die Lungen- und Herztätigkeit als auch jenen Teil der Gehirnfunktionen beeinflußt, welcher die Atmung und den Herzschlag verlangsamt oder beschleunigt. Daher ist auch die Betätigung der künstlichen Atmung bei vom Strome Erschlagenen schon oft von Erfolg begleitet gewesen.

Der vorliegende Gesichtspunkt führt dazu, für Wechselstrom einen höheren Isolationsbetrag als berechtigt erscheinen zu lassen, während der Gesichtspunkt der Elektrolyse das Gegenteil erforderte. Hat die Leitung elektrostatische Kapazität, so müssen deren Wirkungen berücksichtigt werden. So wird die Berührung des Innenleiters eines konzentrischen Hochspannungskabels gefährlich werden, während die Berührung des Außenleiters guter Isolation des Innenleiters ungefährlich ist. Im Vorhergehenden wurde der menschliche Körper als gewöhnlicher Widerstand betrachtet, was für hohe Periodenzahlen nicht zutrifft. Tesla hat gezeigt, daß solche Ströme trotz hoher Spannung keinen schädlichen Einfluß ausüben. Ob die Ursache in der Schirmwirkung des Wechselstromes liegt, oder ob sie in der Unempfindlichkeit der Nerven gegenüber zu raschen Impulsen begründet ist, ist eine noch unentschiedene Frage.

Als dritter Gesichtspunkt für die zulässige Stärke des Ableitungsstromes kann der durch ihn verursachte Energieverlust hingestellt werden. Dieser Gesichtspunkt kann nur für den durch mangelhafte Isolation bewirkten Strom gelten, da der Kondensatorstrom bei Wechselstrom praktisch wattlos, der Verlust durch dielektrische Hysteresis klein ist. Der Wert des zulässigen Verlustes wird sich nach den Selbstkosten der Energieeinheit richten und kann demnach eine allgemein giltige Grenzbestimmung für eine aufzustellende Vorschrift kaum liefern. Für eine Parallelschaltungsanlage mit der konstanten Spannung E und dem höchsten Betriebsstrom J sei der durch die Isolation verursachte Verlust der m te Teil des Nutzstromes, also der Ableitestrom gleich J/m; es wird dann der Isolationswiderstand $R = m\,E/J$. Danach sollte er der Stromstärke umgekehrt proportional sein, was gewiß in vielen Fällen der Berechtigung entbehrt. So hängt bei Freiluftleitung der Ableitungsstrom mit der Anzahl der Stützpunkte und dadurch mit der Länge der Leitung zusammen; er wird auch von der Witterung und von der Höhe der Spannung E beeinflußt, kaum aber von der Stärke des von der Leitung geführten Stromes J. Ähnliches gilt von unterirdischen Leitungen.

Für Innenleitungen jedoch bietet die Längenbestimmung große Schwierigkeiten. Die obige Formel setzt voraus, daß die Stromstärke einer Innenanlage gewissermaßen proportional dem verlegten Drahtmaterial sei. Besser trifft dies sicherlich für die Lampenzahl ohne Rücksicht auf die Stromstärke in vielen Fällen zu, weil die schwächsten Punkte in den Hausinstallationen die Beleuchtungskörper und ihre Zubehöre, nicht aber die glatten Leitungen selbst bilden. Es finden sich auch Formeln, die dies berücksichtigen.

Der Isolationswert einer fertigen Anlage setzt sich aus dem ihrer Teile, also der Maschine, der Leitung, der Beleuchtungskörper und der Nebenteile zusammen. Die Art dieser Zusammensetzung hängt vom System der Anlage ab; so sind bei dem indirekten System die Isolation des primären, des sekundären Kreises und beider gegeneinander zu betrachten. Rechnet man bei einer direkten Stromverteilung für jede Lampe drei Zubehörteile von je 300000 Ohm, so würde eine Anlage mit idealster Leitung doch nur 100000 Ohm für die Lampe aufweisen. Die Anschlußteile, namentlich die Lüsterleitungen, drücken oft den Isolationswert einer guten Leitung stark herab; so hat Prof. Waltenhofen beim Burgtheater in Wien gefunden, daß der Isolationswiderstand der Leitung beim Anschluß der Beleuchtungskörper auf $^1/_{14}$ des ursprünglichen Wertes sank. Es hat demnach den Anschein, als wenn es nicht berechtigt wäre, für die Isolierung der Drähte so große Opfer zu bringen, wenn die Anschlüsse den Endwert vornehmlich beherrschen. Dem ist nur zum Teil so; denn der hohe Isolationswiderstand der Leitung selbst befördert das Aufsuchen und Beseitigen von eintretenden Fehlern in den Nebenteilen. Andererseits ist aber der Wert einer überaus hohen und teuer erkauften Isolation fragwürdig, wenn für ihre dauernde Erhaltung keine Gewähr gegeben ist. Es wurde schon erwähnt, daß elektrolytische Zersetzung die Isolationswerte des negativen Pols bei Gleichstrom mit der Zeit herabdrückt. Der Wert von Isolationsvorschriften ist vornehmlich in der moralischen Wirkung zu suchen, die sie ausüben. Sie zwingen zur sorgfältigen Aufmerksamkeit in allen Einzelheiten der Ausführung und zur steten Messung der einzelnen Teile während des Baues und Betriebes.

Die erste beiläufige Vorschrift über die Höhe des Isolationswiderstandes enthielten Mai 1882 die Regeln für Verhütung von Feuerschäden durch das elektrische Licht, welche von der Society of Telegraph Engineers and Electricians in London herausgegeben waren und besagten, daß alle Drähte von Innenräumen genügend isoliert und die Isolation der Dynamospulen und Drähte praktisch vollkommen sein sollen; der Wert der häufigen Prüfung der Maschine und Leitung könne nicht genug empfohlen werden. 1883 schrieb die englische Admiralität vor, die

Vorschriften über die Isolation. 625

Prüfung der Anlage mit einem Kupferstück vorzunehmen, welches von einem Leitungspole gegen das auf Erde ruhende Dynamogestell geführt wird. Es sollte sich bei guter Isolation kein Funken zeigen. 1884 veröffentlichte Prof. Jamieson die Formel $R = 100000$ E/N, wobei N die Anzahl der 16 kerzigen Lampen bedeutete. Der Wert der Konstanten stammte aus einigen Messungen an guten Schiffsinstallationen. Die Formel galt für die Leitung, während für die Maschine mindestens der gleiche Wert verlangt wurde, so daß demnach für Maschine und Leitung der Zahlenwert auf 50000 sank. Die im Mai 1888 erschienene 13. Ausgabe der Phoenix Fire Office Rules schrieb für das Leitungsnetz bei Gleichstrom von 200 V oder darunter einen Isolationswiderstand von wenigstens 10000 Ohm, für 1000 V nicht unter 50000 Ohm vor; für Wechselstrom wurde das Doppelte gefordert. Im November 1888 wurde jedoch schon die Ergänzung auf die Lampenzahl vorgenommen, indem 12500000 Ohm Lampe gerechnet wurden. Im selben Monat gab Picou die auf Grund des Energieverlustes angeführte Formel $R = m\,E/J$ und nahm für das Leitungsnetz allein $m = 1000$, für die gesamte Installation mit Maschinen die Hälfte an. Im April 1888 veröffentlichte die Society of Telegraph Engineers and Electricians dieselbe Regel, jedoch mit dem zehnfachen Koeffizienten. Ebenso gab der Wiener Elektrotechnische Verein Sicherheitsvorschriften für elektrische Starkstromanlagen im Juni 1888 heraus, welche die gleichen Werte vorschrieben und nur für besonders ungünstige Fälle wie Brauereien, Färbereien eine Unterschreitung zustanden. Die Vorschriften des V. D. E. bestimmen folgendes:

Vor Inbetriebsetzung einer Anlage ist durch Isolationsprüfung, womöglich mit der Betriebsspannung, mindestens aber mit 100 V, festzustellen, ob Isolationsfehler vorhanden sind. Das gleiche gilt von jeder Erweiterung der Anlage. Bei diesen Messungen muß nicht nur die Isolation zwischen den Leitungen und der Erde, sondern auch die Isolation je zweier Leitungen verschiedenen Potentiales gegeneinander gemessen werden; im letzteren Falle müssen alle Glühlampen, Bogenlampen, Motoren oder andere stromverbrauchende Apparate von ihren Leitungen abgeschaltet, dagegen alle vorhandenen Beleuchtungskörper angeschlossen, alle Sicherungen eingesetzt und alle Schalter geschlossen sein. Reihenstromkreise dürfen jedoch nur an einer einzigen Stelle geöffnet werden, die möglichst nahe der Mitte zu wählen ist. Bei Isolationsmessung durch Gleichstrom gegen Erde soll, wenn möglich, der negative Pol der Stromquelle an die zu messende Leitung gelegt werden, und die Messung soll erst erfolgen, nachdem die Leitung während zwei Minuten der Spannung ausgesetzt war. Der Isolationszustand einer Anlage, mit Ausnahme der feuchten Teile und der Freileitungen, soll derart sein, daß jede Teilstrecke zwischen zwei Sicherungen oder hinter der letzten Sicherung bei

626 Die ergänzenden Vorrichtungen und Einrichtungen zu elektrischen Anlagen.

250—300 V mindestens	250000 Ohm	600— 700 V mindestens	410000 Ohm
300—400 - -	280000 -	700— 800 - -	440000 -
400—500 - -	330000 -	800— 900 - -	460000 -
500—600 - -	375000 -	900—1000 - -	480000 -

hat. Von 1000 V an soll der Widerstand mindestens 500 Ohm für das Volt betragen.

Diejenigen Teile von Anlagen, welche in feuchten Räumen, z. B. in Brauereien, Färbereien, Gerbereien oder dergl., installiert sind, brauchen diesen Vorschriften nicht zu genügen, sollen aber mit möglichster Sorgfalt isoliert sein. Wo eine größere Anlage feuchte Teile enthält, müssen diese bei der Messung abgeschaltet sein, und die trockenen Teile müssen den angegebenen Werten genügen. Der Isolationswiderstand von Freileitungen muß bei feuchtem Wetter mindestens 80 Ohm für das Volt und Kilometer einfacher Länge betragen, braucht aber $1^1/_2$ Millionen Ohm nicht zu überschreiten. In Stromerzeugungsanlagen sind Vorrichtungen vorzusehen, durch welche der Isolationszustand auch während des Betriebes überwacht werden kann.

Das Bedürfnis nach einer dauernden Überwachung des Isolationszustandes ist so stark geworden, daß alle Gleich- oder Wechselstromanlagen mit Isolationsmessern ausgerüstet werden. Durch geeignete Umschalter wird die Verwendung dieser Instrumente eine zweifache: Sie dienen erstens zur Überwachung der gesamten angeschlossenen Anlage während des Betriebes und zweitens bei schlechter Isolation zur Prüfung der einzelnen Leitungsstränge, nachdem diese außer Betrieb gesetzt sind. Bei Gleichstromanlagen verwendet man die Betriebsspannung selbst, bei Wechselstromanlagen eine über den Wechselstrom gelagerte Gleichstrom-Hilfsspannung, die von einer Batterie B, Fig. 604, geliefert wird und unter Zwischenschaltung eines passenden Widerstandes, etwa eines Megohms M, auf ein aperiodisches Galvanometer G wirkt. C ist ein Stromwender, S ein Galvanometernebenschluß, D die Erdableitung, L die Leitung, bei konzentrischen Kabeln der äußere Leiter, A ein Stöpselumschalter. Ist a_1 der Ausschlag, den das Megohm allein ergibt, a_2 der kleinere Ausschlag für Megohm und Erdschluß zusammen, so ist der Widerstand der Erdschließung in Megohm gleich $(a_1/a_2 - 1)$. Die Messung mit überlagertem Gleichstrom gibt den Isolationswiderstand, während die Messung mit Wechselstrom den Richtungswiderstand ergäbe, der dem aus Isolationsfehlern, Kapazität und dielektrischer Hysteresis resultierenden Ableitungsstrom zur Erde entspricht. In diesem Falle kann man einen veränderlichen, etwa aus Lampen aufgebauten Widerstand und ein elektrostatisches Voltmeter statt des Galvanometers G verwenden. Da der Richtungswiderstand

Messung des Isolationswiderstandes.

außer Größe auch Richtung enthält, müssen für jede Leitung zwei Messungen mit verschieden eingestelltem Hilfswiderstand vorgenommen werden. Soll ein eintretender Erdschluß sich selbsttätig anzeigen, so wird die in Fig. 605 gegebene Anordnung als Erdschlußanzeiger

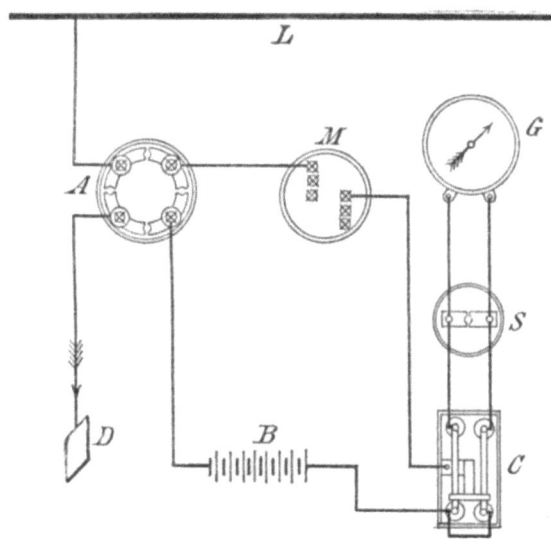

Fig. 604.

benutzt. Im normalen Zustande leuchten beide Glühlampen $L_1 L_2$ dunkel; sobald Erdschluß etwa bei a eintritt, leuchtet die Gegenlampe L_2 auf. Die Vorrichtung versagt, wenn beide Pole gleich starken Erdschluß besitzen, und muß deshalb noch durch einen verstellbaren Widerstand in Reihe oder parallel zu L_1 und L_2 ergänzt werden. Der einfachste Erdschlußanzeiger, Fig. 606, der für Dreileiteranlagen dreiteilig einzurichten ist, besteht aus einem Umschalter mit Glühlampen. Bei Dreileiter-Anlagen mit 2×110 V genügt eine Lampe für 220 V. Mittels des Umschalters werden die an Erde gelegten Lampen mit den Polen des Netzes verbunden. Je nachdem die Lampen heller oder dunkler leuchten, ist der Erdschluß stärker oder schwächer. Der schadhafte Pol ist der Gegenpol desjenigen, an dem die Lampe leuchtet. Statt aus dem Grad des Leuchtens die Stärke der Ableitung zu schätzen, kann

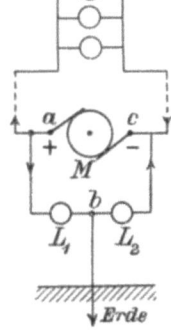

Fig. 605.

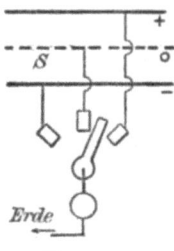

Fig. 606.

ein Voltmeter mit hohem Widerstand eingesetzt werden, das als Strommesser für schwache Ströme zur Verwendung gelangt.

Solche Isolationsprüfer können mit einer doppelten Teilung in Volt und Milliampere oder für eine gegebene Prüfspannung in Milliampere und Ohm versehen sein. Sie werden bei Gleichstrom mit der Netzspannung und dem Isolationswiderstande hintereinander geschaltet; bei Wechselstrom dagegen wird eine besondere Batterie Trockenelemente von 110 V als Meßspannung benutzt; zur Eichung wird die Stromstärke abgelesen, welche von der zu untersuchenden Leitung zur Erde abfließen müßte, falls die Leitung an dem einen Pol der Netzspannung, der andere Pol der Netzspannung an Erde läge. Dies ist direkt die nach den Sicherheitsvorschrifen des V. D. E. zulässige Stärke des Ableitungsstromes. Solche Meßgeräte werden von Hartmann & Braun, Siemens & Halske A.-G. und der

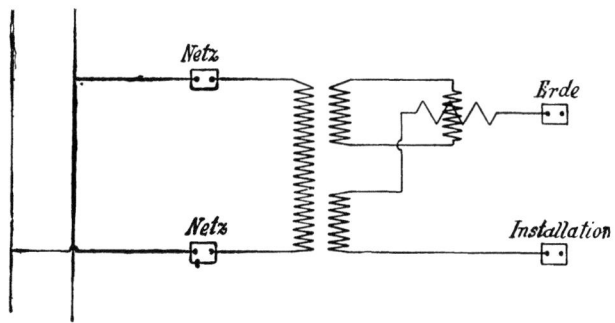

Fig. 607.

Weston Co. hergestellt. Statt der Hilfsbatterie kann auch ein Gleichstrommagnetinduktor verwendet werden, wenn dafür gesorgt ist, daß die Anzeige von der Geschwindigkeit des Induktors unabhängig ist. Solche Meßgeräte werden von Alfred Schöller in Frankfurt a. M. hergestellt. Auch zur Leitungsprüfung während der Montage werden tragbare Galvanoskope oder Klingeln verwendet, die mit einigen Trockenelementen oder einem Magnetinduktor ausgerüstet sind. Ist Kapazität vorhanden, so läutet die am Magnetinduktor befestigte Klingel wegen des Ladestromes stets, auch bei vollkommener Isolation beider Kondensatorbelegungen voneinander.

Zur Prüfung von Hausanschlüssen an Wechselstromnetze, die nach den Vorschriften des V. D. E. mit der Betriebsspannung vorgenommen werden müssen, hat die A. E. G. Berlin ein dynamometrisches Meßgerät, Fig. 607, auf den Markt gebracht, das einen Transformator mit zwei sekundären Wickelungen enthält. Die eine Wickelung hat die gleiche Windungszahl wie die primäre Spule und bedient die

Prüfung der Isolation. 629

Spannungsspule des Dynamometers, die andere speist dessen zweite Spule. Das Instrument ist dann für die der primären Wickelung angepaßte Normalspannung von 110 oder 220 V in Ohm geeicht und kann auch als Voltmeter verwendet werden, wenn man die zwei freien Klemmen rechts kurzschließt. Die Isolationsmessung vollzieht sich bei dieser Anordnung mit der Betriebsspannung, ohne daß es nötig wäre, die Installation an das Netz unmittelbar anzuschließen. Für Hochspannungsnetze ohne größere elektrische Kapazität kann das gewöhnliche Voltmeter durch ein elektrostatisches in zur Erde abgeleiteter Hülle ersetzt werden, oder es kann unter direkter Verwendung des hochgespannten Stromes die in Fig. 608 abgebildete Anordnung der Westinghouse Co. verwendet werden. Dieselbe besteht aus zwei primär in Serie geschalteten Transformatoren, deren Mitte an Erde gelegt ist. Tritt ein Erdschluß ein, so leuchten die an die Sekundärwickelungen angeschlossenen Lampen verschieden hell. Diese Vorrichtung bedingt jedoch den Erdschluß der Mitte des Hochspannungsnetzes.

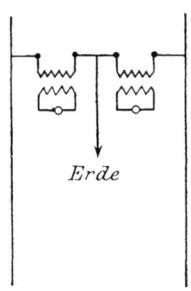

Fig. 608.

In ähnlicher Weise kann man bei Luftleitungen die Isolation der einzelnen Drähte mit der Betriebsspannung unter Verwendung eines Transformators, eines Umschalters und eines Niederspannungsvoltmeters vornehmen, Fig. 609. Bei guter Isolation zeigt dieses Voltmeter bei Einphasenstrom die halbe Spannung, bei Drehstrom die Phasenspannung. Hat eine Leitung schlechte Isolation, so geht das Voltmeter auf Null zurück, während die anderen Voltmeterangaben steigen. Bei Drehstromanlagen in Sternschaltung kann man eventuell den Umschalter fortlassen, wenn man den Transformator an den neutralen Punkt anschließt. Bei der Messung in Anlagen, die nicht unter Strom stehen, werden Leitung, Hilfsbatterie, Isolationsmesser vom Widerstand r und Erde hintereinander geschaltet; sei E die Spannung der Batterie, e der Voltmeterausschlag für die Isolationsmessung nach dieser Schaltung, so ist der Isolationswiderstand $R = r\,(E/e - 1)$ Ohm.

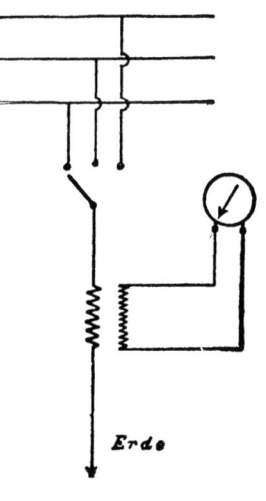

Fig. 609.

Bei Zweileiteranlagen im Betrieb mißt man erst die Spannung E zwischen Hin- und Rückleiter, dann die Spannung e_1 zwischen Hinleiter und

630 Die ergänzenden Vorrichtungen und Einrichtungen zu elektrischen Anlagen.

Erde und schließlich die Spannung e_2 zwischen Rückleiter und Erde. Dann ist $R = r\,[E/(e_1 + e_2) - 1]$. Dieses Verfahren versagt, wenn $(e_1 + e_2) > E$. In diesem Falle müßte ein Voltmeter von kleinerem Widerstande r verwendet werden[1]). Statt dessen kann man ein elektrostatisches Voltmeter mit parallelgeschaltetem Regelwiderstand r benutzen. Ist r ausgeschaltet, so mißt man die Spannung e_1 zwischen dem Leiter und Erde; beim Einschalten von r erhält man den kleineren Ausschlag e_2; dann ist $R = r\,[E/(e_1 + e_2) - 1]$ wie oben. Nach Frölich[2]) kann man den Isolationswiderstand auch nach einer Verzweigungsmethode bestimmen. Man legt zwischen den zu prüfenden Leiter und Erde ein Voltmeter vom Widerstand g und beobachtet die Spannung e_1; darauf legt man parallel dazu einen bekannten Widerstand r, Fig. 610, und mißt abermals die Spannung e_2 des Leiters gegen Erde. Dann ist der Isolationswiderstand gegeben durch

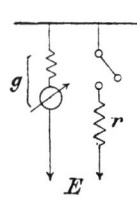

Fig. 610.

$$\frac{1}{R} = \frac{1}{r} \cdot \frac{e_2}{e_1 - e_2} - \frac{1}{g}.$$

Hat man r so lange verändert, bis $e_2 = \tfrac{1}{2}\,e_1$, dann ist $1/R = 1/r - 1/g$.

Den Isolationswiderstand bei Dreileiternetzen bestimmt man für jede Hälfte des Netzes besonders. Sahulka hat ein Verfahren angegeben, wonach auch bei Mehrleiteranlagen die Isolationsfehler der einzelnen Leiter ermittelt werden können. Es beruht im wesentlichen darauf, daß eine Teilspannung des Netzes durch Verstellung des Zellenschalters oder Veränderung der Dynamoerregung um einige Hundertstel ihres Wertes geändert und gleichzeitig durch künstliche Veränderung des Isolationswiderstandes eines Leiters gegen Erde das Potential des Mittelleiters gegen Erde auf Null gebracht wird.

Bei Reihenschaltung, etwa einer Bogenlampenlichtanlage, wird der Erdschluß nach Fig. 611 leicht ermittelt. Seien zur Messung so viele Hilfsglühlampen L als Bogenlampen B in Serie geschaltet, so wird nach der Wheatstoneschen Brücke diejenige künstliche Erdschlußverbindung stromlos werden, welche demselben Potentiale entspricht wie der Leitungsschluß selbst. Der richtige Punkt ergibt sich, sobald das Galvanoskop G stromlos wird. Diese Anordnung war von der Brush Electric Co. in Chicago für Bogenlampenreihen von 5000 V in Verwendung.

Will man die Fehlerstelle eines Kabels bestimmen, so bildet man nach Murrays Schleifenmethode eine Wheatstonesche Brücke,

---

[1]) J. Sahulka, ETZ 1904 S. 457, ferner ETZ 1907 S. 457, 484.
[2]) O. Frölich, Über Isolations- und Fehlerbestimmungen elektrischer Anlagen. Halle 1895.

Fig. 612, indem man an die Enden CD des Kabels von der Länge L die Vergleichswiderstände r und q und an deren Verbindungsstelle A die Batterie B mit einem Pol anlegt. Der andere Pol und die Fehlerstelle liegen an Erde. Wird dann durch Stöpselung oder bei Anwendung eines Schleifdrahtes vom Widerstande $s = (r + q)$ das Galvanometer bei geschlossener Batterie stromlos, so gilt die Brückengleichung $r/q = x/y$ oder $x = L r/s$, da $r + q = s$ und $x + y = L$. Damit ist bei bekannter Länge L der Abstand x der Fehlerstelle vom Anfang C festgelegt. Die Zuleitungsdrähte vom Instrument zur Kabelschleife müssen kurz und stark sein[1]).

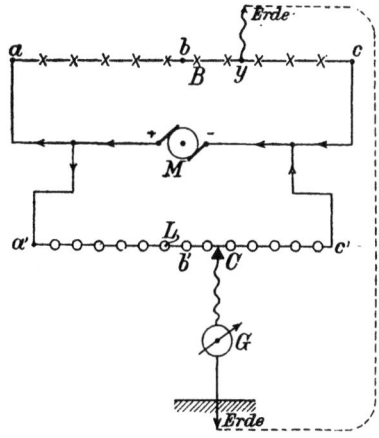

Fig. 611.

Ist ein Leiter gerissen, aber noch gut von Erde isoliert, so ermittelt man die Fehlerstelle durch Ladungsmessungen, Fig. 613. Man legt den einen Pol einer Batterie an Erde, den anderen einmal an A, dann an B und bestimmt für beide Fälle die Ausschläge a_1 und a_2 eines ballistischen Galvanometers. Dann ist $x = L a_1/(a_1 + a_2)$.

Hält man über das zu untersuchende Kabel einen aus mehreren Windungen bestehenden Rahmen D Fig. 614 derart, daß eine Seite dem Kabel parallel ist, so induzieren Stromschwankungen im Kabel Ströme in dem Rahmen, die in dem an die Enden der Rahmenwickelung angeschlossenen Telephon oder Galvanometer T Stromstöße erzeugen. Hält man also den Rahmen an den einen Leiter eines Speisekabelstranges, und erdet man diesen Leiter durch einen Widerstand, so ergibt sich kein Geräusch im

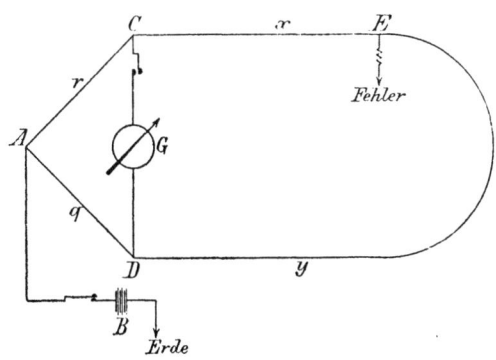

Fig. 612.

---

[1]) Raphael, Isolationsmessungen und Fehlerbestimmungen an elektrischen Starkstromleitungen. Deutsch von Dr. Richard Apt.

Telephon, solange der andere Pol des Stranges frei vom Erdschluß ist. Hat der andere Pol Erdschluß, so tritt Geräusch im Telephon auf. Um den Fehler näher zu ermitteln, kann man diese Methode auf der Straße benutzen, nachdem man den gesunden Leiter über einen Unterbrecher und einen Widerstand geerdet hat. Man hält dann die Spule über das fehlerhafte Kabel und verfolgt seine Spur so lange, bis der Ton im Telephon an einer Stelle verschwindet. Dies ist die Fehlerstelle. Die Beobachtung ergibt jedoch nur sichere Resultate, wenn die Leitungen nicht mit einem geschlossenen Bleimantel umgeben oder bewehrt oder in Metallröhren verlegt sind; man vernimmt in diesem Fall keinen oder nur schwachen Ton im Telephon. Unter diesen Einschränkungen ist die Methode jedoch für Zweileiternetze, für Dreileiternetze, deren Mittelleiter nicht dauernd geerdet ist und für konzentrische, nicht bewehrte Kabel, deren Innenleiter gegen den Außenleiter, nicht aber auch gegen Erde durchgeschlagen ist, während des Betriebes anwendbar.

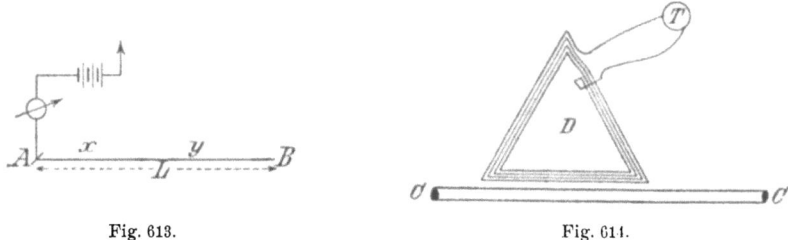

Fig. 613.   Fig. 614.

Die Überwachung und Aufsuchung von Fehlern in ausgebreiteten Netzen kann auch durch selbsttätige Rückmeldung erleichtert werden. Die in den Speise- und Verteilungsleitungen vorhandenen Prüfdrähte werden bezirksweise untereinander verbunden, so daß jeder in einer Speiseleitung die Zentrale verlassende Prüfdraht sich nur in deren Versorgungsgebiet verzweigt. Die Prüfdrähte der Speisekabel laufen in der Zentrale an einer Prüfdraht-Schaltetafel zusammen und sind mit Meldevorrichtungen versehen. Bei dem System von Agthe wird der Prüfdraht jedes Außenleiters eines Dreileitersystems im Kabelkasten unter Zwischenschaltung von einigen tausend Ohm mit seiner Kabelseele verbunden, in der Zentrale unter Zwischenschaltung eines Relais und einer schwachen Sicherung an die Prüfdraht-Sammelschiene angeschlossen. Das Voltmeter liegt zwischen dieser Schiene und dem neutralen Leiter und zeigt etwa 220 V. Entsteht durch Beschädigung eines Kabels Kontakt zwischen Prüfdraht und Kabel, so wird der Vorschaltwiderstand im Kabelkasten kurzgeschlossen, und das zugehörige Relais spricht sicher an. Nach Kallmann werden die Prüfdrähte sowohl am fernen Ende geerdet als auch in der Zentrale durch ein Relais mit der Erde verbunden. Tritt irgendwo im Netz ein stärkerer Strom zur Erde über, so erhöht sich dort das Erdpotential, und der entstehende schwache Strom fließt durch den Prüfdraht zur Zentrale und erregt die zugehörige Fallklappe, die den gestörten Bezirk anzeigt. Das Kallmannsche System bedingt die Erde frei von fremden Erdströmen, wie sie namentlich die Straßenbahnen verursachen.

Die Fehlerbestimmung ist dadurch erleichtert, daß selbst bei starken Erdschlüssen von mehreren Hundert Ampere die Spannung der Erde schon in geringer Entfernung von der Fehlerstelle auf Bruchteile eines Volt gesunken ist. Je mehr Erdschlußstellen ein Leiter hat, desto mehr nähert sich Erdschluß eines anderen Leiters dem Kurzschluß, und desto geringer werden die in der Erde meßbaren Potentialdifferenzen. Dies ist insofern wichtig, als die Klappen der Fernsprechämter durch die in der Erde auftretende Strombewegung ebenso fallen wie die Klappen des Kontrollrelais. Dauert aber die Strombewegung in der Erde lange an, so bleiben die Anker der beeinflußten Relais im Kontrollamt und bei den Fernsprechämtern angezogen. Da man nun hierdurch eine stundenlange Betriebsstörung erfahren konnte, solange die Telephone keine metallische Rückleitung besaßen, wählte man von zwei Übeln das kleinere und versuchte die Erdschlüsse so stark zu gestalten, daß die Bleisicherungen rasch schmolzen, und die Fernsprechämter durch den kurz dauernden Stromstoß nur vermehrte Klappenfälle hatten, ohne dauernde Betriebsstörung zu erleiden. Diese Erwägung hat dazu geleitet, den Mittelleiter bei Dreileiteranlagen an vielen Stellen an Erde zu schließen oder ihn ganz blank zu verlegen.

Dies führt uns zur Erdung. Einen Gegenstand erden heißt, ihn mit der Erde derart leitend verbinden, daß er eine für unisoliert stehende Personen gefährliche Spannung nicht annehmen kann. Nach den deutschen Sicherheitsvorschriften muß der neutrale Mittelleiter bei Dreileiternetzen für Gleichstrom geerdet sein, wenn die Spannung höher ist als 2×120 V. Dies ist zweckmäßig, um die soeben erwähnten dauernden Telephonstörungen zu vermeiden und um die Gefahr bei Berührung eines Außenleiters zu vermindern. Das höchste Potential gegen Erde wird dadurch nur halb so groß als bei isoliertem Mittelleiter. Andererseits ist nicht zu verkennen, daß bei geerdetem Mittelleiter auch rasch vorübergehende, etwa durch einen von Wind gegen eine Luftleitung anschlagenden Zweig hervorgerufene Erdschlüsse zu Kurzschlüssen sich auswachsen. Die dauernde Aufrechterhaltung vollkommener Isolation ist unmöglich; man hat also entweder unvollkommen isolierten oder gut geerdeten Mittelleiter, und die Praxis unterscheidet nur noch zwischen stellenweise geerdetem Mittelleiter, der viele Anhänger zählt, weil die Kurzschlüsse dabei weniger heftig ausfallen, und blankem Mittelleiter, der billiger ist.

634 Die ergänzenden Vorrichtungen und Einrichtungen zu elektrischen Anlagen.

Die teilweise Mitbenutzung einer Erdstrecke in Reihe zu einer geerdeten Leitung ist unzulässig; der geerdete Mittelleiter darf also keine Unterbrechungen aufweisen. In einer Anlage mit geerdetem Mittelleiter war zufällig im Maschinenhaus eine mangelhafte Verbindung des Mittelleiters vorhanden. Sein Strom ging durch die Eisenkonstruktion des Hauses auf die Dachrinne und fraß dort wiederholt Löcher in die lose ineinander geschobenen Abfallröhren, bis nach mehrfachen Ausbesserungen die Ursache des Fehlers beseitigt war.

Bei mangelhafter Isolation des Mittelleiters in einem Dreileiternetz sind atmosphärische Entladungen durch die Straßenglühlampen vorgekommen. Auch mit Rücksicht auf Überspannungen ist es zweckmäßig, den neutralen Punkt für Mehrphasenanlagen und den neutralen Leiter bei Dreileiteranlagen dauernd zu erden. Die Überspannungssicherungen werden dann nahe der Spannung gegen Erde eingestellt. Wenn die Ableitung der Überspannung zu hohe Stromstärke zur Folge hat, sind neue Störungen, etwa durch erneute Überspannungen, Abschmelzen von Sicherungen, Ausfallen selbsttätiger Ausschalter, zu befürchten; andererseits wäre bei zu kleiner Stromstärke zu befürchten, daß die Überspannung nicht genügend ungefährlich gemacht wird. Deshalb sind in den Ableitungsstromkreis geeignete Widerstände einzubauen, deren Größe je nach den örtlichen Verhältnissen sachgemäß zu bestimmen ist.

Bei Drehstromanlagen werden zudem durch Erdung des neutralen Leiters die dielektrischen Verluste in den Kabeln verringert. Der neutrale Leiter kann in einem solchen Falle als vierter Leiter in das Kabel eingebettet und etwa in den Transformatorenstationen geerdet werden; er wird auch bei gleichmäßiger Belastung der Phasen die Summe der dritten, neunten, ... Oberschwingungen führen.

Die neutralen oder Nulleitungen bei Mehrleiter- oder Mehrphasensystemen sowie alle betriebsmäßig geerdeten Leitungen dürfen keine Sicherungen enthalten. Ausgenommen hiervon sind isolierte Leitungen, die von einem geerdeten neutralen oder Nulleiter abzweigen und Teile eines Zweileitersystems sind; diese dürfen Sicherungen enthalten.

Eiserne Maste, an denen Hochspannungsleitungen geführt werden, nehmen mitunter beträchtliche Spannungen gegen Erde an, besonders, wenn sie in Zement eingelassen sind. Die Ursachen sind gesprungene Glocken oder Oberflächenleitung. Zur Beseitigung der Gefahr im Fall der Berührung erdet man den Mast oder umkleidet ihn mindestens bis zu 2 m Höhe mit Holz. Abspanndrähte an eisernen oder hölzernen Masten sind aus dem gleichen Grunde durch Zwischenstücke aus Porzellan oder dergleichen zu isolieren.

Schaltanlagen. 635

E. Schaltanordnungen und -Einrichtungen.

Die einem gleichen Zwecke dienenden Schalter, Sicherungen und Meßgeräte werden an einer oder mehreren Sammelstellen zur besseren Übersicht und Handhabung zusammengefaßt. Ursprünglich entwickelte sich diese Vereinigung mit ihren Zu- und Ableitungen flach auf einer lotrechten oder pultförmigen Ebene, später mußte mit den größeren Geräten bei hohen Spannungen und großen Stromstärken eine mehr räumliche Entfaltung Platz greifen. Während anfangs die Schalttafel die mechanische Trägerin der Leitungen mit ihren Anschlüssen und allen Geräten sein konnte, kamen später weittragende eiserne Traggerüste mit aufgesetzten Tafeln oder kastenförmigen Einsatzzellen zur Anwendung. Die Entwickelung ist sehr mannigfach mit der Gestaltung der Elektrotechnik vom bescheidenen Schaltbrettchen der Hausleitungen bis zu den umfangreichen Schaltanlagen der zeitgemäßen Riesenwerke gewachsen.

Je nach der Bestimmung unterscheidet man zwischen Einrichtungen für Maschinen, Transformatoren und Akkumulatoren, ferner für Schmelzsicherungen und Schalter von Hausleitungen. Die Angaben über die Höhe der Spannung, die Art des Stromes, den Aufstellungsort und die Bauart kennzeichnet die Schalteinrichtungen. Es haben sich hierin Typen entwickelt, und ein Stichwort genügt dann oft zur vollständigen Bezeichnung.

Maßgebend für die Schaltanlage ist ihre durch den Fall begründete allgemeine Schaltungsweise. Diese kann nur in nebensächlichen Punkten durch die Einrichtungsart in ihrem Wesen betroffen werden. So wird das Schaltungsschema einer Maschinenanlage etwas geändert, wenn der Schaltvorgang von einer Stelle oder bei jeder Maschine vor sich gehen soll. Ebenso beeinflussen in zweiter Linie Bedingungen wie Trennbarkeit von Schaltstücken wegen gefahrloser Bedienung und Fehlerbeschränkung die innere Schaltungsweise, während die äußere maßgebende durch die von Maschinen, Apparaten usw. zu erfüllenden Bedingungen gegeben ist und nicht erst durch ihre Durchführungsweise neu hinzutritt.

Die Schaltanlagen setzen sich aus den Geräten und Instrumenten, den sie verbindenden inneren Leitungen mit den Anschlüssen an die zu- und abführenden äußeren Leitungen, sowie alle diese Teile tragenden, isolierenden und abschließenden Stücken zusammen. Das Äußere der Schalttafel ist verschiedentlich behandelt worden. Häufig baute man hölzerne Zierkästen in büffetartiger Anordnung, jetzt werden die einfachen Marmorflächen höchstens mit schmalen eisernen Zierleisten geschmückt. Die Schaltfläche wird der Übersichtlichkeit halber in Felder geteilt, die einzelnen bezeichneten Gruppen von Leitungen oder Maschinen entsprechen.

636 Die ergänzenden Vorrichtungen und Einrichtungen zu elektrischen Anlagen.

Die Leitungen zweigen aus den Haupt- oder Sammelschienen ab. Um jedes Feld bei den großen Hochspannungsanlagen ohne fremde Störung lostrennen zu können, führt man diese Sammelschienen als geschlossenen Ring aus, indem das Leitungsstück jedes Feldes durch leichte Trennmesser lösbar ist. Solche einfachen Trennmesser werden auch vor und hinter allen wichtigen Apparaten wie Transformatoren, Blitzschutzvorrichtungen, Ölschaltern usw. aus gleichem Grunde und wegen gefahrloser Bedienung gebraucht.

Die Verbindung der Leitung erfolgt meist durch Klemmung oder Schraubung. Aus Fig. 615 ist die Verbindungsweise der Siemens-Schuckert-Werke, Berlin, ersichtlich. Kabelschuh und Klemme aus Tombakblech, die Schraube mit Mutter werden verzinnt. Bei Wechselstrom wird wegen des Losrüttelns durch Beifügen von Gegenmuttern gesichert. Die Berührungsflächen bei diesen Verbindungsstellen sollen gut aufeinander gepaßt werden, um eine höhere Übertemperatur als 50^0 C. selbst bei schlechter Lüftung und höchstem Dauerstrom zu verhindern.

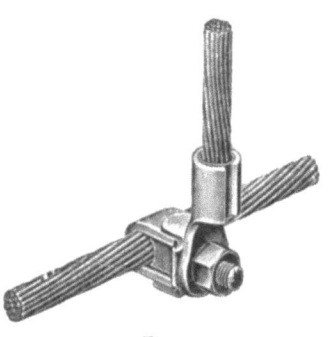

Fig. 615

Viele Instrumente entwickelten sich wegen Raumersparnis aus der flachen Ebene hochkantig heraus wie die bereits angeführten Profilgeräte. Einen wesentlichen Einfluß auf das Aussehen der Tafeln übte die Art der Instrumentenanschlüsse an die Leitungen, namentlich den Amperemetern, aus. Statt die Leitungen nach vorn zu ziehen, wurden später mit den Instrumenten Bolzen nach rückwärts zur Leitungsverbindung geschoben.

Wesentliche Erleichterungen bot dem Schalttafelbau die Anwendung der indirekten Strommessung, bei welcher der vom Hauptstrom durchflossene Nebenschluß hinter der Schalttafel angebracht werden konnte, während das eigentliche Meßgerät nur mit Spannungsdrähten an die Enden dieses Nebenschlusses angeschlossen wurde. Bei Wechselstrom oder Drehstrom konnte an Stelle des Nebenschlusses auch ein in die Sammelschiene eingebauter oder sie umschließender Umwandler, wie bereits Seite 602 besprochen, verwendet werden.

Die Fernauslösung der Schalter nach mechanischer oder elektrischer Weise, wie wir sie bereits beschrieben, hat zur weiteren räumlichen Trennung von eigentlicher Bedienungstafel und tatsächlichem Schaltraum geführt. Es war dies um so wichtiger, als die hohe Spannung immer größere räumliche Ausdehnung erheischte, die man nur durch vollständige Zellenbildung beschränken konnte.

Um die Herstellung in den Fabriken und um die Vergrößerung der Anlagen zu erleichtern, wurden für die häufig vorkommenden Fälle Normalisierungen der Feldeinheiten und des Gerüstbaues von Schalttafeln vorgenommen. Das Gerüst besteht aus schmiedeeisernen Röhren oder Winkel- und T-förmigen Eisen mit Querverspannungen und gußeisernen Füßen und wird in zwei Stockwerke geteilt. Die Vorderseite bekleiden Marmor-, Schiefer- oder Eisenplatten. Der deutsche Schiefer ist zuweilen metallhaltig, und deshalb für Spannungen über 250 V wenig geeignet; in England wird geschliffener Schiefer auch für höhere Spannungen noch verwendet. Polierter Marmor ist für alle Spannungen gut verwendbar; in Deutschland findet vornehmlich weißer Carrara-Marmor Anwendung, in Amerika vielfach auch der dort heimische graublaue oder rötliche Vermount-Marmor.

Für die Wahl des Aufstellungspunktes von Tafeln, oder für die Raumeinteilung bei größeren Anlagen überhaupt, sprechen immer besondere Gründe. Übersichtlichkeit und Zugänglichkeit, Tageslicht, Lüftung, Feuerbeschränkung sind dabei zu beachten. Die Zeiten sind vorüber, wo das Herz der Anlage in einen versteckten Winkel hingedrängt wurde. Man widmet vielmehr der Schaltanlage schon beim Entwurfe von Kraftanlagen alle Aufmerksamkeit. Viel hat der Grundsatz zur Entwickelung beigetragen, die Apparate in zwei Gruppen zu sondern. Die eine umfaßt alle Betriebsgeräte für den Schaltwärter, die andere alle für die Betriebsleitung bestimmten Überwachungs- und Messungs-Einrichtungen. Nur erstere sollen nächst den Maschinen vereinigt werden, während die andern dahinter oft in einem Anbau Unterkunft finden. Maschinenhausschalttafeln werden oft über mehrere Stufen erhöht errichtet oder sind auf einer stockwerkshohen Galerie untergebracht.

Als Beispiel für das bisher Erwähnte sei das Wasserkraftwerk an der Sill bei Innsbruck[1]) angeführt. Es sind jetzt 2 zweiphasige Maschinen für je 2500 KVA und 11000 V mit direkt gekuppelten Erregern von der Union Elektrizitätsgesellschaft in Wien eingebaut. Das Maschinenhaus reicht für den Ausbau auf 6 Maschinensätze aus, für welche bei Schaltanlage schon Rücksicht genommen werden mußte.

Die Sammelschienen bilden einen geschlossenen Ring, Fig. 616, in welchen die Trennmesser S A eingefügt sind. Diese Schalter werden durch einfache Kupferstreifen gebildet, welche mit zwei Schrauben in die Sammelschienen eingefügt sind. Jede der Dynamomaschinen D ist an eines der durch die Trennschalter gebildeten Stücke SS_1, SS_2 usw. der Schienen angeschlossen. Das Ringstück SS_7 verbindet die Schalter SA_1

---

[1]) C. Arldt, Ztschr. d. Vereins dtsch. Jng. 1906 S. 761, 811.

638 Die ergänzenden Vorrichtungen und Einrichtungen zu elektrischen Anlagen.

und SA_7. Innerhalb dieser Ringleitung sind die Abzweigschienen AS_1 und AS_2, welche durch den Trennschalter SA_8 untereinander verbunden oder getrennt werden können, angebracht. Vom Ringstück SS_2 ist die Verbindung nach dem Abzweigschienenstück AS_1 hergestellt, von dem Sammelschienenstück SS_5 nach AS_2. Von den Abzweigschienen gehen nach oben die Fernleitungen H_1, H_2, V_c usw. ab. Sollen alle Maschinen parallel laufen, so werden sämtliche Trennschalter eingesetzt. Ist dagegen eine Trennung in den Abzweigschienen geboten, so wird SA_8 geöffnet, und es können nun die Dynamos je nach der erforderlichen Leistung auf die eine oder andere Seite der Abzweigschienen geschaltet werden. Werden die Schalter SA_1, SA_4 und SA_7 geöffnet, so arbeiten

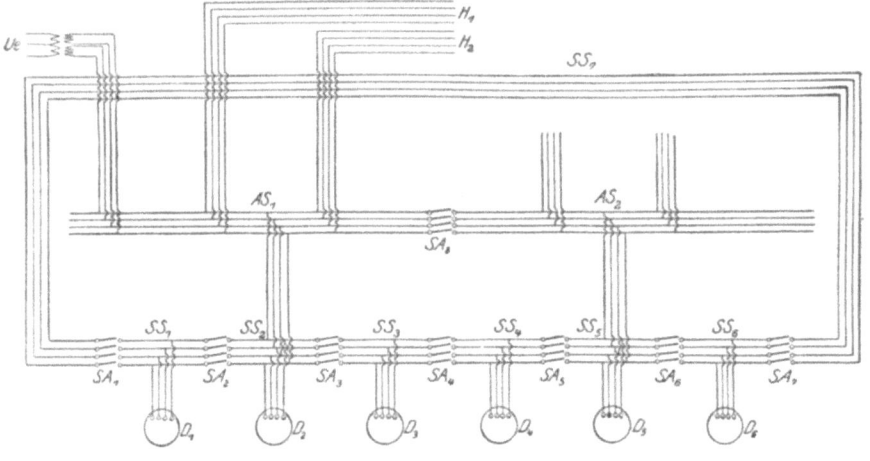

Fig. 616.

die Maschinen D_1, D_2, D_3 auf das Sammelstück AS_2. Nach Öffnen der Trennschalter SA_2 und SA_5 und Schließen der übrigen arbeiten D_2, D_3, D_4 auf das Abzweigschienenstück AS_1, die Maschinen D_1, D_5, D_6 auf AS_2. Auch ist es möglich, jede der Maschinen und damit ihre Apparate von den Sammelschienen abzuschalten, so daß diese strom- und spannungslos untersucht oder in Stand gesetzt werden kann.

Die Erreger sind gleichfalls parallel geschaltet. Das Schaltungsschema, Fig. 617, mit beigefügter Zeichenerklärung gibt in Sg die Erregersammelschienen an. Die ganze Schaltanlage ist in einem Anbau des Maschinenhauses untergebracht. Nach dem Maschinenraum zu liegt die eigentliche Schalttafel. Hinter ihr sind in Höhe des Maschinenfußbodens die Hochspannungsschalter und Sicherungen sowie die Meßtransformatoren für die Dynamos, darüber die Sammel- und die Abzweigschienen angebracht. Im ersten Stock befinden sich die Vorrichtungen für die Fernleitungen,

Hochspannungsschaltanlage.

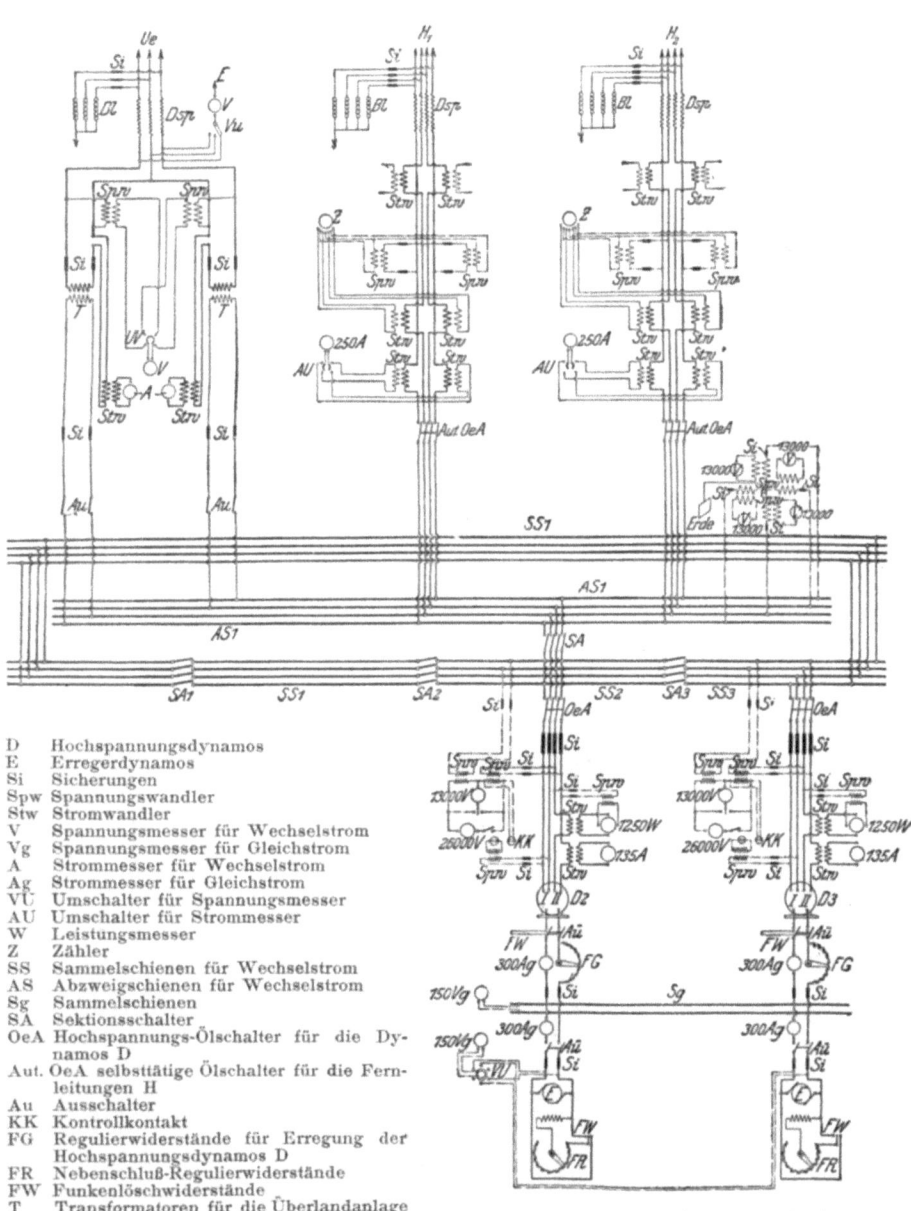

D   Hochspannungsdynamos
E   Erregerdynamos
Si Sicherungen
Spw Spannungswandler
Stw Stromwandler
V   Spannungsmesser für Wechselstrom
Vg Spannungsmesser für Gleichstrom
A   Strommesser für Wechselstrom
Ag Strommesser für Gleichstrom
VU Umschalter für Spannungsmesser
AU Umschalter für Strommesser
W   Leistungsmesser
Z   Zähler
SS Sammelschienen für Wechselstrom
AS Abzweigschienen für Wechselstrom
Sg Sammelschienen
SA Sektionsschalter
OeA Hochspannungs-Ölschalter für die Dynamos D
Aut. OeA selbsttätige Ölschalter für die Fernleitungen H
Au Ausschalter
KK Kontrollkontakt
FG Regulierwiderstände für Erregung der Hochspannungsdynamos D
FR Nebenschluß-Regulierwiderstände
FW Funkenlöschwiderstände
T   Transformatoren für die Überlandanlage
Dsp Blitzschutz-Drosselspulen
H   Hochspannungsfernleitungen nach Innsbruck
Ue Hochspannungsfernleitungen nach dem Stubaital
Bl Blitzschutzvorrichtungen

Fig. 617.

640 Die ergänzenden Vorrichtungen und Einrichtungen zu elektrischen Anlagen.

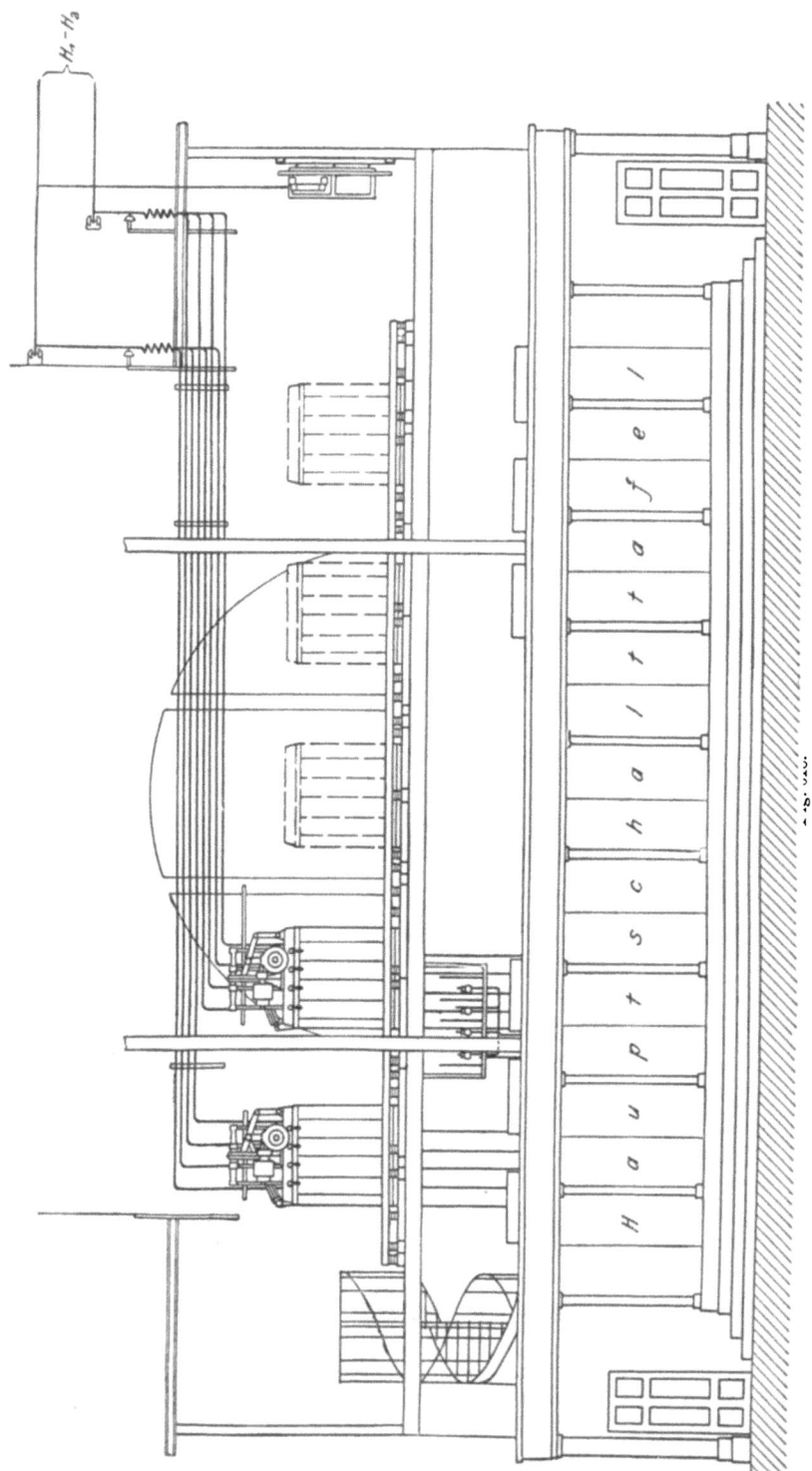

Fig. 618 und 619. Auf diese Weise ist erreicht, daß die eigentliche Schalttafel mit den Meßgeräten und den Schalthebeln und Regelwiderständen nur Niederspannung führt; die Hochspannung führenden Geräte dagegen wurden in angemessener Entfernung davon aufgestellt, so daß jeder Teil der Schaltanlage auch während des Betriebes gut zugänglich bleibt. Die Meßgeräte sind mit Strom- und Spannungswandlern an die

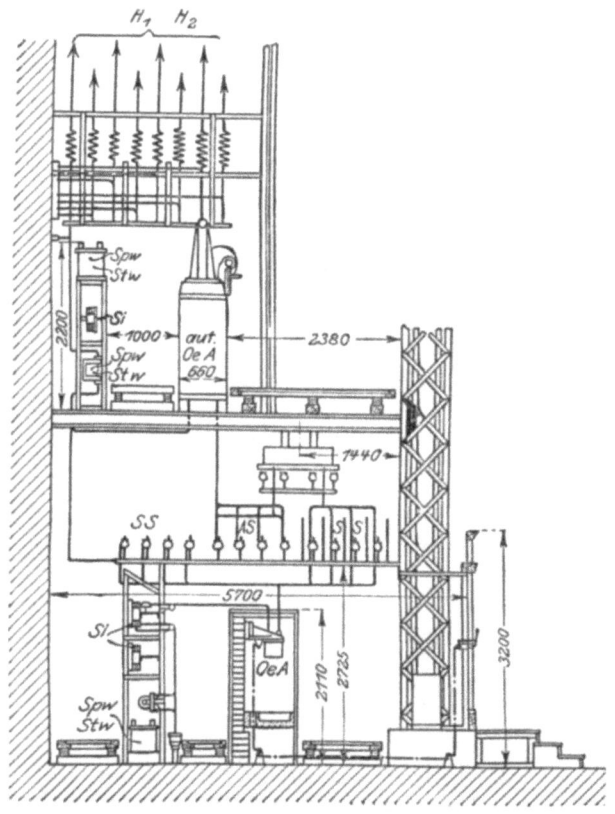

Fig. 619.

Hochspannungsleitungen angeschlossen. Die sekundären Wickelungen dieser Wandler sind einpolig geerdet, so daß auch bei ihrem Schadhaftwerden keine gefährliche Hochspannung auftreten kann.

Die Hauptschalttafel, deren Vor- und Rückansicht die Fig. 620 und 621 wiedergeben, besteht aus 18 Marmortafeln von je 80 cm Breite und 220 cm Höhe, die durch einen gemeinsamen Rahmen zusammengehalten werden. Je zwei dieser Tafeln bilden eines der neun Felder der Schalttafel. Das erste und letzte sind für die Fernleitungen bestimmt. Das mittelste für die Erd-

642 Die ergänzenden Vorrichtungen und Einrichtungen zu elektrischen Anlagen.

Fig. 620.

Fig. 621.

Hochspannungsschaltanlage. 643

schlußanzeiger und die übrigen sechs Zwischenfelder für die Dynamo, so
daß jede Maschine ihr eigenes Feld erhält. Die linke Seite jedes
Maschinenfeldes enthält die Apparate für die Gleichstromerregung, die
rechte Hälfte diejenigen für den zu liefernden Wechselstrom. Hinter
der Schalttafel befinden sich zunächst, durch einen geräumigen Bedienungsgang getrennt, die Ölschalter der Maschinen. Jeder dieser vierpoligen
Ölschalter Oe A ist in einer besonderen Mauerzelle untergebracht. Die
Betätigung geschieht durch eine unterhalb geführte Stangenübertragung.

Fig. 622.

Die Zellen sind gegen den Bedienungsgang durch eiserne Türen abgeschlossen. Hinter diesen Schalterzellen sind auf eisernem Gestell die
Sicherungen und Wandler untergebracht. Durch zwei mit isolierenden
Laufstegen versehene Bedienungsgänge ist dieses Gerüst beiderseits gut
zugänglich. Im ersten Stock sind auf einem ähnlichen Gerüst die Sicherungen
und Wandler für die Fernleitungen aufgestellt, Fig. 622. Vor diesen
befinden sich in Kästen die selbsttätigen Hochspannungsschalter, Aut
Oe A. Diese Schalter stehen über Aussparungen des Fußbodens und
haben ihre Zuleitungen von unten. Ihre Betätigung besorgt ein kleiner
Gleichstrommotor. Die gesamte Schaltanlage wird von der im Maschinenraum befindlichen Schaltetafel aus beobachtet und bedient.

41*

644 Die ergänzenden Vorrichtungen und Einrichtungen zu elektrischen Anlagen.

Als Beispiel zur Schalteinrichtung auf einer Galerie sei in Fig. 626 die Ansicht des Hamburger Kraftwerkes an der Bille gegeben. Die architektonische Schalttafel schließt zinnenartig wie eine Burg nach oben ab.

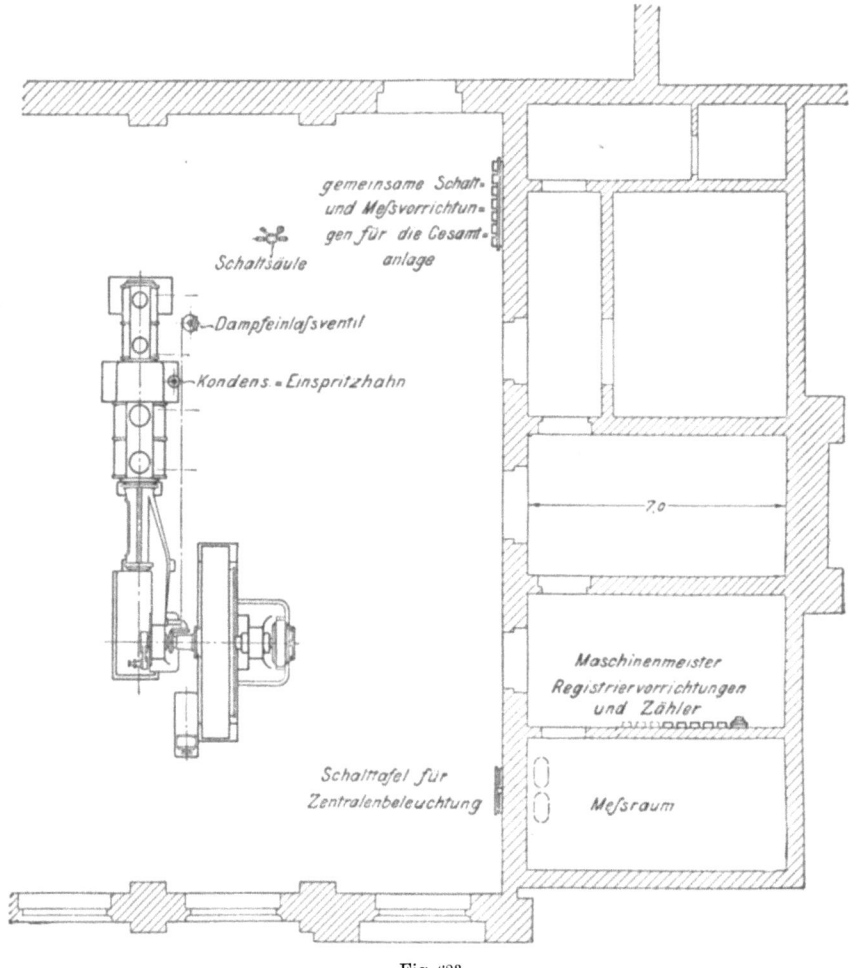

Fig. 623.

Um einander bedingende Verrichtungen zu vereinen, ablenkende Nebenarbeiten zu trennen, suchte man öfters die elektrische Bedienung mit der damit zusammenhängenden der Triebmaschinen in eine Hand für jeden einzelnen großen Maschinensatz zu bringen. So werden dann die elektrischen Erfordernisse nach Instrumenten veranlaßt, die auf benachbarten Säulen befestigt sind. Fig. 623, 624, 625 zeigt die Aufstellung und Durch-

Schaltsäulen für einzelne Maschinensätze. 645

führung, die Oskar v. Miller 1906 in der Drehstromzentrale des städtischen Elelektrizitäts-Werkes zu Riga angab[1]).

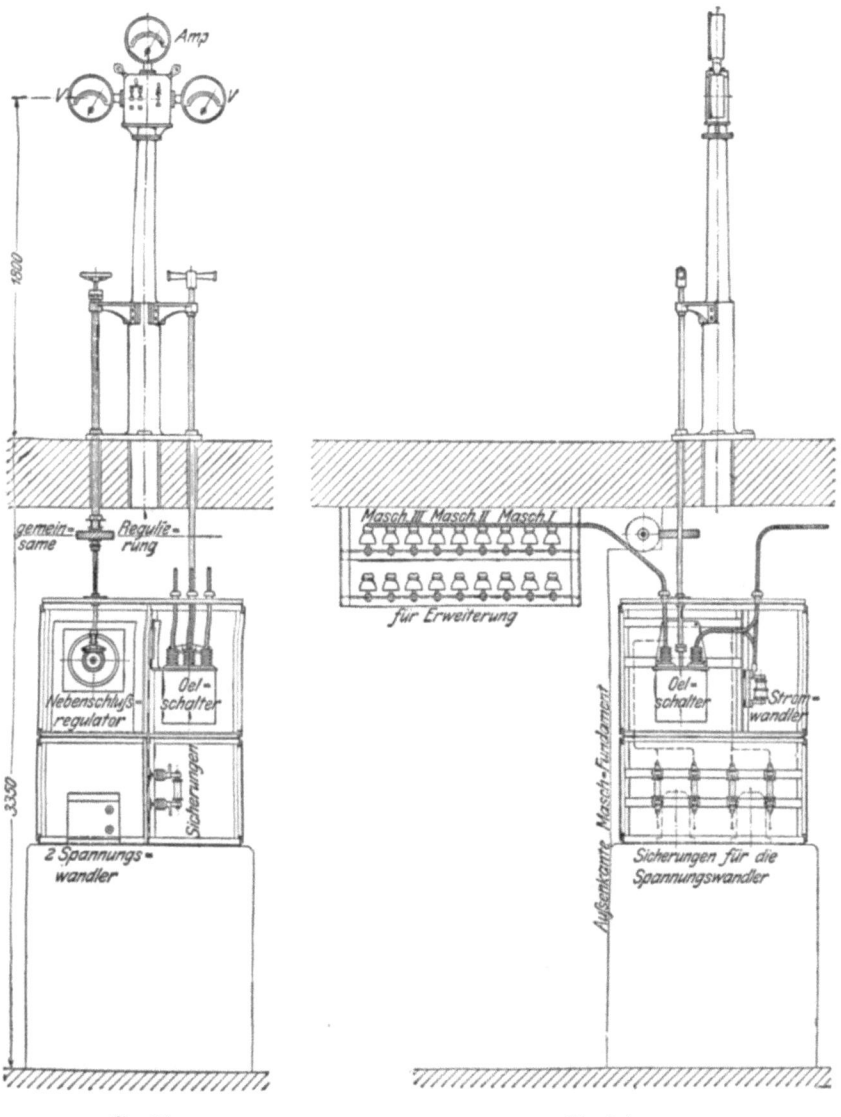

Fig. 621.   Fig. 625.

---

[1]) K. Wertenson, Vereinigte Schaltung und Bedienung von Betriebsmaschinen in elektrischen Zentralen. Ztsch. d. Vereins dtsch. Ing. 1906 S. 576.

646 Die ergänzenden Vorrichtungen und Einrichtungen zu elektrischen Anlagen.

Ausfahrbare Schaltfeldteile. 647

Der den Trennmessern zugrunde liegende Gedanke hat in weiterer Entwickelung zu ausfahrbaren Sicherungen, Schaltern und später zu ganzen ausrückbaren kastenförmigen Felderteilen geführt. In Fig. 627 ist die von Klingenberg angegebene und von der Allgemeinen Elektrizitätsgesellschaft in Berlin gebaute ausschiebbare Hochspannungssicherung für Schaltanlagen ersichtlich. Die auf Rollen verschiebbaren Kastenfelder für eine 2000voltige Anlage zeigen nach Voigt & Haeffner in Frankfurt a. M.-Bockenheim Fig. 628, 629, 630. Rechts ist ein Element

Fig. 627.

von vorne, links von rückwärts zu sehen, während das mittlere Bild die Gesamtansicht der Schaltanlage von vorne wiedergibt.

Um bei den selbsttätig wirkenden Schaltern den jeweiligen Stand erkennen zu können, sind kleine rote und grüne Merklampen in den Gebrauch gekommen, die zusammen mit den Druckknöpfen oder anderen Mitteln zur Auslösung der Schaltbewegung auf Schaltpulten vereinigt werden. Als Beispiel sei in Fig. 631 das Fernschaltpult der Berliner Elektrizitäts-Werke in der Unterstation Alte Jakobstraße angeführt[1]).

---

[1]) Die Berliner Elektrizitäts-Werke zu Beginn des Jahres 1906. Aus der Festschrift zum 50 jährigen Bestehen des Vereins deutscher Ingenieure von Dr. F. Meißner.

648   Die ergänzenden Vorrichtungen und Einrichtungen zu elektrischen Anlagen.

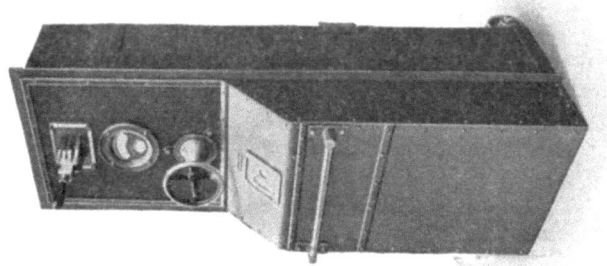

Fig. 630.

Fig. 629.

Fig. 628.

Fernschaltpulte. 649

Bei allen diesen Anordnungen, die bis zu 10 000 V noch in Verwendung sind, hat man in den Feldern die einzelnen Phasen nicht getrennt. Bei Spannungen über 15 000 V aber trennt man auch noch die einzelnen Pole oder Phasen und umgibt jede mit einer rückwärts offenen Scheidewand aus Beton, Eisenbeton, Rabitz, Ziegelmauerwerk, Schiefer oder Marmor, die unverbrennlich ist und eine Störung örtlich auf eine Phase beschränkt. Dieser Grundsatz ist bereits bei den Ölschaltern erwähnt, mit deren wachsender Verbreitung aber allgemein angewendet worden.

Das Bedürfnis nach Schaltanlagen tritt außer im Kraftwerke selbst noch vielfach in den Unterstationen, bei den vorgeschobenen Akkumulatoren, bei Umformerstationen und Transformatorgruppen auf. Wir haben

Fig. 631.

schon beim unterirdischen Netz schaltbare Kästen erwähnt. Man sucht für alle wichtigen Knoten eines Netzes solche Schaltstellen zu entwickeln, die bei Wechselstrom mit hoher Spannung auch meist die Transformatoren enthalten. Die Unterbringung kann in zugänglichen Kellerräumen erfolgen, wo gleichzeitig ein Hausanschluß mit Zähler angebracht wird. Meist zieht man vor, eigene selbständige Räume hierfür zu benützen. In lebhaften Städten muß man durch Ausschaltungen im Straßenkörper den erforderlichen Platz schaffen. Diese Lösung erheischt nebst hohen Anschaffungskosten und beschwerlicher Bedienung besondere Vorkehrungen gegen Feuchtigkeit, künstliche Erwärmung vor Inbetriebsetzung oder bei längeren Betriebsunterbrechungen und zweckdienliche Lüftung. Fig. 632 zeigt als Vorbild eine Anlage von Brown-Boveri in Baden für Frankfurt a. M. Besser ist es, diese Schaltanlagen in kleinen Straßen-

650   Die ergänzenden Vorrichtungen und Einrichtungen zu elektrischen Anlagen.

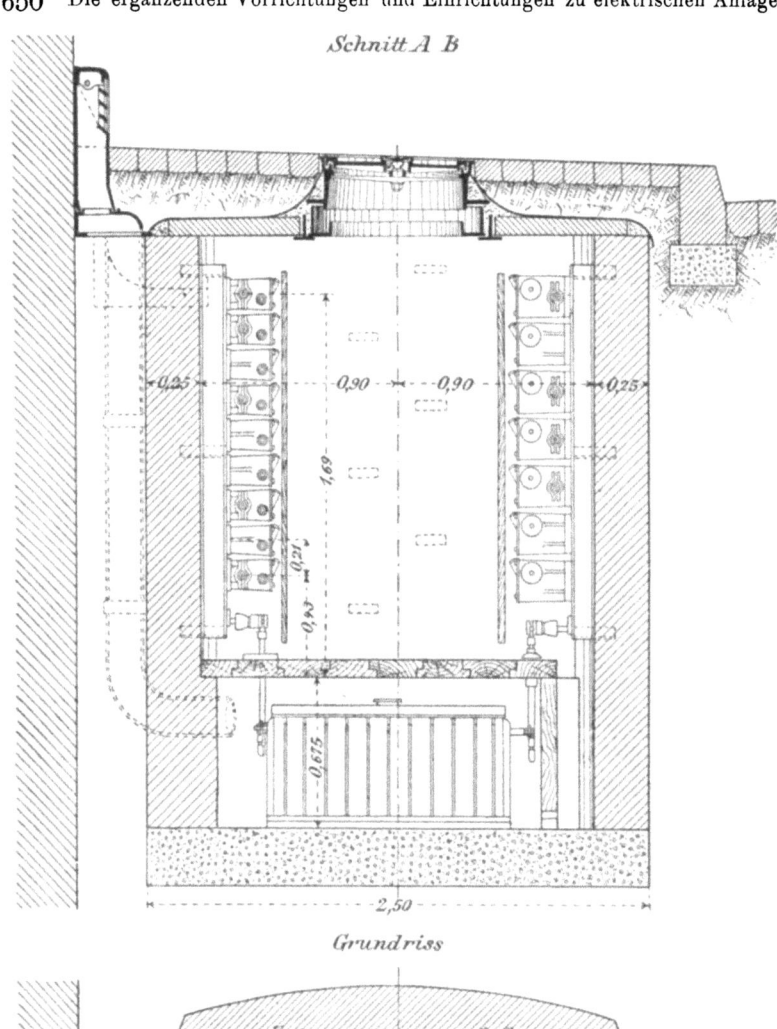

Fig. 632.

Transformatorensäulen. 651

häuschen aus Eisengerüst mit Blechhülle und drehbaren oder verschiebbaren Türen oder aus Mauerwerk oder Eisenbeton herzustellen. Man scheidet vollkommen die Hochstromseite von jener der Niederspannung und macht getrennte Zugänge. Eine Ausführung als Litfaßsäule von

Fig. 633.

W. Lahmeyer & Co. in Frankfurt a. M. für das städtische Elektrizitätswerk Charlottenberg stellt Fig. 633 dar.

Solche Häuschen werden auch im Anschlusse an Luftleitungsnetzen ausgeführt. Die Bauweise ist nach gleichen Grundsätzen durchgeführt, nur erfolgt die Zuführung von oben durch die bereits besprochenen Übergänge von Luft- zu Innenleitungen.

F. Beleuchtungskörper.

Entsprechend den Verwendungsweisen des elektrischen Lichts haben sich die Bauweisen zur Aufnahme und Befestigung der Lampen entwickelt.
1. Glühlampenträger. Den einfachsten Träger bildet die Glühlampenfassung selbst, wenn sie an den stromführenden Drähten hängt. Diese wohlfeile Art kommt nur bei zeitweiligen Einrichtungen zur Anwendung, während sonst die Fassung in eine Armatur eingebaut wird, die die sichere Aufnahme des Schutzglases, Korbes oder Schirmes ermöglicht. In Fig. 634 ist ein solches Schutzgehäuse dargestellt, an dessen Tragring die Leitungsdrähte derart zu befestigen sind, daß sich die inneren Kontaktschrauben der Fassung bei den Bewegungen des ganzen Lampenträgers nicht lockern. Deshalb wird die Fassung an nicht stromleitenden, tragenden Eisendrähten aufgehängt. Glühlichtarmaturen im Freien oder in Räumen mit viel Staub, Säuredämpfen oder explosiblen Gasen müssen luftdicht schließende Schutzgläser erhalten. Bei der Hängelampe, Fig. 635, erfolgt die luftdichte Abschließung durch Vergießen der Drähte in Tragröhren. Dieselbe Dichtung findet sich auch bei der Handlampe, Fig. 636, die mit schützendem Korb und Glas ausgerüstet ist. Der obere Haken dient zum Aufhängen, oft auf einem wagrecht gespannten Draht verschiebbar, während die eckiggebogenen Drähte des Korbes zum Stellen der Lampe dienen. Fig. 637 stellt eine andere Art der Dichtung durch eine mit Regendach versehene Porzellankappe dar, innerhalb deren die stromführenden Metallteile in Aussparungen dicht verkittet lagern. Die Leitungsenden werden in Bohrungen der Anschlußkontakte hineingesteckt und durch seitliche Klemmschrauben festgespannt.

Fig. 634.

Neben Gehängen finden Wandarme Verwendung. Fig. 638 und 639 stellen einfache Wandlampen mit Schirmen dar. Für Straßenbeleuchtung wird der in Fig. 640 ersichtliche Wandarm ausgeführt, bei dem der am unteren Teil angebrachte Ausschalter mittels einer Stange bedient werden kann.

Glühlampenträger. 653

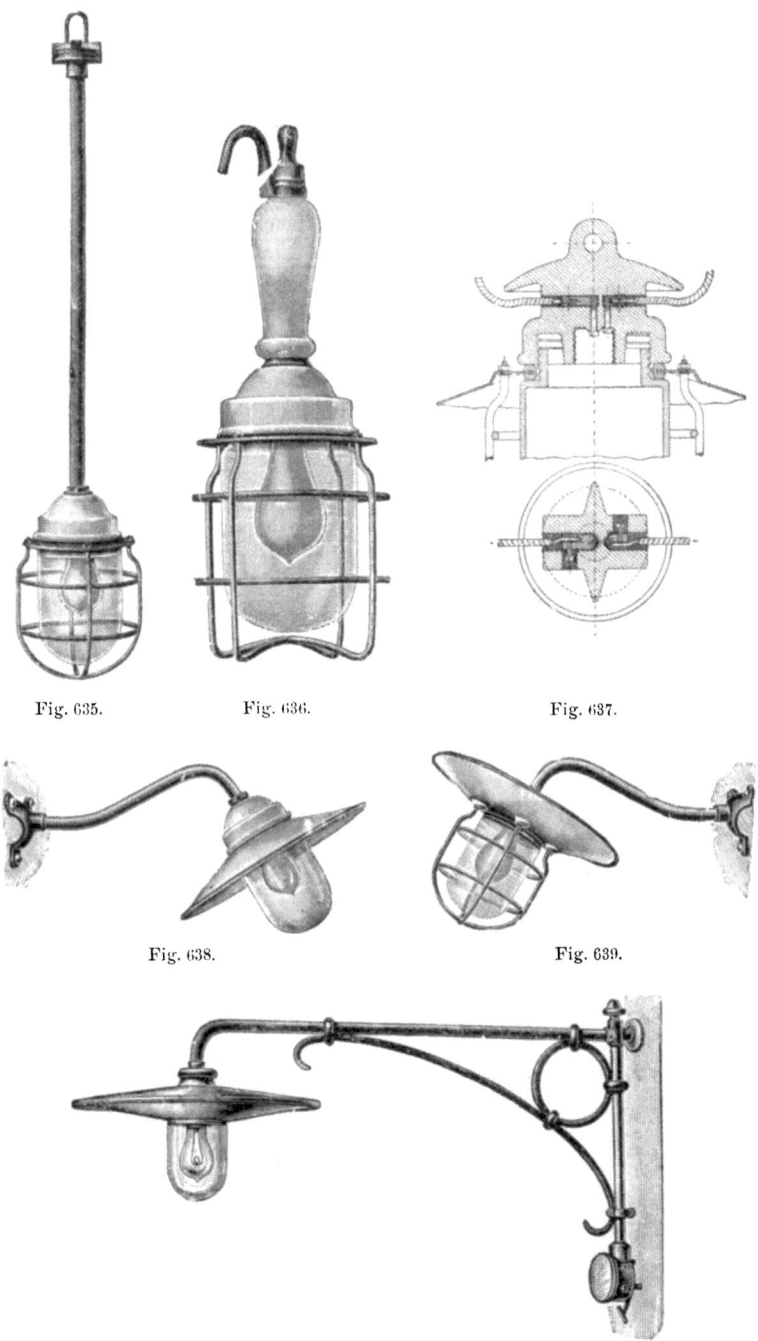

Fig. 635.   Fig. 636.   Fig. 637.

Fig. 638.   Fig. 639.

Fig. 640.

654 Die ergänzenden Vorrichtungen und Einrichtungen zu elektrischen Anlagen.

Eine andere Art der Beleuchtungskörper bilden Steh- und Tischlampen. Die Höhenlage der Glühlampe kann entsprechend dem Bedarf eingestellt werden. Von den unzähligen Formen der Tischlampen sei nur die in Fig. 641 dargestellte, die auch als Wandarm verwendet werden kann, erwähnt.

Die Hauptgruppe der Beleuchtungskörper bilden Kronleuchter oder Lüster, die an den Decken der Räume befestigt werden. In dem

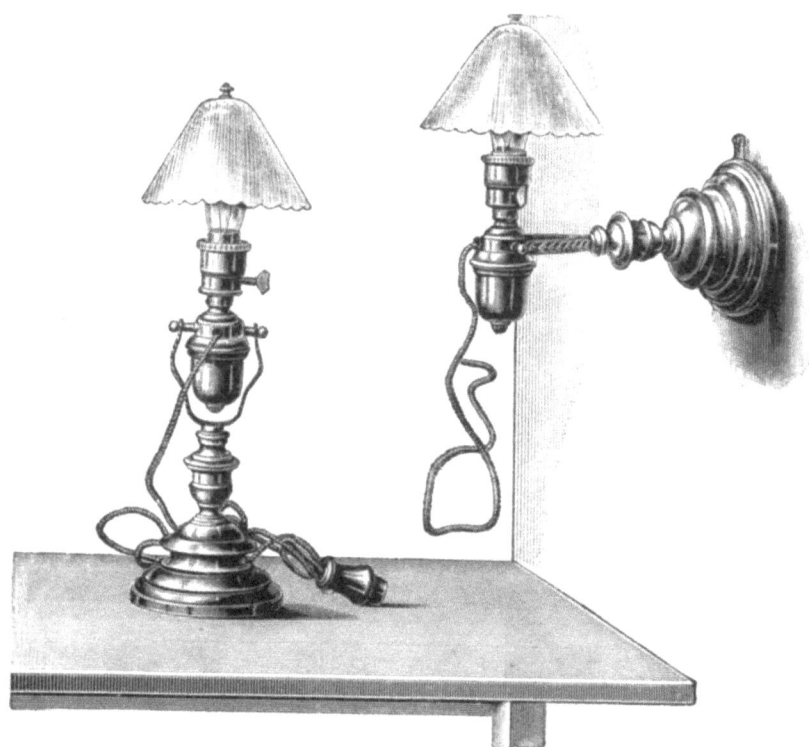

Fig. 641.

zumeist aus Metall verfertigten Beleuchtungskörper drücken sich leicht die Leitungsdrähte an einzelnen Stellen, insbesondere bei Krümmungen und Ecken, an die Metallteile; es liegt daher die Gefahr nahe, daß die Isolierung, welche wegen der engen Röhren und leichteren Biegsamkeit ohnehin dünn sein muß, sich abscheuert. Hierdurch entstünde Erdschluß, wenn nicht dafür gesorgt würde, daß der Lampenträger selbst isoliert aufgehängt wird. Zu diesem Zwecke wird bei Wandarmen eine isolierende Scheibe, bei Lüstern ein isolierender Haken untergeschoben. Für feuchte Räume ist dies mittels einer Porzellanrolle

Isolierte Aufhängung der Beleuchtungskörper.

vom Tragehaken zu bewerkstelligen, Fig. 642. Bei Lüstern mit Gas und elektrischer Beleuchtung muß das Gasrohr des Lüsters von der Gaszuführungsleitung elektrisch isoliert werden, was durch die in Fig. 643 ersichtliche gasdichte Isolierscheibe geschieht. Um dabei die nötige Beweglichkeit zu sichern, schließt die Lüsterstange durch ein Kugelgelenk, die Wendekugel, an die Scheibe an.

Die Umgestaltung von Beleuchtungskörpern auf elektrische Beleuchtung, die ursprünglich für Kerzen, Petroleum oder Gas gedient haben, kann so geschehen, daß die früheren Brenner oder Gefäße ganz entfernt und an deren Stelle die Glühlampenfassungen eingesetzt werden, oder daß man den bestehenden Beleuchtungskörper oder einen Teil desselben beläßt und die Lampenfassungen entweder an die bestehenden Arme einfach mit Rohrklemmen befestigt oder neben den bestehenden Lüsterarmen neue anbringt.

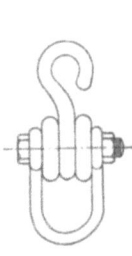

Fig. 642. Fig. 643.

Die Eigenschaften der Kohlenglühlampen boten dem erfinderischen Geiste reichliche Gelegenheit zur Schaffung von neuen künstlerischen Formen, welches Feld der Techniker dem Künstler oder dem Kunsthandwerker überlassen muß. Ein Beispiel soll zeigen, wie der verständige Künstler unbeschadet technischer Anforderungen seine Aufgabe löst. Die in Fig. 644 ersichtlichen Kronen des Hamburger Ratskellers haben die Stromzuführung durch seitliche Kettenbehänge erhalten, die nicht nur den künstlerischen Eindruck des Raumes erhöhen, sondern auch dem Techniker die Zuführung des Stromes über die Gewölbe ersparen.

Die fortschreitende Entwickelung der elektrischen Beleuchtung hat auf alle Zweige dieser Industrie, Metallwarenindustrie und Lampenfabriken, Einfluß ausgeübt. Dieser Teil des Kunstgewerbes hatte bereits durch die Ausbreitung des Gaslichtes eine hohe Stufe erreicht, und so mußte das elektrische Licht für seine ersten Erfordernisse sich naturgemäß den für die Gasbeleuchtung eingebürgerten Formen anbequemen. Infolgedessen

656   Die ergänzenden Vorrichtungen und Einrichtungen zu elektrischen Anlagen.

hatte man anfänglich neben der üblichen Umänderung vorhandener Gaslüster auch in den Fällen, wo man sich zur Anschaffung rein elektrischer Leuchter entschloß, fast ausschließlich die alten, steifen Formen der schweren Gasarme beibehalten. Eine freie Entfaltung zierlicher Formen, wie solche der graziösen Kohlenglühlampe mehr entsprach und durch die leichte Zuführung des elektrischen Stromes ermöglicht wurde, ward anfangs auch dadurch gehemmt, daß man sich bei Einrichtung elektrischen Lichtes schwer

Fig. 644.

entschloß, es als einzige Lichtquelle einzuführen. Fast stets wurde die Verbindung mit Gaslicht vorgesehen, und so mußte sich auch die Glühlampe notgedrungen den steifen Armen anpassen, welche die aufrechte Gasflamme erforderte.

Mit der wachsenden Sicherheit und Verbreitung des elektrischen Lichtes kam aber bald das Gefühl zum Durchbruch, daß die gefällige Form der Glühlampe sich nicht an den schwerfälligen Stil der Kerzen oder Gasleuchter binden dürfe, sondern nach Freiheit verlange. In dem

Kronleuchter. 657

Bestreben, neue Formen für elektrische Lüster zu finden, vielleicht auch mit angeregt durch die von Japan herübergekommene Kunst, wandte man sich mit Vorliebe der naturalistischen Richtung zu. Blätter und Blüten, Fig. 645, treten an Stelle des Ornaments.

Die elektrotechnischen Ausstellungen in Wien 1883 und in Frankfurt a. M. 1891 waren von günstigem Einfluß auf diese Entwickelung. In

Fig. 645.

schneller Folge entstanden in freier Auffassung Formen, welche sich an die für Wohnungseinrichtungen herrschende Mode anschlossen. So fand man neben Kronleuchtern im zierlichen Rokoko solche im edleren Renaissancestil.

Gegen Ende der neunziger Jahre übte auch Nordamerika durch die zuerst von Tiffany gebrachten bunten Glassteine, die unter den Strahlen des elektrischen Lichts gleich Edelsteinen leuchten, einen wesentlichen Einfluß auf die europäische Kronleuchterindustrie aus. Es

658   Die ergänzenden Vorrichtungen und Einrichtungen zu elektrischen Anlagen.

entstanden besonders in Verbindung mit geschmiedeter Bronze Beleuchtungskörper, die mehr dem kälteren englischen Geschmack entsprachen.

Gleichzeitig setzt die Jugend- oder Sezessionsstil genannte Richtung ein, die ganz eigenartige Linien bringt und große, aber nur kurze Siege

Fig. 646.

feiert. Die Fig. 646 gibt ein gutes Bild eines derartigen Sezessionslüsters. Die Unruhe dieses Stiles beschleunigt die Rückkehr zu den klassischen Formen, jedoch die zunehmende Eleganz und Vielseitigkeit der Innenarchitektur begnügt sich nicht mehr mit einem Modestil, und

Kronleuchter. 659

so sieht man Barock und Louis seize, Biedermeier und Empire, Romanisch und Nordisch in moderner Auffassung gleichzeitig wiederkehren. Auch

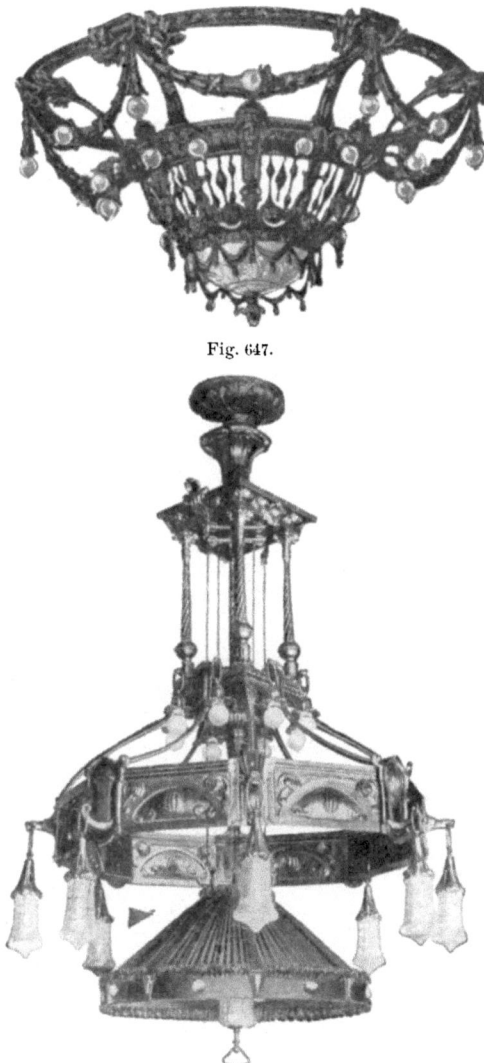

Fig. 647.

Fig. 648.

neue Stilarten bilden sich, von denen die bekannteren der Wiener und der Darmstädter sind, so daß die Kronleuchter-Industrie eine reiche Fülle von Anregungen erhält. Fig. 647 zeigt eine Salon-Deckenbeleuchtung

42*

660 Die ergänzenden Vorrichtungen und Einrichtungen zu elektrischen Anlagen.

in modernem Empire und Fig. 648 eine Speisezimmerkrone mit nordischen Motiven, wie sie Calm & Bender in Berlin erzeugen.

Die Bestrebungen nach möglichst verteiltem Licht, die bereits im Kapitel I erläutert wurden, führen zu eigenartigen Entwickelungen. Fig. 649 zeigt einen Speisesaal mit daranstoßender Diele[1]). Möbel und Tafelung sind in gedünstetem Eichenholz. Die Kassettendecke ist mit

Fig. 649.

Glühbirnen, zu denen sich die modernen Glühlampen wegen ihrer lotrechten Lage auch eignen, besetzt.

2. Bogenlampenträger. Die Eigenschaften der Bogenlampen, welche wir bereits ausführlich besprachen, gewähren nur eine beschränkte Entwickelung der unmittelbaren Bogenlampenarmatur und deswegen auch des eigentlichen Trägers. Die Zugänglichkeit zum Zwecke des Kohlenstiftwechsels, der Reinigung der Kugel zwingt je nach den örtlichen

[1]) Dr. F. Meißner, Mitteilungen der Berliner Elektrizitäts-Werke 1906 S. 140.

Bogenlampenträger. 661

Verhältnissen zu Lösungen, die oft nur den technischen, nicht den ästhetischen Anforderungen Genüge leisten. Das Triebwerk der Bogenlampe wird durch eine dichte Kappe gegen Wind und Wetter geschützt, während gleiches die herablaßbare Glaskugel zu besorgen hat. Sie erhält ein leichtes Drahtnetz, um bei ihrem allfälligen Springen nicht zu zerfallen, und trägt unten einen Aschenteller, um das Herabfallen glühender Kohlenteilchen zu verhüten. Die Ausstattung dieser Bogenlampenarmaturen wechselt je nach dem Zwecke. Den häßlichen Zylinderhut schmückt man durch bekrönende Reifen, in anderen Fällen setzt man auch eine mehrscheinige Laterne ein, oder man macht die Kugel aus mehreren in verzierte Rippen eingelegten Stücken, wodurch jedoch viel Licht verloren geht.

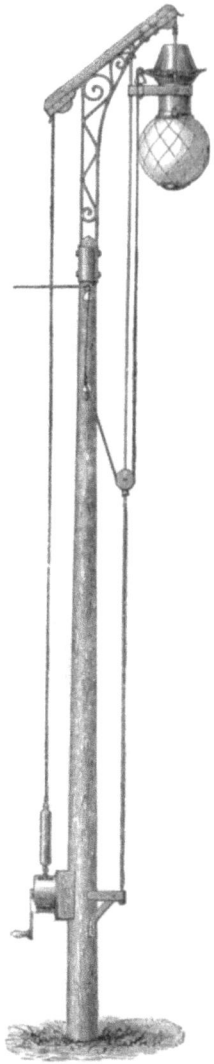

Die Bogenlampe wird entweder in fester Stellung belassen und erheischt dann beim Kohleneinsetzen die Benutzung einer Leiter, oder die Lampe ist wegen bequemerer Bedienung zum Herablassen eingerichtet. In diesem Falle erfolgt die Stromzuführung im allgemeinen durch frei herunterhängende Leitungsschnüre. Hängen die Lampen in besseren Räumen oder an architektonisch verzierten Trägern, so beeinträchtigen diese Leitungsschnüre leicht den Gesamteindruck. Im Freien kommt noch dazu, daß die Drähte durch Witterungseinflüsse leiden. Um diesen Übelständen zu steuern, werden Leitungskuppelungen ausgeführt, bei denen eine feste Verlegung der Zuleitungen dadurch ermöglicht ist, daß beim Herablassen der Lampe mittels federnder Kontakte die Stromzuleitung unterbrochen wird,

Fig. 650.

Fig. 651.

wobei die Lampe stromlos bedient wird. Die Leitungskuppelung soll nicht als Ausschalter benutzt werden. Die Lampe muß vor dem Lösen aus der Kuppelung aus- bezw. beim Reihensystem kurzgeschlossen werden.

662 Die ergänzenden Vorrichtungen und Einrichtungen zu elektrischen Anlagen.

Die durch Fig. 650 dargestellte Leitungskuppelung besteht in der Siemensschen Anordnung aus einem festen oberen Teil mit zwei Befestigungsschrauben und dem mit dem Tragseil der Bogenlampe verbundenen beweglichen Teil, der mit einem Seilschloß und mit isoliertem Sicherheitshaken ausgerüstet ist. Durch Zwischenstücke wird die Leitungskuppelung an Auslegern und Kandelabern befestigt. An Decken wird ein Rollenbock gebraucht. Die üblichste Aufhängung der Bogenlampen geschieht an Mastauslegern. Die Lampe hängt an einem besonderen Tragseil, das zur Bedienung der Lampe mit einer Aufzugswinde in Verbindung steht. Die beiden Stromzuführungsdrähte gehen bis ungefähr in die Mitte der Hubhöhe der Lampe und gestatten die freie Lampenbewegung von ihrer tiefsten bis zur höchsten Stellung, wobei die

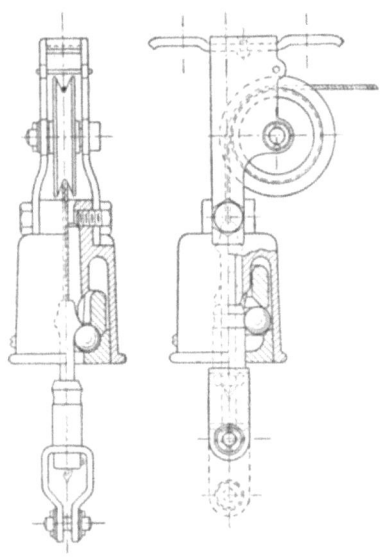

Fig. 652.

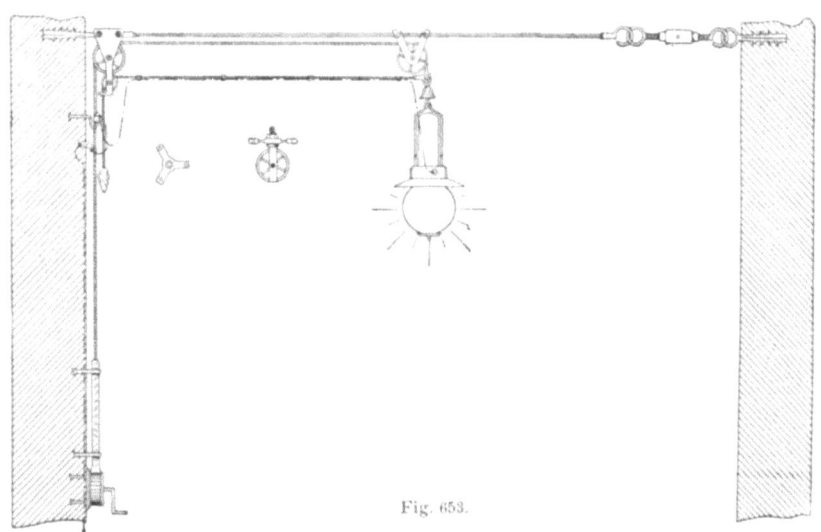

Fig. 653.

Stromzuführungsdrähte frei in Schleifen von der Lampe herunterhängen oder durch Spannrollen geführt werden, Fig. 651.

Soll das Aufzugsseil in der Ruhelage der Bogenlampe entlastet werden, um sein Reißen und das Herabfallen von Bogenlampen zu vermeiden, so kann die in Fig. 652 abgebildete Sperrglocke der A. E.-G. in Berlin angewendet werden. Ihr ganzes Triebwerk besteht aus drei Sperrstahlkugeln. Die Lösung der Sperrung erfolgt durch einfaches Anziehen und Wiedernachlassen des Aufzugseiles.

Zuweilen wird die Bogenlampe an Gitter- oder Rohrmasten seitlich herablaßbar eingerichtet, wobei das Lampengewicht durch ein Gegengewicht ausgeglichen wird; auch hat man den Mast in der Mitte umklappbar gemacht.

Soll die Lampe mitten über einer Straße hängen, so wird sie an Spannvorrichtungen befestigt, die die Straße überqueren, wie dies Fig. 653 in der Münchener Ausführung andeutet. Die Straßenüberspannungen sind so eingerichtet, daß die Kohleneinsetzung von einem einzigen Manne besorgt werden kann; die herabgelassene Lampe kommt neben der zugehörigen Aufzugwinde in Bedienungshöhe. Das wird dadurch erreicht, daß neben der an der Wand befindlichen Rolle, über welche das Aufzugsseil läuft, noch ein Leitseil mit einem isolierten Doppelkabel befestigt ist. Dieses Leitseil sorgt dafür, daß die Lampe im Bogen nach dem Standort des Lampenwärters herunter kommt. Ist der Abstand der Lampe von der Seitenrolle größer als die zurückzulegende Höhe, so befindet sich der Befestigungspunkt des Leitseiles auf dem Spannseil. Ist der Abstand hingegen geringer, so ist an der Seitenrolle noch eine Leitrolle angebracht, über welche das mittels Gegengewichtes straff gespannte Leitseil läuft. In Straßen, in welchen der Arbeitsdraht der elektrischen Bahn der in einem Bogen auf den Bürgersteig sich senkenden Bogenlampe hinderlich werden könnte, muß sie auf einer durch das Übergangsseil wagrecht geführten Laufkatze hängen, die von einer Winde aus nach beiden Seiten verschiebbar ist. Diese Winde ist mit abnehmbarer Kurbel und Steckschlüssel zur Auslösung der Sperrvorrichtung versehen. In sehr breiten Straßen werden die Bogenlampen seitlich auf Säulen angebracht. Fig. 654 zeigt den Triester Straßenmast.

Fig. 654.

Fünftes Kapitel.
Über die Einrichtung ganzer Anlagen.

1. Einteilung der Anlagen.

Bei jeder elektrischen Anlage unterscheidet man den motorischen Teil, welcher zur Erzeugung der mechanischen Energie für den Betrieb der Stromerzeugermaschinen dient, und den elektrischen Teil, der in den vorhergehenden Kapiteln bereits eingehende Erörterung gefunden hat. Wir haben die Betrachtung von den lichtspendenden Lampen zu den stromführenden Leitungen und von diesen zu den stromerzeugenden Maschinen vorwärtsschreiten lassen. Die Triebmaschinen mit ihren Dynamos und ihrem Zubehör bilden den inneren Teil der Anlage, die Stromerzeugungsstätte. Die Leitungen mit ihren Umformern und den Verbrauchern bilden den äußeren Teil der Anlage.

Zur Einteilung der Anlagen dienen verschiedene Gesichtspunkte; scharfe Grenzen lassen sich jedoch nicht ziehen. Kleinere Anlagen für eine mäßige Anzahl naheliegender Verbraucher, bei denen Stromerzeugung und Verbrauch meist in einer gemeinschaftlichen geschäftlichen Hand vereinigt sind, werden als Einzel- oder isolierte Anlagen bezeichnet, während als Elektrizitätswerke größere Anlagen mit für größere Kraft- und Lichtabgabe bezeichnet werden, welche auf ein weniger eng umschriebenes Gebiet oder auf mehrere Nachbargründe beschränkt sind, und darum eigene geschäftliche Unternehmungen zum Zwecke der Stromlieferung darstellen. Bilden diese Nachbargründe einen vollständigen Häuserblock, so daß sich die Führung der Leitungen in oder über öffentlichem Grund vermeiden läßt, so wird die Anlage als Blockanlage bezeichnet. Gilt es, die Energie auf viele Kilometer zu leiten, so spricht man von Fernleitungsanlagen. Anschlüsse der einzelnen Abnehmer für Kraft- und Lichtversorgung nennt man sekundäre Anschlüsse oder Hausanlagen.

Außer nach diesen Merkmalen kann man auch zwischen zeitweiligen und dauernden, zwischen ortsfesten, fahrbaren und halbfesten Einrich-

Einteilung der Anlagen.

tungen unterscheiden, oder man kann die Einteilung nach der Art des Trägers der mechanischen Energie in solche mit Wasser-, Dampf- oder Gaskraft vornehmen. Eine schärfere Einteilung ist nach den Verteilungssystemen, nach der Art des Stromes, der Verwendung von Hoch- und Niederspannung, der Benutzung von Akkumulatoren oder Transformatoren möglich. Es läßt sich hiernach etwa die in der folgenden Liste veranschaulichte Spaltung vornehmen, der aus geschichtlichem Interesse zum Teil die Namen der Erfinder beigefügt wurden. Die Schwerfälligkeit einer solchen Namengebung läßt die Bezeichnung nach den Erfindern erklärlich erscheinen — leider ist sie vielfach mißbraucht worden, indem oft die nichtigste Änderung einer bekannten Anordnungsweise zur Einführung eines neuen Systems unter Vorsetzung des Erfindernamens benutzt wurde. Diesem Umstande verdankte die Elektrotechnik ungezählte Systeme, die nur zu häufig bei vielen Gründungen zu zahllosen Enttäuschungen der Gläubigen geführt haben.

Gleichstrom	Konstante Stromstärke	Direkte Stromverteilung	Bogenlampenbeleuchtung System Brush, Thomson-Houston ... Glühlampenbeleuchtung System Bernstein, „Municipal" ...
		Indirekte Stromverteilung	In Reihe geschaltete Gleichstrommaschinen, System Thury, oder in Reihe geschaltete Akkumulator-Stationen.
	Konstante Spannung	Direkte Stromverteilung	Zweileitersystem, niedere Spannung: Edison. Dreileitersystem, niedere Spannung: Hopkinson. Fünfleitersystem.
		Indirekte Stromverteilung	Drehende Umformer { Motor mit Dynamo gekuppelt. / Dynamo mit zwei Wickelungen. Akkumulator { In der Zentralstation. / Auf vorgeschobenen Unterstationen.
Wechselstrom	Konstante Stromstärke	Direkte Stromverteilung	Glühlampen in Reihen. Glühlampen in Reihen mit parallelen Induktionsspulen. Bogenlampen in Reihen.
		Indirekte Stromverteilung	Ruhende Transformatoren: System Gaulard. Transformatoren für einzelne Bogenlampen: Westinghouse.
	Konstante Spannung ein-, zwei- und dreiphasig	Direkte Stromverteilung	Für Kraft- und Lichtabgabe.
		Indirekte Stromverteilung	Ruhende Transformatoren: System Zipernowsky, Déri u. Bláthy { Einzeltransformatoren, unverbundenes Sekundärnetz. / Transformator-Unterstationen mit verbundenem Sekundärnetz.

Über die Einrichtung ganzer Anlagen.

Wechselstrom samt Gleichstrom { Konstante Spannung { Indirekte Stromverteilung { Motorgenerator mit oder ohne Akkumulatoren. Direkte Stromverteilung { Doppeldynamo für gleichzeitige Abgabe beider Stromarten oder Drehumformer.

Das vorhergehende Bild weist eine große Mannigfaltigkeit auf, welche von der Möglichkeit der Vereinigung mehrerer einfacher Lösungen zu zusammengesetzten Systemen herrührt. Es enthält hierbei nur diejenigen Systeme, welche auf rein elektrischer Grundlage aufgebaut sind. Hie und da wurden auch diese mit nicht elektrischen Kraftverteilungsarten vereinigt. So ist durch Popp in Paris Preßluft, durch van Rysselbergh in Brüssel Preßwasser versucht worden. Der Anschluß von Motoren an Leuchtgasleitungen kann als eigenes System nicht voll hieher gezählt werden. Diese gemischten oder, nicht ohne Ironie, als unreine bezeichneten Systeme haben keine dauernde Bedeutung erlangt. Die den Verteilungsarten zukommenden Eigenschaften sind, soweit sie Leitung, Schaltung, Regelung betreffen, bereits erörtert, und es läßt sich daher die Wahl zwischen ihnen für einen gegebenen Fall treffen. Für Einzelanlagen wird in der Regel das niedergespannte Zweileitersystem mit oder ohne Akkumulatoren in Frage kommen, während bei Blockstationen von größerer Ausdehnung das Dreileitersystem, für ausgedehnte Städteanlagen vornehmlich das Transformatoren-Parallelschaltungssystem mit einer Mehrleiter- oder Mehrphasenanordnung in Betracht zu ziehen ist. Mit Rücksicht auf die Wichtigkeit der Kraftanschlüsse wird statt des einphasigen Wechselstroms der Drehstrom allgemein begünstigt. Die Wahl des Systems wird wesentlich noch von den Fragen des Betriebes beeinflußt. Bevor wir jedoch hierauf eingehen, müssen wir die Einrichtungen der elektrischen Anlagen weiter besprechen.

2. Maschineller Teil der Anlage.

Ist die Leistungsfähigkeit des Kraftwerkes bestimmt, so muß man die Zahl der Maschinensätze wählen, wodurch sich deren Größe ergibt. Für kleinere Einzelanlagen ist dies einfach. Die Maschine muß allein oder mit Zuhilfenahme einer Akkumulatorenbatterie die ganzen Anschlüsse mit Strom versehen. Will man gegen Störungen gesichert sein, so erhält die Anlage noch eine zweite gleich große Maschine als Rückhalt. Man hat demnach in Bezug auf die Leistung eine ganze Reserve in der Anordnung der elektrischen Anlage vorgesehen. Bei größeren Anlagen, bei denen die Anzahl der eingeschalteten Lampen zeitlich stark schwankt, wird man zu zwei oder mehreren Maschinen sich bequemen müssen, die dem jeweiligen Bedarfe entsprechen und in oder außer Betrieb gesetzt

Dampfanlagen. 667

werden. Reichen zwei Maschinen für die volle Belastung aus, und steht nur noch eine gleich große dritte in Bereitschaft, so pflegt man von halber Reserve zu sprechen. Einfacher Betrieb fordert geringe Anzahl der Maschinen, während wirtschaftlicher Betrieb je nach Art und Größe der motorischen Kraft die Entscheidung in der einen oder anderen Richtung beeinflußt. Auf diese Fragen kann hier nicht näher eingegangen werden, da sie mit der Art der Triebmaschinen oder den Antriebsverhältnissen der elektrischen Maschinen überhaupt zusammenhängen und außerdem von den Kosten der Anschaffung und des Betriebes einschneidend berührt werden.

Der Hauptsache nach kommen drei Energiequellen zur Verwendung, und man hat demnach für Dampf die Kessel- und Dampfmaschinenanlage, für Wasser die hydraulische und Turbinenanlage, für Gas den Gaserzeuger und die Gasmaschinen. Die Besprechung der baulichen und maschinentechnischen Frage fällt außerhalb des Rahmens dieses Werkes. Es sollen nur einige Punkte angeführt werden, welche den Einfluß der elektrischen Anlagen auf die Entwickelung dieser Teile kennzeichnen.

Am häufigsten finden sich *Dampfanlagen,* die sich grundsätzlich nicht von denen für andere Zwecke unterscheiden. Die besonderen Bedingungen jedoch, welche der elektrische Betrieb ergab, haben neuere Richtungen und Entwickelungen gezeitigt. Unter den Kesselsystemen haben die Gliederkessel die meiste Begünstigung erfahren, weil sie bei mäßigem Raumbedarf rasche Dampferzeugung und hohe Dampfspannung gestatteten. Da sie sich aus Einzelstücken an Ort und Stelle zusammensetzen lassen, so gewähren sie bei leichter Zustellbarkeit verminderte Explosionsgefahr, so daß sie selbst in solchen Zentralstationen, die in den dichtbevölkerten Stadtteilen lagen und bei beschränktem Raume auch in höheren Stockwerken der Gebäude Unterkunft finden konnten. Man benutzt entweder Heizröhren- oder Wasserröhrenkessel, namentlich letztere; ferner für große Heizflächen eine Vereinigung der Sieder- oder Flammrohrkessel mit Heizröhrenkesseln zu Doppelkesseln. Auch später, als die Entwickelung der elektrischen Verteilungssysteme die Verlegung der Zentralen außerhalb des Stadtinnern gestattete, und damit die Raumfrage die peinliche Wichtigkeit verlor, hielten sich diese Kessel in der Gunst, weil sich bei ihnen die Dampferzeugung dem jeweiligen, meist stark veränderlichen Bedarfe anschmiegen ließ. Da diese Kessel elastisch sind, so können sie den durch das An- und Abstellen des Feuers bedingten Längenänderungen gut nachfolgen. Da sie noch überdies hohe Dampfspannungen, normal bis zu 12 Atm., und bedeutende Heizflächen in einem Stück bis zu 300 qm vertragen, so erklärt sich ihre bevorzugte Stellung.

Die Beschaffenheit der Kohle und des Speisewassers und damit die Frage der Reinigung der Kessel, die Betriebsverhältnisse der Anlage überhaupt, üben natürlich den entscheidendsten Einfluß auf die Kesselwahl aus. Wo die Dampfentnahme gleichförmig vor sich geht, sowie da, wo gute Reinigung des Wassers Schwierigkeiten bietet, greift man zu den Doppelkesseln. Sie verbinden die Vorteile beider Kesselarten und gestatten schnelle Erzeugung trockenen Dampfes bei verhältnismäßig großer Heizkraft. Die durch den Dampfverbrauch der Maschinen geforderte Dampfmenge bestimmt die Größe der Heizfläche und damit die Größe der Kessel, wobei wieder auf ihre zeitweilige Reinigung und den für die Sicherheit gegen Betriebsstörungen nötigen Rückhalt durch Vermehrung ihrer Zahl oder durch die Zulassung der erhöhten Dampferzeugung Rücksicht zu nehmen ist.

Durch die Anwendung überhitzten Dampfes, die durch den Einbau von Überhitzern erreicht wird, ist ein wesentlicher Fortschritt erzielt worden. Die Brennstoffersparnis betrug bis zu 20 % bei Überhitzungen um etwa 300° C. Die Überhitzung ergab verringerte Kondensation und kleinere Kesselheizfläche, so daß die Mehrkosten der Überhitzer durch Ersparnisse an den Kesseln aufgewogen werden können. Wählt man den Kessel kurz, so entfällt ein größeres Wärmegefälle auf den Überhitzer, so daß dieser vorteilhaft arbeitet. Doch ist bei diesen kurzen Kesseln die Beanspruchung des Kesselmauerwerks durch die hohen Temperaturen besonders groß.

Die Erzielung von Brennstoffersparnissen bei Feuerungen spielt bei den großen Kraftwerken eine wichtige Rolle. Für die jährlichen Brennstoffkosten kommen Preisveränderung und jeweilige Güte des zur Ablieferung gebrachten Brennstoffes in Betracht. Die Sicherheit und Stetigkeit des Betriebes drängen zu Kohlenlagern und zu Jahresabschlüssen. Auf die Wirtschaftlichkeit der Feuerung wirkt die Regelung der Luftzufuhr ein. Die Feuerungen können stetigbediente wie Treppen- oder Schrägrost mit Füllschaft sein oder zeitweilig beschickte. Die besten Ergebnisse, besonders bei minderwertigen Brennstoffen, ergibt die stetige Beschickung.

Die Dampfleitungen sollen gut isoliert werden, um die Wärmeverluste zu vermindern. Bei gut isolierten Leitungen beträgt das Wärmegefälle auf den Meter 0,5° C. Um die Abkühlungsverluste noch weiter zu verringern, steigert man die Dampfgeschwindigkeit, wodurch auch die Querschnitte, also die Rohrleitungskosten, kleiner werden. Beim Rohrleitungsplane ist darauf zu achten, daß die durch Bruch einzelner Bestandteile verursachte Störung räumlich beschränkt bleibt. Dampf- und Speiseleitungen werden demgemäß häufig als Ring- oder Doppelleitungen mit möglichst wenigen Ventilen ausgeführt. Bei kleinen

Dampfanlagen. 669

Anlagen genügt es, im Dampfsammler Ventile anzubringen. Fig. 655 stellt die in Dampfkraftzentralen gebräuchlichen Rohrleitungsarten dar, und zwar links die Ringleitung, rechts die einfache Leitung, in der Mitte die Doppelleitung. Bei dieser hat der Dampf weniger Ventile zu durchströmen, die Rohrleitungen erhalten kleinere Querschnitte, die Ventile fallen kleiner aus, und jeder außer Betrieb befindliche Kessel oder Maschinensatz ist durch zwei Ventile abgesperrt. F. van Iterson[1]) schlägt die Anordnung nach Fig. 656 vor, bei welcher die Absperrventile der Kessel und der Dampfmaschinen an je einer Stelle vereinigt werden und eine Verbindung miteinander durch eine doppelte Rohrleitung erhalten. Diese Anordnung vereinigt die Vorteile der Doppel- und Ringleitung, indem sie die Betriebssicherheit und Übersichtlichkeit erhöht.

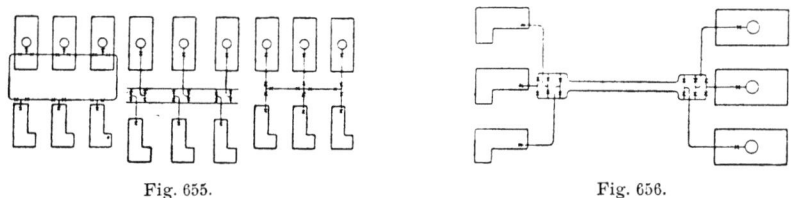

Fig. 655.   Fig. 656.

Die Rohrleitungen müssen für überhitzten Dampf besonders sorgfältig hergestellt werden. Die großen Anforderungen der Zentralanlagen haben zur Teilung der Arbeit geführt. Die Rohrleitungen werden von Spezialfirmen wie Franz Seiffert & Co. in Berlin-Eberswalde, Gebr. Reuling in Mannheim u. a. übernommen. Die Ausgleichsvorrichtungen erfordern bei hohen Dampfspannungen und starker Überhitzung besondere Aufmerksamkeit. Zum vollkommenen Ausgleich der Rohrausdehnung unter möglichster Vermeidung von Spannungen sind elastische Bogenstücke oder Metallschläuche zu verwenden.

Zur Speisung der Kessel werden Dampfpumpen verwendet, da sie entsprechend dem Betriebsbedarfe eingestellt werden können und den Kessel gleichmäßig speisen. Sie verbrauchen aber gewöhnlich viel Dampf, und es empfiehlt sich, ihren Auspuffdampf zur Anwärmung des Speisewassers zu verwenden. Bei Dauerbetrieb arbeiten elektrisch angetriebene Speisepumpen vorteilhaft. Bei Anlagen, wo es an Kondenswasser fehlt, wird Rückkühlung verwendet. Das Auswurfwasser kann direkt durch die Luftpumpen der Dampfmaschinen auf das Kühlwerk geschafft werden, so daß besondere Pumpen hierzu überflüssig werden.

Die wichtige Frage der Feuerung wird vom Brennstoffe, seinem Preis und den Betriebsverhältnissen beherrscht. Mechanische Beschickungen,

---

[1]) F. van Iterson, Dinglers Polyt. Journal 1907 S. 187.

Stoker. haben nur bei großen Anlagen und guter Kohle entsprochen. Die Überprüfung des Heizungsvorganges und der richtigen Luftzufuhr wird durch Untersuchung der Rauchgase stetig vorgenommen. An Stelle des zweifelhaften „Gefühls" des Heizers tritt die Kohlensäureangabe der Arndtschen Wage, deren Wirkung durch eine Heizerprämie gesteigert wird.

Mehr noch als der Kesselbau ist der Bau der Dampfmaschinen durch die Elektrotechnik neubelebt und in neue Bahnen gelenkt worden. Die alten Dampfmaschinen konnten die Anforderungen auf hohe Umlaufszahlen, auf Reglung und wirtschaftlichen Betrieb nicht erfüllen. Die Einführung größerer Kolbengeschwindigkeit war bereits 1876 auf der internationalen Ausstellung in Philadelphia durch die Porter-Allen-Maschine erfolgreich begonnen. Edison benutzte sie, dann folgten die weitverbreiteten Armington-Sims-Maschinen usw.

Was nun die Wahl des Dampfmaschinensystems anbelangt, so gilt auch hier, daß die Preise von Kessel, Maschine und Kohle an der Benutzungsstelle, die Kosten des Baugrundes und der Bauten, die Wasserbeschaffung, die Anzahl und Größe der Dampfmaschinen sowie die Betriebsdauer von Fall zu Fall für die Entscheidung maßgebend sind. Die beiderseits wirkende Einzylindermaschine wird bei billigem Heizmaterial bis ca. 50 PS wegen Einfachheit, großer Zugänglichkeit, billiger Anschaffungskosten und geringer Raumerfordernis in Frage kommen, wodurch die höheren Betriebskosten zuweilen ausgeglichen werden können. Der Dampfverbrauch stellt sich etwa bei 20—50 PS auf 14—16 kg/PS eff. ohne und auf 10—12 mit Kondensation, bei hohen Umläufen von 250 bis 500 in der Minute auf 15—25 kg/PS mit Auspuff. Ihre Regelfähigkeit ist groß, weil der Regulator auf den mittleren Dampfdruck der Gesamtleistung einwirkt. Sie erfordert schwere Schwungräder, um die Ungleichmäßigkeiten innerhalb einer Umdrehung auszugleichen.

Die stehende Einzylindermaschine kommt bei Schnelläufern häufig wegen Raummangels in Hausanlagen und auf Schiffen zur Verwendung. Die Beseitigung starker Kolbendruckwechsel und die Schwierigkeit guter Schmierung hat für Schnelläufer zu einfach wirkenden Zylindern und Einschließung in einen Kasten mit einem Ölbad geführt. Hierher gehören die Westinghouse-Maschine, die Williansmaschine und andere.

Die Zweifach- oder Verbundmaschine kommt bei größeren Leistungen, etwa von 30 bis zu 1000 PS, in Betracht. Der Dampfverbrauch gestattet gegenüber einer Einzylindermaschine eine Ersparnis von 15 bis 20 %, wodurch der Kessel kleiner werden kann; ob auch billiger, hängt von der Verteuerung ab, die das stärkere Kesselblech für die höhere Dampfspannung bedingt. Die Kondensation, deren Nutzen gegenüber Auspuff mit 20 und 25 % gerechnet werden kann, ist bei mehrfacher

Dampfmaschinen. 671

Expansion besonders wichtig. Sie wird bei hohen Kohlenpreisen und vielen jährlichen Betriebsstunden, selbst bei geringerem Wasservorrat durch Einführung der Rückkühlung, etwa in Gradierwerken wirtschaftlich. Mit der gleichen Ökonomie wie Verbundmaschinen arbeiten die Tandemmaschinen, bei welchen die Zylinder hintereinander liegen und beide Kolben auf eine gemeinschaftliche Kurbel wirken. Eine weitere Verminderung des Dampfverbrauchs läßt sich bei Steigerung der Dampfspannung auf 12 bis 14 Atm. und bei weiterer Expansion durch die Dreifach-Expansionsmaschine erreichen. Ihre Regulierfähigkeit bei veränderlicher Belastung ist schlechter, wenn nur ein einziger Zylinder unmittelbar vom Regulator betätigt wird. Dies hat gerade für den elektrischen Betrieb besondere Wichtigkeit, weil die Parallelschaltung von Maschinen hiermit zusammenhängt. Weitere Vorteile waren nur durch Überhitzung des Dampfes zu erzielen. Bei der Dreifach-Expansionsmaschine waren die verhältnismäßig großen Füllungen im Hochdruckzylinder und die hohe Temperatur des aus diesem ausströmenden Mitteldruckdampfes mit Rücksicht auf die betriebssichere Temperatur der Zylinderwandungen hinderlich. Bei der Tandemmaschine, die nunmehr besonders bevorzugt wurde, wird die Geradführung infolge ihrer Verbindung mit dem Niederdruckzylinder weniger erwärmt, und wirkt die Längsdehnung des Hochdruckzylinders weniger schädlich. Der Wert der Zwischenüberhitzung, das ist die Überhitzung in den Expansionsstufen, ist noch strittig. Bei der Entscheidung über das Dampfmaschinensystem spielt bei großen Betrieben der Dampf- oder Kohlenverbrauch bei verschieden starker Belastung eine maßgebende Rolle. Der Verlauf dieses Wirkungsgrades ist bei den verschiedenen Bauweisen verschieden, und zwar wachsen die inneren Widerstände bei der höherstufigen Type, so daß eine dreistufige Dampfmaschine, welche mit **stark veränderlicher** Belastung das Jahr hindurch arbeiten muß, durchschnittlich einen schlechteren Gesamtwirkungsgrad aufweisen kann als eine Verbund-, zuweilen sogar als eine einfache Dampfmaschine. Für große Dampfmaschinen bevorzugt man in Deutschland, Österreich und der Schweiz namentlich die Ventilsteuerungen von Sulzer, Lentz, Frickart und Collmann, während anderwärts die Rundschiebersteuerung große Verbreitung erlangt hat.

Parallelschaltung. Für die Entwicklung der großen Kraftwerke war es notwendig, daß die Kolben-Dampfmaschinen die Parallelschaltung der elektrischen Maschinen ermöglichten. Wir haben bereits diesen Gegenstand, sofern er nur die elektrische Seite betraf, auf Seite 451 besprochen.

Bei einer Gruppe parallelgeschalteter gleicher Maschinensätze, die sich in völlig gleichem Zustande befinden, verteilt sich die Belastung

672　Über die Einrichtung ganzer Anlagen.

gleichmäßig auf die einzelnen Sätze. Wäre das nicht der Fall, so müßte jede Maschine mit kleinerer Belastung ebensoviele Umläufe machen als die mit ihr laufende mit größerer Belastung, d. h. die Reglung müßte ohne Rücksicht auf die Belastung auf eine bestimmte feste Umlaufszahl eingestellt sein.

Die Einwirkung des Reglers soll derartig sein, daß er eine Überschreitung gewisser Geschwindigkeitsgrenzen hintanhält, innerhalb dieser aber die jeder einzelnen Geschwindigkeit entsprechende Maschinenleistung mit Sicherheit feststellt, ob nun diese Geschwindigkeit beim Wachsen oder Fallen der Belastung erreicht worden ist; ferner darf er den natürlichen Gang der Maschine durch Pendeln und Zucken während der Lastveränderungen nicht beeinflussen.

Kleine Geschwindigkeitsänderungen der einzelnen Maschinen bei unveränderlicher Leistung überwindet das parallelgeschaltete System leicht, weil das bereits erklärte Zusammenwirken der elektrischen Maschinen der voreilenden Maschine mehr Arbeit zuweist und sie bremst, die zurückbleibende entlastet und dadurch beschleunigt, als ob sie durch eine gemeinsame Welle gekuppelt wären. Bremstöpfe, welche das pendelnde Spiel des Reglers innerhalb dieser Grenzen verhindern, sind nur schlechte Notbehelfe. Jeder Regler ändert seine Stellung erst, nachdem die Geschwindigkeitsänderung eine gewisse Größe überschritten hat. Das ist eine Folge der inneren Widerstände und toten Gänge seines Stellzeuges.

Stellen in Fig. 657 die Abszissen die Leistung der Maschine, die Ordinaten die zugehörige mittlere Geschwindigkeit vor, so hat man in den Linien A B und $A_1 B_1$ das Arbeitsbild desselben Regulators bei verschiedenen Belastungsgewichten oder Federspannungen. Ist M k derjenige Zuwachs der Geschwindigkeit, bei dem der Regulator zu wirken beginnt, und K L parallel zur Abszissenachse, so wird er nach Erreichung seiner neuen Gleichgewichtslage in dem einen Falle die Leistung um $N N_1$, in dem anderen um $N N_2$ verringern. Die Veränderung der Leistung wird mit den Abschnitten $k k_1$, $k k_2$ wachsend abnehmen, was bei genügend kleinen Werten von $k_2 M$ der trigonometrischen Tangente der Neigungslinie entspricht. Diese mißt aber auch den Grad der Astasie. Ein Regulator wird um so genauer auf eine bestimmte Leistung regeln, je kleiner seine Astasie ist.

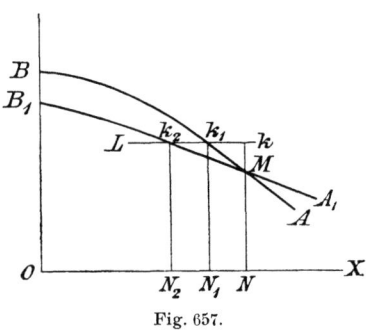

Fig. 657.

Dampfmaschinen. 673

Die Wirkungsweise des Regulators ist nämlich folgende: Sinkt die Belastung der Maschine, so beschleunigt sich ihr Gang, bis die der neuen Geschwindigkeit entsprechende Regulatorstellung eine neue Füllung vermittelt, welche aber wieder kleiner ist, als der neuen Last entspricht. Die neue Füllung verzögert den Gang zu sehr, so daß die durch die Verzögerung entstandene neue Füllung abermals die Maschine in eine neue zu hohe Geschwindigkeit treibt. Diese Arbeitsweise beeinflußt das Zusammenwirken parallel laufender Maschinen.

Das Jagen der Maschine verringert sich, sobald die Astasie kleiner wird, und die Tangente gilt wieder als das Maß für diese Bedingung. Es ergibt sich somit, daß die Kurve A B, wenigstens in dem meist benutzten Stücke, sich möglichst einer Geraden nähern soll, und daß ihre Neigung gegen die Wagrechte groß sein soll. Man verlangt für die Parallelschaltung von Wechselstrommaschinen nicht unter 4% Umlaufsveränderung von Voll- auf Leerbelastung. Der Regulator soll in einfacher Weise während des Betriebes der Maschine die Einstellung einer bestimmten Umlaufszahl zulassen.[1]) Bei den vorhergehenden Betrachtungen wurde direkte Kuppelung der Dampfmaschine mit der elektrischen Maschine vorausgesetzt. Sind jedoch Seile oder Riemen als elastische Bindeglieder dazwischen, so ist auf ihre einstellbare mechanische Spannung Rücksicht zu nehmen. Es empfiehlt sich daher, gleich lange und reichlich durchziehende Seile und Riemen sowie Spannschlitten für den Parallelbetrieb vorzusehen.

Es soll noch der Dampfleitung paralleler Dampfmaschinen gedacht werden. Der Dampf strömt ähnlich wie Elektrizität in einem verzweigten Rohrnetze. In einer Gruppe parallelgeschalteter Maschinen sollte daher der Rohrwiderstand für jede einzelne Maschine für die Dampfzu- und ableitung gleich groß ausfallen, damit gleicher Anfangsdruck in jedem Zylinder herrscht. Auch das Prinzip der „Löschbarkeit" tritt hier auf, denn es werden die Dampfspannungsverhältnisse an den einzelnen Abzweigungsstellen sich ändern, je nachdem die einzelnen Maschinen mit größerer oder kleinerer Füllung arbeiten, und je nachdem mehr oder weniger Maschinen in Betrieb kommen. Selbst wenn der Dampfzufluß unverändert bleibt, schwankt die Anfangsspannung eines Schnelläufers; insbesondere bei kleiner Kompression und kleiner Voreilung sinkt er während der Füllung mitunter bedeutend. Dies verrät die Indikatorlinie, welche sodann eine nicht von der Steuerung, sondern von der Dampfleitung herrührende Drosselung zeigt. Tritt eine Druckverminderung

---

[1]) Wilhelm Proell, Praktische Beurteilung von Regulatoren und Regulierungsfragen, 1902. H. Dubbel, Entwerfen und Berechnen der Dampfmaschinen. 2. Aufl. 1907.

im Zylinder ein, so strömt der Dampf mit größerer Geschwindigkeit nach, und die Nachströmung erfolgt langsamer, wenn der Druck dort steigt. Bei einer Reihe gleichgestellter parallellaufender Maschinen wird daher der Dampfstrom Längsschwingungen in den Leitungen ausführen.

Dieselbe Rolle wie der Dampfdruck spielt die Luftleere im Kondensator beim Ausströmen des Dampfes, nur ist der mechanische, insbesondere aber der wirtschaftliche Einfluß noch bedeutender. Gesonderte Kondensatoren für jede einzelne Dampfmaschine sind wirksamer und halten leichter gleich hohe Luftleere als ein gemeinsamer Kondensator für mehrere Dampfmaschinen.

Dampflässigkeit der Verteilungsorgane und der Kolben verändert in hohem Maße das Kräftebild der Maschinen und somit auch ihr Zusammenspiel. Die innere Reibung ist vornehmlich durch die Schmierung der Maschine bedingt. Am Kurbelzapfen wirkt nur jener Überschuß, der nach Überwindung der Reibungswiderstände erübrigt. Bei hohen Belastungen und kleinen Umlaufzahlen ist dies von geringerer Bedeutung als bei kleinen Füllungen und hohen Umläufen. Je nach dem Zustande der Schmierung werden gleiche Maschinen bei derselben Regulatorstellung verschiedene Leistung aufweisen. Dies erklärt auch den hie und da geübten Vorgang, schwer in den Gleichtakt gelangenden Dampfmaschinen durch Nachschmieren der hinkenden Maschinen mit dünnflüssigerem Öl aufzuhelfen.

Während der Dampf in der Kolbenmaschine durch seine Spannung Arbeit leistet, wirkt er in den **Dampfturbinen** durch seine Strömungsenergie. Jede Turbine besteht aus dem Leitrad und dem Laufrad. Das Leitrad soll die arbeitende Flüssigkeit, deren lebendige Kraft in Arbeit umgesetzt werden soll, aus der ursprünglichen Bewegungsrichtung ablenken und dem Laufrad stoßfrei zuführen. Die unmittelbare Stoßwirkung des Dampfstrahles auf Schaufelräder ist bereits durch Hero von Alexandrien bei seiner Äole verwertet worden. Trotz dieser frühen Anfänge sind wegen der hohen Geschwindigkeit des Dampfes jahrhundertelang keinerlei Fortschritte gemacht worden. Ein Jahrhundert lang hatte die Kolbendampfmaschine allein geherrscht; die zu Ende der achtziger Jahre des vorigen Jahrhunderts auftauchenden konstruktiven Lösungen des Schweden de Laval und des Engländers Parsons, die noch heute als die beiden grundsätzlichen Richtungen des Dampfturbinenbaues anzusehen sind, haben in wenigen Jahren sich so weit entwickelt, daß die Dampfturbine heute allgemein als ebenbürtig der Kolbenmaschine angesehen wird. Je nach Wirkungsweise und Ausführung werden ein-, mehr- oder vielstufige Druckturbinen mit einer

Dampfturbinen. 675

oder mehreren Geschwindigkeitsstufen und vielstufige Überdruckturbinen unterschieden[1]).

De Lavals Turbine ist eine einstufige Druckturbine mit dünner, biegsamer Achse. Der Dampfdruck wird bei ihr durch eine passend geformte Düse vollständig in Geschwindigkeit umgesetzt, so daß die Eintrittsgeschwindigkeit des Dampfes 1000—1100 m/Sek beträgt. Der Dampf wird dem Laufrade seitlich durch die Düsen zugeführt und gelangt schließlich in das mit einem Kondensator verbundene Gehäuse, wo er wieder zu Wasser verdichtet wird. Den Nachteil der hohen Umlaufzahl von 20 000 bis 30 000 Uml/Min beseitigte Laval durch ein Rädervorgelege mit vielen breiten und kleinen Zähnen, das allerdings an Umfang die Turbine übertrifft. Die Laval-Turbine ist für kleinere Leistungen bis zu 300—400 PS vielfach ausgeführt worden. Auch die Turbine von Riedler-Stumpf gehört zu den einstufigen Druckturbinen.

Das Streben anderer Konstrukteure war darauf gerichtet, die Umlaufzahl zu vermindern. Dies kann durch Einteilung in Druckstufen oder in Geschwindigkeitsstufen geschehen. Die Geschwindigkeit hängt vom Druckunterschied zwischen Düsen und Ausströmungsraum ab und kann also durch Anwendung von Zwischenstufen vermindert werden. Vereinigt man, wie dies Parsons tat, alle Räder auf derselben Achse, so muß man durch Leitschaufeln für jedesmalige Umkehrung des Dampfes sorgen, damit die Beaufschlagung aller Räder im gleichen Sinne erfolgt. Da der Druck des Dampfes beim Durchströmen der einzelnen Räder abnimmt, wächst sein Volumen, die Schaufeln der aufeinanderfolgenden Räder müssen demgemäß einen ständig wachsenden Querschnitt erhalten. Die Verminderung der Umlaufzahl hängt von der Zahl der einzelnen Druckstufen und somit von der der Räder ab; durch deren Vermehrung ergibt sich somit ein Mittel zur Erzielung brauchbarer Werte. Es ist Parsons gelungen, nach diesem Prinzip die Geschwindigkeit so weit herabzusetzen, daß der direkte Antrieb von Dynamomaschinen möglich wurde. Der gute Dampfverbrauch der Parsons-Turbinen, der dem bester Dampfmaschinen entspricht, hat zu ihrer Einführung und raschen Verbreitung beigetragen; ihre Herstellung erfolgt in Deutschland durch Brown, Boveri & Co., Mannheim und Baden, Schweiz.

Die Anwendung der Geschwindigkeitsabstufung führt zu folgender Bauweise: Man läßt den Dampf ebenso wie bei de Laval bereits in den Düsen vollständig expandieren; er erlangt dann beim Austritt seine höchste Geschwindigkeit, beispielsweise von 800 m/Sek.

---

[1]) A. Stodola, Die Dampfturbine. Berlin 1907. — H. Dubbel, Entwerfen und Berechnen von Dampfmaschinen. 1907.

Die Geschwindigkeit wird in wenige, etwa vier Stufen eingeteilt, so daß der Dampf nach Verlassen des ersten Rades die Geschwindigkeit von 600 m, des zweiten die Geschwindigkeit von 400 m, des dritten die Geschwindigkeit von 200 m und des letzten die Geschwindigkeit 0 besitzt. In jedem der Räder wird demnach eine Geschwindigkeit von 200 m ausgenützt, entsprechend einer Umfangsgeschwindigkeit von 100 m, die konstruktiv noch leicht beherrscht werden kann. Auch hier muß durch Leitschaufeln, die zwischen den einzelnen Rädern angeordnet sind, für jedesmalige Umkehrung des Dampfes gesorgt werden. Das Volumen des Dampfes nimmt auf dem Wege durch die Räder nicht mehr zu, man erhält somit eine geringe Anzahl ganz gleichartiger Räder, und es scheint danach fast, als wenn ein Mittel zur beliebigen Herabsetzung der Tourenzahl gefunden wäre. Jedoch kommt man auch hier leider bald auf eine Grenze, weil die Reibungsarbeit des Dampfes in den Rädern, von denen die ersten ja mit voller Geschwindigkeit durchflossen werden, zu groß wird. Turbinen dieses Systems sind von Curtis in Amerika konstruiert und von der General Electric Company ausgeführt worden. Zoelly in Winterthur und Rateau, Paris, haben vielstufige Druckturbinen ausgeführt, während die Parsonsturbine in der Ausführung der Westinghouse Co. und der Brown-Boveri-Turbine eine Überdruckturbine darstellt.

Die Vorteile der Dampfturbinen sind ihr geringer Raumbedarf, die dadurch möglichen Ersparnisse an Fundament-, Gebäude- und Anlagekosten, ihre bequeme Handhabung und stete Betriebsbereitschaft ohne längeres Anwärmen. Allerdings ist die Turbine nur in ganz vollkommenem Zustande oder gar nicht betriebsfähig. Im vollkommenen Zustand läuft sie allein, ohne Mitwirkung des Maschinisten; versagt sie infolge von Ungenauigkeiten oder Mängeln einzelner Teile, dann sind diese in wenigen Sekunden vollkommen zerstört.

Die Dampfturbine hat auch auf den Bau der elektrischen Maschinen stark eingewirkt. Sie fordert wegen der stets hohen Umfangsgeschwindigkeiten bei direkt gekuppelten Maschinen sorgsamsten Massenausgleich, da die Fliehkraft einer Gewichtserhöhung um das 1000 bis 2000-fache entspricht. Es haben sich deshalb eigene Bauweisen insbesondere für Drehstrom entwickelt, mit sorgfältiger Luftführung zwecks genügender Kühlung der verhältnismäßig kleinen Maschinen.

Den Gedanken, die dem Abdampf im Kondensator entzogene und mit dem Kühlwasser nutzlos fortgeleitete Wärme zu verwerten, verwirklichen die Abwärme-Kraftmaschinen, die jedoch einen dauernden wirtschaftlichen Erfolg nicht zu erzielen vermochten. Rateau in Paris hat bestehenden Kolbendampfmaschinen noch Niederdruckdampfturbinen angefügt und einen Dampfakkumulator eingeschaltet, der den von der Kolbenmaschine stoßweiße kommenden Dampfzufluß in einen der Turbine

Wasserturbinen. 677

gleichmäßig zufließenden Dampfstrom verwandelt. Einige solcher Anlagen für zusammen 6500 PS elektrisch und 100 000 kg/Std Abdampf, darunter die für die Zeche Klein-Rosseln im Saargebiet für 1250 PS elektrischer Leistung waren 1907 im Bau.

Wasserturbinen. Die Ausnutzung vorhandener Wasserkräfte hat durch die Elektrotechnik eine mächtige Förderung erfahren. Besonders tritt dieser Einfluß in mit Wasserkräften gesegneten Ländern auf, wo die Kohle teuer ist, wie in der Schweiz, Italien und Norwegen. In diesen Ländern tauchte auch bald die Frage des staatlichen Monopols der Wasserkräfte auf. Der schweizerische Bundesrat hat 1906 einen Gesetzentwurf fertig gestellt, der die Ableitung der aus schweizerischen Wasserkräften gewonnenen elektrischen Energie ins Ausland von der Bewilligung des Bundesrates abhängig macht. Die unmittelbaren Betriebskosten, also jene für Beaufsichtigung und Ausbesserung, sind bei diesen Anlagen im Verhältnisse die geringsten. Sie können jedoch durch die Kosten der Anlage für Wasserbauten, Entschädigungen an Grundanlieger, Schiffahrts-, Flößerei- und Fischereiberechtigte und hohe Anforderungen als Ablösung bestehender Wasserrechte mehr als aufgewogen werden. Der Wert einer solchen Wasserkraft hängt wesentlich von ihrer Unveränderlichkeit ab. Ist diese nicht vorhanden, und muß man deswegen zu einer teueren andern Bereitschaft durch Dampf greifen, so kann ihr Wert zweifelhaft werden. Bei zu kleinen Wasserkräften kann auch die Frage auftauchen, ob nicht die Anlegung von Sammelteichen zur hydraulischen Akkumulierung sich empfiehlt, um während der Stunden des Vollbetriebes mit einer höheren Leistung, als der Wasserkraft unmittelbar entspricht, arbeiten zu können.

Diese Staubecken oder Talsperren sind in Deutschland besonders durch Prof. O. Intze zur Ausführung gelangt. Sie dienen für ein ausgestrecktes Gebiet zur Wasserversorgung und Verhütung von Hochwasserschäden, gleichzeitig aber auch als Sammelbecken zum Betriebe elektrischer Anlagen. Durch Zwangsgesetze waren 1906 in Deutschland 25 Talsperren mit 160 Millionen m³ Stauinhalt im Bau oder fertiggestellt, deren Kosten 40, mit Nebenanlagen 60 Millionen Mark betrugen. Die größte Anlage Europas ist die Talsperre an der Urft, bei der eine Mauer von 58 m Höhe einen See von 10 km Länge und $46 \cdot 10^6$ m³ Inhalt aufstaut. Das Niederschlagsgebiet umfaßt 375 km², der Wasserspiegel im Becken schwankt zwischen 70 und 110 m. Die zugehörige elektrische Anlage bei Heimbach enthält Turbinen von 1500—2000 PS, die jährlich $22 \cdot 10^6$ KW/St liefern können. Die durch sieben Kreise aufgebrachten Kosten betrugen 8,5 Millionen Mark.

Als Triebmaschinen kommen fast ausschließlich Turbinen in Betracht. Der Turbinenbau hat infolge der neuen Anforderungen großen Aufschwung zu verzeichnen. Er hat durch die Becherturbine oder das Peltonrad und die Hochdruck-Freistrahlturbine große Gefällshöhen überwinden können. Das Bestreben, Wasserkräfte möglichst auszunützen und ihre Energie elektrisch zu übertragen, hat einesteils zur Verwendung von Saugturbinen, bei welchen jedes Zentimeter Gefälle nutzbar gemacht werden kann, andernteils zur möglichst direkten Kupplung der Turbinen mit den Generatoren geführt. Hierzu war der Bau rasch laufender Turbinen erforderlich. Bei dem Bestreben, die Umlaufzahl den Wünschen der Elektrotechniker anzupassen, zeigte sich, daß die Steigerung der Umlaufzahlen für ein gegebenes Gefälle und eine gegebene Leistung schwieriger ist als ihre Verminderung. Diese gelingt durch Teilbeaufschlagung der Freistrahlturbinen ohne Schädigung der Wirkungsgrade; jene läßt sich nur in beschränktem Umfang bei Verringerung des Wirkungsgrades erzielen[1]). Den Anforderungen der unmittelbaren Kupplung genügen besonders die Francis-Turbinen, die häufig mit Finkschen Drehschaufeln im Leitrad ausgerüstet werden. Es sind dies radial von außen beaufschlagte Reaktionsturbinen, welche sich leicht mit wagrechter Achse anordnen und über dem Unterwasser aufstellen lassen. Dies ermöglicht die Zugänglichkeit und die Untersuchung der Turbine, ohne daß man mit dem Wasser in Berührung zu kommen braucht.

Die verschiedenen örtlichen Verhältnisse haben zu entsprechenden Turbinentypen geführt[2]). So verwendet man die Spiralturbine für höhere Gefälle und kleinere Wassermengen, die Zwillingsturbine oder die mehrfach gekuppelte Zwillingsturbine für große Wassermengen und relativ hohe Umdrehungszahlen und die einseitig im offenen Wasserkasten eingebaute Turbine für mittlere Wassermengen und mittlere Gefälle.

Der elektrische Betrieb hat wie bei den Dampfmotoren auch hier namentlich der Turbinenregelung schwierige Aufgaben gestellt. Für geringe Wassermengen, also bei höheren Gefällen, sind befriedigende mechanische Lösungen gefunden, für niedrige Gefälle werden Bremsregulierungen benutzt, bei denen die jeweilig überschüssige Energie durch Reibung in Wärme verwandelt wird. Um die Parallelschaltung zu bewerkstelligen, kann man von der Schaltbühne von Hand aus oder durch Elektromotoren die Turbinenregelung veranlassen.

Wasserräder kommen in seltensten Ausnahmen bei kleinen Anlagen in Frage. Ihre geringen Umlaufszahlen erfordern große Übersetzungen, welche geringe Ungleichmäßigkeiten während einer Umdrehung in der Beleuchtung erkennen lassen. Selbst genaue Massenausgleichung des Rades genügt nicht.

---

[1]) V. Graf und D. Thoma, Zeitschr. d. Ver. deutsch. Ing. 1907. S. 1005.
[2]) A. Pfarr, Die Turbinen für Wasserkraftbetrieb. Berlin 1907.

Gasmotoren. 679

Gasmotor. Neben der Dampfmaschine hat der Gasmotor im Anschlusse an ein vorhandenes Gasleitungsnetz als Antriebsmotor von elektrischen Anlagen große Verbreitung gefunden. Die Gasanstalten waren froh, durch solche Hausanlagen einen abtrünnigen Lichtverbraucher als Abnehmer für Motorgas sich erhalten zu können. Die Einführung von elektrischen Zentralstationen hat naturgemäß dieser Entwicklung Einhalt getan — und da nun einmal die Gasanstalten die Elektrizität nicht als Wettbewerber haben wollten, so griffen sie gerne zur Verwendung des Gasmotors für isolierte Anlagen zur Herstellung von den Gasanstalten benachbarten elektrischen Zentralstationen oder Blockstationen mit größeren Gasmotoren. Die Schwierigkeit, derartige große Motoren zu bauen, die schwerfällige Inbetriebsetzung, die ungenügende Regulierung, die rasche Abnahme des Wirkungsgrades bei geringer Belastung haben im allgemeinen diese Lösung zu keiner durchschlagenden Bedeutung gelangen lassen. Zum Anlassen läßt sich vorteilhaft ein Elektromotor benutzen, der von den Akkumulatoren den Strom erhält. Auch die Regulierungsfrage ist inzwischen wesentlich gefördert worden, und selbst die für Gasmotorenantrieb lange vergeblich gesuchte Parallelschaltung von Wechselstrommaschinen hat Fortschritte gemacht. Ein beachtenswerter Vorschlag rührt von Dettmar her, durch Wirbelströme im Schwungrad die feine Einstellung der Umlaufzahl zu erreichen.

In neuerer Zeit ist jedoch ein großer Aufschwung im Bau von Explosionsmotoren zu verzeichnen. Zuerst hat Dowson Wassergas erzeugt und in Unterstationen zum Betriebe von Gasmotoren verwendet. Dann kamen die Sauggasanlagen für kleine bis mittlere Leistungen zur Anwendung, bei denen der Motor sich das von ihm benötigte Gas bei jedem Hub aus dem mit Unterdruck arbeitenden Gasgenerator selbst ansaugt. Die Heizgase mit 1100—1200 Wärmeeinheiten/m³ müssen gewaschen und gereinigt werden, um Betriebsstörungen infolge Verschmutzens zu vermeiden. Der bei Wassergasanlagen erforderliche, genehmigungspflichtige Dampfkessel mit seinem namentlich bei öfterem Anheizen sehr erheblichen Brennstoffverbrauch und das dauernd tätige Dampfstrahlgebläse fallen bei einer Sauggasanlage fort, ebenso der bei Generator-Druckgasanlagen zum Ausgleich zwischen dauernder Gaserzeugung und periodischer Gasverwendung erforderliche Gasbehälter, wodurch die Anlagekosten erheblich geringer werden. Der in der ganzen Leitung herrschende Unterdruck sichert gegen das Austreten des giftigen Kohlenoxydes durch undichte Stellen und gestattet auch während des Betriebes eine Überwachung oder Reinigung des Rostes, was die Betriebssicherheit wesentlich erhöht.

Von großer Bedeutung ist die vorteilhafte Ausnutzung der beim Koks- und Hochofenbetrieb kostenlos fallenden, aber wertvollen Abgase. Die ersten Gichtgasmaschinen kamen 1898 in Betrieb; doch hat sich die Entwickelung so schnell vollzogen, daß 1906 bereits 47 Koksofen-Gasdynamos mit 40 000 PS für deutsche Hütten und Zechen in Betrieb waren. Da manche Zechen viel Koks erzeugen und nur wenig Kraft für die Wasserhaltung brauchen, können sie die überschüssige Energie als Strom an Gemeinden und Städte abgeben. So liefert die Hibernia-Zeche den Strom an das Elektrizitätswerk Westfalen, die Zeche Rheinpreußen auf 20 km Strom nach Krefeld. Das Rheinisch-Westfälische Elektrizitätswerk liefert aus drei Zentralen in Essen, Hörde und im Westen des Industriebezirkes Strom durch ein Kabelnetz von etwa 1000 km Länge an Gemeinden, Hütten und Zechen.

Die ersten für Gichtgasverwertung gebauten, einfach wirkenden Viertakt-Gasmaschinen [1]) zeigen infolge der großen Ventilquerschnitte und der aussetzenden Regelung eine gewisse Unempfindlichkeit gegenüber den Eigenschaften der Gichtgase. Diese sollen rein, trocken, von mäßiger Temperatur und nicht zu stark schwankendem Heizwert sein. Die Reinigung auf 20—30 mg/m^3 Staubgehalt erfordert etwa dieselbe Leistung, 1,5—2 %, wie die Kondensation bei Dampfmaschinen; bei diesem Staubgehalt müssen die Gas- und Einlaßventile alle 2—3 Monate gereinigt und die Maschinen alle 6 Monate stillgesetzt werden.

Als Abart des Gasmotors ist der Benzin- und Petroleummotor zu nennen, der für kleine Anlagen an Orten ohne Gas den Dampfanlagen das Feld streitig macht. Seine Wahl hängt von vielen Fragen ab, wobei der Preis des Brennmaterials jedenfalls zu den wichtigsten zählt. Der Bedarf liegt etwa bei landwirtschaftlichen Wirtschaften ohnehin für einen solchen Motor häufig bereits vor, und man entschließt sich daher zu seiner Anschaffung um so leichter, wenn er die Beleuchtung gleichfalls versorgen kann. Es tritt diesem Umstande aber öfters die Besteuerung des Brennmaterials entgegen, welche nur für motorische Zwecke billigen Tarif zuläßt.

Einer der neueren Motoren mit innerer Verbrennung ist der Dieselsche; bei ihm erfolgen sämtliche physikalischen Vorgänge zur Erzeugung der Energie aus dem Brennstoff innerhalb des Arbeitszylinders. Die Entzündung des nach der Kompression durch Druckluft eingeführten Brennstoffes erfolgt von selbst an der durch die Kompression im Arbeitszylinder erhitzten Luft. Die Verbrennung findet dann ohne Drucksteigerung, nicht explosionsartig, statt. Der Motor ist für flüssige Brennstoffe geeignet und bildet ein Mittelglied zwischen den Explosionsmotoren und den Dampfmaschinen.

---

[1]) H. Dubbel, Zeitschr. d. Ver. deutsch. Ing. 1907. S. 845.

Verbindung zwischen Triebmaschine und Dynamo. 681

Bezüglich der **Überlastbarkeit** lassen sich allgemeine Angaben nicht machen; ungefähr gilt, daß Dampfmaschinen um 25 %, Dampfturbinen um 20 %, Explosions- und Verbrennungsmotoren um 10 %, Wasserturbinen um etwa 20—30 % der angegebenen Leistung überlastet werden können.

Verbindungsweisen zwischen Triebmaschine und Dynamo. Man kann zwischen mittelbarer und unmittelbarer Verbindungsweise unterscheiden. Unter der mittelbaren finden sich namentlich Riemen- und Seiltrieb bei kleinen und mittleren Anlagen vor. Überschreitet das Übersetzungsverhältnis sechs, so empfiehlt sich die Einschaltung eines Zwischenvorgeleges, welches zugleich zur Riemenein- und -ausrückung benutzt wird. Die Größe der Dynamoscheibe bestimmt die gewählte Riemengeschwindigkeit, die nicht über 30 m steigen, nicht unter 10 m fallen soll. Kleine Dynamos mit hohen Umlaufszahlen gegen 1000 drängen bei einfachem Riementrieb zu schnellaufenden Antrieben. Diese Umstände werden bei größeren Dynamos günstiger, weil ihre Umläufe mit steigender Leistungsfähigkeit sinken. Der Riemen erfordert große Aufmerksamkeit im Betriebe. Anfangs stramm im Dienste, wird er durch die stete Spannung mit der Zeit schlaff. Deswegen wird die elektrische Maschine auf Gleitschienen gesetzt, auf denen sie durch Spannschrauben zum Zwecke des Nachspannens verschoben werden kann. Der neue, eben gelieferte Riemen bildet immerhin ein unsicheres, unverläßliches Bindeglied im Betriebe. Seine Kittstellen können sich öffnen, er kann reißen, oder er rutscht auf der Scheibe trotz ihrer Wölbung nach seitwärts, weil er bei Dehnung der Fasern von seiner Gradheit einbüßt, Ereignisse, die, so geringfügig sie auch scheinen, recht peinlich werden können. Diese Unsicherheiten haben bei größeren Anlagen zur direkten Kupplung des Dynamo mit dem Motor geführt. Die ersten Edison-Zentralen waren schon mit solchen gekuppelten Maschinen ausgerüstet; in England hat Gordon die ersten gekuppelten Wechselstrommaschinen eingeführt. Heute wird die Kupplung für größere Anlagen allgemein verwendet, während man früher durch langsam laufende Dampfmaschinen einen gemeinschaftlichen Wellenstrang in Umlauf setzte und von ihm dann Schwärme von Riemen zu kleinen Dynamos leitete. Das Heißlaufen eines einzigen Hauptlagers konnte dabei eine gründliche Störung trotz aller vorbedachten Aushilfe verursachen; die zahlreichen Kupplungen versagten im Augenblick der Gefahr, und wenn nicht schon sie selbst, so gewiß der sie Bedienende. Zur engsten Vereinigung wurde auch bei kleineren Maschinen durch Raummangel wie auf Schiffen gedrängt. Gleiche Bestrebungen brachen sich bei den Wasserturbinen Bahn, wo direkte Verbindung je nach Umständen bei wagrechter oder senkrechter Welle Platz griff. Wird die

Über die Einrichtung ganzer Anlagen.

Welle im letzteren Falle zu lang, so muß man auf ihre Verdrehung besondere Rücksicht wegen des erörterten Parallelbetriebes nehmen. Die Welle wird hohl gehalten und es kann durch ein zentral befestigtes Stängelchen samt Zeiger die Verdrehung beobachtet werden, wenn nicht ein optisches Verfahren mit Spiegeln hierbei vorgezogen wird. Auch bei Gasmotoren wurde die direkte Kupplung von Körting in Hannover eingeführt.

Um den Zusammenbau bei mehreren Lagern, die bei dieser Anordnung in Frage kommen, zu erleichtern, werden oft die Wellen der zu verbindenden Maschinen durch eine elastische Kupplung miteinander verbunden. Eine derartige Lederlamellenkupplung mit etwas Beweglichkeit und Elastizität zeigt Fig. 658. Elastischer ist die Raffard-Gummibandkupplung, Fig. 659. Die Längsstifte der einen Sternscheibe stehen radial den Stiften der Gegenscheibe gegenüber, und es sind immer nur die im selben Halbmesser stehenden mit einem geschlossenen Gummiband umschlungen. Zodel-Voith haben ein einziges endloses Band benutzt. Bei allen diesen Kupplungen ist bei Parallelbetrieb von Wechselstrommaschinen zu berücksichtigen, daß die elastische Dehnung nur wenige Hundertstel der Polteilung betragen darf. Auch übt natürlich die elastische Verbindung der umlaufenden Massen einen wesentlichen Einfluß auf den Reguliervorgang der Antriebsmaschine aus[1]).

Mit Verbesserung der Lager, ferner bei gemeinschaftlichen Bettplatten hat man wieder oft zur festen Kupplung oder gar zur gemeinschaftlichen Welle als sicherster Verbindungsweise gegriffen. Die zweiteilige Nabe des Wechselstrommagnetrades wird durch Schrumpfringe zusammengehalten und durch Keile gegen Verdrehung gesichert. Bei großen Wechselstrommaschinen mit wagerechter Welle wird der Mantel drehbar auf zwei Pratzen gesetzt, um alle Teile der Wickelung bequem erreichen zu können. Außerdem wird der Kranz am tiefsten Punkte entweder direkt oder auf Rollen ruhend unterstützt.

Die Erregermaschinen werden entweder direkt angekuppelt oder bei Dampfmaschinen auch durch einen Schleppkurbelantrieb verbunden. Kolben in Prag erzielte durch Zahnrad- und Schneckenantrieb eine Übersetzung. Diese Frage der Erregung ist so wichtig, daß wir sie etwas näher behandeln müssen.

Die Zweckmäßigkeit direkt gekuppelter oder getrennter Erreger wechselt je nach Umständen. Die gekuppelte Erregerdynamo ist wegen der geringen Umdrehungszahl teuerer als die getrennte, von schnellaufenden Dampfmaschinen oder Wasserturbinen angetriebene. Die Gesamtkosten für beide Fälle sind trotzdem mindestens gleich, wenn nicht im

---

[1]) Philipp Ehrlich, Ztschr. d. österr. Ing.- u. Arch.-Vereines 1906, Nr. 10.

Kupplungen. 683

ersten Falle geringer, weil dabei die Kosten für die Antriebsmaschine, Fundamente, Leitungen und Schaltbretter und der Mehraufwand für das größere Maschinenhaus entfallen. Auch im Betriebe sind direkt gekuppelte Erreger wenigstens ebenso wirtschaftlich wie getrennt angetriebene, so daß der Gesamtwirkungsgrad bei veränderlicher Belastung

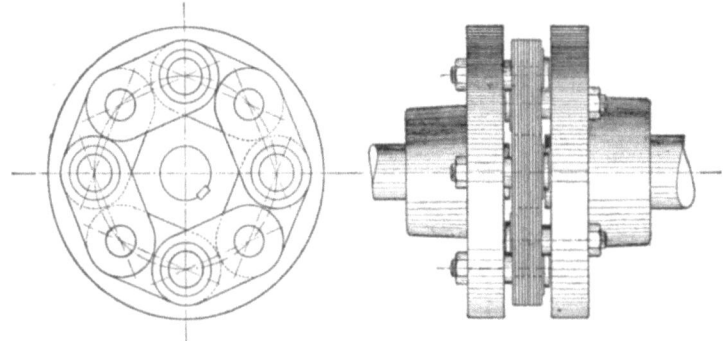

Fig. 658.

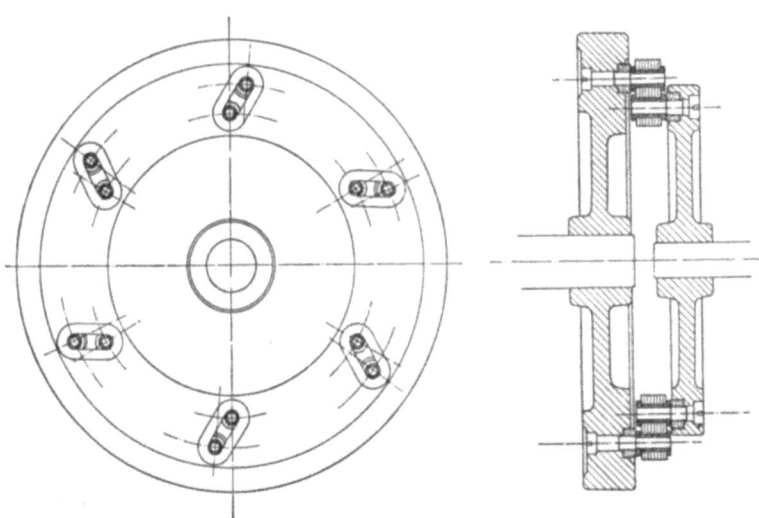

Fig. 659.

im ersteren Falle eher günstiger wird. Die Sicherheit des Betriebes ist bei direkt gekuppelten Erregern eher größer, weil Betriebsstörungen bei diesen langsam laufenden Maschinen erfahrungsgemäß nur selten auftreten und dann nur einen Maschinensatz treffen, während im Falle der Zentralerregung von dem Versagen einer Erregerdynamo die ganze Zentrale oder ein größerer Teil von ihr betroffen wird. Schließlich ist der Betrieb mit gekuppelten Erregern einfacher, weil man bei Zentralerregung eigentlich eine kleine G. S.- und eine große W.S.-Zentrale mit zwei verschiedenartig ausgebildeten Schalttafeln zu bedienen hat. Am wesentlichsten spricht für die getrennten Erreger, daß sie eine bessere Reglung der Wechselspannung insofern erzielen lassen, als Schwankungen in den Umläufen der großen Antriebsmaschine nur die zu erregende Maschine, nicht auch gleichzeitig den Erreger beeinflussen. Wird zwecks Erhöhung der Betriebssicherheit noch eine Akkumulatorenbatterie für die Erregung mitverwendet, so wirkt auch dies auf die Entscheidung zwischen getrennten oder gekuppelten Erregern ein.

Lage der Erzeugungsstätte. Die örtliche Lage der Antriebseinrichtungen, des Kraftwerkes oder der Zentrale, gegenüber dem Versorgungsgebiete übt, wie wir bei der Berechnung der Leitungen gesehen haben, auf die Wahl des Systems wegen der Leitungskosten einen entscheidenden Einfluß aus. Nicht minder wichtig ist aber hinsichtlich Anlage- und Betriebsverhältnisse die räumliche Anordnung der Erzeugungsstelle. Bei kleinen Anlagen im Anschluß an vorhandene motorische Einrichtungen wird natürlich auf gemeinschaftliche Bedienung der Dynamos vom vorhandenen Maschinenhause Gewicht gelegt werden. Da die Lager und der Kommutator der Dynamo besondere Aufmerksamkeit erheischen, so wird ihre bequeme Zugänglichkeit angestrebt. Bei größeren Einzel- und Blockanlagen mit Akkumulatoren mehren sich die Schwierigkeiten, allen gerechten Bedingungen zu genügen. Leider ist es nur zu oft der Fall, daß selbst bei Neubauten auf geeignete Räume keine Rücksicht genommen wird.

Die mit jedem maschinellen Betriebe verbundenen Unannehmlichkeiten, wie Lärm und Erschütterungen, Rauchbelästigung oder Abgase, die Schwierigkeiten der Stoffzu- und -abfuhr werden in erhöhtem Maße bei den im Weichbilde großer Städte errichteten Zentralstätten fühlbar. Der beengte teure Raum führt zu unnatürlichen, lotrechten Bauentwicklungen, wie dies die Edison-Zentralen in New-York zeigen, bei denen im Erdgeschoß die Dampfmaschinen und Dynamos, in den Obergeschossen die Kessel und darüber die Kohlenbunker aufgestellt sind. Bei einer so buchstäblich auf den Kopf gestellten Anordnung ist es doppelt schwierig, eine übersichtliche und billige Betriebsführung zu erreichen. Man mußte ehedem mangels eines entsprechenden Leitungssystems ohne alle weitere Rücksichten möglichst inmitten des besten Kundenkreises bleiben und war meist von den unmittelbaren Anrainern auf das beste gehaßt. Die Fälle, wo diese mit ihren Klagen Recht behielten, und die Zentrale wortwörtlich das Weite suchen mußte, waren nicht selten. Mit der Einführung der Transformatoren haben die Kraftwerke an dem Umfange der Städte oder, wenn die motorische Kraft hierzu Veranlassung bot, auch weit davon weg, mit Rücksicht auf billige Kohlenzuführung und Wasserbeschaffung einen günstigeren Platz gefunden. Sie konnten sich dort bei billigem Grunde frei in der Ebene entwickeln, die Bauten wurden verbilligt, und ihrer zukünftigen Entfaltung war leicht vorzusorgen. Die Pläne solcher Stätten weisen außer den Kessel- und Maschinenräumen, den Akkumulator- oder Umformerräumen, den Meß- und Lagerräumen und den Werkstätten keine weiteren Gebäudezubauten auf. Denn die mit den Abnehmern aufrecht zu erhaltende Verbindung zwingt, das Verwaltungsgebäude im Weichbilde der Stadt zu lassen, wodurch die natürliche Zweiteilung zwischen Erzeugung und Verkauf unterstützt wird.

3. Lichtbedürfnis und abhängige Größen.

Die elektrischen Lampen als Anschlüsse an Leitungen sind bereits im Kapitel I erörtert worden. Nun sollen noch diejenigen Größen, welche von ihnen abhängen und für Umfang, Betrieb und Erträgnis der Anlage maßgebend sind, betrachtet werden. Jede Beleuchtungsanlage soll das Bedürfnis an künstlicher Beleuchtung befriedigen. Dieses muß daher vorerst untersucht werden. Es hat sich mit dem Fortschritte der Kultur aus bescheidenen Anfängen mehr und mehr gesteigert. Und wie bescheiden waren die Ansprüche und jene Anfänge! Hat doch, um nur ein Beispiel anzuführen, die Straßenbeleuchtung erst im 12. Jahrhundert durch die päpstliche Mahnung: „tunlichst an allen Eckhäusern Heiligenbilder und vor ihnen ewige Lampen anzubringen", ihren ersten Vorstoß erhalten. Die Fortschritte seit jenen Zeiten sind gewaltig, aber noch lange kann sich die künstliche, auf winzige Flecken der Erde beschränkte Beleuchtung mit der natürlichen nicht messen. Wo diese während der Arbeitsstunden fehlt, wie an den kargen Raum bietenden Sammelstellen des kulturellen Lebens oder in den Tiefen der Bergwerke, da begrüßt man selbst dies Wenige mit Freuden. Und an Orten, wo die geographische Lage viel mehr Stunden der Nacht gewährt, als der zum Leben erforderliche Schlaf erheischt, da hilft es die Nacht verkürzen und damit den Kampf ums Dasein erleichtern. Die Inklination der Erdachse erzeugt den Unterschied in der Dauer des Tages und der Nacht je nach der geographischen Breite des Ortes. Am Äquator hat man durch das ganze Jahr 12 Stunden Tag und 12 Stunden Nacht, das Lichtbedürfnis bleibt dort also von Tag zu Tag unverändert. In der Breite von $66^0 33'$ vom Äquator geht während der Sommersonnwende die Sonne nicht unter, und bei der Wintersonnwende erhebt sie sich nicht, so daß das Lichtbedürfnis je nach der Jahreszeit dort fehlt oder sich um so stärker einstellt.

686 Über die Einrichtung ganzer Anlagen.

Die folgende Zahlenreihe bietet einigen Anhalt für diese Verhältnisse.

Geographische Breite des Ortes	Dauer des längsten Tages in Stunden	Dauer des kürzesten Tages in Stunden
6°	12,0	12,0
15°	12,53	11,7
30°	13,56	10,4
45°	15,26	8,34
60°	18,30	5,30
66°33'	24,0	0,0
75°	103 Tage Nacht	97 Tage Nacht
90°	186 - -	179 - -

Die Abend- und Morgendämmerung, welche durch die Brechung der Lichtstrahlen hervorgerufen werden, beeinflussen diese Angaben ein wenig. Die Sonne und der Mond heben sich scheinbar vor dem astronomischen Augenblick ihres Aufgangs und verschwinden erst nach dem Augenblick ihres Unterganges. So wird in Paris die Dauer des längsten Tages von 15 Stunden 58 Minuten um 9 Minuten vergrößert und die der kürzesten Nacht von 8 Stunden 2 Minuten um 7 Minuten verkleinert. Das Bedürfnis nach künstlicher Beleuchtung wird sich im Innern der Räume und in den engen, von hohen Häusern umgebenen Straßen noch zeitlicher am Abend einstellen und des Morgens später aufhören, als selbst diese Zahlen ergeben. Berücksichtigt man noch, daß es im Herbst rasch dunkelt und im Frühjahr langsam tagt, so muß man bei Festsetzung des für die öffentliche Straßenbeleuchtung gültigen Brennkalenders die Anzündezeit im Herbst etwas früher ansetzen als im Frühjahr, im Frühjahr dagegen die Abstellzeit Morgens etwas mehr hinausschieben als im Herbst[1]).

Der Verlauf dieser Brennzeiten ist für mittlere geographische Breiten ungefähr aus Fig. 660 zu ersehen. Zur raschen Übersicht über die Anzahl der Jahresbrennstunden von Eintritt der Dunkelheit bis zu einer nächtlichen Stunde kann die in Fig. 661 dargestellte Summen-Kurve dienen.

4. Energieabsatz.

Die Abnehmer lassen sich zu Gruppen zusammenfassen, für welche gleichartige Verhältnisse gelten. Bei der Planung einer Neuanlage muß man zuerst die Absatzverhältnisse feststellen, weil sie den Umfang und die Art der Anlage sowie ihren zweckmäßigsten Betrieb und besonders

---

[1]) Brüning, Der Brennkalender für das nordwestliche Deutschland. Journ. f. Gasbel. u. Wasserversorg. 1907 Nr. 24.

Brennzeit und Jahresbrennstunden. 687

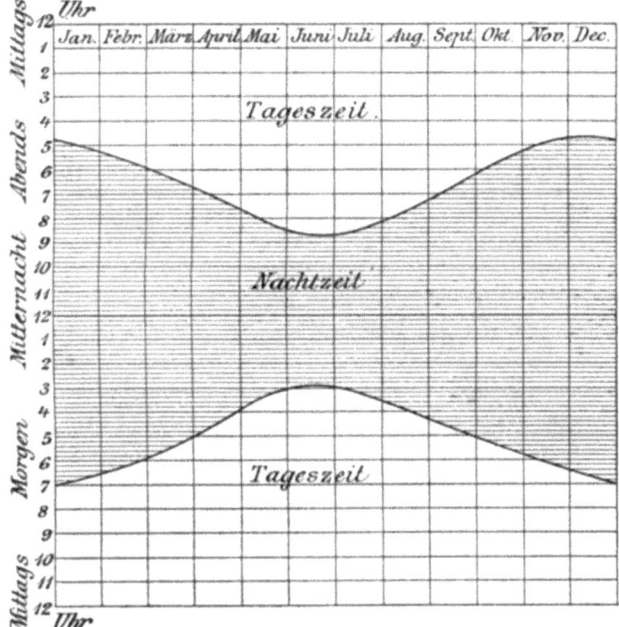

Fig. 660.

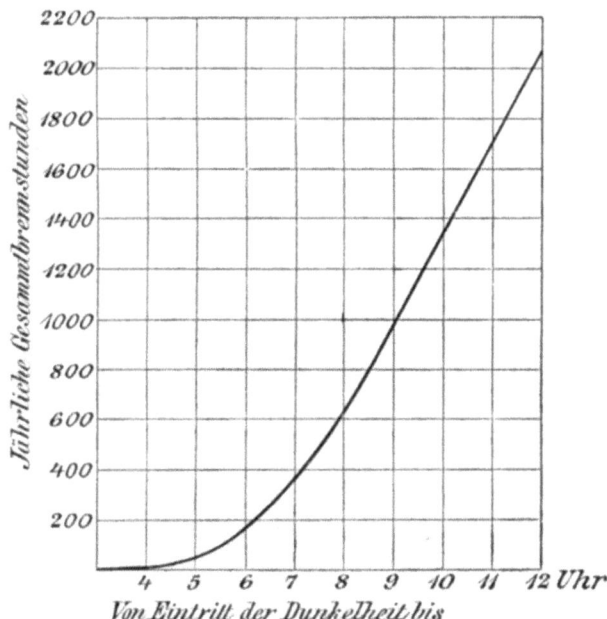

Fig. 661.

bei Elektrizitätswerken die Ertragfähigkeit bestimmen. Die Leistung und der hierzu nötige Aufwand, und damit die Anlage- und Betriebskosten der Anlage, nehmen als maßgebende Größen auf der Ausgabenseite Platz, denen auf der Einnahmenseite die gelieferte Energie oder deren Geldwert gegenübersteht.

Man kann mehr oder weniger gleichartige Absatzgebiete unterscheiden:

1. Gewerbliche und industrielle Anlagen, Fabriken, Mühlen, Spinnereien, Webereien, Brauereien, Brennereien, Holzsägewerke, Schlachthäuser, Bergwerke, Hafenbeleuchtungen u. a.

2. Anstalten für Handel und Verkehr: Banken, Kanzleien, Börsen, Markthallen, Post- und Telegraphenanstalten, Verwaltungsgebäude für staatliche und städtische Zwecke und dergleichen.

3. Theater und Vergnügungshallen.

4. Läden, Kaufhäuser.

5. Schankstätten, Cafés, Gasthäuser und Gasthöfe.

6. Wohnungen, Häuser und Schloßbeleuchtungen.

7. Öffentliche Beleuchtung auf Straßen und Plätzen.

8. Zeitweilige Beleuchtungen, Ausstellungen, Illuminationen.

Gleichviel, ob nun ein solches lichtbedürftiges Objekt sich als Einzelanlage mit Strom selbst versehen soll, oder ob es sich an ein fremdes Elektrizitätswerk anschließt, auf jeden Fall kommt sein Energieverbrauch in Betracht. Der Verbrauch eines Anschlusses setzt sich aus demjenigen seiner Teile, der Lampen, Motoren u. a., zusammen. Durch eine örtliche Aufnahme wird die Kenntnis ihrer Benutzungszeit bis zu einem gewissen Grade erreichbar sein; in vielen Fällen wird man die Statistik ähnlicher Anlagen mit Vorteil zu Rate ziehen können.

Um einige Betrachtungen über den Verbrauch anzustellen, wollen wir uns eine Anlage mit durchaus gleichen Lampen, deren eingerichtete Anzahl das ganze Jahr hindurch unverändert bleibt, vorstellen. Die augenblickliche, die höchste und die mittlere Stromstärke lassen auf die jeweilig eingeschalteten Glühlampen schließen. Zeichnet man für irgend einen Zeitabschnitt eine Stromkurve, indem man als Abszissen die Zeit, als Ordinaten die entsprechenden Ströme aufträgt, so gibt die Fläche zwischen der Abszissenachse und der Stromkurve die in dieser Periode gelieferte Strommenge in Amperestunden. Teilt man die gesamte, so ausgedrückte Stromlieferung während eines Jahres durch 365, so erhält man die mittlere Tageslieferung. Wird diese durch 24 geteilt, so ergibt sich die mittlere stündliche Stromlieferung. Aus der mittleren Stromstärke, bezogen auf den Tag oder die Stunde, ergibt sich die mittlere Zahl der in einem Tage oder in einer Stunde gleichzeitig brennenden Glühlampen, und aus dem Verhältnis dieser Anzahl zur

Gesamtzahl der eingerichteten Lampen folgt der Benutzungswert der betreffenden Lampen.

Teilt man die höchste tägliche Stromlieferung in Amperestunden durch die höchste, während einer Stunde dieses Tages beobachtete Stromstärke, so erhält man die Tagesbrenndauer am Tage des höchsten Verbrauchs. Sie entspricht also dem Verhältnis der größten 24 stündigen Stromlieferung zur größten stündlichen Stromstärke. In gleicher Weise ermittelt man die höchste Jahresbrenndauer, bezogen auf die gleichzeitig benutzten Lampen. Man ermittelt zunächst die größte stündliche Stromstärke und teilt mit ihr in die jährlich gelieferten Amperestunden. Führt man statt der höchsten gleichzeitigen Lampen den Stromwert der gesamten eingerichteten Lampen ein, so erhält man in gleicher Weise die mittlere Jahresbrenndauer, bezogen auf die eingerichteten Lampen. Diese ist im allgemeinen kleiner als die vorige und gibt durch sie geteilt den Benutzungswert der Anlage.

Bei wirklichen Anlagen sind diese Betrachtungen nicht mehr streng zu übersehen und nur im übertragenen Sinne zu verstehen, denn sie enthalten Glüh- und Bogenlampen verschiedener Stärke und Motoren. Um nun trotzdem die Vergleiche aufrecht erhalten zu können, pflegte man den ganzen Anschlußwert der Anlage umzurechnen auf Normallampen von je 50 Watt. Da ferner die eingerichtete Lampenzahl oder ihr Wert in Watt bei größeren Anlagen fortwährend Änderungen unterworfen ist, z. B. bei einem aufblühenden Elektrizitätswerke gegen den Herbst zu rasch steigt, so muß man die Werte der jeweilig angeschlossenen Lampen durch örtliche Abzählungen von Zeit zu Zeit und die Werte der Amperestunden durch Ablesungen des Zählers ermitteln, woraus wie beim idealen Falle die gewünschten Zahlen, namentlich die mittlere und höchste Tagesbrenndauer, bezogen auf die angeschlossene Lampe und Jahr, entnommen werden können, wenn man es nicht vorzieht, durch eine der beschriebenen Vorrichtungen die Brenndauer für die höchstens gleichzeitig benutzten Lampen zu ermitteln. Da die Anschlüsse vielfach nicht mehr sich auf Lampen beschränken, sondern für Kraftübertragungszwecke gebraucht werden, und auch die Lampeneinheit bei den heutigen Verhältnissen der Glühlampen nicht mehr zu halten ist, so werden statt Brennzeiten jetzt Benutzungszeiten verwendet und die Größen auf Hektowatt oder Kilowatt bezogen. Nach diesen Erklärungen können die angeführten Verbrauchs-Gruppen kurz beschrieben werden.

Die industriellen Anlagen weisen bezüglich des Gebrauchs nach Art und Betrieb große Mannigfaltigkeit auf. Wird, wie bei großen Dampfmühlen, mit zwei Arbeitsschichten Tag und Nacht gearbeitet, so kommt man auf wenigstens 4000 Jahresbrennstunden. Diese Zahl wird noch oft durch die während des Tages in dunkeln Räumen nötigen Lampen erhöht. Die Beleuchtungskosten solcher Anlagen verteilen sich auf viele Lampenbrennstunden und sind deshalb, bezogen auf die Lampenstunde, gering. Gewerbliche Anlagen werden, je nachdem sie bis in die Nachtstunden benutzt werden, noch 600—1400 Brennstunden im Jahre zeigen. Banken und Kanzleien schließen ihre Tätigkeit gegen Abend, so daß für sie jener Wert nicht über 300 Stunden steigt. Bei ihrem Bedarfe werden sich vielleicht außer den natürlichen monatlichen noch gewisse geschäftliche Schwankungen, wie Ultimo und Medio sowie Jahresabschluß, geltend machen.

Bei Markthallen, Schlacht- und Viehhöfen ist das Lichtbedürfnis in den frühen Morgenstunden hervorzuheben; Post- und Telegraphenanstalten und Bahnhöfe mit Nachtbetrieb bilden guten Absatz mit etwa 1200—1600 Brennstunden, Verwaltungsgebäude für staatliche und städtische Zwecke zählen zu den schwachen Verbrauchern mit etwa 100 Stunden, Theater und Vergnügungshallen gehören trotz der sommerlichen Ruhezeit zu den wichtigsten, aber auch besondere Aufmerksamkeit erheischenden Absatzgebieten. Die Bühne umfaßt oft $2/3$ Teile der gesamten Lampen eines Theaters, und da die Benutzungsdauer dieses Teiles sehr gering ist, so ist der Durchschnittswert ein schlechter. Die höchst benutzten Lampen erreichen oft nicht die Hälfte der eingerichteten. Ein kleiner Teil der Lampen wird als Tagesbeleuchtung bei den Proben benutzt. Hervorzuheben ist der durch die Reglung der Bühnenbeleuchtung erwachsende rasche Wechsel im Strombedarfe. Läden und Kaufhäuser gehören zu den Hauptabnehmern der Zentralen, namentlich durch die vor und in den Schaufenstern angebrachten Lampen. Die Benutzungsdauer wird wohl auf 300—600 Stunden anzusetzen sein.

Schankstätten, Cafés, Gasthäuser sind je nach der Lebensweise der Bewohner verschieden, aber überall, wo die elektrischen Lampen nicht nur zur Zierde neben Auerbrennern sitzen, gute Abnehmer. Ihre Bedarfslinie hält sich oft tapfer über die mitternächtige Stunde, und die Brenndauer erreicht 1200—2000 Stunden. In den Wohnungen bürgerte sich das elektrische Licht vollends ein, nachdem die billigen Strompreise die Vorstellung, daß die elektrische eine Luxusbeleuchtung sei, gebannt haben. Die Möglichkeit, die Benutzungsdauer der elektrischen Lampen auf die Zeit des tatsächlichen Gebrauchs bequem zu beschränken, läßt an vielen Lampenstunden gegenüber anderen Beleuchtungsarten sparen. Die Zahl der eingerichteten Lampen überschreitet hier oft bei weitem die höchst benutzte, ein Verhältnis, welches geeignet ist, zur Beurteilung des Luxus der Wohnung zu dienen. In kleinen Städten weisen aus dem Grunde die Wohnungen ganz annehmbare Brennstunden auf, während sie in großen

Städten durch die herrschaftlichen Wohnungen und die mehrmonatliche sommerliche Pause unter 100 Stunden herabgedrückt werden.

Über den Bedarf der Straßenbeleuchtung geben die erwähnten Brennkalender Aufklärung. Die vom Gas übernommene Gepflogenheit, den Mondschein, auch wenn er nur offiziell ist, zu berücksichtigen, sollte aufhören. Die ganznächtige Beleuchtung für kleinere Städte mittlerer Breiten mit Abstellung bei Mondschein hat ungefähr 2750, halbnächtige bis 11 Uhr 1100 jährliche Stunden. In vielen Fällen mittelgroßer Städte wird eine gemischte Beleuchtung angenommen, in welcher jede zweite Lampe halbnächtlich und bei Mondschein abgestellt wird, während die zweite Hälfte immer ganznächtlich bleibt, was zu 2380 Stunden der eingerichteten Lampe führt. Die Motoren, welche meist während der Tagesstunden in Verwendung kommen, weisen, je nachdem sie für Einzel- oder Gruppenantriebe dienen, sehr verschiedene Benutzungszeiten auf.

5. Zeitlicher Verlauf des Gebrauches.

Schreiten wir nun zur Betrachtung eines Elektrizitätswerkes, indem wir annehmen, daß es mit konstanter Spannung arbeite. Sieht man von Phasenverschiebung zwischen Strom und Spannung vorläufig ab, so läßt sich schließlich die Nutzstromkurve aus den Kurven der einzelnen Abnehmer durch Zusammensetzung unmittelbar gewinnen. Vergleicht man die zeitlich aufeinanderfolgenden Nutzstromkurven eines Elektrizitätswerkes, so findet man natürlich vorerst den Einfluß der überhaupt zum Anschluß an das Werk gekommenen Abnehmer. Für diese Verhältnisse pflegt man eine besondere Anschlußkurve festzulegen, aus welcher sich die ungeschminkte Geschichte der Entwicklung, der Einfluß des Wettbewerbs mit anderen Licht- und Kraftquellen widerspiegelt. Sie zeigt die Teilnahme der einzelnen Absatzgruppen an dem Strombezuge und gibt dem Leiter eines solchen Werkes Fingerzeige für entsprechende Maßnahmen. Aus den fortlaufenden Aufnahmen der Belastung treten die günstigsten oder ungünstigsten Werte innerhalb gewisser Zeitabschnitte hervor, also einzelner Stunden am Tage, einzelner Tage in der Woche, einzelner Wochen in den Monaten, einzelner Monate im Jahre. Die größten Veränderungen weist der Bedarf in unseren Breiten während 24 Stunden auf, weil er von den besprochenen Änderungen in der natürlichen Helligkeit bedingt ist. Der Übergang vom Tag zur Nacht wird noch dadurch verstärkt, daß das gesellschaftliche Leben ebenfalls in den Abendstunden seinen Höhepunkt erreicht. Dieser Übergang bewirkt wegen der kurzen Dämmerungszeit gegen den Äquator zu das Anschwellen des Strombedarfes innerhalb weniger Minuten auf das 3—4 fache. Die Tageskurven

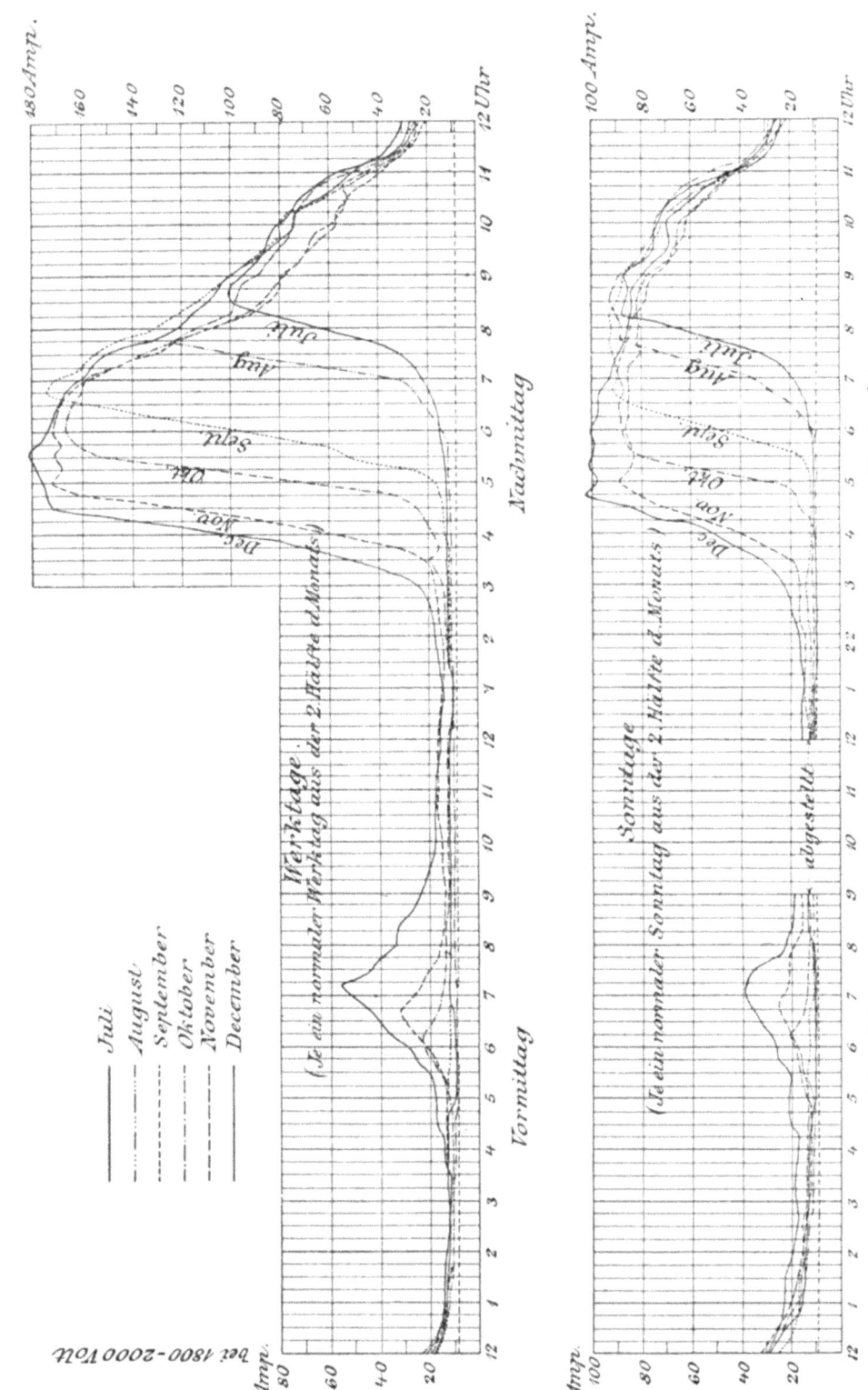

Anschluß- und Verbrauchskurven. 693

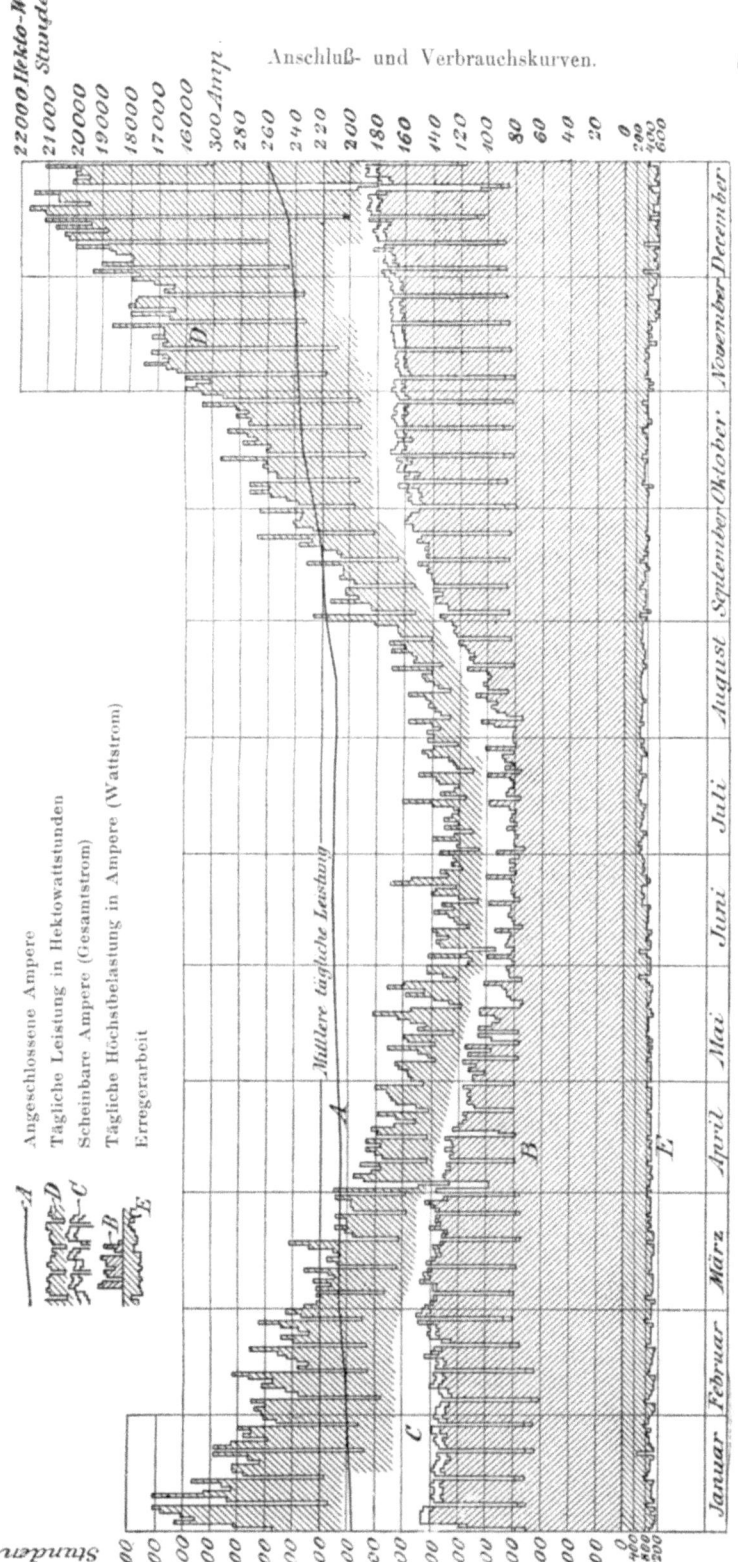

Fig. 663.

Über die Einrichtung ganzer Anlagen.

zeigen auch unregelmäßige Verschiedenheiten. Ein gegen Abend hereinbrechendes Gewitter oder das Eintreten dichten Nebels steigert plötzlich den Bedarf. Oder es können voraussehbare und einigermaßen regelmäßige Steigerungen durch Festbeleuchtungen, etwa am Geburtstag des Herrschers, oder in Köln durch den Karneval eintreten.

Als Beispiel für die Veränderungen in der augenblicklichen Stromleistung diene eine Anlage mit parallelen Transformatoren. Fig. 662 zeigt den genannten Verlauf während eines Tages mit mittleren Verhältnissen in der zweiten Hälfte des Jahres für Sonntage und Werktage. Für die andere Hälfte des Jahres ergeben sich ähnliche Kurven, die nur durch die während des Jahres neu erfolgten Anschlüsse sich unterscheiden. Der Verbrauch während der hellen Tagesstunden ist gering, so daß sich der höchste Augenblicks-Bedarf auf das Zwanzigfache des geringsten Bedarfes erhob. Der Höchstwert trat etwa eine Stunde nach dem fühlbaren Beginn des abendlichen Anwachsens der Belastung ein. Am Sonntag ist er im Winter ungefähr halb so groß wie an Werktagen. Im Juni und Juli dagegen werden beide ziemlich gleich und ungefähr halb so groß wie im Dezember. Es zeigt dies, daß die Zentrale ungefähr gleichviel für Nutzbeleuchtung, das ist für Verkaufsläden, Kanzleien, Arbeitsräume aller Art abgibt wie für Vergnügungs- und öffentliche Beleuchtung, Wirtschaften und Bogenlicht zur Straßenbeleuchtung. Im Juni entfällt nämlich erstere Art der Beleuchtung, und es verbleibt nur diese. Den kleinsten Wert des täglichen Höchstbedarfes zeigte für einen Werktag der 3. Juli mit 33 %, für einen Sonntag der 2. Juli mit 34 % der eingerichteten Lampen. Der höchste Winterwert erreichte 74 % des Anschlußwertes. Dieser hohe Satz war nur durch das Tarifsystem bedingt, welches für jede eingerichtete Glühlampe eine jährliche Grundgebühr forderte. Der tägliche Gesamtverbrauch schwankt in noch weit höherem Maße als die täglichen Höchstwerte. In Fig. 663 gibt als Beispiel Kurve A des Stromes den Verlauf in Ampere, welcher dem Anschluß entspricht; Kurve B den täglichen Höchstwert des Stromes, Kurve D die täglichen Leistungen in Watt. Die Tagesleistungen während einer Woche zeigen am Sonntag den geringsten Bedarf; von den Wochentagen hebt sich der Samstag wegen des erhöhten Wirtshausbesuches hervor. Die Tagesleistung im Sommer beträgt im Mittel nur $1/3$ der höchsten Tagesleistung zu Ende des Jahres. Die mittlere betrug ungefähr die Hälfte der höchsten und das 24 fache der geringsten Tagesleistung.

Der Benutzungswert elektrischer Lampen schwankt je nach der Stadt und im Hinblick auf schon bestehende Gasanstalten stark. Für einige größere Städte folgen diesbezügliche Zahlen:

Benutzungswert. 695

Elektrizitätswerke	Jahr	Angeschlossene KW.	Höchstens abgegebene KW in Proz. der angeschloss. KW.	Benutzung jedes angeschlossenen KW.		Benutzungsdauer jedes gleichzeitig benutzten KW am Tage des höchsten Verbrauchs	Bemerkungen
				durchschnittl. jährl. Std.	am Tage des höchsten Verbrauchs		
Aachen . .	1905	4 083	41	406	2,42	7,1	G. S.
Basel . . . {	1905	3 682	35,6	405	2,31	6,4	G. S. Licht
	1905	842	62	1801	8,1	17,0	D. S. Kraft
Bremen . . {	1905/06	8 260	22,1	293	1,56	7,44	Licht
	1905/06	4 020	25,6	792	2,88	11,24	Bahn
Düsseldorf .	1905	13 007	33,5	529	2,58	9,65	

Der Benutzungswert nimmt mit fortschreitender Entwicklung des Werkes meistens ab. Während nämlich im ersten Jahre des Bestehens nur die besten Lampen sich anschließen, steigt später nach Befreundung mit den Vorteilen dieser Beleuchtung und durch entgegenkommende Tarifermäßigungen begünstigt die angeschlossene Zahl rascher als die höchst benutzte. Außerdem ist der Benutzungswert für Werke mit ausgedehnten Netzen kleiner als bei solchen, welche sich auf ein begrenztes Gebiet beschränken müssen. Jene können allen Bedürfnissen entgegenkommen, also auch Abnehmer für den Sommer oder bestimmte Tagesstunden erwerben, wo immer sie liegen.

Bei großen Städten mit überwiegendem Lichtverbrauch ergab sich am Tage des Höchstverbrauchs ein Benutzungswert von 15 %, am Tage des kleinsten Verbrauchs von nur 1,5 %, so daß der Benutzungswert, bezogen auf das Jahr, 6 % oder $1/17$ beträgt. Diese Zahl entspricht auch dem Bruche aus der mittleren jährlichen Brennstundenzahl von ca. 500 und der Jahresstundenzahl 8760. Die jährliche Brennstundenzahl der angeschlossenen Lampe schwankt zwischen 600 und 380 Stunden. Am stärkst belasteten Tag des Jahres ergaben sich 5—10 Stunden für die benutzte Lampe.

6. Räumliche Verteilung des Absatzes.

Es erübrigt nun noch, einiges über die räumliche Verteilung des Absatzes anzuführen, auf die wir im nächsten Kapitel über Kosten, Betrieb und Ertrag von Anlagen zurückkommen müssen. Der Umfang des Beleuchtungsgebietes wird nach seiner Flächenausbreitung und nach der Ausdehnung der darin befindlichen Straßenzüge zu beurteilen sein. Die Dichte des Absatzes demnach nach der Lampenzahl, die auf ein Hektar Beleuchtungsgebiet oder auf den laufenden Meter nutzbarer Straßenlänge entfällt. Die Bauart und der Charakter der Stadt bedingen wegen der Abhängigkeit von Straßenlänge und Grundfläche einen ungefähren Zusammenhang dieser beiden Zahlen. Im allgemeinen wird der auf die Länge bezogene Wert die bessere Übersicht gewähren, weil er die Anreihung von Ladengeschäften und Wohnungen, überhaupt der Anschlüsse nach der Häuserflucht oder den Fensterzeilen beurteilen läßt und auch mit der Wahl der Verteilungsleitungen unmittelbar zusammenhängt. Mit der Grundfläche und den Straßenzügen steht die Einwohnerzahl und damit die Dichte der Bevölkerung in Beziehung. Es ist demnach naheliegend, auch diese zum Vergleich zu verwenden und etwa dem Verbrauch für je 1000 Einwohner nachzuspüren, und zwar nicht nur bezüglich des betreffenden Versorgungsgebietes allein, sondern auch mit Rücksicht auf die gesamte Einwohnerzahl des betreffenden Ortes, um überhaupt ein Urteil über die Inanspruchnahme der elektrischen Energie seitens der ganzen Bevölkerung ein klares Bild zu erhalten. Gewiß wird die Verteilung des Absatzes ein mit der Dichte der Bevölkerung übereinstimmendes Bild geben. Die Gasanstalten hatten etwa eine Flamme auf 1—2 m Hauptrohr. Die großen deutschen Städte von 100—200 Tausend Einwohnern weisen für je 1000 Einwohner 50—150 Lampen auf, kleinere Städte, die ausschließlich elektrisches Licht besitzen, bis zu 300 Lampen für 1000 Einwohner. Auf 1 m nutzbare Häuserflucht entfallen je nach der Bauweise und Anschlußdichte 0,3—1 Lampe.

7. Augenblicklicher und durchschnittlicher Wirkungsgrad der Stromverteilung.

Die Bedarfslinien der einzelnen Abnehmer ergeben durch Zusammensetzung gleichzeitiger Werte den Verlauf des gesamten Gebrauches oder der Nutzenergie an. Die Fläche dieser schließlichen Kurve gegen die Stundenachse gibt die aufgewendeten Ampere- oder Wattstunden. Das Verhältnis des wirklichen momentanen oder über eine gewisse Zeit erstreckten wirklichen Gebrauches zur ideellen unausgesetzten Benutzung von allen angeschlossenen oder höchstens gleichzeitig benutzten gibt den Benutzungswert. Er entspricht also dem Verhältnis der jährlichen Brennstunden zu den jährlich möglichen 8760 und ist bei Lichtanlagen sehr klein, etwa 0,1—0,2; er steigt nur bei jenen, die überwiegende oder ausschließliche Straßenbeleuchtung zu versehen haben, auf höchstens 10 Stunden mittlerer täglicher Brenndauer bei 24 Stunden Gesamtbrenndauer, also auf etwa 0,4.

Die nutzbare Energie kann, wie bereits erörtert, nur nach einer Reihe von Energieverlusten in den einzelnen Gliedern dieser Übertragungsreihe

Wirkungsgrad der Stromverteilung. 697

abgegeben werden. Die Wirkungsgrade ihrer Glieder zu einem bestimmten Zeitpunkte geben, mit einander vervielfältigt, den augenblicklichen Gesamtwirkungsgrad der Stromverteilung an. Aus dem Verlauf des sich ergebenden Wirkungsgrades lassen sich die durchschnittlichen Wirkungsgrade, bezogen auf die Stunde, den Tag, den Monat oder das Jahr, berechnen. Die einzelnen augenblicklichen Wirkungsgrade hängen im allgemeinen in verschiedener Weise von der Höhe des jeweiligen Nutzgebrauches ab, und es läßt sich daher streng richtig nicht aus den jährlichen Mittelwerten der einzelnen Teilvorgänge durch deren Multiplikation auf den gesamten Jahreswirkungsgrad schließen. Trotzdem kann dies als Näherungsverfahren manchmal genügen.

Die Energieverluste bei den Systemen mit annähernd konstanter Spannung für Nieder- und Hochspannungsströme bestehen bei den direkten Systemen ausschließlich aus den Stromwärmeverlusten für die Stromfortleitung: bei den indirekten kommen hierzu noch die Verluste für die Umformung der hohen in niedrige Spannung. Betrachtet man vorerst den Leitungsverlust im Widerstand R der Gesamtleitung, so muß der jährliche Wärmeverlust gleich $R \Sigma (J^2 t)$ sein, wobei J die jeweilige Stromstärke innerhalb der kleinen Zeit t bedeutet. Um die Ermittlung rechnerisch durchzuführen, wird am bequemsten das Verhältnis zur höchsten Stromstärke J_m eingeführt, wodurch sich ergibt $J_m^2 \Sigma [(J/J_m)^2 \cdot t]$. Setzt man für alle Betriebsstunden das Verhältnis der wirklichen Abgabe zur höchsten in diesen Ausdruck ein, so ergeben sich die **jährlichen Effektverluste**. Der Summenausdruck stellt die Stundenzahl dar, während welcher der höchste Strom andauern müßte, um dem wirklichen gesamten Energieverlust in der Leitung gleichzukommen. Für die mittleren jährlichen Brennstunden der Lampen gilt die Beziehung $\Sigma [(J/J_m) \cdot t_1]$, welche der Stundenzahl der höchsten Stromstärke in bezug auf die gleiche Nutzenergie entspricht. Diese Stundenzahl t_1 ist von der Dauer t der vollen jährlichen Effektverluste zu unterscheiden. So ergibt eine öffentliche Beleuchtung, bei welcher die Hälfte der Lampen bis 11 Uhr nachts mit Rücksicht auf Mondschein leuchten, rund 1750 Stunden als Dauer der vollen Effektverluste, während die jährliche Brennstundenzahl 2380 beträgt.

Am übersichtlichsten lassen sich derlei Ermittelungen zeichnerisch vornehmen[1]). In Fig. 664 (S. 699) sei A B die größte Nutzleistung, B C der ihr entsprechende Leitungsverlust. Bei halber Nutzlast, also halber Stromstärke im Widerstand R, ist der Effektverlust auf ein Viertel von B C gesunken; also bei $AB' = BB'$; $B'C' = \frac{1}{4} BC$. Die Punkte C der so gebildeten Parabel ergeben, von der Linie A D gemessen, die danach vergrößerten Ordinatenwerte irgend einer Bedarfskurve. Der

---

[1]) W. Lynen, Zeitschr. d. Ver. deutscher Ingenieure 1895.

momentane Wirkungsgrad für eine Ordinate $A\beta$ stellt dann das Verhältnis $A\beta : \gamma' \gamma''$ dar, während der jährliche Wirkungsgrad gleicherweise aus der Fläche der ihr zugehörigen erhöhten Ordinate sich ermitteln läßt. So fand man für die in Fig. 665 und 666 für jeden Monat dargestellten mittleren Tagesgebrauchskurven den jährlichen Arbeitsverlust in Hundertstel der Nutzleistung je nach dem Betrage des höchsten Spannungsverlustes:

Spannungsverlust bei größter Belastung in %   25   20   15   10   5
Jährlicher Arbeitsverlust in % der Nutzleistung   16,2   13   9,7   6,5   3,2

Gleiche Betrachtungen gelten für Transformatoren, bei denen Magnetisierungsarbeit und Wärmeverlust in den Kupferwicklungen auftreten. Der Verlust für Magnetisierung ist unabhängig von der Belastung, während der Verlust im Kupfer der höchsten Nutzleistung des Transformators proportional ist. Als Beispiel sei ein Transformator für 10000 Watt angeführt:

| Belastung | | Verlust | | | Primäre Leistung | Wirkungsgrad in % |
in Teilen der vollen Leistung	in Watt W_2	im Eisen W_{Fe}	im Kupfer W_{Cu} in %	in Watt	$W_1 = W_2 + W_{Fe} + W_{Cu}$ in Watt	$\eta = \dfrac{100\,W_2}{W_1}$
0	0	200	0	0	200	0
0,1	1 000	200	0,02	2	1 202	83,2
0,2	2 000	200	0,08	8	2 208	90,6
0,4	4 000	200	0,32	32	4 232	94,5
0,6	6 000	200	0,72	72	6 272	95,7
0,8	8 000	200	1,28	128	8 338	96,1
1,0	10 000	200	2,00	200	10 400	96,2

Diese augenblicklichen Wirkungsgrade nehmen bei kleinen Belastungen rasch ab, und da die Absatzkurven der Werke für Lichtbetrieb etwa 400—500 Brennstunden für die angeschlossene Lampe aufweisen, so werden die Transformatoren nur während dieser Dauer als mit ihrer vollen Belastung im Betriebe anzusehen sein und während der übrigen Zeit nur Aufwand für die Magnetisierung erheischen. Dies ergäbe bei 500 Stunden etwa:

Jährliche Nutzarbeit . .   500 Stunden × 10 KW = 5000 KW-Stunden
Jährlicher Verlust im Kupfer 500   -   × 0,2   -   = 100   -   -
  -   -   - Eisen 8760   -   × 0,2   -   = 1752   -   -
                Jährliche Gesamtarbeit   6852 KW-Stunden

und der Jahreswirkungsgrad wäre $5000 : 6852 = 73\,\%$ gegenüber $96,2\,\%$.

Die Höhe der Kupferverluste beeinflußt für reine Lichtwerke den Jahreswirkungsgrad in viel geringerem Grade als der Magnetisierungsverlust, weil jener nur auf eine geringe Stundenzahl entfällt, während dieser durch

Wirkungsgrad der Stromverteilung. 699

die überwiegende Zeit des Jahres in fester Größe wirkt. Doch verschlechtert eine Erhöhung der Kupferverluste die selbsttätige Reglung der Spannung. Die Kupferverluste der verschiedenen Größen einer Type von Transformatoren stimmen wegen der Notwendigkeit ihrer Parallelschaltbarkeit auf gemeinschaftliche primäre und sekundäre Leitungen überein, während der Aufwand für Magnetisierung bei den kleineren zunimmt. So erfordert ein Transformator für 1000 W 6% gegenüber etwa 2% bei 10 000 Watt. Aus diesem Grunde

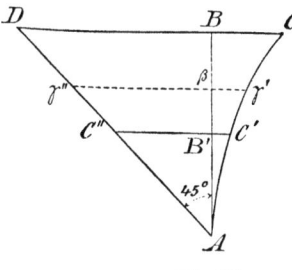

Fig. 664.

müssen kleinere Transformatoren ungünstigeren Jahreswirkungsgrad aufweisen als größere. Die Wahl größerer Einheiten spricht gegen die Anordnung von Einzeltransformatoren zugunsten der Unterstationen, welche die zeitweilige Loskupplung einzelner Transformatoren während des Minderbedarfs leichter ermöglicht. Ist die Benutzungsweise des Anschlusses in bezug auf die Zeit unbestimmt, so muß eine selbsttätige Vorrichtung dieses Zu- und Abschalten besorgen. Bei Unterstationen ist es leichter möglich, die Gesamtleistungsfähigkeit der für ein gegebenes Lampengebiet erforderlichen Transformatoren kleiner zu halten als bei Einzeltransfor-

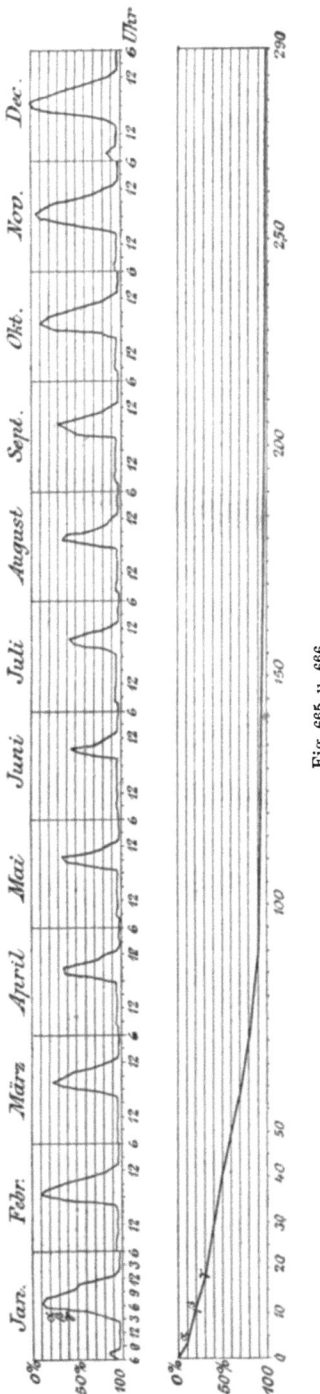

Fig. 665 u. 666.

matoren. In letzterem Falle spricht nämlich die Unmöglichkeit vielfacher Abstufung in den Typen dagegen, die Größen dem Absatz genau anzupassen; auch ist es schwierig, von der eingerichteten Zahl ausgehend, die Wahl auch nach den größten gleichzeitigen Lampen zu treffen, weil bei einem einzelnen Anschluß die ausnahmsweise Einschaltung von mehr Lampen immerhin öfter vorkommt als bei einer Gruppe von Anschlüssen, in welcher sich die Zufälligkeiten der einzelnen gegenseitig ausgleichen. Für ausschließliche Straßenbeleuchtung mit vollbelasteten Transformatoren und vielen Betriebsstunden wird dagegen der Einzeltransformator in bezug auf Jahreswirkungsgrad wieder gewinnen.

Nach Betrachtung der Einzelverluste, der momentanen und jährlichen Wirkungsgrade wollen wir zu den Verbrauchskurven, Fig. 665, zurückkehren. Anstatt ihre gleichhohen Ordinaten einzeln gemäß den Verlusten zu erhöhen, kann man durch eine wagrechte Verschiebung und Zusammensetzung ihrer Stücke eine neue vereinfachte Gesamtbedarfskurve, Fig. 666, ohne Zacken herstellen und, da sie als Fläche gegen die Zeitachse ebenso wie die ursprünglichen mittleren Monatskurven den Jahresbedarf aufweist, wie diese, nur in weit bequemerer Weise, zur Erhöhung ihrer Ordinatenwerte benutzen.

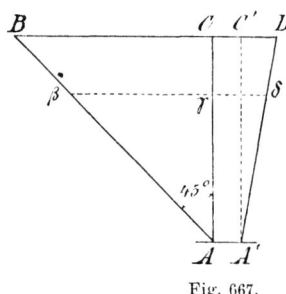

Fig. 667.

Die zeichnerische Ermittlung der durch die Umformung bedingten Ordinaten-Erhöhung zeigt Fig. 667; CC' gibt den beständigen Eisenverlust, $C'D$ den Kupferverlust bei Nutzleistung des Transformators $CB = AC$ an. Für irgend einen Wert der Nutzleistung $A\gamma$ stellt demnach $\beta\delta$ die Erhöhung vor. Für $\eta = 95\%$ ergab die Flächenvergleichung der Fig. 665 den Jahreswirkungsgrad mit 83,8 %, für $\eta = 93\%$ mit 77 % und für $\eta = 90\%$ mit 71 %.

Je kleiner die höchste Leistung des Transformators ist, desto ungünstigeren Wirkungsgrad besitzt er. Die Wirkungsgrade bei voller Belastung betragen etwa 90 % für den 1—2 KW-Umformer und steigen bis auf 98 % bei großen Transformatoren über 200 KW.

8. Wirkungsgrade bei der Stromerzeugung.

Den Weg von der Verbrauchs- zur Erzeugungsstelle festhaltend, kehren wir zur elektrischen Maschine, ihrem Antrieb und bei Dampfzentralen auch zur Kesselanlage zurück. Die in Frage kommenden Fälle besitzen so große Mannigfaltigkeit, daß es hier nicht möglich ist, auch nur auf die wichtigsten einzugehen. Die Energieverluste in den elek-

Wirkungsgrade bei der Stromerzeugung. 701

trischen und Dampfmaschinen bestehen nach der Hauptsache aus Widerständen, welche mit steigender Belastung wachsen, und aus festen Werten, welche den Leerlaufwiderständen ungefähr entsprechen. Große Maschinen weisen im allgemeinen verhältnismäßig geringere Arbeitsverluste als kleine auf. Die Ursache liegt in dem Umstande, daß bei bestimmten Umläufen die Leistungen ungefähr mit dem Gewichte, also der dritten Macht der Abmessungen, steigen, während die mechanischen Reibungen und die elektrischen Wärmeverluste in den Wicklungen mit der Oberfläche, also nur mit der zweiten Macht, zunehmen. Zur Beurteilung dieser Verluste sollen einige Zahlen Platz finden. Große Dynamomaschinen ergeben als Wirkungsgrad bei voller Belastung etwa $\eta = 95\%$, kleine Beleuchtungsdynamos etwa 85 %. Nimmt man die Leerlaufarbeit mit $^1/_5$ vom ganzen Verluste, also je nach der Größe der Maschine mit 1—3 % der größten Leistung an, so ergibt sich der zusätzliche Verlust mit 4—12 % der Belastung. Für die Dampfmaschinen finden sich je nach dem System, besonders bei den Leerlaufwiderständen, sehr verschiedene Ergebnisse. Nimmt man $\eta_1 = 90\%$ bei den größten und 80 % bei den kleinen und die zusätzliche Reibung bei voller Leistung wieder zu $^1/_5$ des Gesamtverlustes, also zu 2—4 % der Leistung, dann folgen die Wirkungsgrade für Dampfdynamos mit $\eta \eta_1 = 0{,}95 \cdot 0{,}9 = 0{,}855$ und $0{,}85 \cdot 0{,}8 = 0{,}68$ je nach ihrer Größe. Die Summe der Leerlaufarbeit der verbundenen Maschinen, der Dampfdynamo oder hydroelektrischen Grupppe schwankt zwischen 3 und 7 % der Nutzleistung der Dynamo bei voller Belastung, die ihrer zusätzlichen Verluste zwischen 12 und 28 %. Das zeichnerische Verfahren zur Ermittelung des Wirkungsgrades gleicht dem beim Transformator gezeigten; die Leerlaufarbeit entspricht dem Eisenverlust, und der zusätzliche Verlust entspricht dem Kupferverlust. Bei Wechselstrommaschinen wird noch die Erregermaschine bei diesen Vorgängen zu berücksichtigen sein. In Fig. 665 ist der Verlauf der Erregerarbeit in der Kurve E ersichtlich gemacht. Die tatsächliche Ermittlung von Einzel-Wirkungsgraden bei direkt gekuppelten Maschinen ist oft recht schwierig, so daß der V. D. E. in den Normalien für Bewertung und Prüfung von elektrischen Maschinen hierfür besondere Festsetzungen getroffen hat.

Die Berücksichtigung der Leerlaufverluste einer Maschinenanlage mit mehreren Maschinengruppen gestaltet sich nicht so einfach wie bei einer einzigen, weil die zusätzlichen Widerstände von der jeweilig dem Gebrauch entsprechenden Zahl der in Betrieb befindlichen abhängt. Je größer deren Zahl, um so kleiner ist die Größe der einzelnen Maschine, um so größer ist die Leerlaufarbeit der Maschine im Verhältnis zur Nutzleistung. Aber dadurch, daß eine Maschine außer oder in Betrieb gesetzt werden kann, sobald die Gesamtbelastung der

Anlage um den Betrag einer Maschinenleistung abgenommen hat, kann die Zahl der tätigen Einheiten um so besser der Nutzlast angepaßt werden, je größer ihre Zahl gewählt wird, und dadurch kann wieder an Leerlaufarbeit gespart werden. Bei den Transformatoren konnte eine gleiche Betrachtung bezüglich der Zu- und Abschaltung und ihrer Größen durchgeführt werden, weil der Transformator für sein Versorgungsgebiet dieselbe Rolle spielt wie die Maschine in der Stromerzeugungsstätte. Ein für unveränderliche Belastung genügender Transformator, der etwa der Straßenbeleuchtung dient, wird ebenso wie eine Tagesmaschine für die Stunden der Minderbelastung aus dem genannten, freilich nicht allein ausschlaggebenden Gesichtspunkte empfehlenswert sein.

Bei den selbständigen Dampfanlagen schließt die Betrachtung bei den effektiven und indizierten Pferdestärken der Antriebsmaschinen noch keineswegs ab. Die Wirtschaftlichkeit in der Dampferzeugung und in den Rohrleitungen, die Verluste durch Neuanlassen und Abstellen der Maschinen usw., ferner der Verbrauch an Heizmaterial von bekanntem Heizwerte für die Kesselanlage, die Verluste durch Anheizen, wirken auf den Gesamtwirkungsgrad und die Betriebsauslagen ein.

Außer dem Wirkungsgrade, der sich nur auf das Verhältnis von effektiven zu indizierten PS bezieht, ist die Kenntnis des Dampfgewichtes in kg für jede indizierte PS zur Beurteilung der Dampfmaschine notwendig. Ähnliches gilt für die Kesselanlage, bei welcher der Wirkungsgrad dem Verhältnisse der in den Dampf übergegangenen zu jenen Wärmeeinheiten entspricht, welche in dem während eines gewissen Zeitraumes zur Dampferzeugung erforderlichen Brennstoffe enthalten waren. Um jedoch einen Kessel richtig beurteilen zu können, muß man auch die auf den qm Heizfläche entfallende Stoffmenge und die Trockenheit des Dampfes berücksichtigen. Bei der Prüfung der Dampfmaschine wird neben der Bestimmung der effektiven Leistung durch die bekannte elektrische Maschinenleistung auch die Ermittlung der indizierten Leistung vorgenommen. Bei der Kesselanlage bieten der Verbrauch an Brennstoff von bekanntem Heizwert und an Speisewasser von bekannter Temperatur sowie die Untersuchung der Abzugsgase die notwendige Unterlage zur gründlichen Beurteilung ihres Wirkungsgrades.

Für die in elektrischen Zentralanlagen vielfach gebrauchten Wasserröhrenkessel sind bei angestrengtem Wettfeuern 13—16 kg Dampf für jeden qm wasserberührter Heizfläche erzeugt worden, und der Wirkungsgrad hat sich mit 73—62 % ergeben, wobei die Nässe des Dampfes zur Beurteilung dieser Zahlen herangezogen werden muß.

9. Über das zeitliche Verhältnis von Absatz und Erzeugung.

Der Umfang einer Stromerzeugungsstätte richtet sich entweder nur nach dem höchsten Augenblickswerte des Absatzes im Jahre bei rein maschinellem Betriebe oder aber bei Anlagen mit elektrischen Akkumulatoren nach dem höchsten stündlichen Gebrauch im Jahre und der ihm entsprechenden Tagesbrenndauer. Im letzteren Falle kann die maschinelle Einrichtung um die in Bereitschaft stehende Maschine kleiner bemessen werden. Die jeweilige Leistung der motorischen Anlage hängt dann nicht mehr vom jeweiligen Gebrauch ab, sie kann eine unveränderliche werden, indem der Überschuß zu Zeiten des schwächeren Absatzes zur Ladung der Akkumulatoren benutzt wird, während sie bei höchstem Gebrauche zur Mithilfe herangezogen werden können. Auch gestatten die Akkumulatoren die zeitweise vollständige Einstellung des maschinellen Betriebes bei Zeiten der niedrigsten Belastung oder in Notfällen. Die Gasbeleuchtung hat den gleichen Vorteil durch den Gasometer in erhöhtem Maße. Hier wird wirklich Gas aufgespeichert, während die elektrischen Sammler nur die Aufspeicherung potentieller Energie ermöglichen. Sie tun dies auf dem Wege der Umsetzung von elektrischer Energie in chemische und umgekehrt, was einen doppelten Effektverlust bedingt. Die Gaserzeugungsmittel brauchen keine größere Leistungsfähigkeit zu haben, als dem durchschnittlichen Tagesbedarf entspricht, sie arbeiten Tag und Nacht in den Gasbehälter, der den veränderlichen Absatz deckt. Werden die elektrischen Maschinen so klein und die Akkumulatoren so groß gemacht, daß jene bei unausgesetztem Betriebe die Ladung für den gesamten Tagesbedarf leisten können, so sind die Kosten der Akkumulatoren und die ihnen entsprechenden Verluste so bedeutend, daß die Vorteile einer solchen Lösung verloren gehen. Man muß sich demnach mit einer kleineren Batterie und größerer maschineller Einrichtung abfinden, wodurch man hinter dem vorbildlichen Falle, wie ihn die Gasanstalten besitzen, weit zurückbleibt. Die elektrische Praxis in den verschiedenen Ländern ist nach dieser Richtung hin verschieden. Amerika und England haben die Akkumulatoren wenig aufgenommen, während in Deutschland größere Batterien hauptsächlich infolge größerer Maschineneinheiten genommen wurden, welche sich ohne die ersteren dem jeweiligen Bedarfe nicht anpassen ließen. Das Verhältnis der Akkumulatorenleistung zur gesamten Leistung beträgt etwa bei diesen Werken 30 %. Bei Wechselstromwerken kann nur auf Umwegen von Akkumulatoren Nutzen gezogen werden. Druitt Halpin benutzt eine thermodynamische Aufspeicherung für die Kesselanlage, indem er während der Minderbelastung den Dampf unter Druck sammelt und daraus die Dampfmaschine versorgen läßt. Ähnliche Aufspeicherungen lassen, wie bereits erwähnt, auch Wasseranlagen durch Sammelweiher und Talsperren zu. Die Fragen des Wirkungsgrades bilden die Grundlage, auf der die Wirtschaftlichkeit der Gesamtanlage sich aufbaut. Sie hängt mit den Kosten der Anschaffung und des Betriebes zusammen.

10. Über Anschaffungskosten elektrischer Beleuchtungsanlagen.

Wie die Lehre des Maschinenbaues durch Einfügung der Herstellungsweisen und Kostenermittlungen die notwendige und natürliche Ergänzung gefunden hat, so muß auch die praktische Elektrotechnik ihre Lösungen einer geldlichen Prüfung und Sichtung unterziehen. Ein solcher Abschnitt der Elektrotechnik stützt sich auf die Preise von Stoff und Arbeit. Diese sind von Land zu Land und von Zeit zu Zeit verschieden und überhaupt je nach Angebot und Nachfrage natürlichen und künstlichen Veränderungen unterworfen. Sie bilden demnach eine schwankende Unterlage für einen allgemein gültigen Aufbau. Die folgenden Auseinandersetzungen beanspruchen daher nur als Anleitung nach dieser Richtung hin angesehen zu werden. Zahlen über Preise käme kein absoluter Wert zu; sie wären vielmehr für einen bestimmten Fall durch die Angaben der jeweiligen Preislisten festzusetzen. Der Angabe von Durchschnittswerten für die Preise ganzer Anlagen oder ihrer einzelnen Bestandteile steht überdies die große Mannigfaltigkeit der Ausführungsweisen entgegen. Aus diesem Grunde ist mit allgemein hingeworfenen Zahlenwerten ohne Angabe der Einzelheiten wenig gedient.

Die Hauptfragen beziehen sich auf die Kosten der ersten Anlage und die Kosten des Betriebes. Die Anschaffungskosten für die Erzeugungsstätten des Stromes richten sich hauptsächlich nach der Art der Antriebskraft. Alle technischen Fächer kommen hierbei in Betracht; neben den maschinellen die baulichen, und man begreift die vielseitigen Anforderungen, welche an den Elektrotechniker hierdurch gestellt werden. Bei Anlagen, die im Anschluß an vorhandene maschinelle Einrichtungen arbeiten, treten natürlich die Kosten der Erzeugungsstätte gegenüber jenen der Verteilung zurück, während sie bei Zentralanlagen oft den wichtigsten Teil bilden.

Was die Preise von Antriebsmaschinen aller Art anbelangt, so lassen sie sich am besten nach dem Gewicht und der Leistung, bezogen auf einen Umlauf, beurteilen. Das Gewicht, bezogen auf eine Pferdekraft der vollen Leistung, nimmt mit der Zunahme dieser rasch ab, so daß kleinere Antriebsmaschinen immer verhältnismäßig teurer sind als größere. Ferner nimmt dieses Gewicht für eine Pferdestärke mit steigenden Umläufen ab. Der Preis der Gewichtseinheit hängt von der

Bauart ab. Hierzu kommen noch besondere Gesichtspunkte, welche die regelmäßige Preisbildung beeinflussen, wie Modellkosten für selten gebrauchte Typen u. dgl. Die Preise zeigen ferner Stufen in ihrem Verlaufe, welche von der Beschränkung auf gewisse Größen herrühren; solche Stufen werden bei den Wasserturbinen durch die Wahl gewisser Durchmesser, bei den Dampfmaschinen durch die bestimmten Zylindergrößen, bei den Dynamos durch bestimmte Trommelbleche oder Periodenzahlen bedingt.

Bei Wasseranlagen liegen oft die Hauptkosten in der Herstellung des Gerinnes, des Einbaues und der Geschwindigkeitsreglung, während die Kosten des Antriebs stark zurücktreten. Jedem Gefälle kann man eine Kurve zuweisen, aus welcher sich für eine bestimmte Vollleistung die Kosten der Pferdestärke herauslesen lassen.

Mittelwerte für die Preise von ganzen Dampfmaschinenanlagen lassen sich noch schwieriger allgemein aufstellen, weil Rohrleitungen, Einmauerungen, Fundamente usw. je nach den Verhältnissen verschiedene Ausführung erheischen. Es mag deshalb hier nur die Bemerkung Platz finden, daß die Kosten von Maschinen- und Kesselgebäuden nach der Grundfläche, die sie beanspruchen, geschätzt werden können.

Der Preis von elektrischen Maschinen und Motoren steigt im allgemeinen wie jener der Dampfmaschinen langsamer als ihre Volleistung. Der Grund hierfür liegt außer in elektrischen Bedingungen bei kleinen Größen im Überwiegen des Arbeitslohnes gegenüber den Materialkosten. Bei großen Typen treten diese in den Vordergrund, während jene zurücktreten und mit der Leistung der Maschine nur wenig wachsen.

Der Preis der elektrischen Akkumulatoren hängt, gleiche Kapazität angenommen, von der Entladungszeit ab, für welche sie bestimmt sind. Er ist um so größer, je rascher die Entladung erfolgen soll, da wegen der größeren Stromdichte für den gleichen Betrag der Amperestunden eine größere Plattenoberfläche erforderlich ist als bei langsamerer Entladung. Mit wachsender Kapazität nimmt der Preis für die A-St anfangs rasch, später nur sehr wenig ab.

Die Preise der Leitungen werden bei blanken Drähten oder Kabeln nach dem Gewichte, bei isolierten für 100 oder 1000 laufende Meter angegeben. Der Preis blanker Leitungen hängt für die gebräuchlichen Querschnitte ausschließlich vom Rohkupferpreise ab, der Preis isolierter Leitungen außer vom Rohkupferpreise auch von der Art ihrer Isolierung, wie bereits auf Seite 423 erwähnt.

Die Kosten lassen sich angenähert durch die Formel $a + bq$ in Pf/m für eine Leitung von q mm^2 Querschnitt darstellen. Der Wert b hängt wesentlich vom Rohkupferpreis ab; der Wert a wird außer von der Höhe der Spannung und der Art der Isolierung auch noch wesentlich durch die Art der Verlegung beeinflußt. Denn der Beiwert a umfaßt auch die Kosten für die Erd- und Pflasterarbeiten, die je nach dem Ort, der Jahreszeit und Bodenbeschaffenheit, und nach der Güte des zu entfernenden und zu erneuernden Pflasters stark verschieden sind.

Die Kosten von Nebenapparaten für die maschinellen und für die Leitungsanlagen lassen keine allgemeinen Betrachtungen zu.

Für die Kosten von Beleuchtungskörpern für Glühlampen und Bogenlampen gilt gleiches.

Bei allen laufenden Einrichtungsgegenständen wie Fassungen, einfache Beleuchtungsgegenstände, Schalter, Sicherungen usw. findet man große Unterschiede in den Preisen der verschiedenen Fabriken, die von der Verschiedenheit der Bauart herrühren. Man kann nicht genug vor schlechten Ausführungen warnen; denn sie sind es, welche oft die Quelle endloser kleiner Störungen bilden und nur zu oft die Vorzüge der elektrischen Beleuchtung nicht zur Geltung kommen lassen. Diese billige Ware verringert zwar die Anlagekosten, aber die Instandhaltungskosten steigen unverhältnismäßig höher.

Die Kosten der Montage sind noch weit größeren Unterschieden unterworfen als diejenigen der Gegenstände selbst, weil sie von örtlichen Umständen von Fall zu Fall beeinflußt werden. Ihre Vorausermittlung ist oft schwierig, sie setzt immer volle Sachkenntnis voraus und kann niemals durch allgemeine Regeln befriedigend gefunden werden. Die Abschätzung des für die einzelnen Teile der Anlage erforderlichen Zeitaufwandes gibt bei Kenntnis der Arbeiterpreise die sichere Grundlage für die Vorherbestimmung der Montagekosten. Dieser mühsame Weg kann durch Vergleichsergebnisse aus ähnlichen Fällen gekürzt werden. In der allgemeinsten Form können diese Montagekosten als Prozentsatz der Materialienwerte in Betracht kommen. Auf diese Weise findet man, daß die Montage der maschinellen Einrichtung elektrischer Anlagen etwa zwischen 5—8 % beträgt, während die elektrische zwischen 12—20 % und zuweilen noch weit mehr ergibt. Um der Verschiedenheit und Mannigfaltigkeit der elektrischen Einrichtung besseren Ausdruck zu verleihen, wird man die Kosten der Montage noch außerdem auf die Anzahl der einzurichtenden Gegenstände, der Bogen- und Glühlampen, beziehen. Man kann dann sagen, daß die Montage von einfachen Fabrikräumen im Mittel für eine Glühlampe 2,50—4,00 M. beträgt. Solche Regeln für die Wertermittlung haben nur so lange Berechtigung, als man in ihrer Anwendung nicht die Grenzen überschreitet, welche in den zugrunde liegenden Einzelfällen enthalten sind.

Die Beziehung der Kosten auf die Anzahl der einzurichtenden Lampen trifft noch immer zu wenig den Kern der Frage. Will man mit einem solchen Schlüssel verschiedenartige Anlagen einer vergleichenden

Prüfung unterwerfen, so müssen die Montagekosten auf den Meter verlegter Leitung bezogen werden; so findet man die Montagekosten von Freiluftleitungen ohne Abzweigungen mit etwa 5—10 Pf., die von isolierten Innenleitungen mit 10—30 Pf. usw.

Die Gesamtanlagekosten elektrischer Anlagen setzen sich aus den Kosten ihrer einzelnen Teile zusammen. Diese Summen werden demnach noch größeren Schwankungen unterliegen als jene und lassen sich hier nicht allgemein angeben.

11. Die Erzeugungskosten des elektrischen Lichtes

weisen eine noch größere Mannigfaltigkeit auf als diejenigen der Anlagekosten, weil sie nicht nur von diesen, sondern noch von vielen anderen Umständen abhängig sind, die ihren Grund in den Verhältnissen der Energieumsetzung in Licht, in der Art der Energie- oder Strombeschaffung, in Betriebsverhältnissen, namentlich dem Benutzungswert oder Belastungsfaktor, den Verkehrsmitteln, dem örtlichen Licht-, Reklame- und Luxusbedürfnis und in rein geldlichen Zuständen finden. Um einen Einblick in die Zusammensetzung der Gestehungskosten zu gewinnen, sei ein Fall wiedergegeben, der Erzeugung und Verbrauch umfaßt. Einfachere Fälle werden sich hieraus beurteilen lassen, wie etwa kleinere Einzelanlagen mit Stromerzeugung für Eigenzweck oder an Zentralen angeschlossene Hauseinrichtungen, bei welchen die Erzeugung wegfällt, und nur der Gebrauch nach festgesetztem Tarif in Betracht kommt. Die Gestehungskosten zerlegen sich darnach in zwei Hauptgruppen:

1. Die direkten Betriebsausgaben, welche die Kosten für Betrieb, Instandhaltung und Verwaltung sowohl der Herstellungs- und der Gebrauchseinrichtungen als auch der Stromförderung und Verteilung umfassen. 2. Die indirekten Betriebskosten für Verzinsung und Tilgung des Anlagekapitals. Direkte und indirekte Ausgaben ergeben zusammen die Selbstkosten der elektrischen Energie. Zu ihnen tritt 3. ein Gewinn hinzu, sobald es sich um ein nutzbringendes geschäftliches Unternehmen handelt, während dies in Fällen des Eigenbetriebes und -Verbrauchs wegfällt.

Die Beträge $1 + 2$ geben die Eigenkosten an. Ihr Verhältnis zu den vollständigen Kosten mit Nutzen, $(1 + 2) : (1 + 2 + 3)$, kann zum Vergleiche der Ergiebigkeit verschiedener Geschäftsunternehmen untereinander dienen. Um jedoch die zeitliche Entwicklung eines und desselben Unternehmens je nach dem Ausbau verfolgen zu können, empfiehlt es sich, die indirekten Betriebskosten (2), welche für eine Entwicklungsstufe unveränderlich bleiben, außer Betracht zu lassen und nur das Verhältnis $1 : (1 + 2 + 3)$ der laufenden Ausgaben zu den entsprechenden

Einnahmen einzuführen. Bei Eisenbahnunternehmungen wird dieses Verhältnis als Betriebskoeffizient bezeichnet.

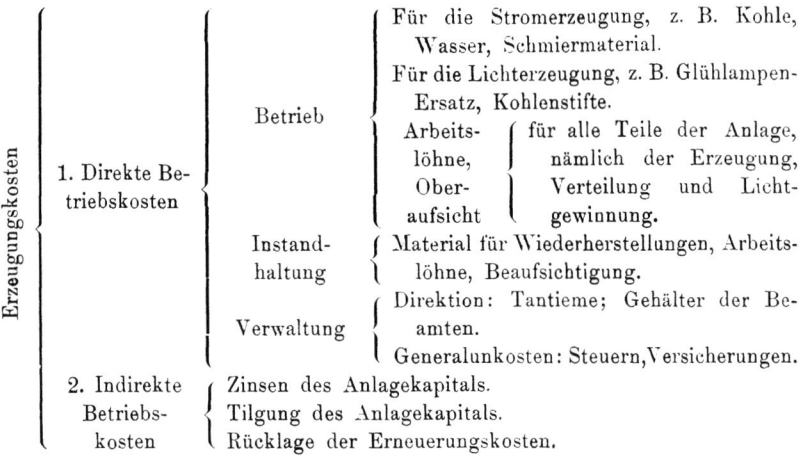

Die angeführten Stromerzeugungskosten sind zweifacher Art. Die erste Art faßt die festen Ausgaben wie die Verwaltungs- und die indirekten Betriebskosten zusammen, die zwar mit dem Umfange der Anlage fallen, jedoch für ein und dasselbe Werk in einem bestimmten Ausbaue unabhängig von seiner Inanspruchnahme sind. Die zweite Art dagegen hängt mit dieser zusammen; es sind dies die Kosten für Betrieb und Instandhaltung. Aus diesen Gesichtspunkten ergibt sich die Wertbemessung des Absatzes, und wir haben bereits bei seiner Betrachtung und des Belastungsfaktors von Zentralen auf diese Gesichtspunkte hingewiesen, welche bei der Beurteilung des Stromtarifs gleichfalls in den Vordergrund treten müssen.

Um die Gestehungskosten des elektrischen Lichtes mit anderen Beleuchtungsarten vergleichen zu können, müßte man eigentlich auf die erzielte Flächenhelligkeit oder Lichtleistung zurückgreifen. Der Einfachheit halber begnügt man sich jedoch meistens damit, die Kosten auf die erzielte Lichtstärke in Kerzen oder die Gestehungskosten auf die Einheit des in den Lampen verbrauchten Effektes zu beziehen.

Bei der praktischen Vergleichung verschiedener Beleuchtungsarten hinsichtlich ihrer Kosten treten einzelne ihrer Eigenschaften in den Vordergrund, so daß allgemeine Vergleiche meist völlig hinfällig werden. Als ein zutreffendes Beispiel dieser Art kann die Beleuchtung von Wohnungen angeführt werden, bei welchen trotz höherer Einheitspreise für den elektrischen Strom wegen der Möglichkeit einer nicht belästigenden Sparsamkeit in der Benutzungszeit die Jahreskosten sich günstiger gestalten, als dem bloßen Einheitspreise für die Kilowattstunde entsprechen würde.

Erzeugungskosten. 709

Direkte Betriebskosten. Wir wollen nun die einzelnen Posten der Gestehungskosten erläutern. Die direkten Betriebskosten zerlegen sich in die laufenden Kosten des Betriebes, der Erhaltung und Verwaltung. Die ersteren teilen sich wieder in die Kosten für Materialien als Kohle, Wasser, Schmiermaterial und ferner in die Kosten der Arbeitslöhne. Beide Beträge steigen für ein und denselben Ausbau einer Anlage mit dem Jahresabsatz. Ein Bild in diese Verhältnisse läßt sich zeichnerisch gewinnen, wenn man als Abszissen den Jahresabsatz in KWSt, als Ordinaten die Kosten von Brenn-, Schmier- und Putzstoffen, ferner von Löhnen und Gehältern, bezogen auf eine nutzbar abgegebene KWSt, aufträgt. Die Flächen im Schaubilde geben dann die jährlichen Gesamtausgaben an. Die direkten Betriebskosten der KWSt fallen mit der Größe des Jahresumsatzes. Die Erhaltungskosten beziehen sich auf alle Leistungen an Material und Arbeit, welche zur betriebssicheren Erhaltung der Anlage notwendig sind. Diese Kosten der Instandhaltung sind streng zu trennen von jenen zur Erneuerung von ganzen Teilen der Anlage, welche trotz bester Instandhaltung nach Jahren unabweislich wird, und für welche bei allen Anlagen durch Schaffung von Erneuerungssummen Vorsorge getroffen wird. Es ist gebräuchlich, bei größeren Anlagen die Kosten für die Erhaltung in Hundertsteln vom Anlagekapital auszudrücken, und auf die Anlageteile wie Maschinen, Gebäude, Leitungen usw. zu beziehen. Die Kosten für Abschreibung und Erneuerung sind wie die Tilgung des Anlagekapitals zu buchen und erscheinen daher häufig mit diesem Posten vereinigt. Die Arbeitslöhne und die Oberaufsicht beziehen sich sowohl auf den Betrieb unmittelbar als auch auf die Erhaltung und im weiteren Sinne auch auf die Verwaltung. Bei kleinen Werken würden diese Pflichten in den Händen derselben Personen liegen können, während bei größeren eine Trennung geboten erscheint. Bei diesen werden oft die Kosten der Direktion und die Generalunkosten, z. B. bei teuren finanziellen Gründungen, einen recht wesentlichen Betrag in den Gestehungskosten einnehmen können. Dem Wunsche, die laufenden Kosten möglichst herabzusetzen, steht andererseits die Gefahr gegenüber, die Betriebssicherheit, welche bei diesen Werken die allerwichtigste Rolle spielt, zu gefährden. Strenge Gliederung und Führung des Betriebs solcher Werke läßt jedoch volle Sicherheit selbst bei sparsamem Betrieb erreichen. Der Direktor solcher Werke, bei dem alle Fäden der Leitung zusammenführen sollen, muß deswegen ein umsichtiger, erfahrener Fachmann sein, damit er den ganzen technischen Teil des Werkes in Anlage und Betrieb verstehen kann; ferner soll er kaufmännisches Wissen besitzen, damit er in einschlägigen Fragen gleichfalls Bescheid weiß. So natürlich diese Bemerkung klingt, ebensowenig scheint sie allgemein anerkannt zu sein.

Direktoren, die ein durch keinerlei fachliches Wissen getrübtes Urteil besitzen, gehören eben nicht zu den Seltenheiten. Guter Betrieb erfordert scharfe Organisation des Personals, dessen Pflichten und Verantwortlichkeit deutlich festzulegen sind. Gleiches gilt für die Beamten. Die Verantwortlichkeit soll nach oben zunehmen und vor dem Leiter nicht Halt machen. Die älteste große Zentralanlage in Europa, die Berliner Elektrizitätswerke, hat die Gliederung des Personals nach nebenstehender Staffel durchgeführt. Man suchte alles bureaukratische Instanzen- und Formelwesen zu umgehen, welches der Einfachheit des Betriebes Abbruch tun würde.

Die gesamte technische Leitung der Werke untersteht einem Oberingenieur, unter welchem die Betriebsleiter der vier Werke stehen. Neben dem Oberingenieur steht ein stellvertretender Betriebsleiter, welcher insbesondere den Überwachungsdienst versieht und sowohl seinen Vorgesetzten, den Oberingenieur, als auch, wenn es not tut, einen Betriebsleiter auf einem Werke vertreten kann. Er bleibt also nach beiden Seiten hin stets in engster Fühlung.

Die Betriebsingenieure haben in erster Reihe die Maschinenmeister unter sich und zur Seite, denn der Maschinenmeister gilt im Betriebe der Werke als Stellvertreter des abwesenden Betriebsingenieurs. Vom Maschinisten zweigen sich nun die weiteren unterstellten Kräfte ab und gliedern sich gemäß der Einteilung der technischen Einrichtung. Der Dampfkesselabteilung steht der Oberheizer als Vorgesetzter im Dampfkesselraum vor. Ihm gleichgeordnet ist der Hilfsmaschinenmeister, welcher zur Vertretung der Maschinenmeister bestimmt ist. Weiter stehen in diesem Zweige die Schaltwärter, die Dampfmaschinisten und die Dynamowärter; ihnen gleichgestellt sind die Reparateure, Maschinenschlosser. Dem Oberheizer unterstehen die Heizer und weiter diejenigen Leute, welche für gröbere Arbeiten angestellt sind. In ähnlicher Weise sind auch im Maschinenraume die Putzer, Ölwärter und andere tätig, deren Arbeit keine namhafte ist.

Neben dem Zweige, welcher das Personal des Maschinenbetriebes enthält, gliedern sich vom Betriebsleiter noch andere ab. Zunächst ist ihm die Verkehrskanzlei unterstellt, die im wesentlichen den geschäftlichen Verkehr mit den Abnehmern besorgt, soweit er technischer Natur ist; da aber hier auch geschäftliche Fragen mitspielen, so steht diese Verkehrskanzlei mit der kaufmännischen, deren Leiter mit dem Betriebsleiter gleichsteht, in enger Verbindung und erscheint somit gleichzeitig dem Betriebsleiter wie dem kaufmännischen Direktor unterstellt. In gleicher Weise untersteht dem Betriebsleiter das Kabelbureau, dessen Zweig demjenigen des Betriebes der Zentrale parallel geht, und das für den Bau und die Beaufsichtigung der Leitungen zu sorgen hat. Zu

Indirekte Betriebskosten. 711

dieser Abteilung gehört auch der Meßraum. Zwei andere kleine Zweige bedeuten die Kanzlei des Baumeisters und das wichtige statistische Bureau, welches die Betriebsergebnisse zu verarbeiten und die Unterlagen für die richtige Betriebsbeurteilung nicht minder wie für die richtige Planung von Neuanlagen zu schaffen hat.

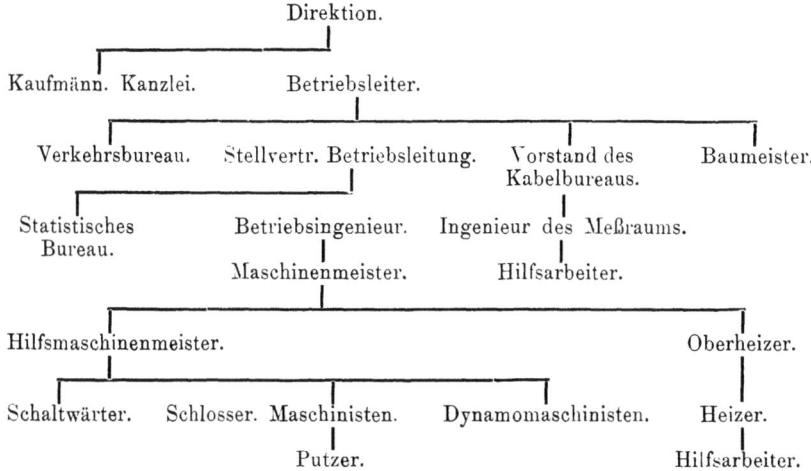

Die Verkehrskanzlei ist folgendermaßen gegliedert:

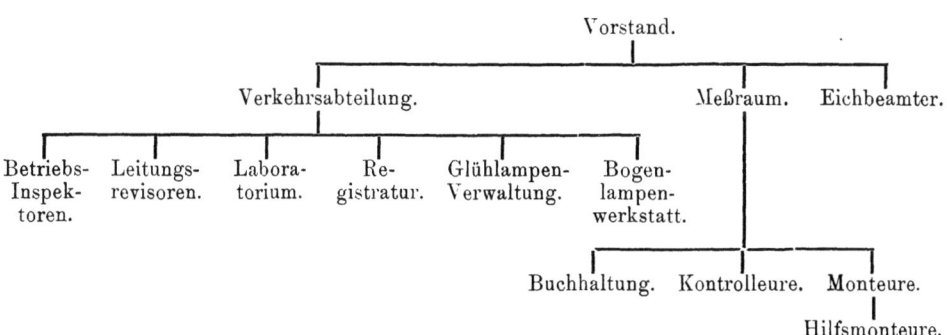

Die indirekten Betriebskosten setzen sich aus den Beträgen für Verzinsung, Tilgung des Anlagekapitals und Erneuerung zusammen. Für die Verzinsung wird der übliche Zinsfuß maßgebend sein, während für die Tilgung oder Amortisation entweder die natürliche Lebensdauer des Gegenstandes selbst oder jene Zeit in Betracht kommt, auf welche die Verwendung innerhalb seiner natürlichen Gebrauchsdauer durch finanzielle und konzessionelle Bedingungen zu beschränken ist. So würde man die Tilgungszeit für eine auf 30 Jahre konzessionierte Anlage für das Gebäude der Zentrale allein trotz der viel längeren Gebrauchsdauer nicht voll berücksichtigen und müßte die Tilgungszeit ermäßigen, wobei der Abbruchswert oder der allfalsige Übernahmswert nach Ablauf der Konzessionsdauer in Betracht käme. Die deutschen Werke[1]), welche im städtischen Betriebe sind, nehmen in der Regel eine Verzinsung von 3,5 % und eine Amortisation von 4 % an, ferner eine Abschreibung von 1,5—2 % auf Gebäude, 4—5 % auf Dampfkessel, Maschinen und Apparate, 6 % auf Akkumulatoren, 3 % auf Kabel und 8—10 % auf Meßgeräte und Einrichtungsgegenstände. Der Zinsfuß für die Rücklagen zum Erneuerungsfonds wird in der Regel geringer sein als der für die Verzinsung des Hauptkapitals angegebene, weil er eine unbedingt sichere Hinterlegung, etwa in Staatspapieren, erheischt. Die Tilgung und Verzinsung des Anlagekapitals geschieht auf eine einzige Tilgungszeit, während für die Tilgung der Erneuerungskosten unter der Annahme längerer Konzessionszeit die mehrmalige Erneuerung einzelner Teile, nach verschiedener Gebrauchsdauer gerechnet, vorzusehen ist. Die jährliche Quote der gesamten Erneuerungskosten ergibt sich daher aus jenen Teilbeträgen. Die Wahl der Gebrauchsdauer ist nur nach technischen Gesichtspunkten möglich; man läßt jedoch unter den Abschreibungen von Unternehmungen noch andere Gesichtspunkte gelten, welche der Vorsicht für unvorhergesehene technische oder finanzielle Vorfälle entspringen, worunter die Gefahr der Veraltung solcher Einrichtungen und dergleichen mehr zu rechnen ist.

12. Über Gründung und Geschäftsbetrieb von Beleuchtungswerken.

Die Unannehmlichkeiten des kleinen geschäftlichen Einzelbetriebes und die Vorteile der zentralisierten Erzeugung im großen haben bald zur Gründung von Zentralstätten geführt. Sie haben gleich den Gasanstalten besondere Eigenschaften geschäftlicher Natur. Ihr Anlagekapital ist im Verhältnis zum Jahresumsatz bedeutend höher als das gewöhnlicher industrieller Anlagen, was von vornherein den monopolistischen Betrieb für viele Fälle als zutreffend erscheinen läßt. Mehrere solche Unternehmungen an einem Orte in freiem Wettbewerb werden die Kosten der Strombeförderung verteuern; der Gewinn muß ja das höhere Anlagekapital decken und die Stromlieferung dadurch nur verteuert werden. Es wäre ebenso, als wenn zwei Bahnlinien unmittelbar nebeneinander lägen; jede bekäme den halben Verkehr, beide müßten jedoch ihren Preis gleich und hoch halten, um eine Verzinsung und

---

[1]) A. Prücker, Elektr. Zschr. 1895 S. 45, 169; ferner ebenda: Sonnenschmid, S. 193 und Dr. Haas, S. 121, 238.

Tilgung des Anlagekapitals zu erzielen, während eine einzige Bahn bei halbem Anlagekapital das Doppelte und dieses auch weit billiger zu leisten vermag. Da nun die Lieferung des Erzeugnisses bei diesen Unternehmungen nur an die Scholle gebunden ist, und sie sich für ihre Ablieferung eigne Beförderungswege herstellen müssen, ihre ganze Entwickelung an die Entwickelung ihres eignen Ortes geheftet ist, so erklärt sich, warum solche Gründungen eine Bevorzugung erfordern und zu einem ausschließlichen Privilegium berechtigen. Die Art des geschäftlichen Betriebes solcher Stromlieferungsanstalten kann dreierlei sein. Entweder das Gemeinwesen einer Stadt führt den Betrieb selbst durch seine eigenen Organe als Regiebetrieb, oder es überläßt den Betrieb Privatunternehmern als Privatbetrieb, oder das Gemeinwesen verpachtet den Betrieb des eigenen Werkes an einen Privaten als Pachtbetrieb. Die Vor- und Nachteile dieser drei Betriebsarten sollen näher gekennzeichnet werden.

1. Regiebetrieb. Große Städte können sich die Anlagekapitalien oft billiger beschaffen als Private. Die Stadt behält sich freie Hand, bindet sich nicht auf Jahrzehnte durch Festsetzungen, deren spätere Tragweite unberechenbar ist. Sie kann sich demnach allen auftretenden neuen Verhältnissen leichter anpassen und zu nutze machen, und da sie gewiß aus der Stromlieferung gegenüber ihren Bürgern keine oder doch nur eine dem Gemeinwesen und der Höhe der Gemeindeumlagen zugute kommende Einnahme machen will, so kann sie billiger als der Private sein. Dagegen gehört ein derartiger Betrieb nicht unbedingt zu den Aufgaben des Gemeinwesens, dessen Organisation oft nicht geeignet ist, die Selbsterzeugung zu besorgen und die Gemeinde dadurch gewissermaßen auf den Standpunkt jedes Erzeugers zu stellen. Der Hinweis auf die Einheitlichkeit des städtischen Tiefbaues ist hierbei, weil sie für die Gemeinschaft unerläßlich ist, recht zutreffend.

2. Privatbetrieb. Die Nachteile des Regiebetriebes bilden naturgemäß die Vorteile des Privatbetriebes. Der Privatbetrieb wird durch die Erteilung einer Konzession ermöglicht, welche die Energieabgabe an Private nach einem Tarife auf Jahre hinaus regelt; für die gewährten Rechte fordert das Gemeinwesen gewisse Leistungen, meistens die Besorgung der öffentlichen Beleuchtung zu mäßigen Preisen und Abgaben vom jährlichen Roherträgnis. Eine zu weitgehende Forderung nach dieser ersteren Richtung muß sich bei den Kosten der Privatbeleuchtung rächen, indem sich der Erzeuger bei dieser durch höhere Tarife zu decken sucht und dadurch eine indirekte Steuer von einem Teile der Bevölkerung erhebt, während die öffentliche Beleuchtung allen zugute kommt. Die Konzessionsurkunden beziehen sich meist auf den Umfang der öffentlichen Beleuchtung, auf ihre Eröffnung, Ausführung

Über die Einrichtung ganzer Anlagen.

und Erweiterung, auf die private Beleuchtung, auf die Sicherstellung des Betriebes, auf die Dauer und die Ablösung des Vertrages.

3. **Pachtbetrieb.** Die Anlage gehört der Stadt; sie verpachtet jedoch auf verhältnismäßig kürzere Zeit den Betrieb, wobei sie sich möglichst freie Hand bezüglich Tarifstellungen vorbehält. Diese Art des Betriebes soll die Vorteile beider ersteren in geringerem Maße vereinigen.

13. Tarife.

Je nach den drei genannten Betriebsarten wird sich die Höhe des Gewinnzuschlages zu den reinen Selbstkosten der Erstellung gestalten. Für den Privatbetrieb bildet natürlich das Erträgnis die ausschließliche Frage. Der Verkauf des Stromes erfolgt nach Tarifen. Der Tarif soll einfach und übersichtlich sein, um das Vertrauen der Abnehmer zu erwecken. Er soll gerechte Ansprüche nach beiden Seiten hin befriedigen und außerdem den Abnehmer zu einem größeren Umsatz einladen, außerdem soll er diejenigen Bestrebungen des Erzeugers unterstützen, welche sich aus den Bedingungen der Herstellung ergeben.

Man kann zweierlei Vorgänge bei Einhebung der Stromgebühr einhalten. Entweder wird im Bausch nach der eingerichteten Lampenzahl und ihrem geschätzten Anschluß abgeschlossen, oder man schaltet einen Verbrauchsmesser ein, nach dessen Angaben die Abrechnung erfolgt.

Die erste Art, welche den Nachteil hat, den Abnehmer zur Vergeudung des Stromes zu verleiten, und demnach eine unmoralische Wirkung ausübt, hat in manchen Fällen trotzdem Berechtigung, wenn es sich beispielsweise um eine einzige Lampe oder um eine Gruppe von unbedingt gleichzeitig zu benutzenden Lampen oder Motoren von ganz bestimmten Benutzungszeiten handelt, für welche etwa die Anschaffung dieser Meßgeräte zu kostspielig sein würde, oder wenn es sich um eine Zentrale mit überschüssiger Wasserkraft handelt, bei welcher die Inanspruchnahme des Kraftwerkes belanglos wird. Ein viel gerühmter und mißbrauchter Vorzug dieser Pauschalierung liegt darin, daß der Abnehmer seine Ausgabe von vornherein weiß, und die allüberall zu beobachtende Verwunderung über die nachträgliche hohe Stromrechnung den Boden verliert.

Die zweite Art der Verrechnung hängt von dem Meßgerät ab. Wird nur die Benutzungsdauer in den Zeitzählern gemessen, so wird ein Stundentarif in Verbindung mit der Anzahl der Lampen eingeführt. Die genauere Methode besteht jedoch in der Ermittelung des tatsächlichen Verbrauches durch die bereits beschriebenen Elektrizitätszähler. Oft wurde ohne Rücksicht auf die sonstige Verrechnung vom Abnehmer eine feste Gebühr für jede eingerichtete Lampe erhoben.

Diese **Lampengebühr** ist aus der bereits erklärten Tatsache hervorgegangen, daß die Selbstkosten ohne Rücksicht auf die Höhe des Absatzes aus einer festen Ausgabe und einer dem Absatze proportionalen bestehen. Sie soll dem Erzeuger eine feste Einnahme sichern ohne Rücksicht darauf, ob und wie die eingerichteten Lampen oder der Anschluß überhaupt benutzt werden. In der Praxis hat sich diese Lampengebühr trotz ihrer theoretischen Richtigkeit nicht bewähren können; der Abnehmer erkennt keine Gründe an, welche ausschließlich auf Seite des Erzeugers liegen. Die feste Gebühr fällt bei Lampen von geringer durchschnittlicher Brenndauer natürlich stark ins Gewicht und hat demgemäß zur Folge, daß sie die Ausbreitung der Beleuchtung künstlich hemmt. Sie findet sich daher nur noch selten vor.

Eine ähnliche Festsetzung erfolgt oft durch die **Mindestbrennzeit**, welche vom Abnehmer für jede Lampe durchschnittlich zugesichert werden soll. Sie ist der naturgemäßen Entwickelung großer Werke ebenso hinderlich wie die Lampengebühr. Denn sie gibt fast nur gleichartigen Absatz und steile Verbrauchskurven. Wird die Verrechnung nach dem vom Zähler abzulesenden Verbrauch vorgenommen, so wird ein Zählertarif festgelegt, der sich auf einen Grundpreis für die Kilowattstunde stützt, und für welchen je nach den örtlichen Verhältnissen eine besondere Vergütungsweise hinzugefügt zu werden pflegt. In dieser Hinsicht lassen sich hauptsächlich drei Arten von Ermäßigungssätzen unterscheiden.

Bei der ersteren Art der Tarifbildung ist der Nachlaß nur vom Umfange des Absatzes abhängig und entspricht also dem mit dem Grundpreise verrechneten Geldbetrag. Diese Verrechnungsart wurde als **Geldrabatt** bezeichnet; sie setzt die geringsten Anforderungen an das Begriffsvermögen der Abnehmer voraus, vermeidet die schwierige Ermittelung der Zahl und Größe der eingerichteten Lampen und entspricht dem verbreiteten Grundsatz der Bevorzugung der Großabnehmer, hat jedoch den Nachteil, die Verbilligung der Erzeugung völlig außer acht zu lassen.

Die zweite Art der Tarifbildnng berücksichtigt nur diesen Punkt, sie ist auf der durchschnittlichen Brenndauer der Lampen und Anschlüsse aufgebaut und kann als **Brennstundenrabatt** gekennzeichnet werden. Sie ist sachlich zutreffender; aber die Aufnahme und Zählung der Lampen, die Bestimmung der im Jahresmittel eingerichteten Lampen, ihrer Lichtstärke und ihres normalen Effektverbrauches sind so lästig für den Abnehmer, so ungenau und so teuer für den Erzeuger, daß auch dieser Weg nicht vollkommen befriedigen kann. In einigen Fällen wurde er dadurch verbessert, daß die Tageszeit, in welcher die Brennstunden erreicht wurden, berücksichtigt und der ungleichen Tagesbelastung entsprechend die Rabatthöhe verändert wird. Der erste, der den Vorteil der

Über die Einrichtung ganzer Anlagen.

Tagesbelastung erkannt zu haben scheint, war Gisbert Kapp; wenigstens nahm er ein Patent darauf, an einen Zähler tagsüber einen Nebenschluß anzulegen, um bei Tage weniger zu zählen als bei Nacht. Solche **Doppeltarifzähler** mit einstellbarer Umschaltung des Uhrwerks, welches den hohen und den niedrigen Tarif zählt, werden jetzt vielfach verwendet.

Die dritte Art der Tarifbildung vereinigt die beiden ersteren, sie gewährt einen **Brennstunden-** und einen **Geldrabatt** und setzt sich über die weitläufige Berechnung hinweg, indem sie sich mit den Vorteilen beider ausstattet. Diese drei angeführten einfachen Nachlaßarten lassen eine große Mannigfaltigkeit in ihrer Durchführung zu. Es können die Nachlässe stufig oder gradlinig verlaufen.

Die **Staffeltarife** leiden alle an dem Übel, daß sie den Abnehmer zur geringsten Überschreitung seiner nächstliegenden Stufe verleiten, bevor ihn der tatsächliche Verbrauch zur Überschreitung veranlassen würde. Sie haben dagegen den Vorteil des leichteren Verständnisses für den Laien. Oft wählt man zum einfachen Grundpreis einen ermäßigten für jenen Teil des Stromverbrauches, welcher über einen gewissen Jahresbedarf hinausreicht.

Eine Reihe kleinerer deutscher Elektrizitätswerke hatte 1905 feste Preise für die KWSt ohne Nachlaß, die für die einzelnen Werke zwischen 45 und 70 Pf/KWSt lagen.

Hannover und Nürnberg haben Geldrabatte mit verschieden stark ausgeprägten Staffeln eingeführt, Fig. 668. Erstere Stadt nimmt als Grundpreis 6 Pf/HWSt und gewährt bei Jahresbeträgen

über	500	Mark	1 %	Rabatt;	über	6000	Mark	12 ½ %	Nachlaß
-	1000	-	2	-	-	7000	-	15	-
-	2000	-	4	-	-	8000	-	17 ½	-
-	3000	-	6	-	-	9000	-	20	-
-	4000	-	8	-	-	10000	-	22 ½	-
-	5000	-	10	-					

Nürnberg nimmt dagegen 7 Pf/HWSt als Grundpreis und gewährt folgende Nachlässe:

von	500—	1000	Mark jährlich	5 %
-	1000—	2000	- -	10 -
-	2000—	4000	- -	15 -
-	4000—	7000	- -	20 -
-	7000—	10000	- -	25 -
	über	10000	- -	30 -

Darmstadt, Altona und Wien hatten reinen Brennstundenrabatt, und die Figur 669 läßt deutlich die Staffeln im Tarife erkennen.

Tarif und Rabatt.

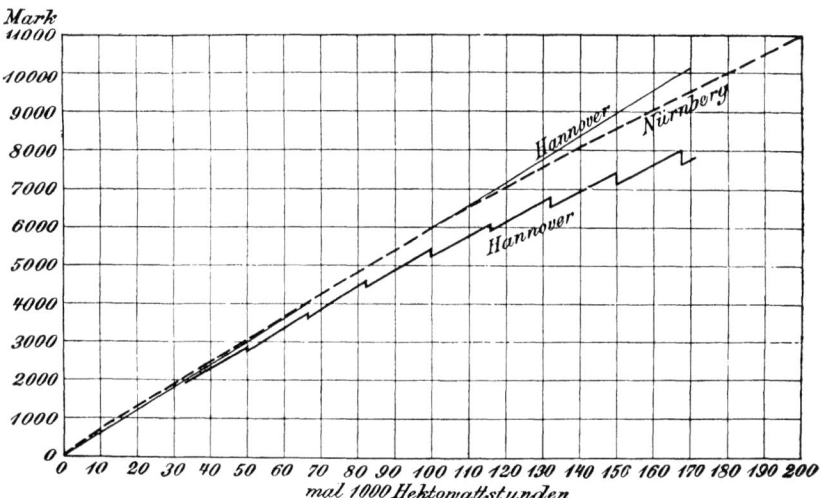

Fig. 668.

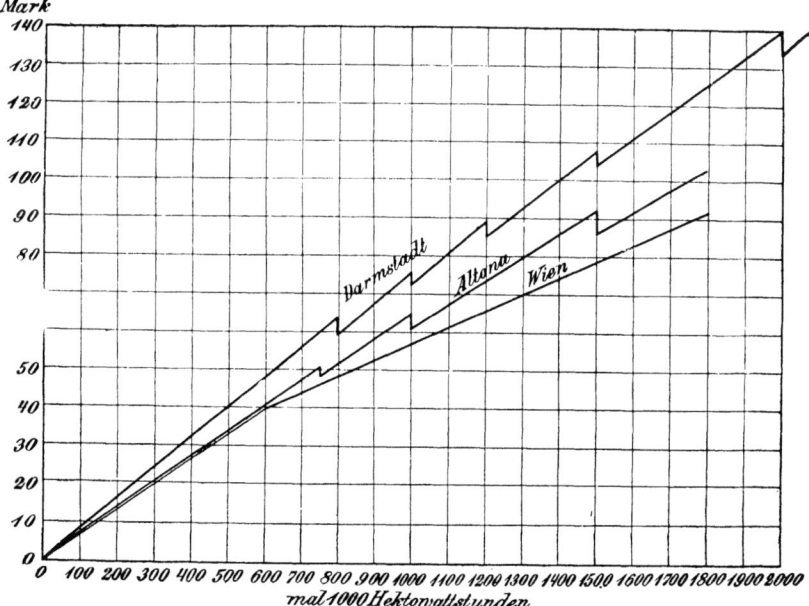

Fig. 669.

Altona rechnete

von 0— 750 Stunden 6,9 Pfennig pro HWSt
- 750—1000 - 6,5 - - -
- 1000—1500 - 6,15 - - -
über 1500 - 5,75 - - -

Wien nahm bis 600 Stunden 4 Kreuzer = 6,8 Pf. pro HWSt
über 600 - 2,5 - = 4,25 - - -

Köln hatte kombinierten Geld- und Brennstundenrabatt. Es wurde zunächst das Produkt aus den bezahlten Beträgen in die berechneten Brennstunden gebildet; war dieses Produkt kleiner als 250000 Mark mal Brennstunden, so erhielt der Abnehmer keinen Nachlaß. War es z. B. 700000, so erhielt er für 500000 Mark mal Brennstunden den Gesamtnachlaß von 12500, für den überschießenden Betrag von 200000 den Einzelnachlaß von 7,5% = 15000, zusammen 27500 Mark mal Brennstunden. War die Zahl der Brennstunden 500, so gibt dies einen Geldnachlaß von 55 Mark auf 700000 : 500 = 1400 Mark oder etwa 3,2%.

Für die Berechnung des Nachlasses war die größte Zahl der während eines Betriebsjahres angeschlossenen Lampen maßgebend. Die Schlußabrechnung über ihn wurde nach der letzten Zahlung des Geschäftsjahres aufgestellt. Neuerdings ist jedoch in Köln ein abgeänderter Doppeltarif mit Rabatt eingeführt worden.

Ein neuer Gesichtspunkt für die Tarifbildung ist von Arthur Wright eingeführt worden; er bemißt den Brennstundenrabatt nicht nach dem möglichen, sondern nach dem erreichten Höchstbetrage, den er mittels eines Höchstverbrauchmessers ermittelt. Damit fällt das lästige und teure Zählen der eingerichteten Lampen fort. Jeder Abnehmer erhält also zum Zähler noch einen Höchstverbrauchmesser. Hat man nach den früher erwähnten Angaben die Selbstkosten p der KWSt ermittelt, und ist der Grundpreis g für sie festgesetzt worden, so kann man jene Zahl von Brennstunden t' ermitteln, die notwendigerweise erreicht werden muß, damit ein zum Grundpreise entnehmender Abnehmer gerade noch den Strom zum Selbstkostenpreise erhält. Es ist nämlich dann $g = p = b + a/t'$ oder $t' = a : (g-b)$.

Man erkennt hieraus, wie vorteilhaft es ist, den Grundpreis möglichst hoch zu nehmen, da dann schon die Abnehmer mit einer Brennstunde täglich für jedes höchstens gleichzeitig benutzte KW ohne Verlust für die Unternehmung gespeist werden können. Bei den üblichen Preisen von 70—80 Pfennig für die KWSt bringen meistens erst die Abnehmer mit mehr als $1^1/_2$ Brennstunden täglich Gewinn. Da nun jede Zentrale ein auf Gewinn berechnetes Unternehmen darstellt, folgt, daß bei hohem Grundpreis die Rabatte höher werden können als bei niedrigem.

Der Grundgedanke des Wrightschen Tarifs ist der, daß jeder Abnehmer zu den gesamten Kosten proportional seiner Höchstentnahme am Tage und zur Zeit des höchsten Gebrauches beitragen soll. Da dies nicht genau durchführbar ist, zahlt er an festen Kosten den Mittelwert des während der drei Wintermonate ermittelten Höchstwertes P, den man sich durch das ganze Jahr hindurch zusammen t' Stunden lang benutzt denkt, und an veränderlichen Kosten den Überschuß seines Verbrauchs in KWSt über die so ermittelten $P \cdot t'$ Kilowattstunden.

Aus diesen einfachen Grundarten der Preisbildung haben sich eine ganze Reihe zusammengesetzter Systeme entwickelt. Der beschränkte Raum verbietet uns, hierauf näher einzugehen[1]).

Die Wirtschaftlichkeit von Unternehmungen. Zur Feststellung des Ertrages von Elektrizitätswerken muß die durch den Tarif geregelte Einnahme mit den Ausgaben in Vergleich kommen. Auf die Höhe der Einnahmen hat insbesondere die Benutzungsdauer oder der Benutzungswert großen Einfluß. Dieser ist bei reinen Lichtwerken klein, etwa 6%; dabei sind das Netz mit etwa 50%, die Maschinen mit 70%, die Anschlüsse mit 60% höchstens belastet. Eine Erhöhung des Ertrages kann also nur durch Vergrößerung der Fläche der Tageskurven oder durch starke Verschiedenheit der Abnehmer und ihrer Ansprüche erzielt werden.

Der Zug der Zeit geht nun dahin, möglichst viel Abgabe für Kraftübertragung, Bahnen usw. zu erlangen, weil man sich überzeugt hält, den größeren Teil der Lichtabgabe bereits erworben zu haben oder mühelos erhalten zu können. Man hat sogar neuerdings öffentliche Mietwerkstätten für Handwerker und Kleinindustrielle (Kraftvermietungsanstalten) im Anschluß an Elektrizitätswerke errichtet, um dadurch dem Werke Tagesbelastung zu sichern. Es gibt aber noch eine Reihe anderer Mittel, den Ausnutzungswert zu heben. Dahin gehören die von den Gasanstalten für ihr Erzeugnis mit so großem Erfolg unternommenen Bestrebungen, Abgaben für Heiz- und Kochzwecke zu erzielen, und dann der Anschluß elektrochemischer Werke; solche Anschlüsse, selbst wenn sie mit Umformern gemacht werden müssen, sind vorteilhaft für die Zentrale, sobald die zur Verfügung stehenden Kräfte billig und die verlangten Energiemengen groß sind. Selbstverständlich kann man aber bei der großen Mehrzahl der Zentralen weder plötzlich elektrochemische Großindustrie heranziehen noch eine wesentliche Stromlieferung für solche Zwecke erwarten. Die Aufspeicherung in Akkumulatoren zu Zeiten des Leerlaufes und die Abgabe zu Zeiten der Vollbelastung, so vollkommen sie dem Zwecke zu

---

[1]) Dr. W. Wyßling, Die Tarife schweizerischer Elektrizitätswerke für den Verkauf elektrischer Energie, Zürich 1904. — Agthe, Bericht der Kommission für Tarife an die Vereinigung der Elektrizitätswerke, München 1905. — G. Siegel, Die Preisstellung beim Verkauf elektrischer Energie, Berlin 1906.

720 Über die Einrichtung ganzer Anlagen.

entsprechen scheint, hat gegenüber den reinen Wechselstrom- oder Drehstromwerken mit dauerndem Maschinenbetrieb unter sonst ähnlichen Verhältnissen weder höhere Benutzungswerte noch geringere Selbstkosten für die erzeugte Einheit ergeben.

Es bleiben nun noch die Vorschläge zur Verringerung der festen Kosten durch Wärmeaufspeicherung in Reservoiren oder durch Aufspeicherung von Druckwasser in Sammelteichen. Ebenso die Herstellung künstlichen Eises, das einen stets verkäuflichen Bedarfsgegenstand in den Sommermonaten darstellt. Denn eine solche elektrisch mit der überschüssigen Leistung der Zentrale betriebene Kühl- und Eisanlage erfordert höchste Leistung zur Zeit der kleinsten Belastung und kleinste Leistung zur Zeit der höchsten Beanspruchung der Zentrale. Man wandelt auch hier in den Spuren der Gasanstalten, die an dem Verkauf von Nebenprodukten eine sehr wesentliche Einnahme erzielen; bei den elektrischen Zentralen muß man Nebenverbrauchsquellen suchen. Wo aber weder namhafte Kraftabnahme noch Abnahme für elektrochemische Zwecke erreichbar sind, muß man die Lichtabgabe und die Verschiedenheit bei der Lichtabgabe zu erhöhen suchen. Dies ist möglich durch eine entsprechende Tarifpolitik.

Wenn ein deutsches Werk in Städten über 100000 Einwohner auf den Kopf und das Jahr 1,5 Mark Reinertrag aufweist, zählt es zu den guten Werken. Die folgende Zusammenstellung gibt einige lehrreiche Ergebnisse aus dem Jahre 1903.

			1903	Nutzbar abgegeb. KWSt, bezogen auf den Einwohner	
Angabe, ob mit oder ohne Straßenbahn		Stromart	Reinüberschuß in Mark. bezogen auf den Einwohner	für Licht allein	für Licht u. gewerbliche Zwecke zusammen
Aachen . . .	mit Bahn	GS	0,61	4,2	7,3
Barmen . . .	ohne	-	0,17	3,0	4,3
Bonn	mit	-	0,79	4,9	6,9
Breslau . . .	-	-	1,27	.3,0	4,4
Kassel	-	-	0,78	2,6	4,5
Köln a. Rh. .	-	WS	0,93	4,8	7,2
Dortmund . .	ohne	GS	1,08	12,5	28,0
Dresden . . .	mit	WS	1,23	—	—
Frankfurt a. M.	-	-	3,14	8,3	21,3
Zürich	-	-	1,00	7,4	11,3

Der Reinüberschuß ist nach Abzug von 7,5 % für Abschreibung und Verzinsung berechnet und in Mark, bezogen auf den Einwohner, ausgedrückt worden. Er ist für diese Städte durchschnittlich jährlich um 20% gestiegen. Im folgenden sollen einige ausgeführte Anlagen beschrieben werden.

Additional information of this book
(Handbuch der Elektrischen Beleuchtung; 978-3-642-50379-5;
978-3-642-50379-5_OSFO1) is provided:

http://Extras.Springer.com

Elektrizitätswerk Kopenhagen. 721

14. Dreileiterzentrale von 2 × 110 V.

Das von Siemens & Halske 1892 erbaute Elektrizitätswerk der Stadt Kopenhagen besitzt die Schaltung nach Fig. 670. Die mittlere Sammelschiene schließt an die Mitte der Batterie mit Schmelzsicherungen Bl, Vorschaltwiderstand VW und Stromzeiger St an. Die Vorschaltwiderstände dienen zur Abgleichung der Stromstärken. Außerdem sind in der Mitte noch Strommesser angebracht, um die Belastung der beiden Batteriehälften zu prüfen. Diese bestehen aus je zwei parallelen Reihen von einzeln 68 Zellen mit einer Entladestromstärke von 344 A. Ihre Regelzellen sind mit Lade- und Entladezellenschaltern versehen, von denen jene mit zwei Ladesammelschienen, diese mit den äußeren Hauptsammelschienen verbunden sind. Besondere Umschalter U gestatten, die Dynamo sowohl auf Ladung der Batterie als auf gleichzeitige Entladung mit ihr einzustellen. Für die Einschaltung der Dynamos sind besondere Differentialspannungsanzeiger DSp angeordnet, welche Gleichheit der Spannungen anzeigen. Die Zellenschalter besitzen Handantrieb, und die Netzspannung wird durch den Entladezellenschalter und die damit zu verkuppelnden Regelwiderstände RW für die Nebenschlüsse NW der Dynamos angestellt.

Diese gemeinsame Reglung ist im allgemeinen ausreichend, da das Netz selbst genügenden Ausgleich für gewöhnlichen Betrieb besitzt. Für die durch die Beleuchtung des königl. Schlosses und Theaters auftretenden Belastungsschwankungen sind die selbsttätigen Regelwiderstände in jeder der Speiseleitungen vorgesehen, welche durch Relais bei 1,5 V Spannungsabweichung an den Speisepunkten zu arbeiten beginnen. Die Spannung wird durch Meßleitungen, die Belastung der einzelnen Speiseleitungen durch Zähler A geprüft.

Das Verteilungsnetz, Fig. 671, bestand aus etwa 92 km eisenbandarmierter Bleikabel. Es enthielt 57 Kreuzungs- und Anschlußkästen und 23 Hauptspeisepunkte, von denen die mit gleichen Zahlen und verschiedenen Buchstaben bezeichneten zu Sammelleitungen, z. B. II a bis II d, zusammengezogen sind. Die größte Entfernung zur Zentrale betrug etwa 1340 m, wobei der höchste Spannungsverlust von den Sammelschienen bis zu den Hauptspeisepunkten bei voller Last auf 15% stieg. Das Kabelnetz war derart berechnet, daß bei 50% Unterschied in den Belastungen der Speiseleitungen die Speisepunkte höchstens ± 1,5 V Spannungsunterschied aufwiesen. Der höchste Verlust in den Außenleitern der Verteilungsleitungen betrug 1,4 V. Das Netz war für 22000 gleichzeitige Lampen von je 55 W berechnet.

Die maschinelle Anlage vermochte 1430 PS zu leisten; die

722 Über die Einrichtung ganzer Anlagen.

Akkumulatoren konnten hierzu noch bei höchster Entladung 240 PS, also $1/_6$, beisteuern. Die Gesamtleistungsfähigkeit der Zentrale stieg also auf 1670 PS, womit etwa 16000 gleichzeitige Lampen gespeist werden konnten. Fig. 672 gibt die Anordnung der Zentrale und läßt die für Erweiterung vorgesehenen Räume erkennen.

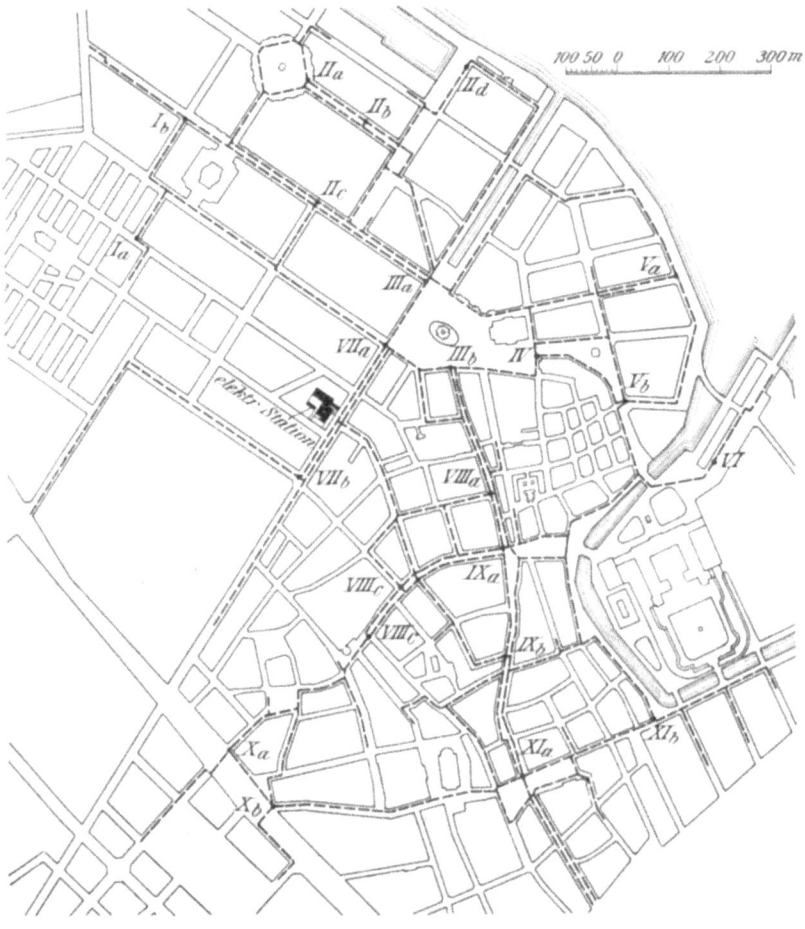

Fig. 671.

Das Kesselhaus enthielt sechs Wasserröhrenkessel von je 220 m² Heizfläche. Um die Kessel führt eine Galerie zur Besichtigung der Wasserstände und zur Bedienung der Rohrleitungen und ihrer Ventile. Die Kessel werden mit Koks aus der städtischen Gasanstalt gefeuert; den erforderlichen Zug besorgt ein Schornstein von 45 m Höhe und

Additional information of this book
(Handbuch der Elektrischen Beleuchtung; 978-3-642-50379-5; 978-3-642-50379-5_OSFO2) is provided:

http://Extras.Springer.com

2,8 m lichter oberer Weite. Die abfallende Asche wird mechanisch abgeführt. Neben dem Schornstein stehen drei Pumpen, von denen jede in der Minute 17 m³ Kesselspeisewasser zu liefern vermag. Die Dampfzuleitungen sind doppelt angeordnet, und beide Stränge können sowohl an den Kesseln als an den Dynamos abgestellt werden. An den Kesseln sind wegen Rohrbrüche noch selbsttätige Absperrventile vorgesehen.

Im Maschinenraume waren drei Dampfmaschinen mit je zwei Innenpolmaschinen gekuppelt. Bei den Dampfmaschinen ist im Innern des Hochdruckschiebers ein durch einen Federregulator verstellbarer Expansionsschieber angebracht. Der Federregulator kann während des Gangs um $\pm 5\%$ verstellt werden. Die größere Maschine macht 120 Umdrehungen in der Minute und leistet 350 eff. PS, die zwei kleineren machen 130 Umläufe und leisten je 330 eff. PS. Der Dampfverbrauch beträgt für die größere Maschine 6,6 kg, für die kleineren 7,25 kg für die ind. PS-Stunde. Die zwei Dynamos der größeren Maschinen leisten je 1500 A, die zwei der kleineren je 870 A, bei 110—170 V und 120 bzw. 130 Umläufen.

15. Dreileiteranlage mit 2×110V und Akkumulatorenunterstationen.

Die von der E. A. G. vorm. Schuckert & Co. 1891 erbaute Düsseldorfer Zentrale besitzt die in Fig. 673 und 674 dargestellte Schaltung. Fig. 675 und 676 geben die zugehörige Schaltwand wieder.

Die Fernleitungen führen zu drei Unterstationen, deren Entfernungen von der Zentrale 2 km, 3 km und 2,7 km betragen. Ihre Querschnitte sind in derselben Reihenfolge 2×279 mm², 2×376 mm² und 2×726 mm²; der höchste Verlust bei Vollast betrug 25 %. Zu jeder Unterstation führen also vier Kabel, von denen je zwei parallel geschaltet sind, und ein weiteres Kabel mit 5 Meß- und Telephonleitungen. Die Fernleitungen enthalten 16 schaltbare Kasten.

Die große Unterstation I bedeckt 320 m² Grund und enthält 140 Zellen von 800 A Entladestromstärke bei 2640 ASt Kapazität; die beiden anderen Unterstationen bedecken je 220 m² und enthalten 140 Zellen mit je 420 A Entladestromstärke und je 1410 ASt Kapazität. Alle drei Unterstationen vermögen zusammen 1640 A und 5460 ASt zu liefern, was 6600 gleichzeitigen Lampen und 22000 Lampenbrennstunden entsprechen würde. Das Verteilungsnetz, Fig. 677, besteht aus 24 Speiseleitungen von je 3 mit Prüfdrähten versehenen Kabeln, die zusammen 53 km Länge und zwischen 430 und 441 mm² Querschnitt besitzen. Der Verlust in ihnen beträgt höchstens 15 %. Die Verteilungskabel besaßen zusammen 74 km Länge und zwischen 25 und 193 mm² Querschnitt. Die Gesamtlänge aller Kabel beträgt 170 km, die Gesamtlänge der Gräben etwa 30 km.

Die maschinelle Anlage vermochte 750 PS zu leisten; die Akkumulatoren konnten hierzu noch 350 PS liefern. Die Gesamtleistungsfähigkeit der Zentrale betrug also damals etwa 1100 PS, entsprechend etwa 10000 gleichzeitigen Lampen. Die Maschinen sollten täglich 22 Stunden in Betrieb sein.

Im Kesselhause wurden 3 Wasserrohrenkessel von je 150 m² wasserberührter Heizfläche aufgestellt, von denen einer in Bereitschaft stand. Über den 3 Kesseln liegt ein gemeinsamer Dampfsammler von 800 mm²

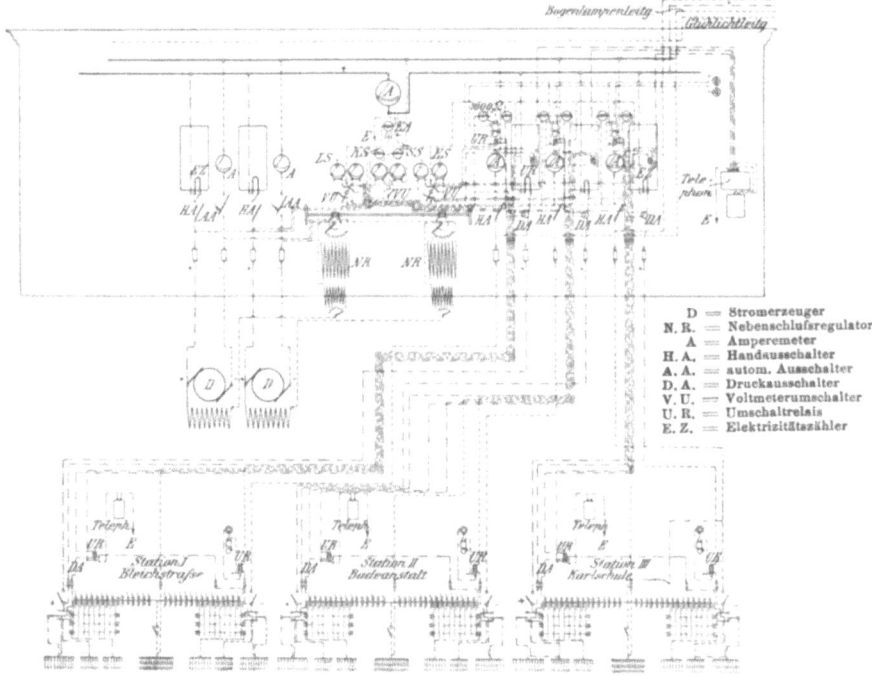

D = Stromerzeuger
N. R. = Nebenschlußregulator
A = Amperemeter
H. A. = Handausschalter
A. A. = autom. Ausschalter
D. A. = Druckausschalter
V. U. = Voltmeterumschalter
U. R. = Umschaltrelais
E. Z. = Elektrizitätszähler

Fig. 673.

Querschnitt und 14,5 m Länge, der mit den Kesseln durch S-förmige Kupferkrümmen verbunden ist. Die Dampfleitungen sind doppelt angeordnet. Der Schornstein hat 35 m Höhe und unten 2,5, oben 1,8 m lichten Durchmesser. Zur Kesselspeisung dienen zwei Dampfpumpen mit einer stündlichen Leistung von 12—15 m³ und ein Injektor gleicher Größe. Zur Aufnahme des Speisewassers sind zwei besondere Behälter im Kohlenschuppen angeordnet, von denen das erste sämtliche Kondenswasserableitungen aufnimmt und durch ein Filter an das zweite abgibt, von wo aus sie, vereinigt mit dem gebrauchten Kühlwasser, den Speisevorrichtungen wieder zufließen.

Schaltungsschema der Düsseldorfer Zentrale.

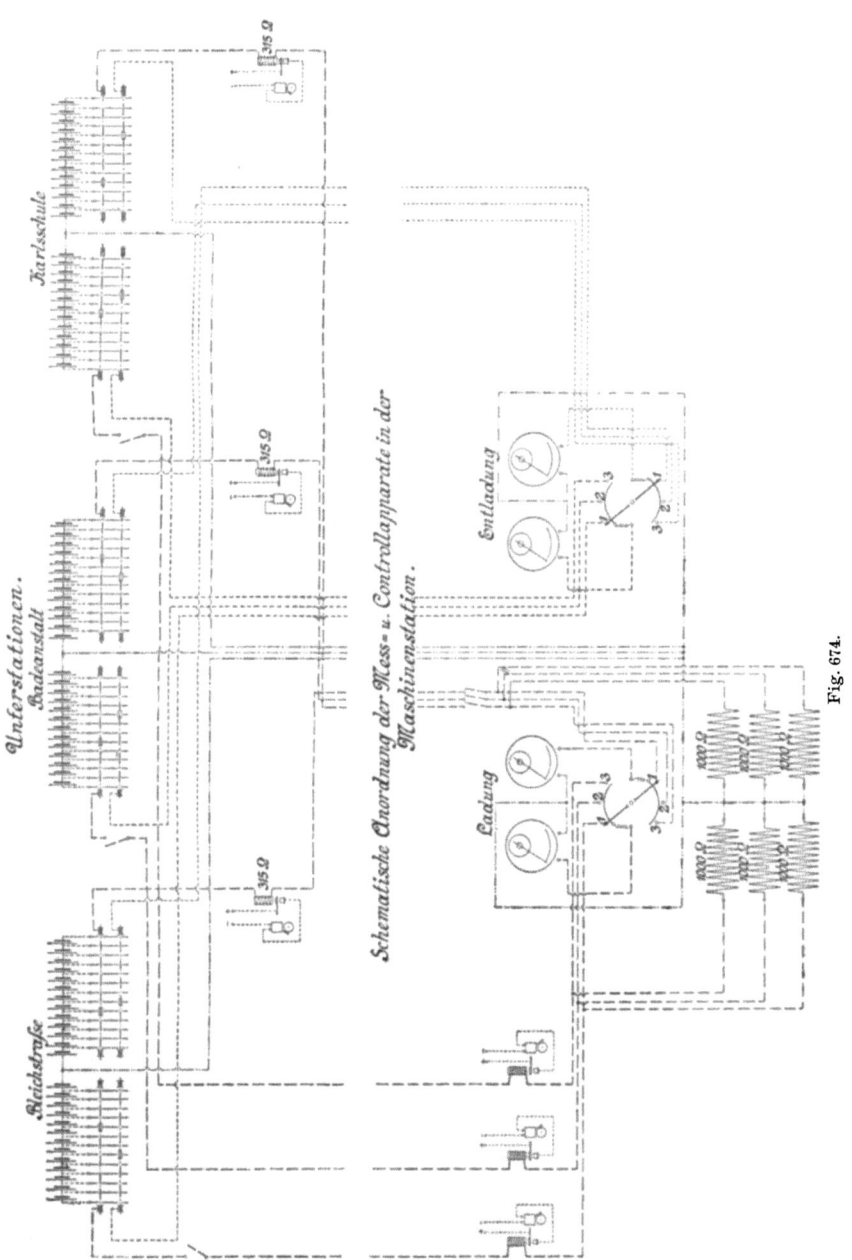

Fig. 674.

Der Maschinenraum mißt 20 × 16,5 m² und enthielt zwei Maschinengruppen und ein Fundament für die dritte. Die Dampfmaschinen sind Tandemmaschinen mit 90 Umläufen von 300—400 PS bei 8 At Admissionsspannung. Die Steuerung ist eine zwangläufige Ventilsteuerung und wird am Hochdruckzylinder durch Portersche Regler beeinflußt. Das Schwungrad hat 9 m Durchmesser und wiegt rund 10 Tonnen. Die Kolbenstange des Niederdruckzylinders geht durch den hinteren Zylinderdeckel hindurch

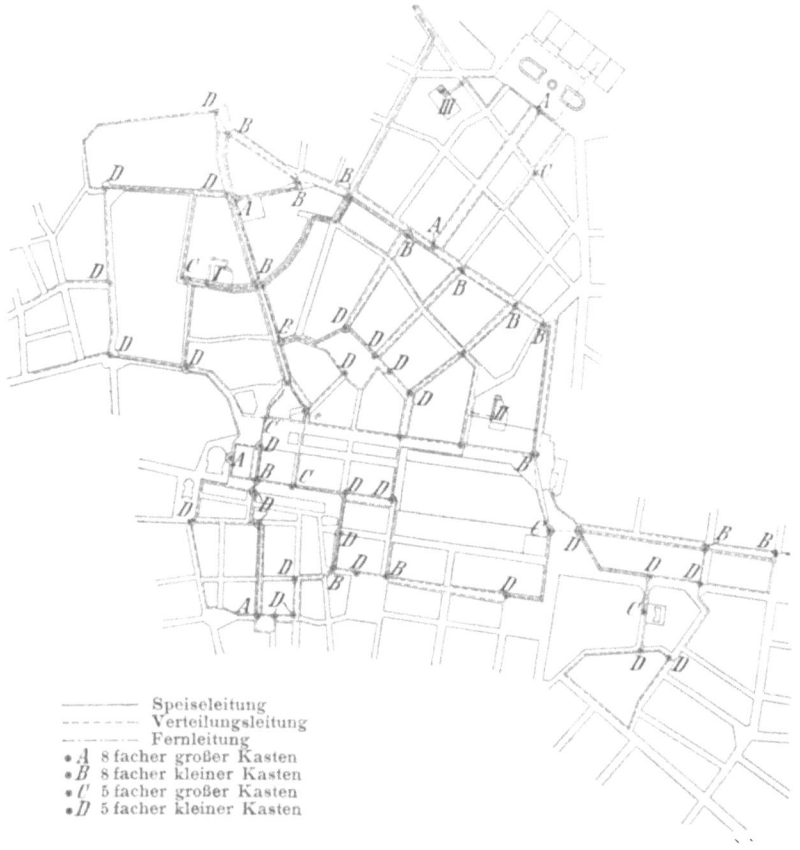

——— Speiseleitung
- - - - - Verteilungsleitung
— · — · — Fernleitung
• A 8 facher großer Kasten
• B 8 facher kleiner Kasten
• C 5 facher großer Kasten
• D 5 facher kleiner Kasten

Fig. 677.

und treibt mittels Zugstange und Winkelhebel die im Keller angeordneten Kondensationsanlagen. Jede Maschine hat einen Oberflächenkondensator mit zwei Zirkulationspumpen und einer Luftpumpe. Das gebrauchte Wasser fließt einem Teiche zu, von dem eine Ableitung dem vorerwähnten zweiten Behälter zugeht. Die Dynamos sind direkt gekuppelte Nebenschlußmaschinen von je 360 KW.

16. Drehstrom-Kraftwerk mit Dampfbetrieb.

Fig. 678 stellt die Schaltung der von der einstigen elektrischen Abteilung von Ganz & Co. in Budapest erbauten Drehstromanlage der Stadt Triest dar. Die Reglung der Drehstromspannung wird nur durch den

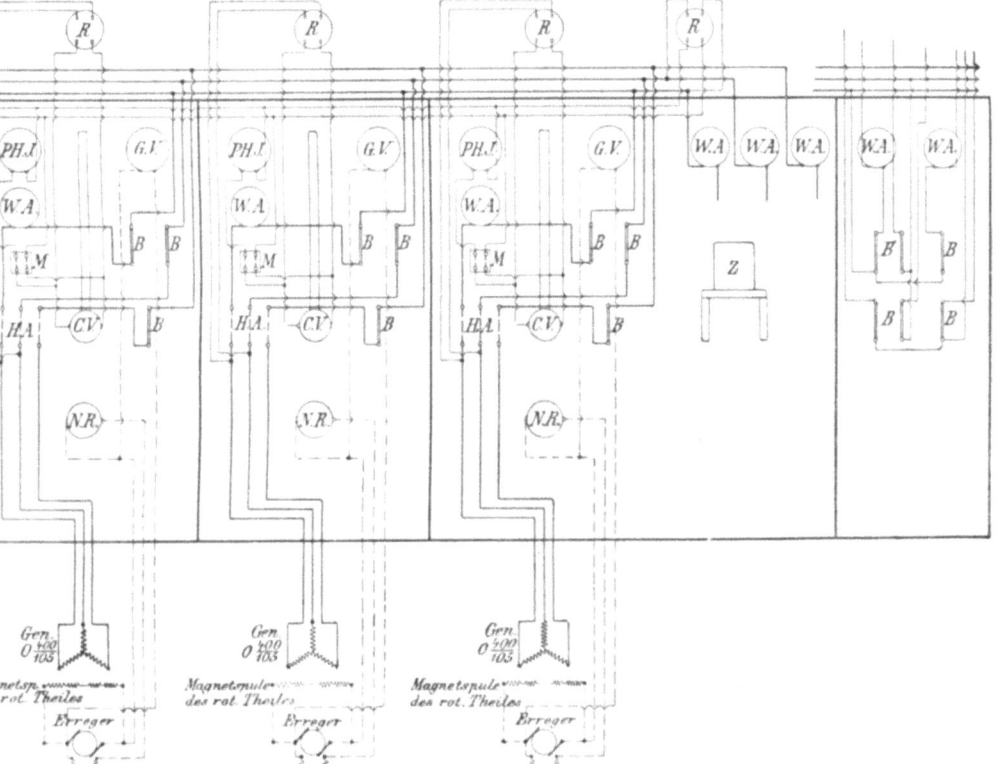

Fig. 678.

Nebenschlußwiderstand N.R. der Erreger beeinflußt. Der hochgespannte Drehstrom führt durch dreipolige Hauptausschalter H.A. und Sicherungen B zu den Sammelschienen, von denen einphasige Transformatoren R abgezweigt sind. An ihren Sekundärklemmen liegen Voltmeter C.V. und Phasenlampen PH.J. Die Schaltwand ist im Vorbau des Maschinenhauses untergebracht, die in ihrem äußersten Felde auch die Zähler Z enthält. Eine besondere Schaltwand dient für die Beleuchtung des Werkes.

728   Über die Einrichtung ganzer Anlagen.

Von den Zählern Z führen zwei eisenbandarmierte Hauptkabel von
3 × 70 qmm Querschnitt zu Sicherungen B und Ampermetern nach dem
Hauptverteilungspunkt in der Stadt. Um die Kabel gegen den Einfluß

Fig. 679.

des Meerwassers zu schützen, sind sie in Holzverschalungen verlegt
und mit Asphalt ausgegossen worden. Der Plan des Leitungsnetzes,
Fig. 679, läßt die Transformatorenstationen für die öffentliche und private
Beleuchtung erkennen. Die Transformatoren sind teils in Häusern, teils

Einrichtung des Elektrizitätswerks Triest. 729

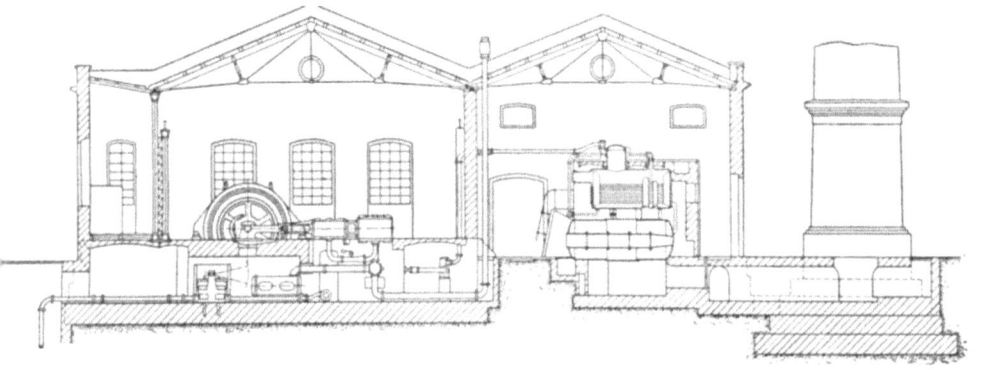

Fig. 680.

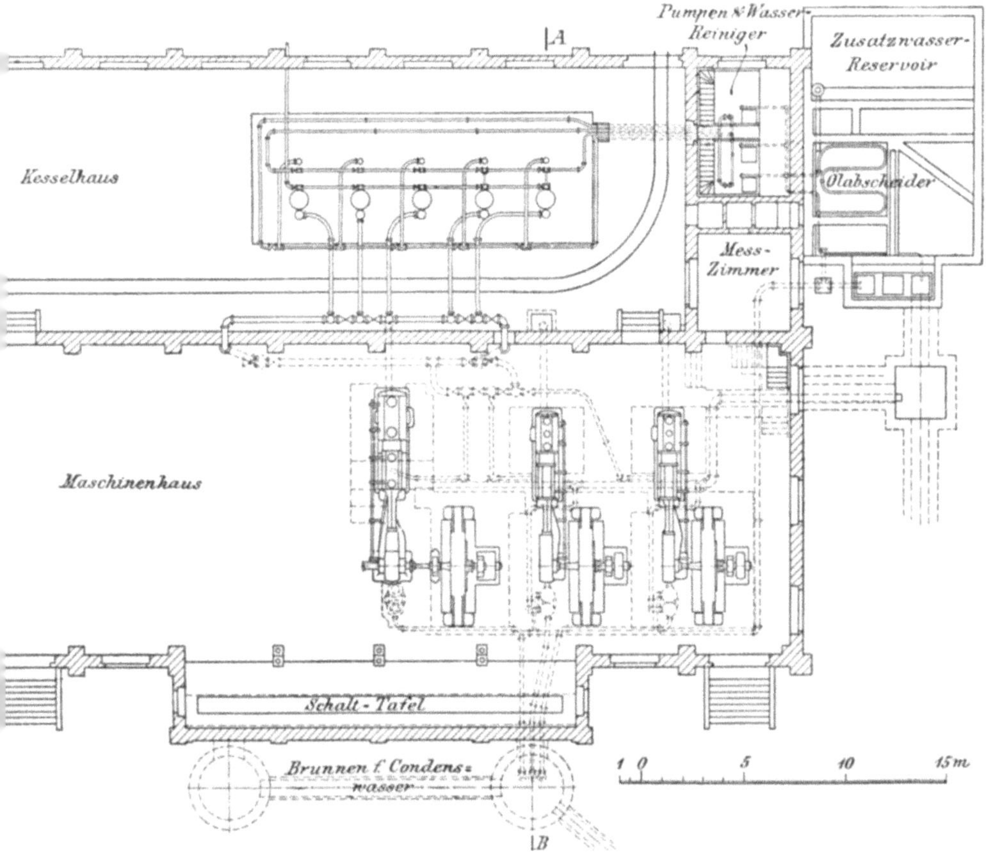

Fig. 681.

in eisernen Anschlagsäulen untergebracht; von ihnen aus führen die gestrichelten Leitungen des Sekundärnetzes zu den einzelnen Anschlüssen. Von einer besonderen Unterstation werden sämtliche Lampen am Molo geschaltet, weil er bei starker Bora nicht begehbar ist.

Die maschinelle Anlage besteht aus drei Dampfdynamos, von denen 2 je 300 PS eff., die dritte 450 PS eff. als Nennleistung besitzen. Die Anlage des Maschinenhauses geht aus den Fig. 680 und 681 hervor. Das parallel zum Maschinenhaus angeordnete Kesselhaus umfaßt 5 Kessel von je 135 qm Heizfläche für 11 Atm. Betriebsdruck. Sie werden mit dem Kondensat der Dampfmaschinen gespeist, das durch gereinigtes Brunnenwasser ergänzt wird. Für die Anordnung der Kondensation war der Mangel an süßem Wasser und der hohe Preis des Leitungswassers maßgebend; man hat deshalb für jede Maschine einen Oberflächenkondensator von je 90 qm Oberfläche verwendet, der zur Kühlung das Meerwasser durch einen 120 m ins Meer hineingebauten Betonkanal erhält.

Die Tandemmaschinen tragen die gußeisernen, mit 42 Stahlpolen ausgerüsteten Magneträder der Drehstrommaschinen. Die 2 kleineren, die bei 105 Uml/Min je 300 PS als effektive Nennleistung ergeben, tragen außerdem noch freifliegend den Anker der Erregermaschine, deren Magnetgestell mit dem Außenlager verschraubt ist. Der feststehende Induktionskranz ist vierteilig und durch Stellschrauben einstellbar. Die Betriebsspannung beträgt 2000 V verkettete Spannung bei 42 Per/Sek. Bei der dritten Tandemmaschine, die für Licht- und Bahnbetrieb den Rückhalt bietet, sind nur die Abmessungen der Zylinder und der Hub etwas größer, die Kurbelwelle gekröpft und an den zwei Enden mit Kuppelungen versehen, so daß auf der einen Seite eine Gleichstrom-, auf der anderen eine, den beiden vorhergehenden gleiche Drehstrommaschine angekuppelt werden kann.

17. Wechselstromanlage mit Wasser- und Dampfturbinen.

Das von der Maschinenfabrik Oerlikon 1895 erbaute Elektrizitätswerk La Goule versieht etwa 30 Ortschaften des Berner Jura mit Licht und Kraft. Die Betriebsspannung beträgt 5000 V. Da es sich meist um den Anschluß kleiner Motoren für Uhrmacherei handelte und für den Lichtbetrieb seinerzeit der einphasige Wechselstrom das einfachste Mittel bot, wurden die Licht- und die Kraftleitung von einander getrennt.

Die marmorne Schaltwand, Fig. 682, besteht aus drei Feldern, von denen das linke die Meß- und Regelapparate für die Lichtleitungen, das rechte jene für die Kraftleitungen, das mittlere die Volt- und Amperemeter V und A für den Wechselstrom, die Amperemeter a und Widerstände R für die Erreger, die Phasenanzeiger Ph und die Hochspannungs-

Additional information of this book
(Handbuch der Elektrischen Beleuchtung; 978-3-642-50379-5;
978-3-642-50379-5_OSFO3) is provided:

http://Extras.Springer.com

Wasserkraftanlage La Goule. 731

ausschalter C_1 bis C_4 enthält, mittels deren jeder Generator entweder auf Kraft oder auf Licht geschaltet werden kann. Die Widerstände R für die Erreger E können einzeln oder gekuppelt betätigt werden. Die beiden Felder rechts und links enthalten außer den Amperemetern A für die einzelnen Leitungen einen Kompensationstransformator TC, dessen eine Spule in Serie mit der Primärspule des das Voltmeter V und das Relais J bedienenden Spannungswandlers T geschaltet ist. Das Relais dient zur optischen Anzeige überhoher Spannungen.

Das oberirdische Hochspannungsnetz, Fig. 683, hatte im ersten Ausbau eine Ausdehnung von etwa 36 km und bestand ursprünglich für 11 Ortschaften aus 300 km Draht von 2,7—7,5 mm Durchmesser mit einem Gesamtgewicht von etwa 77 Tonnen. Von der Zentrale gingen drei Leitungen für Kraft und drei für Licht aus, die etwa bis Noirmont in 2,5 km Entfernung gemeinsam auf einem Gestänge geführt waren. Von da aus ging der eine Doppelstrang nach Renan, der andere nach Tramelan, der dritte nach Les Bois; die Gesamtlängen dieser Stromkreise von La Goule aus waren einfach gemessen 23,4, 17,2 und 10,0 km. Der höchste Spannungsverlust erreichte in ihnen etwa 10 % im Licht- und 20 % im Kraftkreise. Um die Hochspannungsleitung nicht an vielen Stellen der einzelnen Orte verzweigen zu müssen, sind in der Mitte jedes Ortes Transformatorenstationen errichtet worden.

Von ihnen gehen für Licht und Kraft getrennte oberirdische Dreileiter-Sekundärnetze aus. Der Mittelleiter des Kraftnetzes dient nur zum Anlassen der Motoren mit halber Spannung. Die sämtlichen Sekundärstationen sind mit der Kanzlei in St. Imier und mit der Zentrale in La Goule durch Telephonleitungen verbunden, die auf demselben Gestänge mit den Hochspannungsleitungen verlegt und an jeder zehnten Stange zur Verhütung der gegenseitigen Induktion versetzt sind.

Die Wasserkraftanlage ist für den jährlichen Tiefwasserstand von 15 m³/Sek bei 26 m Gefälle, also für 4000 PS ausgebaut. Das Turbinenhaus der ersten Bauperiode umfaßte nur 2000 PS. Das Wasser wird dem Doubs entnommen und durch einen Kanal von 600 m Länge dem Turbinenhause zugeführt. Dieser Kanal besteht aus einem Tunnel von 450 m Länge, bei 3,4 m Breite und 3,5 m Höhe; an ihn schließt sich ein offener Kanal von 100 m Länge und an diesen die schmiedeeiserne Rohrleitung der Turbine mit 2,25 m lichter Weite. Am Tunneleinlauf befinden sich ein großer Rechen und doppelte Einlaufschleusen, im Tunnel sind zwei Überlaufschleusen angeordnet, die das überschüssige Wasser dem Doubs wieder zuführen, und vor dem Rohreingang steht nochmals ein Rechen.

Die drei 1894 aufgestellten Girardturbinen leisten je 500 PS bei 200 Uml/Min. Sie haben Oberwasserzapfen und hydraulische

732   Über die Einrichtung ganzer Anlagen.

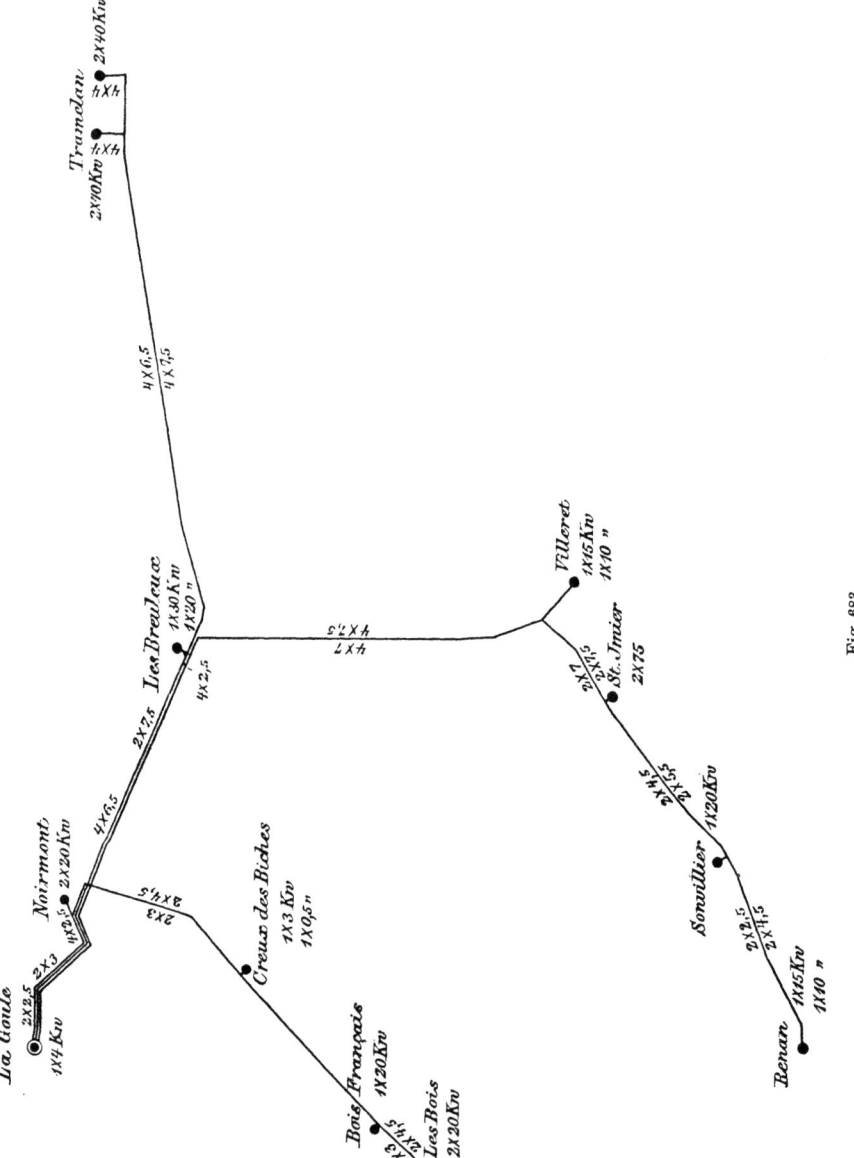

Fig. 683.

Wasserkraftanlage La Goule. 733

Entlastung für 12 500 kg. Die Turbinenregler werden, Fig. 684, durch Riemenvorgelege betätigt, die ihrerseits mittels Kegelrädern von den lotrechten Turbinenwellen angetrieben werden. Dieses Vorgelege macht 381 Umdrehungen und treibt gleichzeitig mit Riemen auch die Erregermaschinen. Der Wasserzufluß kann durch von Hand verstellbare Drosselklappen ganz abgesperrt werden; die hierzu dienenden Handräder sind neben den Wechselstrommaschinen angebracht. Ein besonderer, im

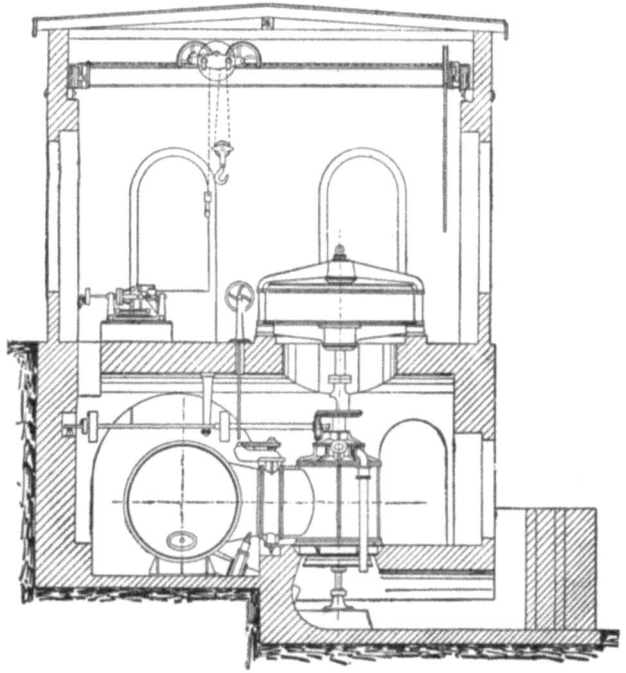

Fig. 684.

Hauptrohr angebrachter Leerschieber mit Handantrieb dient dazu, leichte Wasserbewegung bei stillstehenden Turbinen zu ermöglichen, um das Einfrieren des Wassers zu verhüten.

Die Wechselstrommaschinen sind direkt auf die lotrechte Welle der Turbinen gesetzt und leisten mit 500 PS bei 200 Umläufen 5500 V 63 A und 50 Per/Sek. Die ruhende Zackenarmatur enthält 30 Spulen; sie wiegt 12 500 kg einschließlich der zwei Lagersterne und ist von dem eigentlichen Maschinengestell isoliert. Das drehende Magnetfeld hat 2,5 m Durchmesser bei 9800 kg Gewicht und wird von einer einzigen Spule mit einem Aufwand von 2400 Watt = $^3/_4$ %

voll erregt. Die Erregermaschinen sind zweipolig, werden von der erwähnten Transmission angetrieben und liefern bei 700 Umläufen 80 V und 30 A.

Die stetige Zunahme des Bedarfes führte 1905 zur Aufstellung eines weiteren gekuppelten Satzes von 1500 PS mit wagrechter Welle. Damit war die Wasserkraftanlage voll ausgenutzt. Da jedoch die Winter im Jura sehr streng sind und viele Zuflüsse des Doubs einfrieren, schritt man dazu, im Schwerpunkt des Hauptabsatzes St. Imier ein Dampfkraftwerk in Bereitschaft zu halten, und entschloß sich zur Aufstellung eines 1000 KW Einphasen-Turbogenerators. Die Turbine ist nach der von der Maschinenfabrik Oerlikon angenommenen Bauweise als vielstufige Druckturbine für 1500 Uml/Min ausgeführt und besteht aus einem Hoch- und einem Niederdruckzylinder, zwischen welchen der Fliehkraft-Regler angeordnet ist. Dieser beeinflußt unter Zwischenschaltung eines Hilfsmotors einen Kolbenschieber, der durch Drosselung des Dampfes die Leistung der Turbine ändert. Ein von Hand verstellbares oder selbsttätig bei 10 % Überschreitung der Umlaufzahl wirkendes Schnellschlußventil gestattet die Absperrung der Dampfzufuhr. Die Wechselstrommaschine ist vierpolig mit feststehender Hochspannungswicklung und drehendem Gleichstromfeld. Die Druckschmierung erfolgt für die Lager der Turbine und der elektrischen Maschine durch die gleiche Pumpe. Generator und Turbine sind durch eine elastische Lederkupplung verbunden. Die Turbine arbeitet mit 250° C überhitztem Dampf von 10 Atm. Überdruck; sie ist mit einem Einspritzkondensator verbunden, der mittels Riemenvorgeleges von der Turbine aus betrieben wird und 9200 kg/St Dampf kondensieren kann. Der Dampfverbrauch beträgt 9,2 kg/KWSt bei voller und 10,8 kg/KWSt bei halber Belastung an den Generatorklemmen gemessen. Zur Dampferzeugung dienen zwei Wasserröhrenkessel von je 381 m² Heizfläche mit einem Überhitzer von 72 m² Heizfläche. Das Kondenswasser wird durch einen Kaminkühler rückgekühlt, da in St. Imier nicht genügend frisches Wasser vorhanden ist.

Der Turbogenerator leistet 5000 V 200 A, sein direkt mit ihm gekuppelter Erreger 110 V 100 A. Die beiden Zentralen sind untereinander durch eine mit Hörnerblitzschutzvorrichtungen, Drosselspulen und Wasserwiderständen gegen Überspannung gesicherte Fernleitung von 20000 V verbunden. Zu diesem Zweck sind in beiden Kraftwerken je drei Einphasentransformatoren von 500 KW aufgestellt, welche die Sammelschienenspannung von 5000 auf 20000 V für die Fernleitung erhöhen.

18. Kraftwerk mit Fernleitung.

Im Jahre 1893 beschloß der Rat der Stadt Luzern die Errichtung einer eigenen städtischen Licht- und Kraftanlage. Im März 1897 wurde das private Werk in Thorenberg angekauft, welches von der ehemaligen

Fig. 685.

elektrischen Abteilung von Ganz & Co. als erste schweizerische Transformatorenanlage ausgeführt worden war. Da aber dieses einphasige Werk nur für Lichtlieferung in Betracht kam, mußte die Stadt anfänglich den Kraftstrom vom benachbarten Elektrizitätswerk Rathausen beziehen. Zur Kraftlieferung wurde der Erlenbach bei Engelberg ver-

736 Über die Einrichtung ganzer Anlagen.

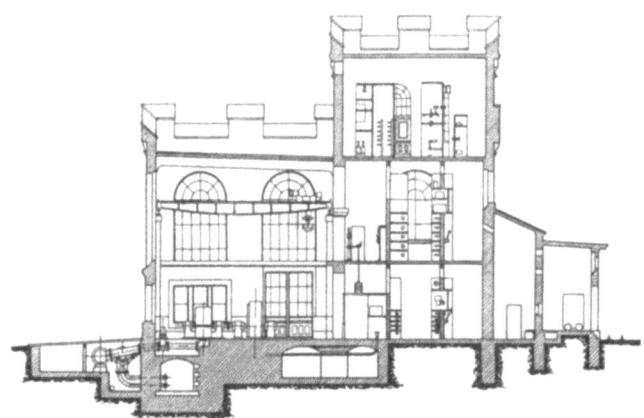

Fig. 686.

wendet, der in seinem immer gleichwarmen Quellwasser weder Sand noch Geschiebe mitführt und nur im Winter Niederwasser, im Sommer Hochflut hat, was für die Fremdenstadt Luzern mit dem Hauptabsatz im Sommer wertvoll ist.

Der ausnutzbare Höhenunterschied von der Engelberger Ebene bis hinab zur Obermatt beträgt rund 312 m, die kleinste Wassermenge 1000 l/Sek. Bei geeigneter Aufspeicherung und Annahme einer zwölfstündigen vollen Ausnützung, die bei derartigen Betrieben wohl nie erreicht wird, stehen also mindestens 6000 PS, meist aber 8000 und 10 000 PS zur Verfügung.

Kurz nachdem der Bach alle Quellen aufgenommen hat, wird er durch einen 90 m langen Zulaufkanal in einen Sammelweiher von 70 000 cbm Inhalt geleitet, der zum Ausgleich der täglichen Schwankungen dient. Ein 2567 m langer Stollen mit 1,2 $^0/_{00}$ Gefälle und 4,2 qm lichtem Querschnitt führt von da zum Wasserschloß, einem kleinen Becken von 7 × 7 m Grundfläche. Die Abschlußschützen und selbsttätigen Schieber für die Druckleitung sind hier eingebaut. Diese führt in einer Gesamtlänge von 620 m, Fig. 685, hinab zum Turbinenhaus. Die ersten zwei Rohrstränge von 1 m lichter Weite sind später um zwei gleiche vermehrt worden. Es sind genietete Stahlrohre von 8 m Baulänge. Die Leitung ist an fünf Stellen durch Betonklötze verankert und am Ende mit Drosselklappen, Leerlaufschieber und Brechplattenvorrichtung versehen. Der gemauerte 270 m lange Ablaufkanal führt das Unterwasser in die Aa. An der Stelle, wo die Steilrampe der Engelbergbahn beginnt, erhebt sich die Kraftanlage, wie ein neuzeitliches Zwing-Uri aus massigen Steinquadern erbaut. Aus den Scharten des zinnenbekrönten Turmes treten die Hochspannungsleitungen frei aus. Das Gebäude, Fig. 686—688,

Maschinenhaus in Obermatt. 737

umfaßt den Maschinensaal, die Schaltanlage und den Transformatorenraum, ferner einige Nebenräume wie Wartezimmer, Bad, u. a. m. Der Maschinensaal, Fig. 689 S. 740, ist ein luftiger Raum von 54 m Länge, 13 m

Fig. 687.

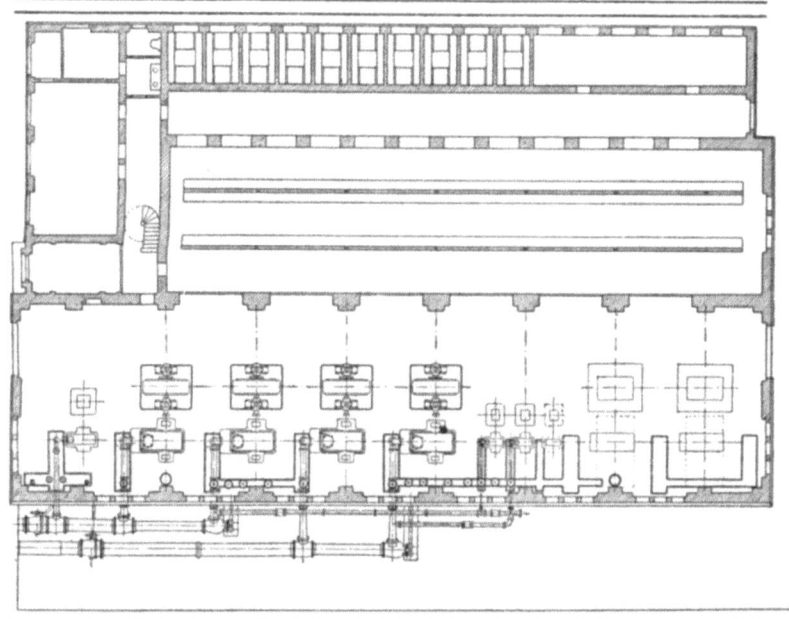

Fig. 688.

Breite und 12 m Höhe und wird von einem elektrisch betriebenen 13 t-Laufkrahn bestrichen. Er ist für sechs Turbinensätze von je 2000 PS bestimmt, von denen vorerst nur vier aufgestellt wurden. Fünf Mauer-

738 Über die Einrichtung ganzer Anlagen.

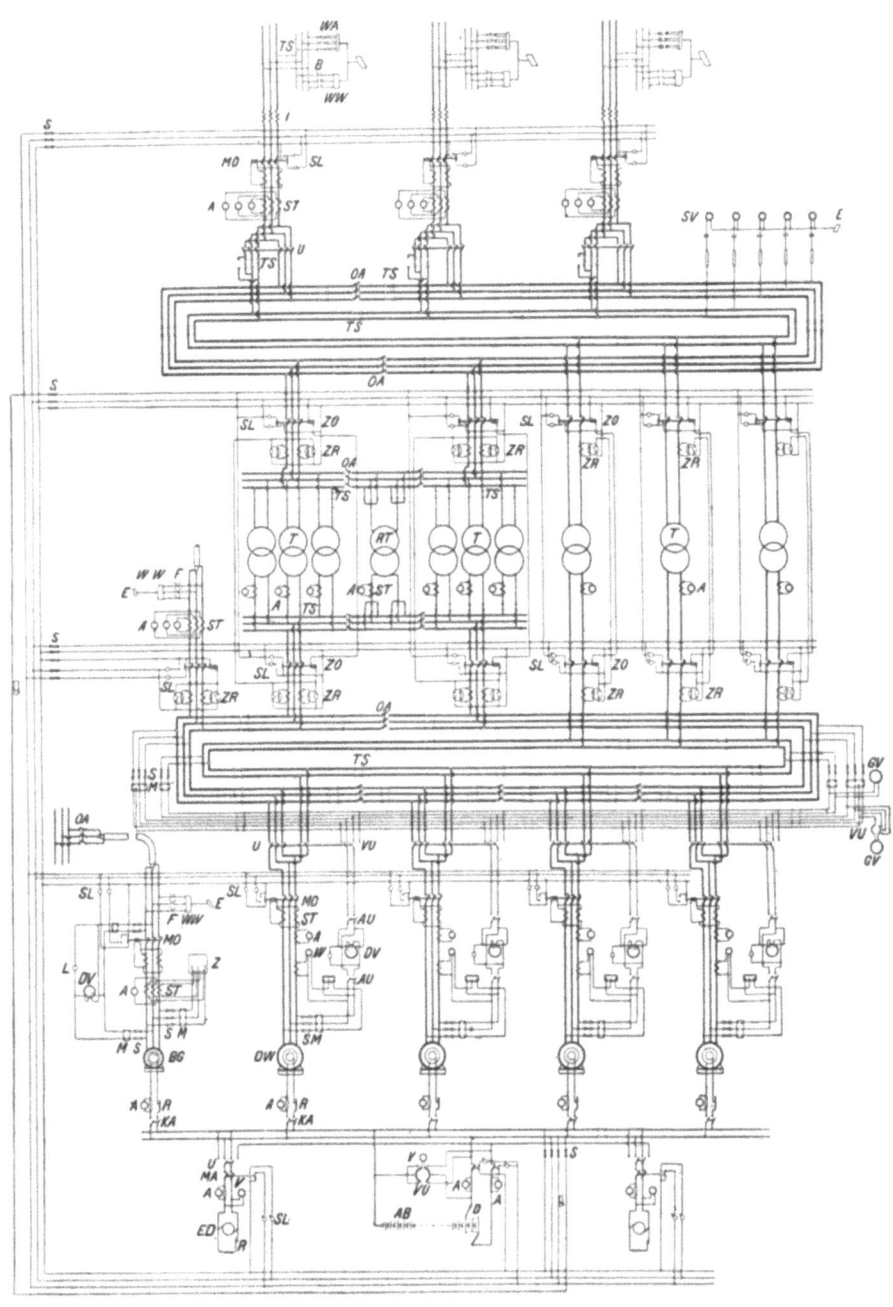

Fig. 690.

Schaltungsschema.   739

pfeiler schließen gegen den Schaltraum ab; sein Erdgeschoß ist durch Wände aus Riffelglas vom Maschinensaal getrennt.

Die Turbinen sind Peltonräder mit selbsttätiger und Handregulierung, die durch einen hydraulischen Servomotor betätigt werden. Sie leisten bei einem Gefälle von 312 m und 300 Uml/Min 2000 PS. Projekt und Ausführung der elektrischen Einrichtung rühren von der Maschinenfabrik Oerlikon her.

Die Anlage dient zur Licht- und Kraftversorgung der 28 km entfernten Stadt Luzern, außerdem werden 200 KW mittels Kabel nach dem 4,5 km entfernten Engelberg geleitet und 200 KW an etwa 15 Orte der Kantone Nid- und Obwalden abgegeben. Endlich wurde als Aushilfe für den Betrieb der elektrischen Bahn Stansstad-Engelberg ein besonderer Generator aufgestellt, der mit den Maschinen in der benachbarten Bahnzentrale parallel arbeiten soll.

Es sind zwei getrennte Betriebe und Sammelschienensysteme nach Fig. 690 vorgesehen: Einphasenstrom für „Licht Luzern", Drehstrom für alles übrige. Luzern fordert völlig ruhiges Licht. Für Ob- und Nidwalden war die Kraftabgabe gering und deshalb ihre Schwankung ohne nennenswerten Einfluß auf das Lichtnetz; daher wird an diese Orte Licht und Kraft gemeinsam geliefert.

Es sind vier Einphasen-Drehstrom-Generatoren von je 2000 PS aufgestellt, die sowohl auf die Licht- als auch auf die Kraft-Sammelschienen geschaltet werden können. Der Bahngenerator ist elektrisch vollständig von der anderen Anlage getrennt, abgesehen von der Erregung, die für sämtliche Maschinen aus gemeinsamen Erregersammelschienen erfolgt.

Legende zum Schaltungsschema, Fig. 690:

ED = Erreger-Dynamo.
BG = Bahngenerator.
DW = Drehstrom-Wechselstromgenerator.
T = Transformator.
RT = Reserve-Transformator.
M = Meß-Transformator.
AB = Akkumulatoren-Batterie.
R = Regulator.
AU = Ausschalter.
KA = Kohlen-Ausschalter.
MA = Maximal-Ausschalter.
OA = Öl-Ausschalter.
MO = Maximal-Ölausschalter.
U = Umschalter.
VU = Voltmeter-Umschalter.
D = Doppelzellenschalter.
TS = Trenn-Schalter.
S = Sicherung.

A = Amperemeter.
ST = Stromwandler.
V = Voltmeter.
DV = Doppel-Voltmeter.
GV = General-Voltmeter.
SV = Statisches Voltmeter.
W = Wattmeter.
L = Phasenlampe.
SL = Signal-Lampe.
WW = Wasser-Widerstand.
B = Blitzschutzvorrichtung.
F = Funkenstrecke.
I = Induktionsspule.
WA = Wasserstrahlapparat.
E = Erdplatte.
Z = Drehstrom-Zähler.
ZO = Max. Ölschalter mit Zeit-Relais.
ZR = Zeit-Relais.

47*

740 Über die Einrichtung ganzer Anlagen.

Fig. 689.

1850 KVA Drehstromgenerator für 300 Uml./Sek bei 50 Per/Sek.

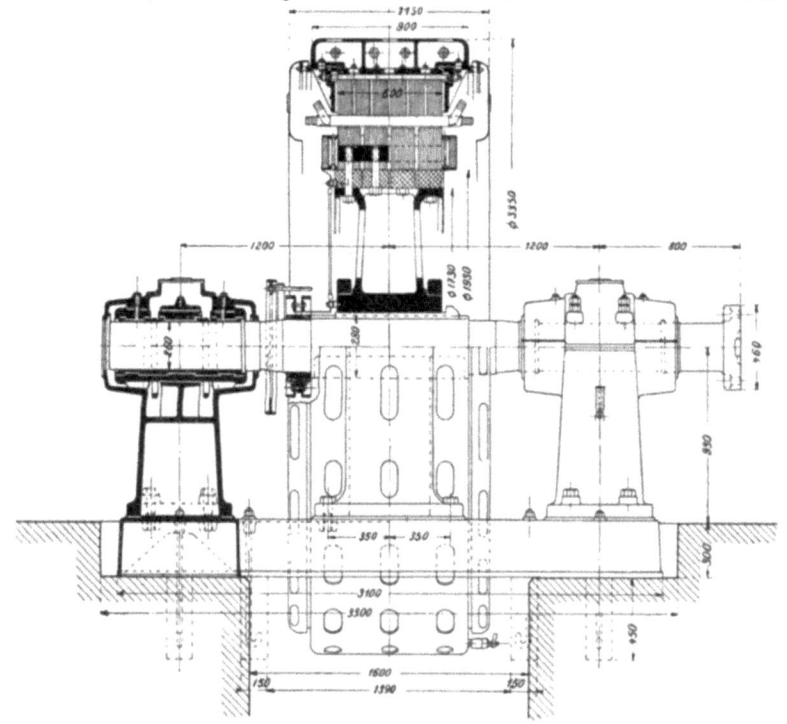

Fig. 691.

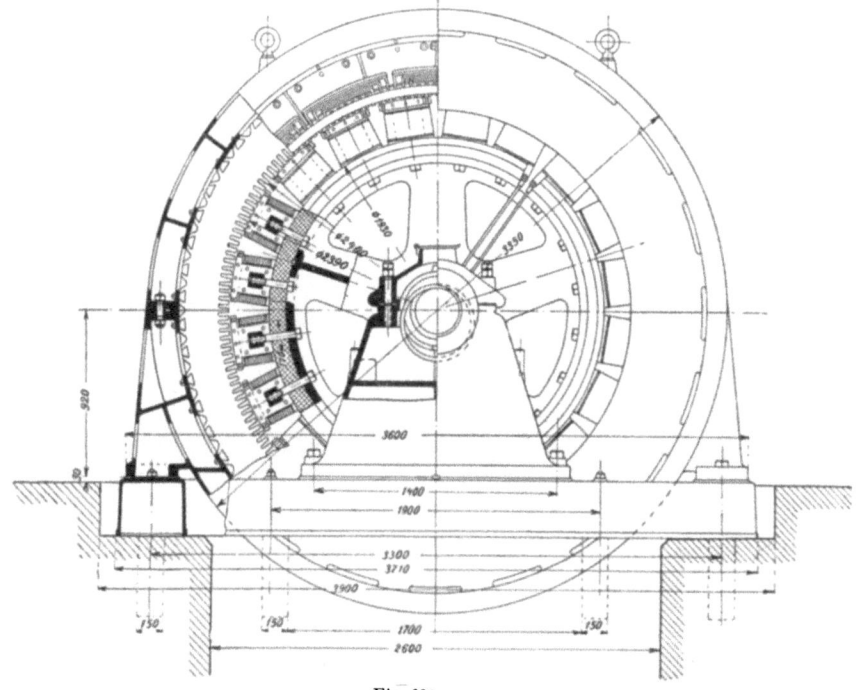

Fig. 692.

Die Wechselpol-Generatoren, Fig. 691—693, mit umlaufenden Magnetspulen und wagrechter Achse, die mit den Turbinen durch starre Kupplungen verbunden sind, leisten 1850 KVA Drehstrom oder 1380 KVA Einphasenstrom bei 6000 V verketteter Spannung, 50 Per/Sek und 300 Uml/Min. Ihr Gesamtgewicht beträgt 36 t. Der Wirkungsgrad ohne Erregerverluste betrug für die Normalspannung von 6000 V

bei Vollast mit $\cos\varphi = 1$ 96 %   bei Halblast mit $\cos\varphi = 1$ 93 %
-   -   - $\cos\varphi = 0{,}75$ 95 %   -   -   - $\cos\varphi = 0{,}75$ 92 %

Die größte Erregerenergie beträgt bei Vollast mit $\cos\varphi = 1$ nur 9 KW, bei $\cos\varphi = 0{,}75$ aber 20 KW. Die Spannungserhöhung zwischen Voll- und Leerlauf ist 7 % bei $\cos\varphi = 1$, 17 % mit $\cos\varphi = 0{,}75$, die Erwärmung 40° C. bei dauernder Vollbelastung, 50° bei 25 % Überlastung während zwei Stunden. Die Isolation wurde warm mit 12 000 V eine halbe Stunde lang zwischen Wickelung und Eisen geprüft; bei der Erregerwickelung wurde diese Prüfung mit 500 V Wechselstrom vorgenommen.

Das vierteilige gußeiserne Gehäuse ist mit zwei Füßen an der getrennten gußeisernen Grundplatte befestigt. Die Abschnitte des Ankerblechkörpers sind über schwalbenschwanzförmige Keile geschoben und zwischen zwei Stahlgußringen zusammengepreßt. Die Armaturspulen sind für jede Polteilung in 9 offene Nuten gebettet, mit nahtlosen Mikanithülsen isoliert und durch Fiberkeile in den Nuten festgehalten. Einzelne schadhafte Spulen können ohne Zerlegung des Generators durch neue ersetzt werden. Die drei Phasen sind im Stern geschaltet. Das Magnetrad besteht aus einem gußeisernen Stern, der mittels eines Keiles auf der Welle befestigt ist. Über diesen Stern sind vier Stahlgußringe geschoben, welche die zwanzig Polkerne tragen. Die Zwischenräume zwischen den Ringen entsprechen den Luftspalten im Ankereisen. Die Pole sind geblättert und aus vier getrennten Blechkörpern zusammengesetzt, die gegeneinander verschoben sind, so daß der Rand des Polschuhes treppenförmig abgestuft ist. Dadurch wird eine nahezu sinusförmige Spannungskurve erreicht. Die Magnetspulen bestehen aus hochkant gewickeltem Kupferband. Der Erregerstrom wird mittels zweier Bronzeschleifringe durch Kohlenbürsten zugeführt. Die Lager besitzen selbsttätige Ringschmierung und Ölstandszeiger. Die Generatoren sind so gebaut, daß sie der bei Verdoppelung der normalen Umlaufzahl auftretenden mechanischen Beanspruchung standhalten.

Die Prüfungsergebnisse sind in Fig. 693 niedergelegt. Vor allem wurde die Charakteristik bei Leerlauf beobachtet. Kurve L stellt die auf konstante Umlaufzahl zurückgeführten Beobachtungswerte dar. Gleichzeitig verzeichnete man die zum Antriebe nötige Energie; der bei

Beschreibung und Prüfung der Drehstrommaschinen. 743

normaler Spannung von 6000 V, entsprechend einer Erregung von 108 A, gefundene Wert stellt die Verluste durch Hysteresis und Wirbelströme im Armatureisen, vermehrt um die Verluste durch Reibung und Lüftung, vor. Die Trennung beider Verluste ergab sich durch Beobachtung der Antriebsenergie bei unerregtem Leerlauf. Die ebenfalls aufgenommene Kurzschlußcharakteristik K gestattet einen Schluß auf das Verhalten der Maschine bei induktiver Belastung.

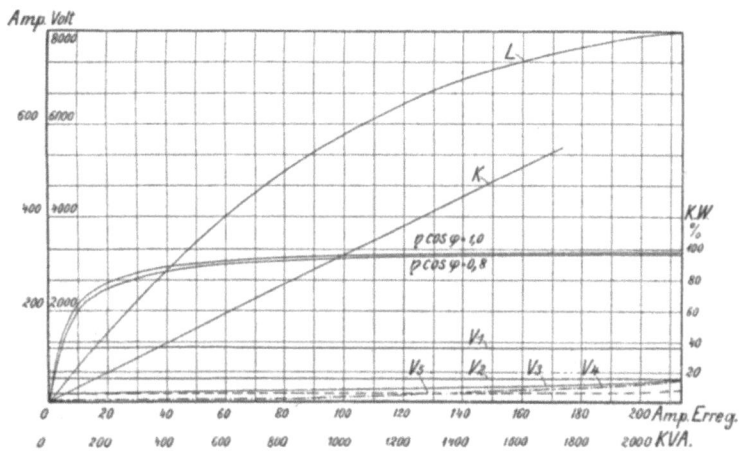

Fig. 693.

Legende zu Fig. 693:

L = Leerlaufcharakteristik.
K = Kurzschlußcharakteristik.
η = Wirkungsgrade.
V_1 = Verluste durch Hysteresis und Wirbelströme im Armatureisen.
V_2 = Verluste durch Reibung und Lüftung.

V_3 = Verluste durch Ohmschen Widerstand in den Feldspulen bei cos φ = 1,0.
V_4 = Verluste durch Ohmschen Widerstand in der Armatur.
V_5 = Verluste durch Ohmschen Widerstand in den Feldspulen bei cos φ = 0,8.

Mittels der gemessenen Ohmschen Widerstände wurden die Stromwärmeverluste in Anker und Feld berechnet. Mit Hilfe aller dieser Einzelverluste wurden schließlich die Wirkungsgrade für $\cos \varphi = 1,0$ und $= 0,8$ bestimmt.

Die sechspoligen Nebenschlußerreger mit geblätterten Polen leisten bei 700 Uml/Min 100 KW mit 100 bis 150 V. Ihr Wirkungsgrad ist 92 % bei voller, 90 % bei halber Belastung; ihr Gewicht 3,5 t. Eine Erreger dient für alle 5 Generatoren, die zweite steht in Bereitschaft.

Da auch die Stationsbeleuchtung und die Stromkreise zur Betätigung der zahlreichen selbsttätigen Schalter und Signalvorrichtungen an die Erregersammelschienen angeschlossen sind, so wurde noch eine Akkumulatorenbatterie aufgestellt, um für alle Fälle einen ausreichenden Rückhalt zu besitzen. Die Akkumulatorenbatterie besteht aus 56 Elementen mit einer Kapazität von zusammen 1000 ASt. Die höchste zulässige Entladestromstärke beträgt 1000 A während einer Stunde, 1500 A während einer Viertelstunde. Die Zellen sind in drei Reihen, Fig. 694, angeordnet. Um die Siegwartbalken der Decke vor Zerstörung zu schützen, wurde die Decke mit säurebeständigem, grauem

Fig. 694.

Emaillack gestrichen. Der Doppelzellenschalter ist für Fernbetätigung eingerichtet. Für den Lade- und Entladeschlitten ist je ein Gleichstrommotor mit Zahnradvorgelege vorhanden. Der Motor wird durch einen Doppeldruckschalter in der gewünschten Drehrichtung anlaufen gelassen. An Fernzeigern, die auf der Batteriesäule befestigt sind, kann man den jeweiligen Stand der Kontaktschlitten beobachten.

Die Transformatorenanlage bildet einen Zubau an das Hauptgebäude, der im Innern aber vollständig vom Schaltraum abgetrennt erscheint. Von den zehn Einphasentransformatoren dienen drei für „Licht Luzern" sieben für „Kraft Luzern" und die Verteilung in Nid- und

Beschreibung der Öltransformatoren. 745

Obwalden. Je drei der letzteren sind durch Dreieckschaltung zu einer Drehstromgruppe vereinigt, der siebente kann zwischen zwei beliebige Phasen der beiden Gruppen geschaltet werden und steht in Bereitschaft. Jeder Transformator bzw. jede Gruppe besitzt auf der Primär- und Sekundärseite Maximal-Ölschalter mit Zeitrelais.

Fig. 695.

Die 700 KVA Einphasen-Transformatoren, Figur 695, für 6000/27 000 V, 5500 kg ohne Öl, 7500 kg mit Öl wiegend, sind mit Wasser gekühlt.

Ihr Wirkungsgrad ist bei Vollast . . . . 98 %, bei Halblast 97 %
- Spannungsabfall - - - $\cos \varphi = 1$. 1 %, - - 0,5%
- - - - - $\cos \varphi = 0{,}75$ 3,5%, - - 1,7%

Die Temperaturerhöhung beträgt 40° über die des Kühlwassers bei 10 l/Min; die Überlastbarkeit 50 % während ½ Std., 25 % während

2 Stunden. Die Isolationsgewähr beträgt 54000 V während 1 Min., 38000 V während $\frac{1}{2}$ Stunde.

In dem Gang zwischen Schaltanlage und Transformatorenraum liegen die Röhren für die Wasserkühlung. In diese Leitung sind selbsttätige Signalvorrichtungen eingebaut, welche ein Läutewerk in Bewegung setzen, sobald der Wasserzufluß unterbrochen wird.

Jeder Transformator steht in einer besonderen feuerfesten Zelle, Fig. 696, die nach außen durch eine eiserne Rolltüre abschließbar ist, und läuft auf zwei Schienen, so daß eine allfällige Auswechslung leicht vor sich gehen kann.

Fig. 696.

Die Schaltanlage nach Fig. 690 nimmt nahezu ebensoviel Raum ein wie der Maschinensaal. Die Sammelschienen bilden, in einen besonderen Raum verlegt, geschlossene Ringleitungen. Von den 6000 Volt-Sammelschienen zweigt zunächst die Kabelleitung für Engelberg ab; ferner sind die Primärstromkreise der Transformatoren angeschlossen, welche die Spannung auf 27000 V erhöhen.

Auch die 27000 Volt-Sammelschienen bilden zwei geschlossene Ringsysteme. Drei Leitungslinien zu drei Drähten zweigen davon ab: eine für Licht Luzern, eine für Kraft Luzern, eine für Licht und Kraft Unterwalden. Ähnlich wie die Generatoren sind auch die Linien auf Lichtoder Kraftbetrieb schaltbar. Trennschalter gestatten überdies, zwei be-

Schaltanlage nach dem Zellensystem. 747

liebige Drähte einer Linie als Lichtleitung zu verwenden, so daß ein Draht der Fernleitung immer Reservedraht ist. Die abgehenden Linien sind durch Induktionsspulen, Hörnerblitzableiter, Wasserwiderstände und Wasserstrahlapparate gegen atmosphärische Entladungen und Überspannungen geschützt.

Die Betriebssicherheit ist durch sorgfältige Anordnung und reichliche Raumbemessung gehoben worden. Die ganze Anlage ist nach dem

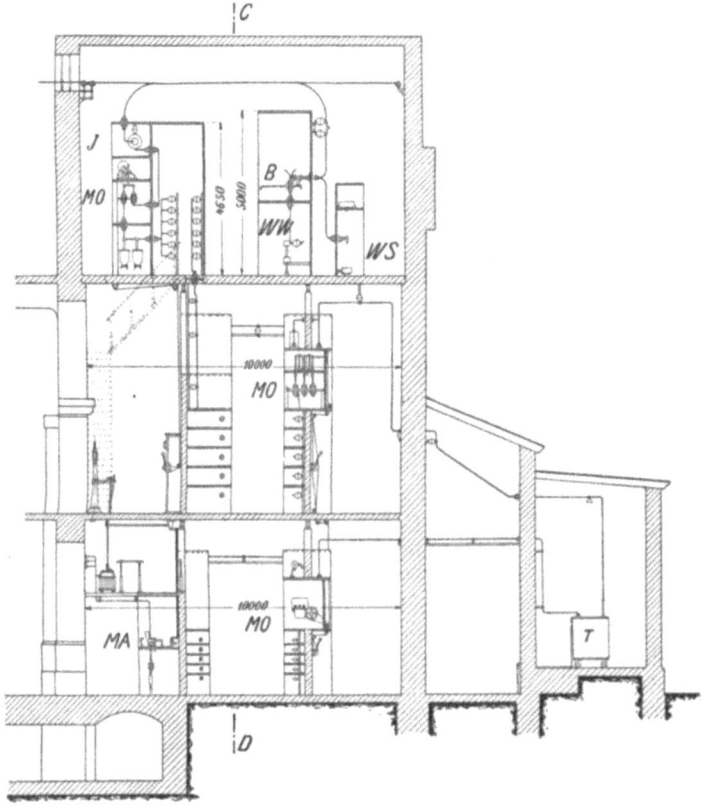

Fig. 697.

Zellensystem durchgeführt. Jeder Apparat ist für sich in eine Zelle eingebaut; Kreuzungen sind möglichst vermieden, die Entfernungen zwischen fremdpoligen Leitungen sind groß. Alle Scheidewände sind aus gewappnetem Beton hergestellt und zu den Zwischenböden und Decken Siegwart-Balken verwendet.

Wie aus dem Querschnitt AB, Fig. 697, und dem Längsschnitt CD, Fig. 698, ersichtlich, zerfällt der Schaltraum in Erdgeschoß, ersten Stock

748   Über die Einrichtung ganzer Anlagen.

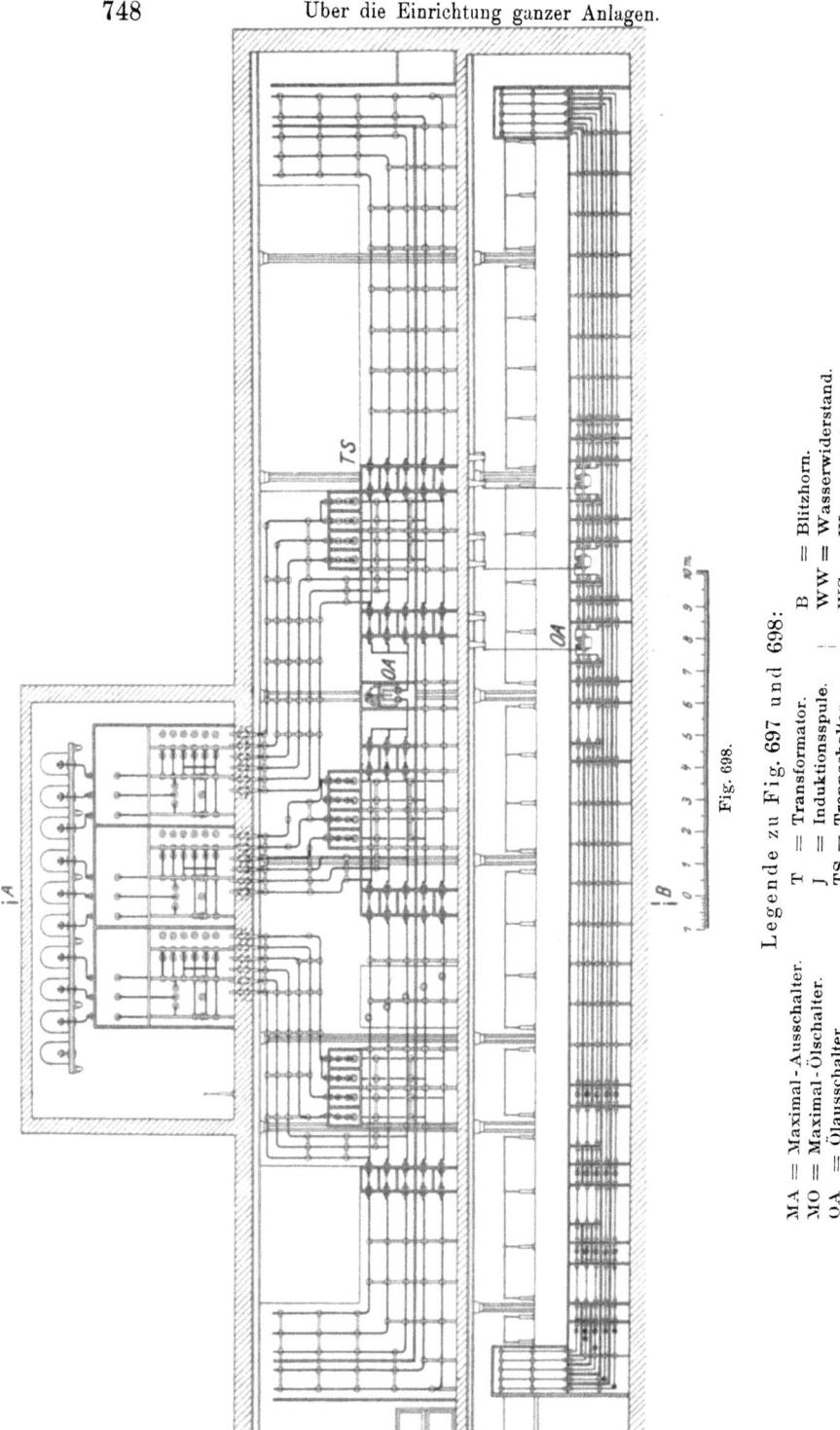

Fig. 698.

Legende zu Fig. 697 und 698:

MA = Maximal-Ausschalter. T = Transformator.   B = Blitzhorn.
MO = Maximal-Ölschalter.   J = Induktionsspule.   WW = Wasserwiderstand.
OA = Ölausschalter.   TS = Trennschalter.   WS = Wasserstrahlapparat.

Schaltanlage. 749

und einen Ausführungsturm. Das Erdgeschoß enthält die für die Generatoren und deren Erregung nötigen Apparate, die 6000 Volt-Sammelschienen und die Primärschalter der Transformatoren. Im ersten Stock sind die Sekundärschalter der Transformatoren, die 27 000 Volt-Sammelschienen und die Hauptbedienungsbühne untergebracht. Der Turm endlich nimmt die Streckenschalter und die Blitzschutzvorrichtungen auf. Erdgeschoß und erster Stock sind durch zwei Zwischenwände nach der Länge in drei Teile geschieden. Die ganze Leitungsführung entspricht ungefähr der Abwicklung des Schemas der Fig. 690. Die Verbindung der Maschinen mit den Schaltapparaten erfolgt durch isolierte Kabel in einem unterirdischen Gang.

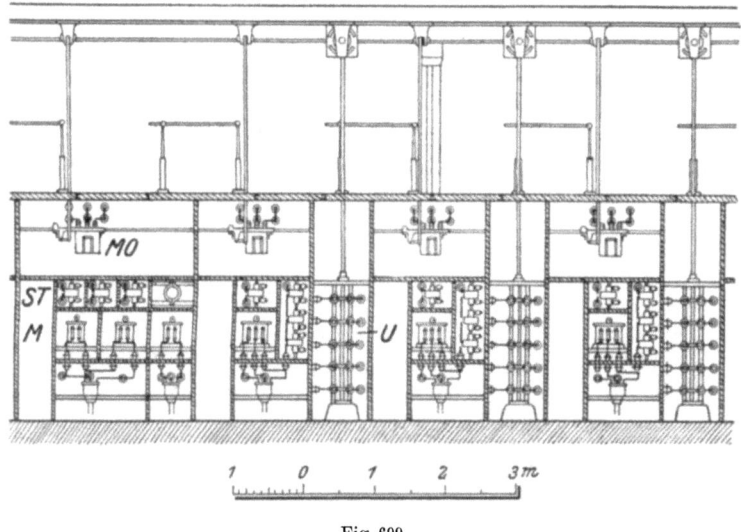

Fig. 699.

Legende zu Fig. 699:

MO = Maximal-Ölschalter.   ST = Stromwandler.
M = Meßtransformator.   U = Umschalter.

Die Apparate für Generatoren, Erregermaschinen und Batterie sind in dem Teil des Erdgeschosses untergebracht, der dem Maschinensaal zunächst liegt. Das erste Feld ist für die Engelberger Bahn bestimmt. Darauf folgen vier Felder für die 2000 PS-Maschinen, die in Fig. 699 im Schnitt dargestellt sind. Fig. 700 gibt eines dieser Felder in Ansicht wieder.

Jedes Feld enthält: 1 selbsttätigen Ölschalter M O, 1 Spannungs-Transformator M, 4 Stromwandler S T (1 für das Amperemeter, 1 für das Wattmeter, 2 für die Auslösespule des Maximalschalters) und den Umschalter U, mit dessen Hilfe der Generator auf die Licht- oder Kraftsammelschienen geschaltet werden kann. Weitere Zellen dienen zur Aufnahme der Maximalschalter für die beiden Erregermaschinen und die Batterie sowie der Umschalter auf Ladung und Betrieb. In einem Zwischenstock,

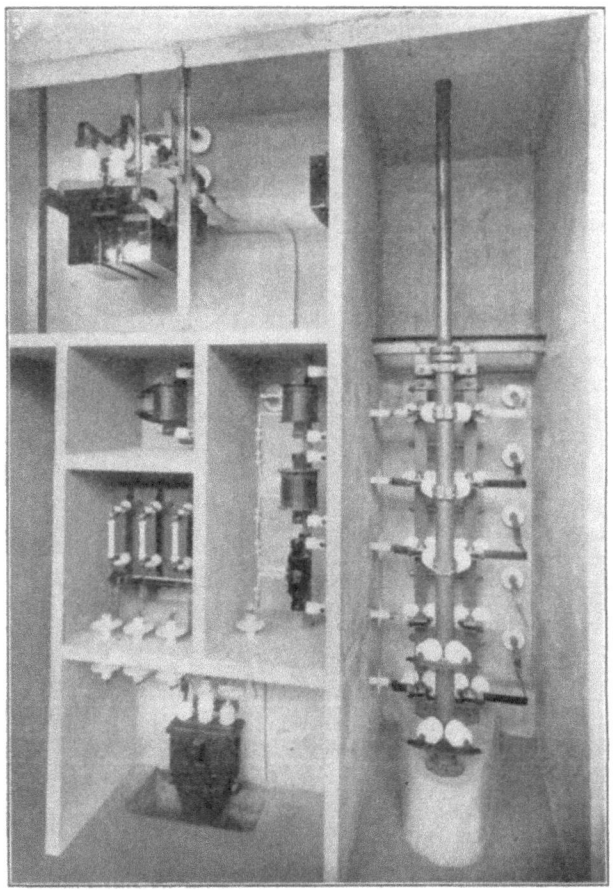

Fig. 700.

durch einen Betonboden von den eben genannten Apparaten getrennt und durch eine Treppe von unten zugänglich gemacht, finden die Nebenschluß-Widerstände der Erreger sowie jene für die Erregerkreise der Generatoren Platz, Fig. 701. Von den 6000 Volt-Sammelschienen zweigen einerseits die Primärleitungen für die Transformatoren, anderseits das Kabel für Engelberg ab. Die Apparatenanlage für diese Linie

Widerstände für die Erreger. 751

Fig. 701.

zeigt Fig. 702. Der mittlere Längsteil des Erd- und des Obergeschosses bieten Raum für die 6000 und die 27000 Volt-Sammelschienen. Die Trennschalter für diese Sammelschienen, Fig. 703, sind nach dem Röhrensystem mit Federkontakten ausgeführt. Die einzelnen Schalter sind durch Wände aus Eisenbeton von einander getrennt.

752   Über die Einrichtung ganzer Anlagen.

Die abgehenden Linien sind durch die Decke in den Turm geführt, wo sich die Linienschalter und die Blitzschutzvorrichtungen befinden. Die Fernleitung besteht aus 9 Drähten. Im Normalbetrieb dienen zwei

Fig. 702.

davon für „Licht Luzern", drei für „Kraft Luzern" und drei für „Licht und Kraft Unterwalden".

Jede der 3 Drehstromleitungen ist sowohl auf die Licht- als auch auf die Kraftsammelschienen schaltbar. Die Umschaltung geschieht wie

27 000 V-Trennmesser und Schnitt durch den Turm. 753

bei den Generatoren; die Schalter hierzu sind von gleicher Bauart wie dort, nur wegen der höheren Spannung in entsprechend größeren Abmessungen gehalten. Außerdem können durch geeignete Trennmesser zwei beliebige Drähte einer Drehstromleitung als Lichtleitung verwendet werden. Jede Linie enthält einen Maximal-Ölschalter M O mit den zugehörigen Stromwandlern S T, drei Amperemeter und die erwähnten Signalvorrichtungen. Ein Schnitt durch den Turm, Fig. 704, zeigt den Einbau der Hauptschalter, Stromwandler und Linienumschalter U. Die Amperemeter und Signalvorrichtungen sind auf einer Linienschalttafel im ersten Stock vereinigt. Von dort aus erfolgt auch die Betätigung der Linien-, Haupt- und Umschalter.

Als Blitzschutzvorrichtungen, Fig. 697 und 705, dienen ausschaltbare Hörner B mit fein einstellbarer Funkenstrecke F, dazu

Fig. 703.

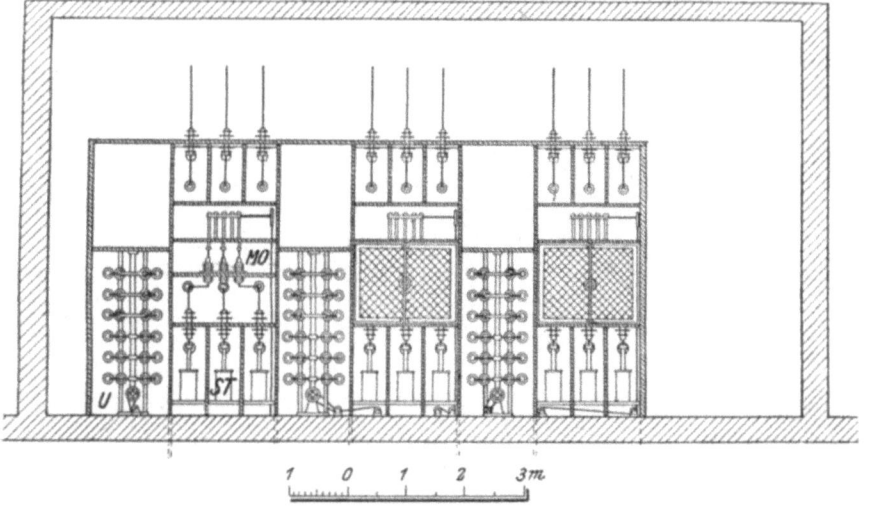

Fig. 704.

Herzog-Feldmann, Handbuch. 3. Aufl.

reihengeschaltete Wasserwiderstände W W und Induktionsspulen J, Fig. 697. Zum Schutz vor plötzlichen Überspannungen ist außerdem jeder Pol mittels eines Wasserstrahlapparates WS dauernd an Erde gelegt. Die Blitzschutzvorrichtungen sind an die Fernleitung durch Trennmesser angeschlossen, so daß sie zwecks gefahrloser Bedienung abgeschaltet werden

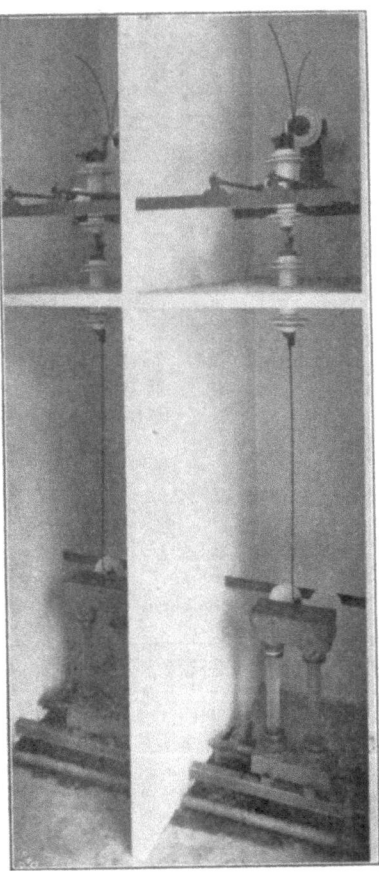

Fig. 705.

können. Das erforderliche Wasser wird einer nahen Quelle entnommen und nachher noch als Kühlwasser für die Transformatoren verwendet.

Trotz der räumlichen Weitläufigkeit der Schaltanlage läßt sie sich aus einer einzigen Stelle vorzüglich bedienen. Wie aus Fig. 689 und 697 ersichtlich, ist der vordere Teil des ersten Stockes zur Hauptschaltbühne ausgebildet. Hier finden sich zunächst die Apparatensäulen, Fig. 706. Auf einer Generatorensäule sind vereinigt: ein Wattmeter, ein Amperemeter, ein Doppelvoltmeter für die Maschinenspannung und als Phasenvoltmeter zum Parallelschalten, ferner die Handhebel und Handräder für Ein- und Ausschaltung, für die Umschaltung auf Licht und Kraft und für den Rheostaten und Kohlenausschalter der Erregung. Dabei ist eine sinnreiche Verriegelung vorgesehen, um nach Möglichkeit Störungen, die durch fehlerhafte Bedienung hervorgerufen werden könnten, zu vermeiden. Der Maschinist muß zwangläufig die richtige Reihenfolge der Handhabungen einhalten. Der Ölschalter kann erst eingeschaltet werden, sobald der Kohlenausschalter der Erregung eingeschaltet ist, und umgekehrt können der Kohlenausschalter und der Sammelschienenumschalter nicht früher betätigt werden, bevor man den Hauptölschalter geöffnet hat. Voltmeter- und Wattmeterschaltung folgen zwangläufig den Bewegungen des Sammelschienenumschalters, so daß sie ohne weiteres Zutun in jeder Lage richtig zeigen. Endlich deutet eine weiße oder rote Lampe „ein- oder ausgeschaltet" an und im letzteren Falle ertönt außer-

Apparatensäulen auf der Hauptschaltbühne.

dem ein Klingelzeichen, das natürlich nach Bedarf abgestellt werden kann. Die Batteriesäule enthält zwei Amperemeter, ein Umschalt-Voltmeter für Sammelschienen-, Lade- und Entladespannung, die zwei Hebel

Fig. 706.

für die selbsttätigen Ausschalter und die oben erwähnten Druckknöpfe für den Doppelzellenschalter nebst den zwei Zellenzeigern.

Die Instrumentensäulen der Erreger sind mit Ampere- und Voltmeter, einem Handrad für den Nebenschlußregler und zwei Hebeln für den Aus- und Umschalter ausgerüstet. Zwischen diesen Hebeln ist wieder eine Verriegelung vorgesehen, damit der Umschalter nicht betätigt werden kann, so lange der Hauptschalter geschlossen ist. Endlich ist noch eine Schalttafel für die abgehenden Linien, Fig. 707, vorhanden. Das erste Feld ist für die Kabelleitung nach Engelberg bestimmt und trägt drei Amperemeter und zwei Signallampen. Dann folgen drei Felder für die abgehenden Hochspannungsleitungen mit drei Amperemetern, dem Hebel für Ölschalter, zwei Signallampen und einem Handrad für die Umschaltung auf Licht und Kraft. Die beiden letzten Felder enthalten statische Voltmeter von Hartmann & Braun mit Kondensatoren

Fig. 707.

und Graphitwiderständen zur Erdschlußprüfung der 27000 V-Sammelschienen. Eine besondere kleine Schalttafel dient für die Leitungen zur Beleuchtung der Zentrale.

Der Maschinensaal ist durch acht Bogenlampen, der Schaltraum durch Glühlampen erhellt. Außerdem sind an den Wänden der Schaltanlage Steckkontakte vorgesehen, um tragbare Glühlampen anschließen zu können. Zwei Generalvoltmeter mit durchscheinenden Teilungen für die Spannung der Licht- und Kraftsammelschienen sind an der Wand gegenüber der Schaltbühne angebracht.

Zum Parallelschalten genügt für den Schaltbrettwärter das Phasenvoltmeter, während für den Turbinenwärter eine Phasenlampe und ein

Synchronskop für jeden Maschinensatz die Einstellung auf die richtige Umlaufzahl ermöglicht. Das Westinghouse-Synchronskop trägt einen Zeiger über einem Zifferblatte. Der Winkel, den der Zeiger mit der lotrechten Nullage einschließt, gibt ein Maß für die Phasenverschiebung der beiden elektromotorischen Kräfte. Die Geschwindigkeit, mit der er sich dreht, ist das Maß für den Geschwindigkeitsunterschied beider Maschinen. Bei Drehung im Uhrzeigersinne läuft die zuzuschaltende Maschine zu schnell, bei entgegengesetzter Drehung zu langsam. Eine volle Drehung um 360° bedeutet entweder Gewinn oder Verlust einer Periode. Stillstand des Zeigers zeigt gleiche Geschwindigkeit beider Maschinen an. Stillstand in der Lotrechten bedeutet völlige Phasenübereinstimmung.

Für die Bedienungsmannschaft wurden drei Doppelwohnhäuser errichtet. Jede Wohnung besteht aus fünf Zimmern und Küche und ist mit Telephon, elektrischem Licht und Wasserleitung versehen.

Sachregister.

(Die Ziffern bedeuten die Seitenzahlen.)

Abbrand der Kohlenstifte 109, 117, 134.
Abdampfmaschinen 676.
Abdeckbare Kasten 325.
Abkühlung und Erwärmung 417.
Ableitungsströme 402, 559, 602.
Abnahme der Lichtstärke bei Glühlampen 51.
Absorption durch die Luft 165.
Absorptionsvermögen 181.
Abstand der Drähte voneinander 270.
— — Maste voneinander 287.
Abzweigkästen 348.
Akkumulatoren 470.
Akkumulatorenladung und -entladung 472, 476, 493.
— aus Wechselstromnetzen 501.
Akkumulatoren parallel mit Maschinen 489, 498.
Aktinische Wirkung des Lichts 128.
Alabasterglocken 150, 159.
Albedo 181.
Aluminium für Leitungen 209, 213, 218, 226, 229, 234, 259, 263, 363, 410, 541.
Aluminiumzellen 503.
Amylacetatlampe 25.
Analogie zur Parallelschaltung von Wechselstrommaschinen 450.
Ankeraufbau 426.
Anlaßwiderstand beim Bogen 101, 527.
Anode 7, 73, 83, 93, 473.
Anodenfall 7, 480.
Anordnung der Leitungen 266.
Anschaffungskosten 704.
Anschlußkurve 691.
Armierung der Kabel 336.
Aronslampe 129.
Aronzähler 608.
Asphaltierte Bleikabel 318.
Asynchrone Maschine 440, 462.
Asynchroner Motor 460.

Auer-Oslampe 76.
Aufeinanderfolge der Phasen 447.
Aufhängung der Bogenlampen 661.
— — Leitungen 220, 258, 266, 275, 288, 352.
— bei Flußüberspannungen 292, 358, 363.
Aufstellung der Maste 297.
Auge, Farbenempfindlichkeit 1, 2.
— Empfindlichkeit beim Photometr. 195.
Ausgleich bei Netzen 439, 497, 524.
Ausgleichsdynamo 438.
Ausgleichsleitung bei Dynamos 436, 438, 439.
Ausgleichsstrom bei Parallelbetrieb 447, 451.
Ausgleichsvorgänge 9, 476.
Ausschalter 577.
Aussetzender Betrieb 418.
Automate siehe selbsttätige Widerstände und Schalter 507, 588, und Selbstverkäufer 611.
Autotransformator 525.

Bahnübergang 357.
Ballastwiderstand 55, 70, 73, 100.
Batterieladung durch Gleichrichter 93.
— und -entladung 473.
— durch Zusatzmaschinen 496.
Bau der Leitungen 207, 279.
Beck-Bogenlampe 110.
Beleuchtung, natürliche 141, 146, 183.
— direkte 191.
— halbindirekte 158.
— indirekte 155, 191.
— freier Plätze 177, 189.
— für Innenräume 40, 160, 168, 180, 186.
— räumliche Verteilung 28, 43, 181.
— von Theatern 530.
Beleuchtungskörper 187, 652.
Beleuchtungsstärke 22, 167, 179.
— kleinste erforderliche 162, 165, 183.

Sachregister.

Beleuchtungsstärke, Messung 201.
— mehrere Lichtquellen 169.
— Schwankung der mittleren 180, 183.
Bemessung der Leitungen 403.
Berechnung der Stromverteilung 372.
Betonmaste 284.
Betriebszahl 423.
Bewehrung der Kabel 336.
Bindung der Drähte 259.
Blanke Leitungen 209, 214, 220, 273, 364, 409, 609, 731, 753.
Blasmagnet 110, 113.
Bleiakkumulator 471, 475.
Bleikabel 318, 329, 335, 345.
Bleisicherungen siehe Schmelzsicherungen 533.
Blendung der Augen 149, 160, 162.
Blitzableiter 559—576.
Blondel, Compoundierung 445.
— Durchhangskurven 232.
— Effektkohle 136, 140.
— Lumenmeter 205.
Bodenhelle 179, 193.
Bogenlampe, Bauart 102.
— Dauerbrand- 114.
— Differential- 98.
— kleine 118, 192.
— Hauptschluß- 95.
— Hitzdraht- 121.
— invertierte 157.
— Magazin- 123.
— Magnetit- 84, 87.
— Maste 661.
— Nebenschluß- 96.
— Photometrie 204, 207.
— Schaltung 99.
— Sparer 48.
— Quecksilber- 125.
— Vorschaltwiderstand 13, 100.
Bogenlicht, Allgemeines 5.
Bogenlichtkohlen 131.
Bogenlicht, Platzbeleuchtung 189.
— räumliche Verteilung 43.
— Spektrum 83.
— Vergleich mit Glühlicht 141, 160, 192.
Bolzen für Glocken 256.
Booster 518.
Bougie décimale 27.
Brenndauer bei Glühlampen 52.
Brennstunden, jährliche 689.
Brennstundenrabatt 716.
Bruchfestigkeit des Leiterstoffes 222, 224, 235.

Carcel 27.
Charakteristik eines Leiterkreises 9.
— statische und dynamische 11, 20.

Charakteristik des Lichtbogens 85.
— der Nebenschlußdynamo 432.
— — Hauptschlußdynamo 435.
Compoundmaschine 437, 505.
Compoundierung bei Wechselstrom 442.
Compoundierungstransformator 443.
Cooper Hewittlampe 125.

Dampfanlagen 667, 701, 705.
Dampfmaschinen 454, 667.
Dampfleitungen 668.
Dampfturbinen 674.
Dauerbelastung 416.
Dauerbrandlampen 114, 136.
Dielektrische Hysteresis 340.
Dielektrizitätskonstante 333.
Differentiallampe 98.
Diffuses Licht 150, 155, 161.
Dioptrische Vorrichtungen 151.
Dochtkohle 131.
Doppelglocke 239.
Doppelkohlenlampen 106.
Doppelmaschine 428.
Doppelmaste 282.
Doppeltarif 661.
Doppelzellenschalter 491.
Drahtentfernung 270.
Drahtverbindung 259.
Drehstrom 427.
Dreifache Glocke 241.
Dreileitermaschine 438, 497.
Dreileiteranlagen, Zusatzmaschine 497.
Dreileitersystem 384, 389, 520, 633.
Dreifache Mittelleiter 384, 633.
Drosselspule 517, 528.
Druckknopfschalter 595.
Dübel 304, 306.
Durchhang 220, 231, 232.
Durchschlagfestigkeit 243.

Edisongewinde 58.
Eichvorschriften für Zähler 612.
Einankerumformer 428, 439, 467.
Eindrehung bei Kabeln 216.
Einfachzellenschalter 489.
Einfluß der Bruchfestigkeit 222, 229.
— — Elastizität 224, 229.
— des Windes 226.
— von Schnee und Eis 230.
— der Wände auf die Beleuchtung 181.
Einführungen 353, 355.
Eingipsen der Dübel 304.
Einheiten, photometrische 24, 27.
Einlampensystem 530.
Einnahmen für den Kopf und das Jahr 720.
Einziehleitungen 326.
Eisendraht 225.

Sachregister.

Eisenwiderstände 73.
Elastische Maste 293.
Elektrizitätszähler 607, 633.
Elektrodenfall 7, 8.
Elektrolyse 474, 621.
Elektronen 6.
Empfindlichkeit des Auges 1, 2.
Endverschlüsse 346.
Entladung der Akkumulatoren 474.
Erdschluß 533.
Erdschlußzeiger 627.
Erdung 633.
Erforderliche Helle 183.
— Lampenzahl 184.
Erholung der Akkumulatoren 481.
Erreger, getrennte oder gekuppelte 681.
Erregung der Maschinen 424, 428, 442.
Erwärmung der Leiter 409, 417.
Erzeugungskosten 707, 709, 711.
Excellolampe 108, 112.
Expreßlampe 72.

Fabrikation siehe Herstellung 61, 76, 80, 131, 215, 335.
Faden der Glühlampe 37, 57.
— — Nernstlampe 69.
— — Osmiumlampe 76.
— — Tantallampe 78.
— — Wolframlampe 80.
Fangbügel 274, 276.
Farbe der Lichtquellen 141, 146, 192, 197.
Farbenmodulierung 530.
Feederrheostate 516.
Fehlergrenzen bei Zählern 614.
Fehlerstellen bei Kabeln 631.
Fernleitungen 398, 516, 577, 643.
Fernschalter 593.
Festbeleuchtung 184, 189.
Festigkeit des Aluminiums 226, 235.
— — Kupfers 223, 235.
— — Stahls 225, 235.
— der Glocken 254.
Flächenhelle, erforderliche 160, 162.
— oder Glanz der Lichtquellen 160.
Flammbogenlampe 47, 105.
Flammkohlen 138.
Flimmern des Lichts 55, 79, 146, 408.
Flimmerphotometer 197.
Flüssigkeitsisolator 239.
Flußübergänge 358.
Foucaultverluste 337.
Freie Schwingungen 402, 556, 570.
Frequenz 408, 617.
Freiluftleitungen 358, 364, 543, 547, 561.
Füllfaktor bei Kabeln 216.

Funkenentzieher 493.
Funkenpotential 569.
Funkenstrecken 20, 566.

Gasentwickelung bei Akkumulatoren 477.
Gasmotor 679.
Geerdete Mittelleiter 520.
Gegenseitige Induktanz 394.
— Kapazität 396.
Gegen- und Querwindungen 429.
Geldrabatt 716.
Gepanzerte Gummiader 299.
Geschlossene Leitung 370.
Gewicht an Metall bei verschiedenen Systemen 388.
Gittermaste 288.
Glanz verschiedener Lichtquellen 160.
Glasisolatoren 241.
Gleichrichter 93, 502.
Gleichstromanlagen 431, 477, 496, 608, 721, 723.
Gleichstrombogenlampen 104.
Gleichstrommaschinen 424, 429, 437, 497.
Glockenbolzen 256.
Glocken für Bogenlampen 42, 149.
— zur Isolierung 240.
Glühlampe, Fadenform 37, 57.
— Herstellung 61.
— mit Kohlenfaden 50.
— Lebensdauer 52.
— neuere Arten 68.
— photometrische Körper 38.
— Sichtung 66.
— Sockel 57.
— spezifischer Verbrauch 68.
— Wirkungsgrad 144.
Glühlicht, allgemein 5.
— verglichen m. Bogenlicht 141, 160, 192.
Gola-Blitzableiter 565.
Gradient 341, 403.
Grenzstrom und Nennstrom 550.
Gummiader- und Gummibandleitung 299, 333.

Hagehlampe 128.
Harcourt-Pentanlampe 27.
Hauptstrommaschine 435.
Hauptstromlampe 95.
Hartes und weiches Kupfer 223.
Hebelschalter 581.
Hefnerlampe 21, 25.
Helle eines Körpers 5.
Hellegleichen 171, 187.
Herstellung der Glühlampen 61.
— — Kabel 215, 335.
— — Kohlenstifte 131.
— — Metallfäden 76, 80.

Sachregister. 761

Hilfselektrode bei Akkumulatoren 488.
Hintereinanderschaltung 99.
Hitzdrahtlampe 121.
Hochspannungsisolatoren 240, 248.
Hochspannungskabel 337.
Hochspannungsleitungen 271, 398.
Hochspannungsschalter 583.
Hochspannungssicherungen 544.
Holophanglocke 151.
Holzbolzen 256.
Holzgerüst für Akkumulatoren 486.
Holzleisten 307.
Holzmaste 280.
Homogenkohle 131.
Hörnerableiter 560.
Hysteresisverluste bei Kabeln 337, 340.

Impedanz 374, 379.
Indikatrix 168.
Indirekte Beleuchtung 155.
Induktanz, eigene 376.
— gegenseitige 394.
Induktionsmotoren 379, 460.
Induktive Leitung 391.
Innenbeleuchtung 186.
Innenleitungen 298, 411.
Installation s. Verlegung 209, 298, 321.
Installationsbleikabel 319.
Installationsumschalter 578.
Intensivflammbogen 107, 136.
Intermittierender Betrieb 417.
Ionen und Ionisierung 6, 8, 472.
Isolation 332, 618, 624, 654.
Isolationsprüfung 251, 625.
Isolationswiderstand 619, 624.
Isolatoren 237, 487.
Isolierstoffe 332.
Isolierte Leitungen 298.
Isophoten oder Hellegleichen 171, 177, 187.
Isothermen 415.

Jahresbrenndauer 689.
Jährliche Effektverluste 697.

Kabelabdeckung 329.
Kabeldurchhang 228.
Kabelerwärmung 412, 422.
Kabelfestigkeit 228.
Kabelfüllfaktor 216.
Kabelherstellung 215, 335.
Kabelzubehör 343.
Kapazität bei Akkumulatoren 477, 485.
— — Glocken 245.
— — Kabeln 405.
— — Luftleitungen 381.
Karbonisieren der Fäden 61.
Kathode 6, 7, 74, 83.

Kautschuk 323.
Kesselsysteme 667.
Klemmen 260, 301, 636.
Knotenpunkte 265, 372.
Kohlebogen 7, 85.
Kohlenglühlicht (s. Glühlicht) 9, 41, 50.
Kohlenstifte 47, 107, 131.
— Abbrand 109, 117, 134.
— Herstellung 131.
— Zusätze 47, 83, 137.
Kolloidale Fäden 80.
Kommutierung 426, 430.
Kompensationswickelung 430.
Kosinusgesetz von Lambert 22.
Kosten der Anschaffung 704.
— des Betriebes 707.
— der Kerzenstunde 53.
Krampen 301.
Kreuzschlag 215.
Kronleuchter 173, 187, 657.
Kugelphotometer 205.
Kupfer als Leiterstoff 210, 214, 218.
Kupferklausel 211.
Kupfernormalien 219.
Kupplung zwischen Maschinen und Dynamos 681.
Kurzschlußstrom 449, 533.

Ladung der Akkumulatoren 473.
— elektrische 555.
Lamberts Kosinusgesetz 22.
Lampen s. Glüh- und Bogenlampen 37, 57, 102.
Lampenzahl, erforderliche 185.
Leistungsfaktor 376, 524.
Leiter, Anordnung 266.
— Bruchfestigkeit 222.
— Elastizität 222.
— Kupplung 661.
— Litzen 214.
Leiterstoff 212.
Leiterverbindung 259, 261.
Leitungsbau 209, 279, 353.
Leitungsbemessung 403.
Leitungsmetall 219, 388, 393.
Leitungssysteme 369.
Leitungszahl 423.
Leuchtender Punkt 168.
Leuchtende Strecke und Scheibe 172, 173.
Leuchtzusätze 137.
Lichtausbeute 67, 117, 137, 141.
Lichtbedürfnis 165, 183, 685.
Lichtbogen 5, 81, 82.
— dynamische Charakteristik 12, 85.
— Farbe und Glanz 146, 160.
— photometrische Körper 42.
— Vorschaltwiderstand 13, 100.

Lichtbogen, Wirkungsgrad 144.
— Zischen 46.
— Zünden und Löschen 17, 108, 126.
Lichtmessung s. Photometrie 194.
Lichtstärke, Bezeichnung 39.
— Definition 21, 33.
— räumliche Verteilung 28, 33, 38, 168.
— bei Scheinwerfern 162.
Lichtstärkenabnahme bei Glühlicht 40, 51.
Lichtstärkenkurve 31, 176.
Lichtstrom 23, 31, 204.
Lichtquellen, Farbe 146.
— Flächenhelle 160.
— Wirkungsgrad 141.
Lichtverlust durch Glocken 42.
Lichtvermittler 149, 159, 182.
Lichtzerstreuer 150, 155, 161.
Liliputlampe 47, 121.
Löschbarkeit 370.
Lötung 261, 263, 482.
Luftleitung 220, 358, 364, 409, 609, 731, 753.
Lumenmeter 208.
Luminal 23.
Lummer-Brodhun-Würfel 196.
Lux oder Meterkerze 22.

Magazinlampe 123.
Magnetitlampe 84, 87, 123.
Manginspiegel 161.
Maste, Bogenlampen- 661.
— Zement- 284.
— eiserne und stählerne 288, 290.
— elastische 292.
— hölzerne 280, 286, 366.
— Leitungs- 272.
Mastfüße 283.
Mattglasglocken 150.
Maximal- und Minimalschalter 589.
Mechanische Spannung u. Durchhang 220.
Mehrlampensystem 531.
Mehrphasenmaschinen 425, 427.
Mehrphasensysteme 385.
Merklampen 595, 647.
Mesophotometer 204.
Meßgeräte 601.
Messung der Beleuchtungsstärke 201.
— — Erwärmung 416, 420.
— — Isolation 629.
— — Kapazität einer Batterie 485.
— — — eines Kabels 406.
— — des Lichtstromes 202.
— — der Lichtstärke 194.
— — Leistung 603.
— — Spannung 519, 641.
— des Stromes 601, 641.
Metallfadenlampen 5, 75.

Metallfaden, Osmium 40, 75.
— Osram 77.
— Tantal 9, 77.
— Zirkon 79.
Metall für Leitungen 210.
— um Papierrohre 310.
Metallschlauch 313.
Meterkerze oder Lux 22.
Milchglasglocken 150, 159.
Milchglasphotometer 201.
Mittelleiter 384, 386, 520, 633, 731.
Monozyklisches System 427.
Moorelicht 130.
Motoren 424, 459.
Motorlampe 111.
Motorzähler 609.
Muffen 344.
Muffenverbindung 262.

Nahtlose Rohre 313.
Natrium als Leiter 213.
Nebenschlußdynamo 431.
Nebenschlußlampe 97.
Nebenschluß zur Strommessung 601, 641.
— — Isolationsmessung 630.
Nernstlampe 5, 42, 68, 75, 144, 192.
Netzberechnung 373.
Neutrale Leiter 384, 386, 633, 731.
Nietverbindung 264.
Normalien für Glühlampen 67.
— — Kupfer 219.
Nulleiter 386.
Nutzbrenndauer 52.
Nutzleistung 693.
Nutzwinkel bei Scheinwerfern 164.

Oberflächenisolation 238, 272, 619.
Offene Leitung 370.
Ökonomie oder Lichtausbeute 142.
Ölausschalter 586, 643.
Ölisolator 239.
Ölsicherung 548.
Optischer Wirkungsgrad 141, 145.
Osmiumlampe 56, 75, 144.
Osmotischer Druck 472.
Osramlampe 76.
Ozokerit 334.

Papierisolation 334.
Papierrohre 308, 411.
Parabolspiegel 162.
Paraffin 334.
Parallelbetrieb von Dampfmaschinen 671.
— — Compoundmaschinen 437.
— — Nebenschlußmaschinen 431, 434.
— — Maschinen und Akkumulatoren 489, 498.

Sachregister.

Parallelbetrieb v. Wechselstrommaschinen 446, 596, 671.
Parallelschaltung von Akkumulatoren 489, 498.
— — Bogenlampen 99.
— — Maschinen 431, 437, 489, 498.
— — Pendeln 451.
Parallelschaltungssysteme 383.
Patronensicherung 538.
Pendeln bei W.S.-Maschinen 451.
Pentanlampe 27.
Phasenindikator 448, 450, 727, 757.
Phasenverschiebung 376, 524.
Photometer 27, 194.
— für Beleuchtungsstärken 201.
— — Bogenlampen 204, 207.
— — Glühlampen 65.
— — Lichtstärken 196.
— — Lichtstrom 204.
Photometrische Einheiten 24, 26.
— Körper 30, 34, 40, 42.
Physiologische Wirkungen des Stromes 159.
Platten der Akkumulatoren 483.
Polprüfer 74, 616.
Potentialgradient 341, 403.
Potentialverteilung an Glocken 247, 253.
— — Leitungen 381, 388, 403.
Preis der Anschaffung 211, 235, 704.
— des Betriebes 707.
— der Glühlampen 53, 67, 76.
— — Kohlenstifte 140.
— des Kupfers 211, 235.
— der Leitungen 235, 423, 705.
Privatbetrieb 713.
Prüfung der Akkumulatoren 485.
— — Beleuchtungsstärken 201.
— — Glocken 251.
— — Glühlampen 62, 64.
— — Kabel 339.
— — Kohlenstifte 132.
— — Isolation 251, 627.
Pufferbatterie 478.
Pufferwiderstand 55.
Purkinje-Effekt 1, 143.

Quarzglaslampe 128.
Quecksilberbogen 84, 89, 144, 146.
Quecksilberlampe 125, 127, 502.

Rabattsysteme 714.
Randentladung 242.
Raumausnutzung bei Kabeln 216.
Raumwinkel 26, 28.
— reduzierter 174, 183.
Reaktanz 375, 441.
Reaktionsverhältnis 456.
Reflektoren 152, 160.

Regelung der Maschinen 505.
— — Netze 516.
— — Lichtquellen 526.
— — Phasenverschiebung 523.
— — selbsttätige 507.
Regiebetrieb bei Anlagen 713.
Registrierende Geräte 615.
Remanenz, thermische 11.
Reserve bei Anlagen 667.
Resonanzmodul 453.
Richtungswiderstand 374, 379.
Ringleitung 638.
Ringschaltung bei Mehrphasen 385.
Ritchie-Photometer 197.
Rohrleitungen 308.
Rohrmaste 287, 290.
Rohrverbindung 263.
Rollen aus Porzellan 301.
Rosenbergmaschine 501.
Rückstromschalter 589.

Sammelschienen 637.
Sauggasanlagen 679.
Säulen siehe Maste 280.
Schaltanlage 635.
Schaltpult 647.
Schalttafel 636.
Schalter 577.
— Hebel- 581.
— Hochspannungs- 585.
— Öl- 586, 643.
— Rückstrom- 589.
— selbsttätige 588.
— Transformatoren- 594.
— Zeit- 591.
Schaltung d. Akkumulatoren 482, 489, 494.
— — Bogenlampen 99.
— — Maschinen 431, 438, 450, 489, 497.
Scheinwerfer 161, 208.
Schirme 160.
Schmelzsicherungen 533.
Schneebelastung 230.
Schnurleitung 307.
Schräge Kohlen 47.
Schutz der Leiter 273.
Schutznetz 274.
Schutzvorrichtungen 559.
Schwachstromsicherung 576.
Schwankung des Lichts 75, 79, 146.
— der Leistung 447.
Seile siehe Kabel 228.
Sektorkabel 337.
Selbsterregung bei Gleichstrom 433.
— — Wechselstrom 442.
Selbsttätige Regelung 507.
— Schaltung 588.
— Parallelschaltung 596.

Selbstverkäufer 611.
Serienlampe 95, 382, 528.
Serienmaschine 435.
Serienschaltung 99, 382, 527.
Sicherheitskupplung 275.
Sicherungen für Leiter 533, 544, 559.
Sichtung der Glühlampen 61.
Spannung, mechanische 220.
Spannungsbegrenzer 555, 560.
Spannungsmessung 519.
Spannungssicherung 577.
Spannungsteiler 438, 525.
Spannweiten 225, 289.
Sparer bei Bogenlampen 48, 109.
Spektrum des Bogens 83; Spleißung 345.
Spezifische Bruchbelastung 222.
Spezifischer Verbrauch bei Lampen 67, 117, 142.
— Widerstand 132, 219, 412.
Spiegellumenmeter 205.
Staffeltarife 716.
Stahlbolzen 257.
Stahldraht 225, 234, 360.
Stahlkappen für Isolatoren 255, 267.
Stahlrohre 312, 411.
Statische Charakteristik 11.
— Ladungen 278, 398, 555.
Sternschaltung 385.
Stöpselkontakt 579.
Stöpselsicherung 537.
Strahlungsgesetze 2. 4, 141.
Straßenbeleuchtung 529.
Straßenphotometer 202.
Streuer bei Scheinwerfern 166.
Stromarten 368.
Stromdichte bei Akkumulatoren 481.
— in Leitungen 392.
Strommessung 601. 641.
Stromrichtungszeiger 74, 616.
Stromtransformator 602.
Stromwender 426, 430.
Stütze für Glocken 255, 267.
Superposition 371.
Symmetrische Systeme 385.
Synchrone Maschinen 440.
Systeme, Leitungs- 368.
— Vergleich- 388, 393.

Tagesbrenndauer 689.
Tageslieferung, mittlere 688.
Talbotsches Gesetz 55.
Tangentialdruckdiagramm 454.
Tantallampe 40, 77.
Tarif und Rabatt 714.
Taukabel 215.
Telephonleitungen 277, 323, 396.
Temperatur und Durchhang 222.

Temperaturerhöhung 409.
Temperaturkoeffizient 81.
Temperaturstrahlung 2.
Theaterbeleuchtung 530.
Thermische Remanenz 11.
Thurysystem 512.
Tiere als Feinde 239, 277, 365.
Tragbau der Leitungen 279.
Tränkung der Maste 282.
— — Kabel 332, 335.
Transformatoren 387, 464, 518, 698.
— Auto- 525.
Transformatorensäule 650.
Transformatorenschalter 594.
Transformatoren zur Strommessung 602.
— — Compoundierung 443.
Tunnelleitungen 324.
Turbinen für Dampf 674; für Wasser 677, 705.
Turmmaste 291.
Tyrrellregler 510.

Übereckinstrumente 606.
Übergänge über Bahn oder Fluß 357, 358.
Übergangssäule 356.
Übergangsstrecken 350.
Überhitzter Dampf 671.
Übersetzungsverhältnis 464, 468.
Überspannung 398, 555.
Überspannungssicherung 559, 561, 573, 575.
Ulbricht, Kugelphotometer 205.
Umformer 369, 428.
— drehende 467.
Umpolarisieren 435.
Umschalter 578.
Ungleichförmigkeit des Bogens 56.
— der Dampfmaschinen 456, 673.
Ungleich hohe Stützen 237.
Unterirdische Leitungen 210, 323, 368, 420.
— Verlegung 328.
Unverkettetes System 385.
Utzingerlampe 111.
Uviollampe 128.

Vakuum bei Glühlampen 63, 73, 75.
Vakuumröhren, Mooresche 129.
Ventilwirkung 20, 91, 503.
Veränderung der Lichtstärke 51, 526.
Verbindung der Drähte 259, 261, 300.
— — Glocken mit den Bolzen 257.
— — Rohre 314.
— zwischen Maschinen u. Dynamo 681.
Verbrauchskurve 693.
Verdrillung 396.
Vergleichsmaße für Lichtstärken 27.
Vergrößerungszahl 453.

Sachregister.

Verkehrsfehler bei Zählern 614.
Verkettete Spannung 427.
Verkettetes System 385.
Verlegung im Boden 321.
— — Freien 209.
— in Innenräumen 298.
— unter Putz 318.
Verluste bei Kabeln 405.
— — Isolationsfehlern 623.
Verminderung des Funkenpotentials 569.
Verschiebungsgesetz, Wiensches 4.
Verseilte Kabel 215, 337.
Verteilungskosten 349.
Verteilungsleitung 266.
Verteilungssicherung 537.
Violleeinheit 27.
Vorgänge im Bogen 81.
— — Faden der Glühlampe 50.
— — Nernstfaden 73.
— bei der Akkumulatorenladung 473.
— — — Akkumulatorenentladung 477.
Vorrichtungen, dioptrische 151.
— lichtvermittelnde 149.
— Sicherheits- 533, 554, 626.
— zum Energieverkauf 611.
— zur selbsttätig. Parallelschaltung 596.
Vorschaltwiderstand beim Bogen 13, 100.
Vorschriften über Erwärmung 410.
— — Akkumulatoren 480, 487.
— — Isolationswiderstand 624.
Vorteil der Reflexion an Wänden 181.
Vulkanisieren 333.

Wahl der Frequenz 407.
— — Spannung 240, 339, 392, 403.
— des Systems 383, 707.
Wanddurchgänge 351.
Wärmegleichen 415.
Wärmeverluste beim Bogen 15.
Wärmewiderstand 412.
Wassergas 679.
Wasserkraftanlagen 730, 735.
Wasserstrahlantennen 573.
Wasserturbinen 677, 733, 736.
Watt/Kerze 53, 66, 77, 117, 144.
Wattloser Strom 376, 447, 518, 524, 603.
Wattmeter 604.
Weberphotometer 201.
Wechselstrom bei Akkumulatoren 501.
— beim Bogen 11, 19, 44, 103.
— bei Glühlampen 111.
— bei Tantallampen 78.
Wechselstromleitungen 391.
Wechselstrommaschinen 424, 427, 440, 446, 462, 673, 741.
Wechselstrommotoren 459, 461.

Weiche und harte Leiterstoffe 223, 234.
Wellen, wandernde u. stehende 402, 556.
Wellenlängen 1, 2, 4.
Wendepole 430.
Widerstand der Akkumulatoren 475.
— Ballast- 55, 70, 73.
— der Kohlen 132.
— des Kupfers 219.
— der Nernstlampe 73.
— gegen Schwingungen 402.
Widerstandsregelung 506.
Widerstandstreue Umgestaltung 373.
Wiensches Gesetz 4.
Winddruck 226, 229, 367.
Wirbelisolator 250.
Wirbelstromverluste bei Kabeln 337.
Wirkung von Isolationsfehlern 622.
Wirkungsgrad der Akkumulatoren 478.
— — Anlagen 696, 700.
— — Lichtquellen 141.
— — Transformatoren 464, 698.
Wirtschaftliche Gesichtspunkte 388, 422.
Wirtschaftlichkeit der Anlagen 702.
Wolframlampe 80.
Wrightscher Tarif 718.
Würgebund 262.

Zähler 607.
Zeitkonstante bei Erwärmung 417, 420.
Zeitlicher Verlauf des Verbrauchs 686, 691.
Zeitschalter 591.
Zeitzähler 611.
Zellen einer Batterie 482.
— bei Schalttafeln 643, 747, 752.
Zellenschalter 489.
Zentralen, Beispiele 637, 720, 721.
— Lage der Zentrale 684.
Zerlegung der Ströme 372, 376.
Zerstäubung der Kathode 74.
Zirkonlampe 79.
Zischen des Bogens 46.
Zonenkohle 140.
Zubehör zu Kabeln 343.
Zugfestigkeit der Leiter 233.
Zulässige Erwärmung 409, 414.
— Spannungsverluste 383, 408, 423.
— Stromdichte 410.
— Zugspannung 223, 233.
Zündung des Bogens 17, 108, 126, 129.
— der Nernstlampe 70.
— der Quecksilberlampe 126, 127, 129.
Zusätze zu Kohlenstiften 137.
Zusatzmaschine 496.
Zweileitersystem 383, 389.
Zweiphasensystem 388, 427.
Zweipolige Sicherung 535.

Verlag von Julius Springer in Berlin.

Die Berechnung elektrischer Leitungsnetze in Theorie und Praxis. Bearbeitet von **Jos. Herzog,** Vorstand der Abteilung für elektrische Beleuchtung, Ganz & Co., Budapest, und **Cl. Feldmann,** Privatdozent an der Großherzogl. Technischen Hochschule zu Darmstadt. Zweite, umgearbeitete und vermehrte Auflage in zwei Teilen.
Erster Teil: Strom- und Spannungsverteilung in Netzen. Mit 269 Textfiguren. In Leinwand gebunden Preis M. 12,—.
Zweiter Teil: Die Dimensionierung der Leitungen. Mit 216 Textfiguren. In Leinwand gebunden Preis M. 12,—.

Verteilung des Lichts und der Lampen bei elektrischen Beleuchtungsanlagen. Ein Leitfaden für Ingenieure und Architekten. Von **J. Herzog,** Ingenieur, und **Cl. Feldmann,** Ingenieur. Mit 35 Textfiguren. In Leinwand gebunden Preis M. 3,—.

Grundzüge der Beleuchtungstechnik. Von Dr.-Ing. **L. Bloch,** Ingenieur der Berliner Elektrizitätswerke. Mit 41 Textfiguren.
Preis M. 4,—; in Leinwand gebunden M. 5,—.

Theorie und Berechnung elektrischer Leitungen. Von Dr.-Ing. **H. Gallusser,** Ingenieur bei Brown, Boveri & Co., Baden (Schweiz), und Dipl.-Ing. **M. Hausmann,** Ingenieur bei der Allgemeinen Elektrizitäts-Gesellschaft, Berlin. Mit 145 Textfiguren. In Leinwand gebunden Preis M. 5,—.

Die Beleuchtung von Eisenbahn-Personenwagen mit besonderer Berücksichtigung der Elektrizität. Von Dr. **M. Büttner.** Mit 60 Textfiguren.
In Leinwand gebunden Preis M. 5,—.

Der elektrische Lichtbogen bei Gleichstrom und Wechselstrom und seine Anwendungen. Von **Berthold Monasch,** Diplom-Ingenieur. Mit 141 Textfiguren. In Leinwand gebunden Preis M. 9,—.

Die künstlichen Kohlen für elektrotechnische und elektrochemische Zwecke, ihre Herstellung und Prüfung. Von Dr. **J. Zellner,** Professor der Chemie an der Staatsgewerbeschule in Bielitz. Mit 102 Textfiguren.
Preis M. 8,—; in Leinwand gebunden M. 9,20.

Die Preisstellung beim Verkaufe elektrischer Energie. Von **Gust. Siegel,** Diplom-Ingenieur. Mit 11 Textfiguren. Preis M. 4,—.

Die Verwaltungspraxis bei Elektrizitätswerken und elektrischen Straßen- und Kleinbahnen. Von **Max Berthold,** Bevollmächtigter der Kontinentalen Gesellschaft für elektrische Unternehmungen und der Elektrizitäts-Aktiengesellschaft vorm. Schuckert & Co. in Nürnberg.
In Leinwand gebunden Preis M. 8,—.

Zu beziehen durch jede Buchhandlung.

Verlag von Julius Springer in Berlin.

Die Gleichstrommaschine. Theorie, Konstruktion, Berechnung, Untersuchung und Arbeitsweise derselben. Von **E. Arnold,** Professor und Direktor des Elektrotechnischen Instituts der Großherzoglichen Technischen Hochschule Fridericiana zu Karlsruhe. In zwei Bänden.

Erster Band: Theorie und Untersuchung. Zweite, vollständig umgearbeitete Auflage. Mit 593 Textfiguren.
In Leinwand gebunden Preis M. 20,—.

Zweiter Band: Konstruktion, Berechnung, Untersuchung und Arbeitsweise der Gleichstrommaschine. Mit 502 Textfiguren und 13 Tafeln. Zweite Auflage erscheint im Winter 1907. In Leinwand gebunden Preis ca. M. 18,—.

Die Wechselstromtechnik. Herausgegeben von **E. Arnold,** Professor und Direktor des Elektrotechnischen Instituts der Großherzoglichen Technischen Hochschule Fridericiana zu Karlsruhe. In fünf Bänden.

Erster Band: Theorie der Wechselströme und Transformatoren. Von **J. L. la Cour.** Mit 263 Textfiguren. In Leinwand gebunden Preis M. 12,—.

Zweiter Band: Die Transformatoren. Von **E. Arnold** und **J. L. la Cour.** Mit 335 Textfiguren und 3 Tafeln. In Leinwand gebunden Preis M. 12,—.

Dritter Band: Die Wicklungen der Wechselstrommaschinen. Von **E. Arnold.** Mit 426 Textfiguren. In Leinwand gebunden Preis M. 12,—.

Vierter Band: Die synchronen Wechselstrommaschinen. Von **E. Arnold** und **J. L. la Cour.** Mit 514 Textfiguren und 13 Tafeln.
In Leinwand gebunden Preis M. 20,—.

In Vorbereitung befindet sich:

Fünfter Band: Die asynchronen Wechselstrommaschinen. Von **E. Arnold** und **J. L. la Cour.**

Elektromotoren für Gleichstrom. Von Dr. **G. Roeßler,** Professor an der Königl. Technischen Hochschule zu Berlin. Zweite, verbesserte Auflage. Mit 49 Textfiguren. In Leinwand gebunden Preis M. 4,—.

Elektromotoren für Wechselstrom und Drehstrom. Von Dr. **G. Roeßler,** Professor an der Königl. Technischen Hochschule in Danzig. Zweite Auflage in Vorbereitung.

Die Fernleitung von Wechselströmen. Von Dr. **G. Roeßler,** Professor an der Königl. Technischen Hochschule in Danzig. Mit 60 Textfiguren.
In Leinwand gebunden Preis M. 7,—.

Motoren für Gleich- und Drehstrom. Von **H. M. Hobart,** B. Sc., M. I. E. E., Mem. A. I. E. E. Deutsche Bearbeitung. Übersetzt von **Franklin Punga.** Mit 425 Textfiguren. In Leinwand gebunden Preis M. 10,—.

Die Bahnmotoren für Gleichstrom. Ihre Wirkungsweise, Bauart und Behandlung. Ein Handbuch für Bahntechniker von **H. Müller,** Oberingenieur der Westinghouse-Elektrizitäts-Aktiengesellschaft, und **W. Mattersdorff,** Abteilungsvorstand der Allgemeinen Elektrizitäts-Gesellschaft. Mit 231 Textfiguren und 11 lithogr. Tafeln sowie einer Übersicht der ausgeführten Typen.
In Leinwand gebunden Preis M. 15,—.

Die Prüfung von Gleichstrommaschinen in Laboratorien und Prüfräumen. Ein Hilfsbuch für Studierende und Praktiker von **C. Kinzbrunner,** Ingenieur und Dozent für Elektrotechnik an der Municipal School of Technology in Manchester. Mit 249 Textfiguren.
In Leinwand gebunden Preis M. 9,—.

Zu beziehen durch jede Buchhandlung.

Verlag von Julius Springer in Berlin.

Kurzes Lehrbuch der Elektrotechnik. Von Dr. **A. Thomälen,** Elektroingenieur. Dritte, verbesserte Auflage. Mit 338 Textfiguren.
In Leinwand gebunden Preis M. 12,—.

Die wissenschaftlichen Grundlagen der Elektrotechnik. Von Dr. **G. Benischke.** Zweite, erweiterte Auflage von „Magnetismus und Elektrizität mit Rücksicht auf die Bedürfnisse der Praxis". Mit 489 Textfiguren. Preis M. 12,—; in Leinwand gebunden M. 13,20.

Die neueren Wandlungen der elektrischen Theorien, einschließlich der Elektronentheorie. Zwei Vorträge von Dr. **G. Holzmüller.** Mit 22 Textfiguren. Preis M. 3,—.

Ergebnisse und Probleme der Elektronentheorie. Vortrag von **H. A. Lorentz,** Professor an der Universität Leiden. Zweite, durchgesehene Auflage. Preis M. 1,50.

Die elektrischen Wechselströme. Für Ingenieure und Studierende bearbeitet. Von **T. H. Blakesley.** Autorisierte Übersetzung von **Cl. Feldmann.** Mit 31 Textfiguren. In Leinwand gebunden Preis M. 4,—.

Experimentaluntersuchungen über die Selbstinduktion in Nuten gebetteter Spulen bei hoher Frequenz. Von Dr.-Ing. **H. Niebuhr.** Mit 23 Textfiguren. Preis M. 1,60.

Die Untersuchung elektrischer Systeme auf Grundlage der Superpositionsprinzipien. Von Dr. **Herbert Hausrath,** Privatdozent an der Großherzogl. Technischen Hochschule Fridericiana zu Karlsruhe. Mit 19 Textfiguren. Preis M. 3,—.

Elektrotechnische Meßkunde. Von **A. Linker,** Ingenieur. Mit 385 Textfiguren. In Leinwand gebunden Preis M. 10,—.

Elektrische und magnetische Messungen und Meßinstrumente. Von **H. S. Hallo** und **H. W. Land.** Eine freie Bearbeitung und Ergänzung des holländischen Werkes „Magnetische en Elektrische Metingen" von **G. J. van Swaay,** Professor an der technischen Hochschule zu Delft. Mit 343 Textfiguren. In Leinwand gebunden Preis M. 15,—.

Messungen an elektrischen Maschinen. Apparate, Instrumente, Methoden, Schaltungen. Von **R. Krause,** Ingenieur. Zweite, verbesserte Auflage. Mit 178 Textfiguren. In Leinwand gebunden Preis M. 5,—.

Hilfsbuch für den Maschinenbau. Für Maschinentechniker sowie für den Unterricht an technischen Lehranstalten. Von **Fr. Freytag,** Professor, Lehrer an den technischen Staatslehranstalten in Chemnitz. Zweite, vermehrte und verbesserte Auflage. Mit 1004 Textfiguren und 8 Tafeln.
In Leinwand gebunden Preis M. 10,—; in Ganzleder gebunden M. 12,—.

Zu beziehen durch jede Buchhandlung.

Verlag von Julius Springer in Berlin.

Die Hebezeuge. Theorie und Kritik ausgeführter Konstruktionen mit besonderer Berücksichtigung der elektrischen Anlagen. Ein Handbuch für Ingenieure, Techniker und Studierende. Von **Ad. Ernst,** Professor des Maschinen-Ingenieurwesens an der Kgl. Techn. Hochschule in Stuttgart. Vierte, neubearbeitete Auflage. Drei Bände. Mit 1486 Textfiguren und 97 lithographierten Tafeln. In 3 Leinwandbände gebunden Preis M. 60,—.

Elastizität und Festigkeit. Die für die Technik wichtigsten Sätze und deren erfahrungsmäßige Grundlage. Von Dr.=Ing. **C. Bach,** Königl. Württ. Baudirektor, Professor des Maschinen-Ingenieurwesens an der Königl. Techn. Hochschule Stuttgart. Fünfte, vermehrte Auflage. Mit zahlreichen Textfiguren und 20 Lichtdrucktafeln. In Leinwand gebunden Preis M. 18,—.

Technische Mechanik. Ein Lehrbuch der Statik und Dynamik für Maschinen- und Bauingenieure. Von **Ed. Autenrieth,** Oberbaurat und Professor an der Kgl. Techn. Hochschule zu Stuttgart. Mit 327 Textfiguren. Preis M. 12,—; in Leinwand gebunden M. 13,20.

Einführung in die Festigkeitslehre nebst Aufgaben aus dem Maschinenbau und der Baukonstruktion. Ein Lehrbuch für Maschinenbauschulen und andere technische Lehranstalten sowie zum Selbstunterricht und für die Praxis. Von **Ernst Wehnert,** Ingenieur und Lehrer an der Städtischen Gewerbe- und Maschinenbauschule in Leipzig. Mit 231 Textfiguren.
In Leinwand gebunden Preis M. 6,—.

Aufgaben aus der technischen Mechanik. Von **F. Wittenbauer,** Professor. I. Allgemeiner Teil. 770 Aufgaben nebst Lösungen. Mit zahlreichen Textfiguren. Preis M. 5,—; in Leinwand gebunden M. 5,80.

Die Werkzeugmaschinen. Von **Hermann Fischer,** Geh. Regierungsrat und Professor an der Königl. Techn. Hochschule in Hannover.
I. Die Metallbearbeitungsmaschinen. Zweite, vermehrte und verbesserte Auflage. Mit 1545 Textfiguren und 50 lithogr. Tafeln.
In 2 Leinwandbände gebunden Preis M. 45,—.
II. Die Holzbearbeitungsmaschinen. Mit 421 Textfiguren.
In Leinwand gebunden Preis M. 15,—.

Die Werkzeugmaschinen und ihre Konstruktionselemente. Ein Lehrbuch zur Einführung in den Werkzeugmaschinenbau. Von **Fr. W. Hülle,** Ingenieur, Oberlehrer an der Königl. höheren Maschinenbauschule in Stettin. Mit 326 Textfiguren. In Leinwand gebunden Preis M. 8,—.

Werkstattstechnik.

Zeitschrift für Anlage und Betrieb von Fabriken und für Herstellungsverfahren.
Herausgegeben von
Dr.=Ing. **G. Schlesinger,**
Professor an der Technischen Hochschule zu Berlin.
Monatlich ein Heft von 48—64 Seiten Quart.
Preis des Jahrgangs M. 15,—.

Zu beziehen durch jede Buchhandlung.

Verlag von Julius Springer in Berlin.

Dynamomaschinen für Gleich- und Wechselstrom. Von **Gisbert Kapp.** Vierte, vermehrte und verbesserte Auflage. Mit 255 Textfiguren.
In Leinwand gebunden Preis M. 12,—.

Transformatoren für Wechselstrom und Drehstrom. Eine Darstellung ihrer Theorie, Konstruktion und Anwendung. Von **Gisbert Kapp.** Dritte, vermehrte und verbesserte Auflage. Mit 185 Textfiguren.
In Leinwand gebunden Preis M. 8,—.

Elektromechanische Konstruktionen. Eine Sammlung von Konstruktionsbeispielen und Berechnungen von Maschinen und Apparaten für Starkstrom. Zusammengestellt und erläutert von **Gisbert Kapp.** Zweite, verbesserte und erweiterte Auflage. Mit 36 Tafeln und 114 Textfiguren.
In Leinwand gebunden Preis M. 20,—.

Asynchrone Generatoren für ein- und mehrphasige Wechselströme. Ihre Theorie und Wirkungsweise. Von **Cl. Feldmann,** Ingenieur und Privatdozent an der Großherzogl. Technischen Hochschule in Darmstadt. Mit 50 Textfiguren.
Preis M. 3,—.

Der Drehstrommotor. Ein Handbuch für Studium und Praxis. Von **J. Heubach,** Chef-Ingenieur. Mit 163 Textfiguren.
In Leinwand gebunden Preis M. 10,—.

Die Arbeitsweise der Wechselstrommaschinen. Für Physiker, Maschineningenieure und Studenten der Elektrotechnik. Von **Fritz Emde.** Mit 32 Textfiguren.   Preis M. 2,40; in Leinwand gebunden M. 3,—.

Elektromechanische Konstruktionselemente. Skizzen, herausgegeben von Dr. **G. Klingenberg,** Professor und Dozent an der Königl. Technischen Hochschule zu Berlin. Erscheint in Lieferungen zum Preise von je M. 2,40. Bisher sind erschienen: Lieferung 1, 2, 3, 4 (Apparate) und 6, 7 (Maschinen); Lieferung 5 ist in Vorbereitung. Jede Lieferung enthält 10 Blatt Skizzen in Folio.

Konstruktionen und Schaltungen aus dem Gebiete der elektrischen Bahnen. Gesammelt und bearbeitet von **O. S. Bragstad,** a. o. Professor an der Großherzogl. Technischen Hochschule Fridericiana in Karlsruhe. 31 Tafeln mit erläuterndem Text. In einer Mappe Preis M. 6,—.

Die Isolierung elektrischer Maschinen. Von **H. W. Turner,** Associate A.I.E.E., und **H. M. Hobart,** M.J.E.E., Mem. A.I.E.E. Deutsche Bearbeitung von **A. von Königslöw** und **R. Krause,** Ingenieure. Mit 166 Textfiguren.
In Leinwand gebunden Preis M. 8,—.

Anlasser und Regler für elektrische Motoren und Generatoren. Theorie, Konstruktion, Schaltung. Von **Rudolf Krause,** Ingenieur. Mit 97 in den Text gedruckten Figuren.   In Leinwand gebunden Preis M. 4,—.

Zu beziehen durch jede Buchhandlung.

Verlag von Julius Springer in Berlin.

Berechnung und Ausführung der Hochspannungs-Fernleitungen. Von C. F. **Holmboe**, Elektroingenieur. Mit 61 Textfiguren. Preis M. 3,—.

Tabelle der prozentualen Spannungsverluste bei Gleich-, Ein- und Dreiphasenwechselstrom für die Querschnitte 1,5 bis 150 qmm. Von F. **Jesinghaus.** Preis M. —,50.

Anwendung und Zukunft der Kondensatoren in der Wechselstromtechnik. Von Diplom-Elektroingenieur W. **von Bisicz.** Mit 26 Textfiguren. Preis M. 2,40.

Über die Entwicklungsmöglichkeiten des Induktionsmotors für Einphasen-Wechselstrom. Von Dr.-Ing. R. v. **Koch.** Mit 49 Textfiguren. Preis M. 2,60.

Die Akkumulatoren für Elektrizität. Von Professor Dr. **Edmund Hoppe.** Dritte, neubearbeitete Auflage. Mit zahlreichen Textfiguren. Preis M. 8,—; in Leinwand gebunden M. 9,—.

Herstellung und Instandhaltung elektrischer Licht- und Kraftanlagen. Ein Leitfaden auch für Nichttechniker unter Mitwirkung von **Michalke** verfaßt und herausgegeben von S. **Frhr. v. Gaisberg.** Dritte, umgearbeitete und erweiterte Auflage. In Leinwand gebunden Preis M. 2,40.

Telegraphie und Telephonie ohne Draht. Von O. **Jentsch,** Kaiserlicher Ober-Postinspektor. Mit 156 Textfiguren. Preis M. 5,—; in Leinwand gebunden M. 6,—.

Die drahtlose Telegraphie und ihr Einfluß auf den Wirtschaftsverkehr unter besonderer Berücksichtigung des Systems „Telefunken". Mit einem Verzeichnis der Patente und Literaturangaben über drahtlose Telegraphie. Von Dr. E. **Nesper,** Diplom-Ingenieur. Mit 22 Textfiguren. Preis M. 3,—.

Die Telegraphentechnik. Ein Leitfaden für Post- und Telegraphenbeamte. Von Dr. **Karl Strecker,** Geh. Postrat und Professor. Fünfte, vermehrte Auflage. Mit 375 Textfiguren und 2 Tafeln. Preis M. 5,—; in Leinwand gebunden M. 6,—.

Hilfsbuch für die Elektrotechnik, unter Mitwirkung einer Anzahl Fachgenossen bearbeitet und herausgegeben von Dr. K. **Strecker,** Geh. Postrat und Professor. Siebente, vermehrte und verbesserte Auflage. Mit 675 Textfiguren. In Leinwand gebunden Preis M. 14,—.

Von wichtigeren oder umfangreichen Änderungen der vorliegenden Auflage seien erwähnt: Die Kapitel über Messung von Induktionskoeffizienten, Kapazitäten, Dielektrizitätskonstanten, die Wechselstrommessungen, die Aufnahme und Analyse von Stromkurven, die Messungen an elektrischen Straßenbahnen, die Übersicht über die Elektrizitätszähler. Die Abschnitte, welche die Elektromagnete, Transformatoren und Dynamomaschinen, Umformer und Gleichrichter behandeln, im Umfange von 160 Seiten, sind völlig neu bearbeitet. Die Tabellen ausgeführter elektrischer Maschinen sind wieder in der Art wie vor der 5. Auflage behandelt. Ein neuer Abschnitt: Das elektrische Kraftwerk, und ein Kapitel über den elektrischen Betrieb von Maschinen sind eingefügt worden. In dem Abschnitt über elektrische Beleuchtung haben die Lampen eine durchgreifende Umarbeitung erfahren; auch ist der Abschnitt um ein Kapitel über Theaterbeleuchtung erweitert worden.

Ferner wurde ein neuer Abschnitt über die Verwendung der Elektrizität auf Schiffen zugefügt und die Strom-Wärmeerzeugung, worunter auch die früher als Anhang behandelter Abschnitt behandelnd elektrische Minenzündung, neu bearbeitet. Im Abschnitt über Telegraphie wurde dem neu bearbeiteten Fernsprechwesen ein getrenntes Kapitel zugewiesen und das Duplex Verfahren, die Fernsprechleitungen neu aufgenommen. Ferner wurde der Telegraphie ohne Draht ein Abschnitt gewidmet. Schließlich wurde ein Anhang beigefügt, welcher die wichtigeren Gesetze, Verordnungen und Ausführungsbestimmungen auf dem elektrischen Gebiete und, mit Erlaubnis des Verbandes deutscher Elektrotechniker, dessen Normalien und Vorschriften enthält.

Zu beziehen durch jede Buchhandlung.

MIX
Papier aus verantwortungsvollen Quellen
Paper from responsible sources
FSC® C105338

If you have any concerns about our products,
you can contact us on
ProductSafety@springernature.com

In case Publisher is established outside the EU,
the EU authorized representative is:
**Springer Nature Customer Service Center GmbH
Europaplatz 3, 69115 Heidelberg, Germany**

Printed by Libri Plureos GmbH
in Hamburg, Germany